|항|공|정|비|사|를|위|한|항|공|법|규|

新 항공관계법규

최근개정법령 적용

김 종 천 저

피앤피북

  집필 요청에 많이 주춤했다. 일상에 지쳐 쉼이 필요했고 이제 하나 둘 내려놓을 때라는 생각이었다. 교육현장에서 많은 부족함으로 항상 목이 말랐었다.

  그 옛날 확실한 이미지를 형성하기 힘들어 이해하는 데에 어려움이 많았던 기억이 있다. 그래서 이것을 바탕으로, 현재 항공정비사 자격증을 취득하기 위하여 공부하는 수험생들에게 보다 나은 교육방법은 없는 것인지 자문하곤 한다. 나름 이 질문에 답하기 위하여 용기를 내어, 어차피 해야 할 일과인 것처럼 얼마의 시간을 할애하여, 수험생들이 나와 같은 어려움을 좀 더 빨리 해결할 수 있도록 이 책을 집필하게 되었다.

  이 책의 구성은 기존에 강의하던 방법을 도입하여 해당 이론을 수록하였으며, 이론에 따른 필기 예상문제 및 구술문제를 수록하였다. 이를 통해 배운 내용에 대한 중복학습이 이루어져 오랜 시간 기억할 수 있도록 하였다. 항공정비사에게 꼭 요구되는 내용에 집중할 수 있도록 보다 더 필요한 부분에 충실하였고 조금 덜 필요한 부분은 꼭 요구되는 부분만을 선정하여 편집하였다.

  이 책이 공부에 매진하는 수험생들의 도약에 발판이 되기를 기원하여, 부족한 내용을 산책길에 마주한 새싹들처럼 새롭게 만들어주신 피앤피북 대표님과 임직원분들께 깊은 감사의 마음을 전한다.

저 자 김 종 천

항 공 법

1 법원(法源)의 연원

법원(法源)이라 함은 일반적으로 법의 존재형식, 현상형태의 의미로 쓰인다.

원래 법이란 사회생활의 준칙으로서 공간적 · 외형적으로 존재하는 것이 아니라, 의식의 세계에 존재하는 것이다. 실천적 사회규범으로서 그 내용은 어떤 소재를 통하여 인식될 수 있는 것이어야만 하기에 법은 일정한 형식으로 나타나고, 존재하여야 한다. 이와 같은 법을 인식할 수 있는 "법이 드러나 있는 모습"을 가리켜 법의 연원(淵源) 또는 법원(法源)이라고 한다.

2 법원의 종류

법원에는 성문법(成文法)과 불문법(不文法)이 있다.

성문법은 문자로 표시하고, 일정한 형식 및 절차에 따라서 제정되는 법이며, 성문법 또는 제정법이 아닌 법을 불문법이라 한다. 불문법으로서 보통 드는 것이 관습법(慣習法) · 판례법(判例法) · 조리(條理) 등이 있으나, 판례법과 조리의 법원성에 대하여서는 학설이 나눠진다. 다만, 법원의 종류는 그 순위가 있는 바, 일반적으로 제1차로 성문법을 적용하고, 그러한 성문법이 없는 경우에 비로소 불문법인 관습법을 적용하며, 관습법도 없을 때에는 조리에 따라 재판을 한다.

불문법의 법원성(불문법의 법원으로서의 성격)

- **관습법의 법원성** : 관습법이라 함은 사회에서 스스로 발생하는 관행이, 단순한 예의적 또는 도덕적인 규범으로서 지켜질 뿐만 아니라, 사회의 법적 확신 내지 법적 인식을 갖춤으로써 많은 사람에 의하여 지켜질 정도가 된 것을 말한다. 관습의 존재와 이에 대한 법적 확신의 취득을 요건으로 하며, 따라서 그 성립시기는 언제나 다툼의 대상이 된다. 대한민국 헌법재판소는 서울이 수도인 점과 관련하여 관습헌법을 인정한 바 있으나, 이는 첨예한 논쟁의 대상이 되고 있다. 관습법의 효력에 관하여서는 성문법에 대한 보충적 효력을 인정하는 것이 원칙이다.
- **판례의 법원성** : 판례도 법원인지와 관련하여서는 영국 등 영미법계 국가는 선례구속성의 원칙(doctrine of stare decisis)를 인정하여 법원으로서의 효력을 인정하고 있는데, 성문법주의를 택하는 우리나라에서는 판례에 대하여 법률적 구속력을 인정하지는 않으나, 상급법원의 판례가 하급법원에 대하여 사실상의 구속력을 지니는 것으로 본다.
- **조리의 법원성** : 조리라 함은 사물의 본질적 원칙 또는 사물의 도리를 말하는 것으로서, 사람의 이성에 의하여 생각되는 규범을 의미한다. 다시 말해 일반사회인이 보통 인정한다고 생각되는 객관적인 원리 또는 법칙을 지칭하는 것이다. 조리는 (i)실정법 및 계약의 해석에 있어서 표준이 되며, (ii) 재판의 기준이 될만한 법원이 전혀 없는 경우 재판의 기준이 된다.

---

③ 법원의 체계

국내법의 체계는 다음과 같은 도식으로 표현될 수 있다.

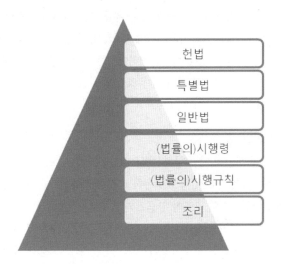

④ 국내법과 국제법(조약, 관습, 법의 일반원칙)

항공법을 논하면서 국내법과 국제법(일반적으로 국제법은 국가 간의 조약, 관습 및 법의 일반원칙을 그 법원으로 한다)의 관계를 살펴야 하는 이유는, 항공법의 경우 국내 고유의 제정법이기보다는 항공운항 및 항공산업의 특성상 국가 간에 체결된 조약 및 항공관습을 국내법에 반영한 것이기 때문이다.

국내법과 국제법의 관계

- **이원론** : 국내법과 국제법은 별개의 법체계로 보면서 국제법이 국내법으로 타당하기 위해서는 반드시 국가가 국내적으로 국제법을 수용하여 국내법으로 변형하는 절차를 거쳐야 한다. 양자가 충돌하는 경우 국내법적으로는 충돌이 없었던 것과 마찬가지로 국내법을 이용해 해결하면 된다. 이는 국제법에 배치되는 국내법을 가지고 있음으로 인하여 국가적 제재를 받는 등의 법현실과 괴리가 있다는 비판을 받는다.
- **일원론**
  - 국내법 우위설 : 국제법도 국가가 그것을 국내법으로 채용하여 국민에게 그 준수를 명령할 때 비로소 법의 성질을 갖게 된다. 국제법의 성립근거 역시 국내법에 근거를 두고 있음을 전제로 한다. 그러나 현실적으로 국내법의 변형, 개폐에도 불구하고 국제법이 영향을 받지 않는다는 점을 설명하지 못하는 면이 있다.
  - 국제법 우위설 : 근거에 대하여서는 학설이 분분하나, 가령 국가 간의 조약이 국내법에 합치되도록 규정되는 점, 국제조약에 근거하여 국내법이 제·개정되는 부분에 대한 설명이 가능하다는 점에서 어느 정도 타당성을 인정받고 있다.
- **항공법과 관련한 실제적 고찰**
  항공안전법 제1조가 밝히고 있는 바와 같이 항공안전법은 「국제민간항공조약」 및 같은 조약의 부속서(附屬書)에서 채택된 표준과 권고되는 방식에 따라 항공기, 경량항공기 또는 초경량비행장치가 안전하게 항행하기 위한 방법을 정함으로써 생명과 재산을 보호하고 항공기술발전에 이바지함을 목적으로 하고 있는 바, 그 모체는 국제법이라 할 수 있다.

5 항공법의 특징

협의의 항공법과 광의의 항공법

협의의 항공법이라 함은 항공법과 동법의 시행령, 시행규칙을 의미하며, 광의로는 항공분야와 관련된 모든 법령(예를 들어 항공보안법, 항공철도사고조사에 관한 법, 항공안전기술원법, 항공우주산업개발촉진법 등)을 포함하는 것으로 볼 수 있다. 항공법과 관련하여서는 국토교통부 등에서 발표하는 각종 훈령 및 고시 등의 행정규칙(예를 들어, CAT-II/III 관제 및 운영절차, ICAO국제기준 관리지침, 공항시설 유지보수 업무매뉴얼) 역시 포함된다.

협의의 항공법이 다루는 분야

항공법은 항공안전법, 항공사업법 및 공항시설법으로 구성되어 있으며, 항공안전법은 정의 규정을 포함한 총칙규정(목적 등)을 비롯하여, 제2장 항공기 등록, 제3장 항공기기술기준 및 형식증명 등, 제4장 항공종사자 등(자격증명, 업무범위, 교육), 제5장 항공기의 운항(무선설비, 연료, 의무·자율보고, 비행규칙, 운항기술기준), 제6장 공역 및 항공교통업무 등(공역의 설정, 항공교통업무 제공), 제7장 항공운송사업자 등에 대한 안전관리(항공운송사업자, 항공기정비업자 안전관리), 제8장 외국항공기(외국항공기 항행 허가, 외국인국제항공운송사업자 운항증명승인), 제9장 경량항공기(안전성 인증, 조종사 자격증명, 교육기관), 제10장 초경량비행장치(안전성인증, 조종자증명), 제11장 보칙(항공안전활동, 권한의 위임), 제12장 벌칙으로 구성, 다음으로 항공사업법은 제1장 총칙, 제2장 항공운송사업, 제3장 항공기사용사업 등, 제4장 외국인 국제항공운송사업, 제5장 항공교통이용자 보호, 제6장 항공사업의 진흥, 제7장 보칙, 제8장 벌칙으로 구성되며 마지막으로 공항시설법은 제1장 총칙, 제2장 공항 및 비행장 개발, 제3장 공항 및 비행장의 관리·운영, 제5장 보칙, 제6장 벌칙규정으로 구성되어 있다.

이러한 항공법 제반규정의 이해를 위해서는 가급적 아래 국가법령정보센터(http://www.moleg.go.kr)에서 항공법을 검색하여 3단비교 보기를 통해 항공법 및 하위법령의 내용을 같이 살피는 것이 도움이 된다.

항공법과 다른 국내 법령과의 관계

국내법은 성문과 불문법 등의 법원에 따른 구분 외에도, 법이 보호하는 보호이익과 법의 규율대상에 따른 구분이 가능하다. 먼저 공법(公法)과 사법(私法)의 구분은 법이 규율하는 대상이 되는 법률행위의 주체에 따른 구분으로서 일반적으로 민법, 상법 등은 개인 간의 법률관계를 규율하는 사법이며, 헌법, 형법, 행정 관계법규 등은 공적인 법률관계(국가기관 사이의 관계, 사인의 국가기관의 행위의 관계, 사인에 대한 국가 기관의 처벌 등)를 다루는 공법에 해당한다. 둘째로 법률관계 자체를 규율하는 것인지, 아니며 일정 법률관계의 형성 또는 재판 등의 절차를 규율하는 것인지에 따라 실체법과 절차법으로 분류된다.

항공법의 경우, 어느 한 종류의 부류에 해당된다고 보기 어려운 면이 있지만, 기본적으로 개인과 개인의 사적인 관계를 규율하는 법이기 보다는 공법의 영역에 속하는 측면이 크며, 항공관련 주체들의 법률관계를 규율하는 실체적인 면이 더 큰 영역으로 보인다.

따라서, 항공법을 다룸에 있어 각종 행정법규 역시 빠트릴 수 없는 부분이 되며, 실체법적 성격으로 인해 법령의 해석이 문제되는 경우 조리 등 일반적인 법원칙에 의존할 수밖에 없는 측면도 큰 것으로 보인다.

항공법 공부를 위한 제언

항공법은 먼저 그 출발이 국제규범임을 잊지 않는다. 대부분의 조항과 내용들이 국제적으로 통용되는 것이기에 대한민국의 항공법을 익힘으로써 향후 항공관계 종사자로서의 글로벌 스탠다드로서의 기본적인 법률 소양을 쌓는다는 마음가짐이 필요하다.

둘째 재판 등에서 항공사건이 문제되는 경우, 항공법은 기술적, 절차적 가이드라인을 제시하는 기준임을 명심한다. 항공법 자체는 기술적인 부분을 많이 담고 있어 항공법의 해석이 문제되는 경우보다는 각종 항공사고(비행기 추락사고, 수하물 유실사고, 각종 지상 안전사고 등)에서 "과실"의 판단기준으로 작용하게 되는 바, 항공법에 대한 이해는 향후 항공종사자로서의 최소한의 안전지침이 될 수 있다.

✈ Contents

新/항/공/관/계/법/규

✈ PART 01

항공안전법

항공안전법

• 시행령 별표

• 시행규칙 별표

• 예상문제

항공안전법	항공안전법 시행령
항공안전법 [시행 2018.4.25.] [법률 제14955호, 2017.10.24., 일부개정]	**항공안전법시행령** [시행 2017.11.10.] [대통령령 제28419호, 2017.11.7., 제정]

제1장 총칙

제1조(목적) 이 법은 「국제민간항공협약」 및 같은 협약의 부속서에서 채택된 표준과 권고되는 방식에 따라 항공기, 경량항공기 또는 초경량비행장치가 안전하게 항행하기 위한 방법을 정함으로써 생명과 재산을 보호하고, 항공기술 발전에 이바지함을 목적으로 한다.

제2조(정의) 이 법에서 사용하는 용어의 뜻은 다음과 같다.
1. 제외한다. 이하 같다)으로 뜰 수 있는 기기로서 최대이륙중량, 좌석수 등 국토교통부령으로 정하는 기준에 해당하는 다음 각 목의 기기와 그 밖에 대통령령으로 정하는 기기를 말한다.
   가. 비행기
   나. 헬리콥터
   다. 비행선
   라. 활공기(滑空機)

2. "경량항공기"란 항공기 외에 공기의 반삭용으로 뜰 수 있는 기기로서 최대이륙중량, 좌석 수 등 국토교통부령으로 정하는 기준에 해당하는 비행기, 헬리콥터, 자이로플레인(gyroplane) 및 동력패러슈트(powered parachute) 등을 말한다.

제1조(목적) 이 영은 「항공안전법」에서 위임된 사항과 그 시행에 필요한 사항을 규정함을 목적으로 한다.

제2조(항공기의 범위) 「항공안전법」(이하 "법"이라 한다) 제2조제1호 각 목 외의 부분에서 "대통령령으로 정하는 기기"란 다음 각 호의 어느 하나에 해당하는 기기를 말한다.
1. 최대이륙중량, 좌석 수, 속도 또는 자체 중량 등이 국토교통부령으로 정하는 기준을 초과하는 기기
2. 지구 대기권 내외를 비행할 수 있는 항공우주선

항공안전법 시행규칙

[시행 2017.11.10.] [국토교통부령 제464호, 2017.11.10., 제정]

제1장 총칙

제1조(목적) 이 규칙은 「항공안전법」 및 같은 법 시행령에서 위임된 사항과 그 시행에 필요한 사항을 규정함을 목적으로 한다.

제2조(항공기의 기준) 「항공안전법」(이하 "법"이라 한다) 제2조제1호 각 목 외의 부분에서 "최대이륙중량, 좌석수 등 국토교통부령으로 정하는 기준"이란 다음 각 호의 기준을 말한다.

1. 비행기 또는 헬리콥터
   가. 사람이 탑승하는 경우 : 다음의 기준을 모두 충족할 것
      1) 최대이륙중량이 600킬로그램(수상비행에 사용하는 경우에는 650킬로그램)을 초과할 것
      2) 조종사 좌석을 포함한 탑승좌석 수가 1개 이상일 것
      3) 동력을 일으키는 기계장치(이하 "발동기"라 한다)가 1개 이상일 것
   나. 사람이 탑승하지 아니하고 원격조종 등의 방법으로 비행하는 경우 : 다음의 기준을 모두 충족할 것
      1) 연료의 중량을 제외한 자체중량이 150킬로그램을 초과할 것
      2) 발동기가 1개 이상일 것
2. 비행선
   가. 사람이 탑승하는 경우 다음의 기준을 모두 충족할 것
      1) 발동기가 1개 이상일 것
      2) 조종사 좌석을 포함한 탑승좌석 수가 1개 이상일 것
   나. 사람이 탑승하지 아니하고 원격조종 등의 방법으로 비행하는 경우 다음의 기준을 모두 충족할 것
      1) 발동기가 1개 이상일 것
      2) 연료의 중량을 제외한 자체중량이 180킬로그램을 초과하거나 비행선의 길이가 20미터를 초과할 것
3. 활공기 : 자체중량이 70킬로그램을 초과할 것

제3조(항공기인 기기의 범위) 영 제2조제1호에서 "최대이륙중량, 좌석 수, 속도 또는 자체중량 등이 국토교통부령으로 정하는 기준을 초과하는 기기"란 다음 각 호의 어느 하나에 해당하는 것을 말한다.

1. 제4조제1호부터 제3호까지의 기준 중 어느 하나 이상의 기준을 초과하거나 같은 조 제4호부터 제7호까지의 제한요건 중 어느 하나 이상의 제한요건을 벗어나는 비행기, 헬리콥터, 자이로플레인 및 동력패러슈트
2. 제5조제5호 각 목의 기준을 초과하는 무인비행장치

제4조(경량항공기의 기준) 법 제2조제2호에서 "최대이륙중량, 좌석 수 등 국토교통부령으로 정하는 기준에 해당하는 비행기, 헬리콥터, 자이로플레인(gyroplane) 및 동력패러슈트(powered parachute) 등"이란 법 제2조제3호에 따른 초경량비행장치에 해당하지 아니하는 것으로서 다음 각 호의 기준을 모두 충족하는 비행기, 헬리콥터, 자이로플레인 및 동력패러슈트를 말한다.

1. 최대이륙중량이 600킬로그램(수상비행에 사용하는 경우에는 650킬로그램) 이하일 것
2. 최대 실속속도 또는 최소 정상비행속도가 45노트 이하일 것
3. 조종사 좌석을 포함한 탑승 좌석이 2개 이하일 것
4. 단발(單發) 왕복발동기를 장착할 것
5. 조종석은 여압(與壓)이 되지 아니할 것
6. 비행 중에 프로펠러의 각도를 조정할 수 없을 것
7. 고정된 착륙장치가 있을 것. 다만, 수상비행에 사용하는 경우에는 고정된 착륙장치 외에 접을 수 있는 착륙장치를 장착할 수 있다.

항공안전법	항공안전법 시행령
3. "초경량비행장치"란 항공기와 경량항공기 외에 공기의 반작용으로 뜰 수 있는 장치로서 자체중량, 좌석 수 등 국토교통부령으로 정하는 기준에 해당하는 동력비행장치, 행글라이더, 패러글라이더, 기구류 및 무인비행장치 등을 말한다. 4. "국가기관등항공기"란 국가, 지방자치단체, 그 밖에 「공공기관의 운영에 관한 법률」에 따른 공공기관으로서 대통령령으로 정하는 공공기관(이하 "국가기관등"이라 한다)이 소유하거나 임차(賃借)한 항공기로서 다음 각 목의 어느 하나에 해당하는 업무를 수행하기 위하여 사용되는 항공기를 말한 다. 다만, 군용·경찰용·세관용 항공기는 제외한다. 　가. 재난·재해 등으로 인한 수색(搜索)·구조 　나. 산불의 진화 및 예방 　다. 응급환자의 후송 등 구조·구급활동 　라. 그 밖에 공공의 안녕과 질서유지를 위하여 필요한 업무 5. "항공업무"란 다음 각 목의 어느 하나에 해당하는 업무를 말한다. 　가. 항공기의 운항(무선설비의 조작을 포함한다) 업무(제46조에 따른 항공기 조종연습은 제외한다) 　나. 항공교통관제(무선설비의 조작을 포함한다) 업무(제47조에 따른 항공교통관제연습은 제외한다) 　다. 항공기의 운항관리 업무 　라. 정비·수리·개조(이하 "정비 등"이라 한다)된 항공기·발동기·프로펠러(이하 "항공기 등"이라 한다), 장비품 또는 부품에 대하여 안전하게 운용할 수 있는 성능(이하 "감항성"이라 한다)이 있는지를 확인하는 업무 6. "항공기사고"란 사람이 비행을 목적으로 항공기에 탑승하였을 때부터 탑승한 모든 사람이 항공기에서 내릴 때까지[사람이 탑승하지 아니하고 원격조종 등의 방법으로 비행하는 항공기(이하 "무인항공기"라 한다)의 경우에는 비행을 목적으로 움직이는 순간부터 비행이 종료되어 발동기가 정지되는 순간까지를 말한다] 항공기의 운항과 관련하여 발생한 다음 각 목의 어느 하나에 해당하는 것으로서 국토교통부령으로 정하는 것을 말한다. 　가. 사람의 사망, 중상 또는 행방불명 　나. 항공기의 파손 또는 구조적 손상 　다. 항공기의 위치를 확인할 수 없거나 항공기에 접근이 불가능한 경우 7. "경량항공기사고"란 비행을 목적으로 경량항공기의 발동기가 시동되는 순간부터 비행이 종료되어 발동기가 정지되는 순간까지 발생한 다음 각 목의 어느 하나에 해당하는 것으로서 국토교통부령으로 정하는 것을 말한다.	**제3조(국가기관등항공기 관련 공공기관의 범위)** 법 제2조제4호 각 목 외의 부분 본문에서 "대통령령으로 정하는 공공기관"이란 「자연공원법」 제44조에 따른 국립공원관리공단을 말한다.

항공안전법 시행규칙

제5조(초경량비행장치의 기준) 법 제2조제3호에서 "자체중량, 좌석 수 등 국토교통부령으로 정하는 기준에 해당하는 동력비행장치, 행글라이더, 패러글라이더, 기구류 및 무인비행장치 등"이란 다음 각 호의 기준을 충족하는 동력비행장치, 행글라이더, 패러글라이더, 기구류, 무인비행장치, 회전익비행장치, 동력패러글라이더 및 낙하산류 등을 말한다.

1. 동력비행장치 : 동력을 이용하는 것으로서 다음 각 목의 기준을 모두 충족하는 고정익비행장치
   가. 탑승자, 연료 및 비상용 장비의 중량을 제외한 자체중량이 115킬로그램 이하일 것
   나. 좌석이 1개일 것
2. 행글라이더 : 탑승자 및 비상용 장비의 중량을 제외한 자체중량이 70킬로그램 이하로서 체중이동, 타면조종 등의 방법으로 조종하는 비행장치
3. 패러글라이더 : 탑승자 및 비상용 장비의 중량을 제외한 자체중량이 70킬로그램 이하로서 날개에 부착된 줄을 이용하여 조종하는 비행장치
4. 기구류 : 기체의 성질·온도차 등을 이용하는 다음 각 목의 비행장치
   가. 유인자유기구 또는 무인자유기구
   나. 계류식(繫留式)기구
5. 무인비행장치 : 사람이 탑승하지 아니하는 것으로서 다음 각 목의 비행장치
   가. 무인동력비행장치 : 연료의 중량을 제외한 자체중량이 150킬로그램 이하인 무인비행기, 무인헬리콥터 또는 무인멀티콥터
   나. 무인비행선 : 연료의 중량을 제외한 자체중량이 180킬로그램 이하이고 길이가 20미터 이하인 무인비행선
6. 회전익비행장치 : 제1호 각 목의 동력비행장치의 요건을 갖춘 헬리콥터 또는 자이로플레인
7. 동력패러글라이더 : 패러글라이더에 추진력을 얻는 장치를 부착한 다음 각 목의 어느 하나에 해당하는 비행장치
   가. 착륙장치가 없는 비행장치
   나. 착륙장치가 있는 것으로서 제1호 각 목의 동력비행장치의 요건을 갖춘 비행장치
8. 낙하산류 : 항력(抗力)을 발생시켜 대기(大氣) 중을 낙하하는 사람 또는 물체의 속도를 느리게 하는 비행장치
9. 그 밖에 국토교통부장관이 종류, 크기, 중량, 용도 등을 고려하여 정하여 고시하는 비행장치

제6조(사망·중상 등의 적용기준) ① 법 제2조제6호가목에 따른 사람의 사망 또는 중상에 대한 적용기준은 다음 각 호와 같다.

1. 항공기에 탑승한 사람이 사망하거나 중상을 입은 경우. 다만, 자연적인 원인 또는 자기 자신이나 타인에 의하여 발생된 경우와 승객 및 승무원이 정상적으로 접근할 수 없는 장소에 숨어있는 밀항자 등에게 발생한 경우는 제외한다.
2. 항공기로부터 이탈된 부품이나 그 항공기와의 직접적인 접촉 등으로 인하여 사망하거나 중상을 입은 경우
3. 항공기 발동기의 흡입 또는 후류(後流)로 인하여 사망하거나 중상을 입은 경우

② 법 제2조제6호가목, 같은 조 제7호가목 및 같은 조 제8호가목에 따른 행방불명은 항공기, 경량항공기 또는 초경량비행장치 안에 있던 사람이 항공기사고, 경량항공기사고 또는 초경량비행장치사고로 1년간 생사가 분명하지 아니한 경우에 적용한다.

③ 법 제2조제7호가목 및 같은 조 제8호가목에 따른 사람의 사망 또는 중상에 대한 적용기준은 다음 각 호와 같다.

1. 경량항공기 및 초경량비행장치에 탑승한 사람이 사망하거나 중상을 입은 경우. 다만, 자연적인 원인 또는 자기 자신이나 타인에 의하여 발생된 경우는 제외한다.
2. 비행 중이거나 비행을 준비 중인 경량항공기 또는 초경량비행장치로부터 이탈된 부품이나 그 경량항공기 또는 초경량비행장치와의 직접적인 접촉 등으로 인하여 사망하거나 중상을 입은 경우

항공안전법	항공안전법 시행령
가. 경량항공기에 의한 사람의 사망, 중상 또는 행방불명 나. 경량항공기의 추락, 충돌 또는 화재 발생 다. 경량항공기의 위치를 확인할 수 없거나 경량항공기에 접근이 불가능한 경우 8. "초경량비행장치사고"란 초경량비행장치를 사용하여 비행을 목적으로 이륙[이수(離水)를 포함한다. 이하 같다]하는 순간부터 착륙[착수(着水)를 포함한다. 이하 같다]하는 순간까지 발생한 다음 각 목의 어느 하나에 해당하는 것으로서 국토교통부령으로 정하는 것을 말한다. 가. 초경량비행장치에 의한 사람의 사망, 중상 또는 행방불명 나. 초경량비행장치의 추락, 충돌 또는 화재 발생 다. 초경량비행장치의 위치를 확인할 수 없거나 초경량비행장치에 접근이 불가능한 경우	

제7조(사망 · 중상의 범위) ① 법 제2조제6호가목, 같은 조 제7호가목 및 같은 조 제8호가목에 따른 사람의 사망은 항공기사고, 경량항공기사고 또는 초경량비행장치사고가 발생한 날부터 30일 이내에 그 사고로 사망한 경우를 포함한다.

② 법 제2조제6호가목, 같은 조 제7호가목 및 같은 조 제8호가목에 따른 중상의 범위는 다음 각 호와 같다.

1. 항공기사고, 경량항공기사고 또는 초경량비행장치사고로 부상을 입은 날부터 7일 이내에 48시간을 초과하는 입원치료가 필요한 부상

2. 골절(코뼈, 손가락, 발가락 등의 간단한 골절은 제외한다)

3. 열상(찢어진 상처)으로 인한 심한 출혈, 신경 · 근육 또는 힘줄의 손상

4. 2도나 3도의 화상 또는 신체표면의 5퍼센트를 초과하는 화상(화상을 입은 날부터 7일 이내에 48시간을 초과하는 입원치료가 필요한 경우만 해당한다)

5. 내장의 손상

6. 전염물질이나 유해방사선에 노출된 사실이 확인된 경우

제8조(항공기의 파손 또는 구조적 손상의 범위) 법 제2조제6호나목에서 "항공기의 파손 또는 구조적 손상"이란 별표 1의 항공기의 손상 · 파손 또는 구조상의 결함으로 항공기 구조물의 강도, 항공기의 성능 또는 비행특성에 악영향을 미쳐 대수리 또는 해당 구성품(component)의 교체가 요구되는 것을 말한다.

[별표 1]
항공기의 손상 · 파손 또는 구조상의 결함(제8조 관련)

1. 다음 각 목의 어느 하나에 해당되는 경우에는 항공기의 중대한 손상 · 파손 및 구조상의 결함으로 본다.
   가. 항공기에서 발동기가 떨어져 나간 경우
   나. 발동기의 덮개 또는 역추진장치 구성품이 떨어져 나가면서 항공기를 손상시킨 경우
   다. 압축기, 터빈블레이드 및 그 밖에 다른 발동기 구성품이 발동기 덮개를 관통한 경우. 다만, 발동기의 배기구를 통해 유출된 경우는 제외한다.
   라. 레이돔(radome)이 파손되거나 떨어져 나가면서 항공기의 동체 구조 또는 시스템에 중대한 손상을 준 경우
   마. 플랩(flap), 슬랫(slat) 등 고양력장치(高揚力裝置) 및 윙렛(winglet)이 손실된 경우. 다만, 외형변경목록(Configuration Deviation List)을 적용하여 항공기를 비행에 투입할 수 있는 경우는 제외한다.
   바. 바퀴다리(landing gear leg)가 완전히 펴지지 않았거나 바퀴(wheel)가 나오지 않은 상태에서 착륙하여 항공기의 표피가 손상된 경우. 다만, 간단한 수리를 하여 항공기가 비행할 수 있는 경우는 제외한다.
   사. 항공기 내부의 감압 또는 여압을 조절하지 못하게 되는 구조적 손상이 발생한 경우
   아. 항공기준사고 또는 항공안전장애 등의 발생에 따라 항공기를 점검한 결과 심각한 손상이 발견된 경우
   자. 비상탈출로 중상자가 발생했거나 항공기가 심각한 손상을 입은 경우
   차. 그 밖에 가목부터 자목까지의 경우와 유사한 항공기의 손상 · 파손 또는 구조상의 결함이 발생한 경우

2. 제1호에 해당하는 경우에도 다음 각 목의 어느 하나에 해당하는 경우에는 항공기의 중대한 손상 · 파손 및 구조상의 결함으로 보지 아니한다.
   가. 덮개와 부품(accessory)을 포함하여 한 개의 발동기의 고장 또는 손상
   나. 프로펠러, 날개 끝(wing tip), 안테나, 프로브(probe), 베인(vane), 타이어, 브레이크, 바퀴, 페어링(faring), 패널(panel), 착륙장치 덮개, 방풍창 및 항공기 표피의 손상
   다. 주회전익, 꼬리회전익 및 착륙장치의 경미한 손상
   라. 우박 또는 조류와 충돌 등에 따른 경미한 손상[레이돔(radome)의 구멍을 포함한다]

항공안전법	항공안전법 시행령
9. "항공기준사고"(航空機準事故)란 항공안전에 중대한 위해를 끼쳐 항공기사고로 이어질 수 있었던 것으로서 국토교통부령으로 정하는 것을 말한다.	

제9조(항공기준사고의 범위) 법 제2조제9호에서 "국토교통부령으로 정하는 것"이란 별표 2와 같다.

[별표 2]
항공기준사고의 범위(제9조 관련)

1. 항공기의 위치, 속도 및 거리가 다른 항공기와 충돌위험이 있었던 것으로 판단되는 근접비행이 발생한 경우(다른 항공기와의 거리가 500피트 미만으로 근접하였던 경우를 말한다) 또는 경미한 충돌이 있었으나 안전하게 착륙한 경우
2. 항공기가 정상적인 비행 중 지표, 수면 또는 그 밖의 장애물과의 충돌(Controlled Flight into Terrain)을 가까스로 회피한 경우
3. 항공기, 차량, 사람 등이 허가 없이 또는 잘못된 허가로 항공기 이륙·착륙을 위해 지정된 보호구역에 진입하여 다른 항공기와 충돌할 뻔한 경우
4. 항공기가 다음 각 목의 장소에서 이륙하거나 이륙을 포기한 경우 또는 착륙하거나 착륙을 시도한 경우
   가. 폐쇄된 활주로 또는 다른 항공기가 사용 중인 활주로
   나. 허가 받지 않은 활주로
   다. 유도로(헬리콥터가 허가를 받고 이륙하거나 이륙을 포기한 경우 또는 착륙하거나 착륙을 시도한 경우는 제외한다)
5. 항공기가 이륙·착륙 중 활주로 시단(始端)에 못 미치거나(Undershooting) 또는 종단(終端)을 초과한 경우(Overrunning) 또는 활주로 옆으로 이탈한 경우(다만, 항공안전장애에 해당하는 사항은 제외한다)
6. 항공기가 이륙 또는 초기 상승 중 규정된 성능에 도달하지 못한 경우
7. 비행 중 운항승무원이 신체, 심리, 정신 등의 영향으로 조종업무를 정상적으로 수행할 수 없는 경우(Pilot Incapacitation)
8. 조종사가 연료량 또는 연료배분 이상으로 비상선언을 한 경우(연료의 불충분, 소진, 누유 등으로 인한 결핍 또는 사용가능한 연료를 사용할 수 없는 경우를 말한다)
9. 항공기 시스템의 고장, 기상 이상, 항공기 운용한계의 초과 등으로 조종상의 어려움(Difficulties in Controlling)이 발생했거나 발생할 수 있었던 경우
10. 다음 각 목에 따라 항공기에 중대한 손상이 발견된 경우(항공기사고로 분류된 경우는 제외한다)
    가. 항공기가 지상에서 운항 중 다른 항공기나 장애물, 차량, 장비 또는 동물과 접촉·충돌
    나. 비행 중 조류(鳥類), 우박, 그 밖의 물체와 충돌 또는 기상 이상 등
    다. 항공기 이륙·착륙 중 날개, 발동기 또는 동체와 지면의 접촉. 다만, Tail-Skid의 경미한 접촉 등 항공기 이륙·착륙에 지장이 없는 경우는 제외한다.
11. 비행 중 비상상황이 발생하여 산소마스크를 사용한 경우
12. 운항 중 항공기 구조상의 결함(Aircraft Structural Failure)이 발생한 경우 또는 터빈발동기의 내부 부품이 외부로 떨어져 나간 경우를 포함하여 터빈발동기의 내부 부품이 분해된 경우(항공기사고로 분류된 경우는 제외한다)
13. 운항 중 발동기에서 화재가 발생하거나 조종실, 객실이나 화물칸에서 화재·연기가 발생한 경우(소화기를 사용하여 진화한 경우를 포함한다)
14. 비행 중 비행 유도(Flight Guidance) 및 항행(Navigation)에 필요한 다중(多衆)시스템(Redundancy System) 중 2개 이상의 고장으로 항행에 지장을 준 경우
15. 비행 중 2개 이상의 항공기 시스템 고장이 동시에 발생하여 비행에 심각한 영향을 미치는 경우
16. 운항 중 비의도적으로 항공기 외부의 인양물이나 탑재물이 항공기로부터 분리된 경우 또는 비상조치를 위해 의도적으로 항공기 외부의 인양물이나 탑재물이 항공기로부터 분리한 경우

비고 : 항공기준사고 조사결과에 따라 항공기사고 또는 항공안전장애로 재분류할 수 있다.

항공안전법	항공안전법 시행령
10. "항공안전장애"란 항공기사고 및 항공기준사고 외에 항공기의 운항 등과 관련하여 항공안전에 영향을 미치거나 미칠 우려가 있었던 것으로서 국토교통부령으로 정하는 것을 말한다. 11. "비행정보구역"이란 항공기, 경량항공기 또는 초경량비행장치의 안전하고 효율적인 비행과 수색 또는 구조에 필요한 정보를 제공하기 위한 공역(空域)으로서 「국제민간항공협약」 및 같은 협약 부속서에 따라 국토교통부장관이 그 명칭, 수직 및 수평 범위를 지정·공고한 공역을 말한다. 12. "영공"(領空)이란 대한민국의 영토와 「영해 및 접속수역법」에 따른 내수 및 영해의 상공을 말한다. 13. "항공로"(航空路)란 국토교통부장관이 항공기, 경량항공기 또는 초경량비행장치의 항행에 적합하다고 지정한 지구의 표면상에 표시한 공간의 길을 말한다. 14. "항공종사자"란 제34조제1항에 따른 항공종사자 자격증명을 받은 사람을 말한다. 15. "모의비행장치"란 항공기의 조종실을 모방한 장치로서 기계·전기·전자장치 등에 대한 통제기능과 비행의 성능 및 특성 등이 실제의 항공기와 동일하게 재현될 수 있게 고안된 장치를 말한다. 16. "운항승무원"이란 제35조제1호부터 제6호까지의 어느 하나에 해당하는 자격증명을 받은 사람으로서 항공기에 탑승하여 항공업무에 종사하는 사람을 말한다. 17. "객실승무원"이란 항공기에 탑승하여 비상시 승객을 탈출시키는 등 승객의 안전을 위한 업무를 수행하는 사람을 말한다. 18. "계기비행"(計器飛行)이란 항공기의 자세·고도·위치 및 비행 방향의 측정을 항공기에 장착된 계기에만 의존하여 비행하는 것을 말한다. 19. "계기비행방식"이란 계기비행을 하는 사람이 제84조제1항에 따라 국토교통부장관 또는 제85조제1항에 따른 항공교통업무증명(이하 "항공교통업무증명"이라 한다)을 받은 자가 지시하는 이동·이륙·착륙의 순서 및 시기와 비행의 방법에 따라 비행하는 방식을 말한다. 20. "피로위험관리시스템"이란 운항승무원과 객실승무원이 충분한 주의력이 있는 상태에서 해당 업무를 할 수 있도록 피로와 관련한 위험요소를 경험과 과학적 원리 및 지식에 기초하여 지속적으로 감독하고 관리하는 시스템을 말한다. 21. "비행장"이란 「공항시설법」 제2조제2호에 따른 비행장을 말한다. 22. "공항"이란 「공항시설법」 제2조제3호에 따른 공항을 말한다. 23. "공항시설"이란 「공항시설법」 제2조제7호에 따른 공항시설을 말한다.	

제10조(항공안전장애의 범위) 법 제2조제10호에서 "국토교통부령으로 정하는 것"이란 별표 3과 같다.

[별표 3] 〈개정 2017. 7. 18.〉

항공안전장애의 범위(제10조 관련)

구분	항공안전장애 내용
1. 비행 중	가. 항공기간 분리최저치가 확보되지 않았거나 다음의 어느 하나에 해당하는 경우와 같이 분리최저치가 확보되지 않을 우려가 있었던 경우. 다만, 항공교통관제사가 항공법규 등 관련 규정에 따라 항공기 상호간 분리최저치 이상을 유지토록 하는 관제지시를 발부하였고 조종사가 이에 따라 항행을 한 것이 확인된 경우는 제외한다. 1) 공중충돌경고장치 회피기동(ACAS RA)이 발생한 경우 2) 항공교통관제기관의 항공기 감시 장비에 근접충돌경고가 현시된 경우 나. 지형·수면·장애물 등과 최저 장애물회피고도(MOC, Minimum Obstacle Clearance)가 확보되지 않았던 경우(항공기준사고에 해당하는 경우는 제외한다) 다. 비행금지구역 또는 비행제한구역에 허가 없이 진입한 경우를 포함하여 비행경로 또는 비행고도 이탈 등 항공교통관제기관의 사전 허가를 받지 아니한 항행을 한 경우. 다만, 일시적인 경미한 고도·경로 이탈 또는 고도 및 경로의 허용된 오차범위 내에서 운항한 경우는 제외한다.
2. 이륙·착륙	가. 활주로 또는 착륙표면에 항공기 동체 꼬리, 날개 끝, 엔진 덮개 등이 비정상적으로 접촉된 경우(항공기사고, 항공기준사고 또는 정비교범에 따른 항공기 손상·파손 허용범위 이내인 경우는 제외한다) 나. 항공기가 다음의 어느 하나에 해당하는 사유로 이륙활주를 중단한 경우 또는 이륙을 강행한 경우 1) 부적절한 외장 설정(Incorrect Configuration Setting) 2) 항공기 시스템 기능장애 등 정비요인 3) 항공교통관제지시, 기상 등 그 밖의 사유 다. 항공기가 이륙활주 또는 착륙활주 중 착륙장치가 활주로표면 측면 외측의 포장된 완충구역(Runway Shoulder 이내로 한정한다)으로 이탈하였으나 활주로로 다시 복귀하여 이륙활주 또는 착륙활주를 안전하게 마무리 한 경우
3. 지상운항	가. 항공기가 운항 중 다른 항공기나 장애물, 차량, 장비 또는 동물 등과 접촉·충돌한 경우. 다만, 항공기의 손상이 없거나 운항허용범위 이내의 손상인 경우는 제외한다. 나. 항공기가 주기(駐機) 중 다른 항공기나 장애물, 차량, 장비 또는 동물 등과 접촉·충돌한 경우. 다만, 항공기의 손상이 없거나 운항허용범위 이내의 손상인 경우는 제외한다. 다. 항공기가 기계적 고장 등의 요인으로 제어손실이 발생하여 유도로를 이탈한 경우 라. 항공기, 차량, 사람 등이 유도로에 무단으로 진입한 경우 마. 항공기, 차량, 사람 등이 허가 없이 또는 잘못된 허가로 항공기의 이륙·착륙을 위해 지정된 보호구역에 진입하였으나 다른 항공기의 안전 운항에 지장을 주지 않은 경우
4. 운항 준비	가. 지상조업 중 비정상 상황(급유 중 인위적으로 제거하여야 하는 다량의 기름유출 등)이 발생하여 항공기의 안전에 영향을 준 경우 나. 위험물 처리과정에서 부적절한 라벨링, 포장, 취급 등이 발생한 경우
5. 항공기 화재 및 고장	가. 운항 중 다음의 어느 하나에 해당하는 경미한 화재 또는 연기가 발생한 경우 1) 운항 중 항공기 구성품 또는 부품의 고장으로 인하여 조종실 또는 객실에 연기·증기 또는 중독성 유해가스가 축적되거나 퍼지는 현상이 발생한 경우 2) 객실 조리기구·설비 또는 휴대전화기 등 탑승자의 물품에서 경미한 화재·연기가 발생한 경우. 다만, 단순 이물질에 의한 것으로 확인된 경우는 제외한다. 3) 화재경보시스템이 작동한 경우. 다만, 탑승자의 일시적 흡연, 스프레이 분사, 수증기 등의 요인으로 화재경보시스템이 작동된 것으로 확인된 경우는 제외한다. 나. 운항 중 항공기의 연료공급시스템과 연료덤핑시스템에 영향을 주는 고장이나 위험을 발생시킬 수 있는 연료 누출이 발생한 경우

항공안전법	항공안전법 시행령
24. "항행안전시설"이란「공항시설법」제2조제15호에 따른 항행안전시설을 말한다. 25. "관제권"(管制圈)이란 비행장 또는 공항과 그 주변의 공역으로서 항공교통의 안전을 위하여 국토교통부장관이 지정·공고한 공역을 말한다. 26. "관제구"(管制區)란 지표면 또는 수면으로부터 200미터 이상 높이의 공역으로서 항공교통의 안전을 위하여 국토교통부장관이 지정·공고한 공역을 말한다. 27. "항공운송사업"이란「항공사업법」제2조제7호에 따른 항공운송사업을 말한다. 28. "항공운송사업자"란「항공사업법」제2조제8호에 따른 항공운송사업자를 말한다. 29. "항공기사용사업"이란「항공사업법」제2조제15호에 따른 항공기사용사업을 말한다. 30. "항공기사용사업자"란「항공사업법」제2조제16호에 따른 항공기사용사업자를 말한다. 31. "항공기정비업자"란「항공사업법」제2조제18호에 따른 항공기정비업자를 말한다. 32. "초경량비행장치사용사업"이란「항공사업법」제2조제23호에 따른 초경량비행장치사용사업을 말한다. 33. "초경량비행장치사용사업자"란「항공사업법」제2조제24호에 따른 초경량비행장치사용사업자를 말한다. 34. "이착륙장"이란「공항시설법」제2조제19호에 따른 이착륙장을 말한다. **제3조(군용항공기 등의 적용 특례)** ① 군용항공기와 이에 관련된 항공업무에 종사하는 사람에 대해서는 이 법을 적용하지 아니한다. ② 세관업무 또는 경찰업무에 사용하는 항공기와 이에 관련된 항공업무에 종사하는 사람에 대하여는 이 법을 적용하지 아니한다. 다만, 공중 충돌 등 항공기사고의 예방을 위하여 제51조, 제67조, 제68조제5호, 제79조 및 제84조제1항을 적용한다. ③「대한민국과 아메리카합중국 간의 상호방위조약」제4조에 따라 아메리카합중국이 사용하는 항공기와 이에 관련된 항공업무에 종사하는 사람에 대하여는 제2항을 준용한다.	

구분	항공안전장애 내용
5. 항공기 화재 및 고장	다. 지상운항 중 또는 이륙·착륙을 위한 지상 활주 중 제동력 상실을 일으키는 제동시스템 구성품의 고장이 발생한 경우 라. 운항 중 의도하지 아니한 착륙장치의 내림이나 올림 또는 착륙장치의 문 열림과 닫힘이 발생한 경우 마. 제작사가 제공하는 기술자료에 따른 최대허용범위(제작사가 기술자료를 제공하지 않는 경우에는 국토교통부장관이 법 제19조에 따라 고시하는 항공기기술기준에 따른 최대 허용범위를 말한다)를 초과한 항공기 구조의 균열, 영구적인 변형이나 부식이 발생한 경우 바. 대수리가 요구되는 항공기 구조 손상이 발생한 경우 사. 항공기의 고장, 결함 또는 기능장애로 비정상 운항이 발생한 경우 아. 운항 중 엔진 덮개가 풀리거나 이탈한 경우 자. 운항 중 다음의 어느 하나에 해당하는 사유로 발동기가 정지된 경우 　1) 발동기의 연소 정지 　2) 발동기 또는 항공기 구조의 외부 손상 　3) 외부 물체의 발동기 내 유입 또는 발동기 흡입구에 형성된 얼음의 유입 차. 운항 중 발동기 배기시스템 고장으로 발동기, 인접한 구조물 또는 구성품이 파손된 경우 카. 고장, 결함 또는 기능장애로 항공기에서 발동기를 조기(非計劃的)에 떼어 낸 경우 타. 운항 중 프로펠러 페더링시스템 또는 항공기의 과속을 제어하기 위한 시스템에 고장이 발생한 경우(운항 중 프로펠러 페더링이 발생한 경우를 포함한다) 파. 운항 중 비상조치를 하게 하는 항공기 구성품 또는 시스템의 고장이 발생한 경우. 다만, 발동기 연소를 인위적으로 중단시킨 경우는 제외한다. 하. 비상탈출을 위한 시스템, 구성품 또는 탈출용 장비가 고장, 결함, 기능장애 또는 비정상적으로 전개된 경우(훈련, 시험, 정비 또는 시현 시 발생한 경우를 포함한다) 거. 운항 중 화재경보시스템이 오작동 한 경우
6. 공항 및 항행서비스	가. 항공등화시설의 운영이 중단된 경우 나. 활주로, 유도로 및 계류장이 항공기 운항에 지장을 줄 정도로 중대한 손상을 입었거나 화재가 발생한 경우 다. 안전 운항에 지장을 줄 수 있는 물체 또는 위험물이 활주로, 유도로 등 공항 이동지역에 방치된 경우 라. 항공교통관제업무 수행 중 다음의 어느 하나에 해당하는 상황이 발생한 경우 　1) 운항 중 항공기와 항공교통관제기관 간 양방향 무선통신이 두절되어 운항안전 확보를 위해 필요로 하는 관제교신을 적시에 수행하지 못한 상황 　2) 비행 중인 항공기에 대한 항공교통관제업무가 중단된 상황 마. 항행통신업무 수행 중 다음의 어느 하나에 해당하는 상황이 발생한 경우 　1) 항행안전무선시설, 항공이동통신시설, 항공고정통신시설, 공항정보방송시설(ATIS) 등의 운영이 중단된 상황 　2) 항행안전무선시설, 항공이동통신시설, 항공고정통신시설, 공항정보방송시설(ATIS) 등의 시설과 항공기 간 신호의 송·수신 장애가 발생한 상황 　3) 1) 및 2) 외의 예비장비(전원시설을 포함한다) 장애가 24시간 이상 발생한 상황 바. 활주로 또는 유도로 등 공항 이동지역 내에서 차량과 차량, 장비 또는 사람이 충돌하거나 장비와 사람이 충돌하여 차량 또는 장비가 손상되거나 사람이 다친 경우
7. 기타	가. 운항 중 항공기가 다음의 어느 하나에 해당되는 물체 등과 충돌·접촉한 경우. 다만, 1)에 해당하는 물체의 경우에는 항공기의 손상이 없거나 운항허용범위 이내의 손상인 경우는 제외한다. 　1) 조류, 우박, 그 밖의 물체 등 　2) 무인비행장치

항공안전법	항공안전법 시행령
제4조(국가기관등항공기의 적용 특례) ① 국가기관등항공기와 이에 관련된 항공업무에 종사하는 사람에 대해서는 이 법(제66조, 제69조부터 제73조까지 및 제132조는 제외한다)을 적용한다. ② 제1항에도 불구하고 국가기관등항공기를 재해·재난 등으로 인한 수색·구조, 화재의 진화, 응급환자 후송, 그 밖에 국토교통부령으로 정하는 공공목적으로 긴급히 운항(훈련을 포함한 다)하는 경우에는 제53조, 제67조, 제68조제1호부터 제3호까지, 제77조제1항제7호, 제79조 및 제84조제1항을 적용하지 아니한다. ③ 제59조, 제61조, 제62조제5항 및 제6항을 국가기관등항공기에 적용할 때에는 "국토교통부장관"은 "소관 행정기관의 장"으 로 본다. 이 경우 소관 행정기관의 장은 제59조, 제61조, 제 62조제5항 및 제6항에 따라 보고받은 사실을 국토교통부장관에게 알려야 한다. **제5조(임대차 항공기의 운영에 대한 권한 및 의무 이양의 적용 특례)** 외국에 등록된 항공기를 임차하여 운영하거나 대한민국에 등록된 항공기를 외국에 임대하여 운영하게 하는 경우 그 임대차(賃貸借) 항공기의 운영에 관련된 권한 및 의무의 이양(移讓)에 관한 사항은 「국제민간항공협약」에 따라 국토교통부장관이 정하여 고시한다. **제6조(항공안전정책기본계획의 수립 등)** ① 국토교통부장관은 국가항공안전정책에 관한 기본계획(이하 "항공안전정책기본계획"이라 한다)을 5년마다 수립하여야 한다. ② 항공안전정책기본계획에는 다음 각 호의 사항이 포함되어야 한다. 　1. 항공안전정책의 목표 및 전략 　2. 항공기사고·경량항공기사고·초경량비행장치사고 예방 및 운항 안전에 관한 사항 　3. 항공기·경량항공기·초경량비행장치의 제작·정비 및 안전성 인증체계에 관한 사항 　4. 비행정보구역·항공로 관리 및 항공교통체계 개선에 관한 사항 　5. 항공종사자의 양성 및 자격관리에 관한 사항 　6. 그 밖에 항공안전의 향상을 위하여 필요한 사항 ③ 국토교통부장관은 항공안전정책기본계획을 수립 또는 변경하려는 경우 관계 행정기관의 장에게 필요한 협조를 요청할 수 있다. ④ 국토교통부장관은 항공안전정책기본계획을 수립하거나 변경하였을 때에는 그 내용을 관보에 고시하고, 제3항에 따라 협조를 요청한 관계 행정기관의 장에게 알려야 한다. ⑤ 국토교통부장관은 항공안전정책기본계획을 시행하기 위하여 연도별 시행계획을 수립할 수 있다.	

구분	항공안전장애 내용
7. 기타	나. 운항 중 여압조절 실패, 비상장비 누락, 비정상적 문·창문 열림 등 객실의 안전이 우려된 상황이 발생한 경우 (항공기준 사고에 해당하는 사항은 제외한다) 다. 기상, 교통상황 등 비행계획 단계에서 예측하지 못한 외부 요인으로 해당 비행편의 운항승무원이 최대승무시간을 초과한 경우 라. 비행 중 정상적인 조종을 할 수 없는 정도의 레이저 광선에 노출된 경우 마. 운항 중 객실승무원이 부상을 당한 경우 바. 항공기 운항 관련 직무를 수행하는 객실승무원의 신체·정신건강 또는 심리상태 등의 사유로 해당 객실승무원의 교체 또는 하기(下機)를 위하여 출발지 공항으로 회항하거나 목적지 공항이 아닌 공항에 착륙하는 경우

제11조제11조(긴급운항의 범위) 법 제4조제2항에서 "국토교통부령으로 정하는 공공목적으로 긴급히 운항(훈련을 포함한다) 하는 경우"란 소방·산림 또는 자연공원 업무 등에 사용되는 항공기를 이용하여 재해·재난의 예방, 응급환자를 위한 장기(臟器) 이송, 산림 방제(防除)·순찰, 산림보호사업을 위한 화물 수송, 그 밖에 이와 유사한 목적으로 긴급히 운항(훈련을 포함한다)하는 경우를 말한다.

✈ 예 / 상 / 문 / 제

01 다음 중 항공안전법의 목적과 관계없는 것은?

㉮ 경량항공기 안전 항행 도모
㉯ 항공기 안전 항행 도모
㉰ 항공시설 설치, 관리의 효율화
㉱ 항공기술 발전에 이바지

해설 **법 제1조(목적)**
이 법은 「국제민간항공협약」 및 같은 협약의 부속서에서 채택된 표준과 권고되는 방식에 따라 항공기, 경량항공기 또는 초경량비행장치가 안전하게 항행하기 위한 방법을 정함으로써 생명과 재산을 보호하고, 항공기술 발전에 이바지함을 목적으로 한다.

02 다음 중 항공안전법의 목적이 아닌 것은?

㉮ 항공기가 안전하게 항행하기 위한 방법을 정한다.
㉯ 항공운송사업의 질서를 확립한다.
㉰ 경량항공기가 안전하게 항행하기 위한 방법을 정한다.
㉱ 항공기술의 발전에 이바지한다.

해설 1번항 해설 참조

03 항공안전법 시행령이란?

㉮ 법조문의 실효성을 확보하기 위해 각종의 벌칙을 규정한다.
㉯ 항공안전법에서 위임된 사항과 그 시행에 필요한 사항을 대통령이 정한 것이다.
㉰ 항공안전법에서 위임된 사항과 그 시행에 필요한 사항을 국토교통부장관이 정한 것이다.
㉱ 항공안전법 및 동법 시행령에서 위임된 사항과 그 시행에 필요한 사항을 규정한다.

해설 **항공안전법 시행령 제1조(목적)**
이 영은 "항공안전법"에서 위임된 사항과 그 시행에 필요한 사항을 규정함을 목적으로 한다.

04 항공안전법 시행규칙의 목적에 대한 설명 중 맞는 것은?

㉮ 항공안전법의 목적과 항공용어의 정의를 규정한다.
㉯ 법률에서 위임한 사항과 그 시행에 필요한 사항을 정한다.
㉰ 법조문의 실효성을 확보하기 위하여 각종의 벌칙을 규정한다.
㉱ 항공안전법 및 같은 법 시행령에서 위임된 사항과 그 시행에 필요한 사항을 규정한다.

해설 **항공안전법 시행규칙 제1조(목적)**
이 규칙은 "항공안전법" 및 같은 법 시행령에서 위임된 사항과 그 시행에 필요한 사항을 규정함 을 목적으로 한다.

05 항공안전법 시행규칙의 정의를 옳게 설명한 것은?

㉮ 항공안전법 및 같은 법 시행령에서 위임된 사항과 그 시행에 필요한 사항을 규정한다.
㉯ 항공안전법에서 위임된 사항과 그 시행에 필요한 사항을 규정한다.
㉰ 항공안전법의 목적과 항공용어의 정의를 규정한다.
㉱ 법조문의 실효성을 확보하기 위해 각종의 벌칙을 규정한다.

해설 4번항 해설 참조

06 항공안전법에서 규정하고 있는 항공기의 정의를 바르게 설명한 것은?

㉮ 민간항공에 사용되는 대형항공기를 말한다.
㉯ 비행기, 비행선, 활공기, 헬리콥터
㉰ 민간에 사용되는 비행선, 활공기를 제외한 모든 항공기
㉱ 비행기, 비행선, 활공기, 헬리콥터, 그 밖에 대통령령으로 정하는 기기

정답 01 ㉰ 02 ㉯ 03 ㉯ 04 ㉱ 05 ㉮ 06 ㉱

07 다음 중 항공안전법에서 정한 항공기의 정의를 바르게 설명한 것은?

㉮ 사람이 탑승 조종하여 민간항공에 사용하는 비행기, 비행선, 활공기, 헬리콥터 기타 대통령령이 정하는 기기

㉯ 공기의 반작용으로 뜰수 있는 기기로서 최대이륙중량, 좌석수 등 국토교통부령으로 정하는 기준에 해당하는 비행기, 헬리콥터, 비행선, 활공기와 그 밖에 대통령령으로 정하는 기기

㉰ 공기의 반작용으로 뜰 수 있는 기기와 그 밖에 대통령령으로 정하는 기기

㉱ 비행기, 비행선, 활공기, 헬리콥터로서 항공에 사용할 수 있는 기기

해설 6번항 해설 참조

08 최대이륙중량, 좌석 수 등 국토교통부령으로 정하는 기준에 해당하는 비행기에 있어서 사람이 탑승하는 경우의 요건이 아닌 것은?

㉮ 최대이륙중량이 600킬로그램을 초과할 것

㉯ 조종사 좌석을 포함한 탑승좌석 수가 1개 이상일 것

㉰ 발동기가 1개 이상일 것

㉱ 연료의 중량을 제외한 자체 중량이 150킬로그램을 초과할 것

해설 6번항 해설 시행규칙 제2조1호 참조

09 최대이륙중량, 좌석 수 등의 국토교통부령으로 정하는 기준에 해 당하는 헬리콥터에 있어서 사람이 탑승하는 경우의 요건에 맞는 것은?

㉮ 500킬로그램을 초과할 것

㉯ 560킬로그램을 초과할 것

㉰ 600킬로그램을 초과할 것

㉱ 670킬로그램을 초과할 것

해설 6번항 해설 시행규칙 제2조제1호 참조

10 그 밖에 대통령령에 의해 항공기의 범위에 포함되는 것은?

㉮ 자체중량이 150킬로그램 미만인 1인승 비행장치

㉯ 자체중량이 200킬로그램 미만인 2인승 비행장치

㉰ 연료용량이 18리터 이상인 1인승 비행장치

㉱ 지구 대기권 내외를 비행할 수 있는 항공우주선

해설 6번항 해설 항공안전법시행령 제3조 참조

11 항공기의 범위에 속하는 경량항공기의 요건이 아닌 것은?

㉮ 최대이륙중량이 560킬로그램을 초과할 것

㉯ 조종석은 여압장치가 되어 있을 것

㉰ 최대 실속속도 또는 최소 정상비행속도가 45노트를 초과할 것

㉱ 조종사 좌석을 포함한 탑승 좌석이 2개를 초과할 것

해설 비행 중 비상용 산소를 사용해야 하는 상황이 발생한 경우

12 다음 중 항공기의 범위에 속하는 경량항공기는?

㉮ 최대이륙중량이 550킬로그램인 동력비행장치

㉯ 최대 실속속도가 45노트 이하일 것

㉰ 단발 왕복발동기를 장착한 동력비행장치

㉱ 비행 중 프로펠러의 각도를 조정할 수 있는 동력비행장치

해설 6번항 해설 시행규칙 제2조 참조

13 항공기의 범위에 포함되는 경량항공기의 최대이륙 중량은?

㉮ 500킬로그램을 초과할 것
㉯ 560킬로그램을 초과할 것
㉰ 600킬로그램을 초과할 것
㉱ 670킬로그램을 초과할 것

해설 6번항 및 11번항 해설 참조

14 항공기의 범위에 속하는 초경량비행장치는?

㉮ 연료의 중량을 제외한 자체중량이 115킬로그램 이하인 동력비행장치
㉯ 연료의 중량을 제외한 자체중량이 115킬로그램을 초과하는 동력 패러글라이더
㉰ 연료의 중량을 제외한 자체중량이 150킬로그램을 초과하는 무인비행기
㉱ 연료의 중량을 제외한 자체중량이 180킬로그램 이하이고 길이가 20미터 이하인 무인비행선

해설 항공기인 기기의 범위(규칙 제3조)
영 제2조제1호에서 "최대이륙중량, 좌석 수, 속도 또는 자체중량 등이 국토교통부령으로 정하는 기준을 초과하는 기기"란 다음 각 호의 어느 하나에 해당하는 것을 말함
1. 제4조제1호부터 제3호까지의 어느 하나 이상의 기준을 초과하거나 같은 조 제4호부터 제7호까지의 제한요건 중 어느 하나 이상의 제한요건을 벗어나는 비행기, 헬리콥터, 자이로플레인 또는 동력 패러슈트
2. 제5조제1호 각 목의 기준 중 어느 하나의 기준을 초과하는 제5조제7호 나목의 동력 패러글라이더

15 다음 중 국토교통부령이 정하는 "긴급한 업무"의 항공기가 아닌 것은?

㉮ 재난, 재해 등으로 인한 수색, 구조 항공기
㉯ 응급환자의 후송 등 구조, 구급활동 항공기
㉰ 산불의 진화 및 예방
㉱ 긴급 구호물자 수송 항공기

해설 항공안전법 제2조제2호 "국가기관 등 항공기"란 국가, 지방자치단체, 그 밖에 "공공기관의 운영에 관한 법률"에 따른 공공기관으로서 대통령령으로 정하는 공공기관(이하 "국가기관 등"이라 한다)이 소유하거나 임차 한 항공기로서 다음 각 목의 어느 하나에 해당 하는 업무를 수행하기 위하여 사용되는 항공기를 말한다. 다만, 군용·경찰용·세관용 항공기는 제외한다.
가. 재난, 재해 등으로 인한 수색, 구조
나. 산불의 진화 및 예방
다. 응급환자의 후송 등 구조, 구급활동
라. 그 밖에 공공의 안녕과 질서유지를 위하여 필요한 업무
시행령 제3조 (공공기관의 범위) 법 제2조제2호에서 "대통령령으로 정하는 공공기관"이란 "자연공원법" 제44조에 따른 국립공원관리공단을 말한다.

16 활공기의 종류로 맞는 것은?

㉮ 특수 활공기, 상급활공기, 중급활공기, 하급 활공기
㉯ 특수 활공기, 상급활공기, 중급활공기, 초급활공기
㉰ 특수 활공기, 고급 활공기, 중급활공기, 초급활공기
㉱ 특급 활공기, 상급활공기, 중급활공기, 초급활공기

해설 항공기 기술기준 part22 활공기의 종류는 다음 각 호와 같으며, 그 구분 은 법 제19조에 따른 항공기의 항행안전을 확 보하기 위한 기술상의 기준에 따라 다음 각 호 와 같이 구분한다.
1. 특수 활공기   2. 상급활공기
3. 중급활공기   4. 초급활공기

17 다음 중 활공기의 종류가 아닌 것은?

㉮ 초급   ㉯ 특별
㉰ 특수   ㉱ 상급

해설 16번항 해설 참조

18 항공안전법에서 규정하는 항공업무가 아닌 것은?

㉮ 운항관리 업무   ㉯ 항공기의 운항업무
㉰ 항공기의 조종연습   ㉱ 항공교통관제 업무

해설 법 제2조제5호 "항공업무"란 다음 각 목의 어느 하나에 해당하는 업무를 말한다.
가. 항공기의 운항(무선설비의 조작을 포함한다) 업무(제46조에 따른 항공기 조종연습은 제외한다)
나. 항공교통관제(무선설비의 조작을 포함한다) 업무(제47조에 따른 항공교통관제연습은 제외한다)
다. 항공기의 운항관리 업무
라. 정비·수리·개조(이하 "정비 등"이라 한다) 된 항공기·발동기·프로펠러(이하 "항공기 등"이라 한다), 장비품 또는 부품에 대하여 안전하게 운용할 수 있는 성능(이하 "감항 성"이라 한다)이 있는지를 확인하는 업무

19 항공안전법에서 규정하는 항공업무가 아닌 것은?

㉮ 항공교통관제 연습
㉯ 항공기의 운항관리업무
㉰ 항공기의 운항업무
㉱ 정비 등이 된 항공기 등에 대하여 감항성이 있는지를 확인하는 업무

해설 법 제2조제5호 "항공업무"란 다음 각 목의 어느 하나에 해당하는 업무를 말한다.
가. 항공기의 운항 (무선설비의 조작을 포함한다) 업무(제46조에 따른 항공기 조종연습은 제외한다)
나. 항공교통관제(무선설비의 조작을 포함한다) 업무(제47조에 따른 항공교통관제연습은 제외한다)
다. 항공기의 운항관리 업무
라. 정비·수리·개조(이하 "정비 등"이라 한다) 된 공기·발동기·프로펠러(이하 "항공기 등"이라 한다), 장비품 또는 부품에 대하여 안전하게 운용할 수 있는 성능(이하 "감항성"이라 한다)이 있는지를 확인하는 업무

20 다음 중 항공업무에 속하지 않는 것은?

㉮ 항공기에 탑승하여 행하는 항공기 운항

㉯ 항공기의 운항관리 업무

㉰ 항공교통관제 연습

㉱ 정비한 항공기에 대하여 감항성이 있는지를 확인하는 업무

[해설] 법 제2조제5호 "항공업무"란 다음 각 목의 어느 하나에 해당하는 업무를 말한다.
가. 항공기의 운항(무선설비의 조작을 포함한다) 업무(제46조에 따른 항공기 조종연습은 제외한다)
나. 항공교통관제(무선설비의 조작을 포함한다) 업무(제47조에 따른 항공교통관제연습은 제외한다)
다. 항공기의 운항관리 업무
라. 정비·수리·개조(이하 "정비 등"이라 한다) 된 공기·발동기·프로펠러(이하 "항공기 등"이라 한다), 장비품 또는 부품에 대하여 안전하게 운용할 수 있는 성능(이하 "감항성"이라 한다)이 있는지를 확인하는 업무

21 다음 중 항공안전법에서 규정하는 항공기사고의 범위에 해당되지 않는 것은?

㉮ 사람의 사망, 중상 또는 행방불명

㉯ 항공기의 파손 또는 구조적 손상

㉰ 항공기의 위치를 확인할 수 없거나 항공기에 접근이 불가능한 경우

㉱ 엔진 또는 객실이나 화물칸에서 화재 발생

[해설] 법 제2조제6호 "항공기사고"란 사람이 비행을 목적으로 항공기에 탑승하였을 때부터 탑승한 모든 사람이 항공기에서 내릴 때까지[사람이 탑승하지 아니 하고 원격조종 등의 방법으로 비행하는 항공기 (이하 "무인항공기"라 한다)의 경우에는 비행을 목적으로 움직이는 순간부터 비행이 종료되어 발동기가 정지되는 순간까지를 말한다] 항공기의 운항과 관련하여 발생한 다음 각 목의 어느 하나에 해당하는 것으로서 국토교통부령으로 정하는 것을 말한다.
가. 사람의 사망, 중상 또는 행방불명
나. 항공기의 파손 또는 구조적 손상
다. 항공기의 위치를 확인할 수 없거나 항공기에 접근이 불가능한 경우

22 항공기사고로 인한 사망, 중상 등의 적용기준이 아닌 것은?

㉮ 항공기에 탑승한 사람이 사망하거나 중상을 입은 경우

㉯ 항공기의 엔진 후류로 인하여 사망하거나 중상을 입은 경우

㉰ 비행을 목적으로 탑승한 사람이 있는 항공기로부터 이탈된 부품으로 인하여 사망한 경우

㉱ 자연적인 원인 또는 자기 자신이나 타인에 의하여 발생된 경우

[해설] 시행규칙 제6조 (사망·중상 등의 적용기준) 법 제2조제6호 가목에 따른 사람의 사망 또는 중상에 대한 적용기준은 다음 각 호와 같다.
1. 항공기에 탑승한 사람이 사망하거나 중상을 입은 경우. 다만, 자연적인 원인 또는 자기 자신이나 타인에 의하여 발생된 경우와 승객 및 승무원이 정상적으로 접근할 수 없는 장소에 숨어있는 밀항자 등에게 발생한 경우는 제외한다.
2. 비행을 목적으로 탑승한 사람이 있는 항공기로부터 이탈된 부품이나 그 항공기와의 직접적인 접촉 등으로 인하여 사망하거나 중상을 입은 경우
3. 항공기 발동기의 흡입 또는 후류(後流)로 인하여 사망하거나 중상을 입은 경우 법 제2조제6호가목, 제7호가목 및 제8호가목에 따른 행방불명은 항공기·경량항공기·초경량비행장치사고로 1년간 생사가 분명하지 아니한 경우에 적용한다.
법 제2조제7호가목 및 제8호가목에 따른 사람의 사망 또는 중상에 대한 적용기준은 다음 각 호와 같다.
1. 경량항공기 및 초경량비행장치에 탑승한 사람이 사망하거나 중상을 입은 경우. 다만, 자연적인 원인 또는 자기 자신이나 타인에 의하여 발생된 경우는 제외한다.
2. 비행 중이거나 비행을 준비 중인 경량항공기 또는 초경량비행장치로부터 이탈된 부품이나 그 경량항공기 또는 초경량비행장치와의 직접적인 접촉 등으로 인하여 사망하거나 중상을 입은 경우

23 다음 중 중상의 범위에 포함되지 않는 것은?

㉮ 부상을 입은 날부터 7일 이내에 24시간을 초과하는 입원 치료를 요하는 부상

㉯ 심한출혈, 신경, 근육 또는 힘줄의 손상

㉰ 골절

㉱ 내장의 손상

[해설] 시행규칙 제7조(사망·중상의 범위)
법 제2조제6호가목, 제7호가목 및 제8호가 목에 따른 사망은 항공기사고, 경량항공기 사고 또는 초경량비행장치 사고가 발생한 날부터 30일 이내에 그 사고로 사망한 경우를 포함한다.
법 제2조제6호가목(항공기), 제7호가목(경량항공기) 및 제8호가목(초경량비행장치)에 따른 중상의 범위는 다음 각 호와 같다.
1. 항공기사고, 경량항공기사고 또는 초경량비행장치사고로 부상을 입은 날부터 7일 이내에 48시간을 초과하는 입원치료가 필요한 부상
2. 골절(코뼈, 손가락, 발가락 등의 간단한 골절은 제외한다)
3. 열상(찢어진 상처)으로 인한 심한 출혈, 신경·근육 또는 힘줄의 손상
4. 2도나 3도의 화상 또는 신체표면의 5퍼센트를 초과하는 화상(화상을 입은 날부터 7일 이내에 48시간을 초과하는 입원치료가 필요한 경우만 해당한다)
5. 내장의 손상
6. 전염물질이나 유해방사선에 노출된 사실이 확인된 경우

24 항공기의 중대한 손상 등의 범위에 속하지 않는 것은?

㉮ 엔진의 덮개나 부속품의 고장 등의 엔진 고장

㉯ 비행에 지장을 초래하는 손상, 파손 또는 구조상의 결함

㉰ 항공기의 감항성에 영향을 미치는 부품의 교체

㉱ 발동기가 떨어져 나가면서 항공기를 손상시킨 경우

해설 시행규칙 제8조 (항공기의 중대한 손상 등의 범위) 법 제2조제6호나목에서 "항공기의 중대한 손상·파손 또는 구조상의 결함"이란 별표 1의 항공기의 손상·파손 또는 구조상의 결함으로 항공기 구조물의 강도, 항공기의 성능 또는 비행특성에 악영향을 미쳐 대수리 또는 해당 구성품(component)의 교체가 요구되는 것을 말한다.

※ [별표 1] 항공기의 손상·파손 또는 구조상의 결함 (제8조 관련)

1. 다음 각 목의 어느 하나에 해당되는 경우에는 항공기의 중대한 손상·파손 및 구조상의 결함으로 본다.
   가. 항공기에서 발동기가 떨어져 나간 경우
   나. 발동기의 덮개 또는 역추진장치 구성품이 떨어져 나가면서 항공기를 손상시킨 경우
   다. 압축기, 터빈블레이더 및 그 밖에 다른 발동기 구성품이 발동기 덮개를 관통한 경우. 다만, 발동기의 배기구를 통해 유출된 경우는 제외한다.
   라. 레이돔 (radome)이 파손되거나 떨어져 나가면서 항공기의 동체 구조 또는 시스템에 중대한 손상을 준 경우
   마. 플랩, 슬랫 (slat) 등 고양력장치 및 윙렛 (winglet)이 손실된 경우. 다만, 외형변경목록 (Configuration Deviation List)을 적용하여 항공기를 비행에 투입할 수 있는 경우는 제외한다.
   바. 바퀴다리 (landing gear leg)가 완전히 펴지지 않았거나 바퀴 (wheel)가 나오지 않은 상태에서 착륙하여 항공기의 표피가 손상된 경우. 다만, 간단한 수리를 하여 항공기가 비행할 수 있는 경우는 제외한다.
   사. 항공기 내부의 감압 또는 여압을 조절하지 못하게 되는 구조적 손상이 발생한 경우
   아. 항공기 준사고 또는 항공안전장애 등의 발생에 따라 항공기를 점검한 결과 심각한 손상이 발견된 경우
   자. 비상탈출로 중상자가 발생했거나 항공기가 심각한 손상을 입은 경우
   차. 그 밖에 가목부터 자목까지의 경우와 유사한 항공기의 손상·파손 또는 구조상의 결함이 발생한 경우
2. 제1호에 해당하는 경우에도 다음 각 목의 어느 하나에 해당하는 경우에는 항공기의 중대한 손상·파손 및 구조상의 결함으로 보지 아니한다.
   가. 덮개 및 부품(accessory)을 포함하여 한 개의 발동기의 고장 또는 손상
   나. 프로펠러, 날개 끝 (wing tip), 안테나, 프로브 (probe), 베인 (vane), 타이어, 브레이크, 바퀴, 페어링 (faring), 패널 (panel), 착륙장치 덮개, 방풍창 및 항공기 표피의 손상
   다. 주회전익, 꼬리회전익 및 착륙장치의 경미한 손상
   라. 우박 또는 조류와 충돌 등에 따른 경미한 손상 [레이돔 (radome)의 구멍을 포함한다]

25 다음 중 국토교통부령으로 정하는 항공기준사고의 범위에 포함되지 않는 것은?

㉮ 엔진화재

㉯ 조종사가 비상선언을 하여야 하는 연료 부족 발생

㉰ 비행 중 엔진 덮개의 풀림이나 이탈

㉱ 이륙 또는 초기 상승 중 규정된 성능에 도달 실패

해설 법 제2조제9호 "항공기준사고"란 항공기사고 외에 항공기사고로 발전할 수 있었던 것으로서 국토교통부령 으로 정하는 것을 말한다.
시행규칙 제9조 (항공기준사고의 범위) 법 제2조제14호에서 "국토교통부령으로 정하는 것"이란 별표 2와 같다.
[별표 2] 항공기준사고의 범위 (제9조 관련)

1. 항공기의 위치, 속도 및 거리가 다른 항공기와 충돌위험이 있었던 것으로 판단되는 근접비행이 발생한 경우 (다른 항공기와의 거리가 500피트 미만으로 근접하였던 경우를 말한다) 또는 경미한 충돌이 있었으나 안전하게 착륙한 경우
2. 항공기가 초기 상승단계 이후 또는 최종접근단계 이전의 정상적인 비행 중 지표, 수면 또는 그 밖의 장애물과 충돌(CFIT)을 가까스로 회피한 경우
3. 항공기, 차량, 사람 등이 허가 없이 또는 잘못된 허가로 항공기 이륙·착륙을 위해 지정된 보호구역에 진입하여 다른 항공기와 충돌할 뻔한 경우
4. 항공기가 다음 각 목의 장소에서 이륙하거나 이륙을 포기한 경우 또는 착륙하거나 착륙을 시도한 경우
   가. 폐쇄된 활주로 또는 다른 항공기가 사용 중인 활주로
   나. 허가 받지 않은 활주로
   다. 유도로(헬리콥터가 허가를 받고 이륙하거나 이륙을 포기한 경우 또는 착륙하거나 착륙을 시도한 경우는 제외한다)
5. 항공기가 이륙·착륙 중 활주로 시단에 못 미치거나 (Undershooting) 또는 종단을 초과한 경우 (Overrunning) 또는 활주로 옆으로 이탈한 경우
6. 항공기가 이륙 또는 초기 상승 중 규정된 성능에 도달하지 못한 경우
7. 비행 중 운항승무원이 신체, 심리, 정신 등의 영향으로 조종업무를 정상적으로 수행할 수 없는 경우
8. 조종사가 연료량 또는 연료배분 이상으로 비상선언을 한 경우 (연료의 불충분, 소진, 누유 등으로 인한 결핍 또는 사용 가능한 연료를 사용할 수 없는 경우를 말한다)
9. 항공기 시스템의 고장, 기상 이상, 항공기 운용한계의 초과 등으로 조종상의 어려움이 발생했거나 발생할 수 있었던 경우
10. 다음 각 목에 따라 항공기에 심각한 손상이 발견된 경우(항공기 사고로 분류된 경우는 제외한다)
    가. 항공기가 지상에서 운항 중 다른 항공기나 장애물, 차량, 장비 또는 동물과 접촉·충돌
    나. 비행 중 조류, 우박, 기타 물체와 충돌, 기상 이상 등
    다. 항공기 이륙·착륙 중 날개, 발동기 또는 동체와 지면의 접촉. 다만, Tail-skid의 경미한 접촉 등 항공기 이륙·착륙에 지장이 없는 경우는 제외한다.
11. 비행 중 비상용 산소를 사용해야 하는 상황이 발생한 경우
12. 운항 중 항공기 구조상의 결함(aircraft strutural failure)이 발생한 경우 또는 터빈 발동기의 내부 부품이 발동기 외부로 떨어져 나간 경우를 포함하여 터빈 발동기의 내부 부품이 분해된 경우 (항공기사고로 분류된 경우는 제외한다)
13. 운항 중 발동기에서 화재가 발생하거나 조종실, 객실이나 화물칸에서 화재·연기가 발생한 경우 (소화기를 사용하여 진화한 경우를 포함한다)
14. 비행 중 비행 유도 및 항행에 필요한 예비시스템 중 2개 이상의 고장으로 항행에 지장을 준 경우
15. 비행 중 2개 이상의 항공기 시스템 고장이 동시에 발생하여 비행에 심각한 영향을 미치는 경우
16. 운항 중 비의도적으로 항공기 외부의 인양물이나 탑재물이 항공기로부터 분리된 경우 또는 비상조치를 위해 의도적으로 항공기 외부의 인양물이나 탑재물이 항공기로부터 분리한 경우

비고 : 항공기준사고 조사결과에 따라 항공기사고 또는 항공안전장애로 재분류할 수 있음

26 국토교통부령으로 정하는 항공안전장애의 내용이 아닌 것은?

㉮ 안전운항에 지장을 줄 수 있는 물체가 활주로 위에 방치된 경우

㉯ 항공기가 허가 없이 비행금지 구역 또는 비행제한 구역에 진입한 경우

㉰ 운항 중 발동기의 내부 부품이 발동기 외부로 떨어져 나간 경우

㉱ 주기 중인 항공기와 차량 또는 물체 등이 충돌한 경우

해설 법 제2조제10호 "항공안전장애"란 항공기사고, 항공기준사고 외에 항공기 운항 등과 관련하여 항공안전에 영향을 미치거나 미칠 우려가 있었던 것으로서 국토교통부령으로 정하는 것을 말한다. 시행규칙 제10조 (항공안전장애의 범위)법 제2조제10호에서 "국토교통부령으로 정하는 것"이란 별표 3과 같다. (항공안전장애는 별표 3을 참조하여 이해할 것)

27 다음 중 항공안전장애의 범위에 속하지 않는 것은?

㉮ 운항 중 객실이나 화물칸에서 화재·연기가 발생한 경우

㉯ 운항 중 엔진 덮개가 풀리거나 이탈한 경우

㉰ 이동지역에서 운항 중인 항공기의 안전에 지장을 준다고 판단되는 위험물이 발견된 경우

㉱ 안전운항에 지장을 줄 수 있는 잘못된 운항절차 또는 항공교통관제절차

해설 26번항 해설 참조

28 다음 중 항공로는 누가 지정하는가?

㉮ 지방항공청장

㉯ 국방부장관

㉰ 대통령

㉱ 국토교통부장관

해설 법 제2조제13호 "항공로"란 국토교통부장관이 항공기, 경량항공기 또는 초경량비행장치의 항행에 적합하다고 지정한 지구의 표면상에 표시한 공간의 길을 말한다.

29 국토교통부장관이 항공기의 항행에 적합하다고 지정한 지구의 표면상에 표시한 공간의 길을 무엇이라 하는가?

㉮ 진입구역

㉯ 진입표면

㉰ 항공로

㉱ 관제구역

해설 "항공로"란 국토교통부장관이 항공기, 경량항공기 또는 초경량비행장치의 항행에 적합하다고 지정한 지구의 표면상에 표시한 공간의 길을 말한다.

30 다음 중 항공로의 설명으로 옳은 것은?

㉮ 국토교통부장관이 항공기의 항행에 적합하다고 지정한 지구의 표면상에 표시한 공간의 길

㉯ 지표면 또는 수면으로부터 200미터 이상 높이의 공역으로서 항공교통의 안전을 위하여 국토교통부장관이 지정한 공역

㉰ 비행장과 그 주변 공역으로서 항공교통의 안전을 위하여 국토교통부장관이 지정한 공역

㉱ 항공기가 항행함에 있어서 시정 및 구름의 상황 등을 고려하여 국토교통부장관이 지정한 공역

해설 28번항 해설 참조

31 다음 중 경량항공기의 종류에 포함되지 않는 것은?

㉮ 비행기

㉯ 헬리콥터

㉰ 동력 패러글라이더

㉱ 자이로플렌

해설 법 제2조제2호 "경량항공기"란 항공기 외에 공기의 반작용으로 뜰 수 있는 기기로서 최대이륙중량, 좌석 수 등 국토교통부령으로 정하는 기준에 해당하는 비행기, 헬리콥터, 자이로플레인(gyroplane) 및 동력 패러슈트(powered parachute) 등을 말한다. 경량항공기의 기준(규칙 제4조) 법 제2조제2호에서 "국토교통부령으로 정하는 기준에 해당하는 비행기, 헬리콥터, 자이로플레인 및 동력 패러슈트 등"이란 법 제2조 제3호에 따른 초경량비행장치에 해당하지 아니하는 것으로서 다음 각 호의 기준을 모두 충족하는 비행기, 헬리콥터, 자이로플레인 및 동력 패러슈트를 말한다.
경량항공기의 기준(규칙 제4조)
1. 최대이륙중량이 600킬로그램(수상비행에 사용 : 650킬로그램) 이하일 것
2. 최대 실속속도 또는 최소 정상비행속도가 45노트 이하일 것
3. 조종사 좌석을 포함한 탑승좌석이 2개 이하일 것
4. 단발왕복발동기를 장착할 것
5. 조종석은 여압이 되지 않을 것
6. 비행 중에 프로펠러의 각도를 조정할 수 없을 것
7. 고정된 착륙장치가 있을 것 다만, 수상비행에 사용하는 경우 고정된 착륙장치 외에 접을 수 있는 착륙장치를 장착할 수 있다.

32 경량항공기의 기준으로 적합하지 않은 것은?

㉮ 탑승자, 연료 및 비상용 장비의 중량을 제외한 해당 장치의 중량이 115킬로그램을 초과할 것

㉯ 최대이륙중량이 600킬로그램 이하일 것

㉰ 비행 중에 프로펠러의 각도를 조정할 수 없을 것

㉱ 조종사 좌석을 제외한 탑승좌석이 2개 이하일 것

해설 31번항 해설 참조

33 항공안전법이 규정하는 항공종사자라 함은?

㉮ 항행안전시설의 보수업무에 종사하는 자

㉯ 항공안전법 제34조제1항의 규정에 의한 자격증명을 받은 자

㉰ 항공기의 정비업무에 종사하는 자

㉱ 항공기의 운항을 위하여 조종업무를 하는 자

해설 법제2조제14호 "항공종사자"란 법 제34조제1항에 따른 항공종사자 자격증명을 받은 사람을 말한다.

34 다음 중 항공종사자에 대하여 옳게 설명한 것은?

㉮ 항공업무에 종사하는 자

㉯ 항공기 정비업무에 종사하는 자

㉰ 항공기에 탑승 조종하는 업무에 종사하는 사람

㉱ 법 제34조에 따른 항공종사자 자격증명을 받은 사람

해설 33번항 해설 참조

35 다음 중 항공종사자란?

㉮ 항공기에 탑승하여 계기조작 업무를 담당하는 자

㉯ 항공사에 근무하는 자

㉰ 공항에 근무하는 자

㉱ 항공종사자 자격증명을 받은 자

해설 33번항 해설 참조

36 항공기의 조종실을 모방하여 실제의 항공기와 동일하게 재현할 수 있게 고안된 장치는?

㉮ 모의비행장치

㉯ 초경량비행장치

㉰ 무선비행장치

㉱ 경량항공기

해설 법 제2조제15호 "모의비행장치"란 항공기의 조종실을 모방하여 기계·전기·전자장치 등의 통제기능과 비행의 성능 및 특성 등을 실제의 항공기와 동일하게 재현할 수 있게 고안된 장치를 말한다.

37 다음 중 항공종사자 자격증명을 받은 사람으로서 항공기에 탑승하여 항공업무에 종사하는 사람을 무엇이라 하는가?

㉮ 조종사

㉯ 운항승무원

㉰ 항공사

㉱ 객실승무원

해설 법 제2조제16호

38 비행장과 그 주변의 공역으로서 항공교통안전을 위하여 국토교통부장관이 지정한 공역을 무엇이라 하는가?

㉮ 관제구

㉯ 관제권

㉰ 항공로

㉱ 관제공역

해설 법 제2조제25호 "관제권"이란 비행장 또는 공항과 그 주변의 공역으로서 항공교통의 안전을 위하여 국토교통부장관이 지정·공고한 공역을 말한다.

39 지표면 또는 수면으로부터 200미터 이상의 높이의 공역으로서 항공교통의 안전을 위하여 국토교통부장관이 지정한 공역을 무엇이라 하는가?

㉮ 관제권

㉯ 관제구

㉰ 항공로

㉱ 진입구역

해설 법 제2조제26호 "관제구"란 지표면 또는 수면으로부터 200미터 이상 높이의 공역으로서 항공교통의 안전을 위하여 국토교통부장관이 지정·공고한 공역을 말한다.

40 다음 중 관제구의 높이로 맞는 것은?

㉮ 지표면 또는 수면으로부터 150미터 이상 높이의 공역

㉯ 지표면 또는 수면으로부터 200미터 이상 높이의 공역

㉰ 지표면 또는 수면으로부터 250미터 이상 높이의 공역

㉱ 지표면 또는 수면으로부터 300미터 이상 높이의 공역

41 "군용항공기 등의 적용 특례" 사항이 아닌 것은?

㉮ 군용항공기와 이에 관련된 항공업무에 종사하는 자에 대하여는 이 법을 적용하지 아니한다.

㉯ 세관 업무에 사용하는 항공기와 이에 관련된 항공업무에 종사하는 자에 대하여는 이 법을 적용하지 아니한다.

㉰ 국가기관등 항공기와 이에 관련된 항공업무에 종사하는 자에 대하여는 이 법을 적용하지 아니한다.

㉱ 경찰업무에 사용되는 항공기와 이에 관련된 항공업무에 종사하는 자에 대하여는 이 법을 적용하지 아니한다.

법 제3조(군용항공기 등의 적용 특례)

① 군용항공기와 이에 관련된 항공업무에 종사하는 사람에 대하여는 이 법을 적용하지 아니함

② 세관 또는 경찰업무에 사용하는 항공기와 이와 관련된 항공업무에 종사하는 사람에 대하여는 이 법을 적용하지 아니함. 다만, 공중 충돌 등 항공기사고의 예방을 위하여 제51조(무선설비의 설치 · 의무), 제67조(항공기의 비행규칙), 제68조제5호(항공기의 비행 중 금지행위 등 – 무인항공기의 비행), 제79조(항공기의 비행제한 등) 및 제84조 제1항(항공교통관제업무 지시의 준수)을 적용한다.

③ "대한민국과 아메리카합중국 간의 상호방위 조약" 제4조에 따라 미합중국이 사용하는 항공기와 이와 관련된 항공업무에 종사하는 사람에 대하여는 제2항을 준용함

※ "국제민간항공협약" 제3조제1항에 의거 이 협약은 민간 항공기에만 적용되며, 국가 항공기는 협약 대상에서 제외됨. 국가 항공기라 함은 군용기, 세관용 항공기, 경찰용 항공기 등 국가기관에 소속하거나 그와 같은 목적을 위하여 그와 동일한 기능을 가지고 사용되는 경우를 뜻함

*국가 항공기의 범주 : 경찰, 세관, 군용 항공기, 우편배달 항공기, 국가원수 수행 항공기, 고위 관료 수행 항공기, 특별사절 수행 항공기

42 "국가기관등항공기의 적용 특례" 사항은?

㉮ 국가기관등항공기와 이에 관련된 항공업무에 종사하는 자에 대하여는 제66조, 제69조 및 제132조의 규정을 제외하고는 이 법을 적용한다.

㉯ "대한민국과 미합중국 간의 상호방위조약" 제4조 규정에 의하여 미합중국이 사용하는 항공기와 이에 관련된 항공 업무에 종사하는 사람은 이 법을 적용하지 아니한다.

㉰ 국토교통부령이 정하는 긴급출동의 경우를 제외하고는 공중 충돌 예방을 위하여 제53조, 제67조, 제69조 및 제77 조제1항의 규정을 적용하는 항공기는 이 법을 적용하지 아니한다.

㉱ 국가기관등항공기를 재해, 재난 등으로 인한 수색 · 구조 업무 등을 하는 경우 제23조에 따른 감항증명 등을 면제한다.

법 제4조(국가기관등항공기의 적용 특례)

① 국가기관등항공기와 이와 관련된 항공업무에 종사하는 사람에 대하여는 이 법 [제66조 (항공기의 이륙 · 착륙의 장소), 제69조(긴급 항공기의 지정 등), 제70조(위험물 운송 등), 제71조, 제73조 및 제132조(항공안전 활동)는 제외한다]을 적용함

② 제1항에도 불구하고 국가기관등항공기를 재해, 재난 등으로 인한 수색 · 구조, 화재의 진화, 응급환자 후송 그 밖에 국토교통부령으로 정하는 공공목적으로 긴급히 운항(훈련을 포함)하는 경우 제53조(항공기의 연료), 제67조(항공기의 비행규칙), 제68조제1호부터 제3호까지(항공기의 비행 등 금지 행위), 제77조제1항제7호(항공기의 안전 운항을 위한 기술기준), 제79조(항공기의 비행제한 등) 및 제84조제1항(항공교통관제업무 지시의 준수)을 적용하지 아니함

시행규칙 제11조 (긴급운항의 범위) 법 제4조제2항에서 "국토교통부령으로 정하는 공공목적으로 긴급히 운항(훈련을 포함한다)하는 경우" 란 소방 · 산림 또는 자연 공원업무 등에 사용되는 항공기를 이용하여 재해 · 재난의 예방, 응급환자를 위한 장기이송, 산림방제 · 순찰 · 산림보호사업을 위한 화물수송 그 밖에 이와 유사한 목적으로 긴급하게 운항하는 경우

43 그 밖에 국토교통부령으로 정하는 공공목적으로 항공기를 이용한 긴급운항의 범위에 포함되지 않는 것은?

㉮ 재난 · 재해 예방

㉯ 산림방제 · 순찰

㉰ 화재의 진화

㉱ 응급환자를 위한 장기이송

42번항 해설 참조

44 임대차 항공기에 대한 항공기 운항 등에 관련된 권한 및 의무의 이양에 관한 사항이 아닌 것은?

㉮ 외국에 등록된 항공기를 임차하여 운영하는 경우

㉯ 대한민국에 등록된 항공기를 외국에 임대하여 운항하게 하는 경우 임대차

㉰ 임대차 항공기에 대한 권한 및 의무 이양에 관한 사항은 대통령이 정하여 고시한다.

㉱ 임대차 항공기에 대한 권한 및 의무 이양에 관한 사항은 "국제민간항공협약"에 따른다.

법 제5조 (임대차 항공기의 운영에 대한 권한 및 의무이양의 적용 특례) 외국에 등록된 항공기를 임차하여 운영하거나 대한민국에 등록된 항공기를 외국에 임대하여 운항하게 하는 경우 그 임대차 항공기의 운영에 관련된 권한 및 의무의 이양에 관한 사항은 "국제민간항공협약"에 따라 국토교통부장관이 정하여 고시한다.

*(국토교통부고시) 고정익항공기를 위한 운항기술기준 9 · 1 · 16 · 2 항공기임대차 관련 권한 및 의무이양 국토교통부장관은 법 제5조에 따라 외국에 등록된 항공기를 임차하여 운용하거나, 대한민국에 등록된 항공기를 외국에 임대하여 운용토록 하는 경우 그 임대차 항공기의 등록국가 또는 운영국가와 당해 임대차 항공기의 감항증명, 항공종사자 자격관리, 항공기 운항 등에 관한 권한과 의무의 이양에 관한 협정을 체결하여야 한다.

⚖️ 구 / 술 / 예 / 상 / 문 / 제

01 항공안전법의 목적?

[해설] 이 법은 「국제민간항공조약」 및 같은 협약의 부속서에서 채택된 표준과 권고되는 방식에 따라 항공기, 경량항공기, 또는 초경량비행장치가 안전하게 항행하기 위한 방법을 정함으로써 생명과 재산을 보호하고, 항공기술 발전에 이바지함을 목적으로 한다.

[근거] 항공안전법 제1조(목적)

02 항공기란?

[해설] 공기의 반작용(지표면 또는 수면에 대한 공기의 반작용은 제외한다)으로 뜰 수 있는 기기로서 최대이륙중량, 좌석 수 등 국토교통부령으로 정하는 기준에 해당하는 비행기, 헬리콥터, 비행선, 활공기와 최대이륙중량, 좌석 수, 또는 자체 중량 등이 국토교통부령으로 정하는 기준을 초과하는 기기 및 지구 대기권 내외를 비행할 수 있는 항공우주선을 말한다.

[근거] 항공안전법 제2조(정의) 및 항공안전법시행령 제2조(항공기의 범위)

03 항공안전법시행령이란?

[해설] 「항공안전법」에서 위임된 사항과 그 시행에 필요한 사항을 규정함을 목적으로 한다.

[근거] 항공안전법시행령 제1조(목적)

04 항공안전법시행규칙이란?

[해설] 「항공안전법」 및 같은 법 시행령에서 위임된 사항과 그 시행에 필요한 사항을 규정함을 목적으로 한다.

[근거] 항공안전법시행규칙 제1조(목적)

05 국가기관항공기란?

[해설] 군용, 경찰용 및 세관용 항공기를 말한다.

[근거] 항공안전법 제2조(정의) 제4호

06 국가기관등항공기란?

해설 국가, 지방자치단체, 그 밖에 「공공기관의 운영에 관한 법률」에 따른 공공기관으로서 대통령령으로 정하는 공공기관이 소유하거나 임차한
항공기로서
가. 재난·재해 등으로 인한 수색·구조
나. 산불의 진화 및 예방
다. 응급환자의 후송 등 구조·구급활동
라. 그 밖에 공공의 안녕과 질서유지를 위하여 필요한 업무를 수행하는 항공기를 말한다.
근거 항공안전법 제2조(정의) 제4호

07 항공종사자란?

해설 국토교통부장관으로부터 항공종사자 자격증명을 받은 사람을 말한다.
근거 항공안전법 제2조(정의) 제14호 항공안전법 제34조제1항

08 비행기(Aeroplane)란?

해설 주어진 비행조건 하에서 고정된 공기역학적인 반작용을 이용하여 비행을 위한 양력을 얻는 동력 중(重)공 항공기를 말한다.
근거 고정익항공기 운항기술기준(총칙)

09 활공기라 함은?

해설 주로 엔진을 사용하지 않고 자유 비행을 하며 날개에 작용하는 공기력의 동적 반작용을 이용하여 비행이 유지되는 공기보다 무거운 항공기를
의미한다.
근거 운항기술기준

10 무인항공기란?

해설 사람이 탑승하지 아니하고 원격·자동으로 비행할 수 있는 항공기를 말한다.
근거 운항기술기준

11 모의비행훈련장치(Flight Simulation Training Device)란?

해설 지상에서 비행 상태를 시뮬레이션(Simulation)하는 다른 형식의 장치
가) 모의비행장치(Fight simulator) : 기계, 전기, 전자 등 항공기 시스템의 조작기능, 조종실의 정상적인 환경, 항공기의 비행특성과 성능을 실제와
같이 시뮬레이션 하는 특정 항공기 형식의 조종실을 똑같이 재현한 장치
나) 비행절차훈련장치(Flight procedures trainer) : 실제와 같은 조종실 환경을 제공하며, 특정 등급 항공기의 계기 반응 및 전자, 전기, 기계적인
항공기 시스템의 간단한 조작, 비행특성과 성능을 시뮬레이션 하는 장치
다) 기본계기비행훈련장치(Basic instrument flight trainer) : 적절한 계기를 장착하고, 계기비행상태에서 비행 중인 항공기의 조종실 환경을 시뮬레
이션 하는 장치
근거 운항기술기준

12 최신비행훈련장치(Advance Flight Training Device)란?

해설 특정한 항공기에 대한 구조, 모델 및 형식의 항공기 조종실과 실제 항공기와 동일한 조종장치를 가지는 조종실 모의훈련장치를 말한다.
근거 운항기술기준

항공안전법	항공안전법 시행령

제2장 항공기 등록

제7조(항공기 등록) 항공기를 소유하거나 임차하여 항공기를 사용할 수 있는 권리가 있는 자(이하 "소유자 등"이라 한다)는 항공기를 대통령령으로 정하는 바에 따라 국토교통부장관에게 등록을 하여야 한다. 다만, 대통령령으로 정하는 항공기는 그러하지 아니하다.

제8조(항공기 국적의 취득) 제7조에 따라 등록된 항공기는 대한민국의 국적을 취득하고, 이에 따른 권리와 의무를 갖는다.

제9조(항공기 소유권 등) ① 항공기에 대한 소유권의 취득·상실·변경은 등록하여야 그 효력이 생긴다.
② 항공기에 대한 임차권(賃借權)은 등록하여야 제3자에 대하여 그 효력이 생긴다.

제10조(항공기 등록의 제한) ① 다음 각 호의 어느 하나에 해당하는 자가 소유하거나 임차한 항공기는 등록할 수 없다. 다만, 대한민국의 국민 또는 법인이 임차하여 사용할 수 있는 권리가 있는 항공기는 그러하지 아니하다.
1. 대한민국 국민이 아닌 사람
2. 외국정부 또는 외국의 공공단체
3. 외국의 법인 또는 단체
4. 제1호부터 제3호까지의 어느 하나에 해당하는 자가 주식이나 지분의 2분의 1 이상을 소유하거나 그 사업을 사실상 지배하는 법인
5. 외국인이 법인 등기사항증명서상의 대표자이거나 외국인이 법인 등기사항증명서상의 임원 수의 2분의 1 이상을 차지하는 법인
② 제1항 단서에도 불구하고 외국 국적을 가진 항공기는 등록할 수 없다.

제11조(항공기 등록사항) ① 국토교통부장관은 제7조에 따라 항공기를 등록한 경우에는 항공기 등록원부(登錄原簿)에 다음 각 호의 사항을 기록하여야 한다.
1. 항공기의 형식
2. 항공기의 제작자
3. 항공기의 제작번호
4. 항공기의 정치장(定置場)
5. 소유자 또는 임차인·임대인의 성명 또는 명칭과 주소 및 국적
6. 등록연월일
7. 등록기호
② 제1항에서 규정한 사항 외에 항공기의 등록에 필요한 사항은 대통령령으로 정한다.

제12조(항공기 등록증명서의 발급) 국토교통부장관은 제7조에 따라 항공기를 등록하였을 때에는 등록한 자에게 대통령령으로 정하는 바에 따라 항공기 등록증명서를 발급하여야 한다.

제4조(등록을 필요로 하지 아니하는 항공기의 범위) 법 제7조 단서에서 "대통령령으로 정하는 항공기"란 다음 각 호의 어느 하나에 해당하는 항공기를 말한다.
1. 군 또는 세관에서 사용하거나 경찰업무에 사용하는 항공기
2. 외국에 임대할 목적으로 도입한 항공기로서 외국 국적을 취득할 항공기
3. 국내에서 제작한 항공기로서 제작자 외의 소유자가 결정되지 아니한 항공기
4. 외국에 등록된 항공기를 임차하여 법 제5조에 따라 운영하는 경우 그 항공기

제2장 항공기 등록

제12조(등록기호표의 부착) ①항공기를 소유하거나 임차할 수 있는 권리가 있는 자(이하 "소유자 등"이라 한다)가 항공기를 등록한 경우에는 법 제17조제1항에 따라 강철 등 내화금속(耐火金屬)으로 된 등록기호표(가로 7센티미터 세로 5센티미터의 직사각형)를 다음 각 호의 구분에 따라 보기 쉬운 곳에 붙여야 한다.

1. 항공기에 출입구가 있는 경우 : 항공기 주(主)출입구 윗부분의 안쪽
2. 항공기에 출입구가 없는 경우 : 항공기 동체의 외부 표면
② 제1항의 등록기호표에는 국적기호 및 등록기호(이하 "등록부호"라 한다)와 소유자 등의 명칭을 적어야 한다.

제13조(국적 등의 표시) ① 법 제18조제1항 단서에서 "신규로 제작한 항공기 등 국토교통부령으로 정하는 항공기"란 다음 각 호의 어느 하나에 해당하는 항공기를 말한다.

1. 제36조제2호 또는 제3호에 해당하는 항공기
2. 제37조제1호가목에 해당하는 항공기
② 법 제18조제2항에 따른 국적 등의 표시는 국적기호, 등록기호 순으로 표시하고, 장식체를 사용해서는 아니되며, 국적기호는 로마자의 대문자 "HL"로 표시하여야 한다.
③ 등록기호의 첫 글자가 문자인 경우 국적기호와 등록기호 사이에 붙임표(-)를 삽입하여야 한다.
④ 항공기에 표시하는 등록부호는 지워지지 아니하고 배경과 선명하게 대조되는 색으로 표시하여야 한다.
⑤ 등록기호의 구성 등에 필요한 세부사항은 국토교통부장관이 정하여 고시한다.

제14조(등록부호의 표시위치 등) 등록부호의 표시위치 및 방법은 다음 각 호의 구분에 따른다.

1. 비행기와 활공기의 경우에는 주 날개와 꼬리 날개 또는 주 날개와 동체에 다음 각 목의 구분에 따라 표시하여야 한다.
   가. 주 날개에 표시하는 경우 : 오른쪽 날개 윗면과 왼쪽 날개 아랫면에 주 날개의 앞 끝과 뒤 끝에서 같은 거리에 위치하도록 하고, 등록부호의 윗 부분이 주 날개의 앞 끝을 향하게 표시할 것. 다만, 각 기호는 보조 날개와 플랩에 걸쳐서는 아니 된다.
   나. 꼬리 날개에 표시하는 경우 : 수직 꼬리 날개의 양쪽 면에, 꼬리 날개의 앞 끝과 뒤 끝에서 5센티미터 이상 떨어지도록 수평 또는 수직으로 표시할 것
   다. 동체에 표시하는 경우 : 주 날개와 꼬리 날개 사이에 있는 동체의 양쪽 면의 수평안정판 바로 앞에 수평 또는 수직으로 표시할 것
2. 헬리콥터의 경우에는 동체 아랫면과 동체 옆면에 다음 각 목의 구분에 따라 표시하여야 한다.
   가. 동체 아랫면에 표시하는 경우 : 동체의 최대 횡단면 부근에 등록부호의 윗부분이 동체좌측을 향하게 표시할 것
   나. 동체 옆면에 표시하는 경우 : 주 회전익 축과 보조 회전익 축 사이의 동체 또는 동력장치가 있는 부근의 양 측면에 수평 또는 수직으로 표시할 것
3. 비행선의 경우에는 선체 또는 수평안정판과 수직안정판에 다음 각 목의 구분에 따라 표시하여야 한다.
   가. 선체에 표시하는 경우 : 대칭축과 직교하는 최대 횡단면 부근의 윗면과 양 옆면에 표시할 것
   나. 수평안정판에 표시하는 경우 : 오른쪽 윗면과 왼쪽 아랫면에 등록부호의 윗부분이 수평안정판의 앞 끝을 향하게 표시할 것
   다. 수직안정판에 표시하는 경우 : 수직안정판의 양쪽면 아랫부분에 수평으로 표시할 것

항공안전법	항공안전법 시행령
제13조(항공기 변경등록) 소유자 등은 제11조제1항제4호 또는 제5호의 등록사항이 변경되었을 때에는 그 변경된 날부터 15일 이내에 대통령령으로 정하는 바에 따라 국토교통부장관에게 변경등록을 신청하여야 한다. **제14조(항공기 이전등록)** 등록된 항공기의 소유권 또는 임차권을 양도 · 양수하려는 자는 그 사유가 있는 날부터 15일 이내에 대통령령으로 정하는 바에 따라 국토교통부장관에게 이전등록을 신청하여야 한다. **제15조(항공기 말소등록)** ① 소유자 등은 등록된 항공기가 다음 각 호의 어느 하나에 해당하는 경우에는 그 사유가 있는 날부터 15일 이내에 대통령령으로 정하는 바에 따라 국토교통부장관에게 말소등록을 신청하여야 한다. 1. 항공기가 멸실(滅失)되었거나 항공기를 해체(정비 등, 수송 또는 보관하기 위한 해체는 제외한다)한 경우 2. 항공기의 존재 여부를 1개월(항공기사고인 경우에는 2개월) 이상 확인할 수 없는 경우 3. 제10조제1항 각 호의 어느 하나에 해당하는 자에게 항공기를 양도하거나 임대(외국 국적을 취득하는 경우만 해당한다)한 경우 4. 임차기간의 만료 등으로 항공기를 사용할 수 있는 권리가 상실된 경우 ② 제1항에 따라 소유자 등이 말소등록을 신청하지 아니하면 국토교통부장관은 7일 이상의 기간을 정하여 말소등록을 신청할 것을 최고(催告)하여야 한다. ③ 제2항에 따른 최고를 한 후에도 소유자 등이 말소등록을 신청하지 아니하면 국토교통부장관은 직권으로 등록을 말소하고, 그 사실을 소유자 등 및 그 밖의 이해관계인에게 알려야 한다. **제16조(항공기 등록원부의 발급 · 열람)** ① 누구든지 국토교통부장관에게 항공기 등록원부의 등본 또는 초본의 발급이나 열람을 청구할 수 있다. ② 제1항에 따라 청구를 받은 국토교통부장관은 특별한 사유가 없으면 해당 자료를 발급하거나 열람하도록 하여야 한다. **제17조(항공기 등록기호표의 부착)** ① 소유자 등은 항공기를 등록한 경우에는 그 항공기 등록기호표를 국토교통부령으로 정하는 형식 · 위치 및 방법 등에 따라 항공기에 붙여야 한다. ② 누구든지 제1항에 따라 항공기에 붙인 등록기호표를 훼손해서는 아니 된다. **제18조(항공기 국적 등의 표시)** ① 누구든지 국적, 등록기호 및 소유자 등의 성명 또는 명칭을 표시하지 아니한 항공기를 운항해서는 아니 된다. 다만, 신규로 제작한 항공기 등 국토교통부령으로 정하는 항공기의 경우에는 그러하지 아니하다. ② 제1항에 따른 국적 등의 표시에 관한 사항과 등록기호의 구성 등에 필요한 사항은 국토교통부령으로 정한다.	

15조(등록기호의 높이) 등록부호에 사용하는 각 문자와 숫자의 높이는 같아야 하고 항공기의 종류와 위치에 따른 높이는 다음 각 호의 구분에 따른다.

1. 비행기와 활공기에 표시하는 경우

    가. 주 날개에 표시하는 경우에는 50센티미터 이상

    나. 수직 꼬리 날개 또는 동체에 표시하는 경우에는 30센티미터 이상

2. 헬리콥터에 표시하는 경우

    가. 동체 아랫면에 표시하는 경우에는 50센티미터 이상

    나. 동체 옆면에 표시하는 경우에는 30센티미터 이상

3. 비행선에 표시하는 경우

    가. 선체에 표시하는 경우에는 50센티미터 이상

    나. 수평안정판과 수직안정판에 표시하는 경우에는 15센티미터 이상

제16조(등록부호의 폭 · 선 등) 등록부호에 사용하는 각 문자와 숫자의 폭, 선의 굵기 및 간격은 다음 각 호와 같다.

1. 폭과 붙임표(−)의 길이 : 문자 및 숫자의 높이의 3분의 2. 다만 영문자 I와 아라비아 숫자 1은 제외한다.

2. 선의 굵기 : 문자 및 숫자의 높이의 6분의 1

3. 간격 : 문자 및 숫자의 폭의 4분의 1 이상 2분의 1 이하

제17조(등록부호 표시의 예외) ① 국토교통부장관은 제14조부터 제16조까지의 규정에도 불구하고 부득이한 사유가 있다고 인정하는 경우에는 등록부호의 표시위치, 높이, 폭 등을 따로 정할 수 있다.

② 법 제2조제4호에 따른 국가기관등항공기에 대해서는 제14조부터 제16조까지의 규정에도 불구하고 관계 중앙행정기관의 장이 국토교통부장관과 협의하여 등록부호의 표시위치, 높이, 폭 등을 따로 정할 수 있다.

예 / 상 / 문 / 제

제2장 ┃ 항공기 등록

01 다음 중 등록을 필요로 하는 항공기는?

㉮ 군, 경찰 또는 세관 업무에 사용하는 항공기

㉯ 외국에 임대할 목적으로 도입한 항공기로서 외국 국적을 취득할 항공기

㉰ 대한민국 국민이 사용할 수 있는 권리가 있는 외국인 소유 항공기

㉱ 국내에서 제작한 항공기로서 제작자 외의 소유자가 결정되지 아니한 항공기

해설 법 제7조 (항공기의 등록) 항공기를 소유하거나 임차하여 항공기를 사용할 수 있는 권리가 있는 자 (이하 "소유자 등"이라 한다)는 항공기를 국토교통부장관에게 등록하여야 한다. 다만, 대통령령으로 정하는 항공기는 그러하지 아니하다.
시행령 제4조 (등록을 필요로 하지 아니하는 항공기의 범위) 법 제7조 단서에서 "대통령령으로 정하는 항공기"란 다음 각 호의 것을 말한다.
1. 군 또는 세관에서 사용하거나 경찰업무에 사용하는 항공기
2. 외국에 임대할 목적으로 도입한 항공기로서 외국 국적을 취득할 항공기
3. 국내에서 제작한 항공기로서 제작자 외의 소유자가 결정되지 아니한 항공기
4. 외국에 등록된 항공기를 임차하여 법 제5조에 따라 운영하는 경우 그 항공기
※ 법 제7조에 의거 신규등록을 하면 국적취득, 소유권 취득, 등록증명서 교부, 감항증명 신청 요건을 가질 수 있는 행정적 효력과 민사적 효력이 발생함

02 다음 중 등록을 필요로 하지 아니하는 항공기에 해당되지 않는 것은?

㉮ 군 또는 세관에서 사용하거나 경찰업무에 사용하는 항공기

㉯ 국내에서 제작한 항공기로서 제작자 외의 소유자가 경정 되지 않은 항공기

㉰ 외국에 임대할 목적으로 도입한 항공기로서 외국국적을 취득할 항공기

㉱ 국토교통부의 점검용 항공기

해설 1번항 해설 참조

03 다음 중 등록을 요하지 아니하는 항공기는?

㉮ 법 제101조 단서의 규정에 의하여 허가를 받은 항공기

㉯ 외국에 임대할 목적으로 도입한 항공기로서 외국 국적을 취득할 항공기

㉰ 국내에서 수리 · 개조 또는 제작한 후 수출할 항공기

㉱ 국내에서 제작되거나 외국으로부터 수입하는 항공기

해설 1번항 해설 참조

04 다음 중 등록을 필요로 하는 항공기는?

㉮ 군 · 세관 또는 경찰업무에 사용하는 항공기

㉯ 외국에 임대할 목적으로 도입한 항공기로서 외국 국적을 취득할 항공기

㉰ 국내에서 제작한 항공기로서 제작자 외의 소유자가 결정되지 아니한 항공기

㉱ 외국 항공기를 임차하여 국내에서 항행할 항공기

해설 1번항 해설 참조

05 항공기를 사용할 수 있는 권리를 등록하여야 할 항공기는?

㉮ 군 또는 세관에서 사용하거나 경찰업무에 사용하는 항공기

㉯ 외국에 임대할 목적으로 도입한 항공기로서 국내 국적을 취득할 항공기

㉰ 국내에서 제작한 항공기로서 제작자 외의 소유자가 결정되지 않은 항공기

㉱ 외국에 등록된 항공기를 임차하여 법 제5조의 규정에 따라 운영하는 경우 그 항공기

해설 1번항 해설 참조

정답 01 ㉰ 02 ㉱ 03 ㉯ 04 ㉱ 05 ㉯

06 등록을 필요로 하지 아니하는 항공기의 범위가 아닌 것은?

㉮ 군 또는 세관에서 사용하거나 경찰업무에 사용하는 항공기

㉯ 외국에 임대할 목적으로 도입한 항공기로서 외국 국적을 취득할 항공기

㉰ 국내에서 제작한 항공기로서 제작자 외의 소유자가 결정되지 않은 항공기

㉱ 외국에 등록된 항공기를 임대하여 법 제5조에 따라 운영하는 경우 그 항공기

해설 1번항 해설 참조

07 항공기 등록에 대한 설명이 틀린 것은?

㉮ 국적을 취득한다.

㉯ 분쟁 발생 시 소유권을 증명한다.

㉰ 권리를 갖는다.

㉱ 의무를 갖는다.

해설 법 제8조 (국적의 취득) 제7조에 따라 등록된 항공기는 대한민국의 국적을 취득하고 이에 따른 권리 · 의무를 갖는다.

08 다음 중 항공기를 등록할 수 없는 경우가 아닌 것은?

㉮ 대한민국의 국민이 아닌 자

㉯ 외국 정부 또는 외국의 공공단체

㉰ 외국의 법인 또는 단체

㉱ 외국인이 대표자이거나 외국인이 임원수의 1/2 이하인 법인

해설 법 제10조 (항공기 등록의 제한)
① 다음 각 호의 어느 하나에 해당하는 자가 소유하거나 임차하는 항공기는 등록할 수 없다. 다만, 대한민국의 국민 또는 법인이 임차하거나 그 밖에 항공기를 사용할 수 있는 권리를 가진 자가 임차한 항공기는 그러하지 아니하다.
1. 대한민국 국민이 아닌 사람
2. 외국정부 또는 외국의 공공단체
3. 외국의 법인 또는 단체
4. 제1호부터 제3호까지의 어느 하나에 해당 하는 자가 주식이나 지분의 2분의 1 이상을 소유하거나 그 사업을 사실상 지배하는 법인
5. 외국인이 법인등기사항증명서상의 대표자이거나 외국인이 법인등기사항증명서상의 임원 수의 2분의 1 이상을 차지하는 법인
② 제1항 단서에도 불구하고 외국 국적을 가진 항공기는 등록할 수 없다.

09 다음 중 항공기 등록의 제한사유가 아닌 것은?

㉮ 외국정부 또는 외국의 공공단체

㉯ 대한민국의 국민이 아닌 자

㉰ 외국의 법인 또는 단체

㉱ 외국의 국적을 가진 항공기를 임차한 자

해설 8번항 해설 참조

10 다음 중 항공기의 등록원부에 기재하여야 할 등록 사항과 관계없는 것은?

㉮ 항공기의 형식

㉯ 항공기의 제작자

㉰ 항공기의 감항분류

㉱ 등록기호

해설 법 제11조 (등록 사항) 국토교통부장관은 제7조에 따라 항공기를 등록한 경우에는 항공기 등록원부에 다음 각 호의 사항을 기록하여야 한다.
1. 항공기의 형식
2. 항공기의 제작자
3. 항공기의 제작번호
4. 항공기의 정치장
5. 소유자 또는 임차인 · 임대인의 성명 또는 명칭과 주소 및 국적
6. 등록연월일
7. 등록기호

11 다음 중 항공기의 등록원부에 기록하여야 하는 사항은?

㉮ 항공기의 등급

㉯ 항공기의 감항분류

㉰ 등록기호

㉱ 항공기의 제작연월일

해설 10번항 해설 참조

12 항공기 등록원부의 기재사항이 아닌 것은?

㉮ 항공기의 형식

㉯ 항공기의 제작번호

㉰ 항공기의 구입연월일

㉱ 등록기호

해설 10번항 해설 참조

13 소유자 등이 항공기의 등록을 신청한 경우에 국토교통부장관이 항공기 등록원부에 기재해야 할 사항이 아닌 것은?

㉮ 항공기의 형식

㉯ 제작연월일

㉰ 항공기의 정치장

㉱ 등록기호

14 항공기 등록의 효력 중 행정적 효력과 관계없는 것은?

㉮ 국적을 취득한다.

㉯ 분쟁발생시 소유권을 증명한다.

㉰ 항공에 사용할 수 있다.

㉱ 감항증명을 받을 수 있다.

[해설] 법 제7조에 의거 항공기를 신규등록을 하면, 행정적 효력과 민사적 효력을 가질 수 있다. 행정적 효력에는 국적을 취득하고, 항공에 사용할 수 있으며, 감항증명을 받을 수 있다. 민사적 효력에는 소유권을 취득할 수 있다.

15 다음 중 항공기 등록의 행정적 효력과 관계있는 것은?

㉮ 감항증명을 받을 수 있다.

㉯ 소유권에 관해 제3자에 대한 대항요건이 된다.

㉰ 항공기를 저당하는 데 기본조건이 된다.

㉱ 분쟁 발생시 소유권을 증명한다.

[해설] 14번항 해설 참조

16 다음 중 항공기 등록의 민사적 효력과 관계없는 것은?

㉮ 항공기의 소유권을 공증한다.

㉯ 소유권에 관해 제3자에 대한 대항요건이 된다.

㉰ 항공에 사용할 수 있는 요건이 된다.

㉱ 항공기를 저당하는 데 기본조건이 된다.

17 항공기에 관한 권리 중 등록할 사항이 아닌 것은?

㉮ 소유권 ㉯ 임대권

㉰ 임차권 ㉱ 저당권

[해설] 항공기등록령 제2조(등록할 사항) 등록은 항공기(경량항공기를 포함한다)의 표시와 소유권, 임차권 또는 저당권의 보호, 이전, 설정 처분의 제한 또는 소멸에 대하여 한다.
1. 항공안전법 제9조제1항에 따른 소유권
2. 항공안전법제9조제2항에 따른 임차권
3. 저당법 제5조제1항제6호에 따른 저당권

[변경등록]

18 다음 중 변경등록의 신청을 하여야 할 사유는?

㉮ 소유권의 변경

㉯ 항공기의 등록번호 변경

㉰ 항공기 형식의 변경

㉱ 정치장의 변경

[해설] 법 제13조 (변경등록) 소유자 등은 제11조제4호 또는 제5호의 등록 사항이 변경되었을 때에는 변경된 날부터 15일 이내에 대통령령으로 정하는 바에 따라 국토교통부장관에게 변경등록을 신청하여야 한다. 변경등록사항 – 등록명의인의 표시변경(등록령 제19조) → 소유자 또는 임차인 · 임대인의 성명 또는 명칭과 주소, 국적변경

19 항공기 정치장을 김포에서 제주도로 옮기려 한다면 해당 등록의 종류는?

㉮ 이전등록 ㉯ 말소등록

㉰ 변경등록 ㉱ 임차등록

20 항공기 정치장이 변경되었을 때 해당되는 등록의 종류는?

㉮ 이전등록 ㉯ 변경등록

㉰ 임차등록 ㉱ 말소등록

21 변경등록은 그 사유가 있는 날로부터 며칠 이내에 신청하여야 하는가?

㉮ 10일 ㉯ 15일

㉰ 20일 ㉱ 25일

22 다음 중 변경등록의 신청을 하지 않아도 되는 것은?

㉮ 항공기 정치장 변경 시

㉯ 소유자의 주소 변경 시

㉰ 항공기 저당권 변경 시

㉱ 임차인의 성명 변경 시

[이전등록]

23 등록된 항공기의 소유권 또는 임차권을 변경해야하는 경우에 해당하는 등록은?

㉮ 이전등록

㉯ 변경등록

㉰ 임차등록

㉱ 말소등록

[해설] 법 제14조 (이전등록) 등록된 항공기의 소유권 또는 임차권을 양도 · 양수하려는 자는 그 사유가 있는 날부터 15일 이내에 대통령령으로 정하는 바에 따라 국토교통부장관에게 이전등록을 신청하여야 한다.

24 항공기 소유권 등의 득실변경과 관계없는 것은?

㉮ 항공기에 대한 소유권의 득실변경은 등록하여야 그 효력이 생긴다.

㉯ 항공기에 대한 임차권은 등록하여야 제3자에 대하여 그 효력이 생긴다.

㉰ 항공기에 대한 임대권은 등록하여야 제3자에 대하여 그 효력이 생긴다.

㉱ 항공기를 사용할 수 있는 권리가 있는 자는 이를 국토교통부장관에게 등록하여야 한다.

25 이전등록은 그 사유가 있는 날부터 며칠 이내에 신청하여야 하는가?

㉮ 7일   ㉯ 10일
㉰ 15일   ㉱ 20일

[말소등록]

26 사고로 인하여 항공기가 멸실된 경우 며칠 이내에 말소 등록을 신청해야 하는가?

㉮ 7일 이내   ㉯ 10일 이내
㉰ 15일 이내   ㉱ 20일 이내

해설 법 제15조(말소등록)
① 소유자 등은 등록된 항공기가 다음 각 호의 어느 하나에 해당하는 경우에는 그 사유가 발생한 날부터 15일 이내에 대통령령으로 정하는 바에 따라 국토교통부장관에게 말소등록을 신청하여야 한다.
  1. 항공기가 멸실되었거나 항공기를 해체(정비 등, 수송 또는 보관하기 위한 해체는 제외한다)한 경우
  2. 항공기의 존재여부를 1개월(항공기사고 인 경우에는 2개월) 이상 확인할 수 없는 경우
  3. 제10조제1항 각 호의 어느 하나에 해당하는 자에게 항공기를 양도하거나 임대(외국 국적을 취득하는 경우만 해당한다)한 경우
  4. 임차기간의 만료 등으로 항공기를 사용할 수 있는 권리가 상실된 경우
② 제1항의 경우 소유자 등이 말소등록을 신청하지 아니하면 국토교통부장관은 7일 이상의 기간을 정하여 말소등록을 신청할 것을 최고하여야 한다.
③ 제2항에 따른 최고를 한 후에도 소유자 등이 말소등록을 신청하지 아니하면 국토교통부장관은 직권으로 등록을 말소하고 그 사실을 소유자 등 및 그 밖의 이해관계인에게 알려야 한다.

27 항공기의 말소등록을 신청하여야 하는 경우는?

㉮ 항공기의 일부분에 화재가 발생한 경우

㉯ 항공기를 정비 또는 보관하기 위하여 해체한 경우

㉰ 항공기의 소유자가 외국의 국적을 취득한 경우

㉱ 외국인에게 항공기를 임대한 경우

28 말소등록을 하여야 하는 경우가 아닌 것은?

㉮ 항공기가 멸실되었을 경우

㉯ 항공기를 개조하기 위하여 해체한 경우

㉰ 임차기간의 만료로 항공기를 사용할 수 있는 권리가 상실된 경우

㉱ 항공기의 존재 여부가 1개월 이상 불분명한 경우

29 변경등록과 말소등록은 그 사유가 있는 날부터 며칠 이내에 신청하여야 하는가?

㉮ 10일   ㉯ 15일
㉰ 20일   ㉱ 30일

30 소유자 등이 말소등록의 사유가 있는 날부터 15일 이내에 국토교통부장관에게 말소등록을 신청하지 않았을 때의 조치사항은?

㉮ 국토교통부장관은 즉시 직권으로 등록을 말소하여야 한다.

㉯ 국토교통부장관은 7일 이상의 기간을 정하여 말소등록을 할 것을 최고하여야 한다.

㉰ 국토교통부장관은 말소등록을 하도록 독촉장을 발부하여야 한다.

㉱ 300만원 이하의 벌금에 처하고, 말소등록을 하도록 사용자 등에게 통보하여야 한다.

31 항공기의 소유자가 외국으로 이민을 가게 되면 해야 하는 등록은?

㉮ 임차등록   ㉯ 이전등록
㉰ 말소등록   ㉱ 변경등록

32 다음 중 항공기 등록의 종류가 아닌 것은?

㉮ 임차등록   ㉯ 말소등록
㉰ 변경등록   ㉱ 이전등록

33 항공기 등록기호표의 부착시기는?

㉮ 항공기 구입 시

㉯ 감항증명 신청 시

㉰ 항공기 등록 후

㉱ 감항증명을 받았을 때

해설 법 제17조(등록기호표의 부착)
① 소유자 등은 항공기를 등록한 경우에는 그 항공기의 등록기호표를 국토교통부령으로 정하는 형식·위치 및 방법 등에 따라 항공기에 붙여야 한다.
② 누구든지 제1항에 따라 항공기에 붙인 등록 기호표를 훼손하여서는 아니 된다.

34 항공기 등록기호표의 부착은 누가하는가?

㉮ 항공기 소유자

㉯ 국토교통부 덤덩 직원

㉰ 항공기 제작자

㉱ 항공사 항공정비사

해설 33번항 해설 참조

35 다음 중 등록기호표의 기록사항이 아닌 것은?

㉮ 국적기호　　　　㉯ 등록기호

㉰ 항공기 형식　　　㉱ 소유자 명칭

해설 33번항 해설 참조

36 다음 등록기호표에 대한 설명 중 맞는 것은?

㉮ 등록기호표에 적어야 할 사항은 국적기호, 등록기호 및 제작연월일이다.

㉯ 등록기호표는 소유자 등이 부착한다.

㉰ 등록기호표는 항공기 출입구 윗부분의 바깥쪽 보기 쉬운 곳에 부착한다.

㉱ 등록기호표는 가로 5센티미터 세로 7센티미터의 내화금속으로 만든다.

해설 33번항 해설 참조

37 등록기호표의 부착에 대한 설명으로 틀린 것은?

㉮ 항공기 출입구 윗부분의 안쪽 보기 쉬운 곳에 부착한다.

㉯ 가로 7센티미터 세로 5센티미터의 내화금속으로 만든다.

㉰ 등록기호표는 주익면과 미익면에 부착한다.

㉱ 국적기호 및 등록기호와 소유자 등의 명칭을 기재한다.

해설 33번항 해설 참조

38 항공기의 등록기호표에 기재하여야 할 사항으로 옳은 것은?

㉮ 국적기호, 등록기호, 항공기 형식

㉯ 국적기호, 등록부호, 항공기 형식

㉰ 국적기호, 등록기호, 항공기의 명칭

㉱ 국적기호, 등록기호, 소유자등의 명칭

해설 33번항 해설 참조

39 항공기에 부착하는 등록기호표의 크기는?

㉮ 가로 7센티미터, 세로 7센티미터의 직사각형

㉯ 가로 7센티미터, 세로 5센티미터의 직사각형

㉰ 가로 7센티미터, 세로 7센티미터의 정사각형

㉱ 가로 7센티미터, 세로 5센티미터의 정사각형

해설 33번항 해설 참조

40 항공기를 항공에 사용하기 위하여 반드시 표시하여야 할 사항과 관계없는 것은?

㉮ 국적기호

㉯ 등록기호

㉰ 당해국의 국기

㉱ 소유자 등의 성명 또는 명칭

41 우리나라의 국적기호는?

㉮ HL　　　　　　㉯ KOR

㉰ ROK　　　　　㉱ KOREA

해설 40번항 해설 참조(시행규칙 제13조제2항 참조)

42 우리나라 국적기호를 HL로 정한 것은?

㉮ ICAO가 선정한 것이다.

㉯ 우리나라 국회가 선정하여 각 체약국에 통보한 것이다.

㉰ 무선국의 호출부호 중에서 선정한 것이다.

㉱ 각국이 선정하여 ICAO에 통보한 것이다.

해설 국적기호는 국제전기통신조약에 의하여 각국에 할당된 무선국의 호출부호 중에서 선정

43 국적기호 등을 표시하지 않아도 항공에 사용할 수 있는 경우가 아닌 것은?

㉮ 국내에서 수리·개조 또는 제작한 후 수출할 항공기

㉯ 제작·정비·수리 또는 개조후 시험비행을 하는 경우

㉰ 항공기 제작자, 연구기관 등에서 연구 및 개발 중인 경우

㉱ 외국으로부터 수입하는 항공기로서 대한민국의 국적을 취득하기 전에 감항증명을 위한 검사를 신청한 항공기

해설 40번항 해설 참조 (시행규칙 제13조제1항 참조)

44 항공기의 등록기호 표시방법 중 맞는 것은?

㉮ 장식체가 아닌 4개의 로마자 대문자로 표시한다.

㉯ 장식체가 아닌 4개의 로마자로 표시한다.

㉰ 장식체가 아닌 4개의 아라비아 대문자로 표시한다.

㉱ 장식체가 아닌 아라비아 숫자로 표시한다.

해설 40번항 해설 참조 (시행규칙 제13조제1항 참조)

45 등록부호의 표시방법에 대한 설명 중 맞는 것은?

㉮ 국적기호는 장식체가 아닌 로마자의 대문자 HL로 표시 하여야 한다.

㉯ 등록기호는 장식체의 4개의 아라비아 숫자로 표시하여야 한다.

㉰ 국적기호는 등록기호의 뒤에 이어서 표시하여야 한다.

㉱ 등록기호의 구성에 관하여 필요한 세부사항은 항공사에서 정한다.

해설 40번항 해설 참조

46 항공기의 국적기호 및 등록기호 표시 방법 중 틀린 것은?

㉮ 등록기호는 국적기호의 뒤에 이어서 표시하여야 한다.

㉯ 국적기호는 장식체가 아닌 로마자의 대문자 HL로 표시하여야 한다.

㉰ 등록기호는 장식체의 4개의 아라비아 숫자로 표시하여야 한다.

㉱ 등록부호는 지워지지 아니하고 배경과 선명하게 대조되는 색으로 표시하여야 한다.

해설 40번항 해설 참조

47 비행기와 활공기의 경우 주 날개에 등록부호를 표시하는 경우 표시장소 및 방법에 대한 설명 중 틀린 것은?

㉮ 주 날개와 꼬리날개 또는 주 날개와 동체에 표시하여야 한다.

㉯ 주 날개에 표시하는 경우에는 오른쪽 날개 아랫면과 왼쪽 날개 윗면에 표시한다.

㉰ 주 날개의 앞끝과 뒤끝에서 같은 거리에 위치하도록 표시한다.

㉱ 기호는 보조날개와 플랩에 걸쳐서는 아니 된다.

해설 시행규칙 제14조(등록부호의 표시위치 등)

1. 비행기와 활공기의 경우에는 주 날개와 꼬리 날개 또는 주 날개와 동체에 다음 각 목의 구분에 따라 표시하여야 한다.

가. 주 날개에 표시하는 경우 : 오른쪽 날개 윗면과 왼쪽 날개 아랫면에 주 날개의 앞 끝과 뒤 끝에서 같은 거리에 위치하도록 하고, 등록부호의 윗 부분이 주 날개의 앞 끝을 향하게 표시할 것 다만, 각 기호는 보조 날개와 플랩에 걸쳐서는 아니 된다.

나. 꼬리 날개에 표시하는 경우 : 수직 꼬리 날개의 양쪽 면에, 꼬리 날개의 앞 끝과 뒤 끝에서 5센티미터 이상 떨어지도록 수평 또는 수직으로 표시할 것

다. 동체에 표시하는 경우 : 주 날개와 꼬리 날개 사이에 있는 동체의 양쪽 면의 수평 안정판 바로 앞에 수평 또는 수직으로 표시할 것

48 비행기와 활공기의 경우 등록부호를 표시하는 장소가 아닌 것은?

㉮ 보조날개 ㉯ 동체

㉰ 주 날개 ㉱ 꼬리 날개

해설 47번항 해설 참조 (제1호 가목 참조)

49 헬리콥터의 경우 등록부호의 표시장소는?

㉮ 동체 앞면과 옆면에 표시한다.

㉯ 동체 윗면과 아랫면에 표시한다.

㉰ 동체 윗면과 옆면에 표시한다.

㉱ 동체 아랫면과 옆면에 표시한다.

해설 시행규칙 제14조제2호 2. 헬리콥터의 경우에는 동체 아랫면과 동체 옆면에 다음 각 목의 구분에 따라 표시하여야 한다.

가. 동체 아랫면에 표시하는 경우 : 동체의 최대 횡단면 부근에 등록부호의 윗부분이 동체 좌측을 향하게 표시할 것

나. 동체 옆면에 표시하는 경우 : 주 회전익 축과 보조 회전익 축 사이의 동체 또는 동력장치가 있는 부근의 양 측면에 수평 또는 수직으로 표시할 것

50 비행기와 활공기의 주 날개에 등록부호를 표시하는 경우 각 문자와 숫자의 높이는?

㉮ 50센티미터 이상

㉯ 40센티미터 이상

㉰ 35센티미터 이상

㉱ 30센티미터 이상

해설 시행규칙 제15조 (등록부호의 높이) 등록부호에 사용하는 각 문자와 숫자의 높이는 다음 각 호의 구분에 따른다.
1. 비행기와 활공기에 표시하는 경우
   가. 주 날개에 표시하는 경우에는 50cm 이상
   나. 수직 꼬리 날개 또는 동체에 표시하는 경우에는 30cm 이상
2. 헬리콥터에 표시하는 경우
   가. 동체 아랫면에 표시하는 경우에는 50cm 이상
   나. 동체 옆면에 표시사는 경우에는 30cm 이상
3. 비행선에 표시하는 경우
   가. 선체에 표시하는 경우에는 50cm 이상
   나. 수평안정판과 수직안정판에 표시하는 경우에는 15cm 이상

51 비행기의 수직 꼬리날개에 등록부호를 표시할 때 각 문자와 숫자의 높이는?

㉮ 20센티미터 이상

㉯ 30센티미터 이상

㉰ 40센티미터 이상

㉱ 50센티미터 이상

해설 50번항 해설 참조

52 헬리콥터의 동체 아랫면과 옆면에 표시하는 등록부호의 문자와 숫자의 크기는?

㉮ 30센티미터, 30센티미터

㉯ 30센티미터, 50센티미터

㉰ 50센티미터, 30센티미터

㉱ 50센티미터, 50센티미터

해설 50번항 해설 참조

53 등록부호에 사용하는 각 문자와 숫자의 높이로 잘못된 것은?

㉮ 비행기와 활공기 : 주 날개에 표시하는 경우에는 50센티미터 이상

㉯ 비행기와 활공기 : 수직 꼬리날개에 표시하는 경우에는 30센티미터 이상

㉰ 헬리콥터 : 동체 옆면에 표시하는 경우에는 50센티미터 이상

㉱ 비행선 : 선체에 표시하는 경우에는 50센티미터 이상

해설 50번항 해설 참조

54 등록부호에 사용하는 각 문자와 숫자의 크기에 대한 설명 중 잘못된 것은?

㉮ 폭은 문자 및 숫자의 높이의 3분의 2로 한다.

㉯ 아라비아 숫자 1을 제외한 숫자의 폭은 문자 높이의 3분의 2로 한다.

㉰ 선의 굵기는 문자 및 숫자의 높이의 6분의 1로 한다.

㉱ 간격은 각 문자의 폭의 4분의 1 이상 2분의 1 이하로 한다.

해설 시행규칙 제16조 (등록부호의 폭·선 등) 등록부호에 사용하는 각 문자와 숫자의 폭, 선의 굵기 및 간격은 다음 각 호와 같다.
1. 폭과 붙임표(−)의 길이 : 문자 및 숫자의 높이의 3분의 2. 다만, 영문자 I와 아라비아숫자 1은 제외 한다.
2. 선의 굵기 : 문자 및 숫자 높이의 6분의 1
3. 간격 : 각 문자의 간격은 폭의 4분의 1 이상 2분의 1 이하

55 항공기 등록부호 표시의 예외사항이 아닌 것은?

㉮ 부득이한 사유가 있다고 인정하는 경우에는 등록부호의 높이, 폭 등을 따로 정할 수 있다.

㉯ 부득이한 사유가 있다고 인정하는 경우에는 등록부호의 표시위치 등을 따로 정할 수 있다.

㉰ 관계 중앙행정기관의 장이 국토교통부장관과 협의하여 등록부호의 표시위치, 높이 등을 따로 정할 수 있다.

㉱ 관계 중앙행정기관의 장이 항공정책실장과 협의하여 등록 부호의 표시위치, 높이 등을 따로 정할 수 있다.

해설 시행규칙 제17조(등록부호 표시의 예외)
① 국토교통부장관은 제14조부터 제16조까지의 규정에도 불구하고 부득이한 사유가 있다고 인정하는 경우에는 등록부호의 표시위치, 높이, 폭 등을 따로 정할 수 있다.
② 국가기관 등 항공기에 대해서는 제14조부터 제16조까지의 규정에도 불구하고 관계 중앙행정기관의 장이 국토교통부장관과 협의하여 등록부호의 표시위치, 높이, 폭 등을 따로 정할 수 있다.

01 항공기 등록의 종류와 구분은?

해설 항공기 변경, 이전 및 말소등록이 있으며
가. 변경등록 : 정치장, 소유자 등의 성명, 주소 등이 변경된 경우, 15일 이내 등록
나. 이전등록 : 항공기의 소유권 또는 임차권을 양도 · 양수하는 경우, 15일 이내 등록
다. 다음과 같은 말소사유가 있는 날부터 15일 이내 등록
　① 항공기 멸실 또는 해체(정비 등 수송 또는 보관을 위한 해체는 제외)한 경우
　② 항공기의 존재 여부를 1개월(항공기사고인 경우에는 2개월) 이상 확인할 수 없는 경우
　③ 등록제한에 해당하는 자에게 항공기를 양도하거나 임대(외국 국적을 취득하려는 겨우만 해당)한 경우
　④ 임차기간의 만료 등으로 항공기를 사용할 수 있는 권리가 상실된 경우

근거 항공안전법 제13, 14, 15조

02 등록기호표의 부착 방법은?

해설 (재질) 강철 등 내화금속(耐火金屬)으로 된 등록기호표(가로 7cm 세로 5cm의 직사각형)
(위치) 항공기 주 출입구 윗부분의 안쪽, 무인기의 경우 항공기 동체의 외부 표면
(표시내용) 등록부호(국적기호 및 등록기호), 소유자의 명칭

근거 항공안전법 제17조

03 항공기 국적 등의 표시 방법은?

해설 가. 비행기의 경우
　• 오른쪽 날개 윗면과 왼쪽 날개 아랫면(높이 50cm 이상)
　• 수직 꼬리날개의 양쪽면(높이 30cm 이상)
　• 주 날개와 꼬리 날개 사이에 있는 동체의 양쪽 면의 수평안전판 바로 앞
나. 헬리콥터의 경우
　• 동체 아랫면의 최대 횡단면 부근(높이 50cm)
　• 동체 옆면 주 회전의 축과 보조 회전익 축 사이의 동체 또는 동력장치가 있는 부근의 양 측면(높이 30cm)
다. 등록부호 표시의 예외
　• 국토교통부장관은 부득이한 사유가 있다고 인정하는 경우에는 등록부호의 표시위치, 높이 폭 등을 따로 정할 수 있다
　• 국가기관 등 항공기는 관계 중앙행정기관의 장이 국토교통부장관과 협의하여 표시위치, 높이, 폭 등을 따로 정할 수 있다.

근거 항공안전법 제18조

항공안전법	항공안전법 시행령
제3장 항공기기술기준 및 형식증명 등 **제19조(항공기기술기준)** 국토교통부장관은 항공기 등, 장비품 또는 부품의 안전을 확보하기 위하여 다음 각 호의 사항을 포함한 기술상의 기준(이하 "항공기기술기준"이라 한다)을 정하여 고시하여야 한다. 　1. 항공기 등의 감항기준 　2. 항공기 등의 환경기준(배출가스 배출기준 및 소음기준을 포함 　　한다) 　3. 항공기 등이 감항성을 유지하기 위한 기준 　4. 항공기 등, 장비품 또는 부품의 식별 표시 방법 　5. 항공기 등, 장비품 또는 부품의 인증절차 **제20조(형식증명)** ① 항공기 등을 제작하려는 자는 그 항공기 등의 설계에 관하여 국토교통부령으로 정하는 바에 따라 국토교통부장관의 증명(이하 "형식증명"이라 한다)을 받을 수 있다. 증명받은 사항을 변경할 때에도 또한 같다. 　② 국토교통부장관은 형식증명을 할 때에는 해당 항공기 등이 항공기기술기준에 적합한지를 검사한 후 적합하다고 인정하는 경우에는 국토교통부령으로 정하는 바에 따라 형식증명서를 발급하여야 한다. 　③ 형식증명서를 양도·양수하려는 자는 국토교통부령으로 정하는 바에 따라 국토교통부장관에게 양도사실을 보고하고 형식증명서 재발급을 신청하여야 한다. 　④ 형식증명 또는 제21조에 따른 형식증명승인을 받은 항공기 등의 설계를 변경하려는 자는 국토교통부령으로 정하는 바에 따라 국토교통부장관의 부가적인 형식증명(이하 "부가형식증명"이라 한다)을 받을 수 있다. 　⑤ 국토교통부장관은 다음 각 호의 어느 하나에 해당하는 경우에는 해당 항공기 등에 대한 형식증명 또는 부가형식증명을 취소하거나 6개월 이내의 기간을 정하여 그 효력의 정지를 명할 수 있다. 다만, 제1호에 해당하는 경우에는 형식증명 또는 부가형식증명을 취소하여야 한다. 　1. 거짓이나 그 밖의 부정한 방법으로 형식증명 또는 부가형식증명을 받은 경우 　2. 항공기 등이 형식증명 또는 부가형식증명 당시의 항공기기술기준에 적합하지 아니하게 된 경우	

제3장 항공기기술기준 및 형식증명 등

제18조(형식증명의 신청) ① 법 제20조제1항에 따라 형식증명을 받으려는 자는 별지 제1호서식의 형식증명 신청서를 국토교통부장관에게 제출하여야 한다.

② 제1항에 따른 신청서에는 다음 각 호의 서류를 첨부하여야 한다.

1. 인증계획서(Certification Plan)

2. 항공기 3면도

3. 발동기의 설계·운용 특성 및 운용한계에 관한 자료(발동기에 대하여 형식증명을 신청하는 경우에만 해당한다)

4. 그 밖에 국토교통부장관이 정하여 고시하는 서류

제19조(형식증명을 받은 항공기 등의 형식설계의 변경) 법 제20조제1항 후단에 따라 형식증명을 받은 항공기, 발동기 또는 프로펠러(이하 "항공기 등"이라 한다)의 형식설계를 변경하려는 자는 별지 제2호서식의 형식설계 변경신청서에 별지 제3호서식의 형식증명서와 제18조제2항 각 호의 서류를 첨부하여 국토교통부장관에게 제출하여야 한다.

제20조(형식증명을 위한 검사범위) 국토교통부장관은 법 제20조제2항에 따라 형식증명을 위한 검사를 하는 경우에는 다음 각 호에 해당하는 사항을 검사하여야 한다. 다만, 형식설계를 변경하는 경우에는 변경하는 사항에 대한 검사만 해당한다.

1. 해당 형식의 설계에 대한 검사

2. 해당 형식의 설계에 따라 제작되는 항공기 등의 제작과정에 대한 검사

3. 항공기 등의 완성 후의 상태 및 비행성능 등에 대한 검사

제21조(형식증명서의 발급 등) ① 국토교통부장관은 법 제20조제2항에 따른 형식증명을 위한 검사 결과 해당 항공기 등이 법 제19조에 따른 항공기기술기준(이하 "항공기기술기준"이라 한다)에 적합하다고 인정하는 경우에는 별지 제3호서식의 형식증명서를 발급하여야 한다.

② 국토교통부장관은 제1항에 따른 형식증명서를 발급할 때에는 항공기 등의 성능과 주요 장비품 목록 등을 기술한 형식증명 자료집을 함께 발급하여야 한다.

제22조(형식증명서의 양도·양수) ① 법 제20조제3항에 따라 형식증명서를 양도·양수하려는 자는 형식증명서 번호, 양수하려는 자의 성명 또는 명칭, 주소와 양수·양도일자를 적은 별지 제4호서식의 형식증명서 재발급 신청서에 다음 각 호의 서류를 첨부하여 국토교통부장관에게 제출하여야 한다.

1. 양도 및 양수에 관한 계획서

2. 항공기 등의 설계자료 및 감항성 유지 사항의 양도·양수에 관한 서류

3. 그 밖에 국토교통부장관이 정하여 고시하는 서류

② 국토교통부장관은 제1항에 따른 신청서 기재사항과 첨부 서류를 확인하고 별지 제3호서식의 형식증명서를 발급하여야 한다.

항공안전법	항공안전법 시행령
제21조(형식증명승인) ① 항공기 등의 설계에 관하여 외국정부로부터 형식증명을 받은 항공기 등을 대한민국에 수출하려는 제작자는 항공기 등의 형식별로 외국정부의 형식증명이 항공기기술기준에 적합한지에 대하여 국토교통부령으로 정하는 바에 따라 국토교통부장관의 승인(이하 "형식증명승인"이라 한다)을 받을 수 있다. ② 국토교통부장관은 형식증명승인을 할 때에는 해당 항공기 등이 항공기기술기준에 적합한지를 검사하여야 한다. 다만, 대한민국과 항공기 등의 감항성에 관한 항공안전협정을 체결한 국가로부터 형식증명을 받은 항공기 등에 대해서는 해당 협정에서 정하는 바에 따라 검사의 일부를 생략할 수 있다. ③ 국토교통부장관은 제2항에 따른 검사 결과 해당 항공기 등이 항공기기술기준에 적합하다고 인정하는 경우에는 국토교통부령으로 정하는 바에 따라 형식증명승인서를 발급하여야 한다. ④ 국토교통부장관은 형식증명 또는 형식증명승인을 받은 항공기 등으로서 외국정부로부터 그 설계에 관한 부가형식증명을 받은 사항이 있는 경우에는 국토교통부령으로 정하는 바에 따라 부가적인 형식증명승인(이하 "부가형식증명승인"이라 한다)을 할 수 있다. ⑤ 국토교통부장관은 부가형식증명승인을 할 때에는 해당 항공기 등이 항공기기술기준에 적합한지를 검사한 후 적합하다고 인정하는 경우에는 국토교통부령으로 정하는 바에 따라 부가형식증명승인서를 발급하여야 한다. 다만, 대한민국과 항공기 등의 감항성에 관한 항공안전협정을 체결한 국가로부터 부가형식증명을 받은 사항에 대해서는 해당 협정에서 정하는 바에 따라 검사의 일부를 생략할 수 있다. ⑥ 국토교통부장관은 다음 각 호의 어느 하나에 해당하는 경우에는 해당 항공기 등에 대한 형식증명승인 또는 부가형식증명승인을 취소하거나 6개월 이내의 기간을 정하여 그 효력의 정지를 명할 수 있다. 다만, 제1호에 해당하는 경우에는 형식증명승인 또는 부가형식증명승인을 취소하여야 한다. 1. 거짓이나 그 밖의 부정한 방법으로 형식증명승인 또는 부가형식증명승인을 받은 경우 2. 항공기 등이 형식증명승인 또는 부가형식증명승인 당시의 항공기기술기준에 적합하지 아니하게 된 경우	

제23조(부가형식증명의 신청) ① 법 제20조제4항에 따라 부가형식증명을 받으려는 자는 별지 제5호서식의 부가형식증명 신청서를 국토교통부장관에게 제출하여야 한다.

② 제1항에 따른 신청서에는 다음 각 호의 서류를 첨부하여야 한다.

1. 항공기기술기준에 대한 적합성 입증계획서
2. 설계도면 및 설계도면 목록
3. 부품표 및 사양서
4. 그 밖에 참고사항을 적은 서류

제24조(부가형식증명의 검사범위) 국토교통부장관은 법 제20조제4항에 따라 부가형식증명을 위한 검사를 하는 경우에는 다음 각 호에 해당하는 사항을 검사하여야 한다.

1. 변경되는 설계에 대한 검사
2. 변경되는 설계에 따라 제작되는 항공기 등의 제작과정에 대한 검사
3. 완성 후의 상태 및 비행성능에 관한 검사

제25조(부가형식증명서의 발급) 국토교통부장관은 제24조에 따른 검사 결과 변경되는 설계가 항공기기술기준에 적합하다고 인정하는 경우에는 별지 제6호서식의 부가형식증명서를 발급하여야 한다.

제26조(형식증명승인의 신청) ① 법 제21조제1항에 따라 형식증명승인을 받으려는 자는 별지 제7호서식의 형식증명승인 신청서를 국토교통부장관에게 제출하여야 한다.

② 제1항에 따른 신청서에는 다음 각 호의 서류를 첨부하여야 한다.

1. 외국정부의 형식증명서
2. 형식증명자료집
3. 설계 개요서
4. 항공기기술기준에 적합함을 입증하는 자료
5. 비행교범 또는 운용방식을 적은 서류
6. 정비방식을 적은 서류
7. 그 밖에 참고사항을 적은 서류

③ 제2항에도 불구하고 법 제21조제2항 단서에 따라 대한민국과 항공안전협정을 체결한 국가로부터 형식증명을 받은 최대이륙중량 5천 700킬로그램 이하의 비행기(발동기 및 프로펠러를 포함한다) 또는 최대이륙중량 3천 175킬로그램 이하인 헬리콥터(발동기를 포함한다)의 형식증명승인을 신청하는 경우에는 제1항에 따른 신청서에 다음 각 호의 서류를 첨부하여야 한다.

1. 외국정부의 형식증명서
2. 형식증명자료집

제27조(형식증명승인을 위한 검사 범위) ① 국토교통부장관은 법 제21조제2항 본문에 따라 형식증명승인을 위한 검사를 하는 경우에는 다음 각 호에 해당하는 사항을 검사하여야 한다.

1. 해당 형식의 설계에 대한 검사
2. 해당 형식의 설계에 따라 제작되는 항공기 등의 제작과정에 대한 검사

② 제1항에도 불구하고 국토교통부장관은 법 제21조제2항 단서에 따라 형식증명승인을 위한 검사의 일부를 생략하는 경우에는 제26조제3항에 따라 제출한 서류를 확인하는 것으로 제1항에 따른 검사를 대체할 수 있다. 다만, 해당 국가로부터 형식증명을 받을 당시에 특수기술기준(Special Condition)이 적용된 경우로서 형식증명을 받은 기간이 5년이 지나지 아니한 경우에는 그러하지 아니하다.

제28조(형식증명승인서의 발급) 국토교통부장관은 법 제21조제2항에 따른 검사 결과 해당 항공기 등이 항공기기술기준에 적합하다고 인정하는 경우에는 별지 제8호서식의 형식증명승인서에 형식증명자료집을 첨부하여 발급하여야 한다.

항공안전법	항공안전법 시행령
제22조(제작증명) ① 형식증명을 받은 항공기 등을 제작하려는 자는 국토교통부령으로 정하는 바에 따라 국토교통부장관으로부터 항공기기술기준에 적합하게 항공기 등을 제작할 수 있는 기술, 설비, 인력 및 품질관리체계 등을 갖추고 있음을 인증하는 증명(이하 "제작증명"이라 한다)을 받을 수 있다. ② 국토교통부장관은 제작증명을 할 때에는 항공기기술기준에 적합하게 항공기 등을 제작할 수 있는 기술, 설비, 인력 및 품질관리체계 등을 갖추고 있다고 인정하는 경우에는 국토교통부령으로 정하는 바에 따라 제작증명서를 발급하여야 한다. 이 경우 제작증명서는 타인에게 양도·양수할 수 없다. ③ 국토교통부장관은 다음 각 호의 어느 하나에 해당하는 경우에는 제작증명을 취소하거나 6개월 이내의 기간을 정하여 그 효력의 정지를 명할 수 있다. 다만, 제1호에 해당하는 경우에는 제작증명을 취소하여야 한다. 1. 거짓이나 그 밖의 부정한 방법으로 제작증명을 받은 경우 2. 항공기 등이 제작증명 당시의 항공기기술기준에 적합하지 아니하게 된 경우 **제23조(감항증명 및 감항성 유지)** ① 항공기가 감항성이 있다는 증명(이하 "감항증명"이라 한다)을 받으려는 자는 국토교통부령으로 정하는 바에 따라 국토교통부장관에게 감항증명을 신청하여야 한다.	

제29조(부가형식증명승인의 신청 등) ① 법 제21조제4항에 따라 부가형식증명승인을 받으려는 자는 별지 제9호서식의 부가형식증명승인 신청서에 다음 각 호의 서류를 첨부하여 국토교통부장관에게 제출하여야 한다.
 1. 외국정부의 부가형식증명서
 2. 변경되는 설계 개요서
 3. 변경되는 설계가 항공기기술기준에 적합함을 입증하는 자료
 4. 변경되는 설계에 따라 개정된 비행교범(운용방식을 포함한다)
 5. 변경되는 설계에 따라 개정된 정비교범(정비방식을 포함한다)
 6. 그 밖에 참고사항을 적은 서류
② 제1항에도 불구하고 법 제21조제5항 단서에 따라 부가형식증명승인 검사의 일부를 생략 받으려는 경우에는 제1항에 따른 신청서에 다음 각 호의 서류를 첨부하여야 한다.
 1. 외국정부의 부가형식증명서
 2. 변경되는 설계에 따라 개정된 비행교범(운용방식을 포함한다)
 3. 변경되는 설계에 따라 개정된 정비교범(정비방식을 포함한다)
 4. 부가형식증명을 발급한 해당 외국정부의 신청서 서신

제30조(부가형식증명승인을 위한 검사 범위) 국토교통부장관은 법 제21조제5항 본문에 따라 부가형식증명승인을 위한 검사를 하는 경우에는 다음 각 호에 해당하는 사항을 검사하여야 한다.
 1. 변경되는 설계에 대한 검사
 2. 변경되는 설계에 따라 제작되는 항공기 등의 제작과정에 대한 검사

제31조(부가형식증명승인서의 발급) 국토교통부장관은 법 제21조제5항에 따른 부가형식증명승인을 위한 검사 결과 해당 항공기 등이 항공기기술기준에 적합하다고 인정하는 경우에는 별지 제10호서식의 부가형식증명승인서를 발급하여야 한다.

제32조(제작증명의 신청) ① 법 제22조제1항에 따라 제작증명을 받으려는 자는 별지 제11호서식의 제작증명 신청서를 국토교통부장관에게 제출하여야 한다.
② 제1항에 따른 신청서에는 다음 각 호의 서류를 첨부하여야 한다.
 1. 품질관리규정
 2. 제작하려는 항공기 등의 제작 방법 및 기술 등을 설명하는 자료
 3. 제작 설비 및 인력 현황
 4. 품질관리 및 품질검사의 체계(이하 "품질관리체계"라 한다)를 설명하는 자료
 5. 제작하려는 항공기 등의 감항성 유지 및 관리체계(이하 "제작관리체계"라 한다)를 설명하는 자료
③ 제2항제1호에 따른 품질관리규정에 담아야 할 세부내용, 같은 항 제4호 및 제5호에 따른 품질관리체계 및 제작관리체계에 대한 세부적인 기준은 국토교통부장관이 정하여 고시한다.

제33조(제작증명을 위한 검사 범위) 국토교통부장관은 법 제22조제1항에 따라 제작증명을 위한 검사를 하는 경우에는 해당 항공기 등에 대한 제작기술, 설비, 인력, 품질관리체계, 제작관리체계 및 제작과정을 검사하여야 한다.

제34조(제작증명서의 발급 등) ① 국토교통부장관은 제33조에 따라 제작증명을 위한 검사 결과 제작증명을 받으려는 자가 항공기기술기준에 적합하게 항공기 등을 제작할 수 있는 기술, 설비, 인력 및 품질관리체계 등을 갖추고 있다고 인정하는 경우에는 별지 제12호서식의 제작증명서를 발급하여야 한다.
② 국토교통부장관은 제1항에 따른 제작증명서를 발급할 때에는 제작할 수 있는 항공기 등의 형식증명 목록을 적은 생산승인 지정서를 함께 발급하여야 한다.

제35조(감항증명의 신청) ① 법 제23조제1항에 따라 감항증명을 받으려는 자는 별지 제13호서식의 항공기 표준감항증명 신청서 또는 별지 제14호서식의 항공기 특별감항증명 신청서에 다음 각 호의 서류를 첨부하여 국토교통부장관 또는 지방항공청장에게 제출하여야 한다.

항공안전법	항공안전법 시행령
② 감항증명은 대한민국 국적을 가진 항공기가 아니면 받을 수 없다. 다만, 국토교통부령으로 정하는 항공기의 경우에는 그러하지 아니하다. ③ 누구든지 다음 각 호의 어느 하나에 해당하는 감항증명을 받지 아니한 항공기를 운항해서는 아니 된다. 1. 표준감항증명 : 해당 항공기가 항공기기술기준에 적합하고 안전하게 운항할 수 있다고 판단되는 경우에 발급하는 증명 2. 특별감항증명 : 항공기의 연구, 개발 등 국토교통부령으로 정하는 경우로서 항공기 제작자 또는 소유자 등이 제시한 운용 범위를 검토하여 안전하게 운항할 수 있다고 판단되는 경우에 발급하는 증명 ④ 감항증명의 유효기간은 1년으로 한다. 다만, 항공기의 형식 및 소유자 등(제32조제2항에 따른 위탁을 받은 자를 포함한다)의 감항성 유지능력 등을 고려하여 국토교통부령으로 정하는 바에 따라 유효기간을 연장할 수 있다. ⑤ 국토교통부장관은 제3항 각 호의 어느 하나에 해당하는 감항증명을 하는 경우에는 항공기가 항공기기술기준에 적합한지를 검사한 후 국토교통부령으로 정하는 바에 따라 해당 항공기의 운용한계(運用限界)를 지정하여야 한다. 이 경우 다음 각 호의 어느 하나에 해당하는 항공기의 경우에는 국토교통부령으로 정하는 바에 따라 항공기기술기준 적합 여부 검사의 일부를 생략 할 수 있다. 1. 형식증명 또는 형식증명승인을 받은 항공기 2. 제작증명을 받은 자가 제작한 항공기 3. 항공기를 수출하는 외국정부로부터 감항성이 있다는 승인을 받아 수입하는 항공기 ⑥ 국토교통부장관은 다음 각 호의 어느 하나에 해당하는 경우에는 해당 항공기에 대한 감항증명을 취소하거나 6개월 이내의 기간을 정하여 그 효력의 정지를 명할 수 있다. 다만, 제1호에 해당하는 경우에는 감항증명을 취소하여야 한다. 1. 거짓이나 그 밖의 부정한 방법으로 감항증명을 받은 경우 2. 항공기가 감항증명 당시의 항공기기술기준에 적합하지 아니하게 된 경우 ⑦ 항공기를 운항하려는 소유자등은 국토교통부령으로 정하는 바에 따라 그 항공기의 감항성을 유지하여야 한다. ⑧ 국토교통부장관은 제7항에 따라 소유자등이 해당 항공기의 감항성을 유지하는지를 수시로 검사하여야 하며, 항공기의 감항성 유지를 위하여 소유자등에게 항공기등, 장비품 또는 부품에 대한 정비등에 관한 감항성개선 또는 그 밖의 검사ㆍ정비등을 명할 수 있다.	

1. 비행교범
2. 정비교범
3. 그 밖에 감항증명과 관련하여 국토교통부장관이 필요하다고 인정하여 고시하는 서류
② 제1항제1호에 따른 비행교범에는 다음 각 호의 사항이 포함되어야 한다.
1. 항공기의 종류 · 등급 · 형식 및 제원(諸元)에 관한 사항
2. 항공기 성능 및 운용한계에 관한 사항
3. 항공기 조작방법 등 그 밖에 국토교통부장관이 정하여 고시하는 사항
③ 제1항제2호에 따른 정비교범에는 다음 각 호의 사항이 포함되어야 한다. 다만, 장비품 · 부품 등의 사용한계 등에 관한 사항은 정비교범 외에 별도로 발행할 수 있다.
1. 감항성 한계범위, 주기적 검사 방법 또는 요건, 장비품 · 부품 등의 사용한계 등에 관한 사항
2. 항공기 계통별 설명, 분해, 세척, 검사, 수리 및 조립절차, 성능점검 등에 관한 사항
3. 지상에서의 항공기 취급, 연료 · 오일 등의 보충, 세척 및 윤활 등에 관한 사항

제36조(예외적으로 감항증명을 받을 수 있는 항공기) 법 제23조제2항 단서에서 "국토교통부령으로 정하는 항공기"란 다음 각 호의 어느 하나에 해당하는 항공기를 말한다.
1. 법 제101조 단서에 따라 허가를 받은 항공기
2. 국내에서 수리 · 개조 또는 제작한 후 수출할 항공기
3. 국내에서 제작되거나 외국으로부터 수입하는 항공기로서 대한민국의 국적을 취득하기 전에 감항증명을 신청한 항공기

제37조(특별감항증명의 대상) 법 제23조제3항제2호에서 "항공기의 연구, 개발 등 국토교통부령으로 정하는 경우"란 다음 각 호의 어느 하나에 해당하는 경우를 말한다.
1. 항공기 및 관련 기기의 개발과 관련된 다음 각 목의 어느 하나에 해당하는 경우
    가. 항공기 제작자, 연구기관 등에서 연구 및 개발 중인 경우
    나. 판매 등을 위한 전시 또는 시장조사에 활용하는 경우
    다. 조종사 양성을 위하여 조종연습에 사용하는 경우
2. 항공기의 제작 · 정비 · 수리 · 개조 및 수입 · 수출 등과 관련한 다음 각 목의 어느 하나에 해당하는 경우
    가. 제작 · 정비 · 수리 또는 개조 후 시험비행을 하는 경우
    나. 정비 · 수리 또는 개조(이하 "정비 등"이라 한다)를 위한 장소까지 승객 · 화물을 싣지 아니하고 비행하는 경우
    다. 수입하거나 수출하기 위하여 승객 · 화물을 싣지 아니하고 비행하는 경우
    라. 설계에 관한 형식증명을 변경하기 위하여 운용한계를 초과하는 시험비행을 하는 경우
    마. 기상관측, 기상조절 실험 등에 사용되는 경우
3. 무인항공기를 운항하는 경우
4. 특정한 업무를 수행하기 위하여 사용되는 다음 각 목의 어느 하나에 해당하는 경우
    가. 재난 · 재해 등으로 인한 수색 · 구조에 사용되는 경우
    나. 산불의 진화 및 예방에 사용되는 경우
    다. 응급환자의 수송 등 구조 · 구급활동에 사용되는 경우
    라. 씨앗 파종, 농약 살포 또는 어군(魚群)의 탐지 등 농 · 수산업에 사용되는 경우
5. 제1호부터 제4호까지 외에 공공의 안녕과 질서유지를 위한 업무를 수행하는 경우로서 국토교통부장관이 인정하는 경우

제38조(감항증명의 유효기간을 연장할 수 있는 항공기) 법 제23조제4항 단서에 따라 감항증명의 유효기간을 연장할 수 있는 항공기는 항공기의 감항성을 지속적으로 유지하기 위하여 국토교통부장관이 정하여 고시하는 정비 방법에 따라 정비 등이 이루어지는 항공기를 말한다.

제39조(감항증명을 위한 검사범위) 국토교통부장관 또는 지방항공청장이 법 제23조제5항 각 호 외의 부분 전단에 따라 감항증명을 위한 검사를 하는 경우에는 해당 항공기의 설계 · 제작과정 및 완성 후의 상태와 비행성능이 항공기기술기준에 적합하고 안전하게 운항할 수 있는지 여부를 검사하여야 한다.

제40조(감항증명서의 발급 등) ① 국토교통부장관 또는 지방항공청장은 법 제23조제5항 각 호 외의 부분 전단에 따른 검사 결과 해당 항공기가 항공기기술기준에 적합한 경우에는 별지 제15호서식의 표준감항증명서 또는 별지 제16호서식의 특별감 항증명서를 신청인에게 발급하여야 한다.

② 항공기의 소유자 등은 제1항에 따른 감항증명서를 잃어버렸거나 감항증명서를 못 쓰게 되어 재발급 받으려는 경우에는 별지 제17호서식의 표준·특별감항증명서 재발급 신청서를 국토교통부장관 또는 지방항공청장에게 제출하여야 한다.

③ 국토교통부장관 또는 지방항공청장은 제2항에 따른 재발급 신청서를 접수한 경우 해당 항공기에 대한 감항증명서의 발급기록을 확인한 후 재발급하여야 한다.

제41조(항공기의 운용한계 지정) ① 국토교통부장관 또는 지방항공청장은 법 제23조제5항 각 호 외의 부분 전단에 따라 감항증명을 하는 경우에는 항공기기술기준에서 정한 항공기의 감항분류에 따라 다음 각 호의 사항에 대하여 항공기의 운용한계를 지정하여야 한다.

1. 속도에 관한 사항
2. 발동기 운용성능에 관한 사항
3. 중량 및 무게중심에 관한 사항
4. 고도에 관한 사항
5. 그 밖에 성능한계에 관한 사항

② 국토교통부장관 또는 지방항공청장은 제1항에 따라 운용한계를 지정하였을 때에는 별지 제18호서식의 운용한계 지정서를 항공기의 소유자 등에게 발급하여야 한다.

제42조(감항증명을 위한 검사의 일부 생략) 법 제23조제5항 후단에 따라 감항증명을 할 때 생략할 수 있는 검사는 다음 각 호의 구분에 따른다.

1. 법 제20조제1항에 따른 형식증명을 받은 항공기 : 설계에 대한 검사
2. 법 제21조제1항에 따른 형식증명승인을 받은 항공기 : 설계에 대한 검사와 제작과정에 대한 검사
3. 법 제22조제1항에 따른 제작증명을 받은 자가 제작한 항공기 : 제작과정에 대한 검사
4. 법 제23조제5항제3호에 따른 수입 항공기(신규로 생산되어 수입하는 완제기(完製機)만 해당한다) : 비행성능에 대한 검사

제43조(감항증명서의 반납) 국토교통부장관 또는 지방항공청장은 법 제23조제6항에 따라 항공기에 대한 감항증명을 취소하거나 그 효력을 정지시킨 경우에는 지체 없이 항공기의 소유자 등에게 해당 항공기의 감항증명서의 반납을 명하여야 한다.

제44조(항공기의 감항성 유지) 법 제23조제7항에 따라 항공기를 운항하려는 소유자 등은 다음 각 호의 방법에 따라 해당 항공기의 감항성을 유지하여야 한다.

1. 해당 항공기의 운용한계 범위에서 운항할 것
2. 제작사에서 제공하는 정비교범, 기술문서 또는 국토교통부장관이 정하여 고시하는 정비방법에 따라 정비 등을 수행할 것
3. 법 제23조제8항에 따른 감항성 개선 또는 그 밖의 검사·정비 등의 명령에 따른 정비 등을 수행할 것

제45조(항공기 등·장비품 또는 부품에 대한 감항성 개선 명령 등) ① 국토교통부장관은 법 제23조제8항에 따라 소유자 등에게 항공기 등, 장비품 또는 부품에 대한 정비 등에 관한 감항성 개선을 명할 때에는 다음 각 호의 사항을 통보하여야 한다.

1. 항공기 등, 장비품 또는 부품의 형식 등 개선 대상
2. 검사, 교환, 수리·개조 등을 하여야 할 시기 및 방법
3. 그 밖에 검사, 교환, 수리·개조 등을 수행하는 데 필요한 기술자료
4. 제3항에 따른 보고 대상 여부

항공안전법	항공안전법 시행령
제24조(감항승인) ① 우리나라에서 제작, 운항 또는 정비 등을 한 항공기 등, 장비품 또는 부품을 타인에게 제공하려는 자는 국토교통부령으로 정하는 바에 따라 국토교통부장관의 감항승인을 받을 수 있다. ② 국토교통부장관은 제1항에 따른 감항승인을 할 때에는 해당항공기 등, 장비품 또는 부품이 항공기기술기준 또는 제27조제1항에 따른 기술표준품의 형식승인기준에 적합하고, 안전하게 운용할 수 있다고 판단하는 경우에는 감항승인을 하여야 한다. ③ 국토교통부장관은 다음 각 호의 어느 하나에 해당하는 경우에는 제2항에 따른 감항승인을 취소하거나 6개월 이내의 기간을 정하여 그 효력의 정지를 명할 수 있다. 다만, 제1호에 해당하는 경우에는 그 감항승인을 취소하여야 한다. 1. 거짓이나 그 밖의 부정한 방법으로 감항승인을 받은 경우 2. 항공기 등, 장비품 또는 부품이 감항승인 당시의 항공기기술 기준 또는 제27조제1항에 따른 기술표준품의 형식승인기준에 적합하지 아니하게 된 경우	
제25조(소음기준적합증명) ① 국토교통부령으로 정하는 항공기의 소유자 등은 감항증명을 받는 경우와 수리·개조 등으로 항공기의 소음치(騷音値)가 변동된 경우에는 국토교통부령으로 정하는 바에 따라 그 항공기가 제19조제2호의 소음기준에 적합한지에 대하여 국토교통부장관의 증명(이하 "소음기준적합증명"이라 한다)을 받아야 한다.	

② 국토교통부장관은 법 제23조제8항에 따라 소유자 등에게 검사·정비 등을 명할 때에는 다음 각 호의 사항을 통보하여야 한다.

1. 항공기 등, 장비품 또는 부품의 형식 등 검사 대상

2. 검사·정비 등을 하여야 할 시기 및 방법

3. 제3항에 따른 보고 대상 여부

③ 제1항에 따른 감항성 개선 또는 제2항에 따른 검사·정비 등의 명령을 받은 소유자 등은 감항성 개선 또는 검사·정비 등을 완료한 후 그 이행 결과가 보고 대상인 경우에는 국토교통부장관에게 보고하여야 한다.

제46조(감항승인의 신청) ① 법 제24조제1항에 따라 감항승인을 받으려는 자는 다음 각 호의 구분에 따른 신청서를 국토교통부장관 또는 지방항공청장에게 제출하여야 한다.

1. 항공기를 외국으로 수출하려는 경우 : 별지 제19호서식의 항공기 감항승인 신청서

2. 발동기·프로펠러, 장비품 또는 부품을 타인에게 제공하려는 경우 : 별지 제20호서식의 부품 등의 감항승인 신청서

② 제1항에 따른 신청서에는 다음 각 호의 서류를 첨부하여야 한다.

1. 항공기기술기준 또는 법 제27조제1항에 따른 기술표준품형식승인기준(이하 "기술표준품형식승인기준"이라 한다)에 적합함을 입증하는 자료

2. 정비교범(제작사가 발행한 것만 해당한다)

3. 그 밖에 법 제23조제8항에 따른 감항성 개선 명령의 이행 결과 등 국토교통부장관이 정하여 고시하는 서류 제47조(감항승인을 위한 검사범위) 법 제24조제2항에 따라 국토교통부장관 또는 지방항공청장이 감항승인을 할 때에는 해당 항공기 등·장비품 또는 부품의 상태 및 성능이 항공기기술기준 또는 기술표준품형식승인기준에 적합한지를 검사하여야 한다.

제48조(감항승인서의 발급) 국토교통부장관 또는 지방항공청장은 법 제24조제2항에 따른 감항승인을 위한 검사결과 해당 항공기가 항공기기술기준에 적합하다고 인정하는 경우에는 별지 제21호서식의 항공기 감항승인서를, 해당 발동기·프로펠러, 장비품 또는 부품이 항공기기술기준 또는 기술표준품형식승인기준에 적합하다고 인정하는 경우에는 별지 제22호서식의 부품 등 감항승인서를 신청인에게 발급하여야 한다.

제49조(소음기준적합증명 대상 항공기) 법 제25조제1항에서 "국토교통부령으로 정하는 항공기"란 다음 각 호의 어느 하나에 해당하는 항공기로서 국토교통부장관이 정하여 고시하는 항공기를 말한다.

1. 터빈발동기를 장착한 항공기

2. 국제선을 운항하는 항공기

제50조(소음기준적합증명 신청) ① 법 제25조제1항에 따라 소음기준적합증명을 받으려는 자는 별지 제23호서식의 소음기준적합증명 신청서를 국토교통부장관 또는 지방항공청장에게 제출하여야 한다.

② 제1항에 따른 신청서에는 다음 각 호의 서류를 첨부하여야 한다.

1. 해당 항공기가 법 제19조제2호에 따른 소음기준(이하 "소음기준"이라 한다)에 적합함을 입증하는 비행교범

2. 해당 항공기가 소음기준에 적합하다는 사실을 입증할 수 있는 서류(해당 항공기를 제작 또는 등록하였던 국가나 항공기 제작기술을 제공한 국가가 소음기준에 적합하다고 증명한 항공기만 해당한다)

3. 수리·개조 등에 관한 기술사항을 적은 서류(수리·개조 등으로 항공기의 소음치(騷音値)가 변경된 경우에만 해당한다)

제51조(소음기준적합증명의 검사기준 등) 법 제25조제1항에 따른 소음기준적합증명의 검사기준과 소음의 측정방법 등에 관한 세부적인 사항은 국토교통부장관이 정하여 고시한다.

항공안전법	항공안전법 시행령
② 소음기준적합증명을 받지 아니하거나 항공기기술기준에 적합하지 아니한 항공기를 운항해서는 아니 된다. 다만, 국토교통부령으로 정하는 바에 따라 국토교통부장관의 운항허가를 받은 경우에는 그러하지 아니하다. ③ 국토교통부장관은 다음 각 호의 어느 하나에 해당하는 경우에는 소음기준적합증명을 취소하거나 6개월 이내의 기간을 정하여 그 효력의 정지를 명할 수 있다. 다만, 제1호에 해당하는 경우에는 소음기준적합증명을 취소하여야 한다. 1. 거짓이나 그 밖의 부정한 방법으로 소음기준적합증명을 받은 경우 2. 항공기가 소음기준적합증명 당시의 항공기기술기준에 적합하지 아니하게 된 경우 **제26조(항공기기술기준 변경에 따른 요구)** 국토교통부장관은 항공기기술기준이 변경되어 형식증명을 받은 항공기가 변경된 항공기기술기준에 적합하지 아니하게 된 경우에는 형식증명을 받거나 양수한 자 또는 소유자 등에게 변경된 항공기기술기준을 따르도록 요구할 수 있다. 이 경우 형식증명을 받거나 양수한자 또는 소유자 등은 이에 따라야 한다. **제27조(기술표준품 형식승인)** ① 항공기 등의 감항성을 확보하기 위하여 국토교통부장관이 정하여 고시하는 장비품(시험 또는 연구 · 개발 목적으로 설계 · 제작하는 경우는 제외한다. 이하 "기술표준품"이라 한다)을 설계 · 제작하려는 자는 국토교통부장관이 정하여 고시하는 기술표준품의 형식승인기준(이하 "기술표준품형식승인기준"이라 한다)에 따라 해당 기술표준품의 설계 · 제작에 대하여 국토교통부장관의 승인(이하 "기술표준품형식승인"이라 한다)을 받아야 한다. 다만, 대한민국과 기술표준품의 형식승인에 관한 항공안전협정을 체결한 국가로부터 형식승인을 받은 기술표준품으로서 국토교통부령으로 정하는 기술표준품은 기술표준품형식승인을 받은 것으로 본다.	

제52조(소음기준적합증명서의 발급) ① 국토교통부장관 또는 지방항공청장은 해당 항공기가 소음기준에 적합한 경우에는 별지 제24호서식의 소음기준적합증명서를 항공기의 소유자 등에게 발급하여야 한다.

② 국토교통부장관 또는 지방항공청장은 제50조제2항제2호의 경우에 해당 국가의 소음측정방법 및 소음측정값이 제51조에 따른 검사기준과 측정방법에 적합한 것으로 확인된 경우에는 서류검사만으로 소음기준적합증명을 할 수 있다.

제53조(소음기준적합증명의 기준에 적합하지 아니한 항공기의 운항허가) ① 법 제25조제2항 단서에 따라 운항허가를 받을 수 있는 경우는 다음 각 호와 같다. 이 경우 국토교통부장관은 제한사항을 정하여 항공기의 운항을 허가할 수 있다.

1. 항공기의 생산업체, 연구기관 또는 제작자 등이 항공기 또는 그 장비품 등의 시험·조사·연구·개발을 위하여 시험비행을 하는 경우

2. 항공기의 제작 또는 정비 등을 한 후 시험비행을 하는 경우

3. 항공기의 정비 등을 위한 장소까지 승객·화물을 싣지 아니하고 비행하는 경우

4. 항공기의 설계에 관한 형식증명을 변경하기 위하여 운용한계를 초과하는 시험비행을 하는 경우

② 법 제25조제2항 단서에 따른 운항허가를 받으려는 자는 별지 제25호서식의 시험비행 등의 허가신청서를 국토교통부장관에게 제출하여야 한다.

제54조(소음기준적합증명서의 반납) 법 제25조제3항에 따라 항공기의 소음기준적합증명을 취소하거나 그 효력을 정지시킨 경우에는 지체 없이 항공기의 소유자 등에게 해당 항공기의 소음기준적합증명서의 반납을 명하여야 한다.

제55조(기술표준품형식승인의 신청) ① 법 제27조제1항에 따라 기술표준품형식승인을 받으려는 자는 별지 제26호 서식의 기술표준품형식승인 신청서를 국토교통부장관에게 제출하여야 한다.

② 제1항에 따른 신청서에는 다음 각 호의 서류를 첨부하여야 한다.

1. 법 제27조제1항에 따른 기술표준품형식승인기준(이하 "기술표준품형식승인기준"이라 한다)에 대한 적합성 입증 계획서 또는 확인서

2. 기술표준품의 설계도면, 설계도면 목록 및 부품 목록

3. 기술표준품의 제조규격서 및 제품사양서

4. 기술표준품의 품질관리규정

5. 해당 기술표준품의 감항성 유지 및 관리체계(이하 "기술표준품관리체계"라 한다)를 설명하는 자료

6. 그 밖에 참고사항을 적은 서류

제56조(형식승인이 면제되는 기술표준품) 법 제27조제1항 단서에서 "국토교통부령으로 정하는 기술표준품"이란 다음 각 호의 기술표준품을 말한다.

항공안전법	항공안전법 시행령
② 국토교통부장관은 기술표준품형식승인을 할 때에는 기술표준품의 설계 · 제작에 대하여 기술표준품형식승인기준에 적합한지를 검사한 후 적합하다고 인정하는 경우에는 국토교통부령으로 정하는 바에 따라 기술표준품형식승인서를 발급하여야 한다. ③ 누구든지 기술표준품형식승인을 받지 아니한 기술표준품을 제작 · 판매하거나 항공기 등에 사용해서는 아니 된다. ④ 국토교통부장관은 다음 각 호의 어느 하나에 해당하는 경우에는 해당 기술표준품형식승인을 취소하거나 6개월 이내의 기간을 정하여 그 효력의 정지를 명할 수 있다. 다만, 제1호에 해당하는 경우에는 기술표준품형식승인을 취소하여야 한다. 1. 거짓이나 그 밖의 부정한 방법으로 기술표준품형식승인을 받은 경우 2. 기술표준품이 기술표준품형식승인 당시의 기술표준품형식승인기준에 적합하지 아니하게 된 경우	
제28조(부품등제작자증명) ① 항공기 등에 사용할 장비품 또는 부품을 제작하려는 자는 국토교통부령으로 정하는 바에 따라 항공기기술기준에 적합하게 장비품 또는 부품을 제작할 수 있는 인력, 설비, 기술 및 검사체계 등을 갖추고 있는지에 대하여 국토교통부장관의 증명(이하 "부품등제작자증명"이라 한다)을 받아야 한다. 다만, 다음 각 호의 어느 하나에 해당하는 장비품 또는 부품을 제작하려는 경우에는 그러하지 아니하다. 1. 형식증명 또는 부가형식증명 당시 또는 형식증명승인 또는 부가형식증명승인 당시 장착되었던 장비품 또는 부품의 제작자가 제작하는 같은 종류의 장비품 또는 부품	

1. 법 제20조에 따라 형식증명을 받은 항공기에 포함되어 있는 기술표준품
2. 법 제21조에 따라 형식증명승인을 받은 항공기에 포함되어 있는 기술표준품
3. 법 제23조제1항에 따라 감항증명을 받은 항공기에 포함되어 있는 기술표준품

제57조(기술표준품형식승인의 검사범위 등) ① 국토교통부장관은 법 제27조제2항에 따라 기술표준품형식승인을 위한 검사를 하는 경우에는 다음 각 호의 사항을 검사하여야 한다.
1. 기술표준품이 기술표준품형식승인기준에 적합하게 설계되었는지 여부
2. 기술표준품의 설계 · 제작과정에 적용되는 품질관리체계
3. 기술표준품관리체계

② 국토교통부장관은 제1항제1호에 따른 사항을 검사하는 경우에는 기술표준품의 최소성능표준에 대한 적합성과 도면, 규격서, 제작공정 등에 관한 내용을 포함하여 검사하여야 한다.

③ 국토교통부장관은 제1항제2호에 따른 사항을 검사하는 경우에는 해당 기술표준품을 제작할 수 있는 기술 · 설비 및 인력 등에 관한 내용을 포함하여 검사하여야 한다.

④ 국토교통부장관은 제1항제3호에 따른 사항을 검사하는 경우에는 기술표준품의 식별방법 및 기록유지 등에 관한 내용을 포함하여 검사하여야 한다.

제58조(기술표준품형식승인서의 발급 등) ① 국토교통부장관은 법 제27조제2항에 따른 검사 결과 해당 기술표준품의 설계 · 제작이 기술표준품형식승인기준에 적합하다고 인정하는 경우에는 별지 제27호서식의 기술표준품형식승인서를 발급하여야 한다.

② 법 제27조에 따른 기술표준품형식승인을 받은 자는 해당 기술표준품에 기술표준품형식승인을 받았음을 나타내는 표시를 할 수 있다.

제59조(항공기기술기준 등의 제 · 개정 신청 등) ① 항공기기술기준 또는 기술표준품형식승인기준의 제정 또는 개정을 신청하려는 자는 별지 제28호서식의 항공기기술기준 또는 기술표준품형식승인기준 제 · 개정 신청서에 항공기기술기준 또는 기술표준품형식승인기준 신 · 구조문대비표를 첨부하여 국토교통부장관에게 제출하여야 한다.

② 국토교통부장관은 제1항에 따른 신청이 있는 경우 30일 이내에 이를 검토하여 항공기기술기준 또는 기술표준품형식승인기준으로의 반영 여부를 제60조에 따른 항공기기술기준위원회의 심의를 거쳐 신청인에게 통보하여야 한다.

제60조(항공기기술기준위원회의 구성 및 운영) ① 항공기기술기준 및 기술표준품형식승인기준의 적합성에 관하여 국토교통부장관의 자문에 조언하게 하기 위하여 국토교통부장관 소속으로 항공기기술기준위원회를 둔다.

② 항공기기술기준위원회는 다음 각 호의 사항을 심의 · 의결한다.
1. 항공기기술기준의 제 · 개정안
2. 기술표준품형식승인기준의 제 · 개정안

③ 항공기기술기준위원회의 구성, 위원의 선임기준 및 임기 등 항공기기술기준위원회의 운영에 필요한 세부사항은 국토교통부장관이 정하여 고시한다.

제61조(부품등제작자증명의 신청) ① 법 제28조제1항에 따른 부품등제작자증명을 받으려는 자는 별지 제29호서식의 부품등제작자증명 신청서를 국토교통부장관에게 제출하여야 한다.

② 제1항에 따른 신청서에는 다음 각 호의 서류를 첨부하여야 한다.
1. 장비품 또는 부품(이하 "부품등"이라 한다)의 식별서
2. 항공기기술기준에 대한 적합성 입증 계획서 또는 확인서
3. 부품등의 설계도면 · 설계도면 목록 및 부품등의 목록
4. 부품등의 제조규격서 및 제품사양서
5. 부품등의 품질관리규정
6. 해당 부품등의 감항성 유지 및 관리체계(이하 "부품등관리체계"라 한다)를 설명하는 자료
7. 그 밖에 참고사항을 적은 서류

항공안전법	항공안전법 시행령
2. 기술표준품형식승인을 받아 제작하는 기술표준품 3. 그 밖에 국토교통부령으로 정하는 장비품 또는 부품 ② 국토교통부장관은 부품등제작자증명을 할 때에는 항공기기술기준에 적합하게 장비품 또는 부품을 제작할 수 있는지를 검사한 후 적합하다고 인정하는 경우에는 국토교통부령으로 정하는 바에 따라 부품등제작자증명서를 발급하여야 한다. ③ 누구든지 부품등제작자증명을 받지 아니한 장비품 또는 부품을 제작·판매하거나 항공기 등 또는 장비품에 사용해서는 아니된다. ④ 대한민국과 항공안전협정을 체결한 국가로부터 부품등제작자증명을 받은 경우에는 부품등제작자증명을 받은 것으로 본다. ⑤ 국토교통부장관은 다음 각 호의 어느 하나에 해당하는 경우에는 부품등제작자증명을 취소하거나 6개월 이내의 기간을 정하여 그 효력의 정지를 명할 수 있다. 다만, 제1호에 해당하는 경우에는 부품등제작자증명을 취소하여야 한다. 1. 거짓이나 그 밖의 부정한 방법으로 부품등제작자증명을 받은 경우 2. 장비품 또는 부품이 부품등제작자증명 당시의 항공기기술기준에 적합하지 아니하게 된 경우 **제29조(과징금의 부과)** ① 국토교통부장관은 제20조제5항, 제22조제3항, 제27조제4항 또는 제28조제5항에 따라 형식증명, 부가형식증명, 제작증명, 기술표준품형식승인 또는 부품등제작자증명의 효력정지를 명하는 경우로서 그 증명이나 승인의 효력정지가 항공기 이용자 등에게 심한 불편을 주거나 공익을 해칠 우려가 있는 경우에는 그 증명이나 승인의 효력정지처분을 갈음하여 1억원 이하의 과징금을 부과할 수 있다. ② 제1항에 따른 과징금 부과의 구체적인 기준, 절차 및 그 밖에 필요한 사항은 대통령령으로 정한다. ③ 국토교통부장관은 제1항에 따라 과징금을 내야 할 자가 납부기한까지 과징금을 내지 아니하면 국세 체납처분의 예에 따라 징수한다. **제30조(수리·개조승인)** ① 감항증명을 받은 항공기의 소유자 등은 해당 항공기 등, 장비품 또는 부품을 국토교통부령으로 정하는 범위에서 수리하거나 개조하려면 국토교통부령으로 정하는 바에 따라 그 수리·개조가 항공기기술기준에 적합한지에 대하여 국토교통부장관의 승인(이하 "수리·개조승인"이라 한다)을 받아야 한다. ② 소유자 등은 수리·개조승인을 받지 아니한 항공기 등, 장비품 또는 부품을 운항 또는 항공기 등에 사용해서는 아니 된다. ③ 제1항에도 불구하고 다음 각 호의 어느 하나에 해당하는 경우로서 항공기기술기준에 적합한 경우에는 수리·개조승인을 받은 것으로 본다. 1. 기술표준품형식승인을 받은 자가 제작한 기술표준품을 그가 수리·개조하는 경우	**제5조(항공기 등을 제작하려는 자 등에 대한 위반행위의 종류별 과징금의 금액)** 법 제29조제1항에 따라 과징금을 부과하는 위반행위의 종류와 위반 정도 등에 따른 과징금의 금액은 별표 1과 같다. **제6조(과징금의 부과 및 납부)** ① 국토교통부장관은 법 제29조제1항에 따라 과징금을 부과하려는 경우에는 그 위반행위의 종류와 해당 과징금의 금액을 명시하여 이를 납부할 것을 서면으로 통지하여야 한다. ② 제1항에 따라 통지를 받은 자는 통지를 받은 날부터 20일 이내에 국토교통부장관이 정하는 수납기관에 과징금을 내야 한다. 다만, 천재지변이나 그 밖의 부득이한 사유로 그 기간에 과징금을 낼 수 없는 경우에는 그 사유가 없어진 날부터 7일 이내에 내야 한다. ③ 제2항에 따라 과징금을 받은 수납기관은 그 납부자에게 영수증을 발급하여야 한다. ④ 과징금의 수납기관은 제2항에 따른 과징금을 받으면 지체 없이 그 사실을 국토교통부장관에게 통보하여야 한다. 제7조(과징금의 독촉 및 징수) ① 국토교통부장관은 제6조제1항에 따라 과징금의 납부통지를 받은 자가 납부기한까지 과징금을 내지 아니하면 납부기한이 지난날부터 7일 이내에 독촉장을 발급하여야 한다. 이 경우 납부기한은 독촉장의 발급일부터 10일 이내로 하여야 한다. ② 국토교통부장관은 제1항에 따라 독촉을 받은 자가 납부기한까지 과징금을 내지 아니한 경우에는 소속 공무원으로 하여금 국세 체납처분의 예에 따라 과징금을 강제징수하게 할 수 있다.

제62조(부품등제작자증명의 검사범위 등) ① 국토교통부장관은 법 제28조제2항에 따라 부품등제작자증명을 위한 검사를 하는 경우에는 해당 부품등이 항공기기술기준에 적합하게 설계되었는지의 여부, 품질관리체계, 제작과정 및 부품등관리체계에 대한 검사를 하여야 한다.

② 제1항에 따른 검사의 세부적인 검사기준·방법 및 절차 등은 국토교통부장관이 정하여 고시한다.

제63조(부품등제작자증명을 받지 아니하여도 되는 부품등) 법 제28조제1항제3호에서 "국토교통부령으로 정하는 장비품 또는 부품"이란 다음 각 호의 어느 하나에 해당하는 것을 말한다.

1. 「산업표준화법」 제15조제1항에 따라 인증 받은 항공 분야 부품 등

2. 전시·연구 또는 교육목적으로 제작되는 부품 등

3. 국제적으로 공인된 규격에 합치하는 부품 등 중 국토교통부장관이 정하여 고시하는 부품 등

제64조(부품등제작자증명서의 발급) ① 국토교통부장관은 법 제28조제2항에 따른 검사 결과 부품등제작자증명을 받으려는 자가 항공기기술기준에 적합하게 부품 등을 제작할 수 있다고 인정하는 경우에는 별지 제30호서식의 부품등제작자증명서를 발급하여야 한다.

② 국토교통부장관은 제1항에 따른 부품등제작자증명서를 발급할 때에는 해당 부품 등이 장착될 항공기 등의 형식을 지정하여야 한다.

③ 법 제28조에 따른 부품등제작자증명을 받은 자는 해당 부품등에 대하여 부품등제작자증명을 받았음을 나타내는 표시를 할 수 있다.

제65조(항공기 등 또는 부품등의 수리·개조승인의 범위) 법 제30조제1항에 따라 승인을 받아야 하는 항공기 등 또는 부품등의 수리·개조의 범위는 항공기의 소유자 등이 법 제97조에 따라 정비조직인증을 받아 항공기 등 또는 부품등을 수리·개조하거나 정비조직인증을 받은 자에게 위탁하는 경우로서 그 정비조직인증을 받은 업무 범위를 초과하여 항공기 등 또는 부품등을 수리·개조하는 경우를 말한다.

제66조(수리·개조승인의 신청) 법 제30조제1항에 따라 항공기 등 또는 부품등의 수리·개조승인을 받으려는 자는 별지 제31호서식의 수리·개조승인 신청서에 다음 각 호의 내용을 포함한 수리계획서 또는 개조계획서를 첨부하여 작업을 시작하기 10일 전까지 지방항공청장에게 제출하여야 한다. 다만, 항공기사고 등으로 인하여 긴급한 수리·개조를 하여야 하는 경우에는 작업을 시작하기 전까지 신청서를 제출할 수 있다.

1. 수리·개조 신청사유 및 작업 일정

2. 작업을 수행하려는 인증된 정비조직의 업무범위

3. 수리·개조에 필요한 인력, 장비, 시설 및 자재 목록

4. 해당 항공기 등 또는 부품등의 도면과 도면 목록

5. 수리·개조작업지시서

항공안전법	항공안전법 시행령
2. 부품등제작자증명을 받은 자가 제작한 장비품 또는 부품을 그가 수리ㆍ개조하는 경우 3. 제97조제1항에 따른 정비조직인증을 받은 자가 항공기 등, 장비품 또는 부품을 수리ㆍ개조하는 경우 **제31조(항공기 등의 검사 등)** ① 국토교통부장관은 제20조부터 제25조까지, 제27조, 제28조, 제30조 및 제97조에 따른 증명ㆍ승인 또는 정비조직인증을 할 때에는 국토교통부장관이 정하는 바에 따라 미리 해당 항공기 등 및 장비품을 검사하거나 이를 제작 또는 정비하려는 조직, 시설 및 인력 등을 검사하여야 한다. ② 국토교통부장관은 제1항에 따른 검사를 하기 위하여 다음 각 호의 어느 하나에 해당하는 사람 중에서 항공기 등 및 장비품을 검사할 사람(이하 "검사관"이라 한다)을 임명 또는 위촉한다. 1. 제35조제8호의 항공정비사 자격증명을 받은 사람 2. 「국가기술자격법」에 따른 항공분야의 기사 이상의 자격을 취득한 사람 3. 항공기술 관련 분야에서 학사 이상의 학위를 취득한 후 3년 이상 항공기의 설계, 제작, 정비 또는 품질보증 업무에 종사한 경력이 있는 사람 4. 국가기관등항공기의 설계, 제작, 정비 또는 품질보증 업무에 5년 이상 종사한 경력이 있는 사람 ③ 국토교통부장관은 국토교통부 소속 공무원이 아닌 검사관이 제1항에 따른 검사를 한 경우에는 예산의 범위에서 수당을 지급할 수 있다. **제32조(항공기 등의 정비 등의 확인)** ① 소유자 등은 항공기 등, 장비품 또는 부품에 대하여 정비 등(국토교통부령으로 정하는 경미한 정비 및 제30조제1항에 따른 수리ㆍ개조는 제외한다. 이하 이 조에서 같다)을 한 경우에는 제35조제8호의 항공정비사 자격증명을 받은 사람으로서 국토교통부령으로 정하는 자격요건을 갖춘 사람으로부터 그 항공기 등, 장비품 또는 부품에 대하여 국토교통부령으로 정하는 방법에 따라 감항성을 확인받지 아니하면 이를 운항 또는 항공기 등에 사용해서는 아니 된다. 다만, 감항성을 확인받기 곤란한 대한민국 외의 지역에서 항공기 등, 장비품 또는 부품에 대하여 정비 등을 하는 경우로서 국토교통부령으로 정하는 자격요건을 갖춘 자로부터 그 항공기 등, 장비품 또는 부품에 대하여 감항성을 확인받은 경우에는 이를 운항 또는 항공기 등에 사용할 수 있다. ② 소유자 등은 항공기 등, 장비품 또는 부품에 대한 정비 등을 위탁하려는 경우에는 제97조제1항에 따른 정비조직인증을 받은자 또는 그 항공기 등, 장비품 또는 부품을 제작한 자에게 위탁하여야 한다.	

제67조(항공기 등 또는 부품등의 수리 · 개조승인) ① 지방항공청장은 제66조에 따른 수리 · 개조승인의 신청을 받은 경우에는 수리계획서 또는 개조계획서를 통하여 수리 · 개조가 항공기기술기준에 적합한지 여부를 확인한 후 승인하여야 한다. 다만, 신청인이 제출한 수리계획서 또는 개조계획서만으로 확인이 곤란한 경우에는 수리 · 개조가 시행되는 현장에서 확인한 후 승인할 수 있다.

② 지방항공청장은 제1항에 따라 수리 · 개조승인을 하는 때에는 별지 제32호서식의 수리 · 개조 결과서에 작업지시서 수행본 1부를 첨부하여 제출하는 것을 조건으로 신청자에게 승인하여야 한다.

제68조(경미한 정비의 범위) 법 제32조제1항 본문에서 "국토교통부령으로 정하는 경미한 정비"란 다음 각 호의 어느 하나에 해당하는 작업을 말한다.

1. 간단한 보수를 하는 예방작업으로서 리깅(Rigging) 또는 간극의 조정작업 등 복잡한 결합작용을 필요로 하지 아니하는 규격장비품 또는 부품의 교환작업
2. 감항성에 미치는 영향이 경미한 범위의 수리작업으로서 그 작업의 완료 상태를 확인하는 데에 동력장치의 작동 점검과 같은 복잡한 점검을 필요로 하지 아니하는 작업
3. 그 밖에 윤활유 보충 등 비행전후에 실시하는 단순하고 간단한 점검 작업

제69조(항공기 등의 정비 등을 확인하는 사람) 법 제32조제1항 본문에서 "국토교통부령으로 정하는 자격요건을 갖춘 사람"이란 다음 각 호의 어느 하나에 해당하는 사람을 말한다.

1. 항공운송사업자 또는 항공기사용사업자에 소속된 사람 : 국토교통부장관 또는 지방항공청장이 법 제93조(법제96조제2항에서 준용하는 경우를 포함한다)에 따라 인가한 정비규정에서 정한 자격을 갖춘 사람으로서 제81조제2항에 따른 동일한 항공기 종류 또는 제81조제6항에 따른 동일한 정비분야에 대해 최근 24개월 이내에 6개월 이상의 정비경험이 있는 사람
2. 법 제97조제1항에 따라 정비조직인증을 받은 항공기정비업자에 소속된 사람 : 제271조제1항에 따른 정비조직 절차교범에서 정한 자격을 갖춘 사람으로서 제81조제2항에 따른 동일한 항공기 종류 또는 제81조제6항에 따른 동일한 정비분야에 대해 최근 24개월 이내에 6개월 이상의 정비경험이 있는 사람
3. 자가용항공기를 정비하는 사람 : 해당 항공기 형식에 대하여 제작사가 정한 교육기준 및 방법에 따라 교육을 이수하고 제81조제2항에 따른 동일한 항공기 종류 또는 제81조제6항에 따른 동일한 정비분야에 대해 최근24개월 이내에 6개월 이상의 정비경험이 있는 사람
4. 제작사가 정한 교육기준 및 방법에 따라 교육을 이수한 사람 또는 이와 동등한 교육을 이수하여 국토교통부장관 또는 지방항공청장으로부터 승인을 받은 사람

제70조(항공기 등의 정비 등을 확인하는 방법) 법 제32조제1항 본문에서 "국토교통부령으로 정하는 방법" 이란 다음 각 호의 어느 하나에 해당하는 방법을 말한다.

1. 법 제93조제1항(법 제96조제2항에서 준용하는 경우를 포함한다)에 따라 인가받은 정비규정에 포함된 정비프로그램 또는 검사프로그램에 따른 방법
2. 국토교통부장관의 인가를 받은 기술자료 또는 절차에 따른 방법
3. 항공기 등 또는 부품등의 제작사에서 제공한 정비매뉴얼 또는 기술자료에 따른 방법
4. 항공기 등 또는 부품등의 제작국가 정부가 승인한 기술자료에 따른 방법
5. 그 밖에 국토교통부장관 또는 지방항공청장이 인정하는 기술자료에 따른 방법

항공안전법	항공안전법 시행령
제33조(항공기 등에 발생한 고장, 결함 또는 기능장애 보고 의무) ① 형식증명, 부가형식증명, 제작증명, 기술표준품형식승인 또는 부품등제작자증명을 받은 자는 그가 제작하거나 인증을 받은 항공기 등, 장비품 또는 부품이 설계 또는 제작의 결함으로 인하여 국토교통부령으로 정하는 고장, 결함 또는 기능장애가 발생한 것을 알게 된 경우에는 국토교통부령으로 정하는 바에 따라 국토교통부장관에게 그 사실을 보고하여야 한다. ② 항공운송사업자, 항공기사용사업자 등 대통령령으로 정하는 소유자 등 또는 제97조제1항에 따른 정비조직인증을 받은 자는 항공기를 운영하거나 정비하는 중에 국토교통부령으로 정하는 고장, 결함 또는 기능장애가 발생한 것을 알게 된 경우에는 국토교통부령으로 정하는 바에 따라 국토교통부장관에게 그 사실을 보고하여야 한다.	**제8조(항공기에 발생한 고장, 결함 또는 기능장애 보고 의무자)** 법 제33조제2항에서 "항공운송사업자, 항공기사용사업자 등 대통령령으로 정하는 소유자 등"이란 다음 각 호의 어느 하나에 해당하는 자를 말한다. 1. 「항공사업법」 제2조제10호에 따른 국내항공운송사업자 2. 「항공사업법」 제2조제12호에 따른 국제항공운송사업자 3. 「항공사업법」 제2조제14호에 따른 소형항공운송사업자 4. 항공기사용사업자 5. 최대이륙중량이 5,700킬로그램을 초과하는 비행기를 소유하거나 임차하여 해당 비행기를 사용할 수 있는 권리가 있는 자 6. 최대이륙중량이 3,175킬로그램을 초과하는 헬리콥터를 소유하거나 임차하여 해당 헬리콥터를 사용할 수 있는 권리가 있는 자

제71조(국외 정비확인자의 자격인정) 법 제32조제1항 단서에서 "국토교통부령으로 정하는 자격요건을 갖춘 자"란 다음 각 호의 어느 하나에 해당하는 사람으로서 국토교통부장관의 인정을 받은 사람(이하 "국외 정비확인자"라 한다)을 말한다.

1. 외국정부가 발급한 항공정비사 자격증명을 받은 사람

2. 외국정부가 인정한 항공기정비사업자에 소속된 사람으로서 항공정비사 자격증명을 받은 사람과 동등하거나 그 이상의 능력이 있는 사람

제72조(국외 정비확인자의 인정신청) 제71조에 따른 인정을 받으려는 사람은 다음 각 호의 사항을 적은 신청서에 외국정부가 발급한 항공정비사 자격증명 또는 외국정부가 인정한 항공기정비사업자임을 증명하는 서류 및 그 사업자에 소속된 사람임을 증명하는 서류와 사진 2장을 첨부하여 국토교통부장관에게 제출하여야 한다.

1. 성명, 국적, 연령 및 주소

2. 경력

3. 정비확인을 하려는 장소

4. 자격인정을 받으려는 사유

제73조(국외 정비확인자 인정서의 발급) ① 국토교통부장관은 제71조에 따른 인정을 하는 경우에는 별지 제33호 서식의 국외 정비확인자 인정서를 발급하여야 한다.

② 국토교통부장관은 제1항에 따라 국외 정비확인자 인정서를 발급하는 경우에는 국외 정비확인자가 감항성을 확인할 수 있는 항공기 등 또는 부품 등의 종류·등급 또는 형식을 정하여야 한다.

③ 제1항에 따른 인정의 유효기간은 1년으로 한다.

제74조(항공기 등에 발생한 고장, 결함 또는 기능장애 보고) ① 법 제33조제1항 및 제2항에서 "국토교통부령으로 정하는 고장, 결함 또는 기능장애"란 별표 3 제5호에 따른 항공안전장애(이하 "고장 등"이라 한다)를 말한다.

② 법 제33조제1항 및 제2항에 따라 고장 등이 발생한 사실을 보고할 때에는 별지 제34호서식의 고장·결함·기능장애 보고서 또는 국토교통부장관이 정하는 전자적인 보고방법에 따라야 한다.

③ 제2항에 따른 보고는 고장 등이 발생한 것을 알게 된 때(별표 3 제5호마목 및 바목의 항공안전장애인 경우에는 보고 대상으로 확인된 때를 말한다)부터 96시간 이내에 하여야 한다.

✈ 예 / 상 / 문 / 제

제3장 ┃ 항공기 기술기준 및 형식증명 등

01 항공기 등, 장비품 또는 부품의 안전을 확인하기 위하여 항공기기술기준을 정하여 고시하는 사항이 아닌 것은?

㉮ 항공기 등의 감항기준
㉯ 항공기 등의 형식기준
㉰ 항공기 등의 환경기준
㉱ 항공기 등, 장비품 또는 부품의 인증절차

〔해설〕 법 제19조 (항공기기술기준) 국토교통부장관은 항공기 등. 장비품 또는 부품 의 안전을 확보하기 위하여 다음 각호의 사항을 포함한 기술상의 기준(이하 "항공기기술기준" 이라 한다)을 정하여 고시하여야 한다.
1. 항공기 등의 감항기준
2. 항공기 등의 환경기준(배출가스 배출기준 및 소음기준을 포함한다)
3. 항공기 등이 감항성을 유지하기 위한 기준
4. 항공기 등, 장비품 또는 부품의 식별 표시 방법
5. 항공기 등, 장비품 또는 부품의 인증절차

[형식증명]

02 형식증명을 받지 않아도 되는 것은?

㉮ 항공기   ㉯ 발동기
㉰ 자동조종장치   ㉱ 프로펠러

〔해설〕 법 제20조제1항
① 항공기 등을 제작하려는 자는 그 항공기 등의 설계에 관하여 국토교통부령으로 정하는 바에 따라 국토교통부장관의 증명(이하 "형식증명"이라 한다)을 받을 수 있다. 증명을 받은 사항을 변경할 때에도 또한 같다.

* 시행규칙 제18조 (형식증명의 신청)
① 법 제20조제1항에 따라 형식증명을 받으려는 자는 형식증명 신청서를 국토교통부장관에게 제출하여야 한다.
② 제1항에 따른 신청서에는 다음 각 호의 서류를 첨부하여야 한다.
1. 인증계획서(Certification Plan)
2. 항공기 3면도

3. 발동기의 설계·운용 특성 및 운용한계에 대한 자료(발동기의 경우에만 해당한다)
4. 그 밖에 국토교통부장관이 정하여 고시하는 서류

03 형식증명을 받고자 할 때 형식증명 신청서에 첨부할 서류가 아닌 것은?

㉮ 정비방식을 기재한 서류
㉯ 인증계획서
㉰ 발동기의 설계, 운용특성에 관한 자료
㉱ 항공기 3면도

〔해설〕 2번항 해설 참조

04 다음 중 형식증명을 행하기 위한 검사절차로 맞는 것은?

㉮ 해당 형식의 설계가 감항성의 기준에 적합여부를 검사한다.
㉯ 해당 형식의 항공기 제작계획서를 검사한다.
㉰ 해당 형식의 설계에 의한 항공기 제작계획서를 검사한다.
㉱ 해당 형식의 설계, 제작과정 및 완성 후의 상태와 비행성능을 검사한다.

〔해설〕 법 제17조(형식증명)제2항
② 국토교통부장관은 제1항에 따른 형식증명을 할 때에는 해당 항공기 등이 항공기 기술 기준에 적합한지를 검사한 후 적합하다고 인정하는 경우에는 국토교통부령으로 정하는 바에 따라 형식증명서를 발급하여야 한다.

*시행규칙 제20조 (형식증명을 위한 검사범위)
국토교통부장관은 법 제20조제2항에 따른 형식증명을 위한 검사를 할 때에는 다음 각 호에 해당하는 사항을 검사하여야 함. 다만, 형식 설계를 변경할 경우에는 변경하는 사항에 대한 검사만 해당 한다.
1. 해당 형식의 설계에 대한 검사
2. 해당 형식의 설계에 따라 제작되는 항공기 등의 제작과정에 대한 검사

〔정답〕 01 ㉯ 02 ㉰ 03 ㉮ 04 ㉱   69

3. 항공기 등의 완성 후의 상태 및 비행성능 등에 대한 검사

*시행규칙 제21조(형식증명서의 발급)
① 국토교통부장관은 제20조에 따른 형식증명을 위한 검사 결과 해당 항공기 등의 법 제19조에 따른 항공기 기술기준에 적합하다고 인정되는 경우에는 형식증명서를 발급하여야 한다.
② 국토교통부장관은 제1항에 따른 형식증명서를 발급할 때에는 항공기 등의 성능과 주요 장비품 목록 등을 기술한 형식증명자료집을 함께 발급하여야 한다.

05 다음 중 형식증명서를 양도·양수하려는 자가 국토교통부장관에게 보고하여야 하는 내용이 아닌 것은?

㉮ 형식증명서의 번호
㉯ 형식증명서의 발급일자
㉰ 양수하려는 자의 성명 또는 명칭, 주소
㉱ 양도·양수 일자

해설 법 제20조제3항 형식증명서를 양도·양수하려는 자는 국토교통부령으로 정하는 바에 따라 국토교통부장관에게 양도사실을 보고하고 형식증명서 재발급 신청을 하여야 한다.
*시행규칙 제22조 (형식증명서의 양도·양수)
① 법제20조제3항에 따라 형식증명서를 양도·양수하려는 자는 형식증명서 번호, 양수하려는 자의 성명 또는 명칭, 주소와 양수·양도 일자를 적은 형식증명서 재발급 신청서에 다음 각 호의 서류를 첨부하여 국토교통부장관에게 제출하여야 한다.
1. 양도 및 양수에 관한 계획서
2. 항공기 등의 설계자료 및 감항성 유지사항의 양도·양수에 관한 서류
3. 그 밖에 국토교통부장관이 정하여 고시 하는 서류
② 국토교통부장관은 제1항에 따른 신청서가 기재사항과 첨부 서류를 확인하고 형식증명서를 발급하여야 함

06 다음 중 프로펠러의 형식증명을 위한 검사범위에 해당되지 않는 것은?

㉮ 해당 형식의 설계에 대한 검사
㉯ 제작과정에 대한 검사
㉰ 완성 후의 상태 및 비행성능에 대한 검사
㉱ 제작공정의 설비에 대한 검사

해설 4번항 해설 참조 (시행규칙 제20조 참조)

07 형식증명에 대한 설명 중 틀린 것은?

㉮ 항공기 등을 제작하려는 자는 그 항공기 등의 설계에 관하여 국토교통부장관의 형식증명을 받을 수 있다
㉯ 국토교통부장관은 기술기준에 적합한지의 여부를 검사하여 이에 적합하다고 인정되는 경우에는 형식증명서를 교부한다.
㉰ 형식증명서를 발급할 때에는 항공기 등의 성능 등을 기술한 형식증명자료집을 함께 발급하여야 한다.

㉱ 형식증명은 대한민국의 국적을 가진 항공기가 아니면 이를 받을 수 없다. 다만, 국토교통부령으로 정하는 항공기의 경우에는 그러하지 아니하다.

해설 2번 및 4번항 해설 참조

[형식증명승인]

08 수입 항공기 등의 형식증명승인에 대한 설명이 틀리는 것은?

㉮ 대한민국에 수출하려는 제작자는 국토교통부령으로 정하는 바에 따라 국토교통부장관의 승인을 받을 수 있다.
㉯ 형식증명승인을 할 때에는 해당 항공기 등이 기술기준에 적합한지를 검사하여야 한다.
㉰ 대한민국과 항공안전에 관한 협정을 체결한 국가로부터 형식증명을 받은 항공기 등도 검사를 받아야 한다.
㉱ 검사 결과 해당 항공기 등이 기술기준에 적합하다고 인정할 때에는 국토교통부령으로 정하는 바에 따라 형식증명 승인서를 발급하여야 한다.

해설 법 제21조(형식증명승인)
① 항공기 등의 설계에 관하여 외국정부로부터 형식증명을 받은 항공기 등을 대한민국에 수출하려는 제작자는 항공기 등의 형식별로 외국정부의 형식증명이 기술기준에 적합한 지에 대하여 국토교통부령으로 정하는 바에 따라 국토교통부장관의 승인(이하 "형식증명승인"이라 한다)을 받을 수 있다.

*시행규칙 제26조(형식증명승인의 신청)
① 법21조제1항에 따라 형식증명의 승인을 받으려는 자는 형식증명승인 신청서를 국토교통부장관에게 제출하여야 한다.
② 제1항에 따른 신청서에는 다음 각 호의 서류를 첨부하여야 한다.
1. 외국정부의 형식증명서
2. 형식증명자료집
3. 설계 개요서
4. 항공기 기술기준 적합성 입증자료
5. 비행교범 또는 운용방식을 적은 서류
6. 정비방식을 적은 서류
7. 그 밖에 참고사항을 적은 서류
※ 법제21조 제2항 ② 국토교통부장관은 제1항에 따라 형식증명승인을 할 때에는 해당 항공기 등이 기술기준에 적합한지를 검사하여야 한다. 다만, 대한민국과 항공기 등의 감항성에 관한 항공협정을 체결한 국가로부터 형식증명을 받은 항공기 등에 대하여는 해당 협정에서 정하는 바에 따라 검사의 일부를 생략할 수 있다.

*시행규칙 제27조 (형식증명승인을 위한 검사 범위) ① 국토교통부장관은 형식증명승인을 위한 검사를 할 때에는 항공기기술기준에 따라 해당 형식의 설계에 대한 검사 및 그 설계에 따라 제작되는 항공기 등의 제작과정에 대한 검사를 하여야 한다.
② 국토교통부장관은 법 제21조제2항 단서에 따라 형식증명승인을 위한 검사를 생략하는 경우에는 제26조제3항에 따른 제출서류의 확인으로 대체할 수 있다.

※ 법 제21조 제3항 ③ 국토교통부장관은 제2항에 따른 검사 결과 해당 항공기 등이 항공기기술기준에 적합하다고 인정하는 경우에는 국토교통부령으로 정하는 바에 따라 형식증명승인서를 발급하여야 한다.

*시행규칙 제28조 (형식증명승인서의 발급) 국토교통부장관은 법 제21조 따른 검사결과 해당 항공기 등의 형식이 항공기 기술기준에 적합하다고 인정되는 경우에는 형식증명승인서에 형식증명자료집을 첨부하여 발급하여야 한다.

09 다음 중 형식증명승인을 받았다고 볼 수 있는 것은?

㉮ 항공우주산업개발촉진법 제10조에 따른 성능검사 및 품질검사를 받은 항공기
㉯ 국내의 항공기 등의 제작업자가 외국으로부터 형식 증명을 받은 항공기 등의 제작기술을 도입하여 국내 에서 제작한 항공기
㉰ 대한민국과 감항성에 관한 협정을 체결한 국가로부터 형식증명을 받은 항공기
㉱ 제작증명을 받은 제작자가 제작한 항공기

해설 8번항 해설 참조 (법 제21조제2항 참조)

10 수입항공기의 형식증명승인 시 기술기준에 적합한 지 여부를 검사 생략할 수 있는 경우는?

㉮ 대한민국과 부품등제작자증명에 관한 협정을 체결한 국가로부터 형식증명을 받은 항공기
㉯ 대한민국과 기술표준품 형식승인에 관한 협정을 체결한 국가로부터 형식증명을 받은 항공기
㉰ 대한민국과 감항성에 관한 협정을 체결한 국가로부터 형식 증명을 받은 항공기
㉱ 국제적으로 신인도가 높은 인증기관으로부터 형식 증명을 받은 항공기

해설 8번항 해설 참조 (법 제21조제2항 참조)

11 다음 중 형식증명승인을 위한 검사범위로 맞는 것은?

㉮ 해당 형식의 설계가 감항성의 기준에 적합여부를 검사하여야 한다.
㉯ 해당 형식의 설계, 제작과정에 대한 검사를 하여야 한다.
㉰ 해당 형식의 설계, 제작과장 및 완성 후의 상태에 대한 검사를 하여야 한다.
㉱ 해당 형식의 설계, 제작과정 및 완성 후의 상태와 비행성능에 대한 검사를 하여야 한다.

해설 8번항 해설 참조 (시행규칙 제27조제1항 참조)

[제작증명]

12 형식증명을 받은 항공기 등을 제작하고자 할 때 국토교통부장관으로부터 받을 수 있는 것은?

㉮ 감항증명
㉯ 형식증명승인
㉰ 제작증명
㉱ 부품등제작증명

해설 법 제22조 (제작증명) 제1항 ① 제20조에 따른 형식증명을 받은 항공기 등을 제작하려는 자는 국토교통부령으로 정하는 바에 따라 국토교통부장관으로부터 항공기 기술기준에 적합하게 항공기 등을 제작할 수 있는 기술, 설비, 인력 및 품질관리체계 등을 갖추고 있음을 인증하는 증명(이하 "제작증명"이라 한다)을 받을 수 있다.
*시행규칙 제32조 (제작증명의 신청) ① 법 제22조제1항에 따라 제작증명을 받으려는 자는 제작증명 신청서를 국토교통부장관에게 제출하여야 한다.
② 제1항에 따른 신청서에는 다음 각 호의 서류를 첨부하여야 한다.
　1. 품질관리규정
　2. 제작하려는 항공기 등의 제작 방법 및 기술 등을 설명하는 자료
　3. 제작 설비 및 인력 현황
　4. 품질관리 및 품질검사의 체계(이하 "품질관리체계"라 한다)를 설명하는 자료
　5. 제작하려는 항공기 등의 감항성 유지 및 관리체계(이하 "제작관리체계"라 한다)를 설명하는 자료
*시행규칙 제33조 (제작증명을 위한 검사 범위) 국토교통부장관은 법 제22조제1항에 따라 제작증명을 위한 검사를 할 때에는 해당 형식의 항공기 등에 대한 제작기술, 설비, 인력, 품질관리체계, 제작관리체계 및 제작 과정을 검사하여야 한다.

시행규칙 제34조 (제작증명서의 발급 등) ① 국토교통부장관은 법 제22조제1항에 따라 제작증명을 위한 검사 결과 해당 항공기 등이 형식증명 내용에 적합하게 제작될 수 있다고 인정되는 경우에는 별지 제12호서식의 제작증명서를 발급하여야 한다.
② 국토교통부장관은 제1항에 따른 제작증명서를 발급할 때에는 제작할 수 있는 항공기 등의 형식증명 목록을 적은 생산승인지정서를 함께 발급하여야 한다.

법 제22조제2항 국토교통부장관은 제작증명을 할 때에는 항공기기술기준에 적합하게 항공기 등을 제작할 수 있는 기술, 설비, 인력 및 품질 관리체계 등을 갖추고 있다고 인정하는 경우에는 국토교통부령으로 정하는 바에 따라 제작증명서를 발급하여야 한다. 이 경우 제작증명서는 타인에게 양도·양수할 수 없다.

13 다음 중 제작증명 신청서에 첨부하여야 할 서류가 아닌 것은?

㉮ 품질관리규정
㉯ 제작 설비, 인력 현황
㉰ 비행교범 또는 운용방식을 기재한 서류
㉱ 제작관리체계를 설명하는 자료

해설 12번항 해설 참조 (시행규칙 제32조 참조)

14 다음 중 제작증명을 위한 검사범위가 아닌 것은?

㉮ 설계　　　　　　㉯ 제작기술

㉰ 설비, 인력　　　㉱ 제작과정

해설 12번항 해설 참조 (시행규칙 제33조 참조)

[감항증명 및 감항성 유지]

15 다음 중 항공기의 감항증명을 옳게 설명한 것은?

㉮ 항공기가 감항성이 있다는 증명

㉯ 당해 항공기 등의 설계가 기술상의 기준에 적합하다는 증명

㉰ 국토교통부령으로 정하는 안전성의 확보를 위한 중요한 장비품에 대하여 기술기준에 적합하다는 증명

㉱ 국제민간항공기구에서 정하는 기술상의 기준에 적합하다는 증명

해설 법 제23조 (감항증명 및 감항성 유지) ① 항공기가 감항성이 있다는 증명(이하 "감항 증명"이라 한다)을 받으려는 자는 국토교통부령으로 정하는 바에 따라 국토교통부장관에게 감항증명을 신청하여야 한다.

시행규칙 제35조 (감항증명의 신청) ① 법 제23조제1항에 따라 감항증명을 받으려는 자는 항공기표준 감항증명 신청서 또는 항공기 특별 감항증명 신청서에 다음 각 호의 서류 를 첨부하여 국토교통부장관 또는 지방항공 청장에게 제출하여야 한다.
1. 비행교범
2. 정비교범
3. 그 밖에 감항증명과 관련하여 국토교통부장관이 정하여 고시하는 서류
② 비행교범에는 다음 각 호의 사항이 포함되어야 한다.
1. 항공기의 종류 · 등급 · 형식 및 제원에 관한 사항
2. 항공기 성능 및 운용한계에 관한 사항
3. 항공기 조작방법 등 그 밖에 국토교통부장관이 정하여 고시하는 사항
③ 정비교범에는 다음 각 호의 사항이 포함되어야 한다.
1. 감항성 한계범위, 주기적 검사 방법 또는 요건, 장비품 · 부품 등의 사용한계 등에 관한 사항
2. 항공기 계통별 설명, 분해, 세척, 검사 수리 및 조립 절차, 성능 점검 등에 관한 사항
3. 지상에서의 항공기 취급, 연료 · 오일 등의 보충, 세척 및 윤활 등에 관한 사항

16 다음 중 항공기의 안전성을 확보하기 위한 기본적인 제도는?

㉮ 성능 및 품질검사

㉯ 수리 · 개조 승인

㉰ 감항증명

㉱ 형식증명

해설 15번항 해설 참조

17 다음 중 감항성에 대해 옳게 설명한 것은?

㉮ 항공기가 비행중에 나타나는 모든 특성

㉯ 항공기 제작을 위해 필요한 여러 가지 특성

㉰ 항공기에 발생되는 고장을 미리 발견하여 제거하는 것

㉱ 항공기 등, 장비품 또는 부품에 대하여 안전하게 운용할 수 있는 성능

해설 법 제2조제5호 참조

18 감항증명 신청시 첨부해야 할 서류가 아닌 것은?

㉮ 비행교범

㉯ 당해 항공기의 정비방식을 기재한 서류

㉰ 정비교범

㉱ 국토교통부장관이 정하여 고시하는 감항증명의 종류별 신청서류

해설 15번항 해설 참조

19 감항증명 신청시 첨부하는 비행교범에 포함되어야 할 사항이 아닌 것은?

㉮ 항공기의 운용한계에 관한 사항

㉯ 항공기의 정비방식에 관한 사항

㉰ 항공기의 성능에 관한 사항

㉱ 항공기 조작방법에 관한 사항

해설 15번항 해설 참조

20 감항증명 신청시 첨부하는 정비교범에 포함되어야 할 사항이 아닌 것은?

㉮ 감항성 한계범위, 주기적 검사방법 등에 관한 사항

㉯ 항공기 조작 방법 등에 관한 사항

㉰ 장비등 · 부품 등의 사용한계 등에 관한 사항

㉱ 지상에서의 항공기 취급 등에 관한 사항

해설 15번항 참조 (시행규칙 제35조 참조)

21 감항증명 신청시 첨부하는 정비교범에 포함되어야 할 사항은?

㉮ 항공기의 운용한계에 관한 사항

㉯ 항공기의 성능에 관한 사항

㉰ 항공기 조작방법에 관한 사항

㉱ 항공기 계통별 설명 및 성능 점검에 관한 사항

해설 15번항 참조 (시행규칙 제35조 참조)

22 감항증명 신청시 첨부하는 정비교범에 포함 되어야 할 사항이 아닌 것은?

㉮ 장비품·부품 등의 사용한계 등에 관한 사항

㉯ 항공기 계통별 설명, 분해, 세척, 검사 등에 관한 사항

㉰ 항공기의 성능에 관한 사항

㉱ 지상에서의 항공기 취급 등에 관한 사항

해설 15번항 참조 (시행규칙 제35조 참조)

23 항공기를 항공에 사용하기 위하여 필요한 절차는?

㉮ 항공기의 등록 – 감항증명 – 시험비행

㉯ 항공기의 등록 – 시험비행 – 감항증명

㉰ 시험비행 – 항공기의 등록 – 감항증명

㉱ 감항증명 – 항공기의 등록 – 시험비행

해설 항공기의 감항증명을 받기 위해서는 통상 항공기 등록 후 항공기의 상태나 성능이 기술기준에 적합한지를 확인하는 시험비행 등 절차를 거치 고 감항증명을 위한 검사를 신청하여 검사를 받고 증명을 받음

24 다음 중 예외적으로 감항증명을 받을 수 있는 항공기가 아닌 것은?

㉮ 국토교통부령으로 정하는 바에 따라 국토교통부장관의 국내사용허가를 받은 외국항공기

㉯ 국내에서 제작되거나 외국으로부터 수입하는 항공기로서 대한민국의 국적을 취득하기 전에 감항증명을 위한 검사를 신청한 항공기

㉰ 국내에서 수리·개조 또는 제작한 후 수출할 항공기

㉱ 국내에서 제작 또는 수리 후 시험비행하는 항공기

해설 법 제23조 (감항증명 및 감항성 유지) ② 감항증명은 대한민국 국적을 가진 항공기가 아니면 받을 수 없다. 다만, 국토교통부령으로 정하는 항공기의 경우에는 그러하지 아니하다.
*시행규칙 제36조 (예외적으로 감항증명을 받을 수 있는 항공기) 법 제23조제2항 단서에서 "국토교통부령으로 정하는 항공기"란 다음 각 호의 것을 말한다.
1. 법 제101조 단서에 따라 허가를 받은 항공기
2. 국내에서 수리·개조 또는 제작한 후 수출할 항공기
3. 국내에서 제작되거나 외국으로부터 수입하는 항공기로서 대한민국의 국적을 취득하기 전에 감항증명을 위한 검사를 신청한 경우

25 다음 중 예외적으로 감항증명을 받을 수 있는 항공기는?

㉮ 국토교통부령으로 정하는 바에 따라 국토교통부장관의 국내사용허가를 받은 외국항공기

㉯ 외국에서 수리 또는 개조한 후 수입할 항공기

㉰ 외국에서 제작한 후 수입할 항공기

㉱ 국내에서 제작하여 대한민국의 국적을 취득한 후에 감항 증명을 위한 검사를 신청한 항공

해설 24번항 해설 참조

26 다음 중 예외적으로 감항증명을 받을 수 없는 항공기는?

㉮ 국내에서 제작되거나 외국으로부터 수입하는 항공기로서 국적을 취득하기 전에 감항증명을 위한 검사를 신청한 항공기

㉯ 외국에서 장기간 임대한 항공기

㉰ 국내에서 수리·개조 또는 제작한 후 수출할 항공기

㉱ 국토교통부령으로 정하는 바에 따라 국토교통부장관의 국내사용허가를 받은 외국항공기

해설 24번항 해설 참조

27 특별 감항증명을 받을 수 있는 경우는?

㉮ 항공기의 제작·정비·수리 또는 개조 후 시험비행을 하는 경우

㉯ 항공우주산업개발촉진법에 의한 생산증명을 받은 항공기

㉰ 외국으로부터 형식증명을 받은 항공기

㉱ 외국으로부터 수입한 항공기

해설 법 제23조 (감항증명 및 감항성 유지) ③ 누구든지 다음 각 호의 어느 하나에 해당하는 감항증명을 받지 아니한 항공기를 운항해서는 아니 된다.
1. 표준감항증명 : 해당 항공기가 항공기 기술 기준에 적합하고 안전하게 운항할 수 있다고 판단되는 경우에 발급하는 증명
2. 특별감항증명 : 항공기의 연구, 개발 등 국토교통부령으로 정하는 경우로서 항공기 제작자 또는 소유자 등이 제시한 운용범위를 검토하여 안전하게 비행할 수 있다고 판단되는 경우에 발급하는 증명
*시행규칙 제37조 (특별감항증명의 대상) 법 제23조제3항제2호에서 "항공기가 연구, 개발 등 국토교통부령으로 정하는 경우"란 항공기가 다음 각 호의 어느 하나에 해당하는 경우를 말한다.
1. 항공기 및 관련 기기 개발과 관련한 다음 각 목의 어느 하나에 해당하는 경우
   가. 항공기 제작자, 연구기관 등에서 연구 및 개발 중인 경우
   나. 판매 등을 위한 전시 또는 시장조사에 활용하는 경우
   다. 조종사 양성을 위하여 조종연습에 사용하는 경우
2. 항공기의 제작·정비·수리·개조 및 수입·수출 등과 관련한 다음 각 목의 어느 하나에 해당하는 경우
   가. 제작·정비·수리 또는 개조 후 시험비행을 하는 경우
   나. 정비·수리 또는 개조를 위한 장소까지 공수비행을 하는 경우
   다. 수입하거나 수출하기 위하여 승객·화물을 싣지 아니하고 비행하는 경우
   라. 설계에 관한 형식증명을 변경하기 위하여 운용한계를 초과하는 시험비행을 하는 경우
3. 무인비행기를 운항하는 경우

4. 특정업무를 수행하기 위하여 사용되는 다음 각 목의 어느 하나에 해당하는 경우
   가. 재해·재난 등으로 인한 수색·구조에 사용되는 경우
   나. 산불의 진화 및 예방에 사용되는 경우
   다. 응급환자의 수송 등 구조·구급활동에 사용되는 경우
   라. 씨앗 파종, 농약 살포 또는 어군의 탐지 등 농·수산업에 사용되는 경우
5. 제1호부터 제4호까지 외에 공공의 안녕과 질서유지를 위한 업무를 수행하는 경우로서 국토교통부장관이 인정하는 경우

28 다음 중 항공에 사용할 수 있는 항공기는?

㉮ 형식증명승인을 받은 항공기
㉯ 정비·수리 및 개조한 항공기
㉰ 형식증명은 없으나 감항증명을 받은 항공기
㉱ 형식증명을 받았으나 감항증명을 받지 않은 항공기

해설 27번항 해설 참조

29 다음 중 항공에 사용할 수 있는 항공기는?

㉮ 형식증명을 받지 않았으나 감항증명을 받은 항공기
㉯ 감항증명을 받지 않았으나 수리·개조 승인을 받은 항공기
㉰ 항공우주산업개발촉진법 제10조에 의거 성능검사 및 품질검사를 받은 항공기
㉱ 외국정부로부터 형식증명을 받은 후 수입한 항공기

해설 27번항 해설 참조

30 항공기 감항증명의 유효기간은?

㉮ 6개월
㉯ 1년
㉰ 1년 6개월
㉱ 2년

해설 법 제23조(감항증명 및 감항성 유지)
④ 감항증명의 유효기간은 1년으로 한다. 다만, 항공기의 형식 및 소유자 등(제32조제2항에 따른 위탁을 받은 자를 포함한다)의 감항성 유지능력 등을 고려하여 국토교통부령으로 정하는 바에 따라 유효기간을 연장할 수 있다.
*시행규칙 제38조 (감항증명의 유효기간을 연장할 수 있는 항공기) 법 제23조제4항 단서에 따라 감항증명의 유효기간을 연장할 수 있는 항공기는 항공기의 감항성을 지속적으로 유지하기 위하여 국토교통부장관이 정하여 고시하는 정비방법에 따라 정비 등이 이루어지는 항공기를 말한다.

31 감항증명의 유효기간에 대한 설명 중 옳은 것은?

㉮ 1년으로 하며, 국토교통부장관이 정하여 고시하는 항공기는 6월의 범위 내에서 단축할 수 있다.
㉯ 국토교통부령이 정하는 기간으로 하며, 항공운송사업 외에 사용되는 항공기에 대해서는 6월의 범위 내에서 연장할 수 있다.

㉰ 1년으로 하며, 항공기의 형식 및 소유자 등의 감항성 유지능력 등을 고려하여 국토교통부령이 정하는 바에 따라 그 기간을 연장할 수 있다.
㉱ 1년으로 하며, 항공운송사업에 사용되는 항공기에 대해서는 항공기의 연수, 비행시간 등을 고려하여 국토교통부장관이 정하여 고시한다.

해설 33번항 해설 참조

32 다음 중 감항증명의 유효기간을 연장할 수 있는 항공기는?

㉮ 항공운송사업에 사용되는 항공기를 국토교통부장관이 정하는 정비방법에 따라 정비 등이 이루어지는 항공기
㉯ 국제항공운송사업에 사용되는 항공기
㉰ 국토교통부장관이 정하여 고시하는 정비방법에 따라 정비 등이 이루어지는 항공기
㉱ 항공기 종류, 등급 등을 고려하여 국토교통부장관이 정하여 고시하는 항공기

해설 33번항 해설 참조

33 감항증명을 취소하여야 하는 경우는?

㉮ 거짓이나 부정한 방법으로 감항증명을 받은 경우
㉯ 정비·수리 및 개조작업 중인 항공기
㉰ 감항증명 당시의 항공기 기술 기준에 적합하지 아니하게 된 경우
㉱ 감항증명서가 분실된 경우

해설 항공안전법 제23조(감항증명 및 감항성 유지) 제6항 제1호 참조

34 항공기 감항분류에 따른 분류가 아닌 것은?

㉮ 실용(N)   ㉯ 곡기(A)
㉰ 수송(T)   ㉱ 일반(C)

해설 38번항 참조

35 항공기등·장비품·부품에 대한 감항성 개선명령(AD)은 누가 발행하는가?

㉮ 제작사   ㉯ 항공기 운영자
㉰ 제작국 정부   ㉱ 지방항공청

36 감항증명을 할 때 국토교통부령이 정하는 바에 따라 검사의 일부를 생략할 수 있는 경우가 아닌 것은?

㉮ 형식증명을 받은 항공기
㉯ 항공우주산업개발촉진법 제10조의 규정에 의한 성능 및 품질검사를 받은 항공기

㉰ 형식증명승인을 받은 항공기

㉱ 제작증명을 받은 제작자가 제작한 항공기

해설 법 제23조 (감항증명 및 감항성 유지) ⑤ 국토교통부장관은 제3항 각 호의 어느 하나에 해당하는 감항증명을 할 때에는 항공기가 항공기 기술기준에 적합한지를 검사한 후 국토교통부령으로 정하는 바에 따라 해당 항공기의 운용한계를 지정하여야 한다. 이 경우 다음 각 호의 어느 하나에 해당하는 항공기의 경우에는 국토교통부령으로 정하는 바에 따라 항공기기술기준에 적합 여부 검사의 일부를 생략할 수 있다.

1. 형식증명 또는 형식증명승인을 받은 항공기
2. 제작증명을 받은 제작자가 제작한 항공기
3. 항공기를 수출하는 외국정부로부터 감항성이 있다는 승인을 받아 수입하는 항공기

*시행규칙 제42조 (감항증명을 위한 검사의 일부 생략) 법 제23조제5항 후단에 따라 감항증명을 할 때 생략할 수 있는 검사는 다음 각 호와 같다.

1. 형식증명을 받은 항공기에 대해서는 설계에 대한 검사
2. 형식증명승인을 받은 항공기에 대해서는 설계에 대한 검사와 제작과정에 대한 검사
3. 제작증명을 받은 항공기에 대해서는 제작과정에 대한 검사
4. 제23조제5항제3호에 따른 항공기에 대해서는 비행성능에 대한 검사. 다만, 신규로 생산되어 수입하는 완제기만 해당한다.

37 감항증명을 함에 있어서 국토교통부령이 정하는 바에 따라 검사의 일부를 생략할 수 있는 경우가 아닌 것은?

㉮ 제작증명을 받은 제작자가 제작한 항공기

㉯ 형식증명승인을 받은 항공기

㉰ 형식증명을 받은 항공기

㉱ 외국으로부터 수입한 항공기

해설 36번항 해설 참조

38 감항증명시 항공기의 운용한계는 무엇에 따라 지정해야 하는가?

㉮ 항공기의 사용연수

㉯ 항공기의 종류, 등급, 형식

㉰ 항공기의 중량

㉱ 항공기의 감항분류

해설 시행규칙 제41조 (항공기의 운용한계 지정) ① 국토교통부장관 또는 지방항공청장은 법 제23조제5항 각 호의 부분 전단에 따라 감항 증명을 하는 경우에는 다음 각 호의 사항을 확인한 후 항공기기술기준에서 정한 항공기의 감항 분류에 따라 항공기의 운용한계를 지정하여야 한다.

1. 속도에 관한 사항
2. 발동기 운용성능에 관한 사항
3. 중량 및 무게중심에 관한 사항
4. 고도에 관한 사항
5. 그 밖에 성능한계에 관한 사항

② 국토교통부장관 또는 지방항공청장은 운용한계를 지정하였을 때에는 운용한계 지정서를 항공기의 소유자 등에게 발급하여야 한다.

※ 1. 감항 분류 : 비행기, 비행선 활공기 및 헬리콥터별로 보통(N), 실용(U), 곡기(A), 커뮤터(C), 수송(T)으로 분류함

2. 운용한계 지정서에 포함될 내용 : 항공기의 형식 또는 모델, 항공기의 국적 및 등록기호, 항공기의 제작일련번호, 감항증명 번호 등

39 항공기 소유자에게 발급되는 운용한계 지정서에 포함될 사항이 아닌 것은?

㉮ 항공기의 종류 및 등급

㉯ 항공기의 국적 및 등록기호

㉰ 항공기의 제작일련번호

㉱ 감항증명번호

해설 38번항 해설 참조

40 국토교통부장관이 감항증명을 하는 경우에 운용한계를 지정하는 데 필요한 확인 사항이 아닌 것은?

㉮ 속도에 관한 사항

㉯ 발동기 운용성능에 관한 사항

㉰ 고도에 관한 사항

㉱ 착륙장치에 관한 사항

해설 38번항 해설 참조

41 항공기의 감항증명을 하기 위한 검사범위는?

㉮ 설계 · 제작과정 및 완성 후의 상태와 비행성능에 대하여 검사한다.

㉯ 설계 · 제작과정 및 완성 후의 비행성능에 대하여 검사한다.

㉰ 설계 · 제작과정 및 완성 후의 상태에 대하여 검사한다.

㉱ 설계 · 완성 후의 상태와 비행성능에 대하여 검사한다.

해설 시행규칙 제39조 (감항증명을 위한 기술기준 검사의 방법) 국토교통부장관 또는 지방항공청장은 항공기 감항증명을 하는 경우에는 해당 항공기의 설계 · 제작과정 및 완성 후의 상태와 비행성능이 항공기 기술기준에 적합하고 안전하게 운항할 수 있는지 여부를 검사하여야 한다.

42 감항증명신청서의 처리기간이 맞는 것은?

㉮ 접수일로부터 7일

㉯ 접수일로부터 10일

㉰ 접수일로부터 15일

㉱ 접수일로부터 20일

해설 항공안전법 시행규칙 별지 제13호 서식

43 다음 중 형식증명을 받은 항공기에 대한 감항증명을 할 때 생략할 수 있는 검사는?

㉮ 설계에 대한 검사

㉯ 설계에 대한 검사와 제작과정에 대한 검사

㉰ 비행성능에 대한 검사

㉱ 제작과정에 대한 검사

[해설] 36번항 해설 참조

44 형식증명승인을 받은 항공기의 감항증명을 할 때 국토교통부령이 정하는 바에 따라 생략할 수 있는 검사는?

㉮ 설계에 대한 검사

㉯ 제작과정에 대한 검사

㉰ 비행성능에 대한 검사

㉱ 설계에 대한 검사와 제작과정에 대한 검사

[해설] 36번항 해설 참조

45 항공기의 소유자가 감항증명서를 반납해야 하는 경우는?

㉮ 정비 또는 개조를 하기 위해 항공기를 해체한 경우

㉯ 감항증명의 유효기간이 경과된 경우

㉰ 감항증명의 유효기간이 단축된 경우

㉱ 항공기의 등록을 말소한 경우

[해설] 법 제23조 (감항증명 및 감항성 유지) ⑥ 국토교통부장관은 다음 각 호의 어느 하나에 해당하는 경우에는 해당 항공기에 대한 감항 증명을 취소하거나 6개월 이내의 기간을 정하여 그 효력의 정지를 명할 수 있다. 다만, 제1호에 해당하는 경우에는 감항증명 을 취소하여야 한다.
1. 거짓이나 그 밖의 부정한 방법으로 감항증명을 받는 경우
2. 항공기가 감항증명 당시의 항공기 기술기준에 적합하지 아니하게 된 경우

*시행규칙 제43조 (감항증명서의 반납 등) 국토교통부장관 또는 지방항공청장은 법 제23조제6항에 따라 항공기에 대한 감항증명을 취소하거나 그 효력을 정지시킨 경우에는 지체 없이 항공기의 소유자 등에게 해당 항공기의 감항증명서의 반납을 명하여야 한다.

46 다음 중 감항증명서 반납의 사유와 관계없는 것은?

㉮ 지방항공청장이 감항증명의 효력을 정지시키고 반납을 명한 경우

㉯ 감항증명 유효기간이 단축된 경우

㉰ 감항증명 유효기간이 경과된 경우

㉱ 감항증명을 취소한 경우

[해설] 45번항 해설 참조

47 다음 중 항공기를 운항하려는 소유자 등은 항공기의 감항성을 유지하여야 하는 경우가 아닌 것은?

㉮ 제작사에서 정한 항공기의 성능한계 범위에서 정비

㉯ 제작사에서 제공하는 정비교범에 따라 정비 등을 수행

㉰ 감항성 개선 등의 명령에 따른 정비 수행

㉱ 국토교통부장관이 정하여 고시하는 정비방법에 따라 정비 등을 수행

[해설] 법 제23조제7항 ⑦ 항공기를 운항하려는 소유자 등은 국토교통부령으로 정하는 바에 따라 그 항공기의 감항성을 유지하여야 한다.

*시행규칙 제44조 (항공기의 감항성 유지) ① 법 제23조제7항에 따라 항공기를 운항하려는 소유자 등은 다음에 따라 항공기의 감항성을 유지하여야 함
1. 해당 항공기의 운용한계 범위에서 운항
2. 제작사에서 제공하는 정비교범, 기술문서 또는 국토교통부장관이 정하여 고시하는 정비방법에 따라 정비 등을 수행
3. 법 제23조제8항에 따른 감항성 개선 또는 그 밖의 검사·정비 등의 명령에 따른 정비 수행

48 감항성 유지를 위하여 항공기 등, 장비품 또는 부품에 대하여 감항성 개선을 명할 때 국토교통부장관이 소유자에게 통보하여야 하는 사항이 아닌 것은?

㉮ 항공기 등, 장비품 또는 부품의 종류 등 대상

㉯ 항공기 등, 장비품 또는 부품의 형식 등 대상

㉰ 검사, 교환, 수리·개조 등을 하여야 할 시기 및 그 방법

㉱ 검사, 교환, 수리·개조 등을 수행하는 데 필요한 기술 자료

[해설] 법 제23조 (감항증명 및 감항성 유지) ⑧ 국토교통부장관은 소유자 등이 해당 항공기를 감항성을 유지하는지를 수시로 검사하여야 하며, 항공기의 감항성 유지를 위하여 소유 자등에게 항공기 등·장비품 또는 부품에 대한 정비 등에 관한 감항성 개선 지시 또는 그 밖에 검사, 정비 등을 명할 수 있다.

*시행규칙 제45조 (항공기 등·장비품 또는 부품에 대한 정비 등 명령) ① 국토교통부장관은 법 제23조제8항에 따라 항공기 등, 장비품 또는 부품 등의 감항성 유지를 위하여 소유자 등에게 감항성 개선을 명할 때에는 다음 각 호의 사항을 소유자 등에게 통보하여야 한다.
1. 항공기 등·장비품 또는 부품의 형식 등 대상
2. 검사, 교환, 수리·개조 등을 하여야 할 시기 및 그 방법
3. 그 밖에 검사, 교환, 수리·개조 등을 수행하는 데 필요한 기술자료
4. 제3항에 따른 보고 대상 여부
② 국토교통부장관 또는 지방항공청장은 항공기의 감항성을 유지하는지를 수시로 검사한 결과, 개선할 사항이 있거나 중대한 고장 등의 방지를 위하여 소유자 등에게 정비 등을 명할 때에는 다음 사항을 통보하여야 한다.
1. 항공기 등, 장비품 또는 부품의 형식 등 대상
2. 정비 등을 하여야 할 시기 및 방법
3. 제3항에 따른 보고 대상 여부

③ 제1항에 따른 감항성 개선 또는 제2항에 따른 정비 등의 명령을 받은 소유자 등은 감항성 개선 또는 정비 등을 완료한 후 그 이행 결과가 보고 대상인 경우에는 국토교통부장관 또는 지방항공청장에게 보고하여야 한다.

49 다음 중 항공기 등의 검사관의 자격으로 틀린 것은?

㉮ 항공정비사 자격증명을 받은 사람
㉯ 국가기술자격법에 따른 항공기사 이상의 자격을 취득한 사람
㉰ 항공기술관련 학사 이상의 학위를 취득한 후 3년 이상 항공기의 설계, 제작, 정비 또는 품질보증업무에 종사한 경력이 있는 사람
㉱ 항공정비기능사 이상의 자격을 취득한 사람으로서 5년 이상 설계, 제작, 정비 또는 품질보증업무에 종사한 경력이 있는 사람

해설 법 제31조 (항공기 등의 검사) ① 국토교통부장관은 제20조부터 제25조까지, 제27조, 제28조, 제30조 및 제97조에 따른 증명·승인 또는 정비조직인증을 할 때에는 국토교통부장관이 정하는 바에 따라 미리 해당 항공기 및 장비품을 검사하거나 이를 제작 또는 정비하려는 조직, 시설 및 인력 등을 검사하여야 함
② 국토교통부장관은 제1항에 따른 검사를 하기 위하여 다음에 해당하는 사람 중에서 항공기 등 및 장비품을 검사할 사람(이하 "검사"라 한다)을 임명 또는 위촉함
1. 제35조제8호의 항공정비사 자격증명을 받은 사람
2. "국가기술자격법"에 따른 항공분야의 기사 이상의 자격을 취득한 사람
3. 항공기술 관련 분야에서 학사 이상의 학위를 취득한 후 3년 이상 항공기 설계·제작·정비 또는 품질 보증 업무에 종사한 경력이 있는 사람
4. 국가기관등항공기의 설계·제작·정비 또는 품질보증 업무에 5년 이상 종사한 경력이 있는 사람

50 다음 중 우리나라에서 정비 등을 한 항공기 등을 타인에게 제공하려는 자는 국토교통부장관으로부터 받을 수 있는 것은?

㉮ 감항증명
㉯ 형식증명
㉰ 형식증명승인
㉱ 감항승인

해설 법 제24조 (감항승인) ① 우리나라에서 제작·운항 또는 정비 등을 한 항공기 등, 장비품 또는 부품을 타인에게 제공 하려는 자는 국토교통부령으로 정하는 바에 따라 국토교통부장관의 감항승인을 받을 수 있음

시행규칙 제46조 (항공기 등의 감항승인 신청) ① 법 제24조제1항에 따라 항공기 등, 장비품 또는 부품을 타인에게 제공하기 위하여 감항승인을 받으려는 자는 다음에 따른 신청서를 국토교통부장관 또는 지방항공청장에게 제출
1. 항공기를 외국으로 수출하려는 경우 : 항공기 감항승인 신청서
2. 발동기, 프로펠러, 장비품 또는 부품을 타인에게 제공하려는 경우 : 부품 등의 감항승인 신청서

② 신청서에는 다음의 서류를 첨부
1. 항공기기술기준 또는 기술표준품형식승인기준에 적합함을 입증하는 자료
2. 정비교범(제작사가 발행한 것만 해당한다)
3. 그 밖에 감항성 개선명령(AD)의 이행결과 등 국토교통부장관이 정하여 고시하는 서류

51 감항승인을 받고자 할 때 감항승인 신청서에 첨부할 서류가 아닌 것은?

㉮ 항공기기술기준에 적합함을 입증하는 자료
㉯ 정비교범
㉰ 인증계획서
㉱ 감항성 개선지시 이행결과

해설 50번항 해설 참조

[소음기준적합증명]

52 소음기준적합증명은 언제 받아야 하는가?

㉮ 운용한계를 지정할 때
㉯ 감항증명을 받을 때
㉰ 기술표준품의 형식증명을 받을 때
㉱ 항공기를 등록할 때

해설 2. 법 제25조 (소음기준적합증명)제1항 ① 국토교통부령으로 정하는 항공기의 소유자 등은 감항증명을 받은 경우와 수리·개조 등으로 항공기의 소음치가 변동된 경우에는 국토교통부령으로 정하는 바에 따라 그 항공기가 제19조제2호의 소음기준에 적합한 지에 대하여 국토교통부장관의 증명(이하 "소음기준적합증명"이라 한다)을 받아야 한다.

*시행규칙 제49조 (소음기준적합증명 대상 항공기) 법 제25조제1항에서 "국토교통부령으로 정하는 항공기"란 다음 각 호의 어느 하나에 해당하는 항공기로서 국토교통부장관이 정하여 고시하는 항공기를 말한다.
1. 터빈발동기를 장착한 항공기
2. 국제선을 운항하는 항공기

시행규칙 제50조 (소음기준적합증명 신청) ① 법 제25조제1항에 따라 항공기가 소음기준에 적합한지에 대하여 국토교통부장관의 증명(이하 "소음기준적합증명"이라 한다)을 받으려는 자는 신청서를 국토교통부장관 또는 지방항공청장에게 제출하여야 한다.
② 제1항에 따른 신청서에는 다음 각 호의 서류를 첨부하여야 한다.
1. 해당 항공기의 비행교범
2. 해당 항공기가 소음기준에 적합하다는 사실을 증명할 수 있는 서류(해당 항공기를 제작 또는 등록한 국가나 항공기 제작 기술을 제공한 국가가 소음기준에 적합하다고 증명한 항공기만 해당한다)
3. 수리 또는 개조에 관한 기술사항을 적은 서류(수리 또는 개조로 항공기의 소음수치가 변경된 경우에만 해당한다)

*시행규칙 제51조 (소음기준적합증명의 검사기준등) 법 제25조제1항에 따른 소음기준적합증명의 기준과 소음의 측정방법 등에 관한 세부적인 사항은 국토교통부장관이 정하여 고시한다.

*시행규칙 제52조 (소음기준적합증명서의 발급) ① 국토교통부장관 또는 지방항공청장은 해당 항공기가 제51조에 따른 기준에 적합한 경우에는 소음기준 적합증명서를 항공기의 소유자 등에게 발급하여야 한다.

② 국토교통부장관 또는 지방항공청장은 제50조제2항제2호의 경우에 해당 국가의 소음측정방법 및 소음 측정값이 제51조에 따른 기준과 측정방법에 적합한 것으로 확인된 경우에는 서류검사만으로 소음기준적합증명을 할 수 있다.

※ 법 제25조 제2항 ② 제1항에 따른 소음기준적합증명을 받지 아니하거나 소음기준적합증명의 기준에 적합하지 아니한 항공기를 운항하여서는 아니 된다. 다만, 국토교통부령으로 정하는 바에 따라 국토교통부장관의 운항 허가를 받은 경우에는 그러하지 아니하다.

*시행규칙 제53조 (소음기준적합증명의 기준에 적합하지 아니한 항공기의 운항허가) ① 법 제25조제2항 단서에 따라 소음기준적합증명을 받지 아니하거나 운항허가를 받을 수 있는 경우는 다음 각 호와 같다. 이 경우 국토교통부장관 제한사항을 정하여 항공기의 운항을 허가할 수 있다.

1. 항공기의 생산업체, 연구기관 또는 제작자 등이 항공기 또는 그 장비품 등의 시험 · 조사 · 연구 · 개발을 위하여 시험비행을 하는 경우
2. 항공기의 제작 또는 정비 등을 한 후 시험비행을 하는 경우
3. 항공기의 정비 등을 위한 장소까지 승객 · 화물을 싣지 아니하고 비행하는 경우
4. 항공기의 설계에 관한 형식증명을 변경하기 위하여 운용한계를 초과하는 시험비행을 하는 경우

② 제1항에 따른 운항허가를 받으려는 자는 시험비행 등의 허가신청서를 국토교통부장관 또는 지방항공 청장에게 제출하여야 한다.

*시행규칙 제54조 (소음기준적합증명서의 반납) 법 제25조제3항에 따라 항공기의 소음기준적합증명을 취소하거나 그 효력을 정지시킨 경우에는 지체 없이 항공기의 소유자 등에게 해당 항공기의 소음기준적합증명서의 반납을 명하여야 한다.

53 소음기준적합증명 대상 항공기는 누가 정하여 고시하는가?

㉮ 국토교통부장관
㉯ 항공기 제작자
㉰ 지방항공청장
㉱ 항공기 운영자

해설 52번항 해설 참조 (규칙 제51조 참조)

54 다음 중 소음기준적합증명 대상 항공기는?

㉮ 터빈발동기를 장착한 항공기
㉯ 성형발동기를 장착한 항공기
㉰ 왕복발동기를 장착한 항공기
㉱ 제트항공기를 장착한 항공기

해설 52번항 해설 참조 (시행규칙 제49조 참조)

55 다음 중 소음기준적합증명 대상 항공기는?

㉮ 터빈발동기를 장착한 항공기
㉯ 피스톤발동기를 장착한 최대이륙중량 15,000킬로그램을 초과하는 항공기
㉰ 최대이륙중량 15,000킬로그램을 초과하는 항공기
㉱ 항공운송사업용 항공기

해설 52번항 해설 참조(시행규칙 제49조 참조)

56 소음기준적합증명의 기준과 소음의 측정방법은?

㉮ 국제민간항공협약 부속서 16에 의한다.
㉯ 항공기 제작자가 정한 방법에 의한다.
㉰ 지방항공청장이 정하여 고시한다.
㉱ 국토교통부장관이 정하여 고시한다.

해설 54번항 해설 참조.(시행규칙 제51조 참조)

57 다음 중 소음기준적합증명 대상 항공기는?

㉮ 프로펠러 항공기로서 최대이륙중량 5,700킬로그램을 초과하는 항공기
㉯ 터빈발동기를 장착한 헬리콥터
㉰ 국제민간항공협약 부속서16에서 규정한 항공기
㉱ 터빈발동기를 장착한 항공기 또는 국제선을 운항하는 항공기

해설 52번항 해설 참조(시행규칙 제49조 참조)

58 소음기준적합증명에 대한 설명 중 틀린 것은?

㉮ 소음기준적합증명의 기준과 소음의 측성방법은 국토교통부장관이 정하여 고시한다.
㉯ 항공기의 소유자 등은 감항증명을 받은 때에 소음기준적합증명을 받아야 한다.
㉰ 소음기준적합증명 대상 항공기는 터빈발동기를 장착한 항공기와 국제선을 운항하는 항공기로서 국토교통부장관이 정하여 고시하는 항공기를 말한다.
㉱ 운용한계의 지정이 변경된 경우에는 소음기준적합증명서를 지방항공청장에게 제출하여야 한다.

해설 52번항 해설 참조

59 다음 중 소음기준 적합 증명의 기준에 적합하지 아니한 항공기를 운항할 수 있는 경우와 관계없는 것은?

㉮ 항공기 제작자 등이 항공기의 연구 · 개발을 위하여 시험 비행을 하는 경우
㉯ 항공기의 수리 또는 개조 후 시험비행을 하는 경우

ⓓ 항공기의 정비 또는 수리·개조를 위한 장소까지 승객·화물을 싣지 않고 시험비행을 하는 경우

ⓔ 항공기의 설계에 관한 형식증명을 변경하기 위하여 운용 한계 내에서 시험비행을 하는 경우

해설 52번항 해설 참조(시행규칙 제53조)

[기술표준품 형식승인]

60 설계 제작하려는 경우 국토교통부장관의 형식승인을 받아야 하는 항공기 기술표준품은?

ⓐ 모든 장비품

ⓑ 항공기 부품

ⓒ 항공기 장비품 및 부품

ⓓ 국토교통부장관이 고시하는 장비품

해설 법 제27조 (기술표준품 형식승인) 제1항 ① 항공기 등의 감항성을 확보하기 위하여 국토교통부장관이 정하여 고시하는 장비품(시험 또는 연구·개발 목적으로 설계·제작하는 경우를 제외한다. 이하 "기술표준품"이라 한 다)을 설계·제작하려는 자는 국토교통부장관이 정하여 고시하는 기술 표준품의 형식 승인기준(이하 "기술표준품형식승인기준"에 따라 해당 기술표준품의 설계·제작에 대하여 국토교통부장관의 승인(이하 "기술표준품형식승인")을 받아야 한다. 다만, 대한민국과 기술표준품의 형식승인에 관한 항공안전협정을 체결한 국가로부터 형식승인을 받은 기술표준품으로서 국토교통부령으로 정하는 기술표준품은 기술표준품 형식승인을 받은 것으로 본다.

*시행규칙 제56조 (형식승인이 면제되는 기술표준품) 법 제27조제1항 단서에서 "국토교통부령으로 정하는 기술표준품"이란 다음 각 호의 기술표준품을 말한다.

1. 형식증명을 받은 그 항공기에 포함되어 있는 기술표준품
2. 형식증명승인을 받은 그 항공기에 포함되어 있는 기술표준품
3. 감항증명을 받은 그 항공기에 포함되어 있는 기술표준품

61 다음 중 국토교통부장관으로부터 기술표준품에 대한 형식 승인을 받은 것으로 보는 것은?

ⓐ 대한민국과 기술표준품의 형식승인에 관한 협정을 체결한 국가로부터 형식승인을 받은 기술표준품

ⓑ 수리·개조승인을 받은 자가 수리한 항공기에 포함되어 있는 기술표준품

ⓒ 부품 등 제작자증명을 받은 항공기에 포함되어 있는 기술 표준품

ⓓ 제작증명을 받은 자가 제작한 항공기에 포함되어 있는 기술표준품

해설 60번항 해설 참조
(법 제27조 및 시행규칙 제56조 참조)

62 기술표준품의 설계, 제작에 대한 형식승인을 신청할 때 필요한 서류가 아닌 것은?

ⓐ 품질관리규정

ⓑ 제품식별서

ⓒ 제조규격서, 제품사양서

ⓓ 적합성 확인서

해설 시행규칙 제55조 (기술표준품 형식승인의 신청) ① 법 제27조제1항에 따른 기술표준품의 설계·제작에 대하여 형식승인을 받으려는 자 는 기술표준품 형식승인 신청서를 국토교통부장관에게 제출하여야 한다.
② 제1항에 따른 신청서에는 다음 각 호의 서류를 첨부하여야 한다.
1. 법 제27조제1항에 따른 기술표준품형식 승인기준에 대한 적합성 입증계획서 또는 확인서
2. 기술표준품의 설계도면, 설계도면 목록 및 부품 목록
3. 기술표준품의 제조규격서 및 제품사양서
4. 기술표준품의 품질관리규정
5. 해당 기술표준품의 감항성 유지 및 관리 체계(이하 "기술표준품관리체계"라 한다)를 설명하는 자료
6. 그 밖에 참고사항을 적은 서류

63 다음 중 형식승인을 받은 것으로 보는 기술표준품이 아닌 것은?

ⓐ 감항증명을 받은 그 항공기에 포함되어 있는 기술표준품

ⓑ 제작증명을 받은 그 항공기에 포함되어 있는 기술표준품

ⓒ 형식증명을 받은 그 항공기에 포함되어 있는 기술표준품

ⓓ 형식증명승인을 받은 그 항공기에 포함되어 있는 기술표준품

해설 60번항 해설 참조 (시행규칙 제56조 참조)

64 기술표준품에 대한 형식승인의 검사범위가 아닌 것은?

ⓐ 설계, 제작과정에 적용되는 품질관리체계

ⓑ 기술표준품관리체계

ⓒ 기술기준에 적합하게 설계되었는지 여부

ⓓ 기술기준에 적합하게 제작되었는지 여부

해설 시행규칙 제57조 (기술표준품 형식 승인의 검사 범위 등) ① 국토교통부장관은 법 제27조제2항에 따른 기술표준품의 형식승인을 할 때에는 다음 각 호의 사항을 검사하여야 한다.
1. 기술표준품이 기술표준품형식승인 기준에 적합하게 설계되었는지 여부
2. 기술표준품의 설계·제작과정에 적용되는 품질관리체계
3. 기술표준품관리체계
② 국토교통부장관은 제1항제1호에 의하여 검사하는 경우에는 기술표준품의 최소 성능표준에 대한 적합성과 도면, 규격서, 제작공정 등에 관한 내용을 포함하여 검사하여야 한다.

③ 국토교통부장관은 품질관리체계에 대하여 검사하는 경우에는 해당 기술표준품을 제작할 수 있는 기술·설비 및 인력 등에 관한 내용을 포함하여 검사하여야 한다.

④ 국토교통부장관은 기술표준품관리체계에 대하여 검사하는 경우에는 기술표준품의 식별방법 및 기록유지 등에 관한 내용을 포함하여 검사하여야 한다.

65 기술표준품 형식승인 검사를 할 때 품질관리체계에 포함되어야 하는 내용이 아닌 것은?

㉮ 기술표준품을 제작할 수 있는 기술
㉯ 기술표준품을 제작할 수 있는 조직
㉰ 기술표준품을 제작할 수 있는 설비
㉱ 기술표준품을 제작할 수 있는 인력

해설 64번항 해설 참조(시행규칙 제 57조)

[부품등제작자증명]

66 다음 중 항공기에 사용할 장비품 또는 부품을 제작하고자 하는 경우 국토교통부장관의 부품등제작자증명을 받아야 하는 경우는?

㉮ 형식증명 당시 장착되었던 장비품 또는 부품의 제작자가 제작하는 동종의 장비품 또는 부품
㉯ 제작증명을 받아 제작하는 기술표준품
㉰ 형식승인을 받아 제작하는 기술표준품
㉱ 산업표준화법에 따라 인증받은 항공분야 장비품 또는 부품

해설 법 제28조 (부품등제작자증명) 제1항 ① 항공기 등에 사용할 장비품 또는 부품을 제작하려는 자는 국토교통부령으로 정하는 바에 따라 항공기 기술기준에 적합하게 장비품 또는 부품을 제작할 수 있는 인력, 설비, 기술 및 검사체계 등을 갖추고 있는지에 대하여 국토교통부장관의 증명(이하 "부품등제작자증명"이라 한다)을 받아야 한다. 다만, 다음 각 호의 어느 하나에 해당하는 장비품 또는 부품을 제작하는 경우에는 그러하지 아니하다.
1. 형식증명, 부가형식증명 당시 또는 형식증명승인, 부가형식증명 승인 당시 장착되었던 장비품 또는 부품의 제작자가 제작하는 같은 종류의 장비품 또는 부품
2. 기술표준품 형식승인을 받아 제작하는 기술표준품
3. 그 밖에 국토교통부령으로 정하는 장비품 또는 부품

*시행규칙 제63조 (부품등제작자증명을 받지 아니하여도 되는 부품) 법 제28조제1항제3호에서 "그 밖에 국토교통부령으로 정하는 장비품 또는 부품"이란 다음 각 호의 어느 하나에 해당하는 것을 말한다.
1. "산업표준화법" 제15조제1항에 따라 인증받은 항공 분야 부품등
2. 전시·연구 또는 교육목적으로 제작되는 부품등
3. 국제적으로 공인된 규격에 합치하는 부품등 중 국토교통부장관이 정하여 고시하는 부품등
④ 대한민국과 부품등제작자증명에 관한 항공안전협정을 체결한 국가로부터 부품등 제작자증명을 받은 경우에는 제1항에 따른 부품등 제작자증명을 받은 것으로 본다.

67 부품등제작자증명 신청서에 첨부하는 서류가 아닌 것은?

㉮ 품질관리규정
㉯ 설계계획서
㉰ 적합성 계획서
㉱ 장비품 및 부품의 식별서

해설 시행규칙 제62조 (부품등제작자증명의 신청) ① 법 제28조제1항에 따른 부품등제작자증명을 받으려는 자는 부품등제작자증명 신청서를 국토교통부장관에게 제출하여야 한다.
② 제1항에 따른 신청서에는 다음 각 호의 서류를 첨부하여야 한다.
1. 장비품 및 부품 (이하 "부품등"이라 한다)의 식별서
2. 항공기술기준에 대한 적합성 입증계획서 또는 확인서
3. 부품등의 설계도면 목록·설계도면 및 부품 목록
4. 부품등의 제조규격서 및 제품 사양서
5. 부품등의 품질관리규정
6. 해당 부품등의 감항성 유지 및 관리체계(이하 "부품등관리체계"라 한다)를 설명하는 자료
7. 그 밖에 참고사항을 적은 서류

68 부품등제작자증명의 검사범위가 아닌 것은?

㉮ 설계적합성
㉯ 제작적합성
㉰ 품질관리체계
㉱ 부품등관리체계

해설 시행규칙 제62조 (부품등제작자증명의 검사 범위 등) ① 국토교통부장관은 법 제28조제1항에 따른 부품 등제작자증명을 위한 검사를 하는 경우에는 해당 부품등이 항공기술기준에 적합하게 설계 되었는지 여부, 품질관리체계, 제작과정 및 부품등관리체계에 대한 검사를 하여야 한다.
② 제1항에 따른 검사를 위한 해당 부품의 설계 적합성 등에 대한 세부적인 검사 기준·방법 및 절차 등은 국토교통부장관이 정하여 고시한다.

69 부품등제작증명의 한정기준은?

㉮ 해당 장비품 또는 부품의 제작증명
㉯ 해당 장비품 또는 부품이 장착될 항공기 등의 종류
㉰ 해당 장비품 또는 부품이 장착될 항공기 등의 등급
㉱ 해당 장비품 또는 부품이 장착될 항공기 등의 형식

해설 시행규칙 제64조 (부품등제작자증명서 발급) ① 국토교통부장관은 법 제28조제2항에 다른 검사 결과 부품등제작자증명을 받으려는 자가 항공기기술기준에 적합하게 부품 등을 제작할 수 있다고 인정하는 경우에는 부품 등 제작자증명서를 발급하여야 한다.
② 국토교통부장관은 제1항에 따른 부품등제작자증명서를 발급할 때에는 해당 부품 등이 장착될 항공기 등의 형식을 지정하여야 한다.
③ 부품등제작자증명을 받은 자는 해당 부품 등에 대하여 부품등제작자증명을 받았음을 나타내는 표시를 할 수 있다.

70 국토교통부령에 의하여 부품등제작자증명을 받지 않아도 되는 부품이 아닌 것은?

㉮ 산업표준화법에 따라 인증을 받은 항공분야 부품등

㉯ 전시 또는 연구의 목적으로 제작되는 부품등

㉰ 교육목적으로 제작되는 부품등

㉱ 군사목적으로 제작되는 장비품 또는 부품

해설 66번항 제1항 3호 및 시행규칙 제63조

71 국토교통부장관은 형식증명을 받은 자가 기술기준을 위반하여 효력 정지를 명하는 경우로서 항공기 이용자 등에게 심한 불편을 주거나 공익을 해칠 우려가 있는 경우에 과징금 얼마를 부과할 수 있는가?

㉮ 1억원 ㉯ 3억원

㉰ 5억원 ㉱ 10억원

해설 법 제29조 (과징금의 부과) ① 국토교통부장관은 형식증명. 부가형식증명, 제작증명, 기술표준품 형식승인, 부품 등 제작자증명의 효력 정지를 명하는 경우로서 그 증명이나 승인의 효력 정지가 항공기 이용자 등에게 심한 불편을 주거나 공익을 해 칠 우려가 있는 경우에는 그 증명이나 승인의 효력 정지 처분을 갈음하여 1억 이하의 과징금을 부과할 수 있다. ③ 국토교통부장관은 제1항에 따라 과징금을 내야 할 자가 납부기간까지 과징금을 내지 아니하면 국세 체납처분의 예에 따라 징수한다.

72 국토교통부장관은 과징금을 내야 할 자가 과징금을 내지 아니하면 징수 방법으로 맞는 것은?

㉮ 국토교통부 고시에 의거 징수

㉯ 국세 체납처분의 예에 따라 징수

㉰ 지방항공청고시에 따라 징수

㉱ 관세청장이 징수

해설 71번항 해설 참조(법 제 57조)

[수리 · 개조승인]

73 감항증명을 받은 항공기의 소유자 등은 해당 항공기를 국토교통부령으로 정하는 범위 안에서 수리하거나 개조하려면 누구의 승인을 받아야 하는가?

㉮ 항공공장검사원

㉯ 항공정비사

㉰ 국토교통부장관

㉱ 검사주임

해설 법 제30조 (수리 · 개조승인) 제1항 ① 감항증명을 받은 항공기의 소유자 등은 해당 항공기 등. 장비품 또는 부품을 국토교통부령으로 정하는 범위에서 수리하거나 개조하려면 국토교통부령으로 정하는 바에 따라 그 수리 · 개조가 항공기 기술기준에 적합한지에 대하여 국토교통부장관의 승인 (이하 "수리 · 개조승인"이라 한다)을 받아야 한다.

*시행규칙 제65조 (항공기 등, 장비품 또는 부품의 수리 · 개조의 범위) 법 제30조제1항에 따라 승인을 받아야 하는 항공기 등, 장비품 또는 부품의 수리 또는 개조의 범위는 항공기의 소유자 등이 법 제97조에 따라 정비조직인증을 받아 항공기 등. 장비품 또는 부품을 수리 또는 개조하거나 정비조직인증을 받은 자에게 위탁하는 경우로서 그 정비조직인증을 받은 업무를 초과하여 항공기 등, 장비품 또는 부품을 수리 · 개조하는 경우를 말한다.

*시행규칙 제66조 (수리 · 개조승인의 신청) 항공기 등. 장비품 또는 부품의 수리 · 개조승인을 받으려는 자는 신청서에 다음 각 호의 내용을 포함한 수리계획서 또는 개조계획서를 첨부하여 작업을 시작하기 10일 전까지 지방항공청장에게 제출하여야 함. 다만, 항공기사고 등으로 긴급한 수리 또는 개조를 하여야 하는 경우에는 작업을 하기 전에 제출할 수 있음

1. 수리 또는 개조 신청사유 및 작업 일정
2. 작업을 수행하려는 인가된 정비조직의 업무범위
3. 수리 또는 개조에 필요한 인력, 장비, 시설 및 자재 목록
4. 해당 항공기 등. 장비품 또는 부품의 도면과 도면 목록
5. 수리 또는 개조작업지시서

*시행규칙 제67조(부품등의수리 · 개조승인) ① 수리 · 개조승인의 신청을 받은 경우 수리계획서 또는 개조계획서를 통해 수리 또는 개조가 항공기기술기준에 적합하게 이행될 수 있을지 여부를 확인한 후 승인하여야 함. 다만, 신청인이 제출한 수리계획서 또는 개조계획서 만으로 확인이 곤란한 경우 수리 · 개조가 시행되는 현장에서 확인한 후 승인할 수 있음 ② 지방항공청장은 제1항에 따라 수리 · 개조 승인을 하는 때에는 수리 · 개조 결과서에 작업지시서 수행본 1부를 첨부하여 제출하는 것을 조건으로 신청자에게 승인하여야 함

74 감항증명의 유효기간 내에 항공기를 수리, 개조하고자 하는 경우 누구의 승인을 받아야 하는가?

㉮ 국토교통부장관 ㉯ 항공정비사

㉰ 항공안전 감독관 ㉱ 공장검사원

해설 73번항 해설 참조

75 감항증명의 유효기간 내에 항공기를 수리 또는 개조하고자 하는 경우의 설명으로 맞는 것은?

㉮ 항공정비사의 확인을 받아야 한다.

㉯ 국토교통부장관의 승인을 얻어야 한다.

㉰ 안전에 이상이 있을 경우에만 국토교통부장관에게 보고한다.

㉱ 국토교통부장관에게 보고한다.

해설 73번항 해설 참조

76 정비조직인증을 받은 업무범위를 초과하여 항공기를 수리 · 개조한 경우에는?

㉮ 국토교통부장관의 검사를 받아야 한다.

㉯ 국토교통부장관의 승인을 받아야 한다.

㉰ 항공정비사 자격증명을 가진 자에 의하여 확인을 받아야 한다.

㉱ 국토교통부장관에게 신고하여야 한다.

해설 73번항 해설 참조 (시행규칙 제66조 참조)

77 감항증명을 받은 항공기를 수리 · 개조하는 경우 국토교통부장관의 수리 · 개조승인을 받아야 하는 경우는?

㉮ 정비조직인증을 받은 업무범위 안에서 항공기를 수리 · 개조 하는 경우

㉯ 정비조직인증을 받은 업무범위를 초과하여 항공기를 수리 · 개조하는 경우

㉰ 형식승인을 얻지 않은 기술표준품을 사용하여 항공기를 수리 · 개조하는 경우

㉱ 수리 · 개조승인을 받지 않은 장비품 또는 부품을 사용하여 항공기를 수리 · 개조하는 경우

[해설] 73번항 해설 참조

78 다음 중 수리 · 개조승인을 받아야 하는 것은?

㉮ 부품등제작자증명을 받은 자가 제작한 장비품 또는 부품을 그가 수리 · 개조하는 경우

㉯ 기술표준품 형식승인을 받은 자가 제작한 기술표준품을 그가 수리 · 개조하는 경우

㉰ 제작증명을 받은 자가 제작한 항공기 등을 그 증명을 받은 자가 수리 · 개조하는 경우

㉱ 정비조직인증을 받은 자가 항공기 등 또는 장비품, 부품을 수리 · 개조하는 경우

[해설] 법 제30조 제3항 ③ 제1항에도 불구하고 다음 각 호의 어느 하나에 해당하는 경우로서 항공기 기술기준에 적합한 경우에는 수리 · 개조승인을 받은 것으로 본다.
1. 기술표준품 형식승인을 받은 자가 제작한 기술표준품을 그가 수리 · 개조하는 경우
2. 부품등제작자증명을 받은 자가 제작한 장비품 또는 부품을 그가 수리 · 개조하는 경우
3. 정비조직인증을 받은 자가 항공기 등 장비품 또는 부품을 수리 · 개조하는 경우

79 감항증명을 받은 항공기를 기술표준품 형식승인을 받은 자가 제작한 기술표준품을 사용하여 승인을 받은 자가 수리 · 개조 하였을 때 다음 중 해당되지 않는 것은?

㉮ 해당 항공기의 감항성을 회복한다.

㉯ 수리 · 개조승인을 얻은 것으로 본다.

㉰ 해당 항공기의 감항증명의 유효기간에 의하여 규제된다.

㉱ 해당 항공기의 감항성 유무에 관한 보고를 국토교통부장관에게 한다.

[해설] 수리 · 개조승인은 일시적인 감항성 상실을 회복하는 절차이므로 수리 · 개조 승인이 되었다면 감항성을 회복한 것이며, 법 제30조제3항제1호에 의거 수리 · 개조하였으므로 수리 · 개조승인을 얻은 것으로 감항증명 유효기간 내에서 유효함

80 다음 중 수리 · 개조승인을 받아야 하는 경우는?

㉮ 제작회사에서 수리한 발동기를 항공기에 장착하는 경우

㉯ 부품등제작자증명을 받은 자가 제작한 장비품을 사용하여 그가 수리하는 경우

㉰ 형식승인을 받은 자가 제작한 기술표준품을 사용하여 그가 수리하는 경우

㉱ 정비조직인증을 받은 자가 수리하고 기술기준에 적합하다고 확인된 항공기

[해설] 78번항 해설 참조

81 감항증명을 받은 항공기를 수리 · 개조하는 경우 다음 중 수리 · 개조승인을 받아야 하는 경우는?

㉮ 형식승인을 받은 자가 제작한 기술표준품을 사용하여 그가 행하는 수리 · 개조 작업

㉯ 정비조직인증을 받은 자가 행하는 수리 · 개조하고 기술 기준에 적합하다고 확인된 항공기

㉰ 감항성에 영향을 미치는 수리작업

㉱ 부품등제작자증명을 받은 자가 제작한 부품을 사용하여 그가 행하는 수리 · 개조작업

[해설] 78번항 해설 참조

82 수리 · 개조승인 신청서는 작업하기 며칠 전까지 누구에게 제출하여야 하는가?

㉮ 7일, 국토교통부장관

㉯ 10일, 국토교통부장관

㉰ 7일, 지방항공청장

㉱ 10일, 지방항공청장

[해설] 73번항 해설 참조 (시행규칙 제67조 참조)

83 항공기사고 등으로 인하여 긴급한 수리 또는 개조를 하여야 하는 경우에는 수리 · 개조승인 신청서를 언제까지 제출하여야 되는가?

㉮ 작업을 시작하기 5일 전까지

㉯ 작업을 시작하기 7일 전까지

㉰ 작업을 시작하기 전까지

㉱ 작업을 시작한 후에

[해설] 73번항 해설 참조 (시행규칙 제67조 단서조항 참조)

84 수리 · 개조승인 신청 시 첨부하여야 할 서류는?

㉮ 정비교범

㉯ 수리계획서 또는 개조계획서

㉰ 수리 또는 개조방법과 기술

@ 수리 또는 개조규격서

해설 73번항 해설 참조 (시행규칙 제67조 참조)

85 항공기 등의 수리 · 개조승인의 검사범위는?

㉮ 비행성능에 대한 검사
㉯ 작업 완료 후의 상태에 대한 검사
㉰ 수리 또는 개조 과정에 대한 검사
㉱ 수리계획서 또는 개조계획서 검사

해설 73번항 해설 참조 (시행규칙 제68조 참조)

86 수리, 개조승인의 신청에 대한 설명 중 틀린 것은?

㉮ 수리, 개조승인 신청서에는 비행교범 및 수리 또는 개조에 관한 기술사항을 첨주하여 제출하여야 한다.
㉯ 수리, 개조승인 신청서는 작업착수 10일 전까지 제출하여야 한다.
㉰ 수리, 개조승인 신청서는 지방항공청장에게 제출하여야 한다.
㉱ 긴급한 수리 또는 개조를 요하는 경우에는 작업착수 전에 수리, 개조승인 신청서를 제출할 수 있다.

해설 73번항 해설 참조

87 항공기 등의 수리 · 개조승인의 범위가 아닌 것은?

㉮ 수리승인 신청 시 수리계획서가 기술기준에 적합하게 이행될 수 있을지 여부를 확인 후 승인한다.
㉯ 개조승인 신청 시 개조계획서가 기술기준에 적합하게 이행될 수 있을지 여부를 확인 후 승인한다.
㉰ 수리계획서 또는 개조계획서 만으로 확인이 곤란하다고 판단되는 때에는 항공기 등의 수리 · 개조결과서를 제출해야 한다.
㉱ 수리계획서 또는 개조계획서 만으로 확인이 곤란하다고 판단되는 때에는 항공기 등의 수리 · 개조결과서에 작업지시서 수행본 1부를 첨부하여 제출할 것을 조건으로 승인할 수 있다.

해설 73번항 해설 참조

88 항공기 등의 수리 · 개조 승인을 받기 위하여 제출하는 수리계획서 또는 개조계획서에 포함해야 하는 내용이 아닌 것은?

㉮ 수리 또는 개조 신청사유 및 작업일정
㉯ 작업을 수행하려는 정비조직
㉰ 수리 또는 개조에 필요한 인력, 장비, 시설 및 자재 목록
㉱ 해당 항공기 등의 도면과 도면목록

해설 73번항 해설 참조 (규칙 제67조 참조)

89 항공기 등, 장비품 또는 부품의 수리 · 개조 승인을 받기 위하여 제출하는 수리계획서 또는 개조계획서에 포함하여야 하는 내용이 아닌 것은?

㉮ 수리 또는 작업 지시서
㉯ 작업을 수행하려는 인가된 정비 조직의 업무범위
㉰ 수리 또는 개조에 필요한 수리 · 개조 교범
㉱ 해당 항공기 등의 도면과 도면 목록

해설 73번항 해설 참조 (규칙 제67조 참조)

90 감항증명이 있는 항공기를 수리 · 개조(법 제30조 제1항에 따른 수리 · 개조는 제외한다)하였을 경우에는?

㉮ 국토교통부장관의 검사를 받아야 한다.
㉯ 항공정비사가 확인을 하고 그 결과를 국토교통부장관에게 보고하여야 한다.
㉰ 항공기기술기준에 적합하다는 자격요건을 갖춘 항공정비사의 확인을 받아야 한다.
㉱ 항공기의 안전성을 확보하기 위하여 시험비행을 하여야 한다.

해설 법 제32조 (항공기 등의 정비 등의 확인) ① 소유자 등은 항공기 등, 장비품 또는 부품에 대하여 정비 등(국토교통부령으로 정하는 경미한 정비 및 법 제30조제1항에 따른 수리 · 개조는 제외)을 한 경우에는 제35조제8호의 항공정비사 자격증명을 받은 사람으로서 국토교통부령으로 정하는 자격 요건을 갖춘 사람으로부터 그 항공기 등, 장비품 또는 부품에 대하여 국토교통부령으로 정하는 방법에 따라 감항성을 확인받지 아니하면 이를 운항 또는 항공기 등에 사용해서는 아니 된다. 다만, 감항성을 확인 받기 곤란한 대한민국 외의 지역에서 항공기 등, 장비품 또는 부품에 대하여 정비 등을 하는 경우로서 국토교통부령으로 정하는 자격요건을 갖춘 자로부터 그 항공기 등, 장비품 또는 부품에 대하여 감항성을 확인받은 경우에는 이를 운항 또는 항공기 등에 사용할 수 있음.
② 소유자 등은 항공기 등, 장비품 또는 부품에 대한 정비 등을 위탁하려는 경우에는 제97조제1항에 따른 정비조직인증을 받은 자 또는 그 항공기 등, 장비품 또는 부품을 제작한 자에게 위탁하여야 함

91 소유자가 항공기를 정비(국토교통부령으로 정하는 경미한 정비는 제외)한 경우 올바른 조치는?

㉮ 아무런 조치를 취할 필요가 없다.
㉯ 국토교통부령으로 정하는 자격요건을 갖춘 항공정비사의 감항성 확인을 받아야 한다.
㉰ 감항증명의 기술기준에 적합한지 국토교통부장관의 검사를 받아야 한다.
㉱ 국토교통부장관에게 보고한다.

해설 90번항 해설 참조

92 다음 중 항공기 등의 정비 등을 확인하는 방법에 해당하지 아니하는 것은?

㉮ 법 제93조제1항에 따라 인가를 받은 정비프로그램
㉯ 항공기 등의 제작사에서 제공한 정비매뉴얼
㉰ 항공기 등의 제작국 정부가 승인한 기술자료
㉱ 정비 등의 수행방법 등에 대하여 항공사에서 제정한 기술 자료

해설 규칙 제70조 (항공기 등의 정비 등을 확인하는 방법) 법 제32조 제1항에서 "국토교통부령으로 정하 는 방법"이란 다음 각 호의 어느 하나에 해당하는 방법을 말함
1. 법제93조제1항에 따라 인가를 받은 정비규정에 포함된 정비 프로그램 또는 검사프로그램에 따른 방법
2. 국토교통부장관의 인가를 받은 기술자료 또는 절차에 따른 방법
3. 항공기 등, 장비품 또는 부품의 제작사에서 제공한 정비매뉴 얼 또는 기술자료에 따른 방법
4. 항공기 등, 장비품 또는 부품의 제작국 정부가 승인한 기술자 료에 따른 방법
5. 그 밖에 국토교통부장관 또는 지방항공청장이 인정하는 기 술자료에 따른 방법

93 다음 중 항공기 등의 정비 등을 확인하는 방법에 해당하는 것은?

㉮ 국토교통부장관에게 제출된 검사프로그램
㉯ 정비 등의 수행방법 등에 대하여 국토교통부장관의 인가를 받은 기술자료
㉰ 항공사에서 정비방식을 제정한 정비프로그램
㉱ 항공기 등의 제작국 정부에 제출된 검사프로그램

해설 92번항 해설 참조

94 다음 중 "국토교통부령으로 정하는 경미한 정비"란?

㉮ 복잡한 결합작용을 필요로 하는 규격 장비품 또는 부품의 교환작업
㉯ 복잡하고 특수한 장비를 필요로 하는 작업
㉰ 간단한 보수를 하는 예방작업으로서 리깅 또는 간극 의 조정작업 제외
㉱ 감항성에 미치는 영향이 경미한 범위의 수리작업으 로서 그 작업의 완료 상태를 확인하는 데에 동력장 치의 작동 점검작업이 필요로 하는 작업

해설 시행규칙 제68조 (경미한 정비의 범위) ① 법 제32조 본문에서 "국토교통부령으로 정하는 경미한 정비"란 다음 각 호의 작업을 말한다.
1. 간단한 보수를 하는 예방작업으로서 리깅 (rigging) 또는 간극 의 조정작업 등 복잡한 결합작용을 필요로 하지 아니하는 규 격 장비품 또는 부품의 교환작업
2. 감항성에 미치는 영향이 경미한 범위의 수리작업으로서 그 작업의 완료 상태를 확인하는 데에 동력장치의 작동 점검 및 그 외의 복잡한 점검을 필요로 하지 아니 하는 작업

3. 그 밖에 윤활유 보충 등 비행 전후에 실시 하는 단순하고 간단 한 점검작업

95 다음 중 국토교통부령이 정하는 경미한 정비에 속 하지 않는 것은?

㉮ 리깅 또는 간극의 조정작업
㉯ 복잡한 결합작용을 필요로 하지 않는 규격 장비품 또는 부품의 교환작업
㉰ 감항성에 미치는 영향이 경미한 범위의 수리작업
㉱ 간단한 보수를 하는 예방작업

해설 94번항 해설 참조

96 다음 중 국토교통부령으로 정하는 경미한 정비란?

㉮ 간단한 보수를 하는 예방작업으로서 복잡한 결합작 용을 필요로 하지 않는 교환작업의 경우
㉯ 감항성에 미치는 영향이 경미한 범위의 수리작업으 로서 그 작업의 완료 상태를 확인함에 있어 복잡한 점검이 필요한 경우
㉰ 감항성에 미치는 영향이 경미한 범위의 수리작업으 로서 그 작업의 완료 상태를 확인함에 있어 동력장 치의 작동 점검이 필요한 경우
㉱ 리깅 또는 간극의 조정작업 등 복잡한 결합작용을 필요로 하는 부품의 교환작업의 경우

해설 94번항 해설 참조

97 다음 중 국외 정비확인자의 자격 조건으로 맞는 것은?

㉮ 외국정부로부터 자격증명을 받은 사람
㉯ 법 제97조의 규정에 의한 정비조직인증을 받은 외국 의 항공기정비업자
㉰ 외국정부가 인정한 항공기의 수리사업자로서 항공 정비사 자격증명을 받은 사람과 같은 이상의 능력이 있다고 국토교통부장관이 인정한 사람
㉱ 외국정부가 인정한 항공기 정비사업자에 소속된 사 람으로서 항공정비사 자격증명을 받은 사람과 동등 하거나 그 이상의 능력이 있다고 국토교통부장관이 인정한 사람

해설 시행규칙 제71조 (국외정비확인자의 자격인정) 법 제32조 단 서에서 "국토교통부령으로 정하는 자격을 가진 사람"이란 다음 각 호의 어느 하나에 해당하는 사람으로서 국토교통부장관의 인정을 받은 사람을 말한다.
1. 외국정부가 발행한 항공정비사 자격증명을 받은 사람
2. 외국정부가 인정한 항공기 정비사업자에 소속된 사람으로서 항공정비사 자격증명을 받은 사람과 동등하거나 그 이상의 능력이 있는 사람

98 대한민국의 외의 지역에서 항공기를 정비하는 경우 국토교통부령으로 정하는 자격을 가진 자로 맞는 것은?

㉮ 외국정부가 발행한 항공정비사 자격증명을 가진 자

㉯ 외국정부가 인정한 정비사업자에 소속된 자

㉰ 외국정부가 인정한 항공기 수리사업자로서 우리나라에서 자격증명을 받은 자와 동등 이상의 능력이 있다고 국토교통부장관이 인정하는 자

㉱ 정비조직인증을 받은 외국의 항공기 정비업자

해설 97번항 해설 참조

99 국외 정비확인자 인정의 유효기간은?

㉮ 1년

㉯ 2년

㉰ 3년

㉱ 국토교통부장관이 정하는 기간

해설 시행규칙 제73조 (국외 정비확인자 인정서의 발급) ① 국토교통부장관은 제71조에 따른 인정을 하는 경우에는 국외 정비확인자 인정서를 발급한다.
② 국토교통부장관은 제1항의 경우에 국외 정비확인자가 안전성을 확인할 수 있는 항공기 등 또는 부품등의 종류·등급 또는 형식을 정하여야 한다.
③ 제1항에 따른 인정의 유효기간은 1년으로 한다.

100 항공기 소유자 등이 정비를 하고자 하는 경우 다음 중 국토교통부장관의 정비조직 인증을 받아야 하는 경우는?

㉮ 비행 전후에 실시하는 단순하고 간단한 점검

㉯ 항공기등 또는 부품등의 정비등의 업무

㉰ 항공기의 안전성에 영향을 미치지 않는 규격 장비품의 교환작업

㉱ 윤활유의 보충작업

해설 항공안전법 시행규칙 제270조

101 다음 중 항공기기술기준이 변경 되었을 때 조치사항으로 맞는 것은?

㉮ 변경된 항공기기술기준에 따라 국토교통부장관의 승인을 얻어야 한다.

㉯ 변경된 항공기기술기준에 따라 지방항공청장의 승인을 얻어야 한다.

㉰ 변경된 항공기기술기준에 따라 항공기 제작사의 승인을 얻어야 한다.

㉱ 변경된 항공기기술기준에 따라 형식증명을 받는다.

해설 법 26조 (항공기기술기준 변경에 따른 요구) 국토교통부장관은 항공기기술기준이 변경되어 형식증명을 받은 항공기가 변경된 항공기기술 기준에 적합하지 아니하게 된 경우에는 형식증명을 받거나 양수한 자 또는 소유자 등에게 변경된 항공기기술기준을 따르도록 요구할 수 있다. 이 경우 형식증명을 받거나 양수한 자 또는 소유자 등은 이에 따라야 한다.

102 다음 중 "국토교통부령으로 정하는 고장, 결함 또는 기능 장애" 중 보고해야 하는 내용이 아닌 것은?

㉮ 비행 중 의도하지 아니한 착륙장치의 내림이나 올림 또는 착륙장치의 문 열림과 닫힘이 발생한 경우

㉯ 운항 중 화재가 발생한 경우

㉰ 운항 중 비상조치를 하게 하는 항공기 구성품 또는 시스템의 고장이 발생한 경우

㉱ 항공기가 지상이동 중 유도로를 이탈한 경우

해설 항공기 등에 발생한 고장, 결함 또는 기능장애의 보고(규칙 제74조) → 법 제33조제1항 및 제2항에서 "국토교통부령으로 정하는 고장, 결함 또는 기능장애"란 별표 3 제5호에 따른 항공안전장애(이하 "고장 등" 이라 한다)를 말함
→ 법 제33조제1항 및 제2항에 따라 고장 등이 발생한 사실을 보고할 때에는 별지 제34호 서식의 고장, 결함, 기능장애 보고서 또는 국토교통부장관이 정하는 전자적인 보고방법에 따라야 함
→ 제2항에 따른 보고는 고장 등이 발생한 것을 알게 된 때(별표 3 제5호마목 및 바목의 항공장애인 경우에는 보고 대상으로 확인된 때를 말한다)부터 96시간 이내에 하여야 함

⚖ 구/술/예/상/문/제

01 항공기기술기준이란?

해설 항공기 등 장비품 또는 부품의 안전을 확보하기 위하여 다음 각 호의 사항을 포함한 기술상의 기준으로 국토교통부장관이 다음 사항을 정하여 고시한다.

가. 항공기 등의 감항기준
나. 항공기 등의 환경기준(배출가스 배출 기준 및 소음기준 포함)
다. 항공기 등이 감항성을 유지하기 위한 기준
라. 항공기 등, 장비품 또는 부품의 식별 표시 방법
마. 항공기 등, 장비품 또는 부품의 인증절차

근거 항공안전법 제19조(항공기기술기준)

02 형식증명이란?

해설 항공기 등의 설계에 관한 국토교통부장관의 증명
(검사)
가. 해당 형식의 설계에 대한 검사
나. 해당 형식의 설계에 따라 제작되는 항공기 등의 제작과정에 대한 검사
다. 항공기 등의 완성 후의 상태 및 비행성능에 대한 검사

근거 항공안전법 제20조(형식증명)

03 부가형식증명이란?

해설 형식증명 또는 형식증명승인을 받은 항공기 등의 설계 변경에 관한 증명
(검사)
가. 변경되는 설계에 대한 검사
나. 변경되는 설계에 따라 제작되는 항공기 등의 제작과정에 대한 검사
다. 완성 후의 상태 및 비행성능에 대한 검사

근거 항공안전법 제20조제4항(부가형식증명)

04 형식증명승인이란?

해설 항공기 등의 설계에 관하여 외국정부로부터 받은 형식 증명이 항공기기술기준에 적합한지에 관한 국토부장관의 승인
(검사)
가. 해당 형식의 설계에 대한 검사
나. 해당 형식의 설계에 따라 제작되는 항공기 등의 제작과정에 대한 검사

근거 항공안전법 제21조(형식증명승인)

05 부가형식증명승인이란?

해설 외국정부로부터 받은 부가형식증명이 항공기기술기준에 적합한지에 관한 국토부장관의 승인
(검사)
가. 변경되는 설계에 대한 검사
나. 변경되는 설계에 따라 제작되는 항공기 등의 제작과정에 대한 검사

근거 항공안전법 제20조제4항(부가형식증명승인)

06 제작증명이란?

해설 항공기기술기준에 적합하게 항공기 등을 제작할 수 있는 기술, 설비, 인력 및 품질관리체계 등을 갖추고 있음을 인증하는 증명
(검사)
해당 항공기 등에 대한 제작기술, 설비, 인력, 품질관리체계, 제작관리체계 제작과정을 검사

근거 항공안전법 제22조(제작증명)

07 감항증명이란?

해설 항공기가 감항성(항공기, 프로펠러, 장비품 또는 부분품이 안전하게 운용할 수 있는 성능)이 있다는 증명
가. 표준감항증명 : 해당 항공기가 항공기기술기준에 적합하고 안전하게 운항할 수 있다고 판단되는 경우에 발급하는 증명
  • 종류별 : 비행기, 헬리콥터, 비행선, 활공기
  • 감항분류별 : 보통, 실용, 곡기, 커뮤터 또는 수송
나. 특별감항증명 : 항공기 제작자 또는 소유자 등이 제시한 운용범위를 검토하여 안전하게 운항할 수 있다고 판단되는 경우에 발급하는 증명
  • 분류 : 제한, 실험, 특별비행허가

근거 항공안전법 제23조(감항증명)

08 특별감항증명 대상 항공기란?

해설 가. 항공기 개발과 관련
  • 항공기 제작자, 연구기관 등에서 연구 및 개발 중인 경우
  • 판매 등을 위한 전시 또는 시장조사에 활용하는 경우
  • 조종사 양성을 위하여 조종연습에 사용하는 경우
나. 항공기의 제작 · 정비 · 수리 · 개조 및 수입 · 수출과 관련
  • 제작 · 정비 · 수리 또는 개조 후 시험비행을 하는 경우
  • 정비 · 수리 또는 개조를 위한 장소까지 공수비행을 하는 경우
  • 수입하거나 수출하기 위하여 승객 · 화물을 싣지 아니하고 비행하는 경우
  • 설계에 관한 형식증명을 변경하기 위하여 운용한계를 초과하는 시험비행
다. 무인항공기 운항

라. 특정한 업무를 수행
- 재난·재해 등으로 인한 수색 구조에 사용하는 경우
- 산불의 진화 및 예방에 사용되는 경우
- 응급환자의 수송 등 구조·구급활동에 사용되는 경우
- 씨앗 파종, 농약 살포 또는 어군의 탐지 등 농·수산업에 사용되는 경우
바. 가~라까지 외에 공공의 안녕과 질서유지를 위하여 필요한 업무를 수행하는 경우로서 국토교통부장관이 인정하는 경우

근거 항공안전법 시행규칙 제37호(특병감항증명의 대상)

09 감항성 유지란?

해설 가. 항공기를 운항하려는 소유자 등은 다음의 방법으로 항공기의 감항성을 유지하여야 한다.
- 해당 항공기의 운용한계 범위에서 운항할 것
- 제작사에서 제공하는 정비교범, 기술문서 또는 국토교통부장관이 정하여 고시하는 정비방법에 따라 정비 등을 수행할 것
- 법 제23조제8항에 따른 감항성 개선 또는 그 밖의 검사·정비 등의 명령에 따른 정비 등을 수행할 것
나. 국토교통부장관은 소유자 등이 해당 항공기의 감항성을 유지하는지를 수시로 검사하여야 하며,
다. 항공기의 감항성 유지를 위하여 소유자 등에게 항공기 등, 장비품 또는 부품에 대한 정비등에 관한 감항성개선(AD) 또는 그 밖의 검사·정비등을 명할 수 있다.

근거 1. 항공안전법 제23조제7, 8항(감항성 유지)
2. 항공안전법 시행규칙 제44조(항공기의 감항성 유지)

10 감항승인이란?

해설 (대상)
우리나라에서 제작, 운항 또는 정비 등을 한 항공기 등, 장비품 또는 부품을 타인에게 제공하려는 경우
예) 항공기 수출감항승인, 부품 등 감항승인
(발급 기준)
해당 항공기 등, 장비품 또는 부품이 항공기기술기준 또는 기술표준품의 형식승인기준에 적합하고 안전하게 운용할 수 있다고 판단하는 경우

근거 항공안전법 제24조(감항승인)

11 소음기준적합증명이란?

해설 (대상)
감항증명을 받는 경우와 수리·개조 등으로 항공기의 소음치가 변동된 경우, 터빈발동기를 장착한 항공기, 국제선을 운항하는 항공기 중 어느 하나에 해당하는 항공기로서 국토교통부장관이 정하여 고시하는 항공기
(발급 기준)
그 항공기가 법 제19조2호의 항공기등의 환경기준(배출가스 배출기준 및 소음기준을 포함한다)에 적합할 경우 발급

근거 항공안전법 제25조(소음기준적합증명)

12 항공기기술기준 변경에 따른 요구란?

해설 국토교통부장관은 항공기기술기준이 변경되어 형식증명을 받은 항공기가 변경된 항공기기술기준에 적합하지 아니하게 된 경우에는 형식증명을 받거나 양수한 자 또는 소유자 등에게 변경된 항공기기술기준을 따르도록 요구할 수 있다. 이 경우 형식증명을 받거나 양수한 자 또는 소유자 등은 이에 따라야 한다.

근거 항공안전법 제26조(항공기기술기준 변경에 따른 요구)

13 기술표준품 형식승인이란?

해설 기술표준품 형식승인기준에 따라 해당 기술표준품의 설계 · 제작에 대한 국토교통부장관의 승인
(대상)
항공기 등의 감항성을 확보하기 위하여 국토교통부장관이 정하여 고시하는 장비품(시험 또는 연구 · 개발 목적으로 설계 · 제작하는 경우는 제외)
가. 기종에 관계없이 어느 항공기에나 사용될 수 있는 공통적인 품목
  • 항공기 장착시 부가형식증명 필요
나. 기술표준품 품목(2017. 4월 기준)
  • 국내 고시품목 : 68개
  • 미국 기술표준품 : 약 150개
* 대한민국과 기술표준품의 형식승인에 관한 항공안전협정을 체결한 국가로부터 형식승인을 받은 기술표준품으로서 국토부령으로 정하는 기술표준품은 기술표준품 형식승인을 받은 것으로 본다.
근거 항공안전법 제27조(기술표준품 형식승인)

14 부품제작자증명(PMA : Part Manufacturer Approval)이란?

해설 부품 제작자가 항공기 등에 사용할 장비품 또는 부품을 항공기기술기준에 적합하게 제작할 수 있는 인력, 설비 기술 및 검사체계 등을 갖추고 있는지에 대한 국토교통부장관의 증명
  • 특화된 전문 부품 공장이 취득
  • 다양한 제작사가 부품 제작하여 저가로 부품이 가능토록 함
  • 형식증명을 받은 부품의 설계와 동일
  * PMA는 해당 기종이 정해짐
  * TSOA(기술표준품)는 기종에 관계없는 공용 부품
근거 항공안전법 제28조(부품등제작자증명)

15 3대 항공기 인증 및 인증체계란?

해설 가. 항공기 인증
  1) 설계 : 감항기준에 대한 적합성 판단(Compliance with Airworthiness Standards) → 형식증명(Type Certification)
  2) 생산 : 형식설계와의 합치성 판단(Conformity to Type Design) → 제작증명Production Certification)
  3) 운영 : 안전한 운항 상태 판단(Condition for Sate Operation) → 감항증명(Airworthiness certificate)
나. 인증체계 – 단계별 인증 구분
  1) 설계단계 → 형식증명(TC)
    • 형식설계가 항공기기술기준에 대하여 적합(Compliance)한지를 판단
  2) 생산단계→제작증명(PC)
    • 제작사가 양산 항공기를 형식설계에 합치(Conformity)하게 양산할 능력을 갖추었는가를 확인
  3) 운영단계→감항증명(AC), 감항성 유지(Continued Airworthiness)
    • 감항증명 : 개별 항공기가 형식설계에 합치하고 안전한 운항을 할 수 있는 상태에 있는 지를 확인
    • 감항성 유지 : 정비, 수리, 개조 등으로 항공기의 감항성 유지(SB, AD)
  * SB(Service bulletin : 정비 개선 회보) : 항공기 감항성 유지 및 신뢰도 개선 등을 위해 항공기 또는 엔진 제작회사에서 발행
  * AD(Airworthiness directive : 감항성 개선 명령) : 항공기 제작국 정부가 항공기의 안전상 긴급 · 중대한 결함이 생겼을 때 법적 구속력을 가지고 항공사에 개선 실시를 명하는 것
근거 항공안전법 제20조, 제22조, 제23조

16 수리개조승인이란?

해설 가. 해당 항공기 등, 장비품 또는 부품을 국토교통부령으로 정하는 범위의 수리 · 개조가 항공기기술기준에 적합한지에 대한 국토교통부장관의 승인을 받아야 한다.
나. 소유자 등은 수리 · 개조승인을 받지 아니한 항공기 등, 장비품 또는 부품을 운항 또는 항공기 등에 사용하여서는 아니 된다.

다. "가"항에도 불구하고 다음 각 호의 어느 하나에 해당하는 경우로서 항공기기술기준에 적합한 경우에는 수리ㆍ개조승인을 받은 것으로 본다.

    1) 기술표준품형식승인을 받은 자가 제작한 기술표준품을 그가 수리ㆍ개조하는 경우
    2) 부품등제작자증명을 받은 자가 제작한 장비품 또는 부품을 그가 수리ㆍ개조하는 경우
    3) 항공안전법 제97조(정비조직인증 등)제1항에 다른 정비조직인증을 받은 자가 항공기 등, 장비품 또는 부품을 수리ㆍ개조하는 경우

(항공기 등 또는 부분품의 수리ㆍ개조승인의 범위 : 시행규칙 제65조)
• 항공기의 소유자 등이 법 제97조에 따라 정비조직인증을 받아 항공기 등 또는 부품을 수리ㆍ개조하거나
• 정비조직인증을 받은 자에게 위탁하는 경우로서
• 그 정비조직인증을 받은 업무 범위를 초과하여 항공기 등 또는 부품등을 수리ㆍ개조하는 경우

[근거] 항공안전법 제30조(수리ㆍ개조승인)

17 항공기 등의 검사란?

[해설] 국토교통부장관은 증명ㆍ승인 또는 정비조직인증을 할 때에는 검사관을 임명하여 해당 항공기 등 및 장비품을 검사하거나 이를 제작 또는 정비하려는 조직, 시설 및 인력 등을 검사
(검사관의 임명 또는 위촉 조건)
가. 항공안전법 제35조8호(항공정비사)의 항공정비사 자격증명을 받은 사람
나. 「국가기술자격법」에 따른 항공분야의 기사 이상의 자격을 취득한 사람
다. 항공기술 관련 분야에서 학사 이상의 학위를 취득한 후 3년 이상의 항공기의 설계, 제작, 정비 또는 품질보증 업무에 종사한 경력이 있는 사람
라. 국가기관 등 항공기의 설계, 제작, 정비 또는 품질보증 업무에 5년 이상 종사한 경력이 있는 사람

[근거] 항공안전법 제31조(항공기 등의 검사 등)

18 항공기 등의 정비 등의 확인이란?

[해설] 가. 소유자 등은 항공기 등, 장비품 또는 부품에 대하여 정비 등(경미한 정비 및 수리ㆍ개조는 제외)을 한 경우에는
    • 항공정비사 자격증명을 받은 사람으로서 국토교통부령으로 정하는 자격요건을 갖춘 사람으로부터
    • 그 항공기 등, 장비품 또는 부품에 대하여 국토교통부령으로 정하는 방법에 따라 감항성을 확인받지 아니하면
    • 이를 운항 또는 항공기 등에 사용해서는 아니 된다.
나. 소유자 등은 항공기 등, 장비품, 또는 부품에 대한 정비 등을 위탁하려는 경우에는 정비조직인증을 받은 자 또는 그 항공기 등, 장비품 또는 부품을 제작한 자에게 위탁하여야 한다.

[근거] 항공안전법 제32조(항공기 등의 정비 등의 확인)

19 경미한 정비의 범위란?

[해설] 가. 간단한 보수를 하는 예방작업으로서 리깅(Rigging) 또는 간극의 조정작업 등 복잡한 결합작용을 필요로 하지 아니하는 규격장비품 또는 부품의 교환작업
나. 감항성에 미치는 영향이 경미한 범위의 수리작업으로서 그 작업의 완료 상태를 확인하는 데 동력장치의 작동 점검과 같은 복잡한 점검을 필요하지 아니하는 작업
다. 그 밖에 윤활유 보충 등 비행 전후에 실시하는 단순하고 간단한 점검작업

[근거] 항공안전법 시행규칙 제68조(경미한 전비의 범위)

20 국토교통부령으로 정하는 감항성 확인 방법이란?

[해설] 가. 인가받은 정비규정에 포함된 정비프로그램 또는 검사프로그램에 따른 방법
나. 국토교통부장관의 인가를 받은 기술자료 또는 절차에 따른 방법
다. 항공기 등 또는 부품 등의 제작사에서 제공한 정비매뉴얼 또는 기술자료에 따른 방법
라. 항공기 등 또는 부품 등의 제작국가 정부가 승인한 기술자료에 따른 방법
마. 그 밖에 국토교통부장관 또는 지방항공청장이 인정하는 기술자료에 따른 방법

[근거] 항공안전법 시행규칙 제70조(항공기 등의 정비 등을 확인하는 방법)

21 정비조직인증이란?

해설 대한민국 국적을 취득한 항공기와 이에 사용되는 발동기, 프로펠러, 장비품 또는 부품의 정비 등의 업무 등 국토교통부령으로 정하는 업무를 하려는 항공기정비업자 또는 외국의 항공기정비업자는 그 업무를 시작하기 전까지 정비조직인증기준에 적합한 인력, 설비 등을 갖추어 국토교통부장관의 인증을 받아야 함

(정비조직의 인증기준)
국토교통부장관이 정하여 고시하는 인력설비 및 검사체계 등에 관한 기준
- 국토교통부 고시 "고정익항공기를 위한 운항기술기준" 제6장
- 국토교통부 고시 "정비조직절차교범 및 품질관리교범 작성기준"
- 국토교통부 훈령 "정비조직인증 심사지침"

(정비조직인증 대상업무)
가. 항공기 등 또는 부품 등의 정비 등의 업무
나. "가"호의 업무에 대한 기술관리 및 품질관리 등을 지원하는 업무

(정비조직의 신청)
가. 정비조직인증 신청서에 정비조직절차교범을 첨부하여 지방항공청장에게 제출
나. 정비조직절차교범에 포함하는 내용
- 수행하려는 업무의 범위
- 항공기 등 부품 등에 대한 정비방법 및 절차
- 항공기 등 부품 등의 정비에 관한 기술관리 및 품질관리의 방법과 절차
- 그 밖에 시설장비 등 국토교통부장관이 정하여 고시하는 사항

근거 항공안전법 제97조(정비조직인증 등)
항공안전법 시행규칙 제270조(정비조직인증을 받아야 하는 대상 업무)
항공안전법 시행규칙 제271조(정비조직인증의 신청)

22 정비규정(Maintenance Control Manual)이란?

해설 *시행규칙 제266조(운항규정과 정비규정의 인가 등)(별표 37)
시행규칙 제267조(운항규정과 정비규정의 신고)
시행규칙 제268조(운항규정과 정비규정의 배포 등)
항공기에 대한 모든 계획 및 비계획 정비가 만족할 만한 방법으로 정시에 수행되고 관리되어짐을 보증하는데 필요한 항공기 운영자의 절차를 기재한 규정을 말한다.
(정비방식)

근거 항공안전법 제83조(항공운송사업자의 운항규정 및 정비규정)

23 정비의 목적?

해설 항공정비의 목적은 안전성을 확보하고 이것을 토대로 정시성을 유지하면서 쾌적한 항공운송 서비스를 공하는데 있다.

근거 국토교통부 항공정비사 실기시험표준서

24 정비요목(Maintenance Requirement)이란?

해설 정비에 필요한 항목, 시간, 간격, 시기 및 방법 등을 정한 것

근거 국토교통부 항공정비사 실기시험표준서

25 정비방식(Maintenance Program)이란?

[해설] 정비의 기본목적을 달성하는 데 필요한 정비작업의 종류를 명시하고, 각각의 역할과 상호관계를 결정하여 정비작업을 수행할 수 있도록 한 항공기에 대한 체제(정비 요구를 계획 실시함에 있어 기본적 운용형태 또는 정비의 체제)를 말한다.
- 항공기를 세분화하여, 항공기 정비방식, 동력장치(엔진) 정비방식 장비품 정비방식 등으로 구분하기도 하며 기체정비, 공장정비로 구분, 또는 항공기 분야별(System, Structure, Zone)로 구분한다.
- 미 항공운송협회(ATA : Air Transportation Association)가 개발한 정비방식
  MSG-2 정비기법은 정비방식을 개발 분석하는 기법이며 장비품의 내구력 감소를 발견하는 방법으로부터 분석을 시작하는 상향식 접근방식 (Bottom up approach)의 분석기법을 사용하여 일정주기 교환(HT : Hard Time), 일정주기 점검(OC : Condition Monitoring) 및 고장 감시(CM : Condition Monitoring)로 구분한다.
- * MSG(Maintenance Steering Group)

[근거] 국토교통부 항공정비사 실기시험표준서
항공기술기준 PART.21

26 MSG(Maintenance Steering Group)란?

[해설] MSG(Maintenance Steering Group)절차는 정비 프로그램을 개발하는 수단을 제공
항공운송사업자에게는 정비시간한계를 결정하는 기준을 갖는 것이 허용된다.
이는 1960년대 미연방항공청(FAA)가 인가한 신뢰성 프로그램에 근거하며, 미 항공운송협회(ATA)에 바탕을 두고 있으며 현재는 폐기된 MSG 2의 결정논리에 따라 결함률과 정비하는 각각의 항공기 부품에 초점을 맞춘 조치방법에 바탕을 두고 있다.
항공산업의 발전에 따라 1980년에 ATA의 정비요목(TASK)에 바탕을 두고 있는 MSG 3 개발기법이 도입되었다.
가. MSG(Maintenance Steering Group) 종류
  ① MSG 1
    1968년 B747 항공기 정비방식 수립을 목적으로 미 항공운송협회(ATA)에 의해 개발됨
  ② MSG 2
    1970년대 제작된 다른 항공기에 대해 적용하고자 MSG 1을 바탕으로 개발된 Buttom-up Approach(상향식) 방식으로 최소단위인 부분품(Component Level)부터 계통(System Leval)으로 올라가면서 정비절차를 적용. 즉, 항공기의 주요 정비 대상을 부분품, 장비품으로 설정. 하위 개념인 장비품에 대한 감항성/신뢰성을 확보함으로써 상위 개념인 항공기가 감항성을 유지한다는 개념.
    일정주기 교환(HT : Hard Time), 일정주기 점검(OC : On Condition) 및 고장 감시(CM : Condition Monitoring)로 구분한다.

- HT(Hard Time)는 주로 예방정비방식으로 관련 교범(Manual)에 따라 주기적으로 오버홀(Overhaul)이 필요하며, 사용시간이 만료되기 전에 장탈하는 방식이다.
  즉, 시한성 정비방식이라고 하며 장비품, 부분품에 사용시간 혹은 비행시간의 한계나 기간의 한계를 설정해놓고 그 시간 또는 기간에 도달 시 장탈하여 분해, 교환, 수리 및 오버홀 등의 정비를 하거나 폐기하는 방식
- OC(On Condition)은 주어진 점검기와 주어진 주기에 반복적으로 행하는 검사, 점검 시험 및 서비스 등을 말하며, 감항성 유지에 적절한 점검 및 작업방법이 적용되어야 한다. 즉, 일정한 주기로 점검하여 다음 점검주기까지 감항성을 유지할 수 있다고 판단되면 계속 사용하고 결함이 발견되면 수리 또는 장비품 등을 교환하는 정비방식
- * 주어진 점검주기를 요한다.
- * 주어진 점검주기에 반복적으로 행하는 점검(Inspection 및 Check), 시험(Test) 및 서비스(Service)를 요한다.
- * 감항성 유지에 적절한 점검 및 작업방법이 적용되어야 하며, 효과가 없을 경우 CM으로 관리할 수 있다.
- * 장비품 등이 정기적으로 항공기로부터 장탈되어 분리되지 않고 정비되는 것은 OC에 속한다.

- CM(Condition Monitoring)은 고장자료를 수집 기록하고 분석하여 적절한 고장이 발생하거나 고장징후가 나타나면 정비 수행 등 조치를 취하며, 예방작업이 아닌 고장탐구 작업을 가질 수 있는, 효과적인 고장 자료 수집 체계를 말한다.
- * 고장자료를 수집 기록하고 분석하여 적절한 교정조치를 요한다.
- * 계획된 점검주기 및 정비방법(Maintenance Task)을 요하지 않으나 예방정비가 아닌 고장탐구방법을 가질 수 있다.
- * 효과적인 고장자료 수집 체계를 마련하여야 하며 수집된 자료를 분석, 그 결과를 전파하여야 한다.

  ③ MSG 3
    1980년대 이후에 제작된 항공기에 대해 적용하고자 장비품 위주의 MSG 2와 달리 계통, 기체구조, 구역별 정비방식(Task)으로 구분 개발되었으며, 하향식(Top-down Approach)방식으로 계통(System Level)부터 시작하여 부분품(Component Level)으로 내려가면서 정비절차를 적용.
- 항공기 중요 정비대상을 항공기 ATA별 계통으로 설정
- 계통별/중앙 집적화된 컴퓨터 등에 의한
- 항공사의 신뢰성 관리방식에 따른 정비 강조
- 정비품은 신뢰성에 의거 항공사 및 장비제작사 협의 정비(항공기제작사 권고 없음)
- 정비방법은 계통분야에서 윤활(Lubrication), 서비싱(Servicng), 작동점검(Operation Check), 육안점검(Visual Check), 검사(Inspection), 기능점검(Functional Check) 환원(Restoration), 폐기(Discard)의 8가지가 있다.

근거 국토교통부 항공정비사 실기시험표준서
항공기기술기준 PART.21

27 정비방식 개발 관련 문서의 종류 및 내용은?

해설 가. 개발지침서(PPH : Policy and Procedures Handbook) : 제작사, 정비방식개발위원회(ISC : Industry Steering Committee), 및 그 산하의 각 소위원회(WG : Working Group)에서 초도 기본정비방식을 개발하고 이를 인가받기까지 일관성 있게 설계분석(Design analysis)을 하기 위한 일종의 안내서이며 개념, 정책, 개발기법, 조직 및 절차 등이 수록되어 있다.

나. 정비방식제안서(MPP : Mintenance Program Proposal) : 제작사에서 선정하여 제공한 계통중요품목(MSI : Maintenance Significant Item)을 해당 소위원회에서 분석한 과정 및 소위원회의 주요 안건, 미결과제에 대한 종결처리 등을 주로 한 문서로서 정부의 정비방식인가위원회(MRB : Maintenance Review Board)에 제출된다.

다. 정비방식인가위원회 보고서(MRRB : Maintenance Review Board Report) : 정비방식제안서(MRB : Maintenance Review Board)에서 인가한 초도 기본정비방식을 규정한 도서로서 계통, 기체, 구역별로 목록화 된 정비요목(TASK/주기), 법적 절차 및 규정 등이 포함되어 있다.

라. 정비계획자료서(MPD : Maintenance Planning Data/Document) : 최종 인가된 정비방식인가위원회보고서(MRBR : Maintenance Review Board Report)에 수록되어 있는 초도기본정비방식 점검요목들을 기본으로 제작사가 정비개선지침(SB : Service Bulletin / SL : Service Letter), 감항성 개선명령(AD : Airworthiness Directive), 증명정비요목(CMR : Certification Maintenance Requirement), 기체감항성한계(Structure Airworthiness Limitation)사항 및 정비인시수(Man – hour) 자료 등을 추가로 포함시켜 항공사로 하여금 적합한 정비방식을 개발하는 데 도움이 되도록 정비계획자료를 목록화한 문서이다.

마. 증명정비요목(CMR : Certification Maintenance Requirement : 형식증명의 운용제한 사항으로서 항공기의 설계증명 시 설정되는 점검 항목들이며 항공기의 안전에 중대한 영향을 미칠 수 있는 결함을 탐지해 내기위한 점검항목들이기 때문에 개발기법 – 3 분석 방식으로부터 유출해 내지 않고 별도의 안전분석(Safety Analysis)에 의해 선정된다.

① 별표 1개 CMR : 정부(FAA)의 인가 없이 주기변경 삭제 불가, 의무적으로 수행
② 별표 2개 측 : 항공사의 인가된 주기연장프로그램 또는 인가된 신뢰성프로그램에 의거 주기조절 가능(단, 삭제 불가)

근거 항공기기술기준 PART.21
미연방항공규정(FAR.21)

[항공기 정비방식]

28 항공기 및 장비품의 정비작업 단계는?

해설 항공기 및 장비품의 정비작업은 2단계로 구분할 수 있다.
가. 기체정비(Aircraft Maintenance)
- 운항정비(Line Maintenance0
- 정시점검(Schedule Inspection)
- 기체 오버홀(Aircraft Overhaul)
나. 공장정비(Shop Maintenance)
- 벤치 체크(Bench Check)
- 수리(Repair)
- 부분품 오버홀(Part Overhaul)

근거 국토교통부 항공정비사 실기시험표준서

29 운항정비란?

해설 가. 중간점검(TR : Transit Check)
- 연료의 보급과 엔진 오일의 점검 및 출발태세를 확인하는 것으로 필요에 따라 상태점검과 액체, 기체유의 점검도 행한다.
- 이 점검은 중간기지에서 행하는 것이 원칙이지만, 시발기지에서도 운항편이 바뀔 때마다 실시되어야 한다.
나. 비행 전후 점검(PR/PO : Pre Flight / Post Flight Check)
- 그날의 최종비행을 끝마치고부터 다음비행 확인 전까지 항공기의 출발태세를 확인하는 점검
- 항공기 내외의 청결, 세척, 액체 및 기체유의 보급, 결함교정 등을 수행하는 것을 말하며
- 비행 후 점검은 최종 비행 후 점검을 수행한 이후 첫 비행 시각으로부터 운항편이 바뀌고 시방기지 또는 최종 목적지에서의 계획 출발 시간까지의 경과시간이 24시간을 경과할 때마다 수행한다.

다. 주간점검(Weekly Check)

항공기 내외의 손상, 누설, 부품의 손실, 마모 등의 상태에 대해서 점검을 수행하는 것으로 매 7일마다 수행하며, 항공기의 출발태세를 확인한다.

라. A 점검(A Check)

운항에 직접관련해서 빈도가 높은 정비단계로서 항공기 내외의 상태검사(Walk Around Inspection), 유안점검, 액체 및 기체유보충 결함교정, 기내청소 및 외부세척 등을 행하는 점검

근거 국토교통부 항공정비사 실기시험표준서

30 정시점검이란?

해설 가. B Check

A Check의 점검사항을 포함하며 항공기 내외부의 육안검사, 특정 구성품의 상태섬검 또는 작동섬검, 액체 및 기체류의 보충을 행하는 점검

나. C Check

A 및 B Check의 점검사항을 포함하여 제한된 범위 내에서 구조 및 제 계통의 검사, 계통 및 구성품의 작동점검, 계획된 보기 교환, Servicing 등을 행하여 감항성을 유지하는 점검

다. D Check

인가된 점검주기시한 한계 내에서 항공기 기체구조 점검을 주로 수행하며, 부분품 기능점검 및 계획된 부품의 교환, 잠재적 결함교정과 Servicing 등을 행하여 감항성을 유지하는 기체점검의 최고단계를 말한다.

라. I.S.I(Internal Structure Inspection)

감항성에 일차적인 영향을 미칠 수 있는 기체구조를 중심으로 검사하여 항공기의 감항성을 유지하기 위한 기체내부 구조에 대한 표본검사(Sampling Inspection)를 말한다.

근거 국토교통부 항공정비사 실기시험표준서

31 정비(Maintenance)란?

해설 항공기 또는 항공제품의 지속적인 감항성을 보증하는 데 필요한 작업으로서 오버홀, 수리, 검사, 교환, 개조 및 결함수정 중 하나 또는 이들의 조합으로 이루어진 작업을 말한다.

근거 운항기술기준 용어의 정의
항공기기술기준

32 장비품 공장정비방식이란?

해설 기체에서 장탈된 장비품을 항공기 정비와 다른 계열의 작업으로서 충분한 시간적 여유와 설비에 의해 사용 가능품으로 다시 환원시키는 정비작업

가. 공장정비의 단계
- 벤치 체크(Bench Check)
- 수리 · 개조(Repair and Modification)
- 오버홀(Overhaul) : 부분품의 사용시간이 "0"으로 환원됨

나. 공장정비의 내용
분해 → 세척 → 검사 → 수리 → 시험/조정 → 보존 및 방부처리

근거 항공사 정비규정

33 예방정비란?

해설 단순하고 간단한 보수작업, 점검 및 복잡한 결함을 포함하지 않은 소형 규격부품의 교환 및 윤활유의 보충(Service)을 말한다.

근거 항공사 정비규정

34 오버홀(Overhaul)이란?

해설 인가된 정비방법, 기술 및 절차에 따라 항공제품의 성능을 생산 당시 성능과 동일하게 복원하는 것을 말한다. 여기에는 분해, 검사, 필요한 경우 수리, 재조립이 포함되며 작업 후 인가된 기준 및 절차에 따라 성능시험을 하여야 한다.

근거 운항기술기준, 항공사 정비규정

35 수리(Repair)란?

해설 고장이나 파손된 상태(강도, 구조, 성능 등)를 원래의 상태로 회복시키는 정비행위를 말하며 대수리(Major Repair)와 소수리(Minor Repair)로 구분된다.

　가. 대수리(Major Repair) : 항공기, 발동기, 프로펠러 및 장비품 등의 고장과 또는 결함으로 중량, 평형, 구조, 강도, 성능, 발동기 작동, 비행특성 및 기타 품질에 상당하게 작용하여 감항성에 영향을 주는 수리로서, 간단하고 기초적인 작업으로는 종료할 수 없는 수리로 운항기술기준 별표에서 정한 대수리 사항

　나. 대수리를 제외한 간단하고 기초적인 작업

근거 운항기술기준, 항공사 정비규정

36 개조(Alteration)란?

해설 항공기, 기관 또는 장비품의 규격에 명시되어 있지 않은 변경을 말하며, 인가된 기준에 맞게 항공제품을 변경하는 것을 말한다. 대개조(Major Alteration)와 소개조(Minor Alteration)

　가. 대개조(Major Alteration)
　　항공기, 발동기, 프로펠러 및 장비품 등의 설계서에 없는 항목의 변경으로 중량, 평형, 구조, 강도, 성능, 발동기 작동, 비행특성 및 기타 품질에 상당하게 작용하여 감항성에 영향을 주는 것으로서, 간단하고 기초적인 작업으로는 종료할 수 없는 수리로 운항기술기준 별표에서 정한 개조사항으로 국토교통부장관의 승인 또는 인정을 받지 않은 기술자료에 의한 작업

　나. 소개조(Minor Alteration)
　　대개조를 제외한 개조작업을 말한다.

근거 운항기술기준, 항공사 정비규정

37 최소장비목록(Minimum Equipment List)이란?

해설 정해진 조건하에 특정 장비품이 작동하지 않는 상태에서 항공기 운항에 관한 사항을 규정한다. 이 목록은 항공기 제작사가 해당 항공기 형식에 대하여 제정하고 설계국이 인가한 표준최소장비목록(Master Minimum Equipment List)에 부합되거나 또는 더 엄격한 기준에 따라 운송사업자가 작성하여 국토교통부장관의 인가를 받은 것을 말한다.

　※ MEL의 운용허용 기준(MEL Allowable Standards)
　　① 일반
　　　현재 전 세계에서 운용되고 있는 민간 운송용 항공기는 중요한 부분의 계통, 부분품, 계기, 통신 전자 장비 및 구조 등이 이중으로 장치되어 있어 어느 한 부분이 고장난 상태에서도 비행 안전을 유지하고 신뢰성을 보장할 수 있기 때문에 공익을 위하고 경제적인 항공운송을 위하여 항공기 제작국이 MMEL을 제정하였으며, 본 MMEL에 근거하여 항공사 고유의 최소장비목록(MEL)을 제정한 후 국토부장관의 승인하에 이를 운용하고 있다. Wing, Rudder, Engine, Flap 및 Landing Gear 등 감항성에 치명적인 영향을 미치는 사항은 MEL에서 제외된다.

② 목적

항공기를 운용함에 있어 항공기의 안정성을 보장될 수 있는 한도 내에서 정시성을 위하여 결함교정 없이 항공기를 출발시키는데 목적이 있다.

③ 제정 및 개정

가. MEL은 항공기 제작국 또는 감항 당국에서 인가한 MMEL(Master MEL)을 근거로 제정 및 개정한다.

나. MEL을 제정 또는 개정하는 경우에는 국토교통부장관의 인가를 받아야 한다.

다. 기종별 MEL은 각 기종별 최소장비목록(MEL)에 의한다.

④ 적용범위

가. 기지 및 지점의 인원, 시설, 장비, 자재 및 계류시간 등의 부족으로 인해 발생한 고장의 조치가 곤란한 경우 MEL을 적용하여 운항할 수 있다.

나. 항공기에 장착되지 않는 계통 또는 부분품에 대하여는 MEL 적용을 받지 아니하다.

다. 장착 또는 장비하고 있어야 하는 표준 사양 외의 항공사 편의에 의한 선택사양인 경우 해당 품목이나 계통을 장탈하거나 작동중지 또는 항공기의 감항성 및 안정성 유지에 지장이 없는 방법으로 대체할 수 있다.

라. MEL에 기술되지 아니한 항목 및 각 항목별에 일부내용에 대하여는 해당 기종 비행교범(Aircraft Flight Manual) 또는 그 외 제작회사 제공 정보에 따른다.

⑤ 전자식 결함경고장치

전자식 결함경고장치(EICAS : Engine Indicating And Crew Alerting System 또는 ECAM : Electornic Centralized Aircraft Monitoring)이 장착되어있는 항공기에서 status 또는 그 이상 Level의 Message(Warning, Caution, Advisory)가 나타나지 않는다면 항공기의 출발에 영향을 미치지 않으므로 별도의 조치를 취하지 않아도 된다.

※ MEL의 운용허용 기준 요목(MEL Allowable Standard Ruquirements)

① 항공기를 출항시킬 경우에 개개의 항목에 대한 기준을 기종별로 정한다.

② MEL의 항목별 내용은 다음과 같으며, 운영 기준을 준수한다.

REPAIR (RECTIFICATION) INTVL ①		NUMER INSTALLED ②	
ITEM		NUMBER REQUIRED FOR DISPATCH③	
SYSTEM & SEQUENCE NUMBERS		REMARKS OR EXCEPTIONS ④	

가. ①항목의 내용

1. SYSTEM NUMBERS는 ATA Specification Number 100을 기준으로 한 다.

2. REPAIS INTVL(A, B ,C & D)은 다음의 Category A , B, C, D에 지정한 수리기간을 의미한다.

(가) Category A (A) : 4항(REMARKS OR EXCEPTIONS)에 규정된 Time Interval 내에 수정작업을 완료되어야 한다.

(나) Category B (B) : 운용허용(Defer) 시킨 날을 제외하고, 3일(72시간) 이내에 수정작업을 완료되어야 한다.

(다) Category C (C) : 운항허용(Defer)시킨 날을 제외하고, 10일(240시간) 이내에 수정작업이 완료되어야 한다.

(라) Category D (D) : 운항허용(Defer)시킨 날을 제외하고(2,880시간)이내에 수정작업을 완료되어야 한다.

나. ②항 "NUMBER INSTALLED"은 항공기에 장착된 계통 또는 장비품의 수량을 표시한다.

다. ③항 "NUMBER REQUIRED FOR DISPATCH" 비행을 위한 최소의 계통 또는 부분품 수량을 표시한다. 다만, Airbus 기종은 ④항에 위치한다.

라. ④항 "REMARKS OR EXCEPTIONS"은 필요한 초치내용 또는 예외사항을 기록한다. 다만, Airbus 기종은 ⑤항(④항 아래)에 위치한다.

근거 운항기술기준, 정비규정

38 외형변경목록(CDL : Configuration Deviation List)이란?

해설 CDL의 운용허용 기준(CDL Allowable Standards)

① 목적 : CDL(Configuration Deviation List)은 항공기를 운용함에 있어 항공기 외부 표피를 구성하고 있는 부분품이 훼손 또는 탈락된 상태로 운항할 수 있는 기준을 설정한 것이며 정시성 준수를 목적으로 한다.

② 제정 및 개정

가. CDL의 개정은 항공기 제작국 또는 관계당국에서 인가한 CDL 및 비행교범(AFM)의 의거 제정 및 개정한다.

나. CDL을 제정 또는 개정하는 경우에는 국교통부장관의 인가를 받아야 한다.

다. 기종별 CDL은 각 기종별 비행교범에 의한다.

③ 적용범위 적용기준은 기지 및 지점에 모두 적용되며 자재, 설비 및 시간이 확보되는 즉시 원상 조치하여야 한다.

* MEL 및 CDL은 항공기가 운용 중 어느 한 부분이 고장난 경우 항공기의 안전성이 보장될 수 있는 한도 내에서 정시성을 위하여 결함 수정 없이 항공기를 출발시키는 데 목적이 있다.

근거 운항기술기준, 정비규정

39 엔진 정비방식이란?

[해설] 가. 엔진 정비의 단계

엔진은 기체에 장착된 상태로 수행하는 기체 정비와 기체로부터 장탈되어 수행하는 공장정비로 구분된다. 엔진이 기체에 장착되어 있는 동안은 하나의 순환 품목으로 취급되지만 다른 장비품과는 정비방식이 다르기 때문에 특별히 구분하여 실시한다.

1) 기체정비(On – Wing Maint.)
- 계획정비(Scheduled Maint.)
- 비계획정비(UnScheduled Maint.)
- 특별점검(Project Work)

2) 공장정비(Off – Wing Maint.)
- 계획정비(Scheduled Maint.)
- 비계획정비(UnScheduled Maint.)
- 특별점검(Project Work)

나. 엔진 정비방식

1) 일정 주기 점검방식(On Condition)

일정 주기 마다 정시점검카드에 의한 점검을 수행하는 정비방식으로서 모듈중정비(MHM : Module Heavy Maint.)와 표본점검 프로그램(Sample Inspection Program)을 병행하여 실시한다.
- 정시점검 내용은 내시경검사(Borescope Inspection), 자성 플러그 및 스크린 점검, 엔진 상태감시(Engine Condition Monitoring), 오일 소모량 분석 등이 있다.

2) 엔진 중정비/오버홀 정비방식

엔진을 정기적으로 기체로부터 장탈하여 공장에서 분해 검사하는 것으로서 엔진 중정비(Engine Heavy Maintenance)와 오버홀(Overhaul)을 기본으로 하는 정비방식이며 필요에 따라 표본점검 프로그램(Sample Inspection Program)을 병행하여 실시할 수도 있다.

다. 엔진 정비요목 및 적용 한계

1) 공장최소정비(Shop Minimum Maintenance)
- 엔진공장에 입고되는 모든 엔진에 적용된다. 단, 시간조정(Time Control), 고장탐구(Trouble Shooting) 및 정비편의(Maint. Convenience)를 위해 장탈된 엔진은 따로 정한 방법에 따른다.
- 엔진을 기체에서 장탈하여 공장에 반입했을 경우 장탈 이유 및 시간에 관계없이 공장 출고 시까지 반드시 수행되어야 할 최소한의 필요 정비를 공장최소정비라 하며 엔진 장탈 이유에 추가 작업량 결정과 기체에서 수행되어야 할 작업이 엔진교환으로 인하여 누락되는 것을 방지한다.

2) 수명 한계 품목(Life Limited Parts)의 교환

비행시간, 비행횟수, 사용시간 또는 그 양쪽에 의해서 제한되는 수명한계가 있는 부품에 대하여 한계를 초과하기 전에 교환한다.

3) 고열부 점검(Hot Section Inspection)

제트엔진에서 고열부는 일반적으로 저열부(Cold Section)에 비해 고온으로 인한 내구성이 상당히 약하므로 내구성에 적합한 시간을 설정하여 고온 부분만을 점검한다. 또한 필요에 따라 고열부와 저열부를 동시에 점검하는 경우도 있다.

4) 엔진(모듈) 중정비, 오버홀

엔진(또는 모듈)을 정해진 시간에 분해, 점검 및 필요한 수리를 함으로서 엔진(또는 모듈)의 계속적인 감항성을 유지하기 위하여 실시한다. 또한 과거의 엔진 사용 경험 및 표본 점검 결과 등에 근거하여 엔진 구성 부품 단위별로 정비의 시기와 방법을 결정한다.

[근거] 운항기술기준, 정비규정

항공안전법	항공안전법 시행령

제4장 항공종사자 등

제34조(항공종사자 자격증명 등) ① 항공업무에 종사하려는 사람은 국토교통부령으로 정하는 바에 따라 국토교통부장관으로부터 항공종사자 자격증명(이하 "자격증명"이라 한다)을 받아야 한다. 다만, 항공업무 중 무인항공기의 운항 업무인 경우에는 그러하지 아니하다.

② 다음 각 호의 어느 하나에 해당하는 사람은 자격증명을 받을 수 없다.

1. 다음 각 목의 구분에 따른 나이 미만인 사람
   가. 자가용 조종사 자격 : 17세(제37조에 따라 자가용 조종사의 자격증명을 활공기에 한정하는 경우에는 16세)
   나. 사업용 조종사, 부조종사, 항공사, 항공기관사, 항공교통관제사 및 항공정비사 자격 : 18세
   다. 운송용 조종사 및 운항관리사 자격 : 21세
2. 제43조제1항에 따른 자격증명 취소처분을 받고 그 취소일부터 2년이 지나지 아니한 사람(취소된 자격증명을 다시 받는 경우에 한정한다)

③ 제1항 및 제2항에도 불구하고 「군사기지 및 군사시설 보호법」을 적용받는 항공작전기지에서 항공기를 관제하는 군인은 국방부장관으로부터 자격인정을 받아 항공교통관제 업무를 수행할 수 있다.

제35조(자격증명의 종류) 자격증명의 종류는 다음과 같이 구분한다.

1. 운송용 조종사
2. 사업용 조종사
3. 자가용 조종사
4. 부조종사
5. 항공사
6. 항공기관사
7. 항공교통관제사
8. 항공정비사
9. 운항관리사

제4장 항공종사자 등

제75조(응시자격) 법 제34조제1항에 따른 항공종사자 자격증명(이하 "자격증명"이라 한다) 또는 법 제37조제1항에 따른 자격증명의 한정을 받으려는 사람은 법 제34조제2항 각 호의 어느 하나에 해당되지 아니하는 사람으로 서 별표 4에 따른 경력을 가진 사람이어야 한다.

[별표 4]

[시행일 : 2018.3.30.] 제1호나목의 조종교육증명란
항공종사자ㆍ경량항공기조종사 자격증명 응시경력(제75조, 제91조제3항 및 제286조 관련)

1. 항공종사자

   가. 자격증명시험

자격 증명의 종류	비행경력 또는 그 밖의 경력
운송용 조종사	1) 비행기에 대하여 자격증명을 신청하는 경우 다음의 경력을 모두 충족하는 비행기 조종사 중 1,500시간 이상의 비행경력이 있는 사람으로서 계기비행증명을 받은 사업용 조종사 또는 부조종사 자격증명(외국정부가 발급한 운송용 조종사 자격증명 또는 계기비행증명이 포함된 사업용 조종사 또는 부조종사 자격증명을 포함한다)을 받은 사람. 이 경우 비행시간을 산정할 때 지방항공청장이 지정한 모의비행장치를 이용한 비행훈련시간은 100시간의 범위 내에서 인정하고, 다른 종류의 항공기 비행경력은 해당 비행시간의 3분의 1 또는 200시간 중 적은시간의 범위 내에서 인정한다. 　가) 기장 외의 조종사로서 기장의 감독 하에 기장의 임무를 500시간 이상 수행한 경력이나 기장으로서 250시간 이상을 비행한 경력 또는 기장으로서 최소 70시간 이상 비행하였을 경우 해당 비행시간의 2배와 500시간과의 차이만큼 기장 외의 조종사로서 기장의 감독 하에 기장의 임무를 수행한 비행경력 　나) 200시간 이상의 야외비행경력. 이 경우 200시간의 야외비행경력 중 기장으로서 100시간 이상의 비행경력 또는 기장 외의 조종사로서 기장의 감독 하에 기장의 임무를 수행 한 100시간 이상의 비행경력을 포함해야 한다. 　다) 75시간 이상의 기장 또는 기장 외의 조종사로서의 계기비행경력(30시간의 범위 내에서 지방항공청장이지 정한 모의비행장치를 이용한 계기비행경력을 인정한다) 　라) 100시간 이상의 기장 또는 기장 외의 조종사로서의 야간 비행경력 2) 헬리콥터에 대하여 자격증명을 신청하는 경우 다음의 경력을 모두 충족하는 헬리콥터 조종사로서 1,000시간 이상의 비행경력이 있는 사업용 조종사 자격증명(외국정부가 발급한 운송용 조종사 또는 사업용 조종사 자격증명을 포함한다)을 받은 사람. 이 경우 비행시간을 산정할 때에는 지방항공청장이 지정한 모의비행장치를 이용한 비행훈련시간은 100시간의 범위 내에서 인정하고, 다른 종류의 항공기 비행경력은 해당 비행시간의 3분의 1 또는 200시간 중 적은 시간의 범위 내에서 인정한다. 　가) 기장으로서 250시간 이상의 비행경력 또는 기장으로서 70시간 이상의 비행시간과 기장 외의 조종사로서 기장의 감독 하에 기장의 임무를 수행한 비행시간의 합계가 250시간 이상의 비행경력 　나) 200시간 이상의 야외비행경력. 이 경우 200시간의 야외비행경력 중 기장으로서 100시간 이상의 비행경력 또는 기장 외의 조종사로서 기장의 감독 하에 기장의 임무를 수행한 100시간 이상의 비행경력을 포함해야 한다. 　다) 30시간 이상의 기장 또는 기장 외의 조종사로서의 계기비행경력(10시간의 범위 내에서 지방항공청장이 지정한 모의비행장치를 이용한 계기비행경력을 인정한다) 　라) 50시간 이상의 기장 또는 기장 외의 조종사로서의 야간 비행경력
사업용 조종사	1) 비행기에 대하여 자격증명을 신청하는 경우 다음의 경력을 모두 충족하는 200시간(국토교통부장관이 지정한 전문교육기관의 교육과정을 이수한 사람은 150시간) 이상의 비행경력이 있는 사람으로서 자가용 조종사 자격증명(외국정부가 발급한 운송용 조종사 또는 사업용 조종사 자격증명을 포함한다)을 받은 사람. 이 경우 비행시간을 산정할 때 지방항공청장이 지정한 모의비행장치를 이용한 비행훈련시간은 10시간의 범위 내에서 인정하고, 다른 종류의 항공기 비행경력은 해당 비행시간의 3분의 1 또는 50시간 중 적은 시간의 범위 내에서 인정한다. 　가) 기장으로서 100시간(국토교통부장관이 지정한 전문교육기관의 교육과정을 이수한 사람은 70시간) 이상의 비행경력

자격 증명의 종류	비행경력 또는 그 밖의 경력
사업용 조종사	나) 기장으로서 20시간 이상의 야외비행경력. 이 경우 총 540킬로미터 이상의 구간에서 2개 이상의 다른 비행장에서의 완전 착륙을 포함해야 한다. 다) 10시간 이상의 기장 또는 기장 외의 조종사로서 계기비행경력(5시간의 범위 내에서 지방항공청장이 지정한 모의비행장치를 이용한 계기비행경력을 포함한다) 라) 이륙과 착륙이 각각 5회 이상 포함된 5시간 이상의 기장으로서의 야간 비행경력 2) 헬리콥터에 대하여 자격증명을 신청하는 경우 다음의 경력을 모두 충족하는 헬리콥터 조종사로서 150시간(국토교통부장관이 지정한 전문교육기관의 교육과정을 이수한 사람은 100시간) 이상의 비행경력이 있는 사람으로서 헬리콥터의 자가용 조종사 자격증명(외국정부가 발급한 운송용 조종사 또는 사업용 조종사 자격증명을 포함한다)을 받은 사람. 이 경우 비행시간을 산정할 때 지방항공청장이 지정한 모의비행장치를 이용한 비행훈련시간은 10시간의 범위 내에서 인정하고, 다른 종류의 항공기 비행경력은 해당 비행시간의 3분의 1 또는 50시간중 적은 시간의 범위 내에서 인정한다. 가) 기장으로서 35시간 이상의 비행경력 나) 기장으로서 10시간 이상의 야외비행경력. 이 경우 총 300킬로미터 이상의 구간에서 2개의 다른 지점에 서의 착륙비행과정을 포함해야 한다. 다) 기장 또는 기장 외의 조종사로서 10시간 이상의 계기비행경력(5시간의 범위 내에서 지방항공청장이 지정한 모의비행장치를 이용한 계기비행경력을 포함한다) 라) 기장으로서 이륙과 착륙이 각각 5회 이상 포함된 5시간 이상의 야간 비행경력 3) 특수활공기에 대하여 자격증명을 신청하는 경우 다음의 활공경력을 모두 충족하는 사람으로서 특수활공기의 자가용 조종사 자격증명을 받은 사람. 다만, 비행기의 조종사 자격증명을 받은 경우에는 단독 조종으로 10시간 이상의 활공 및 10회 이상의 활공 착륙경력이 있는 사람 가) 단독 조종으로 15시간 이상의 활공 및 20회 이상의 활공착륙 또는 단독 조종으로 25시간 이상의 동력비행(비행기에 의한 것을 포함한다) 및 20회 이상의 발동기 작동 중의 착륙(비행기에 의한 것을 포함한다) 나) 출발지점으로부터 240킬로미터 이상의 야외비행경력(비행기에 의한 것을 포함한다). 이 경우 출발지점과 도착지점의 중간에 2개 이상의 다른 지점에 착륙한 경력을 포함해야 한다. 다) 5회 이상의 실속회복(비행기에 의한 것을 포함한다) 4) 상급활공기에 대하여 자격증명을 신청하는 경우 다음 각 목의 경력을 포함한 15시간 이상의 활공경력이 있는 사람으로서 상급활공기의 자가용 조종사 자격증명을 받은 사람. 다만, 비행기 조종사 자격증명을 받은 경우에는 비행기, 원치 또는 자동차를 이용하여 30회 이상의 활공경력이 있는 사람 가) 비행기, 원치 또는 자동차를 이용하여 15회 이상의 활공을 포함한 75회 이상의 활공경력 나) 5회 이상의 실속회복 5) 비행선에 대하여 자격증명을 신청하는 경우 다음 각 목의 비행조종경력을 포함한 200시간 이상의 비행경력이 있는 사람으로서 비행선의 자가용 조종사 자격증명을 소지한 사람 가) 비행선 조종사로서 50시간 이상의 비행경력 나) 10시간 이상의 야외비행경력 및 10시간 이상의 야간 비행경력을 포함한 30시간 이상의 기장으로서의 비행경력 또는 기장 외의 조종사로서 기장의 감독 하에 기장의 임무를 수행한 비행경력 다) 20시간 이상의 비행시간 및 10시간 이상의 비행선 비행시간을 포함한 40시간 이상의 계기비행시간 라) 20시간 이상의 비행선 비행교육훈련
자가용 조종사	1) 비행기 또는 헬리콥터에 대하여 자격증명을 신청하는 경우 다음의 경력을 모두 충족하는 40시간(국토교통부장관이 지정한 전문교육기관 이수자는 35시간) 이상의 비행경력이 있는 사람(해당 항공기에 대하여 외국정부가 발급한 조종사 자격증명을 소지한 사람을 포함한다). 이 경우 비행시간을 산정할 때 지방항공청장이 지정한 모의비행장치를 이용한 비행훈련시간은 5시간의 범위 내에서 인정하고, 다른 종류의 항공기 또는 경량항공기(경량항공기 중 타면조종형비행기는 비행기에만 해당하고, 경량헬리콥터는 헬리콥터에만 해당한다) 중 비행경력은 해당 비행시간의 3분의 1 또는 10시간 중 적은 시간의 범위 내에서 인정한다. 가) 비행기에 대하여 자격증명을 신청하는 경우 5시간 이상의 단독 야외비행경력을 포함한 10시간 이상의 단독 비행경력. 이 경우 270킬로미터 이상의 구간 비행 중 2개의 다른 비행장에서의 이륙ㆍ착륙 경력을 포함해야 한다. 나) 헬리콥터에 대하여 자격증명을 신청하는 경우 5시간 이상의 단독 야외비행경력을 포함한 10시간 이상의 단독 비행경력. 이 경우 출발지점으로부터 180킬로미터 이상의 구간 비행 중 2개의 다른 지점에서의 착륙비행과정 경력을 포함해야 한다.

자격 증명의 종류	비행경력 또는 그 밖의 경력
	2) 특수활공기에 대하여 자격증명을 신청하는 경우 다음 각 목의 활공경력이 있는 사람. 다만, 비행기에 대한 조종사 자격증명을 받은 경우에는 2시간 이상의 활공 및 5회 이상의 활공착륙 경력이 있는 사람 　가) 단독 조종으로 3시간 이상의 활공(교관과 동승한 활공경력은 1시간의 범위 내에서 인정한다) 및 10회 이상의 활공착륙 또는 단독 조종으로 15시간 이상의 동력비행(비행기에 의한 것을 포함하며, 교관과 동승한 활공경력은 5시간의 범위 내에서 인정한다) 및 10회 이상의 발동기 작동 중의 착륙(비행기에 의한 것을 포함한다) 　나) 출발지점으로부터 120킬로미터 이상의 야외비행. 이 경우 출발지점과 도착지점의 중간에 1개 이상의 다른 지점에 착륙한 경력을 포함해야 한다. 　다) 5회 이상의 실속비행(비행기에 의한 것을 포함한다) 3) 상급활공기에 대하여 자격증명을 신청하는 경우 다음의 비행경력을 포함한 6시간 이상의 활공경력이 있는 사람 　가) 2시간 이상의 단독 비행경력 　나) 20회 이상의 이륙ㆍ착륙 비행경력 4) 비행선에 대하여 자격증명을 신청하는 경우 다음의 비행조종경력을 모두 충족하는 25시간 이상의 비행경력이 있는 사람 　가) 3시간 이상의 야외비행경력. 이 경우 45킬로미터 이상의 구간에서 1개 이상의 다른 지점에 이륙ㆍ착륙한 비행경력을 포함해야 한다. 　나) 비행장에서 5회 이상의 이륙ㆍ착륙(완전 정지 포함) 　다) 3시간 이상의 계기비행경력 　라) 5시간 이상의 기장 임무 비행경력
부조종사	다음의 요건을 모두 충족하는 사람 가) 국토교통부장관이 지정한 전문교육기관의 교육과정을 이수한 사람 나) 지방항공청장이 지정한 모의비행장치를 이용한 비행훈련시간과 최소한 40시간 이상 실제 비행기에 의한 비행경력의 합계가 240시간 이상 되는 비행경력이 있는 사람
항공사	다음의 어느 하나에 해당하는 사람 가) 야간에 행한 30시간 이상의 야외비행경력을 포함한 200시간(항공운송사업에 사용되는 항공기 조종사로서의 비행경력이 있는 경우에는 그 비행시간을 100시간의 범위 내에서 인정한다) 이상의 비행경력이 있는 사람 나) 야간비행 중 25회 이상 천체관측에 의하여 위치결정을 하고, 주간비행 중 25회 이상 무선위치선, 천측위치선 그 밖의 항법 제원을 이용하여 위치결정을 하여, 그것을 항법에 응용하는 실기연습을 한 사람 다) 국토교통부장관이 지정한 전문교육기관에서 항공사에 필요한 교육과정을 이수한 사람
항공기관사	다음의 어느 하나에 해당하는 사람 가) 200시간 이상의 운송용 항공기(2개 이상의 발동기를 장착한 군용항공기를 포함한다)를 조종한 비행경력이 있는 사람으로서 항공기관사를 필요로 하는 항공기에 탑승하여 항공기관사 업무의 실기연습을 100시간(50시간의 범위 내에서 지방항공청장이 지정한 모의비행장치를 이용한 비행경력을 인정한다) 이상한 사람 나) 국토교통부장관이 지정한 전문교육기관에서 항공기관사에게 필요한 교육과정을 이수한 사람 다) 사업용 조종사 자격증명 및 계기비행증명을 받고 항공기관사업무의 실기연습을 5시간 이상한 사람
항공교통관제사	다음의 어느 하나에 해당하는 사람 가) 국토교통부장관이 지정한 전문교육기관에서 항공교통관제에 필요한 교육과정을 이수한 사람(외국의 전문교육기관으로서 해당 외국정부가 인정한 전문교육기관에서 교육과정을 이수한 사람을 포함한다)으로서 3개월(이 경우 비행장은 90시간, 접근관제절차ㆍ접근관제감시ㆍ지역관제절차ㆍ지역관제감시는 180시간을 의미한다) 또는 90시간(비행장에 해당되며, 접근관제절차ㆍ접근관제감시ㆍ지역관제절차ㆍ지역관제감시의 경우에는 180시간) 이상의 관제실무를 수행한 경력(전문교육기관의 교육과정을 이수하기 전에 관제실무를 수행한 경력을 포함한다)이 있는 사람 나) 항공교통관제사 자격증명이 있는 사람의 지휘ㆍ감독 하에 9개월(이 경우 비행장은 270시간, 접근관제절차ㆍ접근관제감시ㆍ지역관제절차ㆍ지역관제감시는 540시간을 의미한다) 이상의 관제실무를 행한 경력이 있거나 민간항공에 사용되는 군의 관제시설에서 9개월(이 경우 비행장은 270시간, 접근관제절차ㆍ접근관제감시ㆍ지역관제절차ㆍ지역관제감시는 540시간을 의미한다) 또는 270시간(비행장관제에 해당되며, 접근관제절차ㆍ접근관제감시ㆍ지역관제절차ㆍ지역관제감시의 경우에는 540시간) 이상의 관제실무를 수행한 경력이 있는 사람

자격 증명의 종류	비행경력 또는 그 밖의 경력
	다) 별표 5 제1호에 따른 항공교통관제사 학과시험의 범위를 포함하는 각 과목을 이수한 사람으로서 6개월(이 경우 비행장은 180시간, 접근관제절차 · 접근관제감시 · 지역관제절차 · 지역관제감시는 270시간을 의미한다) 또는 180시간(비행장에 해당되며, 접근관제절차 · 접근관제감시 · 지역관제절차 · 지역관제감시의 경우에는 360시간) 이상의 관제실무경력이 있는 사람 라) 외국정부가 발급한 항공교통관제사의 자격증명을 받은 사람
항공정비사	1) 항공기 종류 한정이 필요한 항공정비사 자격증명을 신청하는 경우에는 다음의 어느 하나에 해당하는 사람 　가) 4년 이상의 항공기 정비(자격증명을 받으려는 항공기가 활공기인 경우에는 활공기의 정비와 개조) 실무경력(자격증명을 받으려는 항공기와 동급 이상의 것에 대한 6개월 이상의 경력이 포함되어야 한다)이 있는 사람 　나) 「고등교육법」에 따른 대학 · 전문대학(다른 법령에서 이와 동등한 수준 이상의 학력이 있다고 인정되는 교육기관을 포함한다) 또는 「학점인정 등에 관한 법률」에 따라 학습하는 곳에서 별표 5 제1호에 따른 항공정비사 학과시험의 범위를 포함하는 각 과목을 이수하고, 자격증명을 받으려는 항공기와 동등한 수준 이상의 것에 대하여 교육과정 이수 후의 정비실무경력이 6개월 이상이거나 교육과정 이수 전의 정비실무(실습)경력이 1년 이상인 사람 　다) 「고등교육법」에 따른 대학 · 전문대학(다른 법령에서 이와 동등한 수준 이상의 학력이 있다고 인정되는 교육기관을 포함한다)을 졸업한 사람 또는 「학점인정 등에 관한 법률」에 따른 학위를 취득한 사람으로서 다음의 요건을 모두 충족하는 사람 　　(1) 6개월 이상의 항공기 정비실무경력이 있을 것 　　(2) 항공기술요원을 양성하는 교육기관에서 필요한 교육을 이수할 것 　라) 국토교통부장관이 지정한 전문교육기관에서 항공기 정비에 필요한 과정을 이수한 사람(외국의 전문교육기관으로서 그 외국정부가 인정한 전문교육기관에서 항공기 정비에 필요한 과정을 이수한 사람을 포함한다) 　마) 외국정부가 발급한 항공기 종류 한정 자격증명을 받은 사람 2) 정비 업무 범위 한정이 필요한 항공정비사 자격증명을 신청하는 경우에는 다음의 어느 하나에 해당하는 사람 　가) 자격증명을 받으려는 정비 업무 분야에서 4년 이상의 정비와 개조의 실무경력이 있는 사람 　나) 자격증명을 받으려는 정비 업무 분야에서 3년 이상의 정비와 개조의 실무경력과 1년 이상의 검사경력이 있는 사람 　다) 고등교육법에 의한 전문대학 이상의 교육기관에서 별표 5 제1호에 따른 항공정비사 학과시험의 범위를 포함하는 각 과목을 이수한 사람으로서 해당 정비업무의 종류에 대한 1년 이상의 정비와 개조의 실무경력이 있는 사람
운항관리사	다음의 어느 하나에 해당하는 사람 가) 항공운송사업 또는 항공기사용사업에 사용되는 항공기의 운항에 관하여 다음의 어느 하나에 해당하는 경력을 2년 이상 가진 사람 또는 다음의 어느 하나에 해당하는 경력 둘 이상을 합산하여 2년 이상의 경력이 있는 사람 　(1) 조종을 행한 경력 　(2) 공중항법에 의하여 비행을 행한 경력 　(3) 기상업무를 행한 경력 　(4) 항공기에 승무하여 무선설비의 조작을 행한 경력 나) 항공교통관제사 자격증명을 받은 후 2년 이상의 관제실무 경력이 있는 사람 다) 「고등교육법」에 따른 전문대학 이상의 교육기관에서 별표 5 제1호에 따른 운항관리사 학과시험의 범위를 포함하는 각 과목을 이수한 사람으로서 3개월 이상의 운항관리경력(실습경력 포함)이 있는 사람 라) 국토교통부장관이 지정한 전문교육기관에서 운항관리사에 필요한 교육과정을 이수한 사람(외국의 전문교육기관으로서 그 외국정부가 인정한 전문교육기관에서 운항관리에 필요한 교육과정을 이수한 사람을 포함한다) 마) 항공운송사업체에서 운항관리에 필요한 교육과정을 이수하고 응시일 현재 최근 6개월 이내에 90일(근무일 기준) 이상 항공운송사업체에서 운항관리사의 지휘 · 감독 하에 운항관리실무를 보조하여 행한 경력이 있는 사람 바) 외국정부가 발급한 운항관리사의 자격증명을 받은 사람 사) 항공교통관제사 또는 자가용 조종사 이상의 자격증명을 받은 후 2년 이상의 항공정보업무 경력이 있는 사람

나. 한정심사

심사 분야	자격별	응시경력

자격
증명
한정
	조종사 및
	항공 기관사
		다음의 어느 하나에 해당하는 사람
		가) 항공기 종류의 한정의 경우는 자격증명시험의 비행경력을 갖춘 사람
		나) 항공기 형식의 한정의 경우는 다음의 어느 하나에 해당하는 사람
		  (1) 제89조제2항에 따른 전문교육기관 또는 외국정부가 인정한 교육기관(항공기제작사의 교육기관을 포함
		    한다)에서 해당 기종에 대한 전문교육훈련을 이수한 사람
		  (2) 제266조에 따른 운항규정에 명시된 항공운송사업자, 항공기사용사업자 또는 항공기제작사가 실시하는
		    지상교육(항공기제작사에서 정한 교육훈련과 동등 이상의 지상교육을 포함한다)을 이수한 사람 또는
		    자가용으로 운항되는 항공기의 조종사로 자체 지상교육을 이수한 사람으로서 다음의 어느 하나에 해당
		    하는 사람
		    (가) 비행기의 경우 20시간(왕복발동기를 장착한 비행기의 경우 16시간) 이상의 모의비행훈련과 2시간
		      이상의 비행훈련을 받은 사람. 다만, 모의비행훈련을 받지 아니한 경우에는 실제비행훈련 1시간을
		      모의비행훈련 4시간으로 인정할 수 있다.
		    (나) 헬리콥터의 경우 20시간 이상의 비행훈련을 받은 사람. 다만, 다른 헬리콥터에 대한 한정자격이
		      있는 사람이 다른 기종의 한정을 받으려는 경우에는 10시간 이상의 비행훈련을 받은 사람
		  (3) 군·경찰·세관에서 해당 기종에 대한 기장비행시간(항공기관사의 경우 항공기관사 비행시간)이 200
		    시간 이상인 사람
		  (4) 법 제2조제4호에 따른 국가기관 등 항공기를 소유한 국가·지방자치단체 및 국립공원관리공단에서
		    국토교통부장관으로부터 승인을 받은 교육과정[지상교육 및 비행훈련과정(실무교육을 포함한다)]을
		    이수한 사람
		다) 항공기 등급한정의 경우 해당 항공기의 종류 및 등급에 대한 비행시간이 10시간 이상인 사람
		라) 제89조제1항에 따라 외국정부로부터 한정자격증명을 소지한 사람

	항공 정비사	1) 항공기 종류 한정의 경우 항공정비사 자격증명 취득일부터 해당 항공기 종류에 대한 6개월 이상의 정비경력 이 있는 사람 2) 정비 업무 범위 한정의 경우 항공정비사 자격증명 취득일부터 해당 정비 업무 범위에 대한 1년 이상의 정비와 개조의 실무경력이 있는 사람

조종
교육
증명
	초급(비행기,
	비행선,
	헬리콥터)
		다음의 요건을 모두 충족하는 사람
		가) 해당 항공기(활공기를 제외한다) 종류에 대한 200시간 이상의 비행경력
		나) 운송용 조종사 또는 사업용 조종사 자격증명을 받은 이후 다음 어느 하나의 교육훈련을 이수
		  (1) 제89조제2항에 따른 전문교육기관 또는 외국정부가 인정한 교육기관(항공기제작사의 교육기관을 포함
		    한다)에서 해당 항공기 종류에 대한 조종교관과정의 교육훈련
		  (2) 조종교육증명을 소지한 사람으로부터 해당 항공기 종류에 대한 다음 각 목의 교육훈련
		    (가) 지상교육 : (1)에 따른 전문교육기관의 학과교육과 동등하다고 국토교통부장관 또는 지방항공청장
		      이 인정한 소정의 교육
		    (나) 비행훈련 : 신청하는 사람이 해당 항공기 종류의 기장으로서 조종교육증명을 소지한 사람과 25시간
		      이상의 동승 비행훈련
		다) 계기비행증명 소지(다만, 비행기 또는 헬리콥터에 대한 초급 조종교육증명을 신청하는 경우에만 해당한다)

	초급(활공기)	다음의 어느 하나에 해당하는 사람
		가) 활공기에 대한 기장으로서 15시간 이상의 비행경력
		나) 사업용 조종사 자격증명을 받은 이후 다음의 어느 하나의 교육훈련을 이수
		  (1) 제89조제2항에 따른 전문교육기관 또는 외국정부가 인정한 교육기관(항공기제작사의 교육기관을 포함
		    한다)에서 활공기에 대한 조종교관과정의 교육훈련 이수
		  (2) 조종교육증명을 소지한 사람으로부터 활공기에 대한 다음의 교육훈련 이수

심사 분야	자격별	응시경력
조종 교육 증명	초급(활공기)	(가) 지상교육 : (1)에 따른 전문교육기관의 학과교육과 동등하다고 국토교통부장관 또는 지방항공청장이 인정한 소정의 교육 (나) 비행훈련 : 활공기 조종교육증명을 소지한 사람과 20회 이상의 활공경력을 포함한 2시간 이상의 동승 훈련비행
	선임(비행기, 비행선, 헬리콥터)	해당 항공기(활공기를 제외한다) 종류에 대한 초급 조종교육증명을 받은 후 조종교육업무를 수행한 275시간의 비행경력을 포함한 총 500시간 이상의 비행경력을 보유한 사람
	선임(활공기)	활공기에 대한 초급 조종교육증명을 받은 후 조종교육업무를 수행한 10시간의 비행경력을 포함한 총 25시간 이상의 비행경력을 보유한 사람

계기
비행
증명
	조종사	다음의 요건을 모두 충족하는 사람
		가) 해당 비행기 또는 헬리콥터에 대한 운송용 조종사, 사업용 조종사 또는 자가용 조종사 자격증명이 있을 것
		나) 비행기 또는 헬리콥터의 기장으로서 총 50시간(이 경우 실시하고자 하는 비행기 또는 헬리콥터 기장으로서 10시간 이상의 야외비행경력을 포함) 이상의 야외비행경력을 보유할 것
		다) 제89조제2항에 따른 전문교육기관 또는 외국정부가 인정한 교육기관(항공기제작사의 교육기관을 포함한다)에서 해당 항공기 종류에 대한 계기비행과정의 교육훈련을 이수하거나 다음의 계기비행과정의 교육훈련을 이수할 것
		  (1) 지상교육 : 가)에 따른 전문교육기관의 학과교육과 동등하다고 국토교통부장관 또는 지방항공청장이 인정한 소정의 교육
		  (2) 비행훈련 : 40시간 이상의 계기비행훈련. 이 경우 20시간의 범위 내에서 조종교육증명을 받은 사람으로부터 지방항공청장이 지정한 모의비행장치로 실시한 계기비행훈련시간을 포함할 수 있다.

2. 경량항공기 조종사
  가. 자격증명

자격 증명의 종류	비행경력 또는 그 밖의 경력

경량항공기
조종사
	다음의 어느 하나에 해당하는 사람
	가) 국토교통부장관이 지정한 전문교육기관의 교육과정을 이수한 사람
	나) 경량항공기에 대하여 다음의 경력을 포함한 20시간 이상의 경량항공기 비행경력이 있는 사람
	  (1) 5시간 이상의 단독 비행경력
	  (2) 타면조종형비행기, 경량헬리콥터 및 자이로플레인에 대해서는 5시간 이상의 야외비행경력. 이 경우 120 킬로미터 이상의 구간에서 1개 이상의 다른 지점에 이륙·착륙한 비행경력이 있어야 한다.
	다) 자가용 조종사, 사업용 조종사, 운송용 조종사 또는 부조종사가 다음의 구분에 따른 경량항공기에 대하여 2시간 이상의 단독 비행경력을 포함한 5시간 이상의 비행경력이 있는 사람
	  (1) 자가용 조종사, 사업용 조종사, 운송용 조종사 또는 부조종사가 비행기에 대하여 자격증명이 한정된 경우 : 경량항공기 타면조종형 비행기
	  (2) 자가용 조종사, 사업용 조종사, 운송용 조종사 또는 부조종사가 헬리콥터에 대하여 자격증명이 한정된 경우 : 경량항공기 경량헬리콥터 및 자이로플레인

나. 한정심사

심사 분야	자격별	응시경력

조종교육
증명
	경량항공기
	조종사
		1) 항공기에 대한 조종교육증명을 받은 사람으로서 다음의 구분에 따른 경량항공기의 비행경력이 5시간 이상인 사람
		  가) 사업용 또는 운송용 조종사가 비행기에 대하여 자격증명이 한정된 경우 : 경량항공기, 타면조종형비행기
		  나) 사업용 또는 운송용 조종사가 헬리콥터에 대하여 자격증명이 한정된 경우 : 경량항공기, 경량헬리콥터 및 자이로플레인

항공안전법 시행규칙

심사 분야	자격별	응시경력
조종교육 증명	경량항공기 조종사	2) 경량항공기 조종사 자격증명을 받은 사람으로서 다음의 어느 하나에 해당하는 사람 　가) 제89조제1항에 따라 외국정부로부터 경량항공기 종류에 대한 조종교육증명을 받은 사람 　나) 제89조제2항에 따른 전문교육기관 또는 외국정부가 인정한 교육기관(항공기제작사의 교육기관을 포함 　　한다)에서 경량항공기 종류에 대한 조종교관과정의 전문교육훈련을 이수한 사람 　다) 경량항공기의 종류별 비행경력이 200시간 이상이고 다음의 교육 및 훈련을 이수한 사람 　　(1) 조종교육에 관하여 국토교통부장관이 인정하는 소정의 지상교육 　　(2) 경량항공기 조종교육증명을 받은 사람으로부터 15시간 이상의 비행훈련

[비고]
1. 이 표에서 정한 전문교육·훈련을 이수하지 아니한 사람 또는 제266조에 따른 운항규정 또는 정비규정에 명시된 교육훈련 시행을 위하여 항공운송사업자 또는 항공기사용사업자가 실시하는 교육훈련을 이수하지 아니한 사람에 대한 한정심사는 전문교육훈련과정(항공기제작사에서 정한 교육훈련과정을 포함한다)과 동등한 수준 이상의 교육훈련을 해당 기종의 교관 또는 위촉심사관으로부터 이수하고 그 교관 또는 위촉심사관이 서명한 교육증명서와 상기 한정심사 신청자격의 각호에 해당하는 경력사항을 증명하는 서류를 첨부하는 사람에 한하여 시행할 수 있다(경량항공기 조종사의 경우에는 적용하지 아니한다).
2. 다음 각 목의 어느 하나에 해당하는 사람이 제91조제2항에 따라 국토교통부장관이 고시한 지정기준에 따라 제3종으로 지정받은 모의비행장치로 비행훈련을 받은 경우에는 실제 항공기로 비행훈련을 받은 것으로 본다(경량항공기 조종사의 경우에는 적용하지 아니한다).
　가. 자격증명의 한정을 받으려는 비행기와 같은 등급의 비행기의 형식에 대한 한정자격증명을 받은 사람
　나. 자격증명의 한정을 받으려는 비행기와 같은 등급의 군용 비행기의 기장으로서 500시간 이상의 비행경력이 있는 사람
　다. 총 1천 500시간 이상의 비행경력이 있는 사람. 이 경우 자격증명의 한정을 받으려는 비행기와 같은 등급의 비행기 조종사로 1천 시간 이상의 비행경력을 포함해야 한다.
　라. 형식의 한정이 요구되는 두 기종 이상의 비행기 조종사로서 1천 시간 이상의 비행경력이 있는 사람

항공안전법	항공안전법 시행령

제36조(업무범위) ① 자격증명의 종류에 따른 업무범위는 별표와 같다.

② 자격증명을 받은 사람은 그가 받은 자격증명의 종류에 따른 업무범위 외의 업무에 종사해서는 아니 된다.

③ 다음 각 호의 어느 하나에 해당하는 경우에는 제1항 및 제2항을 적용하지 아니한다.

1. 국토교통부령으로 정하는 항공기에 탑승하여 조종(항공기에 탑승하여 그 기체 및 발동기를 다루는 것을 포함한다. 이하 같다)하는 경우

2. 새로운 종류, 등급 또는 형식의 항공기에 탑승하여 시험비행 등을 하는 경우로서 국토교통부령으로 정하는 바에 따라 국토교통부장관의 허가를 받은 경우

[별표]
자격증명별 업무범위(제36조제1항 관련)

자격	업무범위
운송용 조종사	항공기에 탑승하여 다음 각 호의 행위를 하는 것 1. 사업용 조종사의 자격을 가진 사람이 할 수 있는 행위 2. 항공운송사업의 목적을 위하여 사용하는 항공기를 조종하는 행위
사업용 조종사	항공기에 탑승하여 다음 각 호의 행위를 하는 것 1. 자가용 조종사의 자격을 가진 사람이 할 수 있는 행위 2. 무상으로 운항하는 항공기를 보수 받고 조종하는 행위 3. 항공기사용사업에 사용하는 항공기를 조종하는 행위 4. 항공운송사업에 사용하는 항공기(1명의 조종사가 필요한 항공기만 해당한다)를 조종하는 행위 5. 기장 외의 조종사로서 항공운송사업에 사용하는 항공기를 조종하는 행위
자가용 조종사	무상으로 운항하는 항공기를 보수를 받지 아니하고 조종하는 행위
부조종사	비행기에 탑승하여 다음 각 호의 행위를 하는 것 1. 자가용 조종사의 자격을 가진 사람이 할 수 있는 행위 2. 기장 외의 조종사로서 비행기를 조종하는 행위
항공사	항공기에 탑승하여 그 위치 및 항로의 측정과 항공상의 자료를 산출하는 행위
항공 기관사	항공기에 탑승하여 발동기 및 기체를 취급하는 행위(조종장치의 조작은 제외한다)
항공교통 관제사	항공교통의 안전 · 신속 및 질서를 유지하기 위하여 항공기 운항을 관제하는 행위
항공 정비사	다음 각 호의 행위를 하는 것 1. 제32조제1항에 따라 정비 등을 한 항공기 등, 장비품 또는 부품에 대하여 감항성을 확인하는 행위 2. 제108조제4항에 따라 정비를 한 경량항공기 또는 그 장비품 · 부품에 대하여 안전하게 운용할 수 있음을 확인하는 행위
운항 관리사	항공운송사업에 사용되는 항공기 또는 국외운항항공기의 운항에 필요한 다음 각 호의 사항을 확인하는 행위 1. 비행계획의 작성 및 변경 2. 항공기 연료 소비량의 산출 3. 항공기 운항의 통제 및 감시

항공안전법	항공안전법 시행령
제37조(자격증명의 한정) ① 국토교통부장관은 다음 각 호의 구분에 따라 자격증명에 대한 한정을 할 수 있다. 1. 운송용 조종사, 사업용 조종사, 자가용 조종사, 부조종사 또는 항공기관사 자격의 경우 : 항공기의 종류, 등급 또는 형식 2. 항공정비사 자격의 경우 : 항공기의 종류 및 정비분야 ② 제1항에 따라 자격증명의 한정을 받은 항공종사자는 그 한정된 항공기의 종류, 등급 또는 형식 외의 항공기나 한정된 정비분야 외의 항공업무에 종사해서는 아니 된다. ③ 제1항에 따른 자격증명의 한정에 필요한 세부사항은 국토교통부령으로 정한다. **제38조(시험의 실시 및 면제)** ① 자격증명을 받으려는 사람은 국토교통부령으로 정하는 바에 따라 항공업무에 종사하는 데 필요한 지식 및 능력에 관하여 국토교통부장관이 실시하는 학과시험 및 실기시험에 합격하여야 한다. ② 국토교통부장관은 제37조에 따라 자격증명을 항공기의 종류, 등급 또는 형식별로 한정(제44조에 따른 계기비행증명 및 조종교육증명을 포함한다)하는 경우에는 항공기 탑승경력 및 정비경력 등을 심사하여야 한다. 이 경우 항공기의 종류 및 등급에 대한 최초의 자격증명 한정은 실기시험으로 심사할 수 있다. ③ 국토교통부장관은 다음 각 호의 어느 하나에 해당하는 사람에게는 국토교통부령으로 정하는 바에 따라 제1항 및 제2항에 따른 시험 및 심사의 전부 또는 일부를 면제할 수 있다. 1. 외국정부로부터 자격증명을 받은 사람 2. 제48조에 따른 전문교육기관의 교육과정을 이수한 사람 3. 항공기 탑승경력 및 정비경력 등 실무경험이 있는 사람 4. 「국가기술자격법」에 따른 항공기술분야의 자격을 가진 사람 ④ 국토교통부장관은 제1항에 따라 학과시험 및 실기시험에 합격한 사람에 대해서는 자격증명서를 발급하여야 한다.	

제76조(응시원서의 제출) 법 제38조제1항에 따른 자격증명의 시험(이하 "자격증명시험"이라 한다) 또는 법 제38조제2항에 따른 자격증명의 한정심사(이하 "한정심사"라 한다)에 응시하려는 자는 별지 제35호서식의 항공종사자 자격증명시험(한정심사) 응시원서에 다음 각 호의 서류를 첨부하여 「교통안전공단법」에 따라 설립된 교통안전공단(이하 "교통안전공단"이라 한다)의 이사장에게 제출하여야 한다. 다만, 제1호의 서류는 실기시험 응시원서 접수 시까지 제출할 수 있다.

1. 자격증명시험 또는 한정심사에 응시할 수 있는 별표 4에 따른 경력이 있음을 증명하는 서류
2. 제88조 또는 제89조에 따라 자격증명시험 또는 한정심사의 일부 또는 전부를 면제받으려는 사람은 면제받을 수 있는 자격 또는 경력 등이 있음을 증명하는 서류

제77조(비행경력의 증명) ① 제76조제1호에 따른 경력 중 비행경력은 다음 각 호의 구분에 따라 증명된 것이어야 한다.

1. 자격증명을 받은 조종사의 비행경력 : 비행이 끝날 때마다 해당 기장이 증명한 것
2. 법 제46조제2항의 허가를 받은 사람의 비행경력 : 조종연습 비행이 끝날 때마다 그 조종교관이 증명한 것
3. 제1호 및 제2호 외의 비행경력 : 비행이 끝날 때마다 그 사용자, 감독자 또는 그 밖에 이에 준하는 사람이 증명한 것

② 제1항에 따른 비행경력의 증명은 별지 제36호서식의 비행경력증명서에 따른다.

제78조(비행시간의 산정) 제77조에 따른 비행경력을 증명할 때 그 비행시간은 다음 각 호의 구분에 따라 산정(算定)한다.

1. 조종사 자격증명이 없는 사람이 조종사 자격증명시험에 응시하는 경우 : 법 제46조제2항의 허가를 받은 사람이 단독 또는 교관과 동승하여 비행한 시간
2. 자가용 조종사 자격증명을 받은 사람이 사업용 조종사 자격증명시험에 응시하는 경우(사업용 조종사 또는 부조종사 자격증명을 받은 사람이 운송용 조종사 자격증명시험에 응시하는 경우를 포함한다) : 다음 각 목의 시간을 합산한 시간
   가. 단독 또는 교관과 동승하여 비행하거나 기장으로서 비행한 시간
   나. 비행교범에 따라 항공기 운항을 위하여 2명 이상의 조종사가 필요한 항공기의 기장 외의 조종사로서 비행한 시간
   다. 기장 외의 조종사로서 기장의 지휘·감독 하에 기장의 임무를 수행한 경우 그 비행시간. 다만, 한 사람이 조종할 수 있는 항공기에 기장 외의 조종사가 탑승하여 비행하는 경우 그 기장 외의 조종사에 대해서는 그 비행시간의 2분의 1
3. 항공사 또는 항공기관사 자격증명시험에 응시하는 경우 : 별표 4에서 정한 실제 항공기에 탑승하여 해당 항공사 또는 항공기관사에 준하는 업무를 수행한 경우 그 비행시간 제79조(항공기의 지정) 법 제36조제3항제1호에서 "국토교통부령으로 정하는 항공기"란 중급활공기 또는 초급활공기를 말한다.

제79조(항공기의 지정) 법 제36조제3항제1호에서 "국토교통부령으로 정하는 항공기"란 중급활공기 또는 초급활공기를 말한다.

제80조(시험비행 등의 허가) 법 제36조제3항제2호에 따라 시험비행 등을 하려는 사람은 별지 제25호서식의 시험비행 등의 허가신청서를 지방항공청장에게 제출하여야 한다.

제81조(자격증명의 한정) ① 국토교통부장관은 법 제37조제1항제1호에 따라 항공기의 종류·등급 또는 형식을 한정하는 경우에는 자격증명을 받으려는 사람이 실기시험에 사용하는 항공기의 종류·등급 또는 형식으로 한정하여야 한다.

② 제1항에 따라 한정하는 항공기의 종류는 비행기, 헬리콥터, 비행선, 활공기 및 항공우주선으로 구분한다.

③ 제1항에 따라 한정하는 항공기의 등급은 다음 각 호와 같이 구분한다. 다만, 활공기의 경우에는 상급(활공기가 특수 또는 상급활공기인 경우) 및 중급(활공기가 중급 또는 초급활공기인 경우)으로 구분한다.

1. 육상 항공기의 경우 : 육상단발 및 육상다발
2. 수상 항공기의 경우 : 수상단발 및 수상다발

④ 제1항에 따라 한정하는 항공기의 형식은 다음 각 호와 같이 구분한다.

1. 조종사 자격증명의 경우에는 다음 각 목의 어느 하나에 해당하는 형식의 항공기
   가. 비행교범에 2명 이상의 조종사가 필요한 것으로 되어 있는 항공기
   나. 가목 외에 국토교통부장관이 지정하는 형식의 항공기

2. 항공기관사 자격증명의 경우에는 모든 형식의 항공기

⑤ 국토교통부장관이 법 제37조제1항제2호에 따라 항공정비사의 자격증명을 한정하는 항공기의 종류는 제2항과 같다.

⑥ 국토교통부장관이 법 제37조제1항제2호에 따라 항공정비사의 자격증명을 한정하는 정비분야 범위는 다음 각 호와 같다.

1. 기체(機體) 관련 분야
2. 왕복발동기 관련 분야
3. 터빈발동기 관련 분야
4. 프로펠러 관련 분야
5. 전자ㆍ전기ㆍ계기 관련 분야

제82조(시험과목 및 시험방법) ① 자격증명시험 또는 한정심사의 학과시험 및 실기시험의 과목과 범위는 별표 5와 같다.

② 제1항에 따른 실기시험의 항목 중 항공기 또는 모의비행장치로 실기시험을 실시할 필요가 없다고 국토교통부장관이 인정하는 항목에 대해서는 구술로 실기시험을 실시하게 할 수 있다.

③ 운송용 조종사의 실기시험에 사용하는 비행기의 발동기는 2개 이상이어야 한다.

[별표 5]
자격증명시험 및 한정심사의 과목 및 범위(제82조제1항 관련)

1. 항공종사자
   가. 학과시험의 과목 및 범위
      1) 자격증명시험

자격증명의 종류	자격증명의 한정을 하려는 항공기의 종류ㆍ등급 또는 업무의 종류	과목	범위
운송용 조종사	비행기ㆍ헬리콥터(헬리콥터 자격증명의 학과시험의 경우 계기비행에 관한 범위는 제외한다)	항공법규	가. 국내항공법규 나. 국제항공법규
		공중항법	가. 지문항법ㆍ추측항법ㆍ무선항법 나. 천측항법의 일반지식 다. 항법용 계측기의 원리ㆍ제원ㆍ기능과 사용방법 라. 항행안전시설의 제원ㆍ기능과 이용방법 마. 항공도의 해독과 사용방법 바. 항공기 조난 시의 비행방법 사. 운송용 조종사와 관련된 인적요소에 관한 일반지식
		항공기상	가. 천기도 및 항공기상통보의 해독방법 나. 항공기상관측에 관한 지식 다. 구름과 전선에 관한 지식 라. 상층운의 관측과 예보에 관한 지식 마. 그 밖에 운항에 영향을 주는 기상에 관한 지식
		비행이론	가. 비행에 관한 이론 및 지식 나. 중량배분의 일반지식 다. 항공기의 구조와 기능에 관한 지식 라. 항공기용 프로펠러와 발동기에 관한 일반지식 마. 항공기 계기와 그 밖의 장비품에 관한 일반지식
		항공교통ㆍ통신ㆍ정보업무	가. 항공교통 관제업무의 일반지식 나. 조난ㆍ비상ㆍ긴급통신방법 및 절차 다. 항공통신에 관한 일반지식 라. 항공정보업무

항공안전법 시행규칙			

		항공법규	해당 업무에 필요한 항공법규
사업용 조종사	비행기 · 헬리콥터 · 비행선	공중항법	가. 지문항법과 추측항법에 관한 지식 나. 무선항법에 관한 일반지식 다. 항법용 계측기 사용방법 라. 항행안전시설의 이용방법 마. 항공도의 해독 바. 항공기 조난 시의 비행방법 사. 사업용 조종사와 관련된 인적 요소에 관한 일반지식
		항공기상	가. 항공기상통보와 기상도의 해독 나. 기상통보 방식 다. 구름의 분류와 운형(雲形)에 관한 지식 라. 그 밖에 운항에 영향을 주는 기상에 관한 일반지식
		비행이론	가. 비행이론의 일반지식 나. 중량배분의 기초지식 다. 항공기의 구조와 기능에 관한 일반지식
		항공교통 · 통신 · 정보업무	가. 공지통신의 일반지식 나. 조난 · 비상 · 긴급통신방법 및 절차 다. 항공정보업무 라. 비행계획에 관한 지식
	활공기	항공법규	해당 업무에 필요한 항공법규
		비행이론	가. 비행이론에 관한 일반지식 나. 활공기의 취급법과 운항제한에 관한 지식 다. 활공기에 사용되는 계측기의 지식 라. 항공도의 이용방법 마. 활공비행에 관련된 기상에 관한 지식
자가용 조종사	비행기 · 헬리콥터 · 비행선	항공법규	해당 업무에 필요한 항공법규
		공중항법	가. 지문항법과 추측항법에 관한 지식 나. 항법용 계측기 사용방법 다. 항행안전시설의 이용방법 라. 항공도의 해독 마. 항공기 조난 시의 비행방법 바. 자가용 조종사와 관련된 인적요소에 관한 일반지식
		항공기상	가. 항공기상의 기초지식 나. 항공기상통보와 기상도의 해독
		비행이론	가. 비행의 기초원리 나. 항공기구조와 기능에 관한 기초지식
		항공교통 · 통신 · 정보업무	가. 공지통신의 기초지식 나. 조난 · 비상 · 긴급통신방법 및 절차 다. 항공정보업무 라. 비행계획에 관한 지식
	활공기	항공법규	해당 업무에 필요한 항공법규
		공중항법	가. 비행이론에 관한 일반지식 　　(상급활공기와 특수 활공기만 해당한다) 나. 활공기의 취급법과 운항제한에 관한 지식 다. 활공비행에 관한 기상의 개요 　　(상급활공기와 특수 활공기만 해당한다)

항공안전법 시행규칙

부조종사	비행기	항공법규	가. 국내 항공법규 나. 국제 항공법규
항공사		항공법규	해당 업무에 필요한 항공법규
		공중항법	가. 지문항법 · 추측항법 · 무선항법 나. 천측항법에 관한 일반지식 다. 항법용 계측기의 원리와 사용방법 라. 항행안전시설의 제원 마. 항공도 해독 및 이용방법 바. 항공사와 관련된 인적요소에 관한 일반지식
		항공기상	가. 항공기상통보와 천기도 해독 나. 기상통보 방식 다. 항공기상 관측에 관한 지식 라. 구름과 전선에 관한 지식 라. 그 밖에 비행에 영향을 주는 기상에 관한 지식
		항공교통 · 통신 · 정보업무	가. 항공교통 관제업무의 일반지식 나. 항공교통에 관한 일반지식 다. 조난 · 비상 · 긴급통신방법 및 절차 라. 항공정보업무
항공기관사		항공법규	해당 업무에 필요한 항공법규
		항공역학	가. 항공역학의 이론과 항공기의 중심위치의 계산에 필요한 지식 나. 항공기관사와 관련한 인적요소에 관한 일반지식
		항공기체	항공기의 기체의 강도 · 구조 · 성능과 정비에 관한 지식
		항공발동기	항공기용 발동기와 계통 및 구조 · 성능 · 정비에 관한 지식과 항공기 연료 · 윤활유에 관한 지식
		항공장비	항공기 장비품의 구조 · 성능과 정비에 관한 지식
		항공기제어	비행 중에 필요한 동력장치와 장비품의 제어에 관한 지식
항공교통 관제사		항공법규	해당 업무에 필요한 항공법규
		항행안전시설	가. 항행안전시설의 제원 · 성능 및 이용방법 나. 항공도의 해독 다. 항법의 일반지식 라. 항법용 계측기의 원리와 사용방법 마. 항공교통관제사와 관련된 인적 요소에 관한 일반지식
		항공기상	가. 항공기상통보의 해독과 이용방법 나. 항공기상관측의 일반지식 다. 그 밖에 항공교통관제에 필요한 기상에 관한 지식
		항공교통 · 통신 · 정보업무	가. 항공교통업무용 통신에 관한 일반지식 나. 조난 · 비상 · 긴급통신방법 및 절차 다. 항공정보업무와 비행계획에 관한 지식
		관제일반	가. 항공로관제절차 나. 접근관제절차 다. 레이더관제절차 라. 비행장관제절차

항공안전법 시행규칙

항공정비사	비행기 · 헬리콥터 · 비행선	항공법규	해당 업무에 필요한 항공법규
		정비일반	가. 항공역학의 이론과 항공기의 중심위치의 계산 등에 관한 지식 나. 항공정비분야와 관련된 인적수행능력에 관한 지식(위협 및 오류 관리에 관한 원리를 포함한다)
		항공기체	항공기체(헬리콥터의 경우 회전익을 포함한다)의 강도 · 구조 · 성능과 정비에 관한 지식
		항공발동기	항공기용 동력장치의 구조 · 성능 · 정비에 관한 지식과 항공기 연료 · 윤활유에 관한 지식
		전자 · 전기 · 계기	항공기 장비품의 구조 · 성능 · 정비 및 전자 · 전기 · 계기에 관한 지식
	활공기	항공법규	해당 업무에 필요한 항공법규
		정비일반	가. 항공역학의 이론과 항공기의 중심위치의 계산 등에 관한 지식 나. 항공정비분야와 관련된 인적수행능력에 관한 지식(위협 및 오류 관리에 관한 원리를 포함한다)
		활공기체	활공기의 기체와 장비품(예항장치의 착탈장치를 포함한다)의 강도 · 성능 · 정비와 개조에 관한 지식
	기체 관련 분야	항공법규	해당 업무에 필요한 항공법규
		정비일반	가. 항공역학의 이론과 항공기의 중심위치의 계산 등에 관한 지식 나. 항공정비분야와 관련된 인적수행능력에 관한 지식(위협 및 오류 관리에 관한 원리를 포함한다)
		항공기체	항공기체(회전익을 포함한다)의 강도 · 구조 · 성능 · 정비와 개조에 관한 지식
	왕복발동기 관련 분야	항공법규	해당 업무에 필요한 항공법규
		정비일반	가. 항공역학의 이론과 항공기의 중심위치의 계산 등에 관한 지식 나. 항공정비분야와 관련된 인적수행능력에 관한 지식(위협 및 오류 관리에 관한 원리를 포함한다)
		왕복발동기	항공기용 왕복발동기와 장비품의 구조 · 성능시험 · 정비와 개조에 관한 지식, 항공기 연료와 윤활유에 관한 지식
	터빈발동기 관련분야	항공법규	해당 업무에 필요한 항공법규
		정비일반	가. 항공역학의 이론과 항공기의 중심위치의 계산 등에 관한 지식 나. 항공정비분야와 관련된 인적수행능력에 관한 지식(위협 및 오류 관리에 관한 원리를 포함한다)
		터빈발동기	항공기용 터빈발동기와 장비품의 구조 · 성능시험 · 정비와 개조에 관한 지식, 항공기 연료와 윤활유에 관한지식
	프로펠러 관련 분야	항공법규	해당 업무에 필요한 항공법규
		정비일반	가. 항공역학의 이론과 항공기의 중심위치의 계산 등에 관한 지식 나. 항공정비분야와 관련된 인적수행능력에 관한 지식(위협 및 오류 관리에 관한 원리를 포함한다)
		프로펠러	프로펠러와 프로펠러 조종기의 구조 · 성능시험 · 정비와 개조에 관한 지식
	전자 · 전기 · 계기 관련 분야	항공법규	해당 업무에 필요한 항공법규
		정비일반	가. 항공역학의 이론과 항공기의 중심위치의 계산 등에 관한 지식 나. 항공정비분야와 관련된 인적수행능력에 관한 지식(위협 및 오류 관리에 관한 원리를 포함한다)

		항공기전자 · 전기 · 계기	항공기용 전자 · 전기 · 계기의 구조 · 성능시험 · 정비와 개조에 관한 지식
운항관리사		항공법규	가. 국내 항공법규 나. 국제 항공법규
		항공기	가. 항공운송사업에 사용되는 항공기의 구조 및 성능에 관한 지식 나. 항공운송사업에 사용되는 항공기 연료 소비에 관한 지식 다. 중량분포의 기술원칙 라. 중량배분이 항공기 운항에 미치는 영향
		항행안전시설	가. 항행안전시설의 제원 및 기능에 관한 지식 나. 항행안전시설의 사용방법 다. 운항 상의 운용방법 라. 공중항법에 관한 일반지식 마. 운항관리 분야와 관련된 인적수행능력에 관한 지식(위협 및 오류 관리에 관한 원리를 포함한다)
		항공통신	가. 항공통신시설의 개요, 통신조작과 시설의 운용방법 및 절차 나. 항공교통관제업무의 일반지식 다. 항공통신 및 항공정보에 관한 지식 라. 조난 · 비상 · 긴급통신방법 및 절차
		항공기상	가. 풍계기류의 요란, 구름, 착빙, 공전 및 안개 등 항공기의 운항에 영향을 미치는 기상현상에 관한 지식 나. 기상관측의 방법 다. 기상통보 및 일기도 해독에 관한 지식

2) 한정심사

자격별	한정을 받으려는 내용	과목	범위
조종사	항공기 종류 · 등급의 한정	없음	없음
	항공기 형식의 한정	해당 형식의 항공기 비행교범	해당 형식의 항공기 조종업무 또는 항공기관사 업무에 필요한 지식
	계기비행증명 (비행기 · 헬리콥터)	계기비행	가. 계기비행 등에 관한 항공법규 나. 추측항법과 무선항법 다. 항공기용 계측기(개요) 라. 항공기상(개요) 마. 항공기상통보 바. 계기비행 등의 비행계획 사. 항공통신에 관한 일반지식 아. 계기비행 등에 관련된 인적요소에 관한 일반지식
	계기비행증명 (종류 변경 시)	없음	없음
	초급 조종교육증명 (비행기 · 헬리콥터 · 활공기 · 비행선)	조종교육	가. 조종교육에 관한 항공법규 나. 조종교육의 실시요령 다. 위험 · 사고의 방지요령 라. 구급법 마. 조종교육에 관련된 인적요소에 관한 일반지식 바. 비행에 관한 전문지식
	선임 조종교육증명 (비행기 · 헬리콥터 · 활공기 · 비행선)	없음	없음
	조종교육증명 (종류 변경 시)	없음	없음
항공기관사	항공기 종류 · 등급의 한정	없음	없음
	항공기 형식의 한정	해당 형식의 항공기 비행교범	해당 형식의 항공기 조종업무 또는 항공기관사 업무에 필요한 지식
항공정비사	항공기 종류의 한정	1. 다른 항공기 종류 한정을 받은 경우에는 없음 2. 정비업무 범위의 한정을 받은 경우에는 항공기 체, 발동기, 전자 · 전기 · 계기의 내용을 포함한 과목	없음 가목(자격증명시험)에서 정한 범위와 같음(기체, 왕복발동기, 터빈발동기, 프로펠러, 전자 · 전기 · 계기분야)
	정비업무 범위의 한정	1. 항공기 종류 한정을 받은 경우에는 없음 2. 다른 정비업무 범위 한정을 받은 경우에는 해당 정비 업무 관련 과목	없음 가목(자격증명시험)에서 정한 범위와 같음(기체, 왕복발동기, 터빈발동기, 프로펠러, 전자 · 전기 · 계기분야)

나. 실기시험의 범위
1) 자격증명시험

자격증명의 종류	자격증명의 한정을 하려는 항공기의 종류·등급 또는 업무의 종류	실시범위
운송용 조종사 사업용 조종사 부조종사 자가용 조종사	비행기·헬리콥터(헬리콥터 자격증명 실기시험의 경우 계기비행에 관한 범위는 제외한다)·비행선	가. 조종기술 나. 계기비행절차(경량항공기 조종사, 자가용 조종사 및 사업용 조종사의 경우는 제외한다) 다. 무선기기 취급법 라. 공지통신 연락 마. 항법기술 바. 해당 자격의 수행에 필요한 기술
사업용 조종사	활공기	가. 조종기술 나. 해당 자격의 수행에 필요한 기술
자가용 조종사	상급활공기 중급활공기	가. 조종기술 나. 해당 자격의 수행에 필요한 기술
항공사		가. 추측항법 나. 무선항법 다. 천측항법 라. 해당 자격의 수행에 필요한 기술
항공기관사		가. 기체동력장치나 그 밖의 장비품의 취급과 검사의 방법 나. 항공기 탑재중량의 배분과 중심위치의 계산 다. 기상조건 또는 운항계획에 의한 발동기의 출력의 제어와 연료 소비량의 계산 라. 항공기의 고장 또는 1개 이상의 발동기의 부분적 고장의 경우에 하여야 할 처리 마. 해당 자격의 수행에 필요한 기술
항공교통관제사		가. 항공교통관제 분야와 관련된 인적 수행능력(위협 및 오류관리능력을 포함한다) 및 항공교통관제에 필요한 기술 나. 항공교통관제에 필요한 일반영어 및 표준관제영어
항공정비사	비행기·헬리콥터·비행선	가. 기체동력장치나 그 밖에 장비품의 취급·정비와 검사방법 나. 항공기 탑재중량의 배분과 중심위치의 계산 다. 해당 자격의 수행에 필요한 기술
	활공기	가. 기체장비품(예항줄과 착탈장치를 포함한다)의 취급·정비·개조 및 검사방법 나. 활공기 탑재중량의 배분과 중심위치의 계산 다. 해당 자격의 수행에 필요한 기술
	기체 관련 분야	가. 기체 관계 장비품의 취급·정비·개조와 검사방법 나. 해당 자격의 수행에 필요한 기술
	왕복발동기 관련 분야	가. 왕복발동기 및 장비품의 취급·정비·개조와 검사방법 나. 해당 자격의 수행에 필요한 기술
	터빈발동기 관련 분야	가. 터빈발동기 및 장비품의 취급·정비·개조와 검사방법 나. 해당 자격의 수행에 필요한 기술
	프로펠러 관련 분야	가. 프로펠러에 관한 장비품의 취급·정비·개조와 검사방법 나. 해당 자격의 수행에 필요한 기술
	전자·전기·계기 관련 분야	가. 전자·전기·계기의 취급·정비·개조와 검사방법 나. 해당 자격의 수행에 필요한 기술

항공안전법 시행규칙

자격증명의 종류	자격증명의 한정을 하려는 항공기의 종류 · 등급 또는 업무의 종류	실시범위
운항관리사		가. 실기시험(실습 및 구술시험 병행) : 일기도의 해독, 항공정보의 수집 · 분석, 비행계획의 작성, 운항 전 브리핑 등의 작업을 하게 하여 운항관리 업무에 필요한 실무적인 능력 확인 나. 구술시험 : 운항관리 업무에 필요한 전반적인 지식 확인 1) 항공 전반의 일반지식 2) 항공기 성능 · 운용한계 등 3) 운항에 필요한 정보 등의 수집 및 분석 4) 악천후의 기상 상태 및 비정상상태, 긴급상태 등의 대응 5) 운항감시(Flight Monitoring) 6) 운항관리 분야와 관련된 인적수행능력(위협 및 오류 관리능력을 포함한다)

2) 한정심사

자격증명의 종류	자격증명의 한정을 받으려는 내용	범위
항공기관사	항공기 종류 · 등급의 한정	해당 항공기의 종류 · 등급에 맞는 조종업무 또는 항공기관사에게 필요한 기술
	항공기 형식의 한정	해당 항공기 형식에 맞는 조종업무 또는 항공기관사에게 필요한 기술
조종사	항공기 종류 · 등급의 한정	해당 항공기의 종류 · 등급에 맞는 조종업무 또는 항공기관사에게 필요한 기술
	항공기 형식의 한정	해당 항공기 형식에 맞는 조종업무 또는 항공기관사에게 필요한 기술
	계기비행증명 (비행기 · 헬리콥터)	가. 운항에 필요한 지식 나. 비행 전 작업 다. 기본적인 계기비행 라. 공중조작 및 형식 특성에 맞는 비행 마. 다음의 계기비행 1) 이륙 시의 계기비행 2) 표준계기 출발방식 및 계기착륙 3) 체공방식 4) 계기접근방식 5) 복행방식 6) 계기접근 · 착륙 바. 계기비행방식의 야외비행 사. 비상시 및 긴급 시의 조작 아. 항공교통관제기관과의 연락 자. 종합능력
	초급 조종교육증명 (비행기 · 헬리콥터 · 활공기 · 비행선)	가. 조종기술 나. 비행 전후 지상에서의 조종기술과 관련된 교육요령 다. 항공기에 탑승한 조종연습생에 대한 지상에서의 조종감독요령 라. 항공기 탑승 시의 조종교육요령
	선임 조종교육증명 (비행기 · 헬리콥터 · 활공기 · 비행선)	가. 조종기술 나. 비행 전후 지상에서의 조종기술과 관련된 교육요령 다. 항공기에 탑승한 조종연습생에 대한 지상에서의 조종감독요령 라. 항공기 탑승 시의 조종교육요령 마. 초급 조종교육증명을 받은 사람에 대한 지도요령
항공정비사	항공기 종류의 한정	해당 종류에 맞는 항공기 정비업무에 필요한 기술
	정비업무 범위의 한정	해당 정비업무 범위에 필요한 기술

2. 경량항공기 조종사 자격증명시험
  가. 학과시험의 과목 및 범위
    1) 자격증명시험

자격증명의 종류	자격증명의 한정을 하려는 경량항공기 종류	과목	범위
경량 항공기 조종사	타면조종형비행기 · 체중이동형비행기 · 경량 헬리콥터 · 자이로플레인 · 동력 패러슈트	항공법규	해당 업무에 필요한 항공법규
		항공기상	가. 항공기상의 기초지식 나. 항공기상 통보와 기상도의 해독
		비행이론	가. 비행의 기초 원리 나. 경량항공기 구조와 기능에 관한 기초지식
		항공교통 및 항법	가. 공지통신의 기초지식 나. 조난 · 비상 · 긴급통신방법 및 절차 다. 항공정보업무 라. 지문항법 · 추측항법 · 무선항법

    2) 한정심사

자격증명의 종류	한정을 받으려는 내용	과목	범위
경량항공기 조종사	조종교육증명(타면조종형비행기 · 체중이동형비행기 · 경량헬리콥터 · 자이로플레인 · 동력 패러슈트)	조종교육	가. 조종교육에 관한 항공법규 나. 조종교육의 실시요령 다. 위험 · 사고의 방지요령 라. 구급법 마. 조종교육에 관련된 인적요소에 관한 사항 바. 비행에 관한 전문지식
	조종교육증명(종류 변경 시)	없음	없음

  나. 실기시험의 범위
    1) 자격증명시험

자격증명의 종류	자격증명의 한정을 하려는 경량항공기 종류	실시범위
경량항공기 조종사	타면조종형비행기 · 체중이동형비행기 · 경량 헬리콥터 · 자이로플레인 · 동력 패러슈트	가. 조종기술 나. 무선기기 취급법 다. 공지통신 연락 라. 항법기술 마. 해당 자격의 수행에 필요한 기술

    2) 한정심사

자격증명의 종류	자격증명의 한정을 받으려는 내용	범위
경량항공기 조종사	조종교육증명(타면조종형비행기 · 체중이동형비행기 · 경량헬리콥터 · 자이로플레인 · 동력 패러슈트)	가. 조종기술 나. 비행 전 · 후 지상에서의 조종기술과 관련된 교육요령 다. 경량항공기에 탑승한 조종연습생에 대한 지상에서의 조종 감독요령 라. 경량항공기 탑승 시의 조종교육요령

제83조(시험 및 심사 결과의 통보 등) ① 교통안전공단의 이사장은 자격증명시험 또는 한정심사의 학과시험 및 실기시험을 실시한 경우에는 각각 합격 여부 등 그 결과를 해당 시험에 응시한 사람에게 통보하여야 한다.
  ② 교통안전공단의 이사장은 자격증명시험 또는 한정심사를 실시한 경우에는 항공종사자 자격증명별로 학과시험 및 실기시험 합격자 현황을 국토교통부장관에게 보고하여야 한다.

제84조(시험 및 심사의 실시에 관한 세부 사항) ① 교통안전공단의 이사장은 자격증명시험 및 한정심사를 실시하려는 경우에는 매년 말까지 자격증명시험 및 한정심사의 학과시험 및 실기시험의 일정(전용 전산망과 연결된 컴퓨터를 이용하여 수시로 시행하는 자격증명시험 및 한정심사의 학과시험의 일정은 제외한다), 응시자격 및 응시과목 등을 포함한 다음 연도의 계획을 공고하여야 한다.

② 이 규칙에서 정한 사항 외에 자격증명시험 및 한정심사에 관하여 필요한 사항은 국토교통부장관이 정하여 고시한다.

제85조(과목합격의 유효) 자격증명시험 또는 한정심사의 학과시험의 일부 과목 또는 전 과목에 합격한 사람이 같은 종류의 항공기에 대하여 자격증명시험 또는 한정심사에 응시하는 경우에는 제83조제1항에 따른 통보가 있는 날(전 과목을 합격한 경우에는 최종 과목의 합격 통보가 있는 날)부터 2년 이내에 실시(자격증명시험 또는 한정심사 접수 마감일을 기준으로 한다)하는 자격증명시험 또는 한정심사에서 그 합격을 유효한 것으로 한다.

제86조(자격증명을 받은 사람의 학과시험 면제) 자격증명을 받은 사람이 다른 자격증명을 받기 위하여 자격증명시험에 응시하는 경우에는 별표 6에 따라 응시하려는 학과시험의 일부를 면제한다.

[별표 6]

자격증명을 가진 사람의 학과시험 면제기준(제86조제2항 관련)

응시자격	소지하고 있는 자격증명	학과시험 면제과목
사업용 조종사	항공기관사	비행이론
	항공교통관제사	항공기상
	운항관리사	항공기상
자가용 조종사	항공기관사	비행이론
	운항관리사	공중항법, 항공기상
	항공교통관제사	항공기상
항공기관사	운송용 조종사	항공역학
	사업용 조종사	항공역학
	항공정비사(종류 한정만 해당한다)	항공역학, 항공장비, 항공발동기, 항공기체
항공교통 관제사	운송용 조종사	항공기상
	사업용 조종사	항공기상
	자가용 조종사	항공기상
	운항관리사	항행안전시설, 항공기상
항공정비사 (종류 한정만 해당한다)	항공기관사	항공역학, 항공기체, 항공발동기, 전자 · 전기 · 계기
운항관리사	운송용 조종사	항행안전시설, 항공기, 항공통신
	사업용 조종사	항행안전시설, 항공기, 항공통신
경량항공기 조종사	운송용 조종사	항공기상, 항공교통 및 항법, 항공법규, 비행이론
	사업용 조종사	
	자가용 조종사	
	항공교통관제사	항공기상, 항공교통 및 항법
	운항관리사	항공기상, 항공교통 및 항법

제87조(항공종사자 자격증명서의 발급 및 재발급 등) ① 교통안전공단의 이사장은 자격증명시험 또는 한정심사의 학과시험 및 실시시험의 전 과목을 합격한 사람이 별지 제37호서식의 자격증명서 (재)발급신청서(전자문서로 된 신청서를 포함한다)를 제출한 경우 별지 제38호서식의 항공종사자 자격증명서를 발급하여야 한다. 다만, 법 제35조제1호부터 제7호까지의 자격증명의 경우에는 법 제40조에 따른 항공신체검사증명서를 제출받아 이를 확인한 후 자격증명서를 발급하여야 한다.

② 항공종사자 자격증명서를 발급받은 사람은 항공종사자 자격증명서를 잃어버리거나 자격증명서가 헐어 못 쓰게 된 경우 또는 그 기재사항을 변경하려는 경우에는 별지 제37호서식의 자격증명서 (재)발급신청서(전자문서로 된 신청서를 포함한다)를 교통안전공단의 이사장에게 제출하여야 한다.

③ 제2항에 따라 재발급 신청을 받은 교통안전공단의 이사장은 그 신청 사유가 적합하다고 인정되면 별지 제38호서식의 항공종사자 자격증명서를 재발급하여야 한다.

④ 교통안전공단의 이사장은 제1항 및 제3항에 따라 항공종사자 자격증명서를 발급 또는 재발급한 경우에는 별지 제39호서식의 항공종사자 자격증명서 발급대장을 작성하여 갖춰 두거나, 컴퓨터 등 전산정보처리장치에 별지 제39호서식의 항공종사자 자격증명서 발급대장의 내용을 작성·보관하고 이를 관리하여야 한다.

⑤ 교통안전공단의 이사장은 제88조제1항 제1호 각 목의 어느 하나에 해당하는 사람에 대해서는 외국정부로부터 받은 자격증명(제75조 또는 「국제민간항공협약」 부속서 1에서 정한 해당 자격증명별 응시경력에 적합하여야 한다. 이하 같다)을 자격증명으로 인정한다. 이 경우 그 유효기간은 1년의 범위에서 해당 외국정부로부터 받은 자격증명 유효기간의 남은 기간으로 하되, 1년의 범위에서 한 번만 유효기간을 연장할 수 있다.

⑥ 교통안전공단의 이사장은 제1항 또는 제3항에 따라 자격증명서를 발급받은 사람으로부터 별지 제40호서식의 자격증명서 유효성 확인 신청서(전자문서로 된 신청서를 포함한다)를 접수받은 경우 그 해당 자격증명서의 유효성을 확인한 후 별지 제41호서식의 자격증명서 유효성 확인 증명서를 발급하여야 한다.

제88조(자격증명시험의 면제) ① 법 제38조제3항제1호에 따라 외국정부로부터 자격증명(임시 자격증명을 포함한다)을 받은 사람에게는 다음 각 호의 구분에 따라 자격증명시험의 일부 또는 전부를 면제한다.

1. 다음 각 목의 어느 하나에 해당하는 항공업무를 일시적으로 수행하려는 사람으로서 해당 자격증명시험에 응시하는 경우 : 학과시험 및 실기시험의 면제
   가. 새로운 형식의 항공기 또는 장비를 도입하여 시험비행 또는 훈련을 실시할 경우의 교관요원 또는 운용요원
   나. 대한민국에 등록된 항공기 또는 장비를 이용하여 교육훈련을 받으려는 사람
   다. 대한민국에 등록된 항공기를 수출하거나 수입하는 경우 국외 또는 국내로 승객·화물을 싣지 아니하고 비행하려는 조종사

2. 일시적인 조종사의 부족을 충원하기 위하여 채용된 외국인 조종사로서 해당 자격증명시험에 응시하는 경우 : 학과시험(항공법규는 제외한다)의 면제

3. 모의비행장치 교관요원으로 종사하려는 사람으로서 해당 자격증명시험에 응시하는 경우 : 학과시험(항공법규는 제외한다)의 면제

4. 제1호부터 제3호까지의 규정 외의 경우로서 해당 자격증명시험에 응시하는 경우 : 학과시험(항공법규는 제외한다)의 면제

② 법 제38조제3항제2호 또는 제3호에 해당하는 사람이 해당 자격증명시험에 응시하는 경우에는 별표 7 제1호에 따라 실기시험의 일부를 면제한다.

③ 제75조에 따른 응시자격을 갖춘 사람으로서 법 제38조제3항제4호에 따라 「국가기술자격법」에 따른 항공기술사·항공정비기능장·항공기사 또는 항공산업기사의 자격을 가진 사람에 대해서는 다음 각 호의 구분에 따라 시험을 면제한다.

1. 항공기술사 자격을 가진 사람이 항공정비사 종류별 자격증명시험에 응시하는 경우 : 학과시험(항공법규는 제외한다)의 면제

2. 항공정비기능장 또는 항공기사자격을 가진 사람(해당 자격 취득 후 항공기 정비업무에 1년 이상 종사한 경력이 있는 사람만 해당한다)이 항공정비사 종류별 자격증명시험에 응시하는 경우 : 학과시험(항공법규는 제외한다)의 면제

3. 항공산업기사 자격을 가진 사람(해당 자격 취득 후 항공기 정비업무에 2년 이상 종사한 경력이 있는 사람만 해당한다)이
   항공정비사 종류별 자격증명시험에 응시하는 경우 : 학과시험(항공법규는 제외한다)의 면제

[별표 7]
자격증명시험 및 한정심사의 일부 면제(제88조제2항 및 제89조제3항 관련)
1. 자격증명시험

자격증명의 종류	면제 대상	일부면제 범위
가. 운송용 조종사	1) 사업용 조종사로서 계기비행증명 및 형식에 대한 한정자격증명을 받은 사람 2) 부조종사 자격증명을 받은 사람	실기시험 중 구술시험만 실시
나. 사업용 조종사	1) 비행경력이 1,500시간 이상인 사람 2) 국토교통부장관이 지정한 전문교육기관에서 사업용 조종사에게 필요한 과정을 이수한 사람	
다. 자가용 조종사	1) 비행경력이 300시간 이상인 사람 2) 국토교통부장관이 지정한 전문교육기관에서 자가용 조종사에게 필요한 과정을 이수한 사람	
라. 항공기관사	1) 항공기관사를 필요로 하는 항공기의 탑승실무경력이 300시간 이상인 사람 2) 국토교통부장관이 지정한 전문교육기관에서 항공기관사에게 필요한 과정을 이수한 사람	
마. 항공교통관제사	1) 5년 이상 항공교통관제에 관한 실무경력이 있는 사람 2) 국토교통부장관이 지정한 전문교육기관에서 항공교통관제사에게 필요한 과정을 이수한 사람	
바. 항공정비사	1) 해당 종류 또는 정비업무 범위와 관련하여 5년 이상의 정비 실무경력이 있는 사람 2) 국토교통부장관이 지정한 전문교육기관에서 항공정비사에게 필요한 과정을 이수한 사람	
사. 운항관리사	1) 5년 이상 운항관리에 관한 실무경력이 있는 사람 2) 국토교통부장관이 지정한 전문교육기관에서 운항관리사에게 필요한 과정을 이수한 사람	
아. 경량항공기 조종사	1) 국토교통부장관이 지정한 전문교육기관에서 경량항공기조종사에게 필요한 과정을 이수한 사람	학과시험 중 항공법규만 실시

2. 한정심사

자격증명의 종류		면제 대상	일부면제 범위
조종사	종류추가	해당 종류의 비행경력이 1,500시간 이상인 사람	실기시험 중 구술시험만 실시
	등급추가	해당 등급의 비행경력이 1,500시간 이상인 사람	
	형식추가	해당 형식의 비행시간이 200시간 이상인 사람 (훈련비행시간 제외)	
항공 정비사	종류추가	해당 종류의 항공기 정비 실무경력이 5년 이상인 사람	
	정비업무 범위 추가	해당 정비업무 범위의 정비와 개조의 실무경력이 5년 이상인 사람	

제89조(한정심사의 면제) ① 법 제38조제3항제1호에 따라 외국정부로부터 자격증명의 한정(임시 자격증명의 한정을 포함한
다)을 받은 사람이 해당 한정심사에 응시하는 경우에는 학과시험과 실기시험을 면제한다.
② 법 제38조제3항제2호에 따라 국토교통부장관이 지정한 전문교육기관에서 항공기에 관한 전문교육을 이수한 조종사
또는 항공기관사가 교육 이수 후 180일 이내에 교육받은 것과 같은 형식의 항공기에 관한 한정심사에 응시하는 경우에는
국토교통부장관이 정하는 바에 따라 실기시험을 면제한다. 다만, 항공기의 소유자 등이 새로운 형식의 항공기를 도입하
는 경우 그 항공기의 조종사 또는 항공기관사에 관한 한정심사에서는 그 응시자가 외국정부가 인정한 외국의 전문교육기
관(항공기 제작사 소속 훈련기관을 포함한다)에서 항공기에 관한 전문교육을 이수한 경우에는 국토교통부장관이 정하는
바에 따라 학과시험과 실기시험을 면제한다.

항공안전법	항공안전법 시행령
제39조(모의비행장치를 이용한 자격증명 실기시험의 실시 등) ① 국토교통부장관은 항공기 대신 국토교통부장관이 지정하는 모의비행장치를 이용하여 제38조제1항에 따른 실기시험을 실시할 수 있다. ② 국토교통부장관이 지정하는 모의비행장치를 이용한 탑승경력은 제38조제2항 전단에 따른 항공기 탑승경력으로 본다. ③ 제2항에 따른 모의비행장치의 지정기준과 탑승경력의 인정 등에 필요한 사항은 국토교통부령으로 정한다. **제40조(항공신체검사증명)** ① 다음 각 호의 어느 하나에 해당하는 사람은 자격증명의 종류별로 국토교통부장관의 항공신체검사증명을 받아야 한다. 1. 운항승무원 2. 제35조제7호의 자격증명을 받고 항공교통관제 업무를 하는 사람 ② 제1항에 따른 자격증명의 종류별 항공신체검사증명의 기준, 방법, 유효기간 등에 필요한 사항은 국토교통부령으로 정한다. ③ 국토교통부장관은 제1항에 따른 자격증명의 종류별 항공신체검사증명을 받으려는 사람이 제2항에 따른 자격증명의 종류별 항공신체검사증명의 기준에 적합한 경우에는 항공신체검사증명서를 발급하여야 한다. ④ 국토교통부장관은 제1항에 따른 자격증명의 종류별 항공신체검사증명을 받으려는 사람이 제2항에 따른 자격증명의 종류별 항공신체검사증명의 기준에 일부 미달한 경우에도 국토교통부령으로 정하는 바에 따라 항공신체검사를 받은 사람의 경험 및 능력을 고려하여 필요하다고 인정하는 경우에는 해당 항공업무의 범위를 한정하여 항공신체검사증명서를 발급할 수 있다.	

③ 법 제38조제3항제3호에 따른 실무경험이 있는 사람이 한정심사에 응시하는 경우에는 별표 7 제2호에 따라 실기시험의 일부를 면제한다.

제90조(조종사 등이 받은 자격증명의 효력) ① 자가용 조종사 자격증명을 받은 사람이 같은 종류의 항공기에 대하여 부조종사 또는 사업용 조종사의 자격증명을 받은 경우에는 종전의 자가용 조종사 자격증명에 관한 항공기 형식의 한정 또는 계기비행증명에 관한 한정은 새로 받은 자격증명에도 유효하다.

② 부조종사 또는 사업용 조종사의 자격증명을 받은 사람이 같은 종류의 항공기에 대하여 운송용 조종사 자격증명을 받은 경우에는 종전의 자격증명에 관한 항공기 형식의 한정 또는 계기비행증명·조종교육증명에 관한 한정은 새로 받은 자격증명에도 유효하다.

③ 항공정비사 자격증명을 받은 사람이 비행기 한정을 받은 경우에는 활공기에 대한 한정을 함께 받은 것으로 본다.

제91조(모의비행장치의 지정기준 등) ① 법 제39조제1항에 따라 항공기 대신 이용할 수 있는 모의비행장치의 지정을 받으려는 자는 별지 제42호서식의 모의비행장치 지정신청서에 다음 각 호의 서류를 첨부하여 지방항공청장에게 제출하여야 한다.

1. 모의비행장치의 설치과정 및 개요
2. 모의비행장치의 운영규정
3. 항공기와 같은 형식의 모의비행장치 시험비행기록 비교자
4. 모의비행장치의 성능 및 점검요령
5. 모의비행장치의 관리 및 정비방법
6. 모의비행장치에 의한 훈련계획
7. 모의비행장치의 최소 운용장비 목록과 그 적용방법(항공운송사업 또는 항공기사용사업에 사용되는 항공기만 해당한다)

② 지방항공청장은 제1항에 따른 신청을 받으면 국토교통부장관이 고시하는 모의비행장치 지정기준 및 검사요령에 따라 해당 모의비행장치를 검사하여 지정기준에 적합한 경우에는 별지 제43호서식의 모의비행장치 지정서를 발급하여야 한다.

③ 모의비행장치 탑승경력의 인정은 별표 4에 따른다.

제92조(항공신체검사증명의 기준 및 유효기간 등) ① 법 제40조제1항에 따른 자격증명의 종류별 항공신체검사증명의 종류와 그 유효기간은 별표 8과 같다.

② 항공신체검사증명의 종류별 항공신체검사기준은 별표 9와 같다.

③ 법 제49조제1항에 따라 지정된 항공전문의사(이하 "항공전문의사"라 한다)는 법 제40조제4항에 따라 항공신체검사증명을 받으려는 사람이 자격증명별 항공신체검사기준에 일부 미달한 경우에도 별표 8에 따른 유효기간을 단축하여 항공신체검사증명서를 발급할 수 있다. 다만, 단축되는 유효기간은 별표 8에 따른 유효기간의 2분의 1을 초과할 수 없다.

④ 제88조제1항에 따라 자격증명시험을 면제받은 사람이 외국정부 또는 외국정부가 지정한 민간의료기관이 발급한 항공신체검사증명을 받은 경우에는 그 항공신체검사증명의 남은 유효기간까지는 법 제40조제1항에 따른 항공신체검사증명을 받은 것으로 본다.

⑤ 별표 8에 따른 제1종의 항공신체검사증명을 받은 사람은 같은 별표에 따른 제2종 및 제3종의 항공신체검사 증명을 함께 받은 것으로 본다.

⑥ 자가용 조종사 자격증명을 받은 사람이 법 제44조에 따른 계기비행증명을 받으려는 경우에는 별표 9에 따른 제1종 신체검사기준을 충족하여야 한다.

⑦ 이 규칙에서 정한 사항 외에 항공신체검사증명의 기준에 관한 세부적인 사항은 국토교통부장관이 정하여 고시한다.

[별표 8]

항공신체검사증명의 종류와 그 유효기간(제92조제1항 관련)

자격증명의 종류	항공신체검사증명의 종류	유효기간		
		40세 미만	40세 이상 50세 미만	50세 이상
운송용 조종사 사업용 조종사 (활공기 조종사는 제외한다) 부조종사	제1종	12개월. 다만, 항공운송사업에 종사하는 60세 이상인 사람과 1명의 조종사로 승객을 수송하는 항공운송사업에 종사하는 40세 이상인 사람은 6개월		
항공기관사 항공사	제2종	12개월		
자가용 조종사 사업용 활공기 조종사 조종연습생 경량항공기 조종사	제2종(경량항공기조종사의 경우에는 제2종 또는 자동차운전면허증)	60개월	24개월	12개월
항공교통관제사 항공교통관제연습생	제3종	48개월	24개월	12개월

[비고]
1. 위 표에 따른 유효기간의 시작일은 항공신체검사를 받는 날로 하며, 종료일이 매달 말일이 아닌 경우에는 그 종료일이 속하는 달의 말일에 항공신체검사증명의 유효기간이 종료하는 것으로 본다.
2. 경량항공기 조종사의 항공신체검사 유효기간은 제2종 항공신체검사증명을 보유하고 있는 경우에는 그 증명의 연령대별 유효기간으로 하며, 자동차운전면허증을 적용할 경우에는 그 자동차운전면허증의 유효기간으로 한다.

제93조(항공신체검사증명 신청 등) ① 법 제40조제1항에 따라 항공신체검사증명을 받으려는 사람은 별지 제44호 서식의 항공신체검사증명 신청서에 자기의 병력(病歷), 최근 복용 약품 및 과거에 부적합 판정을 받은 경우 그 사유와 날짜 등을 적어 항공전문의사에게 제출하여야 한다.

② 제1항에 따라 신청서를 제출받은 항공전문의사는 운항승무원 또는 항공교통관제사에 대한 항공신체검사의 결과가 별표 9의 기준에 적합하다고 인정하는 경우에는 별지 제45호서식의 항공신체검사증명서를 발급하여야 한다.

③ 항공전문의사는 제2항에 따라 항공신체검사증명서를 발급한 경우 별지 제46호서식의 항공신체검사증명서 발급대장을 작성·관리하되, 전자적 처리가 불가능한 특별한 사유가 없으면 전자적 처리가 가능한 방법으로 작성·관리하여야 한다.

④ 항공전문의사는 매월 항공신체검사증명서 발급한 결과를 다음달 5일까지 영 제26조제7항제1호에 따라 항공 신체검사증명에 관한 업무를 위탁받은 사단법인 한국항공우주의학협회(이하 "한국항공우주의학협회"라 한다)에 통지하여야 한다.

⑤ 항공전문의사는 법 제40조제4항에 따른 판단을 하는 데 필요하다고 인정하는 경우에는 한국항공우주의학협회에 자문을 할 수 있다.

제94조(항공신체검사증명의 유효기간 연장) ① 법 제40조제1항제1호에 따른 항공신체검사증명을 받은 운항승무원이 외국에 연속하여 6개월 이상 체류하면서 외국정부 또는 외국정부가 지정한 민간의료기관의 항공신체검사증명을 받은 경우에는 다음 각 호의 구분에 따른 기간을 넘지 아니하는 범위에서 외국에서 받은 해당 항공신체검사증명의 유효기간까지 그 유효기간을 연장 받을 수 있다.

1. 항공운송사업·항공기사용사업에 사용되는 항공기 및 비사업용으로 사용되는 항공기의 운항승무원은 6개월
2. 자가용 조종사는 24개월

② 제1항에 따라 항공신체검사증명의 유효기간을 연장 받으려는 사람은 별지 제47호서식의 항공신체검사증명 유효기간 연장신청서에 다음 각 호의 서류를 첨부하여 항공전문의사에게 제출하여야 한다.

1. 항공신체검사증명서

항공안전법	항공안전법 시행령
⑤ 제1항에 따른 자격증명의 종류별 항공신체검사증명 결과에 불복하는 사람은 국토교통부령으로 정하는 바에 따라 국토교통부장관에게 이의신청을 할 수 있다. ⑥ 국토교통부장관은 제5항에 따른 이의신청에 대한 결정을 한 경우에는 지체 없이 신청인에게 그 결정 내용을 알려야 한다. **제41조(항공신체검사명령)** 국토교통부장관은 특히 필요하다 인정하는 경우에는 항공신체검사증명의 유효기간이 지나지 아니한 운항승무원 및 항공교통관제사에게 제40조에 따른 항공신체검사를 받을 것을 명할 수 있다. **제42조(항공업무 등에 종사 제한)** 제40조제2항에 따른 자격증명의 종류별 항공신체검사증명의 기준에 적합하지 아니한 운항승무원 및 항공교통관제사는 종전 항공신체검사증명의 유효기간이 남아 있는 경우에도 항공업무(제46조에 따른 항공기 조종연습 및 제47조에 따른 항공교통관제연습을 포함한다)에 종사해서는 아니 된다. **제43조(자격증명 · 항공신체검사증명의 취소 등)** ① 국토교통부장관은 항공종사자가 다음 각 호의 어느 하나에 해당하는 경우에는 그 자격증명이나 자격증명의 한정(이하 이 조에서 "자격증명 등"이라 한다)을 취소하거나 1년 이내의 기간을 정하여 자격증명 등의 효력정지를 명할 수 있다. 다만, 제1호 또는 제31호에 해당하는 경우에는 해당 자격증명 등을 취소하여야 한다. 1. 거짓이나 그 밖의 부정한 방법으로 자격증명 등을 받은 경우 2. 이 법을 위반하여 벌금 이상의 형을 선고 받은 경우 3. 항공종사자로서 항공업무를 수행할 때, 고의 또는 중대한 과실로 항공기사고를 일으켜 인명피해나 재산피해를 발생시킨 경우 4. 제32조제1항 본문에 따라 정비 등을 확인하는 항공종사자가 국토교통부령으로 정하는 방법에 따라 감항성을 확인하지 아니한 경우 5. 제36조제2항을 위반하여 자격증명의 종류에 따른 업무범위 외의 업무에 종사한 경우 6. 제37조제2항을 위반하여 자격증명의 한정을 받은 항공종사자가 한정된 종류, 등급 또는 형식 외의 항공기나 한정된 정비분야 외의 항공업무에 종사한 경우 7. 제40조제1항(제46조제4항 및 제47조제4항에서 준용하는 경우를 포함한다)을 위반하여 항공신체검사증명을 받지 아니하고 항공업무(제46조에 따른 항공기 조종연습 및 제47조에 따른 항공교통관제연습을 포함한다. 이하 제8호, 제13호, 제14호 및 6호에서도 같다)에 종사한 경우 8. 제42조를 위반하여 제40조제2항에 따른 자격증명의 종류별 항공신체검사증명의 기준에 적합하지 아니한 운항승무원 및 항공교통관제사가 항공업무에 종사한 경우	

2. 외국정부 또는 외국정부가 지정한 민간의료기관이 발급한 항공신체검사증명서

③ 제2항에 따라 항공신체검사증명의 유효기간 연장신청을 받은 항공전문의사는 신청서에 첨부된 외국정부 또는 외국정부가 지정한 민간의료기관이 발급한 항공신체검사증명서를 확인한 후 그 사실이 인정되는 경우에는 유효기간을 연장하여 별지 제45호서식의 항공신체검사증명서를 발급하여야 한다.

제95조(항공신체검사증명에 대한 재심사) ① 한국항공우주의학협회는 제93조제4항에 따라 항공전문의사로부터 항공신체검사증명서의 발급 결과를 통지받은 경우에는 그 항공전문의사가 실시한 항공신체검사증명의 적합성 여부를 재심사할 수 있다.

② 한국항공우주의학협회는 제1항에 따른 재심사 결과 항공신체검사증명서가 부적합하게 발급되었다고 인정되는 경우에는 지체 없이 이를 국토교통부장관 또는 지방항공청장에게 통지하여야 한다.

제96조(이의신청 등) ① 법 제40조제5항에 따라 항공신체검사증명의 결과에 대하여 이의가 있는 사람은 그 결과를 통보받은 날부터 30일 이내에 별지 제48호서식의 항공신체검사증명 이의신청서(전자문서로 된 신청서를 포함한다)를 국토교통부장관에 제출하여야 한다.

② 국토교통부장관은 제1항에 따른 이의신청을 심사하기 위하여 다음 각 호의 사람에게 자문할 수 있다.

1. 이의신청 내용과 관련된 해당 질환 전문의
2. 항공운송 분야 비행경력이 있는 전문가

③ 국토교통부장관은 제1항에 따른 이의신청을 받으면 신청일로부터 30일 이내에 이를 심사하고 그 결과를 신청인에게 통지하여야 한다. 다만, 제2항에 따른 자문이 지연되어 이의신청에 대한 심사를 기한까지 마칠 수 없는 경우에는 그 심사기간을 30일 연장할 수 있다.

④ 제3항 단서에 따라 심사기간을 연장하는 경우에는 심사기간이 끝나기 7일 전까지 신청인에게 그 내용을 통지하여야 한다.

⑤ 그 밖에 이의신청에 관한 구체적인 사항은 국토교통부장관이 정하여 고시한다.

제97조(자격증명 · 항공신체검사증명의 취소 등) ① 법 제43조(법 제44조제4항, 제46조제4항 및 제47조제4항에서 준용하는 경우를 포함한다)에 따른 행정처분기준은 별표 10과 같다.

② 국토교통부장관 또는 지방항공청장은 제1항에 따른 처분을 한 경우에는 별지 제49호서식의 항공종사자 행정처분대장을 작성 · 관리하되, 전자적 처리가 불가능한 특별한 사유가 없으면 전자적 처리가 가능한 방법으로 작성 · 관리하고, 자격증명에 대한 처분 내용은 교통안전공단의 이사장에게 통지하고 항공신체검사증명에 대한 처분 내용은 교통안전공단 이사장 및 한국항공우주의학협회의 장에게 통지하여야 한다.

[별표 10]

항공종사자 등에 대한 행정처분기준(제97조제1항 관련)

위반행위 또는 사유	근거 법조문	처분 내용
1. 거짓이나 그 밖의 부정한 방법으로 자격증명 등을 법으로 받은 경우	법 제43조제1항제1호	자격증명 취소
2. 자격증명 등의 정지명령을 위반하여 정지 기간에 항공업무에 종사한 경우	법 제43조제1항제31호	자격증명 취소
3. 이 법을 위반하여 벌금 이상의 형을 선고 받은 경우	법 제43조제1항제2호	효력 정지 30일 이상 또는 자격증명 취소
4. 고의 또는 중대한 과실로 항공기사고를 일으켜 다음 각목의 인명피해를 발생한 경우 　가. 사망자가 발생한 경우 　나. 중상자가 발생한 경우 　다. 중상자 외의 부상자가 발생한 경우	법 제43조제1항제3호	• 효력 정지 180일 이상 또는 자격증명 취소 • 효력 정지 90일 이상 또는 자격증명 취소 • 효력 정지 30일 이상 또는 자격증명 취소

항공안전법	항공안전법 시행령
9. 제44조제1항을 위반하여 계기비행증명을 받지 아니하고 계기비행 또는 계기비행방식에 따른 비행을 한 경우 10. 제44조제2항을 위반하여 조종교육증명을 받지 아니하고 조종교육을 한 경우 11. 제45조제1항을 위반하여 항공영어구술능력증명을 받지 아니하고 같은 항 각 호의 어느 하나에 해당하는 업무에 종사한 경우 12. 제55조를 위반하여 국토교통부령으로 정하는 비행경험이 없이 같은 조 각 호의 어느 하나에 해당하는 항공기를 운항하거나 계기비행·야간비행 또는 제44조제2항에 따른 조종교육의 업무에 종사한 경우 13. 제57조제1항을 위반하여 주류 등의 영향으로 항공업무를 정상적으로 수행할 수 없는 상태에서 항공업무에 종사한 경우 14. 제57조제2항을 위반하여 항공업무에 종사하는 동안에 같은 조 제1항에 따른 주류 등을 섭취하거나 사용한 경우 15. 제57조제3항을 위반하여 같은 조 제1항에 따른 주류 등의 섭취 및 사용 여부의 측정 요구에 따르지 아니한 경우 16. 항공업무를 수행할 때, 고의 또는 중대한 과실로 항공기준사고, 항공안전장애 또는 제61조제1항에 따른 항공안전위해요인을 발생시킨 경우 17. 제62조제2항 또는 제4항부터 제6항까지에 따른 기장의 의무를 이행하지 아니한 경우 18. 제63조를 위반하여 조종사가 운항자격의 인정 또는 심사를 받지 아니하고 운항한 경우 19. 제65조제2항을 위반하여 기장이 운항관리사의 승인을 받지 아니하고 항공기를 출발시키거나 비행계획을 변경한 경우 20. 제66조를 위반하여 이륙·착륙장소가 아닌 곳에서 이륙하거나 착륙한 경우 21. 제67조제1항을 위반하여 비행규칙을 따르지 아니하고 비행한 경우 22. 제68조를 위반하여 같은 조 각 호의 어느 하나에 해당하는 비행 또는 행위를 한 경우 23. 제70조제1항을 위반하여 허가를 받지 아니하고 항공기로 위험물을 운송한 경우 24. 제76조제2항을 위반하여 항공업무를 수행한 경우 25. 제77조제2항을 위반하여 같은 조 제1항에 따른 운항기술기준을 준수하지 아니하고 비행을 하거나 업무를 수행한 경우 26. 제79조제1항을 위반하여 국토교통부장관이 정하여 공고하는 비행의 방식 및 절차에 따르지 아니하고 비관제공역(非管制空域) 또는 주의공역(注意空域)에서 비행한 경우 27. 제79조제2항을 위반하여 허가를 받지 아니하거나 국토교통부장관이 정하는 비행의 방식 및 절차에 따르지 아니하고 통제공역에서 비행한 경우	

위반행위 또는 사유	근거 법조문	처분내용
5. 고의 또는 중대한 과실로 항공기사고를 일으켜 다음 각 목의 재산피해를 발생하게 한 경우 가. 항공기 또는 제3자의 재산피해가 100억원 이상인 경우 나. 항공기 또는 제3자의 재산피해가 10억원 이상 100억원 미만인 경우 다. 항공기 또는 제3자의 재산피해가 10억원 미만인 경우	법 제43조제1항제3호	• 효력 정지 180일 이상 또는 자격증명 취소 • 효력 정지 90일 이상 또는 자격증명 취소 • 효력 정지 30일 이상 또는 자격증명 취소
6. 법 제32조에 따라 정비 등을 확인하는 항공종사자가 감항성에 적합하지 아니함에도 불구하고 이를 적합한 것으로 확인한 경우	법 제43조제1항제4호	• 1차 위반 : 효력 정지 30일 • 2차 위반 : 효력 정지 120일 • 3차 위반 : 효력 정지 1년 또는 자격증명 취소
7. 법 제36조제1항을 위반하여 자격증명의 종류에 따른 업무 범위 외의 업무에 종사한 경우	법 제43조제1항제5호, 법 제36조제2항	• 1차 위반 : 효력 정지 150일 • 2차 위반 : 효력 정지 1년 또는 자격증명 취소
8. 법 제37조제2항을 위반하여 자격증명의 한정을 받은 항공종사자가 한정된 항공기의 종류 · 등급 또는 형식 외의 항공기나 한정된 정비업무 외의 항공업무에 종사한 경우	법 제43조제1항제6호, 법 제37조제2항	• 1차 위반 : 효력 정지 30일 • 2차 위반 : 효력 정지 60일 • 3차 위반 : 효력 정지 180일
9. 법 제40조제1항(법 제46조제4항 및 법 제47조제4항에서 준용하는 경우를 포함한다)을 위반하여 항공신체검사증명을 받지 아니하고 항공업무(법 제46조에 따른 항공기 조종연습 및 법 제47조에 따른 항공교통관제연습을 포함한다. 이하 이 호에서 같다)에 종사한 경우	법 제43조제1항제7호, 법 제40조제1항, 법 제46조, 법 제47조	• 1차 위반 : 효력 정지 30일 • 2차 위반 : 효력 정지 60일 • 3차 위반 : 효력 정지 150일
10. 법 제42조를 위반하여 법 제40조제2항에 따른 자격증명의 종류별 항공신체검사증명의 기준에 적합하지 아니한 운항승무원 및 항공교통관제사가 항공업무에 종사한 경우	법 제43조제1항제8호, 법 제42조, 법 제46조, 법 제47조	• 1차 위반 : 효력 정지 30일 • 2차 위반 : 효력 정지 60일 • 3차 위반 : 효력 정지 150일
11. 법 제44조제1항을 위반하여 계기비행증명을 받지 아니하고 계기비행 또는 계기비행방식에 따른 비행을 한 경우	법 제43조제1항제9호, 법 제44조제1항	• 1차 위반 : 효력 정지 30일 • 2차 위반 : 효력 정지 60일 • 3차 위반 : 효력 정지 180일
12. 법 제44조제2항을 위반하여 조종교육증명을 받지 아니하고 조종교육을 한 경우	법 제43조제1항제10호, 법 제44조제2항	• 1차 위반 : 효력 정지 30일 • 2차 위반 : 효력 정지 60일 • 3차 위반 : 효력 정지 180일
13. 법 제45조제1항을 위반하여 항공영어구술능력 증명을 받지 아니하고 같은 항 각 호의 어느 하나에 해당하는 업무에 종사한 경우	법 제43조제1항제11호, 법 제45조제1항	• 1차 위반 : 효력 정지 30일 • 2차 위반 : 효력 정지 60일 • 3차 위반 : 효력 정지 180일
14. 법 제55조를 위반하여 국토교통부령으로 정하는 비행경험이 없이 같은 조 각 호의 어느 하나에 해당하는 항공기를 운항하거나 계기비행 · 야간비행 또는 법 제44조제2항에 따른 조종교육의 업무에 종사한 경우	법 제43조제1항제12호, 법 제44조제2항, 법 제55조	• 1차 위반 : 효력 정지 30일 • 2차 위반 : 효력 정지 60일 • 3차 위반 : 효력 정지 150일
15. 법 제57조제1항을 위반하여 주류 등의 영향으로 항공업무를 정상적으로 수행할 수 없는 상태에서 항공업무에 종사한 경우	법 제43조제1항제13호, 법 제46조, 제47조, 법 제57조제1항	가. 주류의 경우 • 혈중알코올농도 0.02퍼센트 이상 0.06퍼센트 미만 : 효력 정지 60일 • 혈중알코올농도 0.06퍼센트 이상 0.09퍼센트 미만 : 효력 정지 120일 • 혈중알코올농도 0.09퍼센트 이상 : 효력 정지 180일 또는 자격증명 취소

항공안전법	항공안전법 시행령
28. 제84조제1항을 위반하여 국토교통부장관 또는 항공교통업무증명을 받은 자가 지시하는 이동·이륙·착륙의 순서 및 시기와 비행의 방법에 따르지 아니한 경우 29. 제90조제4항(제96조제1항에서 준용하는 경우를 포함한다)을 위반하여 운영기준을 준수하지 아니하고 비행을 하거나 업무를 수행한 경우 30. 제93조제5항 후단(제96조제2항에서 준용하는 경우를 포함한다)을 위반하여 운항규정 또는 정비규정을 준수하지 아니하고 업무를 수행한 경우 31. 이 조에 따른 자격증명 등의 정지명령을 위반하여 정지기간에 항공업무에 종사한 경우 ② 국토교통부장관은 항공종사자가 다음 각 호의 어느 하나에 해당하는 경우에는 그 항공신체검사증명을 취소하거나 1년 이내의 기간을 정하여 항공신체검사증명의 효력정지를 명할 수 있다. 다만, 제1호에 해당하는 경우에는 항공신체검사증명을 취소하여야 한다. 1. 거짓이나 그 밖의 부정한 방법으로 항공신체검사증명을 받은 경우 2. 제1항제13호부터 제15호까지의 어느 하나에 해당하는 경우 3. 제40조제2항에 따른 자격증명의 종류별 항공신체검사증명의 기준에 맞지 아니하게 되어 항공업무를 수행하기에 부적합하다고 인정되는 경우 4. 제41조에 따른 항공신체검사명령에 따르지 아니한 경우 5. 제42조를 위반하여 항공업무에 종사한 경우 6. 제76조제2항을 위반하여 항공신체검사증명서를 소지하지 아니하고 항공업무에 종사한 경우 ③ 자격증명 등의 시험에 응시하거나 심사를 받는 사람 또는 항공신체검사를 받는 사람이 그 시험이나 심사 또는 검사에서 부정한 행위를 한 경우에는 그 부정한 행위를 한 날부터 각각 2년간 이 법에 따른 자격증명 등의 시험에 응시하거나 심사를 받을 수 없으며, 이 법에 따른 항공신체검사를 받을 수 없다. ④ 제1항 및 제2항에 따른 처분의 기준 및 절차와 그 밖에 필요한 사항은 국토교통부령으로 정한다.	

위반행위 또는 사유	근거 법조문	처분내용
		나. 마약류 또는 환각물질의 경우 • 1차 위반 : 효력 정지 60일 • 2차 위반 : 효력 정지 120일 • 3차 위반 : 효력 정지 180일 또는 자격증명 취소
16. 법 제57조제2항을 위반하여 항공업무에 종사하는 동안에 주류 등을 섭취하거나 사용한 경우	법 제43조제1항제14호, 법 제46조, 법 제47조, 법 제57조제2항	가. 주류의 경우 • 혈중알코올농도 0.02퍼센트 이상 0.06퍼센트 미만 : 효력 정지 60일 • 혈중알코올농도 0.06퍼센트 이상 0.09퍼센트 미만 : 효력 정지 120일 • 혈중알코올농도 0.09퍼센트 이상 : 효력 정지 180일 또는 자격증명 취소 나. 마약류 또는 환각물질의 경우 • 1차 위반 : 효력 정지 60일 • 2차 위반 : 효력 정지 120일 • 3차 위반 : 효력 정지 180일 또는 자격증명 취소
17. 법 제57조제3항을 위반하여 같은 조 제1항에 따른 주류 등의 섭취 및 사용여부의 측정요구에 따르지 아니한 경우	법 제43조제1항제15호, 법 제46조, 제47조, 법 제57조제3항	• 1차 위반 : 효력 정지 60일 • 2차 위반 : 효력 정지 120일 • 3차 위반 : 효력 정지 180일 또는 자격증명 취소
18. 항공업무를 수행할 때, 고의 또는 중대한 과실로 항공기준사고, 항공안전장애 또는 법 제61조제1항에 따른 항공안전위해요인을 발생시킨 경우	법 제43조제1항제16호, 법 제59조제1항, 법 제61조제1항	• 1차 위반 : 효력 정지 30일 • 2차 위반 : 효력 정지 60일 • 3차 위반 : 효력 정지 150일 *경미한 항공안전장애는 위반처분의 2분의 1로 줄여 처분한다.
19. 법 제62조제2항 또는 제4항부터 제6항까지를 위반하여 기장이 다음 각 목의 의무를 이행하지 아니한 경우	법 제43조제1항제17호	• 1차 위반 : 효력 정지 30일 • 2차 위반 : 효력 정지 60일 • 3차 위반 : 효력 정지 90일
가. 항공기의 운항에 필요한 준비완료 확인의 의무	법 제62조제2항	• 1차 위반 : 효력 정지 30일 • 2차 위반 : 자격증명 취소
나. 여객구조 등의 의무	법 제62조제4항	• 1차 위반 : 효력 정지 30일 • 2차 위반 : 효력 정지 60일 • 3차 위반 : 효력 정지 150일
다. 항공기사고, 항공기준사고, 항공기 고장 및 항행안전시설의 기능장애 등의 보고의무	법 제62조제5항 법 제62조제6항	
20. 조종사가 법 제63조에 따른 운항자격의 인정 또는 심사를 받지 아니하고 운항한 경우	법 제43조제1항제18호, 법 제63조	• 1차 위반 : 효력 정지 30일 • 2차 위반 : 효력 정지 60일 • 3차 위반 : 효력 정지 150일
21. 법 제65조제2항을 위반하여 기장이 운항관리사의 승인을 받지 아니하고 항공기를 출발시키거나 비행계획을 변경한 경우	법 제43조제1항제19호, 법 제65조제2항	• 1차 위반 : 효력 정지 30일 • 2차 위반 : 효력 정지 60일 • 3차 위반 : 효력 정지 1년 또는 자격증명 취소
22. 법 제66조를 위반하여 이착륙장소가 아닌 곳에서 이륙하거나 착륙한 경우	법 제43조제1항제20호, 법 제66조	• 1차 위반 : 효력 정지 30일 • 2차 위반 : 효력 정지 150일 • 3차 위반 : 효력 정지 1년 또는 자격증명 취소

항공안전법 시행규칙

위반행위 또는 사유	근거 법조문	처분내용
23. 법 제67조제1항을 위반하여 비행규칙을 따르지 아니하고 비행한 경우	법 제43조제1항제21호, 법 제67조제1항	• 1차 위반 : 효력 정지 30일 • 2차 위반 : 효력 정지 60일 • 3차 위반 : 효력 정지 180일
24. 법 제68조를 위반하여 같은 조 각 호의 어느 하나에 해당하는 비행 또는 행위를 한 경우	법 제43조제1항제22호, 법 제68조	• 1차 위반 : 효력 정지 30일 • 2차 위반 : 효력 정지 60일 • 3차 위반 : 효력 정지 1년
25. 법 제70조제1항을 위반하여 허가를 받지 아니하고 항공기로 위험물을 운송한 경우	법 제43조제1항제23호, 법 제70조제1항	• 1차 위반 : 효력 정지 30일 • 2차 위반 : 효력 정지 90일 • 3차 위반 : 효력 정지 1년 또는 자격증명 취소
30. 법 제76조제2항을 위반하여 항공종사자가 자격증명서 및 항공신체검사증명서 또는 국토교통부령으로 정하는 자격증명서를 지니지 아니하고 항공업무를 수행한 경우	법 제43조제1항제24호, 법 제76조제2항	• 1차 위반 : 효력 정지 10일 • 2차 위반 : 효력 정지 30일 • 3차 위반 : 효력 정지 90일
31. 법 제77조제2항을 위반하여 같은 조 제1항에 따른 운항기술기준을 준수하지 아니하고 비행하거나 업무를 수행한 경우	법 제43조제1항제25호, 법 제77조	• 1차 위반 : 효력 정지 30일 • 2차 위반 : 효력 정지 60일 • 3차 위반 : 효력 정지 90일
32. 법 제79조제1항을 위반하여 국토교통부장관이 정하여 공고하는 비행의 방식 및 절차에 따르지 아니하고 비관제공역(非管制空域) 또는 주의공역(注意空域)에서 비행한 경우	법 제43조제1항제26호, 법 제79조제1항	• 1차 위반 : 효력정지 30일 • 2차 위반 : 효력정지 60일 • 3차 위반 : 효력정지 150일
33. 법 제79조제2항을 위반하여 허가를 받지 아니하거나 국토교통부장관이 정하는 비행의 방식 및 절차에 따르지 아니하고 통제공역에서 비행한 경우	법 제43조제1항제27호, 법 제79조제2	• 1차 위반 : 효력정지 30일 • 2차 위반 : 효력정지 90일 • 3차 위반 : 효력정지 1년 또는 자격증명 취소
34. 법 제84조제1항을 위반하여 국토교통부장관 또는 항공교통업무증명을 받은 자가 지시하는 이동 · 이륙 · 착륙의 순서 및 시기와 비행의 방법에 따르지 아니한 경우	법 제43조제1항제28호, 법 제84조제1항	• 1차 위반 : 효력정지 30일 • 2차 위반 : 효력정지 90일 • 3차 위반 : 효력정지 1년 또는 자격증명 취소
35. 법 제90조제4항(제96조제1항에서 준용하는 경우를 포함한다)을 위반하여 운영기준을 준수하지 아니하고 비행을 하거나 업무를 수행한 경우	법 제43조제1항제29호, 법 제90조제2항 및 제4항	• 1차 위반 : 효력 정지 30일 • 2차 위반 : 효력 정지 180일 • 3차 위반 : 효력 정지 1년
36. 법 제93조제5항 후단(법 제96조제2항에서 준용하는 경우를 포함한다)을 위반하여 운항규정 또는 정비규정을 준수하지 아니하고 업무를 수행한 경우	법 제43조제1항제30호, 법 제93조제1항 및 제5항, 법 제96조제2항	• 1차 위반 : 효력 정지 30일 • 2차 위반 : 효력 정지 60일 • 3차 위반 : 효력 정지 90일

[비고]
1. 처분의 구분
    가. 자격증명의 취소 : 항공종사자자격증명, 자격증명의 한정, 계기비행증명, 조종교육증명, 항공기조종연습허가 또는 항공영어구술능력증명을 취소하는 것을 말한다.
    나. 효력의 정지 : 일정기간 항공업무(조종연습 및 경량항공기를 조종할 수 있는 자격을 포함한다)에 종사할 수 있는 자격을 정지하는 것을 말한다.
2. 1개의 위반행위나 사유가 2개 이상의 처분기준에 해당되는 경우와 고의 또는 중대한 과실로 인명 및 재산피해가 동시에 발생한 경우에는 그 중 무거운 처분기준을 적용한다.
3. 위반행위가 기장을 보조하는 운항승무원의 잘못으로 발생한 경우에는 기장에 대한 처분 외에 그 운항승무원에 대해서도 처분할 수 있다. 이 경우 그 운항승무원에 대한 처분은 처분기준의 2분의 1의 범위에서 줄여 처분할 수 있다.
4. 위반행위의 차수에 따른 행정처분의 기준은 최근 1년간 같은 위반행위로 행정처분을 받은 경우에 적용한다. 이 경우 행정처분 기준의 적용은 같은 위반행위에 대하여 최초로 행정처분을 한 날을 기준으로 한다.
5. 위반행위의 정도 및 횟수 등을 고려하여 행정처분의 2분의 1의 범위에서 늘리거나 줄일 수 있다.

항공안전법	항공안전법 시행령
제44조(계기비행증명 및 조종교육증명) ① 운송용 조종사(헬리콥터사 또는 부조종사의 자격증명을 받은 사람은 그가 사용할 수 있는 항공기의 종류로 다음 각 호의 비행을 하려면 국토교통부령으로 정하는 바에 따라 국토교통부장관의 계기비행증명을 받아야 한다. 1. 계기비행 2. 계기비행방식에 따른 비행을 조종하는 경우만 해당한다), 사업용 조종사, 자가용 조종 ② 다음 각 호의 조종연습을 하는 사람에 대하여 조종교육을 하려는 사람은 비행시간을 고려하여 그 항공기의 종류별·등급별로 국토교통부령으로 정하는 바에 따라 국토교통부장관의 조종교육증명을 받아야 한다. 1. 제35조제1호부터 제4호까지의 자격증명을 받지 아니한 사람이 항공기(제36조제3항에 따라 국토교통부령으로 정하는 항공기는 제외한다)에 탑승하여 하는 조종연습 2. 제35조제1호부터 제4호까지의 자격증명을 받은 사람이 그 자격증명에 대하여 제37조에 따라 한정을 받은 종류 외의 항공기에 탑승하여 하는 조종연습 ③ 제2항에 따른 조종교육증명에 필요한 사항은 국토교통부령으로 정한다. ④ 제1항에 따른 계기비행증명 및 제2항에 따른 조종교육증명의 시험 및 취소 등에 관하여는 제38조 및 제43조제1항·제3항을 준용한다.	

제98조(계기비행증명 및 조종교육증명 절차 등) ① 법 제44조에 따른 계기비행증명 및 조종교육증명을 위한 학과 및 실기시험, 시험장소 등 세부적인 내용과 절차는 국토교통부장관이 정하여 고시한다.

② 법 제44조제2항에 따라 조종교육증명을 받아야 하는 조종교육은 항공기(초급활공기는 제외한다)에 대한 이륙조작·착륙조작 또는 공중조작의 실기교육[법 제46조제1항 각 호에 따른 조종연습을 하는 사람(이하 "조종연습생"이라 한다) 단독으로 비행하게 하는 경우를 포함한다]으로 한다.

③ 법 제44조제2항에 따른 조종교육증명은 항공기의 종류별로 다음 각 호와 같이 발급받아야 한다.

1. 초급 조종교육증명
2. 선임 조종교육증명

④ 제3항 각 호에 따른 조종교육증명을 받은 사람이 할 수 있는 조종교육의 세부내용은 다음 각 호와 같다. 다만, 초급 교육증명을 받은 사람으로서 조종교육 비행시간이 100시간 미만이거나 조종교육을 한 기간이 6개월 미만인 사람은 선임 조종교육증명을 받은 사람의 관리 하에서 업무를 수행하여야 한다.

1. 초급 조종교육증명을 받은 사람
   가. 지상교육
   나. 해당 항공기 종류별 자가용·사업용 조종사 자격증명, 계기비행증명 또는 조종교육증명 취득을 위한 비행교육
   다. 조종연습생의 단독비행에 대한 허가. 다만, 해당 조종연습생의 최초의 단독비행 허가는 제외한다.
2. 선임 조종교육증명을 받은 사람
   가. 제1호에 따라 초급 조종교육증명을 받은 사람이 하는 업무
   나. 조종연습생의 최초 단독비행에 대한 허가
   다. 초급 조종교육증명을 받은 사람에 대한 관리

[시행일 : 2018.3.30.] 제98조제3항, 제98조제4항

항공안전법	항공안전법 시행령
제45조(항공영어구술능력증명) ① 다음 각 호의 어느 하나에 해당하는 업무에 종사하려는 사람은 국토교통부장관의 항공영어구술능력증명을 받아야 한다. 1. 두 나라 이상을 운항하는 항공기의 조종 2. 두 나라 이상을 운항하는 항공기에 대한 관제 3. 「공항시설법」 제53조에 따른 항공통신업무 중 두 나라 이상을 운항하는 항공기에 대한 무선통신 ② 제1항에 따른 항공영어구술능력증명(이하 "항공영어구술능력증명"이라 한다)을 위한 시험의 실시, 항공영어구술능력증명의 등급, 등급별 합격기준, 등급별 유효기간 등에 필요한 사항은 국토교통부령으로 정한다. ③ 국토교통부장관은 항공영어구술능력증명을 받으려는 사람이 제2항에 따른 등급별 합격기준에 적합한 경우에는 국토교통부령으로 정하는 바에 따라 항공영어구술능력증명서를 발급하여야 한다. ④ 제3항에도 불구하고 제34조제3항에 따라 국방부장관으로부터 자격인정을 받아 항공교통관제 업무를 수행하는 사람으로서 항공영어구술능력증명을 받으려는 사람이 제2항에 따른 등급별 합격기준에 적합한 경우에는 국방부장관이 항공영어구술능력증명서를 발급할 수 있다. ⑤ 외국정부로부터 항공영어구술능력증명을 받은 사람은 해당 등급별 유효기간의 범위에서 제2항에 따른 항공영어구술능력 증명을 위한 시험이 면제된다. ⑥ 항공영어구술능력증명"으로 본다. 항공영어구술능력증명의 취소 등에 관하여는 제43조제1항제1호 및 같은 조 제3항을 준용한다. 이 경우 "자격증명 등"은 "항공영어구술능력증명"으로 본다.	

제99조(항공영어구술능력증명시험의 실시 등) ① 법 제45조제2항에 따른 항공영어구술능력증명시험은 별표 11에서 정하는 항공영어구술능력 등급기준에 따라 발음ㆍ문법ㆍ어휘력ㆍ유창성ㆍ이해력 및 응대능력 등에 대하여 항목별로 평가한다.

② 법 제45조제2항에 따른 항공영어구술능력증명시험의 등급별 합격기준은 별표 11과 같다.

③ 법 제45조제2항에 따른 항공영어구술능력증명의 등급별 유효기간은 다음 각 호의 구분에 따른 기준일부터 계산하여 4등급은 3년, 5등급은 6년, 6등급은 영구로 한다.

1. 최초 응시자(항공영어구술능력증명의 유효기간이 지난 사람을 포함한다) : 합격 통지일

2. 4등급 또는 5등급의 항공영어구술능력증명을 받은 사람이 유효기간이 끝나기 전 6개월 이내에 항공영어구술능력증명시험에 합격한 경우 : 기존 증명의 유효기간이 끝난 다음 날

④ 제1항에 따른 항공영어구술능력증명시험의 구체적인 실시방법 등에 관하여 필요한 사항은 국토교통부장관이 정하여 고시한다.

제100조(항공영어구술능력증명시험 결과의 통지 등) ① 제319조에 따른 항공영어구술능력평가 전문기관은 제99조제1항 및 제2항에 따라 별지 제50호서식의 항공영어구술능력증명시험 응시원서를 접수받아 항공영어구술능력 증명시험을 실시한 경우에는 등급, 합격일 등이 포함된 시험 결과를 해당 응시자 및 교통안전공단의 이사장에게 통보하여야 한다.

② 교통안전공단의 이사장은 항공영어구술능력증명시험에 합격한 사람에게 별지 제51호서식의 항공영어구술능력증명서를 발급하고 그 결과를 별지 제39호서식의 항공종사자 자격증명서 발급대장에 기록ㆍ보관하되, 전자적 처리가 불가능한 특별한 사유가 없으면 전자적 처리가 가능한 방법으로 작성ㆍ관리하여야 한다. 다만, 법 제45조제1항제1호 또는 제2호에 해당하는 업무에 종사하려는 사람의 경우에는 항공영어구술능력증명서를 발급하는 대신 항공영어구술능력의 등급과 그 유효기간을 기재한 별지 제38호서식의 항공종사자 자격증명서를 발급하여야 한다.

항공안전법	항공안전법 시행령
제46조(항공기의 조종연습) ① 다음 각 호의 조종연습을 위한 조종에 관하여는 제36조제1항·제2항 및 제37조제2항을 적용하지 아니한다. 1. 제35조제1호부터 제4호까지에 따른 자격증명 및 제40조에 따른 항공신체검사증명을 받은 사람이 한정 받은 등급 또는 형식 외의 항공기(한정 받은 종류의 항공기만 해당한다)에 탑승하여 하는 조종연습으로서 그 항공기를 조종할 수 있는 자격증명 및 항공신체검사증명을 받은 사람(그 항공기를 조종할 수 있는 지식 및 능력이 있다고 인정하여 국토교통부장관이 지정한 사람을 포함한다)의 감독으로 이루어지는 조종연습 2. 제44조제2항제1호에 따른 조종연습으로서 그 조종연습에 관하여 국토교통부장관의 허가를 받고 조종교육증명을 받은 사람의 감독으로 이루어지는 조종연습 3. 제44조제2항제2호에 따른 조종연습으로서 조종교육증명을 받은 사람의 감독으로 이루어지는 조종연습 ② 국토교통부장관은 제1항제2호에 따른 조종연습의 허가신청을 받은 경우 신청인이 항공기의 조종연습을 하기에 필요한 능력이 있다고 인정되는 경우에는 국토교통부령으로 정하는 바에 따라 그 조종연습을 허가하여야 한다. ③ 제1항제2호에 따른 허가는 신청인에게 항공기 조종연습허가서를 발급함으로써 한다. ④ 제1항제2호에 따른 허가를 받은 사람의 항공신체검사증명, 그 허가의 취소 등에 관하여는 제40조부터 제43조까지의 규정을 준용한다. ⑤ 제3항에 따른 항공기 조종연습허가서를 받은 사람이 조종연습을 할 때에는 항공기 조종연습허가서와 항공신체검사증명서를 지녀야 한다. **제47조(항공교통관제연습)** ① 제35조제7호의 항공교통관제사자격증명을 받지 아니한 사람이 항공교통관제 업무를 연습(이하 "항공교통관제연습"이라 한다)하려는 경우에는 국토교통부장관의 항공교통관제연습허가를 받고 국토교통부령으로 정하는 자격요건을 갖춘 사람의 감독 하에 항공교통관제연습을 하여야 한다. ② 국토교통부장관은 제1항에 따른 항공교통관제연습 허가신청을 받은 경우에는 신청인이 항공교통관제연습을 하기에 필요한 능력이 있다고 인정되면 국토교통부령으로 정하는 바에 따라 그 항공교통관제연습을 허가하여야 한다. ③ 제1항에 따른 항공교통관제연습의 허가는 신청인에게 항공교통관제연습허가서를 발급함으로써 한다. ④ 제1항에 따른 항공교통관제연습 허가를 받은 사람의 항공신체검사증명, 그 허가의 취소 등에 관하여는 제40조부터 제43조까지의 규정을 준용한다. ⑤ 제3항에 따른 항공교통관제연습허가서를 받은 사람이 항공교통관제연습을 할 때에는 항공교통관제연습허가서와 항공신체검사증명서를 지녀야 한다.	

제101조(조종연습의 허가신청) ① 법 제46조제1항제2호에 따른 조종연습의 허가를 받으려는 사람은 별지 제52호서식의 허가신청서에 항공기 조종연습항공신체검사증명서를 첨부하여 지방항공청장에게 제출하여야 한다.

② 제1항에 따라 조종연습의 허가신청을 받은 지방항공청장은 신청인이 항공기의 조종연습을 하기에 필요한 능력이 있다고 인정되는 경우에는 별지 제53호서식의 항공기 조종연습허가서를 발급하여야 한다.

제102조(항공교통관제연습허가의 신청 등) ① 법 제47조제1항에서 "국토교통부령으로 정하는 자격요건을 갖춘 사람"이란 다음 각 호의 어느 하나에 해당하는 사람을 말한다.

1. 법 제35조제7호에 따른 항공교통관제사 자격증명을 받은 사람
2. 법 제40조제3항에 따른 항공신체검사증명을 받은 사람
3. 제227조제2호에 따른 항공교통관제기관(이하 "항공교통관제기관"이라 한다)으로부터 발급받은 항공교통관제 업무의 한정을 받은 사람

② 법 제47조제2항에 따라 항공교통관제연습허가를 받으려는 사람은 별지 제54호서식의 항공교통관제연습 허가신청서에 다음 각 호의 서류를 첨부하여 지방항공청장 또는 항공교통본부장에게 제출하여야 한다.

1. 항공신체검사증명서
2. 별표 4 제1호의 항공교통관제사 경력 중 전문교육기관의 교육과정을 이수하였거나 교육과정을 이수하고 있음을 증명하는 서류

③ 제2항에 따라 신청서를 제출받은 지방항공청장 또는 항공교통본부장은 신청서의 내용과 첨부서류를 확인한 후 항공교통관제연습을 하기에 필요한 능력이 있다고 인정될 경우 별지 제55호서식의 항공교통관제연습 허가서를 신청자에게 발급하여야 한다. 다만, 신청자의 관제연습 행위가 비행안전에 영향을 줄 수 있다고 판단하는 경우에는 항공교통관제연습을 허가하지 아니할 수 있다.

제103조(항공신체검사증명서 등의 재발급) ① 운항승무원, 조종연습생, 항공교통관제사 또는 법 제47조제1항의 허가를 받은 사람(이하 "관제연습생"이라 한다)은 항공신체검사증명서 또는 항공기 조종연습 허가서 또는 항공교통관제연습 허가서(이하 "증명서 등"이라 한다)를 잃어버리거나 증명서 등이 못 쓰게 된 경우 또는 그 기재사항을 변경하려는 경우에는 별지 제56호서식의 재발급신청서를 다음 각 호의 자에게 제출하여야 한다.

1. 항공신체검사증명서 : 한국항공우주의학협회의 장
2. 항공기 조종연습 허가서 : 지방항공청장
3. 항공교통관제연습 허가서 : 지방항공청장 또는 항공교통본부장

② 지방항공청장, 항공교통본부장 또는 한국항공우주의학협회의 장은 제1항의 신청이 적합하다고 인정하는 경우에는 해당 증명서 등을 재발급하여야 한다.

항공안전법	항공안전법 시행령
제48조(전문교육기관의 지정 등) ① 항공종사자를 양성하려는 자는 국토교통부령으로 정하는 바에 따라 국토교통부장관으로부터 항공종사자 전문교육기관(이하 "전문교육기관"이라 한다)을 지정할 수 있다. 다만, 제35조제1호부터 제4호까지의 항공종사자를 양성하려는 자는 전문교육기관으로 지정을 받아야 한다. ② 제1항에 따라 전문교육기관으로 지정을 받으려는 자는 국토교통부령으로 정하는 기준(이하 "전문교육기관 지정기준"이라 한다)에 따라, 교육방법, 인력, 시설 및 장비 등 교육훈련체제를 갖추어야 한다. ③ 국토교통부장관은 전문교육기관을 지정하는 경우에는 교육과정, 교관의 인원ㆍ자격 및 교육평가방법 등 국토교통부령으로 정하는 해당 전문교육기관으로 지정받은 자에게 발급하여야 한다. ④ 국토교통부장관은 교육훈련과정에서의 안전을 확보하기 위하여 필요하다고 판단되면 직권으로 또는 전문교육기관의 신청을 받아 제3항에 따른 훈련기준을 변경할 수 있다. ⑤ 전문교육기관으로 지정 받은 자는 제3항에 따른 훈련운영기준 또는 제4항에 따라 변경된 훈련운영기준을 준수하여야 한다. ⑥ 전문교육으로 지정을 받은 자는 훈련운영기준에 따라 교육훈련체계를 계속적으로 유지하여야 하며, 새로운 교육과정의 개설 등으로 교육훈련체계가 변경된 경우에는 국토교통부장관이 실시하는 검사를 받아야 한다. ⑦ 국토교통부장관은 전문교육기관으로 지정 받은 자가 교육훈련체계를 유지하고 있는지 여부를 정기 또는 수시로 검사하여야 한다. ⑧ 국토교통부장관은 전문교육기관이 항공운송사업에 필요한 항공종사자를 양성하는 경우에는 예산의 범위에서 필요한 경비의 전부 또는 일부를 지원할 수 있다. ⑨ 국토교통부장관은 항공교육훈련 정보를 국민에게 제공하고 전문교육기관 등 항공교육훈련기관을 체계적으로 관리하기 위하여 시스템(이하 "항공교육훈련통합관리시스템"이라 한다)을 구축ㆍ운영하여야 한다. ⑩ 국토교통부장관은 항공교육훈련통합관리시스템을 구축ㆍ운영하기 위하여 「항공사업법」 제2조제35호에 따른 항공교통사업자 또는 항공교육훈련기관 등에게 필요한 자료 또는 정보의 제공을 요청할 수 있다. 이 경우 자료나 정보의 제공을 요청 받은 자는 정당한 사유가 없으면 이에 따라야 한다. **제48조의2(전문교육기관의 지정의 취소 등)** ① 국토교통부장관은 전문교육기관으로 다음의 각호의 어느 하나에 해당하는 경우에는 그 지정을 취소하거나 6개월 이내의 기간을 정하여 그 업무의 정지를 명할 수 있다. 다만, 제1호 또는 제8호에 해당하는 경우에는 그 지정을 취소하여야 한다.	

항공안전법	항공안전법 시행령
1. 거짓이나 그 밖의 부정한 방법으로 전문교육기간으로 지정 받은 경우 2. 정당한 사유 없이 전문교육기간 지정기준을 위반한 경우 4. 정당한 사유 없이 제48조제10항에 따른 국토교통부장관의 자료 또는 정보제공의 요청을 따르지 아니한 경우 3. 제48조제5항을 위반하여 정당한 사유 없이 훈련운영기준을 준수하지 아니한 경우 4. 정당한 사유 없이 제48조제10항에 따른 국토교통부장관의 자료 또는 정보 제공의 요청을 따르지 아니한 경우 5. 제48조(전문교육기관의 지정·등) ① 항공종사자를 양성하려는 자는 국토교통부령으로 정하는 바에 따라 국토교통부장관으로부터 항공종사자 전문교육기관(이하 "전문교육기관"이라 한다)을 지정할 수 있다. 다만, 제35조제1호부터 제4호까지의 항공종사자를 양성하려는 자는 전문교육기관으로 지정을 받아야 한다. 6. 고의 또는 중대한 과실로 항공기 사고를 발생시키거나 소속 항공종사자에 대하여 관리·감독하는 상당한 주의의무를 게을리 하항공기사고가 발생한 경우 7. 제58조제2항을 위반하여 다음 각 목의 어느 하나에 해당하는 경우 　가. 업무를 시작하기 전까지 항공안전관리시템을 마련하지 아니한 경우 　나. 승인을 받지 아니하고 항공안전관리시스템을 운용한 경우 　다. 항공안전관리시스템을 승인받은 내용과 다르게 운용한 경우 　라. 승인을 받지 아니하고 국토교통부령으로 정하는 중요한 사항을 변경한 경우 8. 이 항 본문에 따른 업무정지 기간에 업무를 한 경우 ② 제1항에 따른 처분의 세부기준 및 절차와 그 밖에 필요한 사항은 국토교통부령으로 정한다. [본조신설 2017.10.24.] **제48조의3(전문교육기관 지정을 받은 자에 대한 과징금의 부과)** ① 국토교통부장관은 전문교육기관 지정을 받은 자가 제48조의2제2호부터 제7호까지의 어느 하나에 해당하여 그 업무를 정지를 명하여야 하는 경우로서 그 업무를 정지하는 경우 전문교육기관 이용자 등에게 심한 불편을 주거나 공익을 해칠 우려가 있는 경우에는 업무정지 처분을 갈음하여 10억원 이하의 과징금을 부과할 수 있다. ② 제1항에 따른 과징금 부과의 구체적인 기준, 절차 및 그 밖에 필요한 사항은 대통령령으로 정한다. ③ 국토교통부장관은 제1항에 따라 과징금을 내야할 자가 납부기한까지 과징금을 내지 아니하면 국세 체납처분의 예에 따라 징수한다. [본조신설 2017.10.24]	

항공안전법	항공안전법 시행령
제49조(항공전문의사의 지정 등) ① 국토교통부장관은 제40조에 따른 자격증명의 종류별 항공신체검사증명을 효율적이고 전문적으로 하기 위하여 국토교통부령으로 정하는 바에 따라 항공의학에 관한 전문교육을 받은 전문의사(이하 "항공전문의사"라한다)를 지정하여 제40조에 따른 항공신체검사증명에 관한 업무를 대행하게 할 수 있다. ② 교육이수실적, 경력 등 항공전문의사의 지정기준은 국토교통부령으로 정한다. ③ 항공전문의사는 국토교통부령으로 정하는 바에 따라 국토교통부장관이 정기적으로 실시하는 전문교육을 받아야 한다. **제50조(항공전문의사 지정의 취소 등)** ① 국토교통부장관은 항공 전문의사가 다음 각 호의 어느 하나에 해당하는 경우에는 그 지정을 취소하거나 1년 이내의 기간을 정하여 그 지정의 효력정지를 명할 수 있다. 다만 제1호, 제3호, 제4호 또는 제6호부터 제8호까지의 어느 하나에 해당하는 경우에는 그 지정을 취소하여야 한다. 1. 거짓이나 그 밖의 부정한 방법으로 항공전문의사로 지정받은 경우 2. 항공전문의사가 제40조에 따른 항공신체검사증명서의 발급 등 국토교통부령으로 정하는 업무를 게을리 수행한 경우 3. 이 조에 따른 항공전문의사 지정의 효력정지 기간에 제40조에 따른 항공신체검사증명에 관한 업무를 수행한 경우 4. 항공전문의사가 제49조제2항에 따른 지정기준에 적합하지 아니하게 된 경우 5. 항공전문의사가 제49조제3항에 따른 전문교육을 받지 아니한 경우 6. 항공전문의사가 고의 또는 중대한 과실로 항공신체검사증명서를 잘못 발급한 경우 7. 항공전문의사가 「의료법」 제65조 또는 제66조에 따라 자격이 취소 또는 정지된 경우 8. 본인이 지정 취소를 요청한 경우 ② 제1항에 따른 처분기준 및 처분절차 등은 국토교통부령으로 정한다.	

제104조(전문교육기관의 지정 등) ① 법 제48조제1항에 따른 전문교육기관으로 지정을 받으려는 자는 별지 제57호서식의 항공종사자 전문교육기관 지정신청서에 다음 각 호의 사항이 포함된 교육계획서를 첨부하여 국토교통부장관에게 제출하여야 한다.

1. 교육과목 및 교육방법
2. 교관 현황(교관의 자격·경력 및 정원)
3. 시설 및 장비의 개요
4. 교육평가방법
5. 연간 교육계획
6. 교육규정

② 법 제48조제3항에 따른 전문교육기관의 지정기준은 별표 12와 같으며, 지정을 위한 심사 등에 관한 세부절차는 국토교통부장관이 정하여 고시한다.

③ 국토교통부장관은 제1항에 따른 신청서를 심사하여 그 내용이 제2항에서 정한 지정기준에 적합한 경우에는 법 제35조, 제37조 및 제44조에 따른 자격별로 별지 제58호서식의 항공종사자 전문교육기관 지정서에 국토교통부장관이 고시한 기준에 따른 훈련운영기준(Training Specifications)을 포함하여 발급하여야 한다.

④ 국토교통부장관은 제3항에 따라 지정한 전문교육기관(이하 "지정전문교육기관"이라 한다)을 공고하여야 한다.

⑤ 지정전문교육기관은 교육 종료 후 교육이수자의 명단 및 평가 결과를 지체 없이 국토교통부장관 및 교통안전공단 이사장에게 보고하여야 한다.

⑥ 지정전문교육기관은 제1항 각 호의 사항에 변경이 있는 경우에는 그 변경 내용을 지체 없이 국토교통부장관에게 보고하여야 한다.

⑦ 국토교통부장관은 1년마다 지정전문교육기관이 제2항의 지정기준에 적합한지 여부를 심사하여야 한다.

⑧ 법 제48조제4항제2호에 따른 "전문교육기관의 지정기준 등 국토교통부령으로 정하는 기준을 위반한 경우"란 다음 각 호의 어느 하나에 해당하는 경우를 말한다.

1. 학과교육 및 실기교육의 과목, 교육시간을 이행하지 아니한 경우
2. 교관 확보기준을 위반한 경우
3. 시설 및 장비 확보기준을 위반한 경우
4. 교육규정 중 교육과정명, 교육생 정원, 학사운영보고 및 기록유지에 관한 기준을 위반한 경우

제105조(항공전문의사의 지정 등) ① 법 제49조제1항에 따라 항공전문의사로 지정을 받으려는 사람은 별지 제59호서식의 항공전문의사 지정신청서에 제2항에 따른 항공전문의사의 지정기준에 적합함을 증명하는 서류를 첨부하여 국토교통부장관에게 제출하여야 한다.

② 법 제49조제2항에 따른 항공전문의사의 지정기준은 다음 각 호와 같다.

1. 제5항에 따른 항공의학에 관한 교육과정을 이수할 것
2. 「의료법」 제5조에 따른 의사로서 항공의학 분야에서 5년 이상의 경력이 있거나 같은 법 제77조에 따른 전문의(치과의사와 한의사는 제외한다)일 것
3. 별표 13에서 정한 항공신체검사 의료기관의 시설 및 장비 기준에 적합한 의료기관에 소속(동일 지역 내에 있는 다른 의료기관의 시설 및 장비를 사용할 수 있는 경우를 포함한다)되어 있을 것

③ 국토교통부장관은 신청인이 제2항에 따른 지정기준에 적합한 경우에는 별지 제60호서식의 항공전문의사 지정서를 신청인에게 발급하여야 한다.

④ 국토교통부장관은 제3항에 따라 항공전문의사를 지정한 경우에는 이를 공고하여야 한다.

⑤ 법 제49조에 따라 항공전문의사로 지정받으려는 사람과 항공전문의사로 지정받은 사람이 이수하여야 할 교육과목 및 교육시간은 다음 표와 같다.

교육과목	교육시간	
	항공전문의사로 지정 받으려는 사람	항공전문의사로 지정 받은 사람
항공의학이론	10시간	6시간
항공의학실기	10시간	7시간
항공관련법령	4시간	3시간
계	24시간	16시간(매 3년)

⑥ 제5항에 따른 교육의 세부적인 운영방법 등에 관하여 필요한 사항은 국토교통부장관이 정하여 고시한다.

[시행일 : 2017.8.20.] 제105조

제106조(항공전문의사 지정의 취소 등) ① 법 제50조제1항제2호에서 "항공신체검사증명서의 발급 등 국토교통부령으로 정한 업무"란 다음 각 호의 업무를 말한다.

1. 제93조제2항에 따른 항공신체검사증명서의 발급
2. 제93조제3항에 따른 항공신체검사증명서 발급대장의 작성·관리
3. 제93조제4항에 따른 항공신체검사증명서 발급결과의 통지
4. 그 밖에 항공신체검사에 관한 업무로서 국토교통부장관이 정하여 고시하는 업무

② 법 제50조제1항에 따른 행정처분의 기준은 별표 14와 같다.

③ 국토교통부장관은 법 제50조제2항에 따라 항공전문의사의 지정을 취소하거나 지정의 효력정지를 명할 때에는 한국항공우주의학협회의 장에게 그 사실을 통지하여야 한다.

④ 국토교통부장관은 제3항에 따라 항공전문의사의 지정을 취소하거나 지정의 효력정지를 명할 때에는 이를 공고하여야 한다.

예 / 상 / 문 / 제

01 항공정비사 자격증명 시험의 응시 연령은?

㉮ 만 16세 ㉯ 만 17세
㉰ 만 18세 ㉱ 만 21세

해설 법 제34조 (항공종사자 자격증명 등) ① 항공업무에 종사하려는 사람은 국토교통부령으로 정하는 바에 따라 국토교통부장관으로부터 항공종사자 자격증명(이하 "자격증명"이라 한다)을 받아야 한다. 다만, 항공업무 중 무인항공기 운항의 경우에는 그러하지 아니하다.
② 다음 각 호의 어느 하나에 해당하는 사람은 자격증명을 받을 수 없다.
1. 다음 각 목의 나이가 미만인 사람
  가. 자가용 조종사 자격의 경우 : 17세(자가용 조종사의 자격증명을 활공기에 한정 : 16세)
  나. 사업용 조종사, 부조종사, 항공사, 항공기관사, 항공교통관제사 및 항공정비사 자격의 경우 : 18세
  다. 운송용 조종사 및 운항관리사 자격의 경우 : 21세
2. 제43조제1항에 따라 자격증명 취소처분을 받고 그 취소일로부터 2년이 지나지 아니한 사람(취소된 자격증명을 다시 받는 경우에 한정한다)
③ 제1항 및 제2항에도 불구하고 "군사기지 및 군사시설 보호법"을 적용받는 항공작전기지에서 항공기를 관제하는 군인은 국방부장관으로부터 자격인정을 받아 관제업무를 수행할 수 있다.

02 항공종사자 자격증명 응시자격 중 연령이 만 21세 이상이어야 하는 자는?

㉮ 항공기관사 ㉯ 항공정비사
㉰ 사업용 조종사 ㉱ 운항관리사

해설 1번항 해설 참조

03 항공종사자 자격증명 응시 연령 중 맞는 것은?

㉮ 항공정비사 만 17세
㉯ 운송용 조종사 만 21세
㉰ 항공교통관제사 만 21세
㉱ 자가용 조종사 만 18세

해설 1번항 해설 참조

04 항공종사자 자격증명 응시 연령에 대한 설명 중 틀린 것은?

㉮ 자가용 활공기 조종사의 경우 16세
㉯ 자가용 조종사의 경우 16세
㉰ 항공정비사의 경우 18세
㉱ 항공기관사의 경우 18세

해설 1번항 해설 참조

05 항공정비사 자격증명 취소처분을 받고 다시 취득할 수 있을 때까지의 유효기간은?

㉮ 1년 ㉯ 2년
㉰ 3년 ㉱ 5년

해설 1번항 해설 참조

06 항공종사자 자격증명과 관계없는 것은?

㉮ 자가용 조종사
㉯ 부조종사
㉰ 항공통신사
㉱ 항공사

해설 법 제35조 (자격증명의 종류) 자격증명의 종류는 다음과 같이 구분한다.
1. 운송용 조종사
2. 사업용 조종사
3. 자가용 조종사
4. 부조종사
5. 항공사
6. 항공기관사
7. 항공교통관제사
8. 항공정비사
9. 운항관리사(9종)

142 **정답** 01 ㉰ 02 ㉱ 03 ㉯ 04 ㉯ 05 ㉯ 06 ㉰

07 다음 중 항공종사자 자격증명의 종류가 아닌 것은?

㉮ 운항관리사　　　　㉯ 항공정비사

㉰ 부조종사　　　　　㉱ 항공공장정비사

해설 6번항 해설 참조

08 다음 중 항공종사자 자격증명의 종류가 아닌 것은?

㉮ 운항관리사　　　　㉯ 부조종사

㉰ 경량항공기조종사　㉱ 항공사

해설 6번항 해설 참조

09 항공종사자 자격증명 종류는 몇 개인가?

㉮ 8　　　　　　　　㉯ 9

㉰ 10　　　　　　　 ㉱ 11

해설 6번항 해설 참조

10 다음 중 항공정비사의 업무범위는?

㉮ 항공운송사업에 사용되는 항공기에 대하여 감항성을 확인하는 행위

㉯ 정비 또는 개조한 항공기에 대하여 법 제32조에 따른 확인을 하는 행위

㉰ 법 제32조에 따라 정비 등을 한 항공기 등에 대하여 감항성을 확인하는 행위

㉱ 항공기에 탑승하여 발동기 및 기체를 취급하는 행위

해설 법 제36조 (업무 범위) ① 항공종사자의 자격증명의 종류에 따른 업무 범위는 다음과 같음
1. 운송용 조종사 : 항공기에 탑승하여 다음 의 행위를 하는 것
    • 사업용 조종사의 자격을 가진 사람이 할 수 있는 행위
    • 항공운송사업의 목적을 위하여 사용하는 항공기를 조종하는 행위
2. 사업용 조종사 : 항공기에 탑승하여 다음의 행위를 하는 것
    • 자가용 조종사의 자격을 가진 사람이 할 수 있는 행위
    • 무상 운항을 하는 항공기를 보수를 받고 조종하는 행위
    • 항공기사용사업에 사용하는 항공기를 조종하는 행위
    • 항공운송사업에 사용하는 항공기(1명의 조종사만 필요한 항공만 해당)를 조종하는 행위
    • 기장 외의 조종사로서 항공운송사업에 사용하는 항공기를 조종하는 행위
3. 자가용 조종사 : 무상으로 운항하는 항공기를 보수를 받지 아니하고 조종하는 행위
4. 부조종사 : 항공기에 탑승하여 다음의 행위를 하는 것
    • 자가용 조종사의 자격을 가진 자가 할 수 있는 행위
    • 기장 외의 조종사로서 비행기를 조종하는 행위
5. 항공사 : 항공기에 탑승하여 그 위치 및 항로의 측정과 항공 상의 자료를 산출하는 행위
6. 항공기관사 : 항공기에 탑승하여 발동기 및 기체를 취급하는 행위(조종장치의 조작은 제외)
7. 항공교통관제사 : 항공교통의 안전 · 신속 및 질서를 유지하기 위하여 항공기 운항을 관제하는 행위
8. 항공정비사 : 다음 각 호의 행위를 하는 것

• 제32조제1항에 따라 정비 등을 한 항공기 등, 장비품 또는 부품에 대하여 감항성을 확인하는 행위
• 제108조제4항에 따라 정비를 한 경량항공기, 장비품 또는 부품에 대하여 안전하게 운용할 수 있음을 확인하는 행위
9. 운항관리사 : 항공운송사업에 사용되는 항공기 또는 국외운항항공기의 운항에 필요한 다음을 확인하는 행위
    • 비행계획의 작성 및 변경
    • 항공기의 연료 소비량의 산출
    • 항공기 운항의 통제 및 감시
② 자격증명을 받은 사람은 그가 받은 자격증명 종류에 따른 업무범위 외의 업무에 종사해서는 아니 된다
③ 다음에 해당하는 경우에는 제1항 및 제2항을 적용하지 아니함
1. 국토교통부령으로 정하는 항공기에 탑승하여 조종(항공기에 탑승하여 그 기체 및 발동기를 다루는 것을 포함한다. 이하 같다)하는 경우
2. 새로운 종류, 등급 또는 형식의 항공기에 탑승하여 시험비행 등을 하는 경우로서 국토교통부령으로 정하는 바에 따라 국토교통부장관의 허가를 받은 경우 시행규칙 제79조(항공기의 지정) 법 제36조제3항제1호에서 "국토교통부령으로 정하는 항공기"란 중급활공기 또는 초급활공기를 말함

11 다음 중 항공기에 탑승하지 않고 항공 업무를 수행하는 항공종사자는?

㉮ 사업용 조종사　　　㉯ 항공사

㉰ 운항관리사　　　　 ㉱ 항공기관사

해설 10번항 해설 참조 (별표 업무 범위 참조)

12 다음 중 항공정비사의 업무범위를 옳게 설명한 것은?

㉮ 정비 또는 수리, 개조한 항공기에 대하여 법 제32조에 따른 감항성을 확인을 하는 행위

㉯ 정비 또는 개조한 항공기(국토교통부령으로 정하는 경미한 정비는 제외)에 대하여 법 제32조에 따른 감항성을 확인하는 행위

㉰ 정비 등(국토교통부령으로 정하는 경미한 정비 및 법 제30조 제1항에 따른 수리 · 개조는 제외)을 한 항공기 등에 대하여 법 제32조에 따른 감항성을 확인하는 행위

㉱ 정비한 항공기(국토교통부령으로 정하는 경미한 정비는 제외)에 대하여 법 제32조에 따른 감항성을 확인하는 행위

해설 10번항 해설 참조 (업무 범위 참조)

13 자격증명을 한정하는 경우에 항공기의 종류, 등급 및 형식을 한정할 수 없는 항공종사자는?

㉮ 항공정비사

㉯ 부조종사

㉰ 항공기관사

㉱ 사업용 조종사

법 제37조(자격증명의 한정)
① 국토교통부장관은 다음 각 호의 구분에 따라 자격증명에 대한 한정을 할 수 있다.
1. 운송용 조종사, 사업용 조종사, 자가용 조종사, 부조종사 또는 항공기관사의 자격의 경우 : 항공기의 종류 · 등급 또는 형식
2. 항공정비사 자격의 경우 : 항공기 종류 및 정비분야

시행규칙 제81조(자격증명의 한정)
① 국토교통부장관은 법 제37조제1항제1호에 따라 항공기의 종류 · 등급 또는 형식을 한정하는 경우에는 자격증명을 받으려는 사람이 실기심사에 사용하는 항공기의 종류 · 등급 또는 형식으로 한정하여야 한다.
② 제1항에 따라 한정하는 항공기의 종류는 비행기, 비행선, 활공기, 헬리콥터 및 항공우주선으로 구분한다.
③ 제1항에 따라 한정하는 항공기의 등급은 육상기의 경우에는 육상단발 및 육상다발로 구분하고, 수상기의 경우에는 수상단발 및 수상다발로 구분한다. 다만, 활공기의 경우에는 상급(활공기가 특수 또는 상급활공기인 경우) 및 중급(활공기가 중급 또는 초급활공기인 경우)으로 구분한다.
④ 제1항에 따른 항공기의 형식은 다음 각 호와 같다.

14 다음 중 조종, 조작 또는 정비할 수 있는 항공기의 등급을 한정하지 않는 종사자는?

㉮ 운송용 조종사　　㉯ 자가용 조종사
㉰ 항공기관사　　　　㉱ 항공정비사

13번항 해설 참조 (법 제37조제1항 참조)

15 항공정비사의 자격증명을 한정하는 경우에 종사할 수 있는 자격증명의 한정은?

㉮ 항공기의 종류 및 정비분야에 의한다.
㉯ 항공기의 종류, 등급 또는 형식에 의한다.
㉰ 자격증명별 업무범위에 의한다.
㉱ 항공종사자 자격증명에 의한다.

13번항 해설 참조 (법 제37조제1항제2호 참조)

16 다음 중 자격증명을 한정하는 경우에 종사할 수 있는 분야를 한정할 수 있는 항공종사자는?

㉮ 항공기관사　　　㉯ 항공정비사
㉰ 항공사　　　　　㉱ 부조종사

13번항 해설 참조 (법 제37조제1항제2호 참조)

17 자격증명을 한정하는 경우 한정하는 항공기의 종류는?

㉮ 육상단발 · 다발, 수상단발 · 다발
㉯ 비행기, 비행선, 활공기, 헬리콥터, 항공우주선
㉰ B-747, A-330, MD-11
㉱ 상급 및 중급항공기

13번항 해설 참조

18 항공종사자 자격증명의 종류가 아닌 것은?

㉮ 운송용 조종사　　㉯ 항공사
㉰ 객실승무원　　　　㉱ 운항관리사

6번항 해설 참조

19 항공법 제36조의 업무범위가 아닌 것은?

㉮ 자격증명의 종류에 따른 항공업무 외의 항공업무에 종사하여서는 아니 된다.
㉯ 항공기에 탑승하여 그 위치 및 항로의 측정과 항공상의 자료를 산출하는 행위
㉰ 법 제32조에 따라 정비 등을 한 항공기 등에 대하여 감항성을 확인하는 행위
㉱ 운송용 조종사 업무를 자가용 조종사의 자격을 가진 자가 할 수 있는 행위

10, 13번항 해설 참조

20 항공기의 형식한정을 잘못 설명한 것은?

㉮ 조종사의 경우에는 비행교범에 2명 이상의 조종사가 필요한 것으로 되어 있는 항공기
㉯ "가" 외에 국토교통부장관이 지정하는 형식의 항공기
㉰ 항공기관사의 경우에는 모든 형식의 항공기
㉱ 항공정비사의 경우에는 터빈발동기를 장착한 형식의 항공기

13번항 해설 참조 (시행규칙 제81조제4항 참조)

21 다음 중 항공기의 종류에 해당하지 않는 것은?

㉮ 비행선　　　㉯ 활공기
㉰ 수상기　　　㉱ 비행기

13번항 해설을 참조

22 자격증명 한정 중 항공기 등급에 해당하는 것은?

㉮ A-330, B-777, B-747
㉯ 육상단발 · 다발, 수상단발 · 다발
㉰ 상급항공기, 중급항공기
㉱ 비행기, 비행선, 활공기, 회전익항공기

13번항 해설을 참조

23 활공기의 등급으로 맞는 것은?

㉮ 상급 및 중급활공기
㉯ 초급 및 중급활공기
㉰ 초급 및 상급활공기
㉱ 특수 및 상급활공기

13번항 해설을 참조

24 다음 중 항공기의 형식에 해당하는 것은?

㉮ 육상단발 · 다발, 수상단발 · 다발

㉯ 비행기, 비행선, 활공기, 회전익항공기

㉰ B-747, B-777, A-300

㉱ 상급 및 중급항공기

해설 13번항 해설을 참조

25 다음 중 항공기의 종류, 등급, 형식에 대한 설명 중 틀린 것은?

㉮ 항공기의 종류 : 비행기, 비행선, 활공기, 헬리콥터

㉯ 항공기의 등급 : 육상기의 경우 육상단발 및 육상다발로 구분

㉰ 항공기의 등급 : 활공기의 경우 특수 및 상급활공기로 구분

㉱ 항공기의 형식 : B-777, A-300, B-747

해설 13번항 해설을 참조

26 자격증명에 있어서 모든 형식의 항공기별로 형식을 한정해야 하는 항공종사자는?

㉮ 활공기 조종사　　㉯ 항공기관사

㉰ 항공정비사　　㉱ 경량항공기 조종사

해설 13번항 해설을 참조

27 다음 중 자격증명을 한정할 수 있는 항공종사자가 아닌 것은?

㉮ 사업용 조종사

㉯ 항공교통관제사

㉰ 항공기관사

㉱ 항공정비사

해설 13번항 해설을 참조

28 다음 중 자격증명에 있어서 항공기의 종류, 등급, 형식을 한정하는 경우 한정하는 항공기의 형식이 아닌 것은?

㉮ 조종사의 경우에는 비행교범에 2명 이상의 조종사가 필요한 것으로 되어 있는 항공기

㉯ 조종사의 경우에는 국토교통부장관이 지정하는 형식의 항공기

㉰ 항공기관사의 경우에는 모든 형식의 항공기

㉱ 항공정비사의 경우에는 최대이륙중량이 15,000킬로그램을 초과하는 항공기

해설 13번항 해설을 참조

29 다음 중 항공기관사 자격증명의 형식 한정은?

㉮ 국토교통부장관이 지정하는 형식의 항공기

㉯ 모든 형식의 항공기

㉰ 5700킬로그램 이상의 항공기

㉱ 15,000킬로그램을 초과하는 항공기

해설 13번항 해설을 참조

30 항공정비사의 정비분야에 포함되지 않는 것은?

㉮ 기체 관련분야　　㉯ 발동기 관련분야

㉰ 프로펠러 관련분야　㉱ 장비품 관련분야

해설 13번항 해설을 참조

31 다음 중 항공정비사의 정비분야를 한정하는 경우 이에 해당되지 않는 것은?

㉮ 기체 관련분야　　㉯ 프로펠러 관련분야

㉰ 전자 · 보기 관련분야　㉱ 터빈발동기 관련분야

해설 13번항 해설을 참조

32 항공종사자 자격증명의 업무범위에 대한 설명 중 맞지 않는 것은?

㉮ 항공종사자의 자격증명별 업무범위는 항공법시행령에 명시되어 있다.

㉯ 국토교통부령이 정하는 항공기에 탑승하여 조종하는 경우 국토교통부장관의 허가를 받은 때에는 적용하지 않는다.

㉰ 그가 받은 자격증명 종류에 따른 항공업무 외에 종사하여서는 안 된다.

㉱ 새로운 종류, 등급, 형식의 시험비행 시 국토교통부장관 의 허가를 받은 때에는 적용하지 않는다.

해설 10번항 해설참조

33 항공정비사 자격증명의 효력에 대한 설명 중 옳은 것은?

㉮ 자격증명을 받은 사람이 비행기에 대한 한정을 받으면 헬리콥터에 대한 한정을 받은 것으로 본다.

㉯ 자격증명을 받은 사람이 비행기에 대한 한정을 받으면 활공기에 대한 한정을 받은 것으로 본다.

㉰ 자격증명을 받은 사람이 헬리콥터에 대한 한정을 받으면 비행기에 대한 한정을 받은 것으로 본다.

㉱ 자격증명을 받은 사람이 헬리콥터에 대한 한정을 받으면 활공기에 대한 한정을 받은 것으로 본다.

해설 시행규칙 제90조 (조종사 등이 받은 자격증명의 효력) 제3항 ③ 항공정비사 자격증명을 받은 사람이 비행기 한정을 받은 경우에는 활공기에 대한 한정을 함께 받은 것으로 본다.

34 항공종사자 시험 실시 내용이 잘못된 것은?

㉮ 지식 및 능력에 관하여 학과시험 및 실기시험에 합격하여야 한다.

㉯ 항공기 탑승경력 및 정비경력 등을 심사하여야 한다.

㉰ 한정에 대한 최초의 자격증명의 한정은 실기심사에 의하여 심사할 수 있다.

㉱ 항공기의 종류, 등급 또는 형식별로 한정심사를 하여야 한다.

해설 법 제38조(시험의 실시 및 면제) ① 자격증명을 받으려는 사람은 국토교통부령으로 정하는 바에 따라 항공업무에 종사하는 데에 필요한 지식 및 능력에 관하여 국토교통부장관이 실시하는 학과시험 및 실기시험에 합격하여야 한다.
② 국토교통부장관은 제37조에 따라 자격증명을 항공기의 종류·등급 또는 형식별로 한정(제44조에 따른 계기비행증명 및 조종교육증명을 포함한다)하는 경우에는 항공기 탑승경력 및 정비경력 등을 심사하여야 한다. 이 경우 종류 및 등급에 대한 최초의 자격증명 한정은 실기시험을 실시하여 심사할 수 있다.

시행규칙 제75조(응시자격) 법 제34조제1항에 따라 항공종사자 자격증명(이하 "자격증명"이라 한다)을 받을 수 있는 사람은 법 제34조제2항 각 호에 해당되지 아니한 사람으로서 별표 4에 따른 경력을 가진 사람이어야 한다.

35 다음 중 항공종사자 자격시험에서 일부 또는 전부를 면제 받을 수 있는 경우가 아닌 것은?

㉮ 외국정부의 자격증명 소지자

㉯ 교육기관에서 훈련을 받은 자

㉰ 정비경력 등 실무경험이 있는 자

㉱ 국가기술자격법에 의한 항공기술 분야의 자격을 가진 자

해설 법 제38조 제3항 ③ 국토교통부장관은 다음 각 호의 어느 하나에 해당하는 사람에게는 국토교통부령으로 정하는 바에 따라 제1항 및 제2항에 따른 시험 및 심사의 전부 또는 일부를 면제할 수 있다.
1. 외국정부로부터 자격증명을 받은 사람
2. 제48조에 따른 전문교육기관의 교육과정을 이수한 사람
3. 항공기 탑승경력 및 정비경력 등 실무경험이 있는 사람
4. "국가기술자격법"에 따른 항공기술 분야의 자격을 가진 사람

36 다음 중 항공종사자 자격증명 시험 및 심사의 일부 또는 전부를 면제할 수 있는 경우가 아닌 것은?

㉮ 국토교통부장관이 지정한 전문교육기관의 교육과정을 이수한 사람

㉯ 외국정부로부터 자격증명을 받은 사람

㉰ 항공기 탑승경력 등 실무경험이 있는 사람

㉱ 국가기술자격법에 따른 자격을 가진 사람

해설 35번항 해설 참조

37 다음 중 항공종사자 자격증명시험 및 한정심사의 일부 또는 전부 면제 대상자가 아닌 것은?

㉮ 외국정부로부터 자격증명을 받은 사람

㉯ 국토교통부장관이 지정한 전문교육기관의 교육과정을 이수한 사람

㉰ 군 기술학교에서 교육을 받고 당해 항공업무 분야에서 3년 이상의 실무경험이 있는 사람

㉱ 국가기술자격법에 의한 항공기사 자격을 취득한 사람

해설 35번항 해설 참조

38 다음 중 항공정비사 자격증명시험에 응시할 수 없는 사람은?

㉮ 4년 이상의 항공기 정비경력이 있는 사람

㉯ 외국정부가 발행한 항공기 종류 한정 자격증명을 소지한 사람

㉰ 국토교통부장관이 지정한 전문교육기관에서 항공기 정비에 필요한 과정을 이수한 사람

㉱ 항공기술요원을 양성하는 교육기관에서 필요한 교육을 이수한 사람

해설 시행규칙 제77조 (응시자격) 별표 4 참조 [별표 4] 응시경력
※ 자격증명시험 : 항공정비사
1. 항공기 종류 한정이 필요한 항공정비사 자격증명을 신청하는 경우에는 다음 각 목의 어느 하나에 해당하는 사람
　가. 4년 이상의 항공기 정비(자격증명을 받으려는 항공기가 활공기인 경우에는 활공기의 정비와 개조) 실무경력(자격증명을 받으려는 항공기와 동급 이상의 것에 대한 6개월 이상의 경력이 포함되어야 한다)이 있는 사람
　나. "고등교육법"에 따른 대학·전문대학(다른 법령에서 이와 동등한 수준 이상의 학력이 있다고 인정되는 교육기관을 포함한다) 또는 "학점인정 등에 관한 법률"에 따라 학습하는 곳에서 별표 5 제1호에 따른 항공정비사학과 시험의 범위를 포함하는 각 과목을 이수하고, 자격증명을 받으려는 항공기와 동등한 수준 이상의 것에 대하여 교육과정 이수 후의 정비실무경력이 6개월 이상이거나 교육과정 이수 전의 정비실무(실습)경력이 1년 이상인 사람
　다. "고등교육법"에 따른 대학·전문대학(다른 법령에서 이와 동등한 수준 이상의 학력이 있다고 인정되는 교육기관을 포함한다)을 졸업한 사람 또는 "학점인정 등에 관한 법률"에 따른 학위를 취득한 사람으로서 다음의 요건을 충족한 사람
　　1) 6개월 이상의 항공기 정비실무경력이 있을 것
　　2) 항공기술요원을 양성하는 교육기관에서 필요한 교육을 이수할 것
　라. 국토교통부장관이 지정한 전문교육기관에서 항공기 정비에 필요한 과정을 이수한 사람(외국의 전문교육기관으로서 그 외국정부가 인정한 전문교육 기관에서 항공기 정비에 필요한 과정을 이수한 사람을 포함한다)
　마. 외국정부가 발행한 항공기 종류 한정 자격증명을 소지한 사람

39 다음 중 항공기 종류 한정이 필요한 항공정비사 자격증명시험의 응시경력으로 맞는 것은?

㉮ 자격증명을 받으려는 정비업무 분야에서 4년 이상의 정비와 개조의 실무경력이 있는 사람

㉯ 자격증명을 받으려는 정비업무 분야에서 3년 이상의 정비와 개조의 실무경력과 1년 이상의 검사경력이 있는 사람

㉰ 4년 이상의 항공기 정비 실무경력이 있는 사람

㉱ 국토교통부장관이 지정한 교육기관에서 항공기 정비에 필요한 과정을 1년 이상 이수한 사람

해설 38번항 해설 참조

40 정비분야 한정이 필요한 항공정비사 자격증명시험에 응시할 수 없는 사람은?

㉮ 4년 이상의 정비와 개조의 실무경력이 있는 사람

㉯ 3년 이상의 정비와 개조의 실무경력과 1년 이상의 검사경력이 있는 사람

㉰ 4년 이상의 항공기 정비 실무경력이 있는 사람

㉱ 전문대학 이상의 교육기관에서 항공정비사 학과시험 과목을 이수하고 1년 이상의 정비와 개조의 실무경력이 있는 사람

해설 시행규칙 제77조 별표 4 참조
※ 자격증명시험 : 항공정비사 2. 정비분야 한정이 필요한 항공정비사 자격증명을 신청하는 경우에는 다음 각 목의 어느 하나에 해당하는 사람
가. 자격증명을 받으려는 정비업무분야에서 4년 이상의 정비와 개조의 실무경력이 있는 사람
나. 자격증명을 받으려는 정비업무분야에서 3년 이상의 정비와 개조의 실무경력과 1년 이상의 검사경력이 있는 사람
다. 고등교육법에 의한 전문대학 이상의 교육기관에서 별표 5 제1호에 따른 항공정비사 학과시험의 범위를 포함하는 각 과목을 이수한 사람으로서 해당 정비업무의 종류에 대한 1년 이상의 정비와 개조의 실무경력이 있는 사람

41 항공정비사 자격증명 종류 한정 학과시험의 과목이 아닌 것은?

㉮ 항공법규   ㉯ 항공역학
㉰ 항공유압   ㉱ 전자 · 전기 · 계기

해설 시행규칙 제84조(시험과목 및 시험방법) ① 법 제38조제1항 및 제2항에 따른 자격증명 시험 · 한정심사의 학과시험 및 실기시험의 과목과 범위는 별표 5와 같다.
[별표 5] 자격증명시험 및 한정심사의 과목 및 범위 ※ 항공정비사 종류한정 시험과목 ⇒ 항공법규, 항공역학, 항공기체, 항공발동기, 전자 · 전기 · 계기 (5 과목)
※ 항공정비사 정비분야 한정 시험과목(예 : 터빈발동기) ⇒ 항공법규, 항공역학, 터빈발동기(3 과목)
② 국토교통부장관은 제1항에 따른 실기시험 항목 중 항공기 또는 모의비행장치로 실기시험을 실시할 필요가 없다고 인정하는 항목에 대해서는 구술로 실기시험을 실시하게 할 수 있다.

42 다음 중 항공정비사 기체관련분야의 학과시험 과목이 아닌 것은?

㉮ 항공법규   ㉯ 항공역학
㉰ 항공장비   ㉱ 항공기체

해설 41번항 해설 참조

43 항공종사자 자격증명 학과시험의 일부 과목 또는 전 과목에 합격한 사람의 그 합격 유효기간은?

㉮ 학과시험 시행일부터 1년

㉯ 학과시험 시행일부터 2년

㉰ 학과시험 결과의 통보가 있는 날부터 1년

㉱ 학과시험 결과의 통보가 있는 날부터 2년

해설 시행규칙 제85조 (과목합격의 유효) 자격증명시험 또는 한정심사의 학과시험의 일부 과목 또는 전 과목에 합격한 사람이 같은 종류의 항공기에 대하여 자격증명 시험 또는 한정심사에 응시하는 경우에는 제83조제1항에 따른 통보가 있는 날(전 과목을 합격한 경우에는 최종 과목의 합격 통보가 있는 날)부터 2년 이내에 실시(시험 또는 심사 접수 마감일 기준)하는 자격증명시험 또는 한정 심사에서 그 합격을 유효한 것으로 한다.

44 외국정부로부터 항공종사자 자격증명을 받은 사람의 자격증명 시험 면제범위에 대한 설명 중 틀린 것은?

㉮ 새로운 형식의 항공기를 도입한 경우 외국인 교관요원 : 학과시험 및 실기시험 면제

㉯ 새로운 형식의 항공기를 도입한 경우 외국인 조종사 : 학과시험(항공법규 제외) 및 실기시험 면제

㉰ 조종사의 부족을 충원하기 위하여 채용된 외국인 조종사 : 학과시험(항공법규 제외) 면제

㉱ 외국정부로부터 자격증명을 받은 자 : 학과시험(항공법규 제외) 면제

해설 시행규칙 제88조 (자격증명시험의 면제) 제1항 ① 법 제38조제3항제1호에 따라 외국정부로부터 자격증명을 받은 사람(외국정부가 발행한 임시 자격증명을 가진 사람을 포함한다)에게는 다음 각 호의 구분에 따라 시험의 일부 또는 전부를 면제한다.
1. 다음 각 목의 어느 하나에 해당하는 항공업무를 일시적으로 수행하려는 사람으로 해당 자격증명시험에 응시하는 경우 : 학과시험 및 실기시험 면제
가. 새로운 형식의 항공기 또는 장비를 도입하여 시험비행 또는 훈련을 실시할 경우의 교관요원 또는 운용요원
나. 대한민국에 등록된 항공기 또는 장비를 이용하여 교육훈련을 받으려는 사람
다. 대한민국에 등록된 항공기를 수출하거나 수입하는 경우 국내 또는 국외로 승객, 화물을 싣지 아니하고 공수비행을 하려는 조종사
2. 일시적인 조종사의 부족을 충원하기 위하여 채용된 외국인 조종사로서 해당 자격증명시험에 응시하는 경우 : 학과시험 (항공법규 제외) 면제

3. 모의비행장치 교관요원으로 종사하려는 사람으로서 해당 자격증명시험에 응시하는 경우 : 학과시험(항공법규 제외) 면제
4. 제1호부터 제3호까지의 규정 외의 경우로서 해당 자격증명 시험에 응시하는 경우 : 학과시험(항공법규 제외) 면제

45 다음 중 항공정비사 자격증명시험에 응시하는 경우에 실기 시험의 일부를 면제할 수 있는 대상자는?

㉮ 국토교통부장관이 지정한 전문교육기관에서 항공정비사에 필요한 과정을 이수한 사람

㉯ 3년 이상의 항공기 정비ㆍ개조 경력이 있는 사람

㉰ 고등교육법에 의한 대학 또는 전문대학에서 항공정비사에 필요한 과정을 2년 이상 이수하고 6개월 이상의 정비경력이 있는 자

㉱ 고등교육법에 의한 대학 또는 전문대학을 졸업한 사람으로서 항공기술요원을 양성하는 교육기관에서 필요한 교육을 이수하고 6개월 이상의 정비경력이 있는 자

해설 시행규칙 제88조 ② 법 제38조제3항제2호 또는 제3호에 해당하는 사람이 해당 자격 증명시험에 응시하는 경우 실기시험 면제기준(별표 7 제1호 참조)에 따라 실기시험의 일부를 면제함

[별표 7] 실기시험 면제기준 ※ 항공정비사 : 일부 면제(구술시험만 실시)
⇒ 해당 종류 또는 정비업무 범위와 관련하여 5년 이상의 정비실무경력이 있는 사람
⇒ 국토교통부장관이 지정한 전문교육기관에서 항공정비사에 필요한 과정을 이수한 사람

46 국가기술자격법에 따른 자격을 취득한 사람이 항공정비사 종류별 자격증명시험에 응시하는 경우 항공법규를 제외한 학과시험을 면제하는 경우가 아닌 것은?

㉮ 항공기술사 자격을 취득한 사람

㉯ 항공정비기능장 자격 취득 후 항공기 정비업무에 1년 이상 종사한 경력이 있는 사람

㉰ 항공산업기사 자격 취득 후 항공기 정비업무에 2년 이상 종사한 경력이 있는 사람

㉱ 항공정비기능사 자격 취득 후 항공기 정비업무에 3년 이상 종사한 경력이 있는 사람

해설 시행규칙 제88조제3항
④ 제75조의 해당 응시 자격을 가진 사람으로서 "국가기술자격법"에 따른 항공기술사ㆍ항공정비기능장ㆍ항공기사 또는 항공산업기사의 자격을 취득한 사람에 대해서는 다음 각 호의 구분에 따라 시험을 면제한다.
1. 항공기술사 자격을 가진 사람이 항공정비사 종류별 자격시험에 응시하는 경우 : 항공법규를 제외한 학과시험 면제
2. 항공정비기능장 또는 항공기사 자격을 가진 사람(해당 자격 취득 항공기 정비 업무에 1년 이상 종사한 경력이 있는 사람만 해당한다)이 항공정비사 종류별 자격 시험에 응시하는 경우 : 항공법규를 제외한 학과시험 면제

3. 항공산업기사 자격을 가진 사람(해당 자 격 취득 후 항공기정비업무에 2년 이상 종사한 경력이 있는 사람만 해당한다)이 항공정비사 종류별 자격시험에 응시하는 경우 : 항공법규를 제외한 학과시험 면제

47 다음 중 항공정비사 자격시험에 응시하는 경우 항공법규 외의 학과시험이 면제 되는 자격요건이 아닌 것은?

㉮ 항공기술사 자격을 취득한 경우

㉯ 국토교통부장관이 지정한 전문교육기관에서 항공정비사에 필요한 과정을 이수한 사람

㉰ 항공정비기능장 자격취득 후 항공기 정비업무에 1년 이상 종사한 경력이 있는 사람

㉱ 항공기사 자격취득 후 항공기 정비업무에 1년 이상 종사한 경력이 있는 사람

해설 45번항, 46번항 해설 참조

48 다음 중 항공정비사 자격시험에 응시하는 경우 항공법규 외의 학과시험이 면제되는 자격요건이 아닌 것은?

㉮ 항공기술사 자격을 취득한 경우

㉯ 항공정비기능장 자격을 취득한 경우

㉰ 항공기사 자격을 취득한 자가 항공기 정비업무에 1년 이상 종사한 경력이 있는 경우

㉱ 항공산업기사 자격을 취득한 자가 항공기 정비업무에 2년 이상 종사한 경력이 있는 경우

해설 46번항 해설 참조

49 항공정비사 자격증명시험의 면제에 대한 다음 설명 중 틀린 것은?

㉮ 국토교통부장관이 지정한 전문교육기관에서 항공정비사에 필요한 과정을 이수한 사람은 실기시험의 일부를 면제한다.

㉯ 정비 실무경력 10년 이상인 사람이 항공정비사 자격증명 시험에 응시하는 경우 항공법규를 제외한 학과시험을 면제한다.

㉰ 항공기술사 자격을 취득한 사람이 항공정비사 자격증명시험에 응시하는 경우 항공법규를 제외한 학과시험을 면제한다.

㉱ 5년 이상 항공정비에 관한 실무경력이 있는 사람이 항공정비사 자격증명시험에 응시하는 경우 실기시험의 일부를 면제한다.

해설 45번항, 46번항 해설 참조

정답 45 ㉮ 46 ㉱ 47 ㉯ 48 ㉯ 49 ㉯

50 항공업무에 종사하는 경우 항공신체검사증명을 받지 않아도 되는 사람은?

㉮ 항공기관사

㉯ 항공사

㉰ 운항관리사

㉱ 항공교통관제사

해설 법 제40조 (항공신체검사증명) 제1항 참조
① 다음의 어느 하나에 해당하는 사람은 자격증 명의 종류별로 국토교통부장관의 항공 신체검사 증명을 받아야 한다.
1. 운항승무원(운송용 조종사, 사업용 조종 사, 자가용 조종사, 부조종사, 항공사, 항공기관사)
2. 제35조제7호의 자격증명을 받고 항공교통관제 업무를 하는 사람

51 항공종사자가 항공법을 위반하여 벌금 이상의 형의 선고를 받은 경우 행정처분은?

㉮ 자격증명을 취소하거나 1년 이내의 기간을 정하여 자격증명의 효력을 정지시킨다.

㉯ 자격증명을 취소하거나 2년 이내의 기간을 정하여 자격 증명의 효력을 정지시킨다.

㉰ 2년 이내의 기간을 정하여 항공업무의 정지를 명할 수 있다.

㉱ 자격증명을 취소시킨다.

해설 법 제43조 (자격증명 · 항공신체검사증명의 취소 등) ① 국토교통부장관은 항공종사자가 다음 각 호의 어느 하나에 해당하면 그 자격증명이나 자격증명의 한정(이하 이 조에서 "자격증명등" 이라 한다)을 취소하거나 1년 이내의 기간을 정하여 자격증명 등의 효력정지를 명할 수 있다. 다만, 제2호 또는 제32호에 해당하는 경우에는 해당자격증명 등을 취소하여야 한다. → 취소나 효력정지의 경우는 32가지가 있으므로 제43조제1항 참조 → 반드시 취소하여야 하는 경우 ⇒ 거짓이나 그 밖의 부정한 방법으로 자격증명 등을 받은 경우 ⇒ 이 조에 따른 자격증명 등의 정지명령을 위반하여 정지기간에 항공업무에 종사한 경우
② 생략 (항공신체검사증명 내용임)
③ 자격증명 등의 시험에 응시하거나 심사를 받는 사람 또는 항공신체검사를 받는 사람이 그 시험이나 심사 또는 검사에서 부정한 행위를 한 경우에는 그 부정행위를 한 날부터 각각 2년간 이 법에 따른 자격증명 등의 시험에 응시하거나 심사를 받을 수 없으며, 이 법에 따른 신체검사를 받을 수 없다.

52 다음 중 반드시 해당 항공종사자 자격증명을 취소하여야 하는 경우는?

㉮ 항공법을 위반하여 벌금 이상의 형을 선고받은 경우

㉯ 항공법 또는 항공법에 의한 명령에 위반한 경우

㉰ 부정한 방법으로 자격증명을 받은 경우

㉱ 항공종사자로 직무를 행함에 있어서 고의 또는 중대한 과실이 있는 경우

해설 51번항 해설 참조

53 다음 중 반드시 자격증명을 취소할 수 있는 경우는?

㉮ 벌금 이상의 형의 선고를 받았을 때

㉯ 자격증명의 효력 정지기간 중에 항공업무에 종사한 때

㉰ 고의 또는 중대한 과실을 범했을 때

㉱ 법에 의한 명령에 위반한 때

해설 45번항 해설 참조

54 자격증명시험에 합격한 사람이 해당 시험에서 부정행위를 한 경우에 대한 응시의 제한은?

㉮ 부정행위를 한 사실을 발견한 경우 1년간 시험응시 제한

㉯ 부정행위를 한 사실을 발견한 경우 2년간 시험응시 제한

㉰ 부정행위를 한 사실을 발견한 경우 3년간 시험응시 제한

㉱ 부정행위를 한 사실을 발견한 경우 그 합격을 취소

55 자격증명시험의 일부 과목 또는 전 과목에 합격한 자의 유효 기간은?

㉮ 1년

㉯ 1년 6개월

㉰ 2년

㉱ 3년

56 자격증명을 받은 사람이 다른 자격증명을 받기 위해 응시하는 경우는?

㉮ 같은 수준 이상이라고 국토교통부장관이 인정한 경우 시험을 면제할 수 있다.

㉯ 같은 수준이라고 안전공단이사장이 인정한 경우 시험을 면제할 수 있다.

㉰ 같은 수준 이상이라고 지방항공청장이 인정한 경우 시험을 면제할 수 있다.

㉱ 같은 수준이상이라고 항공법 시행령에서 인정한 경우 시험을 면제할 수 있다.

해설 시행규칙 제86조(자격증명을 가진 사람의 학과 시험 면제) 자격증명을 받은 사람이 다른 자격증명을 받기 위하여 자격증명시험에 응시하는 경우에는 별표 6에 따라 응시하려는 학과 시험의 일부를 면제한다.

57 다음 중 항공종사자 자격증명의 취소 또는 효력정지 사유와 관계없는 것은?

㉮ 자격시험에 응시하여 부정한 행위를 하였을 때
㉯ 고의 또는 중대한 과실에 따른 항공기사고로 인명피해를 발생하게 한 때
㉰ 항공법을 위반하여 벌금 이상의 형을 선고받은 때
㉱ 자격증명 정지기간 중에 항공업무에 종사한 때

[해설] 51번항 해설 참조

58 자격증명의 한정을 받은 항공종사자가 한정된 항공기의 종류, 등급 또는 형식 외의 항공기나 한정된 정비업무 외의 항공업무에 종사하여 2차 위반 시 행정처분은?

㉮ 효력정지 180일
㉯ 효력정지 90일
㉰ 효력정지 60일
㉱ 효력정지 30일

[해설] 시행규칙 제97조 (자격증명·항공신체검사 증명의 취소 등)
① 법 제43조(법 제44조제4항 및 법 제46조제4항에서 준용하는 경우를 포함한다)에 따른 항공종사자 및 조종연습생에 대한 행정처분 기준은 별표 10과 같다.

[별표 10] 항공종사자 등에 대한 행정처분기준
6. 법 제32조에 따라 정비 등을 확인하는 항공종사자가 감항성에 적합하지 아니함에도 불구하고 이를 적합한 것으로 확인한 경우
 • 1차 위반 : 효력 정지 30일
 • 2차 위반 : 효력 정지 120일
 • 3차 위반 : 효력 정지 1년 또는 자격증명 취소
7. 법 제36조제1항을 위반하여 자격증명 종류에 따른 항공업무 외의 항공업무에 종사한 경우
 • 1차 위반 : 효력 정지 150일
 • 2차 위반 : 효력 정지 1년 또는 자격증명 취소
8. 법 제37조제2항을 위반하여 자격증명의 한정을 받은 항공종사자가 한정된 항공기의 종류, 등급 또는 형식 외의 항공기나 한정된 정비업무 외의 항공업무에 종사한 경우
 • 1차 위반 : 효력 정지 30일
 • 2차 위반 : 효력 정지 60일
 • 3차 위반 : 효력 정지 180일
30. 법 제74조제2항을 위반하여 항공종사자가 자격증명서 및 항공신체검사증명서 또는 국토교통부령으로 정하는 자격증명서를 지니지 아니하고 항공업무를 수행한 경우
 • 1차 위반 : 효력 정지 10일
 • 2차 위반 : 효력 정지 30일
 • 3차 위반 : 효력 정지 90일
33. 법 제116조제3항을 위반하여 법 제116조제1항에 따른 운항규정 또는 정비규정을 지키지 아니하고 업무를 수행한 경우
 • 1차 위반 : 효력 정지 30일
 • 2차 위반 : 효력 정지 60일
 • 3차 위반 : 효력 정지 90일

59 항공종사자가 자격증명서 및 항공신체검사증명서를 휴대하지 아니하고 항공업무에 종사한 경우 1차 위반 시 효력정지 기간은?

㉮ 7일
㉯ 10일
㉰ 20일
㉱ 30일

[해설] 58번항 해설 참조 (별표 10 참조)

구/술/예/상/문/제

01 항공정비사의 업무범위는?

해설 가. 항공안전법 제32조(항공기 등의 정비 등의 확인)제1항에 따라 정비 등을 한 항공기 등, 장비품 또는 부품에 대하여 감항성을 확인하는 행위
- 제32조제1항 : 소유자 등은 항공기 등, 장비품 또는 부품에 대하여 정비 등(국토교통부령이 정하는 경미한 정비 및 제30조제1항에 정한 국토교통부장관으로부터 수리·개조 승인을 받은 경우 제외)을 한 경우에는 제35조(자격증명의 종류) 8호의 항공정비사 자격증명을 받은 사람으로서 국토교통부령으로 정하는 자격요건을 갖춘 사람으로부터 그 항공기 등 장비품 또는 부품에 대하여 국토교통부령으로 정하는 방법에 따라 감항성을 확인받지 아니하면 이를 운항 또는 항공기 등에 사용해서는 아니 된다.
- 다만, 감항성 확인이 곤란한 대한민국 외의 지역에서 자격요건을 갖춘 사람으로부터 그 항공기 등 장비품 또는 부품에 대하여 감항성을 확인 받은 경우에는 이를 운항 또는 항공기 등에 사용할 수 있다.

나. 항공안전법 제108조(경량항공기 안전성 인증 등)제4항에 따라 정비를 한 경량항공기 또는 그 장비품·부품에 대하여 안전하게 운용할 수 있음을 확인하는 행위
- 제108조제4항 : 경량항공기 소유자 등 또는 경량항공기를 사용하여 비행하려는 사람은 경량항공기 또는 그 장비품·부품을 정비한 경우에는 제35조제8호의 항공정비사 자격증명을 가진 사람으로부터 국토교통부령으로 정하는 방법에 따라 안전하게 운용할 수 있다는 확인을 받지 아니하고 비행하여서는 아니 된다. 다만, 국토교통부령으로 정한 경미한 정비는 그러하지 아니하다.

근거 1. 항공안전법 제36조(업무범위) 별표　　　　　　　　2. 항공안전법 제32조제1항
　　　 3. 항공안전법 제35조제8호　　　　　　　　　　　　4. 항공안전법 시행규칙 제285조

02 자격증명의 한정이란?

해설 가. 항공안전법 제37조(자격증명의 한정)제1항에 의거 국토교통부장관은 다음 각 호의 구분에 따라 자격증명의 한정을 할 수 있다.
　　　 1) 운송용조종사, 사업용조종사, 자가용조종사, 부조종사 또는 항공기관사 자격의 경우 : 항공기의 종류, 등급 또는 형식
　　　 2) 항공정비사 자격의 경우 : 항공기의 종류 및 정비분야

나. 항공안전법시행규칙 제81조(자격증명의 한정)
　　　 1) 제1항에 따라 한정하는 항공기의 종류는 비행기, 헬리콥터, 비행선, 활공기 및 항공우주선으로 구분한다.
　　　 2) 제1항에 따라 항공기 등급은
- 활공기의 경우는 상급(활공기가 특수 또는 상급활공기인 경우) 및 중급(활공기가 중급 또는 초급활공기인 경우)으로 구분한다.
- 육상 항공기의 경우 : 육상단발 및 육상다발
- 수상 항공기의 경우 : 수상단발 및 수상다발

　　　 3) 제4항에 따라 한정하는 항공기의 형식은
- 조종사의 경우 비행교범에 2명 이상의 조종사가 필요한 것으로 되어있는 항공기
- 가목 외에 국토교통부장관이 지정하는 형식의 항공기
- 예) B747, A380, B777, A321 등

　　　 4) 항공정비사의 자격증명을 한정하는 정비분야 범위
- 기체 관련분야
- 왕복발동기 관련분야
- 터빈발동기 관련분야
- 프로펠러 관련분야
- 전자·전기·계기 관련분야

근거 1. 항공안전법 제37조(자격증명의 한정)
　　　 2. 항공안전법 시행규칙 제81조(자격증명의 한정)

항공안전법	항공안전법 시행령
제5장 항공기의 운항 **제51조(무선설비의 설치·운용 의무)** 항공기를 운항하려는 자 또는 소유자 등은 해당 항공기에 비상위치 무선표지설비, 2차감시 레이더용 트랜스폰더 등, 국토교통부령으로 정하는 무선설비를 설치·운용하여야 한다.	

제5장 항공기의 운항

제107조(무선설비) ① 법 제51조에 따라 항공기에 설치·운용하여야 하는 무선설비는 다음 각 호와 같다. 다만, 항공운송사업에 사용되는 항공기 외의 항공기가 계기비행방식 외의 방식(이하 "시계비행방식"이라 한다)에 의한 비행을 하는 경우에는 제3호부터 제6호까지의 무선설비를 설치·운용하지 아니할 수 있다.

1. 비행 중 항공교통관제기관과 교신할 수 있는 초단파(VHF) 또는 극초단파(UHF)무선전화 송수신기 각 2대. 이 경우 비행기[국토교통부장관이 정하여 고시하는 기압고도계의 수정을 위한 고도(이하 "전이고도"라 한다) 미만의 고도에서 교신하려는 경우만 해당한다]와 헬리콥터의 운항승무원은 붐(Boom) 마이크로폰 또는 스롯(Throat) 마이크로폰을 사용하여 교신하여야 한다.
2. 기압고도에 관한 정보를 제공하는 2차감시 항공교통관제 레이더용 트랜스폰더(Mode 3/A 및 Mode C SSR trans-ponder. 다만, 국외를 운항하는 항공운송사업용 항공기의 경우에는 Mode S transponder) 1대
3. 자동방향탐지기(ADF) 1대[무지향표지시설(NDB) 신호로만 계기접근절차가 구성되어 있는 공항에 운항하는 경우만 해당한다]
4. 계기착륙시설(ILS) 수신기 1대(최대이륙중량 5천 700킬로그램 미만의 항공기와 헬리콥터 및 무인항공기는 제외한다)
5. 전방향표지시설(VOR) 수신기 1대(무인항공기는 제외한다)
6. 거리측정시설(DME) 수신기 1대(무인항공기는 제외한다)
7. 다음 각 목의 구분에 따라 비행 중 뇌우 또는 잠재적인 위험 기상조건을 탐지할 수 있는 기상레이더 또는 악기상 탐지장비
   가. 국제선 항공운송사업에 사용되는 비행기로서 여압장치가 장착된 비행기의 경우 : 기상레이더 1대
   나. 국제선 항공운송사업에 사용되는 헬리콥터의 경우 : 기상레이더 또는 악기상 탐지장비 1대
   다. 가목 외에 국외를 운항하는 비행기로서 여압장치가 장착된 비행기의 경우 : 기상레이더 또는 악기상 탐지장비 1대
8. 다음 각 목의 구분에 따라 비상위치지시용 무선표지설비(ELT). 이 경우 비상위치지시용 무선표지설비의 신호는 121.5메가헤르츠(MHz) 및 406메가헤르츠(MHz)로 송신되어야 한다.
   가. 2대를 설치하여야 하는 경우 : 다음의 어느 하나에 해당하는 항공기. 이 경우 비상위치지시용 무선표지설비 2대 중 1대는 자동으로 작동되는 구조여야 하며, 3)의 경우 1대는 구명보트에 설치하여야 한다.

항공안전법	항공안전법 시행령
제52조(항공계기 등의 설치·탑재 및 운용 등) ① 항공기를 운항하려는 자 또는 소유자 등은 해당 항공기에 항공기 안전운항을 위하여 필요한 항공계기(航空計器), 장비, 서류, 구급용구 등(이하 "항공계기등"이라 한다)을 설치하거나 탑재하여 운용하여야 한다. 이 경우 최대이륙중량이 600킬로그램 초과 5천700킬로그램 이하인 비행기에는 사고예방 및 안전운항에 필요한 장비를 추가로 설치할 수 있다. 〈개정 2017.1.17.〉 ② 제1항에 따라 항공계기 등을 설치하거나 탑재하여야 할 항공기, 항공계기 등의 종류, 설치·탑재기준 및 그 운용방법 등에 필요한 사항은 국토교통부령으로 정한다.	

1) 승객의 좌석 수가 19석을 초과하는 비행기(항공운송사업에 사용되는 비행기만 해당한다)
2) 비상착륙에 적합한 육지(착륙이 가능한 섬을 포함한다)로부터 순항속도로 10분의 비행거리 이상의 해상을 비행하는 제1종 및 제2종 헬리콥터, 회전날개에 의한 자동회전(autorotation)에 의하여 착륙할 수 있는 거리 또는 안전한 비상착륙(safe forced landing)을 할 수 있는 거리를 벗어난 해상을 비행하는 제3종 헬리콥터

나. 1대를 설치하여야 하는 경우 : 가목에 해당하지 아니하는 항공기. 이 경우 비상위치지시용 무선표지설비는 자동으로 작동되는 구조여야 한다.

② 제1항제1호에 따른 무선설비는 다음 각 호의 성능이 있어야 한다.

1. 비행장 또는 헬기장에서 관제를 목적으로 한 양방향통신이 가능할 것
2. 비행 중 계속하여 기상정보를 수신할 수 있을 것
3. 운항 중 「전파법 시행령」 제29조제1항제7호 및 제11호에 따른 항공기국과 항공국 간 또는 항공국과 항공기국 간 양방향통신이 가능할 것
4. 항공비상주파수(121.5㎒ 또는 243.0㎒)를 사용하여 항공교통관제기관과 통신이 가능할 것
5. 제1항제1호에 따른 무선전화 송수신기 각 2대 중 각 1대가 고장이 나더라도 나머지 각 1대는 고장이 나지 아니하도록 각각 독립적으로 설치할 것

③ 제1항제2호에 따라 항공운송사업용 비행기에 장착해야 하는 기압고도에 관한 정보를 제공하는 트랜스폰더는 다음 각 호의 성능이 있어야 한다.

1. 고도 7.62미터(25피트) 이하의 간격으로 기압고도정보(pressure altitude information)를 관할 항공교통관제 기관에 제공할 수 있을 것
2. 해당 비행기의 위치(공중 또는 지상)에 대한 정보를 제공할 수 있을 것[해당 비행기에 비행기의 위치(공중 또는 지상 : airborne/on-the-ground status)를 자동으로 감지하는 장치(automatic means of detecting)가 장착된 경우만 해당한다]

④ 제1항에 따른 무선설비의 운용요령 등에 관하여 필요한 사항은 국토교통부장관이 정하여 고시한다.

제108조(항공일지) ① 법 제52조제2항에 따라 항공기를 운항하려는 자 또는 소유자 등은 탑재용 항공일지, 지상비치용 발동기 항공일지 및 지상 비치용 프로펠러 항공일지를 갖춰야 한다. 다만, 활공기의 소유자 등은 활공기용 항공일지를, 법 제102조 각 호의 어느 하나에 해당하는 항공기의 소유자 등은 탑재용 항공일지를 갖춰야 한다.

② 항공기의 소유자 등은 항공기를 항공에 사용하거나 개조 또는 정비한 경우에는 지체 없이 다음 각 호의 구분에 따라 항공일지에 적어야 한다.

1. 탑재용 항공일지(법 제102조 각 호의 어느 하나에 해당하는 항공기는 제외한다)
가. 항공기의 등록부호 및 등록연월일
나. 항공기의 종류·형식 및 형식증명번호
다. 감항분류 및 감항증명번호
라. 항공기의 제작자·제작번호 및 제작연월일
마. 발동기 및 프로펠러의 형식
바. 비행에 관한 다음의 기록
   1) 비행연월일
   2) 승무원의 성명 및 업무
   3) 비행목적 또는 편명
   4) 출발지 및 출발시각
   5) 도착지 및 도착시각
   6) 비행시간
   7) 항공기의 비행안전에 영향을 미치는 사항
   8) 기장의 서명

　　　사. 제작 후의 총 비행시간과 오버홀을 한 항공기의 경우 최근의 오버홀 후의 총 비행시간
　　　아. 발동기 및 프로펠러의 장비교환에 관한 다음의 기록
　　　　　1) 장비교환의 연월일 및 장소
　　　　　2) 발동기 및 프로펠러의 부품번호 및 제작일련번호
　　　　　3) 장비가 교환된 위치 및 이유
　　　자. 수리ㆍ개조 또는 정비의 실시에 관한 다음의 기록
　　　　　1) 실시 연월일 및 장소
　　　　　2) 실시 이유, 수리ㆍ개조 또는 정비의 위치 및 교환 부품명
　　　　　3) 확인 연월일 및 확인자의 서명 또는 날인
　2. 탑재용 항공일지(법 제102조 각 호의 어느 하나에 해당하는 항공기만 해당한다)
　　　가. 항공기의 등록부호ㆍ등록증번호 및 등록연월일
　　　나. 비행에 관한 다음의 기록
　　　　　1) 비행연월일
　　　　　2) 승무원의 성명 및 업무
　　　　　3) 비행목적 또는 항공기 편명
　　　　　4) 출발지 및 출발시각
　　　　　5) 도착지 및 도착시각
　　　　　6) 비행시간
　　　　　7) 항공기의 비행안전에 영향을 미치는 사항
　　　　　8) 기장의 서명
　3. 지상 비치용 발동기 항공일지 및 지상 비치용 프로펠러 항공일지
　　　가. 발동기 또는 프로펠러의 형식
　　　나. 발동기 또는 프로펠러의 제작자ㆍ제작번호 및 제작연월일
　　　다. 발동기 또는 프로펠러의 장비교환에 관한 다음의 기록
　　　　　1) 장비교환의 연월일 및 장소
　　　　　2) 장비가 교환된 항공기의 형식ㆍ등록부호 및 등록증번호
　　　　　3) 장비교환 이유
　　　라. 발동기 또는 프로펠러의 수리ㆍ개조 또는 정비의 실시에 관한 다음의 기록
　　　　　1) 실시 연월일 및 장소
　　　　　2) 실시 이유, 수리ㆍ개조 또는 정비의 위치 및 교환 부품명
　　　　　3) 확인 연월일 및 확인자의 서명 또는 날인
　　　마. 발동기 또는 프로펠러의 사용에 관한 다음의 기록
　　　　　1) 사용 연월일 및 시간
　　　　　2) 제작 후의 총 사용시간 및 최근의 오버홀 후의 총 사용시간
　4. 활공기용 항공일지
　　　가. 활공기의 등록부호ㆍ등록증번호 및 등록연월일
　　　나. 활공기의 형식 및 형식증명번호
　　　다. 감항분류 및 감항증명번호
　　　라. 활공기의 제작자ㆍ제작번호 및 제작연월일
　　　마. 비행에 관한 다음의 기록

　　　1) 비행 연월일

　　　2) 승무원의 성명

　　　3) 비행목적

　　　4) 비행구간 또는 장소

　　　5) 비행시간 또는 이·착륙횟수

　　　6) 활공기의 비행안전에 영향을 미치는 사항

　　　7) 기장의 서명

　　바. 수리·개조 또는 정비의 실시에 관한 다음의 기록

　　　1) 실시 연월일 및 장소

　　　2) 실시 이유, 수리·개조 또는 정비의 위치 및 교환부품명

　　　3) 확인연월일 및 확인자의 서명 또는 날인

제109조(사고예방장치 등) ① 법 제52조제2항에 따라 사고예방 및 사고조사를 위하여 항공기에 갖추어야 할 장치는 다음 각 호와 같다. 다만, 국제항공노선을 운항하지 아니하는 헬리콥터의 경우에는 제2호 및 제3호의 장치를 갖추지 아니할 수 있다.

1. 다음 각 목의 어느 하나에 해당하는 비행기에는 「국제민간항공협약」 부속서 10에서 정한 바에 따라 운용되는 공중충돌경고장치(Airborne Collision Avoidance System, ACAS Ⅱ) 1기 이상

　가. 항공운송사업에 사용되는 모든 비행기. 다만, 소형항공운송사업에 사용되는 최대이륙중량이 5천 700킬로그램 이하인 비행기로서 그 비행기에 적합한 공중충돌경고장치가 개발되지 아니하거나 공중충돌경고장치를 장착하기 위하여 필요한 비행기 개조 등의 기술이 그 비행기의 제작자 등에 의하여 개발되지 아니한 경우에는 공중충돌경고장치를 갖추지 아니 할 수 있다.

　나. 2007년 1월 1일 이후에 최초로 감항증명을 받는 비행기로서 최대이륙중량이 1만5천 킬로그램을 초과하거나 승객 30명을 초과하여 수송할 수 있는 터빈발동기를 장착한 항공운송사업 외의 용도로 사용되는 모든 비행기

　다. 2008년 1월 1일 이후에 최초로 감항증명을 받는 비행기로서 최대이륙중량이 5,700킬로그램을 초과하거나 승객 19명을 초과하여 수송할 수 있는 터빈발동기를 장착한 항공운송사업 외의 용도로 사용되는 모든 비행기

2. 다음 각 목의 어느 하나에 해당하는 비행기 및 헬리콥터에는 그 비행기 및 헬리콥터가 지표면에 근접하여 잠재적인 위험상태에 있을 경우 적시에 명확한 경고를 운항승무원에게 자동으로 제공하고 전방의 지형지물을 회피할 수 있는 기능을 가진 지상접근경고장치(Ground Proximity Warning System) 1기 이상

　가. 최대이륙중량이 5,700킬로그램을 초과하거나 승객 9명을 초과하여 수송할 수 있는 터빈발동기를 장착한 비행기

　나. 최대이륙중량이 5,700킬로그램 이하이고 승객 5명 초과 9명 이하를 수송할 수 있는 터빈발동기를 장착한 비행기

　다. 최대이륙중량이 5,700킬로그램을 초과하거나 승객 9명을 초과하여 수송할 수 있는 왕복발동기를 장착한 모든 비행기

　라. 최대이륙중량이 3,175킬로그램을 초과하거나 승객 9명을 초과하여 수송할 수 있는 헬리콥터로서 계기비행방식에 따라 운항하는 헬리콥터

3. 다음 각 목의 어느 하나에 해당하는 항공기에는 비행자료 및 조종실 내 음성을 디지털 방식으로 기록할 수 있는 비행기록장치 각 1기 이상

　가. 항공운송사업에 사용되는 터빈발동기를 장착한 비행기. 이 경우 비행기록장치에는 25시간 이상 비행자료를 기록하고, 2시간 이상 조종실 내 음성을 기록할 수 있는 성능이 있어야 한다.

　나. 승객 5명을 초과하여 수송할 수 있고 최대이륙중량이 5,700킬로그램을 초과하는 비행기 중에서 항공운송 사업 외의 용도로 사용되는 터빈발동기를 장착한 비행기. 이 경우 비행기록장치에는 25시간 이상 비행자료를 기록하고, 2시간 이상 조종실 내 음성을 기록할 수 있는 성능이 있어야 한다.

    다. 1989년 1월 1일 이후에 제작된 헬리콥터로서 최대이륙중량이 3천 180킬로그램을 초과하는 헬리콥터. 이 경우 비행기록장치에는 10시간 이상 비행자료를 기록하고, 2시간 이상 조종실 내 음성을 기록할 수 있는 성능이 있어야 한다.

    라. 그 밖에 항공기의 최대이륙중량 및 제작 시기 등을 고려하여 국토교통부장관이 필요하다고 인정하여 고시하는 항공기

4. 최대이륙중량이 5,700킬로그램을 초과하거나 승객 9명을 초과하여 수송할 수 있는 터빈발동기(터보프롭 발동기는 제외한다)를 장착한 항공운송사업에 사용되는 비행기에는 전방돌풍경고장치 1기 이상. 이 경우 돌풍경고장치는 조종사에게 비행기 전방의 돌풍을 시각 및 청각적으로 경고하고, 필요한 경우에는 실패접근(missed approach), 복행(go-around) 및 회피기동(escape manoeuvre)을 할 수 있는 정보를 제공하는 것이어야 하며, 항공기가 착륙하기 위하여 자동착륙장치를 사용하여 활주로에 접근할 때 전방의 돌풍으로 인하여 자동착륙장치가 그 운용한계에 도달하고 있는 경우에는 조종사에게 이를 알릴 수 있는 기능을 가진 것이어야 한다.

5. 최대이륙중량 2만 7,000킬로그램을 초과하고 승객 19명을 초과하여 수송할 수 있는 항공운송사업에 사용되는 비행기로서 15분 이상 해당 항공교통관제기관의 감시가 곤란한 지역을 비행하는 하는 경우 위치추적 장치 1기 이상

② 제1항제2호에 따른 지상접근경고장치는 다음 각 호의 구분에 따라 경고를 제공할 수 있는 성능이 있어야 한다.

1. 제1항제2호가목에 해당하는 비행기의 경우에는 다음 각 목의 경우에 대한 경고를 제공할 수 있을 것

    가. 과도한 강하율이 발생하는 경우

    나. 지형지물에 대한 과도한 접근율이 발생하는 경우

    다. 이륙 또는 복행 후 과도한 고도의 손실이 있는 경우

    라. 비행기가 다음의 착륙형태를 갖추지 아니한 상태에서 지형지물과의 안전거리를 유지하지 못하는 경우

        1) 착륙바퀴가 착륙위치로 고정

        2) 플랩의 착륙위치

    마. 계기활공로 아래로의 과도한 강하가 이루어진 경우

2. 제1항제2호나목 및 다목에 해당하는 비행기와 제1항제2호라목에 해당하는 헬리콥터의 경우에는 다음 각 목의 경우에 대한 경고를 제공할 수 있을 것

    가. 과도한 강하율이 발생되는 경우

    나. 이륙 또는 복행 후에 과도한 고도의 손실이 있는 경우

    다. 지형지물과의 안전거리를 유지하지 못하는 경우

③ 제1항제3호에 따른 비행기록장치의 종류, 성능, 기록하여야 하는 자료, 운영방법, 그 밖에 필요한 사항은 법 제77조에 따라 고시하는 운항기술기준에서 정한다.

④ 제1항제3호에도 불구하고 다음 각 호의 어느 하나에 해당하는 경우에는 비행기록장치를 장착하지 아니할 수 있다.

1. 제3항에 따른 운항기술기준에 적합한 비행기록장치가 개발되지 아니하거나 생산되지 아니하는 경우

2. 해당 항공기에 비행기록장치를 장착하기 위하여 필요한 항공기 개조 등의 기술이 그 항공기의 제작사 등에 의하여 개발되지 아니한 경우

[시행일 : 2017.8.20.] 제109조

[시행일 : 2018.11.8.] 제109조제1항제5호

제110조(구급용구 등) 법 제52조제2항에 따라 항공기의 소유자 등이 항공기(무인항공기는 제외한다)에 갖추어야 할 구명동의, 음성신호발생기, 구명보트, 불꽃조난신호장비, 휴대용 소화기, 도끼, 메가폰, 구급의료용품 등은 별표 15와 같다.

[별표 15]

항공기에 장비하여야 할 구급용구 등(제110조 관련)

1.

구급용구

구분	품목	수량	
		항공운송사업 및 항공기사용 사업에 사용하는 경우	그 밖의 경우
가. 수상비행기(수륙 양용 비행기를 포함한다) 1개	• 구명동의 또는 이에 상당하 는 개인부양 장비 • 음성신호발생기 • 해상용 닻	탑승자 한 명당 1개 1기 1개	탑승자 한 명당 1개 1기 1개(해상이동에 필요 한 경우만 해당한다)
나. 육상비행기(수륙 양용 비행기를 포함한다) 1) 착륙에 적합한 해안으로부터 93킬로미터 (50해리) 이상의 해상을 비행하는 다음의 경우 가) 쌍발비행기가 임계발동기가 작동하지 않아도 최저안전고도 이상으로 비행하 여 교체비행장에 착륙할 수 있는 경우 나) 3발 이상의 비행기가 2개의 발동기가 작동하지 않아도 항로상 교체비행장에 착륙할 수 있는 경우	• 구명동의 또는 이에 상당하 는 개인부양 장비	탑승자 한 명당 1개	탑승자 한 명당 1개
2) 1) 외의 육상단발비행기가 해안으로부터 활공거리를 벗어난 해상을 비행하는 경우	• 구명동의 또는 이에 상당하 는 개인부양 장비	탑승자 한 명당 1개	탑승자 한 명당 1개
3) 이륙경로나 착륙접근경로가 수상에서의 사고 시에 착수가 예상되는 경우	• 구명동의 또는 이에 상당하 는 개인부양 장비	탑승자 한 명당 1개	
다. 장거리 해상을 비행하는 비행기 1) 비상착륙에 적합한 육지로부터 120분 또 는 740킬로미터(400해리) 중 짧은 거리 이 상의 해상을 비행하는 다음의 경우 가) 쌍발비행기가 임계발동기가 작동하지 않아도 최저안전고도 이상으로 비행하 여 교체비행장에 착륙할 수 있는 경우 나) 3발 이상의 비행기가 2개의 발동기가 작동하지 않아도 항로상 교체비행장에 착륙할 수 있는 경우	• 구명동의 또는 이에 상당하 는 개인부양 장비 • 구명보트 • 불꽃조난신호장비	탑승자 한 명당 1개 적정 척 수 1기	탑승자 한 명당 1개 적정 척 수 1기
2) 1) 외의 비행기가 30분 또는 185킬로미터 (100해리) 중 짧은 거리 이상의 해상을 비 행하는 경우 3) 비행기가 비상착륙에 적합한 육지로부터 93킬로미터(50해리) 이상의 해상을 비행 하는 경우 4) 비상착륙에 적합한 육지로부터 단발기는 185킬로미터(100해리), 다발기는 1개의 발동기가 작동하지 않아도 370킬로미터	• 육상비행기 또는 수상비행 기의 구분에 따라 가 또는 나 에서 정한 품목 • 구명보트 • 불꽃조난신호장비 • 구명동의 또는 이에 상당하 는 개인부양 장비 • 구명보트 • 불꽃조난신호장비	육상비행기 또는 수상 비행기 의 구분에 따라 가 또는 나에 서 정한 수량 적정 척 수 1기	적정 척 수 1기 탑승자 한 명당 1개 적정 척 수 1기

항공안전법 시행규칙

구분	품목	수량	
		항공운송사업 및 항공기사용 사업에 사용하는 경우	그 밖의 경우
(200해리) 이상의 해상을 비행하는 경우	• 불꽃조난신호장비 • 구명장비	1기 이상 1기 이상	1기 이상 1기 이상
라. 수색구조가 특별히 어려운 산악지역, 외딴지역 및 국토교통부장관이 정한 해상 등을 횡단 비행하는 비행기(헬리콥터를 포함한다)			
마. 헬리콥터 　1) 제1종 또는 제2종 헬리콥터가 육지(비상착륙에 적합한 섬을 포함한다)로부터 순항속도로 10분거리 이상의 해상을 비행하는 경우	• 헬리콥터 부양장치 • 구명동의 또는 이에 상당하는 개인부양장비 • 구명보트 • 불꽃조난신호장비	1조 탑승자 한 명당 1개 적정 척 수 1기	1조 탑승자 한 명당 1개 적정 척 수 1기
2) 제3종 헬리콥터가 다음의 비행을 하는 경우 　가) 비상착륙에 적합한 육지 또는 섬으로부터 자동회전 또는 안전강착거리를 벗어난 해상을 비행하는 경우 　나) 비상착륙에 적합한 육지 또는 섬으로부터 자동회전거리를 초과하되, 국토교통부장관이 정한 육지로부터의 거리 내의 해상을 비행하는 경우 　다) 가)에서 정한 지역을 초과하는 해상을 비행하는 경우	• 헬리콥터 부양장치 • 구명동의 또는 이에 상당하는 개인부양장비 • 구명동의 또는 이에 상당하는 개인부양장비 • 구명보트	1조 탑승자 한 명당 1개 탑승자 한 명당 1개 적정 척 수 1기	1조 탑승자 한 명당 1개 탑승자 한 명당 1개 적정 척 수 1기
3) 제2종 및 제3종 헬리콥터가 이륙 경로나 착륙접근 경로가 수상에서의 사고 시에 착수가 예상되는 경우	• 불꽃조난신호장비 • 구명동의 또는 이에 상당하는 개인부양장비 • 헬리콥터 부양장치	탑승자 한 명당 1개 1조	탑승자 한 명당 1개 1조
4) 앞바다(offshore)를 비행하거나 국토교통부장관이 정한 수상을 비행할 경우 　5) 산불진화 등에 사용되는 물을 담기 위해 수면위로 비행하는 경우	• 구명동의 또는 이에 상당하는 개인부양장비	탑승자 한 명당 1개	탑승자 한 명당 1개

[비고]
1) 구명동의 또는 이에 상당하는 개인부양장비는 생존위치표시 등이 부착된 것으로서 각 좌석으로부터 꺼내기 쉬운 곳에 두고, 그 위치 및 사용방법을 승객이 명확히 알 수 있도록 해야 한다.
2) 육지로부터 자동회전 착륙거리를 벗어나 해상비행을 하거나 산불진화 등에 사용되는 물을 담기 위해 수면 위로 비행하는 경우 헬리콥터의 탑승자는 헬리콥터가 수면 위에서 비행하는 동안 위 표 마목에 따른 구명동의를 계속 착용하고 있어야 한다.
3) 헬리콥터가 해상 운항을 할 경우, 해수 온도가 10℃ 이하일 경우에는 탑승자 모두 구명동의를 착용해야 한다.
4) 음성신호발생기는 1972년 「국제해상충돌예방규칙협약」에서 정한 성능을 갖추어야 한다.
5) 구명보트의 수는 탑승자 전원을 수용할 수 있는 수량이어야 한다. 이 경우 구명보트는 비상시 사용하기 쉽도록 적재되어야 하며, 각 구명보트에는 비상신호등·방수휴대등이 각 1개씩 포함된 구명용품 및 불꽃조난신호장비 1기를 갖춰야 한다. 다만, 구명용품 및 불꽃조난신호장비는 구명보트에 보관할 수 있다.
6) 위 표 마목의 제1종·제2종 및 제3종 헬리콥터는 다음과 같다.
　가) 제1종 헬리콥터(Operations in performance Class 1 helicopter) : 임계발동기에 고장이 발생한 경우, TDP(Take-off Decision Point : 이륙결심지점) 전 또는 LDP(Landing Decision Point : 착륙결심지점)를 통과한 후에는 이륙을 포기하거나 또는 착륙지점에 착륙해야 하며, 그 외에는 적합한 착륙장소까지 안전하게 계속 비행이 가능한 헬리콥터
　나) 제2종 헬리콥터(Operations in performance Class 2 helicopter) : 임계발동기에 고장이 발생한 경우, 초기 이륙조종단계 또는 최종 착륙조종단계에서는 강제 착륙이 요구되며, 이 외에는 적합한 착륙장소까지 안전하게 계속 비행이 가능한 헬리콥터

다) 제3종 헬리콥터(Operations in performance Class 3 helicopter) : 비행 중 어느 시점이든 임계발동기에 고장이 발생할 경우 강제착륙이 요구되는 헬리콥터

2. 소화기

가. 항공기에는 적어도 조종실 및 조종실과 분리되어 있는 객실에 각각 한 개 이상의 이동이 간편한 소화기를 갖춰 두어야 한다. 다만, 소화기는 소화액을 방사 시 항공기 내의 공기를 해롭게 오염시키거나 항공기의 안전운항에 지장을 주는 것이어서는 안 된다.

나. 항공기의 객실에는 다음 표의 소화기를 갖춰 두어야 한다.

승객 좌석 수	소화기의 수량
1) 6석부터 30석까지	1
2) 31석부터 60석까지	2
3) 61석부터 200석까지	3
4) 201석부터 300석까지	4
5) 301석부터 400석까지	5
6) 401석부터 500석까지	6
7) 501석부터 600석까지	7
8) 601석 이상	8

3. 항공운송사업용 및 항공기사용사업용 항공기에는 사고 시 사용할 도끼 1개를 갖춰 두어야 한다.

4. 항공운송사업용 여객기에는 다음 표의 메가폰을 갖춰 두어야 한다.

승객 좌석 수	메가폰의 수
61석부터 99석까지	1
100석부터 199석까지	2
200석 이상	3

5. 모든 항공기에는 가목의 구급의료용품(First-aid Kit)을 탑재해야 하고, 항공운송사업용 항공기에는 나목의 감염예방의료용구(Unversal Precaution Kit)와 다목의 비상의료용구(Emergency Medical Kit)를 추가하여 탑재해야 한다. 다만, 다목의 비상의료용구는 비행시간이 2시간 이상이고 승객 좌석 수가 101석 이상의 항공운송사업용 항공기만 해당하며 1조 이상 탑재해야 한다.

가. 구급의료용품

1) 구급의료용품의 수량

승객 좌석 수	구급의료용품의 수
0석부터 100석	1조
101석부터 200석까지	2조
201석부터 300석까지	3조
301석부터 400석까지	4조
401석부터 500석까지	5조
501석 이상	6조

2) 구급의료용품에 포함해야 할 최소 품목

가) 내용물 설명서

나) 멸균 면봉(10개 이상)

다) 일회용 밴드

라) 거즈 붕대

마) 삼각건, 안전핀

바) 멸균된 거즈

사) 압박(탄력) 붕대

아) 소독포

자) 반창고

차) 상처 봉합용 테이프

카) 손 세정제 또는 물수건

타) 안대 또는 눈을 보호할 수 있는 테이프

파) 가위

하) 수술용 접착테이프

거) 핀셋

너) 일회용 의료장갑(2개 이상)

더) 체온계(비수은 체온계)

러) 인공호흡 마스크

머) 최신 정보를 반영한 응급처치교범

버) 구급의료용품 사용 시 보고를 위한 서식

서) 복용 약품(진통제, 구토억제제, 코 충혈 완화제, 제산제, 항히스타민제), 다만, 자가용 항공기, 항공기사용사업용 항공 및 여객을 수송하지 않는 항공운송사업용 헬리콥터의 경우에는 항히스타민제를 갖춰두지 않을 수 있다.

나. 감염예방 의료용구

1) 감염예방 의료용구의 수량

승객 좌석 수	구급의료용품의 수
0석부터 250석	1조
251석부터 500석까지	2조
501석 이상	3조

2) 감염예방 의료용구에 포함해야 할 최소 품목

가) 액체응고제(파우더)

나) 살균제

다) 피부 세척을 위한 수건

라) 안면/눈 보호대(마스크)

마) 일회용 의료장갑

바) 보호용 앞치마(에이프런)

사) 흡착용 대형 타올

아) 오물 처리를 위한 주걱(긁을 수 있는 도구 포함)

자) 오물을 위생적으로 처리할 수 있는 봉투

차) 사용 설명서

다. 비상의료용구

1) 장비

가) 내용물 설명서

나) 청진기

다) 혈압계

라) 인공기도

마) 주사기

바) 주사바늘

사) 정맥주사용 카테터

아) 항균 소독포

자) 일회용 의료 장갑

차) 주사 바늘 폐기함

카) 도뇨관

타) 정맥 혈류기(수액세트)

파) 지혈대

하) 스펀지 거즈

거) 접착 테이프

너) 외과용 마스크

더) 기관 카테터(또는 대형 정맥 캐뉼러)

러) 탯줄 집게(제대 겸자)

머) 체온계(비수은체온계)

버) 기본인명구조술 지침서

서) 인공호흡용 Bag-valve 마스크

어) 손전등(펜라이트)과 건전지

2) 약품

가) 아드레날린제(희석 농도 1:1,000) 또는 에피네프린(희석 농도 1:1,000)

나) 항히스타민제(주사용)

다) 정맥주사용 포도당(50%, 주사용 50ml)

라) 니트로글리세린 정제(또는 스프레이)

마) 진통제

바) 향경련제(주사용)

사) 진토제(주사용)

아) 기관지 확장제(흡입식)

자) 아트로핀

차) 부신피질스테로이드(주사제)

카) 이뇨제(주사용)

타) 자궁수축제

파) 주사용 생리식염수(농도 0.9%, 용량 250ml 이상)

하) 아스피린(경구용)

거) 경구용 베타수용체 차단제

6. 제5호에서 정한 구급의료용품과 감염예방 의료용구는 비행 중 승무원이 쉽게 접근하여 사용할 수 있도록 객실 전체에 고르게 분포되도록 갖춰 두어야 한다.

제111조(승객 및 승무원의 좌석 등) ① 법 제52조제2항에 따라 항공기(무인항공기는 제외한다)에는 2세 이상의 승객과 모든 승무원을 위한 안전벨트가 달린 좌석(침대좌석을 포함한다)을 장착하여야 한다.

② 항공운송사업에 사용되는 항공기의 모든 승무원의 좌석에는 안전벨트 외에 어깨끈을 장착하여야 한다. 이 경우 운항승무원의 좌석에 장착하는 어깨끈은 급감속시 상체를 자동적으로 제어하는 것이어야 한다.

제112조(낙하산의 장비) 법 제52조제2항에 따라 다음 각 호의 어느 하나에 해당하는 항공기에는 항공기에 타고 있는 모든 사람이 사용할 수 있는 수의 낙하산을 갖춰 두어야 한다.

1. 법 제23조제3항제2호에 따른 특별감항증명을 받은 항공기(제작 후 최초로 시험비행을 하는 항공기 또는 국토교통부장관이 지정하는 항공기만 해당한다)
2. 법 제68조 각 호 외의 부분 단서에 따라 같은 조 제4호에 따른 곡예비행을 하는 항공기(헬리콥터는 제외한다)

제113조(항공기에 탑재하는 서류) 법 제52조제2항에 따라 항공기(활공기 및 법 제23조제3항제2호에 따른 특별감항증명을 받은 항공기는 제외한다)에는 다음 각 호의 서류를 탑재하여야 한다.

1. 항공기 등록증명서
2. 감항증명서
3. 탑재용 항공일지
4. 운용한계 지정서 및 비행교범
5. 운항규정(별표 32에 따른 교범 중 훈련교범·위험물교범·사고절차교범·보안업무교범·항공기 탑재 및 처리교범은 제외한다)
6. 항공운송사업의 운항증명서 사본(항공당국의 확인을 받은 것을 말한다) 및 운영기준 사본(국제운송사업에 사용되는 항공기의 경우에는 영문으로 된 것을 포함한다)
7. 소음기준적합증명서
8. 각 운항승무원의 유효한 자격증명서 및 조종사의 비행기록에 관한 자료
9. 무선국 허가증명서(radio station license)
10. 탑승한 여객의 성명, 탑승지 및 목적지가 표시된 명부(passenger manifest)(항공운송사업용 항공기만 해당한다)
11. 해당 항공운송사업자가 발행하는 수송화물의 화물목록(cargo manifest)과 화물 운송장에 명시되어 있는 세부 화물신고서류(detailed declarations of the cargo)(항공운송사업용 항공기만 해당한다)
12. 해당 국가의 항공당국 간에 체결한 항공기 등의 감독 의무에 관한 이전협정서 사본(법 제5조에 따른 임대차 항공기의 경우만 해당한다)
13. 비행 전 및 각 비행단계에서 운항승무원이 사용해야 할 점검표
14. 그 밖에 국토교통부장관이 정하여 고시하는 서류

제114조(산소 저장 및 분배장치 등) ① 법 제52조제2항에 따라 고고도(高高度) 비행을 하는 항공기(무인항공기는 제외한다. 이하 이 조에서 같다)는 다음 각 호의 구분에 따른 호흡용 산소의 양을 저장하고 분배할 수 있는 장치를 장착하여야 한다.

1. 여압장치가 없는 항공기가 기내의 대기압이 700헥토파스칼(hPa) 미만인 비행고도에서 비행하려는 경우에는 다음 각 목에서 정하는 양

   가. 기내의 대기압이 700헥토파스칼(hPa) 미만 620헥토파스칼(hPa) 이상인 비행고도에서 30분을 초과하여 비행하는 경우에는 승객의 10퍼센트와 승무원 전원이 그 초과되는 비행시간 동안 필요로 하는 양

   나. 기내의 대기압이 620헥토파스칼(hPa) 미만인 비행고도에서 비행하는 경우에는 승객 전원과 승무원 전원이 해당 비행시간 동안 필요로 하는 양

2. 기내의 대기압을 700헥토파스칼(hPa) 이상으로 유지시켜 줄 수 있는 여압장치가 있는 모든 비행기와 항공운송사업에 사용되는 헬리콥터의 경우에는 다음 각 목에서 정하는 양

   가. 기내의 대기압이 700헥토파스칼(hPa) 미만인 동안 승객 전원과 승무원 전원이 비행고도 등 비행환경에 따라 적합하게 필요로 하는 양

   나. 기내의 대기압이 376헥토파스칼(hPa) 미만인 비행고도에서 비행하거나 376헥토파스칼(hPa) 이상인 비행고도에서 620헥토파스칼(hPa)인 비행고도까지 4분 이내에 강하할 수 없는 경우에는 승객 전원과 승무원 전원이 최소한 10분 이상 사용할 수 있는 양

② 여압장치가 있는 비행기로서 기내의 대기압이 376헥토파스칼(hPa) 미만인 비행고도로 비행하려는 비행기에는 기내의 압력이 떨어질 경우 운항승무원에게 이를 경고할 수 있는 기압저하경보장치 1기를 장착하여야 한다.

③ 항공운송사업에 사용되는 항공기로서 기내의 대기압이 376헥토파스칼(hPa) 미만인 비행고도로 비행하거나 376헥토파스칼(hPa) 이상인 비행고도에서 620헥토파스칼(hPa)의 비행고도까지 4분 이내에 안전하게 강하할 수 없는 경우에는 승객 및 객실승무원 좌석 수를 더한 수보다 최소한 10퍼센트를 초과하는 수의 자동으로 작동되는 산소분배장치를 장착하여야 한다.

④ 여압장치가 있는 비행기로서 기내의 대기압이 376헥토파스칼(hPa) 미만인 비행고도에서 비행하려는 비행기의 경우 운항승무원의 산소마스크는 운항승무원이 산소의 사용이 필요할 때에 비행임무를 수행하는 좌석에서 즉시 사용할 수 있는 형태여야 한다.

⑤ 비행 중인 비행기의 안전운항을 위하여 조종업무를 수행하고 있는 모든 운항승무원은 제1항에 따른 산소 공급이 요구되는 상황에서는 언제든지 산소를 계속 사용할 수 있어야 한다.

⑥ 제1항에 따라 항공기에 장착하여야 할 호흡용산소의 저장ㆍ분배장치에 대한 비행고도별 세부 장착요건 및 산소의 양, 그밖에 필요한 사항은 국토교통부장관이 정하여 고시한다.

제115조(헬리콥터 기체진동 감시 시스템 장착) 최대이륙중량이 3천 175킬로그램을 초과하거나 승객 9명을 초과하여 수송할 수 있는 국제항공노선을 운항하는 항공운송사업에 사용되는 헬리콥터는 법 제52조제1항에 따라 기체에서 발생하는 진동을 감시할 수 있는 시스템(vibration health monitoring system)을 장착해야 한다.

제116조(방사선투사량계기) ① 법 제52조제2항에 따라 항공운송사업용 항공기 또는 국외를 운항하는 비행기가 평균해면으로부터 1만 5천 미터(4만9천 피트)를 초과하는 고도로 운항하려는 경우에는 방사선투사량계기(Radiation Indicator) 1기를 갖추어야 한다.

② 제1항에 따른 방사선투사량계기는 투사된 총 우주방사선의 비율과 비행 시마다 누적된 양을 계속적으로 측정하고 이를 나타낼 수 있어야 하며, 운항승무원이 측정된 수치를 쉽게 볼 수 있어야 한다.

제117조(항공계기장치 등) ① 법 제52조제2항에 따라 시계비행방식 또는 계기비행방식(계기비행 및 항공교통관제 지시 하에 시계비행방식으로 비행을 하는 경우를 포함한다)에 의한 비행을 하는 항공기에 갖추어야 할 항공계기 등의 기준은 별표 16과 같다.

② 야간에 비행을 하려는 항공기에는 별표 16에 따라 계기비행방식으로 비행할 때 갖추어야 하는 항공계기 등 외에 추가로 다음 각 호의 조명설비를 갖추어야 한다. 다만, 제1호 및 제2호의 조명설비는 주간에 비행을 하려는 항공기에도 갖추어야 한다.

1. 항공운송사업에 사용되는 항공기에는 2기 이상, 그 밖의 항공기에는 1기 이상의 착륙등. 다만, 헬리콥터의 경우 최소한 1기의 착륙등은 수직면으로 방향전환이 가능한 것이어야 한다.
2. 충돌방지등 1기
3. 항공기의 위치를 나타내는 우현등, 좌현등 및 미등
4. 운항승무원이 항공기의 안전운항을 위하여 사용하는 필수적인 항공계기 및 장치를 쉽게 식별할 수 있도록 해주는 조명설비
5. 객실조명설비
6. 운항승무원 및 객실승무원이 각 근무위치에서 사용할 수 있는 손전등(flashlight)

③ 마하 수(Mach number) 단위로 속도제한을 나타내는 항공기에는 마하 수 지시계(Mach number Indicator)를 장착하여야 한다. 다만, 마하 수 환산이 가능한 속도계를 장착한 항공기의 경우에는 그러하지 아니하다.

④ 제2항제1호에도 불구하고 소형항공운송사업에 사용되는 항공기로서 해당 항공기에 착륙등을 추가로 장착하기 위한 기술이 그 항공기 제작자 등에 의해 개발되지 아니한 경우에는 1기의 착륙등을 갖추고 비행할 수 있다.

[별표 16]
항공계기 등의 기준(제117조제1항 관련)

비행구분	계기명	수량			
		비행기		헬리콥터	
		항공운송사업용	항공운송사업용 외	항공운송사업용	항공운송사업용 외
시계비행방식	나침반(MAGNETIC COMPASS)	1	1	1	1
	시계(시, 분, 초의 표시)	1	1	1	1
	정밀기압고도계(SENSITIVE PRESSURE ALTIMETER)	1	–	1	1
	기압고도계(PRESSURE ALTIMETER)	–	1	–	1
	속도계(AIRSPEED INDICATOR)	1	1	1	1
계기비행방식	나침반(MAGNETIC COMPASS)	1	1	1	1
	시계(시, 분, 초의 표시)	1	1	1	1
	정밀기압고도계(SENSITIVE PRESSURE ALTIMETER)	2	1	2	1
	기압고도계(PRESSURE ALTIMETER)	–	1	–	1

항공안전법 시행규칙

비행구분	계기명	수량			
		비행기		헬리콥터	
		항공운송사업용	항공운송사업용 외	항공운송사업용	항공운송사업용 외
계기비행방식	동결방지장치가 되어 있는 속도계 (AIRSPEED INDICATOR)	1	1	1	1
	선회 및 경사지시계 (TURN AND SLIP INDICATOR)	1	1	–	–
	경사지시계(SLIP INDICATOR)	–	–	1	1
	인공수평자세 지시계(ATTITUDE INDICATOR)	1	1	조종석당 1개 및 여분의 계기 1개	
	자이로식 기수방향 지시계 (HEADING INDICATOR)	1	1	1	1
	외기온도계(OUTSIDE AIR TEMPERATURE INDICATOR)	1	1	1	1
	승강계(RATEOFCLIMBANDDESCENTINDICATOR)	1	1	1	1
	안정성유지시스템 (STABILIZATION SYSTEM)	–	–	1	1

[비고]
1. 자이로식 계기에는 전원의 공급상태를 표시하는 수단이 있어야 한다.
2. 비행기의 경우 고도를 지시하는 3개의 바늘로 된 고도계(three pointer altimeter)와 드럼형 지시고도계(drum pointer altimeter)는 정밀기압고도계의 요건을 충족하지 않으며, 헬리콥터의 경우 드럼형 지시고도계는 정밀기압고도계의 요건을 충족하지 않는다.
3. 선회 및 경사지시계(헬리콥터의 경우에는 경사지시계), 인공수평 자세지시계 및 자이로식 기수방향지시계의 요건은 결합 또는 통합된 비행지시계(Flight director)로 충족될 수 있다. 다만, 동시에 고장 나는 것을 방지하기 위하여 각각의 계기에는 안전장치가 내장되어야 한다.
4. 헬리콥터의 설계자 또는 제작자가 안정성 유지시스템 없이도 안정성을 유지할 수 있는 능력이 있다고 시험비행을 통하여 증명하거나 이를 증명할 수 있는 서류 등을 제출한 경우에는 안정성 유지시스템을 갖추지 않을 수 있다.
5. 계기비행방식에 따라 운항하는 최대이륙중량 5,700킬로그램을 초과하는 비행기와 제1종 및 제2종 헬리콥터는 주 발전장치와는 별도로 30분 이상 인공수평 자세지시계를 작동시키고 조종사가 자세지시계를 식별할 수 있는 조명을 제공할 수 있는 비상전원 공급장치를 갖추어야 한다. 이 경우 비상전원 공급장치는 주발전장치 고장시 자동으로 작동되어야 하고 자세지시계가 비상전원으로 작동 중임이 계기판에 명확하게 표시되어야 한다.
6. 야간에 시계비행방식으로 국외를 운항하려는 항공운송사업용 헬리콥터는 시계비행방식으로 비행할 경우 위 표에 따라 장착해야 할 계기와 조종사 1명당 1개의 인공수평 자세지시계, 1개의 경사지시계, 1개의 자이로식 기수방향 지시, 1개의 승강계를 장착해야 한다.
7. 진보된 조종실 자동화 시스템[Advanced cockpit automation system(Glass cockpit) – 각종 아날로그 및 디지털 계기를 하나 또는 두 개의 전시화면(Display)으로 통합한 형태]을 갖춘 항공기는 주 시스템과 전시(Display)장치가 고장난 경우 조종사에게 항공기의 자세, 방향, 속도 및 고도를 제공하는 여분의 시스템을 갖추어야 한다. 다만, 주간에 시계비행방식으로 운항하는 헬리콥터는 제외한다.
8. 국외를 운항하는 항공운송사업 외의 비행기가 계기비행방식으로 비행하려는 경우에는 2개의 독자적으로 작동하는 비행기 자세 측정장치(independent altitude measuring)와 비행기 자세 전시장치(display system)를 갖추어야 한다.
9. 야간에 시계비행방식으로 운항하려는 항공운송사업 외의 헬리콥터에는 각 조종석마다 자세지시계 1개와 여분의 자세지시계 1개, 경사지시계 1개, 기수방향지시계 1개, 승강계 1개를 추가로 장착해야 한다.

제118조(제빙·방빙장치) 법 제52조제2항에 따라 결빙이 있거나 결빙이 예상되는 지역으로 운항하려는 항공기에는 결빙을 제거할 수 있는 제빙(De-icing)장치 또는 결빙을 방지할 수 있는 방빙(Anti-icing)장치를 갖추어야 한다.

항공안전법	항공안전법 시행령
제53조(항공기의 연료) 항공기를 운항하려는 자 또는 소유자 등은 항공기에 국토교통부령으로 정하는 양의 연료를 싣지 아니하고 항공기를 운항해서는 아니 된다. **제54조(항공기의 등불)** 항공기를 운항하거나 야간(해가 진 뒤부터 해가 뜨기 전까지를 말한다. 이하 같다)에 비행장에 주기(駐機) 또는 정박(碇泊)시키는 사람은 국토교통부령으로 정하는 바에 따라 등불로 항공기의 위치를 나타내야 한다. **제55조(운항승무원의 비행경험)** 다음 각 호의 어느 하나에 해당하는 항공기를 운항하려고 하거나 계기비행·야간비행 또는 제44조제2항에 따른 조종교육 업무에 종사하려는 운항승무원은 국토교통부령으로 정하는 비행경험(모의비행장치를 이용하여 얻은 비행경험을 포함한다)이 있어야 한다. 1. 항공운송사업 또는 항공기사용사업에 사용되는 항공기 2. 항공기 중량, 승객 좌석 수 등 국토교통부령으로 정하는 기준에 해당하는 항공기로서 국외 운항에 사용되는 항공기(이하 "국외운항항공기"라 한다) **제56조(승무원 피로관리)** ① 항공운송사업자, 항공기사용사업자 또는 국외운항항공기 소유자 등은 다음 각 호의 어느 하나 이상의 방법으로 소속 운항승무원 및 객실승무원(이하 "승무원"이라한다)의 피로를 관리하여야 한다.	

제119조(항공기의 연료와 오일) 법 제53조에 따라 항공기에 실어야 하는 연료와 오일의 양은 별표 17과 같다.

제120조(항공기의 등불) ① 법 제54조에 따라 항공기가 야간에 공중·지상 또는 수상을 항행하는 경우와 비행장의 이동지역 안에서 이동하거나 엔진이 작동 중인 경우에는 우현등, 좌현등 및 미등(이하 "항행등"이라 한다)과 충돌방지등에 의하여 그 항공기의 위치를 나타내야 한다.

② 법 제54조에 따라 항공기를 야간에 사용되는 비행장에 주기(駐機) 또는 정박시키는 경우에는 해당 항공기의 항행등을 이용하여 항공기의 위치를 나타내야 한다. 다만, 비행장에 항공기를 조명하는 시설이 있는 경우에는 그러하지 아니하다.

③ 항공기는 제1항 및 제2항에 따라 위치를 나타내는 항행등으로 잘못 인식될 수 있는 다른 등불을 켜서는 아니 된다.

④ 조종사는 섬광등이 업무를 수행하는 데 장애를 주거나 외부에 있는 사람에게 눈부심을 주어 위험을 유발할 수 있는 경우에는 섬광등을 끄거나 빛의 강도를 줄여야 한다.

제121조(조종사의 최근의 비행경험) ① 법 제55조에 따라 다음 각 호의 어느 하나에 해당하는 조종사는 해당 항공기를 조종하고자 하는 날부터 기산하여 그 이전 90일까지의 사이에 조종하려는 항공기와 같은 형식의 항공기에 탑승하여 이륙 및 착륙을 각각 3회 이상 행한 비행경험이 있어야 한다.

1. 항공운송사업 또는 항공기사용사업에 사용되는 항공기를 조종하려는 조종사

2. 제126조 각 호의 어느 하나에 해당하는 항공기를 소유하거나 운용하는 법인 또는 단체에 고용된 조종사. 다만, 기장 외의 조종사는 이륙 또는 착륙 중 항공기를 조종하고자 하는 경우에만 해당한다.

② 제1항에 따른 조종사가 야간에 운항업무에 종사하고자 하는 경우에는 제1항의 비행경험 중 적어도 야간에 1회의 이륙 및 착륙을 행한 비행경험이 있어야 한다. 다만, 교육훈련, 기종운영의 특성 등으로 국토교통부장관의 인가를 받은 조종사에 대해서는 그러하지 아니하다.

③ 제1항 또는 제2항의 비행경험을 산정하는 경우 제91조제2항에 따라 지방항공청장의 지정을 받은 모의비행장치를 조작한 경험은 제1항 또는 제2항의 비행경험으로 본다.

제122조(항공기관사의 최근의 비행경험) ① 법 제55조에 따라 항공운송사업 또는 항공기사용사업에 사용되는 항공기의 운항 업무에 종사하려는 항공기관사는 종사하려는 날부터 기산하여 그 이전 6개월까지의 사이에 항공운송사업 또는 항공기사용 사업에 사용되는 해당 항공기와 같은 형식의 항공기에 승무하여 50시간 이상 비행한 경험이 있어야 한다.

② 제1항의 비행경험을 산정하는 경우 제91조제2항에 따라 지방항공청장의 지정을 받은 모의비행장치를 조작한 경험은 25시간을 초과하지 아니하는 범위에서 제1항의 비행경험으로 본다.

③ 제1항에도 불구하고 국토교통부장관이 제1항의 비행경험과 같은 수준 이상의 경험이 있다고 인정하는 항공기관사는 항공기의 운항업무에 종사할 수 있다.

제123조(항공사의 비행경험) ① 법 제55조에 따라 항공운송사업 또는 항공기사용사업에 사용되는 항공기의 운항업무에 종사 하려는 항공사는 종사하려는 날부터 계산하여 그 이전 1년까지의 사이에 50시간(국내항공운송사업 또는 항공기사용사업에 사용되는 항공기 운항에 종사하려는 경우에는 25시간) 이상 항공기 운항업무에 종사한 비행경험이 있어야 한다.

② 제1항의 비행경험을 산정하는 경우 제91조제2항에 따라 지방항공청장의 지정을 받은 모의비행장치를 조작한 경험은 제1항의 비행경험으로 본다.

③ 제1항에도 불구하고 국토교통부장관이 제1항의 비행경험과 같은 수준 이상의 경험이 있다고 인정하는 항공사는 항공기의 운항업무에 종사할 수 있다.

제124조(계기비행의 경험) ① 법 제55조에 따라 계기비행을 하려는 조종사는 계기비행을 하려는 날부터 계산하여 그 이전 6개월까지의 사이에 6회 이상의 계기접근과 6시간 이상의 계기비행(모의계기비행을 포함한다)을 한 경험이 있어야 한다.

② 제1항의 비행경험을 산정하는 경우 제91조제2항에 따라 지방항공청장의 지정을 받은 모의비행장치를 조작한 경험은 제1항의 비행경험으로 본다.

③ 제1항에도 불구하고 국토교통부장관이 제1항의 비행경험과 같은 수준 이상의 비행경험이 있다고 인정하는 조종사는 계기비행업무에 종사할 수 있다.

항공안전법	항공안전법 시행령
1. 국토교통부령으로 정하는 승무원의 승무시간, 비행근무시간, 근무시간 등(이하 "승무시간 등"이라 한다)의 제한기준을 따르는 방법 2. 피로위험관리시스템을 마련하여 운용하는 방법 ② 항공운송사업자, 항공기사용사업자 또는 국외운항항공기 소유자 등이 피로위험관리시스템을 마련하여 운용하려는 경우에는 국토교통부령으로 정하는 바에 따라 국토교통부장관의 승인을 받아 운용하여야 한다. 승인 받은 사항 중 국토교통부령으로 정하는 중요사항을 변경하는 경우에도 또한 같다. ③ 항공운송사업자, 항공기사용사업자 또는 국외운항항공기 소유자 등은 제1항제1호에 따라 승무원의 피로를 관리하는 경우에는 승무원의 승무시간 등에 대한 기록을 15개월 이상 보관하여야 한다. [시행일 : 2019.3.30.] 제56조제1항제2호, 제56조제2항 **제57조(주류 등의 섭취·사용 제한)** ① 항공종사자(제46조에 따른 항공기 조종연습 및 제47조에 따른 항공교통관제연습을 하는 사람을 포함한다. 이하 이 조에서 같다) 및 객실승무원은 「주세법」 제3조제1호에 따른 주류, 「마약류 관리에 관한 법률」 제2조제1호에 따른 마약류 또는 「화학물질관리법」 제22조제1항에 따른 환각물질 등(이하 "주류 등"이라 한다)의 영향으로 항공업무(제46조에 따른 항공기 조종연습 및 제47조에 따른 항공교통관제연습을 포함한다. 이하 이 조에서 같다) 또는 객실승무원의 업무를 정상적으로 수행할 수 없는 상태에서는 항공업무 또는 객실승무원의 업무에 종사해서는 아니 된다. ② 항공종사자 및 객실승무원은 항공업무 또는 객실승무원의 업무에 종사하는 동안에는 주류 등을 섭취하거나 사용해서는 아니 된다. ③ 국토교통부장관은 항공안전과 위험 방지를 위하여 필요하다고 인정하거나 항공종사자 및 객실승무원이 제1항 또는 제2항을 위반하여 항공업무 또는 객실승무원의 업무를 하였다고 인정할 만한 상당한 이유가 있을 때에는 주류 등의 섭취 및 사용여부를 호흡측정기 검사 등의 방법으로 측정할 수 있으며, 항공종사자 및 객실승무원은 이러한 측정에 응하여야 한다. ④ 국토교통부장관은 항공종사자 또는 객실승무원이 제3항에 따른 측정 결과에 불복하면 그 항공종사자 또는 객실승무원의 동의를 받아 혈액 채취 또는 소변 검사 등의 방법으로 주류 등의 섭취 및 사용 여부를 다시 측정할 수 있다. ⑤ 주류 등의 영향으로 항공업무 또는 객실승무원의 업무를 정상적으로 수행할 수 없는 상태의 기준은 다음 각 호와 같다. 1. 주정성분이 있는 음료의 섭취로 혈중 알코올농도가 0.02퍼센트 이상인 경우 2. 「마약류 관리에 관한 법률」 제2조제1호에 따른 마약류를 사용한 경우 3. 「화학물질관리법」 제22조제1항에 따른 환각물질을 사용한 경우	

제125조(조종교육 비행경험) ① 법 제55조에 따라 법 제44조제2항의 조종교육업무에 종사하려는 조종사는 조종교육을 하려는 날부터 계산하여 그 이전 1년까지의 사이에 10시간 이상의 조종교육을 한 경험이 있어야 한다.

다만, 조종교육증명을 최초로 취득한 조종사에 대해서는 그 조종교육증명을 취득한 날부터 1년까지는 그러하지 아니하다.

② 조종교육업무에 종사하려는 조종사가 조종교육업무에 사용할 항공기에 제1항 본문에 따른 경험을 갖춘 자와 동승하여 야간에 1회 이상의 이륙 및 착륙을 포함한 10시간 이상의 비행을 한 경우에는 제1항 본문에 따른 조종교육을 한 경험으로 본다.

제126조(국외운항항공기의 기준) 법 제55조제2호에서 "항공기 중량, 승객 좌석 수 등 국토교통부령으로 정하는 기준에 해당하는 항공기"란 다음 각 호의 어느 하나에 해당하는 항공기를 말한다.

1. 최대이륙중량이 5천700킬로그램을 초과하는 비행기
2. 1개 이상의 터빈발동기(터보제트발동기 또는 터보팬발동기를 말한다)를 장착한 비행기
3. 승객 좌석 수가 9석을 초과하는 비행기
4. 3대 이상의 항공기를 운용하는 법인 또는 단체의 항공기

제127조(운항승무원의 승무시간 등의 기준 등) ① 법 제56조제1항제1호에 따른 운항승무원의 승무시간, 비행근무시간, 근무시간 등(이하 "승무시간 등"이라 한다)의 기준은 별표 18과 같다. 다만, 천재지변, 기상악화, 항공기 고장 등 항공기 소유자 등이 사전에 예측할 수 없는 상황이 발생한 경우 승무시간 등의 기준은 국토교통부장관이 정하여 고시할 수 있다.

② 항공운송사업자 및 항공기사용사업자는 제1항에 따른 기준의 범위에서 운항승무원이 피로로 인하여 항공기의 안전운항을 저해하지 아니하도록 세부적인 기준을 운항규정에 정하여야 한다.

제128조(객실승무원의 승무시간 기준 등) ① 항공운송사업자는 법 제56조제1항제1호에 따라 객실승무원이 비행피로로 인하여 항공기 안전운항에 지장을 초래하지 아니하도록 월간, 3개월간 및 연간 단위의 승무시간 기준을 운항규정에 정하여야 한다. 이 경우 연간 승무시간은 1천 200시간을 초과해서는 아니 된다.

② 제1항에 따른 승무를 위하여 해당 형식의 항공기에 탑승하여 임무를 수행하는 객실승무원의 수에 따른 연속되는 24시간 동안의 비행근무시간 기준과 비행근무 후의 지상에서의 최소 휴식시간 기준은 별표 19와 같다. 다만, 천재지변, 기상악화, 항공기 고장 등 항공기 소유자 등이 사전에 예측할 수 없는 상황이 발생한 경우 비행근무시간 등의 기준은 국토교통부장관이 정하여 고시할 수 있다.

제129조(주류 등의 종류 및 측정 등) ① 법 제57조제3항 및 제4항에 따라 국토교통부장관 또는 지방항공청장은 소속 공무원으로 하여금 항공종사자 및 객실승무원의 주류 등의 섭취 또는 사용 여부를 측정하게 할 수 있다.

② 제1항에 따라 주류 등의 섭취 또는 사용 여부를 적발한 소속 공무원은 별지 제61호서식의 주류 등 섭취 또는 사용 적발보고서를 작성하여 국토교통부장관 또는 지방항공청장에게 보고하여야 한다.

항공안전법	항공안전법 시행령
⑥ 제1항부터 제5항까지의 규정에 따라 주류 등의 종류 및 그 측정에 필요한 세부 절차 및 측정기록의 관리 등에 필요한 사항은 국토교통부령으로 정한다. **제58조(항공안전프로그램 등)** ① 국토교통부장관은 다음 각 호의 사항이 포함된 항공안전프로그램을 마련하여 고시하여야 한다. 1. 국가의 항공안전에 관한 목표 2. 제1호의 목표를 달성하기 위한 항공기 운항, 항공교통업무, 항행시설 운영, 공항 운영 및 항공기 설계·제작·정비 등 세부 분야별 활동에 관한 사항 3. 항공기사고, 항공기준사고 및 항공안전장애 등에 대한 보고체계에 관한 사항 4. 항공안전을 위한 조사활동 및 안전감독에 관한 사항 5. 잠재적인 항공안전 위해요인의 식별 및 개선조치의 이행에 관한 사항 6. 정기적인 안전평가에 관한 사항 등 ② 다음 각 호의 어느 하나에 해당하는 자는 제작, 교육, 운항 또는 사업 등을 시작하기 전까지 제1항에 따른 항공안전프로그램에 따라 항공기사고 등의 예방 및 비행안전의 확보를 위한 항공안전관리시스템을 마련하고, 국토교통부장관의 승인을 받아 운용하여야 한다. 승인받은 사항 중 국토교통부령으로 정하는 중요사항을 변경할 때에도 또한 같다. 1. 형식증명, 부가형식증명, 제작증명, 기술표준품형식승인 또는 부품등제작자증명을 받은 자 2. 제35조제1호부터 제4호까지의 항공종사자 양성을 위하여 제48조 제1항 단서에 따라 지정된 전문교육기관(2010.4.25.) 3. 항공교통업무증명을 받은 자 4. 항공운송사업자, 항공기사용사업자 및 국외운항항공기 소유자 등 5. 항공기정비업자로서 제97조제1항에 따른 정비조직인증을 받은 자 6. 「공항시설법」 제38조제1항에 따라 공항운영증명을 받은 자 7. 「공항시설법」 제43조제2항에 따라 항행안전시설을 설치한 자 ③ 국토교통부장관은 제83조제1항부터 제3항까지에 따라 토교통부장관이 하는 업무를 체계적으로 수행하기 위하여 제1항에 따른 항공안전프로그램에 따라 그 업무에 관한 항공안전관리시스템을 구축·운용하여야 한다. ④ 제1항부터 제3항까지에서 규정한 사항 외에 다음 각 호의 사항은 국토교통부령으로 정한다. 1. 제1항에 따른 항공안전프로그램의 마련에 필요한 사항 2. 제2항에 따른 항공안전관리시스템에 포함되어야 할 사항, 항공안전관리시스템의 승인기준 및 구축·운용에 필요한 사항 3. 제3항에 따른 업무에 관한 항공안전관리시스템의 구축·운용에 필요한 사항	

제130조(항공안전관리시스템의 승인 등) ① 법 제58조제2항에 따라 항공안전관리시스템을 승인받으려는 자는 별지 제62호서식의 항공안전관리시스템 승인신청서에 다음 각 호의 서류를 첨부하여 제작·교육·운항 또는 사업 등을 시작하기 30일 전까지 국토교통부장관 또는 지방항공청장에게 제출하여야 한다.

1. 항공안전관리시스템 매뉴얼
2. 항공안전관리시스템 이행계획서 및 이행확약서
3. 항공안전관리시스템 승인기준에 미달하는 사항이 있는 경우 이를 보완할 수 있는 대체운영절차

② 제1항에 따라 항공안전관리시스템 승인신청서를 받은 국토교통부장관 또는 지방항공청장은 해당 항공안전관리시스템이 별표 20에서 정한 항공안전관리시스템 승인기준 및 국토교통부장관이 고시한 운용조직의 규모 및 업무특성별 운용요건에 적합하다고 인정되는 경우에는 별지 제63호서식의 항공안전관리시스템 승인서를 발급하여야 한다.

③ 법 제58조제2항 후단에서 "국토교통부령으로 정하는 중요사항"이란 다음 각 호의 사항을 말한다.

1. 안전목표에 관한 사항
2. 안전조직에 관한 사항
3. 안전장애 등에 대한 보고체계에 관한 사항
4. 안전평가에 관한 사항

④ 제3항에서 정한 중요사항을 변경하려는 자는 별지 제64호서식의 항공안전관리시스템 변경승인 신청서에 다음 각 호의 서류를 첨부하여 국토교통부장관 또는 지방항공청장에게 제출하여야 한다.

1. 변경된 항공안전관리시스템 매뉴얼
2. 항공안전관리시스템 매뉴얼 신·구대조표

⑤ 국토교통부장관 또는 지방항공청장은 제4항에 따라 제출된 변경사항이 별표 20에서 정한 항공안전관리시스템 승인기준에 적합하다고 인정되는 경우 이를 승인하여야 한다.

[별표 20]

항공안전관리시스템 승인기준(제130조제2항 관련)

1. 안전정책 및 안전목표
   가. 최고경영자의 권한 및 책임에 관한 사항
   1) 최고경영자는 국제민간항공협약 및 관련 법령에 따라 다음 가)부터 라)까지의 사항을 모두 포함하는 안전정책(이하 "안전정책"이라 한다)을 수립해야 한다. 이 경우 수립된 안전정책은 환경 변화에 대응할 수 있도록 지속적으로 관리되어야 한다.
      가) 안전문화 활성화 전개 등 안전의 책임에 관한 사항
      나) 안전정책 이행을 위한 인적·물적 자원 등의 제공에 관한 사항
      다) 항공기사고·항공기준사고·항공안전장애 등 안전자료 및 정보의 수집목적 및 보고절차에 관한 사항
      라) 안전규정을 위반하는 경우 조직 구성원의 처벌에 관한 사항
   2) 최고경영자는 안전정책에 따라 다음 가)·나)의 사항을 모두 포함하는 조직의 안전목표(이하 "안전목표"라 한다)를 수립해야 한다. 이 경우 수립된 안전목표는 환경 변화에 대응할 수 있도록 지속적으로 관리되어야 한다.
      가) 안전성과의 모니터링 및 측정에 관한 사항
      나) 항공안전관리시스템의 효과적인 운영의 책임에 관한 사항
   3) 최고경영자는 조직 구성원과 소통하고 협력하여 안전정책 및 안전목표를 수립해야 한다.
   나. 안전관리 관련 업무분장에 관한 사항
   1) 최고경영자는 항공안전관리시스템의 구축 및 운영을 위해 다음 가)부터 라)까지의 요건을 모두 충족하도록 업무분장을 하고 이를 내부규정으로 정해야 한다.
      가) 최고경영자에게 항공안전관리시스템의 구축 및 운영에 관한 권한과 책임을 명확히 부여할 것
      나) 최고경영자 외의 고위관리자에게 안전 업무에 대한 권한과 책임을 명확히 부여할 것

다) 그 밖의 관리자 및 조직 구성원에게 안전업무에 대한 권한과 책임을 명확히 부여할 것

라) 측정된 위험도에 대한 안전조치를 결정할 수 있는 관리자를 지정할 것

2) 최고경영자는 조직 구성원과 소통하고 협력하여 업무분장을 하여야 한다.

다. 총괄안전관리자의 지정에 관한 사항

최고경영자는 항공안전관리시스템의 효율적 운영을 위해 항공안전관리시스템을 총괄적으로 구축 및 관리하는 총괄안전관리자를 지정해야 한다.

라. 위기대응계획 관련 관계기관 협의에 관한 사항

1) 최고경영자는 항공기 사고 등 비상상황에 대처하기 위한 위기대응계획을 수립해야 한다.

2) 최고경영자는 비상상황에 신속하게 대처하기 위하여 관계기관과의 협의를 거쳐 비상상황 시 수행할 각 기관의 역할을 미리 정해야 한다.

마. 매뉴얼 등 항공안전관리시스템 관련 기록·관리에 관한 사항

1) 최고경영자는 다음 가)부터 라)까지의 사항을 모두 포함하여 항공안전관리시스템 매뉴얼을 마련해야 한다.

가) 안전정책 및 안전목표에 관한 사항

나) 항공안전관리시스템 관련 법령에 관한 사항

다) 항공안전관리시스템 운영절차 및 방법에 관한 사항

라) 안전관리 관련 업무분장에 관한 사항

2) 최고경영자는 항공안전관리시스템을 통해 생산되는 자료를 기록하고 보존해야 한다.

2. 위험도 관리

가. 위험요인의 식별절차에 관한 사항

1) 최고경영자는 법 제49조제2항에 따른 사업·교육 또는 운항에 영향을 주는 위험요인을 식별하기 위한 과정을 마련하여 운영해야 한다.

2) 위험요인의 식별은 사고 발생 후 사후조치 및 사고예방을 위한 위험요인의 사전관리를 모두 포함한 방식으로 이루어져야 한다.

나. 위험도 평가 및 경감조치에 관한 사항

최고경영자는 발견된 위험요인에 대하여 위험요인별로 항공기사고에 영향을 주는 정도 및 발생빈도 등을 분석 및 측정하고 그 결과를 종합적으로 관리하는 절차를 마련해야 한다.

3. 안전성과 검증

가. 안전성과의 모니터링 및 측정에 관한 사항

1) 최고경영자는 측정한 안전성과를 검증하고 위험도 관리의 효율성을 인증하는 방안을 마련해야 한다.

2) 안전성과는 안전목표에 따라 설정한 성과지표 및 성과목표에 따라 검증되어야 한다.

나. 변화관리에 관한 사항

최고경영자는 법 제49조제2항에 따른 사업·교육 또는 운항에 영향을 줄 수 있는 업무처리절차 및 업무환경 등의 변화를 인지하고 그 변화로 인해 새롭게 발견되는 위험요인이나 변경되는 위험요인을 측정 및 관리해야 한다.

다. 항공안전관리시스템 운영절차 개선에 관한 사항

최고경영자는 항공안전관리시스템의 효과적 운영을 위해 운영절차의 적절성을 지속으로 진단하고 보완해야 한다.

4. 안전관리 활성화

가. 안전교육 및 훈련에 관한 사항

최고경영자는 조직 구성원의 업무별로 항공안전관리시스템 운영에 대하여 필요한 교육훈련 프로그램을 수립하고 교육훈련을 실시해야 한다.

나. 안전관리 관련 정보 등의 공유에 관한 사항

최고경영자는 조직 구성원과 다음 1)부터 4)까지의 안전관리 관련 정보를 항상 공유해야 한다.

1) 항공안전관리시스템의 운영에 관한 정보

2) 주요 위험요인 등 안전정보

　　　3) 위험요인 제거 및 위험도 경감 등 안전조치에 관한 정보

　　　4) 항공안전관리시스템 운영절차 개선 등에 관한 정보

제131조(항공안전프로그램의 마련에 필요한 사항) 법 제58조제4항제1호에 따라 항공안전프로그램을 마련할 때에는 다음 각 호의 사항을 반영하여야 한다.

　1. 국가의 안전정책 및 안전목표

　　가. 항공안전분야의 법규체계

　　나. 항공안전조직의 임무 및 업무분장

　　다. 항공기사고, 항공기준사고, 항공안전장애 등의 조사에 관한 사항

　　라. 행정처분에 관한 사항

　2. 국가의 위험도 관리

　　가. 항공안전관리시스템의 운영요건

　　나. 항공안전관리시스템의 운영을 통한 안전성과 관리절차

　3. 국가의 안전성과 검증

　　가. 안전감독에 관한 사항

　　나. 안전자료의 수집, 분석 및 공유에 관한 사항

　4. 국가의 안전관리 활성화

　　가. 안전업무 담당 공무원에 대한 교육·훈련, 의견 교환 및 안전정보의 공유에 관한 사항

　　나. 항공안전관리시스템 운영자에 대한 교육·훈련, 의견교환 및 안전정보의 공유에 관한 사항

　5. 그 밖에 국토교통부장관이 항공안전목표 달성에 필요하다고 정하는 사항

제132조(항공안전관리시스템에 포함되어야 할 사항 등) ① 법 제58조제4항제2호에 따른 항공안전관리시스템에 포함되어야 할 사항은 다음 각 호와 같다.

　1. 안전정책 및 안전목표

　　가. 최고경영자의 권한 및 책임에 관한 사항

　　나. 안전관리 관련 업무분장에 관한 사항

　　다. 총괄 안전관리자의 지정에 관한 사항

　　라. 위기대응계획 관련 관계기관 협의에 관한 사항

　　마. 매뉴얼 등 항공안전관리시스템 관련 기록·관리에 관한 사항

　2. 위험도 관리

　　가. 위험요인의 식별절차에 관한 사항

　　나. 위험도 평가 및 경감조치에 관한 사항

　3. 안전성과 검증

　　가. 안전성과의 모니터링 및 측정에 관한 사항

　　나. 변화관리에 관한 사항

　　다. 항공안전관리시스템 운영절차 개선에 관한 사항

　4. 안전관리 활성화

　　가. 안전교육 및 훈련에 관한 사항

　　나. 안전관리 관련정보 등의 공유에 관한 사항

　5. 그 밖에 국토교통부장관이 항공안전 목표 달성에 필요하다고 정하는 사항

② 최대이륙중량이 2만 킬로그램을 초과하는 비행기를 사용하는 항공운송사업자 또는 최대이륙중량이 7천 킬로그램을 초과하거나 승객 9명을 초과하여 수송할 수 있는 헬리콥터를 사용하여 국제항공노선을 취항하는 항공운송사업자는 제1항에 따른 항공안전관리시스템에 다음 각 호의 사항에 관한 비행자료분석프로그램(Flight data analysis program)이 포함되도록 하여야 한다.

항공안전법	항공안전법 시행령
제59조(항공안전 의무보고) ① 항공기사고, 항공기준사고 또는 항공안전장애를 발생시켰거나 항공기사고, 항공기준사고 또는 항공안전장애가 발생한 것을 알게 된 항공종사자 등 관계인은 국토교통부장관에게 그 사실을 보고하여야 한다. ② 제1항에 따른 항공종사자 등 관계인의 범위, 보고에 포함되어야 할 사항, 시기, 보고방법 및 절차 등은 국토교통부령으로 정한다. **제60조(사실조사)** ① 국토교통부장관은 제59조제1항에 따른 보고를 받은 경우 이에 대한 사실 여부와 이 법의 위반사항 등을 파악하기 위한 조사를 할 수 있다. ② 제1항에 따른 사실조사의 절차 및 방법 등에 관하여는 제132조제2항 및 제4항부터 제9항까지의 규정을 준용한다.	

1. 비행자료를 수집할 수 있는 장치의 장착 및 운영절차
2. 비행자료와 그 분석결과의 보호에 관한 사항
3. 비행자료 분석결과의 활용에 관한 사항
4. 그 밖에 비행자료의 보존 및 품질관리 요건 등 국토교통부장관이 정하여 고시하는 사항

③ 항공운송사업자는 제2항에 따라 수집한 비행자료와 그 분석결과를 항공기사고 등을 예방하고 항공안전을 확보할 목적으로만 사용하여야 하며, 그 분석결과가 공개되지 아니하도록 하여야 한다.

④ 항공운송사업자는 제2항에 따라 비행자료의 분석 대상이 되는 항공기의 운항승무원에게는 자료의 분석을 통하여 나타난 결과를 이유로 징계 등 신분상의 불이익을 주어서는 아니 된다. 다만, 범죄 또는 고의적인 절차 위반행위가 확인되는 경우에는 그러하지 아니하다.

제133조(항공교통업무 안전관리시스템의 구축 · 운용에 관한 사항) ① 법 제58조제4항제3호에 따른 항공교통업무 안전관리시스템의 구축 · 운용은 별표 20을 준용한다. 다만, 항공교통업무 중 레이더를 이용하여 항공교통관제 업무를 수행하는 경우에는 다음 각 호의 사항을 추가하여야 한다.

1. 레이더 자료를 수집할 수 있는 장치의 설치 및 운영절차
2. 레이더 자료와 분석결과의 보호에 관한 사항
3. 레이더 자료와 분석결과의 활용에 관한 사항

② 제1항 각 호에 따른 레이더자료 및 분석결과는 항공기사고 등을 예방하고 항공안전을 위한 목적으로만 사용되어야 한다.

제134조(항공안전 의무보고의 절차 등) ① 법 제59조제1항 및 법 제62조제5항에 따라 다음 각 호의 어느 하나에 해당하는 사람은 별지 제65호서식에 따른 항공안전 의무보고서 또는 국토교통부장관이 정하여 고시하는 전자적인 보고방법에 따라 국토교통부장관 또는 지방항공청장에게 보고하여야 한다.

1. 항공기사고를 발생시켰거나 항공기사고가 발생한 것을 알게 된 항공종사자 등 관계인
2. 항공기준사고를 발생시켰거나 항공기준사고가 발생한 것을 알게 된 항공종사자 등 관계인
3. 항공안전장애를 발생시켰거나 항공안전장애가 발생한 것을 알게 된 항공종사자 등 관계인(법 제33조에 따른 보고 의무자는 제외한다)

② 법 제59조제1항에 따른 항공종사자 등 관계인의 범위는 다음 각 호와 같다.

1. 항공기 기장(항공기 기장이 보고할 수 없는 경우에는 그 항공기의 소유자 등을 말한다)
2. 항공정비사(항공정비사가 보고할 수 없는 경우에는 그 항공정비사가 소속된 기관 · 법인 등의 대표자를 말한다)
3. 항공교통관제사(항공교통관제사가 보고할 수 없는 경우 그 관제사가 소속된 항공교통관제기관의 장을 말한다)
4. 「공항시설법」에 따라 공항시설을 관리 · 유지하는 자
5. 「공항시설법」에 따라 항행안전시설을 설치 · 관리하는 자
6. 법 제70조제3항에 따른 위험물취급자

③ 제1항에 따른 보고서의 제출 시기는 다음 각 호와 같다.

1. 항공기사고 및 항공기준사고 : 즉시
2. 항공안전장애
   가. 별표 3 제1호부터 제4호까지, 제6호 및 제7호에 해당하는 항공안전장애를 발생시켰거나 항공안전장애가 발생한 것을 알게 된 자 : 인지한 시점으로부터 72시간 이내(해당 기간에 포함된 토요일 및 법정공휴일에 해당하는 시간은 제외한다). 다만, 제6호가목, 나목 및 마목에 해당하는 사항은 즉시 보고하여야 한다.

항공안전법	항공안전법 시행령
제61조(항공안전 자율보고) ① 항공안전을 해치거나 해칠 우려가 있는 사건·상황·상태 등(이하 "항공안전위해요인"이라 한다)을 발생시켰거나 항공안전위해요인이 발생한 것을 안 사람 또는 항공안전위해요인이 발생될 것이 예상된다고 판단하는 사람은 국토교통부장관에게 그 사실을 보고할 수 있다. ② 국토교통부장관은 제1항에 따른 보고(이하 "항공안전 자율보고"라 한다)를 한 사람의 의사에 반하여 보고자의 신분을 공개해서는 아니 되며, 항공안전 자율보고를 사고예방 및 항공안전확보 목적 외의 다른 목적으로 사용해서는 아니 된다. ③ 누구든지 항공안전 자율보고를 한 사람에 대하여 이를 이유로 해고·전보·징계·부당한 대우 또는 그 밖에 신분이나 처우와 관련하여 불이익한 조치를 해서는 아니 된다. ④ 국토교통부장관은 항공안전위해요인을 발생시킨 사람이 그 항공안전위해요인이 발생한 날부터 10일 이내에 항공안전 자율보고를 한 경우에는 제43조제1항에 따른 처분을 하지 아니할 수 있다. 다만, 고의 또는 중대한 과실로 항공안전위해요인을 발생시킨 경우와 항공기사고 및 항공기준사고에 해당하는 경우에는 그러하지 아니하다. ⑤ 제1항부터 제4항까지에서 규정한 사항 외에 항공안전 자율보고에 포함되어야 할 사항, 보고방법 및 절차 등은 국토교통부령으로 정한다. **제62조(기장의 권한 등)** ① 항공기의 운항 안전에 대하여 책임을 지는 사람(이하 "기장"이라 한다)은 그 항공기의 승무원을 지휘·감독한다. ② 기장은 국토교통부령으로 정하는 바에 따라 항공기의 운항에 필요한 준비가 끝난 것을 확인한 후가 아니면 항공기를 출발시켜서는 아니 된다. ③ 기장은 항공기나 여객에 위난(危難)이 발생하였거나 발생할 우려가 있다고 인정될 때에는 항공기에 있는 여객에게 피난방법과 그 밖에 안전에 관하여 필요한 사항을 명할 수 있다. ④ 기장은 운항 중 그 항공기에 위난이 발생하였을 때에는 여객을 구조하고, 지상 또는 수상(水上)에 있는 사람이나 물건에 대한 위난 방지에 필요한 수단을 마련하여야 하며, 여객과 그밖에 항공기에 있는 사람을 그 항공기에서 나가게 한 후가 아니면 항공기를 떠나서는 아니 된다. ⑤ 기장은 항공기사고, 항공기준사고 또는 항공안전장애가 발생하였을 때에는 국토교통부령으로 정하는 바에 따라 국토교통부장관에게 그 사실을 보고하여야 한다. 다만, 기장이 보고할 수 없는 경우에는 그 항공기의 소유자 등이 보고를 하여야 한다.	

　　나. 별표 3 제5호에 해당하는 항공안전장애를 발생시켰거나 항공안전장애가 발생한 것을 알게 된 자 : 인지한 시점으로부
　　　터 96시간 이내. 다만, 해당 기간에 포함된 토요일 및 법정공휴일에 해당하는 시간은 제외한다.

제135조(항공안전 자율보고의 절차 등) ① 법 제61조제1항에 따라 항공안전 자율보고를 하려는 사람은 별지 제66호서식의
항공안전 자율보고서 또는 국토교통부장관이 정하여 고시하는 전자적인 보고방법에 따라 교통안전공단의 이사장에게 보고
할 수 있다.

② 제1항에 따른 항공안전 자율보고의 접수 · 분석 및 전파 등에 관하여 필요한 사항은 국토교통부장관이 정하여 고시한다.

제136조(출발 전의 확인) ① 법 제62조제2항에 따라 기장이 확인하여야 할 사항은 다음 각 호와 같다.

　1. 해당 항공기의 감항성 및 등록 여부와 감항증명서 및 등록증명서의 탑재

　2. 해당 항공기의 운항을 고려한 이륙중량, 착륙중량, 중심위치 및 중량분포

　3. 예상되는 비행조건을 고려한 의무무선설비 및 항공계기 등의 장착

　4. 해당 항공기의 운항에 필요한 기상정보 및 항공정보

　5. 연료 및 오일의 탑재량과 그 품질

　6. 위험물을 포함한 적재물의 적절한 분배 여부 및 안정성

　7. 해당 항공기와 그 장비품의 정비 및 정비 결과

　8. 그 밖에 항공기의 안전 운항을 위하여 국토교통부장관이 필요하다고 인정하여 고시하는 사항

② 기장은 제1항제7호의 사항을 확인하는 경우에는 다음 각 호의 점검을 하여야 한다.

　1. 항공일지 및 정비에 관한 기록의 점검

　2. 항공기의 외부 점검

　3. 발동기의 지상 시운전 점검

　4. 그 밖에 항공기의 작동사항 점검

항공안전법	항공안전법 시행령
⑥ 기장은 다른 항공기에서 항공기사고, 항공기준사고 또는 항공안전 장애가 발생한 것을 알았을 때에는 국토교통부령으로 정하는 바에 따라 국토교통부장관에게 그 사실을 보고하여야 한다. 다만, 무선 설비를 통하여 그 사실을 안 경우에는 그러하지 아니하다. ⑦ 항공종사자 등 이해관계인이 제59조제1항에 따라 보고한 경우에 는 제5항 본문 및 제6항 본문은 적용하지 아니한다. **제63조(기장 등의 운항자격)** ① 다음 각 호의 어느 하나에 해당하는 항공 기의 기장은 지식 및 기량에 관하여, 기장 외의 조종사는 기량에 관하 여 국토교통부장관의 자격인정을 받아야 한다. 1. 항공운송사업에 사용되는 항공기 2. 항공기사용사업에 사용되는 항공기 중 국토교통부령으로 정하는 업무에 사용되는 항공기 3. 국외운항항공기 ② 국토교통부장관은 제1항에 따른 자격인정을 받은 사람에 대하여 그 지식 또는 기량의 유무를 정기적으로 심사하여야 하며, 특히 필요하다고 인정하는 경우에는 수시로 지식 또는 기량의 유무를 심사할 수 있다. ③ 국토교통부장관은 제1항에 따른 자격인정을 받은 사람이 제2항에 따른 심사를 받지 아니하거나 그 심사에 합격하지 못한 경우에는 그 자격인정을 취소하여야 한다. ④ 국토교통부장관은 필요하다고 인정할 때에는 국토교통부령으로 정하는 바에 따라 지정한 항공운송사업자 또는 항공기사용 사업자 에게 소속 기장 또는 기장 외의 조종사에 대하여 제1항에 따른 자격인정 또는 제2항에 따른 심사를 하게 할 수 있다. ⑤ 제4항에 따라 자격인정을 받거나 그 심사에 합격한 기장 또는 기장 외의 조종사는 제1항에 따른 자격인정 및 제2항에 따른 심사를 받은 것으로 본다. 이 경우 제3항을 준용한다. ⑥ 국토교통부장관은 제4항에도 불구하고 필요하다고 인정할 때에는 국토교통부령으로 정하는 기장 또는 기장 외의 조종사에 대하여 제2항에 따른 심사를 할 수 있다. ⑦ 항공운송사업에 종사하는 항공기의 기장은 운항하려는 지역, 노선 및 공항(국토교통부령으로 정하는 지역, 노선 및 공항에 관한 것만 해당한다)에 대한 경험요건을 갖추어야 한다. ⑧ 제1항부터 제7항까지의 규정에 따른 자격인정·심사 또는 경험요 건 등에 필요한 사항은 국토교통부령으로 정한다. **제64조(모의비행장치를 이용한 운항자격 심사 등)** 국토교통부장관은 비 상시의 조치 등 항공기로 제63조에 따른 자격인정 또는 심사를 하기 곤란한 사항에 대해서는 제39조제3항에 따라 국토교통부장관이 지정 한 모의비행장치를 이용하여 제63조에 따른 자격인정 또는 심사를 할 수 있다.	

제137조(기장 등의 운항자격인정 대상 항공기 등) 법 제63조제1항제2호에서 "국토교통부령으로 정하는 업무"란 「항공사업법 시행규칙」 제4조제1호, 제2호, 제5호부터 제7호까지 및 제9호에 따른 업무를 말한다.

제138조(기장의 운항자격인정을 위한 지식 요건) 법 제63조제1항에 따라 항공운송사업에 사용되는 항공기, 제137조에 따른 업무를 하는 항공기사용사업에 사용되는 항공기 및 제126조 각 호의 어느 하나에 해당하는 항공기의 기장은 운항하려는 지역, 노선 및 공항에 대하여 다음 각 호의 사항에 관한 지식이 있어야 한다.

1. 지형 및 최저안전고도
2. 계절별 기상 특성
3. 기상, 통신 및 항공교통시설 업무와 그 절차
4. 수색 및 구조 절차
5. 운항하려는 지역 또는 노선과 관련된 장거리 항법절차가 포함된 항행안전시설 및 그 이용절차
6. 인구밀집지역 상공 및 항공교통량이 많은 지역 상공의 비행경로에서 적용되는 비행절차
7. 장애물, 등화시설, 접근을 위한 항행안전시설, 목적지 공항 혼잡지역 및 도면
8. 항공로절차, 목적지 상공 도착절차, 출발절차, 체공절차 및 공항이 포함된 인가된 계기접근 절차
9. 공항 운영 최저기상치
10. 항공고시보
11. 운항규정

제139조(기장 등의 운항자격인정을 위한 기량 요건) 법 제63조제1항에 따라 항공운송사업 또는 제137조에 따른 업무를 하는 항공기사용사업에 사용되는 항공기 및 제126조 각 호의 어느 하나에 해당하는 항공기의 기장 또는 기장 외의 조종사는 운항하려는 지역, 노선 및 공항에 대하여 해당 형식의 항공기에 대한 정상상태에서의 조종기술과 비정상상태에서의 조종기술 및 비상절차 수행능력이 있어야 한다.

제140조(기장 등의 운항자격 인정 및 심사 신청) 법 제63조제1항에 따라 기장 또는 기장 외의 조종사의 운항자격 인정을 받으려는 사람은 별지 제67호서식의 조종사 운항자격 인정(심사) 신청서에 별지 제36호서식의 비행경력 증명서를 첨부하여 국토교통부장관에게 제출하여야 한다.

제141조(기장 등의 운항자격인정을 위한 심사) ① 법 제63조제1항에 따른 지식 또는 기량에 관한 자격인정은 구술ㆍ필기 및 실기평가과정을 통하여 심사한다.

② 국토교통부장관은 법 제63조제1항에 따른 자격인정에 필요한 심사(이하 "운항자격인정심사"라 한다) 업무를 담당하는 사람으로 소속공무원을 지명하거나 해당 분야의 전문지식과 경험을 가진 사람을 위촉하여야 한다.

③ 제1항에 따른 실기심사는 제2항에 따라 국토교통부장관이 지명한 소속 공무원(이하 "운항자격심사관"이라 한다) 또는 국토교통부장관의 위촉을 받은 사람(이하 "위촉심사관"이라 한다)과 운항자격인정심사를 받으려는 사람이 해당 형식의 항공기에 탑승하여 해당 노선을 왕복비행(순환노선에서의 연속되는 2구간 이상의 편도비행을 포함한다)하여 심사하여야 한다. 다만, 제139조에 따른 정상 및 비정상상태에서의 조종기술 및 비상절차 수행능력에 대한 실기심사는 지방항공청장이 지정한 동일한 형식의 항공기의 모의비행장치로 심사할 수 있다.

④ 운항자격인정심사의 세부항목 및 판정기준 등에 관하여 필요한 사항은 국토교통부장관이 정하여 고시한다.

제142조(기장 등의 운항자격인정) 법 제63조제1항에 따른 기장 또는 기장 외의 조종사의 운항자격인정은 항공기 형식과 운항하려는 지역, 노선 및 공항(제155조제1항에 따른 지역, 노선 및 공항만 해당한다)에 대한 것으로 한정한다.

제143조(기장 등의 운항자격의 정기심사) ① 법 제63조제2항에 따라 운항자격인정을 받은 기장 또는 기장 외의 조종사에 대한 정기심사는 운항하려는 지역, 노선 및 공항에 따라 기장의 경우에는 제138조 및 제139조에 따른 지식 및 기량의 유지에 관하여, 기장 외의 조종사의 경우에는 제139조에 따른 기량의 유지에 관하여 다음 각 호의 구분에 따라 실시한다.
1. 정상상태에서의 조종기술 : 매년 1회 이상 국토교통부장관이 정하는 방법에 따른 심사
2. 비정상상태에서의 조종기술 및 비상절차 수행능력 : 매년 2회 이상 국토교통부장관이 정하는 방법에 따른 심사
② 제1항의 정기심사는 운항자격심사관 또는 위촉심사관이 실시한다.
③ 제1항의 정기심사에 관하여는 제141조제1항·제3항 및 제4항을 준용한다.
④ 제1항제2호에도 불구하고 다음 각 호의 어느 하나에 해당하는 조종사에 대한 심사는 기장의 경우에는 지식 및 기량의 유지에 관하여, 기장 외의 조종사의 경우에는 기량의 유지에 관하여 각각 매년 1회 이상 국토교통부장관이 정하는 방법에 따라 실시한다. 다만, 2개 이상의 기종을 조종하는 조종사인 경우에는 기종별 격년으로 심사한다.
1. 「항공사업법」 제10조에 따른 소형항공운송사업에 사용되는 항공기를 조종하는 조종사
2. 제137조에 따른 업무를 하는 항공기사용사업에 사용되는 항공기를 조종하는 조종사
3. 사업용이 아닌 국외비행에 사용되는 항공기를 조종하는 조종사

제144조(기장 등의 운항자격의 수시심사) 법 제63조제2항에 따라 국토교통부장관은 다음 각 호의 어느 하나에 해당하는 기장 또는 기장 외의 조종사에 대해서는 수시로 지식 또는 기량의 유무를 심사할 수 있다.
1. 항공기사고 또는 비정상운항을 발생시킨 기장 또는 기장 외의 조종사
2. 제138조 각 호의 사항에 중요한 변경이 있는 지역, 노선 및 공항을 운항하는 기장 또는 기장 외의 조종사
3. 항공기의 성능·장비 또는 항법에 중요한 변경이 있는 경우 해당 항공기를 운항하는 기장 또는 기장 외의 조종사
4. 6개월 이상 운항업무에 종사하지 아니한 기장 또는 기장 외의 조종사
5. 항공관련법규 위반으로 처분을 받은 기장 또는 기장 외의 조종사
6. 항공기의 이륙·착륙에 특별한 주의가 필요한 공항으로서 국토교통부장관이 지정한 공항에 운항하는 기장 또는 기장 외의 조종사
7. 해당 운항자격 경력이 1년 미만인 기장 또는 기장 외의 조종사
8. 새로운 공항을 운항한지 6개월이 지나지 아니한 기장 또는 기장 외의 조종사
9. 취항 중인 공항에 항공기 형식을 변경하여 운항한 지 6개월이 지나지 아니한 기장 또는 기장 외의 조종사

제145조(기장 등의 운항자격인정의 취소) ① 국토교통부장관은 법 제63조제3항에 따라 기장 또는 기장 외의 조종사가 제143조에 따라 심사를 받아야 하는 월의 말일까지 심사를 받지 아니하거나 제143조 또는 제144조에 따른 심사에 합격하지 못한 경우에는 그 운항자격인정을 취소하여야 한다.
② 국토교통부장관은 제1항에 따라 운항자격인정을 취소하는 경우에는 취소사실을 그 기장 또는 기장 외의 조종사에게 사유와 함께 서면으로 통보하여야 한다.

제146조(지정항공운송사업자 등의 지정신청 등) ① 항공운송사업자 또는 제137조에 따른 업무를 하는 항공기사용 사업자가 법 제63조제4항에 따라 지정을 받으려는 경우에는 다음 각 호의 사항을 적은 별지 제68호서식의 지정항공운송사업자 등의 지정신청서를 국토교통부장관에게 제출하여야 한다.
1. 명칭 및 주소
2. 해당 항공운송사업 또는 항공기사용사업의 면허번호·면허취득일 또는 등록번호·등록일
3. 해당 항공운송사업 노선

4. 기종별 항공기 대수 및 법 제63조에 따라 자격인정을 받은 사람의 수
② 제1항의 신청서에는 다음 각 호의 사항이 적힌 훈련 및 심사에 관한 규정을 첨부하여야 한다.
1. 법 제63조제1항 또는 제2항에 따라 운항자격인정을 받으려는 사람 또는 정기·수시심사를 받아야 하는 사람(이하 "운항자격심사 대상자"라 한다)에 대한 선정기준, 자격인정 및 심사방법과 그 조직체계
2. 운항자격심사 대상자에 대한 자격인정 또는 심사업무 담당자가 되려는 사람(이하 "지정심사관 후보자"라 한다)의 선정기준 및 그 조직체계
3. 운항자격심사 대상자와 지정심사관 후보자의 훈련체계 및 훈련방법
4. 운항자격인정 및 심사, 선정에 관한 기록의 작성 및 보존 방법
③ 국토교통부장관은 제1항에 따른 신청이 제147조의 기준에 적합하다고 인정하는 경우에는 소속 기장 또는 기장 외의 조종사에 대한 운항자격인정 또는 심사를 할 수 있는 자(이하 "지정항공운송사업자 등"이라 한다)로 지정하여야 한다.
④ 제3항의 경우에 국토교통부장관은 해당 지정항공운송사업자 등이 운항자격인정 또는 심사를 할 수 있는 항공기 형식을 정하여 지정할 수 있다. 이 경우 신규 도입 항공기에 대해서는 해당 형식 항공기를 보유한 후 1년이 지나야 지정을 할 수 있다.
⑤ 지정항공운송사업자 등이 제2항에 따른 훈련 및 심사에 관한 규정을 변경하려는 경우에는 미리 국토교통부장관의 승인을 받아야 한다.

제147조(지정항공운송사업자 등의 지정기준) 법 제63조제4항에 따른 지정항공운송사업자 등의 지정기준은 다음 각 호와 같다.
1. 운항자격심사 대상자와 지정심사관 후보자의 선정을 위한 조직이 있고, 그 선정기준이 항공기의 형식, 보유 대수, 노선 등에 비추어 적합할 것
2. 운항자격심사 대상자와 지정심사관 후보자의 훈련을 위한 조직이 있고 조종훈련교관 및 훈련시설을 충분히 확보할 것
3. 운항자격심사 대상자와 지정심사관 후보자의 훈련과목·훈련시간, 그 밖에 훈련방법이 항공기의 형식, 보유대수, 노선 등에 비추어 적합할 것
4. 법 제63조제1항 및 제2항에 따른 운항자격인정 및 심사를 하기 위하여 필요한 인원의 지정심사관 후보자가 있을 것
5. 제149조제3항에 따라 지정된 지정심사관의 권한행사에 독립성이 보장될 것
6. 운항자격인정 및 심사의 내용, 평가기준 및 운항자격인정 취소기준은 국토교통부장관이 법 제63조제1항부터 제3항까지에 따라 하는 자격인정 및 심사의 내용, 평가기준 및 자격인정 취소기준에 준하는 것일 것
7. 관계 기록의 작성 및 보존방법이 적절할 것

제148조(지정항공운송사업자 등의 지정 취소) 국토교통부장관은 지정항공운송사업자 등이 다음 각 호의 어느 하나에 해당하는 경우에는 지정항공운송사업자 등의 지정을 취소할 수 있다.
1. 거짓이나 그 밖의 부정한 방법으로 지정을 받은 경우
2. 제149조제3항에 따른 지정심사관이 부정한 방법으로 법 제63조제4항에 따른 운항자격인정 또는 심사를 한 경우
3. 제146조제2항에 따른 훈련 및 심사에 관한 규정을 위반한 경우
4. 제147조에 따른 지정기준에 적합하지 아니하게 된 경우
5. 법 또는 법에 따른 명령이나 처분을 위반한 경우

제149조(지정심사관의 지정 신청 등) ① 지정항공운송사업자 등은 소속 기장 또는 기장 외의 조종사에 대한 운항자격인정 또는 심사를 하려는 경우에는 지정심사관 후보자를 선정하여 별지 제69호서식의 지정심사관 지정(심사) 신청서를 국토교통부장관에게 제출하여야 한다.

② 제1항의 신청서에는 지정심사관 후보자가 제151조제1항 각 호의 요건에 적합함을 증명하는 서류를 첨부하여야 한다.

③ 제1항에 따른 신청을 받은 국토교통부장관은 지정심사관 후보자가 제151조의 요건에 적합한 경우에는 지정 심사관으로 지정하여야 한다.

④ 제3항에 따라 지정을 받은 지정심사관(이하 "지정심사관"이라 한다)은 제141조제3항에 따른 위촉심사관의 자격이 있는 것으로 본다.

제150조(위촉심사관 등에 대한 항공기 형식 한정 등) ① 국토교통부장관은 위촉심사관 또는 지정심사관(이하 "위촉심사관 등"이라 한다)을 위촉 또는 지정하는 경우 항공기 형식을 한정하여 위촉 또는 지정하여야 한다.

② 국토교통부장관이 위촉심사관 등의 위촉 또는 지정을 위하여 실시하는 심사에 관하여는 제141조제1항, 제3항 및 제4항을 준용한다.

③ 제2항에 따른 심사는 운항자격심사관이 한다.

제151조(위촉심사관 등의 위촉 또는 지정 요건) ① 위촉심사관 등의 위촉 또는 지정 요건은 다음 각 호와 같다.

1. 다음 각 목의 어느 하나에 해당하는 사람일 것

가. 항공운송사업에 사용되는 항공기의 기장으로서의 비행시간이 2천 시간 이상이거나 해당 형식의 항공기 기장으로서의 비행시간이 1천 시간 이상이고, 위촉심사관 등이 되기 위한 훈련을 받은 사람일 것

나. 제137조에 따른 업무를 하는 항공기사용사업에 사용되는 항공기의 조종사로서의 비행시간이 1,500시간 이상이거나 해당 형식의 항공기 기장으로서의 비행시간이 1천 시간 이상이고, 위촉심사관 등이 되기 위한 훈련을 받은 사람일 것

2. 운항자격인정을 받은 기장일 것

3. 기장 또는 기장 외의 조종사에 대한 운항자격인정 및 심사를 하는 데 필요한 지식과 기량이 있을 것

4. 법 제43조에 따라 자격증명, 자격증명의 한정 또는 항공신체검사증명의 효력정지명령을 받고 그 정지기간이 끝나거나 그 정지가 면제된 날부터 2년이 지난 사람일 것

② 제1항에도 불구하고 제1항 각 호의 요건을 갖춘 사람이 없거나 국토교통부장관이 필요하다고 인정하는 경우에는 지식 및 기량이 우수한 기장중에서 항공운송사업자 또는 제137조에 따른 업무를 하는 항공기사용사업자의 신청을 받아 위촉심사관 등으로 위촉하거나 지정할 수 있다.

제152조(위촉심사관 등에 대한 정기·수시심사) ① 국토교통부장관은 위촉심사관 등이 제151조의 요건을 갖추고 있는지의 여부를 확인하기 위하여 위촉심사관 등의 지식에 관하여는 1년마다, 기량에 관하여는 2년마다 심사하되, 특히 필요하다고 인정하는 경우에는 수시로 심사할 수 있다.

② 제1항에 따른 심사는 국토교통부장관이 정하는 위촉심사관 등에 대한 심사표에 따른다.

③ 제1항의 심사는 운항자격심사관이 하되, 새로운 형식의 항공기 도입 또는 운항자격심사관의 사고 등의 사유가 있는 경우에는 국토교통부장관이 위촉심사관을 지명하여 할 수 있다.

④ 제1항의 심사에 관하여는 제141조제1항, 제3항 및 제4항을 준용한다.

제153조(위촉 또는 지정의 실효 및 취소) ① 위촉심사관 등이 다음 각 호의 어느 하나에 해당하는 경우에는 위촉 또는 지정의 효력은 즉시 상실된다.

1. 제152조제1항에 따른 심사를 받지 아니하거나 그 심사에 합격하지 못한 경우

2. 위촉 또는 지정 당시 소속된 항공운송사업자 또는 항공기사용사업자 소속을 이탈한 경우

3. 위촉 또는 지정 당시 소속된 지정항공운송사업자 등이 그 자격을 상실한 경우

4. 위촉 또는 지정 당시 한정 받은 항공기 형식과 다른 형식의 항공기에 탑승하여 항공업무를 하게 된 경우

② 국토교통부장관은 위촉심사관 등이 다음 각 호의 어느 하나에 해당하는 경우에는 위촉 또는 지정을 취소할 수 있다.

1. 거짓이나 그 밖의 부정한 방법으로 위촉 또는 지정을 받은 경우

2. 부정한 방법으로 법 제63조제1항, 제2항 및 제4항에 따른 자격인정 또는 심사를 한 경우

3. 과실로 항공기 사고를 발생시킨 경우

4. 법 또는 법에 따른 명령이나 처분을 위반한 경우

③ 국토교통부장관은 운항자격심사관으로 하여금 위촉심사관 등이 운항자격인정심사 또는 정기·수시심사를 수행한 기록물 등을 포함한 조종사의 운항자격에 관한 업무 전반에 대하여 정기 또는 수시로 확인하게 하여야 한다.

제154조(특별심사 대상 조종사) 법 제63조제6항에서 "국토교통부령으로 정하는 기장 또는 기장 외의 조종사"란 항공운송사업 또는 제137조에 따른 업무를 하는 항공기사용사업에 사용되는 항공기의 기장 또는 기장 외의 조종사를 말한다.

제155조(기장의 지역, 노선 및 공항에 대한 경험요건) ① 법 제63조제7항에서 "국토교통부령으로 정하는 지역, 노선 및 공항"이란 주변의 지형, 장애물 및 진입·출발방식 등을 고려하여 법 제77조에 따라 국토교통부장관이 고시하는 운항기술기준에서 정한 지역, 노선 및 공항을 말한다.

② 법 제63조제7항에 따라 항공운송사업에 사용되는 항공기의 기장은 법 제77조에 따라 국토교통부장관이 고시하는 운항기술기준에서 정한 경험이 있어야 한다.

제156조(기장의 경험요건의 면제) 국토교통부장관은 신규로 개설되는 노선을 운항하려는 기장이 다음 각 호의 어느 하나에 해당하는 경우에는 제155조제2항에 따른 경험요건을 면제할 수 있다.

1. 운항하려는 지역, 노선 및 공항에 대한 시각장비 또는 비행장 도면이 포함된 운항절차에 대한 교육을 받고 위촉심사관 등으로부터 확인을 받은 경우

2. 위촉심사관 또는 운항하려는 해당 형식 항공기의 기장으로서 비행한 시간이 1천 시간 이상인 경우

제157조(지정항공운송사업자등에 대한 준용규정 등) ① 지정항공운송사업자 등의 자격인정 또는 심사에 관하여는 제137조부터 제140조까지, 제141조제1항·제3항, 제142조, 제143조제1항·제4항, 제144조 및 제145조를 준용한다.

② 지정항공운송사업자 등은 매월 법 제63조제4항에 따른 운항자격인정 또는 심사결과를 다음 달 20일까지 국토교통부장관에게 보고하여야 한다.

항공안전법	항공안전법 시행령
제65조(운항관리사) ① 항공운송사업자와 국외운항항공기 소유자 등은 국토교통부령으로 정하는 바에 따라 운항관리사를 두어야 한다. ② 제1항에 따라 운항관리사를 두어야 하는 자가 운항하는 항공기의 기장은 그 항공기를 출발시키거나 비행계획을 변경하려는 경우에는 운항관리사의 승인을 받아야 한다. ③ 제1항에 따라 운항관리사를 두어야 하는 자는 국토교통부령으로 정하는 바에 따라 운항관리사가 해당 업무를 원활하게 수행하는 데 필요한 지식 및 경험을 갖출 수 있도록 필요한 교육 훈련을 하여야 한다. **제66조(항공기 이륙·착륙의 장소)** ① 누구든지 항공기(활공기와 비행선은 제외한다)를 비행장이 아닌 곳(해당 항공기에 요구되는 비행장 기준에 맞지 아니하는 비행장을 포함한다)에서 이륙하거나 착륙하여서는 아니 된다. 다만, 각 호의 경우에는 그러하지 아니하다. 1. 안전과 관련한 비상상황 등 불가피한 사유가 있는 경우로서 국토교통부장관의 허가를 받은 경우 2. 제90조제2항에 따라 국토교통부장관이 발급한 운영기준에 따르는 경우 ② 제1항제1호에 따른 허가에 필요한 세부 기준 및 절차와 그밖에 필요한 사항은 대통령령으로 정한다.	**제9조(항공기 이륙·착륙장소 외에서의 이륙·착륙 허가 등)** ① 법 제66조제1항제1호에 따른 안전과 관련한 비상상황 등 불가피한 사유가 있는 경우는 다음 각 호의 어느 하나에 해당하는 경우로 한다. 1. 항공기의 비행 중 계기고장, 연료부족 등의 비상상황이 발생하여 신속하게 착륙하여야 하는 경우 2. 응급환자 또는 수색인력·구조인력 등의 수송, 비행훈련, 화재의 진화, 화재예방을 위한 감시, 항공촬영, 항공방제, 연료보급, 건설자재 운반 또는 헬리콥터를 이용한 사람의 수송 등을 목적으로 항공기를 비행장이 아닌 장소에서 이륙 또는 착륙하여야 하는 경우 ② 제1항제1호에 해당하여 법 제66조제1항제1호에 따라 착륙의 허가를 받으려는 자는 무선통신 등을 사용하여 국토교통부장관에게 착륙 허가를 신청하여야 한다. 이 경우 국토교통부장관은 특별한 사유가 없으면 허가하여야 한다. ③ 제1항제2호에 해당하여 법 제66조제1항제1호에 따라 이륙 또는 착륙의 허가를 받으려는 자는 국토교통부령으로 정하는 허가 신청서를 국토교통부장관에게 제출하여야 한다. 이 경우 국토교통부장관은 그 내용을 검토하여 안전에 지장이 없다고 인정되는 경우에는 6개월 이내의 기간을 정하여 허가하여야 한다.

제158조(운항관리사) ① 법 제65조제1항에 따라 운항관리사를 두어야 하는 자는 운항관리사가 연속하여 12개월 이상의 기간 동안 운항관리사의 업무에 종사하지 아니한 경우에는 그 운항관리사가 제159조에 따른 지식과 경험을 갖추고 있는지의 여부를 확인한 후가 아니면 그 운항관리사를 운항관리사의 업무에 종사하게 해서는 아니 된다.

② 법 제65조제1항에 따라 운항관리사를 두어야 하는 자는 운항관리사가 해당 업무와 관련된 항공기의 운항 사항을 항상 알고 있도록 하여야 한다.

제159조(운항관리사에 대한 교육훈련 등) 법 제65조제1항에 따라 운항관리사를 두어야 하는 자는 법 제65조제3항에 따라 운항관리사가 다음 각 호의 지식 및 경험 등을 갖출 수 있도록 교육훈련계획을 수립하고 매년 1회 이상 교육훈련을 실시하여야 한다.

1. 운항하려는 지역에 대한 다음 각 목의 지식
    가. 계절별 기상조건
    나. 기상정보의 출처
    다. 기상조건이 운항 예정인 항공기에서 무선통신을 수신하는 데 미치는 영향
    라. 화물탑재 절차 등
2. 해당 항공기 및 그 장비품에 대한 다음 각 목의 지식
    가. 운항규정의 내용
    나. 무선통신장비 및 항행장비의 특성과 제한사항
3. 운항 감독을 하도록 지정된 지역에 대해 최근 12개월 이내에 항공기 조종실에 탑승하여 1회 이상의 편도비행 (해당 지역에 있는 비행장 및 헬기장에서의 착륙을 포함한다)을 한 경험(항공운송사업자에 소속된 운항관리사만 해당한다)
4. 업무 수행에 필요한 다음 각 목의 능력
    가. 인적요소(Human Factor)와 관련된 지식 및 기술
    나. 기장에 대한 비행준비의 지원
    다. 기장에 대한 비행 관련 정보의 제공
    라. 기장에 대한 운항비행계획서(Operational Flight Plan) 및 비행계획서의 작성 지원
    마. 비행 중인 기장에게 필요한 안전 관련 정보의 제공
    바. 비상시 운항규정에서 정한 절차에 따른 조치

제160조(이륙·착륙장소 외에서의 이륙·착륙 허가신청) 영 제9조제3항에 따라 국토교통부장관 또는 지방항공청장의 허가를 받으려는 자는 별지 제70호서식의 이륙·착륙장소 외에서의 이륙·착륙 허가신청서에 다음 각 호의 사항을 적은 서류를 첨부하여 국토교통부장관 또는 지방항공청장에게 제출하여야 한다.

1. 이륙·착륙하려는 장소(해당 장소의 약도를 포함한다)
2. 이륙·착륙의 절차 및 방향의 선정
3. 이륙·착륙장소의 지형 적합성 및 우천·강설 등에 따른 지반 약화 가능성
4. 이륙·착륙장소에 적합한 용량의 소화기 비치계획 및 풍향을 지시할 수 있는 장치의 설치 여부
5. 이륙·착륙장소의 주변 장애물(급격한 경사, 전선 및 건물 등을 말한다)
6. 이륙·착륙장소에 사람의 접근통제 및 안전요원 배치 계획
7. 항공기사고를 방지하기 위한 조치
8. 항공기의 급유 시 안전대책
9. 국유지 및 사유지에 이륙·착륙 시 관계기관 또는 관계인과의 토지사용에 대한 사전협의 사항
10. 항공기의 소음 등으로 인한 민원발생 예방대책
11. 그 밖에 항공기의 안전한 이륙·착륙을 위하여 국토교통부장관이 정하여 고시하는 사항

항공안전법	항공안전법 시행령
제67조(항공기의 비행규칙) ① 항공기를 운항하려는 사람은 「국제민간항공협약」 및 같은 협약 부속서에 따라 국토교통부령으로 정하는 비행에 관한 기준·절차·방식 등(이하 "비행규칙"이라 한다)에 따라 비행하여야 한다. ② 비행규칙은 다음 각 호와 같이 구분한다. 1. 재산 및 인명을 보호하기 위한 비행절차 등 일반적인 사항에 관한 규칙 2. 시계비행에 관한 규칙 3. 계기비행에 관한 규칙 4. 비행계획의 작성·제출·접수 및 통보 등에 관한 규칙 5. 그 밖에 비행안전을 위하여 필요한 사항에 관한 규칙	

제161조(비행규칙의 준수 등) ① 기장은 법 제67조에 따른 비행규칙에 따라 비행하여야 한다. 다만, 안전을 위하여 불가피한 경우에는 그러하지 아니하다.

② 기장은 비행을 하기 전에 현재의 기상관측보고, 기상예보, 소요 연료량, 대체 비행경로 및 그 밖에 비행에 필요한 정보를 숙지하여야 한다.

③ 기장은 인명이나 재산에 피해가 발생하지 아니하도록 주의하여 비행하여야 한다.

④ 기장은 다른 항공기 또는 그 밖의 물체와 충돌하지 아니하도록 비행하여야 하며, 공중충돌경고장치의 회피지시가 발생한 경우에는 그 지시에 따라 회피기동을 하는 등 충돌을 예방하기 위한 조치를 하여야 한다.

제162조(항공기의 지상이동) 법 제67조에 따라 비행장 안의 이동지역에서 이동하는 항공기는 충돌예방을 위하여 다음 각 호의 기준에 따라야 한다.

1. 정면 또는 이와 유사하게 접근하는 항공기 상호간에는 모두 정지하거나 가능한 경우에는 충분한 간격이 유지되도록 각각 오른쪽으로 진로를 바꿀 것

2. 교차하거나 이와 유사하게 접근하는 항공기 상호간에는 다른 항공기를 우측으로 보는 항공기가 진로를 양보할 것

3. 추월하는 항공기는 다른 항공기의 통행에 지장을 주지 아니하도록 충분한 분리간격을 유지할 것

4. 기동지역에서 지상 이동하는 항공기는 관제탑의 지시가 없는 경우에는 활주로진입 전 대기지점(Runway Holding Position)에서 정지ㆍ대기할 것

5. 기동지역에서 지상 이동하는 항공기는 정지선 등(Stop Bar Lights)이 켜져 있는 경우에는 정지ㆍ대기하고, 정지선 등이 꺼질 때에 이동할 것

제163조(비행장 또는 그 주변에서의 비행) ① 법 제67조에 따라 비행장 또는 그 주변을 비행하는 항공기의 조종사는 다음 각 호의 기준에 따라야 한다.

1. 이륙하려는 항공기는 안전고도 미만의 고도 또는 안전속도 미만의 속도에서 선회하지 말 것

2. 해당 비행장의 이륙기상 최저치 미만의 기상상태에서는 이륙하지 말 것

3. 해당 비행장의 시계비행 착륙기상 최저치 미만의 기상상태에서는 시계비행방식으로 착륙을 시도하지 말 것

4. 터빈발동기를 장착한 이륙항공기는 지표 또는 수면으로부터 450미터(1,500피트)의 고도까지 가능한 한 신속히 상승할 것. 다만, 소음 감소를 위하여 국토교통부장관이 달리 비행방법을 정한 경우에는 그러하지 아니하다.

5. 해당 비행장을 관할하는 항공교통관제기관과 무선통신을 유지할 것

6. 비행로, 교통장주(交通長周), 그 밖에 해당 비행장에 대하여 정하여진 비행방식 및 절차에 따를 것

7. 다른 항공기 다음에 이륙하려는 항공기는 그 다른 항공기가 이륙하여 활주로의 종단을 통과하기 전에는 이륙을 위한 활주를 시작하지 말 것

8. 다른 항공기 다음에 착륙하려는 항공기는 그 다른 항공기가 착륙하여 활주로 밖으로 나가기 전에는 착륙하기 위하여 그 활주로 시단을 통과하지 말 것

9. 이륙하는 다른 항공기 다음에 착륙하려는 항공기는 그 다른 항공기가 이륙하여 활주로의 종단을 통과하기 전에는 착륙하기 위하여 해당 활주로의 시단을 통과하지 말 것

10. 착륙하는 다른 항공기 다음에 이륙하려는 항공기는 그 다른 항공기가 착륙하여 활주로 밖으로 나가기 전에 이륙하기 위한 활주를 시작하지 말 것

11. 기동지역 및 비행장 주변에서 비행하는 항공기를 관찰할 것

12. 다른 항공기가 사용하고 있는 교통장주를 회피하거나 지시에 따라 비행할 것

13. 비행장에 착륙하기 위하여 접근하거나 이륙 중 선회가 필요할 경우에는 달리 지시를 받은 경우를 제외하고는 좌선회할 것

14. 비행안전, 활주로의 배치 및 항공교통상황 등을 고려하여 필요한 경우를 제외하고는 바람이 불어오는 방향으로 이륙 및 착륙할 것

② 제1항제6호부터 제14호까지의 규정에도 불구하고 항공교통관제기관으로부터 다른 지시를 받은 경우에는 그 지시에 따라야 한다.

제164조(순항고도) ① 법 제67조에 따라 비행을 하는 항공기의 순항고도는 다음 각 호와 같다.

1. 항공기가 관제구 또는 관제권을 비행하는 경우에는 항공교통관제기관이 법 제84조제1항에 따라 지시하는 고도

2. 제1호 외의 경우에는 별표 21 제1호에서 정한 순항고도

3. 제2호에도 불구하고 국토교통부장관이 수직분리축소공역(RVSM)으로 정하여 고시한 공역의 경우에는 별표 21 제2호에서 정한 순항고도

② 제1항에 따른 항공기의 순항고도는 다음 각 호의 구분에 따라 표현되어야 한다.

1. 순항고도가 전이고도를 초과하는 경우 : 비행고도(Flight Level)

2. 순항고도가 전이고도 이하인 경우 : 고도(Altitude)

제165조(기압고도계의 수정) 법 제67조에 따라 비행을 하는 항공기의 기압고도계는 다음 각 호의 기준에 따라 수정하여야 한다.

1. 전이고도 이하의 고도로 비행하는 경우에는 비행로를 따라 185킬로미터(100해리) 이내에 있는 항공교통관제 기관으로부터 통보받은 QNH[185킬로미터(100해리) 이내에 항공교통관제기관이 없는 경우에는 제229조제1호에 따른 비행정보기관 등으로부터 받은 최신 QNH를 말한다]로 수정할 것

2. 전이고도를 초과한 고도로 비행하는 경우에는 표준기압치(1,013.2 헥토파스칼)로 수정할 것

제166조(통행의 우선순위) ① 법 제67조에 따라 교차하거나 그와 유사하게 접근하는 고도의 항공기 상호간에는 다음 각 호에 따라 진로를 양보하여야 한다.

1. 비행기·헬리콥터는 비행선, 활공기 및 기구류에 진로를 양보할 것

2. 비행기·헬리콥터·비행선은 항공기 또는 그 밖의 물건을 예항(曳航)하는 다른 항공기에 진로를 양보할 것

3. 비행선은 활공기 및 기구류에 진로를 양보할 것

4. 활공기는 기구류에 진로를 양보할 것

5. 제1호부터 제4호까지의 경우를 제외하고는 다른 항공기를 우측으로 보는 항공기가 진로를 양보할 것

② 비행 중이거나 지상 또는 수상에서 운항 중인 항공기는 착륙 중이거나 착륙하기 위하여 최종접근 중인 항공기에 진로를 양보하여야 한다.

③ 착륙을 위하여 비행장에 접근하는 항공기 상호간에는 높은 고도에 있는 항공기가 낮은 고도에 있는 항공기에 진로를 양보하여야 한다. 이 경우 낮은 고도에 있는 항공기는 최종 접근단계에 있는 다른 항공기의 전방에 끼어들거나 그 항공기를 추월해서는 아니 된다.

④ 제3항에도 불구하고 비행기, 헬리콥터 또는 비행선은 활공기에 진로를 양보하여야 한다.

⑤ 비상착륙하는 항공기를 인지한 항공기는 그 항공기에 진로를 양보하여야 한다.

⑥ 비행장 안의 기동지역에서 운항하는 항공기는 이륙 중이거나 이륙하려는 항공기에 진로를 양보하여야 한다.

제167조(진로와 속도 등) ① 법 제67조에 따라 통행의 우선순위를 가진 항공기는 그 진로와 속도를 유지하여야 한다.

② 다른 항공기에 진로를 양보하는 항공기는 그 다른 항공기의 상하 또는 전방을 통과해서는 아니 된다. 다만, 충분한 거리 및 항적난기류(航跡亂氣流)의 영향을 고려하여 통과하는 경우에는 그러하지 아니하다.

③ 두 항공기가 충돌할 위험이 있을 정도로 정면 또는 이와 유사하게 접근하는 경우에는 서로 기수(機首)를 오른쪽으로 돌려야 한다.

④ 다른 항공기의 후방 좌·우 70도 미만의 각도에서 그 항공기를 추월(상승 또는 강하에 의한 추월을 포함한다)하려는 항공기는 추월당하는 항공기의 오른쪽을 통과하여야 한다. 이 경우 추월하는 항공기는 추월당하는 항공기와 간격을 유지하며, 추월당하는 항공기의 진로를 방해해서는 아니 된다.

제168조(수상에서의 충돌예방) 법 제67조에 따라 수상에서 항공기를 운항하려는 자는 「해사안전법」에서 달리 정한 것이 없으면 다음 각 호의 기준에 따라 운항하거나 이동하여야 한다.

1. 항공기와 다른 항공기 또는 선박이 근접하는 경우에는 주변 상황과 그 다른 항공기 또는 선박의 이동상황을 고려하여 운항할 것

2. 항공기와 다른 항공기 또는 선박이 교차하거나 이와 유사하게 접근하는 경우에는 그 다른 항공기 또는 선박을 오른쪽으로 보는 항공기가 진로를 양보하고 충분한 간격을 유지할 것

3. 항공기와 다른 항공기 또는 선박이 정면 또는 이와 유사하게 접근하는 경우에는 서로 기수를 오른쪽으로 돌리고 충분한 간격을 유지할 것

4. 추월하려는 항공기는 충돌을 피할 수 있도록 진로를 변경하여 추월할 것

5. 수상에서 이륙하거나 착륙하는 항공기는 수상의 모든 항공기 또는 선박으로부터 충분한 간격을 유지하여 선박의 항해를 방해하지 말 것

6. 수상에서 야간에 이동, 견인 및 정박하는 항공기는 별표 22에서 정하는 등불을 작동시킬 것. 다만, 부득이한 경우에는 별표 22에서 정하는 위치와 형태 등과 유사하게 등불을 작동시켜야 한다.

제169조(비행속도의 유지 등) ① 법 제67조에 따라 항공기는 지표면으로부터 750미터(2,500피트)를 초과하고, 평균해면으로부터 3,050미터(1만피트) 미만인 고도에서는 지시대기속도 250노트 이하로 비행하여야 한다. 다만, 관할 항공교통관제기관의 승인을 받은 경우에는 그러하지 아니하다.

② 항공기는 별표 23 제1호에 따른 C 또는 D등급 공역에서는 공항으로부터 반지름 7.4킬로미터(4해리) 내의지표면으로부터 750미터(2,500피트)의 고도 이하에서는 지시대기속도 200노트 이하로 비행하여야 한다. 다만, 관할 항공교통관제기관의 승인을 받은 경우에는 그러하지 아니하다.

③ 항공기는 별표 23 제1호에 따른 B등급 공역 중 공항별로 국토교통부장관이 고시하는 범위와 고도의 구역 또는 B등급 공역을 통과하는 시계비행로에서는 지시대기속도 200노트 이하로 비행하여야 한다.

④ 최저안전속도가 제1항부터 제3항까지의 규정에 따른 최대속도보다 빠른 항공기는 그 항공기의 최저안전속도로 비행하여야 한다.

제170조(편대비행) ① 법 제67조에 따라 2대 이상의 항공기로 편대비행(編隊飛行)을 하려는 기장은 미리 다음 각 호의 사항에 관하여 다른 기장과 협의하여야 한다.

1. 편대비행의 실시계획
2. 편대의 형(形)
3. 선회 및 그 밖의 행동 요령
4. 신호 및 그 의미
5. 그 밖에 필요한 사항

② 제1항에 따라 법 제78조제1항제1호에 따른 관제공역 내에서 편대비행을 하려는 항공기의 기장은 다음 각 호의 사항을 준수하여야 한다.

1. 편대 책임기장은 편대비행 항공기들을 단일 항공기로 취급하여 관할 항공교통관제기관에 비행 위치를 보고할 것
2. 편대 책임기장은 편대 내의 항공기들을 집결 또는 분산 시 적절하게 분리할 것
3. 편대를 책임지는 항공기로부터 편대 내의 항공기들을 종적 및 횡적으로는 1킬로미터, 수직으로는 30미터 이내의 분리를 할 것

제171조(활공기 등의 예항) ① 법 제67조에 따라 항공기가 활공기를 예항하는 경우에는 다음 각 호의 기준에 따라야 한다.

1. 항공기에 연락원을 탑승시킬 것(조종자를 포함하여 2명 이상이 탈 수 있는 항공기의 경우만 해당하며, 그 항공기와 활공기 간에 무선통신으로 연락이 가능한 경우는 제외한다)
2. 예항하기 전에 항공기와 활공기의 탑승자 사이에 다음 각 목에 관하여 상의할 것
   가. 출발 및 예항의 방법
   나. 예항줄 이탈의 시기 · 장소 및 방법
   다. 연락신호 및 그 의미
   라. 그 밖에 안전을 위하여 필요한 사항
3. 예항줄의 길이는 40미터 이상 80미터 이하로 할 것
4. 지상연락원을 배치할 것

5. 예항줄 길이의 80퍼센트에 상당하는 고도 이상의 고도에서 예항줄을 이탈시킬 것

6. 구름 속에서나 야간에는 예항을 하지 말 것(지방항공청장의 허가를 받은 경우는 제외한다)

② 항공기가 활공기 외의 물건을 예항하는 경우에는 다음 각 호의 기준에 따라야 한다.

1. 예항줄에는 20미터 간격으로 붉은색과 흰색의 표지를 번갈아 붙일 것

2. 지상연락원을 배치할 것

제172조(시계비행의 금지) ① 법 제67조에 따라 시계비행방식으로 비행하는 항공기는 해당 비행장의 운고(Ceiling)가 450미터(1,500피트) 미만 또는 지상시정이 5킬로미터 미만인 경우에는 관제권 안의 비행장에서 이륙 또는 착륙을 하거나 관제권 안으로 진입할 수 없다. 다만, 관할 항공교통관제기관의 허가를 받은 경우에는 그러하지 아니하다.

② 야간에 시계비행방식으로 비행하는 항공기는 지방항공청장 또는 해당 비행장의 운영자가 정하는 바에 따라야한다.

③ 항공기는 다음 각 호의 어느 하나에 해당되는 경우에는 기상상태에 관계없이 계기비행방식에 따라 비행하여야 한다. 다만, 관할 항공교통관제기관의 허가를 받은 경우에는 그러하지 아니하다.

1. 평균해면으로부터 6,100미터(2만 피트)를 초과하는 고도로 비행하는 경우

2. 천음속(遷音速) 또는 초음속(超音速)으로 비행하는 경우

④ 항공기를 운항하려는 사람은 300미터(1천 피트) 수직분리최저치가 적용되는 8,850미터(2만9천 피트) 이상 1만2,500미터(4만1천 피트) 이하의 수직분리축소공역에서는 시계비행방식으로 운항하여서는 아니 된다.

⑤ 시계비행방식으로 비행하는 항공기는 제199조제1호 각 목에 따른 최저비행고도 미만의 고도로 비행하여서는 아니 된다. 다만, 다음 각 호의 어느 하나에 해당하는 경우에는 그러하지 아니하다.

1. 이륙하거나 착륙하는 경우

2. 항공교통업무기관의 허가를 받은 경우

3. 비상상황의 경우로서 지상의 사람이나 재산에 위해를 주지 아니하고 착륙할 수 있는 고도인 경우

제173조(시계비행방식에 의한 비행) ① 법 제67조에 따라 시계비행방식으로 비행하는 항공기는 지표면 또는 수면상공 900미터(3천 피트) 이상을 비행할 경우에는 별표 21에 따른 순항고도에 따라 비행하여야 한다. 다만, 관할항공교통업무기관의 허가를 받은 경우에는 그러하지 아니하다.

② 시계비행방식으로 비행하는 항공기는 다음 각 호의 어느 하나에 해당하는 경우에는 항공교통관제기관의 지시에 따라 비행하여야 한다.

1. 별표 23 제1호에 따른 B, C 또는 D등급의 공역 내에서 비행하는 경우

2. 관제비행장의 부근 또는 기동지역에서 운항하는 경우

3. 특별시계비행방식에 따라 비행하는 경우

③ 관제권 안에서 시계비행방식으로 비행하는 항공기는 비행정보를 제공하는 관할 항공교통업무기관과 공대지통신(空對地通信)을 유지·경청하고, 필요한 경우에는 위치보고를 하여야 한다.

④ 시계비행방식으로 비행 중인 항공기가 계기비행방식으로 변경하여 비행하려는 경우에는 그 비행계획의 변경사항을 관할 항공교통관제기관에 통보하여야 한다.

제174조(특별시계비행) ① 법 제67조에 따라 예측할 수 없는 급격한 기상의 악화 등 부득이한 사유로 관할 항공교통관제기관으로부터 특별시계비행허가를 받은 항공기의 조종사는 제163조제1항제3호에도 불구하고 다음 각 호의 기준에 따라 비행하여야 한다.

1. 허가받은 관제권 안을 비행할 것

2. 구름을 피하여 비행할 것

3. 비행시정을 1,500미터 이상 유지하며 비행할 것

4. 지표 또는 수면을 계속하여 볼 수 있는 상태로 비행할 것

5. 조종사가 계기비행을 할 수 있는 자격이 없거나 제117조제1항에 따른 항공계기를 갖추지 아니한 항공기로 비행하는 경우에는 주간에만 비행할 것. 다만, 헬리콥터는 야간에도 비행할 수 있다.

② 특별시계비행을 하는 경우에는 다음 각 호의 조건에서만 제1항에 따른 기준에 따라 이륙하거나 착륙할 수 있다.
1. 지상시정이 1,500미터 이상일 것
2. 지상시정이 보고되지 아니한 경우에는 비행시정이 1,500미터 이상일 것

제175조(비행시정 및 구름으로부터의 거리) 법 제67조에 따라 시계비행방식으로 비행하는 항공기는 별표 24에 따른 비행시정 및 구름으로부터의 거리 미만인 기상상태에서 비행하여서는 아니 된다. 다만, 특별시계비행방식에 따라 비행하는 항공기는 그러하지 아니하다.

[별표 24]

시계상의 양호한 기상상태(제175조 관련)

고도	공역	비행시정	구름으로부터의 거리
1. 해발 3,050미터(10,000피트) 이상	B · C · D · E · F 및 G등급	8천 미터	수평으로 1,500미터, 수직으로 300미터(1,000피트)
2. 해발 3,050미터(10,000피트) 미만에서 해발 900미터(3,000피트) 또는 장애물 상공 300미터(1,000피트) 중 높은 고도 초과	B · C · D · E · F 및 G등급	5천 미터	수평으로 1,500미터, 수직으로 300미터(1,000피트)
3. 해발 900미터(3,000피트) 또는 장애물 상공 300미터(1,000피트) 중 높은 고도 이하	B · C · D 및 E등급	5천 미터	수평으로 1,500미터, 수직으로 300미터(1,000피트)
	F 및 G등급	5천 미터	지표면 육안 식별 및 구름을 피할 수 있는 거리

[비고]
다음 각 호의 경우에는 제3호 F 및 G등급 공역의 비행시정을 1,500미터까지 적용할 수 있다.
1. 우세시정(prevailing visibility) 하에서 다른 항공기나 장애물을 보고 피할 수 있을 정도의 속도로 움직이는 경우
2. 그 지역 내의 항공교통량이나 업무량이 적어 다른 항공기와 마주칠 확률이 낮은 경우
3. A등급 공역에서는 시계비행이 허용되지 않는다.

제176조(모의계기비행의 기준) 법 제67조에 따라 모의계기비행을 하려는 자는 다음 각 호의 기준에 따라야 한다.
1. 완전하게 작동하는 이중비행조종장치(Dual Control)를 장착하고 있을 것
2. 안전감독 조종사(Safety Pilot)가 조종석에 타고 있을 것
3. 안전감독 조종사가 항공기의 전방 및 양 측면에 대하여 적절한 시야를 확보하고 있거나 항공기 내에 관숙승무원(Observer)이 있어 안전감독 조종사의 시야를 보완할 수 있을 것

제177조(계기 접근 및 출발 절차 등) ① 법 제67조에 따라 계기비행의 절차는 다음 각 호와 같이 구분한다.
1. 비정밀접근절차 : 전자적인 활공각(滑空角) 정보를 이용하지 아니하고 활주로방위각 정보를 이용하는 계기접근 절차로서 최저강하고도(Minimum Descent Altitude/MDA : 비정밀접근절차별, 기장별 또는 항공기별로 인가된 강하고도 중 가장 높은 고도를 말한다. 이하 같다) 또는 결심고도(Decision Height/DH : 접근절차별, 기장별 또는 항공기별로 인가된 결심고도 중 가장 높은 고도를 말한다. 이하 같다)가 75미터(250피트) 이상으로 설계된 계기접근절차
2. 정밀접근절차 : 계기착륙시설(Instrument Landing System/ILS, Microwave Landing System/MLS, GPS Landing System/GLS) 또는 위성항법시설(Satellite Based Augmentation System/SBAS Cat Ⅰ)을 기반으로 하여 활주로방 위각 및 활공각 정보를 이용하는 계기접근절차
3. 수직유도정보에 의한 계기접근절차 : 활공각 및 활주로방위각 정보를 제공하며, 최저강하고도 또는 결심고도가 75미터 (250피트) 이상으로 설계된 성능기반항행(Performance Based Navigation/PBN) 계기접근절차

4. 표준계기도착절차 : 항공로에서 제1호부터 제3호까지의 규정에 따른 계기접근절차로 연결하는 계기도착절차

5. 표준계기출발절차 : 비행장을 출발하여 항공로를 비행할 수 있도록 연결하는 계기출발절차

② 제1항제1호부터 제3호까지의 규정에 따른 계기접근절차는 결심고도와 시정 또는 활주로가시범위(Visibility or Runway Visual Range/RVR)에 따라 다음과 같이 구분한다.

종류		결심고도(Decision Height/DH)	시점 또는 활주로 가시 범위 (Visibility or Runway Visual Flange/RVF)
A형(Type A)		75미터(250피트) 이상 결심고도가 없는 경우 최저강하 고도를 적용	해당 사항 없음
B형 (Type B)	1종(Category Ⅰ)	60미터(200피트) 이상 75미터(250피트) 미만	시정 800미터(1/2마일) 또는 RVR 550미터 이상
	2종(Category Ⅱ)	30미터(100피트) 이상 60미터(200피트) 미만	RVR 300미터 이상 550미터 미만
	3종(Category Ⅲ-A)	30미터(100피트) 미만 또는 적용하지 아니함(No DH)	RVR 175미터 이상 300미터 미만
	3종(Category Ⅲ-B)	15미터(50피트) 미만 또는 적용하지 아니함 (No DH)	RVR 50미터 이상 175 미터 미만
	3종(Category Ⅲ-C)	적용하지 아니함(No DH)	적용하지 아니함(No RVR)

③ 제2항의 표 중 종류별 구분은 「국제민간항공협약」 부속서 14에서 정하는 바에 따른다.

[시행일 : 2017.8.20.] 제177조

제178조(계기비행규칙 등) ① 법 제67조에 따라 계기비행방식으로 비행하는 항공기는 제199조제2호 각 목에 따른 고도 미만으로 비행해서는 아니 된다. 다만, 이륙 또는 착륙하는 경우와 관할 항공교통업무기관의 허가를 받은 경우에는 그러하지 아니하다.

② 계기비행방식으로 비행하는 항공기가 시계비행방식으로 변경하려는 경우에는 계기비행의 취소 및 비행계획의 변경사항을 관할 항공교통업무기관에 통보하여야 한다.

③ 제2항에도 불구하고 계기비행방식으로 비행 중인 항공기는 시계비행기상상태가 상당한 시간 동안 유지되지 아니할 것으로 예상되는 경우에는 계기비행방식에 의한 비행을 취소해서는 아니 된다.

제179조(관제공역 내에서의 계기비행규칙) ① 법 제67조에 따라 비행하는 항공기는 관제공역 내에서 비행할 경우에는 제185조 및 제190조부터 제193조까지를 준수하여야 한다.

② 관제공역 내에서 계기비행방식으로 비행하려는 항공기는 별표 21에 따른 순항고도로 비행하여야 한다. 다만, 관할 항공교통관제기관에서 별도로 지시하는 경우에는 그러하지 아니하다.

제180조(항공교통관제업무가 제공되지 아니하는 공역에서의 계기비행규칙) ① 항공교통관제업무가 제공되지 아니하는 공역에서 계기비행방식으로 비행하려는 항공기는 별표 21에 따른 순항고도로 비행하여야 한다. 다만, 관할 항공교통업무기관으로부터 해발고도 900미터(3천 피트) 이하의 고도로 비행하도록 지시를 받은 경우에는 그러하지 아니하다.

② 항공교통관제업무가 제공되지 아니하는 공역에서 계기비행방식으로 비행하는 항공기는 비행정보를 제공하는 항공교통업무기관과 공대지통신을 유지·경청하고, 제191조에 따라 위치보고를 하여야 한다.

제181조(계기비행방식 등에 의한 비행·접근·착륙 및 이륙) ① 계기비행방식으로 착륙하기 위하여 접근하는 항공기의 조종사는 다음 각 호의 기준에 따라 비행하여야 한다.

1. 해당 비행장에 설정된 계기접근절차를 따를 것

2. 기상상태가 해당 계기접근절차의 착륙기상최저치 미만인 경우에는 결심고도(DH) 또는 최저강하고도(MDA)보다 낮은 고도로 착륙을 위한 접근을 시도하지 아니할 것. 다만, 다음 각 목의 요건에 모두 적합한 경우에는 그러하지 아니하다.

가. 정상적인 강하율에 따라 정상적인 방법으로 그 활주로에 착륙하기 위한 강하를 할 수 있는 위치에 있을 것

나. 비행시정이 해당 계기접근절차에 규정된 시정 이상일 것

다. 조종사가 다음 중 어느 하나 이상의 해당 활주로 관련 시각참조물을 확실히 보고 식별할 수 있을 것(정밀접근방식이 제177조제2항에 따른 제2종 또는 제3종에 해당하는 경우는 제외한다)

    1) 진입등시스템(ALS) : 조종사가 진입등의 구성품 중 붉은색 측면등(red side row bars) 또는 붉은색 최종진입등(red terminating bars)을 명확하게 보고 식별할 수 없는 경우에는 활주로의 접지구역표면으로부터 30미터(100피트) 높이의 고도 미만으로 강하할 수 없다.

    2) 활주로시단(threshold)

    3) 활주로시단표지(threshold marking)

    4) 활주로시단등(threshold light)

    5) 활주로시단식별등

    6) 진입각지시등(VASI 또는 PAPI)

    7) 접지구역(touchdown zone) 또는 접지구역표지(touchdown zone marking)

    8) 접지구역등(touchdown zone light)

    9) 활주로 또는 활주로표지

    10) 활주로등

3. 다음 각 목의 어느 하나에 해당할 때 제2호다목의 요건에 적합하지 아니한 경우 또는 최저강하고도 이상의 고도에서 선회 중 비행장이 육안으로 식별되지 아니하는 경우에는 즉시 실패접근(계기접근을 시도하였으나 착륙하지 못한 항공기를 위하여 설정된 비행절차를 말한다. 이하 같다)을 하여야 한다.

가. 최저강하고도보다 낮은 고도에서 비행 중인 때

나. 실패접근지점(결심고도가 정해져 있는 경우에는 그 결심고도를 포함한다. 이하 같다)에 도달할 때

다. 실패접근지점에서 활주로에 접지할 때

② 조종사는 비행시정이 착륙하려는 비행장의 계기접근절차에 규정된 시정 미만인 경우에는 착륙하여서는 아니 된다. 다만, 법 제3조제1항에 따른 군용항공기와 같은 조 제3항에 따른 아메리카합중국이 사용하는 항공기는 그러하지 아니하다.

③ 조종사는 해당 민간비행장에서 정한 최저이륙기상치 이상인 경우에만 이륙하여야 한다. 다만, 국토교통부장관의 허가를 받은 경우에는 그러하지 아니하다.

④ 조종사는 최종접근진로, 위치통지점(FIX) 또는 체공지점에서의 시간차접근(Timed Approach) 또는 비절차선회(No Procedure Turn/PT)접근까지 제5항제2호에 따른 레이더 유도(Vectors)를 받는 경우에는 관할 항공교통관제기관으로부터 절차선회하라는 지시를 받지 아니하고는 절차선회를 해서는 아니 된다.

⑤ 제1항제1호에 따른 계기접근절차 외의 항공로 운항 및 레이더 사용절차는 다음 각 호에 따른다.

1. 항공교통관제용 레이더는 감시접근용 또는 정밀접근용으로 사용하거나 다른 항행안전무선시설을 이용하는 계기접근절차와 병행하여 사용할 수 있다.

2. 레이더 유도는 최종접근진로 또는 최종접근지점까지 항공기가 접근하도록 진로안내를 하는 데 사용할 수 있다.

3. 조종사는 설정되지 아니한 비행로를 비행하거나 레이더 유도에 따라 접근허가를 받은 경우에는 공고된 항공로 또는 계기접근절차 비행구간으로 비행하기 전까지 제199조에 따른 최저비행고도를 준수하여야 한다. 다만, 항공교통관제기관으로부터 최종적으로 지시받은 고도가 있는 경우에는 우선적으로 그 고도에 따라야 한다.

4. 제3호에 따라 관할 항공교통관제기관으로부터 최종적으로 고도를 지시받은 조종사는 공고된 항공로 또는 계기접근절차 비행로에 진입한 이후에는 그 비행로에 대하여 인가된 고도로 강하하여야 한다.

5. 조종사가 최종접근진로나 최종접근지점에 도착한 경우에는 그 시설에 대하여 인가된 절차에 따라 계기접근을 수행하거나 착륙 시까지 감시레이더접근 또는 정밀레이더접근을 계속할 수 있다.

⑥ 계기착륙시설(Instrument Landing System/ILS)은 다음 각 호와 같이 구성되어야 한다.

1. 계기착륙시설은 방위각제공시설(LLZ), 활공각제공시설(GP), 외측마커(Outer Marker), 중간마커(Middle Marker) 및 내측마커(Inner Marker)로 구성되어야 한다.

2. 제1종 정밀접근(CAT-I) 계기착륙시설의 경우에는 내측마커를 설치하지 아니할 수 있다.

3. 외측마커 및 중간마커는 거리측정시설(DME)로 대체할 수 있다.

4. 제2종 및 제3종 정밀접근(CAT-Ⅱ 및 Ⅲ) 계기착륙시설로서 내측마커를 설치하지 아니하려는 경우에는 항행안전시설 설치허가신청서에 필요한 사유를 적어야 한다.

⑦ 조종사는 군비행장에서 이륙 또는 착륙하거나 군 기관이 관할하는 공역을 비행하는 경우에는 해당 군비행장 또는 군 기관이 정한 계기비행절차 또는 관제지시를 준수하여야 한다. 다만, 해당 군비행장 또는 군 기관의 장과 협의하여 국토교통부장관이 따로 정한 경우에는 그러하지 아니하다.

⑧ 제2종 및 제3종 정밀접근 계기착륙시설의 정밀계기접근절차를 따라 비행하는 경우에는 다음 각 호의 어느 하나를 적용한다. 다만, 「항공사업법」 제7조, 제10조 및 제54조에 따른 항공운송사업자의 항공기에 대해서는 제2호 및 제3호를 적용하지 아니한다.

1. 조종사는 결심고도가 있는 제2종 및 제3종 정밀접근 계기착륙시설의 정밀계기접근절차를 따라 비행할 경우 인가된 결심고도보다 낮은 고도로 착륙을 위한 접근을 시도하여서는 아니 된다. 다만, 국토교통부장관의 인가를 받은 경우 또는 다음 각 목의 어느 하나에 해당하는 경우에는 그러하지 아니하다.

　가. 조종사가 정상적인 강하율에 따라 정상적인 방법으로 활주로 접지구역에 착륙하기 위한 강하를 할 수 있는 위치에 있는 경우

　나. 조종사가 다음의 어느 하나의 활주로 시각참조물을 육안으로 식별할 수 있는 경우

　　1) 진입등시스템. 다만, 조종사가 진입등시스템의 구성품 중 진입등만 식별할 수 있고 붉은색 측면등 또는 붉은색 최종진입등은 식별할 수 없는 경우에는 활주로의 표면으로부터 30미터(100피트) 미만의 고도로 강하해서는 아니 된다.

　　2) 활주로시단

　　3) 활주로시단표지

　　4) 활주로시단등

　　5) 접지구역 또는 접지구역표지

　　6) 접지구역등

2. 조종사는 결심고도가 없는 제3종 정밀접근 계기착륙시설의 정밀계기접근절차를 따라 비행하려는 경우에는 미리 국토교통부장관의 인가를 받아야 한다.

3. 제2종 및 제3종 정밀접근 계기착륙시설의 정밀계기접근절차 운용의 일반기준은 다음 각 목과 같다.

　가. 제2종 및 제3종 계기착륙시설의 정밀계기접근절차를 이용하는 조종사는 다음의 기준에 적합하여야 한다.

　　1) 제2종 정밀접근 계기착륙시설의 정밀계기접근절차를 이용하는 기장과 기장 외의 조종사는 제2종 계기착륙시설의 정밀계기접근절차의 운용에 관하여 지방항공청장의 인가를 받을 것

　　2) 제3종 정밀접근 계기착륙시설의 정밀계기접근절차를 이용하는 기장과 기장 외의 조종사는 제3종 정밀접근계기착륙시설의 정밀계기접근절차의 운용에 관하여 지방항공청장의 인가를 받을 것

　　3) 조종사는 자신이 이용하는 계기착륙시설의 정밀계기접근절차 및 항공기에 대하여 잘 알고 있을 것

　나. 조종사의 전면에 있는 항공기 조종계기판에는 해당 계기착륙시설의 정밀계기접근절차를 수행하는 데 필요한 장비가 갖추어져 있어야 한다.

　다. 비행장 및 항공기에는 별표 25에 따른 해당 계기착륙시설의 정밀계기접근용 지상장비와 해당 항공기에 필요한 장비가 각각 갖추어져 있어야 한다.

4. 「항공사업법」 제7조·제10조 및 제54조에 따른 항공운송사업자의 항공기가 제2종 또는 제3종 정밀접근 계기착륙시설의 정밀계기접근절차에 따라 비행하는 경우에는 별표 25에서 정한 기준을 준수하여야 한다.

⑨ 조종사는 제8항제1호가목 및 나목의 기준에 적합하지 아니한 경우에는 활주로에 접지하기 전에 즉시 실패접근을 하여야 한다. 다만, 국토교통부장관의 허가를 받은 경우에는 그러하지 아니하다.

제182조(비행계획의 제출 등) ① 법 제67조에 따라 비행정보구역 안에서 비행을 하려는 자는 비행을 시작하기 전에 비행계획을 수립하여 관할 항공교통업무기관에 제출하여야 한다. 다만, 긴급출동 등 비행 시작 전에 비행계획을 제출하지 못한 경우에는 비행 중에 제출할 수 있다.

② 제1항에 따른 비행계획은 구술 · 전화 · 서류 · 전문(電文) · 팩스 또는 정보통신망을 이용하여 제출할 수 있다. 이 경우 서류 · 팩스 또는 정보통신망을 이용하여 비행계획을 제출할 때에는 별지 제71호서식의 비행계획서에 따른다.

③ 제2항에 불구하고 항공운송사업에 사용되는 항공기의 비행계획을 제출하는 경우에는 별지 제72호서식의 반복비행계획 서를 항공교통본부장에게 제출할 수 있다.

④ 제1항 본문에 따라 비행계획을 제출하여야 하는 자 중 국내에서 유상으로 여객이나 화물을 운송하는 자 또는 두 나라 이상을 운항하는 자는 다음 각 호의 구분에 따른 시기까지 별지 제73호서식의 항공기 입출항신고서(General Declaration)를 지방항공청장에게 제출(정보통신망을 이용할 경우에는 해당 정보통신망에서 사용하는 양식에 따른다) 하여야 한다.

1. 국내에서 유상으로 여객이나 화물을 운송하는 자 : 출항준비가 끝나는 즉시

2. 두 나라 이상을 운항하는 자

    가. 입항의 경우 : 국내 목적공항 도착 예정 시간 2시간 전까지. 다만, 출발국에서 출항 후 국내 목적공항까지의 비행시간 이 2시간 미만인 경우에는 출발국에서 출항 후 20분 이내까지 할 수 있다.

    나. 출항의 경우 : 출항 준비가 끝나는 즉시

⑤ 제2항 후단에 따른 비행계획서는 국토교통부장관이 정하여 고시하는 작성방법에 따라 작성되어야 한다.

⑥ 제4항에 따른 항공기 입출항 신고서를 제출받은 지방항공청장은 신고서 및 첨부서류에 흠이 없고 형식적 요건을 충족하는 경우에는 지체 없이 접수하여야 한다.

제183조(비행계획에 포함되어야 할 사항) 법 제67조에 따라 비행계획에는 다음 각 호의 사항이 포함되어야 한다. 다만, 제9호 부터 제14호까지의 사항은 지방항공청장 또는 항공교통본부장이 요청하거나 비행계획을 제출하는 자가 필요하다고 판단하 는 경우에만 해당한다.

1. 항공기의 식별부호

2. 비행의 방식 및 종류

3. 항공기의 대수 · 형식 및 최대이륙중량 등급

4. 탑재장비

5. 출발비행장 및 출발 예정시간

6. 순항속도, 순항고도 및 예정항공로

7. 최초 착륙예정 비행장 및 총 예상 소요 비행시간

8. 교체비행장(시계비행방식에 따라 비행하려는 경우 또는 제186조제3항 각 호에 해당되는 경우는 제외한다)

9. 시간으로 표시한 연료탑재량

10. 출발 전에 연료탑재량으로 인하여 비행 중 비행계획의 변경이 예상되는 경우에는 변경될 목적비행장 및 비행경로에 관한 사항

11. 탑승 총인원(탑승수속 상 불가피한 경우에는 해당 항공기가 이륙한 직후에 제출할 수 있다)

12. 비상무선주파수 및 구조장비

13. 기장의 성명(편대비행의 경우에는 편대 책임기장의 성명)

14. 낙하산 강하의 경우에는 그에 관한 사항

15. 그 밖에 항공교통관제와 수색 및 구조에 참고가 될 수 있는 사항

제184조(비행계획의 준수) ① 법 제67조에 따라 항공기는 비행 시 제출된 비행계획을 지켜야 한다. 다만, 비행계획의 변경에 대하여 항공교통관제기관의 허가를 받은 경우 또는 긴급한 조치가 필요한 비상상황이 발생한 경우에는 그러하지 아니하다. 이 경우 비상상황의 발생으로 비행계획을 지키지 못하였을 때에는 긴급 조치를 한 즉시 이를 관할 항공교통관제기관에 통보하여야 한다.

② 항공기는 항공로의 중심선을 따라 비행하여야 하며, 항공로가 설정되지 아니한 지역에서는 항행안전시설과 그 비행로의 정해진 지점 간을 직선으로 비행하여야 한다. 다만, 국토교통부장관이 별도로 정한 바에 따르거나 관할 항공교통관제기관으로부터 달리 지시를 받은 경우에는 그러하지 아니하다.

③ 항공기는 제2항을 지킬 수 없는 경우 관할 항공교통업무기관에 통보하여야 한다.

④ 전방향표지시설(VOR)에 따라 설정된 항공로를 비행하는 항공기는 주파수 변경지점이 설정되어 있는 경우에는 그 변경지점 또는 가능한 한 가까운 지점에서 항공기 후방의 항행안전시설로부터 전방의 항행안전시설로 주파수를 변경하여야 한다.

⑤ 관제비행을 하는 항공기가 부주의로 비행계획을 이탈하여 비행하는 경우에는 다음 각 호의 조치를 취해야 한다.

1. 항공로를 이탈한 경우에는 항공기의 기수를 조정하여 즉시 항공로로 복귀할 것

2. 항공기의 진대기속도(眞對氣速度)가 순항고도에서 보고지점 간의 평균진대기속도와 차이가 있거나 비행계획상 마하속도(Mach) 0.02 또는 진대기속도의 19Km/h(10kt) 하락 또는 초과할 것이 예상되는 경우에는 관할 항공교통업무기관에 통보할 것

3. 자동종속감시시설 협약(ADS-C)이 없는 곳에서는 다음 위치통지점, 비행정보구역 경계지점 또는 목적비행장 중 가장 가까운 지역의 도착 예정시간에 2분 이상의 오차가 발생되는 경우에는 그 변경되는 도착 예정시간을 관할 항공교통업무기관에 통보할 것

4. 자동종속감시시설(ADS-C) 협약이 있는 곳에서는 해당 협약에 따른 지정된 값을 넘어서는 변화가 발생할 때마다 데이터 링크를 통해 항공교통업무기관에 자동적으로 정보를 제공할 것

⑥ 시계비행방식에 따른 관제비행을 하는 항공기는 시계비행 기상상태 미만으로 기상이 악화되어 시계비행방식에 따른 운항을 할 수 없다고 판단되는 경우에는 다음 각 호의 조치를 하여야 한다.

1. 목적비행장 또는 교체비행장으로 시계비행 기상상태를 유지하면서 비행할 수 있도록 관제허가의 변경을 요청하거나 관제공역을 이탈하여 비행할 수 있도록 관제허가의 변경을 요청할 것

2. 제1호에 따른 관제허가를 받지 못할 경우에는 시계비행 기상상태를 유지하여 운항하면서 관제공역을 이탈하거나 가까운 비행장에 착륙하기 위한 조치를 할 예정임을 관할 항공교통관제기관에 통보할 것

3. 관할 항공교통관제기관에 특별시계비행방식에 따른 운항허가를 요구할 것(관제권 안에서 비행하고 있는 경우만 해당한다)

4. 관할 항공교통관제기관에 계기비행방식에 따른 운항허가를 요구할 것

제185조(고도·항공로 등의 변경) 법 제67조에 따라 비행계획에 포함된 순항고도, 순항속도 및 항공로에 관한 사항을 변경하려는 항공기는 다음 각 호의 구분에 따른 정보를 관할 항공교통관제기관에 통보하여야 한다.

1. 순항고도의 변경 : 항공기의 식별부호, 변경하려는 순항고도 및 순항속도(마하 수 또는 진대기속도를 말한다. 이하 이 조에서 같다.), 다음 보고지점 또는 비행정보구역 경계 도착 예정시간

2. 순항속도의 변경 : 항공기의 식별부호, 변경하려는 속도

3. 항공로의 변경

   가. 목적비행장 변경이 없을 경우 : 항공기의 식별부호, 비행의 방식, 변경 항공로, 변경 예정시간, 그 밖에 항공로의 변경에 필요한 정보

   나. 목적비행장 변경이 있을 경우 : 항공기의 식별부호, 비행의 방식, 목적비행장까지의 변경 항공로, 변경 예정시간, 교체비행장, 그 밖에 비행장·항공로의 변경에 필요한 정보

제186조(교체비행장 등) ① 항공운송사업에 사용되거나 항공운송사업을 제외한 국외비행에 사용되는 비행기를 운항하려는 경우에는 다음 각 호의 구분에 따라 제183조제8호에 따른 교체비행장을 지정하여야 한다.

1. 출발비행장의 기상상태가 비행장 착륙 최저치(aerodrome landing minima) 이하이거나 그 밖의 다른 이유로 출발비행장으로 되돌아올 수 없는 경우 : 이륙교체비행장(take-off alternate aerodrome)

2. 제215조제1항에 따른 비행기로서 제215조제2항에 따른 시간을 초과하는 지점이 있는 노선을 운항하려는 경우 : 항공로 교체비행장(en-route alternate aerodrome). 이 경우 항공로 교체비행장은 제215조제3항에 따른 승인을 받은 최대회항시간 이내에 도착 가능한 지역에 있어야 한다.

3. 계기비행방식에 따라 비행하려는 경우 : 1개 이상의 목적지 교체비행장(destination alternate aerodrome). 다만, 다음 각 목의 어느 하나에 해당하는 경우에는 그러하지 아니하다.

  가. 최초 착륙예정 비행장(aerodrome of intended landing)의 기상상태가 비행하는 동안 또는 도착 예정시간에 양호해 질 것이 확실시 되고, 도착 예정시간 전·후의 일정 시간 동안 시계비행 기상상태에서 접근하여 착륙할 것이 확실히 예상되는 경우

  나. 최초 착륙예정 비행장이 외딴 지역에 위치하고 적합한 목적지 교체비행장이 없는 경우

② 제1항제1호에 따른 이륙교체비행장은 다음 각 호의 요건을 갖추어야 한다.

1. 2개의 발동기를 가진 비행기의 경우에는 1개의 발동기가 작동하지 아니할 때의 순항속도로 출발비행장으로부터 1시간의 비행거리 이내인 지역에 있을 것

2. 3개 이상의 발동기를 가진 비행기의 경우에는 모든 발동기가 작동할 때의 순항속도로 출발비행장으로부터 2시간의 비행거리 이내인 지역에 있을 것

3. 예상되는 이용시간 동안의 기상조건이 해당 운항에 대한 비행장 운영 최저치(aerodrome operating minima) 이상일 것

③ 항공운송사업에 사용되는 비행기 외의 비행기를 계기비행방식에 따라 비행하려면 1개 이상의 목적지 교체비행장을 지정하여야 한다. 다만, 다음 각 호의 어느 하나에 해당하는 경우에는 그러하지 아니하다.

1. 최초 착륙예정 비행장의 기상상태가 비행하는 동안 또는 도착 예정시간에 양호해질 것이 확실시되고, 도착 예정시간 전·후의 일정 시간 동안 시계비행 기상상태에서 접근하여 착륙할 것이 확실히 예상되는 경우

2. 최초 착륙예정 비행장이 외딴 지역에 위치하고 적합한 목적지 교체비행장이 없는 경우

④ 제3항 각 호 외의 부분 단서 및 각 호에 따라 목적지 교체비행장의 지정이 요구되지 아니하는 경우로서 다음 각 호의 기준에 적합하지 아니한 경우에는 비행을 시작하여서는 아니 된다.

1. 최초 착륙예정 비행장에 표준계기접근절차가 수립되어 있을 것

2. 도착 예정시간 2시간 전부터 2시간 후까지의 기상상태가 다음 각 목과 같이 예보되어 있을 것

  가. 운고(雲高)가 계기접근절차의 최저치보다 300미터(1천 피트) 이상일 것

  나. 시정이 5,500미터 이상이거나 표준계기접근절차의 최저치보다 4천 미터 이상일 것

⑤ 항공운송사업에 사용되는 헬리콥터를 운항하려면 다음 각 호의 구분에 따라 교체헬기장(alternate heliport)을 지정하여야 한다.

1. 출발헬기장의 기상상태가 헬기장 운영 최저치(heliport operating minima) 이하인 경우 : 1개 이상의 이륙교체헬기장(take-off alternate heliport)

2. 계기비행방식에 따라 비행하려는 경우 : 1개 이상의 목적지 교체헬기장(destination alternate heliport). 다만, 다음 각 목의 어느 하나에 해당하는 경우에는 그러하지 아니하다.

  가. 최초 착륙예정 헬기장(heliport of intended landing)의 기상상태가 비행하는 동안 또는 도착 예정시간에 양호해질 것이 확실시되고, 도착 예정시간 전·후의 일정 시간동안 시계비행 기상상태에서 접근하여 착륙할 것이 확실히 예상되는 경우

  나. 최초 착륙예정 헬기장이 외딴 지역에 위치하고 적합한 교체헬기장이 없는 경우. 이 경우 비행계획에는 회항할 수 없는 지점(point of no return)을 표시하여야 한다.

3. 기상예보 상태가 헬기장 운영 최저기상치(heliport operating minima)이하인 목적지 헬기장으로 비행하려는 경우 : 최소한 2개의 목적지 교체헬기장(destination alternate heliport). 이 경우 첫 번째 목적지 교체헬기장의 운영 최저기상 치는 목적지 헬기장의 운영 최저기상치 이상이어야 하고, 두 번째 목적지 교체헬기장의 운영 최저기상치는 첫 번째 목적지 교체헬기장의 운영 최저기상치 이상이어야 한다.

⑥ 제5항에 따른 교체헬기장(alternate heliport)은 교체헬기장으로 사용할 수 있는 헬기장 사용 가능시간과 헬기장 운영 최저기상치(heliport operating minima) 등의 정보를 확인하고 지정하여야 한다.

⑦ 항공운송사업에 사용되는 헬리콥터 외의 헬리콥터를 계기비행방식에 따라 비행하려면 1개 이상의 적합한 교체헬기장을 지정하여야 한다. 다만, 다음 각 호의 어느 하나에 해당하는 경우에는 그러하지 아니하다.

1. 도착 예정시간 2시간 전부터 2시간 후까지 또는 실제 출발시간부터 도착 예정시간 2시간 후까지의 시간 중 짧은 시간에 대하여 최초 착륙예정 헬기장의 기상상태가 다음 각 목과 같이 예보되어 있는 경우

　　가. 운고가 계기접근절차의 최저치보다 120미터(400피트) 이상

　　나. 시정이 계기접근절차의 최저치보다 1,500미터 이상

2. 다음 각 목의 어느 하나에 해당하는 경우

　　가. 최초 착륙예정 헬기장이 외딴 지역에 위치하고 적합한 교체헬기장이 없는 경우

　　나. 최초 착륙예정 헬기장에 계기접근절차가 수립되어 있는 경우

　　다. 목적지 헬기장이 해상에 있어 회항할 수 있는 교체헬기장을 지정할 수 없는 경우

⑧ 제5항부터 제7항까지의 규정에 따른 교체헬기장이 해상교체헬기장(off-shore alternate heliport)인 경우에는 다음 각 호의 요건을 모두 갖추어야 한다. 다만, 해안 교체헬기장(on-shore alternate heliport)까지 비행할 수 있는 충분한 연료의 탑재가 가능하면 해상 교체헬기장을 지정하지 아니할 수 있다.

1. 해상 교체헬기장은 회항할 수 없는 지점 외에서만 지정하고, 회항할 수 없는 지점 내에서는 해안 교체헬기장을 지정할 것

2. 적합한 교체헬기장을 결정하는 경우에는 주요 조종계통 및 부품을 신뢰할 수 있을 것

3. 교체헬기장에 도착하기 전에 1개의 발동기가 고장 나더라도 교체헬기장까지 운항할 수 있는 성능이 확보될 수 있을 것

4. 갑판의 이용이 보장되어 있을 것

5. 기상정보는 정확하고 신뢰할 수 있을 것

⑨ 제5항제2호 단서에 따라 교체헬기장의 지정이 요구되지 아니하는 경우로서 제7항제1호의 기준에 적합하지 아니한 경우에는 비행을 시작하여서는 아니 된다.

제187조(최초 착륙예정 비행장 등의 기상상태) ① 제186조제1항제1호에 따른 이륙 교체비행장의 기상상태는 해당 비행기의 도착 예정시간에 비행장 운영 최저치 이상이어야 한다.

② 제186조제1항제3호에 따른 최초 착륙예정 비행장의 기상정보를 이용할 수 있거나 목적지 교체비행장의 지정이 요구되는 경우에는 최소 1개의 목적지 교체비행장의 기상상태가 도착 예정시간에 해당 비행장 운영 최저치 이상일 경우에 비행을 시작하여야 한다.

③ 제186조제3항에 따른 목적지 교체비행장의 지정이 요구되는 경우에는 최초 착륙예정 비행장과 최소 1개의 목적지 교체비행장의 기상상태가 도착 예정시간에 해당 비행장 운영 최저치 이상일 경우에 비행을 시작하여야 한다.

④ 제186조제5항에 따른 최초 착륙예정 헬기장의 기상정보를 이용할 수 있거나 교체헬기장의 지정이 요구되는 경우에는 최소 1개의 교체헬기장의 기상상태가 도착 예정시간에 해당 헬기장 운영 최저치 이상일 경우에 비행을 시작하여야 한다.

⑤ 제186조제6항에 따라 교체헬기장의 지정이 요구되는 경우에는 최초 착륙예정 헬기장과 1개 이상의 교체헬기장의 기상상태가 도착 예정시간에 해당 헬기장 운영 최저치 이상일 경우에 비행을 시작하여야 한다.

제188조(비행계획의 종료) ① 항공기는 도착비행장에 착륙하는 즉시 관할 항공교통업무기관(관할 항공교통업무기관이 없는 경우에는 가장 가까운 항공교통업무기관)에 다음 각 호의 사항을 포함하는 도착보고를 하여야 한다. 다만, 지방항공청장 또는 항공교통본부장이 달리 정한 경우에는 그러하지 아니하다.

1. 항공기의 식별부호

2. 출발비행장

3. 도착비행장

4. 목적비행장(목적비행장이 따로 있는 경우만 해당한다)

5. 착륙시간

② 제1항에도 불구하고 도착비행장에 착륙한 후 도착보고를 할 수 있는 적절한 통신시설 등이 제공되지 아니하는 경우에는 착륙 직전에 관할 항공교통업무기관에 도착보고를 하여야 한다.

제189조(정밀접근 운용계획 승인신청) ① 제177조제2항에 따른 제2종 또는 제3종의 정밀접근방식으로 해당 종류의 정밀접근 시설을 갖춘 활주로에 착륙하려는 자는 다음 각 호의 사항을 적은 운용계획 승인신청서를 지방항공청장에게 제출하여야 한다.

1. 성명 및 주소
2. 항공기의 형식 및 등록부호
3. 정밀접근의 종류
4. 해당 항공기의 장비 명세와 정비방식
5. 해당 사용비행장에 설치된 정밀접근시설의 내용
6. 정밀접근 조종사의 성명과 자격
7. 항공기 조종사의 교육훈련 내용
8. 운용시험 실시내용
9. 그 밖에 참고가 될 사항

② 외국항공기를 운용하는 외국인 중 그 외국으로부터 제2종 또는 제3종의 정밀접근 운용계획 승인을 받은 사람이 대한민국에 있는 제2종 또는 제3종의 정밀접근시설을 갖춘 비행장의 활주로에 해당 종류의 정밀접근방식으로 착륙하려는 경우에는 제1항에도 불구하고 다음 각 호의 사항을 적은 정밀접근 운용계획 승인신청서에 신청인이 외국으로부터 발급받은 정밀접근 운용계획 승인서의 사본과 한글 또는 영문으로 정밀접근 운용절차를 적은 서류를 첨부하여 지방항공청장에게 제출하여야 한다.

1. 성명 및 주소
2. 항공기의 형식 및 등록부호
3. 그 밖에 참고가 될 사항

③ 제1항에 따른 제2종 및 제3종 정밀접근 운용계획 승인에 관한 절차는 국토교통부장관이 정한다.

제190조(통신) ① 관제비행을 하는 항공기는 관할 항공교통관제기관과 공대지 양방향 무선통신을 유지하고 그 항공교통관제기관의 음성통신을 경청하여야 한다.

② 제1항에 따른 무선통신을 유지할 수 없는 항공기(이하 "통신두절항공기"라 한다)는 국토교통부장관이 고시하는 교신절차에 따라야 하며, 관제비행장의 기동지역 또는 주변을 운항하는 항공기는 관제탑의 시각 신호에 따른 지시를 계속 주시하여야 한다.

③ 통신두절항공기는 시계비행 기상상태인 경우에는 시계비행방식으로 비행을 계속하여 가장 가까운 착륙 가능한 비행장에 착륙한 후 도착 사실을 지체 없이 관할 항공교통관제기관에 통보하여야 한다.

④ 통신두절항공기는 계기비행 기상상태이거나 제3항에 따른 비행이 불가능한 경우 다음 각 호의 기준에 따라 비행하여야 한다.

1. 항공교통업무용 레이더가 운용되지 아니하는 공역의 필수 위치통지점에서 위치보고를 할 수 없는 항공기는 해당 비행로의 최저비행고도와 관할 항공교통관제기관으로부터 최종적으로 지시받은 고도 중 높은 고도로 비행하여야 하며, 관할 항공교통관제기관으로부터 최종적으로 지시받은 속도를 20분간 유지한 후 비행계획에 명시된 고도와 속도로 변경하여 비행할 것

2. 항공교통업무용 레이더가 운용되는 공역의 필수 위치통지점에서 위치보고를 할 수 없는 항공기는 다음 각 목의 시간 중 가장 늦은 시간부터 해당 비행로의 최저비행고도와 관할 항공교통관제기관으로부터 최종적으로 지시받은 고도 중 높은 고도를 유지하고 관할 항공교통관제기관으로부터 최종적으로 지시받은 속도를 7분간 유지한 후, 비행계획에 명시된 고도와 속도로 변경하여 비행할 것

   가. 최종지정고도 또는 최저비행고도에 도달한 시간
   나. 트랜스폰더 코드를 7,600으로 조정한 시간
   다. 필수 위치통지점에서 위치보고에 실패한 시간

3. 레이더에 의하여 유도되고 있거나 허가한계점(Clearance Limit)을 지정받지 아니한 항공기가 지역항법(RNAV)으로 항공로를 이탈하여 비행 중인 경우에는 최저비행고도를 고려하여 다음 위치통지점에 도달하기 전에 비행계획에 명시된 비행로에 합류할 것

4. 무선통신이 두절되기 전에 관할 항공교통관제기관으로부터 최종적으로 지정받거나 지정 예정을 통보받은 비행로(지정받거나 지정 예정을 통보받지 아니한 경우에는 비행계획에 명시된 비행로)를 따라 목적비행장의 항행안전시설까지 비행한 후 체공할 것

5. 무선통신이 두절되기 전에 관할 항공교통관제기관으로부터 최종적으로 지정받은 접근 예정시간(접근 예정시간을 지정받지 아니한 경우에는 비행계획에 명시된 도착 예정시간)에 목적비행장의 항행안전시설로부터 강하를 시작하거나, 착륙할 비행장의 계기접근절차에 따라 접근을 시작할 것

6. 가능한 한 제5호에 따른 접근 예정시간과 도착 예정시간 중 더 늦은 시간부터 30분 이내에 착륙할 것

제191조(위치보고) ① 법 제67조에 따라 관제비행을 하는 항공기는 국토교통부장관이 정하여 고시하는 위치통지점에서 가능한 한 신속히 다음 각 호의 사항을 관할 항공교통업무기관에 보고(이하 "위치보고"라 한다)하여야 한다. 다만, 레이더에 의하여 관제를 받는 경우로서 관할 항공교통관제기관이 별도로 위치보고를 요구하지 아니하는 경우에는 그러하지 아니하다.

1. 항공기의 식별부호
2. 해당 위치통지점의 통과시각과 고도
3. 그 밖에 항공기의 안전항행에 영향을 미칠 수 있는 사항

② 관제비행을 하는 항공기는 비행 중에 관할 항공교통업무기관으로부터 위치보고를 요청받은 경우에는 즉시 위치보고를 하여야 한다.

③ 제1항에 따른 위치통지점이 설정되지 아니한 경우에는 관할 항공교통업무기관이 지정한 시간 또는 거리 간격으로 위치보고를 하여야 한다.

④ 관제비행을 하는 항공기로서 데이터링크통신을 이용하여 위치보고를 하는 항공기는 관할 항공교통관제기관이 요구하는 경우에는 음성통신을 이용하여 위치보고를 하여야 한다.

제192조(항공교통관제허가) ① 법 제67조에 따라 관제비행을 하려는 자는 관할 항공교통관제기관으로부터 항공교통관제허가(이하 "관제허가"라 한다)를 받고 운항을 시작하여야 한다.

② 관제허가의 우선권을 받으려는 자는 그 이유를 관할 항공교통관제기관에 통보하여야 한다.

③ 법 제67조에 따라 관제비행장에서 비행하는 항공기는 관제지시를 준수하여야 하며, 관제허가를 받지 아니하고 기동지역을 이동하여서는 아니 된다.

④ 항공교통관제기관의 관제지시와 항공기에 장착된 공중충돌경고장치의 지시가 서로 다를 경우에는 공중충돌 경고장치의 지시에 따라야 한다.

제193조(관제의 종결) 법 제67조에 따라 관제비행을 하는 항공기는 항공교통관제업무를 제공받아야 할 상황이 끝나는 즉시 그 사실을 관할 항공교통관제기관에 통보하여야 한다. 다만, 관제비행장에 착륙하는 경우에는 그러하지 아니하다.

제194조(신호) ① 법 제67조에 따라 비행하는 항공기는 별표 26에서 정하는 신호를 인지하거나 수신할 경우에는 그 신호에 따라 요구되는 조치를 하여야 한다.

② 누구든지 제1항에 따른 신호로 오인될 수 있는 신호를 사용하여서는 아니 된다.

③ 항공기 유도원(誘導員)은 별표 26 제6호에 따른 유도신호를 명확하게 하여야 한다.

[별표 26]

신호(제194조 관련)

1. 조난신호
   가. 조난에 처한 항공기가 다음의 신호를 복합적 또는 각각 사용할 경우에는 중대하고 절박한 위험에 처해 있고 즉각적인 도움이 필요함을 나타낸다.
      1) 무선전신 또는 그 밖의 신호방법에 의한 "SOS" 신호(모스부호는 … ─ ─ ─ …)

　　2) 짧은 간격으로 한 번에 1발씩 발사되는 붉은색불빛을 내는 로켓 또는 대포

　　3) 붉은색 불빛을 내는 낙하산 부착 불빛

　나. 조난에 처한 항공기는 가목에도 불구하고 주의를 끌고, 자신의 위치를 알리며, 도움을 얻기 위한 어떠한 방법도 사용할 수 있다.

2. 긴급신호

　가. 항공기 조종사가 착륙등 스위치의 개폐를 반복하거나 점멸항행등과는 구분되는 방법으로 항행등 스위치의 개폐를 반복하는 신호를 복합적으로 또는 각각 사용할 경우에는 즉각적인 도움은 필요하지 않으나 불가피하게 착륙해야 할 어려움이 있음을 나타낸다.

　나. 다음의 신호가 복합적으로 또는 각각 따로 사용될 경우에는 이는 선박, 항공기 또는 다른 차량, 탑승자 또는 목격된 자의 안전에 관하여 매우 긴급한 통보 사항을 가지고 있음을 나타낸다.

　　1) 무선전신 또는 그 밖의 신호방법에 의한 "XXX" 신호

　　2) 무선전화로 송신되는 "PAN PAN"

3. 요격 시 사용되는 신호

　가. 요격항공기의 신호 및 피요격항공기의 응신

　　1) 피요격항공기는 지체 없이 다음 조치를 해야 한다.

　　　가) 나목에 따른 시각 신호를 이해하고 응답하며, 요격항공기의 지시에 따를 것

　　　나) 가능한 경우에는 관할 항공교통업무기관에 피요격 중임을 통보할 것

　　　다) 항공비상주파수 121.5MHZ나 243.0MHZ로 호출하여 요격항공기 또는 요격 관계기관과 연락하도록 노력하고 해당항공기의 식별부호 및 위치와 비행내용을 통보할 것

　　　라) 트랜스폰더 SSR을 장착하였을 경우에는 항공교통관제기관으로부터 다른 지시가 있는 경우를 제외하고는 Mode A Code 7700으로 맞출 것

　　　마) 자동종속감시시설(ADS-B 또는 ADS-C)을 장착하였을 경우에는 항공교통관제기관으로부터 다른 지시가 있는 경우를 제외하고는 적절한 비상기능을 선택할 것

　　　바) 항공교통관제기관으로부터 무선으로 수신한 지시가 요격항공기의 시각신호와 다를 경우 피요격항공기는 요격항공기의 시각신호에 따라 이행하면서 항공교통관제기관에 조속한 확인을 요구해야 한다.

　　　사) 항공교통관제기관으로부터 무선으로 수신한 지시가 요격항공기의 무선지시와 다를 경우 피요격항공기는 요격항공기의 무선지시에 따라 이행하면서 항공교통관제기관에 조속한 확인을 요구해야 한다.

　　2) 요격절차는 다음과 같이 하여야 한다.

　　　가) 요격항공기와 통신이 이루어졌으나 통상의 언어로 사용할 수 없을 경우에 필요한 정보와 지시는 다음과 같은 발음과 용어를 2회 연속 사용하여 전달할 수 있도록 시도해야 한다.

PHRASE	PRONUNCIATION	MEANING
CALL SIGN(call sign)	KOL SA-IN (call sign)	My call sign is(call sign)
WILCO	VILL-KO	Understood Will comply
CAN NOT	KANN NOTT	Unable to comply
REPEAT	REE-PEET	Repeat your instruction
AM LOST	AM LOSST	Position unknown
MAYDAY	MAYDAY	I am in distress
HIJACK	HI-JACK	I have been hijacked
LAND(place name)	LAAND (place name)	I request to land at(place name)
DESCEND	DEE-SEND	I require descent

나) 요격항공기가 사용해야 하는 용어는 다음과 같다.

Phrase	Pronunciation	Meaning
CALL SIGN	KOL SA‐IN	What is your call sign?
FOLLOW	FOL‐LO	Follow me
DESCEND	DEE‐SEND	Descend for landing
YOU LAND	YOU LAAND	Land at this aerodrome
PROCEED	PRO‐SEED	You may proceed

3) 요격항공기로부터 시각신호로 지시를 받았을 경우 피요격항공기도 즉시 시각신호로 요격항공기의 지시에 따라야 한다.

4) 요격항공기로부터 무선을 통하여 지시를 청취하였을 경우 피요격항공기는 즉시 요격항공기의 무선지시에 따라야 한다.

나. 시각 신호

1) 요격항공기의 신호 및 피요격항공기의 응신

번호	요격항공기의 신호	의미	피요격항공기의 응신	의미
1	피요격항공기의 약간 위쪽 전방 좌측(또는 피요격항공기가 헬리콥터인 경우에는 우측)에서 날개를 흔들고 항행등을 불규칙적으로 점멸시킨 후 응답을 확인하고, 통상 좌측(헬리콥터인 경우 우측)으로 완만하게 선회하여 원하는 방향으로 향한다. 주1) 기상조건 또는 지형에 따라 위에서 제시한 요격항공기의 위치 및 선회방향을 반대로 할 수도 있다. 주2) 피요격항공기가 요격항공기의 속도를 따르지 못할 경우 요격항공기는 race track형으로 비행을 반복하며, 피요격항공기의 옆을 통과할 때마다 날개를 흔들어야 한다.	당신은 요격을 당하고 있으니 나를 따라오라.	날개를 흔들고, 항행등을 불규칙적으로 점멸시킨 후 요격항공기의 뒤를 따라간다.	알았다. 지시를 따르겠다.
2	피요격항공기의 진로를 가로지르지 않고 90° 이상의 상승선회를 하며, 피요격항공기로부터 급속히 이탈한다.	그냥 가도 좋다.	날개를 흔든다.	알았다. 지시를 따르겠다.
3	바퀴다리를 내리고 고정착륙등을 켠 상태로 착륙방향으로 활주로 상공을 통과하며, 피요격항공기가 헬리콥터인 경우에는 헬리콥터 착륙구역 상공을 통과한다. 헬리콥터의 경우, 요격헬리콥터는 착륙접근을 하고 착륙장부근에 공중에서 저고도비행을 한다.	이 비행장에 착륙하라.	바퀴다리를 내리고, 고정착륙등을 켠 상태로 요격항공기를 따라서 활주로나 헬리콥터 착륙구역 상공을 통과한 후 안전하게 착륙할 수 있다고 판단되면 착륙한다.	알았다. 지시를 따르겠다.

2) 피요격항공기의 신호 및 요격항공기의 응신

번호	피요격항공기의 신호	의미	요격항공기의응신	의미
1	비행장 상공 300미터(1,000피트) 이상 600미터(2,000피트) 이하[헬리콥터의 경우 50미터(170피트) 이상 100미터(330피트) 이하]의 고도로 착륙활주로나 헬리콥터 착륙구역 상공을 통과하면서 바퀴다리를 올리고 섬광착륙등을 점멸하면서 착륙활주로나 헬리콥터 착륙구역을 계속 선회한다. 착륙등을 점멸할 수 없는 경우에는 사용가능한 다른 등화를 점멸한다.	지정한 비행장이 적절하지 못하다.	피요격항공기를 교체비행장으로 유도하려는 경우에는 바퀴다리를 올린 후 1) 요격항공기의 신호 및 피요격항공기의 응신 1의 요격항공기 신호방법을 사용한다. 피요격항공기를 방면하려는 경우에는 1) 요격항공기의 신호 및 피요격항공기의 응신 2의 요격항공기 신호방법을 사용한다.	알았다. 나를 따라오라. 알았다. 그냥 가도 좋다.

번호	피요격항공기의 신호	의미	요격항공기의응신	의미
2	점멸하는 등화와는 명확히 구분할 수 있는 방법으로 사용가능한 모든 등화의 스위치를 규칙적으로 개폐한다.	지시를 따를 수 없다.	1) 요격항공기의 신호 및 피요격항공기의 응신 2의 요격항공기 신호방법을 사용한다.	알았다.
3	사용가능한 모든 등화를 불규칙적으로 점멸한다.	조난상태에 있다.	1) 요격항공기의 신호 및 피요격항공기의 응신 2의 요격항공기 신호방법을 사용한다.	알았다.

4. 비행제한구역, 비행금지구역 또는 위험구역 침범 경고신호

지상에서 10초 간격으로 발사되어 붉은색 및 녹색의 불빛이나 별모양으로 폭발하는 신호탄은 비인가 항공기가 비행제한구역, 비행금지구역 또는 위험구역을 침범하였거나 침범하려고 한 상태임을 나타내며, 해당 항공기는 이에 필요한 시정조치를 해야 함을 나타낸다.

5. 무선통신 두절 시의 연락방법

가. 빛 총신호

신호의 종류	의미		
	비행 중인 항공기	지상에 있는 항공기	차량ㆍ장비 및 사람
연속되는 녹색	착륙을 허가함	이륙을 허가함	통과하거나 진행할 것
연속되는 고정	다른 항공기에 진로를 양보하고 계속 선회할 것	정지할 것	정지할 것
깜박이는 녹색	착륙을 준비할 것	지상 이동을 허가함	
깜박이는 붉은색	비행장이 불안전하니 착륙하지 말 것	사용 중인 착륙지역으로부터 벗어날 것	활주로 또는 유도로에서 벗어날 것
깜박이는 흰색	착륙하여 계류장으로 갈 것	비행장 안의 출발지점으로 돌아 갈 것	비행장 안의 출발지점으로 돌아갈 것

나. 항공기의 응신

  1) 비행 중인 경우

    가) 주간 : 날개를 흔든다. 다만, 최종 선회구간(base leg) 또는 최종 접근구간(final leg)에 있는 항공기의 경우에는 그러하지 아니하다.

    나) 야간 : 착륙등이 장착된 경우에는 착륙등을 2회 점멸하고, 착륙등이 장착되지 않은 경우에는 항행등을 2회 점멸한다.

  2) 지상에 있는 경우

    가) 주간 : 항공기의 보조익 또는 방향타를 움직인다.

    나) 야간 : 착륙등이 장착된 경우에는 착륙등을 2회 점멸하고, 착륙등이 장착되지 않은 경우에는 항행등을 2회 점멸한다.

6. 유도신호

가. 항공기에 대한 유도원의 신호

  1) 유도원은 항공기의 조종사가 유도업무 담당자임을 알 수 있는 복장을 해야 한다.

  2) 유도원은 주간에는 일광형광색봉, 유도봉 또는 유도장갑을 이용하고, 야간 또는 저시정상태에서는 발광유도봉을 이용하여 신호를 하여야 한다.

  3) 유도신호는 조종사가 잘 볼 수 있도록 조명봉을 손에 들고 다음의 위치에서 조종사와 마주보며 실시한다.

    가) 비행기의 경우에는 비행기의 왼쪽에서 조종사가 가장 잘 볼 수 있는 위치

    나) 헬리콥터의 경우에는 조종사가 유도원을 가장 잘 볼 수 있는 위치

4) 유도원은 다음의 신호를 사용하기 전에 항공기를 유도하려는 지역 내에 항공기와 충돌할 만한 물체가 있는지를 확인해야 한다.

1. 항공기 안내(Wing walker)

오른손의 막대를 위쪽을 향하게 한 채 머리 위로 들어 올리고, 왼손의 막대를 아래로 향하게 하면서 몸쪽으로 붙인다.

2. 출입문의 확인

양손의 막대를 위로 향하게 한 채 양팔을 쭉 펴서 머리 위로 올린다.

3. 다음 유도원에게 이동 또는 항공교통관제기관으로부터 지시 받은 지역으로의 이동

양쪽 팔을 위로 올렸다가 내려 팔을 몸의 측면 바깥쪽으로 쭉 편 후 다음 유도원의 방향 또는 이동구역방향으로 막대를 가리킨다.

4. 직진

팔꿈치를 구부려 막대를 가슴 높이에서 머리 높이까지 위 아래로 움직인다.

5. 좌회전(조종사 기준)

오른팔과 막대를 몸쪽 측면으로 직각으로 세운 뒤 왼손으로 직진신호를 한다. 신호동작의 속도는 항공기의 회전속도를 알려준다.

6. 우회전(조종사 기준)

왼팔과 막대를 몸쪽 측면으로 직각으로 세운 뒤 오른손으로 직진신호를 한다. 신호동작의 속도는 항공기의 회전속도를 알려준다.

7. 정지

막대를 쥔 양쪽 팔을 몸 쪽 측면에서 직각으로 뻗은 뒤 천천히 두 막대가 교차할 때까지 머리 위로 움직인다.

8. 비상정지

빠르게 양쪽 팔과 막대를 머리 위로 뻗었다가 막대를 교차시킨다.

9. 브레이크 정렬

손바닥을 편 상태로 어깨 높이로 들어 올린다. 운항승무원을 응시한 채 주먹을 쥔다.
승무원으로부터 인지신호(엄지손가락을 올리는 신호)를 받기 전까지는 움직여서는 안 된다.

10. 브레이크 풀기

주먹을 쥐고 어깨 높이로 올린다. 운항승무원을 응시한 채 손을 편다. 승무원으로부터 인지신호(엄지손가락을 올리는 신호)를 받기 전까지는 움직여서는 안 된다.

11. 고임목 삽입

팔과 막대를 머리 위로 쭉 뻗는다. 막대가 서로 닿을 때까지 안쪽으로 막대를 움직인다. 비행승무원에게 인지표시를 반드시 수신하도록 한다.

12. 고임목 제거

팔과 막대를 머리 위로 쭉 뻗는다. 막대를 바깥쪽으로 움직인다. 비행승무원에게 인가받기 전까지 초크를 제거해서는 안 된다.

13. 엔진시동걸기

오른팔을 머리 높이로 들면서 막대는 위를 향한다. 막대로 원 모양을 그리기 시작하면서 동시에 왼팔을 머리 높이로 들고 엔진시동 걸 위치를 가리킨다.

14. 엔진 정지

막대를 쥔 팔을 어깨 높이로 들어 올려 왼쪽 어깨 위로 위치시킨 뒤 막대를 오른쪽·왼쪽 어깨로 목을 가로질러 움직인다.

15. 서행

허리부터 무릎 사이에서 위 아래로 막대를 움직이면서 뻗은 팔을 가볍게 툭툭 치는 동작으로 아래로 움직인다.

16. 한쪽 엔진의 출력 감소

손바닥이 지면을 향하게 하여 두 팔을 내린 후, 출력을 감소시키려는 쪽의 손을 위아래로 흔든다.

17. 후진

몸 앞쪽의 허리높이에서 양팔을 앞쪽으로 빙글빙글 회전시킨다. 후진을 정지시키기 위해서는 신호 7 및 8을 사용한다.

18. 후진하면서 선회(후미 우측)

왼팔은 아래쪽을 가리키며 오른팔은 머리 위로 수직으로 세웠다가 옆으로 수평위치까지 내리는 동작을 반복한다.

19. 후진하면서 선회(후미 좌측)

오른팔은 아래쪽을 가리키며 왼팔은 머리 위로 수직으로 세웠다가 옆으로 수평위치까지 내리는 동작을 반복한다.

20. 긍정(Affirmative) / 모든 것이 정상임(All Clear)

오른팔을 머리높이로 들면서 막대를 위로 향한다. 손 모양은 엄지손가락을 치켜세운다. 왼쪽 팔은 무릎 옆쪽으로 붙인다.

*21. 공중정지(Hover)

양 팔과 막대를 90° 측면으로 편다.

*22. 상승

팔과 막대를 측면 수직으로 쭉 펴고 손바닥을 위로 향하면서 손을 위쪽으로 움직인다. 움직임의 속도는 상승률을 나타낸다.

*23. 하강

팔과 막대를 측면 수직으로 쭉 펴고 손바닥을 아래로 향하면서 손을 아래로 움직인다. 움직임의 속도는 강하율을 나타낸다.

*24. 왼쪽으로 수평이동(조종사 기준)

팔을 오른쪽 측면 수직으로 뻗는다. 빗자루를 쓰는 동작으로 같은 방향으로 다른 쪽 팔을 이동시킨다.

*25. 오른쪽으로 수평이동(조종사 기준)

팔을 왼쪽 측면 수직으로 뻗는다. 빗자루를 쓰는 동작으로 같은 방향으로 다른 쪽 팔을 이동시킨다.

*26. 착륙

몸의 앞쪽에서 막대를 쥔 양팔을 아래쪽으로 교차시킨다.

27. 화재

화재지역을 왼손으로 가리키면서 동시에 어깨와 무릎사이의 높이에서 부채질 동작으로 오른손을 이동시킨다.
야간 – 막대를 사용하여 동일하게 움직인다.

28. 위치대기(stand – by)

양팔과 막대를 측면에서 45°로 아래로 뻗는다. 항공기의 다음 이동이 허가될 때까지 움직이지 않는다.

29. 항공기 출발

오른손 또는 막대로 경례하는 신호를 한다. 항공기의 지상이동(taxi)이 시작될 때 까지 비행승무원을 응시한다.

30. 조종장치를 손대지 말 것(기술적 · 업무적 통신신호)

머리 위로 오른팔을 뻗고 주먹을 쥐거나 막대를 수평방향으로 쥔다. 왼팔은 무릎 옆에 붙인다.

31. 지상 전원공급 연결(기술적 · 업무적 통신신호)

머리 위로 팔을 뻗어 왼손을 수평으로 손바닥이 보이도록 하고, 오른손의 손가락 끝이 왼손에 닿게 하여 "T"자 형태를 취한다. 밤에는 광채가 나는 막대 "T"를 사용할 수 있다.

32. 지상 전원공급 차단(기술적 · 업무적 통신신호)

신호 25와 같이 한 후 오른손이 왼손에서 떨어지도록 한다. 비행승무원이 인가할 때까지 전원공급을 차단해서는 안 된다. 밤에는 광채가 나는 막대 "T"를 사용할 수 있다.

33. 부정(기술적 · 업무적 통신신호)

오른팔을 어깨에서부터 90°로 곧게 뻗어 고정시키고, 막대를 지상 쪽으로 향하게 하거나 엄지손가락을 아래로 향하게 표시한다. 왼손은 무릎 옆에 붙인다.

34. 인터폰을 통한 통신의 구축(기술적 · 업무적 통신신호)

몸에서부터 90°로 양 팔을 뻗은 후, 양손이 두 귀를 컵 모양으로 가리도록 한다.

35. 계단 열기 · 닫기

오른팔을 측면에 붙이고 왼팔을 45° 머리 위로 올린다. 오른팔을 왼쪽 어깨 위쪽으로 쓸어 올리는 동작을 한다.

[비고]
1. 항공기 유도원이 배트, 조명 유도봉 또는 횃불을 드는 경우에도 관련 신호의 의미는 같다.
2. 항공기의 엔진번호는 항공기를 마주 보고 있는 유도원의 위치를 기준으로 오른쪽에서부터 왼쪽으로 번호를 붙인다.
3. "*"가 표시된 신호는 헬리콥터에 적용한다.
4. 주간에 시정이 양호한 경우에는 조명막대의 대체도구로 밝은 형광색의 유도봉이나 유도장갑을 사용할 수 있다.

나. 유도원에 대한 조종사의 신호

  1) 조종실에 있는 조종사는 손이 유도원에게 명확히 보이도록 해야 하며, 필요한 경우에는 쉽게 식별할 수 있도록 조명을 비추어야 한다.

  2) 브레이크

    가) 주먹을 쥐거나 손가락을 펴는 순간이 각각 브레이크를 걸거나 푸는 순간을 나타낸다.

    나) 브레이크를 걸었을 경우 : 손가락을 펴고 양팔과 손을 얼굴 앞에 수평으로 올린 후 주먹을 쥔다.

    다) 브레이크를 풀었을 경우 : 주먹을 쥐고 팔을 얼굴 앞에 수평으로 올린 후 손가락을 편다.

  3) 고임목(Chocks)

    가) 고임목을 끼울 것 : 팔을 뻗고 손바닥을 바깥쪽으로 향하게 하며, 두 손을 안쪽으로 이동시켜 얼굴 앞에서 교차되게 한다.

    나) 고임목을 뺄 것 : 두 손을 얼굴 앞에서 교차시키고 손바닥을 바깥쪽으로 향하게 하며, 두 팔을 바깥쪽으로 이동시킨다.

  4) 엔진시동 준비완료

    시동시킬 엔진의 번호만큼 한쪽 손의 손가락을 들어올린다.

다. 기술적 · 업무적 통신신호

  1) 수동신호는 음성통신이 기술적 · 업무적 통신신호로 가능하지 않을 경우에만 사용해야 한다.

  2) 유도원은 비행승무원으로부터 기술적 · 업무적 통신신호에 대하여 인지하였음을 확인해야 한다.

7. 비상수신호

  가. 탈출 권고

한 팔을 앞으로 뻗어 눈높이까지 들어 올린 후 손짓으로 부르는 동작을 한다.
야간 - 막대를 사용하여 동일하게 움직인다.

  나. 동작중단 권고-진행 중인 탈출 중단 및 항공기 이동 또는 그 밖의 활동중단

양팔을 머리 앞으로 들어 올려 손목에서 교차시키는 동작을 한다.
야간 - 막대를 사용하여 동일하게 움직인다.

  다. 비상 해제

양팔을 손목이 교차할 때까지 안쪽 방향으로 모은 후 바깥 방향으로 45도 각도로 뻗는 동작을 한다.
야간 - 막대를 사용하여 동일하게 움직인다.

제195조(시간) ① 법 제67조에 따라 항공기의 운항과 관련된 시간을 전파하거나 보고하려는 자는 국제표준시(UTC : Coordinated Universal Time)를 사용하여야 하며, 시각은 자정을 기준으로 하루 24시간을 시 · 분으로 표시하되, 필요하면 초 단위까지 표시하여야 한다.

② 관제비행을 하려는 자는 관제비행의 시작 전과 비행 중에 필요하면 시간을 점검하여야 한다.

③ 데이터링크 통신에 따라 시간을 이용하려는 경우에는 국제표준시를 기준으로 1초 이내의 정확도를 유지 · 관리하여야 한다.

제196조(요격) ① 법 제67조에 따라 민간항공기를 요격(邀擊)하는 항공기의 기장은 별표 26 제3호에 따른 시각 신호 및 요격절차와 요격방식에 따라야 한다.

② 피요격(被邀擊) 항공기의 기장은 별표 26 제3호에 따른 시각신호를 이해하고 응답하여야 하며, 요격절차와 요격방식 등을 준수하여 요격에 응하여야 한다. 다만, 대한민국이 아닌 외국정부가 관할하는 지역을 비행하는 경우에는 해당 국가가 정한 절차와 방식으로 그 국가의 요격에 응하여야 한다.

제197조(곡예비행 등을 할 수 있는 비행시정) 법 제67조에 따른 곡예비행을 할 수 있는 비행시정은 다음 각 호의 구분과 같다.

1. 비행고도 3,050미터(1만 피트) 미만인 구역 : 5천 미터 이상
2. 비행고도 3,050미터(1만 피트) 이상인 구역 : 8천 미터 이상

제198조(불법간섭 행위 시의 조치) ① 법 제67조에 따라 비행 중 항공기의 피랍 · 테러 등의 불법적인 행위에 의하여 항공기 또는 탑승객의 안전이 위협받는 상황(이하 "불법간섭" 이라 한다)에 처한 항공기는 항공교통업무기관에서 다른 항공기와의 충돌방지 및 우선권 부여 등 필요한 조치를 취할 수 있도록 가능한 범위에서 한 다음 각 호의 사항을 관할 항공교통업무기관에 통보하여야 한다.

1. 불법간섭을 받고 있다는 사실
2. 불법간섭 행위와 관련한 중요한 상황정보
3. 그 밖에 상황에 따른 비행계획의 이탈사항에 관한 사항

② 불법간섭을 받고 있는 항공기의 기장은 가능한 한 해당 항공기가 안전하게 착륙할 수 있는 가장 가까운 공항 또는 관할 항공교통업무기관이 지정한 공항으로 착륙을 시도하여야 한다.

③ 불법간섭을 받고 있는 항공기가 제1항에 따른 사항을 관할 항공교통업무기관에 통보할 수 없는 경우에는 다음 각 호의 조치를 하여야 한다.

1. 기장은 제2항에 따른 공항으로 비행할 수 없는 경우에는 관할 항공교통업무기관에 통보할 수 있을 때까지 또는 레이더나 자동종속감시시설의 포착범위 내에 들어갈 때까지 배정된 항공로 및 순항고도를 유지하며 비행할 것
2. 기장은 관할 항공교통업무기관과 무선통신이 불가능한 상황에서 배정된 항공로 및 순항고도를 이탈할 것을 강요받은 경우에는 가능한 한 다음 각 목의 조치를 할 것
   가. 항공기 안의 상황이 허용되는 한도 내에서 현재 사용 중인 초단파(VHF) 주파수, 초단파 비상주파수(121.5MHz) 또는 사용 가능한 다른 주파수로 경고방송을 시도할 것
   나. 2차 감시 항공교통관제 레이더용 트랜스폰더(Mode3/A 및 Mode C SSR transponder) 또는 데이터링크 탑재장비를 사용하여 불법간섭을 받고 있다는 사실을 알릴 것
   다. 고도 600미터의 수직분리가 적용되는 지역에서는 계기비행 순항고도와 300미터 분리된 고도로, 고도 300미터의 수직분리가 적용되는 지역에서는 계기비행 순항고도와 150미터 분리된 고도로 각각 변경하여 비행할 것

항공안전법	항공안전법 시행령
제68조(항공기의 비행 중 금지행위 등) 항공기를 운항하려는 사람은 생명과 재산을 보호하기 위하여 다음 각 호의 어느 하나에 해당하는 비행 또는 행위를 해서는 아니 된다. 다만, 국토교통부령으로 정하는 바에 따라 국토교통부장관의 허가를 받은 경우에는 그러하지 아니하다. 1. 국토교통부령으로 정하는 최저비행고도(最低飛行高度) 아래에서의 비행 2. 물건의 투하(投下) 또는 살포 3. 낙하산 강하(降下) 4. 국토교통부령으로 정하는 구역에서 뒤집어서 비행하거나 옆으로 세워서 비행하는 등의 곡예비행 5. 무인항공기의 비행 6. 그 밖에 생명과 재산에 위해를 끼치거나 위해를 끼칠 우려가 있는 비행 또는 행위로서 국토교통부령으로 정하는 비행 또는 행위	

제199조(최저비행고도) 법 제68조제1호에서 "국토교통부령으로 정하는 최저비행고도"란 다음 각 호와 같다.
  1. 시계비행방식으로 비행하는 항공기
    가. 사람 또는 건축물이 밀집된 지역의 상공에서는 해당 항공기를 중심으로 수평거리 600미터 범위 안의 지역에 있는 가장 높은 장애물의 상단에서 300미터(1천 피트)의 고도
    나. 가목 외의 지역에서는 지표면·수면 또는 물건의 상단에서 150미터(500피트)의 고도
  2. 계기비행방식으로 비행하는 항공기
    가. 산악지역에서는 항공기를 중심으로 반지름 8킬로미터 이내에 위치한 가장 높은 장애물로부터 600미터의고도
    나. 가목 외의 지역에서는 항공기를 중심으로 반지름 8킬로미터 이내에 위치한 가장 높은 장애물로부터 300미터의 고도

제200조(최저비행고도 아래에서의 비행허가) 법 제68조 각 호 외의 부분 단서에 따라 최저비행고도 아래에서 비행하려는 자는 별지 제74호서식의 최저비행고도 아래에서의 비행허가신청서를 지방항공청장에게 제출하여야 한다.

제201조(물건의 투하 또는 살포의 허가신청) 법 제68조 각 호 외의 부분 단서에 따라 비행 중인 항공기에서 물건을 투하하거나 살포하려는 자는 다음 각 호의 사항을 적은 물건 투하 또는 살포 허가신청서를 지방항공청장에게 제출하여야 한다.
  1. 성명 및 주소
  2. 항공기의 형식 및 등록부호
  3. 비행의 목적·일시·경로 및 고도
  4. 물건을 투하하는 목적
  5. 투하하려는 물건의 개요와 투하하려는 장소
  6. 조종자의 성명과 자격
  7. 그 밖에 참고가 될 사항

제202조(낙하산 강하 허가신청) 법 제68조 각 호 외의 부분 단서에 따라 낙하산으로 강하하려는 자는 비상상황인 경우를 제외하고는 다음 각 호의 사항을 적은 낙하산 강하허가신청서를 지방항공청장에게 제출하여야 한다.
  1. 성명·주소 및 연락처(실시간 연락 가능한 통신수단)
  2. 항공기의 형식 및 등록부호
  3. 비행계획의 개요(비행의 목적·일시·경로 및 고도를 적을 것)
  4. 낙하산으로 강하하는 목적·일시 및 장소
  5. 조종사의 성명과 자격
  6. 낙하산의 형식과 그 밖에 해당 낙하산에 관하여 필요한 사항
  7. 낙하산으로 강하하는 사람 및 물건에 대한 개요
  8. 그 밖에 참고가 될 사항

제203조(곡예비행) 법 제68조제4호에 따른 곡예비행은 다음 각 호와 같다.
  1. 항공기를 뒤집어서 하는 비행
  2. 항공기를 옆으로 세우거나 회전시키며 하는 비행
  3. 항공기를 급강하시키거나 급상승시키는 비행
  4. 항공기를 나선형으로 강하시키거나 실속(失速)시켜 하는 비행
  5. 그 밖에 항공기의 비행자세, 고도 또는 속도를 비정상적으로 변화시켜 하는 비행

제204조(곡예비행 금지구역) 법 제68조제4호에서 "국토교통부령으로 정하는 구역"이란 다음 각 호의 어느 하나에 해당하는 구역을 말한다.
  1. 사람 또는 건축물이 밀집한 지역의 상공
  2. 관제구 및 관제권

3. 지표로부터 450미터(1,500피트) 미만의 고도

4. 해당 항공기(활공기는 제외한다)를 중심으로 반지름 500미터 범위 안의 지역에 있는 가장 높은 장애물의 상단으로부터 500미터 이하의 고도

5. 해당 활공기를 중심으로 반지름 300미터 범위 안의 지역에 있는 가장 높은 장애물의 상단으로부터 300미터 이하의 고도

제205조(곡예비행의 허가신청) 법 제68조 각 호 외의 부분 단서에 따라 곡예비행을 하려는 자는 다음 각 호의 사항을 적은 곡예비행 허가신청서를 지방항공청장에게 제출하여야 한다.

1. 성명 및 주소

2. 항공기의 형식 및 등록부호

3. 비행계획의 개요(비행의 목적 · 일시 및 경로를 적을 것)

4. 곡예비행의 내용 · 이유 · 일시 및 장소

5. 조종자의 성명과 자격

6. 동승자의 성명 및 동승의 목적

7. 그 밖에 참고가 될 사항

제206조(무인항공기의 비행허가신청 등) ① 법 제68조 각 호 외의 부분 단서에 따라 무인항공기를 비행시키려는 자는 별지 제75호서식의 무인항공기 비행허가신청서에 다음 각 호의 사항을 적은 서류를 첨부하여 지방항공청장 또는 항공교통본부장에게 비행예정일 7일 전까지 제출하여야 한다.

1. 성명 · 주소 및 연락처

2. 무인항공기의 형식, 최대이륙중량, 발동기 수 및 날개 길이

3. 무인항공기의 등록증명서 사본 및 식별부호

4. 무인항공기의 표준감항증명서 또는 특별감항증명서 사본

5. 무인항공기 조종사의 자격증명서 사본

6. 무인항공기의 무선국 허가증 사본(「전파법」 제19조에 따라 무선국 허가를 받은 경우에 한정한다)

7. 비행의 목적 · 일시 및 비행규칙의 개요, 육안식별운항계획(육안식별운항을 하는 경우에 한정한다), 비행경로 이륙 · 착륙 장소, 순항고도 · 속도 및 비행주파수

8. 무인항공기의 이륙 · 착륙 요건

9. 무인항공기에 대한 다음 각 목의 성능

　가. 운항속도

　나. 일반 및 최대 상승률

　다. 일반 및 최대 강하율

　라. 일반 및 최대 선회율

　마. 최대 항속시간

　바. 그 밖에 무인항공기 비행과 관련된 성능에 관한 자료

10. 다음 각 목의 통신을 위한 주파수와 장비

　가. 대체통신수단을 포함한 항공교통관제기관과의 통신

　나. 지정된 운용범위를 포함한 무인항공기와 무인항공기 통제소 간의 통신

　다. 무인항공기 조종사와 무인항공기 감시자 간의 통신(무인항공기 감시자가 있는 경우에 한정한다)

11. 무인항공기의 항행장비 및 감시장비(SSR transponder, ADS-B 등)

12. 무인항공기의 감지 · 회피성능

13. 다음 각 목의 경우에 대비한 비상절차

　가. 항공교통관제기관과의 통신이 두절된 경우

항공안전법	항공안전법 시행령
제69조(긴급항공기의 지정 등) ① 응급환자의 수송 등 국토교통부령으로 정하는 긴급한 업무에 항공기를 사용하려는 소유자 등 은 그 항공기에 대하여 국토교통부장관의 지정을 받아야 한다. ② 제1항에 따라 국토교통부장관의 지정을 받은 항공기(이하 "긴급항공기"라 한다)를 제1항에 따른 긴급한 업무의 수행을 위하여 운항하는 경우에는 제66조 및 제68조제1호 · 제2호를 적용하지 아니한다. ③ 긴급항공기의 지정 및 운항절차 등에 필요한 사항은 국토교통부령으로 정한다. ④ 국토교통부장관은 긴급항공기의 소유자 등이 다음 각 호의 어느 하나에 해당하는 경우에는 그 긴급항공기의 지정을 취소할 수 있다. 다만, 제1호에 해당하는 경우에는 그 긴급항공기의 지정을 취소하여야 한다. 1. 거짓이나 그 밖의 부정한 방법으로 긴급항공기로 지정받은 경우 2. 제3항에 따른 운항절차를 준수하지 아니하는 경우 ⑤ 제4항에 따라 긴급항공기의 지정 취소처분을 받은 자는 취소 처분을 받은 날부터 2년 이내에는 긴급항공기의 지정을 받을 수 없다.	

　나. 무인항공기와 무인항공기 통제소 간의 통신이 두절된 경우

　다. 무인항공기 조종사와 무인항공기 감시자 간의 통신이 두절된 경우(무인항공기 감시자가 있는 경우에 한정한다)

14. 하나 이상의 무인항공기 통제소가 있는 경우 그 수와 장소 및 무인항공기 통제소 간의 무인항공기 통제에 관한 이양절차

15. 소음기준적합증명서 사본(법 제25조제1항에 따라 소음기준적합증명을 받은 경우에 한정한다)

16. 해당 무인항공기 운항과 관련된 항공보안 수단을 포함한 국가항공보안계획 이행 확인서

17. 무인항공기의 적재 장비 및 하중 등에 관한 정보

18. 무인항공기의 보험 또는 책임범위 증명에 관한 서류

② 지방항공청장 또는 항공교통본부장은 제1항에 따른 신청을 받은 경우에는 그 내용을 심사한 후 항공교통의 안전에 지장이 없다고 인정되는 경우에는 비행을 허가하여야 한다.

③ 무인항공기를 비행시키려는 자는 다음 각 호의 사항을 따라야 한다.

1. 인명이나 재산에 위험을 초래할 우려가 있는 비행을 시키지 말 것

2. 인구가 밀집된 지역과 그 밖에 사람이 많이 모인 장소의 상공을 비행시키지 말 것

3. 법 제78조제1항에 따른 관제공역ㆍ통제공역ㆍ주의공역에서 항공교통관제기관의 승인을 받지 아니하고 비행시키지 말 것

4. 안개 등으로 인하여 지상목표물을 육안으로 식별할 수 없는 상태에서 비행시키지 말 것

5. 별표 24에 따른 비행시정 및 구름으로부터의 거리 기준을 위반하여 비행시키지 말 것

6. 야간에 비행시키지 말 것

7. 그 밖에 국토교통부장관이 정하여 고시하는 사항을 지킬 것

제207조(긴급항공기의 지정) ① 법 제69조제1항에서 "응급환자의 수송 등 국토교통부령으로 정하는 긴급한 업무"란 다음 각 호의 어느 하나에 해당하는 업무를 말한다.

1. 재난ㆍ재해 등으로 인한 수색ㆍ구조

2. 응급환자의 수송 등 구조ㆍ구급활동

3. 화재의 진화

4. 화재의 예방을 위한 감시활동

5. 응급환자를 위한 장기(臟器) 이송

6. 그 밖에 자연재해 발생 시의 긴급복구

② 법 제69조제1항에 따라 제1항 각 호에 따른 업무에 항공기를 사용하려는 소유자 등은 해당 항공기에 대하여 지방항공청장으로부터 긴급항공기의 지정을 받아야 한다.

③ 제2항에 따른 지정을 받으려는 자는 다음 각 호의 사항을 적은 긴급항공기 지정신청서를 지방항공청장에게 제출하여야 한다.

1. 성명 및 주소

2. 항공기의 형식 및 등록부호

3. 긴급한 업무의 종류

4. 긴급한 업무 수행에 관한 업무규정 및 항공기 장착장비

5. 조종사 및 긴급한 업무를 수행하는 사람에 대한 교육훈련 내용

6. 그 밖에 참고가 될 사항

④ 지방항공청장은 제3항에 따른 서류를 확인한 후 제1항 각 호의 긴급한 업무에 해당하는 경우에는 해당 항공기를 긴급항공기로 지정하였음을 신청자에게 통지하여야 한다.

제208조(긴급항공기의 운항절차) ① 제207조제2항에 따라 긴급항공기의 지정을 받은 자가 긴급항공기를 운항하려는 경우에는 그 운항을 시작하기 전에 다음 각 호의 사항을 지방항공청장에게 구술 또는 서면 등으로 통지하여야 한다.

1. 항공기의 형식ㆍ등록부호 및 식별부호

항공안전법	항공안전법 시행령
제70조(위험물 운송 등) ① 항공기를 이용하여 폭발성이나 연소성이 높은 물건 등 국토교통부령으로 정하는 위험물(이하 "위험물"이라 한다)을 운송하려는 자는 국토교통부령으로 정하는바에 따라 국토교통부장관의 허가를 받아야 한다. ② 제90조제1항에 따른 운항증명을 받은 자가 위험물 탑재 정보의 전달방법 등 국토교통부령으로 정하는 기준을 충족하는 경우에는 제1항에 따른 허가를 받은 것으로 본다. ③ 항공기를 이용하여 운송되는 위험물을 포장·적재(積載)·저장·운송 또는 처리(이하 "위험물취급"이라 한다)하는 자(이하"위험물취급자"라 한다)는 항공상의 위험 방지 및 인명의 안전을 위하여 국토교통부장관이 정하여 고시하는 위험물취급의 절차 및 방법에 따라야 한다.	

2. 긴급한 업무의 종류

3. 긴급항공기의 운항을 의뢰한 자의 성명 또는 명칭 및 주소

4. 비행일시, 출발비행장, 비행구간 및 착륙장소

5. 시간으로 표시한 연료탑재량

6. 그 밖에 긴급항공기 운항에 필요한 사항

② 제1항에 따라 긴급항공기를 운항한 자는 운항이 끝난 후 24시간 이내에 다음 각 호의 사항을 적은 긴급항공기 운항결과 보고서를 지방항공청장에게 제출하여야 한다.

1. 성명 및 주소

2. 항공기의 형식 및 등록부호

3. 운항 개요(이륙ㆍ착륙 일시 및 장소, 비행목적, 비행경로 등)

4. 조종사의 성명과 자격

5. 조종사 외의 탑승자의 인적사항

6. 응급환자를 수송한 사실을 증명하는 서류(응급환자를 수송한 경우만 해당한다)

7. 그 밖에 참고가 될 사항

제209조(위험물 운송허가 등) ① 법 제70조제1항에서 "폭발성이나 연소성이 높은 물건 등 국토교통부령으로 정하는 위험물"이 란 다음 각 호의 어느 하나에 해당하는 것을 말한다.

1. 폭발성 물질

2. 가스류

3. 인화성 액체

4. 가연성 물질류

5. 산화성 물질류

6. 독물류

7. 방사성 물질류

8. 부식성 물질류

9. 그 밖에 국토교통부장관이 정하여 고시하는 물질류

② 항공기를 이용하여 제1항에 따른 위험물을 운송하려는 자는 별지 제76호서식의 위험물 항공운송허가신청서에 다음 각 호의 서류를 첨부하여 국토교통부장관에게 제출하여야 한다.

1. 위험물의 포장방법

2. 위험물의 종류 및 등급

3. UN매뉴얼에 따른 포장물 및 내용물의 시험성적서(해당하는 경우에만 적용한다)

4. 그 밖에 국토교통부장관이 정하여 고시하는 서류

③ 국토교통부장관은 제2항에 따른 신청이 있는 경우 위험물운송기술기준에 따라 검사한 후 위험물운송기술기준에 적합하 다고 판단되는 경우에는 별지 제77호서식의 위험물 항공운송허가서를 발급하여야 한다.

④ 제2항 및 제3항에도 불구하고 법 제90조에 따른 운항증명을 받은 항공운송사업자가 법 제93조에 따른 운항규정에 다음 각 호의 사항을 정하고 제1항 각 호에 따른 위험물을 운송하는 경우에는 제3항에 따른 허가를 받은 것으로 본다. 다만, 국토교통부장관이 별도의 허가요건을 정하여 고시한 경우에는 제3항에 따른 허가를 받아야 한다.

1. 위험물과 관련된 비정상사태가 발생할 경우의 조치내용

2. 위험물 탑재정보의 전달방법

3. 승무원 및 위험물취급자에 대한 교육훈련

⑤ 제3항에도 불구하고 국가기관 등 항공기가 업무수행을 위하여 제1항에 따른 위험물을 운송하는 경우에는 위험물 운송허 가를 받은 것으로 본다.

⑥ 제1항 각 호의 구분에 따른 위험물의 세부적인 종류와 종류별 구체적 내용에 관하여는 국토교통부장관이 정하여 고시한다.

항공안전법	항공안전법 시행령
제71조(위험물 포장 및 용기의 검사 등) ① 위험물의 운송에 사용되는 포장 및 용기를 제조·수입하여 판매하려는 자는 그 포장 및 용기의 안전성에 대하여 국토교통부장관이 실시하는 검사를 받아야 한다. ② 제1항에 따른 포장 및 용기의 검사방법·합격기준 등에 필요한 사항은 국토교통부장관이 정하여 고시한다. ③ 국토교통부장관은 위험물의 용기 및 포장에 관한 검사업무를 전문적으로 수행하는 기관(이하 "포장·용기검사기관"이라 한다)을 지정하여 제1항에 따른 검사를 하게 할 수 있다. ④ 검사인력, 검사장비 등 포장·용기검사기관의 지정기준 및 운영 등에 필요한 사항은 국토교통부령으로 정한다. ⑤ 국토교통부장관은 포장·용기검사기관이 다음 각 호의 어느 하나에 해당하는 경우에는 그 지정을 취소하거나 6개월 이내의 기간을 정하여 그 업무의 전부 또는 일부의 정지를 명할 수 있다. 다만, 제1호에 해당하는 경우에는 그 지정을 취소하여야 한다. 〈개정 2017.1.17.〉 1. 거짓이나 그 밖의 부정한 방법으로 포장·용기검사기관으로 지정받은 경우 2. 포장·용기검사기관이 제2항에 따른 포장 및 용기의 검사방법·합격기준 등을 위반하여 제1항에 따른 검사를 한 경우 3. 제4항에 따른 지정기준에 맞지 아니하게 된 경우 ⑥ 제5항에 따른 처분의 세부기준 등 그 밖에 필요한 사항은 국토교통부령으로 정한다. [시행일 : 2017.7.18.] 제71조제5항제2호, 제71조제5항제3호	

제210조(위험물 포장·용기검사기관의 지정 등) ① 법 제71조제3항에 따라 위험물의 포장·용기검사기관으로 지정받으려는 자는 별지 제78호서식의 위험물 포장·용기검사기관 지정신청서에 다음 각 호의 서류를 첨부하여 국토교통부장관에게 제출하여야 한다.

1. 위험물 포장·용기의 검사를 위한 시설의 확보를 증명하는 서류(설비 및 기기 일람표와 그 배치도를 포함한다)
2. 사업계획서
3. 시설·기술인력의 관리 및 검사 시행절차 등 검사 수행에 필요한 사항이 포함된 검사업무규정

② 법 제71조제4항에 따른 위험물의 포장·용기검사기관의 검사장비 및 검사인력 등의 지정기준은 별표 27과 같다.

③ 법 제71조제4항에 따른 위험물 포장·용기검사기관의 운영에 대해서는 「산업표준화법」 제12조에 따른 한국산업표준 KS Q 17020(검사 기관 운영에 대한 일반 기준)을 적용한다.

④ 국토교통부장관은 제1항에 따른 신청을 받은 경우에는 이를 심사하여 그 내용이 제2항 및 제3항에 따른 지정기준 및 운영기준에 적합하다고 인정되는 경우에는 별지 제79호서식의 위험물 포장·용기검사기관 지정서를 신청인에게 발급하고 그 사실을 공고하여야 한다.

⑤ 제4항에 따라 위험물 포장·용기 검사기관으로 지정받은 검사기관의 장은 제1항 각호의 사항이 변경된 경우에는 그 변경내용을 국토교통부장관에게 보고하여야 한다.

⑥ 국토교통부장관은 위험물 포장·용기 검사기관으로 지정받은 검사기관이 제2항 및 제3항의 기준에 적합한지의 여부를 매년 심사하여야 한다.

제211조(위험물 포장·용기 검사기관 지정의 취소 등) ① 법 제71조제6항에 따른 위험물 포장·용기 검사기관의 지정 취소 또는 업무정지처분의 기준은 별표 28과 같다.

② 국토교통부장관은 위반행위의 정도·횟수 등을 고려하여 별표 28에서 정한 업무정지기간을 2분의 1의 범위에서 늘리거나 줄일 수 있다. 다만, 늘리는 경우에도 그 기간은 6개월을 초과할 수 없다.

항공안전법	항공안전법 시행령
제72조(위험물취급에 관한 교육 등) ① 위험물취급자는 위험물취급에 관하여 국토교통부장관이 실시하는 교육을 받아야 한다. 다만, 국제민간항공기구(International Civil Aviation Organization) 등 국제기구 및 국제항공운송협회(International Air Transport Association)가 인정한 교육기관에서 위험물취급에 관한 교육을 이수한 경우에는 그러하지 아니하다. ② 제1항에 따라 교육을 받아야 하는 위험물취급자의 구체적인 범위와 교육 내용 등에 필요한 사항은 국토교통부장관이 정하여 고시한다. ③ 국토교통부장관은 제1항에 따른 교육을 효율적으로 하기 위하여 위험물취급에 관한 교육을 전문적으로 하는 전문교육기관(이하 "위험물전문교육기관"이라 한다)을 지정하여 위험물취급자에 대한 교육을 하 할 수 있다. ④ 교육인력, 시설, 장비 등 위험물전문교육기관의 지정기준 및 운영 등에 필요한 사항은 국토교통부령으로 정한다. ⑤ 국토교통부장관은 위험물전문교육기관이 다음 각 호의 어느 하나에 해당하는 경우에는 그 지정을 취소하거나 6개월 이내의 기간을 정하여 그 업무의 전부 또는 일부의 정지를 명할 수 있다. 다만, 제1호에 해당하는 경우에는 그 지정을 취소하여야 한다. 1. 거짓이나 그 밖의 부정한 방법으로 위험물전문교육기관으로 지정받은 경우 2. 제4항에 따른 지정기준에 맞지 아니하게 된 경우 ⑥ 제5항에 따른 처분의 세부기준 등 그 밖에 필요한 사항은 국토교통부령으로 정한다. **제73조(전자기기의 사용제한)** 국토교통부장관은 운항 중인 항공기의 항행 및 통신장비에 대한 전자파 간섭 등의 영향을 방지하기 위하여 국토교통부령으로 정하는 바에 따라 여객이 지닌 전자기기의 사용을 제한할 수 있다.	

제212조(위험물전문교육기관의 지정 등) ① 법 제72조제3항에 따라 위험물전문교육기관으로 지정받으려는 자는 별지 제80호서식의 위험물전문교육기관 지정신청서에 다음 각 호의 사항이 포함된 교육계획서를 첨부하여 국토교통부장관에게 제출하여야 한다.

1. 교육과정과 교육방법
2. 교관의 자격·경력 및 정원 등의 현황
3. 교육시설 및 교육장비의 개요
4. 교육평가의 방법
5. 연간 교육계획
6. 제4항제2호에 따른 교육규정

② 법 제72조제4항에 따른 위험물전문교육기관의 지정기준은 별표 29와 같다.

③ 국토교통부장관은 제1항에 따라 신청을 받은 경우에는 이를 심사하여 그 내용이 제2항의 기준에 적합하다고 인정되는 경우에는 별지 제81호서식의 위험물전문교육기관 지정서를 발급하고 그 사실을 공고하여야 한다.

④ 제3항에 따라 지정을 받은 위험물전문교육기관은 다음 각 호에서 정하는 바에 따라 교육과 평가 등을 실시하여야 한다.

1. 교육은 초기교육과 정기교육으로 구분하여 실시한다.
2. 위험물전문교육기관의 장은 법 제72조제2항에 따라 국토교통부장관이 고시하는 교육내용 등을 반영하여 교육규정을 제정·운영하고, 교육규정을 변경하려는 경우에는 국토교통부장관의 승인을 받아야 한다.
3. 교육평가는 다음 각 목의 방법으로 한다.
    가. 교육평가를 위한 시험과목, 시험 실시 요령, 판정기준, 시험문제 출제, 시험방법·관리, 시험지 보관, 시험장, 시험감독 및 채점 등은 자체 실정에 맞게 위험물전문교육기관의 장이 정한다.
    나. 교육생은 총교육시간의 100분의 90 이상을 출석하여야 하고, 성적은 100점 만점의 경우 80점 이상을 받아야만 수료할 수 있다.
4. 위험물전문교육기관의 장은 컴퓨터 등 전자기기를 이용한 전자교육과정(교육 또는 평가)을 운영할 경우에는 사전에 국토교통부장관의 승인을 받아야 한다.
5. 위험물전문교육기관의 장은 전년도 12월15일까지 다음 연도 교육계획을 수립하여 국토교통부장관에게 보고하여야 한다.

⑤ 위험물전문교육기관의 장은 교육을 마쳤을 때에는 교육 및 평가 결과를 국토교통부장관이 정하여 고시하는 방법에 따라 보관하여야 하며, 국토교통부장관이 요청하면 이를 제출하여야 한다.

⑥ 위험물전문교육기관의 장은 제1항 각 호(제6호는 제외한다)의 사항이 변경된 경우에는 그 변경내용을 지체 없이 국토교통부장관에게 보고하여야 한다.

⑦ 국토교통부장관은 위험물전문교육기관이 제2항의 기준에 적합한 지의 여부를 매년 심사하여야 한다.

제213조(위험물전문교육기관의 지정의 취소 등) ① 법 제72조제6항에 따른 위험물전문교육기관의 지정 취소 또는 업무정지처분의 기준은 별표 30과 같다.

② 국토교통부장관은 위반행위의 정도·횟수 등을 고려하여 별표 30에서 정한 업무정지 기간을 2분의 1의 범위에서 늘리거나 줄일 수 있다. 다만, 늘리는 경우에도 그 기간은 6개월을 초과할 수 없다.

제214조(전자기기의 사용제한) 법 제73조에 따라 운항 중에 전자기기의 사용을 제한할 수 있는 항공기와 사용이 제한되는 전자기기의 품목은 다음 각 호와 같다.

1. 다음 각 목의 어느 하나에 해당하는 항공기
    가. 항공운송사업용으로 비행 중인 항공기
    나. 계기비행방식으로 비행 중인 항공기
2. 다음 각 목 외의 전자기기
    가. 휴대용 음성녹음기

항공안전법	항공안전법 시행령
제74조(회항시간 연장운항의 승인) ① 항공운송사업자가 2개 이상의 발동기를 가진 비행기로서 국토교통부령으로 정하는 비행기를 다음 각 호의 구분에 따른 순항속도(巡航速度)로 가장 가까운 공항까지 비행하여 착륙할 수 있는 시간이 국토교통부령으로 정하는 시간을 초과하는 지점이 있는 노선을 운항하려면 국토교통부령으로 정하는 바에 따라 국토교통부장관의 승인을 받아야 한다. 1. 2개의 발동기를 가진 비행기 : 1개의 발동기가 작동하지 아니할 때의 순항속도 2. 3개 이상의 발동기를 가진 비행기 : 모든 발동기가 작동할 때의 순항속도 ② 국토교통부장관은 제1항에 따른 승인을 하려는 경우에는 제77조제1항에 따라 고시하는 운항기술기준에 적합한지를 확인하여야 한다. **제75조(수직분리축소공역 등에서의 항공기 운항 승인)** ① 다음 각 호의 어느 하나에 해당하는 공역에서 항공기를 운항하려는 소유자 등은 국토교통부령으로 정하는 바에 따라 국토교통부장관의 승인을 받아야 한다. 다만, 수색·구조를 위하여 제1호의 공역에서 운항하려는 경우 등 국토교통부령으로 정하는 경우에는 그러하지 아니하다. 1. 수직분리고도를 축소하여 운영하는 공역(이하 "수직분리축소공역"이라 한다) 2. 특정한 항행성능을 갖춘 항공기만 운항이 허용되는 공역(이하 "성능기반항행요구공역"이라 한다) 3. 그 밖에 공역을 효율적으로 운영하기 위하여 국토교통부령으로 정하는 공역 ② 국토교통부장관은 제1항에 따른 승인을 하려는 경우에는 제77조제1항에 따라 고시하는 운항기술기준에 적합한지를 확인하여야 한다.	

    나. 보청기

    다. 심장박동기

    라. 전기면도기

    마. 그 밖에 항공운송사업자 또는 기장이 항공기 제작회사의 권고 등에 따라 해당항공기에 전자파 영향을 주지 아니한다고 인정한 휴대용 전자기기

제215조(회항시간 연장운항의 승인) ① 법 제74조제1항 각 호 외의 부분에서 "국토교통부령으로 정하는 비행기"란 터빈발동기를 장착한 항공운송사업용 비행기(화물만을 운송하는 3개 이상의 터빈발동기를 가진 비행기는 제외한다)를 말한다.

② 법 제74조제1항 각 호 외의 부분에서 "국토교통부령으로 정하는 시간"이란 다음 각 호의 구분에 따른 시간을 말한다.

1. 2개의 발동기를 가진 비행기 : 1시간. 다만, 최대인가승객 좌석 수가 20석 미만이며 최대이륙중량이 4만 5천 360킬로그램 미만인 비행기로서 「항공사업법 시행규칙」 제3조제3호에 따른 전세운송에 사용되는 비행기의 경우에는 3시간으로 한다.

2. 3개 이상의 발동기를 가진 비행기 : 3시간

③ 제1항에 따른 비행기로 제2항 각 호의 구분에 따른 시간을 초과하는 지점이 있는 노선을 운항하려는 항공운송사업자는 비행기 형식(등록부호)별, 운항하려는 노선별 및 최대 회항시간(2개의 발동기를 가진 비행기의 경우에는 1개의 발동기가 작동하지 아니할 때의 순항속도로, 3개 이상의 발동기를 가진 비행기의 경우에는 모든 발동기가 작동할 때의 순항속도로 가장 가까운 공항까지 비행하여 착륙할 수 있는 시간을 말한다. 이하 같다)별로 국토교통부장관 또는 지방항공청장의 승인을 받아야 한다.

④ 제3항에 따른 승인을 받으려는 항공운송사업자는 별지 제82호서식의 회항시간 연장운항승인 신청서에 법 제77조에 따라 고시하는 운항기술기준에 적합함을 증명하는 서류를 첨부하여 운항 개시 예정일 20일 전까지 국토교통부장관 또는 지방항공청장에게 제출하여야 한다.

제216조(수직분리축소공역 등에서의 항공기 운항) ① 법 제75조제1항에 따라 국토교통부장관 또는 지방항공청장으로부터 승인을 받으려는 자는 별지 제83호서식의 항공기 운항승인 신청서에 법 제77조에 따라 고시하는 운항기술기준에 적합함을 증명하는 서류를 첨부하여 운항개시예정일 15일 전까지 국토교통부장관 또는 지방항공청장에게 제출하여야 한다.

② 법 제75조제1항 각 호 외의 부분 단서에서 "국토교통부령으로 정하는 경우"란 다음 각 호의 어느 하나에 해당하는 경우를 말한다.

1. 항공기의 사고ㆍ재난이나 그 밖의 사고로 인하여 사람 등의 수색ㆍ구조 등을 위하여 긴급하게 항공기를 운항하는 경우

2. 우리나라에 신규로 도입하는 항공기를 운항하는 경우

3. 수직분리축소공역에서의 운항승인을 받은 항공기에 고장 등이 발생하여 그 항공기를 정비 등을 위한 장소까지 운항하는 경우

제217조(효율적 운영이 요구되는 공역) 법 제75조제1항제3호에서 "국토교통부령으로 정하는 공역"이란 다음 각 호의 어느 하나에 해당하는 공역을 말한다.

1. 특정한 통신성능을 갖춘 항공기만 운항이 허용되는 공역(이하 "특정통신성능요구(RCP)공역"이라 한다)

2. 그 밖에 국토교통부장관이 정하여 고시하는 공역

항공안전법	항공안전법 시행령
제76조(승무원 등의 탑승 등) ① 항공기를 운항하려는 자는 그 항공기에 국토교통부령으로 정하는 바에 따라 운항의 안전에 필요한 승무원을 태워야 한다. ② 운항승무원 또는 항공교통관제사가 항공업무를 수행하는 경우에는 국토교통부령으로 정하는 바에 따라 자격증명서 및 항공신체검사 증명서를 소지하여야 하며, 운항승무원 또는 항공교통관제사가 아닌 항공종사자가 항공업무를 수행하는 경우에는 국토교통부령으로 정하는 바에 따라 자격증명서를 소지하여야 한다. ③ 항공운송사업자 및 항공기사용사업자는 국토교통부령으로 정하는 바에 따라 항공기에 태우는 승무원에게 해당 업무 수행에 필요한 교육훈련을 하여야 한다.	

제218조(승무원 등의 탑승 등) ① 법 제76조제1항에 따라 항공기에 태워야 할 승무원은 다음 각 호의 구분에 따른다.

1.

항공기	탑승시켜야 할 운항승무원
비행교범에 따라 항공기 운항을 위하여 2명 이상의 조종사가 필요한 항공기	조종사 (기장과 기장 외의 조종사)
여객운송에 사용되는 항공기	
인명구조, 산불진화 등 특수임무를 수행하는 쌍발 헬리콥터	
구조상 단독으로 발동기 및 기체를 완전히 취급할 수 없는 항공기	조종사 및 항공기관사
법 51조에 따라 무선설비를 갖추고 비행하는 항공기	「전파법」에 따른 무선설비를 조작할 수 없는 무선종사자 기술자격증을 가진 조종사 1명
착륙하지 아니하고 550킬로미터 이상의 구간을 비행하는 항공기(비행 중 상시 지상표지 또는 항행안전시설을 이용할 수 있다고 인정되는 관성항법장치 또는 정밀 도플러레이더 장치를 갖춘 것은 제외한다)	조종사 및 항공사

2. 여객운송에 사용되는 항공기로 승객을 운송하는 경우에는 항공기에 장착된 승객의 좌석 수에 따라 그 항공기의 객실에 다음 표에서 정하는 수 이상의 객실승무원

장착된 좌석 수	객실승무원 수
20석 이상 50석 이하	1명
51석 이상 100석 이하	2명
101석 이상 150석 이하	3명
151석 이상 200석 이하	4명
201석 이상	5명에 좌석 수 50석을 추가할 때마다 1명씩 추가

② 제1항제1호에 따른 운항승무원의 업무를 다른 운항승무원이 하여도 그 업무에 지장이 없다고 국토교통부장관이 인정하는 경우에는 해당 운항승무원을 태우지 아니할 수 있다.

③ 제1항제1호에도 불구하고 다음 각 호의 어느 하나에 해당하는 항공기로서 해당 항공기의 비행교범에서 항공기 운항을 위하여 2명의 조종사를 필요로 하지 아니하는 항공기의 경우에는 조종사 1명으로 운항할 수 있다.

1. 소형항공운송사업에 사용되는 다음 각 목의 어느 하나에 해당하는 항공기
   가. 관광비행에 사용되는 헬리콥터
   나. 가목 외에 최대이륙중량 5,700킬로그램 이하의 항공기
2. 항공기사용사업에 사용되는 헬리콥터

④ 항공운송사업자, 항공기사용사업자 또는 국외비행에 사용되는 비행기를 운영하는 자는 제1항제1호에 따라 항공기에 승무하는 운항승무원에 대하여 다음 각 호의 사항에 관한 교육훈련계획을 수립하여 매년 1회 이상 교육훈련을 실시하여야 한다.

1. 해당 항공기 형식에 관한 이론교육 및 비행훈련. 다만, 최초교육 및 연간 보수교육을 위한 비행훈련은 지방항공청장이 지정한 동일 형식의 항공기의 모의비행장치를 이용하여 할 수 있으며, 사업용이 아닌 국외비행에 사용되는 비행기의 기장과 기장 외의 조종사로서 2개 형식 이상의 한정자격을 보유한 사람에 대해서는 해당 형식별로 이론교육 및 비행훈련을 격년으로 실시할 수 있다.
2. 해당 항공기 형식의 발동기ㆍ기체ㆍ시스템의 오작동, 화재 또는 그 밖의 비정상적인 상황으로 일어날 수 있는 모든 경우의 비상대응절차 및 승무원 간의 협조에 관한 사항
3. 인적요소(Human Factor)에 관련된 지식 및 기술에 관한 사항
4. 법 제70조제3항에 따라 국토교통부장관이 정하여 고시하는 위험물취급의 절차 및 방법에 관한 사항
5. 해당 형식의 항공기의 고장 등 비정상적인 상황이나 화재 등 비상상황이 발생한 경우 운항승무원 각자의 임무와 다른 운항승무원의 임무와의 관계를 숙지할 수 있도록 하는 절차 등에 관한 훈련

항공안전법	항공안전법 시행령
제77조(항공기의 안전운항을 위한 운항기술기준) ① 국토교통부장관은 항공기 안전운항을 확보하기 위하여 이 법과 「국제민간항공협약」 및 같은 협약 부속서에서 정한 범위에서 다음 각 호의 사항이 포함된 운항기술기준을 정하여 고시할 수 있다. 1. 자격증명 2. 항공훈련기관 3. 항공기 등록 및 등록부호 표시 4. 항공기 감항성 5. 정비조직인증기준 6. 항공기 계기 및 장비 7. 항공기 운항 8. 항공운송사업의 운항증명 및 관리 9. 그 밖에 안전운항을 위하여 필요한 사항으로서 국토교통부령으로 정하는 사항 ② 소유자 등 및 항공종사자는 제1항에 따른 운항기술기준을 준수하여야 한다.	

⑤ 제1항제2호에 따른 객실승무원은 항공기 비상시의 경우 또는 비상탈출이 요구되는 경우 항공기에 갖춰진 비상장비 또는 구급용구 등을 이용하여 필요한 조치를 할 수 있는 지식과 능력이 있어야 한다.

⑥ 항공운송사업자 또는 국외비행에 사용되는 비행기를 운영하는 자는 제1항제2호에 따라 항공기에 태우는 객실 승무원에 대하여 다음 각 호의 사항에 관한 교육훈련계획을 수립하여 최초 교육 및 최초 교육을 받은 날부터 12개월마다 한번 이상 교육훈련을 실시하여야 한다. 다만, 제4호의 사항에 대해서는 최초 교육을 받은 날부터 24개월마다 한번 이상 교육훈련을 실시할 수 있다.

1. 항공기 비상시의 경우 또는 비상탈출이 요구되는 경우의 조치사항
2. 해당 항공기에 구비되는 별표 15에서 정한 구급용구 등 및 탈출대(Escape Slide) · 비상구 · 산소장비 · 자동심장충격기(Automatic External Defibrillator)의 사용에 관한 사항
3. 평균 해면으로부터 3천 미터 이상의 고도로 운항하는 비행기에서 근무하는 경우 항공기 내 산소결핍이 미치는 영향과 여압장치가 장착된 비행기에서의 객실의 압력손실로 인한 생리적 현상에 관한 사항
4. 법 제70조제3항에 따라 국토교통부장관이 정하여 고시하는 위험물취급의 절차 및 방법에 관한 사항
5. 항공기 비상시 승무원 각자의 임무 및 다른 승무원의 임무에 관한 사항
6. 운항승무원과 객실승무원 간의 협조사항을 포함한 객실의 안전을 위한 인적 요소(Human Factor)에 관한 사항
[시행일 : 2017.8.20.] 제218조

제219조(자격증명서와 항공신체검사증명서의 소지 등) 법 제76조제2항에 따른 자격증명서와 항공신체검사증명서의 소지 등의 대상자 및 그 준수사항은 다음 각 호와 같다.

1. 운항승무원 : 해당 자격증명서 및 항공신체검사증명서를 지니거나 항공기 내의 접근하기 쉬운 곳에 보관하여야 한다.
2. 항공교통관제사 : 자격증명서 및 항공신체검사증명서를 지니거나 항공업무를 수행하는 장소의 접근하기 쉬운 곳에 보관하여야 한다.
3. 운항승무원 및 항공교통관제사가 아닌 항공정비사 및 운항관리사 : 해당 자격증명서를 지니거나 항공업무를 수행하는 장소의 접근하기 쉬운 곳에 보관하여야 한다.

제220조(안전운항을 위한 운항기술기준 등) 법 제77조제1항제9호에서 "국토교통부령으로 정하는 사항"이란 항공기(외국 국적을 가진 항공기를 포함한다)의 임대차 승인에 관한 사항을 말한다.

✈ 예 / 상 / 문 / 제

제5장 ▮ 항공기 운항

01 다음 중 항공운송사업에 사용되는 항공기가 국내에서 운항 시 설치하지 않아도 되는 무선설비는?

㉮ 초단파(VHF) 또는 극초단파(UHF) 무선전화 송수신기
㉯ 계기착륙시설 수신기
㉰ 거리측정시설 수신기
㉱ 기상레이더

해설 법 제51조 (무선설비의 설치·운용 의무) 항공기를 항공에 사용하려는 자 또는 소유자 등은 해당 항공기에 비상위치 무선표지 설비, 2차 감시 레이더용 트랜스폰더 등 국토교통부령으로 정하는 무선설비를 설치·운용하여야 한다.

시행규칙 제107조 (무선설비)
① 법 제51조에 따라 항공기에 설치·운용하여야 하는 무선설비는 다음 각 호와 같다. 다만, 항공운송사업에 사용되는 항공기 외의 항공기가 계기비행방식 외의 방식(이하 "시계비행방식"이라 한다)에 의한 비행을 하는 경우에는 제3호부터 제6호까지의 무선설비를 설치·운용하지 아니할 수 있다.
1. 비행 중 항공교통관제기관과 교신할 수 있는 초단파(VHF) 또는 극초단파(UHF) 무선전화 송수신기 각 2대.
2. 기압고도에 관한 정보를 제공하는 2차 감시 항공교통관제 레이더용 트랜스폰더(Mode 3/A 및 Mode C SSR trans-ponder, 다만, 국외를 운항하는 항공운송사업용 항공기의 경우에는 Mode S transponder) 1대
3. 자동방향탐지기(ADF) 1대[무지향 표지시설(NDB) 신호로만 계기 접근 절차가 구성되어 있는 공항에 운항하는 경우만 해당한다]
4. 계기착륙시설(ILS) 수신기 1대 (최대이륙중량 5,700킬로그램 미만의 항공기와 헬리콥터 및 무인항공기는 제외한다)
5. 전방향표지시설(VOR) 수신기 1대 (무인기는 제외한다)
6. 거리측정시설(DME) 수신기 1대 (무인항공기는 제외한다)
7. 다음 각 목의 구분에 따라 비행 중 뇌우 또는 잠재적인 위험 기상조건을 탐지할 수 있는 기상레이더 또는 악기상 탐지장비
   가. 국제선 항공운송사업에 사용되는 비행기로서 여압장치가 장착된 비행기의 경우 : 기상 레이더 1대
   나. 국제선 항공운송사업에 사용되는 헬리콥터의 경우 : 기상 레이더 또는 악기상 탐지장비 1대
   다. 가목 외에 국외를 운항하는 비행기로서 여압장치가 장착된 비행기의 경우 : 기상 레이더 또는 악기상 탐지장비

1대 8. 비상위치지시용 무선표지설비 (ELT) (ELT의 신호는 121.5MHz 또는 406MHz로 송신되어야 함)

02 항공운송사업에 사용되는 항공기 외의 항공기가 시계비행방식에 의한 비행을 하는 경우 설치하여야 하는 의무무선설비가 아닌 것은?

㉮ 트랜스폰더 (SSR)
㉯ VHF 또는 UHF 무선전화 송수신기
㉰ VOR 수신기
㉱ ELT

해설 1번항 해설 참조

03 항공기 의무무선설비의 내용이 잘못된 것은?

㉮ 항공에 사용하고자 하는 자는 비상위치 무선표지설비 등을 설치, 운용하여야 한다.
㉯ 항공기에 2차 감시 레이더용 트랜스폰더 등을 설치, 운용하여야 한다.
㉰ 항공기 소유자 등은 비상위치 무선표지설비 등을 설치, 운용하여야 한다.
㉱ 지방항공청장이 정하는 무선설비를 설치, 운용하여야 한다.

해설 1번항 해설 참조 (법 제51조 본문 참조)

04 항공운송사업에 사용되는 항공기 외의 항공기가 시계비행방식에 의한 비행을 하는 경우 설치하지 않아도 되는 무선설비는 무엇인가?

㉮ 2차 감시 항공교통관제 레이더용 트랜스폰더
㉯ 초단파 무선전화 송수신기
㉰ 거리측정시설 수신기
㉱ 비상위치지시용 무선표지설비

정답 01 ㉱ 02 ㉰ 03 ㉱ 04 ㉰

05 항공운송사업에 사용되는 항공기 외의 항공기가 시계비행방식에 의한 비행을 하는 경우에 설치하여야 하는 의무무선설비는 어느 것인가?

㉮ 2차 감시 항공교통관제 레이더용 트랜스폰더 1대

㉯ 자동방향탐지기 수신기 1대

㉰ 계기착륙시설 수신기 1대

㉱ 전방향 표지시설 수신기 1대

해설 1번항 해설 참조 (시행규칙 제107조제1항제4호 참조)

06 항공운송사업에 사용되는 최대이륙중량 5,700킬로그램 미만의 항공기가 시계비행방식에 의한 비행을 하는 경우 설치하여야 하는 의무무선설비가 아닌 것은?

㉮ 2차 감시 항공교통관제 레이더용 트랜스폰더

㉯ 자동방향탐지기

㉰ 초단파 또는 극초단파 무선전화 송수신기

㉱ 계기착륙시설 수신기

해설 1번항 해설 참조 (시행규칙 제107조제1항제7호 참조)

07 다음 중 기상레이더를 설치, 운용하여야 하는 항공기는?

㉮ 국제선 항공운송사업에 사용되는 비행기

㉯ 국제선 항공운송사업에 사용되는 비행기로서 여압장치가 장착된 비행기

㉰ 국제선 항공운송사업에 사용되는 헬리콥터

㉱ 계기비행방식에 의한 비행을 하는 항공운송사업에 사용되는 비행기

해설 1번항 해설 참조 (시행규칙 제107조제1항)

08 다음 중 국제선 항공운송사업에 사용되는 항공기에 한해 설치하여야 하는 의무무선설비는?

㉮ 초단파 무선전화 송수신기

㉯ 2차 감시 항공교통관제 레이더용 트랜스폰더

㉰ 기상레이더

㉱ 비상위치지시용 무선표지설비

09 다음 중 항공일지의 종류가 아닌 것은?

㉮ 탑재용 항공일지

㉯ 지상비치용 기체 항공일지

㉰ 지상비치용 프로펠러 항공일지

㉱ 지상비치용 발동기 항공일지

해설 법 제52조(항공계기 등의 설치 · 탑재 및 운용 등)

① 항공기를 운항하려는 자 또는 소유자 등은 해당 항공기에 항공기 안전운항을 위하여 필요한 항공계기, 장비, 서류, 구급용구 등 (이하 "항공계기 등"이라 한다)을 설치하거나 탑재하여 운용하여야 한다. 이 경우 최대이륙 중량이 600킬로그램 초과 5천700킬로그램 이하인 비행기에는 사고예방 및 안전운항에 필요한 장비를 추가로 설치할 수 있다.

② 제1항에 따라 항공계기 등을 설치하거나 탑재하여야 할 항공기, 항공계기 등의 종류, 설치 탑재기준과 그 운용방법 등에 관하여 필요한 사항은 국토교통부령으로 정한다.

시행규칙 제108조(항공일지)

① 법 제52조제2항에 따라 항공기의 소유자 등은 탑재용 항공일지, 지상 비치용 발동기 항공일지 및 지상 비치용 프로펠러 항공일지를 갖춰 두어야 한다. 다만, 활공기의 소유자 등은 활공기용 항공일지를, 법 제102조 각 호의 어느 하나에 해당하는 항공기의 소유자 등은 탑재용 항공일지를 갖춰 두어야 한다.

② 법 제52조제2항에 따라 항공기의 소유자 등은 항공기를 항공에 사용하거나 개조 또는 정비한 경우에는 지체 없이 다음 각 호의 구분에 따라 항공일지에 적어야 한다.

1. 탑재용 항공일지 (법 제102조 각 호의 항공기는 제외한다)

가. 항공기의 등록부호 및 등록연월일

나. 항공기의 종류 · 형식 및 형식증명번호

다. 감항분류 및 감항증명 번호

라. 항공기의 제작자 · 제작번호 및 제작연월일

마. 발동기 및 프로펠러 형식

바. 비행에 관한 다음 기록

   1) 비행연월일
   2) 승무원의 성명 및 업무
   3) 비행목적 및 편명
   4) 출발지 및 출발시각
   5) 도착지 및 도착시각
   6) 비행시간
   7) 항공기의 비행안전에 영향을 미치는 사항
   8) 기장의 서명

사. 제작 후의 총비행시간과 오버홀 후의 총 비행시간

아. 발동기 및 프로펠러의 장비교환에 관한 다음의 기록

   1) 장비교환의 연월일 및 장소
   2) 발동기 및 프로펠러의 부품번호 및 제작일련번호
   3) 장비가 교환된 위치 및 이유

자. 수리 · 개조 또는 정비의 실시에 관한 다음의 기록

   1) 실시 연월일 및 장소
   2) 실시 이유, 수리 · 개조 또는 정비의 위치 및 교환 부품명
   3) 확인 연월일 및 확인자의 서명 또는 날인

10 탑재용 항공일지에 적어야 하는 사항이 아닌 것은?

㉮ 감항분류 및 감항증명 번호

㉯ 수리, 개조 또는 정비의 실시에 관한 사항

㉰ 최근의 수리, 개조 후의 총 비행시간

㉱ 발동기 및 프로펠러 형식

해설 9번항 해설참조 (시행규칙 제108조제2항제1호 참조)

11 다음 중 탑재용 항공일지의 기재사항이 아닌 것은?

㉮ 항공기 등록부호 및 등록연월일

㉯ 항공기 제작자, 제작번호

㉰ 구급용구의 탑재위치 및 수량

㉱ 제작 후의 총 비행시간

해설 9번항 해설 참조 (시행규칙 제108조제2항제1호 참조)

12 탑재용 항공일지에 기록하는 수리 · 개조 또는 정비의 실시에 관한 기록 중 옳지 않은 것은?

㉮ 실시연월일 및 장소

㉯ 실시 이유, 수리 · 개조 또는 정비 위치

㉰ 교환부품명

㉱ 확인자의 자격증번호

해설 9번항 해설 참조 (시행규칙 제108조제2항제1호 자목 참조)

13 탑재용 항공일지의 기록 내용이 아닌 것은?

㉮ 항공기의 종류 · 형식

㉯ 장비 교환의 연월일 및 장소

㉰ 수리 · 개조 후 검사원의 서명 및 자격증번호

㉱ 수리 · 개조 실시 이유와 수리 · 개조의 위치

해설 9번항 해설 참조

14 다음 중 활공기 소유자가 갖추어야 할 서류는?

㉮ 활공기용 항공일지

㉯ 탑재용 항공일지

㉰ 지상 비치용 발동기 항공일지

㉱ 지상 비치용 프로펠러 항공일지

해설 9번항 해설 참조 (시행규칙 제108조 제1항 단서 참조)

15 항공운송사업에 사용되는 모든 비행기에 갖추어야 할 사고 예방장치는?

㉮ 공중충돌경고장치

㉯ 기압저하경고장치

㉰ 지상접근경고장치

㉱ 조종실음성기록장치

해설 **시행규칙 제109조 (사고예방장치 등) 제1항**

① 법 제52조제2항에 따라 사고예방 및 사고조사를 위하여 항공기에 갖추어야 할 장치는 다음 각 호와 같다. 다만, 국제항공노선을 운항하지 아니하는 헬리콥터의 경우에는 제2호 및 제3호의 장치를 갖추지 아니할 수 있다.

1. 다음 각 목의 어느 하나에 해당하는 비행기에는 「국제민간항공협약」 부속서 10에서 정한 바에 따라 운용되는 공중충돌경고장치(Airborne Collision Avoidance System, ACAS Ⅱ) 1기 이상

가. 항공운송사업에 사용되는 모든 비행기. 다만, 소형 항공운송사업에 사용되는 최대이륙중량이 5천 7백 킬로그램 이하인 비행기로서 그 비행기에 적합한 공중충돌 경고장치가 개발되지 아니하거나 공중충돌 경고장치를 장착하기 위하여 필요한 비행기 개조 등의 기술이 그 비행기의 제작자 등에 의하여 개발되지 아니한 경우에는 공중충돌 경고장치를 갖추지 아니 할 수 있다.

나. 2007년 1월 1일 이후에 최초로 감항증명을 받는 비행기로서 최대이륙중량이 1만 5천 킬로그램을 초과하거나 승객 30명을 초과하여 수송할 수 있는 터빈발동기를 장착한 항공운송사업 외의 용도로 사용되는 모든 비행기

다. 2008년 1월 1일 이후에 최초로 감항증명을 받는 비행기로서 최대이륙중량이 5천 7백 킬로그램을 초과하거나 승객 19명을 초과하여 수송할 수 있는 터빈발동기를 장착한 항공운송사업 외의 용도로 사용되는 모든 비행기

2. 다음 각 목의 어느 하나에 해당하는 비행기 및 헬리콥터에는 그 비행기 및 헬리콥터가 지표면에 근접하여 잠재적인 위험 상태에 있을 경우 적시에 명확한 경고를 운항승무원에게 자동으로 제공하고 전방의 지형지물을 회피할 수 있는 기능을 가진 지상접근 경고장치(Ground Proximity Warning System) 1기 이상

가. 최대이륙중량이 5천700킬로그램을 초과하거나 승객 9명을 초과하여 수송할 수 있는 터빈발동기를 장착한 비행기

나. 최대이륙중량이 5천700킬로그램 이하이고 승객 5명 초과 9명 이하를 수송할 수 있는 터빈발동기를 장착한 비행기

다. 최대이륙중량이 5천700킬로그램을 초과하거나 승객 9명을 초과하여 수송할 수 있는 피스톤발동기를 장착한 모든 비행기

라. 최대이륙중량이 3천175킬로그램을 초과하거나 승객 9명을 초과하여 수송할 수 있는 헬리콥터로서 계기비행방식에 따라 운항하는 헬리콥터

3. 다음 각 목의 어느 하나에 해당하는 항공기에는 비행자료 및 조종실 내 음성을 디지털 방식으로 기록할 수 있는 비행기록장치 각 1기 이상

가. 항공운송사업에 사용되는 터빈발동기를 장착한 비행기. 이 경우 비행기록장치에는 25시간 이상 비행자료를 기록하고, 2시간 이상 조종실 내 음성을 기록할 수 있는 성능이 있어야 한다.

나. 승객 5명을 초과하여 수송할 수 있고 최대이륙중량이 5천700 킬로그램을 초과하는 비행기 중에서 항공운송사업 외의 용도로 사용되는 터빈발동기를 장착한 비행기. 이 경우 비행기록장치에는 25시간 이상 비행자료를 기록하고, 2시간 이상 조종실 내 음성을 기록할 수 있는 성능이 있어야 한다.

다. 1989년 1월 1일 이후에 제작된 헬리콥터로서 최대이륙중량이 3천180킬로그램을 초과하는 헬리콥터. 이 경우 비행기록장치에는 10시간 이상 비행자료를 기록하고, 2시간 이상 조종실 내 음성을 기록할 수 있는 성능이 있어야 한다.

라. 그 밖에 항공기의 최대이륙중량 및 제작 시기 등을 고려하여 국토교통부장관이 필요하다고 인정하여 고시하는 비행기

4. 최대이륙중량이 5천700킬로그램을 초과하거나 승객 9명을 초과하여 수송할 수 있는 터빈발동기(터보프롭 발동기는 제외한다)를 장착한 항공운송사업에 사용되는 비행기에는 전방돌풍 경고장치 1기 이상. 이 경우 돌풍 경고장치는 조종사에게 비행기 전방의 돌풍을 시각 및 청각으로 경고하고, 필요한 경우에는 실패접근(missed approach), 복행(go-around) 및 회피기동(escape manoeuvre)을 할 수 있는 정보를 제공하는 것이어야 하며, 항공기가 착륙하기 위하여 자동착륙장

정답 11 ㉱ 12 ㉱ 13 ㉰ 14 ㉮ 15 ㉮

치를 사용하여 활주로에 접근할 때 전방의 돌풍으로 인하여 자동착륙장치가 그 운용한계에 도달하고 있는 경우에는 조종사에게 이를 알릴 수 있는 기능을 가진 것이어야 한다.
5. 최대이륙중량이 27,000킬로그램을 초과하고 승객 19명을 초과하여 수송할 수 있는 운송사업용 비행기로서 15분 이상 해당 항공교통관제기관의 감시가 곤란한 지역을 비행하는 경우 위치추적 장치 1기 이상 있어야 한다.

16 최대이륙중량이 5,700킬로그램 이하이고 승객 5명 초과 9명 이하를 수송할 수 있는 터빈발동기를 장착한 항공운송 비행기에 장착하여야 하는 사고예방 장치는?

㉮ 조종실음성기록장치
㉯ 비행자료기록장치
㉰ 지상접근경고장치
㉱ 공중충돌경고장치

해설 15번항 해설 참조

17 최대이륙중량이 5,700킬로그램을 초과하거나 승객 9인을 초과하여 수송할 수 있는 터빈발동기를 장착한 비행기에 갖추어야 하는 장치는?

㉮ 비행자료기록장치
㉯ 지상접근경고장치
㉰ 공중충돌경고장치
㉱ 전방돌풍경고장치

해설 15번항 해설 참조

18 항공운송사업에 사용되는 터빈발동기를 장착한 비행기에 사고예방 또는 사고조사를 위하여 장착하여야 하는 장치는?

㉮ 공중충돌경고장치
㉯ 지상접근경고장치
㉰ 비행기록장치
㉱ 전방돌풍경고장치

해설 18번항부터 20번항까지는 15번항 해설 참조

19 항공기 운항 중 비행기록 장치를 갖추어야 하는 항공기는?

㉮ 항공운송사업에 사용되는 모든 비행기
㉯ 항공운송사업에 사용되는 최대이륙중량 5,700킬로그램을 초과하는 비행기
㉰ 항공운송사업에 사용되는 승객 30인을 초과하여 수송할 수 있는 비행기
㉱ 항공운송사업에 사용되는 터빈발동기를 장착한 비행기

20 항공운송사업에 사용되는 터빈발동기를 장착한 비행기에 사고예방장치 등을 갖추어야 하는 장비는?

㉮ GPWS
㉯ FDR
㉰ SSR
㉱ ACAS

21 전방돌풍 경고장치를 의무적으로 장착해야 할 항공기의 무게 기준은?

㉮ 15,000킬로그램
㉯ 7,600킬로그램
㉰ 5,700킬로그램
㉱ 3,700킬로그램

22 최대이륙중량이 5,700킬로그램을 초과하거나 승객 9인을 초과하여 수송할 수 있는 터빈발동기를 장착한 항공운송사업에 사용되는 비행기에 갖추어야 하는 장치는?

㉮ 비행자료기록장치
㉯ 지상접근경고장치
㉰ 공중충돌경고장치
㉱ 전방돌풍경고장치

23 다음 중 사고예방 등을 위하여 공중충돌 경고장치를 장착해야 하는 항공기는?

㉮ 승객 30인을 초과하여 수송할 수 있는 항공운송사업용 비행기
㉯ 승객 30인을 초과하여 수송할 수 있는 터빈발동기를 장착한 비행기
㉰ 최대이륙중량 5,700킬로그램을 초과하는 항공운송사업용 비행기
㉱ 항공운송사업에 사용되는 모든 비행기

24 사고예방 및 사고조사를 위하여 FDR을 장착해야 하는 경우는?

㉮ 항공운송사업에 사용되는 터빈발동기를 장착한 비행기
㉯ 최대이륙중량 15,000킬로그램을 초과하는 비행기
㉰ 승객 30인 이상을 수송하는 터빈발동기를 장착한 비행기
㉱ 승객 9인 이상을 수송하는 터빈발동기를 장착한 비행기

해설 21번항부터 24번항까지는 15번항 해설 참조

25 해당 항공교통관제기관의 감시가 15분 이상 곤란한 지역을 비행하는 경우 위치추적장치를 장착해야 하는 경우는?

㉮ 최대이륙중량 15,000킬로그램을 초과하는 항공운송사업용 비행기

㉯ 최대이륙중량 27,000킬로그램을 초과하고 승객 19명을 초과하여 수송할 수 있는 운송사업용 비행기

㉰ 최대이륙중량 15,000킬로그램을 초과하고 승객 19명을 초과하여 수송할 수 있는 운송사업용 비행기

㉱ 승객 30인 이상을 수송하는 터빈발동기를 장착한 운송사업용 비행기

해설 15번항 해설 참조

26 항공기의 소유자 등이 항공기에 장비하여야 할 구급용구가 아닌 것은?

㉮ 비상신호등

㉯ 구명동의

㉰ 음성신호발생기

㉱ 비상식량

해설 시행규칙 제110조 (구급용구 등) 법 제52조제2항에 따라 항공기의 소유자 등이 항공기(무인항공기는 제외한다)에 갖추어야 할 구명동의, 음성신호발생기, 구명보트, 불꽃조난신호장비, 휴대용 소화기, 도끼, 메가폰, 구급의료용품 등은 별표 15와 같다.

27 다음 중 항공기에 장비하여야 할 구급용구가 아닌 것은? (단, 시험비행은 제외)

㉮ 산소공급장치, 낙하산

㉯ 불꽃조난신호장비, 음성신호발생기

㉰ 방수휴대등, 비상신호등

㉱ 구명보트, 구명동의

28 수색구조가 특별히 어려운 산악지역, 외딴지역 및 국토교통부장관이 정한 해상 등을 횡단 비행하는 비행기에 장비하여야 할 구급용구는?

㉮ 구명동의 또는 이에 상당하는 개인 부양장비, 구급용구

㉯ 불꽃조난신호장비, 구명장비

㉰ 음성신호발생기, 구명장비

㉱ 비상신호등 및 휴대등, 구명장비

해설 시행규칙 제110조 별표 15 참조 [별표 15] 항공기에 장비하여야 할 구급용구 등
1호 라목 : 수색 구조가 특별히 어려운 산악 지역, 외딴지역 및 국토교통부장관이 정한 해상 등을 횡단 비행하는 비행기(회전익항공기를 포함한다)
• 불꽃조난신호장비 : 1기 이상
• 구명장비 : 1기 이상

29 태평양을 횡단 비행하는 항공운송사업용 항공기에 갖추어야 할 구급용구 등이 아닌 것은?

㉮ 구명보트

㉯ 구명동의

㉰ 음성신호발생기

㉱ 불꽃조난 신호장비

해설 시행규칙 제110조(구급용구 등) 별표 15 다목 장거리 해상을 비행하는 비행기에 장비하여야할 품목은 구명동의 또는 이에 상당하는 개인부양장비, 구명보트 및 불꽃조난신호장비

30 수상비행기 소유자 등이 갖추어야 할 구급용구에 해당되지 않는 것은?

㉮ 음성신호발생기

㉯ 불꽃조난신호장비

㉰ 해상용 닻

㉱ 일상용 닻

해설 시행규칙 제110조 별표 15 참조
1호 가목 : 수상비행기(수륙 양용 비행기를 포함한다) → 항공운송사업 및 항공기사용사업에 사용하는 경우
• 구명동의 또는 이에 상당하는 개인부양 장비 : 탑승자 1명당 1개
• 음성신호발생기 : 1개
• 해상용 닻 : 1개
• 일상용 닻 : 1개
→ 기타의 경우 : 상기와 동일하나 해상용 닻은 해상이동에 필요한 경우만 해당

31 다음 중 항공기 객실에 갖춰 두어야 하는 소화기의 수가 잘못된 것은?

㉮ 승객 좌석 수 6석부터 60석까지 : 2개

㉯ 승객 좌석 수 61석부터 200석까지 : 3개

㉰ 승객 좌석 수 201석부터 300석까지 : 4개

㉱ 승객 좌석 수 401석부터 500석까지 : 6개

해설 시행규칙 제110조 별표 15 참조
별표 15 제2호 나목 : 항공기의 객실에 비치하여야 할 소화기 수
1) 6석부터 30석까지 : 1개
2) 31석부터 60석까지 : 2개
3) 61석부터 200석까지 : 3개
4) 201석부터 300석까지 : 4개
5) 301석부터 400석까지 : 5개
6) 401석부터 500석까지 : 6개
7) 501석부터 600석까지 : 7개
8) 601석 이상 : 8개

32 승객 좌석 수가 150석인 항공기 객실에 비치하여야 하는 소화기의 수량은?

㉮ 2개

㉯ 3개

㉰ 4개

㉱ 5개

해설 31번항 해설 참조

33 승객 좌석 수가 201석부터 300석까지인 항공기 객실에 비치해야 할 소화기 수량은?

㉮ 3개 ㉯ 4개
㉰ 5개 ㉭ 6개

해설 31번항 해설 참조

34 항공운송사업용 항공기에 비치해야 할 도끼의 수는?

㉮ 1개 ㉯ 2개
㉰ 3개 ㉭ 4개

해설 시행규칙 제110조 별표 15 참조
별표 15 제3호 : 항공운송사업용 및 항공기 사용사업용 항공기에는 사고 시 사용할 도끼 1개를 갖춰 두어야 한다.

35 승객 좌석 수가 100석부터 199석까지인 항공운송사업용 여객기에 갖춰 두어야 할 메가폰은?

㉮ 1개 ㉯ 2개
㉰ 3개 ㉭ 4개

해설 시행규칙 제110조 별표 15 참조 별표 15 제6호 : 항공운송사업용 여객기에는 다음의 메가폰을 갖춰 두어야 한다.
→ 61석부터 99석까지 : 1개
→ 100석부터 199석까지 : 2개
→ 200석 이상 : 3개

36 승객 좌석 수가 250석일 때 비치해야 할 메가폰 수는?

㉮ 1개 ㉯ 2개
㉰ 3개 ㉭ 4개

37 항공기에 장비하여야 할 구급용구 등에 대한 설명 중 틀린 것은?

㉮ 승객 좌석 수가 200석인 항공기의 객실에는 소화기 3개를 비치한다.
㉯ 승객 좌석 수가 300석인 항공운송사업용 여객기에는 메가폰 2개를 비치한다.
㉰ 승객 좌석 수가 100석인 항공기 객실에는 구급의료 용품 1조를 비치한다.
㉭ 항공운송사업용 항공기에는 사고 시 사용할 도끼 1개를 비치한다.

해설 시행규칙 별표 15 참조

38 승객 좌석 수가 200석인 항공운송사업용 항공기의 객실에 비치하여야 할 소화기와 도끼를 합친 수량은?

㉮ 3개 ㉯ 4개
㉰ 5개 ㉭ 6개

해설 31번항, 34번항 해설 참조

39 승객 좌석 수가 159석인 항공기에 탑재해야 할 구급의료 용품의 수는?

㉮ 1개 ㉯ 2개
㉰ 3개 ㉭ 4개

해설 시행규칙 제110조 별표 15 참조
별표 21 제5호가목 : 구급의료용품 수량
1) 0석부터 100석 : 1조
2) 101석부터 200석까지 : 2조
3) 201석부터 300석까지 : 3조
4) 301석부터 400석까지 : 4조
5) 401석부터 500석까지 : 5조
6) 501석 이상 : 6조

40 항공기에 타고 있는 모든 사람이 사용할 수 있는 수의 낙하산을 갖춰 두어야 하는 경우는?

㉮ 고고도비행, 운중비행 기타 특별비행을 하는 항공기
㉯ 시험비행, 곡예비행을 하는 항공기
㉰ 장거리 해상을 비행하는 항공기
㉭ 지상무선시설이 없는 지역의 상공을 야간에 비행하는 항공기

해설 시행규칙 제112조 (낙하산의 장비) 법 제52조제2항에 따라 다음 각 호의 항공기에는 항공기에 타고 있는 모든 사람이 사용할 수 있는 수의 낙하산을 갖춰 두어야 한다.
1. 법 제23조제3항제2호에 따른 특별감항증명을 받은 항공기(제작 후 최초로 시험비행하는 항공기 또는 국토교통부장관이 지정하는 항공기만 해당한다)
2. 법 제68조 각 호 외의 부분 단서에 따라 같은 조 제4호에 따른 곡예비행을 하는 항공기(헬리콥터는 제외한다)

41 다음 중 항공기에 비치해야 할 서류는 어느 것인가?

㉮ 탑재용 항공일지
㉯ 항공기 기체정비일지
㉰ 항공기 수리, 개조일지
㉭ 항공기 발동기정비일지

해설 시행규칙 제113조 (항공기에 탑재하는 서류)
법 제52조제2항에 따라 항공기(활공기 및 법 제23조제3항제2호에 따른 특별감항증명을 받은 항공기는 제외한다)에는 다음 각 호의 서류를 탑재하여야 한다.
1. 항공기 등록증명서
2. 감항증명서
3. 탑재용 항공일지
4. 운용한계 지정서 및 비행교범
5. 운항규정(제260조 및 제269조에 따른 교범 중 훈련교범. 위험물교범, 사고절차 교범, 보안업무교범, 항공기 탑재 및 처리 교범은 제외한다)
6. 항공운송사업의 운항증명서 사본(항공당국의 확인을 받은 것을 말한다) 및 운영기준 사본(국제운송사업에 사용되는 항공기의 경우에는 영문으로 된 것을 포함한다)

7. 소음기준적합증명서
8. 각 운항승무원의 유효한 자격증명서 및 조종사의 비행기록에 관한 자료
9. 무선국 허가증명
10. 탑승한 여객의 성명, 탑승지 및 목적지가 표시된 명부(passenger manifest)(항공운송사업용 항공기만 해당한다)
11. 해당 항공운송사업자가 발행하는 수송화물의 화물목록(cargo manifest)과 화물 운송장에 명시되어 있는 세부 화물신고서류(항공운송사업 용 항공기만 해당한다)
12. 해당 국가의 항공당국 간에 체결한 항공기 등의 감독의무에 관한 이전협정서sns 사본(법 제5조에 따른 임대차 항공기의 경우만 해당한다)
13. 비행 전 및 각 비행 단계에서 운항승무원이 사용해야 할 점검표
14. 그 밖에 국토교통부장관이 정하여 고시하는 서류

42 다음 중 항공기에 탑재해야 할 서류가 아닌 것은?

㉮ 항공기 등록증명서
㉯ 감항증명서
㉰ 형식증명서
㉱ 탑재용 항공일지

43 다음 중 항공기에 탑재해야 할 서류가 아닌 것은?

㉮ 항공기 등록증명서   ㉯ 탑재용 항공일지
㉰ 운항규정   ㉱ 정비규정

44 항공에 사용하는 항공기에 비치하는 서류에 포함되지 않는 것은?

㉮ 항공기 등록증명서
㉯ 감항증명서
㉰ 탑재용 항공일지
㉱ 운항승무원의 자격증명 사본

45 다음 중 항공기에 탑재해야 할 서류와 관계없는 것은?

㉮ 비행계획서
㉯ 감항증명서
㉰ 운용한계지정서
㉱ 항공기 등록증명서

해설 42번항부터 45번항까지 41번항 해설 참조

46 항공기 등록증명서, 감항증명서 등 국토교통부령으로 정하는 서류를 탑재하지 않아도 되는 항공기는?

㉮ 비행선   ㉯ 활공기
㉰ 헬리콥터   ㉱ 비행기

해설 41번항 해설 참조

47 항공에 사용하는 항공기에 탑재하여야 할 항공일지는?

㉮ 발동기 항공일지
㉯ 기체 항공일지
㉰ 탑재용 항공일지
㉱ 프로펠러 항공일지

해설 9번항 해설 참조 (시행규칙 제108조제1항 참조)

48 여압장치가 있는 비행기의 경우 기압저하경보장치 없이 비행해서는 안 되는 비행고도는?

㉮ 376hpa 미만의 비행고도
㉯ 376hpa 이상의 비행고도
㉰ 620hpa 미만의 비행고도
㉱ 620hpa 이상의 비행고도

해설 시행규칙 제114조 (산소 저장 및 분배장치) 제2항 ② 여압장치가 있는 비행기로서 기내의 대기압이 376hpa 미만의 비행고도로 비행하려는 비행기에는 기내의 압력이 떨어질 경우 운항 승무원에게 이를 경고할 수 있는 기압저하 경보장치 1기를 장착하여야 한다.

49 다음 중 기압저하경보장치를 갖추어야 하는 비행기는?

㉮ 여압장치가 없는 비행기가 기내의 대기압이 620hpa 미만인 비행고도로 비행하려는 경우
㉯ 여압장치가 없는 비행기가 기내의 대기압이 620hpa 이상인 비행고도로 비행하려는 경우
㉰ 여압장치가 있는 비행기가 기내의 대기압이 376hpa 미만인 비행고도로 비행하려는 경우
㉱ 여압장치가 있는 비행기가 기내의 대기압이 376hpa 이상인 비행고도로 비행하려는 경우

해설 48번항 해설 참조

50 다음 중 방사선투사량계기를 갖추어야 할 항공기는?

㉮ 평균해면으로부터 15,000피트를 초과하는 고도로 운항하려는 항공운송사업용 항공기 또는 국외를 운항하는 비행기
㉯ 평균해면으로부터 15,000피트를 초과하는 고도로 운항하려는 항공운송사업용 항공기
㉰ 평균해면으로부터 15,000미터를 초과하는 고도로 운항하려는 항공운송사업용 항공기 또는 국외를 운항하는 비행기
㉱ 평균해면으로부터 15,000미터를 초과하는 고도로 운항하려는 항공운송사업용 항공기

해설 시행규칙 제116조 (방사선투사량계기) 제1항
① 법 제52조제2항에 따라 항공운송사업용 항공기 또는 국외를 운항하는 비행기가 평균 해면으로부터 15,000미터 (49,000피트)를 초과하는 고도로 운항하려는 경우에는 방사선투사량계기(Radiation Indicator) 1기를 갖추어야 한다.

---

51 계기비행방식에 의한 비행을 하는 비행기에 갖추어야 할 항공계기에 속하지 않는 것은(항공운송사업용의 경우)?

㉮ 기압고도계

㉯ 선회계

㉰ 승강계

㉱ 외기온도계

해설 시행규칙 제117조 (항공계기장치 등)
제1항 별표 16
① 법 제52조제2항에 따라 시계비행방식 또는 계기비행방식(계기비행 및 항공교통관제 지시 하에 시계비행방식으로 비행하는 경우를 포함한다)에 의한 비행을 하는 항공기에 갖추어야 할 항공계기 등의 기준은 별표 16과 같다.

[별표 16] 항공계기 등의 기준
시계비행방식 (비행기)
⇒ 항공운송사업용
• 나침반 (magnetic compass) : 1기
• 시계 (시, 분, 초의 표시) : 1기
• 정밀기압고도계 (sensitive pressure altimeter) : 1기
• 속도계 (airspeed indicator) : 1기
⇒ 항공운송사업용 외
• 나침반 (magnetic compass) : 1기
• 시계 (시, 분, 초의 표시) : 1기
• 기압고도계 (pressure altimeter) : 1기
• 속도계 (airspeed indicator) : 1기
⇒ 계기비행방식은 별표 16 참조

---

52 시계비행방식에 의한 비행을 하는 비행기에 갖추어야 할 항공계기에 속하지 않는 것은(항공운송사업용의 경우)?

㉮ 나침반　　　　㉯ 속도계

㉰ 정밀기압고도계　　㉱ 승강계

해설 51번항 해설 참조

---

53 항공운송사업용 항공기가 시계비행을 할 경우 추가하여야 할 연료의 양은?

㉮ 순항속도로 30분간 더 비행할 수 있는 연료의 양

㉯ 순항속도로 45분간 더 비행할 수 있는 연료의 양

㉰ 순항속도로 60분간 더 비행할 수 있는 연료의 양

㉱ 순항속도로 90분간 더 비행할 수 있는 연료의 양

해설 법 제53조 (항공기의 연료 등) 소유자 등은 항공기에 국토교통부령으로 정하는 양의 연료 및 오일을 싣지 아니하고 항공기를 운항하여서는 아니 된다.

시행규칙 제119조 (항공기의 연료와 오일) 법 제53조에 따라 항공기에 실어야 하는 연료와 오일의 양은 별표 17과 같다.

[별표 17] 항공기에 실어야 할 연료 및 오일의 양
항공운송사업용 및 항공기사용사업용 비행기 (시계비행 시)
⇒ 최초 착륙예정 비행장까지 비행에 필요한 양＋순항속도로 45분간 더 비행할 수 있는 양
기타 (계기비행으로 교체비행장이 요구될 경우)
⇒ 최초 착륙예정 비행장까지 비행에 필요한 양＋그 교체비행장까지 비행하는 데 필요한 양＋순항속도로 45분간 더 비행할 수 있는 양
※ 자세한 사항은 별표 17을 참조 바람

---

54 프로펠러 항공기가 계기비행으로 교체비행장이 요구되는 경우 항공기에 실어야 할 연료의 양은?

㉮ 교체비행장으로부터 45분간 더 비행할 수 있는 연료의 양

㉯ 교체비행장으로부터 60분간 더 비행할 수 있는 연료의 양

㉰ 교체비행장의 상공에서 30분간 체공하는 데 필요한 연료의 양

㉱ 이상사태 발생 시 연료소모가 증가할 것에 대비하여 국토교통부장관이 정한 추가연료의 양

해설 53번항 해설 참조

---

55 항공기를 야간에 비행시키거나 비행장에 정류 또는 정박시키는 경우에 있어 야간의 의미는?

㉮ 일몰 30분 전부터 일출 30분 후까지

㉯ 일몰 1시간 전부터 일출 1시간 후까지

㉰ 일몰시부터 일출시까지의 사이

㉱ 일몰 10분 전부터 일출 10분 후까지

해설 법 제54조 (항공기의 등불)
항공기를 야간(해가 진 뒤부터 해가 뜨기 전까지의 사이를 말한다. 이하 같다)에 비행시키거나 비행장에 주기 또는 정박시키는 경우에는 국토교통부령으로 정하는 바에 따라 등불로 항공기의 위치를 나타내야 한다.

시행규칙 제120조 (항공기의 등불)
① 법 제54조에 따라 항공기가 야간에 공중·지상 또는 수상을 항행하는 경우와 비행장의 이동지역 안에서 이동하거나 엔진이 작동 중인 경우에는 우현등, 좌현등 및 미등(이하 "항행등"이라 한다)과 충돌방지등에 의하여 그 항공기의 위치를 나타내야 한다.
② 법 제54조에 따라 항공기를 야간에 사용되는 비행장에 주기 또는 정박시키는 경우에는 해당 항공기의 항행등을 이용하여 항공기의 위치를 나타내야 한다. 다만, 비행장에 항공기를 조명하는 시설이 있는 경우에는 그러하지 아니하다.
③ 항공기는 제1항 및 제2항에 따라 위치를 나타내는 항행등을 잘못 인식될 수 있는 다른 등불을 켜서는 아니 된다.
④ 조종사는 섬광등이 업무를 수행하는 데 장애를 주거나 외부에 있는 사람에게 눈부심을 주어 위험을 유발할 수 있는 경우에는 섬광등을 끄거나 빛의 강도를 줄여야 한다.

시행규칙 제168조 제6호 별표 22 (수상에서의 충돌예방)

---

56 항공기가 야간에 비행장에 정박해 있을 때 무엇으로 위치를 알리는가?

㉮ 등불 ㉯ 충돌방지등
㉰ 무선설비 ㉱ 형광등

[해설] 55번항 해설 참조

57 다음 중 야간에 항행하는 항공기의 위치를 나타내기 위한 등불이 아닌 것은?

㉮ 좌현등
㉯ 우현등
㉰ 기수등
㉱ 충돌방지등

[해설] 55번항 해설 참조

58 항공기가 야간에 항행하는 경우 당해 항공기의 위치를 나타내기 위하여 필요한 등불은?

㉮ 충돌방지등, 기수등, 우현등, 좌현등
㉯ 충돌방지등, 우현등, 좌현등, 미등
㉰ 충돌방지등, 기수등, 좌현등, 미등
㉱ 충돌방지등, 우현등, 좌현등, 착륙등

[해설] 55번항 해설 참조

59 항공기의 항행등 색깔은?

㉮ 우현등 : 적색, 좌현등 : 녹색, 미등 : 백색
㉯ 우현등 : 녹색, 좌현등 : 적색, 미등 : 백색
㉰ 우현등 : 백색, 좌현등 : 녹색, 미등 : 적색
㉱ 우현등 : 적색, 좌현등 : 백색, 미등 : 녹색

[해설] 55번항 해설 참조

60 야간에 조명이 없는 야외 주기장에 비행기를 정류시킬 때 켜야 하는 표시등은?

㉮ 항행등 ㉯ 섬광등
㉰ 정지등 ㉱ 유도등

[해설] 55번항 해설 참조

61 야간에 항행하거나 비행장에 주기시키는 경우 위치를 나타내기 위한 항공기의 등불 표시는?

㉮ 기수등, 우현등, 좌현등
㉯ 기수등, 좌현등, 미등
㉰ 기수등, 우현등, 미등
㉱ 좌현등, 우현등, 미등

[해설] 55번항 해설 참조

62 주류 등의 영향으로 항공업무를 정상적으로 수행할 수 없는 혈중 알코올 농도 기준으로 맞는 것은?

㉮ 0.01퍼센트 이상
㉯ 0.02퍼센트 이상
㉰ 0.03퍼센트 이상
㉱ 0.05퍼센트 이상

[해설] 법 제57조 제5항 주류 등의 영향으로 항공업무 또는 객실 승무원의 업무를 정식적으로 수행할 수 없는 상태의 기준은 다음과 같다.
→ 주정성분이 있는 음료의 섭취로 혈중 알코올 농도가 0.02퍼센트 이상인 경우
→ 「마약류 관리에 관한 법률」 제2조제1호에 따른 마약류를 사용한 경우
→ 「화학물질관리법」 제22조제1항에 따른 환각물질을 사용한 경우

63 다음 중 부품 등 제작자 증명을 받은 자는 사업을 시작하기 전에 항공기 사고 등의 예방을 위한 항공안전관리 시스템을 마련하고 운용해야 하는 경우로서 맞는 것은?

㉮ 국토교통부장관에게 신고한다.
㉯ 지방항공청장에게 신고한다.
㉰ 국토교통부장관에게 승인받는다.
㉱ 국토교통부장관에게 보고한다.

[해설] 법 제58조제2항 참조

64 다음 중 항공기사고 등의 예방을 위한 항공안전관리 시스템을 마련하고 국토교통부장관의 승인을 받아 운용하여야 하는 자가 아닌 것은?

㉮ 제작증명을 받은 자
㉯ 항공교통 업무증명을 받은 자
㉰ 항공기 정비업자
㉱ 항행안전시설을 설치한 자

[해설] 법 제58조제2항 참조

65 항공기사고 등의 예방을 위한 항공안전 관리시스템을 마련하고 국토교통부장관의 승인을 받아 운용하여야 하는 자가 아닌 것은?

㉮ 형식증명을 받은 자
㉯ 항공정비사 양성을 위하여 법 제48조에 따라 지정된 전문 교육기관
㉰ 항공운송사업자
㉱ 공항운영증명을 받은 자

[해설] 법 제58조제2항 참조

66 항공안전관리시스템을 승인 받으려는 자는 승인 신청서를 운항을 시작하기 며칠 전까지 국토교통부장관에게 제출해야 하는가?

㉮ 10일   ㉯ 20일
㉰ 30일   ㉱ 50일

해설   시행규칙 제130조제1항 참조

67 국토교통부장관의 승인을 받은 항공안전관리시스템 내용 중 국토교통부령으로 정하는 중요한 사항이 아닌 것은?

㉮ 안전목표에 관한 사항
㉯ 안전조직에 관한 사항
㉰ 안전관리에 관한 사항
㉱ 안전평가에 관한 사항

해설   시행규칙 제130조제3항 참조

68 항공안전관리시스템에 포함되어야 할 사항이 아닌 것은?

㉮ 안정정책
㉯ 위험도관리
㉰ 안전성과 검증
㉱ 안전관리체계화

해설   시행규칙 제132조제1항 참조

69 항공기사고, 항공기준사고 또는 항공안전장애를 발생시키거나 발생한 것을 알게 된 경우 국토교통부장관에게 보고해야 할 관계인이 아닌 자는?

㉮ 항공기 조종사
㉯ 항공정비사
㉰ 항공교통관제사
㉱ 항행안전시설 관리자

해설   법 제59조 (항공안전 의무보고)
① 항공기사고, 항공기준사고 또는 항공안전장애를 발생시키거나 항공기사고, 항공기준사고 또는 항공안전장애가 발생한 것을 알게 된 항공종사자 등 관계인은 국토교통부장관에게 그 사실을 보고하여야 한다.
② 제1항에 따른 항공종사자 등 관계인의 범위, 보고에 포함되어야 할 사항, 시기, 보고방법 및 절차 등은 국토교통부령으로 정한다.

시행규칙 제134조 (항공안전 의무보고의 절차 등)
① 생략
② 법 제59조제2항에 따른 항공종사자 등 관계인의 범위는 다음 각 호와 같다.
1. 항공기 기장(항공기 기장이 보고할 수 없는 경우에는 그 항공기의 소유자 등을 말한다)
2. 항공정비사(항공정비사가 보고할 수 없는 경우에는 그 항공정비사가 소속된 기관, 법인 등의 대표자를 말한다)

3. 항공교통관제사(항공교통관제사가 보고할 수 없는 경우 그 관제사가 소속된 항공교통관제기관의 장을 말한다)
4. 공항시설을 관리하는 자
5. 항행안전시설을 관리하는 자
6. 항공위험물을 취급하는 자
③ 제1항에 따른 보고서의 제출 시기는 다음 각 호와 같다.
1. 항공기사고 및 항공기준사고 : 즉시
2. 항공안전장애 :
가. 별표 3 제1호부터 제4호까지, 제6호 및 제7호에 해당하는 항공안전장애를 발생시키거나 항공안전장애가 발생한 것을 알게 된 자 : 인지한 시점으로부터 72시간 이내(동 기간에 포함된 토요일 및 법정공휴일에 해당하는 시간은 제외한다). 다만, 제6호 가목·나목 및 마목에 해당하는 사항은 즉시 보고하여야 한다.
나. 별표 3 제5호에 해당하는 항공안전장애를 발생시키거나 항공안전장애가 발생한 것을 알게 된 자 : 인지한 시점으로부터 96시간 이내. 다만, 동 기간에 포함된 토요일 및 법정공휴일에 해당하는 시간은 제외한다.

※ 별표 3 즉시 보고해야 할 내용
6. 공항 및 항행서비스
가. 항공등화시설의 운영이 중단된 경우
나. 활주로, 유도로 및 계류장이 항공기 운항에 지장을 줄 정도로 중대한 손상을 입었거나 화재가 발생한 경우
마. 항행통신업무 수행 중 다음 어느 하나에 해당하는 상황이 발생한 경우
1) 항행안전무선시설, 항공이동통신시설, 항공고정통신시설, 공항정보방송시설(ATIS) 등 운영이 중단된 상황
2) 항행안전무선시설, 항공이동통신시설, 항공고정통신시설, 공항정보방송시설 등의 시설과 항공기간 신호의 송·수신 장애가 발생한 상황
3) 1), 2)외의 예비장비(전원시설을 포함한다) 장애가 24시간 이상 발생한 상황

70 항공기가 항공기시스템 기능장애 등 정비요인으로 이륙활주를 중단한 항공안전장애를 발생시키거나 항공안전장애가 발생한 것을 알게 된 경우에는?

㉮ 국토교통부장관에게 즉시 보고하여야 한다.
㉯ 국토교통부장관에게 72시간 이내에 보고하여야 한다.
㉰ 국토교통부장관에게 10일 이내에 보고하여야 한다.
㉱ 국토교통부장관에게 보고할 수 있다.

해설   69번항 해설 참조 (시행규칙 제134조제3항 참조)

71 다음 항공안전장애가 발생한 것을 알았을 경우 즉시 보고하여야 하는 경우는?

㉮ 항공기가 지상에서 운항 중 다른 항공기와 충돌한 경우
㉯ 운항 중 발동기에 화재가 발생한 경우
㉰ 항공기 급유 중 항공기 정상 운항을 지연시킬 정도의 기름이 유출된 경우
㉱ 항공정보통신시설의 운영이 중단된 경우

72 항공안전자율보고에 대한 설명 중 틀린 것은?

㉮ 항공안전위해요인이 발생한 것을 안 사람 또는 발생될 것이 예상된다고 판단하는 사람은 국토교통부장관에게 보고할 수 있다.

㉯ 국토교통부장관이 정하여 고시하는 전자적인 보고방법에 따라 국토교통부장관 또는 지방항공청장에게 보고할 수 있다.

㉰ 항공안전자율보고를 한 사람의 의사에 반하여 보고자의 신분을 공개해서는 안 된다.

㉱ 항공안전위해요인을 발생시킨 사람이 10일 이내에 보고를 한 경우에는 처벌을 하지 않을 수 있다.

73 항공안전위해요인을 발생시킨 경우 발생일로부터 며칠 이내에 국토교통부장관에게 보고한 경우 처분을 하지 않을 수 있는가?

㉮ 7일 ㉯ 10일
㉰ 15일 ㉱ 20일

74 항공안전 자율보고에 대하여 설명한 것 중 틀린 것은?

㉮ 국토교통부령이 정하는 바에 따라 국토교통부장관에게 그 사실을 보고할 수 있다.

㉯ 중대한 과실로 항공안전위해요인을 발생시킨 경우 장애가 발생한 날로부터 10일 이내에 보고를 한 경우에는 처분을 하지 아니할 수 있다.

㉰ 항공안전위해요인을 한 자의 의사에 반하여 보고자의 신분을 공개하여서는 아니 된다.

㉱ 항공안전위해요인은 항공안전을 해치거나 해칠 우려가 있는 경우로서 국토교통부장관이 정하는 상태를 말한다.

75 다음 중 항공안전장애 보고의 범위에 해당하지 않는 것은?

㉮ 비행 중 덮개의 풀림이나 이탈

㉯ 연료부족으로 인한 조종사의 비상선언

㉰ 항공기 고장·결함으로 비정상 운항이 발생한 경우

㉱ 운항 중 발동기 배기시스템 고장으로 발동기 또는 구성품이 파손된 경우

76 다음 중 항공기준사고에 해당되지 않는 것은?

㉮ 객실이나 화물칸에 화재, 연기의 발생

㉯ 시스템 고장으로 항공기 조종상의 어려움 발생

㉰ 충돌위험이 있었던 근접비행

㉱ 항공기 안에서의 도난, 절도사고

77 국토교통부령으로 정하는 항공안전장애의 범위에 포함되지 않는 것은?

㉮ 운항 중 엔진 덮개가 풀리거나 이탈한 경우

㉯ 항행안전무선시설의 운영이 중단된 경우

㉰ 공중충돌경고장치 회피조언에 따른 항공기 기동이 있었던 경우

㉱ 항공기가 지상에서 운항 중 다른 항공기와 접촉하여 감항성이 손상된 경우

78 항공안전위해요인을 보고하려는 경우 항공안전자율보고서는 누구에게 제출하여야 하는가?

㉮ 항공안전장애보고 위원회 위원장

㉯ 교통안전공단 이사장

㉰ 지방항공청장

㉴ 항공, 철도사고조사위원회 위원장

[해설] 72번항 해설 참조 (시행규칙 제135조제1항 참조)

79 항공기사고가 발생한 경우 국토교통부장관에게 그 사실을 보고하여야 할 의무가 있는 자는?

㉮ 사고 항공기의 기장 또는 해당 항공기의 소유자 등

㉯ 해당 항공기의 정비사

㉰ 사고 항공기의 조종사

㉴ 해당 항공기의 소유자 등

[해설] 69번항 해설 참조 (시행규칙 제137조제2항 참조)

80 기장은 항공기에 관한 사고가 발생한 때에는 국토교통부장관에게 그 사실을 보고하여야 한다. 다음 중 보고하지 않아도 되는 경우는?

㉮ 사람의 사망, 중상 또는 행방불명

㉯ 항공기의 중대한 손상, 파손 또는 구조상의 결함

㉰ 항공기의 위치를 확인할 수 없거나 항공기에 접근이 불가능한 경우

㉴ 무선설비로 다른 항공기의 추락. 충돌 또는 화재사실을 알았을 때

[해설] 법 제62조 (기장의 권한 등)제5항. 제6항 참조

81 기장이 무선설비로 다른 항공기에서 항공기사고가 발생한 것을 알았을 때 취해야 할 조치사항으로 맞는 것은?

㉮ 즉시 국토교통부장관에게 그 사실을 보고하여야 한다.

㉯ 무선설비로 지방항공청장에게 보고하여야 한다.

㉰ 무선설비로 운항관리자에게 보고하여야 한다.

㉴ 보고할 필요가 없다.

[해설] 법 제62조제6항 단서 참조

82 항공운송사업에 사용되는 항공기를 출발시키거나 그 비행 계획을 변경하고자 하는 경우에는?

㉮ 운항관리사의 승인은 필요하지 않다.

㉯ 운항관리사의 승인을 받아야 한다.

㉰ 해당 항공기의 기장과 운항관리사의 의견이 일치해야 한다.

㉴ 해당 항공기의 기장이 결정한다.

[해설] 법 제65조(운항관리사)제2항 참조

83 다음 중 국토교통부령으로 정하는 "긴급한 업무"의 항공기가 아닌 것은?

㉮ 재난 · 재해 등으로 인한 수색 · 구조 항공기

㉯ 응급환자의 수송 등 구조 · 구급활동 항공기

㉰ 자연 재해 시 긴급복구 항공기

㉴ 긴급 구호물자 수송 항공기

[해설] 법 제69조(긴급항공기의 지정 등)

① 응급환자의 수송 등 국토교통부령으로 정하는 긴급한 업무에 항공기를 사용하려는 소유자 등은 그 항공기에 대하여 국토교통부장관의 지정을 받아야 한다.

② 제1항에 따라 국토교통부장관의 지정을 받은 항공기(이하 "긴급항공기"라 한다)를 제1항에 따른 긴급한 업무의 수행을 위하여 운항하는 경우에는 제66조에 따른 이착륙장소 제한 규정 및 제67조제1호 · 제2호의 최저비행 고도 아래에서의 비행 금지규정 또는 물건의 투하 또는 살포금지규정을 적용하지 아니한다.

③ 긴급항공기의 지정 및 운항절차 등에 관하여 필요한 사항은 국토교통부령으로 정한다.

④ 국토교통부장관은 긴급항공기의 소유자 등이 다음에 해당하는 경우에는 긴급항공기의 지정을 취소할 수 있다.

1. 거짓이나 그 밖의 부정한 방법으로 긴급항공기로 지정 받은 경우(취소)

2. 제3항에 따른 운항절차를 준수하지 아니하는 경우

⑤ 제4항에 따른 지정취소처분을 받은 자는 취소처분을 받은 날부터 2년 이내에는 긴급항공기의 지정을 받을 수 없다.

*시행규칙 제207조(긴급항공기의 지정)

① 법 제69조제1항에서 "국토교통부령으로 정하는 긴급한 업무"란 다음 각 호의 어느 하나에 해당하는 업무를 말한다.

1. 재난 · 재해 등으로 인한 수색 · 구조

2. 응급환자의 후송 등 구조 · 구급활동

3. 화재의 진화

4. 화재의 예방을 위한 감시활동

5. 응급환자를 위한 장기 이송

6. 그 밖에 자연재해 발생 시의 긴급복구

② 법 제69조제3항에 따라 제1항에 따른 긴급한 업무를 수행할 목적으로 항공기를 사용하려는 소유자 등은 해당 항공기에 대하여 지방항공청장으로부터 긴급항공기의 지정을 받아야 한다.

84 다음 중 긴급한 업무를 수행하기 위하여 운항하는 항공기에 포함되지 않는 것은?

㉮ 재난, 재해 등으로 인한 수색, 구조

㉯ 응급환자의 후송

㉰ 범인 체포 수송

㉴ 화재의 진화

[해설] 83번항 해설 참조 (시행규칙 제207조제1항 참조)

85 긴급항공기 지정 취소처분을 받은 날부터 얼마 이내에는 긴급항공기의 지정을 받을 수 없는가?

㉮ 6개월   ㉯ 1년

㉰ 2년   ㉴ 3년

86 다음 중 긴급항공기 지정 신청서에 적어야 할 사항이 아닌 것은?

㉮ 항공기 형식 및 등록부호
㉯ 긴급한 업무의 종류
㉰ 항공기의 장착장비 및 정비방식
㉱ 긴급한 업무수행에 관한 업무규정

87 항공기에 의하여 폭발성이나 연소성이 높은 물건 등을 운송하고자 하는 경우 누구의 허가를 받아야 하는가?

㉮ 국토교통부장관   ㉯ 지방항공청장
㉰ 법무부장관   ㉱ 경찰청장

④ 제2항 및 제3항에도 불구하고 법 제90조에 따른 운항증명을 받은 항공운송사업자가 법 제93조에 따른 운항규정에 다음 각 호의 사항을 정하고 제1항에 따른 위험물을 운송하는 경우에는 제3항에 따른 위험물 운송허가를 받은 것으로 본다. 다만, 국토교통부장관이 별도의 허가요건을 정하여 고시한 경우에는 제2항에 따른 위험물 운송허가를 받아야 한다.
1. 위험물과 관련된 비정상상태가 발생할 경우의 조치내용
2. 위험물 탑재정보의 전달방법
3. 승무원 및 위험물취급자에 대한 교육훈련
⑤ 제3항에도 불구하고 국가기관 등 항공기가 업무 수행을 위하여 제1항에 따른 위험물을 운송하는 경우에는 위험물 운송허가를 받은 것으로 본다.
⑥ 제1항 각 호의 구분에 따른 위험물의 세부적인 종류와 종류별 구체적 내용에 관하여는 국토교통부장관이 정하여 고시한다.

88 항공기에 의하여 운송하고자 하는 경우 국토교통부장관의 허가를 받아야 하는 품목이 아닌 것은?

㉮ 가연성 물질류
㉯ 비밀문서 및 불온문서
㉰ 인화성 액체
㉱ 산화성 물질류

89 다음 중 국토교통부장관의 허가를 받지 않고 항공기에 의하여 운송할 수 있는 것은?

㉮ 동식물
㉯ 가스류
㉰ 방사성 물질류
㉱ 폭발성 물질

90 국토교통부령으로 정하는 위험물이 아닌 것은?

㉮ 폭발성 물질
㉯ 연화성 물질
㉰ 가연성 물질류
㉱ 산화성 물질류

91 운항 중인 항공기 내에서 전자기기의 사용을 제한하는 이유는?

㉮ 다른 승객에 대한 소음방지
㉯ 사업 목적으로 사용하는 것 방지
㉰ 전자파에 의한 승객 건강을 해치기 때문
㉱ 항행 및 통신항법장비에 대한 전자파 간섭 등의 영향 방지

해설 법 제73조 (전자기기의 사용제한) 국토교통부장관은 운항 중인 항공기의 항행 및 통신장비에 대한 전자파 간섭 등의 영향을 방지하기 위하여 국토교통부령으로 정하는 바에 따라 여객이 지닌 전자기기의 사용을 제한할 수 있다.

시행규칙 제214조 (전자기기의 사용제한) 법 제73조에 따라 운항 중에 전자기기의 사용 을 제한할 수 있는 항공기와 사용이 제한되는 전자기기의 품목은 다음 각 호와 같다.
1. 다음 각 목의 어느 하나에 해당하는 항공기
   가. 항공운송사업용으로 비행 중인 항공기
   나. 계기비행방식으로 비행 중인 항공기
2. 다음 각 목 외의 전자기기
   가. 휴대용 음성 녹음기
   나. 보청기
   다. 심장박동기
   라. 전기면도기
   마. 그 밖에 항공운송사업자 또는 기장이 항공기 제작회사의 권고 등에 따라 해당 항공기에 전자파 영향을 주지 아니한다고 인정한 휴대용 전자기기

92 다음 중 운항 중에 전자기기의 사용을 제한할 수 있는 항공기는?
㉮ 시계비행방식으로 비행 중인 항공기
㉯ 계기비행방식으로 비행 중인 항공기
㉰ 응급환자를 후송 중인 항공기
㉱ 화재진압 임무 중인 항공기

해설 91번항 해설 참조 (시행규칙 제214조제1호 참조)

93 다음 중 운항 중에 전자기기의 사용을 제한할 수 있는 항공기는?
㉮ 항공운송사업용으로 비행 중인 항공기
㉯ 시계비행방식으로 비행 중인 항공기
㉰ 이륙하는 산림청 회전익항공기
㉱ 응급환자를 후송 중인 항공기

해설 91번항 해설 참조

94 운항 중에 사용이 제한되는 전자기기는?
㉮ 휴대용 음성녹음기
㉯ 보청기
㉰ 전기면도기
㉱ 개인휴대전화기

해설 91번항 해설 참조 (시행규칙 제214조제2호 참조)

95 항공종사자 자격증명서 등을 소지하는 대상자의 준수사항이 아닌 것은?
㉮ 운항승무원은 해당 자격증명서를 소지하여야 한다.
㉯ 운항승무원은 해당 자격증명서를 항공기 내의 접근하기 쉬운 곳에 보관하여야 한다.
㉰ 항공교통관제사는 해당 자격증명서를 소지하여야 한다.
㉱ 항공정비사는 해당 자격증명서를 보관하기 쉬운 곳에 비치하여야 한다.

해설 시행규칙 제219조(자격증명서와 항공 신체검사증명서의 소지 등)
법 제76조제2항에 따른 자격증명서와 항공신체검사증명서의 소지 등의 대상자 및 그 준수사항은 다음과 같다.
1. 운항승무원 : 해당 자격증명서 및 항공신체 검사증명서를 지니거나 항공기 내의 접근하기 쉬운 곳에 보관하여야 한다.
2. 항공교통관제사 : 자격증명서 및 항공신체검사증명서를 지니거나 항공업무를 수행하는 장소의 접근하기 쉬운 곳에 보관하여야 한다.
3. 운항승무원 및 항공교통관제사가 아닌 항공 정비사 및 운항관리사 : 해당 자격증명서를 지니거나 항공업무를 수행하는 장소의 접근하기 쉬운 곳에 보관하여야 한다.

96 항공기 안전운항을 위하여 국토교통부장관이 고시하는 운항 기술기준에 포함되는 사항이 아닌 것은?
㉮ 항공기 운항
㉯ 항공종사자의 훈련
㉰ 항공기 계기 및 장비
㉱ 항공운송사업의 운항증명

해설 법 제77조 (항공기 안전운항을 위한 운항기술기준) ① 국토교통부장관은 항공기 안전운항을 확보하기 위하여 이 법과 「국제민간항공협약」 및 같은 협약 부속서에서 정한 범위에서 다음의 사항이 포함된 운항기술기준을 정하여 고시할 수 있음
1. 자격증명
2. 항공훈련기관
3. 항공기 등록 및 등록부호 표시
4. 항공기 감항성
5. 정비조직인증기준
6. 항공기 계기 및 장비
7. 항공기 운항
8. 항공운송사업의 운항증명 및 관리
9. 그 밖에 안전운항을 위하여 필요한 사항으로서 국토교통부령으로 정하는 사항

*시행규칙 제220조 (안전운항을 위한 운항기술기준 등) 법 제77조제1항제9호에서 "국토교통부령으로 정하는 사항"이란 항공기(외국국적을 가진 항공기를 포함한다)의 임대차 승인에 관한 사항을 말한다.

97 "국제민간항공협약" 및 같은 협약 부속서에서 정한 범위의 안전운항을 위한 운항기술기준이 아닌 것은?
㉮ 항공기 계기 및 장비
㉯ 항공운송사업의 운항증명
㉰ 항공신체검사증명
㉱ 항공종사자의 자격증명

해설 96번항 해설 참조

구 / 술 / 예 / 상 / 문 / 제

01 항공기를 운항하려는 자 또는 소유자가 갖추어야 할 탑재일지의 종류란?

해설 가. 탑재용 항공일지
　　 나. 지상비치용 발동기 항공일지
　　 다. 지상비치용 프로펠러 항공일지
　　 라. 활공기의 소유자 등은 활공기용 항공일지

근거 법 제 52조제2항

02 항공기의 소유자 등은 항공기를 항공에 사용하거나 개조 또는 정비한 경우에 항공일지에 기재하여야 하는 내용은?(단, 법 제100조 외국항공기의 항행은 제외)

해설 가. 항공기의 등록부호 및 등록연월일
　　 나. 항공기의 종류 · 형식 및 형식증명 부호
　　 다. 감항분류 및 감항증명번호
　　 라. 항공기의 제작사 · 제작번호 및 제작연월일
　　 마. 발동기 및 프로펠러의 형식
　　 바. 비행에 관한 다음의 기록
　　　　 1) 비행연월일
　　　　 2) 승무원의 성명 및 업무
　　　　 3) 비행목적 또는 편명
　　　　 4) 출발지 및 출발시각
　　　　 5) 도착지 및 도착시각
　　　　 6) 비행시간
　　　　 7) 항공기의 비행안전에 영향을 미치는 사항
　　　　 8) 기장의 사명
　　 사. 제작 후의 총 비행시간과 오버홀을 한 항공기의 경우 최근의 오버홀 후의 총 비행시간
　　 아. 발동기 및 프로펠러의 장비교환에 관한 다음의 기록
　　　　 1) 장비교환의 연월일 및 장소
　　　　 2) 발동기 및 프로펠러의 부품번호 및 제작일련번호
　　　　 3) 장비가 교환된 위치 및 이유
　　 자. 수리 · 개조 또는 정비의 실시에 관한 다음의 기록
　　　　 1) 실시연월일 및 장소
　　　　 2) 실시 이유, 수리 · 개조 또는 위치 및 교환 부품명
　　　　 3)확인연월일 및 확인자의 서명 또는 날인

근거 법 제 52조제2항
　　 법 제 100조 및 102조

03 항공기에 탑재하는 서류는?

해설 1) 항공기 등록증명서
2) 감항증명서
3) 탑재용 항공일지
4) 운용한계 지정서 및 비행교범
5) 운항규정(별표 32에 따른 교범 중 훈련교범 · 위험물교범 · 사고절차교범 · 보안업무교범」 항공기 탑재 및 처리교범은 제외한다)
6) 항공운송사업의 운항증명서 사본 및 운영기준 사본(국제운송사업에 사용되는 항공기의 경우에는 영문으로 된 것 포함)
7) 소음기준적합증명서
8) 각 운항승무원의 유효한 자격증명서 및 조종사의 비행기록에 관한 자료
9) 무선국 허가 증명서(Radio station license)
10) 탑승한 여객의 성명, 탑승지 및 목적지가 표시된 명부(passenger manifest)(항공운송사업에 사용되는 항공기의 경우에는 영문으로 된 것을 포함한다)
11) 해당 항공운송사업자가 발행하는 수송화물의 화물목록(cargo manifest)과 화물운송장에 명시 되어 있는 화물신고서류(detail declarations of the cargo)(항공운송사업용 항공기만 해당)
12) 해당 국가의 항공 당국 간에 체결한 항공기 등의 감독 의무에 관한 이전협정서 사본(법 제5조에 따른 임대차의 경우만 해당한다)
13) 비행 전 및 각 비행단계에서 운항승무원이 사용해야 할 점검표
14) 그 밖에 국토교통부장관이 정하여 고시하는 서류

근거 법 제52조제2항
　－활공기 및 법 제 23조3항제2호에 따른 특별감항증명을 받은 항공기는 제외

04 항공기 유도신호란?

해설 항공기에 대한 유도원의 신호
　가. 유도원은 항공기의 조종사가 유도업무 담당자임을 알 수 있는 보장을 해야 한다
　나. 유도신호는 조종사가 잘 볼 수 있도록 조명봉을 손에 들고 조종사가 잘 볼 수 있는 위치에서 조종사와 마주 보며 실시한다.

　(필수)
　별표 26 유도신호동작 암기

근거 항공안전법 제67조(항공기의 비행규칙)
　항공안전법 시행규칙 제194조
　별표 26제6호(유도신호)

05 지상조업(Ground Handling)이란?

해설 공항에서 항공교통관제서비스를 제외한 항공기의 도착, 출발을 위해 필요한 서비스를 말한다.

근거 항공안전법 제67조(항공기의 비행규칙)
　고정익항공기를 위한 운항기술기준(총칙)

06 기체구조 무게란?

해설 항공기의 기체에 해당되는 날개, 꼬리날개, 동체, 착륙장치, 조종면, 나셀, 엔진마운트의 무게를 포함한 것

근거 운항기술기준, 항공기기술기준 및 정비규정

07 동력장치 무게란?

해설 엔진 및 엔진과 관련된 부속 계통, 프로펠러 계통, 연료계통, 유압계통의 무게를 포함한 것

근거 운항기술기준, 항공기기술기준 및 정비규정

08 고정장치 무게란?

해설 전자전기 계통, 공유압 계통, 조종 계통, 공기조화 계통, 방빙 계통, 자동조종 계통, 계기 등의 무게를 포함한 것

근거 운항기술기준, 항공기기술기준 및 정비규정

09 총 무게(Gross Weight)

해설 그 항공기에 인가된 최대 하중으로서 형식증명서(TC : Type Certificate)에 기재된 무게를 말한다.

근거 운항기술기준, 항공기기술기준 및 정비규정

10 유상하중(Useful Load)이란?

해설 승무원, 승객, 화물, 무장계통, 연료, 윤활유의 무게를 포함한 것으로서 최대 총 무게에서 자기 무게를 뺀 것

근거 운항기술기준, 항공기기술기준 및 정비규정

11 자기무게(Empty Weight)

해설 승무원, 승객 등의 유상하중, 사용 가능한 연료, 배출 가능한 윤활유의 무게를 포함하지 않은 상태에서의 항공기 무게
자기무게에는 사용 불가능한 연료, 배출 불가능한 윤활유, 엔진 내의 냉각액의 전부, 유압계통의 작동유의 무게도 포함된다.

근거 운항기술기준, 항공기기술기준 및 정비규정

12 영 연료무게(Zero Fuel Weight)

해설 연료를 제외하고 적재된 항공기의 최대 무게로서, 화물, 승객, 승무원의 무게를 포함한다.
영 연료무게를 초과한 모든 무게는 사용하는 연료무게가 된다.

근거 운항기술기준, 항공기기술기준 및 정비규정

13 측정장비무게(Tare Weight)

해설 항공기의 무게를 측정할 때 사용하는 잭, 블록, 촉, 지지대와 같은 부수적인 품목의 무게를 말한다.
항공기의 실제 무게와는 관계 없다.

근거 운항기술기준, 항공기기술기준 및 정비규정

14 항공기를 운항하려는 자 또는 소유자등이 해당 항공기에 설치 · 운용하려야 하는 무선설비는?

해설 ① 법 제51조에 따라 항공기에 설치 · 운용하여야 하는 무선설비는 다음 각 호와 같다. 다만, 항공운송사업에 사용되는 항공기 외의 항공기가 계기비행방식 외의 방식(이하 "시계비행방식"이라 한다)에 의한 비행을 하는 경우에는 제3호부터 제6호까지의 무선설비를 설치 · 운용하지 아니할 수 있다.

1. 비행 중 항공교통관제기관과 교신할 수 있는 초단파(VHF) 또는 극초단파(UHF)무선전화 송수신기 각 2대. 이 경우 비행기[국토교통부장관이 정하여 고시하는 기압고도계의 수정을 위한 고도(이하 "전이고도"라 한다) 미만의 고도에서 교신하려는 경우만 해당한다]와 헬리콥터의 운항승무원은 붐(Boom) 마이크로폰 또는 스롯(Throat) 마이크로폰을 사용하여 교신하여야 한다.
2. 기압고도에 관한 정보를 제공하는 2차감시 항공교통관제 레이더용 트랜스폰더(Mode 3/A 및 Mode C SSR transponder. 다만, 국외를 운항하는 항공운송사업용 항공기의 경우에는 Mode S transponder) 1대
3. 자동방향탐지기(ADF) 1대[무지향표지시설(NDB) 신호로만 계기접근절차가 구성되어 있는 공항에 운항하는 경우만 해당한다]
4. 계기착륙시설(ILS) 수신기 1대(최대이륙중량 5천 700킬로그램 미만의 항공기와 헬리콥터 및 무인항공기는 제외한다)
5. 전방향표지시설(VOR) 수신기 1대(무인항공기는 제외한다)
6. 거리측정시설(DME) 수신기 1대(무인항공기는 제외한다)
7. 다음 각 목의 구분에 따라 비행 중 뇌우 또는 잠재적인 위험 기상조건을 탐지할 수 있는 기상레이더 또는 악기상 탐지장비
   가. 국제선 항공운송사업에 사용되는 여압장치가 장착된 비행기의 경우: 기상레이더 1대
   나. 국제선 항공운송사업에 사용되는 헬리콥터의 경우 : 기상레이더 또는 악기상 탐지장비 1대
   다. 가목 외에 국외를 운항하는 비행기로서 여압장치가 장착된 비행기의 경우 : 기상레이더 또는 악기상 탐지장비 1대.
8. 비상위치지시용 무선표지설비(ELT). 이 경우 비상위치지시용 무선표지설비의 신호는 121.5메가헤르츠(MHz) 및 406메가헤르츠(MHz)로 송신되어야 한다.
   가. 2대를 설치하여야 하는 경우 : 다음의 어느 하나에 해당하는 항공기. 이 경우 비상위치지시용 무선표지설비 2대 중 1대는 자동으로 작동되는 구조여야 하며, 3)의 경우 1대는 구명보트에 설치하여야 한다.
      1) 승객의 좌석 수가 19석을 초과하는 비행기(항공운송사업에 사용되는 비행기만 해당한다)
      2) 비상착륙에 적합한 육지(착륙이 가능한 섬을 포함한다)로부터 순항속도로 10분의 비행거리 이상의 해상을 비행하는 제1종 헬리콥터, 회전날개에 의한 자동회전(autorotation)에 의하여 착륙할 수 있는 거리 또는 안전한 비상착륙(safe forced landing)을 할 수 있는 거리를 벗어난 해상을 비행하는 제3종 헬리콥터
   나. 1대를 설치하는 경우 : 가목에 해당하지 아니하는 항공기. 이 경우 비상위치지시용 무선표지설비는 자동으로 작동되는 구조여야 한다.

항공안전법	항공안전법 시행령

제6장 공역 및 항공교통업무 등

제78조(공역 등의 지정) ① 국토교통부장관은 공역을 체계적이고 효율적으로 관리하기 위하여 필요하다고 인정할 때에는 비행정보구역을 다음 각 호의 공역으로 구분하여 지정·공고할 수 있다.

1. 관제공역 : 항공교통의 안전을 위하여 항공기의 비행 순서·시기 및 방법 등에 관하여 제84조제1항에 따라 국토교통부장관 또는 항공교통업무증명을 받은 자의 지시를 받아야 할 필요가 있는 공역으로서 관제권 및 관제구를 포함하는 공역

2. 비관제공역 : 관제공역 외의 공역으로서 항공기의 조종사에게 비행에 관한 조언·비행정보 등을 제공할 필요가 있는 공역

3. 통제공역 : 항공교통의 안전을 위하여 항공기의 비행을 금지하거나 제한할 필요가 있는 공역

4. 주의공역 : 항공기의 조종사가 비행 시 특별한 주의·경계·식별 등이 필요한 공역

② 국토교통부장관은 필요하다고 인정할 때에는 국토교통부령으로 정하는 바에 따라 제1항에 따른 공역을 세분하여 지정·공고할 수 있다.

③ 제1항 및 제2항에 따른 공역의 설정기준 및 지정절차 등 그밖에 필요한 사항은 국토교통부령으로 정한다.

제79조(항공기의 비행제한 등) ① 제78조제1항에 따른 비관제공역 또는 주의공역에서 항공기를 운항하려는 사람은 그 공역에 대하여 국토교통부장관이 정하여 공고하는 비행의 방식 및 절차에 따라야 한다.

② 항공기를 운항하려는 사람은 제78조제1항에 따른 통제공역에서 비행해서는 아니 된다. 다만, 국토교통부령으로 정하는 바에 따라 국토교통부장관의 허가를 받아 그 공역에 대하여 국토교통부장관이 정하는 비행의 방식 및 절차에 따라 비행하는 경우에는 그러하지 아니하다.

제80조(공역위원회의 설치) ① 제78조에 따른 공역의 설정 및 관리에 필요한 사항을 심의하기 위하여 국토교통부장관 소속으로 공역위원회를 둔다.

② 제1항에서 규정한 사항 외에 공역위원회의 구성·운영 및 기능 등에 필요한 사항은 대통령령으로 정한다.

제81조(항공교통안전에 관한 관계 행정기관의 장의 협조) ① 국토교통부장관은 항공교통의 안전을 확보하기 위하여 다음 각 호의 사항에 관하여 관계 행정기관의 장과 상호 협조하여야 한다. 이 경우 국가안보를 고려하여야 한다.

제10조(공역위원회의 구성) ① 법 제80조제1항에 따른 공역위원회(이하 "위원회"라 한다)는 위원장 1명과 부위원장 1명을 포함하여 15명 이내의 위원으로 구성한다.

② 위원회의 위원장은 국토교통부의 항공업무를 담당하는 고위공무원단에 속하는 일반직공무원 중 국토교통부장관이 지명하는 사람이 되고, 부위원장은 제3항제1호의 위원 중에서 위원장이 지명하는 사람이 된다.

③ 위원회의 위원은 다음 각 호의 사람이 된다.

1. 외교부·국방부·산업통상자원부 및 국토교통부의 3급 국가공무원 또는 고위공무원단에 속하는 일반직공무원(외교부의 경우에는 「외무공무원임용령」 제3조제2항제2호 및 제3호에 따른 직위에 재직 중인 외무공무원)이나 이에 상응하는 계급의 장교 중 해당 기관의장이 지명하는 사람 각 1명

제6장 공역 및 항공교통업무 등

제221조(공역의 구분ㆍ관리 등) ① 법 제78조제2항에 따라 국토교통부장관이 세분하여 지정ㆍ공고하는 공역의 구분은 별표 23과 같다.

② 법 제78조제3항에 따른 공역의 설정기준은 다음 각 호와 같다.

1. 국가안전보장과 항공안전을 고려할 것
2. 항공교통에 관한 서비스의 제공 여부를 고려할 것
3. 이용자의 편의에 적합하게 공역을 구분할 것
4. 공역이 효율적이고 경제적으로 활용될 수 있을 것

③ 제1항에 따른 공역 지정 내용의 공고는 항공정보간행물 또는 항공고시보에 따른다.

④ 법 제78조제3항에 따라 공역 구분의 세부적인 설정기준과 지정절차, 항공기의 표준 출발ㆍ도착 및 접근 절차, 항공로 등의 설정에 필요한 세부 사항은 국토교통부장관이 정하여 고시한다.

제222조(통제공역에서의 비행허가) 법 제79조제2항 단서에 따라 통제공역에서 비행하려는 자는 별지 제84호서식의 통제공역 비행허가신청서를 지방항공청장에게 제출하여야 한다. 다만, 비행 중인 경우에는 무선통신 등의 방법을 사용하여 지방항공청장에게 제출할 수 있다.

제223조(군 기관과의 협조) ① 영 제18조제1항에 따라 국토교통부장관, 지방항공청장 및 항공교통본부장은 민간 항공기의 비행에 영향을 줄 수 있는 군용항공기 등의 행위에 대하여 책임 있는 군 기관과 긴밀한 협조를 유지하여야 한다.

② 국토교통부장관, 지방항공청장 및 항공교통본부장은 영 제18조제1항에 따라 민간항공기의 안전하고 신속한 비행을 위하여 항공기의 비행정보 등의 교환에 관한 합의서를 군 기관과 체결할 수 있다.

③ 국토교통부장관, 지방항공청장 및 항공교통본부장은 영 제18조제1항에 따라 민간항공기가 공격당할 위험이 있는 공역으로 접근하거나 진입한 경우 군 기관과 협조하여 항공기를 식별하고 공격을 회피할 수 있도록 유도하는 등 필요한 조치를 할 수 있는 절차를 수립하여야 한다.

제224조(항공기상기관과의 협조) ① 영 제18조제1항에 따라 국토교통부장관, 지방항공청장 및 항공교통본부장은 항공기의 운항에 필요한 최신의 기상정보를 항공기에 제공하기 위하여 항공기상에 관한 정보를 제공하는 기관(이하 "항공기상기관"이라 한다)과 다음 각 호의 사항을 협조하여야 한다.

1. 기상정보 표출장치 사용 외에 항공교통업무 종사자가 관측한 기상정보 또는 조종사가 보고한 기상정보의 통보에 관한 사항
2. 항공교통업무 종사자가 관측한 기상정보 또는 조종사가 보고한 기상정보가 비행장의 기상예보에 포함되지 아니하는 내용일 경우에는 그 기상정보의 통보에 관한 사항

항공안전법	항공안전법 시행령
1. 항공교통관제에 관한 사항 2. 효율적인 공역관리에 관한 사항 3. 그 밖에 항공교통의 안전을 위하여 필요한 사항 ② 제1항에 따른 협조 요청에 필요한 세부 사항은 대통령령으로 정한다. **제82조(전시 상황 등에서의 공역관리)** 전시(戰時) 및 「통합방위법」에 따른 통합방위사태 선포 시의 공역관리에 관하여는 각각 전시관계법 및 「통합방위법」에서 정하는 바에 따른다. **제83조(항공교통업무의 제공 등)** ① 국토교통부장관 또는 항공교통업무증명을 받은 자는 비행장, 공항, 관제권 또는 관제구에서 항공기 또는 경량항공기 등에 항공교통관제 업무를 제공할 수 있다. ② 국토교통부장관 또는 항공교통업무증명을 받은 자는 비행정보구역에서 항공기 또는 경량항공기의 안전하고 효율적인 운항을 위하여 비행장, 공항 및 항행안전시설의 운용상태 등 항공기 또는 경량항공기의 운항과 관련된 조언 및 정보를 조종사 또는 관련기관 등에 제공할 수 있다. ③ 국토교통부장관 또는 항공교통업무증명을 받은 자는 비행정보구역에서 수색·구조를 필요로 하는 항공기 또는 경량항공기에 관한 정보를 조종사 또는 관련 기관 등에 제공할 수 있다. ④ 제1항부터 제3항까지의 규정에 따라 국토교통부장관 또는 항공교통업무증명을 받은 자가 하는 업무(이하 "항공교통업무"라 한다)의 제공 영역, 대상, 내용, 절차 등에 필요한 사항은 국토교통부령으로 정한다.	2. 「대한민국과 아메리카합중국 간의 상호방위조약」 제4조에 따라 대한민국에 주둔하고 있는 미합중국 군대의 장교 중 제1호에 따른 장교에 상응하는 계급의 장교로서 주한미군사령관이 지명하는 사람 1명 3. 항공에 관한 학식과 경험이 풍부한 사람 중에서 국토교통부장관이 위촉하는 사람 ④ 제3항제3호에 따른 위원의 임기는 2년으로 한다. **제11조(위원회의 기능)** 위원회는 다음 각 호의 사항을 심의한다. 1. 법 제78조제1항 각 호에 따른 관제공역(空域), 비관제공역, 통제공역 및 주의공역의 설정·조정 및 관리에 관한 사항 2. 항공기의 비행 및 항공교통관제에 관한 중요한 절차와 규정의 제정 및 개정에 관한 사항 3. 공역의 구조 및 관리에 중대한 영향을 미칠 수 있는 공항시설, 항공교통관제시설 및 항행안전시설의 신설·변경 및 폐쇄에 관한 사항 4. 그 밖에 항공기가 공역과 공항시설, 항공교통관제시설 및 항행안전시설을 안전하고 효율적으로 이용하는 방안에 관한 사항 **제12조(위원의 제척·기피·회피)** ① 위원회의 위원이 다음 각 호의 어느 하나에 해당하는 경우에는 위원회의 심의·의결에서 제척(除斥)된다.

3. 화산폭발 전 화산활동 정보, 화산폭발 및 화산재구름의 상황에 관한 정보의 통보에 관한 사항

② 영 제18조제1항에 따라 국토교통부장관, 지방항공청장 및 항공교통본부장은 화산재에 관한 정보가 있는 경우에는 항공고시보와 항공기상기관의 중요기상정보(SIGMET)가 서로 일치하도록 긴밀하게 협조하여야 한다.

제225조(항공교통관제업무의 한정 등) ① 법 제83조제1항에 따라 항공교통관제기관에서 항공교통관제 업무를 수행하려는 사람은 국토교통부장관이 정하는 바에 따라 그 업무에 종사할 수 있는 항공교통관제 업무의 한정을 받아야 한다. 다만, 해당 항공교통관제 업무의 한정을 받은 사람의 직접적인 감독을 받아 항공교통관제 업무를 하는 경우에는 그러하지 아니하다.

② 제1항에 따른 항공교통관제 업무의 한정을 받은 사람이 해당 항공교통관제기관에서 항공교통관제 업무에 종사하지 아니한 날이 180일이 지날 경우에는 그 업무의 한정에 효력이 정지된 것으로 본다. 다만, 해당 항공교통관제업무에 관하여 국토교통부장관이 정하는 훈련을 받은 경우에는 그러하지 아니하다.

③ 제1항에 따른 항공교통관제 업무의 한정에 관한 사항과 제2항의 단서에 따른 교육훈련 및 항공기탑승훈련 등의 실시에 관한 세부기준 및 절차 등에 관하여 필요한 사항은 국토교통부장관이 정하여 고시한다.

제226조(항공교통관제업무의 대상 등) 법 제83조제1항에 따른 항공교통관제 업무의 대상이 되는 항공기는 다음 각 호와 같다.

1. 별표 23 제1호에 따른 A, B, C, D 또는 E등급 공역 내를 계기비행방식으로 비행하는 항공기
2. 별표 23 제1호에 따른 B, C 또는 D등급 공역 내를 시계비행방식으로 비행하는 항공기
3. 특별시계비행방식으로 비행하는 항공기
4. 관제비행장의 주변과 이동지역에서 비행하는 항공기

제227조(항공교통업무 제공 영역 등) ① 법 제83조제4항에 따른 항공교통업무의 제공 영역은 법 제83조제1항에 따른 비행장 · 공항 및 공역으로 한다.

② 법 제83조제4항에 따라 비행정보구역 내의 공해상(公海上)의 공역에 대한 항공교통업무의 제공은 항공기의 효율적인 운항을 위하여 국제민간항공기구에서 승인한 지역별 다자간협정(이하 "지역항행협정"이라 한다)에 따른다.

제228조(항공교통업무의 목적 등) ① 법 제83조제4항에 따른 항공교통업무는 다음 각 호의 사항을 주된 목적으로 한다.

1. 항공기 간의 충돌방지
2. 기동지역 안에서 항공기와 장애물 간의 충돌방지
3. 항공교통흐름의 질서유지 및 촉진
4. 항공기의 안전하고 효율적인 운항을 위하여 필요한 조언 및 정보의 제공
5. 수색 · 구조를 필요로 하는 항공기에 대한 관계기관에의 정보 제공 및 협조

② 제1항에 따른 항공교통업무는 다음 각 호와 같이 구분한다.

1. 항공교통관제업무 : 제1항제1호부터 제3호까지의 목적을 수행하기 위한 다음 각 목의 업무
   가. 접근관제업무 : 관제공역 안에서 이륙이나 착륙으로 연결되는 관제비행을 하는 항공기에 제공하는 항공교통관제업무
   나. 비행장관제업무 : 비행장 안의 기동지역 및 비행장 주위에서 비행하는 항공기에 제공하는 항공교통관제업무로서 접근관제업무 외의 항공교통관제업무(이동지역 내의 계류장에서 항공기에 대한 지상유도를 담당하는 계류장관제업무를 포함한다)

항공안전법	항공안전법 시행령
	1. 위원 또는 그 배우자나 배우자였던 사람이 해당 안건의 당사자(당사자가 법인·단체 등인 경우에는 그 임원을 포함한다. 이하 이 호 및 제2호에서 같다)가 되거나 그 안건의 당사자와 공동권리자 또는 공동의무자인 경우 2. 위원이 해당 안건의 당사자와 친족이거나 친족이었던 경우 3. 위원이 해당 안건에 대하여 증언, 진술, 자문, 연구, 용역 또는 감정을 한 경우 4. 위원이나 위원이 속한 법인이 해당 안건의 당사자의 대리인이거나 대리인이었던 경우 ② 해당 안건의 당사자는 위원에게 공정한 심의·의결을 기대하기 어려운 사정이 있는 경우에는 위원회에 기피 신청을 할 수 있고, 위원회는 의결로 이를 결정한다. 이 경우 기피 신청의 대상인 위원은 그 의결에 참여하지 못한다. ③ 위원이 제1항 각 호에 따른 제척 사유에 해당하는 경우에는 스스로 해당 안건의 심의·의결에서 회피(回避)하여야 한다. **제13조(위원의 해임 및 해촉)** 국토교통부장관은 위원이 다음 각 호의 어느 하나에 해당하는 경우에는 해당 위원을 해촉(解囑)할 수 있다. 1. 심신장애로 인하여 직무를 수행할 수 없게 된 경우 2. 직무와 관련된 비위사실이 있는 경우 3. 직무태만, 품위손상이나 그 밖의 사유로 인하여 위원으로 적합하지 아니하다고 인정되는 경우 4. 제12조제1항 각 호의 어느 하나에 해당하는 데에도 불구하고 회피하지 아니한 경우 5. 위원 스스로 직무를 수행하는 것이 곤란하다고 의사를 밝히는 경우 **제14조(위원장의 직무)** ① 위원장은 위원회를 대표하며, 위원회의 업무를 총괄한다. ② 위원장이 부득이한 사유로 직무를 수행할 수 없을 때에는 부위원장이 그 직무를 대행하며, 위원장과 부위원장이 모두 부득이한 사유로 그 직무를 수행할 수 없을 때에는 위원장이 미리 지명한 위원이 그 직무를 대행한다.

    다. 지역관제업무 : 관제공역 안에서 관제비행을 하는 항공기에 제공하는 항공교통관제업무로서 접근관제업무 및 비행장
       관제업무 외의 항공교통관제업무
  2. 비행정보업무 : 비행정보구역 안에서 비행하는 항공기에 대하여 제1항제4호의 목적을 수행하기 위하여 제공하는 업무
  3. 경보업무 : 제1항제5호의 목적을 수행하기 위하여 제공하는 업무

제229조(항공교통업무기관의 구분) 법 제83조제4항에 따른 항공교통업무기관은 다음 각 호와 같이 구분한다.
  1. 비행정보기관 : 비행정보구역 안에서 비행정보업무 및 경보업무를 제공하는 기관
  2. 항공교통관제기관 : 관제구ㆍ관제권 및 관제비행장에서 항공교통관제업무, 비행정보업무 및 경보업무를 제공하는 기관

제230조(항공교통관제업무의 수행) ① 항공교통관제기관은 다음 각 호의 항공교통관제 업무를 수행한다.
  1. 항공기의 이동예정 정보, 실제 이동사항 및 변경 정보 등의 접수
  2. 접수한 정보에 따른 각각의 항공기 위치 확인
  3. 관제하고 있는 항공기 간의 충돌 방지와 항공교통흐름의 촉진 및 질서유지를 위한 허가와 정보 제공
  4. 관제하고 있는 항공기와 다른 항공교통관제기관이 관제하고 있는 항공기 간에 충돌이 예상되는 경우에 또는 다른 항공교
    통관제기관으로 항공기의 관제를 이양하기 전에 그 기관의 필요한 관제허가에 대한 협조
  ② 항공교통관제 업무를 수행하는 자는 항공기 간의 적절한 분리와 효율적인 항공교통흐름의 유지를 위하여 관제하는
    항공기에 대한 지시사항과 그 항공기의 이동에 관한 정보를 기록하여야 한다.
  ③ 항공교통관제기관은 다음 각 호에 따른 항공기 간의 분리가 유지될 수 있도록 항공교통관제허가를 하여야 한다.
  1. 별표 23 제1호에 따른 A 또는 B등급 공역 내에서 비행하는 항공기
  2. 별표 23 제1호에 따른 C, D 또는 E등급 공역 내에서 계기비행방식으로 비행하는 항공기
  3. 별표 23 제1호에 따른 C등급 공역 내에서 계기비행방식으로 비행하는 항공기와 시계비행방식으로 비행하는 항공기
  4. 관제권 안에서 특별시계비행방식으로 비행하는 항공기와 계기비행방식으로 비행하는 항공기
  5. 관제권 안에서 특별시계비행방식으로 비행하는 항공기
  ④ 항공교통관제기관이 제3항에 따라 항공기 간의 분리를 위한 관제를 하는 경우에는 수직적ㆍ종적ㆍ횡적 및 혼합분리방법
    으로 관제한다. 이 경우 혼합분리방법으로 관제업무를 수행하는 경우에는 지역항행협정을 따를 수 있다.
  ⑤ 제1항부터 제4항까지의 규정에 따른 항공교통관제 업무의 내용, 방법, 절차 및 항공기간 분리최저치 등에 관하여 필요한
    세부사항은 국토교통부장관이 정하여 고시한다.

제231조(항공기에 대한 관제책임 등) ① 법 제83조제4항에 따라 관제를 받는 항공기는 항상 하나의 항공교통관제기관이
관제를 제공하여야 한다.
  ② 관제공역 내에서 비행하는 모든 항공기에 대한 관제책임은 제1항에 따라 그 관제공역을 관할하는 항공교통관제기관에
    있다. 다만, 관련되는 다른 항공교통관제기관과 관제책임에 관하여 다른 합의가 있는 경우에 그에 따른다.

제232조(항공교통업무기관과 항공기 소유자 등 간의 협의 등) ① 항공교통업무기관은 법 제83조제4항에 따라 「국제민간항공협
약」 부속서 6에서 정한 항공기 소유자 등의 준수사항 등을 고려하여 항공교통업무를 수행하여야 한다.
  ② 항공교통업무기관은 다른 항공교통업무기관이나 항공기 소유자 등으로부터 받은 항공기 안전운항에 관한 정보(위치보고
    를 포함한다)를 항공기 소유자 등이 요구하는 경우 항공기 소유자 등과 협의하여 해당 정보를 신속히 제공하여야 한다.

제233조(잠재적 위험활동에 관한 협의) ① 법 제83조제4항에 따라 항공교통업무기관은 민간항공기에 대한 위험을 회피하고
정상적인 운항의 간섭을 최소화할 수 있도록 민간항공기의 운항에 위험을 줄 수 있는 행위(이하 "잠재적 위험활동"이라
한다)에 대한 계획을 관련된 관할 항공교통업무기관과 협의하여야 한다.

② 제1항에 따라 잠재적 위험활동에 관한 계획에 대하여 협의할 때에는 그 잠재적 위험활동에 관한 정보를 「국제민간항공협약」 부속서 15에 따른 시기에 공고할 수 있도록 사전에 협의하여야 한다.

③ 관할 항공교통업무기관은 제2항에 따라 잠재적 위험활동에 관한 계획에 대하여 협의를 완료한 경우에는 그 잠재적 위험활동에 관한 정보를 항공고시보 또는 항공정보간행물에 공고하여야 한다.

④ 제2항에 따른 잠재적 위험활동에 관한 계획을 수립하는 경우에는 다음 각 호의 기준에 따라야 한다.

1. 잠재적 위험활동의 구역, 횟수 및 기간은 가능한 한 항공로의 폐쇄·변경, 경제고도의 봉쇄 또는 정기적으로 운항하는 항공기의 운항 지연 등이 발생되지 아니하도록 설정할 것

2. 잠재적 위험활동에 사용되는 공역의 규모는 가능한 한 작게 할 것

3. 민간항공기의 비상상황이나 그 밖에 예측할 수 없는 상황으로 인하여 위험활동을 중지시켜야 할 경우에 대비하여 관할 항공교통업무기관과 직통통신망을 설치할 것

⑤ 항공교통업무기관은 잠재적 위험활동이 지속적으로 발생하여 관계기관 간에 잠재적 위험활동에 관한 지속적인 협의가 필요하다고 인정되는 경우에는 관계기관과 그에 관한 사항을 협의하기 위한 협의회를 설치·운영할 수 있다.

제234조(비상항공기에 대한 지원) ① 항공교통업무기관은 법 제83조제4항에 따라 비상상황(불법간섭 행위를 포함한다)에 처하여 있거나 처하여 있다고 의심되는 항공기에 대해서는 그 상황을 최대한 고려하여 우선권을 부여하여야 한다.

② 제1항에 따라 항공교통업무기관은 불법간섭을 받고 있는 항공기로부터 지원요청을 받은 경우에는 신속하게 이에 응하고, 비행안전과 관련한 정보를 지속적으로 송신하며, 항공기의 착륙단계를 포함한 모든 비행단계에서 필요한 조치를 신속하게 하여야 한다.

③ 제1항에 따라 항공교통업무기관은 항공기가 불법간섭을 받고 있음을 안 경우 그 항공기의 조종사에게 불법간섭행위에 관한 사항을 무선통신으로 질문해서는 아니 된다. 다만, 해당 항공기의 조종사가 무선통신을 통한 질문이 불법간섭을 악화시키지 아니한다고 사전에 통보한 경우에는 그러하지 아니하다.

④ 제1항에 따라 항공교통업무기관은 비상상황에 처하여 있거나 처하여 있다고 의심되는 항공기와 통신하는 경우에는 그 비상상황으로 인하여 긴급하게 업무를 수행하여야 하는 조종사의 업무 환경 및 심리상태 등을 고려하여야 한다.

제235조(우발상황에 대한 조치) 법 제83조제4항에 따라 항공교통업무기관은 표류항공기(계획된 비행로를 이탈하거나 위치보고를 하지 아니한 항공기를 말한다. 이하 같다) 또는 미식별항공기(해당 공역을 비행 중이라고 보고하였으나 식별되지 아니한 항공기를 말한다. 이하 같다)를 인지한 경우에는 다음 각 호의 구분에 따른 신속한 조치를 하여야 한다.

1. 표류항공기의 경우
   가. 표류항공기와 양방향 통신을 시도할 것
   나. 모든 가능한 방법을 활용하여 표류항공기의 위치를 파악할 것
   다. 표류하고 있을 것으로 추정되는 지역의 관할 항공교통업무기관에 그 사실을 통보할 것
   라. 관련되는 군 기관이 있는 경우에는 표류항공기의 비행계획 및 관련 정보를 그 군 기관에 통보할 것
   마. 다목 및 라목에 따른 기관과 비행 중인 다른 항공기에 대하여 표류항공기와의 교신 및 표류항공기의 위치 결정에 필요한 사항에 관하여 지원요청을 할 것
   바. 표류항공기의 위치가 확인되는 경우에는 그 항공기에 대하여 위치를 통보하고, 항공로에 복귀할 것을 지시하며, 필요한 경우 관할 항공교통업무기관 및 군 기관에 해당 정보를 통보할 것

2. 미식별항공기의 경우
   가. 미식별항공기의 식별에 필요한 조치를 시도할 것
   나. 미식별항공기와 양방향 통신을 시도할 것

다. 다른 항공교통업무기관에 대하여 미식별항공기에 대한 정보를 문의하고 그 항공기와의 교신을 위한 협조를 요청할 것

라. 해당 지역의 다른 항공기로부터 미식별항공기에 대한 정보 입수를 시도할 것

마. 미식별항공기가 식별된 경우로서 필요한 경우에는 관련 군 기관에 해당 정보를 신속히 통보할 것

제236조(민간항공기의 요격에 대한 조치) ① 항공교통업무기관은 법 제83조제4항에 따라 관할 공역 내의 항공기에 대한 요격을 인지한 경우에는 다음 각 호에 따라 조치하여야 한다.

1. 항공비상주파수(121.5MHz) 또는 그 밖의 가능한 주파수를 사용하여 피요격항공기와의 양방향 통신을 시도할 것

2. 피요격항공기의 조종사에게 요격 사실을 통보할 것

3. 요격항공기와 통신을 유지하고 있는 요격통제기관에 피요격항공기에 관한 정보를 제공할 것

4. 필요하면 피요격항공기와 요격항공기 또는 요격통제기관 간의 의사소통을 중개할 것

5. 요격통제기관과 긴밀히 협조하여 피요격항공기의 안전 확보에 필요한 조치를 할 것

6. 피요격항공기가 인접 비행정보구역으로부터 표류된 것으로 판단되는 경우에는 인접 비행정보구역을 관할하는 항공교통 업무기관에 그 상황을 통보할 것

② 법 제83조제4항에 따라 항공교통업무기관은 관할 공역 밖에서 피요격항공기를 인지한 경우에는 다음 각 호에 따라 조치하여야 한다.

1. 요격이 이루어지고 있는 공역을 관할하는 항공교통업무기관에 그 상황을 통보하고, 항공기의 식별을 위한 모든 정보를 제공할 것

2. 피요격항공기와 관할 항공교통업무기관, 요격항공기 또는 요격통제기관 간의 의사소통을 중개할 것

③ 국토교통부장관은 민간항공기에 요격행위가 발생되는 것을 예방하기 위하여 비행계획, 양방향 무선통신 및 위치보고가 요구되는 관제구·관제권 및 항공로를 지정·관리하여야 한다.

제237조(언어능력 등) ① 항공교통관제사는 법 제83조제4항에 따른 항공교통업무를 수행하기 위하여 국토교통부장관이 정한 무선통신에 사용되는 언어를 말하고 이해할 수 있어야 한다.

② 항공교통관제기관 상호간에는 영어를 사용하여야 한다. 다만, 관련 항공교통관제기관 간 언어사용에 관하여 다른 합의가 있는 경우에는 그에 따른다.

제238조(우발계획의 수립·시행) ① 국토교통부장관은 법 제83조제4항에 따라 항공교통업무 및 관련 지원업무가 예상할 수 없는 사유로 중단되는 경우를 대비하여 항공교통업무 우발계획의 수립기준을 정하여 고시하여야 한다.

② 항공교통업무기관의 장은 제1항에 따른 수립기준에 적합하게 관할 공역 내의 항공교통업무 우발계획을 수립·시행하여 야 한다.

제239조(항공교통흐름의 관리 등) ① 법 제83조제4항에 따라 항공교통업무기관은 항공교통업무와 관련하여 같은 시간대에 규정된 수용량을 초과하거나 초과가 예상되는 공역에서 지역항행협정이나 관련기관 간의 협정에 따라 항공교통흐름을 관리하여야 한다.

② 제1항에 따른 항공교통흐름의 관리에 관한 처리기준 및 방법 등에 관한 세부 사항은 국토교통부장관이 정하여 고시한다.

제240조(비행정보업무의 수행 등) ① 법 제83조제4항에 따라 제228조제2항제2호에 따른 비행정보업무는 항공교통업무의 대상이 되는 모든 항공기에 대하여 수행한다.

② 같은 항공교통업무기관에서 항공교통관제업무와 비행정보업무를 함께 수행하는 경우에는 항공교통관제업무를 우선 수행하여야 한다.

제241조(비행정보의 제공) ① 법 제83조제4항에 따라 항공교통업무기관에서 항공기에 제공하는 비행정보는 다음 각 호와 같다. 다만, 제8호의 정보는 시계비행방식으로 비행 중인 항공기가 시계비행방식의 비행을 유지할 수 없을 경우에 제공한다.

1. 중요기상정보(SIGMET) 및 저고도항공기상정보(AIRMET)

2. 화산활동 · 화산폭발 · 화산재에 관한 정보

3. 방사능물질이나 독성화학물질의 대기 중 유포에 관한 사항

4. 항행안전시설의 운영 변경에 관한 정보

5. 이동지역 내의 눈 · 결빙 · 침수에 관한 정보

6. 「공항시설법」 제2조제8호에 따른 비행장시설의 변경에 관한 정보

7. 무인자유기구에 관한 정보

8. 해당 비행경로 주변의 교통정보 및 기상상태에 관한 정보

9. 출발 · 목적 · 교체비행장의 기상상태 또는 그 예보

10. 별표 23에 따른 공역등급 C, D, E, F 및 G 공역 내에서 비행하는 항공기에 대한 충돌위험

11. 수면을 항해 중인 선박의 호출부호, 위치, 진행방향, 속도 등에 관한 정보(정보 입수가 가능한 경우만 해당한다)

12. 그 밖에 항공안전에 영향을 미치는 사항

② 항공교통업무기관은 법 제83조제4항에 따라 특별항공기상보고(Special air reports)를 접수한 경우에는 이를 다른 관련 항공기, 기상대 및 다른 항공교통업무기관에 가능한 한 신속하게 전파하여야 한다.

③ 이 규칙에서 정한 것 외에 항공교통업무기관에서 제공하는 비행정보 및 비행정보의 제공방법, 제공절차 등에 관하여 필요한 사항은 국토교통부장관이 정하여 고시한다.

제242조(경보업무의 수행) 제228조제2항제3호에 따른 경보업무는 다음 각 호의 항공기에 대하여 수행한다.

1. 법 제83조제4항에 따른 항공교통업무의 대상이 되는 항공기

2. 항공교통업무기관에 비행계획을 제출한 모든 항공기

3. 테러 등 불법간섭을 받는 것으로 인지된 항공기

제243조(경보업무의 수행절차 등) ① 항공교통업무기관은 법 제83조제4항에 따라 항공기가 다음 각 호의 구분에 따른 비상상황에 처한 사실을 알았을 때에는 지체 없이 수색 · 구조업무를 수행하는 기관에 통보하여야 한다.

1. 불확실상황(Uncertainly phase)

    가. 항공기로부터 연락이 있어야 할 시간 또는 그 항공기와의 첫 번째 교신시도에 실패한 시간 중 더 이른 시간부터 30분 이내에 연락이 없을 경우

    나. 항공기가 마지막으로 통보한 도착 예정시간 또는 항공교통업무기관이 예상한 도착 예정시간 중 더 늦은 시간부터 30분 이내에 도착하지 아니할 경우. 다만, 항공기 및 탑승객의 안전이 의심되지 아니하는 경우는 제외한다.

2. 경보상황(Alert phase)

    가. 불확실상황에서의 항공기와의 교신시도 또는 관계 부서의 조회로도 해당 항공기의 위치를 확인하기 곤란한 경우

    나. 항공기가 착륙허가를 받고도 착륙 예정시간부터 5분 이내에 착륙하지 아니한 상태에서 그 항공기와의 무선교신이 되지 아니할 경우

    다. 항공기의 비행능력이 상실되었으나 불시착할 가능성이 없음을 나타내는 정보를 입수한 경우. 다만, 항공기 및 탑승자의 안전에 우려가 없다는 명백한 증거가 있는 경우는 제외한다.

    라. 항공기가 테러 등 불법간섭을 받는 것으로 인지된 경우

3. 조난상황(Distress phase)

    가. 경보상황에서 항공기와의 교신시도를 실패하고, 여러 관계 부서와의 조회결과 항공기가 조난당하였을 가능성이 있는 경우

    나. 항공기 탑재연료가 고갈되어 항공기의 안전을 유지하기가 곤란한 경우

    다. 항공기의 비행능력이 상실되어 불시착하였을 가능성이 있음을 나타내는 정보가 입수되는 경우

    라. 항공기가 불시착 중이거나 불시착하였다는 정보사항이 정확한 정보로 판단되는 경우. 다만, 항공기 및 탑승자가 중대하고 긴박한 위험에 처하여 있지 아니하며, 긴급한 도움이 필요하지 아니하다는 명백한 증거가 있는 경우는 제외한다.

② 항공교통업무기관은 제1항에 따른 경보업무를 수행할 때에는 가능한 한 다음 각 호의 사항을 수색·구조업무를 수행하는 기관에 통보하여야 한다.

1. 불확실상황(INCERFA/Uncertainly phase), 경보상황(ALERFA/Alert phase) 또는 조난상황(DETRESFA/Distress phase)의 비상상황별 용어
2. 통보하는 기관의 명칭 및 통보자의 성명
3. 비상상황의 내용
4. 비행계획의 중요 사항
5. 최종 교신 관제기관, 시간 및 사용주파수
6. 최종 위치보고 지점
7. 항공기의 색상 및 특징
8. 위험물의 탑재사항
9. 통보기관의 조치사항
10. 그 밖에 수색·구조 활동에 참고가 될 사항

③ 항공교통업무기관은 제2항에 따라 비상상황을 통보한 후에도 비상상황과 관련된 조사를 계속하여야 하며, 비상상황이 악화되면 그에 관한 정보를, 비상상황이 종료되면 그 종료 사실을 수색 및 구조업무를 수행하는 기관에 지체 없이 통보하여야 한다.

④ 항공교통업무기관은 필요한 경우 비상상황에 처한 항공기와 무선교신을 시도하는 등 이용할 수 있는 모든 통신시설을 이용하여 해당 항공기에 대한 정보를 획득하기 위하여 노력하여야 한다.

제244조(항공기의 소유자 등에 대한 통보) 법 제83조제4항에 따라 항공교통업무기관은 항공기가 제243조제1항에 따른 불확실 상황 또는 경보상황에 처하였다고 판단되는 경우에는 해당 항공기의 소유자 등에게 그 사실을 통보하여야 한다. 이 경우 통보사항에는 가능한 한 제243조제2항 각 호의 사항을 포함하여야 한다.

제245조(비상항공기의 주변에서 운항하는 항공기에 대한 통보) 법 제83조제4항에 따라 항공교통업무기관은 항공기가 제243조 제1항에 따른 비상상황에 처하였다고 판단되는 경우에는 그 항공기의 주변에서 비행하고 있는 다른 항공기에 대하여 가능한 한 신속하게 비상상황이 있다는 사실을 알려 주어야 한다.

제246조(항공교통업무에 필요한 정보 등) ① 항공교통업무기관은 법 제83조제4항에 따라 항공기에 대하여 최신의 기상상태 및 기상예보에 관한 정보를 제공할 수 있어야 한다.

② 항공교통업무기관은 법 제83조제4항에 따라 비행장 주변에 관한 정보, 항공기의 이륙상승 및 강하지역에 관한 정보, 접근관제지역 내의 돌풍 등 항공기 운항에 지장을 주는 기상현상의 종류, 위치, 수직 범위, 이동방향, 속도 등에 관한 상세한 정보를 항공기에 제공할 수 있도록 관계 기상관측기관·항공운송사업자 등과 긴밀한 협조체제를 유지하여야 한다.

③ 항공교통업무기관은 법 제83조제4항에 따라 항공교통의 안전 확보를 위하여 비행장 설치자, 항행안전시설관리자, 무인 자유기구의 운영자, 방사능·독성 물질의 제조자·사용자와 협의하여 다음 각 호의 소관사항을 지체 없이 통보받을 수 있도록 조치하여야 한다.

1. 비행장 내 기동지역에서의 항공기 이륙·착륙에 지장을 주는 시설물 또는 장애물의 설치·운영 상태에 관한사항
2. 항공기의 지상이동, 이륙, 접근 및 착륙에 필요한 항공등화 등 항행안전시설의 운영 상태에 관한 사항
3. 무인자유기구의 비행에 관한 사항
4. 관할 구역 내의 비행로에 영향을 줄 수 있는 폭발 전 화산활동, 화산폭발 및 화산재에 관한 사항
5. 관할 공역에 영향을 미치는 방사선물질 또는 독성화학물질의 대기 방출에 관한 사항
6. 그 밖에 항공교통의 안전에 지장을 주는 사항

항공안전법	항공안전법 시행령
제84조(항공교통관제 업무 지시의 준수) ① 비행장, 공항, 관제권 또는 관제구에서 항공기를 이동·이륙·착륙시키거나 비행하려는 자는 국토교통부장관 또는 항공교통업무증명을 받은 자가 지시하는 이동·이륙·착륙의 순서 및 시기와 비행의 방법에 따라야 한다. ② 비행장 또는 공항의 이동지역에서 차량의 운행, 비행장 또는 공항의 유지·보수, 그 밖의 업무를 수행하는 자는 항공교통의 안전을 위하여 국토교통부장관 또는 항공교통업무증명을 받은 자의 지시에 따라야 한다. **제85조(항공교통업무증명 등)** ① 국토교통부장관 외의 자가 항공교통업무를 제공하려는 경우에는 국토교통부령으로 정하는 바에 따라 항공교통업무를 제공할 수 있는 체계(이하 "항공교통업무제공체계"라 한다)를 갖추어 국토교통부장관의 항공교통업무증명을 받아야 한다. ② 국토교통부장관은 항공교통업무증명에 필요한 인력·시설·장비, 항공교통업무규정에 관한 요건 및 항공교통업무증명절차 등(이하 "항공교통업무증명기준"이라 한다)을 정하여 고시하여야 한다. ③ 국토교통부장관은 항공교통업무증명을 할 때에는 항공교통업무증명기준에 적합한지를 검사하여 적합하다고 인정되는 경우에는 국토교통부령으로 정하는 바에 따라 항공교통업무증명서를 발급하여야 한다. ④ 항공교통업무증명을 받은 자는 항공교통업무증명을 받았을 때의 항공교통업무제공체계를 유지하여야 하며, 항공교통업무증명 기준을 준수하여야 한다. ⑤ 항공교통업무증명을 받은 자는 항공교통업무제공체계를 변경하려는 경우 국토교통부령으로 정하는 바에 따라 국토교통부장관에게 고하여야 한다. 다만, 제2항에 따른 항공교통업무규정 등 국토교통부령으로 정하는 중요사항을 변경하려는 경우에는 국토교통부장관의 승인을 받아야 한다. ⑥ 제5항 본문에 따른 변경신고가 신고서의 기재사항 및 첨부서류에 흠이 없고, 법령 등에 규정된 형식상의 요건을 충족하는 경우에는 신고서가 접수기관에 도달된 때에 신고 의무가 이행된 것으로 본다. 항공교통업무제공체계가 변경된 항공교통업무증명기준에 적합하지 아니하게 된 경우 변경된 항공교통업무증명기준을 따르도록 명할 수 있다.	**제15조(회의)** ① 위원장은 위원회의 회의를 소집하고, 그 의장이 된다. ② 위원회의 회의는 재적위원 과반수의 출석으로 개의(開議)하고, 출석위원 과반수의 찬성으로 의결한다. **제16조(간사)** ① 위원회에 위원회의 사무를 처리할 간사 1명을 둔다. ② 간사는 국토교통부 소속 공무원 중에서 국토교통부장관이 지명한다. **제17조(운영세칙)** 이 영에 규정한 것 외에 위원회의 운영에 필요한 사항은 위원회의 의결을 거쳐 위원장이 정한다. **제18조(항공교통안전의 협조 요청에 관한 사항)** ① 국토교통부장관은 법 제81조제1항에 따라 항공교통의 안전을 확보하기 위하여 군 기관, 항공기상에 관한 정보를 제공하는 행정기관의 장 등에게 협조를 요청할 수 있다. ② 제1항에 따른 협조 요청의 방법 및 세부사항은 국토교통부령으로 정한다.

제247조(항공안전 관련 정보의 복창) ① 항공기의 조종사는 법 제84조제1항에 따라 관할 항공교통관제기관에서 음성으로 전달된 항공안전 관련 항공교통관제의 허가 또는 지시사항을 복창하여야 한다. 이 경우 다음 각 호의 사항은 반드시 복창하여야 한다.

1. 항공로의 허가사항
2. 활주로의 진입, 착륙, 이륙, 대기, 횡단 및 역방향 주행에 대한 허가 또는 지시사항
3. 사용 활주로, 고도계 수정치, 2차 감시 항공교통관제 레이더용 트랜스폰더(Mode 3/A 및 Mode C SSR transponder)의 배정부호, 고도지시, 기수지시, 속도지시 및 전이고도

② 항공기의 조종사는 제1항에 따른 관할 항공교통관제기관의 허가 또는 지시사항을 이해하고 있고 그에 따르겠다는 것을 명확한 방법으로 복창하거나 응답하여야 한다.

③ 항공교통관제사는 제1항에 따른 항공교통관제의 허가 또는 지시사항에 대하여 항공기의 조종사가 정확하게 인지하였는지 여부를 확인하기 위하여 복창을 경청하여야 하며, 그 복창에 틀린 사항이 있을 때에는 즉시 시정조치를 하여야 한다.

④ 제1항을 적용할 때에 관할 항공교통관제기관에서 달리 정하고 있지 아니하면 항공교통관제사와 조종사간 데이터통신(CPDLC)에 의하여 항공교통관제의 허가 또는 지시사항이 전달되는 경우에는 음성으로 복창을 하지 아니할 수 있다.

제248조(비행장 내에서의 사람 및 차량에 대한 통제 등) ① 법 제84조제2항에 따라 관제탑은 지상이동 중이거나 이륙·착륙 중인 항공기에 대한 안전을 확보하기 위하여 비행장의 기동지역 내를 이동하는 사람 또는 차량을 통제하여야 한다.

② 법 제84조제2항에 따라 저시정 기상상태에서 제2종(Category Ⅱ) 또는 제3종(Category Ⅲ)의 정밀계기운항이 진행 중일 때에는 계기착륙시설(ILS)의 방위각제공시설(Localizer) 및 활공각제공시설(Glide Slope)의 전파를 보호하기 위하여 기동지역을 이동하는 사람 및 차량에 대하여 제한을 하여야 한다.

③ 법 제84조제2항에 따라 관제탑은 조난항공기의 구조를 위하여 이동하는 비상차량에 우선권을 부여하여야 한다. 이 경우 차량과 지상이동 하는 항공기 간의 분리최저치는 지방항공청장이 정하는 바에 따른다.

④ 제2항에 따라 비행장의 기동지역 내를 이동하는 차량은 다음 각 호의 사항을 준수하여야 한다. 다만, 관제탑의 다른 지시가 있는 경우에는 그 지시를 우선적으로 준수하여야 한다.

1. 지상이동·이륙·착륙 중인 항공기에 진로를 양보할 것
2. 차량은 항공기를 견인하는 차량에게 진로를 양보할 것
3. 차량은 관제지시에 따라 이동 중인 다른 차량에게 진로를 양보할 것

⑤ 법 제84조제2항에 따라 비행장 내의 이동지역에 출입하는 사람 또는 차량(건설기계 및 장비를 포함한다)의 관리·통제 및 안전관리 등에 대한 세부 사항은 국토교통부장관이 정하여 고시한다.

제249조(항공교통업무증명의 신청) ① 법 제85조제1항에 따라 항공교통업무증명을 받으려는 자는 별지 제85호서식의 항공교통업무증명 신청서에 항공교통업무규정을 첨부하여 국토교통부장관에게 제출하여야 한다.

② 제1항에 따른 항공교통업무규정에는 다음 각 호의 사항을 적어야 한다.

1. 수행하려는 항공교통업무의 범위
2. 운영인력 및 시설·장비 현황
3. 항공교통업무 수행을 위하여 필요한 규정 및 절차
4. 그 밖에 국토교통부장관이 정하여 고시하는 사항

제250조(항공교통업무증명의 발급) ① 국토교통부장관은 제249조제1항에 따른 항공교통업무증명 신청서를 접수받은 경우에는 법 제85조제1항에 따라 항공교통업무를 제공할 수 있는 체계(이하 "항공교통업무제공체계"라 한다)가 법 제85조제2항에 따른 항공교통업무증명기준(이하 "항공교통업무증명기준"이라 한다)에 적합한지의 여부를 검사하여 적합하다고 인정하면 항공교통업무증명 신청자에게 별지 제86호서식의 항공교통업무증명서를 발급하여야 한다.

항공안전법	항공안전법 시행령
⑦ 국토교통부장관은 항공교통업무증명을 받은 자가 교통업무제공체계를 계속적으로 유지하고 있는지를 정기 또는 수시로 검사할 수 있다. ⑧ 국토교통부장관은 제7항에 따른 검사 결과 항공교통안전에 위험을 초래할 수 있는 사항이 발견되었을 때에는 국토교통부령으로 정하는 바에 따라 시정조치를 명할 수 있다. ⑨ 국토교통부장관은 제8항에 따른 검사 결과 항공교통안전에 위험을 초래할 수 있는 사항이 발견되었을 때에는 국토교통부령으로 정하는 바에 따라 시정조치를 명할 수 있다. **제86조(항공교통업무증명의 취소 등)** ① 국토교통부장관은 항공교통업무증명을 받은 자가 다음 각 호의 어느 하나에 해당하는 경우에는 항공교통업무증명을 취소하거나 6개월 이내의 기간을 정하여 항공교통업무 제공의 정지를 명할 수 있다. 다만, 제1호 또는 제8호에 해당하는 경우에는 항공교통업무증명을 취소하여야 한다. 1. 거짓이나 그 밖의 부정한 방법으로 항공교통업무증명을 받은 경우 2. 제58조제2항을 위반하여 다음 각 목의 어느 하나에 해당하는 경우 　가. 항공교통업무 제공을 시작하기 전까지 항공안전관리시스템을 마련하지 아니한 경우 　나. 승인을 받지 아니하고 항공안전관리시스템을 운용한 경우 　다. 항공안전관리시스템을 승인받은 내용과 다르게 운용한 경우 　라. 승인을 받지 아니하고 국토교통부령으로 정하는 중요사항을 변경한 경우 3. 제85조제4항을 위반하여 항공교통업무제공체계를 계속적으로 유지하지 아니하거나 항공교통업무증명기준을 준수하지 아니하고 4. 제85조제5항을 위반하여 신고를 하지 아니하거나 승인을 받지 아니하고 항공교통업무제공체계를 변경한 경우 5. 제85조제7항을 위반하여 변경된 항공교통업무증명기준에 따르도록 한 명령에 따르지 아니한 경우 6. 제85조제9항에 따른 시정조치 명령을 이행하지 아니한 경우 7. 고의 또는 중대한 과실로 항공기사고를 발생시키거나 소속 항공종사자에 대하여 관리·감독하는 상당한 주의의무를 게을리 하여 항공기사고가 발생한 경우 8. 이 조에 따른 항공교통업무 제공의 정지기간에 항공교통업무를 제공한 경우	

② 국토교통부장관은 소속 공무원 또는 법 제35조제7호에 따른 항공교통관제사 자격증명을 받은 사람으로서 해당 분야 10년 이상의 실무경력을 갖춘 사람으로 하여금 제1항에 따른 검사를 하게 하거나 자문에 응하게 할 수 있다.

제251조(항공교통업무증명의 변경신고) ① 제250조제1항에 따른 항공교통업무증명을 받은 자가 항공교통업무제공체계를 변경하려는 경우에는 법 제85조제5항 본문에 따라 별지 제87호서식의 항공교통업무증명 변경신고서에 다음 각 호의 서류를 첨부하여 국토교통부장관에게 신고하여야 한다.
1. 변경 내용 및 그 내용을 증명하는 서류
2. 신·구 내용 대비표
② 제1항에 따른 변경신고를 받은 국토교통부장관은 신고서 및 첨부서류에 흠이 없고 형식적 요건을 충족하는 경우에는 지체 없이 접수하여야 한다.

제252조(항공교통업무증명의 변경승인 등) ① 법 제85조제5항 단서에서 "항공교통업무규정 등 국토교통부령으로 정하는 중요사항"이란 다음 각 호의 어느 하나에 해당하는 사항을 말한다.
1. 항공교통업무규정 중 다음 각 목의 사항
   가. 업무범위
   나. 비행절차
   다. 구성조직
   라. 종사자 교육훈련프로그램
   마. 우발계획
2. 운영하는 시설·장비
3. 대표자
② 제1항에 따라 항공교통업무증명을 받은 자가 제1항 각 호의 어느 하나에 해당하는 사항을 변경하려면 그 변경 예정일 10일 전까지 별지 제88호서식의 항공교통업무증명 변경승인신청서에 그 변경사실을 증명할 수 있는 서류를 첨부하여 국토교통부장관에게 제출하여야 한다.
③ 국토교통부장관은 제2항에 따른 항공교통업무증명의 변경신청서를 접수받은 경우 그 변경사유가 타당하다고 인정되면 제250조제1항에 따라 항공교통업무증명을 발급하여야 한다.

제253조(항공교통업무제공체계 검사 등) ① 국토교통부장관이 법 제85조제7항에 따라 실시하는 정기검사는 연 1회를 실시한다.
② 국토교통부장관은 법 제85조제8항에 따라 항공교통업무증명을 받은 자에게 시정조치를 명하는 경우에는 업무의 조치기간 등 시정에 필요한 적정한 기간을 주어야 한다.
③ 제2항에 따른 시정조치명령을 받은 항공교통업무증명을 받은 자는 그 명령을 이행하였을 때에는 지체 없이 그 시정내용을 국토교통부장관에게 통보하여야 한다.

제254조(항공교통업무증명의 취소 등) ① 법 제86조제2항에 따른 항공교통업무증명의 취소 또는 항공교통업무 제공의 정지처분의 기준은 별표 31과 같다.
② 국토교통부장관은 위반행위의 정도·횟수 등을 고려하여 별표 31에서 정한 항공교통업무 제공의 정지기간을 2분의 1의 범위에서 이를 늘리거나 줄일 수 있다. 다만, 늘리는 경우에도 그 기간은 6개월을 초과할 수 없다.

항공안전법	항공안전법 시행령
② 제1항에 따른 처분의 세부기준 등 그 밖에 필요한 사항은 국토교통부령으로 정한다. **제87조(항공교통업무증명을 받은 자에 대한 과징금의 부과)** ①국토교통부장관은 항공교통업무증명을 받은 자가 제86조제1항 제2호부터 제7호까지의 어느 하나에 해당하여 항공교통업무 제공의 정지를 명하여야 하는 경우로서 그 항공교통업무 제공을 정지하면 비행장 이용자 등에게 심한 불편을 주거나 공익을 해칠 우려가 있는 경우에는 항공교통업무 제공의 정지처분을 갈음하여 1억원 이하의 과징금을 부과할 수 있다. ② 제1항에 따른 과징금 부과의 구체적인 기준, 절차 및 그 밖에 필요한 사항은 대통령령으로 정한다. ③ 국토교통부장관은 제1항에 따른 과징금을 내야 할 자가 납부기한까지 과징금을 내지 아니하면 국세 체납처분의 예에 따라 징수한다. **제88조(수색 · 구조 지원계획의 수립 · 시행)** 국토교통부장관은 항공기가 조난되는 경우 항공기 수색이나 인명구조를 위하여 대통령령으로 정하는 바에 따라 관계 행정기관의 역할 등을 정한 항공기 수색 · 구조 지원에 관한 계획을 수립 · 시행하여야 한다. **제89조(항공정보의 제공 등)** ① 국토교통부장관은 항공기 운항의 안전성 · 정규성 및 효율성을 확보하기 위하여 필요한 정보(이하 "항공정보"라 한다)를 비행정보구역에서 비행하는 사람 등에게 제공하여야 한다. ② 국토교통부장관은 항공로, 항행안전시설, 비행장, 공항, 관제권 등 항공기 운항에 필요한 정보가 표시된 지도(이하 "항공지도"라 한다)를 발간(發刊)하여야 한다. ③ 제1항 및 제2항에서 규정한 사항 외에 항공정보 또는 항공지도의 내용, 제공방법, 측정단위 등에 필요한 사항은 국토교통부령으로 정한다.	**제19조(항공교통업무증명을 받은 자에 대한위반 행위의 종류별 과징금의 금액 등)** ①법 제87조 제1항에 따라 과징금을 부과하는 위반행위의 종류와 위반 정도 등에 따른 과징금의 금액은 별표 2와 같다. ② 과징금의 부과 · 납부 및 독촉 · 징수에 관하여는 제6조 및 제7조를 준용한다. **제20조(항공기 수색 · 구조 지원계획의 내용 등)** ① 법 제88조에 따른 항공기 수색 · 구조 지원에 관한 계획에는 다음 각 호의 사항이 포함되어야 한다. 1. 수색 · 구조 지원체계의 구성 및 운영에 관한 사항 2. 국방부장관, 국토교통부장관 및 주한미군 사령관의 관할 공역에서의 역할 3. 그 밖에 항공기 수색 또는 인명구조를 위하여 필요한 사항 ② 제1항에 따른 항공기 수색 · 구조지원에 관한 계획의 수립 및 시행에 필요한 세부사항은 국토교통부장관이 관계 행정기관의 장과 협의하여 정한다.

제255조(항공정보) ① 법 제89조제1항에 따른 항공정보의 내용은 다음 각 호와 같다.

1. 비행장과 항행안전시설의 공용의 개시, 휴지, 재개(再開) 및 폐지에 관한 사항
2. 비행장과 항행안전시설의 중요한 변경 및 운용에 관한 사항
3. 비행장을 이용할 때에 있어 항공기의 운항에 장애가 되는 사항
4. 비행의 방법, 결심고도, 최저강하고도, 비행장 이륙·착륙 기상 최저치 등의 설정과 변경에 관한 사항
5. 항공교통업무에 관한 사항
6. 다음 각 목의 공역에서 하는 로켓·불꽃·레이저 광선 또는 그 밖의 물건의 발사, 무인기구(기상관측용 및 완구용은 제외한다)의 계류·부양 및 낙하산 강하에 관한 사항
   가. 진입표면·수평표면·원추표면 또는 전이표면을 초과하는 높이의 공역
   나. 항공로 안의 높이 150미터 이상인 공역
   다. 그 밖에 높이 250미터 이상인 공역
7. 그 밖에 항공기의 운항에 도움이 될 수 있는 사항

② 제1항에 따른 항공정보는 다음 각 호의 어느 하나의 방법으로 제공한다.

1. 항공정보간행물(AIP)
2. 항공고시보(NOTAM)
3. 항공정보회람(AIC)
4. 비행 전·후 정보(Pre-Flight and Post-Flight Information)를 적은 자료

③ 법 제89조제2항에 따라 발간하는 항공지도에 제공하는 사항은 다음 각 호와 같다.

1. 비행장장애물도(Aerodrome Obstacle Chart)
2. 정밀접근지형도(Precision Approach Terrain)
3. 항공로도(Enroute Chart)
4. 지역도(Area Chart)
5. 표준계기출발도(Standard Departure Chart-Instrument)

6. 표준계기도착도(Standard Arrival Chart-Instrument)

7. 계기접근도(Instrument Approach Chart)

8. 시계접근도(Visual Approach Chart)

9. 비행장 또는 헬기장도(Aerodrome/Heliport Chart)

10. 비행장지상이동도(Aerodrome Ground Movement Chart)

11. 항공기주기도 또는 접현도(Aircraft Parking/Docking Chart)

12. 세계항공도(World Aeronautical Chart)

13. 항공도(Aeronautical Chart)

14. 항법도(Aeronautical Navigation Chart)

15. 항공교통관제감시 최저고도도(ATC Surveillance Minimum Altitude Chart)

16. 그 밖에 국토교통부장관이 고시하는 사항

④ 법 제89조제3항에 따라 항공정보에 사용되는 측정단위는 다음 각 호의 어느 하나의 방법에 따라 사용한다.

1. 고도(Altitude) : 미터(m) 또는 피트(ft)

2. 시정(Visibility) : 킬로미터(km) 또는 마일(SM). 이 경우 5킬로미터 미만의 시정은 미터(m) 단위를 사용한다.

3. 주파수(Frequency) : 헤르츠(㎐)

4. 속도(Velocity Speed) : 초당 미터(㎧)

5. 온도(Temperature) : 섭씨도(℃)

⑤ 제1항부터 제4항까지에서 규정한 사항 외에 항공정보의 제공 및 항공지도의 발간 등에 관한 세부사항은 국토교통부장관이 정하여 고시한다.

제256조(통지사항) 제255조제1항제6호의 행위를 하려는 자는 그 행위 예정일 10일 전까지 다음 각 호의 사항을 지방항공청장에게 통지하여야 한다. 다만, 지방항공청장의 승인을 받은 경우에는 그러지 아니하다.

1. 성명 · 주소 및 연락장소

2. 해당 행위를 하려는 일시와 장소

3. 해당 행위의 내용

4. 그 밖에 참고가 될 사항

항공안전법	항공안전법 시행령

제7장 항공운송사업자 등에 대한 안전관리

제1절 항공운송사업자에 대한 안전관리

제90조(항공운송사업자의 운항증명) ① 항공운송사업자는 운항을 시작하기 전까지 국토교통부령으로 정하는 기준에 따라 인력, 장비, 시설, 운항관리지원 및 정비관리지원 등 안전운항체계에 대하여 국토교통부장관의 검사를 받은 후 운항증명을 받아야 한다.

② 국토교통부장관은 제1항에 따른 운항증명(이하 "운항증명"이라 한다)을 하는 경우에는 운항하려는 항공로, 공항 및 항공기정비방법 등에 관하여 국토교통부령으로 정하는 운항조건과 제한 사항이 명시된 운영기준을 운항증명서와 함께 해당 항공운송사업자에게 발급하여야 한다.

③ 국토교통부장관은 항공기의 안전운항을 확보하기 위하여 필요하다고 판단되면 직권으로 또는 항공운송사업자의 신청을 받아 제2항에 따른 운영기준을 변경할 수 있다.

④ 항공운송사업자 또는 항공운송사업자에 속한 항공종사자는 제2항에 따른 운영기준을 준수하여야 한다.

⑤ 운항증명을 받은 항공운송사업자는 최초로 운항증명을 받았을 때의 안전운항체계를 유지하여야 하며, 노선의 개설 등으로 안전운항체계가 변경된 경우에는 국토교통부장관이 실시하는 검사를 받아야 한다.

⑥ 국토교통부장관은 항공기 안전운항을 확보하기 위하여 운항증명을 받은 항공운송사업자가 안전운항체계를 유지하고 있는 지를 정기 또는 수시로 검사하여야 한다.

⑦ 국토교통부장관은 제6항에 따른 정기검사 또는 수시검사를 하는 중에 다음 각 호의 어느 하나에 해당하여 긴급한 조치가 필요하게 되었을 때에는 국토교통부령으로 정하는 바에 따라 항공기 또는 노선의 운항을 정지하게 하거나 항공종사자의 업무를 정지하게 할 수 있다.

1. 항공기의 감항성에 영향을 미칠 수 있는 사항이 발견된 경우
2. 항공기의 운항과 관련된 항공종사자가 교육훈련 또는 운항자격 등 이 법에 따라 해당 업무에 종사하는 데 필요한 요건을 충족하지 못하고 있음이 발견된 경우
3. 승무시간 기준, 비행규칙 등 항공기의 안전운항을 위하여 이 법에서 정한 기준을 따르지 아니하고 있는 경우
4. 운항하려는 공항 또는 활주로의 상태 등이 항공기의 안전운항에 위험을 줄 수 있는 상태인 경우
5. 그 밖에 안전운항체계에 영향을 미칠 수 있는 상황으로 판단되는 경우

⑧ 국토교통부장관은 제7항에 따른 정지처분의 사유가 없어진 경우에는 지체 없이 그 처분을 취소하여야 한다.

제7장 항공운송사업자 등에 대한 안전관리

제257조(운항증명의 신청 등) ① 법 제90조제1항에 따라 운항증명을 받으려는 자는 별지 제89호서식의 운항증명신청서에 별표 32의 서류를 첨부하여 운항 개시 예정일 90일 전까지 국토교통부장관 또는 지방항공청장에게 제출하여야 한다.
② 국토교통부장관 또는 지방항공청장은 제1항에 따른 운항증명의 신청을 받으면 10일 이내에 운항증명검사계획을 수립하여 신청인에게 통보하여야 한다.

[별표 32]
운항증명 신청 시에 제출할 서류(제257조제1항 관련)

1. 국토교통부장관 또는 지방항공청장으로부터 발급 받은 「항공사업법」 제7조에 따른 국내 항공운송사업면허증 또는 국제항공운송사업면허증, 「항공사업법」 제10조제1항에 따른 소형 항공운송사업등록증, 「항공사업법」 제30조에 따른 항공기사용사업등록증 중 해당 면허증 또는 등록증의 사본
2. 「항공사업법」 제8조제1항제4호 또는 같은 법 제11조제1항제2호에 따라 제출한 사업계획서 내용의 추진 일정
3. 조직 · 인력의 구성, 업무분장 및 책임
4. 주요 임원의 이력서
5. 항공법규 준수의 이행 서류와 이를 증명하는 서류(Final Compliance Statement)
6. 항공기 또는 운항 · 정비와 관련된 시설 · 장비 등의 구매 · 계약 또는 임차 서류
7. 종사자 훈련 교과목 운영계획
8. 별표 36에서 정한 내용이 포함되도록 구성된 다음 각 목의 구분에 따른 교범. 이 경우 단행본으로 운영하거나 각 교범을 통합하여 운영할 수 있다.
   가. 운항일반교범(Policy and Administration Manual)
   나. 항공기운영교범(Aircraft Operating Manual)
   다. 최소장비목록 및 외형변경목록(MEL/CDL)
   라. 훈련교범(Training Manual)
   마. 항공기성능교범(Aircraft Performance Manual)
   바. 노선지침서(Route Guide)
   사. 비상탈출절차교범(Emergency Evacuation Procedures Manual)
   아. 위험물교범(Dangerous Goods Manual)
   자. 사고절차교범(Accident Procedures Manual)
   차. 보안업무교범(Security Manual)
   카. 항공기 탑재 및 처리교범(Aircraft Loading and Handling Manual)
   타. 객실승무원업무교범(Cabin Attendant Manual)
   파. 비행교범(Airplane Flight Manual)
   하. 지속감항정비프로그램(Continuous Airworthiness Maintenance Program)
9. 승객 브리핑카드(Passenger Briefing Cards)
10. 급유 · 재급유 · 배유 절차
11. 비상구열 좌석(Exit Row Seating) 절차
12. 약물 및 주정음료 통제 절차
13. 운영기준에 포함될 자료

14. 비상탈출 시현계획(Emergency Evacuation Demonstration Plan)
15. 운항증명을 위한 현장검사 수검계획(Flight Operations Inspection Plan)
16. 환경영향평가서(Environmental Assessment)
17. 훈련계약에 관한 사항
18. 정비규정
19. 그 밖에 국토교통부장관이 정하는 사항

제258조(운항증명을 위한 검사기준) 법 제90조제1항에 따라 항공운송사업자의 운항증명을 하기 위한 검사는 서류검사와 현장검사로 구분하여 실시하며, 그 검사기준은 별표 33과 같다.

[별표 33]

운항증명의 검사기준(제258조 관련)

1. 서류검사 기준

검사 항목 및 검사 기준	적용대상 사업자			
	항공운송사업			항공기사용산업
	국제	국내	소형	
가. 「항공사업법」 제8조제1항제4호 또는 제11조제1항제2호에 따라 제출한 사업계획서 내용의 추진일정 국토교통부장관 또는 지방항공청장이 운항증명을 위한 검사를 시작하기 전에 완료되어야 하는 항목, 활동 내용 및 항공기 등의 시설물 구매에 관한 내용이 정확한 예정일 순서에 따라 이치에 맞게 수립되어 있을 것	○	○	○	○
나. 조직 · 인력의 구성, 업무분장 및 책임 신청자가 인가받으려는 운항을 하기에 적합한 조직체계와 충분한 인력을 확보하고 업무분장을 명확하게 유지할 것	○	○	○	○
다. 항공법규 준수의 이행 서류와 이를 증명하는 서류(Regulations Compliance Statement) 항공운송사업자 또는 항공기사용사업자에게 적용되는 항공법규의 준수 방법을 논리적으로 진술하거나 또는 증명서류로 확인시킬 수 있을 것	○	○	○	○
라. 항공기 또는 운항 · 정비와 관련된 시설 · 장비 등의 구매 · 계약 또는 임차 서류 신청자가 제시한 운항을 하는 데 필요한 항공기, 시설 및 업무 준비를 마쳤음을 증명할 수 있을 것	○	○	○	○
마. 종사자 훈련 교과목 운영계획 기초훈련, 비상절차훈련, 지상운항절차훈련, 비행훈련, 정기훈련(Recurrent Training), 전환 및 승격훈련(Transition and Upgrade Training), 항공기차이점훈련(Differences Training), 보안훈련, 위험물취급훈련, 검열운항승무원/비행교관훈련, 객실승무원훈련, 운항관리사훈련 및 정비인력훈련을 포함한 종사자에 대한 훈련계획이 적절히 수립되어 있을 것	○	○	○	○
바. 별표 36에서 정한 내용이 포함되도록 구성된 다음의 구분에 따른 교범				
1) 운항일반교범(Policy and Administration Manual)	○	○	○	○
2) 항공기운영교범(Aircraft Operating Manual)	○	○	○	해당될 경우 적용

검사 항목 및 검사 기준	적용대상 사업자			
	항공운송사업			항공기사용산업
	국제	국내	소형	
3) 최소장비목록 및 외형변경목록(MEL/CDL)	○	○	○	해당될 경우 적용
4) 훈련교범(Training Manual)	○	○	○	○
5) 항공기성능교범(Aircraft Performance Manual)	○	○	○	○
6) 노선지침서(Route Guide)		○		○
7) 비상탈출절차교범(Emergency Evacuation Procedures Manual)	○	○	해당될 경우 적용	
8) 위험물교범(Dangerous Goods Manual)	○	○	해당될 경우 적용	−
9) 사고절차교범(Accident Procedures Manual)	○	○	○	○
10) 보안업무교범(Security Manual)	○	○	○	
11) 항공기 탑재 및 처리교범(Aircraft Loading and Handling Manual)	○	○	○	
12) 객실승무원업무교범(Cabin Attendant Manual)	○	○	−	−
13) 비행교범(Airplane Flight Manual)	○	○	○	○
14) 지속감항정비프로그램(Continuous Airworthiness Maintenance Program)	○	○	해당될 경우 적용	해당될 경우 적용
15) 지상조업 협정 및 절차	○	○	○	−
사. 승객 브리핑카드(Passenger Briefing Cards) 운항승무원 및 객실승무원이 도울 수 없는 비상상황에서 승객이 필요로 하는 기능과 승객의 재착석절차 등이 적절하게 정해져 있을 것	○	○	○	−
아. 급유·재급유·배유절차 연료 주입과 배유 시 처리절차 및 안전조치가 적절하게 정해져 있을 것	○	○	○	해당될 경우 적용
자. 비상구열 좌석(Exit Row Seating) 절차 비상상황 발생 시 객실승무원의 객실안전업무를 보조하도록 하기 위한 비상구열좌석의 배정방법 등의 절차가 적절하게 정해져 있을 것	○	○	해당될 경우 적용	−
차. 약물 및 주류 등 통제 절차 항공기 안전운항을 해칠 수 있는 승무원의 약물 또는 주류 등의 섭취를 방지할 대책이 적절히 마련되어 있을 것	○	○	○	○
카. 운영기준에 포함될 자료 운항하려는 항로·공항 및 항공기 정비방법 등에 관한 기초자료가 적절히 작성되어 있을 것	○	○	○	○
타. 비상탈출 시현계획(Emergency Evacuation Demonstration Plan) 비상상황에서 운항승무원 및 객실승무원이 취해야 할 조치능력을 모의로 시현할 수 있는 시나리오 및 일정 등이 적절히 짜여 있을 것	○	○	해당될 경우 적용	−
파. 항공기 운항 검사계획(Flight Operations Inspection Plan) 항공법규를 준수하면서 모든 운항업무를 수행할 수 있음을 시범 보일 수 있는 시나리오 및 일정 등 계획이 적절히 짜여 있을 것	○	○	○	

항공안전법 시행규칙

검사 항목 및 검사 기준	적용대상 사업자			항공기사용산업
	항공운송사업			
	국제	국내	소형	
하. 환경영향평가서(Environmental Assessment) 자체적으로 또는 외부기관으로부터 환경영향평가에 관한 종합적 분석 자료가 준비되어 있을 것	○	○	○	–
거. 훈련계약에 관한 사항 종사자 훈련에 관한 아웃소싱 등 해당 사유가 있는 경우 훈련방식과 조건 등 적절한 훈련여건을 갖추고 있음을 증명할 수 있을 것	○	○	○	○
너. 정비규정 별표 37에서 정한 사항에 대한 모든 절차 등이 적절하게 정해져 있을 것	○	○	○	○
더. 그 밖에 국토교통부장관이 정하는 사항	○	○	○	○

2. 현장검사 기준

검사 항목 및 검사 기준	적용 대상 사업자			항공기 사용사업
	항공운송사업			
	국제	국내	소형	
가. 지상의 고정 및 이동시설·장비 검사 주 운항기지, 주 정비기지, 국내외 취항공항 및 교체공항(국토교통부장관 또는 지방항공청장이 지정하는 곳만 해당한다)의 지상시설·장비, 인력 및 훈련프로그램 등이 신청자가 인가받으려는 운항을 하기에 적합하게 갖추어져 있을 것	○	○	○	○
나. 운항통제조직의 운영 운항통제, 운항 감독방법, 운항관리사의 배치와 임무 배정 등이 안전운항을 위하여 적절하게 이루어지고 있을 것	○	○	○	○
다. 정비검사시스템의 운영 정비방법·기준 및 검사절차 등이 적합하게 갖추어져 있을 것	○	○	○	○
라. 항공종사자 자격증명 검사 조종사·항공기관사·운항관리사 및 정비사의 자격증명 소지 등 자격관리가 적절히 이루어지고 있을 것	○	○	○	○

마. 훈련프로그램 평가
  1) 훈련시설, 훈련스케줄 및 교과목 등이 적절히 짜여 있고 실행되고 있음을 증명할 것
  2) 운항승무원에 대한 훈련과정이 기초훈련, 비상절차훈련, 지상훈련, 비행훈련 및 항공기 차이점 훈련을 포함하여 효과적으로 짜여 있고 자격을 갖춘 교관이 훈련시키고 있음을 증명할 것
  3) 검열운항승무원 및 비행교관 훈련과정이 적절하게 짜여 있고 그대로 실행하고 있을 것
  4) 객실승무원 훈련과정이 기초훈련, 비상절차훈련 및 지상훈련을 포함하여 적절하게 짜여 있고 그대로 실행하고 있음을 증명할 것. 다만, 화물기 및 소형항공운송사업의 경우에는 적용하지 않는다.
  5) 운항관리사의 훈련과정이 적절하게 짜여 있고 그대로 실행되고 있음을 증명할 것
  6) 위험물취급훈련 및 보안훈련과정이 적절하게 짜여 있고 그대로 실행되고 있음을 증명할 것
  7) 정비훈련과정이 적절하게 짜여 있고 그대로 실행되고 있음을 증명할 것
	○	○	○	해당될 경우 적용

검사 항목 및 검사 기준	적용 대상 사업자			
	항공운송사업			항공기 사용사업
	국제	국내	소형	
바. 비상탈출 시현 비상상황에서 비상탈출 및 구명장비의 사용 등 운항승무원 및 객실승무원이 취해야 할 조치를 적절하게 할 수 있음을 시범 보일 것	○	○	해당될 경우 적용	–
사. 비상착수 시현 수면 위로 비행하게 될 항공기의 기종과 모델별로 비상착수 시 비상장비의 사용 등 필요한 조치를 적절하게 할 수 있음을 시범 보일 것	○	○	해당될 경우 적용	–
아. 기록 유지·관리 검사 1) 운항승무원 훈련, 비행시간·휴식시간, 자격관리 등 운항 관련 기록이 적절하게 유지 및 관리되고 있을 것 2) 항공기기록, 직원훈련, 자격관리 및 근무시간 제한 등 정비 관련 기록이 적절하게 관리·유지되고 있을 것 3) 비행기록(Flight Records)이 적절하게 유지되고 있을 것	○	○	○	○
자. 항공기 운항검사(Flight Operations Inspection) 비행 전(Pre-flight), 비행 중(In-flight) 및 비행 후(Post-flight)의 모든 운항절차가 적절하게 이루어지고 있음을 시범 보일 것	○	○	○	–
차. 객실승무원 직무능력 평가 비행 중 객실 내 안전업무를 수행하기에 적절한 능력을 보유하고 있음을 시범 보일 것	○	○	해당될 경우 적용	–
카. 항공기 적합성 검사(Aircraft Conformity Inspection) 항공기가 안전하게 비행할 수 있는 성능을 유지하고 있음을 증명할 것	○	○	○	○
타. 주요 간부직원에 대한 직무지식에 관한 인터뷰 검사관이 실시하는 주요 보직자에 대한 무작위 인터뷰 시 해당직무에 대한 이해와 필요한 지식을 보유하고 있음을 증명할 것	○	○	○	○

제259조(운항증명 등의 발급) ① 국토교통부장관 또는 지방항공청장은 제258조에 따른 운항증명검사 결과 검사기준에 적합하다고 인정하는 경우에는 별지 제90호서식의 운항증명서 및 별지 제91호서식의 운영기준을 발급하여야 한다.
② 법 제90조제2항에서 "국토교통부령으로 정하는 운항조건과 제한사항"이란 다음 각 호의 사항을 말한다.
1. 항공운송사업자의 주 사업소의 위치와 운영기준에 관하여 연락을 취할 수 있는 자의 성명 및 주소
2. 항공운송사업에 사용할 정규 공항과 항공기 기종 및 등록기호
3. 인가된 운항의 종류
4. 운항하려는 항공로와 지역의 인가 및 제한 사항
5. 공항의 제한 사항
6. 기체·발동기·프로펠러·회전익·기구와 비상장비의 검사·점검 및 분해정밀검사에 관한 제한시간 또는 제한시간을 결정하기 위한 기준
7. 항공운송사업자 간의 항공기 부품교환 요건
8. 항공기 중량 배분을 위한 방법
9. 항공기 등의 임차에 관한 사항
10. 그 밖에 안전운항을 위하여 국토교통부장관이 정하여 고시하는 사항

제260조(운항증명의 변경 등) ① 제259조에 따라 운항증명을 받은 항공운송사업자가 그 명칭 등 국토교통부장관이 정하여 고시하는 사항을 변경하려면 그 변경 예정일 30일 전까지 별지 제92호서식의 운항증명 변경신청서에 그 변경 사실을 증명할 수 있는 서류를 첨부하여 국토교통부장관 또는 지방항공청장에게 제출하여야 한다.

② 국토교통부장관 또는 지방항공청장은 제1항에 따른 운항증명 변경신청서를 접수한 경우 그 변경 사유가 타당하다고 인정되면 제259조에 따라 운항증명을 발급하여야 한다.

제261조(운영기준의 변경 등) ① 법 제90조제3항에 따라 국토교통부장관 또는 지방항공청장이 항공기 안전운항을 확보하기 위하여 운영기준을 변경하려는 경우에는 변경의 내용과 사유를 포함한 변경된 운영기준을 운항증명 소지자에게 발급하여야 한다.

② 제1항에 따른 변경된 운영기준은 안전운항을 위하여 긴급히 요구되거나 운항증명 소지자가 이의를 제기하는 경우가 아니면 발급받은 날부터 30일 이후에 적용된다.

③ 법 제90조제3항에 따라 운항증명소지자가 운영기준 변경신청을 하려는 경우에는 변경할 운영기준을 적용하려는 날의 15일전까지 별지 제93호서식의 운영기준 변경신청서에 변경하려는 내용과 사유를 적어 국토교통부장관 또는 지방항공청장에게 제출하여야 한다.

④ 국토교통부장관 또는 지방항공청장은 제3항에 따른 운영기준변경신청을 받으면 그 내용을 검토하여 항공기안전운항을 확보하는데 문제가 없다고 판단되는 경우에는 별지 제94호서식에 따른 변경된 운영기준을 신청인에게 발급하여야 한다.

제262조(안전운항체계 변경검사 등) ① 법 제90조제5항에서 "노선의 개설 등으로 안전운항체계가 변경된 경우"란 다음 각 호의 어느 하나에 해당하는 경우를 말한다.

1. 법 제90조제2항에 따라 발급된 운영기준에 등재되지 아니한 새로운 형식의 항공기를 도입한 경우
2. 새로운 노선을 개설한 경우
3. 「항공사업법」 제21조에 따라 사업을 양도·양수한 경우
4. 「항공사업법」 제22조에 따라 사업을 합병한 경우

② 운항증명을 발급 받은 자는 법 제90조제5항에 따라 안전운항체계가 변경된 경우에는 별지 제95호서식의 안전운항체계 변경검사 신청서에 다음 각 호의 사항이 포함된 안전운항체계 변경에 대한 입증자료(이하 이 조에서 "안전적합성입증자료"라 한다)와 별지 제93호서식의 운영기준 변경신청서(운영기준의 변경이 있는 경우만 해당한다)를 첨부하여 운항개시 예정일 5일 전까지 국토교통부장관 또는 지방항공청장에게 제출하여야 한다.

1. 사용 예정 항공기
2. 항공기 및 그 부품의 정비시설
3. 항공기 급유시설 및 연료저장시설
4. 예비품 및 그 보관시설
5. 운항관리시설 및 그 관리방식
6. 지상조업시설 및 장비
7. 운항에 필요한 항공종사자의 확보상태 및 능력
8. 취항 예정 비행장의 제원 및 특성
9. 여객 및 화물의 운송서비스 관련 시설
10. 면허조건 또는 사업 개시 관련 행정명령 이행실태
11. 그 밖에 안전운항과 노선운영에 관하여 국토교통부장관 또는 지방항공청장이 정하여 고시하는 사항

③ 국토교통부장관 또는 지방항공청장은 제2항에 따라 제출받은 입증자료를 바탕으로 변경된 안전운항체계에 대하여 검사한 경우에는 그 결과를 신청자에게 통보하여야 한다.

④ 국토교통부장관 또는 지방항공청장은 제3항에 따른 검사 결과 적합하다고 인정되는 경우로서 제259조제1항에 따라 발급한 운영기준의 변경이 수반되는 경우에는 변경된 운영기준을 함께 발급하여야 한다.

항공안전법	항공안전법 시행령
제91조(항공운송사업자의 운항증명 취소 등) ① 국토교통부장관은 운항증명을 받은 항공운송사업자가 다음 각 호의 어느 하나에 해당하는 경우에는 운항증명을 취소하거나 6개월 이내의 기간을 정하여 항공기 운항의 정지를 명할 수 있다. 다만, 제1호, 제39호 또는 제49호의 어느 하나에 해당하는 경우에는 운항증명을 취소하여야 한다. 1. 거짓이나 그 밖의 부정한 방법으로 운항증명을 받은 경우 2. 제18조제1항을 위반하여 국적 · 등록기호 및 소유자 등의 성명 또는 명칭을 표시하지 아니한 항공기를 운항한 경우 3. 제23조제3항을 위반하여 감항증명을 받지 아니한 항공기를 운항한 경우 4. 제23조제8항에 따른 항공기의 감항성 유지를 위한 항공기 등, 장비품 또는 부품에 대한 정비 등에 관한 감항성 개선 또는 그 밖에 검사 · 정비 등의 명령을 이행하지 아니하고 이를 운항 또는 항공기 등에 사용한 경우 5. 제25조제2항을 위반하여 소음기준적합증명을 받지 아니하거나 항공기기술기준에 적합하지 아니한 항공기를 운항한 경우 6. 제26조를 위반하여 변경된 항공기기술기준을 따르도록 한 요구에 따르지 아니한 경우 7. 제27조제3항을 위반하여 기술표준품형식승인을 받지 아니한 기술표준품을 항공기 등에 사용한 경우 8. 제28조제3항을 위반하여 부품등제작자증명을 받지 아니한 장비품 또는 부품을 항공기 등 또는 장비품에 사용한 경우 9. 제30조제2항을 위반하여 수리 · 개조승인을 받지 아니한 항공기 등을 운항하거나 장비품 · 부품을 항공기 등에 사용한 경우 10. 제32조제1항을 위반하여 정비 등을 한 항공기 등, 장비품 또는 부품에 대하여 감항성을 확인받지 아니하고 운항 또는 항공기 등에 사용한 경우 11. 제42조를 위반하여 제40조제2항에 따른 자격증명의 종류별 항공신체검사증명의 기준에 적합하지 아니한 운항승무원을 항공업무에 종사하게 한 경우 12. 제51조를 위반하여 국토교통부령으로 정한 무선설비를 설치하지 아니한 항공기 또는 설치한 무선설비가 운용되지 아니하는 항공기를 운항한 경우 13. 제52조를 위반하여 항공기에 항공계기등을 설치하거나 탑재하지 아니하고 운항하거나, 그 운용방법 등을 따르지 아니한 경우 14. 제53조를 위반하여 항공기에 국토교통부령으로 정하는 양의 연료를 싣지 아니하고 운항한 경우 15. 제54조를 위반하여 항공기를 운항하거나 야간에 비행장에 주기 또는 정박시키는 경우에 국토교통부령으로 정하는 바에 따라 등불로 항공기의 위치를 나타내지 아니한 경우	

⑤ 국토교통부장관 또는 지방항공청장은 제3항에도 불구하고 운항증명을 받은 자가 사업계획의 변경 등으로 다른 기종의 항공기를 운항하려는 경우 등 항공기의 안전운항을 확보하는데 문제가 없다고 판단되는 경우에는 법제77조에 따라 고시하는 운항기술기준에서 정하는 바에 따라 안전운항체계의 변경에 따른 검사의 일부 또는 전부를 면제할 수 있다.

제263조(항공기 또는 노선의 운항정지 및 항공종사자의 업무정지 등) 국토교통부장관 또는 지방항공청장은 법 제90조제7항에 따라 항공기 또는 노선의 운항을 정지하게 하거나 항공종사자의 업무를 정지하게 하려면 다음 각 호에 따라 조치하여야 한다.

1. 운항증명 소지자 또는 항공종사자에게 항공기 또는 노선의 운항을 정지하게 하거나 항공종사자의 업무를 정지하게 하는 사유 및 조치하여야 할 내용을 구두로 지체 없이 통보하고, 사후에 서면으로 통보하여야 한다.

2. 제1호에 따른 통보를 받은 자가 그 조치하여야 할 사항을 조치하였을 때에는 지체 없이 그 내용을 국토교통부장관 또는 지방항공청장에게 통보하여야 한다.

3. 국토교통부장관 또는 지방항공청장은 제2호에 따른 통보를 받은 경우에는 그 내용을 확인하고 항공기의 안전운항에 지장이 없다고 판단되면 지체 없이 그 사실을 통보하여 항공기 또는 노선의 운항을 재개할 수 있게 하거나 항공종사자의 업무를 계속 수행할 수 있게 하여야 한다.

제264조(항공운송사업자의 운항증명 취소 등) ① 법 제91조에 따른 항공운송사업자의 운항증명 취소 또는 항공기운항의 정지처분의 기준은 별표 34와 같다.

② 국토교통부장관 또는 지방항공청장은 위반행위의 정도·횟수 등을 고려하여 별표 34에서 정한 항공기 운항정지기간을 2분의 1의 범위에서 늘리거나 줄일 수 있다. 다만, 늘리는 경우에도 그 기간은 6개월을 초과할 수 없다.

③ 같은 사업자가 여러 개의 위반행위와 관련되는 경우에는 다음 각 호의 구분에 따라 처분한다.

1. 가장 무거운 위반행위에 대한 처분기준이 운항증명의 취소인 경우 : 운항증명을 취소할 것

2. 각 위반행위에 대한 처분기준이 항공기 운항정지인 경우 : 그 정지기간을 합산할 것. 다만, 별표 34 제48호가목부터 더목까지의 규정에 따른 항공기 운항정지처분을 하는 경우 인명과 재산피해가 동시에 발생한 경우에는 그 중 무거운 처분기준을 적용한다.

제265조(위반행위의 세부 유형) 영 별표 3의 비고 제1호 및 이 규칙 별표 34의 비고 제1호에 따른 처분의 세부기준은 별표 35와 같다.

항공안전법	항공안전법 시행령
16. 제55조를 위반하여 국토교통부령으로 정하는 비행경험이 없는 운항승무원에게 항공기를 운항하게 하거나 계기비행·야간비행 또는 조종교육의 업무에 종사하게 한 경우 17. 제56조제1항을 위반하여 소속 승무원의 피로를 관리하지 아니한 경우 18. 제56조제2항을 위반하여 국토교통부장관의 승인을 받지 아니하고 피로위험관리시스템을 운용하거나 중요사항을 변경한 경우 19. 제57조제1항을 위반하여 항공종사자 또는 객실승무원이 주류 등의 영향으로 항공업무 또는 객실승무원의 업무를 정상적으로 수행할 수 없는 상태에서 항공업무 또는 객실승무원의 업무에 종사하게 한 경우 20. 제58조제2항을 위반하여 다음 각 목의 어느 하나에 해당하는 경우 　가. 사업을 시작하기 전까지 항공안전관리시스템을 마련하지 아니한 경우 　나. 승인을 받지 아니하고 항공안전관리시스템을 운용한 경우다. 　항공안전관리시스템을 승인받은 내용과 다르게 운용한 경우 　라. 승인을 받지 아니하고 국토교통부령으로 정하는 중요 사항을 변경한 경우 21. 제62조제5항 단서를 위반하여 항공기사고, 항공기준사고 또는 항공안전장애가 발생한 경우에 국토교통부령으로 정하는 바에 따라 발생 사실을 보고하지 아니한 경우 22. 제63조제4항에 따라 자격인정 또는 심사를 할 때 소속 기장 또는 기장 외의 조종사에 대하여 부당한 방법으로 자격인정 또는 심사를 한 경우 23. 제63조제7항을 위반하여 운항하려는 지역, 노선 및 공항에 대한 경험요건을 갖추지 아니한 기장에게 운항을 하게 한 경우 24. 제65조제1항을 위반하여 운항관리사를 두지 아니한 경우 25. 제65조제3항을 위반하여 국토교통부령으로 정하는 바에 따라 운항관리사가 해당 업무를 수행하는 데 필요한 교육훈련을 하지 아니하고 해당 업무에 종사하게 한 경우 26. 제66조를 위반하여 이륙·착륙장소가 아닌 곳에서 항공기를 이륙하거나 착륙하게 한 경우 27. 제68조를 위반하여 같은 조 각 호의 어느 하나에 해당하는 비행 또는 행위를 하게 한 경우 28. 제70조제1항을 위반하여 허가를 받지 아니하고 항공기를 이용하여 위험물을 운송한 경우 29. 제70조제3항을 위반하여 국토교통부장관이 고시하는 위험물취급의 절차 및 방법에 따르지 아니하고 위험물을 취급한 경우 30. 제72조제1항을 위반하여 위험물취급에 관한 교육을 받지 아니한 사람에게 위험물취급을 하게 한 경우	

항공안전법	항공안전법 시행령
31. 제74조제1항을 위반하여 승인을 받지 아니하고 비행기를 운항한 경우 32. 제75조제1항을 위반하여 승인을 받지 아니하고 같은 항 각호의 어느 하나에 해당하는 공역에서 항공기를 운항한 경우 33. 제76조제1항을 위반하여 국토교통부령으로 정하는 바에 따라 운항의 안전에 필요한 승무원을 태우지 아니하고 항공기를 운항한 경우 34. 제76조제3항을 위반하여 항공기에 태우는 승무원에 대하여 해당 업무를 수행하는 데 필요한 교육훈련을 하지 아니한 경우 35. 제77조제2항을 위반하여 같은 조 제1항에 따른 운항기술기준을 준수하지 아니하고 운항하거나 업무를 한 경우 36. 제90조제1항을 위반하여 운항증명을 받지 아니하고 운항을 시작한 경우 37. 제90조제4항을 위반하여 운영기준을 준수하지 아니한 경우 38. 제90조제5항을 위반하여 안전운항체계를 유지하지 아니하거나 변경된 안전운항체계를 검사받지 아니하고 항공기를 운항한 경우 39. 제90조제7항을 위반하여 항공기 또는 노선 운항의 정지처분에 따르지 아니하고 항공기를 운항한 경우 40. 제93조제1항 본문 또는 같은 조 제2항 단서를 위반하여 국토교통부장관의 인가를 받지 아니하고 운항규정 또는 정비규정을 마련하였거나 국토교통부령으로 정하는 중요사항을 변경한 경우 41. 제93조제2항 본문을 위반하여 국토교통부장관에게 신고하지 아니하고 운항규정 또는 정비규정을 변경한 경우 42. 제93조제5항 전단을 위반하여 같은 조 제1항 본문 또는 제2항 단서에 따라 인가를 받거나 같은 조 제2항 본문에 따라 신고한 운항규정 또는 정비규정을 해당 종사자에게 제공하지 아니한 경우 43. 제93조제5항 후단을 위반하여 같은 조 제1항 본문 또는 제2항 단서에 따라 인가를 받거나 같은 조 제2항 본문에 따라 신고한 운항규정 또는 정비규정을 준수하지 아니하고 항공기를 운항하거나 정비한 경우 44. 제94조 각 호에 따른 항공운송의 안전을 위한 명령을 따르지 아니한 경우 45. 제132조제1항에 따라 업무(항공안전 활동을 수행하기 위한 것만 해당한다)에 관한 보고를 하지 아니하거나 서류를 제출하지 아니하는 경우 또는 거짓으로 보고하거나 서류를 제출한 경우 46. 제132조제2항에 따른 항공기 등에의 출입이나 장부·서류 등의 검사(항공안전 활동을 수행하기 위한 것만 해당한다)를 거부·방해 또는 기피한 경우	

항공안전법	항공안전법 시행령
47. 제132조제2항에 따른 관계인에 대한 질문(항공안전 활동을 수행하기 위한 것만 해당한다)에 답변하지 아니하거나 거짓으로 답변한 경우 48. 고의 또는 중대한 과실에 의하여 또는 항공종사자의 선임·감독에 관하여 상당한 주의의무를 게을리 하여 항공기사고 또는 항공기준사고를 발생시킨 경우 49. 이 조에 따른 항공기 운항의 정지기간에 운항한 경우 ② 제1항에 따른 처분의 세부기준 및 절차 등 그 밖에 필요한 사항은 국토교통부령으로 정한다. 　[시행일 : 2019.3.30.] 제91조제1항제17호(제56조제1항제2호에 관한 부분만 해당한다), 제91조제1항제18호	제21조(항공운송사업자 등에 대한 위반행위의 종류별 과징금의 금액 등) ① 법 제92조제1항 및 제95조제4항에 따라 과징금을 부과하는 위반행위의 종류와 위반 정도 등에 따른 과징금의 금액은 별표 3과 같다. ② 과징금의 부과·납부 및 독촉·징수에 관하여는 제6조 및 제7조를 준용한다.

제92조(항공운송사업자에 대한 과징금의 부과) ① 국토교통부장관은 운항증명을 받은 항공운송사업자가 제91조제1항제2호부터 제38호까지 또는 제40호부터 제48호까지의 어느 하나에 해당하여 항공기 운항의 정지를 명하여야 하는 경우로서 그 운항을 정지하면 항공기 이용자 등에게 심한 불편을 주거나 공익을 해칠 우려가 있는 경우에는 항공기의 운항정지처분을 갈음하여 100억원 이하의 과징금을 부과할 수 있다.

② 제1항에 따른 과징금 부과의 구체적인 기준, 절차 및 그 밖에 필요한 사항은 대통령령으로 정한다.

③ 국토교통부장관은 제1항에 따른 과징금을 내야 할 자가 납부 기한까지 과징금을 내지 아니하면 국세 체납처분의 예에 따라 징수한다.

제93조(항공운송사업자의 운항규정 및 정비규정) ① 항공운송사업자는 운항을 시작하기 전까지 국토교통부령으로 정하는 바에 따라 항공기의 운항에 관한 운항규정 및 정비에 관한 정비규정을 마련하여 국토교통부장관의 인가를 받아야 한다. 다만, 운항 규정 및 정비규정을 운항증명에 포함하여 운항증명을 받은 경우에는 그러하지 아니하다.

② 항공운송사업자는 제1항 본문에 따라 인가를 받은 운항규정 또는 정비규정을 변경하려는 경우에는 국토교통부령으로 정하는 바에 따라 국토교통부장관에게 신고하여야 한다. 다만, 최소 장비목록, 승무원 훈련프로그램 등 국토교통부령으로 정하는 중요사항을 변경하려는 경우에는 국토교통부장관의 인가를 받아야 한다.

③ 국토교통부장관은 제1항 본문 또는 제2항 단서에 따라 인가하려는 경우에는 제77조제1항에 따른 운항기술기준에 적합한지를 확인하여야 한다.

④ 국토교통부장관은 제1항 본문 또는 제2항 단서에 따라 인가하는 경우 조건 또는 기한을 붙이거나 조건 또는 기한을 변경 할 수 있다. 다만, 그 조건 또는 기한은 공공의 이익 증진이나 인가의 시행에 필요한 최소한도의 것이어야 하며, 해당 항공운송사업자에게 부당한 의무를 부과하는 것이어서는 아니 된다.

제266조(운항규정과 정비규정의 인가 등) ① 항공운송사업자는 법 제93조제1항 본문에 따라 운항규정 또는 정비규정을 마련하거나 법 제93조제2항 단서에 따라 인가받은 운항규정 또는 정비규정 중 제3항에 따른 중요사항을 변경하려는 경우에는 별지 제96호서식의 운항규정 또는 정비규정 (변경)인가 신청서에 운항규정 또는 정비규정(변경의 경우에는 변경할 운항규정과 정비규정의 신·구내용 대비표)을 첨부하여 국토교통부장관 또는 지방항공청장에게 제출하여야 한다.

② 법 제93조제1항에 따른 운항규정 및 정비규정에 포함되어야 할 사항은 다음 각 호와 같다.

1. 운항규정에 포함되어야 할 사항 : 별표 36에 규정된 사항

2. 정비규정에 포함되어야 할 사항 : 별표 37에 규정된 사항

③ 법 제93조제2항 단서에서 "최소장비목록, 승무원 훈련프로그램 등 국토교통부령으로 정하는 중요사항"이란 다음 각 호의 사항을 말한다.

1. 운항규정의 경우 : 별표 36 제1호가목 6)·7)·38), 같은 호 나목9), 같은 호 다목3)·4) 및 같은 호 라목에 관한 사항과 별표 36 제2호가목5)·6), 같은 호 나목7), 같은 호 다목3)·4) 및 같은 호 라목에 관한 사항

2. 정비규정의 경우 : 별표 37에서 변경인가대상으로 정한 사항

④ 국토교통부장관 또는 지방항공청장은 제1항에 따른 운항규정 또는 정비규정 (변경)인가신청서를 접수받은 경우 법 제77조제1항에 따른 운항기술기준에 적합한지의 여부를 확인 한 후 적합하다고 인정되면 그 규정을 인가하여야 한다.

제267조(운항규정과 정비규정의 신고) ① 법 제93조제2항 본문에 따라 인가 받은 운항규정 또는 정비규정 중 제3항에 따른 중요사항 외의 사항을 변경하려는 경우에는 별지 제97호서식의 운항규정 또는 정비규정 변경신고서에 변경된 운항규정 또는 정비규정과 신·구 내용대비표를 첨부하여 국토교통부장관 또는 지방항공청장에게 신고하여야 한다.

② 국토교통부장관 또는 지방항공청장은 제1항에 따른 신고를 받은 날부터 10일 이내에 수리 여부 또는 수리지연 사유를 통지하여야 한다. 이 경우 10일 이내에 수리 여부 또는 수리 지연 사유를 통지하지 아니하면 10일이 끝난 날의 다음 날에 신고가 수리된 것으로 본다.

제268조(운항규정 및 정비규정의 배포 등) 항공운송사업자는 제266조 및 제267조에 따라 인가받거나 신고한 운항규정 또는 정비규정에 최신의 정보가 수록될 수 있도록 하여야 하며, 항공기의 운항 또는 정비에 관한 업무를 수행하는 해당 종사자에게 최신의 운항규정 및 정비규정을 배포하여야 한다.

항공안전법	항공안전법 시행령
⑤ 항공운송사업자는 제1항 본문 또는 제2항 단서에 따라 국토교통부장관의 인가를 받거나 제2항 본문에 따라 국토교통부장관에게 신고한 운항규정 또는 정비규정을 항공기의 운항 또는 정비에 관한 업무를 수행하는 종사자에게 제공하여야 한다. 이 경우 항공운송사업자와 항공기의 운항 또는 정비에 관한 업무를 수행하는 종사자는 운항규정 또는 정비규정을 준수하여야 한다. **제94조(항공운송사업자에 대한 안전개선명령)** 국토교통부장관은 항공운송의 안전을 위하여 필요하다고 인정되는 경우에는 항공운송사업자에게 다음 각 호의 사항을 명할 수 있다. 1. 항공기 및 그 밖의 시설의 개선 2. 항공에 관한 국제조약을 이행하기 위하여 필요한 사항 3. 그 밖에 항공기의 안전운항에 대한 방해 요소를 제거하기 위하여 필요한 사항 **제2절 항공기사용사업자에 대한 안전관리** **제95조(항공기사용사업자의 운항증명 취소 등)** ① 국토교통부장관은 제96조제1항에서 준용하는 제90조에 따라 운항증명을 받은 항공기사용사업자가 제91조제1항 각 호의 어느 하나에 해당하는 경우에는 운항증명을 취소하거나 6개월 이내의 기간을 정하여 항공기 운항의 정지를 명할 수 있다. 다만, 제91조제1항제1호, 제39호 또는 제49호의 어느 하나에 해당하는 경우에는 운항증명을 취소하여야 한다. ② 국토교통부장관은 항공기사용사업자(제96조제1항에서 준용하는 제90조에 따라 운항증명을 받은 항공기사용사업자는 제외한다)가 제91조제1항제2호부터 제22호까지, 제26호부터 제30호까지 및 제32호부터 제48호까지의 어느 하나에 해당하는 경우에는 6개월 이내의 기간을 정하여 항공기 운항의 정지를 명할 수 있다. ③ 제1항 및 제2항에 따른 처분의 세분기준 및 절차와 그 밖에 필요한 사항은 국토교통부령으로 정한다. 〈신설 2017.1.17.〉 ④ 국토교통부장관은 제1항 또는 제2항에 따라 항공기 운항의 정지를 명하여야 하는 경우로서 그 운항을 정지하면 항공기 이용자 등에게 심한 불편을 주거나 공익을 해칠 우려가 있는 경우에는 항공기의 운항정지처분을 갈음하여 3억원 이하의 과징금을 부과할 수 있다. 〈개정 2017.1.17.〉 ⑤ 제4항에 따른 과징금 부과의 구체적인 기준, 절차 및 그 밖에 필요한 사항은 대통령령으로 정한다. 〈개정 2017.1.17.〉 ⑥ 국토교통부장관은 제4항에 따른 과징금을 내야 할 자가 납부기한까지 과징금을 내지 아니하면 국세 체납처분의 예에 따라 징수한다. 〈개정 2017.1.17.〉	

[별표 37]

정비규정에 포함되어야 할 사항(제266조제2항제2호 관련)

내용	항공 운송사업	항공기 사용사업	변경인가 대상
1. 일반사항			
가. 관련 항공법규와 인가받은 운영기준의 내용을 준수한다는 설명	O	O	
나. 정비규정에 따른 정비 및 운용에 관한 지침을 준수하여야 한다는 설명	O	O	
다. 정비규정을 여러 권으로 분리할 경우, 각 권에 대한 목록, 적용 및 사용에 관한 설명	O	O	
라. 정비규정의 제·개정절차 및 책임자, 그리고 배포에 관한 사항	O	O	
마. 개정기록, 유효페이지 목록, 목차 및 각 페이지의 유효일자, 개정표시 등의 방법	O	O	
바. 정비규정에 사용되는 용어의 정의 및 약어	O	O	
사. 정비규정의 일부 내용이 법령과 다른 경우, 법령이 우선한다는 설명	O	O	
아. 정비규정의 적용을 받는 항공기 목록 및 운항형태	O	O	
자. 지속감항정비 프로그램(CAMP)에 따라 정비 등을 수행하여야 한다는 설명	O		
2. 항공기를 정비하는 자의 직무와 정비조직			
가. 정비조직도와 부문별 책임관리자	O	O	
나. 정비업무에 관한 분장 및 책임	O	O	
다. 외부 정비조직에 관한 사항	O	O	
라. 항공기 정비에 종사하는 자의 자격기준 및 업무범위	O	O	O
마. 항공기 정비에 종사하는 자의 근무시간, 업무의 인수인계에 관한 설명	O	O	
바. 용접, 비파괴검사 등 특수업무종사자, 정비확인자 및 검사원의 자격인정 기준과 업무한정	O	O	O
사. 용접, 비파괴검사 등 특수업무종사자, 정비확인자 및 검사원의 임명방법과 목록	O	O	
아. 취항 공항지점의 목록과 수행하는 정비에 관한 사항	O		
3. 정비에 종사하는 사람의 훈련방법			
가. 교육과정의 종류, 과정별 시간 및 실시 방법	O	O	O
나. 강사(교관)의 자격 기준 및 임명	O	O	O
다. 훈련자의 평가기준 및 방법	O	O	O
라. 위탁교육 시 위탁기관의 강사, 커리큘럼 등의 적절성 확인 방법	O	O	
마. 정비훈련 기록에 관한 사항	O	O	
4. 정비시설에 관한 사항			
가. 보유 또는 이용하려는 정비시설의 위치 및 수행하는 정비작업	O	O	
나. 각 정비시설별로 갖추어야 하는 설비 및 환경기준	O	O	
5. 항공기의 감항성을 유지하기 위한 정비프로그램			
가. 항공기 정비프로그램의 개발, 개정 및 적용 기준	O		O
나. 항공기, 엔진/APU, 장비품 등의 정비방식, 정비단계, 점검주기 등에 대한 프로그램(제작사에서 제공하는 경년항공기 안전강화 규정 및 기체 구조 수리평가 프로그램을 포함한다)	O		O
다. 항공기, 엔진, 장비품 정비계획	O		
라. 비계획 정비 및 특별작업에 관한 사항	O		

내용	항공 운송사업	항공기 사용사업	변경인가 대상
마. 시한성 품목의 목록 및 한계에 관한 사항	O		O
바. 점검주기의 일시조정 기준	O		O
6. 항공기 검사프로그램			
가. 항공기 검사프로그램의 개정 및 적용 기준		O	O
나. 운용 항공기의 검사방식, 검사단계 및 시기(반복 주기를 포함한다)		O	O
다. 항공기 형식별 검사단계별 점검표		O	
라. 시한성 품목의 목록 및 한계에 관한 사항		O	O
마. 점검주기의 일시조정 기준		O	O
7. 항공기 등의 품질관리 절차			
가. 항공기 등, 장비품 및 부품의 품질관리 기준 및 방침	O	O	O
나. 항공기체, 추진계통 및 장비품의 신뢰성 관리 절차	O		O
다. 지속적인 분석 및 감시 시스템(CASS)과 품질심사에 관한 절차	O		O
라. 필수검사항목 지정 및 검사 절차	O		O
마. 재확인 검사항목의 지정 및 검사 절차	O	O	O
바. 항공기 고장, 결함 및 부식 등에 대한 항공당국 및 제작사 보고 절차	O	O	
사. 정비프로그램의 유효성 및 효과분석 방법	O		
아. 정비작업의 면제 처리 및 예외 적용에 관한 사항	O		O
8. 항공기 등의 기술관리 절차			
가. 감항성 개선지시, 기술회보 등의 검토 및 수행절차	O	O	
나. 기체구조수리평가프로그램	O		
다. 항공기 부식 예방 및 처리에 관한 사항	O	O	O
라. 대수리·개조의 수행절차, 기록 및 보고 절차	O	O	
마. 기술적 판단 기준 및 조치 절차	O		O
바. 기체구조 손상허용 기술 승인 절차	O		O
사. 중량 및 평형계측 절차	O	O	
아. 사고조사장비 운용 절차	O	O	
9. 항공기 등, 장비품 및 부품의 정비방법 및 절차			
가. 수행하려는 정비의 범위	O	O	O
나. 수행된 정비 등의 확인 절차(비행 전 감항성 확인, 비상장비 작동가능 상태 확인 및 정비수행을 확인하는 자 등)	O	O	
다. 계약정비에 대한 평가, 계약 후 이행여부에 대한 심사절차	O		O
라. 계약정비를 하는 경우 정비확인에 대한 책임, 서명 및 확인절차	O	O	
마. 최소장비목록(MEL) 또는 외형변경목록(CDL) 적용기준 및 정비이월절차(적용되는 경우에 한한다)	O	O	O
바. 제·방빙절차(적용되는 경우에 한한다)	O	O	
사. 지상조업 감독, 급유·급유량·연료품질관리 등 운항정비를 위한 절차	O	O	

내용	항공 운송사업	항공기 사용사업	변경인가 대상
아. 고도계 교정, 회항시간 연장운항(EDTO), 수직분리축소(RVSM), 정밀접근(CAT) 등 특정 사항 에 따른 정비절차(적용되는 경우에 한한다)	O	O	
자. 발동기 시운전 절차	O	O	
차. 항공기 여압, 출발, 도착, 견인에 관한 사항	O	O	
카. 비행시험, 공수비행에 관한 기준 및 절차	O	O	O
10. 정비 매뉴얼, 기술문서 및 정비기록물의 관리방법			
가. 각종 정비 관련 규정의 배포, 개정 및 이용방법	O	O	
나. 전자교범 및 전자기록유지시스템(적용되는 경우에 한한다)	O		O
다. 탑재용 항공일지, 비행일지, 정비일지 등의 정비기록 작성방법 및 관리 절차	O	O	
라. 정비기록 문서의 관리책임 및 보존기간	O	O	
마. 탑재용 항공일지 서식 및 기록방법	O	O	O
바. 정비문서 및 각종 꼬리표의 서식 및 기록방법	O	O	O
11. 자재, 장비 및 공구관리에 관한 사항			
가. 부품 임차, 공동사용, 교환, 유용에 관한 사항	O		O
나. 외부보관품목(External Stock) 관리에 관한 사항	O	O	
다. 정비측정장비 및 시험장비의 관리 절차	O	O	
라. 장비품, 부품의 수령·저장·반납 및 취급에 관한 절차	O	O	
마. 비인가부품·비인가의심부품의 판단방법 및 보고절차	O	O	
바. 구급용구 등의 관리 절차	O	O	
사. 정전기 민감 부품(ESDS)의 취급절차	O	O	
아. 장비 및 공구를 제작하여 사용하는 경우 승인절차	O	O	
자. 위험물 취급절차	O		
12. 안전 및 보안에 관한 사항			
가. 항공정비에 관한 안전관리절차	O	O	
나. 화재예방 등 지상안전을 유지하기 위한 방법	O	O	
다. 인적요인에 의한 안전관리방법	O	O	
라. 항공기 보안에 관한 사항	O	O	
13. 그 밖에 항공운송사업자 또는 항공기사용사업자가 필요하다고 판단하는 사항	O	O	

항공안전법	항공안전법 시행령
제96조(항공기사용사업자에 대한 준용규정) ① 항공기사용사업자 중 국토교통부령으로 정하는 업무를 하는 항공기사용사업자에 대해서는 제90조를 준용한다. ② 항공기사용사업자의 운항규정 또는 정비규정의 인가 등에 관하여는 제93조 및 제94조를 준용한다. ### 제3절 항공기정비업자에 대한 안전관리 **제97조(정비조직인증 등)** ① 제8조에 따라 대한민국 국적을 취득한 항공기와 이에 사용되는 발동기, 프로펠러, 장비품 또는 부품의 정비 등의 업무 등 국토교통부령으로 정하는 업무를 하려는 항공기정비업자 또는 외국의 항공기정비업자는 그 업무를 시작하기 전까지 국토교통부장관이 정하여 고시하는 인력, 설비 및 검사체계 등에 관한 기준(이하 "정비조직인증기준"이라 한다)에 적합한 인력, 설비 등을 갖추어 국토교통부장관의 인증(이하 "정비조직인증"이라 한다)을 받아야 한다. 다만, 대한민국과 정비조직인증에 관한 항공안전협정을 체결한 국가로부터 정비조직인증을 받은 자는 국토교통부장관의 정비조직인증을 받은 것으로 본다. ② 국토교통부장관은 정비조직인증을 하는 경우에는 정비 등의 범위 · 방법 및 품질관리절차 등을 정한 세부 운영기준을 정비 조직인증서와 함께 해당 항공기정비업자에게 발급하여야 한다. ③ 항공기 등, 장비품 또는 부품에 대한 정비 등을 하는 경우에는 그 항공기 등, 장비품 또는 부품을 제작한 자가 정하거나 국토교통부장관이 인정한 정비 등에 관한 방법 및 절차 등을 준수하여야 한다. **제98조(정비조직인증의 취소 등)** ① 국토교통부장관은 정비조직인증을 받은 자가 다음 각 호의 어느 하나에 해당하는 경우에는 정비조직인증을 취소하거나 6개월 이내의 기간을 정하여 그 효력의 정지를 명할 수 있다. 다만, 제1호 또는 제5호에 해당하는 경우에는 그 정비조직인증을 취소하여야 한다. 1. 거짓이나 그 밖의 부정한 방법으로 정비조직인증을 받은 경우 2. 제58조제2항을 위반하여 다음 각 목의 어느 하나에 해당하는 경우 　가. 업무를 시작하기 전까지 항공안전관리시스템을 마련하지 아니한 경우 　나. 승인을 받지 아니하고 항공안전관리시스템을 운용한 경우 　다. 항공안전관리시스템을 승인받은 내용과 다르게 운용한 경우 　라. 승인을 받지 아니하고 국토교통부령으로 정하는 중요 사항을 변경한 경우 3. 정당한 사유 없이 정비조직인증기준을 위반한 경우 4. 고의 또는 중대한 과실에 의하거나 항공종사자에 대한 관리 · 감독에 관하여 상당한 주의의무를 게을리 함으로 항공기사고가 발생한 경우 5. 이 조에 따른 효력정지기간에 업무를 한 경우 ② 제1항에 따른 처분의 기준은 국토교통부령으로 정한다.	

항공안전법	항공안전법 시행령
제99조(정비조직인증을 받은 자에 대한 과징금의 부과) ① 국토교통부장관은 정비조직인증을 받은 자가 제98조제1항제2호부터 제4호까지의 어느 하나에 해당하여 그 효력의 정지를 명하여야 하는 경우로서 그 효력을 정지하는 경우 그 업무의 이용자 등에게 심한 불편을 주거나 공익을 해칠 우려가 있는 경우에는 효력정지처분을 갈음하여 5억원 이하의 과징금을 부과할 수 있다. ② 제1항에 따른 과징금 부과의 구체적인 기준, 절차 및 그 밖에 필요한 사항은 대통령령으로 정한다. ③ 국토교통부장관은 제1항에 따라 과징금을 내야 할 자가 납부기한까지 과징금을 내지 아니하면 국세 체납처분의 예에 따라 징수한다.	제22조(정비조직인증을 받은 자에 대한 위반행위의 종류별 과징금의 금액 등) ① 법제99조제1항에 따라 과징금을 부과하는 위반행위의 종류와 위반 정도 등에 따른 과징금의 금액은 별표 4와 같다. ② 과징금의 부과 · 납부 및 독촉 · 징수에 관하여는 제6조 및 제7조를 준용한다.

제269조(운항증명을 받아야 하는 항공기사용사업의 범위) ① 법 제96조제1항에서 "국토교통부령으로 정하는 업무를 하는 항공기사용사업자"란 「항공사업법 시행규칙」 제4조제1호 및 제5호부터 제7호까지의 업무를 하는 항공기사용사업자를 말한다. 다만, 「항공사업법 시행규칙」 제4조제1호 및 제5호의 업무를 하는 항공기사용사업의 경우에는 헬리콥터를 사용하여 업무를 하는 항공기사용사업만 해당한다.
② 항공기사용사업자에 대한 운항증명의 신청, 검사, 발급 등에 관하여는 제257조부터 제268조까지의 규정을 준용한다.

제270조(정비조직인증을 받아야 하는 대상 업무) 법 제97조제1항 본문에서 "국토교통부령으로 정하는 업무"란 다음 각 호의 어느 하나에 해당하는 업무를 말한다.
1. 항공기 등 또는 부품 등의 정비 등의 업무
2. 제1호의 업무에 대한 기술관리 및 품질관리 등을 지원하는 업무

제271조(정비조직인증의 신청) ① 법 제97조에 따른 정비조직인증을 받으려는 자는 별지 제98호서식의 정비조직인증 신청서에 정비조직절차교범을 첨부하여 지방항공청장에게 제출하여야 한다.
② 제1항의 정비조직절차교범에는 다음 각 호의 사항을 적어야 한다.
1. 수행하려는 업무의 범위
2. 항공기 등 · 부품 등에 대한 정비방법 및 그 절차
3. 항공기 등 · 부품 등의 정비에 관한 기술관리 및 품질관리의 방법과 절차
4. 그 밖에 시설 · 장비 등 국토교통부장관이 정하여 고시하는 사항

제272조(정비조직인증서의 발급) 지방항공청장은 법 제97조제1항에 따라 정비조직인증기준에 적합한지 여부를 검사한 결과 그 기준에 적합하다고 인정되는 경우에는 법 제97조제2항에 따른 세부 운영기준과 함께 별지 제99호서식의 정비조직인증서를 신청자에게 발급하여야 한다.

제273조(정비조직인증의 취소 등의 기준) ① 법 제98조제1항제2호라목에서 "국토교통부령으로 정하는 중요 사항"이란 제130조제3항 각 호의 사항을 말한다.
② 법 제98조제2항에 따른 정비조직인증 취소 등의 행정처분기준은 별표 38과 같다.

예 / 상 / 문 / 제

제7장 ┃ 항공운송사업자 등에 대한 안전관리

01 국내 또는 국제항공운송사업자가 운항을 시작하기 전에 국토교통부장관으로부터 인력, 장비, 시설, 운항관리지원 및 정비 관리지원 등 안전운항체계에 대하여 받아야 하는 것은?

㉮ 운항증명
㉯ 항공운송사업
㉰ 운항개시증명
㉱ 항공운송사업증명

해설 **법 제90조(항공운송사업자의 운항증명)**
① 항공운송사업자는 운항을 시작하기 전까지 국토교통부령으로 정하는 기준에 따라 인력, 장비, 시설, 운항관리지원 및 정비관리지원 등 안전운항체계에 대하여 국토교통부장관의 검사를 받은 후 운항증명을 받아야 한다.

*시행규칙 제257조(운항증명의 신청 등)
① 법 제90조제1항에 따라 운항증명을 받으려는 자는 운항증명 신청서에 별표 32의 서류를 첨부하여 운항 개시 예정일 90일 전까지 국토교통부장관 또는 지방항공청장에게 제출하여야 한다.
② 국토교통부장관 또는 지방항공청장은 제1항에 따른 운항증명의 신청을 받으면 10일 이내에 운항증명검사 계획을 수립하여 신청인에게 통보하여야 한다.

*시행규칙 제258조(운항증명을 위한 검사기준)
법 제90조제1항에 따라 국내항공운송사업자 또는 국제항공운송사업자의 운항 증명을 하기 위한 검사는 서류검사와 현장검사로 구분하여 실시하며, 그 검사기준은 별표 33과 같다.

02 국토교통부장관의 운항증명을 받지 않아도 되는 것은?

㉮ 국내항공운송사업
㉯ 소형항공운송사업
㉰ 항공기사용사업
㉱ 항공기취급업

해설 법 제90조, 제96조에 의거 항공운송사업(국내 및 국제항공운송사업, 소형 항공운송사업) 및 항공기사용사업을 경영하려는 자는 운항증명을 받아야 함

03 국토교통부장관 또는 지방항공청장은 운항증명 신청이 있을 때 며칠 이내로 운항증명 검사계획을 수립하여 신청인에게 통보하여야 하는가?

㉮ 7일
㉯ 10일
㉰ 15일
㉱ 20일

해설 1번항 해설 참조(시행규칙 제257조 참조)

04 국내 및 국제항공운송사업자의 운항증명을 하기 위한 검사의 구분은?

㉮ 상태검사, 서류검사
㉯ 현장검사, 서류검사
㉰ 상태검사, 현장검사
㉱ 현장검사, 시설검사

해설 1번항 해설 참조(시행규칙 제258조 참조)

05 운항증명의 서류검사 기준이 아닌 것은?

㉮ 조직, 인력의 구성, 업무 분장 및 책임
㉯ 종사자 훈련 교과목 운영
㉰ 항공법규 준수의 이행 서류
㉱ 항공종사자 자격증명 검사

해설 시행규칙 제258조 별표 33 참조

06 운항증명을 위한 검사기준 중 현장검사 기준이 아닌 것은?

㉮ 지상의 고정 및 이동시설, 장비 검사
㉯ 운항통제조직의 운영
㉰ 종사자 훈련 교과목 운영
㉱ 기록 유지관리 검사

해설 시행규칙 제258조 별표 33 참조

정답 01 ㉮ 02 ㉱ 03 ㉯ 04 ㉯ 05 ㉱ 06 ㉰   287

07 운항증명을 위한 현장검사 중 정비검사 시스템의 운영검사 기준은?

㉮ 통제, 감독 및 임무 배정 등이 안전운항을 위하여 적절하게 부여되어 있을 것

㉯ 정비방법, 기준 및 검사절차 등이 적절하게 갖추어져 있을 것

㉰ 지상시설, 장비, 인력 및 훈련 프로그램이 적절하게 갖추어져 있을 것

㉱ 정비사의 자격증명 소지 등 자격관리가 적절히 이루어지고 있을 것

해설 시행규칙 제258조 별표 33 제2호 다목 참조

08 다음 중 국토교통부장관이 수시검사 중에 긴급한 조치가 필요하게 되었을 때 항공기 또는 노선의 운항 등을 정지하게 하는 경우가 아닌 것은?

㉮ 항공기의 감항성에 영향을 미칠 수 있는 사항이 발견된 경우

㉯ 항공기 운항과 관련된 항공종사자의 운항자격 등이 법에서 정한 기준을 충족하지 못한 경우

㉰ 항공기 안전 운항을 위하여 비행근무시간 기준 등이 법에서 정한 기준을 따르지 못한 경우

㉱ 운항하려는 공항 또는 활주로의 상태 등이 항공기의 안전운항에 위험을 줄 수 있는 상태인 경우

해설 법 제90조제7항

⑦ 국토교통부장관은 정기 또는 수시검사를 하는 중에 다음의 어느 하나에 해당하여 긴급한 조치가 필요하게 되었을 때에는 국토교통부령으로 정하는 바에 따라 항공기 또는 노선의 운항을 정지하게 하거나 항공종사자의 업무를 정지하게 할 수 있다.

1. 항공기의 감항성에 영향을 미칠 수 있는 사항이 발견된 경우
2. 항공기의 운항과 관련된 항공종사자가 교육훈련 또는 운항자격 등 이 법에 따라 해당 업무에 종사하는 데 필요한 요건을 충족하지 못하고 있음이 발견된 경우
3. 승무시간 기준, 비행규칙 등 항공기의 안전운항을 위하여 이 법에서 정한 기준을 따르지 아니하고 있는 경우
4. 운항하려는 공항 또는 활주로의 상태 등이 항공기의 안전운항에 위험을 줄 수 있는 상태인 경우
5. 그 밖에 안전운항체계에 영향을 미칠 수 있는 상황으로 판단되는 경우

② 국토교통부장관은 제7항에 따른 정치처분의 사유가 없어진 경우에는 지체 없이 그 처분을 취소하여야 함

09 다음 중 국토교통부장관이 운항증명을 하는 경우 국토교통부령으로 정하는 운항조건과 제한사항이 명시된 운영기준을 발급해야 하는 내용이 아닌 것은?

㉮ 항공운송사업에 사용할 예비 공항과 항공기 기종 및 등록기호

㉯ 인가된 운항의 종류

㉰ 국내 또는 국제 항공운송사업자 간의 항공기 부품 교환조건

㉱ 항공기 중량 배분을 위한 조건

해설 법 제90조(항공운송사업자의 운항증명)

② 국토교통부장관은 제1항에 따른 운항증명(이하 "운항증명"이라 한다)을 하는 경우에는 운항하려는 항공로, 공항 및 항공기 정비방법 등에 관하여 국토교통부령으로 정하는 운항조건과 제한사항이 명시된 운영기준을 운항증명서와 함께 해당 항공운송사업자에게 발급하여야 함

*시행규칙 제259조제2항

② 법 제90조제2항에서 "국토교통부령으로 정 하는 운항조건과 제한사항"이란 다음 각 호의 사항을 말함

1. 항공운송사업자의 주 사업소의 위치와 운영기준에 관하여 연락을 취할 수 있는 자의 성명 및 주소
2. 항공운송사업에 사용할 정규 공항과 항공기 기종 및 등록기호
3. 인가된 운항의 종류
4. 운항하려는 항공로와 지역의 인가 및 제한사항
5. 공항의 제한사항
6. 기체 · 발동기 · 프로펠러 · 회전익 · 기구와 비상장비의 검사 · 점검 및 분해정밀 검사에 관한 제한시간 또는 제한시간을 결정하기 위한 기준
7. 국내 또는 국제항공운송사업자 간의 항공기 부품 교환 조건
8. 항공기 중량 배분을 위한 조건
9. 항공기 등의 임차에 관한 사항
10. 그 밖에 안전운항을 위하여 국토교통부장관이 정하여 고시하는 사항

10 국토교통부장관이 항공기 안전운항을 확보하기 위하여 운영기준을 변경한 경우 변경된 운영기준은 긴급히 요구되는 경우가 아니면 발급받은 날로부터 며칠 후에 적용되는가?

㉮ 10일   ㉯ 30일

㉰ 60일   ㉱ 90일

해설 시행규칙 제261조(운영기준의 변경 등)

① 법 제90조제3항에 따라 국토교통부장관 또는 지방항공청장이 항공기 안전운항을 확보하기 위하여 운영기준을 변경하려는 경우에는 변경된 내용과 사유를 포함한 변경된 운영기준을 운항증명 소지자에게 발급하여야 한다.

② 변경된 운영기준은 안전운항을 위하여 긴급히 요구되거나 운항증명 소지자가 이의를 제기하는 경우가 아니면 발급받은 날로부터 30일 이후에 적용된다.

11 운항증명을 받은 항공운송사업자가 노선의 개설 등으로 안전운항체계가 변경된 경우에 받는 검사가 아닌 것은?

㉮ 운영기준에 등재되지 아니한 새로운 형식의 항공기를 도입한 경우

㉯ 새로운 노선을 개설한 경우

㉰ 항공운송사업을 양도 · 양수한 경우

㉱ 항공운송사업을 상속받은 경우

시행규칙 제262조 (안전운항체계 변경검사 등) ① 법 제90조제 5항에서 "노선의 개설 등으로 안전운항체계가 변경된 경우"란 다음 각 호의 어느 하나에 해당하는 경우를 말함

1. 법 제90조제2항에 따라 발급된 운영기준에 등재되지 아니한 새로운 형식의 항공기를 도입한 경우
2. 새로운 노선을 개설한 경우
3. "항공사업법" 제21조에 따라 사업을 양도·양수한 경우
4. "항공사업법" 제22조에 따라 사업을 합병한 경우

12 운항증명의 취소 사유가 아닌 것은?

㉮ 감항증명을 받지 아니한 항공기를 항공에 사용한 때

㉯ 소음기준적합증명의 기준에 적합하지 아니한 항공 기를 운항한 때

㉰ 설치한 의무무선설비가 운용되지 아니한 항공기를 항공에 사용한 때

㉱ 항공기 운항업무를 수행하는 종사자의 책임과 의무 를 위반하였을 경우

법 제91조(항공운송사업자의 운항증명의 취소 등)

① 국토교통부장관은 운항증명을 받은 항공운송사업자가 다음 각 호의 어느 하나에 해당하면 운항증명을 취소하거나 6개 월 이내의 기간을 정하여 항공기 운항의 정지를 명할 수 있 다. 다만, 제1호, 제39호 또는 제49호 중 어느 하나에 해당하 는 경우에는 운항증명을 취소하여야 한다.

⇒ 제1호 : 거짓이나 그 밖의 부정한 방법으로 운항증명을 받은 경우

⇒ 제39호 : 제90조제7항을 위반하여 항공기 또는 노선 운 항의 정지처분에 따르지 아니하고 항공기를 운항한 경우

⇒ 제49호 : 이 조에 따른 운항정지 기간에 운항한 경우

⇒ 제2호 : 제18조제1항을 위반하여 국적·등록기호 및 소 유자의 성명 또는 명칭을 표시하지 아니한 항공기를 운 항한 경우 외 46개 항목

※ 항공기사용사업자의 경우 법 제90조 준용함

13 다음 중 운항증명을 취소해야 하는 경우가 아닌 것은?

㉮ 부정한 방법으로 운항증명을 받은 경우

㉯ 감항증명을 받지 아니한 항공기를 항공에 사용한 경우

㉰ 항공기 또는 노선 운항의 정지처분에 따르지 아니하 고 항공기를 운항한 경우

㉱ 법 제91조에 따른 운항정지 기간에 운항한 경우

12번항 해설 참조

14 항공운송사업자가 항공기 이용자 등에게 심한 불 편을 주거나 공익을 해칠 우려가 있는 경우에는 과 징금을 얼마나 부과할 수 있는가?

㉮ 100억원　　　　㉯ 50억원

㉰ 10억원　　　　㉱ 5억원

법 제92조(과징금의 부과)

① 국토교통부장관은 운항증명을 받은 항공운송사업자가 제 91조제1항제2호부터 제38호 까지 또는 제40호부터 제48 호까지의 어느 하나에 해당하여 항공기 운항의 정지를 명하 여야 하는 경우로서, 그 운항을 정지하면 항공기 이용자 등 에게 심한 불편을 주거나 공익을 해칠 우려가 있는 경우에는 항공기의 운항정지 처분을 갈음하여 100억원 이하의 과징 금을 부과할 수 있다.

② 제1항에 따른 과징금 부과의 구체적인 기준, 절차 및 그 밖에 필요한 사항은 대통령령으로 정한다.

④ 국토교통부장관은 제1항에 따른 과징금을 내야 할 자가 납 부 기한까지 과징금을 내지 아니하면 국세 체납처분의 예에 따라 징수한다.

15 항공기 운항 및 정비에 관한 운항규정 및 정비규정 은 누가 제정하는가?

㉮ 국토교통부장관　　㉯ 항공기 제작사

㉰ 항공사 사장　　　　㉱ 지방항공청장

법 제93조 (항공운송사업자의 운항규정 및 정비규정)

① 항공운송사업자는 운항을 시작하기 전까지 국토교통부령으 로 정하는 바에 따라 항공기 운항에 관한 운항규정 및 정비에 관한 정비규정을 마련하여 국토교통부장관의 인가를 받아 야 한다. 다만, 운항규정 및 정비규정을 운항증명에 포함하 여 운항증명을 받은 경우에는 그러하지 아니함

② 항공운송사업자는 제1항 본문에 따라 인가를 받은 운항규정 또는 정비규정을 변경하려는 경우 국토교통부령으로 정하는 바에 따라 국토교통부장관에게 신고하여야 한다. 다 만, 최소 장비목록, 승무원 훈련 프로그램 등 국토교통부령 으로 정하는 중요한 사항을 변경하려는 경우에는 국토교통 부장관의 인가를 받아야 함

③ 국토교통부장관은 제1항 본문 또는 제2항 단서에 따라 인가 하려는 경우에는 제77조 제1항에 따른 운항기술기준에 적 합한지를 확인하여야 함

④ 국토교통부장관은 제1항 본문 또는 제2항 단서에 따라 인가 하는 경우 조건 또는 기한을 붙이거나 조건 또는 기한을 변경 할 수 있다. 다만, 그 조건 또는 기한은 공공의 이익 증진이나 인가의 시행에 필요한 최소한도의 것이어야 하며, 해당 항공 운송사업자에 부당한 의무를 부과하는 것이어서는 아니 됨

⑤ 항공운송사업자는 제1항 본문 또는 제2항 단서에 따라 국토 교통부장관의 인가를 받거나 제2항의 본문에 따라 국토교통 부장관에게 신고한 운항규정 또는 정비규정을 항공기의 운 항 또는 정비에 관한 업무를 수행하는 종사자에게 제공하여 야 한다. 이 경우 항공운송사업자와 항공기의 운항 또는 정비 에 관한 업무를 수행하는 종사자는 운항규정 또는 정비규정 을 준수하여야 함

시행규칙 제266조 (운항규정과 정비규정의 인가) ① 항공운 송사업자는 법 제93조제1항 본문에 따라 운항규정 또는 정비 규정을 마련하거나 법 제93조제2항 단서에 따라 인가받은 운 항규정 또는 정비규정 중 제3항에 따른 중요사항을 변경하려는 경우에는 신청서에 운항규정 또는 정비규정(변경의 경우에는 변경할 운항규정과 정비규정의 신·구 내용 대비표)을 첨부하 여 국토교통부장관 또는 지방항공청장에게 제출하여야 함

② 법 제93조제1항에 따른 운항규정 및 정비규정에 포함되어 야 할 사항은 다음과 같음

1. 운항규정에 포함되어야 할 사항 : 별표 36에 규정된 사항
2. 정비규정에 포함되어야 할 사항 : 별표 37의 규정된 사항

16 항공운송사업자가 운항규정 및 정비규정을 제정하고자 하는 경우에는?

㉮ 국토교통부장관의 허가를 받아야 한다.
㉯ 국토교통부장관의 인가를 받아야 한다.
㉰ 국토교통부장관의 승인을 받아야 한다.
㉱ 국토교통부장관에게 신고하여야 한다.

해설 15항 해설 참조 (법 제93조제1항 참조)

17 다음 중 운항규정에 포함되어야 할 사항이 아닌 것은?

㉮ 항공기 운항정보
㉯ 훈련
㉰ 최소 장비목록
㉱ 지역, 노선 및 비행장

해설 시행규칙 제266조제2항 별표 36 참조
→ 운항규정에 포함될 사항
⇒ 일반사항, 항공기 운항정보, 지역, 노선 및 비행장, 훈련

18 운항규정에 포함될 사항이 아닌 것은?

㉮ 항공기 운항정보
㉯ 훈련
㉰ 노선 및 비행장
㉱ 중량 및 평형

해설 17항 해설 참조

19 다음 중 정비규정의 기재사항이 아닌 것은?

㉮ 항공기의 감항성 유지를 위한 정비프로그램
㉯ 항공기 등의 기술관리 절차
㉰ 정비에 종사하는 자의 훈련방법
㉱ 항공기의 조작 및 점검방법

해설 시행규칙 제266제2항제2호 별표 37 참조
→ 정비규정에 포함될 사항
1) 일반사항
2) 항공기를 정비하는 자의 직무와 정비조직
3) 정비에 종사하는 사람의 훈련방법
4) 정비시설에 관한 사항
5) 항공기의 감항성을 유지하기 위한 정비 프로그램
6) 항공기 검사프로그램
7) 항공기 등의 품질관리 절차
8) 항공기 등의 기술관리 절차
9) 항공기 등, 장비품 및 부품의 정비방법 및 절차
10) 정비 매뉴얼, 기술문서 및 정비기록물의 관리방법
11) 자재, 장비 및 공구관리에 관한 사항
12) 안전 및 보안에 관한 사항
13) 그 밖에 항공운송사업자 또는 항공기사용사업자가 필요하다고 판단하는 사항

20 다음 중 정비규정에 포함되어야 할 사항이 아닌 것은?

㉮ 정비에 종사하는 자의 훈련방법
㉯ 항공기 검사프로그램
㉰ 항공기 등의 품질관리방법 및 절차
㉱ 항공기 운항정보

해설 19번항 해설 참조

21 다음 중 정비규정에 포함될 사항이 아닌 것은?

㉮ 정비기록물의 관리방법
㉯ 항공기 등의 품질관리절차
㉰ 항공기 등의 정비방법 및 절차
㉱ 항공기의 운용방법 및 한계

해설 19번항 해설 참조

22 다음 중 국토교통부장관이 운항규정을 인가할 때 적합성 여부를 확인하여야 하는 기준은 무엇인가?

㉮ 감항성 기준　　　㉯ 항공기기술기준
㉰ 운항기술 기준　　㉱ 항공기 운용관계 기준

해설 법 제93조제3항 참조

23 항공운송사업자가 인가받은 정비규정 중 중요한 사항 외의 사항을 변경하고자 하는 경우에는?

㉮ 국토교통부장관의 허가를 받아야 한다.
㉯ 국토교통부장관의 인가를 받아야 한다.
㉰ 국토교통부장관의 승인을 받아야 한다.
㉱ 국토교통부장관에게 신고를 하여야 한다.

해설 시행규칙 제267조 (운항규정과 정비 규정의 신고)
① 법 제93조제2항 본문에 따라 인가 받은 운항규정 또는 정비규정 중 제3항에 따른 중요 사항 외의 사항을 변경하려는 경우에는 운항규정 또는 정비규정 변경신고서에 변경된 운항규정 또는 정비규정과 신·구 내용 대비표를 첨부하여 국토교통부장관 또는 지방항공청장에게 신고하여야 함.
② 국토교통부장관 또는 지방항공청장은 신고를 받은 날부터 10일 이내에 수리 여부 또는 수리 지연 사유를 통지하여야 한다. 이 경우 10일 이내에 수리 여부 또는 수리 지연 사유를 통지하지 아니하면 10일이 끝난 날의 다음 날에 신고가 수리된 것으로 본다.

24 항공기사용업자가 항공기 이용자 등에게 심한 불편을 주거나 공익을 해칠 우려가 있는 경우에는 과징금을 얼마나 부과할 수 있는가?

㉮ 1억원　　　㉯ 3억원
㉰ 5억원　　　㉱ 10억원

법 제95조 (항공기사용업자의 운항 증명 취소 등) 제3항 참조

③ 국토교통부장관은 제1항 또는 제2항에 따라 항공기운항의 정지를 명하여야 하는 경우로서 그 운항을 정지하면 항공기 이용자 등에게 심한 불편을 주거나 공익을 해칠 우려가 있는 경우에는 항공기의 운항정지처분을 갈음하여 3억원 이하의 과징금을 부과할 수 있음

25 헬리콥터를 사용하여 업무를 하는 항공기사용자업자가 운항 증명을 받아야 하는 항공기사용사업의 범위가 아닌 것은?

㉮ 농약살포
㉯ 산불 등 화재 진압
㉰ 해양오염 방제약제 살포
㉱ 수색 및 구조

시행규칙 제269조 (운항증명을 받아야 하는 항공기사용사업의 법위)

법 제96조제1항에서 "국토교통부령으로 정하 는 업무를 하는 항공기사용사업이란 「항공사업법」 시행규칙 제4조제1호 및 제5호부터 제7호까지의 업무를 하는 항공기사용사업자를 말한다. 「항공사업법」 시행규칙 제4조제1호 및 제5호의 업무를 하는 항공기사용사업자의 경우에는 헬리콥터를 사용하여 업무를 하는 항공기사용사업만 해당한다.

26 항공기정비업 등록자가 국토교통부령으로 정하는 정비 등을 하고자 하는 경우 받아야 하는 것은?

㉮ 정비조직인증   ㉯ 안전성 인증
㉰ 수리, 개조승인   ㉱ 형식승인

법 제97조 (정비조직인증 등)

① 제8조에 따라 대한민국 국적을 취득한 항공기와 이에 사용되는 발동기, 프로펠러, 장비품 또는 부품의 정비 등의 업무 등 국토교통부령으로 정하는 업무를 하려는 항공기정비업자 또는 외국의 항공기정비업자는 그 업무를 시작하기 전까지 국토교통부장관이 정하여 고시하는 인력, 설비 및 검사체계 등에 관한 기준(이하 정비조직인증기준"이라 한다)에 적합한 인력, 설비 등을 갖추어 국토교통부장관의 인증(이하 "정비조직인증" 이라 한다)을 받아야 한다. 다만, 대한민국과 정비조직인증에 관한 항공안전협정을 체결한 국가로부터 정비 조직인증을 받은 자는 국토교통부장관의 정비조직인증을 받은 것으로 봄
② 국토교통부장관은 정비조작인증을 하는 경우에는 정비 등의 범위·방법 및 품질 관리절차 등을 정한 세부 운영기준을 정비조직인증서와 함께 항공기정비업자에게 발급하여야 함
③ 항공기 등, 장비품 또는 부품에 대한 정비 등을 하는 경우에는 그 항공기 등, 장비품 또는 부품을 제작한 자가 정하거나 국토교통부장관 이 인정한 정비 등에 관한 방법 및 절차 등을 준수하여야 함. 시행규칙 제270조 (정비조직인증을 받아야 하는 대상 업무) 법 제97조제1항에서 "국토교통부령으로 정하는 업무"란 다음의 업무를 말함
1. 항공기등 또는 부분등의 정비등의 업무
2. 제1호의 업무에 대한 기술관리 및 품질관리 등을 지원하는 업무

27 항공기 등, 장비품 또는 부품에 대한 국토교통부령으로 정하는 정비 등을 하고자 하는 경우 국토교통부장관의 정비조직인증을 받아야 하는 자는?

㉮ 국제항공운송업자
㉯ 소형항공운송업자
㉰ 항공기사용사업자
㉱ 항공기정비업자

26번항 해설 참조

28 다음 중 정비조직인증을 취소하여야 하는 경우는?

㉮ 부정한 방법으로 정비조직인증을 받은 경우
㉯ 정당한 사유 없이 정비조직인증 기준을 위반한 경우
㉰ 고의 또는 중대한 과실에 의하여 항공기사고가 발생한 경우
㉱ 승인을 받지 않고 국토교통부령으로 정하는 중요한 사항을 변경한 경우

법 제98조(정비조직인증의 취소 등)제1항 참조

① 국토교통부장관은 정비조직인증을 받은 자가 다음의 어느 하나에 해당하면 정비조직 인증을 취소하거나 6개월 이내의 기간을 정하여 그 효력의 정지를 명할 수 있음. 다만, 제1호 또는 제5호에 해당하는 경우에는 그 정비조직인증을 취소하여야 함
1. 거짓이나 그 밖의 부정한 방법으로 정비조직인증을 받은 경우(취소)
2. 제58조제2항을 위반하여 다음의 어느 하나에 해당하는 경우
  가. 업무를 시작하기 전까지 항공안전관리시스템을 마련하지 아니한 경우
  나. 승인을 받지 아니하고 항공안전관리시스템을 운용한 경우
  다. 항공안전관리시스템을 승인 받은 내용과 다르게 운용한 경우
  라. 승인을 받지 아니하고 국토교통부령으로 정하는 중요한 사항을 변경한 경우
3. 정당한 사유 없이 정비조직인증기준을 위반한 경우
4. 고의 또는 중대한 과실에 의하거나 항공종사자에 대한 관리, 감독에 관하여 상당한 주의 의무를 게을리 함으로써 항공기사고가 발생한 경우
5. 이 조에 따른 효력정지기간에 업무를 한 경우

시행규칙 제273조 (정비조직인증의 취소 등의 기준)
• 법 제98조제1항제2호 라목에서 "국토교통부령으로 정하는 중요한 사항"이란 제130조제3항 각 호의 사항을 말함
• 법 제98조제2항에 따른 정비조직인증 취소 등의 행정처분 기준은 별표 38과 같음

29 정비조직인증을 받은 자의 과징금 부과 처분에 대한 설명으로 맞는 것은?

㉮ 업무정지 처분에 갈음하여 50억원 이하의 과징금을 부과할 수 있다.
㉯ 중대한 규정 위반 시에는 업무정지 처분과 더불어 과징금을 부과할 수 있다.

㉰ 업무정지가 공익을 해칠 우려가 있는 경우에는 업무
정지 처분에 갈음하여 과징금을 부과할 수 있다.
㉱ 과징금을 기간 이내에 납부하지 아니하면 국토교통
부령에 의하여 이를 징수한다.

해설 **법 제99조(정비조직인증을 받은 자에 대한 과징금의 부과)**
① 국토교통부장관은 정비조직인증을 받은 자가 제98조제1항
제2호로부터 제4호까지의 어느 하나에 해당하여 그 효력의
정지를 명하여야 하는 경우로서 그 효력을 정지하는 경우 그
업무의 이용자 등에게 심한 불편을 주거나 공익을 해칠 우려
가 있는 경우에는 효력정지처분을 갈음하여 5억원 이하의
과징금을 부과할 수 있음
② 제1항에 따른 과징금 부과의 구체적인 기준, 절차 및 그 밖에
필요한 사항은 대통령령으로 정함
③ 국토교통부장관은 과징금을 내야 할 자가 납부기한까지 과
징금을 내지 아니하면 국세 체납처분의 예에 따라 징수함

30 정비조직의 인증을 받으려는 경우 정비조직인증
신청서에 첨부하여야 할 서류는?

㉮ 정비규정　　　　　㉯ 정비관리교범
㉰ 정비프로그램　　　㉱ 정비조직절차교범

해설 **시행규칙 제271조(정비조직인증의 신청)**
① 법 제97조에 따른 정비조직의 인증을 받으려는 자는 정비조
직인증 신청서에 정비조직절차 교범을 첨부하여 지방항공
청장에게 제출하여야 한다.
② 제1항의 정비조직절차교범에는 다음 각 호의 사항을 적어야
한다.
1. 수행하려는 업무의 범위
2. 항공기 등ㆍ장비품 또는 부품 등의 정비방법 및 절차
3. 항공기 등ㆍ장비품 또는 부품 등의 정비에 관한 기술관리 및
품질관리의 방법과 절차
4. 그 밖에 시설 장비 등 국토교통부장관이 정하여 고시하는 사항

*시행규칙 제272조 (정비조직인증서의 발급)
지방항공청장은 법 제97조제1항에 따라 정비조직인증기준에
적합한지 여부를 검사한 결과 그 기준에 적합하다고 인정되는
경우에는 세부 운영 기준과 정비조직인증서를 신청자에게 발
급하여야 함

31 항공법 제98조에 의한 정비조직인증 등이 맞는
것은?

㉮ 항공기 등, 장비품 등을 갖추어 지방항공청장의 인증
을 받아야 한다.
㉯ 항공기 등, 부품에 대하여 지방항공청장의 인증을
받아야 한다.
㉰ 정비조직인증 업체에 위탁한 소형항공운송사업자는
검사 체계 등에 관한 기준에 따른 인력 등을 갖추어
인증을 받아야 한다.
㉱ 인력, 설비 및 검사체계 등에 관한 기준에 따른 인력
등을 갖추어 인증을 받아야 한다.

해설 3번항 해설 참조

32 정비조직인증을 받은 자에게 업무정지 처분에 갈
음하여 과징금을 부과할 수 있는 과징금은?

㉮ 이용자 등에게 심한 불편을 줄 경우 3억원 이하의
과징금을 부과할 수 있다.
㉯ 이용자 등에게 심한 불편을 주거나 공익을 해칠 우려
가 있으면 5억원 이하의 과징금을 부과할 수 있다.
㉰ 이용자 등에게 심한 불편을 주거나 공익을 해칠 우려
가 있으면 3억원 이하의 과징금을 부과할 수 있다.
㉱ 이용자 등에게 심한 불편을 줄 경우 2억원 이하의
과징금을 부과할 수 있다.

해설 29번항 해설 참조

33 정비조직인증을 받은 자의 과징금 부과 처분에 대
한 설명이 틀리는 것은?

㉮ 당해 업무의 이용자에게 심한 불편을 주는 경우 5억
원 이하의 과징금
㉯ 공익을 해칠 우려가 있는 경우 5억원 이하의 과징금
㉰ 과징금 금액 그 밖에 필요한 사항은 국토교통부령으
로 정한다.
㉱ 과징금을 납부하지 아니한 때에는 국세 체납 처분의
예에 의하여 이를 징수한다.

해설 29번항 해설 참조(제99조)

34 정비조직인증 신청 시 정비조직절차교범에 기재
하여야 할 사항이 아닌 것은?

㉮ 수행하려는 업무의 범위
㉯ 정비방법 및 절차
㉰ 품질관리 방법 및 절차
㉱ 정비에 종사하는 자의 훈련방법

해설 30번항 해설

⚖️ 구 / 술 / 예 / 상 / 문 / 제

01 운항증명(AOC : Air Operator Certification)이란?

[해설] 지정된 상업용 항공운송을 시행하기 위해 운영자에게 인가한 증명서를 말한다.

　가. 항공운송사업자는 운항을 시작하기 전까지 국토교통부령으로 정하는 기준에 따라 인력, 장비, 시설, 운항관리지원 및 정비관리지원 등
　　안전운항체계에 대하여 국토교통부장관의 검사를 받은 후 운항증명을 받아야 한다.

　나. 검사의 기준은 서류검사, 현장검사로 구분
　　1) 서류검사 기준
　　　• 제출된 사업계획서
　　　• 조직ㆍ인력의 구성, 업무분장 및 책임
　　　• 항공법규 준수의 이행서류
　　　• 항공기 또는 운항ㆍ정비와 관련된 시설ㆍ장비 등의 구매ㆍ계약 또는 임차 서류
　　　• 종사자 훈련 교과목 운영계획
　　　• 별표36에 정한 운항일반교범 등 각종 교범
　　2) 현장검사 기준
　　　• 지상의 고정 및 이동시설ㆍ장비 검사
　　　• 운항통제조직의 운영
　　　• 정비검사시스템의 운영
　　　• 항공종사자 자격증명 검사
　　　• 훈련프로그램 평가
　　　• 비상탈출 시현
　　　• 비상착수 시현
　　　• 기록유지ㆍ관리 검사
　　　• 항공기 운항검사(Flight Operations Inspection)
　　　• 객실승무원 직무능력 평가
　　　• 항공기 적합성 검사(Aircraft Conformity Inspection)
　　　• 주요 간부직원에 대한 직무지식에 관한 인터뷰

[근거] 고정익항공기를 위한 운항기술기준(총칙)
　• 항공안전법 제90조(항공운송사업자의 운항증명)
　• 별표 33 운항증명의 검사기준(제258조 관련)

02 운항규정(Operations Manual)이란?

[해설] 운항업무관련 종사자들이 임무수행을 위해서 사용하는 절차, 지시, 지침을 포함하고 있는 운영자의 규정을 말한다.

항공운송사업자는 운항을 시작하기 전까지 국토교통부령으로 정하는 바에 따라 항공기의 운항에 관한 운항규정 및 정비에 관한 정비규정을
마련하여 국토교통부장관의 인가를 받아야 한다.

[근거] 고정익항공기를 위한 운항기술기준(총칙)
　• 항공안전법 제93조(항공운송사업자의 운항규정 및 정비규정)
　• 별표 33 운항증명의 검사기준(제258조 관련)

03 비행교범(Aeronautical experience)

해설 항공기 감항성 유지를 위한 제한사항 및 비행성능과 항공기의 안전운항을 위해 운항승무원들에게 필요로 한 정보와 지침을 포함한 감항당국이 승인한 교범을 말한다.

근거 고정익항공기를 위한 운항기술기준(총칙)
별표 33 운항증명의 검사기준(제258조 관련)

04 항공기 운용교범(Aircraft Operating Manual)

해설 정상, 비정상 및 비상절차, 점검항목, 제한사항, 성능에 관한 정보, 항공기 시스템의 세부사항과 항공기 운항과 관련된 기타 자료들이 수집되어 있는 항공기 운영국가에서 승인한 교범을 말한다.

근거 고정익항공기를 위한 운항기술기준(총칙)
별표 33 운항증명의 검사기준(제258조 관련)

05 대형비행기(Large aeroplane)라 함은?

해설 인가된 최대인가이륙중량 5,700킬로그램(12,500파운드) 이상인 비행기를 말한다.

근거 고정익항공기를 위한 운항기술기준(총칙)

06 소형비행기(Small aeroplane)라 함은?

해설 인가된 최대인가이륙중량 5,700킬로그램(12,500파운드) 미만인 비행기를 말한다.

근거 고정익항공기를 위한 운항기술기준(총칙)

07 정비조직인증(AMO : Approved Maintenance Organization)이란?

해설 국토교통부장관으로부터 항공기 또는 항공제품의 정비를 수행할 수 있는 능력과 설비, 인력 등을 갖추어 승인 받은 조직을 말한다. 지정된 정비업무는 검사, 오버홀, 정비, 수리, 개조 또는 항공기 및 항공제품의 사용가능 확인(Release to service)을 포함할 수 있다.
   가. 항공안전법 제8조(항공기 국적의 취득)에 따라 대한민국 국적을 취득한 항공기와 이에 사용되는 발동기, 프로펠러, 장비품 또는 부품의 정비 등의 업무 등 국토교통부령으로 정하는 항공기정비업자 또는 외국의 항공기정비업자는 그 업무를 시작하기 전까지 국토교통부장관이 정하여 고시하는 인력, 설비 및 검사체계 등에 관한 기준(이하 "정비조직인증기준"이라 한다) 등을 갖추어 국토교통부장관의 인증을 받아야 한다.
   나. 다만, 대한민국과 정비조직인증에 관한 항공안전협정을 체결한 국가로부터 정비조직인증을 받은 자는 국토교통부장관의 정비조직인증을 받은 것으로 본다.

근거 항공안전법 제97조(정비조직의 인증 등)
고정익항공기를 위한 운항기술기준(총칙)

08 장비(Appliance)란?

해설 항공기, 발동기 및 프로펠러 부품이 아니면서 비행 중인 항공기의 항법, 작동 및 조종에 사용되는 계기, 장비품, 장치(Apparatus), 부품, 부속품, 또는 보기(낙하산, 통신장비 그리고 기타 비행 중에 항공기에 장착되는 장치 포함)를 말하며, 실제 명칭은 여러 가지로 사용될 수 있다.

근거 고정익항공기를 위한 운항기술기준(총칙)

MEMO

항공안전법	항공안전법 시행령
제8장 외국항공기 **제100조(외국항공기의 항행)** ① 외국 국적을 가진 항공기의 사용자(외국, 외국의 공공단체 또는 이에 준하는 자를 포함한다)는 다음 각 호의 어느 하나에 해당하는 항행을 하려면 국토교통부장관의 허가를 받아야 한다. 다만, 「항공사업법」 제54조 및 제55조에 따른 허가를 받은 자는 그러하지 아니하다. 1. 영공 밖에서 이륙하여 대한민국에 착륙하는 항행 2. 대한민국에서 이륙하여 영공 밖에 착륙하는 항행 3. 영공 밖에서 이륙하여 대한민국에 착륙하지 아니하고 영공을 통과하여 영공 밖에 착륙하는 항행 ② 외국의 군, 세관 또는 경찰의 업무에 사용되는 항공기는 제1항을 적용할 때에는 해당 국가가 사용하는 항공기로 본다. ③ 제1항 각 호의 어느 하나에 해당하는 항행을 하는 자는 국토교통부장관이 요구하는 경우 지체 없이 국토교통부장관이 지정한 비행장에 착륙하여야 한다. **제101조(외국항공기의 국내 사용)** 외국 국적을 가진 항공기(「항공사업법」 제54조 및 제55조에 따른 허가를 받은 자가 해당운송에 사용하는 항공기는 제외한다)는 대한민국 각 지역 간을 운항해서는 아니 된다. 다만, 국토교통부령으로 정하는 바에 따라 국토교통부장관의 허가를 받은 경우에는 그러하지 아니하다. **제102조(증명서 등의 인정)** 다음 각 호의 어느 하나에 해당하는 항공기의 감항성 및 그 승무원의 자격에 관하여 해당 항공기의 국적인 외국정부가 한 증명 및 그 밖의 행위는 이 법에 따라 한 것으로 본다. 1. 제100조제1항 각 호의 어느 하나에 해당하는 항행을 하는 외국 국적의 항공기 2. 「항공사업법」 제54조 및 제55조에 따른 허가를 받은 자가 사용하는 외국 국적의 항공기	

제8장 외국항공기

제274조(외국항공기의 항행허가신청) 법 제100조제1항제1호 및 제2호에 따른 항행을 하려는 자는 그 운항 예정일 2일 전까지 별지 제100호서식의 외국항공기 항행허가신청서를 지방항공청장에게 제출하여야 하고, 법 제100조제1항제3호에 따른 통과항행을 하려는 자는 별지 제101호서식의 영공통과 허가신청서를 항공교통본부장에게 제출하여야 한다.

제275조(외국항공기의 항행허가 변경신청) 제274조에 따라 외국항공기 항행허가 또는 영공통과 허가를 받은 자가 허가받은 사항을 변경하려는 경우에는 그 운항 예정일 2일 전까지 별지 제102호서식의 외국항공기 항행허가 변경신청서 또는 제103호서식의 영공통과허가 변경신청서를 지방항공청장 또는 항공교통본부장에게 제출하여야 한다.

제276조(외국항공기의 국내사용 허가신청) 법 제101조 단서에 따라 외국 국적을 가진 항공기를 운항하려는 자는 그 운항 개시 예정일 2일 전까지 별지 제104호서식의 외국항공기 국내사용 허가신청서를 지방항공청장에게 제출하여야 한다.

제277조(외국항공기의 국내사용허가 변경신청) 제276조에 따라 외국항공기의 국내사용허가를 받은 자가 허가받은 사항을 변경하려는 경우에는 해당 사항이 변경되는 날 2일 전까지 별지 제105호서식의 외국항공기 국내사용허가 변경신청서를 지방항공청장에게 제출하여야 한다.

제278조(증명서 등의 인정) 법 제102조에 따라 「국제민간항공협약」의 부속서로서 채택된 표준방식 및 절차를 채용하는 협약 체결국 외국정부가 한 다음 각 호의 증명ㆍ면허와 그 밖의 행위는 국토교통부장관이 한 것으로 본다.
1. 법 제12조에 따른 항공기 등록증명
2. 법 제23조제1항에 따른 감항증명
3. 법 제34조제1항에 따른 항공종사자의 자격증명
4. 법 제40조제1항에 따른 항공신체검사증명
5. 법 제44조제1항에 따른 계기비행증명
6. 법 제45조제1항에 따른 항공영어구술능력증명

항공안전법	항공안전법 시행령
제103조(외국인국제항공운송사업자에 대한 운항증명승인 등) ① 「항공사업법」 제54조에 따라 외국인 국제항공운송사업 허가를 받으려는 자는 국토교통부령으로 정하는 기준에 따라 그가 속한 국가에서 발급받은 운항증명과 운항조건 · 제한사항을 정한 운영기준에 대하여 국토교통부장관의 운항증명승인을 받아야 한다. ② 국토교통부장관은 제1항에 따른 운항증명승인을 하는 경우에는 운항하려는 항공로, 공항 등에 관하여 운항조건 · 제한사항을 정한 서류를 운항증명승인서와 함께 발급할 수 있다. ③ 「항공사업법」 제54조에 따라 외국인 국제항공운송사업 허가를 받은 자(이하 "외국인국제항공운송사업자"라 한다)와 그에 속한 항공종사자는 제2항에 따라 발급된 운항조건 · 제한사항을 준수하여야 한다. ④ 국토교통부장관은 외국인국제항공운송사업자가 사용하는 항공기의 안전운항을 위하여 국토교통부령으로 정하는 바에 따라 제2항에 따른 운항조건 · 제한사항을 변경할 수 있다. ⑤ 외국인국제항공운송사업자는 대한민국에 노선의 개설 등에 따른 운항증명승인 또는 운항조건 · 제한사항이 변경된 경우에는 국토교통부장관의 변경승인을 받아야 한다. ⑥ 국토교통부장관은 항공기의 안전운항을 위하여 외국인국제항공운송사업자가 사용하는 항공기에 대하여 검사를 할 수 있다. ⑦ 국토교통부장관은 제6항에 따른 검사 중 긴급히 조치하지 아니할 경우 항공기의 안전운항에 중대한 위험을 초래할 수 있는 사항이 발견되었을 때에는 국토교통부령으로 정하는 바에 따라 해당 항공기의 운항을 정지하거나 항공종사자의 업무를 정지할 수 있다. ⑧ 국토교통부장관은 제7항에 따라 한 정지처분의 사유가 없어진 경우에는 지체 없이 그 처분을 취소하거나 변경하여야 한다.	

제279조(외국인국제항공운송사업자에 대한 운항증명승인 등) ① 「항공사업법」 제54조에 따라 외국인 국제항공운송사업 허가를 받으려는 자는 법 제103조제1항에 따라 그 운항 개시 예정일 60일 전까지 별지 제106호서식의 운항증명승인 신청서에 다음 각 호의 서류를 첨부하여 국토교통부장관에게 제출하여야 한다. 다만, 「항공사업법 시행규칙」 제53조에 따라 이미 제출한 경우에는 다음 각 호의 서류를 제출하지 아니할 수 있다.

1. 「국제민간항공협약」 부속서 6에 따라 해당 정부가 발행한 운항증명(Air Operator Certificate) 및 운영기준(Operations Specifications)
2. 「국제민간항공협약」 부속서 6(항공기 운항)에 따라 해당 정부로부터 인가받은 운항규정(Operations Manual) 및 정비규정(Maintenance Control Manual)
3. 항공기 운영국가의 항공당국이 인정한 항공기 임대차 계약서(해당 사실이 있는 경우만 해당한다)
4. 별지 제107호서식의 외국항공기의 소유자 등 안전성 검토를 위한 질의서(Questionnaire of Foreign Operators Safety)

② 국토교통부장관은 제1항에 따라 운항증명승인 신청을 받은 경우에는 다음 각 호의 사항을 검사하여 적합하다고 인정되면 해당 국가에서 외국인국제항공운송사업자에게 발급한 운항증명이 유효함을 확인하는 별지 제108호서식의 운항증명승인서 및 별지 제109호서식의 운항조건 및 제한사항을 정한 서류를 함께 발급하여야 한다.

1. 「항공사업법」 제54조제2항제2호에서 정한 사항
2. 운항증명을 발행한 국가에 대한 국제민간항공기구의 국제항공안전평가(ICAO USOAP 등) 결과
3. 운항증명을 발행한 국가 또는 외국인국제항공운송사업자에 대하여 외국정부가 공표한 항공안전에 관한 평가 결과

③ 국토교통부장관은 제2항제1호부터 제3호까지 사항이 변경되었음을 알게 된 경우 또는 제4항에 따라 변경 내용 및 사유를 제출받은 경우에는 제2항에 따라 발급한 별지 제108호서식의 운항증명승인서 또는 별지 제109호서식의 운항조건 및 제한사항을 개정할 필요가 있다고 판단되면 해당 내용을 변경하여 발급할 수 있다.

④ 외국인국제항공운송사업자는 제2항에 따라 국토교통부장관이 발급한 별지 제108호서식의 운항증명 승인서 또는 별지 제109호서식의 운항조건 및 제한사항에 변경사항이 발생하면 그 사유가 발생한 날로부터 30일 이내에 그 변경의 내용 및 사유를 국토교통부장관에게 제출하여야 한다.

제280조(외국인국제항공운송사업자의 항공기의 운항정지 등) 국토교통부장관은 법 제103조제7항에 따라 외국인국제항공운송사업자의 항공기의 운항을 정지하게 하거나 그에 속한 항공종사자의 업무를 정지하게 하려는 경우에는 다음 각 호의 순서에 따라 조치하여야 한다.

1. 국토교통부장관은 외국인국제항공운송사업자 또는 항공종사자에게 항공기의 운항 또는 항공종사자의 업무를 정지하는 사유와 조치하여야 할 내용을 구두로 지체 없이 통보하고, 사후에 서면으로 통보하여야 한다.
2. 제1호에 따라 통보를 받은 자는 조치하여야 할 사항을 조치하였을 때에는 지체 없이 그 내용을 국토교통부장관에게 통보하여야 한다.
3. 국토교통부장관은 제2호에 따른 통보를 받은 경우 그 내용을 확인하고 항공기의 안전운항에 지장이 없다고 판단되면 지체 없이 그 사실을 해당 외국인국제항공운송사업자 또는 항공종사자에게 통보하여 항공기의 운항 또는 항공종사자의 업무를 계속 수행할 수 있게 하여야 한다.

항공안전법	항공안전법 시행령
제104조(안전운항을 위한 외국인국제항공운송사업자의 준수사항 등) ① 외국인국제항공운송사업자는 다음 각 호의 서류를 국토교통부령으로 정하는 바에 따라 항공기에 싣고 운항하여야 한다. 　1. 제103조제2항에 따라 국토교통부장관이 발급한 운항증명승인서와 운항조건 · 제한사항을 정한 서류 　2. 외국인국제항공운송사업자가 속한 국가가 발급한 운항증명사본 및 운영기준 사본 　3. 그 밖에 「국제민간항공협약」 및 같은 협약의 부속서에 따라 항공기에 싣고 운항하여야 할 서류 등 ② 외국인국제항공운송사업자와 그에 속한 항공종사자는 제1항 제2호의 운영기준을 준수하여야 한다. ③ 국토교통부장관은 항공기의 안전운항을 위하여 외국인국제항공운송사업자와 그에 속한 항공종사자가 제1항제2호의 운영기준을 준수하는지 등에 대하여 정기 또는 수시로 검사할 수 있다. ④ 국토교통부장관은 제3항에 따른 정기검사 또는 수시검사에서 긴급히 조치하지 아니할 경우 항공기의 안전운항에 중대한 위험을 초래할 수 있는 사항이 발견되었을 때에는 국토교통부령으로 정하는 바에 따라 해당 항공기의 운항을 정지하거나 항공종사자의 업무를 정지할 수 있다. ⑤ 국토교통부장관은 제4항에 따른 정지처분의 사유가 없어지면 지체없이 그 처분을 취소하여야 한다. **제105조(외국인국제항공운송사업자의 항공기 운항의 정지 등)** ① 국토교통부장관은 외국인국제항공운송사업자가 다음 각 호의 어느 하나에 해당하는 경우에는 6개월 이내의 기간을 정하여 항공기 운항의 정지를 명할 수 있다. 다만, 제1호 또는 제6호에 해당하는 경우에는 운항증명승인을 취소하여야 한다. 　1. 거짓이나 그 밖의 부정한 방법으로 운항증명승인을 받은 경우 　2. 제103조제1항을 위반하여 운항증명승인을 받지 아니하고 운항한 경우 　3. 제103조제3항을 위반하여 같은 조 제2항에 따른 운항조건 · 제한사항을 준수하지 아니한 경우 　4. 제103조제5항을 위반하여 변경승인을 받지 아니하고 운항한 경우 　5. 제106조에서 준용하는 제94조 각 호에 따른 항공운송의 안전을 위한 명령에 따르지 아니한 경우 　6. 이 조에 따른 항공기 운항의 정지기간에 항공기를 운항한 경우 ② 제1항에 따른 처분의 세부기준 등 그 밖에 필요한 사항은 국토교통부령으로 정한다.	

제281조(외국인국제항공운송사업자의 항공기에 탑재하는 서류) 법 제104조제1항에 따라 외국인국제항공운송사업자는 운항하려는 항공기에 다음 각 호의 서류를 탑재하여야 한다.

1. 항공기 등록증명서
2. 감항증명서
3. 탑재용 항공일지
4. 운용한계 지정서 및 비행교범
5. 운항규정(항공기 등록국가가 발행한 경우만 해당한다)
6. 소음기준적합증명서
7. 각 승무원의 유효한 자격증명(조종사 비행기록부를 포함한다)
8. 무선국 허가증명서(radio station license)
9. 탑승한 여객의 성명, 탑승지 및 목적지가 표시된 명부(passenger manifest)
10. 해당 항공운송사업자가 발행하는 수송화물의 목록(cargo manifest)과 화물 운송장에 명시되어 있는 세부 화물신고서류(detailed declarations of the cargo)
11. 해당 국가의 항공당국 간에 체결한 항공기 등의 감독 의무에 관한 이전협정서 사본(법 제5조에 따른 임대차 항공기의 경우만 해당한다)

제282조(외국인국제항공운송사업자의 항공기 운항의 정지 등) 법 제105조제2항에 따른 처분의 세부기준은 별표 39와 같다.

항공안전법	항공안전법 시행령
제106조(외국인국제항공운송사업자에 대한 준용규정) 외국인국제항공운송사업자의 항공안전 의무보고 및 자율보고 등에 관하여는 제59조, 제61조, 제92조 및 제94조를 준용한다. **제107조(외국항공기의 유상운송에 대한 운항안전성 검사)** 「항공사업법」 제55조에 따라 외국항공기의 유상운송 허가를 받으려는 자는 국토교통부령으로 정하는 기준에 따라 그가 속한 국가에서 발급받은 운항증명과 운항조건·제한사항을 정한 운영기준에 대하여 국토교통부장관이 실시하는 운항안전성 검사를 받아야 한다.	

제283조(외국항공기의 유상운송에 대한 운항안전성 검사) 법 제107조에 따라 국토교통부장관이 실시하는 외국항공기의 유상운송에 대한 운항안전성 검사는 제279조제2항 각 호의 사항에 대하여 확인하는 것을 말한다.

예 / 상 / 문 / 제

제8장 ┃ 외국항공기

01 다음 중 외국의 국적을 가진 항공기의 사용자가 항행을 하고자 하는 경우 국토교통부장관의 허가를 받아야 하는 사항이 아닌 것은?

㉮ 영공 밖에서 이륙하여 대한민국에 착륙하는 항행
㉯ 대한민국에서 이륙하여 영공 밖에 착륙하는 항행
㉰ 대한민국에서 이륙하여 대한민국에 착륙하는 항행
㉱ 영공 밖에서 이륙하여 대한민국에 착륙하지 아니하고 영공을 통과하여 영공 밖에 착륙하는 항행

해설 법 제100조(외국항공기의 항행)
① 외국 국적을 가진 항공기의 사용자(외국, 외국의 공공단체 또는 이에 준하는 자를 포함 함)는 다음의 어느 하나에 해당하는 항행을 하려면 국토교통부장관의 허가를 받아야 함. 다만, "항공사업법" 제54조 및 제55조에 따른 허가를 받은 자는 그러하지 아니함
1. 영공 밖에서 이륙하여 대한민국에 착륙하는 항행
2. 대한민국에서 이륙하여 영공 밖에 착륙하는 항행
3. 영공 밖에서 이륙하여 대한민국에 착륙하지 아니하고 영공을 통과하여 영공 밖에 착륙하는 항행
② 외국의 군, 세관 또는 경찰의 업무에 사용되는 항공기는 제1항을 적용할 때에는 해당 국가가 사용하는 항공기로 봄
③ 제1항 각 호의 어느 하나에 해당하는 항행을 하는 자는 국토교통부장관이 요구하는 경우 지체 없이 국토교통부장관이 지정한 비행장에 착륙하여야 함

*시행규칙 제274조(외국항공기의 운항허가신청)
법 제100조제1항에 따라 운항하려는 자는 그 운항 예정일 2일 전까지 외국항공기 운항허가신청서를 지방항공청장에게 제출하여야 하고, 통과비행을 하려는 자는 항공교통센터장에게 제출하여야 함

*시행규칙 제275조(외국항공기의 운항허가 변경신청)
외국항공기 운항허가 또는 영공통과 허가를 받은 자가 허가받은 사항을 변경하려는 경우 그 운항 예정일 2일 전까지 변경 신청을 제출하여야 함. "국제민간항공협약"에서의 국가항공기의 범주
- 경찰, 세관, 군용항공기, 우편배달항공기, 국가원수의 수행항공기, 고위관료 수행항공기, 특별사절 수행항공기

02 다음 중 국가항공기가 아닌 것은?

㉮ 군용기
㉯ 국가원수가 전세로 사용하는 항공기
㉰ 세관이 소유하는 업무용 항공기
㉱ 국토교통부가 소유하는 점검용 항공기

해설 1번항 해설 참조

03 외국항공기가 영공 밖에서 이륙하여 대한민국에 착륙하는 항행을 하는 자는 그 운항 예정일 며칠 전에 운항허가신청서를 누구에게 제출하여야 하는가?

㉮ 5일, 국토교통부장관
㉯ 2일, 국토교통부장관
㉰ 5일, 지방항공청장
㉱ 2일, 지방항공청장

해설 시행규칙 제277조(외국항공기의 운항허가신청) 1번항 해설 참조

04 외국항공기의 국내사용 허가변경 신청은 누구에게 하는가?

㉮ 국토교통부장관에게 제출
㉯ 지방항공청장에게 제출
㉰ 항공교통센터장에게 제출
㉱ 외교부장관에게 제출

해설 시행규칙 제276조(외국항공기의 국내사용 허가신청)
법 제101조 단서에 따라 외국 국적을 가진 항공기를 항공에 사용하려는 자는 그 운항 개시 예정일 2일 전까지 외국항공기 국내사용 허가신청서를 지방항공청장에게 제출하여야 한다.

*시행규칙 제277조 (외국항공기의 국내사용 허가신청변경) 법 제276조에 따라 외국 항공기의 국내사용 허가를 받은 자가 허가받은 사항을 변경하려는 경우에는 해당 사항을 변경한 운항 예정일 2일 전까지 외국항공기 국내사용허가 변경신청서를 지방항공청장에게 제출하여야 한다.

정답 01 ㉰ 02 ㉱ 03 ㉱ 04 ㉯

05 외국인 국제항공운송사업을 하려는 자는 그 운항 개시 예정일 며칠까지 국토교통부장관에게 운항 증명승인 신청을 해야 하는가?

㉮ 30일　　　　㉯ 50일

㉰ 60일　　　　㉱ 90일

[해설] 시행규칙 제279조(외국인국제항공운송사업자에 대한 운항 증명승인 등)
① "항공사업법" 제54조에 따라 외국인 국제항공운송사업을 하려는 자는 그 운항개시 예정일 60일 전까지 운항증명승인 신청서에 다음 각 호의 서류를 첨부하여 국토교통부장관에게 제출하여야 한다. 이 경우 "항공사업법" 시행규칙 제53조에 따라 이미 제출한 경우에는 다음 각 호의 서류를 제출하지 아니할 수 있다.
1. "국제민간항공협약" 부속서 6(항공기 운항)에 따라 해당 정부로부터 인가 받은 운항규정 및 정비규정
2. "국제민간항공협약" 부속서 6에 따라 해당 정부가 발행한 운항증명 및 운영기준
3. 항공기 운영국가의 항공당국이 인정한 항공기 임대차 계약서(해당 사실이 있는 경우만 해당)
4. 외국항공기의 소유자 등 안전성 검토를 위한 질의서

06 다음 중 외국인 국제항공운송사업을 하려는 자가 국토교통부장관에게 신청하는 데 필요한 서류가 아닌 것은?

㉮ 해당 정부로부터 인가 받은 운항규정

㉯ 해당 정부가 발행한 운항증명

㉰ 외국항공기의 소유자 등 안전성 증명

㉱ 항공기 운영국가의 항공당국이 인정한 항공기 임대차 계약서

[해설] 5번항 해설 참조

07 다음 중 외국인 국제항공운송사업자가 운항하려는 항공기에 탑재하여야 할 서류가 아닌 것은?

㉮ 항공기 등록증명서

㉯ 감항증명서

㉰ 형식증명서

㉱ 소음기준적합증명서

[해설] 시행규칙 제281조(외국인 국제항공운송사업자의 항공기에 탑재하는 서류)
1. 항공기 등록증명서
2. 감항증명서
3. 탑재용 항공일지
4. 운용한계 지정서 및 비행교범
5. 운항규정 (항공기 등록국가가 발행한 경우만 해당한다)
6. 소음기준적합증명서
7. 각 승무원의 유효한 자격증명(조종사 비행기록부를 포함한다)
8. 무선국 허가증명서
9. 탑승한 여객의 성명, 탑승지 및 목적지가 표시된 명부
10. 해당 항공운송사업자가 발행하는 수송화물의 목록과 화물 신고서류

11. 해당 국가의 항공당국 간에 체결한 항공기 등의 감독 의무에 관한 이전협정서 사본 (법 제5조에 따른 임대차 항공기의 경우만 해당한다)

08 외국 정부가 행한 증명 및 면허에 관하여 국토교통부장관이 행한 것으로 볼 수 없는 것은?

㉮ 항공기 등록증명서　　㉯ 감항증명서

㉰ 정비조직인증서　　　　㉱ 항공종사자 자격증명서

[해설] 시행규칙 제278조(증명서 등의 인정)
법 제102조에 따라 "국제민간항공협약"의 부속서에서 채택된 표준방식 및 절차를 채용하는 협약 체결국 외국정부가 한 다음 각 호의 증명 면허와 그 밖의 행위는 국토교통부장관이 한 것으로 본다.
1. 항공기 등록증명
2. 감항증명
3. 항공종사자 자격증명
4. 항공신체검사증명
5. 계기비행증명
6. 항공영어구술능력증명

09 다음 중 외국정부가 행한 것을 국토교통부장관이 행한 것으로 보는 것이 아닌 것은?

㉮ 항공기 등록증명

㉯ 감항증명

㉰ 항공종사자 자격증명

㉱ 형식증명

[해설] 8번항 해설 참조

10 다음 중 국토교통부장관은 외국인국제항공운송사업자의 운항증명승인을 취소하여야 하는 것은?

㉮ 운항증명승인을 받지 아니하고 운항한 경우

㉯ 운항조건을 준수하지 아니한 경우

㉰ 변경승인을 받지 아니하고 운항한 경우

㉱ 항공기 운항의 정지기간에 항공기를 운항한 경우

[해설] 법 제105조(외국인국제항공운송사업자의 항공기 운항의 정지 등)
① 국토교통부장관은 외국인국제항공운송사업자가 다음 각 호의 어느 하나에 해당하는 경우에는 6개월 이내의 기간을 정하여 항공기 운항의 정지를 명할 수 있음. 다만, 제1호 또는 제6호에 해당하는 경우에는 운항증명 승인을 취소하여야 한다.
1. 거짓이나 그 밖의 부정한 방법으로 운항증명승인을 받은 경우
2. 제103조제1항을 위반하여 운항증명승인을 받지 아니하고 운항한 경우
3. 제103조제3항을 위반하여 같은 조 제2항에 따른 운항조건·제한사항을 준수하지 아니한 경우
4. 제103조제5항을 위반하여 변경승인을 받지 아니하고 운항한 경우
5. 제106조에서 준용하는 제94조 각 호에 따른 항공운송의 안전을 위한 명령에 따르지 아니한 경우
6. 이 조에 따른 항공기 운항의 정지기간에 항공기를 운항한 경우

항공안전법	항공안전법 시행령
제9장 경량항공기 **제108조(경량항공기 안전성 인증 등)** ① 시험비행 등 국토교통부령으로 정하는 경우로서 국토교통부장관의 허가를 받은 경우를 제외하고는 경량항공기를 소유하거나 사용할 수 있는 권리가 있는 자(이하 "경량항공기소유자 등"이라 한다)는 국토교통부령으로 정하는 기관 또는 단체의 장으로부터 그가 정한 안전성 인증의 유효기간 및 절차·방법 등에 따라 그 경량항공기가 국토교통부장관이 정하여 고시하는 비행 안전을 위한 기술상의 기준에 적합하다는 안전성 인증을 받지 아니하고 비행하여서는 아니 된다. 이 경우 안전성 인증의 유효기간 및 절차·방법 등에 대해서는 국토교통부장관의 승인을 받아야 하며, 변경할 때에도 또한 같다. ② 제1항에 따라 국토교통부령으로 정하는 기관 또는 단체의 장이 안전성 인증을 할 때에는 국토교통부령으로 정하는 바에 따라 안전성 인증 등급을 부여하고, 그 등급에 따른 운용범위를 지정하여야 한다. ③ 경량항공기소유자 등 또는 경량항공기를 사용하여 비행하려는 사람은 제2항에 따라 부여된 안전성 인증 등급에 따른 운용범위를 준수하여 비행하여야 한다. ④ 경량항공기 소유자 등 또는 경량항공기를 사용하여 비행하려는 사람은 경량항공기 또는 그 장비품·부품을 정비한 경우에는 제35조제8호의 항공정비사 자격증명을 가진 사람으로부터 국토교통부령으로 정하는 방법에 따라 안전하게 운용할 수 있다는 확인을 받지 아니하고 비행하여서는 아니 된다. 다만, 국토교통부령으로 정하는 경미한 정비는 그러하지 아니하다.	

제9장 경량항공기

제284조(경량항공기의 안전성 인증 등) ① 법 제108조제1항 전단에서 "시험비행 등 국토교통부령으로 정하는 경우"란 다음 각 호의 어느 하나에 해당하는 경우를 말한다.
1. 연구ㆍ개발 중에 있는 경량항공기의 안전성 여부를 평가하기 위하여 시험비행을 하는 경우
2. 법 제108조제1항 전단에 따른 안전성 인증을 받은 경량항공기의 성능 향상을 위하여 운용한계를 초과하여 시험비행을 하는 경우
3. 그 밖에 국토교통부장관이 필요하다고 인정하는 경우
② 법 제108조제1항 전단에 따른 시험비행 등을 위하여 국토교통부장관의 허가를 받으려는 자는 별지 제110호 서식의 경량항공기 시험비행허가신청서에 해당 경량항공기가 같은 항 전단에 따라 국토교통부장관이 정하여 고시하는 비행안전을 위한 기술상의 기준(이하 "경량항공기 기술기준"이라 한다)에 적합함을 입증할 수 있는 다음 각 호의 서류를 첨부하여 국토교통부장관에게 제출하여야 한다.
1. 해당 경량항공기에 대한 소개서
2. 경량항공기의 설계가 경량항공기 기술기준에 충족함을 입증하는 서류
3. 설계도면과 일치되게 제작되었음을 입증하는 서류
4. 완성 후 상태, 지상 기능점검 및 성능시험 결과를 확인할 수 있는 서류
5. 경량항공기 조종절차 및 안전성 유지를 위한 정비방법을 명시한 서류
6. 경량항공기 사진(전체 및 측면사진을 말하며, 전자파일로 된 것을 포함한다) 각 1매
7. 시험비행계획서
③ 국토교통부장관은 제2항에 따른 신청서를 접수받은 경우 경량항공기 기술기준에 적합한지의 여부를 확인한 후 적합하다고 인정하면 신청인에게 시험비행을 허가하여야 한다.
④ 법 제108조제1항 전단 및 같은 조 제2항에서 "국토교통부령으로 정하는 기관 또는 단체"란 교통안전공단 또는 「항공안전기술원법」에 따른 항공안전기술원(이하 "기술원"이라 한다)을 말한다.
⑤ 법 제108조제2항에 따른 안전성 인증등급은 다음 각 호와 같이 구분하고, 각 등급에 따른 운용범위는 별표 40과 같다.
1. 제1종 : 경량항공기 기술기준에 적합하게 완제(完製)형태로 제작된 경량항공기
2. 제2종 : 경량항공기 기술기준에 적합하게 조립(組立)형태로 제작된 경량항공기
3. 제3종 : 경량항공기가 완제형태로 제작되었으나 경량항공기 제작자로부터 경량항공기 기술기준에 적합함을 입증하는 서류를 발급받지 못한 경량항공기
4. 제4종 : 다음 각 목의 어느 하나에 해당하는 경량항공기
   가. 경량항공기 제작자가 제공한 수리ㆍ개조지침을 따르지 아니하고 수리 또는 개조하여 원형이 변경된 경량항공기로서 제한된 범위에서 비행이 가능한 경량항공기
   나. 제1호부터 제3호까지에 해당하지 아니하는 경량항공기로서 제한된 범위에서 비행이 가능한 경량항공기
⑥ 제5항에 따른 안전성인증 등급의 구분 및 운용범위에 관하여 필요한 세부사항은 국토교통부장관이 정하여 고시한다.

제285조(경량항공기의 정비 확인) ① 법 제108조제4항 본문에 따라 경량항공기소유자 등 또는 경량항공기를 사용하여 비행하려는 사람이 경량항공기 또는 그 부품 등을 정비한 후 경량항공기 등을 안전하게 운용할 수 있다는 확인을 받기 위해서는 법 제35조제8호에 따른 항공정비사 자격증명을 가진 사람으로부터 해당 정비가 다음 각 호의 어느 하나에 충족되게 수행되었음을 확인받은 후 해당 정비기록문서에 서명을 받아야 한다.
1. 해당 경량항공기 제작자가 제공하는 최신의 정비교범 및 기술문서
2. 해당 경량항공기 제작자가 정비교범 및 기술문서를 제공하지 아니하여 경량항공기소유자 등이 안전성 인증검사를 받을 때 제출한 검사프로그램
3. 그 밖에 국토교통부장관이 정하여 고시하는 기준에 부합하는 기술자료
② 법 제108조제4항 단서에서 "국토교통부령으로 정하는 경미한 정비"란 별표 41에 따른 정비를 말한다.

항공안전법	항공안전법 시행령
제109조(경량항공기 조종사 자격증명) ① 경량항공기를 사용하여 비행하려는 사람은 국토교통부령으로 정하는 바에 따라 국토교통부장관의 자격증명(이하 "경량항공기 조종사 자격증명"이라 한다)을 받아야 한다. ② 다음 각 호의 어느 하나에 해당하는 사람은 경량항공기 조종사 자격증명을 받을 수 없다. 1. 17세 미만인 사람 2. 제114조제1항에 따른 경량항공기 조종사 자격증명 취소처분을 받고 그 취소일로부터 2년이 지나지 아니한 사람 제110조(경량항공기 조종사 업무범위) 경량항공기 조종사 자격증명을 받은 사람은 경량항공기에 탑승하여 경량항공기를 조종하는 업무(이하 "경량항공기 조종업무"라 한다) 외의 업무를 해서는 아니 된다. 다만, 새로운 종류의 경량항공기에 탑승하여 시험비행 등을 하는 경우로서 국토교통부령으로 정하는 바에 따라 국토교통부장관의 허가를 받은 경우에는 그러하지 아니하다. 제111조(경량항공기 조종사 자격증명의 한정) ① 국토교통부장관은 경량항공기 조종사 자격증명을 하는 경우에는 경량항공기의 종류를 한정할 수 있다. ② 제1항에 따라 경량항공기 조종사 자격증명의 한정을 받은 사람은 그 한정된 경량항공기 종류 외의 경량항공기를 조종해서는 아니 된다. ③ 제1항에 따른 경량항공기 조종사 자격증명의 한정에 필요한 세부사항은 국토교통부령으로 정한다. 제112조(경량항공기 조종사 자격증명 시험의 실시 및 면제) ① 경량항공기 조종사 자격증명을 받으려는 사람은 국토교통부령으로 정하는 바에 따라 경량항공기 조종업무에 종사하는 데 필요한 지식 및 능력에 관하여 국토교통부장관이 실시하는 학과 시험 및 실기시험에 합격하여야 한다. ② 국토교통부장관은 제111조에 따라 경량항공기 조종사 자격증명(제115조에 따른 경량항공기 조종교육증명을 포함한다)을 경량항공기의 종류별로 한정하는 경우에는 경량항공기 탑승경력 등을 심사하여야 한다. 이 경우 종류에 대한 최초의 경량항공기 조종사 자격증명의 한정은 실기시험을 실시하여 심사할 수 있다. ③ 국토교통부장관은 다음 각 호의 어느 하나에 해당하는 사람에게는 국토교통부령으로 정하는 바에 따라 제1항 및 제2항에 따른 시험 및 심사의 전부 또는 일부를 면제할 수 있다. 1. 제35조제1호부터 제4호까지의 자격증명 또는 외국정부로부터 경량항공기 조종사 자격증명을 받은 사람 2. 제117조에 따른 경량항공기 전문교육기관의 교육과정을 이수한 사람 3. 해당 분야에 관한 실무경험이 있는 사람 ④ 국토교통부장관은 제1항에 따라 학과시험 및 실기시험에 합격한 사람에 대해서는 경량항공기 조종사 자격증명서를 발급하여야 한다.	

제286조(경량항공기 조종사 응시자격) 법 제109조제1항에 따라 경량항공기 조종사 자격증명을 받으려는 사람은 법 제109조제2항 각 호에 해당하지 아니하는 사람으로서 별표 4에 따른 경력을 가진 사람이어야 한다.

제287조(경량항공기 조종사 자격증명 응시원서의 제출 등) 법 제112조제1항부터 제3항까지의 규정에 따라 경량항공기 조종사 자격증명 시험 또는 경량항공기 조종사 자격증명의 한정심사에 응시하려는 사람에 관하여는 제75조부터 제77조까지 및 제81조부터 제89조까지를 준용한다. 이 경우 "항공기"는 "경량항공기"로, "항공종사자"는 "경량항공기 조종사"로 보되, 제88조제2항에 대해서는 "실기시험"을 "학과시험"으로 본다.

제288조(경량항공기 조종사의 자격증명 업무범위 외의 비행 시 허가대상) 법 제110조 단서에 따라 다음 각 호의 어느 하나에 해당하는 경우에는 국토교통부장관의 허가를 받아야 한다.
1. 새로운 종류의 경량항공기에 탑승하여 시험비행을 하는 경우
2. 국내에 최초로 도입되는 경량항공기에서 교관으로서 훈련을 실시하는 경우
3. 그 밖에 국토교통부장관이 필요하다고 인정하는 경우

제289조(경량항공기 시험비행 등의 허가) 법 제110조 단서에 따라 경량항공기의 시험비행 등을 하려는 사람은 별지 제25호서식의 시험비행 등의 허가신청서를 지방항공청장에게 제출하여야 한다.

제290조(경량항공기 조종사 자격증명의 한정) 국토교통부장관은 법 제111조제3항에 따라 경량항공기의 종류를 한정하는 경우에는 자격증명을 받으려는 사람이 실기심사에 사용하는 다음 각 호의 어느 하나에 해당하는 경량항공기의 종류로 한정하여야 한다.
1. 타면조종형 비행기
2. 체중이동형 비행기
3. 경량 헬리콥터
4. 자이로플레인
5. 동력 패러슈트

항공안전법	항공안전법 시행령
제113조(경량항공기 조종사의 항공신체검사증명) ① 경량항공기조종사 자격증명을 받고 경량항공기 조종업무를 하려는 사람(제116조에 따라 경량항공기 조종연습을 하는 사람을 포함한다)은 국토교통부장관의 항공신체검사증명을 받아야 한다. ② 제1항에 따른 항공신체검사증명에 관하여는 제40조제2항부터 제6항까지의 규정을 준용한다. **제114조(경량항공기 조종사 자격증명 등 · 항공신체검사증명의 취소 등)** ① 국토교통부장관은 경량항공기 조종사 자격증명을 받은 사람이 다음 각 호의 어느 하나에 해당하는 경우에는 그 경량항공기 조종사 자격증명이나 자격증명의 한정(이하 이 조에서 "자격증명 등"이라 한다)을 취소하거나 1년 이내의 기간을 정하여 자격증명 등의 효력정지를 명할 수 있다. 다만, 제1호 또는 제17호의 어느 하나에 해당하는 경우에는 자격증명 등을 취소하여야 한다. 1. 거짓이나 그 밖의 부정한 방법으로 자격증명 등을 받은 경우 2. 이 법을 위반하여 벌금 이상의 형을 선고받은 경우 3. 경량항공기 조종업무를 수행할 때 고의 또는 중대한 과실로 경량항공기사고를 일으켜 인명피해나 재산피해를 발생시킨 경우 4. 제110조 본문을 위반하여 경량항공기 조종업무 외의 업무에 종사한 경우 5. 제111조제2항을 위반하여 경량항공기 조종사 자격증명의 한정을 받은 사람이 한정된 경량항공기 종류 외의 경량항공기를 조종한 경우 6. 제113조(제116조제5항에서 준용하는 경우를 포함한다)를 위반하여 항공신체검사증명을 받지 아니하고 경량항공기 조종업무를 하거나 경량항공기 조종연습을 한 경우 7. 제115조제1항을 위반하여 조종교육증명을 받지 아니하고 조종교육을 한 경우 8. 제115조제2항을 위반하여 국토교통부장관이 정하는 교육을 받지 아니한 경우 9. 제118조를 위반하여 이륙 · 착륙장소가 아닌 곳 또는 「공항시설법」 제25조제6항에 따라 사용이 중지된 이착륙장에서 경량항공기를 이륙하거나 착륙하게 한 경우 10. 제121조제2항에서 준용하는 제57조제1항을 위반하여 주류 등의 영향으로 경량항공기 조종업무(제116조에 따른 경량 항공기 조종연습을 포함한다)를 정상적으로 수행할 수 없는 상태에서 경량항공기를 사용하여 비행한 경우 11. 제121조제2항에서 준용하는 제57조제2항을 위반하여 경량 항공기 조종업무(제116조에 따른 경량항공기 조종연습을 포함한다)에 종사하는 동안에 같은 조 제1항에 따른 주류 등을 섭취하거나 사용한 경우 12. 제121조제2항에서 준용하는 제57조제3항을 위반하여 같은 조 제1항에 따른 주류 등의 섭취 및 사용 여부의 측정 요구에 따르지 아니한 경우	

제291조(경량항공기 조종사의 항공신체검사증명의 기준 등) 법 제113조제1항에 따른 경량항공기 조종사의 항공신체검사증명의 기준, 유효기간 및 신청 등에 관하여는 제92조부터 제96조까지의 규정을 준용한다. 이 경우 "항공기"는 "경량항공기"로, "항공종사자"는 "경량항공기 조종사"로 본다.

제292조(경량항공기 조종사 자격증명 · 항공신체검사증명의 취소 등) ① 법 제114조제1항(법 제115조제3항에서 준용하는 경우를 포함한다) 및 제2항에 따른 행정처분기준은 별표 42와 같다.

② 국토교통부장관 또는 지방항공청장은 제1항에 따른 처분을 한 경우에는 별지 제111호서식의 경량항공기 조종사 등 행정처분 대장을 작성 · 관리하되, 전자적 처리가 불가능한 특별한 사유가 없으면 전자적 처리가 가능한 방법으로 작성 · 관리하고, 그 처분 내용에 따라 교통안전공단의 이사장 또는 한국항공우주의학협회에 통지하여야 한다.

항공안전법	항공안전법 시행령
13. 제121조제3항에서 준용하는 제67조제1항을 위반하여 비행규칙을 따르지 아니하고 비행한 경우 14. 제121조제4항에서 준용하는 제79조제1항을 위반하여 국토교통부장관이 정하여 공고하는 비행의 방식 및 절차에 따르지 아니하고 비관제공역 또는 주의공역에서 비행한 경우 15. 제121조제4항에서 준용하는 제79조제2항을 위반하여 허가를 받지 아니하거나 국토교통부장관이 정하는 비행의 방식 및 절차에 따르지 아니하고 통제공역에서 비행한 경우 16. 제121조제5항에서 준용하는 제84조제1항을 위반하여 국토교통부장관 또는 항공교통업무증명을 받은 자가 지시하는 이동·이륙·착륙의 순서 및 시기와 비행의 방법에 따르지 아니한 경우 17. 이 조에 따른 자격증명 등의 효력정지기간에 경량항공기 조종업무에 종사한 경우 ② 국토교통부장관은 경량항공기 조종업무를 하는 사람이 다음 각 호의 어느 하나에 해당하는 경우에는 그 항공신체검사증명을 취소하거나 1년 이내의 기간을 정하여 항공신체검사증명의 효력정지를 명할 수 있다. 다만, 제1호에 해당하는 경우에는 항공신체검사증명을 취소하여야 한다. 1. 거짓이나 그 밖의 부정한 방법으로 항공신체검사증명을 받은 경우 2. 제113조제2항에서 준용하는 제40조제2항에 따른 자격증명의 종류별 항공신체검사증명의 기준에 맞지 아니하게 되어 경량항공기 조종업무를 수행하기에 부적합하다고 인정되는 경우 3. 제1항제10호부터 제12호까지의 어느 하나에 해당하는 경우 ③ 자격증명 등의 시험에 응시하거나 심사를 받는 사람이 그 시험 또는 심사에서 부정행위를 하거나 항공신체검사를 받는 사람이 그 검사에서 부정한 행위를 한 경우에는 그 부정행위를 한 날부터 각각 2년 동안 이 법에 따른 자격증명 등의 시험에 응시하거나 심사를 받을 수 없으며, 이 법에 따른 항공신체검사를 받을 수 없다. ④ 제1항 및 제2항에 따른 처분의 기준 및 절차와 그 밖에 필요한 사항은 국토교통부령으로 정한다.	

항공안전법	항공안전법 시행령
제115조(경량항공기 조종교육증명) ① 다음 각 호의 조종연습을 하는 사람에 대하여 경량항공기 조종교육을 하려는 사람은 그 경량항공기의 종류별로 국토교통부령으로 정하는 바에 따라 국토교통부장관의 조종교육증명을 받아야 한다. 1. 경량항공기 조종사 자격증명을 받지 아니한 사람이 경량항공기에 탑승하여 하는 조종연습 2. 경량항공기 조종사 자격증명을 받은 사람이 그 경량항공기 조종사 자격증명에 대하여 제111조에 따른 한정을 받은 종류 외의 경량항공기에 탑승하여 하는 조종연습 ② 제1항에 따른 조종교육증명(이하 "경량항공기 조종교육증명"이라 한다)은 경량항공기 조종교육증명서를 발급함으로써 하며, 경량항공기 조종교육증명을 받은 자는 국토교통부장관이 정하는 바에 따라 교육을 받아야 한다. ③ 경량항공기 조종교육증명의 시험 및 취소 등에 관하여는 제112조 및 제114조제1항ㆍ제3항을 준용한다. **제116조(경량항공기 조종연습)** ① 제115조제1항제1호의 조종연습을 하려는 사람은 그 조종연습에 관하여 국토교통부령으로 정하는 바에 따라 국토교통부장관의 허가를 받고 경량항공기 조종교육증명을 받은 사람의 감독 하에 조종연습을 하여야 한다. ② 제115조제1항제2호의 조종연습을 하려는 사람은 경량항공기 조종교육증명을 받은 사람의 감독 하에 조종연습을 하여야 한다. ③ 제1항에 따른 조종연습에 대해서는 제109조제1항을 적용하지 아니하고, 제2항에 따른 조종연습에 대해서는 제111조제2항을 적용하지 아니한다. ④ 국토교통부장관은 제1항에 따라 조종연습의 허가신청을 받은 경우 신청인이 경량항공기 조종연습을 하기에 필요한 능력이 있다고 인정될 때에는 국토교통부령으로 정하는 바에 따라 그 조종연습을 허가하고, 신청인에게 경량항공기 조종연습허가서를 발급한다. ⑤ 제4항에 따른 허가를 받은 사람의 항공신체검사증명 등에 관하여는 제113조 및 제114조를 준용한다. ⑥ 제4항에 따른 허가를 받은 사람이 경량항공기 조종연습을 할 때에는 경량항공기 조종연습허가서와 항공신체검사증명서를 지녀야 한다.	

제293조(경량항공기 조종교육증명 절차 등) ① 법 제115조제1항에 따른 경량항공기 조종사 조종교육증명을 위한 학과시험 및 실기시험, 시험장소 등에 관한 세부적인 내용과 절차는 국토교통부장관이 정하여 고시한다.

② 법 제115조제1항에 따라 조종교육증명을 받아야 하는 조종교육은 경량항공기에 대한 이륙조작ㆍ착륙조작 또는 공중조작의 실기교육(경량항공기 조종연습생 단독으로 비행하게 하는 경우를 포함한다)으로 한다.

③ 법 제115조제2항에 따라 조종교육증명을 받는 자는 교통안전공단의 이사장이 실시하는 다음 각 호의 내용이 포함된 안전교육을 정기적(조종교육증명 또는 안전교육을 받은 해의 말일부터 2년 내)으로 받아야 한다.

1. 항공법령의 개정사항
2. 기상정보 획득 및 이해
3. 경량항공기 사고사례

제294조(경량항공기 조종연습의 허가 신청) ① 법 제116조제1항에 따라 경량항공기 조종연습 허가를 받으려는 사람은 별지 제112호서식의 경량항공기 조종연습 허가신청서에 별표 8에 따른 경량항공기 조종사에 적용되는 항공신체검사증명서 또는 자동차운전면허증 사본을 첨부하여 지방항공청장에게 제출하여야 한다.

② 제1항에 따른 신청을 받은 지방항공청장은 법 제116조제4항에 따라 신청인이 경량항공기 조종연습을 하기에 필요한 능력이 있다고 인정될 때에는 그 조종연습을 허가하고, 별지 제113호서식의 경량항공기 조종연습허가서를 발급하여야 한다.

항공안전법	항공안전법 시행령
제117조(경량항공기 전문교육기관의 지정 등) ① 국토교통부장관은 경량항공기 조종사를 양성하기 위하여 국토교통부령으로 정하는 바에 따라 경량항공기 전문교육기관을 지정할 수 있다. ② 국토교통부장관은 제1항에 따라 지정된 경량항공기 전문교육 기관이 경량항공기 조종사를 양성하는 경우에는 예산의 범위에서 필요한 경비의 전부 또는 일부를 지원할 수 있다. ③ 경량항공기 전문교육기관의 교육과목, 교육방법, 인력, 시설 및 장비 등의 지정기준은 국토교통부령으로 정한다. ④ 국토교통부장관은 경량항공기 전문교육기관으로 지정받은 자가 다음 각 호의 어느 하나에 해당하는 경우에는 그 지정을 취소할 수 있다. 다만, 제1호에 해당하는 경우에는 그 지정을 취소하여야 한다. 1. 거짓이나 그 밖의 부정한 방법으로 경량항공기 전문교육기관으로 지정받은 경우 2. 제3항에 따른 경량항공기 전문교육기관의 지정기준 중 국토교통부령으로 정하는 사항을 위반한 경우 제118조(경량항공기 이륙 · 착륙의 장소) ① 누구든지 경량항공기를 비행장(군 비행장은 제외한다) 또는 이착륙장이 아닌 곳에서 이륙하거나 착륙하여서는 아니 된다. 다만, 안전과 관련한 비상상황 등 불가피한 사유가 있는 경우로서 국토교통부장관의 허가를 받은 경우에는 그러하지 아니한다. ② 제1항 단서에 따른 허가에 필요한 세부기준 및 절차와 그 밖에 필요한 사항은 대통령령으로 정한다. 제119조(경량항공기 무선설비 등의 설치 · 운용 의무) 국토교통부령으로 정하는 경량항공기를 항공에 사용하려는 사람 또는 소유자 등은 해당 경량항공기에 무선교신용 장비, 항공기 식별용 트랜스폰더 등 국토교통부령으로 정하는 무선설비를 설치 · 운용하여야 한다.	제23조(경량항공기의 이륙 · 착륙장소 외에 서의 이륙 · 착륙 허가 등) ① 법 제118조 제1항 단서에 따라 안전과 관련한 비상상황 등 불가피한 사유가 있는 경우는 다음 각 호의 어느 하나에 해당하는 경우로 한다. 1. 경량항공기의 비행 중 계기 고장, 연료부족 등의 비상상황이 발생하여 신속하게 착륙하여야 하는 경우 2. 항공기의 운항 등으로 비행장을 사용할 수 없는 경우 3. 경량항공기가 이륙 · 착륙하려는 장소 주변 30킬로미터 이내에 비행장 또는 이착륙장이 없는 경우 ② 제1항제1호에 해당하여 법 제118조제1항 단서에 따라 착륙의 허가를 받으려는 자는 무선통신 등을 사용하여 국토교통부장관에게 착륙 허가를 신청하여야 한다. 이 경우 국토교통부장관은 특별한 사유가 없으면 허가하여야 한다.

제295조(경량항공기 전문교육기관의 지정 등) ① 법 제117조제1항에 따라 경량항공기 조종사를 양성하는 전문교육기관(이하 "경량항공기 전문교육기관"이라 한다)으로 지정을 받으려는 자는 별지 제114호서식의 경량항공기전문교육기관 지정신청서에 다음 각 호의 사항이 포함된 교육계획서를 첨부하여 국토교통부장관에게 제출하여야 한다.

1. 교육과목 및 교육방법
2. 교관 현황(교관의 자격·경력 및 정원)
3. 시설 및 장비의 개요
4. 교육평가방법
5. 연간 교육계획
6. 교육규정

② 법 제117조제3항에 따른 경량항공기 전문교육기관의 지정기준은 별표 12와 같으며, 지정을 위한 심사 등에 관한 세부 절차는 국토교통부장관이 정하여 고시한다.

③ 국토교통부장관은 제1항에 따른 신청서를 심사하여 그 내용이 제2항에서 정한 지정기준에 적합한 경우에는 별지 제115호서식에 따른 경량항공기 전문교육기관 지정서를 발급하여야 한다.

④ 국토교통부장관은 제3항에 따라 경량항공기 전문교육기관을 지정할 때에는 그 내용을 공고하여야 한다.

⑤ 경량항공기 지정전문교육기관은 교육 종료 후 교육이수자의 명단 및 평가 결과를 지체 없이 국토교통부장관 및 교통안전공단의 이사장에게 보고하여야 한다.

⑥ 경량항공기 지정전문교육기관은 제1항 각 호의 사항에 변경이 있는 경우에는 그 변경 내용을 지체 없이 국토교통부장관에게 보고하여야 한다.

⑦ 국토교통부장관은 1년마다 경량항공기 지정전문교육기관이 제2항의 지정기준에 적합한지 여부를 심사하여야 한다.

⑧ 법 제117조제4항제2호에서 "국토교통부령으로 정하는 사항을 위반한 경우"란 다음 각 호의 어느 하나에 해당하는 경우를 말한다.

1. 학과교육 및 실기교육의 과목, 교육시간을 이행하지 아니한 경우
2. 교관 확보기준을 위반한 경우
3. 시설 및 장비 확보기준을 위반한 경우
4. 교육규정 중 교육과정명, 교육생 정원, 학사운영보고 및 기록유지에 관한 기준을 위반한 경우

제296조(경량항공기의 이륙·착륙장소 외에서의 이륙·착륙 허가신청) 영 제23조제3항에 따른 경량항공기의 이륙 또는 착륙의 허가에 관하여는 제160조를 준용한다. 이 경우 "항공기"는 "경량항공기"로 본다.

제297조(경량항공기의 의무무선설비) ① 법 제119조에서 "국토교통부령으로 정하는 경량항공기"란 제284조제5항 제1호부터 제3호까지의 등급에 해당하는 경량항공기를 말한다.

② 법 제119조에 따라 경량항공기에 설치·운용 하여야 하는 무선설비는 다음 각 호와 같다.

1. 비행 중 항공교통관제기관과 교신할 수 있는 초단파(VHF) 또는 극초단파(UHF) 무선전화 송수신기 1대
2. 기압고도에 관한 정보를 제공하는 2차 감시 항공교통관제 레이더용 트랜스폰더(Mode 3/A 및 Mode C SSR transponder) 1대

③ 제2항제1호에 따른 무선전화 송수신기는 제110조제2항제3호 및 제4호의 성능을 가져야 한다.

항공안전법	항공안전법 시행령
제120조(경량항공기 조종사의 준수사항) ① 경량항공기 조종사는 경량항공기로 인하여 인명이나 재산에 피해가 발생하지 아니하도록 국토교통부령으로 정하는 준수사항을 지켜야 한다. ② 경량항공기 조종사는 경량항공기사고가 발생하였을 때에는 지체 없이 국토교통부령으로 정하는 바에 따라 국토교통부장관에게 그 사실을 보고하여야 한다. 다만, 경량항공기 조종사가 보고할 수 없을 때에는 그 경량항공기소유자 등이 경량항공기사고를 보고하여야 한다. **제121조(경량항공기에 대한 준용규정)** ① 경량항공기의 등록 등에 관하여는 제7조부터 제18조까지의 규정을 준용한다. ② 경량항공기에 대한 주류 등의 섭취·사용 제한에 관하여는 제57조를 준용한다. ③ 경량항공기의 비행규칙에 관하여는 제67조를 준용한다. ④ 경량항공기의 비행제한에 관하여는 제79조를 준용한다. ⑤ 경량항공기에 대한 항공교통관제 업무 지시의 준수에 관하여는 제84조를 준용한다.	③ 제1항제2호 또는 제3호에 해당하여 법 제118조제1항 단서에 따라 이륙 또는 착륙의 허가를 받으려는 자는 국토교통부령으로 정하는 허가신청서를 국토교통부장관에게 제출하여야 한다. 이 경우 국토교통부장관은 그 내용을 검토하여 안전에 지장이 없다고 인정되는 경우에는 6개월 이내의 기간을 정하여 허가하여야 한다.

제298조(경량항공기 조종사의 준수사항) ① 법 제120조제1항에 따라 경량항공기 조종사는 다음 각 호의 어느 하나에 해당하는 행위를 하여서는 아니 된다.

1. 인명이나 재산에 위험을 초래할 우려가 있는 낙하물을 투하하는 행위
2. 인구가 밀집된 지역이나 그 밖에 사람이 많이 모인 장소의 상공에서 인명 또는 재산에 위험을 초래할 우려가 있는 방법으로 비행하는 행위
3. 안개 등으로 지상목표물을 육안으로 식별할 수 없는 상태에서 비행하는 행위
4. 별표 24에 따른 비행시정 및 구름으로부터의 거리 기준을 위반하여 비행하는 행위
5. 일몰 후부터 일출 전까지의 야간에 비행하는 행위
6. 평균해면으로부터 1,500미터(5천 피트) 이상으로 비행하는 행위. 다만, 항공교통업무기관으로부터 승인을 받은 경우는 제외한다.
7. 동승한 사람의 낙하산 강하(降下)
8. 그 밖에 곡예비행 등 비정상적인 방법으로 비행하는 행위

② 경량항공기 조종사는 항공기를 육안으로 식별하여 미리 피할 수 있도록 주의하여 비행하여야 한다.

③ 경량항공기 조종사는 동력을 이용하지 아니하는 초경량비행장치에 대하여 진로를 양보하여야 한다.

④ 경량항공기의 조종사는 탑재용 항공일지를 경량항공기 안에 갖춰 두어야 하며, 경량항공기를 항공에 사용하거나 개조 또는 정비한 경우에는 지체 없이 항공일지에 다음 각 호의 사항을 적어야 한다.

1. 경량항공기의 등록부호 및 등록연월일
2. 경량항공기의 종류 및 형식
3. 안전성 인증서 번호
4. 경량항공기의 제작자 · 제작번호 및 제작연월일
5. 발동기 및 프로펠러의 형식
6. 비행에 관한 다음의 기록
   가. 비행연월일
   나. 승무원의 성명
   다. 비행목적
   라. 비행구간 또는 장소
   마. 비행시간
   바. 경량항공기의 비행안전에 영향을 미치는 사항
   사. 기장의 서명
7. 제작 후의 총 비행시간과 최근의 오버홀 후의 총 비행시간
8. 정비 등의 실시에 관한 다음의 사항
   가. 실시연월일 및 장소
   나. 실시이유, 정비 등의 위치와 교환부품명
   다. 확인연월일 및 확인자의 서명 또는 날인

⑤ 항공레저스포츠사업에 종사하는 경량항공기 조종사는 다음 각 호의 사항을 준수하여야 한다.

1. 비행 전에 해당 경량항공기의 이상 유무를 점검하고, 항공기의 안전 운항에 지장을 주는 이상이 있을 경우에는 비행을 중단할 것
2. 비행 전에 비행안전을 위한 주의사항에 대하여 동승자에게 충분히 설명할 것
3. 이륙 시 해당 경량항공기의 제작자가 정한 최대이륙중량을 초과하지 아니하게 할 것
4. 이륙 또는 착륙 시 해당 경량항공기의 제작자가 정한 거리 기준을 충족하는 활주로를 이용할 것
5. 동승자에 관한 인적사항(성명, 생년월일 및 주소)을 기록하고 유지할 것

제299조(경량항공기사고의 보고 등) 법 제120조제2항에 따라 경량항공기사고를 일으킨 조종사 또는 그 경량항공기의 소유자 등은 다음 각 호의 사항을 지방항공청장에게 보고하여야 한다.

1. 조종사 및 그 경량항공기의 소유자 등의 성명 또는 명칭
2. 사고가 발생한 일시 및 장소
3. 경량항공기의 종류 및 등록부호
4. 사고의 경위
5. 사람의 사상 또는 물건의 파손 개요
6. 사상자의 성명 등 사상자의 인적사항 파악을 위하여 참고가 될 사항

제300조(항공기에 관한 규정의 준용) 경량항공기에 관하여는 제12조부터 제17조까지, 제129조, 제161조부터 제170조까지, 제172조부터 제175조까지, 제182조부터 제188조까지, 제190조부터 제196조까지, 제198조, 제222조, 제247조 및 제248조를 준용한다.

예 / 상 / 문 / 제

01 다음 중 경량항공기의 기준으로 적합하지 않는 것은?

㉮ 탑승자, 연료 및 비상용 장비의 중량을 제외한 해당 장치의 중량이 115킬로그램을 초과할 것

㉯ 최대이륙중량이 600킬로그램 이하일 것

㉰ 비행 중에 프로펠러의 각도를 조정할 수 없을 것

㉱ 조종사 좌석을 제외한 탑승좌석이 2개 이하일 것

해설 법 제2조제2호 "경량항공기"란 항공기 외에 공기의 반작용으로 뜰 수 있는 기기로서 최대이륙중량, 좌석 수 등 국토교통부령으로 정하는 기준에 해당하는 비행기, 헬리콥터, 자이로플레인(gyroplane) 및 동력 패러슈트(powered parachute) 등을 말한다.

*경량항공기의 기준(규칙 제4조) 법 제2조제2호에서 국토교통부령으로 정하는 비행기, 헬리콥터, 자이로플레인 및 동력 패러슈트 등"이란 법 제2조 제3호에 따른 초경량비행장치에 해당하지 아니하는 것으로서 다음 각 호의 기준을 모두 충족하는 비행기, 헬리콥터, 자이로플레인 및 동력 패러슈트를 말한다.

*경량항공기의 기준(규칙 제4조)
1. 최대이륙중량이 600킬로그램(수상비행에 사용 : 650킬로그램) 이하일 것
2. 최대 실속속도 또는 최소 정상비행속도가 45노트 이하일 것
3. 조종사 좌석을 포함하여 탑승좌석이 2개 이하일 것
4. 단발왕복발동기를 장착할 것
5. 조종석은 여압이 되지 않을 것
6. 비행 중에 프로펠러의 각도를 조정할 수 없을 것
7. 고정된 착륙장치가 있을 것. 다만, 수상비행에 사용하는 경우 고정된 착륙장치 외에 접을 수 있는 착륙장치를 장착할 수 있다.

02 다음 중 경량항공기의 종류에 포함되지 않는 것은?

㉮ 타면조종형 비행기

㉯ 경량헬리콥터

㉰ 동력 패러글라이더

㉱ 자이로플레인

해설 1번항 해설 참조

03 다음 중 항공기의 범위에 포함되는 경량항공기 최대이륙중량으로 맞는 것은?

㉮ 600킬로그램을 초과할 것

㉯ 600킬로그램을 미만일 것

㉰ 115킬로그램을 초과할 것

㉱ 115킬로그램을 이하일 것

해설 1번항 해설 참조

04 다음 중 경량항공기의 범위에 포함되는 기준으로 맞는 것은?

㉮ 최대 실속속도 또는 최소 정상비행속도가 45노트 이하일 것

㉯ 조종석에 여압장치를 갖출 것

㉰ 다발 왕복발동기를 장착할 것

㉱ 비행 중에 프로펠러의 각도를 조정할 수 있을 것

해설 1번항 해설 참조

MEMO

항공안전법	항공안전법 시행령

제10장 초경량비행장치

제122조(초경량비행장치 신고) ① 초경량비행장치를 소유하거나 사용할 수 있는 권리가 있는 자(이하 "초경량비행장치소유자 등"이라 한다)는 초경량비행장치의 종류, 용도, 소유자의 성명, 제129조제4항에 따른 개인정보 및 개인위치정보의 수집 가능 여부 등을 국토교통부령으로 정하는 바에 따라 국토교통부장관에게 신고하여야 한다. 다만, 대통령령으로 정하는 초경량비행장치는 그러하지 아니하다.

② 국토교통부장관은 제1항에 따라 초경량비행장치의 신고를 받은 경우 그 초경량비행장치소유자 등에게 신고번호를 발급하여야 한다.

③ 제2항에 따라 신고번호를 발급받은 초경량비행장치소유자 등은 그 신고번호를 해당 초경량비행장치에 표시하여야 한다.

제123조(초경량비행장치 변경신고 등) ① 초경량비행장치소유자 등은 제122조제1항에 따라 신고한 초경량비행장의 용도, 소유자의 성명 등 국토교통부령으로 정하는 사항을 변경하려는 경우에는 국토교통부령으로 정하는 바에 따라 국토교통부장관에게 변경신고를 하여야 한다.

② 초경량비행장치소유자 등은 제122조제1항에 따라 신고한 초경량비행장치가 멸실되었거나 그 초경량비행장치를 해체(정비 등, 수송 또는 보관하기 위한 해체는 제외한다)한 경우에는 그 사유가 발생한 날부터 15일 이내에 국토교통부장관에게 말소신고를 하여야 한다.

③ 초경량비행장치소유자 등이 제2항에 따른 말소신고를 하지 아니하면 국토교통부장관은 30일 이상의 기간을 정하여 말소신고를 할 것을 해당 초경량비행장치소유자 등에게 최고하여야 한다.

④ 제3항에 따른 최고를 한 후에도 해당 초경량비행장치소유자 등이 말소신고를 하지 아니하면 국토교통부장관은 직권으로 그 신고번호를 말소할 수 있으며, 신고번호가 말소된 때에는 그 사실을 해당 초경량비행장치소유자 등 및 그 밖의 이해관계인에게 알려야 한다.

제24조(신고를 필요로 하지 아니하는 초경량비행장치의 범위) 법 제122조제1항 단서에서 "대통령령으로 정하는 초경량비행장치"란 다음 각 호의 어느 하나에 해당하는 것으로서 「항공사업법」에 따른 항공기대여업·항공레저스포츠사업 또는 초경량비행장치 사용사업에 사용되지 아니하는 것을 말한다.

1. 행글라이더, 패러글라이더 등 동력을 이용하지 아니하는 비행장치
2. 계류식(繫留式) 기구류(사람이 탑승하는 것은 제외한다)
3. 계류식 무인비행장치
4. 낙하산류
5. 무인동력비행장치 중에서 연료의 무게를 제외한 자체무게(배터리 무게를 포함한다)가 12킬로그램 이하인 것
6. 무인비행선 중에서 연료의 무게를 제외한 자체무게가 12킬로그램 이하이고, 길이가 7미터 이하인 것
7. 연구기관 등이 시험·조사·연구 또는 개발을 위하여 제작한 초경량비행장치
8. 제작자 등이 판매를 목적으로 제작하였으나 판매되지 아니한 것으로서 비행에 사용되지 아니하는 초경량비행장치
9. 군사목적으로 사용되는 초경량비행장치

제10장 초경량비행장치

제301조(초경량비행장치 신고) ① 법 제122조제1항 본문에 따라 초경량비행장치소유자 등은 법 제124조에 따른 안전성 인증을 받기 전(법 제124조에 따른 안전성 인증 대상이 아닌 초경량비행장치인 경우에는 초경량비행장치를 소유하거나 사용할 수 있는 권리가 있는 날부터 30일 이내를 말한다)까지 별지 제116호서식의 초경량비행장치 신고서(전자문서로 된 신고서를 포함한다)에 다음 각 호의 서류(전자문서를 포함한다)를 첨부하여 지방항공청장에게 제출하여야 한다. 이 경우 신고서 및 첨부서류는 팩스 또는 정보통신을 이용하여 제출할 수 있다.

1. 초경량비행장치를 소유하거나 사용할 수 있는 권리가 있음을 증명하는 서류
2. 초경량비행장치의 제원 및 성능표
3. 초경량비행장치의 사진(가로 15센티미터, 세로 10센티미터의 측면사진)

② 지방항공청장은 초경량비행장치의 신고를 받으면 별지 제117호서식의 초경량비행장치 신고증명서를 초경량비행장치소유자 등에게 발급하여야 하며, 초경량비행장치소유자 등은 비행 시 이를 휴대하여야 한다.

③ 지방항공청장은 제2항에 따라 초경량비행장치 신고증명서를 발급하였을 때에는 별지 제118호서식의 초경량비행장치 신고대장을 작성하여 갖추어 두어야 한다. 이 경우 초경량비행장치 신고대장은 전자적 처리가 불가능한 특별한 사유가 없으면 전자적 처리가 가능한 방법으로 작성·관리하여야 한다.

④ 초경량비행장치소유자 등은 초경량비행장치 신고증명서의 신고번호를 해당 장치에 표시하여야 하며, 표시방법 표시장소 및 크기 등 필요한 사항은 지방항공청장이 정한다.

⑤ 지방항공청장은 제1항에 따른 신고를 받은 날부터 7일 이내에 수리 여부 또는 수리 지연 사유를 통지하여야 한다. 이 경우 7일 이내에 수리 여부 또는 수리 지연 사유를 통지하지 아니하면 7일이 끝난 날의 다음 날에 신고가 수리된 것으로 본다.

제302조(초경량비행장치 변경신고) ① 법 제123조제1항에서 "초경량비행장치의 용도, 소유자의 성명 등 국토교통부령으로 정하는 사항"이란 다음 각 호의 어느 하나를 말한다.

1. 초경량비행장치의 용도
2. 초경량비행장치 소유자 등의 성명, 명칭 또는 주소
3. 초경량비행장치의 보관 장소

② 초경량비행장치소유자 등은 제1항 각 호의 사항을 변경하려는 경우에는 그 사유가 있는 날부터 30일 이내에 별지 제116호서식의 초경량비행장치 변경·이전신고서를 지방항공청장에게 제출하여야 한다.

③ 지방항공청장은 제2항에 따른 신고를 받은 날부터 7일 이내에 수리 여부 또는 수리 지연 사유를 통지하여야 한다. 이 경우 7일 이내에 수리 여부 또는 수리 지연 사유를 통지하지 아니하면 7일이 끝난 날의 다음 날에 신고가 수리된 것으로 본다.

제303조(초경량비행장치 말소신고) ① 법 제123조제2항에 따른 말소신고를 하려는 초경량비행장치 소유자 등은 그 사유가 발생한 날부터 15일 이내에 별지 제116호서식의 초경량비행장치 말소신고서를 지방항공청장에게 제출하여야 한다.

② 지방항공청장은 제1항에 따른 신고가 신고서 및 첨부서류에 흠이 없고 형식상 요건을 충족하는 경우 지체 없이 접수하여야 한다.

③ 지방항공청장은 법 제123조제3항에 따른 최고(催告)를 하는 경우 해당 초경량비행장치의 소유자 등의 주소 또는 거소를 알 수 없는 경우에는 말소신고를 할 것을 관보에 고시하고, 국토교통부 홈페이지에 공고하여야 한다.

항공안전법	항공안전법 시행령
제124조(초경량비행장치 안전성 인증) 시험비행 등 국토교통부령으로 정하는 경우로서 국토교통부장관의 허가를 받은 경우를 제외하고는 동력비행장치 등 국토교통부령으로 정하는 초경량 비행장치를 사용하여 비행하려는 사람은 국토교통부령으로 정하는 기관 또는 단체의 장으로부터 그가 정한 안정성인증의 유효기간 및 절차 · 방법 등에 따라 그 초경량비행장치가 국토교통부장관이 정하여 고시하는 비행안전을 위한 기술상의 기준에 적합하다는 안전성 인증을 받지 아니하고 비행하여서는 아니 된다. 이 경우 안전성 인증의 유효기간 및 절차 · 방법 등에 대해서는 국토교통부장관의 승인을 받아야 하며, 변경할 때에도 또한 같다.	

제304조(초경량비행5장치의 시험비행허가) ① 법 제124조 전단에서 "시험비행 등 국토교통부령으로 정하는 경우"란 다음 각 호의 어느 하나에 해당하는 경우를 말한다.

1. 연구·개발 중에 있는 초경량비행장치의 안전성 여부를 평가하기 위하여 시험비행을 하는 경우
2. 안전성 인증을 받은 초경량비행장치의 성능개량을 수행하고 안전성여부를 평가하기 위하여 시험비행을 하는 경우
3. 그 밖에 국토교통부장관이 필요하다고 인정하는 경우

② 법 제124조 전단에 따른 시험비행 등을 위한 허가를 받으려는 자는 별지 제119호서식의 초경량비행장치 시험비행허가신청서에 해당 초경량비행장치가 같은 조 전단에 따라 국토교통부장관이 정하여 고시하는 초경량비행장치의 비행안전을 위한 기술상의 기준(이하 "초경량비행장치 기술기준"이라 한다)에 적합함을 입증할 수 있는 다음 각 호의 서류를 첨부하여 국토교통부장관에게 제출하여야 한다.

1. 해당 초경량비행장치에 대한 소개서
2. 초경량비행장치의 설계가 초경량비행장치 기술기준에 충족함을 입증하는 서류
3. 설계도면과 일치되게 제작되었음을 입증하는 서류
4. 완성 후 상태, 지상 기능점검 및 성능시험 결과를 확인할 수 있는 서류
5. 초경량비행장치 조종절차 및 안전성 유지를 위한 정비방법을 명시한 서류
6. 초경량비행장치 사진(전체 및 측면사진을 말하며, 전자파일로 된 것을 포함한다) 각 1매
7. 시험비행계획서

③ 국토교통부장관은 제2항에 따른 신청서를 접수받은 경우 초경량비행장치 기술기준에 적합한지의 여부를 확인 한 후 적합하다고 인정하면 신청인에게 시험비행을 허가하여야 한다.

제305조(초경량비행장치 안전성 인증 대상 등) ① 법 제124조 전단에서 "동력비행장치 등 국토교통부령으로 정하는 초경량비행장치"란 다음 각 호의 어느 하나에 해당하는 초경량비행장치를 말한다.

1. 동력비행장치
2. 행글라이더, 패러글라이더 및 낙하산류(항공레저스포츠사업에 사용되는 것만 해당한다)
3. 기구류(사람이 탑승하는 것만 해당한다)
4. 다음 각 목의 어느 하나에 해당하는 무인비행장치
   가. 제5조제5호가목에 따른 무인비행기, 무인헬리콥터 또는 무인멀티콥터 중에서 최대이륙중량이 25킬로그램을 초과하는 것
   나. 제5조제5호나목에 따른 무인비행선 중에서 연료의 중량을 제외한 자체중량이 12킬로그램을 초과하거나 길이가 7미터를 초과하는 것
5. 회전익비행장치
6. 동력패러글라이더

② 법 제124조 전단에서 "국토교통부령으로 정하는 기관 또는 단체"란 교통안전공단, 기술원 또는 별표 43에 따른 시설기준을 충족하는 기관 또는 단체 중에서 국토교통부장관이 정하여 고시하는 기관 또는 단체(이하 "초경량비행장치안전성인증기관"이라 한다)를 말한다.

항공안전법	항공안전법 시행령
제125조(초경량비행장치 조종자 증명 등) ① 동력비행장치 등 국토교통부령으로 정하는 초경량비행장치를 사용하여 비행하려는 사람은 국토교통부령으로 정하는 기관 또는 단체의 장으로부터 그가 정한 해당 초경량비행장치별 자격기준 및 시험의 절차 · 방법에 따라 해당 초경량비행장치의 조종을 위하여 발급하는 증명(이하 "초경량비행장치 조종자 증명"이라 한다)을 받아야한다. 이 경우 해당 초경량비행장치별 자격기준 및 시험의 절차 · 방법 등에 관하여는 국토교통부령으로 정하는 바에 따라 국토교통부장관의 승인을 받아야 하며, 변경할 때에도 또한 같다. ② 국토교통부장관은 초경량비행장치 조종자 증명을 받은 사람이 다음 각 호의 어느 하나에 해당하는 경우에는 초경량비행장치 조종자 증명을 취소하거나 1년 이내의 기간을 정하여 그 효력의 정지를 명할 수 있다. 다만, 제1호 또는 제8호의 어느 하나에 해당하는 경우에는 초경량비행장치 조종자 증명을 취소하여야 한다. 1. 거짓이나 그 밖의 부정한 방법으로 초경량비행장치 조종자 증명을 받은 경우 2. 이 법을 위반하여 벌금 이상의 형을 선고받은 경우 3. 초경량비행장치의 조종자로서 업무를 수행할 때 고의 또는 중대한 과실로 초경량비행장치사고를 일으켜 인명피해나 재산피해를 발생시킨 경우 4. 제129조제1항에 따른 초경량비행장치 조종자의 준수사항을 위반한 경우 5. 제131조에서 준용하는 제57조제1항을 위반하여 주류 등의 영향으로 초경량비행장치를 사용하여 비행을 정상적으로 수행할 수 없는 상태에서 초경량비행장치를 사용하여 비행한 경우 6. 제131조에서 준용하는 제57조제2항을 위반하여 초경량비행장치를 사용하여 비행하는 동안에 같은 조 제1항에 따른 주류 등을 섭취하거나 사용한 경우 7. 제131조에서 준용하는 제57조제3항을 위반하여 같은 조 제1항에 따른 주류 등의 섭취 및 사용 여부의 측정 요구에 따르지 아니한 경우 8. 이 조에 따른 초경량비행장치 조종자 증명의 효력정지기간에 초경량비행장치를 사용하여 비행한 경우 ③ 국토교통부장관은 초경량비행장치 조종자 증명을 위한 초경량비행장치 실기시험장, 교육장 등의 시설을 지정 · 구축 · 운영할 수 있다. **제126조(초경량비행장치 전문교육기관의 지정 등)** ① 국토교통부장관은 초경량비행장치 조종자를 양성하기 위하여 국토교통부령으로 정하는 바에 따라 초경량비행장치 전문교육기관(이하 "초경량비행장치 전문교육기관"이라 한다)을 지정할 수 있다. ② 국토교통부장관은 초경량비행장치 전문교육기관이 초경량비행장치 조종자를 양성하는 경우에는 예산의 범위에서 필요한 경비의 전부 또는 일부를 지원할 수 있다.	

제306조(초경량비행장치의 조종자 증명 등) ① 법 제125조제1항 전단에서 "동력비행장치 등 국토교통부령으로 정하는 초경량비행장치"란 다음 각 호의 어느 하나에 해당하는 초경량비행장치를 말한다.

1. 동력비행장치
2. 행글라이더, 패러글라이더 및 낙하산류(항공레저스포츠사업에 사용되는 것만 해당한다)
3. 유인자유기구
4. 초경량비행장치 사용사업에 사용되는 무인비행장치. 다만 다음 각 목의 어느 하나에 해당하는 것은 제외한다.
　가. 제5조제5호가목에 따른 무인비행기, 무인헬리콥터 또는 무인멀티콥터 중에서 연료의 중량을 제외한 자체중량이 12킬로그램 이하인 것
　나. 제5조제5호나목에 따른 무인비행선 중에서 연료의 중량을 제외한 자체중량이 12킬로그램 이하이고, 길이가 7미터 이하인 것
5. 회전익비행장치
6. 동력패러글라이더

② 법 제125조제1항 전단에서 "국토교통부령으로 정하는 기관 또는 단체"란 교통안전공단 및 별표 44의 기준을 충족하는 기관 또는 단체 중에서 국토교통부장관이 정하여 고시하는 기관 또는 단체(이하 "초경량비행장치조종자증명기관"이라 한다)를 말한다.

③ 법 제125조제1항 후단에 따라 초경량비행장치 조종자증명기관의 장은 다음 각 호의 사항을 포함하는 초경량비행장치별 자격기준 및 시험의 절차·방법 등에 관하여 승인을 신청하는 경우 그 사유를 설명하는 자료와 신·구 내용 대비표(변경 승인의 경우에 한정한다)를 첨부하여 국토교통부장관에게 제출하여야 한다.

1. 초경량비행장치 조종자 증명 시험의 응시자격
2. 초경량비행장치 조종자 증명 시험의 과목 및 범위
3. 초경량비행장치 조종자 증명 시험의 실시 방법과 절차
4. 초경량비행장치 조종자 증명 발급에 관한 사항
5. 그 밖에 초경량비행장치 조종자 증명을 위하여 국토교통부장관이 필요하다고 인정하는 사항

제307조(초경량비행장치 조종자 전문교육기관의 지정 등) ① 법 제126조제1항에 따른 초경량비행장치 조종자 전문교육기관으로 지정받으려는 자는 별지 제120호서식의 초경량비행장치 조종자 전문교육기관 지정신청서에 다음 각 호의 사항을 적은 서류를 첨부하여 교통안전공단에 제출하여야 한다.

1. 전문교관의 현황
2. 교육시설 및 장비의 현황
3. 교육훈련계획 및 교육훈련규정

② 법 제126조제3항에 따른 초경량비행장치 조종자 전문교육기관의 지정기준은 다음 각 호와 같다.

1. 다음 각 목의 전문교관이 있을 것
　가. 비행시간이 200시간(무인비행장치의 경우 조종경력이 100시간) 이상이고, 국토교통부장관이 인정한 조종교육교관 과정을 이수한 지도조종자 1명 이상
　나. 비행시간이 300시간(무인비행장치의 경우 조종경력이 150시간) 이상이고, 국토교통부장관이 인정하는 실기평가과정을 이수한 실기평가조종자 1명 이상
2. 다음 각 목의 시설 및 장비(시설 및 장비에 대한 사용권을 포함한다)를 갖출 것
　가. 강의실 및 사무실 각 1개 이상
　나. 이륙·착륙 시설
　다. 훈련용 비행장치 1대 이상
3. 교육과목, 교육시간, 평가방법 및 교육훈련규정 등 교육훈련에 필요한 사항으로서 국토교통부장관이 정하여 고시하는 기준을 갖출 것

항공안전법	항공안전법 시행령
③ 초경량비행장치 전문교육기관의 교육과목, 교육방법, 인력, 시설 및 장비 등의 지정기준은 국토교통부령으로 정한다. ④ 국토교통부장관은 초경량비행장치 전문교육기관으로 지정받은 자가 다음 각 호의 어느 하나에 해당하는 경우에는 그 지정을 취소할 수 있다. 다만, 제1호에 해당하는 경우에는 그 지정을 취소하여야 한다. 1. 거짓이나 그 밖의 부정한 방법으로 초경량비행장치 전문교육기관으로 지정받은 경우 2. 제3항에 따른 초경량비행장치 전문교육기관의 지정기준 중 국토교통부령으로 정하는 기준에 미달하는 경우 ⑤ 국토교통부장관은 초경량비행장치 전문교육기관으로 지정받은 자가 제3항의 지정기준을 충족·유지하고 있는지에 대하여 관련 사항을 보고하게 하거나 자료를 제출하게 할 수 있다. ⑥ 국토교통부장관은 초경량비행장치 전문교육기관으로 지정받은 자가 제3항의 지정기준을 충족·유지하고 있는지에 대하여 관계 공무원으로 하여금 사무소 등을 출입하여 관계 서류나 시설·장비 등을 검사하게 할 수 있다. 이 경우 검사를 하는 공무원은 그 권한을 나타내는 증표를 지니고 이를 관계인에게 내보여야 한다. 〈신설 2017.8.9.〉 **제127조(초경량비행장치 비행승인)** ① 국토교통부장관은 초경량 비행장치의 비행안전을 위하여 필요하다고 인정하는 경우에는 초경량비행장치의 비행을 제한하는 공역(이하 "초경량비행장치 비행제한공역"이라 한다)을 지정하여 고시할 수 있다. ② 동력비행장치 등 국토교통부령으로 정하는 초경량비행장치를 사용하여 국토교통부장관이 고시하는 초경량비행장치 비행제한 공역에서 비행하려는 사람은 국토교통부령으로 정하는 바에 따라 미리 국토교통부장관으로부터 비행승인을 받아야 한다. 다만, 비행장 및 이착륙장의 주변 등 대통령령으로 정하는 제한된 범위에서 비행하려는 경우는 제외한다. ③ 제2항 본문에 따른 비행승인 대상이 아닌 경우라 하더라도 다음 각 호의 어느 하나에 해당하는 경우에는 제2항의 절차에 따라 비행승인을 받아야 한다. 1. 제68조제1호에 따른 국토교통부령으로 정하는 고도 이상에서 비행하는 경우 2. 제78조제1항에 따른 관제공역·통제공역·주의공역 중 국토교통부령으로 정하는 구역에서 비행하는 경우	**제25조(초경량비행장치 비행승인 제외 범위)** 법 제127조제2항 단서에서 "비행장 및 이착륙장의 주변 등 대통령령으로 정하는 제한된 범위"란 다음 각 호의 어느 하나에 해당하는 범위를 말한다. 1. 비행장(군 비행장은 제외한다)의 중심으로부터 반지름 3킬로미터 이내의 지역의 고도 500피트 이내의 범위(해당 비행장에서 법 제83조에 따른 항공교통업무를 수행하는 자와 사전에 협의가 된 경우에 한정한다) 2. 이착륙장의 중심으로부터 반지름 3킬로미터 이내의 지역의 고도 500피트 이내의 범위(해당 이착륙장을 관리하는 자와 사전에 협의가 된 경우에 한정한다)

② 법 제126조제3항에 따른 초경량비행장치 조종자 전문교육기관의 지정기준은 다음 각 호와 같다.

1. 다음 각 목의 전문교관이 있을 것

　가. 비행시간이 200시간(무인비행장치의 경우 조종경력이 100시간)이상이고, 국토교통부장관이 인정한 조종교육교관 과정을 이수한 지도조종자 1명 이상

　나. 비행시간이 300시간(무인비행장치의 경우 조종경력이 150시간)이상이고 국토교통부장관이 인정하는 실기평가과정을 이수한 실기평가조종자 1명 이상

2. 다음 각 목의 시설 및 장비(시설 및 장비에 대한 사용권을 포함한다)를 갖출 것

　가. 강의실 및 사무실 각 1개 이상

　나. 이륙·착륙 시설

　다. 훈련용 비행장치 1대 이상

3. 교육과목, 교육시간, 평가방법 및 교육훈련규정 등 교육훈련에 필요한 사항으로서 국토교통부장관이 정하여 고시하는 기준을 갖출 것

③ 교통안전공단은 제1항에 따라 초경량비행장치 조종자 전문교육기관 지정신청서를 제출한 자가 제2항에 따른 기준에 적합하다고 인정하는 경우에는 별지 제121호 서식의 초경량비행장치 조종자 전문교육기관 지정서를 발급하여야 한다.

제308조(초경량비행장치의 비행승인) ① 법 제127조 본문에서 "동력비행장치 등 국토교통부령으로 정하는 초경량비행장치"란 제5조에 따른 초경량비행장치를 말한다. 다만, 다음 각 호의 어느 하나에 해당하는 초경량비행장치는 제외한다.

1. 영 제24조제1호부터 제5호까지의 규정에 해당하는 초경량비행장치(항공기대여업, 항공레저스포츠사업 또는 초경량비행장치사용사업에 사용되지 아니하는 것으로 한정한다)

2. 제199조제1호나목에 따른 최저비행고도(150미터) 미만의 고도에서 운영하는 계류식 기구

3. 「항공사업법 시행규칙」 제6조제2항제1호에 사용하는 무인비행장치로서 다음 각 목의 어느 하나에 해당하는 무인비행장치

　가. 제221조제1항 및 별표 23에 따른 관제권, 비행금지구역 및 비행제한구역 외의 공역에서 비행하는 무인비행장치

　나. 「가축전염병 예방법」 제2조제2호에 따른 가축전염병의 예방 또는 확산 방지를 위하여 소독·방역업무 등에 긴급하게 사용하는 무인비행장치

4. 제5조제5호가목에 따른 무인동력비행장치로서 최대이륙중량이 25킬로그램 이하인 무인비행기, 무인헬리콥터 또는 무인멀티콥터

5. 그 밖에 국토교통부장관이 정하여 고시하는 초경량비행장치

② 제1항에 따른 초경량비행장치를 사용하여 비행제한공역을 비행하려는 사람은 법 제127조제2항 본문에 따라 별지 제122 서식의 초경량비행장치 비행승인신청서를 지방항공청장에게 제출하여야 한다. 이 경우 비행승인신청서는 서류, 팩스 또는 정보통신망을 이용하여 제출할 수 있다.

③ 지방항공청장은 제2항에 따라 제출된 신청서를 검토한 결과 비행안전에 지장을 주지 아니한다고 판단되는 경우에는 이를 승인하여야 한다. 이 경우 동일지역에서 반복적으로 이루어지는 비행에 대해서는 6개월의 범위에서 비행기간을 명시하여 승인할 수 있다.

④ 법제127조제3항제1호에서 "국토교통부령으로 정하는 고도"란 제199조제1호나목에 따른 최저비행고도(150미터)를 말한다

⑤ 법제127조제3항제2호에서 "국토교통부령으로 정하는 구역"이란 별표23제2호에 따른 관제공역 중 관제권과 통제공역 중 비행금지구역을 말한다.

항공안전법	항공안전법 시행령
제128조(초경량비행장치 구조 지원 장비 장착 의무) ① 초경량비행장치를 사용하여 초경량비행장치 비행제한공역에서 비행하려는 사람은 안전한 비행과 초경량비행장치사고 시 신속한 구조 활동을 위하여 국토교통부령으로 정하는 장비를 장착하거나 휴대하여야 한다. 다만, 무인비행장치 등 국토교통부령으로 정하는 초경량비행장치는 그러하지 아니하다.	

제129조(초경량비행장치 조종자 등의 준수사항) ① 초경량비행장치의 조종자는 초경량비행장치로 인하여 인명이나 재산에 피해가 발생하지 아니하도록 국토교통부령으로 정하는 준수사항을 지켜야 한다.

② 초경량비행장치 조종자는 무인자유기구를 비행시켜서는 아니 된다. 다만, 국토교통부령으로 정하는 바에 따라 국토교통부장관의 허가를 받은 경우에는 그러하지 아니하다.

③ 초경량비행장치 조종자는 초경량비행장치사고가 발생하였을 때에는 국토교통부령으로 정하는 바에 따라 지체 없이 국토교통부장관에게 그 사실을 보고하여야 한다. 다만, 초경량비행장치 조종자가 보고할 수 없을 때에는 그 초경량비행장치소유자 등이 초경량비행장치사고를 보고하여야 한다.

④ 무인비행장치 조종자는 무인비행장치를 사용하여 「개인정보 보호법」 제2조제1호에 따른 개인정보(이하 "개인정보"라 한다) 또는 「위치정보의 보호 및 이용 등에 관한 법률」 제2조제2호에 따른 개인위치정보(이하 "개인위치정보"라 한다)등 개인의 공적·사적 생활과 관련된 정보를 수집하거나 이를 전송하는 경우 타인의 자유와 권리를 침해하지 아니하도록 하여야 하며 형식, 절차 등 세부적인 사항에 관하여는 각각 해당 법률에서 정하는 바에 따른다. 〈개정 2017.8.9〉

⑤ 제1항에도 불구하고 초경량비행장치 중 무인비행장치 조종자로서 야간에 비행 등을 위하여 국토교통부령이 정하는 바에 따라 국토교통부장관의 승인을 받은 자는 그 승인 범위 내에서 비행할 수 있다. 이 경우 국토교통부장관은 국토교통부장관이 고시하는 무인비행장치 특별비행을 위한 안전기준에 적합한지 여부를 검사하여야 한다. 〈신설 2017.8.9〉

제309조(초경량비행장치의 구조지원 장비 등) ① 법 제128조 본문에서 "국토교통부령으로 정하는 장비"란 다음 각 호의 어느 하나에 해당하는 것을 말한다.

1. 위치추적이 가능한 표시기 또는 단말기
2. 조난구조용 장비(제1호의 장비를 갖출 수 없는 경우만 해당한다)

② 법 제128조 단서에서 "무인비행장치 등 국토교통부령으로 정하는 초경량비행장치"란 다음 각 호의 어느 하나에 해당하는 초경량비행장치를 말한다.

1. 동력을 이용하지 아니하는 비행장치
2. 계류식 기구
3. 동력패러글라이더
4. 무인비행장치

제310조(초경량비행장치 조종자의 준수사항) ① 초경량비행장치 조종자는 법 제129조제1항에 따라 다음 각 호의 어느 하나에 해당하는 행위를 하여서는 아니 된다. 다만, 무인비행장치의 조종자에 대해서는 제4호 및 제5호를 적용하지 아니한다.

1. 인명이나 재산에 위험을 초래할 우려가 있는 낙하물을 투하(投下)하는 행위
2. 인구가 밀집된 지역이나 그 밖에 사람이 많이 모인 장소의 상공에서 인명 또는 재산에 위험을 초래할 우려가 있는 방법으로 비행하는 행위
3. 법 제78조제1항에 따른 관제공역 · 통제공역 · 주의공역에서 비행하는 행위. 다만, 다음 각 목의 행위와 지방항공청장의 허가를 받은 경우는 제외한다. 다만, 법 제127조에 따라 비행승인을 받은 경우와 다음 각 목의 행위는 제외한다.
   가. 군사목적으로 사용되는 초경량비행장치를 비행하는 행위
   나. 다음의 어느 하나에 해당하는 비행장치를 별표 23 제2호에 따른 관제권 또는 비행금지구역이 아닌 곳에서 제199조제1호나목에 따른 최저비행고도(150미터) 미만의 고도에서 비행하는 행위
      1) 무인비행기, 무인헬리콥터 또는 무인멀티콥터 중 최대이륙중량이 25킬로그램 이하인 것
      2) 무인비행선 중 연료의 무게를 제외한 자체 무게가 12킬로그램 이하이고, 길이가 7미터 이하인 것
4. 안개 등으로 인하여 지상목표물을 육안으로 식별할 수 없는 상태에서 비행하는 행위
5. 별표 24에 따른 비행시정 및 구름으로부터의 거리기준을 위반하여 비행하는 행위
6. 일몰 후부터 일출 전까지의 야간에 비행하는 행위. 다만, 제199조제1호나목에 따른 최저비행고도(150미터) 미만의 고도에서 운영하는 계류식 기구 또는 법 제124조 전단에 따른 허가를 받아 비행하는 초경량비행장치는 제외한다.
7. 「주세법」 제3조제1호에 따른 주류, 「마약류 관리에 관한 법률」 제2조제1호에 따른 마약류 또는 「화학물질관리법」 제22조제1항에 따른 환각물질 등(이하 "주류 등"이라 한다)의 영향으로 조종업무를 정상적으로 수행할 수 없는 상태에서 조종하는 행위 또는 비행 중 주류 등을 섭취하거나 사용하는 행위
8. 그 밖에 비정상적인 방법으로 비행하는 행위

② 초경량비행장치 조종자는 항공기 또는 경량항공기를 육안으로 식별하여 미리 피할 수 있도록 주의하여 비행하여야 한다.

③ 동력을 이용하는 초경량비행장치 조종자는 모든 항공기, 경량항공기 및 동력을 이용하지 아니하는 초경량비행장치에 대하여 진로를 양보하여야 한다.

④ 무인비행장치 조종자는 해당 무인비행장치를 육안으로 확인할 수 있는 범위에서 조종하여야 한다. 다만, 법 제124조 전단에 따른 허가를 받아 비행하는 경우는 제외한다.

⑤ 「항공사업법」 제50조에 따른 항공레저스포츠사업에 종사하는 초경량비행장치 조종자는 다음 각 호의 사항을 준수하여야 한다.

1. 비행 전에 해당 초경량비행장치의 이상 유무를 점검하고, 이상이 있을 경우에는 비행을 중단할 것
2. 비행 전에 비행안전을 위한 주의사항에 대하여 동승자에게 충분히 설명할 것
3. 해당 초경량비행장치의 제작자가 정한 최대이륙중량을 초과하지 아니하도록 비행할 것

제311조(무인자유기구의 비행허가신청 등) ① 법 제129조제2항에 따라 무인자유기구를 비행시키려는 자는 별지 제123호서식의 무인자유기구 비행허가신청서에 다음 각 호의 사항을 적은 서류를 첨부하여 지방항공청장에게 신청하여야 한다.

1. 성명·주소 및 연락처
2. 기구의 등급·수량·용도 및 식별표지
3. 비행장소 및 회수장소
4. 예정비행시간 및 회수(완료)시간
5. 비행방향, 상승속도 및 최대고도
6. 고도 1만 8천 미터(6만 피트) 통과 또는 도달 예정시간 및 그 위치
7. 그 밖에 무인자유기구의 비행에 참고가 될 사항

② 지방항공청장은 제1항에 따른 신청을 받은 경우에는 그 내용을 심사한 후 항공교통의 안전에 지장이 없다고 인정하는 경우에는 비행을 허가하여야 한다.

③ 제2항에 따라 지방항공청장으로부터 무인자유기구의 비행허가를 받은 자는 국토교통부장관이 정하여 고시하는 무인자유기구 운영절차에 따라 무인자유기구를 비행시켜야 한다.

제312조(초경량비행장치사고의 보고 등) 법 제129조제3항에 따라 초경량비행장치사고를 일으킨 조종자 또는 그 초경량비행장치소유자 등은 다음 각 호의 사항을 지방항공청장에게 보고하여야 한다.

1. 조종자 및 그 초경량비행장치소유자 등의 성명 또는 명칭
2. 사고가 발생한 일시 및 장소
3. 초경량비행장치의 종류 및 신고번호
4. 사고의 경위
5. 사람의 사상(死傷) 또는 물건의 파손 개요
6. 사상자의 성명 등 사상자의 인적사항 파악을 위하여 참고가 될 사항

제312의2(무인비행장치의 특별비행) 법 제129조제5항 전단에 따라 야간에 비행하거나 육안으로 확인할 수 없는 범위에서 비행하려는 자는 별지 제123호의2서식의 무인비행장치 특별비행승인 신청서에 다음 각 호의 첨부하여 국토교통부장관에게 제출하여야 한다.

1. 무인비행장치의 종류·형식 및 제원에 관한 서류
2. 무인비행장치의 성능 및 운용한계에 관한 서류
3. 무인비행장치의 조작방법에 관한 서류
4. 무인비행장치의 비행절차, 비행지역, 운영인력 등이 포함된 비행계획서
5. 안전성 인증서(제305조제1항에 따른 초경량비행장치 안전성 인증 대상에 해당되는 무인비행장치에 한정한다)
6. 무인비행장치의 안전한 비행을 위한 무인비행장치 조종자의 조종 능력 및 경력 등을 증명하는 서류
7. 해당 무인비행장치 사고에 따른 제3자 손해 발생 시 손해배상 책임을 담보하기 위한 보험 또는 공제 등의 가입을 증명하는 서류(「항공사업법」제70조제4항에 따라 보험 또는 공제에 가입하여야 하는 자로 한정한다)
8. 그 밖에 국토교통부장관이 정하여 고시하는 서류

② 국토교통부장관은 제1항에 따른 신청서를 제출받은 날로부터 90일 이내에 법 제129조제5항에 따른 무인비행장치 특별비행을 위한 안전기준에 적합한지 여부를 검사한 후 적합하다고 인정하는 경우에는 별지 제123호의3 서식의 무인비행장치 특별비행승인서를 발급 하여야 한다. 이 경우 국토교통부장관은 항공안전의 확보 또는 인구밀집도, 사생활 침해 및 소음 발생 여부 등 주변 환경을 고려하여 필요하다고 인정되는 경우 비행일시, 장소, 방법 등을 정하여 승인할 수 있다.

③ 제1항 및 제2항에 규정한 사항 외에 무인비행장치 특별비행승인을 위하여 필요한 사항은 국토교통부장관이 정하여 고시한다. [본조신설 2017.11.10]

항공안전법	항공안전법 시행령
제130조(초경량비행장치 사용사업자에 대한 안전개선명령) 국토교통부장관은 초경량비행장치 사용사업의 안전을 위하여 필요하다 고 인정되는 경우에는 초경량비행장치 사용사업자에게 다음 각 호의 사항을 명할 수 있다. 1. 초경량비행장치 및 그 밖의 시설의 개선 2. 그 밖에 초경량비행장치의 비행안전에 대한 방해 요소를 제거하기 위하여 필요한 사항으로서 국토교통부령으로 정하는 사항 **제131조(초경량비행장치에 대한 준용규정)** 초경량비행장치소유자 등 또는 초경량비행장치를 사용하여 비행하려는 사람에 대한 주류 등의 섭취·사용 제한에 관하여는 제57조를 준용한다. **제131조의2(무인비행장치의 적용 특례)** ① 군용·경찰용 또는 세관용 무인비행장치와 이에 관련된 업무에 종사하는 사람에 대하여는 이 법을 적용하자 아니 한다. ② 국가기관 등이 소유하거나 임차한 무인비행장치를 재해·재난 등으로 인한 수색·구조, 화재의 진화, 응급환자 후송, 그 밖에 국토교통부령으로 정하는 공공목적으로 긴급히 비행(훈련을 포함한다)하는 경우 (국토교통부령으로 정하는 바에 따라 안전관리 방안을 마련한 경우에 한정 한다)에는 제129조제1항, 제2항, 제4항, 제5항을 적용하지 아니한다. ③ 제129조제3항은 이 조 제2항에 적용할 때에는 "국토교통부장관"은 "소관행정기관의 장"으로 본다. 이 경우 소관 행정기관의 장은 제129조제3항에 따라 보고받은 사실을 국토교통부장관에게 알려야 한다. 〔 본조신설 2017.8.9. 〕	

제313조(초경량비행장치사용사업자에 대한 안전개선명령) 법 제130조제2호에서 "국토교통부령으로 정하는 사항"이란 다음 각 호의 어느 하나에 해당하는 사항을 말한다.

1. 초경량비행장치사용사업자가 운용 중인 초경량비행장치에 장착된 안전성이 검증되지 아니한 장비의 제거
2. 초경량비행장치 제작자가 정한 정비절차의 이행
3. 그 밖에 안전을 위하여 지방항공청장이 필요하다고 인정하는 사항

제313조2(국가기관 등 무인비행장치의 긴급비행) ① 법 제131조의2제2항에서 "국토교통부령으로 정하는 공공목적"이란 다음 각 호의 목적을 말한다.

1. 산불의 진화·예방
2. 응급환자를 위한 장기(臟器)이송 및 구조·구급활동
3. 산림 방제(防除)·순찰
4. 산림보호사업을 위한 화물 수송
5. 그 밖에 제1호부터 제4호까지에서 규정한 사항과 유사한 목적의 업무수행

② 법 제131조의2제2항에 따른 안전관리방안에는 다음 각 호의 사항이 포함되어야 한다.

1. 무인비행장치의 관리 및 점검계획
2. 비행안전수칙 및 교육계획
3. 사고 발생 시 비상연락·보고체계 등에 관한 사항
4. 무인비행장치 사고로 인하여 지급할 손해배상 책임을 담보하기 위한 보험 또는 공제의 가입 등 피해자 보호대책
5. 긴급비행 기록관리 등에 관한 사항

✈ 예/상/문/제

제10장 ▌ 초경량비행장치

01 다음 중 초경량비행장치란?

㉮ 국토교통부령이 정하는 기준에 해당하는 동력비행
장치, 인력 활공기, 기구류 및 헬리콥터 등

㉯ 국토교통부령이 정하는 기준에 해당하는 동력비행
장치, 인력활공기, 기구류 및 비행선 등

㉰ 국토교통부령이 정하는 동력비행장치, 행글라이더,
페러글라이더, 기구류 및 무인비행장치 등

㉱ 국토교통부령이 정하는 기준에 해당하는 동력비행
장치, 인력활공기, 기구류 및 회전익항공기 등

해설 항공안전법 시행규칙 제5조(초경량비행장치의 기준)

법 제2조제3호에서 자체중량, 좌석 수 등 국토교통부령으로 정
하는 기준에 해당하는 동력비행장치, 행글라이더, 기구류 및 무
인비행장치 등 이란 다음 각 호의 기준을 충족하는 동력비행장
치, 행글라이더, 패러글라이더, 기구루, 무인비행장치, 회전익
비행장치, 동력패러글라이더 및 낙하상류 등을 말한다.

1. 동력비행장치 : 동력을 이용하는 것으로서 다음 각 목의 기
준을 모두 충족하는 고정익비행장치
   가. 탑승자, 연료 및 비상용 장비의 중량을 제외한 자체중량
   이 115킬로그램 이하일 것
   나. 좌석이 1개일 것
2. 행글라이더 : 탑승자 및 비상용 장비의 중량을 제외한 자체
   중량이 70킬로그램 이하로서 체중 이동, 타면조종 등의 방
   법으로 조종하는 비행장치
3. 패러글라이더 : 탑승자 및 비상용 장비의 중량을 제외한 자
   체 중량이 70킬로그램 이하로서 날개에 부착된 줄을 이용하
   여 조종하는 비행장치
4. 기구류 : 기체의 성질 · 온도차 등을 이용하는 다음 각 목의
   비행장치
   가. 유인자유기구 또는 무인자유기구
   나. 계류식 기구
5. 무인비행장치 : 사람이 탑승하지 아니하는 것으로서 다음 각
   목의 비행장치
   가. 무인동력비행장치 : 연료, 중량을 제외한 자체중량이
   150킬로그램 이하인 무인비행기, 무인헬리콥터 또는
   무인멀티콥터
   나. 무인비행선 : 연료의 중량을 제외한 자체중량이 180킬
   로그램 이하이고 길이가 20미터 이하인 무인비행선

6. 회전익비행장치 : 제1호 각 목의 동력비행장치의 요건을 갖
   춘 헬리콥터 또는 자이로플레인
7. 동력패러글라이더 : 패러글라이더에 추진력을 얻는 장치를
   부착한 다음 각 목의 어느 하나에 해당하는 비행장치
   가. 착륙장치가 없는 비행장치
   나. 착륙장치가 있는 것으로서 제1호 각 목의 동력비행장치
   의 요건을 갖춘 비행장치
8. 낙하산류 : 항력을 발생시켜 대기중을 낙하하는 사람 또는
   물체의 속도를 느리게 하는 비행장치
9. 그 밖에 국토교통부장관이 종류, 크기, 중량, 용도 등을 고려
   하여 정하여 고시 하는 비행장치

02 국토교통부령으로 정하는 초경량비행장치의 기준이 아닌 것은?

㉮ 자체중량 좌석이 1개인 경우 150킬로그램, 좌석이
2인 경우 250킬로그램 이하인 동력비행장치

㉯ 탑승자 및 비상용 장비의 중량을 제외한 자체중량이
70킬로그램 이하로서 체중이동 등 타면조종등의 방
법으로 조종하는 행글라이더

㉰ 탑승자 및 비상용 장비의 중량을 제외한 자체중량이
70킬로그램 이하로서 날개에 부착된 줄을 이용하여
조종하는 비행장치인 페러글라이더

㉱ 기체의 성질 · 온도차 등을 이용하는 기구류

해설 1번항 해설 참조

03 국토교통부령으로 정하는 기준에 해당하는 무인비행장치 중 무인비행선의 기준을 충족하는 것은?

㉮ 연료의 중량을 제외한 자체중량이 180킬로그램 이
상, 길이가 20미터 이상

㉯ 연료 중량을 제외한 자체중량이 150킬로그램 미만,
길이가 20미터 미만

㉰ 연료 중량을 제외한 자체중량이 180킬로그램 미만, 길이가 20미터 미만

㉱ 연료 중량을 제외한 자체중량이 150킬로그램 이상, 길이가 20미터 이상

해설 1번항 해설 참조

04 다음 중 국토교통부령으로 정하는 초경량비행장치 중 기구류에 속하지 않는 것은?

㉮ 기체의 성질과 온도차를 이용하는 유인자유기구
㉯ 기체의 성질과 온도차를 이용하는 무인자유기구
㉰ 기체외 성질과 온도차를 이용하는 계류식 기구
㉱ 기체의 성질과 온도차를 이용하는 행글라이더

해설 1번항 해설 참조

05 다음 중 국토교통부령으로 정하는 초경량비행장치의 기준에 해당하는 동력비행장치의 기준을 충족하는 것은?

㉮ 최대이륙중량이 600킬로그램 이하인 고정익비행장치
㉯ 좌석이 1개이고 연료 및 비상용 장비의 중량을 제외한 자체중량 115킬로그램 이하인 고정익비행장치
㉰ 프로펠러에서 추진력을 얻는 회전익비행장치
㉱ 차륜, 스키드 또는 푸로트 등의 착륙장치가 장착된 고정익비행장치

해설 1번항 해설 참조

06 초경량비행장치 말소신고는 그 사유가 있는 날로부터 며칠 이내에 신청 하여야 하는가?

㉮ 10일   ㉯ 15일
㉰ 20일   ㉱ 25일

해설 항공안전법 시행규칙 제303조

07 탑승자 및 비상용 장비의 중량을 제외한 자체 중량이 70킬로그램 이하로서 날개에 부착된 줄을 이용하여 조종하는 국토교통부령으로 정하는 초경량비행장치는?

㉮ 페러글라이더
㉯ 행글라이더
㉰ 회전익비행장치
㉱ 무인멀티콥터

해설 1번항 해설 참조

08 국토교통부령으로 정하는 초경량비행장치의 기준에 해당하는 행글라이더 기준을 충족하는 것은?

㉮ 탑승자, 연료 및 비상용 장비의 장비의 중량을 제외한 당해 장치의 자체중량이 좌석이 1인 경우 115킬로그램 이하일 것
㉯ 탑승자, 연료 및 비상용 장비의 중량을 제외한 당해 장치의 자체중량이 70킬로그램 이하로서 체중이동, 타면조종 등의 방법으로 조종하는 비행장치
㉰ 연료의 중량을 제외한 자체중량이 150킬로그램 미만인 요건을 갖춘 비행장치
㉱ 연료의 중량을 제외한 자체중량이 180킬로그램 미만인 요건을 갖춘 비행장치

해설 1번항 해설 참조

09 다음 중 초경량비행장치 신고서에 첨부하여 지방항공청장에게 제출하여야 할 서류가 아닌 것은?

㉮ 국적기호, 등록기호
㉯ 사용할 수 있는 권리를 증명하는 서류
㉰ 제원 및 성능표
㉱ 초경량비행장치 사진

해설 항공안전법 제122조(초경량비행장치의 신고)
① 초경량비행장치를 소유하거나 사용할 수 있는 권리가 있는 자는 국토교통부장관에게 신고하여야 한다.
* 시행규칙 제301조(초경량비행장치의 신고) 신고서 및 첨부 서류
  1. 초경량비행장치를 소유하거나 사용할 수 있는 권리가 있음을 증명하는 서류
  2. 초경량비행장치 제원 및 성능표
  3. 초경량비행장치 사진

10 다음 중 신고를 필요로 하지 아니 하는 초경량비행장치 범위에 들지 않는 것은?(단, 항공사업법에 따른 대여업, 등 사업에 사용되는 것은 제외한다)

㉮ 유인계류식기구류
㉯ 낙하산류
㉰ 무인비행선 중에서 연료의 무게를 제외한 자체 중량이 12킬로그램 이하이고, 길이가 7미터 이하인 것
㉱ 군사목적으로 사용되는 초경량비행장치

해설 항공안전법 제122조(초경량비행장치의 신고)
① 초경량비행장치를 소유하거나 사용할 수 있는 권리가 있는 자는 국토교통부장관에게 신고하여야 한다. 다만, 대통령령으로 정하는 초경량비행장치는 그러하지 아니하다.
*항공안전법시행령 제24조(신고를 필요로 하지 아니 하는 초경량비행장치의 범위)
법 제122조제1항 단서에서 대통령령으로 정하는 초경량비행장치란 다음 각호의 어느 하나에 해당하는 것으로서 "항공사업법"에 따른 항공기 대여업·항공레저스포츠사업 또는 초경량비행장치사용사업에 사용되지 아니하는 것을 말한다.

1. 행글라이더, 패러글라이더 등 동력을 이용하지 아니하는 비행장치
2. 계류식 기구류(사람이 탑승하는 것은 제외한다)
3. 계류식 무인비행장치
4. 낙하산류
5. 무인동력비행장치 중에서 연료의 무게를 제외한 자체무게(배터리 무게를 포함한다)가 12킬로그램 이하인 것
6. 무인비행선 중에서 연료의 무게를 제외한 자체 무게가 12킬로그램 이하이고, 길이가 7미터 이하인 것
7. 연구기관 등이 시험·조사·연구 또는 개발을 위하여 제작한 초경량비행장치
8. 제작사 등이 판매를 목적으로 제작하였으나 판매되지 아니한 것으로서 비행에 사용되지 아니하는 초경량비행장치
9. 군사목적으로 사용되는 초경량비행장치

11 초경량비행장치 변경신고는 며칠 이내에 하여야 하는가?

㉮ 그 사유가 발생한 날로부터 7일 이내
㉯ 그 사유가 발생한 날로부터 10일 이내
㉰ 그 사유가 발생한 날로부터 30일 이내
㉱ 그 사유가 발생한 날로부터 50일 이내

해설 항공안전법 제123조 및 항공안전법 시행규칙 제 302조

12 초경량비행장치 안전성인증 대상이 아닌 것은?

㉮ 동력비행장치
㉯ 무인기구류
㉰ 회전익비행장치
㉱ 동력패러글라이더

해설 항공안전법 시행규칙 제305호
① 법 제124조 전단에서 "동력비행장치 등 국토교통부령으로 정하는 초경량비행장치"란 다음 각 호의 어느 하나에 해당하는 초경량비행장치를 말한다.
1. 동력비행장치
2. 행글라이더, 패러글라이더 및 낙하산류(항공레저스포츠사업에 사용되는 것만 해당한다)
3. 기구류(사람이 탑승하는 것만 해당한다)
4. 다음 각 목의 어느 하나에 해당하는 무인비행장치
   가. 제5조제5호가목에 따른 무인비행기, 무인헬리콥터 또는 무인멀티콥터 중에서 최대이륙중량이 25킬로그램을 초과하는 것
   나. 제5조제5호나목에 따른 무인비행선 중에서 연료의 중량을 제외한 자체중량이 12킬로그램을 초과하거나 길이가 7미터를 초과하는 것
5. 회전익비행장치
6. 동력패러글라이더

항공안전법	항공안전법 시행령
제11장 보칙 **제132조(항공안전 활동)** ① 국토교통부장관은 항공안전의 확보를 위하여 다음 각 호의 어느 하나에 해당하는 자에게 그 업무에 관한 보고를 하게 하거나 서류를 제출하게 할 수 있다. 1. 항공기 등 장비품 또는 부품의 제작 또는 정비 등을 하는 자 2. 비행장, 이착륙장, 공항, 공항시설 또는 항행안전시설의 설치자 및 관리자 3. 항공종사자 및 초경량비행장치 조종자 4. 항공교통업무증명을 받은 자 5. 항공운송사업자(외국인국제항공운송사업자 및 외국항공기로 유상운송을 하는 자를 포함한다. 이하 이 조에서 같다), 항공기사용사업자, 항공기정비업자, 초경량비행장치사용사업자, 「항공사업법」 제2조제22호에 따른 항공기대여업자 및 「항공사업법」 제2조제27호에 따른 항공레저스포츠사업자 6. 그 밖에 항공기, 경량항공기 또는 초경량비행장치를 계속하여 사용하는 자 ② 국토교통부장관은 이 법을 시행하기 위하여 특히 필요한 경우에는 소속공무원으로 하여금 제1항 각 호의 어느 하나에 해당하는 자의 다음 각 호의 어느 하나의 장소에 출입하여 항공기, 경량항공기 또는 초경량비행장치, 항행안전시설, 장부, 서류, 그 밖의 물건을 검사하거나 관계인에게 질문하게 할 수 있다. 이 경우 국토교통부장관은 검사 등의 업무를 효율적으로 수행하기 위하여 특히 필요하다고 인정하면 국토교통부령으로 정하는 자격을 갖춘 항공안전에 관한 전문가를 위촉하여 검사 등의 업무에 관한 자문에 응하게 할 수 있다. 1. 사무소, 공장이나 그 밖의 사업장 2. 비행장, 이착륙장, 공항, 공항시설, 항행안전시설 또는 그 시설의 공사장 3. 항공기 또는 경량항공기의 정치장 4. 항공기, 경량항공기 또는 초경량비행장치 ③ 국토교통부장관은 항공운송사업자가 취항하는 공항에 대하여 국토교통부령으로 정하는 바에 따라 정기적인 안전성검사를 하여야 한다. ④ 제2항 및 제3항에 따른 검사 또는 질문을 하려면 검사 또는 질문을 하기 7일 전까지 검사 또는 질문의 일시, 사유 및 내용 등의 계획을 피검사자 또는 피질문자에게 알려야 한다. 다만, 긴급한 경우이거나 사전에 알리면 증거인멸 등으로 검사 또는 질문의 목적을 달성할 수 없다고 인정하는 경우에는 그러하지 아니하다.	

제11장 보칙

제314조(항공안전전문가) 법 제132조제2항에 따른 항공안전에 관한 전문가로 위촉받을 수 있는 사람은 다음 각 호의 어느 하나에 해당하는 사람으로 한다.
1. 항공종사자 자격증명을 가진 사람으로서 해당 분야에서 10년 이상의 실무경력을 갖춘 사람
2. 항공종사자 양성 전문교육기관의 해당 분야에서 5년 이상 교육훈련업무에 종사한 사람
3. 5급 이상의 공무원이었던 사람으로서 항공분야에서 5년(6급의 경우 10년) 이상의 실무경력을 갖춘 사람
4. 대학 또는 전문대학에서 해당 분야의 전임강사 이상으로 5년 이상 재직한 경력이 있는 사람

제315조(정기안전성검사) ① 국토교통부장관 또는 지방항공청장은 법 제132조제3항에 따라 다음 각 호의 사항에 관하여 항공운송사업자가 취항하는 공항에 대하여 정기적인 안전성검사를 하여야 한다.
1. 항공기 운항ㆍ정비 및 지원에 관련된 업무ㆍ조직 및 교육훈련
2. 항공기 부품과 예비품의 보관 및 급유시설
3. 비상계획 및 항공보안사항
4. 항공기 운항허가 및 비상지원절차
5. 지상조업과 위험물의 취급 및 처리
6. 공항시설
7. 그 밖에 국토교통부장관이 항공기 안전운항에 필요하다고 인정하는 사항
② 법 제132조제6항에 따른 공무원의 증표는 별지 제124호서식의 항공안전감독관증에 따른다.

항공안전법	항공안전법 시행령
⑤ 제2항 및 제3항에 따른 검사 또는 질문을 하는 공무원은 그 권한을 표시하는 증표를 지니고, 이를 관계인에게 보여주어야 한다. ⑥ 제5항에 따른 증표에 관하여 필요한 사항은 국토교통부령으로 정한다. ⑦ 제2항 및 제3항에 따른 검사 또는 질문을 한 경우에는 그 결과를 피검사 또는 피질문자에게 서면으로 알려야 한다. ⑧ 국토교통부장관은 제2항 또는 제3항에 따른 검사를 하는 중에 긴급히 조치하지 아니할 경우 항공기, 경량항공기 또는 초경량비행장치의 안전운항에 중대한 위험을 초래할 수 있는 사항이 발견되었을 때에는 국토교통부령으로 정하는 바에 따라 항공기, 경량항공기 또는 초경량비행장치의 운항 또는 항행안전시설의 운용을 일시정지하게 하거나 항공종사자, 초경량비행장치 조종자 또는 항행안전시설을 관리하는 자의 업무를 일시정지하게 할 수 있다. ⑨ 국토교통부장관은 제2항 또는 제3항에 따른 검사 결과 항공기 경량항공기 또는 초경량비행장치의 안전운항에 위험을 초래할 수 있는 사항을 발견한 경우에는 그 검사를 받은 자에게 시정조치 등을 명할 수 있다. **제133조(항공운송사업자에 관한 안전도 정보의 공개)** 국토교통부장관은 국민이 항공기를 안전하게 이용할 수 있도록 국토교통부령으로 정하는 바에 따라 다음 각 호의 사항이 포함된 항공운송사업자(외국인국제항공운송사업자를 포함한다. 이하 이 조에서 같다)에 관한 안전도 정보를 공개하여야 한다. 1. 국토교통부령으로 정하는 항공기사고에 관한 정보 2. 항공운송사업자가 속한 국가에 대한 국제민간항공기구(ICAO)의 안전평가 결과[국제민간항공기구(ICAO)에서 안전기준에 미달하여 항공기사고의 위험도가 높은 것으로 공개한 국가만 해당한다] 3. 그 밖에 항공운송사업자의 안전과 관련하여 국토교통부령으로 정하는 사항	

항공안전법	항공안전법 시행령
제134조(청문) 국토교통부장관은 다음 각 호의 어느 하나에 해당하는 처분을 하려면 청문을 하여야 한다. 1. 제20조제5항에 따른 형식증명 또는 부가형식증명의 취소 2. 제21조제6항에 따른 형식증명승인 또는 부가형식증명승인의 취소 3. 제22조제3항에 따른 제작증명의 취소 4. 제23조제6항에 따른 감항증명의 취소 5. 제24조제3항에 따른 감항승인의 취소 6. 제25조제3항에 따른 소음기준적합증명의 취소 7. 제27조제4항에 따른 기술표준품 형식승인의 취소 8. 제28조제5항에 따른 부품등제작자증명의 취소 9. 제43조제1항 또는 제2항에 따른 자격증명 등 또는 항공신체검사증명의 취소 또는 효력정지 10. 제44조제4항에서 준용하는 제43조제1항에 따른 계기비행증명 또는 조종교육증명의 취소 11. 제45조제6항에서 준용하는 제43조제1항에 따른 항공영어구술능력증명의 취소 12. 제48조의2에 따른 전문교육기관 지정의 취소 13. 제50조제1항에 따른 항공전문의사 지정의 취소 또는 효력 정지 14. 제63조제3항에 따른 자격인정의 취소 15. 제71조제5항에 따른 포장·용기검사기관 지정의 취소 16. 제72조제5항에 따른 위험물전문교육기관 지정의 취소 17. 제86조제1항에 따른 항공교통업무증명의 취소 18. 제91조제1항 또는 제95조제1항에 따른 운항증명의 취소 19. 제98조제1항에 따른 정비조직인증의 취소 20. 제105조제1항 단서에 따른 운항증명승인의 취소 21. 제114조제1항 또는 제2항에 따른 자격증명 등 또는 항공신체검사증명의 취소 22. 제115조제3항에서 준용하는 제114조제1항에 따른 조종교육증명의 취소 23. 제117조제4항에 따른 경량항공기 전문교육기관 지정의 취소 24. 제125조제2항에 따른 초경량비행장치 조종자 증명의 취소 25. 제126조제4항에 따른 초경량비행장치 전문교육기관 지정의 취소	

제316조(항공기의 운항정지 및 항공종사자의 업무정지 등) 국토교통부장관 또는 지방항공청장은 법 제132조제8항에 따라 항공기, 경량항공기 또는 초경량비행장치의 운항 또는 항행안전시설의 운용을 일시정지하게 하거나 항공종사자, 초경량비행장치 조종자 또는 항행안전시설을 관리하는 자의 업무를 일시정지하게 하는 경우에는 다음 각 호에 따라 조치하여야 한다.

1. 항공기, 경량항공기 또는 초경량비행장치의 운항 또는 항행안전시설의 운용을 일시정지하게 하거나 항공종사자, 초경량비행장치 조종자 또는 항행안전시설을 관리하는 자의 업무를 일시정지하게 하는 사유 및 조치하여야 할 내용의 통보(구두로 통보한 경우에는 사후에 서면으로 통지하여야 한다)
2. 제1호에 따른 통보를 받은 자가 통보받은 내용을 이행하고 그 결과를 제출한 경우 그 이행 결과에 대한 확인
3. 제2호에 따른 확인 결과 일시 운항정지 또는 업무정지 등의 사유가 해소되었다고 판단하는 경우에는 항공기, 경량항공기 또는 초경량비행장치의 재운항 또는 항행안전시설의 재운용이 가능함을 통보하거나, 항공종사자, 초경량비행장차 조종자 또는 항행안전시설을 관리하는 자가 업무를 계속 수행할 수 있음을 통보(구두로 통보하는 것을 포함한다)

제317조(항공운송사업자에 관한 안전도 정보의 공개) ① 법 제133조제1호에서 "국토교통부령으로 정하는 항공사고"란 최근 5년 이내에 발생한 항공기사고로서 국제민간항공기구에서 공개한 사고를 말한다.

② 법 제133조제3호에서 "국토교통부령으로 정하는 사항"이란 외국정부에서 실시·공개한 항공운송사업자의 항공안전평가결과에 관한 사항을 말한다.

③ 국토교통부장관은 법 제133조에 따라 항공운송사업자에 관한 안전도 정보를 공개하는 경우에는 국토교통부 홈페이지에 게재하여야 한다. 이 경우 필요하다고 인정하는 경우에는 항공관련 기관이나 단체의 홈페이지에 함께 게재할 수 있다.

제318조(전문검사기관의 지정 기준) 영 제26조제3항에서 "국토교통부령으로 정하는 기술인력, 시설 및 장비"란 별표 45에 따른 기술인력, 시설 및 장비를 말한다.

제319조(항공영어구술능력평가 전문기관의 지정) ① 영 제26조제8항에 따라 항공영어구술능력증명시험의 실시를 위한 평가 전문기관 또는 단체(이하 "평가기관"이라 한다)로 지정받으려는 자는 별지 제125호서식의 항공영어구술능력평가 전문기관 지정신청서에 다음 각 호의 서류를 첨부하여 국토교통부장관에게 제출하여야 한다.

1. 평가기관의 조직도
2. 평가전문인력의 정원, 자격 및 경력을 적은 서류
3. 평가전문인력의 교육훈련 프로그램
4. 항공영어구술능력 평가업무 수행계획서
5. 평가의 객관성, 공정성 확보방안 및 부정행위 방지대책

② 국토교통부장관은 제1항에 따라 신청을 받은 경우에는 그 내용을 심사하여 별표 46에 따른 기준에 적합하다고 인정하면 별지 제126호서식의 항공영어구술능력평가 전문기관 지정서를 발급하고 이를 고시하여야 한다.

③ 제2항에 따라 지정을 받은 평가기관은 제1항 각 호의 사항이 변경된 경우에는 그 변경 내용을 지체 없이 국토교통부장관에게 보고하여야 한다.

제320조(평가기관의 조직·인력기준 등) ① 영 제26조제8항에서 "국토교통부령으로 정하는 조직·인력 등"이란 별표 46에 따른 조직·인력 등을 말한다.

② 국토교통부장관은 평가기관이 제1항의 기준에 적합한지 여부를 매년 심사하여야 한다.

항공안전법	항공안전법 시행령
제135조(권한의 위임·위탁) ① 이 법에 따른 국토교통부장관의 권한은 그 일부를 대통령령으로 정하는 바에 따라 특별시장·광역시장·특별자치시장·도지사·특별자치도지사 또는 국토교통부장관 소속 기관의 장에게 위임할 수 있다. ② 국토교통부장관은 제20조부터 제25조까지, 제27조, 제28조 및 제30조에 따른 증명, 승인 또는 검사에 관한 업무를 대통령령으로 정하는 바에 따라 전문검사기관을 지정하여 위탁할 수 있다. ③ 국토교통부장관은 제30조에 따른 수리·개조승인에 관한 권한 중 국가기관등항공기의 수리·개조승인에 관한 권한을 대통령령으로 정하는 바에 따라 관계 중앙행정기관의 장에게 위탁할 수 있다. ④ 국토교통부장관은 제89조제1항에 따른 업무를 대통령령으로 정하는 바에 따라 한국「항공사업법」제68조제1항에 따른 한국항공협회(이하 "협회"라 한다)에 위탁할 수 있다. ⑤ 국토교통부장관은 다음 각 호의 업무를 대통령령으로 정하는 바에 따라 「교통안전공단법」에 따른 교통안전공단(이하 "교통안전공단"이라 한다) 또는 항공 관련 기관·단체에 위탁할 수 있다. 〈개정 2017.8.9.〉 1. 제38조에 따른 자격증명 시험업무 및 자격증명 한정심사업무와 자격증명서의 발급에 관한 업무 2. 제44조에 따른 계기비행증명업무 및 조종교육증명업무와 증명서의 발급에 관한 업무 3. 제45조제3항에 따른 항공영어구술능력증명서의 발급에 관한 업무 4. 제48조제9항 및 제10항에 따른 항공교육훈련통합관리시스템에 관한 업무 〈시행 2018.4.25.〉 5. 제61조에 따른 항공안전 자율보고의 접수·분석 및 전파에 관한 업무 6. 제112조에 따른 경량항공기 조종사 자격증명 시험업무 및 자격증명 한정심사업무와 자격증명서의 발급에 관한 업무 7. 제115조제1항 및 제2항에 따른 경량항공기 조종교육증명업무와 증명서의 발급 및 경량항공기 조종교육증명을 받은 자에 대한 교육에 관한 업무 8. 제125조제1항에 따른 초경량비행장치 조종자 증명에 관한업무 9. 제125조제3항에 따른 실기시험장, 교육장 등 시설의 지정·구축·운영에 관한 업무 10. 제125조제1항 및 제5항에 따른 초경 비행장치 전문교육기관의 지정 및 지정조건의 충족·유지 여부 확인에 관한 업무 ⑥ 국토교통부장관은 다음 각 호의 업무를 대통령령으로 정하는 바에 따라 항공의학 관련 전문기관 또는 단체에 위탁할 수 있다. 1. 제40조에 따른 항공신체검사증명에 관한 업무 2. 제49조제3항에 따른 항공전문의사의 교육에 관한 업무	제26조(권한의 위임·위탁) ① 국토교통부장관은 법 제135조제1항에 따라 다음 각 호의 권한을 지방항공청장에게 위임한다. 1. 법 제23조제3항제1호에 따른 표준감항증명. 다만, 다음 각 목의 표준감항증명은 제외한다. 가. 법 제20조에 따른 형식증명을 받은 항공기에 대한 최초의 표준감항증명 나. 법 제22조에 따른 제작증명을 받아 제작한 항공기에 대한 최초의 표준 감항증명 2. 다음 각 목에 해당하는 항공기에 대한 법 제23조제3항제2호에 따른 특별감항 증명 가. 항공기를 정비·수리 또는 개조(이하 "정비 등"이라 한다) 후 시험비행을 하는 항공기 나. 항공기의 정비 등을 위한 장소까지 승객·화물을 싣지 아니하고 비행하는 항공기 다. 항공기를 수입하거나 수출하기 위하여 승객·화물을 싣지 아니하고 비행하는 항공기 라. 재난·재해 등으로 인한 수색·구조에 사용하는 항공기 마. 산불 진화 및 예방에 사용하는 항공기 바. 응급환자의 수송 등 구조·구급활동에 사용하는 항공기 사. 씨앗 파종, 농약 살포 또는 어군(魚群) 탐지 등 농수산업에 사용하는 항공기 아. 기상관측 또는 기상조절 실험 등에 사용되는 항공기 3. 법 제23조제4항 단서에 따른 감항증명의 유효기간 연장

항공안전법	항공안전법 시행령
⑦ 국토교통부장관은 제45조제2항에 따른 항공영어구술능력증명시험의 실시에 관한 업무를 대통령령으로 정하는 바에 따라 교통안전공단 또는 영어평가 관련 전문기관·단체에 위탁할 수 있다. 〈개정 2017.8.9.〉 ⑧ 국토교통부장관은 다음 각 호의 업무를 대통령령으로 정하는 바에 따라 「항공안전기술원법」에 따른 항공안전기술원 또는 항공 관련 기관·단체에 위탁할 수 있다. 〈신설 2017.1.17., 2017.8.9.〉 1. 「국제민간항공협약」 및 같은 협약 부속서에서 채택된 표준과 권고되는 방식에 따라 제19조, 제67조, 제70조 및 제77조에 따른 항공기기술기준, 비행규칙, 위험물취급의 절차·방법 및 운항기술기준을 정하기 위한 연구 업무 2. 제58조제1항제5호에 따른 잠재적인 항공안전 위해요인의 식별에 관한 사항과 관련한 자료의 분석 업무 3. 제129조제5항 후단에 따른 검사에 관한 업무 4. 그 밖에 항공기의 안전한 항행을 위한 연구·분석 업무로서 대통령령으로 정하는 업무 [시행일 : 2017.11.10.]	4. 법 제23조제5항에 따른 항공기기술기준 적합 여부의 검사 및 운용한계(運用限界)의 지정(지방항공청장에게 권한이 위임된 감항증명에 관한 항공기기술기준 적합 여부의 검사 및 운용한계의 지정만 해당한다) 5. 법 제23조제6항에 따른 감항증명의 취소 및 효력정지명령(지방항공청장에게 권한이 위임된 감항증명에 관한 감항증명의 취소 및 효력 정지만 해당한다) 6. 법 제23조제8항에 따른 항공기의 감항성 유지 여부에 대한 수시검사 7. 법 제24조에 따른 항공기 등(항공기, 발동기 및 프로펠러를 말한다. 이하 같다), 장비품 또는 부품의 감항승인, 감항승인의 취소 및 효력정지명령. 다만, 다음 각 목의 감항승인과 그 감항승인의 취소 및 효력정지명령은 제외한다. 　가. 법 제20조에 따른 형식증명을 받은 항공기 등에 대한 최초의 감항승인 　나. 법 제22조에 따른 제작증명을 받아 제작한 항공기 등에 대한 최초의 감항승인 　다. 법 제27조에 따른 기술표준품형식승인을 받은 기술표준품에 대한 최초의 감항승인 　라. 법 제28조에 따른 부품등제작자증명을 받아 제작한 장비품 또는 부품에 대한 최초의 감항승인 8. 법 제25조에 따른 소음기준적합증명, 소음기준적합증명의 취소 및 효력정지명령. 다만, 다음 각 목의 소음기준적합증명과 그 소음기준적합증명의 취소 및 효력정지명령은 제외한다. 　가. 법 제20조에 따른 형식증명을 받은 항공기에 대한 최초의 소음기준적합증명 　나. 법 제22조에 따른 제작증명을 받아 제작한 항공기에 대한 최초의 소음 기준적합증명 9. 법 제30조에 따른 수리·개조승인 10. 법 제36조제3항제2호에 따른 시험비행등에 대한 허가 11. 법 제39조제2항에 따른 모의비행장치의 지정

항공안전법	항공안전법 시행령
제136조(수수료 등) ① 다음 각 호의 어느 하나에 해당하는 자는 국토교통부령으로 정하는 수수료를 국토교통부장관에게 내야 한다. 다만, 제135조제2항 및 제4항부터 제7항까지의 규정에 따라 권한이 위탁된 경우에는 그 수탁기관에 내야 한다. 1. 이 법에 따른 증명·승인·인증·등록 또는 검사(이하 "검사 등"이라 한다)를 받으려는 자 2. 이 법에 따른 증명서 또는 허가서의 발급 또는 재발급을 신청하는 자 ② 검사 등을 위하여 현지출장이 필요한 경우에는 그 출장에 드는 여비를 신청인이 내야 한다. 이 경우 여비의 기준은 국토교통부령으로 정한다. **제137조(벌칙 적용에서 공무원 의제)** 다음 각 호의 어느 하나에 해당하는 사람은 「형법」 제129조부터 제132조까지의 규정을 적용할 때 공무원으로 본다. 〈개정 2017.1.17.〉 제137조제2호 1. 제31조제2항에 따른 검사관 중 공무원이 아닌 사람 2. 제135조제2항 및 제4항부터 제7항까지의 규정에 따라 국토교통부장관이 위탁한 업무에 종사하는 전문검사기관, 협회, 전문기관 또는 단체 등의 임직원	12. 법 제41조에 따른 운항승무원[「항공사업법」 제2조제12호에 따른 국제항공운송사업자(이하 "국제항공운송사업자"라 한다)에 소속된 운항승무원은 제외한다] 및 항공교통관제사(지방항공청에 소속된 항공교통관제사로 한정한다)에 대한 항공신체검사명령 13. 법 제43조제1항에 따른 자격증명 등의 취소 또는 효력정지명령 및 같은 조 제2항에 따른 항공신체검사증명의 취소 또는 효력정지명령(국제항공운송사업자에 소속된 항공종사자와 지방항공청에 소속된 항공교통관제사에 대한 자격증명 등 및 항공신체검사증명의 취소 또는 효력정지명령은 제외한다) 14. 법 제46조제1항제2호에 따른 항공기 조종연습을 위한 허가 15. 법 제47조에 따른 항공교통관제연습 허가(지방항공청장의 관할구역에서만 해당한다) 16. 법 제56조제2항에 따른 피로위험관리시스템 승인 및 변경승인(국제항공운송사업자에 대한 피로위험관리시스템 승인 및 변경승인은 제외한다) 17. 법 제57조제3항 및 제4항에 따른 주류 등의 섭취 및 사용 여부의 측정(지방항공청에 소속된 항공교통관제사에 대한 측정은 제외한다) 18. 법 제58조제2항제4호(국제항공운송사업자는 제외한다) 또는 제5호에 해당하는 자에 대한 항공안전관리시스템의 승인 및 변경승인 19. 법 제59조제1항에 따른 항공안전의무보고의 접수(국제항공운송사업자와 관련된 항공기사고, 항공기준사고 또는 항공안전장애에 관한 보고는 제외한다) 20. 법 제62조제5항 및 제6항에 따른 기장 또는 항공기의 소유자 등의 보고(국제항공운송사업자와 그에 소속된 기장의 보고는 제외한다)의 접수 21. 법 제66조제1항제1호에 따른 항공기

제321조(수수료) ① 법 제136조에 따라 수수료를 내야 하는 자와 그 금액은 별표 47과 같다.

② 국가 또는 지방자치단체에 대해서는 국토교통부장관 또는 지방항공청장이 직접 수행하는 업무에 한정하여 제1항에 따른 수수료 및 법 제136조제2항에 따른 여비를 면제한다.

③ 제1항에 따른 수수료는 정보통신망을 이용하여 전자화폐·전자결제 등의 방법으로 내도록 할 수 있다.

④ 법 제136조제2항에 따른 현지출장 등의 여비 지급기준은 「공무원여비규정」에 따른다. 다만, 법 제135조제2항에 따른 전문검사기관의 경우에는 그 기관의 여비규정에 따른다.

⑤ 제1항에 따른 수수료를 과오납한 경우에는 해당 과오납 금액을 반환하고, 별표 47 제15호, 제18호, 제30호, 제31호 및 제34호에 관한 사항으로서 시험에 응시하려는 사람이 납부한 수수료는 다음 각 호의 어느 하나에 해당하는 경우 납부한 사람에게 반환하여야 한다.

1. 교통안전공단의 귀책사유로 시험에 응하지 못한 경우 해당 응시수수료의 전부

2. 학과시험 시행 1일 전까지 및 실기시험 시행 7일 전까지 접수를 취소하는 경우 그 해당 응시수수료의 전부

✈ 예 / 상 / 문 / 제

제11장 ▎보칙

01 다음 중 국토교통부장관이 그 업무에 관한 보고 또는 서류의 제출을 하게 할 수 있는 사람이 아닌 것은?

㉮ 공항시설, 비행장 또는 항행안전시설의 설치자 및 관리자
㉯ 항공종사자
㉰ 지상조업 또는 위험물을 취급하는 자
㉱ 항공기 또는 장비품의 제작, 개조, 수리 또는 정비를 하는 자

[해설] 법 제132조(항공안전 활동)
① 국토교통부장관은 항공안전의 확보를 위하여 다음에 해당하는 자에게 그 업무에 관한 보고를 하게 하거나 서류를 제출하게 할 수 있다.
1. 항공기 등, 장비품 또는 부품의 제작 또는 정비 등을 하는 자
2. 비행장 · 이착륙장 · 공항, 공항시설 또는 항행안전시설의 설치자 및 관리자
3. 항공종사자 및 초경량비행장치 조종자
4. 항공교통업무증명을 받은 자
5. 항공운송사업자(외국인국제항공운송사업자 및 외국항공기로 유상운송을 하는 자를 포함한다), 항공기사용사업자, 항공기정비업자, 초경량비행장치사업자, 「항공사업법」 제2조제22호에 따른 항공기대여업자 및 「항공사업법」 제2조제27호에 따른 항공 레저스포츠 사업자
6. 그 밖에 항공기, 경량항공기, 초경량비행장치를 계속하여 사용하는 자

02 다음 중 국토교통부장관이 업무보고 요구 대상이 아닌 자는?

㉮ 항공기를 정비하는 자
㉯ 공항시설 설치자 및 관리자
㉰ 공항구역 출입직원
㉱ 항공종사자

[해설] 1번항 해설 참조

03 국내 및 국제항공운송사업자가 취항하고 있는 공항에 대한 정기 안전성 검사 시 검사항목이 아닌 것은?

㉮ 항공기 운항, 정비 및 지원에 관련된 업무, 조직 및 교육 훈련
㉯ 항공기 부품과 예비품의 보관 및 급유시설
㉰ 항공기 운항허가 및 비상지원절차
㉱ 항공기 정비방법 및 절차

[해설] 시행규칙 제315조(정기안전성 검사)
① 국토교통부장관 또는 지방항공청장은 법 제132조제2항에 따라 다음 각 호의 사항에 관하여 국내항공운송사업자, 국제항공운송사업자 또는 소형항공운송사업자가 취항하고 있는 공항에 대한 정기적인 안전성검사를 하여야 한다.
1. 항공기 운항, 정비 및 지원에 관련된 업무, 조직 및 교육훈련
2. 항공기 부품과 예비품의 보관 및 급유시설
3. 비상계획 및 항공보안사항
4. 항공기 운항허가 및 비상지원절차
5. 지상조업과 위험물의 취급과 처리
6. 공항시설
7. 그 밖에 국토교통부장관이 항공기 안전운항에 필요하다고 인정하는 사항
② 법 제132조제6항에 따른 공무원의 증표는 항공안전감독관 증에 따른다.

04 정기 안전성 검사를 하는 공무원은 그 권한을 표시하는 증표를 지니고 관계인에게 보여주어야 한다. 그 권한을 표시 하는 증표가 맞는 것은?

㉮ 공무원증
㉯ 공항출입증
㉰ 항공안전감독관증
㉱ 보호구역출입증

[해설] 3번항 해설 참조

05 국내 또는 국제항공운송 사업자가 취항하고 있는 공항에 대한 정기적인 안전성 검사는 누가 하는가?

㉮ 지방항공청장

㉯ 안전공단이사장

㉰ 항공사 사장

㉱ 항공교통센터장

해설 3번항 해설 참조

06 다음 중 국토교통부장관이 교통안전공단에 위탁하지 않은 업무는?

㉮ 항공종사자 자격증명업무 및 자격증명 한정심사업무

㉯ 계기비행증명업무 및 조종교육증명업무

㉰ 항공안전 자율보고의 접수 및 처리에 관한 업무

㉱ 항공영어구술능력증명 시험에 관한 업무

해설 법 제135조제5항 및 시행령 제26조제5항 참조 ⑤ 국토교통부장관은 다음 각 호의 업무를 대통령령으로 정하는 바에 따라 교통안전공단 또는 항공 관련기관·단체에 위탁할 수 있음(법제135조제5항에서 공단에 위탁)
1. 제38조에 따른 자격증명 시험업무 및 자격증명 한정심사업무와 자격증명서의 발급에 관한 업무
2. 제44조에 따른 계기비행증명업무 및 조종교육증명업무와 증명서의 발급에 관한 업무
3. 제45조제3항에 따른 항공영어구술능력증명서의 발급에 관한 업무
4. 제48조제5항 및 제6항에 따른 항공교육훈련통합관리시스템에 관한 업무
5. 제61조에 따른 항공안전 자율보고의 접수·분석 및 전파에 관한 업무
6. 제112조에 따른 경량항공기 조종사 자격증명 시험업무 및 한정심사업무와 자격증명서의 발급에 관한 업무
7. 제115조제1항 및 제2항에 따른 경량항공기 조종교육증명업무와 증명서의 발급 및 경량항공기 조종교육증명을 받은 자에 대한 교육에 관한 업무
8. 제125조제1항에 따른 초경량비행장치 조종자 증명에 관한 업무

07 국토교통부장관이 권한을 위임할 수 있는 사항이 아닌 것은?

㉮ 감항증명

㉯ 소음기준적합증명에 관한 사항

㉰ 수리, 개조승인에 관한 사항

㉱ 형식증명의 검사범위에 관한 사항

해설 법 제135조제5항 및 시행령 제26조 (권한의 위임·위탁) 제1항 참조

08 항공기 등 검사기관의 검사 규정에 포함되지 않는 것은?

㉮ 각종 증명의 발급 및 대장의 관리

㉯ 기술도서 및 자료의 관리·유지

㉰ 증명 또는 승인을 위한 검사 결과의 보고에 관한 사항

㉱ 항행안전시설의 관리

해설 제27조(전문검사기관의 검사규정) ① 제26조제3항에 따라 지정·고시된 전문검사기관(이하 "전문검사기관"이라 한다)은 항공기등, 장비품 또는 부품의 증명 또는 승인을 위한 검사에 필요한 업무규정(이하 "검사규정"이라 한다)을 정하여 국토교통부장관의 인가를 받아야 한다. 인가받은 사항을 변경하려는 경우에도 또한 같다.
② 제1항에 따른 검사규정에는 다음 각 호의 사항이 포함되어야 한다.
1. 증명 또는 승인을 위한 검사업무를 수행하는 기구의 조직 및 인력
2. 증명 또는 승인을 위한 검사업무를 사람의 업무 범위 및 책임
3. 증명 또는 승인을 위한 검사업무의 체계 및 절차
4. 각종 증명의 발급 및 대장의 관리
5. 증명 또는 승인을 위한 검사업무를 수행하는 사람에 대한 교육훈련
6. 기술도서 및 자료의 관리·유지
7. 시설 및 장비의 운용·관리
8. 증명 또는 승인을 위한 검사 결과의 보고에 관한 사항

09 다음 중 국토교통부장관이 교통안전공단에 위탁하지 않은 업무는?

㉮ 항공안전자율보고의 접수 및 처리에 관한 업무

㉯ 항공영어구술능력증명 시험에 관한 업무

㉰ 항공교육훈련통합관리시스템에 관한 업무

㉱ 계기비행증명 업무와 조종교육증명 업무

해설 6번항 해설 참조
법 제135조제5항

10 다음 사항 중 청문회를 열지 않아도 되는 것은?

㉮ 항공신체검사증명의 취소

㉯ 형식증명의 취소

㉰ 기술표준품 형식승인 취소

㉱ 수리·개조승인의 취소

해설 법 제134조 (청문) 참조 → 증명, 승인 업무 중 수리·개조승인 업무는 청문 대상 업무가 아님
국토교통부장관은 다음의 어느 하나에 해당하는 처분을 하려면 청문을 열어야 함
→ 법 제20조제5항, 제21조제6항, 제22조제3항, 제23조제6항, 제24조제3항, 제25조제3항, 제27조제4항, 제28조제5항에 따른 형식 증명·승인 등 취소
→ 법 제43조제1항 또는 제2항, 제44조제4항, 제45조제6항, 제48조제4항, 제50조제1항, 제63조제3항에 따른 자격증명 증명, 교육기관지정 등 취소
→ 법 제71조제5항, 제72조제5항, 제86조제1항, 제91조, 제95조, 제98조제1항, 제105조제1항에 따른 기관지정 운항증명 등의 취소
→ 법 제114조제1항 또는 제2항, 제115조제3항, 제117조제4항, 제125조제2항, 제126조제4항에 따른 경량항공기 등 자격증명, 기관지정 등 등록의 취소

11 다음 중 처분을 하고자 하는 경우 청문을 실시하지 않아도 되는 것은?

㉮ 항공종사자 자격증명의 취소

㉯ 항공신체검사증명의 취소

㉰ 긴급항공기 지정의 취소

㉱ 항공교통업무증명의 취소

[해설] 10번항 해설 참조

항공안전법	항공안전법 시행령

제12장 벌칙

제138조(항행 중 항공기 위험 발생의 죄) ① 사람이 현존하는 항공기, 경량항공기 또는 초경량비행장치를 항행 중에 추락 또는 전복(顚覆)시키거나 파괴한 사람은 사형, 무기징역 또는 5년 이상의 징역에 처한다.
② 제140조의 죄를 지어 사람이 현존하는 항공기, 경량항공기 또는 초경량비행장치를 항행 중에 추락 또는 전복시키거나 파괴한 사람은 사형, 무기징역 또는 5년 이상의 징역에 처한다.

제139조(항행 중 항공기 위험 발생으로 인한 치사·치상의 죄) 제138조의 죄를 지어 사람을 사상(死傷)에 이르게 한 사람은 사형, 무기징역 또는 7년 이상의 징역에 처한다.

제140조(항공상 위험 발생 등의 죄) 비행장, 이착륙장, 공항시설 또는 항행안전시설을 파손하거나 그 밖의 방법으로 항공상의 위험을 발생시킨 사람은 10년 이상의 유기징역에 처한다. 〈시행일 2018.4.25〉

제141조(미수범) 제138조제1항 및 제140조의 미수범은 처벌한다.

제142조(기장 등의 탑승자 권리행사 방해의 죄) ① 직권을 남용하여 항공기에 있는 사람에게 그의 의무가 아닌 일을 시키거나 그의 권리행사를 방해한 기장 또는 조종사는 1년 이상 10년 이하의 징역에 처한다.
② 폭력을 행사하여 제1항의 죄를 지은 기장 또는 조종사는 3년 이상 10년 이하의 유기징역에 처한다.

제143조(기장의 항공기 이탈의 죄) 제62조제4항을 위반하여 항공기를 떠난 기장(기장의 임무를 수행할 사람을 포함한다)은 5년 이하의 징역에 처한다.

제144조(감항증명을 받지 아니한 항공기 사용 등의 죄) 다음 각 호의 어느 하나에 해당하는 자는 3년 이하의 징역 또는 5천만원 이하의 벌금에 처한다.
1. 제23조 또는 제25조를 위반하여 감항증명 또는 소음기준적합증명을 받지 아니하거나 감항증명 또는 소음기준적합증명이 취소 또는 정지된 항공기를 운항한 자
2. 제27조제3항을 위반하여 기술표준품형식승인을 받지 아니한 기술표준품을 제작·판매하거나 항공기 등에 사용한 자
3. 제28조제3항을 위반하여 부품 등 제작자증명을 받지 아니한 장비품 또는 부품을 제작·판매하거나 항공기 등 또는 장비품에 사용한 자
4. 제30조를 위반하여 수리·개조승인을 받지 아니한 항공기 등, 장비품 또는 부품을 운항 또는 항공기 등에 사용한 자
5. 제32조제1항을 위반하여 정비 등을 한 항공기 등, 장비품 또는 부품에 대하여 감항성을 확인받지 아니하고 운항 또는 항공기 등에 사용한 자

(「항공사업법」 제2조제11호에 따른 국제항공운송사업에 사용되는 항공기는 제외한다)의 이륙·착륙 허가
22. 법 제68조 각 호 외의 부분 단서에 따른 비행 또는 행위에 대한 허가[법 제68조제5호에 따른 무인항공기(두 나라 이상을 비행하는 무인항공기로서 대한민국 밖에서 이륙하여 대한민국에 착륙하지 아니하고 대한민국 내를 운항하여 대한민국 밖에 착륙하는 무인항공기만 해당한다)의 비행에 대한 허가는 제외한다]
23. 법 제69조에 따른 긴급항공기의 지정 및 지정 취소
24. 법 제74조에 따른 비행기(「항공사업법」 제2조제11호에 따른 국제항공운송사업에 사용되는 비행기는 제외한다)의 회항시간 연장운항의 승인
25. 법 제75조제1항 각 호에 따른 공역에서의 항공기(「항공사업법」 제2조제11호에 따른 국제항공운송사업에 사용되는 항공기는 제외한다)의 운항 승인
26. 법 제79조제2항 단서에 따른 통제공역에서의 비행허가
27. 법 제81조에 따른 항공교통의 안전을 확보하기 위한 관계 행정기관의 장과의 협조(지방항공청장에게 권한이 위임된 사항에 관한 관계 행정기관의 장과의 협조만 해당한다)
28. 법 제83조제1항에 따른 항공교통관제업무의 제공, 같은 조 제2항에 따른 항공기 또는 경량항공기의 운항과 관련된 조언 및 정보의 제공 및 같은 조 제3항에 따른 수색·구조를 필요로 하는 항공기 또는 경량항공기에 관한 정보의 제공(지방항공청장의 관할구역에서만 해당한다)

항공안전법	항공안전법 시행령

제144조의2(전문교육기관의 지정 위반에 관한 죄) 제48조제1항 단서를 위반하여 전문교육기관의 지정을 받지 아니하고 제35조제1호부터 제4호까지의 항공종사자를 양성하기 위하여 항공기 등을 사용한 자는 3년 이하의 징역 또는 3천만원 이하의 벌금에 처한다.

제145조(운항증명 등의 위반에 관한 죄) 다음 각 호의 어느 하나에 해당하는 자는 3년 이하의 징역 또는 3천만원 이하의 벌금에 처한다.
1. 제90조제1항(제96조제1항에서 준용하는 경우를 포함한다)에 따른 운항증명을 받지 아니하고 운항을 시작한 항공운송사업자 또는 항공기사용사업자
2. 제97조를 위반하여 정비조직인증을 받지 아니하고 항공기 등, 장비품 또는 부품에 대한 정비 등을 한 항공기정비업자 또는 외국의 항공기정비업자

제146조(주류 등의 섭취·사용 등의 죄) 다음 각 호의 어느 하나에 해당하는 사람은 3년 이하의 징역 또는 3천만원 이하의 벌금에 처한다.
1. 제57조제1항을 위반하여 주류 등의 영향으로 항공업무(제46조에 따른 항공기 조종연습 및 제47조에 따른 항공교통관제 연습을 포함한다) 또는 객실승무원의 업무를 정상적으로 수행할 수 없는 상태에서 그 업무에 종사한 항공종사자(제46조에 따른 항공기 조종연습 및 제47조에 따른 항공교통관제연습을 하는 사람을 포함한다. 이하 이 조에서 같다)또는 객실승무원
2. 제57조제2항을 위반하여 주류 등을 섭취하거나 사용한 항공종사자 또는 객실승무원
3. 제57조제3항을 위반하여 국토교통부장관의 측정에 응하지 아니한 항공종사자 또는 객실승무원

제147조(항공교통업무증명 위반에 관한 죄) ① 제85조제1항을 위반하여 항공교통업무증명을 받지 아니하고 항공교통업무를 제공한 자는 3년 이하의 징역 또는 3천만원 이하의 벌금에 처한다.
② 다음 각 호의 어느 하나에 해당하는 자는 1천만원 이하의 벌금에 처한다.
1. 제85조제4항을 위반하여 항공교통업무제공체계를 유지하지 아니하거나 항공교통업무증명기준을 준수하지 아니한 자
2. 제85조제5항을 위반하여 신고를 하지 아니하거나 승인을 받지 아니하고 항공교통업무제공체계를 변경한 자

제148조(무자격자의 항공업무 종사 등의 죄) 다음 각 호의 어느 하나에 해당하는 사람은 2년 이하의 징역 또는 2천만원 이하의 벌금에 처한다. 〈개정 2017.1.17.〉
1. 제34조를 위반하여 자격증명을 받지 아니하고 항공업무에 종사한 사람
2. 제36조제2항을 위반하여 그가 받은 자격증명의 종류에 따른 업무범위 외의 업무에 종사한 사람

29. 법 제84조제1항에 따른 항공기의 이동·이륙·착륙의 순서 및 시기와 비행의 방법에 대한 지시 및 같은 조 제2항에 따른 비행장 또는 공항 이동지역에서의 지시(지방항공청장의 관할구역에서만 해당한다)
30. 법 제89조제1항에 따른 항공정보의 제공(지방항공청장의 관할구역에서만 해당하며, 간행물 형태로 제공하는 것은 제외한다)
31. 법 제90조제1항부터 제3항까지 및 제5항(법 제96조제1항에서 준용하는 경우를 포함한다)에 따른 운항증명, 운영기준·운항증명서의 발급, 운영기준의 변경 및 안전운항체계 변경검사(국제항공운송사업자에 대한 운항증명, 운영기준·운항증명서의 발급, 운영기준의 변경 및 안전운항체계 변경검사는 제외한다)
32. 법 제90조제6항(법 제96조제1항에서 준용하는 경우를 포함한다)에 따른 안전운항체계 유지에 대한 정기검사 또는 수시검사(국제항공운송사업자에 대한 정기검사 또는 수시검사는 제외한다)
33. 법 제90조제7항 및 제8항(법 제96조 제1항에서 준용하는 경우를 포함한다)에 따른 항공기 또는 노선의 운항정지명령, 항공종사자의 업무정지명령 및 그 처분의 취소(국제항공운송사업자에 대한 운항정지명령, 업무정지명령 및 그 처분의 취소는 제외한다)
34. 법 제91조제1항에 따른 항공운송사업자(국제항공운송사업자는 제외한다)에 대한 운항증명의 취소 및 항공기의 운항정지명령
35. 법 제92조에 따른 항공운송사업자(국제항공운송사업자는 제외한다)에 대한 과징금의 부과 및 징수
36. 법 제93조(법 제96조제2항에서 준용하는 경우를 포함한다)에 따른 운항규정 및 정비규정의 인가, 변경신고의 수리 및 변경인가(국제항공운송사업자의 운항규정 및 정비규정의 인가, 변경신고의 수리 및 변경인가는 제외한다)

항공안전법	항공안전법 시행령

항공안전법 (왼쪽 열)

3. 제43조(제46조제4항 및 제47조제4항에서 준용하는 경우를 포함한다)에 따른 효력정지명령을 위반한 사람

4. 제45조를 위반하여 항공영어구술능력증명을 받지 아니하고 같은 조 제1항 각 호의 어느 하나에 해당하는 업무에 종사한 사람

제149조(과실에 따른 항공상 위험 발생 등의 죄) ① 과실로 항공기 · 경량항공기 · 초경량비행장치 · 비행장 · 이착륙장 · 공항시설 또는 항행안전시설을 파손하거나 그 밖의 방법으로 항공상의 위험을 발생시키거나 항행 중인 항공기를 추락 또는 전복시키거나 파괴한 사람은 1년 이하의 징역 또는 1천만원 이하의 벌금에 처한다. 〈개정 2017. 1.17.〉

② 업무상 과실 또는 중대한 과실로 제1항의 죄를 지은 경우에는 3년 이하의 징역 또는 5천만원 이하의 벌금에 처한다.

[시행일 : 2017.7.18.] 제149조제1항

제150조(무표시 등의 죄) 제18조에 따른 표시를 하지 아니하거나 거짓 표시를 한 항공기를 운항한 소유자 등은 1년 이하의 징역 또는 1천만원 이하의 벌금에 처한다. 〈개정 2017.1.17.〉

제151조(승무원을 승무시키지 아니한 죄) 항공종사자의 자격증명이 없는 사람을 항공기에 승무(乘務)시키거나 이 법에 따라 항공기에 승무시켜야 할 승무원을 승무시키지 아니한 소유자 등은 1년 이하의 징역 또는 1천만원 이하의 벌금에 처한다. 〈개정2017.1.17.〉

제152조(무자격 계기비행 등의 죄) 제44조제1항 · 제2항 또는 제55조를 위반한 자는 2천만원 이하의 벌금에 처한다.

제153조(무선설비 등의 미설치 · 운용의 죄) 제51조부터 제54조까지의 규정을 위반한 자는 2천만원 이하의 벌금에 처한다.

제154조(무허가 위험물 운송의 죄) 제70조제1항을 위반한 자는 2천만원 이하의 벌금에 처한다.

제155조(수직분리축소공역 등에서 승인 없이 운항한 죄) 제75조를 위반하여 국토교통부장관의 승인을 받지 아니하고 같은 조제1항 각 호의 어느 하나에 해당하는 공역에서 항공기를 운항한 소유자 등은 1천만원 이하의 벌금에 처한다.

제156조(항공운송사업자 등의 업무 등에 관한 죄) 항공운송사업자 또 항공기사용사업자가 다음 각 호의 어느 하나에 해당하는 경우에는 1천만원 이하의 벌금에 처한다.

1. 제74조를 위반하여 승인을 받지 아니하고 비행기를 운항한 경우

2. 제93조제5항 후단(제96조제2항에서 준용하는 경우를 포함한다)을 위반하여 운항규정 또는 정비규정을 준수하지 아니 하고 항공기를 운항하거나 정비한 경우

3. 제94조(제96조제2항에서 준용하는 경우를 포함한다)에 따른 항공운송의 안전을 위한 명령을 이행하지 아니한 경우

항공안전법 시행령 (오른쪽 열)

37. 법 제94조(법 제96조제2항에서 준용하는 경우를 포함한다)에 따른 안전개선 명령(지방항공청장에게 권한이 위임된 사항에 관한 안전개선명령만 해당한다)

38. 법 제95조제1항 및 제2항에 따른 항공기사용사업자에 대한 운항증명의 취소 및 항공기의 운항정지명령

39. 법 제95조제4항에 따른 항공기사용사업자에 대한 과징금의 부과 및 징수

40. 법 제97조에 따른 정비조직인증 및 세부 운영기준 · 정비조직인증서의 발급

41. 법 제98조에 따른 정비조직인증의 취소 또는 효력정지명령

42. 법 제99조에 따른 정비조직인증을 받은 자에 대한 과징금의 부과 및 징수

43. 법 제100조제1항제1호 및 제2호에 따른 외국항공기(미수교 국가 국적의 항공기는 제외한다)의 항행허가

44. 법 제101조 단서에 따른 외국항공기의 국내 사용허가

45. 법 제114조제1항에 따른 경량항공기 조종사 자격증명 등의 취소 또는 효력정지명령 및 같은 조 제2항(법 제116조제5항에서 준용하는 경우를 포함한다)에 따른 항공신체검사증명의 취소 또는 효력정지명령

46. 법 제116조제1항 및 제4항에 따른 경량항공기 조종연습을 위한 허가 및 조종연습허가서의 발급

47. 법 제118조제1항 단서에 따른 경량항공기의 이륙 · 착륙의 허가

48. 법 제120조제2항에 따른 경량항공기 조종사 또는 경량항공기소유자 등의 경량항공기사고 보고의 접수

49. 경량항공기에 대하여 준용되는 다음 각목의 권한

가. 법 제121조제2항에 따라 준용되는 법 제57조제3항 및 제4항에 따른 주류 등의 섭취 및 사용 여부의 측정

나. 법 제121조제4항에 따라 준용되는 법 제79조제2항 단서에 따른 통제 공역에서의 비행허가

항공안전법	항공안전법 시행령

제157조(외국인국제항공운송사업자의 업무 등에 관한 죄) 외국인 국제 항공운송사업자가 다음 각 호의 어느 하나에 해당하는 경우에는 1천만원 이하의 벌금에 처한다.

1. 제104조제1항을 위반하여 같은 항 각 호의 서류를 항공기에 싣지 아니하고 운항한 경우
2. 제105조에 따른 항공기 운항의 정지명령을 위반한 경우
3. 제106조에서 준용하는 제94조에 따른 항공운송의 안전을 위한 명령을 이행하지 아니한 경우

제158조(기장 등의 보고의무 등의 위반에 관한 죄) 다음 각 호의 어느 하나에 해당하는 자는 500만원 이하의 벌금에 처한다.

1. 제62조제5항 또는 제6항을 위반하여 항공기사고·항공기준사고 또는 항공안전장애에 관한 보고를 하지 아니하거나 거짓으로 한 자
2. 제65조제2항에 따른 승인을 받지 아니하고 항공기를 출발시키거나 비행계획을 변경한 자

제159조(운항승무원 등의 직무에 관한 죄) ① 운항승무원 등으로서 다음 각 호의 어느 하나에 해당하는 자는 500만원 이하의 벌금에 처한다.

1. 제66조부터 제68조까지, 제79조 또는 제100조제1항을 위반한 자
2. 제84조제1항에 따른 지시에 따르지 아니한 자
3. 제100조제3항에 따른 착륙 요구에 따르지 아니한 자

② 기장 외의 운항승무원이 제1항에 따른 죄를 지은 경우에는 그 행위자를 벌하는 외에 기장도 500만원 이하의 벌금에 처한다.

제160조(경량항공기 불법 사용 등의 죄) ① 다음 각 호의 어느 하나에 해당하는 자는 3년 이하의 징역 또는 3천만원 이하의 벌금에 처한다.

1. 제121조제2항에서 준용하는 제57조제1항을 위반하여 주류 등의 영향으로 경량항공기를 사용하여 비행을 정상적으로 수행할 수 없는 상태에서 경량항공기를 사용하여 비행을 한 사람
2. 제121조제2항에서 준용하는 제57조제2항을 위반하여 경량항공기를 사용하여 비행하는 동안에 주류 등을 섭취하거나 사용한 사람
3. 제121조제2항에서 준용하는 제57조제3항을 위반하여 국토교통부장관의 측정 요구에 따르지 아니한 사람

② 제110조 본문을 위반하여 경량항공기 조종업무 외의 업무를 한 사람은 2년 이하의 징역 또는 2천만원 이하의 벌금에 처한다.

③ 제108조제1항에 따른 안전성 인증을 받지 아니한 경량항공기를 사용하여 비행을 한 자 또는 비행을 하게 한 자는 1년 이하의 징역 또는 1천만원 이하의 벌금에 처한다.

다. 법 제121조제5항에 따라 준용되는 법 제84조제1항에 따른 경량항공기의 이동·이륙·착륙의 순서 및 시기와 비행의 방법에 대한 지시 및 같은 조 제2항에 따른 비행장 또는 공항 이동지역에서의 지시(지방항공청장의 관할구역에서만 해당한다)

50. 법 제122조에 따른 초경량비행장치 신고의 수리 및 신고번호의 발급
51. 법 제123조제1항에 따른 초경량비행장치의 변경신고, 같은 조 제2항에 따른 말소신고, 같은 조 제3항에 따른 말소 신고의 최고 및 같은 조 제4항에 따른 직권말소 및 직권말소의 통보
52. 법 제125조제2항에 따른 초경량비행장치 조종자 증명의 취소 또는 효력정지 명령
53. 법 제127조제2항에 따른 초경량비행장치 비행제한공역에서의 비행승인
54. 법 제129조제2항 단서에 따른 무인자유기구 비행허가
55. 법 제129조제3항에 따른 초경량비행장치 조종자 또는 초경량비행장치소유자 등의 초경량비행장치사고 보고의 접수
56. 법 제130조에 따른 초경량비행장치사용사업자에 대한 안전개선명령
57. 법 제131조에 따라 준용되는 법 제57조제3항 및 제4항에 따른 주류 등의 섭취 및 사용 여부의 측정
58. 법 제132조와 관련된 다음 각 목에 해당하는 권한(지방항공청장에게 권한이 위임된 사항에 관한 권한만 해당한다)
   가. 법 제132조제1항에 따른 업무에 관한 보고 또는 서류제출 명령
   나. 법 제132조제2항에 따른 검사·질문전문가의 위촉 및 자문의 요청
   다. 법 제132조제3항에 따른 안전성검사
   라. 법 제132조제8항에 따른 항공기·경량항공기·초경량비행장치의 운항 또는 항행안전시설의 운용의 일시정지 명령

항공안전법	항공안전법 시행령
④ 다음 각 호의 어느 하나에 해당하는 자는 6개월 이하의 징역 또는 500만원 이하의 벌금에 처한다. 1. 제109조제1항을 위반하여 경량항공기 조종사 자격증명을 받지 아니하고 경량항공기를 사용하여 비행을 한 사람 2. 제121조제1항에서 준용하는 제7조를 위반하여 등록을 하지 아니한 경량항공기를 사용하여 비행을 한 자 3. 제121조제1항에서 준용하는 제18조제1항을 위반하여 국적 및 등록기호를 표시하지 아니하거나 거짓으로 표시한 경량항공기를 사용하여 비행을 한 사람 ⑤ 제115조제1항을 위반하여 경량항공기 조종교육증명을 받지 아니하고 조종교육을 한 사람은 2천만원 이하의 벌금에 처한다. ⑥ 제119조를 위반하여 무선설비를 설치·운용하지 아니한 자는 500만원 이하의 벌금에 처한다. ⑦ 다음 각 호의 어느 하나에 해당하는 사람은 300만원 이하의 벌금에 처한다. 1. 제118조를 위반하여 경량항공기를 사용하여 이륙·착륙장소가 아닌 곳 또는 「공항시설법」 제25조제6항에 따라 사용이 중지된 이착륙장에서 이륙하거나 착륙한 사람 2. 제121조제4항에서 준용하는 제79조제2항을 위반하여 통제공역에서 비행한 사람 **제161조(초경량비행장치 불법 사용 등의 죄)** ① 다음 각 호의 어느 하나에 해당하는 자는 3년 이하의 징역 또는 3천만원 이하의 벌금에 처한다. 1. 제131조에서 준용하는 제57조제1항을 위반하여 주류 등의 영향으로 초경량비행장치를 사용하여 비행을 정상적으로 수행할 수 없는 상태에서 초경량비행장치를 사용하여 비행을 한 사람 2. 제131조에서 준용하는 제57조제2항을 위반하여 초경량비행장치를 사용하여 비행하는 동안에 주류 등을 섭취하거나 사용한 사람 3. 제131조에서 준용하는 제57조제3항을 위반하여 국토교통부장관의 측정 요구에 따르지 아니한 사람 ② 제124조에 따른 비행안전을 위한 기술상의 기준에 적합하다는 안전성 인증을 받지 아니한 초경량비행장치를 사용하여 제125조제1항에 따른 초경량비행장치 조종자 증명을 받지 아니하고 비행을 한 사람은 1년 이하의 징역 또는 1천만원 이하의 벌금에 처한다. ③ 제122조 또는 제123조를 위반하여 초경량비행장치의 신고 또는 변경신고를 하지 아니하고 비행을 한 자는 6개월 이하의 징역 또는 500만원 이하의 벌금에 처한다. ④ 제129조제2항을 위반하여 국토교통부장관의 허가를 받지 아니하고 무인자유기구를 비행시킨 사람은 500만원 이하의 벌금에 처한다. ⑤ 제127조제2항을 위반하여 국토교통부장관의 승인을 받지 아니하고 초경량비행장치 비행제한공역을 비행한 사람은 200만원 이하의 벌금에 처한다.	마. 법 제132조제8항에 따른 항공종사자 초경량비행장치 조종자 또는 항행안전시설을 관리하는 자의 업무의 일시정지 명령 바. 법 제132조제9항에 따른 시정조치 등의 명령 59. 법 제134조에 따른 청문의 실시(지방항공청장에게 권한이 위임된 사항에 관한 청문의 실시만 해당한다) 60. 법 제166조에 따른 과태료의 부과·징수(지방항공청장에게 권한이 위임된 사항에 관한 과태료의 부과·징수만 해당한다) ② 국토교통부장관은 법 제135조제1항에 따라 다음 각 호의 권한을 항공교통본부장에게 위임한다. 1. 법 제41조에 따른 항공교통본부장에 소속된 항공교통관제사에 대한 항공신체검사명령 2. 법 제47조에 따른 항공교통관제연습 허가(항공교통본부장의 관할구역에서만 해당한다) 3. 법 제68조 각 호 외의 부분 단서에 따른 비행 또는 행위에 대한 허가[법 제68조제5호에 따른 무인항공기(두 나라 이상을 비행하는 무인항공기로서 대한민국 밖에서 이륙하여 대한민국에 착륙하지 아니하고 대한민국 내를 운항하여 대한민국 밖에 착륙하는 무인항공기만 해당한다)의 비행에 대한 허가에 한정한다] 4. 법 제81조에 따른 항공교통의 안전을 확보하기 위한 관계 행정기관의 장과의 협조(항공교통본부장에게 권한이 위임 된 사항에 관한 관계 행정기관의 장과의 협조만 해당한다) 5. 법 제83조제1항에 따른 항공교통관제 업무의 제공, 같은 조 제2항에 따른 항공기 또는 경량항공기의 운항과 관련된 조언 및 정보의 제공 및 같은 조 제3항에 따른 수색·구조를 필요로 하는 항공기 또는 경량항공기에 관한 정보의 제공(항공교통본부장의 관할구역에서만 해당한다)

항공안전법	항공안전법 시행령
제162조(명령 위반의 죄) 제130조에 따른 초경량비행장치사용사업의 안전을 위한 명령을 이행하지 아니한 초경량비행장치사용 사업자는 1천만원 이하의 벌금에 처한다. **제163조(검사 거부 등의 죄)** 제132조제2항 및 제3항에 따른 검사 또는 출입을 거부·방해하거나 기피한 자는 500만원 이하의 벌금에 처한다. **제164조(양벌규정)** 법인의 대표자나 법인 또는 개인의 대리인, 사용인, 그 밖의 종업원이 그 법인 또는 개인의 업무에 관하여 제144조, 제145조, 제148조, 제150조부터 제154조까지, 제156조, 제157조 및 제159조부터 제163조까지의 어느 하나에 해당하는 위반행위를 하면 그 행위자를 벌하는 외에 그 법인 또는 개인에게도 해당 조문의 벌금형을 과(科)한다. 다만, 법인 또는 개인이 그 위반행위를 방지하기 위하여 해당 업무에 관하여 상당한 주의와 감독을 게을리 하지 아니한 경우에는 그러하지 아니하다. **제165조(벌칙 적용의 특례)** 제144조, 제156조 및 제163조의 벌칙에 관한 규정을 적용할 때 제92조(제106조에서 준용하는 경우를 포함한다) 또는 제95조제4항에 따라 과징금을 부과할 수 있는 행위에 대해서는 국토교통부장관의 고발이 있어야 공소를 제기할 수 있으며, 과징금을 부과한 행위에 대해서는 과태료를 부과할 수 없다. 〈개정 2017.1.17.〉 **제166조(과태료)** ① 다음 각 호의 어느 하나에 해당하는 자에게는 500만원 이하의 과태료를 부과한다. 1. 제56조제1항을 위반하여 같은 항 각 호의 어느 하나 이상의 방법으로 소속 승무원의 피로를 관리하지 아니한 자(항공운송사업자 및 항공기사용사업자는 제외한다) 2. 제56조제2항을 위반하여 국토교통부장관의 승인을 받지 아니하고 피로위험관리시스템을 운용하거나 중요사항을 변경한 자(항공운송사업자 및 항공기사용사업자는 제외한다) 3. 제58조제2항을 위반하여 다음 각 목의 어느 하나에 해당하는 자(제58조제2항제1호 및 제4호에 해당하는 자 중 항공운송사업자 및 항공기사용사업자 외의 자만 해당한다) 　가. 제작 또는 운항 등을 시작하기 전까지 항공안전관리시스템을 마련하지 아니한 자 　나. 국토교통부장관의 승인을 받지 아니하고 항공안전관리시스템을 운용한 자 　다. 항공안전관리시스템을 승인받은 내용과 다르게 운용한 자 　라. 국토교통부장관의 승인을 받지 아니하고 국토교통부령으로 정하는 중요사항을 변경한 자 4. 제65조제1항을 위반하여 운항관리사를 두지 아니하고 항공기를 운항한 항공운송사업자 외의 자 5. 제65조제3항을 위반하여 운항관리사가 해당 업무를 수행하는 데 필요한 교육훈련을 하지 아니하고 업무에 종사하게 한 항공운송사업자 외의 자	6. 법 제84조제1항에 따른 항공기의 이동·이륙·착륙의 순서 및 시기와 비행의 방법에 대한 지시 및 같은 조 제2항에 따른 비행장 또는 공항 이동지역에서의 지시(항공교통본부장의 관할구역에서만 해당한다) 7. 법 제89조제1항에 따른 항공정보의 제공(항공교통본부장의 관할구역에서만 해당하며, 간행물 형태로 제공하는 것은 제외한다) 8. 법 제89조제2항에 따른 항공지도의 발간 9. 법 제100조제1항제3호에 따른 외국항공기의 항행허가 10. 법 제121조제5항에 따라 준용되는 법제84조제1항에 따른 경량항공기의 이동·이륙·착륙의 순서 및 시기와 비행의 방법에 대한 지시 및 같은 조 제2항에 따른 비행장 또는 공항 이동지역에서의 지시(항공교통본부장의 관할구역에서만 해당한다) 11. 법 제132조와 관련된 다음 각 목에 해당하는 권한(항공교통본부장에게 권한이 위임된 사항에 관한 권한만 해당한다) 　가. 법 제132조제1항에 따른 업무에 관한 보고 또는 서류제출 명령 　나. 법 제132조제2항에 따른 검사·질문, 전문가의 위촉 및 자문의 요청 　다. 법 제132조제8항에 따른 항공기·경량항공기·초경량비행장치의 운항 또는 항행안전시설의 운용의 일시지 명령 　라. 법 제132조제8항에 따른 항공종사자, 초경량비행장치 조종자 또는 항행안전시설을 관리하는 자의 업무의 일시정지 명령 　마. 법 제132조제9항에 따른 시정조치 등의 명령 12. 법 제166조에 따른 과태료의 부과·징수(항공교통본부장에게 권한이 위임된 사항에 관한 과태료의 부과·징수만 해당한다)

항공안전법	항공안전법 시행령
6. 제70조제3항에 따른 위험물취급의 절차와 방법에 따르지 아니하고 위험물취급을 한 자 7. 제71조제1항에 따른 검사를 받지 아니한 포장 및 용기를 판매한 자 8. 제72조제1항을 위반하여 위험물취급에 필요한 교육을 받지 아니하고 위험물취급을 한 자 9. 제115조제2항을 위반하여 국토교통부장관이 정하는 바에 따라 교육을 받지 아니하고 경량항공기 조종교육을 한 자 10. 제124조를 위반하여 초경량비행장치의 비행안전을 위한 기술상의 기준에 적합하다는 안전성 인증을 받지 아니하고 비행한 사람 (제161조제2항이 적용되는 경우는 제외한다) 11. 제132조제1항에 따른 보고 등을 하지 아니하거나 거짓 보고 등을 한 사람 12. 제132조제2항에 따른 질문에 대하여 거짓 진술을 한 사람 13. 제132조제8항에 따른 운항정지, 운용정지 또는 업무정지를 따르지 아니한 자 14. 제132조제9항에 따른 시정조치 등의 명령에 따르지 아니한 자 ② 다음 각 호의 어느 하나에 해당하는 자에게는 300만원 이하의 과태료를 부과한다. 1. 제108조제4항을 위반하여 국토교통부령으로 정하는 방법에 따라 안전하게 운용할 수 있다는 확인을 받지 아니하고 경량항공기를 사용하여 비행한 사람 2. 제120조제1항을 위반하여 국토교통부령으로 정하는 준수사항을 따르지 아니하고 경량항공기를 사용하여 비행한 사람 3. 제125조제1항을 위반하여 초경량비행장치 조종자 증명을 받지 아니하고 초경량비행장치를 사용하여 비행을 한 사람(제161조제2항이 적용되는 경우는 제외한다) ③ 다음 각 호의 어느 하나에 해당하는 자에게는 200만원 이하의 과태료를 부과한다. 1. 제13조 또는 제15조제1항을 위반하여 변경등록 또는 말소등록의 신청을 하지 아니한 자 2. 제17조제1항을 위반하여 항공기 등록기호표를 부착하지 아니하고 항공기를 사용한 자 3. 제26조를 위반하여 변경된 항공기기술기준을 따르도록 한 요구에 따르지 아니한 자 4. 항공종사자가 아닌 사람으로서 고의 또는 중대한 과실로 제61조제1항의 항공안전위해요인을 발생시킨 사람 5. 제84조제2항(제121조제5항에서 준용하는 경우를 포함한다)을 위반하여 항공교통의 안전을 위한 국토교통부장관 또는 항공교통업무증명을 받은 자의 지시에 따르지 아니한 자 6. 제93조제5항 후단(제96조제2항에서 준용하는 경우를 포함한다)을 위반하여 운항규정 또는 정비규정을 준수하지 아니하고 항공기의 운항 또는 정비에 관한 업무를 수행한 종사자	③ 국토교통부장관은 법 제135조제2항에 따라 다음 각 호에 따른 증명 또는 승인을 위한 검사에 관한 업무를 국토교통부령으로 정하는 기술인력, 시설 및 장비 등을 확보한 비영리법인 중에서 국토교통부장관이 지정하여 고시하는 전문검사기관에 위탁한다. 1. 법 제20조에 따른 형식증명을 위한 검사업무 및 부가형식증명을 위한 검사업무 2. 법 제21조에 따른 형식증명승인을 위한 검사업무 및 부가형식증명승인을 위한 검사업무 3. 법 제22조에 따른 제작증명을 위한 검사업무 4. 다음 각 목에 해당하는 항공기에 대한 법 제23조제3항제1호에 따른 최초의 표준감항증명을 위한 검사업무 　가. 법 제20조에 따른 형식증명을 받은 항공기 　나. 법 제22조에 따른 제작증명을 받아 제작한 항공기 5. 다음 각 목에 해당하는 항공기 등, 장비품 또는 부품에 대한 법 제24조에 따른 최초의 감항승인을 위한 검사업무 　가. 법 제20조에 따른 형식증명을 받은 항공기 등 　나. 법 제22조에 따른 제작증명을 받아 제작한 항공기 등 　다. 법 제27조에 따른 기술표준품형식승인을 받은 기술표준품 　라. 법 제28조에 따른 부품등제작자증명을 받아 제작한 장비품 또는 부품 6. 법 제27조에 따른 기술표준품형식승인을 위한 검사업무 7. 법 제28조에 따른 부품등제작자증명을 위한 검사업무 ④ 국토교통부장관은 법 제135조제3항에 따라 법 제30조에 따른 수리·개조승인에 관한 권한 중 중앙행정기관이 소유하거나 임차한 국가기관 등 항공기의 수리·개조 승인에 관한 권한을 해당 중앙행정기관의 장에게 위탁한다.

항공안전법	항공안전법 시행령
7. 제108조제3항을 위반하여 부여된 안전성 인증 등급에 따른 운용범위를 준수하지 아니하고 경량항공기를 사용하여 비행한 사람 8. 제129조제1항을 위반하여 국토교통부령으로 정하는 준수사항을 따르지 아니하고 초경량비행장치를 이용하여 비행한 사람 9. 127조제3항을 위반하여 국토교통부장관의 승인을 받지 아니하고 초경량비행장치를 비행한 사람 10. 제129조제5항을 위반하여 국토교통부장관이 승인한 범위 외에서 비행한 사람 ④ 다음 각 호의 어느 하나에 해당하는 자에게는 100만원 이하의 과태료를 부과한다. 1. 제33조에 따른 보고를 하지 아니하거나 거짓으로 보고한 자 2. 제59조제1항(제106조에서 준용하는 경우를 포함한다)을 위반하여 항공기사고, 항공기준사고 또는 항공안전장애를 보고하지 아니하거나 거짓으로 보고한 자 3. 제121조제1항에서 준용하는 제17조제1항을 위반하여 경량항공기 등록기호표를 부착하지 아니한 경량항공기소유자 등 4. 제122조제3항을 위반하여 신고번호를 해당 초경량비행장치에 표시하지 아니하거나 거짓으로 표시한 초경량비행장치소유자 등 5. 제128조를 위반하여 국토교통부령으로 정하는 장비를 장착하거나 휴대하지 아니하고 초경량비행장치를 사용하여 비행을 한 자 ⑤ 다음 각 호의 어느 하나에 해당하는 자에게는 50만원 이하의 과태료를 부과한다. 1. 제120조제2항을 위반하여 경량항공기사고에 관한 보고를 하지 아니하거나 거짓으로 보고한 경량항공기 조종사 또는 그 경량항공기 소유자 등 2. 제121조제1항에서 준용하는 제13조 또는 제15조를 위반하여 경량항공기의 변경등록 또는 말소등록을 신청하지 아니한 경량항공기 소유자 등 ⑥ 다음 각 호의 어느 하나에 해당하는 자에게는 30만원 이하의 과태료를 부과한다. 1. 제123조제2항을 위반하여 초경량비행장치의 말소신고를 하지 아니한 초경량비행장치소유자 등 2. 제129조제3항을 위반하여 초경량비행장치사고에 관한 보고를 하지 아니하거나 거짓으로 보고한 초경량비행장치 조종자 또는 그 경량비행장치소유자 등 [시행일 : 2019.3.30.] 제166조제1항제1호(제56조제1항제2호에 관한 부분만 해당한다), 제166조제1항제2호 **제167조(과태료의 부과 · 징수절차)** 제166조에 따른 과태료는 대통령령으로 정하는 바에 따라 국토교통부장관이 부과 · 징수한다.	⑤ 국토교통부장관은 법 제135조제4항에 따라 법 제89조제1항에 따른 항공정보의 제공(간행물 형태로 제공하는 것만 해당한다)에 관한 업무를 「항공사업법」 제68조제1항에 따른 한국항공협회에 위탁한다. ⑥ 국토교통부장관은 법 제135조제5항에 따라 다음 각 호의 업무를 「교통안전공단법」에 따른 교통안전공단(이하 "교통안전공단" 이라 한다)에 위탁한다. 1. 법 제38조에 따른 자격증명 시험업무 및 자격증명 한정심사업무와 자격증명서의 발급에 관한 업무 2. 법 제44조에 따른 계기비행증명업무 및 조종교육증명업무와 증명서의 발급에 관한 업무 3. 법 제45조제3항에 따른 항공영어구술능력 증명서의 발급에 관한 업무 4. 법 제48조제5항 및 제6항에 따른 항공교육훈련통합관리시스템에 관한 업무 5. 법 제61조에 따른 항공안전 자율보고의 접수 · 분석 및 전파에 관한 업무 6. 법 제112조에 따른 경량항공기 조종사 자격증명 시험업무 및 자격증명 한정심사 업무와 자격증명서의 발급에 관한 업무 7. 법 제115조제1항 및 제2항에 따른 경량항공기 조종교육증명업무와 증명서의 발급 및 경량항공기 조종교육증명을 받은 자에 대한 교육에 관한 업무 8. 법 제125조제1항에 따른 초경량비행장치 조종자 증명에 관한 업무 9. 법 제126조제3항에 따른 실기시험장, 교육장 등 시설의 지정 · 구축 및 운영에 관한 업무 10. 법제126조제1항 및 제5항에 따른 초경량비행장치 전문교육기관의 지정 및 조건의 충족 및 유지 여부 확인에 관한 업무 ⑦ 국토교통부장관은 법 제135조제6항에 따라 다음 각 호의 업무를 「민법」 제32조에 따라 국토교통부장관의 허가를 받아 설립된 사단법인 한국항공우주의학협회에 위탁한다.

항공안전법	항공안전법 시행령
	1. 법 제40조에 따른 항공신체검사증명에 관한 업무 중 다음 각 목의 업무 　가. 항공신체검사증명의 적합성 심사에 관한 업무 　나. 항공신체검사증명서의 재발급에 관한 업무 2. 법 제49조제3항에 따른 항공전문의사의교육에 관한 업무 ⑧ 국토교통부장관은 법 제135조제7항에 따라 항공영어구술능력증명시험의 실시에 관한 업무를 교통안전공단 또는 국토교통부령으로 정하는 조직·인력 등을 갖춘 영어평가 관련 전문 기관 또는 단체 중에서 국토교통부장관이 지정하여 고시하는 전문기관 또는 단체에 위탁한다. [개정 : 2017.11.7.] ⑨ 국토교통부장관은 제8항에 따라 업무를 위탁한 경우에는 위탁받은 기관 및 위탁업무의 내용 등을 관보에 게재하여야 한다. [개정 : 2017.11.7.] ⑩ 국토교통부장관은 법 제135조제8항에 따라 다음 각 호의 업무를 「항공기술연구원법」에 따른 항공안전기술원에 위탁한다. 1. 「국제민간항공협약」 및 같은 협약 부속서에서 채택된 표준과 권고되는 방식에 따라 법 제19조·제67조·제70조 및 제77조에 따른 항공기기술기준, 비행규칙, 위험물취급의 절차·방법 및 운항기술기준을 정하기 위한 연구 업무 2. 법 제58조제1항제5호에 따른 잠재적인 항공안전 위해요인의 식별에 관한 사항과 관련된 자료의 분석 업무 3. 법 제33조에 따라 국토교통부장관에게 보고된 항공기 등, 장비품 또는 부품에 발생된 고장, 결함 또는 기능장애에 관한 자료의 연구·분석 업무 4. 법 제58조제1항에 따른 항공안전프로그램의 마련을 위한 항공기 사고, 항공기 준사고 또는 항공안전장애에 대한 조사 결과의 연구·분석 및 관련 자료의 수집·관리에 관한 업무 5. 법 제129조제5항 후단에 따른 검사에 관한 업무 [시행일 : 2019.3.30.] 제26조제1항제16호

항공안전법	항공안전법 시행령
	제27조(전문검사기관의 검사규정) ① 제26조제3항에 따라 지정·고시된 전문검사기관(이하 "전문검사기관"이라 한다)은 항공기 등, 장비품 또는 부품의 증명 또는 승인을 위한 검사에 필요한 업무규정(이하 "검사규정"이라 한다)을 정하여 국토교통부장관의 인가를 받아야 한다. 인가받은 사항을 변경하려는 경우에도 또한 같다. ② 제1항에 따른 검사규정에는 다음 각 호의 사항이 포함되어야 한다. 1. 증명 또는 승인을 위한 검사업무를 수행하는 기구의 조직 및 인력 2. 증명 또는 승인을 위한 검사업무를 사람의 업무 범위 및 책임 3. 증명 또는 승인을 위한 검사업무의 체계 및 절차 4. 각종 증명의 발급 및 대장의 관리 5. 증명 또는 승인을 위한 검사업무를 수행하는 사람에 대한 교육훈련 6. 기술도서 및 자료의 관리·유지 7. 시설 및 장비의 운용·관리 8. 증명 또는 승인을 위한 검사결과의 보고에 관한 사항 **제28조(검사업무를 수행하는 사람의 자격 등)** ① 전문검사기관에서 증명 또는 승인을 위한 검사 업무를 수행하는 사람은 법 제31조제2항 각 호의 어느 하나에 해당하는 사람이어야 한다. ② 전문검사기관에서 증명 또는 승인을 위한 검사업무를 수행하는 사람의 선임·직무 및 감독에 관한 사항은 국토교통부장관이 정한다.

항공안전법	항공안전법 시행령
	제29조(고유식별정보의 처리) 국토교통부장관 (제26조에 따라 국토교통부장관의 권한을 위임·위탁받은 자를 포함한다)은 다음 각 호의 사무를 수행하기 위하여 불가피한 경우 「개인정보 보호법 시행령」 제19조에 따른 주민등록번호, 여권번호 또는 외국인등록번호가 포함된 자료를 처리할 수 있다.
	1. 법 제34조, 제37조 및 제38조에 따른 자격증명, 자격증명의 한정, 시험의 실시·면제 및 자격증명서의 발급에 관한 사무
	2. 법 제44조에 따른 계기비행증명 및 조종교육증명에 관한 사무
	3. 법 제63조에 따른 기장 등의 운항자격에 관한 사무
	4. 법 제109조, 제111조 및 제112조에 따른 경량항공기 조종사 자격증명, 자격증명의 한정, 시험의 실시·면제 및 경량항공기 조종사 자격증명서의 발급에 관한 사무
	5. 법 제115조에 따른 경량항공기 조종교육증명 및 경량항공기 조종교육증명을 받은 자에 대한 교육에 관한 사무
	6. 법 제125조에 따른 초경량비행장치 조종자증명 등에 관한 사무
	제30조(과태료의 부과기준) 법 제167조에 따른 과태료 부과기준은 별표 5와 같다.
부칙 〈제14551호, 2017.1.17.〉	**부칙 〈제27971호, 2017.3.29.〉**
제1조(시행일) 이 법은 2017년 3월 30일부터 시행한다. 다만, 제71조제5항제2호·제3호, 제135조제8항, 제137조제2호, 제148조, 제149조제1항, 제150조 및 제151조의 개정규정은 공포 후 6개월이 경과한 날부터 시행한다.	제1조(시행일) 이 영은 2017년 3월 30일부터 시행한다.
제2조(포장·용기검사기관의 지정 취소 등에 관한 적용례) 제71조제5항제2호의 개정규정은 같은 개정규정 시행 후 최초로 포장·용기검사기관이 하는 위험물의 포장 및 용기에 관한 검사부터 적용한다.	제2조(다른 법령의 폐지) 항공법 시행령은 폐지한다.

✈ 예 / 상 / 문 / 제

01 항행 중인 항공기를 추락 또는 전복시키거나 파괴한 사람에 대한 처벌은?

㉠ 사형, 무기징역 또는 7년 이상의 징역에 처한다.
㉡ 사형, 무기징역 또는 5년 이상의 징역에 처한다.
㉢ 사형 또는 7년 이상의 징역이나 금고에 처한다.
㉣ 사형 또는 5년 이상의 징역이나 금고에 처한다.

[해설] 법 제138조 (항행 중인 항공기 위험 발생의 죄) ① 사람이 현존하는 항공기, 경량항공기 또는 초경량비행장치를 추락 또는 전복시키거나 파괴한 사람은 사형, 무기징역 또는 5년 이상의 징역에 처한다.
② 제140조의 죄를 지어 사람이 현존하는 항공 기, 경량항공기 또는 초경량비행장치를 추락 또는 전복시키거나 파괴한 사람은 사형, 무기 징역 또는 5년 이상의 징역에 처한다.
※ 제139조 참고 : 제138조의 죄를 지어 사람을 사상에 이르게 한 사람은 사형, 무기징역 또 는 7년 이상의 징역에 처한다.

02 항행 중인 항공기에 죄를 범하여 사람을 사상에 이르게 한 사람에 대한 처벌은?

㉠ 사형, 무기 또는 5년 이상의 징역
㉡ 사형, 무기 또는 7년 이상의 징역
㉢ 사형 또는 5년 이상의 징역이나 금고
㉣ 사형 또는 7년 이상의 징역이나 금고

[해설] 법 제139조 참조

03 비행장, 항행안전시설을 파손하거나 그 밖의 방법으로 항공상의 위험을 발생시킨 사람의 처벌은?

㉠ 5년 이상의 유기징역
㉡ 3년 이상의 유기징역
㉢ 2년 이상의 유기징역
㉣ 1년 이상의 유기징역

[해설] 법 제140조 (항공상 위험 발생 등의 죄)

04 항공정비사가 업무상 과실로 항공기를 파손하였을 경우 처벌은?

㉠ 1년 이하의 징역 또는 2천만원 이하의 벌금
㉡ 2년 이하의 징역 또는 2천만원 이하의 벌금
㉢ 3년 이하의 징역 또는 5천만원 이하의 벌금
㉣ 4년 이하의 징역 또는 5천만원 이하의 벌금

[해설] 법 제149조 (과실에 따른 항공상 위험 발생 등의 죄)

05 감항증명 또는 수리 · 개조승인을 받지 않은 항공기를 항공에 사용한 자에 대한 처벌은?

㉠ 3년 이하의 징역 또는 5천만원 이하의 벌금
㉡ 2년 이하의 징역 또는 5천만원 이하의 벌금
㉢ 3년 이하의 징역 또는 3천만원 이하의 벌금
㉣ 2년 이하의 징역 또는 3천만원 이하의 벌금

[해설] 법 제144조 (감항증명을 받지 아니한 항공기 사용 등의 죄) 다음 각 호의 어느 하나에 해당하는 자는 3년 이하의 징역 또는 5천만원 이하의 벌금에 처한다.
1. 제23조 또는 제25조를 위반하여 감항증명 또는 소음기준적합증명을 받지 아니하거나 감항증명 또는 소음기준적합증명이 취소 또는 정지된 항공기를 운항한 자
2. 제27조제3항을 위반하여 기술표준품형식승인을 받지 아니한 기술표준품을 제작 · 판매하거나 항공기 등에 사용한 자
3. 제28조제3항을 위반하여 부품 등 제작자증명을 받지 아니한 장비품 또는 부품을 제작 · 판매하거나 항공기 등 또는 장비품에 사용한 자
4. 제30조를 위반하여 수리 · 개조승인을 받지 아니한 항공기 등, 장비품 또는 부품을 운항 또는 항공기 등에 사용한 자
5. 제32조제1항을 위반하여 정비 등을 한 항공기 등, 장비품 또는 부품에 대하여 감항성을 확인받지 아니하고 운항 또는 항공기 등에 사용한 자

[정답] 01 ㉡ 02 ㉡ 03 ㉢ 04 ㉢ 05 ㉠

06 항공법 제32조를 위반하여 감항성 확인을 받지 아니한 항공기를 항공에 사용한 자의 처벌은?

㉮ 3년 이하의 징역 또는 5천만원 이하의 벌금
㉯ 2년 이하의 징역 또는 5천만원 이하의 벌금
㉰ 1년 이하의 징역 또는 1천만원 이하의 벌금
㉱ 1년 이하의 징역 또는 2천만원 이하의 벌금

[해설] 5번항 해설 참조

07 기술표준품형식승인을 받지 아니한 기술표준품을 항공기에 사용한 자에 대한 처벌은?

㉮ 2년 이하의 징역 또는 5천만원 이하의 벌금
㉯ 2년 이하의 징역 또는 3천만원 이하의 벌금
㉰ 3년 이하의 징역 또는 5천만원 이하의 벌금
㉱ 3년 이하의 징역 또는 3천만원 이하의 벌금

[해설] 5번항 해설 참조

08 운항증명을 받지 아니하고 운항을 시작한 항공운송사업자에 대한 처벌은?

㉮ 3년 이하의 징역, 5천만원 이하의 벌금
㉯ 2년 이하의 징역, 3천만원 이하의 벌금
㉰ 3년 이하의 징역, 3천만원 이하의 벌금
㉱ 2년 이하의 징역, 3천만원 이하의 벌금

[해설] 법 제145조 (운항증명 등의 위반에 관한 죄)

09 정비조직 인증을 받지 아니하고 항공기 등, 장비품에 대한 정비를 한 항공기정비업자에게 대한 처벌은?

㉮ 3년 이하의 징역, 5천만원 이하의 벌금
㉯ 2년 이하의 징역, 3천만원 이하의 벌금
㉰ 3년 이하의 징역, 3천만원 이하의 벌금
㉱ 2년 이하의 징역, 3천만원 이하의 벌금

[해설] 법 제145조 참조

10 주류 등의 영향으로 항공업무를 정상적으로 수행할 수 없는 상태에서 항공업무를 수행한 자에 대한 처벌은?

㉮ 3년 이하의 징역, 5천만원 이하의 벌금
㉯ 3년 이하의 징역, 3천만원 이하의 벌금
㉰ 2년 이하의 징역, 3천만원 이하의 벌금
㉱ 2년 이하의 징역, 1천만원 이하의 벌금

[해설] 법 제146조 (주류 등의 섭취·사용 등의 죄)

11 항공종사자 자격증명을 받지 아니하고 항공업무에 종사한 때의 처벌로 옳은 것은?

㉮ 2년 이하의 징역 또는 1천만원 이하의 벌금
㉯ 2년 이하의 징역 또는 2천만원 이하의 벌금
㉰ 3년 이하의 징역 또는 3천만원 이하의 벌금
㉱ 3년 이하의 징역 또는 5천만원 이하의 벌금

[해설] 법 제148조 (무자격자의 항공업무 종사 등의 죄) 다음 각 호의 어느 하나에 해당하는 사람은 2년 이하의 징역 또는 1천만원 이하의 벌금에 처함.
1. 제34조를 위반하여 자격증명을 받지 아니하고 항공업무에 종사한 사람
2. 제36조제2항을 위반하여 그가 받은 자격증 명의 종류에 따른 업무범위 외의 업무에 종사한 사람
3. 제43조(제46조제4항 및 제47조제4항에서 준용하는 경우를 포함한다)에 따른 효력정지명령을 위반한 사람
4. 제45조를 위반하여 항공영어구술능력증명 을 받지 아니하고 같은 조 제1항 각 호의 어느 하나에 해당하는 업무에 종사한 사람
※ 2017.7.18.부터 1천만원이 2천만원으로 변경 시형

12 무자격 항공정비사가 항공기를 정비했을 때의 처벌은?

㉮ 1년 이하의 징역 또는 1천만원 이하의 벌금
㉯ 1년 이하의 징역 또는 2천만원 이하의 벌금
㉰ 2년 이하의 징역 또는 1천만원 이하의 벌금
㉱ 2년 이하의 징역 또는 2천만원 이하의 벌금

[해설] 11번항 해설 참조

13 항공종사자 자격증명이 일시정지 된 사람이 정비 확인 행위를 했다면 그 처벌은?

㉮ 1년 이하의 징역
㉯ 2년 이하의 징역
㉰ 3년 이하의 징역
㉱ 5년 이하의 징역

[해설] 11번항 해설 참조

14 안전성검사를 거부, 방해 또는 기피한 자에 대한 처벌은?

㉮ 3천만원 이하의 벌금
㉯ 1천만원 이하의 벌금
㉰ 5백만원 이하의 벌금
㉱ 3백만원 이하의 벌금

[해설] 법 제163조 (검사 거부 등의 죄) 참조

15 등록부호 등을 표시하지 아니한 항공기를 운항한 소유자 등에 대한처벌은?

㉮ 1년 이하의 징역, 2천만원 이하의 벌금

㉯ 2년 이하의 징역, 1천만원 이하의 벌금

㉰ 1년 이하의 징역, 1천만원 이하의 벌금

㉱ 2년 이하의 징역, 2천만원 이하의 벌금

해설 법 제150조 (무표시 등의 죄)
※ 2017.7.18.부터 2천만원이 1천만원으로 변경 시행

16 무선설비를 항공기에 설치하지 아니하고 항공기를 운항한 자에 대한 처벌은?

㉮ 3천만원 이하의 벌금

㉯ 2천만원 이하의 벌금

㉰ 1천만원 이하의 벌금

㉱ 5백만원 이하의 벌금

해설 법 제153조 (무선설비 등의 미설치 · 운용의 죄)

17 운항규정 또는 정비규정을 준수하지 아니하고 항공기를 운항한자에 대한 처벌은?

㉮ 3천만원 이하의 벌금

㉯ 2천만원 이하의 벌금

㉰ 1천만원 이하의 벌금

㉱ 5백만원 이하의 벌금

해설 법 제156조 (항공운송업자 등의 업무 등에 관한 죄)

18 다음 중 양벌규정의 적용을 받지 않는 것은?

㉮ 국적 등을 표시를 하지 아니한 항공기를 항공에 사용한 경우

㉯ 무자격자가 항공업무에 종사한 경우

㉰ 승무원을 승무시키지 아니한 경우

㉱ 규정에 위반하여 시계비행을 한 경우

해설 법 제164조 (양벌규정) 법인의 대표자나 법인 또는 개인의 대리인, 사용인, 그 밖의 종업원이 그 법인 또는 개인의 업무에 관하여 제144조, 제145조, 제148조, 제150조부 터 제154조까지, 제156조, 제157조 및 제159조 부터 제163조까지의 어느 하나에 해당하는 위반 행위를 하면 그 행위자를 벌하는 외에 그 법인 또는 개인에게도 해당 조문의 벌금형을 과(科)한다.
다만, 법인 또는 개인이 그 위반행위를 방지하기 위하여 해당업무에 관하여 상당한 주의와 감독을 게을리 하지 아니한 경우에는 그러하지 아니한다.

※ 양벌규정 내용
• 제144조 : 감항증명을 받지 아니한 항공기사 용 등의 죄
• 제145조 : 운항증명 등의 위반에 관한 죄
• 제148조 : 무자격자 항공업무 종사 등의 죄
• 제150조 : 무표시 등의 죄
• 제151조 : 승무원을 승무시키지 아니한 죄
• 제152조 : 무자격 계기비행 등의 죄

• 제153조 : 무선설비 등의 미설치 · 운용의 죄
• 제154조 : 무허가 위험물 운송의 죄
• 제156조 : 항공운송사업자 등의 업무 등에 관한 죄
• 제157조 : 외국인 국제항공운송사업자의 업무 등에 관한 죄
• 제159조 : 운항승무원 등의 직무에 관한 죄
• 제160조 : 경량항공기 불법사용 등의 죄
• 제161조 : 초경량비행장치 불법사용 등의 죄
• 제162조 : 명령 위반의 죄
• 제163조 : 검사거부 등의 죄

19 다음 중 양벌규정에 포함되지 않는 것은?

㉮ 감항증명을 받지 아니한 항공기를 사용한 경우

㉯ 국적 등의 표시를 하지 아니한 항공기를 항공에 사용한 경우

㉰ 승무원을 승무시키지 아니한 경우

㉱ 주류 등을 섭취하여 항공업무를 수행한 경우

해설 18번항 해설 참조

[별표 1]

항공기 등을 제작하려는 자 등에 대한 위반행위의 종류별 과징금의 금액(제5조 관련)

1. 일반기준

　가. 국토교통부장관은 다음의 어느 하나에 해당하는 경우에는 제2호에 따른 과징금 금액의 2분의 1 범위에서 그 금액을 줄일 수 있다. 다만, 과징금을 체납하고 있는 위반행위자의 경우에는 그렇지 않다.

　　1) 위반행위가 사소한 부주의나 오류로 인한 것으로 인정되는 경우

　　2) 위반행위자가 법 위반상태를 시정하거나 해소하기 위하여 노력한 사실이 인정되는 경우

　　3) 그 밖에 위반행위의 정도, 위반행위의 동기와 그 결과 및 위반 횟수 등을 고려하여 과징금 금액을 줄일 필요가 있다고 인정되는 경우

　나. 국토교통부장관은 다음의 어느 하나에 해당하는 경우에는 제2호에 따른 과징금 금액의 2분의 1 범위에서 그 금액을 늘릴 수 있다. 다만, 법 제29조제1항에 따른 과징금 금액의 상한을 넘을 수 없다.

　　1) 위반 내용·정도가 중대하여 공중에 미치는 영향이 크다고 인정되는 경우

　　2) 법 위반상태의 기간이 6개월 이상인 경우

　　3) 그 밖에 위반행위의 정도, 위반행위의 동기와 그 결과 및 위반 횟수 등을 고려하여 과징금 금액을 늘릴 필요가 있다고 인정되는 경우

2. 개별기준

(단위 : 백만원)

위반행위	근거 법조문	과징금의 금액
가. 항공기 등이 형식증명 또는 부가형식증명 당시의 항공기 기술기준에 적합하지 않게 된 경우	법 제20조제5항제2호	20
나. 항공기 등이 제작증명 당시의 항공기기술기준에 적합하지 않게 된 경우	법 제22조제3항제2호	20
다. 기술표준품이 기술표준품 형식승인 당시의 기술표준품 형식승인기준에 적합하지 않게 된 경우	법 제27조제4항제2호	20
라. 장비품 또는 부품이 부품 등 제작자증명 당시의 항공기기술기준에 적합하지 않게 된 경우	법 제28조제5항제2호	10

[별표 2]

항공교통업무증명을 받은 자에 대한 위반행위의 종류별 과징금 금액(제19조제1항 관련)

1. 일반기준

가. 국토교통부장관은 다음의 어느 하나에 해당하는 경우에는 제2호에 따른 과징금 금액의 2분의 1 범위에서 그 금액을 줄일 수 있다. 다만, 과징금을 체납하고 있는 위반행위자의 경우에는 그렇지 않다.

 1) 위반행위가 사소한 부주의나 오류로 인한 것으로 인정되는 경우

 2) 위반행위자가 법 위반상태를 시정하거나 해소하기 위하여 노력한 사실이 인정되는 경우

 3) 그 밖에 비행장, 공항, 관제권 또는 관제구의 특성, 위반행위의 정도, 위반행위의 동기와 그 결과 및 위반 횟수 등을 고려하여 과징금 금액을 줄일 필요가 있다고 인정되는 경우

나. 국토교통부장관은 다음의 어느 하나에 해당하는 경우에는 제2호에 따른 과징금 금액의 2분의 1 범위에서 그 금액을 늘릴 수 있다. 다만, 법 제87조제1항에 따른 과징금 금액의 상한을 넘을 수 없다.

 1) 위반의 내용·정도가 중대하여 공중에 미치는 영향이 크다고 인정되는 경우

 2) 법 위반상태의 기간이 6개월 이상인 경우

 3) 그 밖에 비행장, 공항, 관제권 또는 관제구의 특성, 위반행위의 정도, 위반행위의 동기와 그 결과 및 위반 횟수 등을 고려하여 과징금 금액을 늘릴 필요가 있다고 인정되는 경우

2. 개별기준

(단위 : 천원)

위반행위	근거 법조문	과징금의 금액
가. 법 제58조제2항을 위반하여 다음의 어느 하나에 해당하는 경우	법 제86조제1항제2호	
1) 항공교통업무 제공을 시작하기 전까지 항공안전관리시스템을 마련하지 않은 경우		1,400
2) 승인을 받지 않고 항공안전관리시스템을 운용한 경우		3,000
3) 항공안전관리시스템을 승인받은 내용과 다르게 운용한 경우		1,400
4) 승인을 받지 않고 국토교통부령으로 정하는 중요사항을 변경한 경우		1,400
나. 법 제85조제4항을 위반하여 항공교통업무제공체계를 계속적으로 유지하지 않거나 항공교통업무 증명기준을 준수하지 않고 항공교통업무를 제공한 경우	법 제86조제1항제3호	4,000
다. 법 제85조제5항을 위반하여 신고를 하지 않거나 법 승인을 받지 않고 항공교통업무제공체계를 변경한 경우	법 제86조제1항제4호	1,400
라. 법 제85조제6항을 위반하여 변경된 항공교통업무 증명기준에 따르도록 한 명령에 따르지 않은 경우	법 제86조제1항제5호	2,100
마. 법 제85조제8항에 따른 시정조치 명령을 이행하지 않은 경우	법 제86조제1항제6호	1,400
바. 고의 또는 중대한 과실로 항공기사고를 발생시키거나 소속 항공종사자에 대하여 관리·감독하는 상당한 주의의무를 게을리 하여 항공기사고가 발생한 경우	법 제86조제1항제7호	
1) 해당 항공기사고로 인한 사망자가 200명 이상인 경우		25,000
2) 해당 항공기사고로 인한 사망자가 150명 이상 200명 미만인 경우		21,000 이상 25,000 미만
3) 해당 항공기사고로 인한 사망자가 100명 이상 150명 미만인 경우		17,000 이상 21,000 미만
4) 해당 항공기사고로 인한 사망자가 50명 이상 100명 미만인 경우		13,000 이상 17,000 미만

위반행위	근거 법조문	과징금의 금액
5) 해당 항공기사고로 인한 사망자가 10명 이상 50명 미만인 경우		8,000 이상 13,000 미만
6) 해당 항공기사고로 인한 사망자가 10명 미만인 경우		4,000 이상 8,000 미만
7) 해당 항공기사고로 인한 항공기 또는 제3자의 재산피해가 100억원 이상인 경우		4,000
8) 해당 항공기사고로 인한 항공기 또는 제3자의 재산피해가 50억원 이상 100억원 미만인 경우		3,000
9) 해당 항공기사고로 인한 항공기 또는 제3자의 재산피해가 50억원 미만인 경우		2,100
10) 해당 항공기사고로 인한 항공기 또는 제3자의 재산피해가 1억원 이상 10억원 미만인 경우		1,400
11) 해당 항공기사고로 인한 항공기 또는 제3자의 재산피해가 1억원 미만인 경우		700

[비고]

1. 위 표의 바목에 따른 과징금을 부과하는 경우 인명피해와 항공기 또는 제3자의 재산피해가 같이 발생한 경우에는 해당 과징금의 금액을 합산하여 과징금을 부과하되, 합산하는 경우에도 과징금의 총액은 법 제87조제1항에 따른 금액을 초과할 수 없다.
2. 위 표의 바목 1)부터 6)까지의 규정을 적용하는 경우 중상자 2명을 사망자 1명으로 보되, 소수점 이하는 버린다.

[별표 3] [시행일 : 2019. 3. 30.]
제2호너목(법 제56조제1항제2호에 관한 부분만 해당한다) · 더목

항공운송사업자 등에 대한 위반행위의 종류별 과징금의 금액(제21조제1항 관련)

1. 일반기준

가. 국토교통부장관은 다음의 어느 하나에 해당하는 경우에는 제2호에 따른 과징금 금액의 2분의 1 범위에서 그 금액을 줄일 수 있다. 다만, 과징금을 체납하고 있는 위반행위자의 경우에는 그렇지 않다.

　　1) 위반행위가 사소한 부주의나 오류로 인한 것으로 인정되는 경우

　　2) 위반행위자가 법 위반상태를 시정하거나 해소하기 위하여 노력한 사실이 인정되는 경우

　　3) 그 밖에 사업 규모, 사업 지역의 특수성, 위반행위의 정도, 위반행위의 동기와 그 결과 및 위반 횟수 등을 고려하여 과징금 금액을 줄일 필요가 있다고 인정되는 경우

나. 국토교통부장관은 다음의 어느 하나에 해당하는 경우에는 제2호에 따른 과징금 금액의 2분의 1 범위에서 그 금액을 늘릴 수 있다. 다만, 법 제92조제1항 또는 제95조제4항에 따른 과징금 금액의 상한을 넘을 수 없다.

　　1) 위반의 내용 · 정도가 중대하여 공중에 미치는 영향이 크다고 인정되는 경우

　　2) 법 위반상태의 기간이 6개월 이상인 경우

　　3) 그 밖에 사업 규모, 사업 지역의 특수성, 위반행위의 정도, 위반행위의 동기와 그 결과 및 위반 횟수 등을 고려하여 과징금 금액을 늘릴 필요가 있다고 인정되는 경우

2. 개별기준

(단위 : 백만원)

위반행위	근거 법조문	사업의 종류별 과징금의 금액			
		국제항공 운송사업	국내항공 운송사업	소형항공 운송사업	항공기 사용사업
가. 법 제18조제1항을 위반하여 국적 · 등록기호 및 소유자 등의 성명 또는 명칭을 표시하지 않은 항공기를 운항한 경우	법 제91조제1항제2호 및 제95조제1항 · 제2항	420	84	42	12
나. 법 제23조제3항을 위반하여 감항증명을 받지 않은 항공기를 운항한 경우	법 제91조제1항제3호 및 제95조제1항	1,800	360	180	50
다. 법 제23조제8항에 따른 항공기의 감항성 유지를 위한 항공기 등, 장비품 또는 부품에 대한 정비 등에 관한 감항성 개선 또는 그 밖에 검사 · 정비 등의 명령을 이행하지 않고 이를 운항 또는 항공기 등에 사용한 경우	법 제91조제1항제4호 및 제95조제1항 · 제2항	1,200	240	120	33
라. 법 제25조제2항을 위반하여 소음기준적합증명을 받지 않거나 항공기기술기준에 적합하지 않은 항공기를 운항한 경우	법 제91조제1항제5호 및 제95조제1항 · 제2항	1,200	240	120	33
마. 법 제26조를 위반하여 변경된 항공기기술기준을 따르도록 한 요구에 따르지 않은 경우	법 제91조제1항제6호 및 제95조제1항 · 제2항	1,200	240	120	33
바. 법 제27조제3항을 위반하여 기술표준품형식 승인을 받지 않은 기술표준품을 항공기 등에 사용한 경우	법 제91조제1항제7호 및 제95조제1항 · 제2항	1,200	240	120	33
사. 법 제28조제3항을 위반하여 부품 등 제작자 증명을 받지 않은 장비품 또는 부품을 항공기 등 또는 장비품에 사용한 경우	법 제91조제1항제8호 및 제95조제1항 · 제2항	1,200	240	120	33

위반행위	근거 법조문	사업의 종류별 과징금의 금액			
		국제항공 운송사업	국내항공 운송사업	소형항공 운송사업	항공기 사용사업
아. 법 제30조제2항을 위반하여 수리 · 개조승인을 받지 않은 항공기 등을 운항하거나 장비품 · 부품을 항공기 등에 사용한 경우	법 제91조제1항제9호 및 제95조제1항 · 제2항	900	180	90	25
자. 법 제32조제1항을 위반하여 정비 등을 한 항공기 등, 장비품 또는 부품에 대하여 감항성을 확인받지 않고 운항 또는 항공기 등에 사용한 경우	법 제91조제1항제10호 및 제95조제1항 · 제2항	1,200	240	120	33
차. 법 제42조를 위반하여 법 제40조 2항에 따른 자격증명의 종류별 항공신체검사증명의 기준에 적합하지 않은 운항승무원을 항공업무에 종사하게 한 경우	법제91조제1항제11호 및 제95조제1항 · 제2항	600	120	60	17
카. 법 제51조를 위반하여 국토교통부령으로 정한 무선설비를 설치하지 않은 항공기 또는 설치한 무선설비가 운용되지 않는 항공기를 운항한 경우	법 제91조제1항제12호 및 제95조제1항 · 제2항	600	120	60	17
타. 법 제52조를 위반하여 항공기에 항공계기등을 설치하거나 탑재하지 않고 운항하거나, 그 운용방법 등을 따르지 않은 경우	법 제91조제1항제13호 및 제95조제1항 · 제2항	420	84	42	12
파. 법 제53조를 위반하여 항공기에 국토교통부령으로 정하는 양의 연료를 싣지 않고 운항한 경우	법 제91조제1항제14호 및 제95조제1항 · 제2항	600	120	60	17
하. 법 제54조를 위반하여 항공기를 운항하거나 야간에 비행장에 주기(駐機) 또는 정박(碇泊)시키는 경우에 국토교통부령으로 정하는 바에 따라 등불로 항공기의 위치를 나타내지 않은 경우	법 제91조제1항제15호 및 제95조제1항 · 제2항	180	36	18	5
거. 법 제55조를 위반하여 국토교통부령으로 정하는 비행경험이 없는 운항승무원에게 항공기를 운항하게 하거나 계기비행 · 야간비행 또는 조종교육의 업무에 종사하게 한 경우	법 제91소제1항제16호 및 제95조제1항 · 제2항	420	84	42	12
너. 법 제56조제1항을 위반하여 소속 승무원의 피로를 관리하지 않은 경우	법 제91조제1항제17호 및 제95조제1항 · 제2항	420	84	42	12
더. 법 제56조제2항을 위반하여 국토교통부장관의 승인을 받지 않고 피로위험관리시스템을 운용하거나 중요사항을 변경한 경우	법 제91조제1항제18호 및 제95조제1항 · 제2항	420	84	42	12
러. 법 제57조제1항을 위반하여 항공종사자 또는 객실승무원이 주류 등의 영향으로 항공업무 또는 객실승무원의 업무를 정상적으로 수행할 수 없는 상태에서 항공업무 또는 객실승무원의 업무에 종사하게 한 경우	법 제91조제1항제19호 및 제95조제1항 · 제2항	420	84	42	12
머. 법 제58조제2항을 위반하여 다음의 어느 하나에 해당하는 경우	법 제91조제1항제20호 및 제95조제1항 · 제2항				
1) 사업을 시작하기 전까지 항공안전관리시스템을 마련하지 않은 경우		600	120	60	17

위반행위	근거 법조문	사업의 종류별 과징금의 금액			
		국제항공 운송사업	국내항공 운송사업	소형항공 운송사업	항공기 사용사업
2) 승인을 받지 않고 항공안전관리시스템을 운용한 경우		1,200	240	120	33
3) 항공안전관리시스템을 승인받은 내용과 다르게 운용한 경우		600	120	60	17
4) 승인을 받지 않고 국토교통부령으로 정하는 중요 사항을 변경한 경우		600	120	60	17
버. 법 제62조제5항 단서를 위반하여 항공기사고, 항공기준사고 또는 항공안전장애가 발생한 경우에 국토교통부령으로 정하는 바에 따라 발생 사실을 보고하지 않은 경우	법 제91조제1항제21호 및 제95조제1항·제2항				
1) 항공기사고 발생 사실을 국토교통부령으로 정하는 바에 따라 보고하지 않은 경우		600	120	60	17
2) 항공기준사고 발생 사실을 국토교통부령으로 정하는 바에 따라 보고하지 않은 경우		300	60	30	8
3) 항공안전장애 발생 사실을 국토교통부령으로 정하는 바에 따라 보고하지 않은 경우		60	12	6	2
서. 법 제63조제4항에 따라 자격 인정 또는 심사를 할 때 소속기장 또는 기장 외의 조종사에 대하여 부당한 방법으로 자격인정 또는 심사를 한 경우	법 제91조제1항제22호 및 제95조제1항·제2항	420	84	42	12
어. 법 제63조제7항을 위반하여 운항하려는 지역, 노선 및 공항에 대한 경험요건을 갖추지 않은 기장에게 운항을 하게 한 경우	법 제91조제1항제23호	420	84	42	
저. 법 제65조제1항을 위반하여 운항관리사를 두지 않은 경우	법 제91조제1항제24호	420	84	42	
처. 법 제65조제3항을 위반하여 국토교통부령으로 정하는 바에 따라 운항관리사가 해당 업무를 수행하는 데 필요한 교육훈련을 하지 않고 해당 업무에 종사하게 한 경우	법 제91조제1항제25호	180	36	18	
커. 법 제66조를 위반하여 이륙·착륙장소가 아닌 곳에서 항공기를 이륙하거나 착륙하게 한 경우	법 제91조제1항제26호 및 제95조제1항·제2항	420	84	42	12
터. 법 제68조를 위반하여 같은 조 각 호의 어느 하나에 해당하는 비행 또는 행위를 하게 한 경우	법 제91조제1항제27호 및 제95조제1항·제2항	900	180	90	25
퍼. 법 제70조제1항을 위반하여 허가를 받지 않고 항공기를 이용하여 위험물을 운송한 경우	법 제91조제1항제28호 및 제95조제1항·제2항	900	180	90	25
허. 법 제70조제3항을 위반하여 국토교통부장관이 고시하는 위험물취급의 절차 및 방법에 따르지 않고 위험물을 취급한 경우	법 제91조제1항제29호 및 제95조제1항·제2항				
1) 다음의 어느 하나에 해당하는 경우		1,800	360	180	50
가) 항공운송이 절대 금지된 위험물을 접수하여 취급한 경우					

위반행위	근거 법조문	사업의 종류별 과징금의 금액			
		국제항공 운송사업	국내항공 운송사업	소형항공 운송사업	항공기 사용사업
나) 위험물취급기준의 적용 면제절차를 따 르지 않은 경우					
다) 위험물이 포함된 화물컨테이너나 단위 적재용기를 접수하여 취급한 경우					
라) 격리 대상 위험물을 격리하지 않고 적 재하여 운송한 경우					
마) 폭발성 물질을 격리 구분에 따르지 않 고 보관 또는 적재하거나 운송한 경우					
바) 화물기로만 운송해야 할 위험물을 여 객기로 운송한 경우					
사) 위험물의 적재 및 결박 규정을 준수하 지 않고 위험물을 적재하여 운송한 경우					
아) 위험물이 누출되거나 포장 및 용기가 손상된 상태로 위험물을 항공기로 운 송한 경우					
자) 운항승무원에게 위험물 적재정보를 제 공하지 않은 경우					
차) 방사성 물질의 취급 및 운송규정을 준 수하지 않은 경우					
2) 1) 외의 중요한 사항을 준수하지 않은 경우		600	120	60	17
3) 1) 및 2) 외의 경미한 사항을 준수하지 않은 경우		10	6	4	1
고. 법 제72조제1항을 위반하여 위험물취급에 관 한 교육을 받지 않은 사람에게 위험물취급을 하게 한 경우	법 제91조제1항제30호 및 제95조제1항·제2항	600	120	60	17
노. 법 제74조제1항을 위반하여 승인을 받지 않 고 비행기를 운항한 경우	법 제91조제1항제31호	420	84	42	
도. 법 제75조제1항을 위반하여 승인을 받지 않 고 같은 항 각 호의 어느 하나에 해당하는 공 역에서 항공기를 운항한 경우	법 제91조제1항제32호 및 제95조제1항·제2항	420	84	42	12
로. 법 제76조제1항을 위반하여 국토교통부령으 로 정하는 바에 따라 운항의 안전에 필요한 승 무원을 태우지 않고 항공기를 운항한 경우	법 제91조제1항제33호 및 제95조제1항·제2항	900	180	90	25
모. 법 제76조제3항을 위반하여 항공기에 태우는 승무원에 대하여 해당 업무를 수행하는 데 필 요한 교육훈련을 하지 않은 경우	법 제91조제1항제34호 및 제95조제1항·제2항	600	120	60	17
보. 법 제77조제2항을 위반하여 같은 조 제1항에 따른 운항기술기준을 준수하지 않고 운항하 거나 업무를 한 경우	법 제91조제1항제35호 및 제95조제1항·제2항				
1) 다음의 어느 하나에 해당하는 경우		1,800	360	180	50
가) 감항성에 적합하지 않은 항공기를 운 항한 경우					

위반행위	근거 법조문	사업의 종류별 과징금의 금액			
		국제항공 운송사업	국내항공 운송사업	소형항공 운송사업	항공기 사용사업
나) 회항시간 연장운항을 위한 비행요건을 충족하지 않고 비행기를 운항한 경우					
2) 1) 외에 비행규칙 등 중요한 사항을 준수 하지 않은 경우		600	120	60	17
3) 1) 및 2) 외에 기록물의 보관 등 경미한 사항을 준수하지 않은 경우		10	6	4	1
소. 법 제90조제1항(법 제96조제1항에서 준용하 는 경우를 포함한다)을 위반하여 운항증명을 받지 않고 운항을 시작한 경우	법 제91조제1항제36호 및 제95조제1항	1,800	360	180	50
오. 법 제90조제4항(법 제96조제1항에서 준용하 는 경우를 포함한다)을 위반하여 운영기준을 준수하지 않은 경우	법 제91조제1항제37호 및 제95조제1항				
1) 다음의 어느 하나에 해당하는 경우		1,800	360	180	50
가) 인가받은 운항의 종류를 위반하여 운 항한 경우					
나) 항공로·공항의 운항조건 및 제한사항 을 위반한 경우					
다) 장비품 등의 사용한계시간을 초과하여 장비품 등을 사용한 경우					
라) 부식방지 프로그램에 따라 항공기의 부식관리 및 정비를 하지 않고 항공기 를 운항한 경우					
2) 1) 외에 항공기 중량배분을 위한 방법 등 중요한 사항을 준수하지 않은 경우		600	120	60	17
3) 1) 및 2) 외에 지상 제빙(除氷)·방빙(防 氷) 또는 신뢰성 관리프로그램 등 경미한 사항을 준수하지 않은 경우		180	36	18	5
조. 법 제90조제5항(법 제96조제1항에서 준용하 는 경우를 포함 한다)을 위반하여 안전운항체 계를 유지하지 않거나 변경된 안전운항체계 를 검사받지 않고 항공기를 운항한 경우	법 제91조제1항제38호 및 제95조제1항	600	120	60	17
초. 법 제93조제1항 본문(법 제96조제2항에서 준용하는 경우를 포함한다) 또는 같은 조 제2 항 단서(법 제96조제2항에서 준용하는 경우 를 포함한다)를 위반하여 국토교통부장관의 인가를 받지 않고 운항규정 또는 정비규정을 마련하였거나 국토교통부령으로 정하는 중 요사항을 변경한 경우	법 제91조제1항제40호 및 제95조제1항·제2항	1,800	360	180	50
코. 법 제93조제2항 본문(법 제96조제2항에서 준용하는 경우를 포함한다)을 위반하여 국토 교통부장관에게 신고하지 않고 운항규정 또 는 정비규정을 변경한 경우	법 제91조제1항제41호 및 제95조제1항·제2항	600	120	60	17

위반행위	근거 법조문	사업의 종류별 과징금의 금액			
		국제항공 운송사업	국내항공 운송사업	소형항공 운송사업	항공기 사용사업
토. 법 제93조제5항 전단(법 제96조제2항에서 준용하는 경우를 포함한다)을 위반하여 같은 조 제1항 본문 또는 제2항 단서에 따라 인가를 받거나 같은 조 제2항 본문에 따라 신고한 운항규정 또는 정비규정을 해당 종사자에게 제공하지 않은 경우	법 제91조제1항제42호 및 제95조제1항 · 제2항	600	120	60	17
포. 법 제93조제5항 후단(법 제96조제2항에서 준용하는 경우를 포함한다)을 위반하여 같은 조 제1항 본문 또는 제2항 단서에 따라 인가를 받거나 같은 조 세2항 본문에 따라 신고한 운항규정 또는 정비규정을 준수하지 않고 항공기를 운항하거나 정비한 경우	법 제91조제1항제43호 및 제95조제1항 · 제2항				
1) 다음의 어느 하나에 해당하는 경우		1,800	360	180	50
가) 성능기반항행요구공역(PBN)의 운항을 위한 요건 등을 위반하여 운항한 경우					
나) 인가받은 항공종사자 훈련프로그램을 위반한 경우					
다) 정기점검을 수행하지 않고 항공기를 운항한 경우					
라) 정밀계기접근비행의 요건을 갖추지 않고 정밀접근계기비행을 한 경우					
마) 최소장비목록(MEL)을 위반하여 작동하지 않는 계기 및 장비를 갖춘 항공기를 운항한 경우					
2) 1) 외에 정비작업 미수행 등 중요한 사항을 위반한 경우		600	120	60	12
3) 1) 및 2) 외에 보고의 누락 등 경미한 사항을 위반한 경우		10	6	4	1
호. 법 제94조 각 호(법 제96조제2항에서 준용하는 경우를 포함한다)에 따른 항공운송의 안전을 위한 명령을 따르지 않은 경우	법 제91조제1항제44호 및 제95조제1항 · 제2항	900	180	90	25
구. 법 제132조제1항에 따라 업무(항공안전활동을 수행하기 위한 것만 해당한다)에 관한 보고를 하지 않거나 서류를 제출하지 않은 경우 또는 거짓으로 보고하거나 서류를 제출한 경우	법 제91조제1항제45호 및 제95조제1항 · 제2항	420	84	42	12
누. 법 제132조제2항에 따른 항공기 등에의 출입이나 장부 · 서류 등의 검사(항공안전 활동을 수행하기 위한 것만 해당한다)를 거부 · 방해 또는 기피한 경우	법 제91조제1항제46호 및 제95조제1항 · 제2항	420	84	42	12
두. 법 제132조제2항에 따른 관계인에 대한 질문(항공안전 활동을 수행하기 위한 것만 해당한다)에 답변하지 않거나 거짓으로 답변한 경우	법 제91조제1항제47호 및 제95조제1항 · 제2항	420	84	42	12

위반행위	근거 법조문	사업의 종류별 과징금의 금액			
		국제항공 운송사업	국내항공 운송사업	소형항공 운송사업	항공기 사용사업
루. 고의 또는 중대한 과실에 의하여 또는 항공종 사자의 선임·감독에 관하여 상당한 주의의 무를 게을리 하여 항공기사고 또는 항공기준 사고를 발생시킨 경우	법 제91조제1항제48호 및 제95조제1항·제2항				
1) 해당 항공기사고로 인한 사망자가 200명 이상인 경우		10,000	2,000		
2) 해당 항공기사고로 인한 사망자가 150명 이상 200명 미만인 경우		9,000 이상 10,000 미만	1,800 이상 2,000 미만		
3) 해당 항공기사고로 인한 사망자가 100명 이상 150명 미만인 경우		7,200 이상 9,000 미만	1,440 이상 1,800 미만		
4) 해당 항공기사고로 인한 사망자가 50명 이 상 100명 미만인 경우		5,400 이상 7,200 미만	1,080 이상 1,440 미만		
5) 해당 항공기사고로 인한 사망자가 50명 이 상인 경우				540	
6) 해당 항공기사고로 인한 사망자가 10명 이 상 50명 미만인 경우		3,600 이상 5,400 미만	720 이상 1,080 미만	360 이상 540 미만	
7) 해당 항공기사고로 인한 사망자가 10명 미 만인 경우		1,800 이상 3,600 미만	360 이상 720 미만		
8) 해당 항공기사고로 인한 사망자가 10명 이 상인 경우					300
9) 해당 항공기사고로 인한 사망자가 5명 이 상 10명 미만인 경우				180 이상 360 미만	150 이상 300 미만
10) 해당 항공기사고로 인한 사망자가 5명 미 만인 경우				90 이상 180 미만	75 이상 150 미만
11) 해당 항공기사고로 인한 중상자가 30명 이상인 경우				90	50
12) 해당 항공기사고로 인한 중상자가 20명 이상 30명 미만인 경우				60 이상 90 미만	20 이상 50 미만
13) 해당 항공기사고로 인한 중상자가 10명 이상 20명 미만인 경우				30 이상 60 미만	10 이상 20 미만
14) 해당 항공기사고로 인한 중상자가 10명 미만인 경우				15 이상 30 미만	7 이상 10 미만
15) 해당 항공기사고로 인한 항공기 또는 제3 자의 재산피해가 100억원 이상인 경우		1,800	360	180	50
16) 해당 항공기사고로 인한 항공기 또는 제3 자의 재산피해가 50억원 이상 100억원 미만인 경우		1,200 이상 1,800 미만	240 이상 360 미만	120 이상 180 미만	33 이상 50 미만
17) 해당 항공기사고로 인한 항공기 또는 제3 자의 재산피해가 10억원 이상 50억원 미 만인 경우		900 이상 1,200 미만	180 이상 240 미만	90 이상 120 미만	25 이상 33 미만

위반행위	근거 법조문	사업의 종류별 과징금의 금액			
		국제항공 운송사업	국내항공 운송사업	소형항공 운송사업	항공기 사용사업
18) 경미한 항공기사고(가목부터 더목에 해당하지 않는 항공기사고를 말한다. 이하 머목 및 버목에서 같다)가 비행횟수 3만 회 이내에 5회 이상인 경우		1,800			
19) 경미한 항공기사고가 비행횟수 3만 회 이내에 4회인 경우		1,200			
20) 경미한 항공기사고가 비행횟수 3만 회 이내에 3회인 경우		900			

[비고]

1. 위 표의 허목2)·3), 보목2)·3), 오목2)·3) 및 포목2)·3)에 따른 위반행위의 세부유형은 국토교통부령으로 정한다.

2. 위 표의 소목부터 조목까지의 규정에 따른 항공기사용사업자에 대한 과징금 기준은 법 제96조제1항에서 준용하는 법 제90조에 따라 운항증명을 받은 항공기사용사업자에게만 적용한다.

3. 위 표의 루목1)부터 17)까지의 규정에 따른 과징금을 부과하는 경우 인명피해와 재산피해가 동시에 발생한 경우에는 그 중 무거운 처분기준을 적용한다.

4. 위 표의 루목1)부터 7)까지의 규정에 따른 과징금을 부과하는 경우(국제항공운송사업자와 국내항공운송사업자만 해당한다) 중상자 2명을 사망자 1명으로 보되, 소수점 이하는 버린다.

5. 국제항공운송사업과 국내항공운송사업을 겸업하는 경우에는 국제항공운송사업의 과징금 부과기준을 적용한다.

6. 위 표에 따른 과징금의 금액이 해당 항공운송사업자의 전년도(위반행위가 발생한 날이 속하는 해의 직전 연도를 말한다) 매출액의 100분의 4를 초과하는 경우에는 전년도 매출액의 100분의 4에 해당하는 금액을 과징금으로 부과한다.

[별표 4]

정비조직인증을 받은 자에 대한 위반행위의 종류별 과징금의 금액(제22조제1항 관련)

1. 일반기준

　가. 국토교통부장관은 다음의 어느 하나에 해당하는 경우에는 제2호에 따른 과징금 금액의 2분의 1 범위에서 그 금액을 줄일 수 있다. 다만, 과징금을 체납하고 있는 위반행위자의 경우에는 그렇지 않다.

　　1) 위반행위가 사소한 부주의나 오류로 인한 것으로 인정되는 경우

　　2) 위반행위자가 법 위반상태를 시정하거나 해소하기 위하여 노력한 사실이 인정되는 경우

　　3) 그 밖에 사업 규모, 위반행위의 정도, 위반행위의 동기와 그 결과 및 위반 횟수 등을 고려하여 과징금 금액을 줄일 필요가 있다고 인정되는 경우

　나. 국토교통부장관은 다음의 어느 하나에 해당하는 경우에는 제2호에 따른 과징금 금액의 2분의 1 범위에서 그 금액을 늘릴 수 있다. 다만, 법 제99조제1항에 따른 과징금 금액의 상한을 넘을 수 없다.

　　1) 위반의 내용ㆍ정도가 중대하여 공중에 미치는 영향이 크다고 인정되는 경우

　　2) 법 위반상태의 기간이 6개월 이상인 경우

　　3) 그 밖에 사업 규모, 위반행위의 정도, 위반행위의 동기와 그 결과 및 위반 횟수 등을 고려하여 과징금 금액을 늘릴 필요가 있다고 인정되는 경우

2. 개별기준

(단위 : 백만원)

위반행위 근거	법조문	과징금의 금액
가. 법 제58조제2항을 위반하여 다음의 어느 하나에 해당하는 경우	법 제98조제1항제2호	
1) 업무를 시작하기 전까지 항공안전관리시스템을 마련하지 않은 경우		14
2) 승인을 받지 않고 항공안전관리시스템을 운용한 경우		30
3) 항공안전관리시스템을 승인받은 내용과 다르게 운용한 경우		14
4) 승인을 받지 않고 국토교통부령으로 정하는 중요 사항을 변경한 경우		14
나. 정당한 사유 없이 정비조직인증기준을 위반한 경우	법 제98조제1항제3호	
1) 인증받은 범위 외에 다음의 정비 등을 한 경우		
가) 인증받은 정비능력을 초과하여 정비 등을 한 경우		30
나) 인증받은 형식 외의 항공기 등에 대한 정비 등을 한 경우		50
다) 인증받은 장비품ㆍ부품 외의 장비품ㆍ부품에 대한 정비 등을 한 경우		30
2) 인증받은 정비시설 또는 정비건물 등의 위치를 무단으로 변경하여 정비 등을 한 경우		20
3) 인증받은 장소가 아닌 곳에서 정비 등을 한 경우		30
4) 인증받은 범위에서 정비 등을 수행한 후 법 제35조제8호의 항공정비사 자격증명을 가진 사람으로부터 확인을 받지 않은 경우		50
5) 정비 등을 하지 않고 거짓으로 정비기록을 작성한 경우		20
6) 세부 운영기준에서 정한 정비방법ㆍ품질관리절차 및 수행목록 등을 위반하여 정비 등을 한 경우[1)부터 5)까지의 규정에 해당되지 않는 사항을 말한다]		10
7) 1)부터 6)까지의 규정 외에 정비조직인증기준을 위반한 경우		5
다. 고의 또는 중대한 과실에 의하거나 항공종사자에 대한 관리ㆍ감독에 관하여 상당한 주의의무를 게을리 함으로써 항공기사고가 발생한 경우	법 제98조제1항제4호	
1) 해당 항공기사고로 인한 사망자가 200명 이상인 경우		500
2) 해당 항공기사고로 인한 사망자가 150명 이상 200명 미만인 경우		400
3) 해당 항공기사고로 인한 사망자가 100명 이상 150명 미만인 경우		250
4) 해당 항공기사고로 인한 사망자가 50명 이상 100명 미만인 경우		150

위반행위 근거	법조문	과징금의 금액
5) 해당 항공기사고로 인한 사망자가 10명 이상 50명 미만인 경우		75
6) 해당 항공기사고로 인한 사망자가 10명 미만인 경우		50
7) 해당 항공기사고로 인한 중상자가 10명 이상인 경우		50
8) 해당 항공기사고로 인한 중상자가 5명 이상 10명 미만인 경우		30
9) 해당 항공기사고로 인한 중상자가 5명 미만인 경우		20
10) 해당 항공기사고로 인한 항공기 또는 제3자의 재산피해가 100억원 이상인 경우		100
11) 해당 항공기사고로 인한 항공기 또는 제3자의 재산피해가 50억원 이상 100억원 미만인 경우		80
12) 해당 항공기사고로 인한 항공기 또는 제3자의 재산피해가 10억원 이상 50억원 미만인 경우		50
13) 해당 항공기사고로 인한 항공기 또는 제3자의 재산피해가 1억원 이상 10억원 미만인 경우	30	
14) 해당 항공기사고로 인한 항공기 또는 제3자의 재산피해가 1억원 미만인 경우		10

[비고]
위 표의 다목에 따른 과징금을 부과하는 경우 인명피해와 항공기 또는 제3자의 재산피해가 같이 발생한 경우에는 해당 과징금의 금액을 합산하여 과징금을 부과하되, 합산하는 경우에도 과징금의 총액은 법 제99조제1항에 따른 금액을 초과할 수 없다.

[별표 5]
[시행일:2019. 3. 30.] 제2호마목(법 제56조제1항제2호에 관한 부분만 해당한다) · 바목

과태료의 부과기준(제30조 관련)

1. 일반기준

　가. 위반행위의 횟수에 따른 과태료의 가중된 부과기준은 최근 1년간 같은 위반행위로 과태료 부과처분을 받은 경우에 적용한다. 이 경우 기간의 계산은 위반행위에 대하여 과태료 부과처분을 받은 날과 그 처분 후 다시 같은 위반행위를 하여 적발된 날을 기준으로 한다.

　나. 가목에 따라 가중된 부과처분을 하는 경우 가중처분의 적용차수는 그 위반행위 전 부과처분차수(가목에 따른 기간 내에 과태료 부과처분이 둘 이상 있었던 경우에는 높은 차수를 말한다)의 다음 차수로 한다.

　다. 부과권자는 다음의 어느 하나에 해당하는 경우에는 제2호에 따른 과태료 금액의 2분의 1 범위에서 그 금액을 줄일 수 있다. 다만, 과태료를 체납하고 있는 위반행위자의 경우에는 그렇지 않다.

　　1) 위반행위자가 「질서위반행위규제법 시행령」 제2조의2제1항 각 호의 어느 하나에 해당하는 경우

　　2) 위반행위가 사소한 부주의나 오류로 인한 것으로 인정되는 경우

　　3) 위반행위자가 법 위반상태를 시정하거나 해소하기 위하여 노력한 사실이 인정되는 경우

　　4) 그 밖에 위반행위의 정도, 위반행위의 동기와 그 결과 등을 고려하여 감경할 필요가 있다고 인정되는 경우

　라. 부과권자는 다음의 어느 하나에 해당하는 경우에는 제2호에 따른 과태료 금액의 2분의 1범위에서 그 금액을 늘릴 수 있다. 다만, 법 제166조에 따른 과태료 금액의 상한을 넘을 수 없다.

　　1) 위반의 내용 · 정도가 중대하여 공중에 미치는 영향이 크다고 인정되는 경우

　　2) 법 위반상태의 기간이 6개월 이상인 경우

　　3) 그 밖에 위반행위의 정도, 위반행위의 동기와 그 결과 등을 고려하여 가중할 필요가 있다고 인정되는 경우

2. 개별기준

(단위 : 만원)

위반행위	근거법조문	과태료 금액		
		1차 위반	2차 위반	3차 이상 위반
가. 법 제13조 또는 제15조제1항을 위반하여 변경등록 또는 말소 등록의 신청을 하지 않은 경우	법 제166조제3항제1호	20	100	200
나. 법 제17조제1항을 위반하여 항공기 등록기호표를 부착하지 않고 항공기를 사용한 경우	법 제166조제3항제2호	20	100	200
다. 법 제26조를 위반하여 변경된 항공기기술기준을 따르도록 한 요구에 따르지 않은 경우	법 제166조제3항제3호	20	100	200
라. 법 제33조에 따른 보고를 하지 않거나 거짓으로 보고한 경우	법 제166조제4항제1호	30	50	100
마. 법 제56조제1항을 위반하여 같은 항 각호의 어느 하나 이상의 방법으로 소속 승무원의 피로를 관리하지 않은 경우(항공운송사업자 및 항공기사용사업자는 제외한다)	법 제166조제1항제1호	50	250	500
바. 법 제56조제2항을 위반하여 국토교통부장관의 승인을 받지 않고 피로위험관리시스템을 운용하거나 중요사항을 변경한 경우(항공운송사업자 및 항공기사용사업자는 제외한다)	법 제166조제1항제2호	50	250	500
사. 법 제58조제2항을 위반하여 다음의 어느 하나에 해당하는 경우(법 제58조제2항제1호 및 제4호에 해당하는 자 중 항공운송사업자 및 항공기사용사업자 외의 자만 해당한다)	법 제166조제1항제3호			
1) 제작 또는 운항 등을 시작하기 전까지 항공안전관리시스템을 마련하지 않은 경우		50	250	500

위반행위	근거법조문	과태료 금액		
		1차위반	2차위반	3차위반 이상
2) 국토교통부장관의 승인을 받지 않고 항공안전관리시스템을 운용한 경우		50	250	500
3) 항공안전관리시스템을 승인받은 내용과 다르게 운용한 경우		50	250	500
4) 국토교통부장관의 승인을 받지 않고 국토교통부령으로 정하는 중요사항을 변경한 경우		50	250	500
아. 법 제59조제1항(법 제106조에서 준용하는 경우를 포함한다)을 위반하여 항공기사고, 항공기준사고 또는 항공안전장애를 보고하지 않거나 거짓으로 보고한 경우	법 제166조제4항제2호	30	50	100
자. 항공종사자가 아닌 사람으로서 고의 또는 중대한 과실로 법 제61조제1항의 항공안전위해요인을 발생시킨 경우	법 제166조제3항제4호	20	100	200
차. 항공운송사업자 외의 자가 법 제65조제1항을 위반하여 운항관리사를 두지 않고 항공기를 운항한 경우	법 제166조제1항제4호	50	250	500
카. 항공운송사업자 외의 자가 법 제65조제3항을 위반하여 운항관리사가 해당 업무를 수행하는 데 필요한 교육훈련을 하지 않고 업무에 종사하게 한 경우	법 제166조제1항제5호	50	250	500
타. 법 제70조제3항에 따른 위험물취급의 절차와 방법에 따르지 않고 위험물취급을 한 경우	법 제166조제1항제6호			
1) 위험물을 일반화물로 신고하는 경우		250	400	500
2) 운송서류에 표기한 위험물과 다른 위험물을 운송하려는 경우		250	400	500
3) 유엔기준을 충족하지 않은 포장용기를 사용하였거나 위험물 포장 지침을 따르지 않았을 경우		100	250	500
4) 휴대 가능한 위험물의 종류 또는 수량기준을 위반한 경우		100	250	500
5) 위험물 운송서류상의 표기가 오기되었거나 서명이 누락된 경우		50	250	500
6) 위험물 라벨을 부착하지 않았거나 위험물 분류와 다른 라벨을 부착한 경우		50		500
파. 법 제71조제1항에 따른 검사를 받지 않은 포장 및 용기를 판매한 경우	법 제166조제1항제7호	100	250	500
하. 법 제72조제1항을 위반하여 위험물취급에 필요한 교육을 받지 않고 위험물취급을 한 경우	법 제166조제1항제8호	100	250	500
거. 법 제84조제2항(법 제121조제5항에서 준용하는 경우를 포함한다)을 위반하여 항공교통의 안전을 위한 국토교통부장관 또는 항공교통업무 증명을 받은 자의 지시에 따르지 않은 경우	법 제166조제3항제5호	20	100	200
너. 법 제93조제5항 후단(법 제96조제2항에서 준용하는 경우를 포함한다)을 위반하여 운항규정 또는 정비규정을 준수하지 않고 항공기의 운항 또는 정비에 관한 업무를 수행한 경우	법 제166조제3항제6호	50	100	200
더. 법 제108조제3항을 위반하여 부여된 안전성 인증등급에 따른 운용범위를 준수하지 않고 경량항공기를 사용하여 비행한 경우	법 제166조제3항제7호	20	100	200
러. 법 제108조제4항을 위반하여 국토교통부령으로 정하는 방법에 따라 안전하게 운용할 수 있다는 확인을 받지 않고 경량항공기를 사용하여 비행한 경우	법 제166조제2항제1호	30	150	300

위반행위	근거법조문	과태료 금액		
		1차위반	2차위반	3차위반 이상
머. 법 제115조제2항을 위반하여 국토교통부장관이 정하는 바에 따라 교육을 받지 않고 경량항공기 조종교육을 한 경우	법 제166조제1항제9호	50	250	500
버. 법 제120조제1항을 위반하여 국토교통부령으로 정하는 준수사항을 따르지 않고 경량항공기를 사용하여 비행한 경우	법 제166조제2항제2호	30	150	300
서. 경량항공기 조종사 또는 그 경량항공기 소유자 등이 법 제120조제2항을 위반하여 경량항공기사고에 관한 보고를 하지 않거나 거짓으로 보고한 경우	법 제166조제5항제1호	5	25	50
어. 경량항공기 소유자 등이 법 제121조제1항에서 준용하는 법 제13조 또는 제15조를 위반하여 경량항공기의 변경등록 또는 말소등록을 신청하지 않은 경우	법 제166조제5항제2호	5	25	50
저. 경량항공기 소유자 등이 법 제121조제1항에서 준용하는 법 제17조제1항을 위반하여 경량항공기 등록기호표를 부착하지 않은 경우	법 제166조제4항제3호	10	50	100
처. 초경량비행장치 소유자 등이 법 제122조제3항을 위반하여 신고번호를 해당 초경량비행장치에 표시하지 않거나 거짓으로 표시한 경우	법 제166조제4항제4호	10	50	100
커. 초경량비행장치 소유자 등이 법 제123조제2항을 위반하여 초경량비행장치의 말소신고를 하지 않은 경우	법 제166조제6항제1호	5	15	30
터. 법 제124조를 위반하여 초경량비행장치의 비행안전을 위한 기술상의 기준에 적합하다는 안전성 인증을 받지 않고 비행한 경우(법 제161조제2항이 적용되는 경우는 제외한다)	법 제166조제1항제10호	50	250	500
퍼. 법 제125조제1항을 위반하여 초경량비행장치 조종자 증명을 받지 않고 초경량비행장치를 사용하여 비행을 한 경우(법 제161조 제2항이 적용되는 경우는 제외한다)	법 제166조제2항제3호	30	150	300
허. 법 제128조를 위반하여 국토교통부령으로 정하는 장비를 장착하거나 휴대하지 않고 초경량비행장치를 사용하여 비행을 한 경우	법 제166조제4항제5호	10	50	100
고. 법 제129조제1항을 위반하여 국토교통부령으로 정하는 준수사항을 따르지 않고 초경량비행장치를 이용하여 비행한 경우	법 제166조제3항제8호	20	100	200
노. 초경량비행장치 조종자 또는 그 초경량비행장치 소유자 등이 법 제129조제3항을 위반하여 초경량비행장치 사고에 관한 보고를 하지 않거나 거짓으로 보고한 경우	법 제166조제6항제2호	5	15	30
도. 법 제132조제1항에 따른 보고 등을 하	법 제166조제1항			
1) 보고 등을 하지 않은 경우		50	250	500
2) 거짓 보고 등을 한 경우		100	250	500
로. 법 제132조제2항에 따른 질문에 대하여 거짓 진술을 한 경우	법 제166조제1항제12호	100	250	500
모. 법 제132조제8항에 따른 운항정지, 운용정지 또는 업무정지를 따르지 아니한 경우	법 제166조제1항제13호	100	250	500
보. 법 제132조제9항에 따른 시정조치 등의 명령에 따르지 아니한 경우	법 제166조제1항제14호	100	250	500

[별표 9]

항공신체검사기준(제92조제2항 관련)

검사항목	제1종	제2종	제3종
1. 일반	가. 두부 · 안면 · 경부 · 몸통 또는 사지에 항공업무에 지장을 주는 변형 · 기형 또는 기능장애가 없을 것 나. 악성종양 또는 그 염려가 없을 것 다. AIDS가 없을 것. HIV 양성자의 경우 모든 검사에서 질병이 없을 것 라. 중대한 전염성 질환 또는 그 염려가 없을 것 마. 현저한 전신의 쇠약이 없을 것 바. 항공업무에 지장을 주는 과도한 비만이 없을 것 사. 중대한 내분비장애나 대사 · 영양장애가 없을 것 아. 중대한 알레르기성 질환이 없을 것 자. 인슐린이나 혈당강하제로 조절이 필요한 당뇨병이 없을 것		
2. 호흡기계통	가. 호흡기계통의 활동성 질환이 없을 것 나. 흉막 또는 종격에 중대한 이상이 없을 것 다. 병소의 안정을 확인할 수 없는 폐결핵 후유증이 없을 것 라. 폐기능 저하를 초래하는 호흡기계통의 중대한 질환이 없을 것 마. 기흉이나 그 과거병력 또는 기흉이 발생하는 원인이 되는 질환이 없을 것 바. 항공업무 수행에 지장을 줄 염려가 있는 흉부의 수술에 의한 후유증이 없을 것	가. 호흡기계통의 활동성 질환이 없을 것 나. 흉막 또는 종격에 중대한 이상이 없을 것 다. 병소의 안정을 확인할 수 없는 폐결핵 후유증이 없을 것 라. 폐기능 저하를 초래하는 호흡기계통의 중대한 질환이 없을 것 마. 기흉이나 그 과거병력 또는 기흉이 발생하는 원인이 되는 질환이 없을 것 바. 항공업무 수행에 지장을 줄 염려가 있는 흉부의 수술에 의한 후유증이 없을 것	가. 호흡기계통의 활동성 질환이 없을 것 나. 흉막 또는 종격에 중대한 이상이 없을 것 다. 병소의 안정을 확인할 수 없는 폐결핵 후유증이 없을 것 라. 특발성 기흉 또는 그의 반복되는 과거 병력이 없을 것 마. 항공업무 수행에 지장을 줄 염려가 있는 흉부의 수술에 의한 후유증이 없을 것
3. 순환기계통	가. 조절되지 않는 고혈압이 없을 것 나. 순환기계통의 중대한 기능 및 구조적 이상이 없을 것 다. 심근장애, 관상동맥장애 또는 이들의 증후가 없을 것 라. 중대한 선천성 또는 후천성 심질환이 없을 것 마. 중대한 자극생성 또는 흥분전도의 이상이 없을 것 바. 심부전 또는 그 과거병력이 없을 것 사. 동맥류, 중대한 정맥류 또는 임파육종이 인지되지 않을 것 아. 중대한 심막의 질환이 없을 것 자. 심장판막의 교체, 영구적인 심장박동기 이식 또는 심장 이식의 과거병력이 없을 것		
4. 소화기계통	가. 소화기계통 또는 복막에 중대한 기능장애 또는 질환이 없을 것 나. 항공업무에 지장을 줄 염려가 있는 소화기계 질환이나 수술 후유증, 특히 협착이나 압박에 의한 폐쇄증상이 없을 것 다. 항공업무에 지장을 줄 염려가 있는 탈장이 없을 것	가. 소화기계통 또는 복막에 중대한 기능장애 또는 질환이 없을 것 나. 항공업무에 지장을 줄 염려가 있는 소화기계 질환이나 수술 후유증, 특히 협착이나 압박에 의한 폐쇄증상이 없을 것 다. 항공업무에 지장을 줄 염려가 있는 탈장이 없을 것	가. 소화기계통 또는 복막에 중대한 기능장애 또는 질환이 없을 것 나. 항공업무에 지장을 줄 염려가 있는 소화기계 질환이나 수술 후유증, 특히 협착이나 압박에 의한 폐쇄증상이 없을 것
5. 혈액 및 조혈장기	가. 고도의 빈혈이 없을 것 나. 중대한 국소적 또는 전신적 임파선 종대와 혈액질환이 없을 것 다. 출혈성 경향을 갖는 질환이 없을 것 라. 중대한 비종이 없을 것		

검사항목	제1종	제2종	제3종
6. 정신계	가. 기질적 정신장애가 없을 것 나. 향정신성 물질로 인한 정신 또는 행동장애가 없을 것 다. 약물의존 또는 알코올 중독이 없을 것 라. 정신분열증이나 정신분열성 또는 망상장애가 없을 것 마. 정동장애가 없을 것 바. 신경증, 스트레스 관련성 또는 신체적 장애가 없을 것 사. 생리적 장애 또는 육체적 요인이 동반된 행동증후군이 없을 것 아. 인격장애 또는 행동장애가 없을 것 자. 정신지체가 없을 것 차. 정신발달장애가 없을 것 카. 유년기 또는 청소년기에 발병한 행동장애 또는 정서장애가 없을 것 타. 그 밖에 다른 정신장애가 없을 것		
7. 신경계	가. 뇌전증이나 원인불명의 의식장애, 경련·발작 또는 이들의 과거병력이 없을 것 나. 중대한 두부외상의 과거병력 또는 두부외상 후유증이 없을 것 다. 중추신경계통의 중대한 장애 또는 이들의 과거병력이 없을 것 라. 중대한 말초신경계통 또는 자율신경계통의 장애가 없을 것		
8. 운동기계통	가. 뼈 또는 관절의 심한 기형, 변형이나 결손 또는 기능장애가 없을 것 나. 뼈·근육·건·신경 또는 관절에 중대한 질환이나 외상 또는 이들의 후유증에 의한 중대한 운동기능장애가 없을 것 다. 척추에 중대한 질환·변형이나 고통을 갖는 질환 또는 변형이 없을 것 라. 척추장애 또는 척추의 질환이나 변형에 의한 사지의 운동기능장애가 없을 것 마. 습관성 관절 탈구가 없을 것 바. 사지에 항공업무에 지장을 줄 염려가 있는 운동기능장애가 없을 것	가. 뼈·근육·건·신경 또는 관절에 중대한 질환이나 외상 또는 이들의 후유증에 의한 중대한 운동기능장애가 없을 것 나. 척추에 중대한 질환·변형이나 고통을 갖는 질환 또는 변형이 없을 것 다. 척추장애 또는 척추의 질환이나 변형에 의한 사지의 운동기능장애가 없을 것 라. 습관성 관절 탈구가 없을 것 마. 사지에 항공업무에 지장을 줄 염려가 있는 운동기능장애가 없을 것	가. 뼈·근육·건·신경 또는 관절에 중대한 질환이나 외상 또는 이들의 후유증에 의한 중대한 운동기능장애가 없을 것 나. 습관성 관절 탈구가 없을 것 다. 사지에 항공업무에 지장을 줄 염려가 있는 운동기능 장애가 없을 것
9. 신장·비뇨·생식기계통	가. 신장 및 비뇨생식기계 질환이나 수술의 후유증, 특히 협착이나 압박에 의한 폐쇄증상이 없을 것 나. 신적출술의 과거병력이 없을 것 다. 항공업무에 지장을 줄 염려가 있는 부인과 질환이 없을 것 라. 항공업무에 지장을 줄 염려가 있는 월경장애가 없을 것 마. 임신 중이 아닐 것 다만, 정상 임신인 경우 임신 12주 말부터 26주까지 항공업무에 지장을 줄 염려가 없는 경우는 제외한다.	가. 신장 및 비뇨생식기계 질환이나 수술의 후유증, 특히 협착이나 압박에 의한 폐쇄증상이 없을 것 나. 신적출술의 과거병력이 없을 것 다. 항공업무에 지장을 줄 염려가 있는 부인과질환이 없을 것 라. 항공업무에 지장을 줄 염려가 있는 월경장애가 없을 것 마. 임신 중이 아닐 것. 다만, 정상 임신인 경우 임신 12주 말부터 26주까지 항공업무에 지장을 줄 염려가 없는 경우는 제외한다.	가. 신장 및 비뇨생식기계 질환이나 수술의 후유증, 특히 협착이나 압박에 의한 폐쇄증상이 없을 것 나. 신적출술의 과거병력이 없을 것 다. 항공업무에 지장을 줄 염려가 있는 부인과질환이 없을 것 라. 항공업무에 지장을 줄 염려가 있는 월경장애가 없을 것 마. 항공업무에 지장을 줄 염려가 있는 임신상태가 아닐 것
10. 눈	가. 안구 또는 안구 부속기에 항공업무에 지장을 줄 질환과 수술 및 상해로 인한 후유증이 없을 것 나. 녹내장이 없을 것 다. 중간 투광체·안저(眼底) 또는 시로(視路)에 항공업무에 지장을 줄 질환이 없을 것 라. 눈 굴절상태에 영향을 주는 수술을 받지 않았을 것. 다만, 피검자의 면허 나 한정업무 수행 시 지장을 줄 수 있는 후유증이 없는 경우는 제외한다.		

검사항목	제1종	제2종	제3종
11. 이비인후과, 구강 및 치아	가. 귀 또는 관련 구조에 항공업무에 지장을 줄 이상이나 질환이 없을 것 나. 전정기관의 장애가 없을 것 다. 치유되지 않는 고막 천공이 없을 것 라. 중대한 이관기능장애가 없을 것 마. 비공·부비동 또는 인후두에 중대한 질환이 없을 것 바. 비공에 공기가 통하는 것을 방해할 정도로 장애비중격(두비공을 분리시키는 막을 일컬음)이 굽지 않을 것 사. 심한 말더듬이·발성장애 또는 언어장애가 없을 것 아. 구강 또는 치아에 중대한 질환 또는 기능장애가 없을 것	가. 귀 또는 관련 구조에 항공업무에 지장을 줄 이상이나 질환이 없을 것 나. 전정기관의 장애가 없을 것 다. 치유되지 않는 고막 천공이 없을 것 라. 중대한 이관기능장애가 없을 것 마. 비공·부비동 또는 인후두에 중대한 질환이 없을 것 바. 심한 말더듬이·발성 또는 언어장애가 없을 것 사. 구강 또는 치아에 중대한 질환 또는 기능장애가 없을 것	가. 귀 또는 관련 구조에 항공업무에 지장을 줄 이상이나 질환이 없을 것 나. 비공·부비공 또는 인후두에 중대한 질환이 없을 것 다. 심한 말더듬이·발성장애 또는 언어장애가 없을 것
12. 시(視)기능	가. 다음의 어느 하나에 해당할 것. 다만, 2)의 기준은 항공업무를 수행할 때 한 쌍 이하의 상용 안경(항공업무를 수행할 때 상용하는 교정안경 등을 말한다)을 사용하는 동시에 예비안경을 휴대할 것을 항공신체검사증명에 조건으로 부여받은 사람만 해당한다. 1) 각 눈이 교정하지 않고 1.0 이상의 원거리 시력이 있을 것 2) 각 눈이 교정하여 1.0 이상의 원거리 시력이 있을 것 3) 각 눈의 원거리 시력이 교정하지 않고 0.1 미만인 경우에는 최초검사와 이후 5년마다 안과 정밀검사를 제출해야 한다. 나. 교정하지 않거나 자기의 교정안경에 의하여 각 눈이 30센티미터에서 50센티미터까지 임의의 시거리에서 근거리 시력표(30센티미터 시력용)의 0.5 이상의 시표를 판독할 수 있고, 다음의 요건을 갖출 것. 다만, 50세 이상은 100센티미터에서 N14 도표나 그에 상응하는 것의 0.5 이상의 시표를 판독할 수 있어야 한다. 1) 근거리 교정만 필요한 경우, 즉시 사용할 수 있는 근거리 교정안경 및 예비안경을 소지해야 한다.	가. 다음의 어느 하나에 해당할 것. 다만 2)의 기준은 항공업무를 수행할 때 쌍 이하의 상용안경(항공업무를 수행할 때 상용하는 교정안경 등을 말한다)을 사용하는 동시에 예비안경을 휴대할 것을 항공신체검사증명에 조건으로 부여받은 사람만 해당한다. 1) 각 눈이 교정하지 않고 0.5 이상의 원거리 시력이 있을 것 2) 각 눈이 교정하여 0.5 이상의 원거리 시력이 있을 것 3) 각 눈의 원거리 시력이 교정하지 않고 0.1 미만인 경우에는 최초검사 이후 5년마다 안과 정밀검사를 제출해야 한다. 나. 교정하지 않거나 자기의 교정안경에 의하여 각 눈이 30센티미터에서 50센티미터까지의 임의의 시거리에서 근거리 시력표(30센티미터 시력용)의 0.5 이상의 시표를 판독할 수 있고, 다음의 요건 갖출 것 1) 근거리 교정만 필요한 경우, 즉시 사용할 수 있는 근거리 교정안경 및 예비안경을 소지해야 한다.	가. 다음의 어느 하나에 해당할 것. 다만, 2)의 기준은 항공업무를 수행할 때 한 쌍 이하의 상용안경(항공업무를 수행할 때 상용하는 교정안경 등을 말한다)을 사용하는 동시에 예비안경을 휴대할 것을 항공신체검사증명에 조건으로 부여받은 사람만 해당한다. 1) 각 눈이 교정하지 않고 0.7 이상의 원거리 시력이 있을 것 2) 각 눈이 교정하여 0.7 이상의 원거리 시력이 있을 것 3) 각 눈의 원거리 시력이 교정하지 않고 0.1미만인 경우에는 최초검사 이후 5년마다 안과 정밀검사를 제출해야 한다. 나. 교정하지 않거나 자기의 교정안경에 의하여 각 눈이 30센티미터에서 50센티미터까지의 임의의 시거리에서 근거리 시력표(30센티미터 시력용)의 0.5 이상의 시표를 판독할 수 있고, 다음의 요건을 갖출 것. 다만 50세 이상은 100센티미터에서 N14 도표나 그에 상응하는 것의 0.5 이상의 시표를 판독할 수 있어야 한다. 1) 근거리 교정만 필요한 경우, 즉시 사용할 수 있는 근거리 교정안경 및 예비안경을 소지해야 한다.

검사항목	제1종	제2종	제3종
12. 시(視)기능	2) 근거리·원거리 교정이 필요한 경우, 계기와 손에 있는 차트 또는 매뉴얼을 보기 위하여 2중 또는 다초점 렌즈를 사용하여 안경을 벗을 필요 없이 근거리·원거리를 볼 수 있어야 한다. 다. 정상적인 양눈 시기능을 가질 것 라. 정상적인 시야를 가질 것 마. 야간시력이 정상일 것 바. 안구운동이 정상이고 안구의 떨림이 없을 것 사. 색각이 정상일 것 단 색각경검사(아노말로스코프) 불합격자에게는 색각제한사항을 부과하여 항공신체검사증명서를 발급하고 또한 국내외 공인된 기관에서 인정받은 비행교관으로부터 신호 등화실기시험(signal light test)을 통과하는 경우에는 색각 제한사항을 부과하지 않고 항공신체검사증명서 발급	2) 근거리·원거리 교정이 필요한 경우, 계기와 손에 있는 차트 또는 매뉴얼을 보기 위하여 2중 또는 다초점 렌즈를 사용하여 안경을 벗을 필요 없이 근거리·원거리를 볼 수 있어야 한다. 다. 정상적인 양눈 시기능을 가질 것 라. 정상적인 시야를 가질 것 마. 야간시력이 정상일 것 바. 안구운동이 정상이고 안구의 떨림이 없을 것 사. 색각이 정상일 것 단 색각경검사(아노말로스코프) 불합격자에게는 색각제한사항을 부과하여 항공신체검사증명서를 발급하고 또한 국내외 공인된 기관에서 인정받은 비행교관으로부터 신호 등화실기시험(signal light test)을 통과하는 경우에는 색각 제한사항을 부과하지 않고 항공신체검사증명서 발급	2) 근거리·원거리 교정이 필요한 경우, 계기와 손에 있는 차트 또는 매뉴얼을 보기 위하여 2중 또는 다초점 렌즈를 사용하여 안경을 벗을 필요 없이 근거리·원거리를 볼 수 있어야 한다. 다. 정상적인 양눈 시기능을 가질 것 라. 정상적인 시야를 가질 것 마. 야간시력이 정상일 것 바. 안구운동이 정상일 것 사. 색각이 정상일 것 단 색각경검사(아노말로스코프) 불합격자에게는 색각제한사항을 부과하여 항공신체검사증명서 발급
13. 청력	가. 소음이 35데시벨 미만인 방에서 각 귀가 매초 500, 1,000 및 2,000헤르츠 각 주파수에서 35데시벨 이하의 음을, 3,000헤르츠의 주파수에서 50데시벨 이하의 음을 들을 수 있을 것 나. 가목의 기준을 충족하지 못하는 경우에는 다음의 어느 하나에 해당할 것 　1) 소음이 50데시벨 미만인 방에서 후방 2미터 거리에서 발성되는 통상 강도의 대화음을 두 귀로 올바르게 들을 수 있을 것 　2) 한쪽 귀의 어음(語音) 명료도가 70퍼센트 이상일 것		
14. 종합	항공업무에 지장을 줄 염려가 있는 심신의 결함이 없을 것		

항공영어구술능력 등급기준(제99조제1항 관련)

1. 6등급

발음	발음·강세·리듬 및 억양이 모국어 또는 지역특성에 따라 영향을 받지만 이해하는 데 거의 지장 없다.
문법	간단하거나 복잡한 문법구조를 사용하여 문장패턴이 지속적으로 잘 조절된다.
어휘력	어휘 범위와 정확성이 다양한 주제에 대하여 효과적으로 대화하는 데 충분하며, 관용적 표현과 뉘앙스가 있는 감각적인 어휘를 사용한다.
유창성	자연스럽게 힘들이지 않고 긴 문장을 말할 수 있으며, 강조하기 위하여 말의 흐름에 변화를 준다. 자연스럽게 적절한 신호단어를 사용한다.
이해력	이해력이 거의 모든 문맥에서 언어적·문화적인 미묘한 점을 포함하여 전체적으로 정확하다.
응대능력	거의 모든 상황에서 쉽게 응대하고, 관련된 언어 또는 비언어적 암시에 민감하며 적절히 그것에 반응한다.

2. 5등급

발음	발음·강세·리듬 및 억양이 모국어 또는 지역특성에 따라 영향을 받지만 이해하는 데 지장을 줄 정도는 아니다.
문법	기본적인 문법구조와 문장 패턴이 일괄되게 잘 조절된다. 복잡한 문법구조를 사용하려고 하나, 가끔 의미전달에 오류가 있다.
어휘력	공통되거나 명확한 업무 관련 주제에 대한 대화에 충분한 어휘력과 정확성이 있으며, 대체로 성공적으로 고쳐 말하기를 한다. 어휘는 때때로 관념적이다.
유창성	익숙한 주제에 대하여 상대적으로 쉽고 길게 말할 수 있으나, 문어체와 같이 말의 흐름에 변화가 없다. 적절한 신호단어를 사용한다.
이해력	업무와 관련된 주제에 대한 대화는 구체적이고 정확하며, 언어상 상황이 복잡하거나 예상하지 못한 상황에 대하여 화자가 거의 정확한 언어를 구사한다. 다양한 화두의 범위(방언/억양)를 이해할 수 있다
응대능력	즉시, 적절히 응대하고 정보를 전달한다. 듣는 사람과 말하는 사람의 관계를 효과적으로 관리한다.

3. 4등급

발음	발음·강세·리듬 및 억양이 모국어 또는 지역 특성에 따라 영향을 받고 간혹 이해하는 데 방해를 받는다.
문법	기본적인 문법구조와 문장 패턴이 독창적으로 사용되고, 일반적으로 잘 조절되나 일상적이지 않거나 예상하지 못한 상황에서는 오류가 있을 수 있으며, 드물게 의미전달에 방해가 된다.
어휘력	공통되고 명확한 업무 관련 주제에 대한 대화는 충분한 어휘와 정확성이 있으나, 일상적이지 않거나 예상되지 않는 상황에서는 어휘력이 부족하여 자주 고쳐 말하기를 한다.
유창성	적절한 속도로 장황하게 말하여, 다시 말하는 과정이나 무의식적인 대응에 대한 공식적인 연설 시에는 유창함이 떨어지지만 효과적인 대화를 하는 데 방해받지는 않는다. 신호단어를 한정하여 사용한다. 삽입어가 혼란을 주지는 않는다.
이해력	사용된 강세나 변화가 국제 사용자들이 충분히 알아들을 수 있는 수준이며, 공통되고 명확한 업무 관련 주제에 대한 이해력은 대체로 정확하다. 화자가 언어적 또는 상황적으로 복잡한 상태이거나 예상하지 못한 대답 상황에서는 이해력이 느려지거나 확실하게 하기 위한 방법이 요구된다.
응대능력	대체로 즉시 응대하고 정보를 전달한다. 기대하지 않은 대화에서도 대화를 시작하거나 유지할 수 있다. 확인을 통하여 잘못 이해한 부분을 명확히 할 수 있다.

[별표 12]

전문교육기관 지정기준(제104조제2항 관련)

1. 자가용 조종사 과정 지정기준
  가. 교육과목 및 교육방법
    1) 학과교육 : 과목별 시간배분은 다음을 표준으로 하며, 과목별 교육시간은 100분의 35 범위 내에서 조정이 가능하되, 총 교육시간은 180시간 이상이어야 한다.

과목	교육시간
1. 항공법규	12
2. 항공교통관제 및 항공정보(수색 및 구조 포함)	13
3. 전파법규 및 전기통신술	5
4. 무선공학(항공보안무선시설 및 무선기기)	20
5. 항공기상	25
6. 공중항법	30
7. 항공계기	5
8. 운항관리(비행계획)	3
9. 항공역학(비행이론)	10
10. 항공기구조	5
11. 항공장비	3
12. 동력장치	12
13. 정비방식, 중량배분, 중심위치, 항공기 성능	5
14. 항공기 조종법	10
15. 항공기 취급법	5
16. 인적 성능 및 한계(위기 및 오류 관리 포함)	12
17. 시험(중간시험을 한 번 이상 실시하여야 한다)	5
계	180

    2) 실기교육 : 과목별 시간배분은 다음을 표준으로 하며, 과목별 교육시간은 100분의 35 범위 내에서 조정이 가능하되, 단독 비행시간 10시간을 포함한 총 교육시간은 35시간 이상이어야 한다.

구분	과목	동승비행시간	(단독비행시간) 또는 기장시간	계
비행기	1. 장주이착륙	7	3	10
	2. 공중조작	7	2	9
	3. 기본계기비행	1	–	1
	4. 야외비행	5	5	10
	5. 야간비행	2	–	2
	6. 비정상 및 비상절차	1	–	1
	7. 시험(중간시험을 한 번 이상 실시하여야 한다.)	2	–	2
	계	25	10	35
회전익항공기	1. 장주이착륙	8	2	10
	2. 공중조작	3	2	5
	3. 지표부근에서의 조작	4	1	5
	4. 야외비행	5	5	10

구분	과목	동승비행시간	(단독 비행시간) 또는 기장시간	계
회전익항공기	5. 비정상 및 비상절차	3	–	3
	6. 시험(중간시험을 한 번 이상 실시하여야 한다.)			
	계	25	10	35

단, 지방항공청장이 지정한 모의비행훈련장치를 이용한 비행훈련시간은 5시간 이내에서 인정한다.

나. 교관 확보기준

1) 학과교관

가) 자격요건

(1) 21세 이상일 것

(2) 해당 과목에 대한 지식과 능력을 갖추고 있을 것

(3) 해당 과목에 대한 교육경력이 있을 것

(4) 항공기 종류 및 등급에 해당하는 자가용 조종사, 사업용 조종사, 부조종사 또는 운송용 조종사 자격증명을 가질 것

(5) 다음 표에 해당하는 교과목별 학과교관이 소지해야 할 자격증명은 다음과 같다.

과목	자격증명 등
1. 항공교통관제, 항공정보, 항공기상, 운항관리 등	자가용 조종사, 사업용 조종사, 부조종사, 운송용 조종사, 운항관리사, 항공교통관제사 중 1개
2. 전파법규, 전기통신술, 무선공학 등	자가용 조종사, 사업용 조종사, 부조종사, 운송용 조종사 또는 해당 과목 교육에 적합한 국가기술자격증명 중 1개
3. 항공계기, 항공역학, 항공기구조, 항공장비, 동력장치, 정비방식, 중량배분중심위치, 항공기 성능, 항공기 취급법 등	자가용 조종사, 사업용 조종사, 부조종사, 운송용 조종사, 항공기관사, 항공정비사 중 1개
4. 인적 성능 및 한계 중 항공생리·심리 및 구급법	자가용 조종사, 사업용 조종사, 부조종사, 운송용 조종사, 항공의학에 관한 교육을 받은 의사 중 1개

나) 운영기준

(1) 학과교관의 강의는 1주당 30시간을 초과하지 않을 것(비행실기교관으로 근무한 시간을 포함하며 학과시험 감독으로 근무한 시간은 제외한다)

(2) 학과교관의 강의준비시간은 강의 1시간당 1시간 이상 주어질 것

2) 비행실기교관

가) 자격요건

(1) 21세 이상일 것

(2) 해당 과정의 실기교육(모의비행장치 비행훈련 포함)에 필요한 아래의 항공종사자 자격증명 중 어느 하나를 가질 것. 다만, 사업용 조종사 자격증명을 가진 비행실기교관 중 25% 이상은 계기비행증명을 가질 것

(가) 사업용 조종사 자격증명 및 조종교육증명

(나) 부조종사 자격증명 및 조종교육증명

(다) 운송용 조종사 자격증명 및 조종교육증명

(라) 군의 비행실기교관 자격

나) 운영기준

(1) 비행실기교관의 조종교육시간은 연간 1,200시간(학과교관으로 근무한 시간을 포함하며, 학과시험감독으로 근무한 시간은 제외한다)을 초과하지 아니할 것

(2) 비행실기교관 1명이 담당하는 교육생은 8명 이하로 할 것

3) 주임교관

가) 24세 이상일 것

나) 해당 교육과정 운영에 필요한 지식, 경력, 능력 및 지휘통솔력을 갖춘 학과 및 비행실기 교관 중 각각 1명을 학과주임교관 및 실기주임교관으로 임명할 것

4) 실기시험관

　가) 자격요건

　　(1) 23세 이상일 것

　　(2) 해당 과정의 실기시험(모의비행장치 실기시험 포함)에 필요한 아래의 항공종사자 자격증명 중 어느 하나를 가진 사람으로서 400시간 이상의 조종교육경력과 1,000시간 이상의 총 비행경력이 있을 것

　　　(가) 사업용 조종사 자격증명 및 선임 조종교육증명

　　　(나) 운송용 조종사 자격증명 및 선임 조종교육증명

　　　(다) 군의 비행평가교관 자격

　　(3) 최근 2년 이내에 「항공법」 또는 「항공안전법」을 위반하여 행정처분을 받은 사실이 없을 것

　나) 운영기준

　　(1) 필요 시 실기시험관은 학과교관 및 비행실기교관을 겸임할 수 있도록 할 것

　　(2) 실기시험관은 자신이 비행실기 과목을 교육한 학생에 대하여는 그 과목에 대한 평가업무를 수행할 수 없도록 할 것

다. 시설 및 장비 확보기준

　1) 강의실, 자료열람실, 비행계획실, 브리핑실, 교관실 및 행정사무실 등 학과교육 및 비행실기교육에 필요한 교육훈련시설은 학생 수를 고려하여 충분히 확보해야 하며, 건축 관계 법규, 「소음 · 진동관리법」 및 「소방법」 등 관련 법규의 기준에 적합할 것

　2) 실기비행훈련에 사용되는 훈련용 항공기는 「항공법」 또는 「항공안전법」에 따른 감항성을 확보할 수 있도록 유지 · 관리할 것

　3) 모의비행훈련장치는 모의비행훈련장치 지정기준 및 검사요령에 따라 지정되고 유지 · 관리할 것

　4) 이착륙시설(훈련비행장)은 실기비행훈련에 사용되는 항공기의 이착륙에 적합해야 하며, 교신이 가능한 무선송수신 통신장비를 갖출 것

라. 교육평가방법

　1) 학과시험은 3회 이상 실시할 것

　2) 실기시험은 2회 이상 실시할 것

　3) 교육생은 총 학과교육시간의 100분의 85 이상을 이수하도록 할 것

　4) 학과시험 범위는 제1호 가목 1) 학과시험 과목에 따라 실시할 것

　5) 실기시험 범위는 제1호 가목 2) 실기시험 과목에 따라 실시할 것

　6) 과목별 합격기준은 100분의 70 이상으로 할 것

　7) 과목별 불합격자는 해당 과목 교육시간의 100분의 20 이내에서 추가교육을 한 후 2회의 재시험을 실시할 수 있도록 할 것

마. 교육계획 : 교관, 시설 및 장비 등을 고려한 연간 최대 교육인원을 포함한 교육계획을 수립할 것

바. 교육규정에 포함하여야 할 사항

　1) 교육기관의 명칭

　2) 교육기관의 소재지

　3) 항공종사자 자격별 교육과정명

　4) 교육목표 및 목적

　5) 교육기관 운영과 관련된 조직 및 인원과 관련된 임무

　6) 교육생 응시기준 및 선발방법 등

　7) 교육생 정원(연간 최대 교육인원)

　8) 편입기준

　9) 결석자에 대한 보충교육 방법

　10) 시험시행 횟수, 시기 및 방법

　11) 학사운영(입학 및 수료 등) 보고에 관한 사항

　12) 수료증명서 발급에 관한 사항

　13) 교육과정 운영과 관련된 기록 · 유지 등에 관한 사항

14) 그 밖에 전문교육기관 운영에 필요한 사항 등
사. 항공안전관리시스템(SMS)을 마련할 것
2. 사업용 조종사과정 지정기준
가. 교육과목 및 교육방법
1) 학과교육 : 과목별 시간배분은 다음을 표준으로 하며, 과목별 교육시간은 100분의 35범위 내에서 조정이 가능하되, 총 교육시간은 510시간(자가용 조종사과정 교육시간을 포함한다) 이상이어야 한다. 다만, 총 교육시간의 50% 범위에서 국토교통부장관이 인정하는CBT(Computer Based Training)를 이용한 교육시간은 이를 포함할 수 있다.

과목	교육시간
1. 항공법규	18
2. 항공교통관제 및 항공정보(수색 및 구조 포함)	40
3. 전파법규 및 전기통신술	10
4. 무선공학(항공보안무선시설 및 무선기기)	27
5. 항공기상	77
6. 공중항법	68
7. 항공계기	20
8. 운항관리(비행계획 포함)	10
9. 항공역학(비행이론, 감항검사 포함)	40
10. 항공기구조	20
11. 항공장비	30
12. 동력장치	30
13. 정비방식, 중량배분, 중심위치, 항공기 성능	30
14. 항공기 조종법	30
15. 항공기 취급법	10
16. 인적 성능 및 한계(위기 및 오류 관리 포함)	20
17. 항공사운영(항공역사, 운송항공회사, 항공경제, ICAO와 IATA의 역할 포함)	10
18. 시험(중간시험을 네 번 이상 실시하여야 한다)	20
계	510

2) 실기교육 : 과목별 시간배분은 다음을 표준으로 하며, 과목별 교육시간은 100 분의 35범위 내에서 조정이 가능하되, 기장으로서의 비행시간 70시간을 포함한 총 교육시간은 150시간 이상이어야 한다.

구분	과목	동승비행시간	단독 비행시간(또는 기장시간)	계
비행기	1. 장주 이착륙	15	20	35
	2. 공중 조작	10	15	25
	3. 기본계기비행	10	10	20
	4. 야외 비행	34	20	54
	5. 야간 비행	5	5	10
	6. 비정상 및 비상절차	1	–	1
	7. 시험(중간시험을 한 번 이상 실시하여야 한다.)	5	–	5
	계	80	70	150

구분	과목	동승비행시간	단독 비행시간(또는 기장시간)	계
헬리콥터	1. 장주 이착륙	15	5	20
	2. 공중 조작	3	3	6
	3. 지표 부근에서의 조작	5	2	7
	4. 기본계기비행	5	5	10
	5. 야외 비행	15	10	2
	6. 야간 비행	2	5	5
	7. 비정상 및 비상절차	15	5	7
	8. 시험(중간시험을 한 번 이상 실시하여야 한다.)	5	5	20
	계	65	35	100

단, 지방항공청장이 지정한 모의비행훈련장치를 이용한 비행훈련시간은 10시간 이내에서 인정한다.

나. 교관 확보기준

  1) 학과교관

    가) 자격요건

      (1) 21세 이상일 것

      (2) 해당 과목에 대한 지식과 능력을 갖추고 있을 것

      (3) 해당 과목에 대한 교육경력이 있을 것

      (4) 항공기 종류 및 등급에 해당하는 자가용 조종사, 사업용 조종사, 부조종사 또는 운송용 조종사 자격증명을 가질 것

      (5) 다음 표에 해당하는 교과목별 학과교관이 가져야 할 자격증명은 다음과 같다.

과목	자격증명 등
1. 항공교통관제, 항공정보, 항공기상, 운항관리 등	자가용 조종사, 사업용 조종사, 부조종사, 운송용 조종사, 운항관리사, 항공교통관제사 중 1개
2. 전파법규, 전기통신술, 무선공학 등	자가용 조종사, 사업용 조종사, 부조종사, 운송용 조종사 또는 해당 과목 교육에 적합한 국가기술자격증명 중 1개
3. 항공계기, 항공역학, 항공기구조, 항공장비, 동력장치, 정비방식, 중량배분중심위치, 항공기 성능, 항공기 취급법 등	자가용 조종사, 사업용 조종사, 부조종사, 운송용 조종사, 항공기관사, 항공정비사 중 1개
4. 인적 성능 및 한계 중 항공생리 · 심리 및 구급법	자가용 조종사, 사업용 조종사, 부조종사, 운송용 조종사, 항공의학에 관한 교육을 받은 의사 중 1개

    나) 운영기준

      (1) 학과교관의 강의는 1주당 30시간을 초과하지 않을 것(비행실기교관으로 근무한 시간을 포함하며, 학과시험 감독으로 근무한 시간은 제외한다)

      (2) 학과교관의 강의준비 시간은 강의 1시간당 1시간 이상 주어질 것

  2) 비행실기교관

    가) 자격요건

      (1) 21세 이상일 것

      (2) 해당 과정의 실기교육(모의비행장치 비행훈련 포함)에 필요한 아래의 항공종사자 자격증명 중 어느 하나를 가질 것. 다만, 사업용 조종사 자격증명 또는 군의 비행실기교관 자격을 가진 비행실기교관 중 100분의 75 이상은 계기비행증명 또는 군의 계기비행증명을 가질 것

        (가) 사업용 조종사 자격증명 및 선임 조종교육증명

        (나) 운송용 조종사 자격증명 및 선임 조종교육증명

        (다) 군의 비행실기교관 자격

나) 운영기준

(1) 비행실기교관의 조종교육시간은 연간 1,200시간(학과교관으로 근무한 시간을 포함하며, 학과시험 감독으로 근무한 시간은 제외한다)을 초과하지 아니할 것

(2) 비행실기교관 한 명이 담당하는 교육생은 6명 이하로 할 것

3) 주임교관

가) 24세 이상일 것

나) 해당 교육과정 운영에 필요한 지식, 경력, 능력 및 지휘통솔력을 갖춘 학과 및 비행실기 교관 중 각각 1명을 학과주임교관 및 실기주임교관으로 임명할 것

4) 실기시험관

가) 자격요건

(1) 23세 이상일 것

(2) 해당 과정의 실기시험(모의비행장치 실기시험 포함)에 필요한 아래의 항공종사자 자격증명 중 어느 하나를 가진 사람으로서 500시간 이상의 조종교육경력과 1,500시간 이상의 총 비행경력이 있을 것

(가) 사업용 조종사(계기비행증명을 보유할 것) 자격증명 및 조종교육증명

(나) 운송용 조종사 자격증명 및 조종교육증명

(다) 군의 비행평가교관 자격(군의 계기비행증명을 보유할 것)

(3) 최근 2년 이내에 「항공법」 또는 「항공안전법」을 위반하여 행정처분을 받은 사실이 없을 것

나) 운영기준

(1) 필요 시 실기시험관을 학과교관 및 비행실기교관을 겸임할 수 있도록 할 것

(2) 전문교육기관 설치자 및 관리자는 실기시험관을 겸직하지 않도록 할 것

(3) 실기시험관은 자신이 비행실기 과목을 교육한 학생에 대하여는 그 과목에 대한 평가업무를 수행할 수 없도록 할 것

다. 시설 및 장비 확보기준

1) 강의실, 자료열람실, 비행계획실, 브리핑실, 교관실 및 행정사무실 등 학과교육 및 비행실기교육에 필요한 교육훈련시설은 학생 수를 고려하여 충분히 확보해야 하며, 건축 관계 법규, 「소음 · 진동관리법」 및 「소방법」 등 관련 법규의 기준에 적합할 것

2) 실기비행훈련에 사용되는 훈련용 항공기는 「항공안전법」에 따른 감항성을 확보할 수 있도록 유지 · 관리할 것

3) 모의비행훈련장치는 모의비행훈련장치 지정기준 및 검사요령에 따라 지정되고 유지 · 관리할 것

4) 훈련비행장은 실기비행훈련에 사용되는 항공기 이착륙에 적합해야 하며, 교신이 가능한 무선송수신 통신장비를 갖출 것

라. 교육평가방법

1) 학과시험은 5회 이상 실시할 것

2) 실기시험은 4회 이상 실시할 것

3) 교육생은 총 학과교육시간의 100분의 85 이상을 이수하도록 할 것

4) 학과시험 범위는 제2호 가목 1) 학과시험 과목에 따라 실시할 것

5) 실기시험 범위는 제2호 가목 2) 실기시험 과목에 따라 실시할 것

6) 과목별 합격기준은 100분의 70 이상으로 할 것

7) 과목별 불합격자는 해당 과목 교육시간의 100분의 20 이내에서 추가교육을 한 후 2회의 재시험을 실시할 수 있도록 할 것

마. 교육계획 : 교관, 시설 및 장비 등을 고려한 연간 최대 교육인원을 포함한 교육계획을 수립할 것

바. 교육규정에 포함하여야 할 사항

1) 교육기관의 명칭

2) 교육기관의 소재지

3) 항공종사자 자격별 교육과정명

4) 교육목표 및 목적

5) 교육기관 운영과 관련된 조직 및 인원과 관련된 임무

6) 교육생 응시기준 및 선발방법 등

7) 교육생 정원(연간 최대 교육인원)

8) 편입기준

9) 결석자에 대한 보충교육 방법

10) 시험시행 횟수, 시기 및 방법

11) 학사운영(입학 및 수료 등) 보고에 관한 사항

12) 수료증명서 발급에 관한 사항

13) 교육과정 운영과 관련된 기록·유지 등에 관한 사항

14) 그 밖에 전문교육기관 운영에 필요한 사항 등

사. 항공안전관리시스템(SMS)을 마련할 것

3. 부조종사(MPL : Multi-crew Pilot Licence) 과정 지정기준

가. 교육과목 및 교육방법

1) 학과교육 : 과목별 시간배분은 다음을 표준으로 하며, 과목별 교육시간은 100분의 35 범위 내에서 조정이 가능하되, 총 교육시간은 650시간 이상이어야 한다. 다만, 총 교육시간의 50% 범위 내에서 국토교통부장관이 인정하는 CBT (Computer Based Training)를 이용한 교육시간은 이를 포함할 수 있다.

과목	교육시간
1. 항공법규	18
2. 항공교통관제 및 항공정보(수색 및 구조 포함)	40
3. 전파법규 및 전기통신술	10
4. 무선공학(항공보안무선시설 및 무선기기)	27
5. 항공기상	77
6. 공중항법	68
7. 항공계기	20
8. 운항관리(비행계획 포함)	10
9. 항공역학(비행이론, 감항검사 포함)	40
10. 항공기구조	20
11. 항공장비	30
12. 동력장치	30
13. 정비방식, 중량배분, 중심위치, 항공기 성능	30
14. 항공기 조종법	30
15. 항공기 취급법	10
16. 인적 성능 및 한계(위기 및 오류 관리 포함)	20
17. 특정 형식의 항공기 비행교범(구조, 동력장치, 장비, 성능, 운용제한 및 중량배분 등 포함)	116
18. 특정 형식의 항공기 조종실 절차훈련(CPT : Cockpit Procedure Training)	20
19. 항공사 운영(항공역사, 운송항공회사, 항공경제, ICAO와 IATA의 역할 포함)	10
20. 시험(중간시험을 여덟 번 이상 실시하여야 한다)	24
계	650

2) 실기교육 : 과목별 시간배분은 다음을 표준으로 하며, 과목별 교육시간은 100 분의 35범위 내에서 조정이 가능하되, 지방항공청장이 지정한 특정 형식의 항공기 모의비행훈련장치를 이용한 비행훈련 시간과 최소한 40시간 이상의 실제 비행기에 의한 비행경력을 포함하여 총 240시간 이상이어야 한다.

과목	동승비행시간	단독 비행시간(또는 기장시간)	계
1. 항공기 비행 전 지상작동	10	3	13
2. 항공기 이륙	30	12	42
3. 항공기 상승비행	25	10	35
4. 항공기 순항비행	15	10	25
5. 항공기 강하비행	15	10	25
6. 항공기 접근비행	25	10	35
7. 항공기 착륙	30	12	42
8. 항공기 비행 후 지상작동	10	3	13
9. 시험(중간시험을 여덟 번 이상 실시하여야 한다)	10	−	10
계	170	70	240

나. 교관 확보기준

1) 학과교관 자격요건

가) 자격요건

(1) 21세 이상일 것

(2) 해당 과목에 대한 지식과 능력을 갖추고 있을 것

(3) 해당 과목에 대한 교육경력이 있을 것

(4) 항공기 종류 및 등급에 해당하는 자가용 조종사, 사업용 조종사, 부조종사 또는 운송용 조종사 자격증명을 가질 것

(5) 다음 표에 해당하는 교과목별 학과교관이 소지해야 할 자격증명은 다음과 같다.

과목	자격증명 등
1. 항공교통관제, 항공정보, 항공기상, 운항관리 등	자가용 조종사, 사업용 조종사, 부조종사, 운송용 조종사, 운항관리사, 항공교통관제사 중 1개
2. 전파법규, 전기통신술, 무선공학 등	자가용 조종사, 사업용 조종사, 부조종사, 운송용 조종사 또는 해당 과목 교육에 적합한 국가기술자격증명 중 1개
3. 항공계기, 항공역학, 항공기구조, 항공장비, 동력장치, 정비 방식, 중량배분 중심위치, 항공기 성능, 항공기 취급법 등	자가용 조종사, 사업용 조종사, 부조종사, 운송용 조종사, 항공기관사, 항공정비사 중 1개
4. 인적 성능 및 한계 중 항공생리·심리 및 구급법	자가용 조종사, 사업용 조종사, 부조종사, 운송용 조종사, 항공의학에 관한 교육을 받은 의사 중 1개

나) 운영기준

(1) 학과교관의 강의는 1주당 20시간을 초과하지 않을 것(비행실기교관으로 근무한 시간을 포함하며 학과시험 감독으로 근무한 시간은 제외한다)

(2) 학과교관의 강의준비 시간은 강의 1시간당 1이상 주어질 것

2) 비행실기교관

가) 자격요건

(1) 21세 이상일 것

(2) 해당 과정의 실기교육(모의비행장치 비행훈련 포함)에 필요한 아래의 항공종사자 자격증명 중 어느 하나를 가질 것. 다만, 사업용 조종사 자격증명 또는 군의 비행실기교관자격을 가진 비행실기교관 중 100분의 75 이상은 계기비행증명 또는 군의 계기비행증명을 가질 것

(가) 사업용 조종사 자격증명 및 조종교육증명

(나) 운송용 조종사 자격증명 및 조종교육증명

(다) 군의 비행실기교관 자격

나) 운영기준

    (1) 비행실기교관의 조종교육 시간은 연간 1,200시간(학과교관으로 근무한 시간을 포함하며, 학과시험 감독으로 근무한 시간은 제외한다)을 초과하지 아니할 것

    (2) 비행실기교관 한 명이 담당하는 교육생은 6명 이하로 할 것

3) 주임교관

  가) 24세 이상일 것

  나) 해당 교육과정 운영에 필요한 지식, 경력, 능력 및 지휘통솔력을 갖춘 학과 및 비행실기 교관 중 각각 1명을 학과주임교관 및 실기주임교관으로 임명할 것

4) 실기시험관

  가) 자격요건

    (1) 23세 이상일 것

    (2) 실기시험관은 해당 과정의 실기시험(모의비행장치 실기시험 포함)에 필요한 아래의 항공종사자 자격증명 중 어느 하나를 가지고 500시간 이상의 조종교육경력과 1,500시간 이상의 총 비행경력이 있을 것

      (가) 사업용 조종사(계기비행증명을 보유할 것) 자격증명 및 선임 조종교육증명

      (나) 운송용 조종사 자격증명 및 선임 조종교육증명

      (다) 군의 비행평가교관 자격(군의 계기비행증명을 보유할 것)

    (3) 최근 2년 이내에 「항공법」 또는 「항공안전법」을 위반하여 행정처분을 받은 사실이 없을 것

  나) 운영기준

    (1) 필요 시 실기시험관은 학과교관 및 비행실기교관을 겸임할 수 있도록 할 것

    (2) 전문교육기관 설치자 및 관리자는 실기시험관을 겸직하지 않도록 할 것

    (3) 실기시험관은 자신이 비행실기 과목을 교육한 학생에 대해서는 그 과목에 대한 평가업무를 수행할 수 없도록 할 것

다. 시설 및 장비 확보기준

1) 강의실, 자료열람실, 비행계획실, 브리핑실, 교관실 및 행정사무실 등 학과교육 및 비행실기교육에 필요한 교육훈련시설은 학생 수를 고려하여 충분히 확보해야 하며, 건축 관계 법규, 「소음ㆍ진동관리법」 및 「소방법」 등 관련법규의 기준에 적합할 것

2) 실기비행훈련에 사용되는 훈련용 항공기는 「항공안전법」에 따른 감항성을 확보할 수 있도록 유지ㆍ관리할 것

3) 모의비행훈련장치는 모의비행훈련장치 지정기준 및 검사요령에 따라 지정되고 유지ㆍ관리할 것

4) 이착륙시설(훈련비행장)은 실기비행훈련에 사용되는 항공기의 이착륙에 적합해야 하며, 교신이 가능한 무선송수신 통신장비를 갖출 것

라. 교육평가방법

1) 교육과정 중 학과시험 및 실기시험은 각각 9회 이상 실시할 것

2) 교육생은 총 학과교육시간의 100분의 85 이상을 이수토록 할 것

3) 학과시험 범위는 제3호 가목 1) 학과시험 과목에 따라 실시할 것

4) 실기시험 범위는 제3호 가목 2) 실기시험 과목에 따라 실시할 것

5) 과목별 합격기준은 100분의 70 이상으로 할 것

6) 과목별 불합격자는 해당 과목 교육시간의 100분의 20 이내에서 추가교육을 한 후 2회의 재시험을 실시할 수 있도록 할 것

마. 교육계획 : 교관, 시설 및 장비 등을 고려한 연간 최대 교육인원을 포함한 교육계획을 수립할 것

바. 교육규정에 포함하여야 할 사항

1) 교육기관의 명칭

2) 교육기관의 소재지

3) 항공종사자 자격별 교육과정명

4) 교육목표 및 목적

5) 교육기관 운영과 관련된 조직 및 인원과 관련된 임무

6) 교육생 응시기준 및 선발방법 등

7) 교육생 정원(연간 최대 교육인원)

8) 편입기준

9) 결석자에 대한 보충교육방법

10) 시험시행 횟수, 시기 및 방법

11) 학사운영(입학 및 수료 등) 보고에 관한 사항

12) 수료증명서 발급에 관한 사항

13) 교육과정 운영과 관련된 기록·유지 등에 관한 사항

14) 그 밖에 전문교육기관 운영에 필요한 사항 등

사. 항공안전관리시스템(SMS)을 마련할 것

4. 조종사 등급 한정 추가과정 지정기준

가. 교육과목 및 교육방법

1) 학과교육 : 과목별 시간배분은 다음을 표준으로 하며, 과목별 교육시간은 100분의 35 범위 내에서 조정이 가능하되, 총 교육시간은 20시간 이상이어야 한다.

과목	교육시간
1. 항공기 일반(다발항공기의 구조, 동력장치, 장비, 성능, 운용제한 및 중량 배분 등 포함)	10
2. 항공기 조종법	9
3. 시험	1
계	20

2) 실기교육 : 과목별 시간배분은 다음을 표준으로 한다.

과목	동승비행시간
1. 장주 이착륙	2
2. 공중 조작	3
3. 기본계기비행	2
4. 비정상 및 비상절차	2
5. 시험	1
계	10

나. 교관 확보기준

1) 학과교관

가) 자격요건

(1) 21세 이상일 것

(2) 해당 과목에 대한 지식과 능력을 갖추고 있을 것

(3) 해당 과목에 대한 교육경력이 있을 것

(4) 항공기 종류 및 등급에 해당하는 사업용 조종사, 부조종사 또는 운송용 조종사 자격증명을 가질 것. 단 항공기 일반 과목의 학과교관은 해당 종류의 항공정비사 자격증명을 가진 사람도 가능

나) 운영기준

(1) 학과교관의 강의는 1주당 20시간을 초과하지 않을 것(비행실기교관으로 근무한 시간을 포함하며, 학과시험감독으로 근무한 시간은 제외한다)

(2) 학과교관의 강의준비 시간은 강의 1시간당 1시간 이상 주어질 것

2) 비행실기교관

가) 자격요건

(1) 21세 이상일 것

(2) 해당 과정의 실기교육에 필요한 아래의 항공종사자 자격증명 중 어느 하나를 가질 것

(가) 사업용 조종사 자격증명(계기비행증명을 보유할 것) 및 조종교육증명

(나) 운송용 조종사 자격증명 및 조종교육증명

(다) 군의 비행실기교관 자격(군의 계기비행증명을 보유할 것)

　나) 운영기준

(1) 비행실기교관의 조종교육시간은 연간 1,200시간(학과교관으로 근무한 시간을 포함하며, 학과시험 감독으로 근무한 시간은 제외한다)을 초과하지 아니할 것

(2) 비행실기교관 한명이 담당하는 교육생은 6명 이하로 할 것

　3) 주임교관

　가) 24세 이상일 것

　나) 해당 교육과정 운영에 필요한 지식, 경력, 능력 및 지휘통솔력을 갖춘 학과 및 비행실기 교관 중 각각 1명을 학과주임교관 및 실기주임교관으로 임명할 것

　4) 실기시험관

　가) 자격요건

(1) 23세 이상일 것

(2) 해당 과정의 실기시험에 필요한 아래의 항공종사자 자격증명 중 어느 하나를 가지고 400시간 이상의 조종교육경력과 1,000시간 이상의 총 비행경력이 있을 것

(가) 사업용 조종사(계기비행증명을 보유할 것) 자격증명 및 선임 조종교육증명

(나) 운송용 조종사 자격증명 및 선임 조종교육증명

(다) 군의 비행평가교관 자격(군의 계기비행증명을 보유할 것)

(3) 최근 2년 이내에 「항공법」 또는 「항공안전법」을 위반하여 행정처분을 받은 사실이 없을 것

　나) 운영기준

(1) 필요 시 실기시험관을 학과교관 및 비행실기교관을 겸임할 수 있도록 할 것

(2) 전문교육기관 설치자 및 관리자는 실기시험관을 겸직하지 않도록 할 것

(3) 실기시험관은 자신이 비행실기 과목을 교육한 학생에 대해서는 그 과목에 대한 평가업무를 수행할 수 없도록 할 것

다. 시설 및 장비 확보기준

　1) 강의실, 자료열람실, 비행계획실, 브리핑실, 교관실 및 행정사무실 등 학과교육 및 비행실기교육에 필요한 교육훈련시설은 학생 수를 고려하여 충분히 확보해야 하며, 건축 관계 법규, 「소음·진동관리법」 및 「소방법」등 관련 법규의 기준에 적합할 것

　2) 실기비행훈련에 사용되는 훈련용 항공기는 「항공안전법」에 따른 감항성을 확보할 수 있도록 유지·관리할 것

　3) 이착륙시설(훈련비행장)은 실기비행훈련에 사용되는 항공기의 이착륙에 적합해야 하며, 교신이 가능한 무선송수신 통신장비를 갖출 것

라. 교육평가방법

　1) 교육과정 중 학과시험 및 실기시험은 각각 한 번 이상 실시할 것

　2) 교육생은 총 학과교육시간의 100분의 85 이상을 이수토록 할 것

　3) 학과시험 범위는 제4호 가목 1) 학과시험 과목에 따라 실시할 것

　4) 실기시험 범위는 제4호 가목 2) 실기시험 과목에 따라 실시할 것

　5) 과목별 합격기준은 100분의 70 이상으로 할 것

　6) 과목별 불합격자는 해당 과목 교육시간의 100분의 20 이내에서 추가교육을 한 후 2회의 재시험을 실시할 수 있도록 할 것

마. 교육계획 : 교관, 시설 및 장비 등을 고려한 최대 교육인원을 포함한 교육계획을 수립할 것

바. 교육규정에 포함하여야 할 사항

　1) 교육기관의 명칭

　2) 교육기관의 소재지

　3) 항공종사자 자격별 교육과정명

　4) 교육목표 및 목적

5) 교육기관 운영과 관련된 조직 및 인원과 관련된 임무

6) 교육생 응시기준 및 선발방법 등

7) 교육생 정원(연간 최대 교육인원)

8) 편입기준

9) 결석자에 대한 보충교육방법

10) 시험시행 횟수, 시기 및 방법

11) 학사운영(입학 및 수료 등) 보고에 관한 사항

12) 수료증명서 발급에 관한 사항

13) 교육과정 운영과 관련된 기록·유지 등에 관한 사항

14) 그 밖에 전문교육기관 운영에 필요한 사항 등

5. 조종사 형식 한정 추가과정 지정기준

가. 교육과목 및 교육방법

1) 학과교육 : 과목별 시간배분은 다음을 표준으로 하며, 과목별 교육시간은 100분의 35범위 내에서 조정이 가능하되, 총 교육시간은 140시간 이상이어야 한다. 다만, 총 교육시간의 50% 범위 내에서 국토교통부장관이 인정하는 CBT(Computer Based Training)를 이용한 교육시간은 이를 포함할 수 있다.

과목	교육시간
1. 해당 항공기 비행교범(구조, 동력장치, 장비, 성능, 운용제한 및 중량 배분 등 포함)	116
2. 해당 항공기 조종실 절차훈련(CPT, Cockpit Procedure Training)	20
3. 시험(중간시험을 두 번 이상 실시하여야 한다)	4
계	140

[비고]
항공기 제작회사가 정한 형식 한정 변경에 필요한 학과교육시간 또는 국토교통부장관이 인가한 훈련규정에서 정한 학과교육시간 이상으로 운영 가능

2) 실기교육 : 과목별 배분시간은 다음을 표준으로 한다.

구분	과목	동승비행시간	
		제트발동기	왕복발동기
비행기	1. 모의비행훈련	20	16
	2. 항공기 실제비행훈련	2	2
	3. 시험(중간시험을 한 번 이상 실시하여야 한다)	2	2
	계	24	20
헬리콥터	1. 항공기 실제비행훈련	20	
	2. 시험(중간시험을 한 번 이상 실시하여야 한다)	2	
	계	22	

[비고]
1. 항공기 제작회사가 정한 형식 한정 변경에 필요한 실기교육시간 또는 국토교통부장관이 인가한 훈련규정에서 정한 실기교육시간 이상으로 운영 가능
2. 헬리콥터의 경우 다른 헬리콥터에 대한 형식 한정 자격이 있는 사람의 경우 항공기 실제비행훈련 동승비행시간은 10시간 이상

나. 교관 확보기준

1) 학과교관

가) 자격요건

(1) 21세 이상일 것

(2) 해당 과목에 대한 지식과 능력을 갖추고 있을 것

(3) 해당 과목에 대한 교육경력이 있을 것

(4) 해당 과정에 맞는 형식의 사업용 조종사, 부조종사 또는 운송용 조종사 자격증명을 가질 것. 단 항공기 비행교범 과목의 학과교관은 해당 형식의 항공기에 대한 정비경력이 있는 항공정비사 자격증명을 가진 사람도 가능

나) 운영기준

(1) 학과교관의 강의는 1주당 20시간을 초과하지 않을 것(비행실기교관으로 근무한 시간을 포함하며, 학과시험 감독으로 근무한 시간은 제외한다)

(2) 학과교관의 강의준비시간은 강의 1시간당 1시간 이상 주어질 것

2) 비행실기교관

가) 자격요건

(1) 21세 이상일 것

(2) 해당 과정에 맞는 항공기의 형식 한정 자격을 가진 사람으로서 아래의 항공종사자 자격증명 중 어느 하나를 가져야 한다.

(가) 사업용 조종사 자격증명(비행기에 대해서만 계기비행증명을 보유할 것) 및 조종교육증명

(나) 운송용 조종사 자격증명 및 조종교육증명

(다) 군의 비행실기교관 자격(비행기에 대해서만 군의 계기비행증명을 보유할 것)

나) 운영기준

(1) 비행실기교관의 조종교육시간은 연간 1,200시간(학과교관으로 근무한 시간을 포함하며, 학과시험 감독으로 근무한 시간은 제외한다)을 초과하지 아니할 것

(2) 비행실기교관 한 명이 담당하는 교육생은 6명 이하로 할 것

3) 주임교관

가) 24세 이상일 것

나) 해당 교육과정 운영에 필요한 지식, 경력, 능력 및 지휘통솔력을 갖춘 학과 및 비행실기 교관 중 각각 1명을 학과주임교관 및 실기주임교관으로 임명할 것

4) 실기시험관

가) 자격요건

(1) 23세 이상일 것

(2) 해당 과정의 실기시험에 필요한 아래의 항공종사자 자격증명 중 어느 하나를 가지고 500시간 이상의 조종교육경력과 해당 형식의 항공기 비행시간 100시간을 포함하여 1,500시간 이상의 총 비행경력이 있을 것

(가) 사업용 조종사(계기비행증명을 보유할 것) 자격증명 및 조종교육증명

(나) 운송용 조종사 자격증명 및 조종교육증명

(다) 군의 비행평가교관 자격(군의 계기비행증명을 보유할 것)

(3) 최근 2년 이내에 「항공법」 또는 「항공안전법」을 위반하여 행정처분을 받은 사실이 없을 것

나) 운영기준

(1) 필요 시 실기시험관을 학과교관 및 비행실기교관을 겸임할 수 있도록 할 것

(2) 전문교육기관 설치자 및 관리자는 실기시험관을 겸직하지 않도록 할 것

(3) 실기시험관은 자신이 비행실기 과목을 교육한 학생에 대해서는 그 과목에 대한 평가업무를 수행할 수 없도록 할 것

다. 시설 및 장비 확보기준

1) 강의실, 자료열람실, 비행계획실, 브리핑실, 교관실 및 행정사무실 등 학과교육 및 비행실기교육에 필요한 교육훈련시설은 학생 수를 고려하여 충분히 확보해야 하며, 건축관계법규, 「소음·진동관리법」 및 「소방법」 등 관련법규의 기준에 적합할 것

2) 실기비행훈련에 사용되는 훈련용 항공기는 「항공안전법」에 따른 감항성을 확보할 수 있도록 유지·관리할 것

3) 이착륙 시설(훈련비행장)은 실기비행훈련에 사용되는 항공기의 이착륙에 적합해야 하며, 교신이 가능한 무선송수신 통신장비를 갖출 것

라. 교육평가방법

1) 학과시험은 3회 이상 실시할 것

2) 실기시험은 2회 이상 실시할 것

3) 교육생은 총 학과교육시간의 100분의 85 이상을 이수토록 할 것

4) 학과시험 범위는 제5호 가목 1)학과시험 과목에 따라 실시할 것

5) 실기시험 범위는 제5호 가목 2)실기시험 과목에 따라 실시할 것

6) 과목별 합격기준은 100분의 70 이상으로 할 것

7) 과목별 불합격자는 해당 과목 교육시간의 100분의 20 이내에서 추가교육을 한 후 2회의 재시험을 실시할 수 있도록 할 것

마. 교육계획 : 교관, 시설 및 장비 등을 고려한 최대 교육인원을 포함한 교육계획을 수립할 것

바. 교육규정에 포함하여야 할 사항

1) 교육기관의 명칭

2) 교육기관의 소재지

3) 항공종사자 자격별 교육과정명

4) 교육목표 및 목적

5) 교육기관 운영과 관련된 조직 및 인원과 관련된 임무

6) 교육생 응시기준 및 선발방법 등

7) 교육생 정원(연간 최대 교육인원)

8) 편입기준

9) 결석자에 대한 보충교육 방법

10) 시험시행 횟수, 시기 및 방법

11) 학사운영(입학 및 수료 등) 보고에 관한 사항

12) 수료증명서 발급에 관한 사항

13) 교육과정 운영과 관련된 기록·유지 등에 관한 사항

14) 그 밖에 전문교육기관 운영에 필요한 사항 등

6. 계기비행증명과정 지정기준

가. 교육과목 및 교육방법

1) 학과교육 : 과목별 시간배분은 다음을 표준으로 한다. 단, 과목별 교육시간은 100분의 35 범위 내에서 조정이 가능하되, 총 교육시간은 70시간 이상이어야 한다. 다만, 총 교육시간의 50% 범위 내에서 국토교통부장관이 인정하는 CBT(Computer Based Training)를 이용한 교육시간은 이를 포함할 수 있다.

과목	교육시간
1. 항공법규(항공교통관제 및 항공정보 포함)	10
2. 항공기 일반지식	5
3. 비행성능과 계획	5
4. 인적 성능과 한계(위기 및 오류 관리 포함)	5
5. 항공기상	10
6. 공중항법	15
7. 운항관리	5
8. 무선통화절차	5
9. 항공기 조종법	8
10. 시험(중간시험을 한 번 이상 실시하여야 한다)	2
계	70

나. 실기교육 : 과목별 배분시간은 다음을 표준으로 한다. 단, 과목별 비행시간은 100분의 35 범위 내에서 조정이 가능하되, 총 교육시간은 40시간 이상이어야 한다.

과목	동승 비행시간
1. 기본계기비행(정상, 비정상 및 비상상태 회복절차 등 포함)	10
2. 계기비행(계기이륙, 표준계기 출발 및 도착, 항공로 비행, 체공, 접근 및 착륙 등 포함)	18
3. 야외 계기비행	10
4. 시험(중간시험을 한 번 이상 실시하여야 한다)	2
계	40

단, 지방항공청장이 지정한 모의비행훈련장치 시간은 20시간 이내에서 인정한다.

나. 교관 확보기준
1) 학과교관
   가) 자격요건
      (1) 20세 이상일 것
      (2) 해당 과목에 대한 지식과 능력을 갖추고 있을 것
      (3) 해당 과목에 대한 교육경력이 있을 것
      (4) 해당 과정에 맞는 항공기 종류의 사업용 조종사, 부조종사 또는 운송용 조종사 자격증명을 가질 것. 단 항공기상, 공중항법 및 운항관리 과목의 학과교관은 운항관리사 또는 해당 과목에 대하여 전문교육을 이수한 사람도 가능
   나) 운영기준
      (1) 학과교관의 강의는 1주당 20시간을 초과하지 않을 것(비행실기교관으로 근무한 시간을 포함하며, 학과시험 감독으로 근무한 시간은 제외한다)
      (2) 학과교관의 강의준비 시간은 강의 1시간당 1시간 이상 주어질 것
2) 비행실기교관
   가) 자격요건
      (1) 21세 이상일 것
      (2) 비행실기교관은 해당 과정에 맞는 다음 항공종사자 자격증명 중 어느 하나를 가질 것
         (가) 사업용 조종사 자격증명(계기비행증명을 보유할 것) 및 조종교육증명
         (나) 운송용 조종사 자격증명 및 조종교육증명
         (다) 군의 비행실기교관 자격(군의 계기비행증명을 보유할 것)
   나) 운영기준
      (1) 비행실기교관의 조종교육시간은 연간 1,200시간(학과교관으로 근무한 시간을 포함하며, 학과시험감독으로 근무한 시간은 제외한다)을 초과하지 아니할 것
      (2) 비행실기교관 한명이 담당하는 교육생은 6명 이하로 할 것
3) 주임교관
   가) 24세 이상일 것
   나) 해당 교육과정 운영에 필요한 지식, 경력, 능력 및 지휘통솔력을 갖춘 학과 및 비행실기 교관 중 각각 1명을 학과주임교관 및 실기주임교관으로 임명할 것
4) 실기시험관
   가) 자격요건
      (1) 23세 이상일 것
      (2) 해당 과정의 실기시험에 필요한 아래의 항공종사자 자격증명 중 어느 하나를 가지고 500시간 이상의 조종교육경력과 해당 종류의 항공기 계기비행시간 100시간을 포함하여 1,500시간 이상의 총 비행경력이 있을 것
         (가) 사업용 조종사(계기비행증명을 보유할 것) 자격증명 및 선임 조종교육증명
         (나) 운송용 조종사 자격증명 및 선임 조종교육증명

                              (다) 군의 비행평가교관 자격(군의 계기비행증명을 보유할 것)
                      (3) 최근 2년 이내에 「항공법」 또는 「항공안전법」을 위반하여 행정처분을 받은 사실이 없을 것
                  나) 운영기준
                      (1) 필요 시 실기시험관을 학과교관 및 비행실기교관을 겸임할 수 있도록 할 것
                      (2) 전문교육기관 설치자 및 관리자는 실기시험관을 겸직하지 않도록 할 것
                      (3) 실기시험관은 자신이 비행실기 과목을 교육한 학생에 대해서는 그 과목에 대한 평가업무를 수행할 수 없도록
                          할 것
          다. 시설 및 장비 확보기준
              1) 강의실, 자료열람실, 비행계획실, 브리핑실, 교관실 및 행정사무실 등 학과교육 및 비행실기교육에 필요한 교육훈련시
                  설은 학생 수를 고려하여 충분히 확보해야 하며, 건축관계법규, 「소음·진동관리법」 및 「소방법」등 관련법규의 기준에
                  적합할 것
              2) 실기비행훈련에 사용되는 훈련용 항공기는 「항공안전법」에 따른 감항성을 확보할 수 있도록 유지·관리할 것
              3) 이착륙시설(훈련비행장)은 실기비행훈련에 사용되는 항공기의 이착륙에 적합해야 하며, 교신이 가능한 무선송수신
                  통신장비를 갖출 것
          라. 교육평가방법
              1) 교육과정 중 학과시험 및 실기시험은 각각 2회 이상 실시할 것
              2) 교육생은 총 학과교육시간의 100분의 85 이상을 이수토록 할 것
              3) 학과시험 범위는 제6호 가목 1) 학과시험 과목에 따라 실시할 것
              4) 실기시험 범위는 제6호 가목 2) 실기시험 과목에 따라 실시할 것
              5) 과목별 합격기준은 100분의 70 이상으로 할 것
              6) 과목별 불합격자는 해당 과목 교육시간의 100분의 20 이내에서 추가교육을 한 후 2회의 재시험을 실시할 수 있도록
                  할 것
          마. 교육계획 : 교관, 시설 및 장비 등을 고려한 연간 최대 교육인원을 포함한 교육계획을 수립할 것
          바. 교육규정에 포함하여야 할 사항
              1) 교육기관의 명칭
              2) 교육기관의 소재지
              3) 항공종사자 자격별 교육과정명
              4) 교육목표 및 목적
              5) 교육기관 운영과 관련된 조직 및 인원과 관련된 임무
              6) 교육생 응시기준 및 선발방법 등
              7) 교육생 정원(연간 최대 교육인원)
              8) 편입기준
              9) 결석자에 대한 보충교육 방법
              10) 시험시행 횟수, 시기 및 방법
              11) 학사운영(입학 및 수료 등) 보고에 관한 사항
              12) 수료증명서 발급에 관한 사항
              13) 교육과정 운영과 관련된 기록·유지 등에 관한 사항
              14) 그 밖에 전문교육기관 운영에 필요한 사항 등
    7. 조종교육증명과정 지정기준
        가. 교육과목 및 교육방법
            1) 학과교육 : 과목별 시간배분은 다음을 표준으로 하며, 과목별 교육시간은 100분의 35 범위 내에서 조정이 가능하되,
                총 교육시간은 135시간 이상이어야 한다. 다만, 총 교육시간의 50% 범위 내에서 국토교통부장관이 인정하는
                CBT(Computer Based Training)를 이용한 교육시간은 이를 포함할 수 있다.

과목	교육시간
1. 항공법규(항공교통관제 및 항공정보 포함)	10
2. 사업용 조종사에 필요한 학과교육의 복습	40
3. 교육심리학(학습진도, 인간의 행동, 효과적인 의사소통, 교수과정, 교육방법, 비평, 평가, 교육보조자료의 이용 등을 포함)	50
4. 교육방법(비행교육기술, 교육계획 등을 포함)	20
5. 비행안전이론	5
6. 인적 성능과 한계	5
7. 시험(중간시험을 한 번 이상 포함하여야 한다)	5
계	135

2) 실기교육 : 실기교육시간은 15시간 이상이어야 한다.

과목	동승 비행시간
1. 비행 전후 점검	1
2. 공중조작(해당 항공기에 대한 자가용 및 사업용 조종사 실기교육에 필요한 과목)	2
3. 지상참조 비행	2
4. 장주비행	2
5. 야간비행	2
6. 야외비행(계기비행 포함)	2
7. 비정상 및 비상절차	2
8. 시험(중간시험을 한 번 이상 포함하여야 한다)	2
계	15

[비고]
조종교육증명 과정 수료 시 교육생의 총 비행시간은 230시간 이상이어야 한다.

나. 교관 확보기준
   1) 학과교관
      가) 자격요건
         (1) 21세 이상일 것
         (2) 해당 과목에 대한 지식과 능력을 갖추고 있을 것
         (3) 해당 과목에 대한 교육경력이 있을 것
         (4) 해당 과정에 맞는 항공기 종류의 사업용 조종사, 부조종사 또는 운송용 조종사 자격증명을 가질 것
      나) 운영기준
         (1) 학과교관의 강의는 1주당 20시간을 초과하지 않을 것(비행실기교관으로 근무한 시간을 포함하며, 학과시험감독 으로 근무한 시간은 제외한다)
         (2) 학과교관의 강의준비 시간은 강의 1시간당 1시간 이상 주어질 것
   2) 비행실기교관
      가) 자격요건
         (1) 21세 이상일 것
         (2) 해당 과정에 맞는 다음의 항공종사자 자격증명 중 어느 하나를 가지고 있을 것
            (가) 사업용 조종사(계기비행증명을 보유할 것) 자격증명 및 조종교육증명
            (나) 운송용 조종사 자격증명 및 조종교육증명
            (다) 군의 비행평가교관 자격(군의 계기비행증명을 보유할 것)

나) 운영기준

　　　　(1) 비행실기교관의 조종교육시간은 연간 1,200시간(학과교관으로 근무한 시간을 포함하며, 학과시험 감독으로 근무한 시간은 제외한다)을 초과하지 아니할 것

　　　　(2) 비행실기교관 한명이 담당하는 교육생은 6명 이하로 할 것

　3) 주임교관

　　가) 24세 이상일 것

　　나) 해당 교육과정 운영에 필요한 지식, 경력, 능력 및 지휘통솔력을 갖춘 학과 및 비행실기 교관 중 각각 1명을 학과주임교관 및 실기주임교관으로 임명할 것

　4) 실기시험관

　　가) 자격요건

　　　　(1) 23세 이상일 것

　　　　(2) 해당 과정의 실기시험에 필요한 아래의 항공종사자 자격증명 중 어느 하나를 가지고 500시간 이상의 조종교육경력과 해당 종류의 항공기 계기비행시간 100시간을 포함하여 1,500시간 이상의 총 비행경력이 있을 것

　　　　　(가) 사업용 조종사(계기비행증명을 보유할 것) 자격증명 및 선임 조종교육증명

　　　　　(나) 운송용 조종사 자격증명 및 선임 조종교육증명

　　　　　(다) 군의 비행평가교관 자격(군의 계기비행증명을 보유할 것)

　　　　(3) 최근 2년 이내에 「항공법」 또는 「항공안전법」을 위반하여 행정처분을 받은 사실이 없을 것

　　나) 운영기준

　　　　(1) 필요 시 실기시험관을 학과교관 및 비행실기교관을 겸임할 수 있도록 할 것

　　　　(2) 전문교육기관 설치자 및 관리자는 실기시험관을 겸직하지 않도록 할 것

　　　　(3) 실기시험관은 자신이 비행실기 과목을 교육한 학생에 대해서는 그 과목에 대한 평가업무를 수행할 수 없도록 할 것

다. 시설 및 장비 확보기준

　1) 강의실, 자료열람실, 비행계획실, 브리핑실, 교관실 및 행정사무실 등 학과교육 및 비행실기교육에 필요한 교육훈련시설은 학생 수를 고려하여 충분히 확보해야 하며, 건축 관계 법규, 「소음·진동관리법」 및 「소방법」 등 관련 법규의 기준에 적합할 것

　2) 실기비행훈련에 사용되는 훈련용 항공기는 「항공안전법」에 따른 감항성을 확보할 수 있도록 유지·관리할 것

　3) 이착륙시설(훈련비행장)은 실기비행훈련에 사용되는 항공기의 이착륙에 적합해야 하며, 교신이 가능한 무선송수신 통신장비를 갖출 것

라. 교육평가방법

　1) 학과시험은 3회 이상 실시할 것

　2) 실기시험은 2회 이상 실시할 것

　3) 교육생은 총 학과교육시간의 100분의 85 이상을 이수토록 할 것

　4) 학과시험 범위는 제7호 가목 1) 학과시험 과목에 따라 실시할 것

　5) 실기시험 범위는 제7호 가목 2) 실기시험 과목에 따라 실시할 것

　6) 과목별 합격기준은 100분의 70 이상으로 할 것

　7) 과목별 불합격자는 해당 과목 교육시간의 100분의 20 이내에서 추가교육을 한 후 2회의 재시험을 실시할 것

마. 교육계획 : 교관, 시설 및 장비 등을 고려한 연간 최대 교육인원을 포함한 교육계획을 수립할 것

바. 교육규정에 포함하여야 할 사항

　1) 교육기관의 명칭

　2) 교육기관의 소재지

　3) 항공종사자 자격별 교육과정명

　4) 교육목표 및 목적

　5) 교육기관 운영과 관련된 조직 및 인원과 관련된 임무

　6) 교육생 응시기준 및 선발방법 등

　7) 교육생 정원(연간 최대 교육인원)

8) 편입기준
9) 결석자에 대한 보충교육 방법
10) 시험시행 횟수, 시기 및 방법
11) 학사운영(입학 및 수료 등) 보고에 관한 사항
12) 수료증명서 발급에 관한 사항
13) 교육과정운영과 관련된 기록·유지 등에 관한 사항
14) 그 밖에 전문교육기관운영에 필요한 사항 등

8. 항공교통관제사과정 지정기준

가. 교육과목 및 교육방법

1) 학과교육 : 과목별 시간배분은 다음을 표준으로 하며, 과목별 교육시간은 100분의 35 범위 내에서 조정이 가능하되, 총 교육시간은 345시간 이상이어야 한다.

과목	교육시간
1. 항공관제영어(발음법 포함)	70
2. 항공법규	5
3. 항공규칙	30
4. 항공교통업무(항공교통관제장비 포함)	60
5. 항공정보업무	8
6. 수색 및 구조	25
7. 항공통신	40
8. 비행장	10
9. 출입국절차	5
10. 항공보안	2
11. 공중항법	25
12. 항공기상	20
13. 항공기 운항(운항절차 포함)	10
14. 항공기(비행원리, 항공기 동력장치 및 계통의 기능 및 운용원리, 항공기 성능 등 포함)	5
15. 인적 성능 및 한계(위기 및 오류 관리 포함)	23
16 시험(중간시험은 세 번 이상 실시하여야 한다)	7
계	345

2) 실기교육 : 실기교육시간은 180시간 이상이어야 한다.

과목	교육시간
1. 항공교통관제 실기교육(국토교통부장관이 인정한 모의관제장비에 의한 교육도 포함한다)	176
2. 시험(중간시험은 두 번 이상 실시하여야 한다)	4
계	180

[비고]
1. 항공교통관제 실기교육은 비행장관제 실기교육을 100시간 이상 하고, 나머지 시간은 지역관제, IFR 비행장관제 또는 접근관제 실기교육을 해야 한다.
2. 실기교육은 지역관제소 또는 표준계기출발절차 및 계기접근절차가 수립되어 있는 비행장의 관제탑 또는 접근관제소에서 할 수 있다.

나. 교관 확보기준

  1) 학과교관

    가) 자격요건

      (1) 21세 이상일 것

      (2) 해당 과목에 대한 지식과 능력을 갖추고 있을 것

      (3) 해당 과목에 대한 교육경력이 있을 것

      (4) 해당 과정에 맞는 항공교통관제사 자격증명 또는 군의 항공교통관제 교관 자격을 가진 사람으로서 3년 이상의 실무경력을 가질 것

    마) 다음 표에 해당하는 교과목별 학과교관이 소지해야 할 자격증명은 다음과 같다.

과목	자격증명 등
1. 항공관제영어(발음법 포함)	항공교통관제사, 군의 항공교통관제 교관자격 또는 해당 과목 교육경력이 3년 이상인 사람
2. 항공통신	항공교통관제사, 군의 항공교통관제 교관자격, 해당 과목 교육에 적합한 국가기술자격 또는 해당 분야 실무경력 5년 이상인 사람
3. 항공기상, 항공기운항	항공교통관제사, 군의 항공교통관제 교관자격, 운항관리사 또는 해당 분야 실무경력 5년 이상인 사람
4. 공중항법, 항공기	항공교통관제사, 군의 항공교통관제 교관자격, 사업용조종사, 운송용 조종사 또는 운항관리사
5. 인적 성능 및 한계 중 항공생리 · 심리 및 구급법	항공교통관제사, 군의 항공교통관제 교관자격, 항공의학에 관한 교육을 받은 의사

    나) 운영기준

      (1) 학과교관의 강의는 1주당 20시간을 초과하지 않을 것(관제실기교관으로 근무한 시간을 포함하며, 학과시험 감독으로 근무한 시간은 제외한다)

      (2) 학과교관의 강의준비 시간은 강의 1시간당 1시간 이상 주어질 것

  2) 관제실기교관

    가) 자격요건

      (1) 21세 이상일 것

      (2) 해당 과정에 맞는 항공교통관제사 자격증명 또는 군의 항공교통관제 실기교관자격으로 3년 이상의 실무경력이 있을 것

    나) 운영기준

      (1) 관제실기교관의 교육시간은 1주당 20시간(학과교관으로 근무한 시간을 포함하며, 학과시험 감독으로 근무한 시간은 제외한다)을 초과하지 아니할 것

      (2) 관제실기교관 한명이 담당하는 교육생은 6명 이하로 할 것

  3) 주임교관

    가) 24세 이상일 것

    나) 해당 교육과정 운영에 필요한 지식, 경력, 능력 및 지휘통솔력을 갖춘 학과 및 관제실기 교관 중 각각 1명을 학과주임교관 및 실기주임교관으로 임명할 것

  4) 실기시험관

    가) 자격요건

      (1) 23세 이상일 것

      (2) 해당 과정의 실기시험에 필요한 항공교통관제사 자격증명 또는 군의 항공교통관제 실기평가교관 자격을 가지고, 3년 이상의 관제실기교육 경력을 포함한 5년 이상의 항공교통관제사로서의 실무경력을 가질 것

      (3) 최근 2년 이내에 「항공법」 또는 「항공안전법」을 위반하여 행정처분을 받은 사실이 없을 것

    나) 운영기준

      (1) 필요 시 실기시험관을 학과교관 및 관제실기교관을 겸임할 수 있도록 할 것

      (2) 전문교육기관 설치자 및 관리자는 실기시험관을 겸직하지 않도록 할 것

(3) 실기시험관은 자신이 관제실기 과목을 교육한 학생에 대해서는 그 과목에 대한 평가업무를 수행할 수 없도록 할 것

다. 시설 및 장비 확보기준

1) 강의실, 어학실습실, 자료열람실, 교관실 및 행정사무실 등 학과교육 및 관제실기교육에 필요한 교육훈련시설은 학생 수를 고려하여 충분히 확보해야 하며, 건축 관계 법규, 「소음·진동관리법」 및 「소방법」 등 관련 법규의 기준에 적합할 것

2) 실제 관제장비를 사용할 수 없는 기관은 관제실기교육에 사용되는 국토교통부장관이 인정한 모의관제장비를 다음과 같이 갖출 것. 단, 비행장 관제를 실습할 수 있는 수동식 또는 자동식 모의비행장 관제장비 중 하나는 반드시 갖추어야 한다.

가) 모의비행장 관제장비

(1) 수동식 모의비행장 관제장비

(가) 건물과 비행장 모형을 대형 탁자에 설치해 놓고 보조요원들이 그 주위에 둘러서서 모형항공기를 이동시키며, 조종사처럼 무선통신을 할 수 있을 것

(나) 모형관제탑에서는 그 모형비행장과 모형항공기를 보면서 교육을 할 수 있을 것

(다) 관제탑 콘솔에는 전시판, 무선전화기 마이크, 헤드폰, 5회선의 전화, 풍향풍속계 등을 갖출 것

(라) 관제탑에서 사용되는 업무일지·지도·절차도를 갖출 것

(2) 자동식 모의비행장관제장비

(가) 모형관제탑 내 관제사의 전면에 위치한 스크린에 비행장과 비행장 주위의 항공기 이동상황을 컴퓨터로 전시하고, 보조요원이 그 상황을 조절하면서 조종사처럼 무선통신을 할 수 있을 것

(나) 모형관제탑에서는 스크린에 전시되는 모형비행장과 모형항공기를 보면서 교육할 수 있을 것

(다) 모형관제탑 콘솔에는 전시판, 무선전화기 마이크, 헤드폰, 5회선의 전화, 풍향풍속계 등을 갖출 것

(라) 관제탑에서 사용되는 업무일지·지도·절차도를 갖출 것

나) 다음과 같은 모의접근관제장비를 갖출 것

(1) 학생 및 보조요원이 사용할 긴 콘솔이 있고, 그 위에 비행진행판 또는 전시판을 갖추어야 하며, 레이더접근관제·정밀접근관제 교육용으로는 실물 레이더 또는 컴퓨터를 이용한 자동식 모의관제장비를 갖출 것

(2) 항공기 역할을 하는 보조요원 2명이 다른 방 또는 동일한 실내의 다른 쪽에 위치해 있고, 지역관제소·관제탑·소방·기상실·항공사 등과의 전화통신을 담당하는 보조요원 1명이 있을 것 이 경우 학생이 보조요원 역할을 담당할 수 있다.

(3) 전화와 무선통신용 장비를 각각 갖출 것

(4) 접근관제소에서 사용되는 업무일지·지도·절차도를 갖출 것

다) 다음과 같은 모의항로 관제장비를 갖출 것

(1) 지역관제소의 각 섹터별로 콘솔에 비행진행판 또는 전시판을 갖추어야 하며, 레이더항로관제 교육용으로는 실물 레이더 또는 컴퓨터를 이용한 자동식 모의관제장비를 갖출 것

(2) 각 섹터별로 공지통신 및 지점 간 통신(5회선 이상)을 위한 통상적인 통신시설을 갖출 것

(3) 항공기 역할을 하는 보조요원 2명이 다른 방 또는 동일한 실내의 다른 쪽에 위치해 있고, 접근관제소·관제탑·기상실·통신실·항공사 등과의 전화통신을 담당하는 보조요원 1명이 있을 것

(4) 지역관제소에서 사용되는 업무일지·지도·절차도를 갖출 것

라. 교육평가방법

1) 학과시험은 4회 이상 실시할 것

2) 실기시험은 3회 이상 실시할 것

3) 교육생은 총 학과교육시간의 100분의 85 이상을 이수토록 할 것

4) 학과시험 범위는 제8호 가목 1) 학과시험 과목에 따라 실시할 것

5) 실기시험 범위는 제8호 가목 2) 실기시험 과목에 따라 실시할 것

6) 과목별 합격기준은 100분의 70 이상으로 할 것

7) 과목별 불합격자는 해당 과목 교육시간의 100분의 20 이내에서 추가교육을 한 후 2회의 재시험을 실시할 수 있도록 할 것

마. 교육계획 : 교관, 시설 및 장비 등을 고려한 최대 교육인원을 포함한 교육계획을 수립할 것

바. 교육규정에 포함하여야 할 사항

    1) 교육기관의 명칭

    2) 교육기관의 소재지

    3) 항공종사자 자격별 교육과정명

    4) 교육목표 및 목적

    5) 교육기관 운영과 관련된 조직 및 인원과 관련된 임무

    6) 교육생 응시기준 및 선발방법 등

    7) 교육생 정원(연간 최대 교육인원)

    8) 편입기준

    9) 결석자에 대한 보충교육 방법

    10) 시험시행 횟수, 시기 및 방법

    11) 학사운영(입학 및 수료 등) 보고에 관한 사항

    12) 수료증명서 발급에 관한 사항

    13) 교육과정 운영과 관련된 기록 · 유지 등에 관한 사항

    14) 그 밖에 전문교육기관 운영에 필요한 사항 등

9. 항공정비사과정 지정기준

가. 교육과목 및 교육방법

    1) 학과교육 : 과목별 시간배분은 다음을 표준으로 하며, 과목별 교육시간은 100분의 35 범위 내에서 조정이 가능하되, 총 교육시간은 2,410시간 이상이어야 한다.

과목		학과시간	실기시간	계
항공법규	국제항공법(ICAO와 IATA에 관한 내용 포함)	45	–	45
	국내항공법(사고조사 및 항공보안 포함)			
	항공정비관리(정비관련 규정, 도서, 정비조직, 정비프로그램, 정비방식 및 양식기록에 관한 내용 포함)	45	–	45
	중간시험(2회 이상)	5	–	5
	소계	95	–	95
정비일반 정비일반	수학 · 물리	30	–	30
	항공역학	45	–	45
	항공기 도면	20	25	45
	항공기 중량 및 평형관리	10	20	30
	항공기 재료, 공정, 하드웨어	20	25	45
	항공기 세척 및 부식방지	15	15	30
	유체 라인 및 피팅	10	35	45
	일반공구와 측정공구	10	20	30
	안전 및 지상취급과 서비스작업	20	10	30
	검사원리 및 기법	30	15	45
	인적성능 및 한계(위기 및 오류 관리 포함)	45	–	45
	중간시험(2회 이상)	10	–	10
	소계	265	165	430

과목		학과시간	실기시간	계
항공기체	항공기 구조	30	30	60
	항공기 천, 외피, 목재와 구조물 수리	20	10	30
	항공기 금속구조 수리	30	60	90
	항공기 용접	20	40	60
	첨단 복합 소재	25	50	75
	항공기 도색 및 마무리	10	20	30
	항공기 유압계통	30	30	60
	항공기 착륙장치 계통	30	30	60
	항공기 연료계통	30	30	60
	화재방지, 제ㆍ방빙 및 제어계통	15	15	30
	객실공조 및 공기압력 제어계통	20	25	45
	헬리콥터 구조 및 계통	20	25	45
	중간시험(2회 이상)	15	–	15
	소계	295	365	660
항공발동기	왕복엔진일반 및 흡기ㆍ배기계통	20	25	45
	왕복엔진 연료 및 연료조절계통	20	25	45
	왕복엔진 점화 및 시동계통	20	25	45
	왕복엔진 윤활 및 냉각계통	20	25	45
	프로펠러	20	25	45
	헬리콥터 엔진	20	25	45
	왕복엔진 장탈 및 교환	20	25	45
	왕복엔진 정비 및 작동(화재방지계통 포함)	20	25	45
	경량항공기 엔진	10	5	15
	가스터빈엔진 일반 및 구조	20	25	45
	가스터빈엔진 연료 및 연료조절계통	20	25	45
	가스터빈엔진 점화 및 시동계통	20	25	45
	가스터빈엔진 윤활 및 냉각계통	20	25	45
	가스터빈엔진 장탈 및 교환	20	25	45
	가스터빈엔진 정비 및 작동(화재방지계통 포함)	10	20	30
	중간시험(2회 이상)	5	5	10
	소계	285	355	640
전기/전자/계기	기초전기ㆍ전자	120	75	195
	항공기 전기계통	60	30	90
	항공기 계기계통	60	30	90
	항공기 통신 및 항법계통, 자동비행장치	120	60	180
	중간시험(2회 이상)	5	10	15
	소계	365	205	570
최종시험	종합평가시험	5	10	15
계		1,310	1,100	2,410

나. 교관 확보기준
  1) 학과교관
    가) 자격요건
      (1) 21세 이상일 것
      (2) 해당 과목에 대한 지식과 능력을 갖추고 있을 것
      (3) 해당 과목에 대한 교육경력이 있을 것
      (4) 해당 과정에 맞는 항공정비사 자격증명 가진 사람으로서 3년 이상의 실무경력을 가질 것(항공법규, 기초전기, 인적성능 및 한계, 수학·물리·일반기계 과목은 제외한다).
      (5) 다음 표에 해당하는 교과목별 학과교관이 가져야 할 자격증명은 다음과 같다.
    나) 운영기준
      (1) 학과교관의 강의는 1주당 20시간을 초과하지 않을 것(정비실기교관으로 근무한 시간을 포함하며, 학과시험 감독으로 근무한 시간은 제외한다)
      (2) 학과교관의 강의준비 시간은 강의 1시간당 1시간 이상 주어질 것
    다) 학과교관의 강의준비 시간은 강의 1시간당 1시간을 표준으로 한다.
  2) 정비실기교관
    가) 자격요건
      (1) 21세 이상일 것
      (2) 해당 과정에 맞는 항공정비사 자격증명 또는 군 교육기관의 경우 군의 항공정비사실기 교관자격으로 3년 이상의 실무경력을 가져야 한다.
    나) 운영기준
      (1) 정비실기교관의 교육시간은 1주당 20시간(학과교관으로 근무한 시간을 포함하며, 학과시험 감독으로 근무한 시간은 제외한다)을 초과하지 아니할 것
      (2) 정비실기교관 한 명이 담당하는 교육생은 12명 이하로 할 것
  3) 주임교관
    가) 24세 이상일 것
    나) 해당 교육과정 운영에 필요한 지식, 경력, 능력 및 지휘통솔력을 갖춘 학과 및 정비실기 교관 중 각각 1명을 학과주임교관 및 실기주임교관으로 임명할 것
  4) 실기시험관
    가) 자격요건
      (1) 23세 이상일 것
      (2) 해당 과정의 실기시험에 필요한 항공정비사 자격증명 또는 군의 항공정비사 실기평가교관 자격을 소지하고 3년 이상의 정비 실기교육 경력을 포함한 5년 이상의 항공정비사로서의 실무경력을 가질 것
      (3) 최근 2년 이내에 「항공법」 또는 「항공안전법」을 위반하여 행정처분을 받은 사실이 없을 것
    나) 운영기준
      (1) 필요 시 실기시험관을 학과교관 및 정비실기교관을 겸임할 수 있도록 할 것
      (2) 전문교육기관 설치자 및 관리자는 실기시험관을 겸직하지 않도록 할 것
      (3) 실기시험관은 자신이 정비실기 과목을 교육한 학생에 대해서는 그 과목에 대한 평가업무를 수행할 수 없도록 할 것
다. 시설 및 장비 확보기준
  1) 강의실, 정비실습실, 자료열람실, 교관실 및 행정사무실 등 학과교육 및 정비실기교육에 필요한 교육훈련시설은 학생 수를 고려하여 충분히 확보해야 하며, 건축관계법규, 「소음·진동관리법」 및 「소방법」등 관련법규의 기준에 적합할 것
  2) 정비실기를 위해 갖추어야 할 장비는 다음과 같다.

구 분	소요장비 및 공구

1. 기초금속
가공실기
	가. 장비
	  1) 동력 그라인더
	  2) 동력 드릴링머신
	  3) 바이스(Vise) 12개 이상 및 작업대 3대 이상
	  4) 형상 가공장비
	  5) 금속 절단용 동력 쇠톱
	나. 측정 및 금 긋기 개인용 공구
	  1) 스틸자
	  2) 삼각자
	  3) 필러 게이지 세트
	  4) 디바이더(Divider) 세트
	  5) 버니어 캘리퍼스(Vernier calipers)(내ㆍ외경 측정)
	  6) 마이크로미터(내ㆍ외경 측정)
	다. 조립용 공구
	  1) 일반공구 세트
	  2) 사이드 커터 플라이어
	  3) 핸드 드릴과 소형 다이아 미터 드릴 세트
	  4) 해머 세트(볼핀, 동, 라바, 피혁, 플라스틱, 크로스형)

2. 용접실기	가. 산소-아세틸렌 용접장비 세트 나. 전기 아크 용접기 1대 다. 용접 보호장구(눈 및 얼굴 가리개, 보안경, 가죽 장갑 및 앞치마) 라. 점 용접용 전기저항 용접기 1대

3. 판금실기	가. 장비
	  1) 절단기 1대
	  2) 그라인더 1대
	  3) 판재 접기 장치(Cornice brake)
	  4) 핸드 바이스(Hand Vise) 1개
	  5) 형상 롤러(Forming Roll) 1대
	  6) 정밀드릴링머신(Sensitive Drilling Machine) 1대
	  7) 공기 압축기(Air Compressor)
	나. 공구
	  1) 판금(Plate) 게이지 1개
	  2) 판금공구 세트
	  3) 쇠톱
	  4) 줄 세트
	  5) 센터 및 핀 펀치 세트
	  6) 평면 정과 여러 단면의 정 세트
	  7) 복합소재 수리공구

4. 발동기실기	가. 장비
	  1) 왕복발동기 1대 이상
	  2) 가스-터빈 발동기 5대 이상
	  3) 시운전이 가능한 발동기 또는 작동모습을 시현할 수 있는 발동기 1대 이상
	  4) 발동기 분해 시 부품 보관용 스탠드
	  5) 부품 세척용 장비
	  6) 이동용 호이스트(Hoist)
	  7) 발동기 슬링
	  8) 발동기 분해 및 조립용 공구 세트
	  9) 비파괴검사용 장비(초음파검사, 형광침투검사, 와전류검사, 자분탐상검사)
	  10) 내시경검사 장비
	나. 공구
	  1) 일반공구 세트
	  2) 토크 렌치(Torque Wrench)
	  3) 스트랩 렌치(Strap Wrench)

구 분	소요장비 및 공구
5. 항공기체실기	가. 헬리콥터, 비행기를 포함한 항공기 3대(가동 할 수 있거나 정비가 가능할 것) 이상 나. 유압식 리프트 잭, 리프트 슬링 등 작업대 다. 기술도서(圖書) 비치용 책상 및 진열대 라. 작업용 운반차 마. 소화장비(CO_2 소화기 등) 바. 작업대, 초크 등 격납고용 비품 사. 이동용 소형 크레인 아. 타이어 수리용 장비 자. 오일 및 연료 보충용 장비 차. 케이블 스웨이징(Swaging) 장비 카. 이동용 유압식 실험 트롤리(Trolley) 타. 일반 공구 세트
6. 항공기 계통실기	가. 유압계통 부품 나. 착륙장치계통 부품 다. 공압계통 부품 라. 비행조종장치 부품 마. 객실 공기조절장치 부품 바. 산소계통 부품 자. 제빙계통 부품 차. 비상장치, 방빙장치 등의 다양한 부품

7. 항공전기/전자/계기
   실기
	가. 특수공구 및 측정기기
	  1) 전기 납땜인두 12세트 이상
	  2) 전선 스트리퍼 1개 이상
	  3) 전기/전자/계기용 공구 1세트 이상
	  4) 크림핑(Crimping) 공구 1세트 이상
	  5) 멀티미터 1세트 이상
	  6) 오실로스코프(Oscilloscope) 1세트 이상
	  7) 메가 옴(Mega Ohm) 미터 1세트 이상
	  8) 배터리 충전장치
	  9) 직류(5 – 28 volt DC)/교류 전원공급장치
	  10) 전원공급장치
	  11) 신호발생기(실기교육용 포함)
	  12) 교류전압계
	  13) 변압기
	나. 소요자재
	  1) 실기교육용 항공기 케이블
	  2) 항공기 플러그, 리셉터클(Receptacle) 등
	  3) 항공기 램프(직류 및 교류용)
	다. 시험 또는 훈련장비
	  1) 압력계기 시험용 장비
	  2) 고도계기 시험용 장비
	  3) 누설 점검용 교보자료(Mock-up : 비행기 모형장치)
	  4) 컴퍼스 교정 모의장치 (Mock-up)
	  5) 간단한 형태의 자동조종장치
	  6) 항공전자 작동 모의장비(Mock-up 또는 시뮬레이터)
	라. 탑재장비 및 계기
	  1) 매니폴드 압력 게이지
	  2) 유압 게이지
	  3) 발동기 오일 압력 게이지
	  4) 속도계기
	  5) 피토(Pitot) 정압 헤드
	  6) 고도계
	  7) 상승계

구 분	소요장비 및 공구
7. 항공전기/전자/계기 실기	8) 선회경사지시계 9) 방향 자이로스코프(Gyroscope) 10) 인공수평계 11) 발동기 회전계기 12) 발동기 온도계기 13) 발동기 배기가스 온도계기 14) 연료량계기 15) 송신기(Transmitter) 16) 초단파 · 고주파 송수신기 17) 계기착륙장치(착륙경로수신기, MARKER수신기) 18) 장거리 항법장비(GPS, IRs) 19) 탑재 항법장비 20) 무선고도계기 21) 항공기 마그네토 및 점화용 전선 22) 직류 발전기 또는 교류 발전기 23) 전압 조정기 및 전류제한 장치 24) 스타터 모터 25) 스태틱 인버터(Static Inverter)

라. 교육평가방법
   1) 학과시험은 9회 이상 실시하도록 할 것
   2) 실기시험은 8회 이상 실시하도록 할 것
   3) 교육생은 총 학과교육시간의 100분의 85 이상을 이수하도록 할 것
   4) 학과시험 범위는 제9호 가목 1) 학과시험 과목별 학과시험에 따라 실시할 것
   5) 실기시험 범위는 제9호 가목 2) 실기시험 과목별 실기시험에 따라 실시할 것
   6) 과목별 합격기준은 100분의 70 이상으로 할 것
   7) 과목별 불합격자는 해당 과목 교육시간의 100분의 20 이내에서 추가교육을 한 후 2회의 재시험을 실시할 수 있도록
      할 것
마. 교육계획 : 교관, 시설 및 장비 등을 고려한 연간 최대 교육인원을 포함한 교육계획을 수립하여야 한다.
바. 교육규정에 포함하여야 할 사항은 다음과 같다.
   1) 교육기관의 명칭
   2) 교육기관의 소재지
   3) 항공종사자 자격별 교육과정명
   4) 교육목표 및 목적
   5) 교육기관 운영과 관련된 조직 및 인원과 관련된 임무
   6) 교육생 응시기준 및 선발방법 등
   7) 교육생 정원(연간 최대 교육인원)
   8) 편입기준
   9) 결석자에 대한 보충교육방법
   10) 시험시행 횟수, 시기 및 방법
   11) 학사운영(입학 및 수료 등) 보고에 관한 사항
   12) 수료증명서 발급에 관한 사항
   13) 교육과정 운영과 관련된 기록 · 유지 등에 관한 사항
   14) 그 밖에 전문교육기관 운영에 필요한 사항 등

10. 경량항공기 조종사과정 지정기준

　가. 교육과목 및 교육방법

　　1) 학과교육 : 과목별 시간배분은 다음을 표준으로 하며, 총 교육시간은 20시간 이상이어야 한다.

교육과목	교육시간
1. 항공법규	2
2. 항공기상	3
3. 항공역학(비행이론)	10
4. 항공교통통신(정보업무, 공중항법 포함한다)	3
5. 시험(중간시험을 한 번 이상 실시하여야 한다)	2
계	20

　　2) 실기교육 : 과목별 시간배분은 다음을 표준으로 하며, 단독 비행시간 또는 기장시간(자기의 책임 하에 비행한 시간을 말한다. 이하 같다) 5시간을 포함한 총 교육시간은 20시간 이상이어야 한다.

구분	과목	동승 비행시간	단독 비행시간 (또는 기장시간)	교육시간
타면조종형 비행기, 체중이행형 비행기, 동력 패러슈트	1. 장주 이륙·착륙	7	3	10
	2. 공중 조작	4	2	6
	3. 비정상 및 비상절차	2	–	2
	4. 시험(중간시험을 한 번 슈트 이상 실시하여야 한다)	2	–	2
	계	15	5	20
회전익경량 항공기	1. 장주 이륙·착륙	3	2	5
	2. 공중 조작	3	2	5
	3. 지표 부근에서의 조작	4	1	5
	4. 비정상 및 비상절차	3	–	3
	5. 시험(중간시험을 한 번 이상 실시하여야 한다)	2	–	2
	계	15	5	20

　나. 교관 확보기준

　　1) 학과교관

　　　가) 자격요건

　　　　(1) 20세 이상일 것

　　　　(2) 해당 과목에 대한 지식과 능력을 갖추고 있을 것

　　　　(3) 해당 과목에 대한 교육경력이 있을 것

　　　　(4) 경량항공기 종류에 해당하는 조종사 자격증명을 가질 것

　　　나) 운영기준

　　　　(1) 학과교관의 강의는 1주당 30시간을 초과하지 않을 것(비행실기교관으로 근무한 시간을 포함하며, 학과시험 감독으로 근무한 시간은 제외한다)

　　　　(2) 학과교관의 강의준비 시간은 강의 1시간당 1시간 이상 주어질 것

　　2) 비행실기교관

　　　가) 자격요건

　　　　(1) 20세 이상일 것

　　　　(2) 경량항공기 조종사 자격증명 및 조종교육증명을 가질 것

　　　나) 운영기준

　　　　(1) 비행실기교관의 조종교육시간은 연간 1,200시간(학과교관으로 근무한 시간을 포함하며, 학과시험 감독으로 근무한 시간은 제외한다)을 초과하지 아니할 것

　　　　(2) 비행실기교관 한 명이 담당하는 교육생은 8명 이하로 할 것

3) 주임교관

　가) 24세 이상일 것

　나) 해당 교육과정 운영에 필요한 지식, 경력, 능력 및 지휘통솔력을 갖춘 학과 및 비행실기 교관 중 1명을 주임교관으로 임명할 것

4) 실기시험관

　가) 자격요건

　　(1) 23세 이상일 것

　　(2) 해당 경량항공기의 조종사 자격증명을 가진 사람으로서 300시간 이상의 비행경력이 있을 것

　　(3) 최근 2년 이내에 「항공법」 또는 「항공안전법」을 위반하여 행정처분을 받은 사실이 없을 것

　나) 운영기준

　　(1) 필요 시 실기시험관을 학과교관 및 비행실기교관을 겸임할 수 있도록 할 것

　　(2) 전문교육기관 설치자 및 관리자는 실기시험관을 겸직하지 않도록 할 것

　　(3) 실기시험관은 자신이 비행실기 과목을 교육한 학생에 대해서는 그 과목에 대한 평가업무를 수행할 수 없도록 할 것

다. 시설 및 장비 확보기준

1) 강의실, 자료열람실, 비행계획실, 브리핑실, 교관실 및 행정사무실 등 학과교육 및 비행실기교육에 필요한 교육훈련시설은 학생 수를 고려하여 충분히 확보해야 하며, 건축 관계 법규, 「소음·진동관리법」 및 「소방법」 등 관련 법규의 기준에 적합할 것

2) 실기비행훈련에 사용되는 훈련용 경량항공기는 「항공안전법」에 따른 안전성 인증을 확보할 수 있도록 유지·관리할 것

3) 이착륙시설(훈련비행장)은 실기비행훈련에 사용되는 경량항공기의 이착륙에 적합해야 하며, 교신이 가능한 무선송수신 통신장비를 갖출 것

라. 교육평가방법

1) 교육과정 중 학과시험 및 실기시험은 각각 2회 이상 실시할 것

2) 학과시험 범위는 제1호 가목 (1) 학과교육 과목에 따라 실시할 것

3) 실기시험 범위는 제1호 가목 (2) 실기교육 과목에 따라 실시할 것

4) 과목별 합격기준은 100분의 70 이상으로 할 것

5) 과목별 불합격자는 해당 과목 교육시간의 100분의 20 이내에서 추가교육을 한 후 2회의 재시험을 실시할 수 있도록 할 것

마. 교육계획 : 교관, 시설 및 장비 등을 고려한 연간 최대 교육인원을 포함한 교육계획을 수립할 것

바. 교육규정에 포함되어야 할 사항

1) 교육기관의 명칭

2) 교육기관의 소재지

3) 항공종사자 자격별 교육과정명

4) 교육목표 및 목적

5) 교육기관 운영과 관련된 조직 및 인원과 관련된 임무

6) 교육생 응시기준 및 선발방법 등

7) 교육생 정원(연간 최대 교육인원)

8) 편입기준

9) 결석자에 대한 보충교육 방법

10) 시험시행 횟수, 시기 및 방법

11) 학사운영(입학 및 수료 등) 보고에 관한 사항

12) 수료증명서 발급에 관한 사항

13) 교육과정 운영과 관련된 기록·유지 등에 관한 사항

14) 그 밖에 전문교육기관 운영에 필요한 사항 등

11. 국토교통부장관은 별표 12 제1호에서 제9호까지의 규정에 불구하고 다음 각 목에 구분에 따라 교육의 일부를 생략하는 과정(이하 "전수과정"이라 한다)을 지정할 수 있다.

　가. 항공종사자 자격증명을 가진 사람을 교육시키는 과정에 있어서는 규칙 별표 6에서 정한 학과 과목의 일부를 생략할 수 있다.

　나. 규칙 별표 7에 따른 실기시험의 면제기준에 해당하는 사람을 교육시키는 과정에 있어서는 실기교육을 생략할 수 있다.

　다. 국토교통부로부터 전문교육기관으로 지정받기 전에 같은 교육기관을 수료한 사람을 교육시키는 과정에 있어서는 별표 12 제1호에서 제9호까지 규정에 의한 교육과정의 훈련기준을 충족하는 학과교육의 과목 또는 시간의 일부와 실기교육을 생략할 수 있다.

　라. 항공종사자 자격증명 학과시험에 합격한 사람 등을 위한 실기교육 전수과정을 지정할 수 있다.

[별표 13]

항공신체검사 의료기관 시설 및 장비기준(제105조제2항제3호 관련)

1. 시설기준

시설의 종류	기준량	시설의 종류	기준량
진료실	1	임상병리실	1
신체검사실	2	방사선실	1
청력검사실(방음실)	1	대기실	1

2. 의료장비기준

장비의 종류	기준량	장비의 종류	기준량
신장기	1	심전도기	1
체중기	1	※ 운동부하검사기	1
줄자	1	※ 뇌파기	1
청진기	1	안압측정기	1
타진기	1	※ 안저카메라	1
혈압계	1	※ 이관검사기	1
이비경	1	※ 후두경	1
검안경	1	시력표	1
방사선 촬영기	1	시야측정기	1
자동혈구계산기	1	사시각측정기	1
※ 원심분리기	1	※ 입체시측정기	1
현미경	1	색각검사기	1
※ 자동혈액화학분석기	1	AUDIO METER	1
※ 폐기능분석기	1	※ AUDIO BOOTH	1

[비고]
※는 권고 장비이다.

[별표 14]

항공전문의사에 대한 행정처분기준(제106조제2항)

위반행위 또는 사유	해당 법조문	처분내용
1. 거짓이나 그 밖의 부정한 방법으로 항공전문의사로 지정받은 경우	법 제50조제1항제1호	지정 취소
2. 항공전문의사가 법 제40조에 따른 항공신체검사증명서의 발급 등 국토교통부령으로 정하는 다음 각 목의 업무를 게을리 수행한 경우	법 제50조제1항제2호	1차 위반 : 효력정지 1개월 2차 위반 : 효력정지 3개월 3차 위반 : 효력정지 6개월
가. 제93조제2항에 따른 항공신체검사증명서 발급 업무를 태만히 수행한 경우	법 제50조제1항제2호	1차 위반 : 효력정지 1개월 2차 위반 : 효력정지 3개월 3차 위반 : 효력정지 6개월
나. 제93조제3항에 따른 항공신체검사증명서 발급 대장 작성·비치업무를 태만히 수행한 경우	법 제50조제1항제2호	1차 위반 : 효력정지 1개월 2차 위반 : 효력정지 3개월 3차 위반 : 효력정지 6개월
다. 제93조제4항에 따른 항공신체검사증명서 발급 결과 통지업무를 태만히 수행한 경우	법 제50조제1항제2호	
3. 항공전문의사 지정의 효력정지 기간에 법 제40조에 따른 항공신체검사 증명에 관한 업무를 수행한 경우	법 제50조제1항제3호	지정 취소
4. 항공전문의사가 법 제49조제2항에 따른 지정기준에 적합하지 아니하게 된 경우	법 제50조제1항제4호	지정 취소
5. 항공전문의사가 법 제49조제3항에 따른 전문교육을 받지 않은 경우	법 제50조제1항제5호	1차 위반 : 효력정지 1개월 2차 위반 : 효력정지 3개월 3차 위반 : 효력정지 6개월
6. 항공전문의사가 고의 또는 중대한 과실로 항공신체검사증명서를 잘못 발급한 경우	법 제50조제1항제6호	지정 취소
7. 항공전문의사가 「의료법」 제65조 또는 제66조에 따라 자격이 취소 또는 정지된 경우	법 제50조제1항제7호	지정 취소
8. 본인이 지정 취소를 요청한 경우	법 제50조제1항제8호	지정 취소

[비고]
1. 위반행위의 차수에 따른 행정처분의 기준은 최근 1년간 같은 위반행위로 행정처분을 받은 경우에 적용한다. 이 경우 행정처분 기준의 적용은 같은 위반행위에 대하여 최초로 행정처분을 한 날을 기준으로 한다.
2. 위반행위의 정도 및 횟수 등을 고려하여 행정처분의 2분의 1의 범위에서 이를 늘리거나 줄일 수 있다.

항공기에 실어야 할 연료와 오일의 양(제119조 관련)

구분		연료 및 오일의 양	
		왕복발동기 장착 항공기	터빈발동기 장착 항공기
항공운송사업용 및 항공기사용사업용 비행기	계기비행으로 교체비행장이 요구될 경우	다음 각 호의 양을 더한 양 1. 이륙 전에 소모가 예상되는 연료(taxi fuel)의 양 2. 이륙부터 최초 착륙예정 비행장에 착륙할 때까지 필요한 연료(trip fuel)의 양 3. 이상사태 발생 시 연료 소모가 증가할 것에 대비하기 위한 것으로서 법 제77조에 따라 고시하서는 운항기술기준(이하 이 표에서 "운항기술기준"이라 한다)에서 정한 연료(Contingency fuel)의 양 4. 다음 각 목의 어느 하나에 해당하는 연료(destination alternate fuel)의 양 　가. 1개의 교체비행장이 요구되는 경우 : 다음의 양을 더한 양 　　1) 최초 착륙예정 비행장에서 한 번의 실패 접근에 필요한 양 　　2) 교체비행장까지 상승비행, 순항비행, 강하비행, 접근비행 및 착륙에 필요한 양 　나. 2개 이상의 교체비행장이 요구되는 경우 : 각각의 교체비행장에 대하여 가목에 따라 산정된 양 중 가장 많은 양 5. 교체비행장에 도착 시 예상되는 비행기의 중량 상태에서 속도 및 순항고도로 45분간 더 비행할 수 있는 연료(final reserve fuel)의 양 6. 그 밖에 비행기의 비행성능 등을 고려하여 운항기술기준에서 정한 추가 연료의 양	다음 각 호의 양을 더한 양 1. 이륙 전에 소모가 예상되는 연료의 양 2. 이륙부터 최초 착륙예정 비행장에 착륙할 때까지 필요한 연료의 양 3. 이상사태 발생 시 연료 소모가 증가할 것에 대비하기 위한 것으로서 운항기술기준에서 정한 연료의 양 4. 다음 각 목의 어느 하나에 해당하는 연료(destination alternate fuel)의 양 　가. 1개의 교체비행장이 요구되는 경우 : 다음의 양을 더한 양 　　1) 최초 착륙예정 비행장에서 한 번의 실패 접근에 필요한 양 　　2) 교체비행장까지 상승비행, 순항비행, 강하비행, 접근비행 및 착륙에 필요한 양 　나. 2개 이상의 교체비행장이 요구되는 경우 : 각각의 교체비행장에 대하여 가목에 따라 산정된 양 중 가장 많은 양 5. 교체비행장에 도착 시 예상되는 비행기의 중량 상태에서 표준대기상태에서의 체공속도로 교체비행장의 450미터(1,500피트)의 상공에서 30분간 더 비행할 수 있는 연료의 양 6. 그 밖에 비행기의 비행성능 등을 고려하여 운항기술기준에서 정한 추가 연료의 양
	계기비행으로 교체비행장이 요구되지 않을 경우	다음 각 호의 양을 더한 양 1. 이륙 전에 소모가 예상되는 연료의 양 2. 이륙부터 최초 착륙예정 비행장에 착륙할 때까지 필요한 연료의 양 3. 이상사태 발생 시 연료소모가 증가할 것에 대비하기 위한 것으로서 운항기술기준에서 정한 연료의 양 4. 다음 각 목의 어느 하나에 해당하는 연료의 양 　가. 제186조제3항제1호에 해당하는 경우 : 표준대기상태에서 최초 착륙예정 비행장의 450미터(1,500피트)의 상공에서 체공속도피트)로 15분간 더 비행할 수 있는 양 　나. 제186조제3항제2호에 해당하는 경우 : 다음의 어느 하나에 해당하는 양 중 더 적은 양 　　1) 제5호에 따른 연료의 양을 포함하여 순항속도로 45분간 더 비행할 수 있는 양에 순항고도로 계획된 비행시간의 15퍼센트의 시간을 더 비행할 수 있는 양을 더한 양 　　2) 순항속도로 2시간을 더 비행할 수 있는 양	다음 각 호의 양을 더한 양 1. 이륙 전에 소모가 예상되는 연료의 양 2. 이륙부터 최초 착륙예정 비행장에 착륙할 때까지 필요한 연료의 양 3. 이상사태 발생 시 연료소모가 증가할 것에 대비하기 위한 것으로서 운항기술기준에서 정한 연료의 양 4. 다음 각 목의 어느 하나에 해당하는 연료의 양 　가. 제186조제3항제1호에 해당하는 경우 : 표준대기상태에서 최초착륙예정 비행장의 450미터(1,500피트)의 상공에서 체공속도로 15분간 더 비행할 수 있는 양 　나. 제186조제3항제2호에 해당하는 경우 : 제5호에 따른 연료의 양을 포함하여 최초 착륙예정 비행장의 상공에서 정상적인 순항 연료소모율로 2시간을 더 비행할 수 있는 양

구분		연료 및 오일의 양	
		왕복발동기 장착 항공기	터빈발동기 장착 항공기
항공운송사업용 및 항공기사용사업용 비행기	계기비행으로 교체비행장이 요구되지 않을 경우	5. 최초 착륙예정 비행장에 도착 시 예상되는 비행기 중량상태에서 순항속도 및 순항고도로 45분간 더 비행할 수 있는 연료의 양. 다만, 제4호나목 1)에 따라 연료를 실은 경우에는 제5호에 따른 연료를 실은 것으로 본다. 6. 그 밖에 비행기의 비행성능 등을 고려하여 운항기술기준에서 정한 추가 연료의 양	5. 최초 착륙예정 비행장에 도착 시 예상되는 비행기 중량 상태에서 표준대기상태에서의 체공속도로 최초 착륙예정 비행장의 450미터(1,500피트)의 상공에서 30분간 더 비행할 수 있는 양. 다만, 제4호나목에 따라 연료를 실은 경우에는 제5호에 따른 연료를 실은 것으로 본다. 6. 그 밖에 비행기의 비행성능 등을 고려하여 운항기술기준에서 정한 추가 연료의 양
	시계비행을 할 경우	다음 각 호의 양을 더한 양 1. 최초 착륙예정 비행장까지 비행에 필요한 양 2. 순항속도로 45분간 더 비행할 수 있는 양	
항공운송 사업용 및 항공기사용사업용 외의 비행기	계기비행으로 교체비행장이 요구될 경우	다음 각 호의 양을 더한 양 1. 최초 착륙예정 비행장까지 비행에 필요한 양 2. 그 교체비행장까지 비행을 마친 후 순항고도로 45분간 더 비행할 수 있는 양	
	계기비행으로 교체비행장이 요구되지 않을 경우	다음 각 호의 양을 더한 양 1. 제186조제3항 단서에 따라 교체비행장이 요구되지 않는 경우 최초 착륙예정 비행장까지 비행에 필요한 양 2. 순항고도로 45분간 더 비행할 수 있는 양	
	주간에 시계비행을 할 경우	다음 각 호의 양을 더한 양 1. 최초 착륙예정 비행장까지 비행에 필요한 양 2. 순항고도로 30분간 더 비행할 수 있는 양	
	야간에 시계비행을 할 경우	다음 각 호의 양을 더한 양 1. 최초 착륙예정 비행장까지 비행에 필요한 양 2. 순항고도로 45분간 더 비행할 수 있는 양	
항공운송 사업용 및 항공기사용사업용 헬리콥터	시계비행을 할 경우	다음 각 호의 양을 더한 양 1. 최초 착륙예정 비행장까지 비행에 필요한 양 2. 최대 항속속도로 20분간 더 비행할 수 있는 양 3. 이상사태 발생 시 연료소모가 증가할 것에 대비하기 위한 것으로서 운항기술기준에서 정한 연료의 양	
	계기비행으로 교체비행장이 요구될 경우	다음 각 호의 양을 더한 양 1. 최초 착륙예정 비행장까지 비행하여 한 번의 접근과 실패접근을 하는 데 필요한 양 2. 교체비행장까지 비행하는 데 필요한 양. 3. 표준대기상태에서 교체비행장의 450미터(1,500피트)의 상공에서 30분간 체공하는 데 필요한 양에 그 비행장에 접근하여 착륙하는 데 필요한 양을 더한 양 4. 이상사태 발생 시 연료소모가 증가할 것에 대비하기 위한 것으로서 운항기술기준에서 정한 연료의 양	
	계기비행으로 교체비행장이 요구되지 않을 경우	제186조제7항제1호의 경우에는 다음 각 호의 양을 더한 양 1. 최초 착륙예정 비행장까지 비행에 필요한 양 2. 표준대기상태에서 최초 착륙예정 비행장의 450미터(1,500피트)의 상공에서 30분간 체공하는 데 필요한 양에 그 비행장에 접근하여 착륙하는 데 필요한 양을 더한 양 3. 이상사태 발생 시 연료소모가 증가할 것에 대비하기 위한 것으로서 운항기술기준에서 정한 연료의 양	
	계기비행으로 적당한 교체비행장이 없을 경우	제186조제7항제2호의 경우에는 다음 각 호의 양을 더한 양 1. 최초 착륙예정 비행장까지 비행에 필요한 양 2. 최초 착륙예정 비행장의 상공에서 체공속도로 2시간 동안 체공하는 데 필요한 양	

구분		연료 및 오일의 양
항공운송 사업용 및 항공기사용사업용 외의 헬리콥터	시계비행을 할 경우	다음 각 호의 양을 더한 양 1. 최초 착륙예정 비행장까지 비행에 필요한 양 2. 최대항속속도로 20분간 더 비행할 수 있는 양 3. 이상사태 발생 시 연료 소모가 증가할 것에 대비하여 소유자 등이 정한 추가의 양
	계기비행으로 교체비행장이 요구될 경우	다음 각 호의 양을 더한 양 1. 최초 착륙예정 비행장까지 비행하여 한 번의 접근과 실패접근을 하는 데 필요한 양 2. 교체비행장까지 비행하는 데 필요한 양 3. 표준대기상태에서 교체비행장의 450미터(1,500피트)의 상공에서 30분간 체공하는 데 필요한 양에 그 비행장에 접근하여 착륙하는 데 필요한 양을 더한 양 4. 이상사태 발생 시 연료 소모가 증가할 것에 대비하여 소유자 등이 정한 추가의 양
	계기비행으로 교체비행장이 요구되지 않을 경우	다음 각 호의 양을 더한 양 1. 최초 착륙예정 비행장까지 비행에 필요한 양 2. 표준대기상태에서 최초 착륙예정 비행장의 450미터(1,500피트)의 상공에서 30분간 체공하는 데 필요한 양에 그 비행장에 접근하여 착륙하는 데 필요한 양을 더한 양 3. 이상사태 발생 시 연료 소모가 증가할 것에 대비하여 소유자 등이 정한 추가의 양
	계기비행으로 적당한 교체비행장이 없을 경우	다음 각 호의 양을 더한 양 1. 최초 착륙예정 비행장까지 비행에 필요한 양 2. 그 비행장의 상공에서 체공속도로 2시간 동안 체공하는 데 필요한 양

[별표 18]

운항승무원의 승무시간 등 기준(제127조제1항 관련)

1. 운항승무원의 연속 24시간 동안 최대 승무시간 · 비행근무시간 기준

(단위 : 시간)

운항승무원 편성	최대 승무시간	최대 비행근무 시간
기장 1명	8	13
기장 1명, 기장 외의 조종사 1명	8	13
기장 1명, 기장 외의 조종사 1명, 항공기관사 1명	12	15
기장 1명, 기장 외의 조종사 2명	12	16
기장 2명, 기장 외의 조종사 1명	13	17
기장 2명, 기장 외의 조종사 2명	16	20
기장 2명, 기장 외의 조종사 2명, 항공기관사 2명	16	20

[비고]
1. "승무시간(Flight Time)"이란 비행기의 경우 이륙을 목적으로 비행기가 최초로 움직이기 시작한 때부터 비행이 종료되어 최종적으로 비행기가 정지한 때까지의 총 시간을 말하며, 헬리콥터의 경우 주회전익이 회전하기 시작한 때부터 주회전익이 정지된 때까지의 총 시간을 말한다.
2. "비행근무시간(Flight Duty Period)"이란 운항승무원이 1개 구간 또는 연속되는 2개 구간 이상의 비행이 포함된 근무의 시작을 보고한 때부터 마지막 비행이 종료되어 최종적으로 항공기의 발동기가 정지된 때까지의 총 시간을 말한다.
3. 연속되는 24시간 동안 12시간을 초과하여 승무할 경우 항공기에는 휴식시설이 있어야 한다.
4. 항공기사용사업 중 응급구호 및 환자이송을 하는 헬리콥터의 운항승무원은 제외한다.
5. 법 제55조제2호에 따른 국외운항항공기의 운항승무원은 제외한다.

2. 운항승무원의 연속되는 28일 및 365일 동안의 최대 승무시간 기준

운항승무원 편성	연속 28일	연속 365일
기장 1명	100	1,000
기장 1명, 기장 외의 조종사 1명	100	1,000
기장 1명, 기장 외의 조종사 1명, 항공기관사 1명	120	1,000
기장 1명, 기장 외의 조종사 2명	120	1,000
기장 2명, 기장 외의 조종사 1명	120	1,000
기장 2명, 기장 외의 조종사 2명	120	1,000
기장 2명, 기장 외의 조종사 2명, 항공기관사 2명	120	1,000

[비고]
1. 운항승무원의 편성이 불규칙하게 이루어지는 경우 해당 기간 중 가장 많은 시간편성 항목의 최대 승무시간 기준을 적용한다.
2. 「항공사업법」에 따른 항공기사용사업 중 응급구호 및 환자이송을 하는 헬리콥터의 운항승무원은 제외한다.

3. 운항승무원의 연속되는 7일 및 28일 동안의 최대 근무시간 기준

구분	연속 7일	연속 28일
근무시간	60시간	190시간

[비고]
1. "근무시간"이란 운항승무원이 항공기 운영자의 요구에 따라 근무보고를 하거나 근무를 시작한 때부터 모든 근무가 끝날 때까지의 시간을 말한다.
2. 항공기사용사업 중 응급구호 및 환자이송을 하는 헬리콥터의 운항승무원은 제외한다.

4. 운항승무원의 비행근무시간에 따른 최소 휴식시간 기준

비행근무시간	휴식시간
8시간까지	8시간 이상
8시간 초과~9시간까지	9시간 이상
9시간 초과~10시간까지	10시간 이상
10시간 초과~11시간까지	11시간 이상
11시간 초과~12시간까지	12시간 이상
12시간 초과~13시간까지	13시간 이상
13시간 초과~14시간까지	14시간 이상
14시간 초과~15시간까지	15시간 이상
15시간 초과~16시간까지	16시간 이상
16시간 초과~17시간까지	18시간 이상
17시간 초과~18시간까지	20시간 이상
18시간 초과~19시간까지	22시간 이상
19시간 초과~20시간까지	24시간 이상

[비고]
1. 항공운송사업자 및 항공기사용사업자는 운항승무원이 승무를 마치고 마지막으로 취한 지상에서의 휴식 이후의 비행근무시간에 따라서 위 표에서 정하는 지상에서의 휴식을 취할 수 있도록 해야 한다.
2. 항공운송사업자 및 항공기사용사업자는 운항승무원이 연속되는 7일마다 연속되는 24시간 이상의 휴식을 취할 수 있도록 해야 한다.

5. 응급구호 및 환자이송을 하는 헬리콥터 운항승무원의 최대 승무시간 기준

구분	연속 24시간	연속 3개월	연속 6개월	1년
최대 승무시간	8시간	500시간	800시간	1,400시간

6. 법 제55조제2호에 따른 국외운항항공기의 운항승무원의 연속 24시간 동안 최대 승무시간 · 비행근무시간

운항승무원 편성	최대 승무시간	최대 비행근무시간
기장 1명, 기장 외의 조종사 1명	10	14
기장 1명, 기장 외의 조종사 2명	16	18

[비고]
1. 기장 2명 편성의 경우 최대 승무시간을 2시간까지 연장하여 승무할 수 있다. 단, 1개 구간의 승무시간이 10시간을 초과하는 경우에는 승무를 마치고 지상에서 최소 휴식시간 없이는 새로운 비행근무를 할 수 없으며, 연장된 승무시간은 1주일 동안 총 4시간을 초과할 수 없다.
2. 기장 1명, 기장 외의 조종사 2명 편성의 경우 등판 각도조절이 가능한 휴식용 좌석이 있어야 한다. 단, 180도로 누울 수 있는 휴식용 침상 등이 있는 경우에는 최대 승무시간 및 최대근무시간을 각각 2시간 연장할 수 있다.

[별표 19]

객실승무원의 비행근무시간 및 휴식시간기준(제128조제2항 관련)

객실승무원 수	비행근무시간	휴식시간
최소 객실승무원 수	14시간	8시간
최소 객실승무원 수에 1명 추가	16시간	12시간
최소 객실승무원 수에 2명 추가	18시간	12시간
최소 객실승무원 수에 3명 추가	20시간	12시간

[비고]
항공운송사업자는 객실승무원이 연속되는 7일마다 연속되는 24시간 이상의 휴식을 취할 수 있도록 해야 한다.

순항고도(제164조제1항제2호 및 제3호 관련)

1. 일반적으로 사용되는 순항고도
   가. 고도측정 단위를 미터(meter)로 사용하는 지역

비행 방향											
000°에서 179°까지						180°에서 359°까지					
계기비행			시계비행			계기비행			시계비행		
비행고도	고도		비행고도	고도		비행고도	고도		비행고도	고도	
	미터	피트		미터	피트		미터	피트		미터	피트
0030	300	1000	–	–	–	0060	600	2000	–	–	–
0090	900	3000	0105	1050	3500	0120	1200	3900	0135	1350	4400
0150	1500	4900	0165	1650	5400	0180	1800	5900	0195	1950	6400
0210	2100	6900	0225	2250	7400	0240	2400	7900	0255	2550	8400
0270	2700	8900	0285	2850	9400	0300	3000	9800	0315	3150	10300
0330	3300	10800	0345	3450	11300	0360	3600	11800	0375	3750	12300
0390	3900	12800	0405	4050	13300	0420	4200	13800	0435	4350	14300
0450	4500	14800	0465	4650	15300	0480	4800	15700	0495	4950	16200
0510	5100	16700	0525	5250	17200	0540	5400	17700	0555	5550	18200
0570	5700	18700	0585	5850	19200	0600	6000	19700	0615	6150	20200
0630	6300	20700	0645	6450	21200	0660	6600	21700	0675	6750	22100
0690	6900	22600	0705	7050	23100	0720	7200	23600	0735	7350	24100
0750	7500	24600	0765	7650	25100	0780	7800	25600	0795	7950	26100
0810	8100	26600	0825	8250	27100	0840	8400	27600	0855	8550	28100
0890	8900	29100	0920	9200	30100	0950	9500	31100	0980	9800	32100
1010	10100	33100	1040	10400	34100	1070	10700	35100	1100	11000	36100
1130	11300	37100	1160	11600	38100	1190	11900	39100	1220	12200	40100
1250	12500	41100	1280	12800	42100	1310	13100	43000	1370	13400	44000
1370	13700	44900	1400	14000	46100	1430	14300	46900	1460	14600	47900
1490	14900	48900	1520	15200	49900	1550	15500	50900	1580	15800	51900
.	.	.	.	.	.	.	.	.	.	.	.
.	.	.	.	.	.	.	.	.	.	.	.
.	.	.	.	.	.	.	.	.	.	.	.

나. 고도측정 단위를 피트(feet)로 사용하는 지역

비행 방향														
000°에서 179°까지						180°에서 359°까지								
계기비행			시계비행			계기비행			시계비행					
비행 고도	고도		비행 고도	고도		비행 고도	고도		비행 고도	고도				
	미터	피트		미터	피트		미터	피트		미터	피트			
010	1000	300	–	–	–	020	2000	600	–	–	–			
030	3000	900	035	3500	1050	040	4000	1200	045	4500	1350			
050	5000	1500	055	5500	1700	060	6000	1850	065	6500	2000			
070	7000	2150	075	7500	2300	080	8000	2450	085	8500	2600			
090	9000	2750	095	9500	2900	100	10000	3050	105	10500	3200			
110	11000	3350	115	11500	3500	120	12000	3650	125	12500	3800			
130	13000	3950	135	13500	4100	140	14000	4250	145	14500	4400			
150	15000	4550	155	15500	4700	160	16000	4900	165	16500	5050			
170	17000	5200	175	17500	5350	180	18000	5500	185	18500	5650			
190	19000	5800	195	19500	5950	200	20000	6100	205	20500	6250			
210	21000	6400	215	21500	6550	220	22000	6700	225	22500	6850			
230	23000	7000	235	23500	7150	240	24000	7300	245	24500	7450			
250	25000	7600	255	25500	7750	260	26000	7900	265	26500	8100			
270	27000	8250	275	27500	8400	280	28000	8550	285	28500	8700			
290	29000	8850	300	30000	9150	310	31000	9450	320	32000	9750			
330	33000	10050	340	34000	10350	350	35000	10650	360	36000	10950			
370	37000	11300	380	38000	11600	390	39000	11900	400	40000	12200			
410	41000	12500	420	42000	12800	430	43000	13100	440	44000	13400			
450	45000	13700	460	46000	14000	470	47000	14350	480	48000	14650			
490	49000	14950	500	50000	15250	510	51000	15550	520	52000	15850			
.	.	.	.	.	.	.	.	.	.	.	.			
.	.	.	.	.	.	.	.	.	.	.	.			
.	.	.	.	.	.	.	.	.	.	.	.			

2. 수직분리축소공역(RVSM)에서의 순항고도

가. 고도측정 단위를 미터(meter)로 사용하며 8,900미터 이상 12,500미터 이하의 고도에서 300미터의 수직분리 최저치가 적용되는 지역

비행 방향											
000˚에서 179˚까지						180˚에서 359˚까지					
계기비행			시계비행			계기비행			시계비행		
비행 고도	고도		비행 고도	고도		비행 고도	고도		비행 고도	고도	
	미터	피트		미터	피트		미터	피트		미터	피트
0030	300	1000	–	–	–	0060	600	2000	–	–	–
0090	900	3000	0105	1050	3500	0120	1200	3900	0135	1350	4400
0150	1500	4900	0165	1650	5400	0180	1800	5900	0195	1950	6400
0210	2100	6900	0225	2250	7400	0240	2400	7900	0255	2550	8400
0270	2700	8900	0285	2850	9400	0300	3000	9800	0315	3150	10300
0330	3300	10800	0345	3450	11300	0360	3600	11800	0375	3750	12300
0390	3900	12800	0405	4050	13300	0420	4200	13800	0435	4350	14300
0450	4500	14800	0465	4650	15300	0480	4800	15700	0495	4950	16200
0510	5100	16700	0525	5250	17200	0540	5400	17700	0555	5550	18200
0570	5700	18700	0585	5850	19200	0600	6000	19700	0615	6150	20200
0630	6300	20700	0645	6450	21200	0660	6600	21700	0675	6750	22100
0690	6900	22600	0705	7050	23100	0720	7200	23600	0735	7350	24100
0750	7500	24600	0765	7650	25100	0780	7800	25600	0795	7950	26100
0810	8100	26600	0825	8250	27100	0840	8400	27600	0855	8550	28100
0890	8900	29100				0920	9200	30100			
0950	9500	31100				0980	9800	32100			
1010	10100	33100				1040	10400	34100			
1070	10700	35100				1100	11000	36100			
1130	11300	37100				1160	11600	38100			
1190	11900	39100				1220	12200	40100			
1250	12500	41100				1310	13100	43000			
1370	13700	44900				1430	14300	46900			
1490	14900	48900				1550	15500	50900			
·	·	·				·	·	·			
·	·	·				·	·	·			
·	·	·				·	·	·			

나. 고도측정 단위를 피트(feet)로 사용하며 FL290 이상 FL410 이하의 고도에서 1,000피트의 수직분리 최저치가 적용되는 지역

비행 방향											
000°에서 179°까지						180°에서 359°까지					
계기비행			시계비행			계기비행			시계비행		
비행고도	고도		비행고도	고도		비행고도	고도		비행고도	고도	
	미터	피트		미터	피트		미터	피트		미터	피트
010	1 000	300	–	–	–	020	2 000	600	–	–	–
030	3 000	900	035	3 500	1 050	040	4 000	1 200	045	4 500	1 350
050	5 000	1 500	055	5 500	1 700	060	6 000	1 850	065	6 500	2 000
070	7 000	2 150	075	7 500	2 300	080	8 000	2 450	085	8 500	2 600
090	9 000	2 750	095	9 500	2 900	100	10 000	3 050	105	10 500	3 200
110	11 000	3 350	115	11 500	3 500	120	12 000	3 650	125	12 500	3 800
130	13 000	3 950	135	13 500	4 100	140	14 000	4 250	145	14 500	4 400
150	15 000	4 550	155	15 500	4 700	160	16 000	4 900	165	16 500	5 050
170	17 000	5 200	175	17 500	5 350	180	18 000	5 500	185	18 500	5 650
190	19 000	5 800	195	19 500	5 950	200	20 000	6 100	205	20 500	6 250
210	21 000	6 400	215	21 500	6 550	220	22 000	6 700	225	22 500	6 850
230	23 000	7 000	235	23 500	7 150	240	24 000	7 300	245	24 500	7 450
250	25 000	7 600	255	25 500	7 750	260	26 000	7 900	265	26 500	8 100
270	27 000	8 250	275	27 500	8 400	280	28 000	8 550	285	28 500	8 700
290	29 000	8 850				300	30 000	9 150			
310	31 000	9 450				320	32 000	9 750			
330	33 000	10 050				340	34 000	10 350			
350	35 000	10 650				360	36 000	10 950			
370	37 000	11 300				380	38 000	11 600			
390	39 000	11 900				400	40 000	12 200			
410	41 000	12 500				430	43 000	13 100			
450	45 000	13 700				470	47 000	14 350			
490	49 000	14 950				510	51 000	15 550			
·	·	·				·	·	·			
·	·	·				·	·	·			
·	·	·				·	·	·			

수상에서의 항공기 등불(제168조제6호 관련)

1. 수상이동

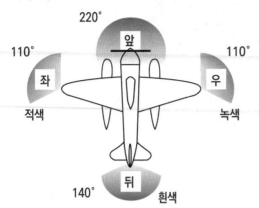

다음의 등불이 차폐(遮蔽)되지 않고 지속적으로 점등되어야 한다.
1) 좌측 수평면 상하로 발광하며 발광각도 110°의 적색등
2) 우측 수평면 상하로 발광하며 발광각도 110°의 녹색등
3) 후방으로 발광하며 발광각도 140°의 백색등
4) 전방 수평면 상하로 발광하며 발광각도 220°의 백색등

주 : 1), 2) 또는 3)에서 명시한 등불은 적어도 3.7km(2NM)의 거리에
서 보여야 하며, 4)에서 명시한 등불은 비행기 길이가 20m나
그 이상인 경우에는 적어도 9.3km(5NM)의 거리에서, 비행기의
길이가 20m 미만인 경우에는 적어도 5.6km(3NM)의 거리에서
눈에 보여야 한다.

2. 다른 선박 또는 비행기를 견인하는 항공기

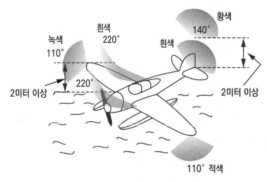

다음의 등불이 차폐되지 않고 지속적으로 점등되어야 한다.
1) 수상이동 시에서 명시한 등불
2) 수상이동 시의 3)에서 명시한 등불과 동일한 특성을 보유한 상태에
서, 위로 적어도 2미터 이상 분리된 황색등
3) 수상이동 시의 4)에서 명시한 등불과 동일한 특성을 보유한 상태에
서, 위나 아래로 최소 2미터 이상 분리된 제2등불

3. 견인되는 항공기

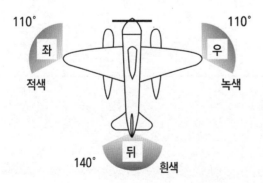

수상이동 시의 1), 2), 3)에서 명시한 등불이 차폐되지 않은 상태에서
지속적으로 점등되어야 한다.

4. 조종불능 상태에 있는 항공기
   가. 대수속력(Making way)이 없는 경우

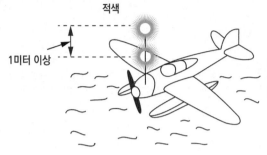

가장 잘 보이는 곳에 지속 점등되는 2개의 적색등(두 등불간의 간격은
1미터 이상)을 적어도 3.7km(2NM)의 거리에서 모든 수평방향에서
눈에 보일 수 있게 점등하여야 한다.

   나. 대수속력(Making way)이 있는 경우

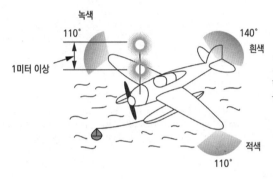

대수속력이 없는 경우의 등불과 수상이동 시의 1), 2), 3)에 명시한 등
불을 점등하여야 한다.

5. 정박 중인 항공기
   가. 비행기의 길이가 50m 미만일 경우

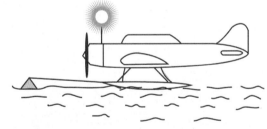

가장 잘 보이는 곳에 지속 점등되는 백색등을 적어도 3.7km(2NM)의
거리에서 모든 수평방향에서 눈에 보일 수 있게 점등하여야 한다.

   나. 비행기의 길이가 50m 또는 그 이상일 경우

앞쪽과 뒤쪽에 지속 점등되는 백색등을 적어도 5.6km(3NM)의 거리
에서 모든 수평방향에서 눈에 보일 수 있게 점등하여야 한다.

다. 비행기의 폭이 50m 또는 그 이상일 경우

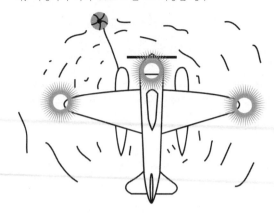

앞쪽과 뒤쪽에 지속 점등되는 백색등을 적어도 5.6km(3NM)의 거리에서 모든 수평방향에서 눈에 보일 수 있게 점등하여야 한다.

라. 비행기의 폭 및 길이가 50m 또는 그 이상일 경우

비행기의 최대 폭과 길이를 나타내주기 위하여 날개 양끝과 앞쪽과 뒤쪽에서 지속 점등되는 백색등을 적어도 1.9km(1NM)의 거리에서 모든 수평방향에서 눈에 보일 수 있게 점등하여야 한다.

공역의 구분(제221조제1항 관련)

1. 제공하는 항공교통업무에 따른 구분

구분		내용
관제공역	A등급 공역	모든 항공기가 계기비행을 해야 하는 공역
	B등급 공역	계기비행 및 시계비행을 하는 항공기가 비행 가능하고, 모든 항공기에 분리를 포함한 항공교통관제업무가 제공되는 공역
	C등급 공역	모든 항공기에 항공교통관제업무가 제공되나, 시계비행을 하는 항공기 간에는 교통정보만 제공되는 공역
	D등급 공역	모든 항공기에 항공교통관제업무가 제공되나, 계기비행을 하는 항공기와 시계비행을 하는 항공기 및 시계비행을 하는 항공기 간에는 교통정보만 제공되는 공역
	E등급 공역	계기비행을 하는 항공기에 항공교통관제업무가 제공되고, 시계비행을 하는 항공기에 교통정보가 제공되는 공역
비관제공역	F등급 공역	계기비행을 하는 항공기에 비행정보업무와 항공교통조언업무가 제공되고, 시계비행항공기에 비행정보업무가 제공되는 공역
	G등급 공역	모든 항공기에 비행정보업무만 제공되는 공역

2. 공역의 사용목적에 따른 구분

구분		내용
관제공역	관제권	「항공안전법」 제2조제25호에 따른 공역으로서 비행정보구역 내의 B, C 또는 D등급 공역 중에서 시계 및 계기비행을 하는 항공기에 대하여 항공교통관제업무를 제공하는 공역
	관제구	「항공안전법」 제2조제26호에 따른 공역(항공로 및 접근관제구역을 포함한다)으로서 비행정보구역 내의 A, B, C, D 및 E등급 공역에서 시계 및 계기비행을 하는 항공기에 대하여 항공교통관제업무를 제공하는 공역
비관제공역	비행장교통구역	「항공안전법」 제2조제25호에 따른 공역 외의 공역으로서 비행정보구역 내의 D등급에서 시계비행을 하는 항공기 간에 교통정보를 제공하는 공역
	조언구역	항공교통조언업무가 제공되도록 지정된 비관제공역
통제구역	정보구역	비행정보업무가 제공되도록 지정된 비관제공역
	비행금지구역	안전, 국방상, 그 밖의 이유로 항공기의 비행을 금지하는 공역
	비행제한구역	항공사격·대공사격 등으로 인한 위험으로부터 항공기의 안전을 보호하거나 그 밖의 이유로 비행허가를 받지 않은 항공기의 비행을 제한하는 공역
	초경량비행장치 비행제한구역	초경량비행장치의 비행안전을 확보하기 위하여 초경량비행장치의 비행활동에 대한 제한이 필요한 공역
주의공역	훈련구역	민간항공기의 훈련공역으로서 계기비행항공기로부터 분리를 유지할 필요가 있는 공역
	군작전구역	군사작전을 위하여 설정된 공역으로서 계기비행항공기로부터 분리를 유지할 필요가 있는 공역
	위험구역	항공기의 비행시 항공기 또는 지상시설물에 대한 위험이 예상되는 공역
	경계구역	대규모 조종사의 훈련이나 비정상 형태의 항공활동이 수행되는 공역

제2종 및 제3종 계기착륙시설(ILS) 정밀계기접근용 장비 및 운항제한 등의 기준(제181조제8항제4호 관련)

1. 제2종 정밀계기접근
   가. 항공기탑재장비 : 비행계기·항행안전무선장비 와 그 밖에 해당 항공기의 등록국이 인가한 추가장비를 탑재하여 운용해야
      한다. 추가장비를 탑재하는 경우 법 제93조 또는 이 규칙 제279조제1항제1호에 따른 운항규정에 그 목록과 운용기준을
      구체적으로 밝혀야 한다.
   나. 활주로가시범위(Runway Visual Range/RVR) 측정장비
      1) 활주로가시범위(RVR) 550미터 이상 적용 시 : 활주로접지구역(Touchdown Zone) 활주로가시범위(RVR) 측정시스템
         이 설치 및 운용되어야 하고, 이 측정치는 모든 항공기 운항에 적용한다.
      2) 활주로가시범위(RVR) 300미터 이상 550미터 미만 적용 시 : 활주로접지구역(Touchdown Zone) 활주로가시범위
         (RVR) 및 활주로말단구역(Rollout) 활주로가시범위(RVR) 측정시스템이 설치·운용되어야 하고, 이 중 활주로접지구
         역(Touchdown Zone)의 활주로가시범위(RVR) 측정치는 모든 항공기 운항에 적용하며, 활주로말단구역(Rollout)
         활주로가시범위(RVR) 측정치는 조종사에게 참조용으로 적용한다. 중간(Mid) 활주로가시범위(RVR) 측정치는 참조용
         으로 적용하고, 활주로말단구역(Rollout) 활주로가시범위(RVR)가 없을 경우에는 활주로말단구역(Rollout) 활주로가
         시범위(RVR) 측정치를 대체하여 사용한다.
   다. 조종자 자격
      1) 제2종의 정밀계기접근절차에 따라 비행하려는 기장은 운항증명 소지자에게 인가된 제2종 정밀계기접근 훈련프로그램
         을 수료하고, 위촉심사관 또는 운항자격 심사관으로부터 제2종 정밀계기접근 운항자격을 취득해야 한다.
      2) 해당 형식 항공기의 기장 비행시간이 100시간 미만인 기장은 활주로가시범위(RVR) 550미터 이상의 기상 최저치를
         적용해야 한다.
   라. 운항제한
      1) 조종사는 최종적으로 측정된 활주로가시범위(RVR)가 착륙최저치 미만인 경우 항공기를 정밀계기접근절차의 최종접근
         구간에 진입시켜서는 안 된다.
      2) 조종사는 항공기가 최종접근구간에 진입한 후 활주로가시범위(RVR)가 허가된 최저치 미만으로 기상이 악화된다는
         측정치를 받은 경우에도 결심고도(DH)까지 계속 비행할 수 있다.
      3) 조종사는 활주로접지구역(Touchdown Zone) 활주로가시범위(RVR) 측정치가 550미터 미만인 경우에 다음의 어느
         하나의 경우에는 계기접근절차의 최종접근구간에 진입해서는 안 된다.
         가) 가목에 따른 항공기 탑재장비가 탑재되어 정상적으로 운용되지 않는 경우
         나) 지상에 설치된 다음의 제2종 장비가 정상적으로 작동되지 않는 경우
            (1) 외측 마커 : 계기착륙시설(ILS) 정밀계기접근용으로 정밀 또는 감시레이더 픽스, 무지향표지시설(NDB)·전방
               향표지시설(VOR)·거리측정시설(DME) 픽스 또는 레디알을 외측마커로 대체하여 사용할 수 있다.
            (2) 내측마커 : "RANA"(Radar/Radio Altimeter not authorized)로 지정된 제2종 정밀계기접근절차를 제외하고,
               Radar/Radio 고도수정치(Altimeters)는 내측마커를 대체하여 사용할 수 있다.
            (3) 진입등(ALSF-1 또는 ALSF-2) 및 연쇄식 섬멸등(Sequenced Flashing Lights)
            (4) 고광도활주로등(High Intensity Runway Lights)
            (5) 접지구역등(Touchdown Zone Lights) 및 활주로중심선등(Runway Centerline Lights)
         다) 나목 1)에 따른 활주로가시범위(RVR) 측정장비가 정상적으로 작동되지 않는 경우
         라) 착륙활주로의 측풍이 15노트를 초과한 경우
         마) 착륙활주로의 길이가 해당 항공기의 필요착륙거리(Required Landing Field Length)보다 100분의 15 이상 길지
            않는 경우
   마. 실패 접근 : 조종사는 다음의 어느 하나에 해당하는 경우 실패접근을 하여야 한다.
      1) 인가된 결심고도(DH)에 도달한 항공기의 조종사가 안전하게 활주로에 접근할 수 있게 맨눈으로 제2종 등화시설
         등 지상 시각참조물을 확인할 수 없는 경우

2) 인가된 결심고도(DH)에 통과하여 강하한 항공기의 조종사가 안전하게 활주로에 접근할 수 있게 맨눈으로 제2종 등화시설 등 지상 시각참조물을 확인할 수 없는 경우

3) 조종사가 활주로접지구역 안에 안전하게 착륙할 수 없다고 판단한 경우

4) 결심고도(DH)에 도달하기 전에 제2종 지상장비 중 어느 하나가 고장난 경우

5) 제2종 정밀계기접근용 항공기탑재장비가 고장난 경우. 다만, 접지구역 상공 300미터보다 높은 고도에서 자동조종장치가 고장나서 그 연결을 해제하였을 경우, 조종사가 수동 및 자동으로 제2종 정밀접근을 하도록 인가받은 경우 인가된 수동 조종장치를 사용하여 자동접근을 수동으로 계속할 수 있다.

바. 제2종 정밀계기접근 공항 및 활주로법 제5장에 따라 제2종 정밀계기접근용 공항 및 활주로로 인가를 받은 공항 및 활주로에 적용한다.

2. 제3종 정밀계기접근

가. 항공기탑재장비 : 비행계기·항행안전무선장비 와 그 밖에 해당 항공기의 등록국이 인가한 추가장비를 탑재하여 운용해야 한다. 추가장비를 탑재하는 경우 법 제93조 또는 이 규칙 제279조제1항제1호에 따른 운항규정에 그 종류와 작동기준을 명기해야 한다.

나. 활주로가시범위(RVR) 측정장비

1) 제3종 활주로가시범위(RVR) 175미터 이상의 착륙최저치 적용 시 : 활주로접지구역(Touchdown Zone)·중간(Mid) 및 활주로말단구역(Rollout)의 활주로가시범위(RVR) 측정시스템이 설치 및 운용되어야 하고, 활주로접지구역(Touchdown Zone) 및 중간(Mid) 활주로가시범위(RVR) 측정치는 제3종 정밀계기접근 항공기 운항에 적용한다. 활주로 말단구역(Rollout) 활주로가시범위(RVR) 측정치는 조종사에게 참조용으로 제공한다.

2) 최소능력활주(Fail-passive Rollout) 통제시스템을 사용하는 제3종 활주로가시범위(RVR) 175미터) 미만 착륙최저치 적용시 : 활주로접지구역(Touchdown Zone)·중간(Mid) 및 활주로말단구역(Rollout)의 활주로가시범위(RVR) 측정시스템이 설치 및 운용되어야 하고, 이 측정치는 모든 제3종 정밀계기접근 항공기 운항에 적용한다.

3) 중복운용능력활주(Fail-operational Rollout) 통제시스템을 사용하는 제3종 활주로가시범위(RVR) 175미터 미만 착륙최저치 적용시 : 활주로접지구역(Touchdown Zone)·중간(Mid) 및 활주로말단구역(Rollout)의 활주로가시범위(RVR) 측정시스템이 설치 및 정상 운용되어야 하고, 이 측정치는 모든 제3종 정밀계기접근 항공기 운항에 적용한다. 이 활주로가시범위(RVR) 측정시스템 중 1개가 일시 고장 난 경우, 나머지 2개의활주로가시범위(RVR) 측정시스템으로 정밀계기접근을 할 수 있고, 그 나머지 2개의 활주로가시범위(RVR) 측정치는 제3종 정밀계기접근 항공기 운항에 적용한다.

다. 조종사 자격

1) 제3종의 정밀계기접근절차에 따라 비행하려는 기장은 운항증명 소지자에게 인가된 제3종 정밀계기접근 훈련프로그램을 수료하고, 위촉심사관 또는 운항자격심사관으로부터 제3종 정밀계기접근 운항자격을 취득해야 한다.

2) 해당 형식 항공기의 기장 비행시간이 100시간 미만인 기장은 활주로가시범위(RVR) 550미터 이상의 기상 최저치를 적용해야 한다.

라. 운항제한

1) 조종사는 최근 측정된 활주로가시범위(RVR)가 착륙최저치 미만인 경우 계기접근절차의 최종접근구간에 진입해서는 안 된다.

2) 조종사는 항공기가 최종접근구간에 진입한 후 활주로가시범위(RVR)가 허가된 최저치미만으로 기상이 악화된다는 보고를 받은 경우에도 경고고도 (Alert Height/AH) 또는 결심고도(DH)까지는 계속 비행할 수 있다.

3) 조종사는 다음의 요건에 해당하는 경우에는 제3종 정밀계기접근절차의 최종접근구간에 진입해서는 안 된다.

가) 가목에 따라 항공기 탑재장비가 탑재되어 정상으로 운용되지 않는 경우

나) 연쇄식 섬멸등(Sequenced Flashing Lights)을 제외한 모든 제3종 지상장비가 정상으로 작동하지 않는 경우. 다만, 정밀 감시레이더 픽스, 무지향표지시설(NDB)·전방향표지시설(VOR)·거리측정시설(DME) 픽스·공고된 지점(Waypoints/WP) 또는 최저 활공각교차고도(Glide PathIntercept Altitude/GSIA) 픽스는 외측마커를 대체하여 사용할 수 있다.

다) 착륙활주로의 측풍이 15노트를 초과한 경우

라) 착륙활주로의 길이가 해당 항공기의 필요착륙거리(Required Landing Field Length)보다 15% 이상 길지 않는 경우

마) 활주로가시범위(RVR)가 175미터(600피트) 미만의 모든 제3종 운항은 사용되는 유도로중심선등(Taxiway Centerline Lights)이 있는 유도로가 직접 연결된 활주로에서 수행되어야 하고, 이 유도로중심선등이 국제민간항공기구(ICAO)가 정한 제3종 규정에 적합하지 않는 경우

마. 실패접근

1) 최소능력(Fail-passive) 착륙시스템을 사용하는 제3종 정밀계기접근 : 조종사는 다음의 어느 하나에 해당하는 경우 실패접근을 해야 한다.

가) 결심고도(DH)에 도달한 항공기의 조종사가 활주로접지구역등의 시각참조물을 확인할 수 없는 경우

나) 결심고도(DH)에 도달하기 전 또는 도달 시 보고된 활주로가시범위(RVR)가 최소능력(Fail-passive) 운항에 승인된 활주로가시범위(RVR) 최저치 미만인 경우

다) 결심고도(DH)를 통과한 후 항공기의 조종사가 활주로접지구역등 시각참조물을 맨눈으로 확인할 수 없는 경우

라) 항공기가 활주로에 접지하기 전에 최소능력(Fail-passive) 비행 조종장치가 고장난 경우

마) 조종사가 활주로접지구역 내에 안전하게 착륙할 수 없다고 판단한 경우

바) 결심고도(DH)에 도달하기 전에 제3종 지상장비 중 어느 하나가 고장난 경우

사) 활주로접지구역의 측풍이 15노트를 초과한 경우

2) 중복운용능력(Fail-Operational) 착륙시스템 및 활주(Rollout) 통제시스템을 사용하는 제3종 정밀계기접근 : 조종사는 다음의 어느 하나에 해당하는 경우에는 경고고도(AH)에 도달 전부터 실패접근을 해야 한다.

가) 경고고도(AH)에 도달하기 전에 필요탑재장비 중 어느 하나가 고장난 경우

나) 필수적인 지상장비 중 어느 하나가 고장난 경우. 다만, 연쇄식 섬멸등(Sequenced Flashing Light) 및 진입등이 고장났을 경우에는 제3종 정밀계기접근 및 착륙은 계속할 수 있다.

다) 활주로접지대의 측풍이 15노트를 초과한 경우

3) 시스템 고장이 더 높은 접근최저치에 영향을 주지 않는 경우에는 1) 및 2)의 규정에 따른 더 높은 최저치 종류의 접근을 계속할 수 있다.

바. 제3종 정밀계기접근 공항 및 활주로법 제5장에 따라 제3종 정밀계기접근용 공항 및 활주로로 인가를 받은 공항 및 활주로에 적용한다.

[별표 27]

위험물의 포장·용기검사기관의 검사장비 및 검사인력 등의 지정기준(제210조제2항 관련)

1. 용지 및 건물면적
   가. 시험실(화학분석실 용지는 제외한다) : 231제곱미터
   나. 사무실 : 66제곱미터
2. 시험항목별 시험기기

시험항목	시험기기	수	비고
시험환경 및 사전처리	• 항온항습실(고정) • 항온항습기(work in chamber)	• 1실 • 1대 이상	(온도 : −30℃~60℃/습도 : 0%~98%)
낙하시험	• 정밀낙하시험기 • 중량물낙하시험기	• 1대 이상 • 1대 이상	
적재시험	• 적재시험기 또는 하중 추	• 1대 이상	
수압시험	• 수압시험기	• 1대 이상	
기밀시험	• 수조/기밀시험기	• 1대 이상	
흡수도시험	• 콥법 테스터(Cobb Method Tester)	• 1대 이상	
기타시험	• 진동시험기 • 자력측정기(Gauss meter) • 강봉(Steel Rod)	• 1대 이상 • 1대 이상 • 1대 이상	

[비고]
화학성분 정성 및 정량분석 시험기[제시된 UN No. 및 성능분석(MSDS) 등의 확인 또는 하주 의뢰 시 확인시험]
• ICP(고주파 플라스마 발광분석기)
• GC−MASS(가스크로마토그래피/질량분석기)
• LC−MASS(액체크로마토그래피/질량분석기)
• FT−IR(적외선분광분석기)

3. 시험검사원
   가. 시험검사 책임자 : 시험검사소당 1명
   나. 전문시험검사원 : 2명

[별표 28]

위험물 포장·용기 검사기관의 행정처분기준(제211조제1항 관련)

위반행위	해당 법조문	처분내용
1. 거짓이나 그 밖의 부정한 방법으로 포장·용기 검사기관의 지정을 받은 경우	법제71조제5항제1호	지정취소
2. 법 제71조제4항에 따른 포장·용기 검사기관의 지정기준에 맞지 않게 된 경우 　가. 검사기관의 시험실 및 사무실 기준에 맞지 않게 된 경우 　나. 검사에 필요한 시험기기를 갖추지 않은 경우 　다. 검사에 필요한 시험검사책임자 및 전문시험검사원을 확보하지 않은 경우	법제71조제5항제2호	업무정지(30일)

[별표 29]

위험물전문교육기관의 지정기준(제212조제2항 관련)

1. 교육시설은 교육환경 및 보건위생에 적합한 장소에 설립하되, 그 목적을 실현하는 데에 필요한 다음 각 목의 시설을 갖추어야 한다.
    가. 강의실
    나. 실습 또는 실기 등이 필요한 경우에는 이에 필요한 시설 및 설비
    다. 사무실·화장실·급수시설 등 보건위생상 필요한 시설 및 설비
    라. 그 밖에 교육에 필요한 교구 및 자료 열람시설
2. 단위시설의 기준
    가. 강의실 면적은 60제곱미터 이상으로 하되, 1제곱미터당 1.2명 이하가 되도록 할 것
    나. 화장실은 성별로 구분해야 하고, 급수시설은 상수도를 사용하는 경우를 제외하고는 그 수질이 「먹는 물 관리법」 제5조제3항에 따른 수질기준에 적합할 것
    다. 채광시설·환기시설 및 냉난방시설은 보건위생에 적합하게 해야 하며, 야간교육을 하는 경우 조명시설은 책상면과 흑판면의 조도가 150럭스 이상일 것
    라. 방음시설은 「소음·진동관리법」에 따른 생활소음규제기준에 적합해야 하며, 소방시설은 「소방법」에 따른 소방기구·경보설비·피난시설 등 방화 및 소방에 필요한 시설을 갖출 것
3. 장비
    가. 교육용 위험물 등급 표찰 자료(각 등급별로 보유해야 한다)
    나. 교육용 위험물 취급 표찰 자료(해당 연도 발행분만 적용한다)
    다. 위험물 화주신고서, 항공운송장, 위험물 사고·준사고 보고서 사본
    라. 시청각교육 보조장비 : TV, VTR, OHP 등
    마. 국제민간항공기구, 국제항공운송협회 또는 국토교통부에서 발간하는 위험물 관련 항공위험물운송기술기준 및 기타 지침서
    바. 한글로 작성된 교육교재(다만, 한글을 사용할 수 없는 교육생을 대상으로 교육과정을 운영할 경우는 해당 언어로 교육교재를 작성할 수 있다.)
4. 다음 각 목의 어느 하나에 해당하는 상근 인력 2명 이상의 교관을 확보해야 한다.
    가. 국제민간항공기구, 국제항공운송협회, 위험물취급전문교육기관 등에서 위험물교관 교육과정을 이수한 사람
    나. 국제민간항공기구, 국제항공운송협회, 위험물취급전문교육기관 등에서 해당 교육시험 합격 증명을 받고 항공위험물 교육 경력이 5년 이상인 사람으로서 국토교통부장관이 교관으로 적합하다고 인정하는 사람

[별표 30]

위험물전문교육기관의 행정처분기준(제213조제1항 관련)

위반행위	해당 법조문	처분내용
1. 거짓이나 그 밖의 부정한 방법으로 위험물전문교육기관의 지정을 받은 경우	법제72조제5항제1호	지정취소
2. 법 제72조제4항에 따른 위험물전문교육기관의 지정기준에 맞지 않게 된 경우 가. 교육기관의 시설기준에 맞지 않게 된 경우 나. 교육에 필요한 장비를 갖추지 않은 경우 다. 교육에 필요한 적정인력의 교관을 확보하지 않은 경우	법제72조제5항제2호	업무정지(30일)

[별표 31]

항공교통업무증명의 취소 또는 항공교통업무 제공의 정지처분의 기준(제254조제1항 관련)

위반행위	근거법조문	처분내용
1. 거짓이나 그 밖의 부정한 방법으로 항공교통업무증명을 받은 경우	법 제86조제1항제1호	증명취소
2. 법 제58조제2항을 위반하여 다음 각 목의 어느 하나에 해당하는 경우	법 제86조제1항제2호	
가. 항공교통업무 제공을 시작하기 전까지 항공안전관리시스템을 마련하지 아니한 경우		업무정지(10일)
나. 승인을 받지 아니하고 항공안전관리시스템을 운용한 경우		업무정지(20일)
다. 항공안전관리시스템을 승인받은 내용과 다르게 운용한 경우		업무정지(10일)
라. 승인을 받지 아니하고 국토교통부령으로 정하는 중요사항을 변경한 경우		업무정지(10일)
3. 법 제85조제4항을 위반하여 항공교통업무제공체계를 계속적으로 유지하지 아니하거나 항공교통업무증명기준을 준수하지 아니하고 항공교통업무를 제공한 경우	법 제86조제1항제3호	업무정지(30일)
4. 법 제85조제5항을 위반하여 신고를 하지 아니하거나 승인을 받지 아니하고 항공교통업무제공체계를 변경한 경우	법 제86조제1항제4호	업무정지(10일)
5. 법 제85조제6항을 위반하여 변경된 항공교통업무증명기준에 따르도록 한 명령에 따르지 아니한 경우	법 제86조제1항제5호	업무정지(15일)
6. 법 제85조제8항에 따른 시정조치 명령을 이행하지 아니한 경우	법 제86조제1항제6호	업무정지(10일)
7. 고의 또는 중대한 과실로 항공기사고를 발생시키거나 소속 항공종사자에 대하여 관리·감독하는 상당한 주의의무를 게을리 하여 항공기사고가 발생한 경우	법 제86조제1항제7호	
가. 해당 항공기사고로 인한 사망자가 200명 이상인 경우		증명취소 또는 업무정지(180일)
나. 해당 항공기사고로 인한 사망자가 150명 이상 200명 미만인 경우		업무정지(150일)
다. 해당 항공기사고로 인한 사망자가 100명 이상 150명 미만인 경우		업무정지(120일)
라. 해당 항공기사고로 인한 사망자가 50명 이상 100명 미만인 경우		업무정지(90일)
마. 해당 항공기사고로 인한 사망자가 10명 이상 50명 미만인 경우		업무정지(60일)
바. 해당 항공기사고로 인한 사망자가 10명 미만인 경우		업무정지(30일)
사. 해당 항공기사고로 인한 항공기 또는 제3자의 재산피해가 100억원 이상인 경우		업무정지(30일)
아. 해당 항공기사고로 인한 항공기 또는 제3자의 재산피해가 50억원 이상 100억원 미만인 경우		업무정지(20일)
자. 해당 항공기사고로 인한 항공기 또는 제3자의 재산피해가 50억원 미만인 경우		업무정지(15일)
차. 해당 항공기사고로 인한 항공기 또는 제3자의 재산피해가 1억원 이상 10억원 미만인 경우		업무정지(10일)
카. 해당 항공기사고로 인한 항공기 또는 제3자의 재산피해가 1억원 미만인 경우		업무정지(5일)
8. 항공교통업무 제공의 정지기간에 항공교통업무를 제공한 경우	법 제86조제1항제8호	증명취소

[비고]

1. 위 표의 제7호에 따른 항공교통업무정지처분을 하는 경우 인명피해와 항공기 또는 제3자의 재산피해가 같이 발생한 경우에는 해당 항공교통업무 정지기간을 합산하여 처분하되, 합산하는 경우에도 항공교통업무정지기간은 180일을 초과할 수 없다.
2. 위 표의 제7호가목부터 바목까지의 규정을 적용할 때 중상자 2명을 사망자 1명으로 보며, 소수점 이하는 버린다.

항공운송사업자 등의 운항증명 취소 등 행정처분기준(제264조제1항 관련)

위반행위	근거 법조문	사업종류별 처분내용		
		국내 · 국제항공 운송사업	소형항공 운송사업	항공기 사용사업
1. 거짓이나 그 밖의 부정한 방법으로 운항증명을 받은 경우	법 제91조제1항제1호 및 제95조제1항	운항증명취소	운항증명취소	운항증명취소
2. 법 제18조제1항을 위반하여 국적 · 등록기호 및 소유자 등의 성명 또는 명칭을 표시하지 아니한 항공기를 운항한 경우	법 제91조제1항제2호 및 제95조제1항 · 제2항	항공기운항정지 7일	항공기운항정지 7일	항공기운항정지 7일
3. 법 제23조제3항을 위반하여 감항증명을 받지 아니한 항공기를 항공에 사용한 경우	법 제91조제1항제3호 및 제95조제1항 · 제2항	항공기운항정지 30일	항공기운항정지 30일	항공기운항정지 30일
4. 법 제23조제8항에 따른 항공기의 감항성 유지를 위한 항공기 등, 장비품 또는 부품에 대한 정비 등에 관한 감항성 개선지시 또는 그 밖에 검사 · 정비 등의 명령을 이행하지 아니하고 이를 운항 또는 항공기 등에 사용한 경우	법 제91조제1항제4호 및 제95조제1항 · 제2항	항공기운항정지 20일	항공기운항정지 20일	항공기운항정지 20일
5. 법 제25조제2항을 위반하여 소음기준적합증명을 받지 아니하거나 항공기기술기준에 적합하지 아니한 항공기를 운항한 경우	법 제91조제1항제5호 및 제95조제1항 · 제2항	항공기운항정지 20일	항공기운항정지 20일	항공기운항정지 20일
6. 법 제26조를 위반하여 변경된 항공기기술기준을 따르도록 한 요구에 따르지 아니한 경우	법 제91조제1항제6호 및 제95조제1항 · 제2항	항공기운항정지 20일	항공기운항정지 20일	항공기운항정지 20일
7. 법 제27조제3항을 위반하여 기술표준품형식승인을 받지 아니한 기술표준품을 항공기 등에 사용한 경우	법 제91조제1항제7호 및 제95조제1항 · 제2항	항공기운항정지 20일	항공기운항정지 20일	항공기운항정지 20일
8. 법 제28조제3항을 위반하여 부품등제작자증명을 받지 아니한 장비품 또는 부품을 항공기 등 또는 장비품에 사용한 경우	법 제91조제1항 제8호 및 제95조제1항 · 제2항	항공기운항정지 20일	항공기운항정지 20일	항공기운항정지 20일
9. 법 제30조제2항을 위반하여 수리 · 개조승인을 받지 아니한 항공기 등을 운항하거나 장비품 · 부품을 항공기 등에 사용한 경우	법 제91조제1항 제9호 및 제95조제1항 · 제2항	항공기운항정지 15일	항공기운항정지 15일	항공기운항정지 15일
10. 법 제32조제1항을 위반하여 정비 등을 한 항공기 등, 장비품 또는 부품에 대하여 감항성을 확인받지 아니하고 운항 또는 항공기 등에 사용한 경우	법 제91조제1항 제10호 및 제95조제1항 · 제2항	항공기운항정지 20일	항공기운항정지 20일	항공기운항정지 20일
11. 법 제42조를 위반하여 법제40조제2항에 따른 자격증명의 종류별 항공신체검사증명의 기준에 적합하지 아니한 운항승무원을 항공업무에 종사하게 한 경우	법 제91조제1항 제11호 및 제95조제1항 · 제2항	항공기운항정지 10일	항공기운항정지 10일	항공기운항정지 10일
12. 법 제51조를 위반하여 국토교통부령으로 정한 무선설비를 설치하지 아니한 항공기 또는 설치한 무선설비가 운용되지 아니하는 항공기를 운항한 경우	법 제91조제1항 제12호 및 제95조제1항 · 제2항	항공기운항정지 10일	항공기운항정지 10일	항공기운항정지 10일

위반행위	근거 법조문	사업종류별 처분내용		
		국내 · 국제항공 운송사업	소형항공 운송사업	항공기 사용사업
13. 법 제52조를 위반하여 항공기에 항공계기 등을 설치하거나 탑재하지 아니하고 운항하거나, 그 운용방법 등을 따르지 아니한 경우	법 제91조제1항제13호 및 제95조제1항 · 제2항	항공기운항정지 7일	항공기운항정지 7일	항공기운항정지 7일
14. 법 제53조를 위반하여 항공기에 국토교통부령으로 정하는 양의 연료를 싣지 아니하고 운항한 경우	법 제91조제1항제14호 및 제95조제1항 · 제2항	항공기운항정지 10일	항공기운항정지 10일	항공기운항정지 10일
15. 법 제54조를 위반하여 항공기를 운항하거나 야간에 비행장에 주기 또는 정박시키는 경우에 국토교통부령으로 정하는 바에 따라 등불로 항공기의 위치를 나타내지 아니한 경우	법 제91조제1항제15호 및 제95조제1항 · 제2항	항공기운항정지 3일	항공기운항정지 3일	항공기운항정지 3일
16. 법 제55조를 위반하여 국토교통부령으로 정하는 비행경험이 없는 운항승무원에게 항공기를 운항하게 하거나 계기비행 · 야간비행 또는 조종교육의 업무에 종사하게 한 경우	법 제91조제1항제16호 및 제95조제1항 · 제2항	항공기운항정지 7일	항공기운항정지 7일	항공기운항정지 7일
17. 법 제56조제1항을 위반하여 소속 승무원의 피로를 관리하지 아니한 경우	법 제91조제1항제17호 및 제95조제1항 · 제2항	항공기운항정지 7일	항공기운항정지 7일	항공기운항정지 7일
18. 법 제56조제2항을 위반하여 국토교통부장관의 승인을 받지 아니하고 피로위험관리시스템을 운용하거나 중요사항을 변경한 경우	법 제91조제1항제18호 및 제95조제1항 · 제2항	항공기운항정지 7일	항공기운항정지 7일	항공기운항정지 7일
19. 법 제57조제1항을 위반하여 항공종사자 또는 객실승무원이 주류 등의 영향으로 항공업무 또는 객실승무원의 업무를 정상적으로 수행할 수 없는 상태에서 항공업무 또는 객실승무원의 업무에 종사하게 한 경우	법 제91조제1항제19호 및 제95조 제1항 · 제2항	항공기운항정지 7일	항공기운항정지 7일	항공기운항정지 7일
20. 법 제58조제2항을 위반하여 다음 각 목의 어느 하나에 해당하는 경우	법 제91조제1항제20호 및 제95조제1항 · 제2항			
가. 사업을 시작하기 전까지 항공안전관리시스템을 마련하지 아니한 경우		항공기운항정지 10일	항공기운항정지 10일	항공기운항정지 10일
나. 승인을 받지 아니하고 항공안전관리시스템을 운용한 경우		항공기운항정지 20일	항공기운항정지 20일	항공기운항정지 20일
다. 항공안전관리시스템을 승인받은 내용과 다르게 운용한 경우		항공기운항정지 10일	항공기운항정지 10일	항공기운항정지 10일
라. 승인을 받지 아니하고 국토교통부령으로 정하는 중요 사항을 변경한 경우		항공기운항정지 10일	항공기운항정지 10일	항공기운항정지 10일
21. 법 제62조제5항 단서를 위반하여 항공기사고, 항공기준사고 또는 항공안전장애가 발생한 경우에 국토교통부령으로 정하는 바에 따라 발생 사실을 보고하지 않은 경우	법 제91조제1항제21호 및 제95조제1항 · 제2항			
가. 항공기사고 발생 사실을 국토교통부령으로 정하는 바에 따라 보고하지 않은 경우		항공기운항정지 10일	항공기운항정지 10일	항공기운항정지 10일
나. 항공기준사고 발생 사실을 국토교통부령으로 정하는 바에 따라 보고하지 않은 경우		항공기운항정지 5일	항공기운항정지 5일	항공기운항정지 5일
다. 항공안전장애 발생 사실을 국토교통부령으로 정하는 바에 따라 보고하지 않은 경우		항공기운항정지 3일	항공기운항정지 3일	항공기운항정지 3일

위반행위	근거 법조문	사업종류별 처분내용		
		국내·국제항공 운송사업	소형항공 운송사업	항공기 사용사업
22. 법 제63조제4항에 따라 자격인정 또는 심사를 할 때 소속기장 또는 기장 외의 조종사에 대하여 부당한 방법으로 자격인정 또는 심사를 한 경우	법 제91조제1항제22호 및 제95조제1항·제2항	항공기운항정지 7일	항공기운항정지 7일	항공기운항정지 7일
23. 법 제63조제7항을 위반하여 운항하려는 지역, 노선 및 공항에 대한 경험요건을 갖추지 않은 기장에게 운항을 하게 한 경우	법 제91조제1항제23호 및 제95조제1항·제2항	항공기운항정지 7일	항공기운항정지 7일	
24. 법 제65조제1항을 위반하여 운항관리사를 두지 않은 경우	법 제91조제1항제24호	항공기운항정지 7일	항공기운항정지 7일	
25. 법 제65조제3항을 위반하여 국토교통부령으로 정하는 바에 따라 운항관리사가 해당 업무를 수행하는 데에 필요한 교육훈련을 하지 아니하고 해당 업무에 종사하게 한 경우	법 제91조제1항제25호	항공기운항정지 3일	항공기운항정지 3일	
26. 법 제66조를 위반하여 이륙·착륙 장소가 아닌 곳에서 항공기를 이륙하거나 착륙하게 한 경우	법 제91조제1항제26호 및 제95조제1항·제2항	항공기운항정지 7일	항공기운항정지 7일	항공기운항정지 7일
27. 법 제68조를 위반하여 같은 조 각 호의 어느 하나에 해당하는 비행 또는 행위를 하게 한 경우	법 제91조제1항제27호 및 제95조제1항·제2항	항공기운항정지 15일	항공기운항정지 15일	항공기운항정지 15일
28. 법 제70조제1항을 위반하여 허가를 받지 아니하고 항공기를 이용하여 위험물을 운송한 경우	법 제91조제1항 제28호 및 제95조제1항·제2항	항공기운항정지 15일	항공기운항정지 15일	항공기운항정지 15일
29. 법 제70조제3항을 위반하여 국토교통부장관이 고시하는 위험물취급의 절차 및 방법에 따르지 않고 위험물을 취급한 경우 　가. 다음의 어느 하나에 해당하는 경우 　　1) 항공운송이 절대 금지된 위험물을 접수하여 취급한 경우 　　2) 위험물취급기준의 적용 면제절차를 따르지 않은 경우 　　3) 위험물이 포함된 화물컨테이너나 단위 적재용기를 접수하여 취급한 경우 　　4) 격리 대상 위험물을 격리하지 않고 적재하여 운송한 경우 　　5) 폭발성 물질을 격리 구분에 따르지 않고 보관 또는 적재하거나 운송한 경우 　　6) 화물기로만 운송해야 할 위험물을 여객기로 운송한 경우 　　7) 위험물의 적재 및 결박규정을 준수하지 않고 위험물을 적재하여 운송한 경우 　　8) 위험물이 누출되거나 포장 및 용기가 손상된 상태로 위험물을 항공기로 운송한 경우 　　9) 운항승무원에게 위험물적재정보를 제공하지 않은 경우 　　10) 방사성 물질의 취급 및 운송규정을 준수하지 않은 경우	법 제91조제1항제29호 및 제95조제1항·제2항	항공기운항정지 30일	항공기운항정지 30일	항공기운항정지 30일

위반행위	근거 법조문	사업 종류별 처분 내용		
		국내·국제항공 운송사업	소형항공 운송사업	항공기 사용사업
나. 가목 외의 중요한 사항을 준수하지 않은 경우		항공기운항정지 10일	항공기운항정지 10일	항공기운항정지 10일
다. 가목 및 나목 외의 경미한 사항을 준수하지 않은 경우		항공기운항정지 3일	항공기운항정지 3일	항공기운항정지 3일
30. 법 제72조제1항을 위반하여 위험물취급에 관한 교육을 받지 아니한 사람에게 위험물취급을 하게 한 경우	법 제91조제1항제30호 및 제95조제1항·제2항	항공기운항정지 10일	항공기운항정지 10일	항공기운항정지 10일
31. 법 제74조제1항을 위반하여 승인을 받지 아니하고 비행기를 운항한 경우	법 제91조제1항제31호	항공기운항정지 7일	항공기운항정지 7일	
32. 법 제75조제1항을 위반하여 승인을 받지 아니하고 같은 항 각 호의 어느 하나에 해당하는 공역에서 항공기를 운항한 경우	법 제91조제1항제32호 및 제95조제1항·제2항	항공기운항정지 7일	항공기운항정지 7일	항공기운항정지 7일
33. 법 제76조제1항을 위반하여 국토교통부령으로 정하는 바에 따라 운항의 안전에 필요한 승무원을 태우지 아니하고 항공기를 운항한 경우	법 제91조제1항조 제1항·제2항	항공기운항정지 15일	항공기운항정지 15일	항공기운항정지 15일
34. 법 제76조제3항을 위반하여 항공기에 태우는 승무원에 대하여 해당 업무를 수행하는 데 필요한 교육훈련을 하지 아니한 경우	법 제91조제1항제34호 및 제95조제1항·제2항	항공기운항정지 10일	항공기운항정지 10일	항공기운항정지 10일
35. 법 제77조제2항을 위반하여 같은 조 제1항에 따른 운항기술기준을 준수하지 아니하고 운항 하거나 업무를 한 경우 가. 다음의 어느 하나에 해당하는 경우 1) 감항성에 적합하지 않은 항공기를 운항한 경우 2) 회항시간 연장운항을 위한 비행요건을 충족하지 않고 비행기를 운항한 경우	법 제91조제1항제35호 및 제95조제1항·제2항	항공기운항정지 30일	항공기운항정지 30일	항공기운항정지 30일
나. 가목 외에 비행규칙 등 중요한 사항을 준수하지 않은 경우		항공기 운항정지10일	항공기운항정지 10일	항공기운항정지 10일
다. 가목 및 나목 외에 기록물의 보관 등 경미한 사항을 준수하지 않은 경우		항공기 운항정지 3일	항공기운항정지 3일	항공기운항정지 3일
36. 법 제90조제1항(법 제96조제1항에서 준용하는 경우를 포함한다)을 위반하여 운항증명을 받지 아니하고 운항을 시작한 경우	법 제91조제1항제36호 및 제95조제1항	항공기운항정지 30일	항공기운항정지 30일	항공기운항정지 30일
37. 법 제90조제4항(법 제96조 제1항에서 준용하는 경우를 포함한다)을 위반하여 운영기준을 준수하지 아니한 경우 가. 다음의 어느 하나에 해당하는 경우 1) 인가받은 운항의 종류를 위반하여 운항한 경우 2) 항공로·공항의 운항조건 및 제한사항을 위반한 경우 3) 장비품 등의 사용한계시간을 초과하여 장비품 등을 사용한 경우 4) 부식방지프로그램에 따라 항공기의 부식관리 및 정비를 하지 않고 항공기를 운항한 경우	법 제91조제1항제37호 및 제95조제1항	항공기운항정지 30일	항공기운항정지 30일	항공기운항정지 30일

위반행위	근거 법조문	사업 종류별 처분 내용		
		국내·국제항공 운송사업	소형항공 운송사업	항공기 사용사업
나. 가목 외에 항공기 중량배분을 위한 방법 등 중요한 사항을 준수하지 않은 경우		항공기운항정지 10일	항공기운항정지 10일	항공기운항정지 10일
다. 가목 및 나목 외에 지상 제빙(除氷)·방빙 (防氷) 또는 신뢰성관리프로그램 등 경미한 사항을 준수하지 않은 경우		항공기운항정지 3일	항공기운항정지 3일	항공기운항정지 3일
38. 법 제90조제5항(법 제96조제1항에서 준용하는 경우를 포함한다)을 위반하여 안전운항체계를 유지하지 아니하거나 변경된 안전운항체계를 검사받지 아니하고 항공기를 운항한 경우	법 제91조제1항 제38호 및 제95조제1항	항공기운항정지 10일	항공기운항정지 10일	항공기운항정지 10일
39. 법 제90조제7항(법 제96조제1항에서 준용하는 경우를 포함한다)을 위반하여 항공기 또는 노선운항의 정지처분에 따르지 아니하고 항공기를 운항한 경우	법 제91조제1항 제39호 및 제95조제1항	운항증명취소	운항증명취소	운항증명취소
40. 법 제93조제1항 본문(법 제96조제2항에서 준용하는 경우를 포함한다) 또는 같은 조 제2항 단서(법 제96조제2항에서 준용하는 경우를 포함한다)를 위반하여 국토교통부장관의 인가를 받지 아니하고 운항규정 또는 정비규정을 마련하였거나 국토교통부령으로 정하는 중요사항을 변경한 경우	법 제91조제1항제40호 및 제95조제1항·제2항	항공기운항정지 30일	항공기운항정지 30일	항공기운항정지 30일
41. 법 제93조제2항 본문(법 제96조제2항에서 준용하는 경우를 포함한다)을 위반하여 국토교통부장관에게 신고하지 아니하고 운항규정 또는 정비규정을 변경한 경우	법 제91조제1항제41호 및 제95조제1항·제2항	항공기운항정지 10일	항공기운항정지 10일	항공기운항정지 10일
42. 법 제93조제5항 전단(법 제96조제2항에서 준용하는 경우를 포함한다)을 위반하여 같은 조 제1항 본문 또는 제2항 단서에 따라 인가를 받거나 같은 조 제2항 본문에 따라 신고한 운항규정 또는 정비규정을 해당 종사자에게 제공하지 아니한 경우	법 제91조제1항제42호 및 제95조제1항·제2항	항공기운항정지 10일	항공기운항정지 10일	항공기운항정지 10일
43. 법 제93조제5항 후단(법 제96조제2항에서 준용하는 경우를 포함한다)을 위반하여 같은 조제1항 본문 또는 제2항 단서에 따라 인가를 받거나 같은 조 제2항 본문에 따라 신고한 운항규정 또는 정비규정을 준수하지 아니하고 항공기를 운항하거나 정비한 경우 가. 다음의 어느 하나에 해당하는 경우 　1) 성능기반항행요구공역(PBN)의 운항을 위한 요건 등을 위반하여 운항한 경우 　2) 인가받은 항공종사자 훈련프로그램을 위반한 경우 　3) 정기점검을 수행하지 않고 항공기를 운항한 경우 　4) 정밀계기접근비행의 요건을 갖추지 않고 정밀접근계기비행을 한 경우 　5) 최소장비목록(MEL)을 위반하여 작동하지 않는 계기 및 장비를 갖춘 항공기를 운항한 경우	법 제91조제1항제43호 및 제95조제1항·제2항	항공기운항정지 30일	항공기운항정지 30일	항공기운항정지 30일

위반행위	근거 법조문	사업 종류별 처분 내용		
		국내·국제항공 운송사업	소형항공 운송사업	항공기 사용사업
나. 가목 외에 정비작업 미수행 등 중요한 사항을 위반한 경우	법 제91조제1항제43호 및 제95조제1항·제2항	항공기운항정지 10일	항공기운항정지 10일	항공기운항정지 10일
다. 가목 및 나목 외에 보고의 누락 등 경미한 사항을 위반한 경우		항공기운항정지 3일	항공기운항정지 3일	항공기운항정지 3일
44. 법 제94조 각 호(법 제96조 제2항에서 준용하는 경우를 포함한다)에 따른 항공운송의 안전을 위한 명령을 따르지 아니한 경우	법 제91조제1항제44호 및 제95조제1항·제2항	항공기운항정지 15일	항공기운항정지 15일	항공기운항정지 15일
45. 법 제132조제1항에 따라 업무(항공안전 활동을 수행하기위한 것만 해당한다)에 관한 보고를 하지 아니하거나 서류를 제출하지 아니하는 경우 또는 거짓으로 보고하거나 서류를 제출한 경우	법 제91조제1항제45호 및 제95조제1항·제2항	항공기운항정지 7일	항공기운항정지 7일	항공기운항정지 7일
46. 법 제132조제2항에 따른 항공기 등에의 출입이나 장부·서류 등의 검사(항공안전 활동을 수행하기 위한 것만 해당한다)를 거부·방해 또는 기피한 경우	법 제91조제1항제46호 및 제95조제1항·제2항	항공기운항정지 7일	항공기운항정지 7일	항공기운항정지 7일
47. 법 제132조제2항에 따른 관계인에 대한 질문(항공안전 활동을 수행하기 위한 것만 해당한다)에 답변하지 아니하거나 거짓으로 답변한 경우	법 제91조제1항제47호 및 제95조제1항·제2항	항공기운항정지 7일	항공기운항정지 7일	항공기운항정지 7일
48. 고의 또는 중대한 과실에 의하여 또는 항공종사자의 선임·감독에 관하여 상당한 주의의무를 게을리 하여 항공기사고 또는 항공기준사고를 발생시킨 경우	법 제91조제1항제48호 및 제95조제1항·제2항			
가. 해당 항공기사고로 인한 사망자가 200명 이상인 경우		운항증명취소 또는 항공기운항정지 180일		
나. 해당 항공기사고로 인한 사망자가 150명 이상 200명 미만인 경우		항공기운항정지 150일 이상 180일 미만		
다. 해당 항공기사고로 인한 사망자가 100명 이상 150명 미만인 경우		항공기운항정지 120일 이상 150일 미만		
라. 해당 항공기사고로 인한 사망자가 50명 이상 100명 미만인 경우		항공기운항정지 90일 이상 120일 미만		
마. 해당 항공기사고로 인한 사망자가 50명 이상인 경우			운항증명취소 또는 항공기운항정지 180일	
바. 해당 항공기사고로 인한 사망자가 10명 이상 50명 미만인 경우		항공기운항정지 60일 이상 90일 미만	항공기운항정지 150일 이상 180일 미만	
사. 해당 항공기사고로 인한 사망자가 10명 미만인 경우		항공기운항정지 30일 이상 60일 미만		

위반행위	근거 법조문	사업 종류별 처분 내용		
		국내·국제항공 운송사업	소형항공 운송사업	항공기 사용사업
아. 해당 항공기사고로 인한 사망자가 10명 이상인 경우				운항증명 취소 또는 항공기운항정지 180일
자. 해당 항공기사고로 인한 사망자가 5명 이상 10명 미만인 경우			항공기운항정지 120일 이상 150일 미만	항공기운항정지 150일 이상 180일 미만
차. 해당 항공기사고로 인한 사망자가 5명 미만인 경우			항공기운항정지 90일 이상 120일 미만	항공기운항정지 120일 이상 150일 미만
카. 해당 항공기사고로 인한 중상자가 30명 이상인 경우			항공기운항정지 90일	항공기운항정지 90일
타. 해당 항공기사고로 인한 중상자가 20명 이상 30명 미만인 경우		항공기운항정지 30일	항공기운항정지 60일 이상 90일 미만	항공기운항정지 60일 이상 90일 미만
파. 해당 항공기사고로 인한 중상자가 10명 이상 20명 미만인 경우		항공기운항정지 20일 이상 30일 미만	항공기운항정지 30일 이상 60일 미만	항공기운항정지 30일 이상 60일 미만
하. 해당 항공기사고로 인한 중상자가 10명 미만인 경우	법 제91조제1항제48호 및 제95조제1항·제2항	항공기운항정지 15일 이상 20일 미만	항공기운항정지 20일 이상 30일 미만	항공기운항정지 20일 이상 30일 미만
거. 해당 항공기사고로 인한 항공기 또는 제3자의 재산피해가 100억원 이상인 경우		항공기운항정지 30일	항공기 운항정지30일	항공기 운항정지30일항
너. 해당 항공기사고로 인한 항공기 또는 제3자의 재산피해가 50억원 이상 100억원 미만인 경우		항공기운항정지 20일	항공기운항정지 20일 이상 30일 미만	공기운항정지 20일 이상 30일 미만
더. 해당 항공기사고로 인한 항공기 또는 제3자의 재산피해가 10억원 이상 50억원 미만인 경우			항공기운항정지 15일 이상 20일 미만	항공기운항정지 15일 이상 20일 미만
러. 경미한 항공기사고(가목부터 더목까지에 해당하지 않는 항공기사고를 말한다. 이하 머목 및 버목에서 같다)가 비행횟수 3만 회 이내에 5회 이상인 경우		항공기운항정지 15일		
머. 경미한 항공기사고가 비행횟수 3만 회 이내에 4회인 경우				
버. 경미한 항공기사고가 비행횟수 3만 회 이내에 3회인 경우				
49. 법 제91조에 따른 항공기운항의 정지기간에 운항한 경우	법 제91조제1항제49호 및 제95조제1항	운항증명취소	운항증명취소	운항증명취소

[비고]

1. 위 표의 제29호나목·다목, 제35호나목·다목, 제37호나목·다목 및 제43호나목·다목에 따른 위반행위의 세부유형은 별표 35에 따른다.
2. 위 표의 제29호다목, 제35호다목, 제37호다목 및 제43호다목에 따른 경미한 사항의 위반에 해당하는 경우에는 1년 이내에 동일한 위반행위를 한 경우에 한하여 처분한다.
3. 제1호, 제36호부터 제39호까지 및 제49호의 규정에 따른 항공기사용사업자에 대한 운항정지는 법 제96조제1항에서 준용하는 법 제90조에 따라 운항증명을 받아야 하는 항공기사용사업자에게만 적용한다.
4. 위 표의 제48호가목부터 사목까지의 규정에 따른 항공기 운항정지처분을 부과하는 경우(국제항공운송사업자와 국내항공운송사업자만 해당한다) 중상자 2명을 사망자 1명으로 보되, 소수점 이하는 버린다.

[별표 35]

위반행위의 세부유형(제265조 관련)

1. 법 제70조제3항에 따른 위험물취급의 방법 및 절차 위반행위 중 영 별표 3 제2호 허목2)·3) 및 이 규칙 별표 34 제29호나목·다목에 따른 중요한 사항과 경미한 사항의 위반행위는 다음과 같이 구분한다.

　가. 중요한 사항 위반행위

　　　1) 위험물을 항공우편물로 운송한 경우(항공우편으로 운송 가능한 위험물은 제외한다)

　　　2) 위험물 항공운송에 대한 보안계획을 수립하지 않은 경우

　　　3) 위험물 운송서류를 첨부하지 않은 위험물을 접수하여 취급한 경우

　　　4) 위험물을 여객기의 객실이나 또는 조종실에 탑재하여 운송한 경우(승무원 및 승객의 위험물 탑재규정에 따라 탑재가 허용되는 것은 제외한다)

　　　5) 서로 위험한 반응을 일으킬 수 있는 격리 대상 위험물을 격리 구분하여 보관하지 않은 경우

　　　6) '화물기 외 운송 금지(CAO)' 라벨이 부착된 위험물을 여객기에 탑재한 경우

　　　7) 운항 중 위험물에 의한 비상상황 발생 시 기장이 위험물 관련 정보를 제공하지 않은 경우

　　　8) 보고의무가 있는 위험물사고 또는 준사고의 발생 보고를 하지 않은 경우

　　　9) 신고하지 않았거나 잘못 신고한 위험물을 발견하고도 이를 신고하지 않은 경우

　　　10) 위험물접수절차를 준수하지 아니하여 미신고 위험물이 반입되어 운송된 경우

　　　11) 운항승무원에게 위험물운송 관련 비상대응지침/정보를 제공하지 않은 경우

　　　12) 위험물 항공운송에 대한 보안계획을 준수하지 않은 경우

　나. 경미한 사항 위반행위

　　　1) 소량위험물의 취급규정을 준수하지 않은 경우

　　　2) 유엔번호 또는 항공위험물운송기술기준에 따라 분류되지 않은 위험물을 취급한 경우

　　　3) 위험물 표기 또는 표찰 규정을 준수하지 않은 위험물 포장물을 취급한 경우

　　　4) 위험물 접수·점검목록상의 확인 내용을 누락하여 위험물을 접수한 경우

　　　5) 완전하게 작성되지 않은 위험물 운송서류가 첨부된 위험물을 취급한 경우

　　　6) 일반화물을 접수·보관하거나 항공기에 탑재할 때 위험물 표기 또는 표찰을 제거하지 않고 취급하는 경우

　　　7) 액체 위험물이 들어 있는 포장물의 취급 및 적재규정을 준수하지 않은 경우

　　　8) 위험물이 손상 또는 누출되었을 경우, 기술기준에 따라 안전조치를 하지 않은 경우

　　　9) 위험물이 들어 있는 단위 적재용기의 위험물 인식 표시규정을 준수하지 않은 경우

　　　10) 독성 또는 감염성 물질의 탑재규정을 준수하지 않은 경우

　　　11) 자성 물질의 탑재규정을 준수하지 않은 경우

　　　12) 드라이아이스의 탑재규정을 준수하지 않은 경우

　　　13) 발포성 폴리메릭 비즈(Polymeric Beads)의 탑재규정을 준수하지 않은 경우

　　　14) 자기 반응성 물질 또는 유기 과산화물의 취급방법을 준수하지 않은 경우

　　　15) 기장통보서(NOTOC)에 위험물의 정보 또는 서명을 누락한 경우

　　　16) 기장통보서(NOTOC)의 보관방법 또는 보관기간(1년)을 준수하지 않은 경우

　　　17) 화물 접수, 보관 위험물 관련 장소에 위험물 운송과 관련한 정보를 담고 있는 게시물을 게시하지 않은 경우

　　　18) 위험물 운송서류 보관기간(1년)을 준수하지 않은 경우

　　　19) 항공사 홈페이지, 탑승권 발권구역, 항공기 탑승구역에 항공위험물의 항공기 반입금지 안내문이 잘 보이도록 게시하지 않은 경우

　　　20) 그 밖에 항공운송사업자의 위험물 운송 책임에 관한 규정을 위반한 경우

2. 법 제77조제2항에 따른 운항기술기준 위반행위 중 영 별표 3 제2호보목2)·3) 및 이 규칙 별표 34 제35호나목·다목에 따른 중요한 사항과 경미한 사항의 위반행위는 다음과 같이 구분한다.

가. 중요한 사항 위반행위

1) 착빙지역 또는 착빙이 예상되는 지역으로 운항하는 경우 제빙 또는 방빙과 관련된 규정을 위반하여 운항하거나, 운항승무원에게 적절한 제빙 및 방빙 교육을 이수하도록 하지 않은 경우

2) 해당 공항의 기상최저치 또는 표준이륙 최저치 미만에서 항공기를 운항한 경우

3) 근접비행 및 편대비행과 관련된 규정을 위반하여 항공기를 운항한 경우

4) 항공기로 모의계기비행을 하는 경우 운항기술기준에서 정한 요건을 충족하지 않거나, 항공운송사업을 위한 운항 시 모의계기비행을 하거나 비정상 및 비상상황을 모의하여 비행한 경우

5) 수면 위 또는 인적이 드문 지역의 상공 외의 지역에서 항공기 시험비행을 하거나, 통제구역 및 설정된 특정구역에서 제한조건을 준수하지 않거나, 허가를 받지 않고 항공기를 운항한 경우

6) 수직분리축소(RVSM)공역 또는 성능기반항행요구(PBN)공역 등으로 지정된 공역에서 운항절차 및 제한사항 등을 따르지 않고 항공기를 운항한 경우

7) 운항증명 소지자가 해당 운항에 필요한 자격증명을 갖추지 않은 항공종사자로 하여금 업무에 종사하게 한 경우

8) 항공기 조종실 출입과 관련된 규정 및 절차를 위반하여 출입시킨 경우

9) 관계 당국의 허가를 받은 경우를 제외하고, 비행계획서를 제출하지 않고 항공기를 이륙하도록 한 경우

10) 운항증명 소지자가 국토교통부장관 또는 지방항공청장으로부터 인가받은 각종 필수교육과정을 이수하지 못하였거나 기량 또는 경력을 갖추지 못했거나, 자격심사 등을 이수하지 못한 운항승무원 · 객실승무원 또는 운항관리사에게 임무를 부여한 경우

11) 운항증명 소지자가 해당 항공기 형식에 대하여 자격 요건을 충족하지 못한 비행교관, 검열운항승무원, 객실승무원 교관(심사관, 감독관 포함) 및 운항관리사 교관에게 임무를 부여한 경우

12) 운항증명 소지자가 지정을 받지 못한 모의비행장치를 훈련 및 심사에 사용하거나 지정한 목적 외의 용도로 사용하거나, 승인 없이 외국의 항공운송사업자 또는 훈련기관에서 자국의 정부로부터 인가받은 훈련프로그램 및 모의비행장치를 훈련 및 심사에 사용한 경우

13) 운항증명 소지자가 항공업무종사자에 대한 훈련 및 심사에 관한 규정을 제정하여 국토교통부장관 또는 지방항공청장의 인가를 받지 않고 사용한 경우

14) 인가받지 않은 자에게 항공기 등의 정비, 예방정비 · 수리 및 개조, 검사 또는 서비스 상태로 환원시키기 위한 확인행위를 하도록 하거나, 인가받은 업무범위를 초과하여 업무를 수행하게 한 경우

15) 운항증명 소지자가 국토교통부장관 또는 지방항공청장에게 운영기준변경신청서를 제출하지 않고 변경한 경우

16) 운항증명 소지자가 운항 및 정비 주기지를 유지하지 않은 경우

17) 운항증명 소지자가 조종실 음성기록장치와 비행기록장치 및 그 내용을 보관해야 하는 기간 동안 보관하지 않은 경우

18) 항공운송사업자가 국토교통부장관 또는 지방항공청장의 인가를 받지 않고 항공운송사업의 목적으로 항공기를 임차하여 사용한 경우

19) 운항증명 소지자가 국토교통부장관 또는 지방항공청장의 인가를 받지 않고 다른 운항증명 소지자와 항공기를 상호 교환하여 사용한 경우

20) 항공운송사업 중 여객운송을 목적으로 항공기를 운항하려는 자가 비상탈출 시범이 필요한 경우임에도 불구하고 비상탈출 시범을 보이지 않고 운항한 경우

21) 항공운송사업을 목적으로 하거나 특수운항지역을 운항하거나 특수항법시스템을 사용하는 항공기를 사용하려는 자가 사용 예정인 항공기 기종과 해당 운항방식에 적용되는 법규 및 규정에 따라 그 기종에 대한 시범비행을 성공적으로 수행하여 보이지 않고 운항한 경우

22) 운항증명 소지자가 운항 주기지에 운항지역 및 운항유형에 적합한 운항 지원시설 및 정비 지원시설을 두지 않거나 각 공항마다 항공기의 안전한 서비스와 조업에 적합한 지상조업시설을 마련하지 않은 경우

23) 운항증명 소지자가 승객을 수송하거나 지상에 주기하고 있는 항공기에 승객이 탑승하고 있을 때 운항기술기준에서 규정하고 있는 수의 객실승무원을 탑승시키지 않은 경우

24) 항공기 탑재 및 처리교범에 항공기 형식별로 항공기 조업 및 탑재에 대한 절차와 제한사항이 수록되어 있지 않은 경우

25) 운항증명 소지자가 비행 준비, 항공로 선정 및 공항 운항을 위한 결정을 할 때 사용하는 기상 보고자료 및 예보가 기상관서 또는 그 밖의 승인된 기관으로부터 인가를 받은 시스템이 아닌 경우

26) 운항증명 소지자가 항공기의 출발·관리 및 운항 상황 감시 등 운항관리를 하는 데 적합한 시스템을 운영하지 않거나 그 시스템을 국토교통부장관 또는 지방항공청장으로부터 인가를 받아 운영기준에 수록하지 않은 경우 및 운항관리센터에 자격이 있는 운항관리사를 배치하지 않은 경우

27) 운항증명 소지자가 국토교통부장관 또는 지방항공청장으로부터 인가를 받지 않고 별도의 특수항법을 사용하는 일부 노선을 운항한 경우

28) 운항하려는 공항 및 활주로 상태 등이 항공기의 안전운항에 위험을 줄 수 있는 상태임에도 불구하고 항공기를 운항하게 한 경우

29) 운항증명소지자가 항공기 보안 등 보안관리에 관한 절차 및 규정을 위반한 경우

30) 승객이 항공기에 탑승하고 있거나 탑승·하기(下機) 중 항공기에 연료를 보급하는 경우 준수해야 할 절차를 이행하지 않고 연료를 보급한 경우

31) 감항증명서를 위조하여 항공에 사용한 경우

32) 공수비행 또는 시험비행 허가를 받지 않고 비행한 경우

33) 항공정비사가 업무범위를 초과하여 항공기 등의 정비를 한 경우

34) 국토교통부장관 또는 지방항공청장의 허가를 받지 않고 항공기 객실에 화물을 운송한 경우

35) 인가받지 않은 수리사업자가 수리한 장비품·부품을 항공에 사용한 경우

36) 감항성 개선 지시사항과 다른 방법으로 작업을 수행하고 항공기를 운항한 경우(국토교통부장관의 승인을 받은 경우는 제외한다)

37) 항공기의 지속적인 감항성 유지를 위하여 국토교통부장관 또는 지방항공청장이 인가한 검사프로그램을 이행하지 않고 항공기를 운항한 경우

38) 비승인 부품을 항공기 등에 사용한 경우

39) 제작사가 발행한 정비교범 또는 지침서 및 국토교통부장관 또는 지방항공청장이 지정한 방법 등에 따르지 않고 항공기 등을 정비(예방정비를 포함한다) 또는 개조한 경우

40) 제작사가 발행한 정비교범 또는 지침서에 따른 검사를 하지 않고 항공기 등을 사용한 경우(국토교통부장관 또는 지방항공청장이 별도의 검사프로그램을 승인한 경우는 제외한다)

41) 제작사가 발행한 정비교범 또는 정비프로그램 등에 따라 시한성 부품을 교체하지 않거나 관리하지 않은 경우

42) 비상구조용 장비가 지정된 위치에 갖춰져 있지 않은 경우

43) 항공업무를 수행하기에 부적합한 신체적 결함을 가진 사람을 운항승무원으로 항공업무에 종사하게 한 경우

44) 항공기에 탑재된 화물 등이 적절히 배분되고 안전하게 고정되어 있지 않은 상태로 운항한 경우

45) 항공기의 최대이륙중량을 초과하여 운항한 경우

46) 항공기의 등불을 켜지 않고 운항하거나 엔진을 작동한 경우

47) 최근의 비행경험 등 자격을 갖추지 못한 운항승무원으로 하여금 운항을 하게 한 경우

48) 조종실 출입문을 잠그지 않은 상태로 승객을 태우고 운항한 경우(정상적인 조종실 출입절차에 따라 조종실을 출입하는 경우는 제외한다)

49) 비행계획서를 작성하지 않거나 비행계획서에 기장과 운항관리사가 서명하지 않고 운항한 경우(교체공항 등으로 회항한 경우는 제외한다)

50) 운항승무원의 항공영어구술능력 향상을 위한 교육훈련프로그램을 수립하지 않거나 이를 시행하지 않은 경우

51) 국토교통부장관으로부터 인가를 받지 않고 북극 항공로로 운항한 경우

52) 「국제민간항공협약」 83bis에 따라 우리나라와 항공기 등의 감독의무에 관한 이전 협정이 체결되지 않은 국가에 등록된 항공기를 임차하여 사용하거나 우리나라에 등록된 항공기를 그 국가에 임대한 경우

53) 운항증명 소지자가 자격 요건을 갖추지 못한 사람으로 하여금 객실승무원 교관, 심사관, 감독관의 업무를 수행하게 한 경우

54) 운항증명 소지자가 객실승무원 교육훈련 위탁에 관한 기준을 준수하지 않고 교육훈련을 위탁한 경우

나. 경미한 사항 위반행위

1) 승객 처리 시 음주 또는 약물과 관련된 규정을 위반한 경우

2) 비상구열 좌석과 관련한 규정 및 절차를 준수하지 않은 경우

3) 기장 및 부조종사의 편조와 관련된 규정을 위반하여 편조 및 임무를 수행하게 한 경우

4) 운항증명 소지자가 운항 주기지에 운영기준 모두를 갖춰 두지 않거나 최신의 상태로 유지하지 않은 경우

5) 운항증명 소지자가 품질시스템 및 품질보증프로그램을 구축하지 않거나 품질관리자를 임명하지 않은 경우

6) 운항증명 소지자가 비행준비 및 수행에 사용된 정보, 보고서 및 업무종사자의 비행, 근무 및 휴식시간, 훈련 및 정비 수행사항 등에 관한 기록을 보관해야 하는 기간 동안 유지 또는 보관하지 않은 경우

7) 운항증명 소지자가 국토교통부장관 또는 지방항공청장에게 운항하려는 각 항공기의 정상, 비정상 및 비상 절차가 수록된 항공기 운영교범을 신고하지 않은 경우

8) 운항증명 소지자가 항공운송사업을 위한 운항을 하는 경우 비행할 때마다 1명을 기장(PIC)으로 지명하지 않은 경우

9) 운항증명 소지자가 운항규정에 특별상황 승객수송에 대한 절차를 설정하지 않았고 기장 또한 이를 알지 못하였거나 이에 동의하지 않은 상태에서 특별상황 승객을 수송한 경우

10) 운항증명 소지자가 국토교통부장관 또는 지방항공청장으로부터 인가를 받은 승무원심사와 표준화에 관한 프로그램을 보유하지 않은 경우

11) 운항증명 소지자가 해당 기종에 적합한 요약된 조종실 점검목록표를 운항승무원에게 배포하지 않거나 각 항공기마다 이를 갖춰 두지 않은 경우

12) 운항증명 소지자가 국토교통부장관 또는 지방항공청장의 인가를 받은 최소장비목록(MEL), 외형변경목록(CDL) 및 항공기성능교범을 운항승무원, 정비사 및 운항통제업무를 부여받은 종사자가 임무를 수행하는 동안 사용할 수 있도록 제공하지 않은 경우

13) 운항증명 소지자가 국토교통부장관 또는 지방항공청장에게 신고한 객실업무교범을 객실승무원에게 배포하지 않거나 여객 운송 담당자들에게 열람하도록 제공하지 않은 경우

14) 운항증명 소지자가 구두 브리핑에 추가하여 여객을 운송하는 각 항공기마다 승객이 사용하기 편리한 위치에 비상구에 대한 도해(圖解)와 작동방법, 비상 장비를 사용하는 데 필요한 그 밖의 안내 및 비상구열 좌석 착석에 대한 제한과 요건에 관련된 정보 등이 수록된 카드를 갖춰 두지 않은 경우

15) 운항증명 소지자가 사용항로 및 공항에 대한 운항자료를 관리하기 위하여 국토교통부장관 또는 지방항공청장으로부터 인가받은 운항자료관리시스템을 보유하지 않은 경우

16) 등록말소된 항공기의 등록부호를 제거하지 않고 비행한 경우(다만, 국토교통부장관의 승인을 받은 경우는 제외한다)

17) 항공기 등록부호의 크기·규격·부착위치 등을 기준에 맞도록 하지 않고 비행한 경우

18) 항공기를 국외로 매각하고 감항증명서를 반납하지 않은 경우

19) 공수비행 또는 시험비행의 허가기간을 초과하여 비행하거나 비행 제한사항을 위반하여 비행한 경우

20) 항공기 안전운항과 관련된 장비의 고장 또는 오작동, 결함을 보고하지 않거나 거짓으로 보고한 경우

21) 작업자가 인정을 받지 않은 장비·공구 등을 사용하여 정비를 한 경우

22) 정비조직인증서 등 사업자에게 발행한 증명서 또는 승인서를 주 사업소의 일반인이 보기 쉬운 곳에 게시하지 않은 경우

23) 주정음료 등의 측정을 거부한 사람을 항공업무에 종사시킨 경우

24) 최신 내용의 운항기술기준을 종사자들에게 배부하지 않거나 사무실 등에 갖춰 두지 않은 경우(최신의 운항기술기준을 종사자들이 업무에 활용할 수 있도록 사내 전산망 등을 이용하여 배부한 경우는 제외한다)

25) 항공기 감항성에 관한 증명서 또는 승인서를 부정한 목적으로 복제하거나 위조하여 사용한 경우

26) 항공기의 감항증명 유효기간이 단축되거나 운용한계의 지정사항이 변경된 경우 해당항공기의 감항증명서 및 운용한계 지정서를 반납하지 않고 사용한 경우

27) 항공기 감항증명서를 해당 항공기의 임차인 또는 국내 매수인에게 양도하지 않고 경우

28) 지속적인 감항성 유지를 위한 정비 및 항공기 운영 실태의 감시·평가를 하지 않거나 평가정보를 국토교통부장관 및 형식증명 소지자에게 보고 또는 통보하지 않은 경우

29) 형식설계를 책임지고 있는 기관으로부터 획득한 지속적인 감항성 유지에 관한 정보 및 권고 사항을 국토교통부장관이 정한 절차에 따라 이행하지 않은 경우

30) 비승인 부품 또는 비승인 의심부품을 발견한 경우 이를 국토교통부장관 또는 지방항공청장에게 보고하지 않은 경우

31) 항공기 등에 대하여 예방정비 등을 한 후 그 정비 내용, 정비 근거자료, 정비 완료일 등을 정비기록부 등에 기록하지 않은 경우

32) 항공기 등을 검사한 후 검사일자, 검사 내용 등을 정비기록부 등에 기록하지 않은 경우

33) 해당 운항에 필요한 계기 · 장비 및 비행서류 등을 항공기에 탑재 또는 장착하지 않거나 그 요건을 충족하지 아니한 상태에서 운항한 경우

34) 정밀계기접근을 위한 계기 및 장비 등을 정비 요건에 따라 정비하지 않은 경우

35) 운항승무원이 이용할 수 있는 주파수 변경 판넬이 장착되어 있지 않은 상태로 계기비행방식의 운항을 한 경우

36) 항공기의 위치를 표시하는 등불 및 계기조명설비를 갖추지 않거나 필요한 수량을 장착하지 않고 운항한 경우

37) 비상장비 또는 구조장비 및 구명장비가 즉시 사용할 수 있는 상태로 탑재되어 있지 않거나 상세한 작동법 및 최근 검사일자 등이 표시되어 있지 않은 경우

38) 비상위치지시용 무선표지설비에 사용되는 건전지를 교체시기를 초과하여 사용한 경우

39) 비상시 파괴하기에 적합한 항공기의 동체(胴體) 부분이 있음에도 불구하고 그 부분을 표시하지 않거나 그 표시방법 및 색깔 등을 위반하여 표시한 경우

40) 항공기에 탑재하는 비상장비 및 구명장비에 대한 일람표를 작성 및 유지하지 않거나 일람표에 포함되어야 할 사항을 누락한 경우

41) 퓨즈(Fuse)를 사용하는 항공기의 경우 제작사에서 권고한 바에 따라 비행 중에 사용할 수 있는 정격 용량의 예비 교체퓨즈를 탑재하지 않고 운항한 경우

42) 승무원 및 승객 등이 사용할 좌석 또는 침대에 어깨끈 또는 안전벨트를 장착하지 않고 운항한 경우

43) 계기비행방식으로 비행할 경우 구비하여야 할 계기를 구비하지 않거나 그 요건을 충족하지 않은 상태에서 운항한 경우

44) 운항승무원이 사용할 수 있는 헤드셋과 마이크가 장착된 기내 인터폰 장치를 장착하지 않거나 그 장착 요건을 준수하지 않고 운항한 경우

45) 엔진의 성능을 모니터할 수 있는 엔진계기를 장착하지 않고 운항한 경우

46) 사고 예방 등을 위한 경고기능을 제공하는 장치 및 관련 계기 등의 장착 요건을 준수하지 않고 운항한 경우

47) 승객 비상구와 접근방법 및 문 여는 방법이 표시되어 있지 않은 상태로 운항한 경우

48) 비상위치지시용 무선표지설비(ELT)를 구명정에 장착(헬리콥터만 해당한다)하지 않거나 객실승무원이 쉽게 접근할 수 없는 장소에 둔 상태로 운항한 경우

49) 항공기 내 화장실에 자동으로 작동되는 소화기를 장착하지 않거나 소화기가 작동되지 않은 상태로 운항한 경우

50) 최대 승객 좌석 수가 19석을 초과하는 승객 운송용 항공기 내 화장실에 성능 요건을 충족하지 않은 연기 감지기 또는 그와 같은 기능의 장비를 장착하지 않고 운항한 경우

51) 운항승무원 및 객실승무원이 사용할 수 있는 적정 수량의 호흡 보호장비를 탑재하지 않거나 그 성능이 미달한 장비를 탑재한 상태로 운항한 경우

52) 항공기에 탑재되어 원격조종으로 펼칠 수 없고 총 중량이 40킬로그램 이상인 구명보트에 기계적으로 펼칠 수 있는 보조장치가 없는 경우

53) 구조조정기관(Rescue Coordination Center)과의 긴급통신체계를 유지하지 않은 경우

54) 금연표시, 안전벨트 착용표시 등 승객 안내표시 또는 플래카드를 부착하지 않거나 적정 수량을 부착하지 않고 운항한 경우

55) 기내방송시스템의 작동 성능이 충족되지 않은 상태로 운항한 경우

56) 계기, 장비 등이 고장 난 상태로 운항한 경우(최소장비목록 등 국토교통부장관 또는 지방항공청장이 인가한 방식에 따라 운항한 경우는 제외한다)

57) 검사프로그램에 따라 검사를 하는 종사자들에게 최신의 검사프로그램 사본을 제공하지 않은 경우

58) 항공기를 매각 또는 임대하는 경우 매수자 또는 임차인에게 정비기록을 양도하지 않은 경우

59) 운항 중 직무 수행에 필요한 법 · 규정 및 절차 등을 승무원에게 제공하지 않은 경우

60) 이착륙 및 비행의 중요 단계에서 운항승무원 및 객실승무원이 지정된 근무 위치에 있지 않은 경우

61) 운항증명 소지자가 기장에게 운항하려는 지역에서의 수색 및 구조업무에 관하여 필요한 정보를 제공하지 않은 경우

62) 운항자격심사관 또는 항공안전감독관의 조종실 출입을 허용하지 않은 경우 그 사유를 국토교통부장관 또는 지방항공청장에게 보고하지 않거나 보고기한을 초과하여 보고한 경우

63) 비행 중 발생한 항공기의 결함을 탑재용 항공일지에 기록하지 않은 경우

64) 기내에서 항공기의 성능 및 장비에 악영향을 미칠 수 있는 휴대용 전자기기의 사용을 허용한 경우(국토교통부장관이 특별히 정한 경우는 제외한다)

65) 조종사에게 비행 중 외부로부터 방사된 레이저광선에 노출되는 경우를 대비한 교육을 실시하지 않고 항공업무에 종사하게 한 경우

66) 목적공항에 착륙한 후 항공교통관제기관에 도착보고를 하지 않은 경우(항공교통관제기관에서 자동적으로 비행계획서를 종료시키지 않은 경우에만 해당한다)

67) 지상 또는 수상에 설치된 통신시설 및 항행안전시설 등 항공기의 안전운항 및 비행과 연관된 시설 등의 상태가 적합하다고 판단되지 않은 상태에서 운항한 경우

68) 교체비행장의 요건 및 선정기준 등을 준수하지 않고 교체비행장(해상교체착륙장을 포함한다)을 선정하여 운항한 경우

69) 공항의 이동지역 내에서 항공기의 지상 활주에 필요한 요건을 갖추지 않고 항공기의 지상활주를 하게 한 경우

70) 공항의 기상과 활주로 상태 등 항공기가 안전하게 이착륙할 수 있는지 여부를 확인하지 않고 운항한 경우

71) 운항하는 지역에서 요구되는 고도계 수정치를 기준으로 한 순항고도를 유지하지 않고 운항한 경우

72) 최저안전고도를 준수하지 않고 운항한 경우(국토교통부장관이 정한 바에 따라 운항한 경우는 제외한다)

73) 정밀계기접근 제2종 및 제3종의 운항규칙 등을 준수하지 않고 정밀계기접근절차를 이행한 경우

74) 정밀계기접근 제2종 및 제3종 교범을 운항기지에 갖추지 않은 경우(사내 전산망을 이용하여 열람할 수 있는 경우는 제외한다)

75) 통행의 우선순위를 준수하지 않고 운항한 경우

76) 허가를 받지 않고 물건을 투하·살포하거나 항공기 또는 다른 물체를 예항(曳航)하거나 낙하산을 강하한 경우

77) 비행교범 등을 최신의 상태로 개정하지 않거나, 항공기 운용을 위해 필요한 플래카드 등을 탑재하지 않고 운항한 경우

78) 성능기반항행요구공역 또는 수직분리축소공역에서 안전비행에 영향을 주는 위급한 상황이 발생한 경우 등에 있어서 항공교통관제기관에 보고해야 할 사항을 보고하지 않은 경우

79) 관제탑을 운영하지 않는 비행장에 착륙하거나 그 인접지역에서 운항하는 경우 준수해야 할 사항을 이행하지 않은 경우

80) 항공기의 출발·도착 시 교통장주(交通場周, Traffic Pattern) 기준 고도 또는 활공 각 기준 고도보다 높은 고도를 준수하지 않고 운항한 경우

81) 항공교통관제기관의 허가사항을 준수하지 않고 운항한 경우

82) 관제비행으로 운항하는 동안 항공교통관제기관과의 양방향 통신을 지속적으로 유지하지 않은 경우

83) 관제비행 시 준수해야 할 사항을 이행하지 않은 경우

84) 항공기와 관제탑이 있는 공항 간의 양방향 통신이 유지되지 않은 상태에서 그 공항의 상공을 운항하거나 통과·출발·착륙한 경우

85) 운항 중 국제항공신호를 수신하거나 목격한 경우 그 신호에 따른 조치를 하지 않고 운항한 경우

86) 항공기 등에 관한 정비기록 등 기록물을 보존하지 않은 경우

87) 운항비행계획서(Operational flight plan)를 작성하지 않거나, 그 계획서에 기장 및 운항관리사가 서명하지 않고 운항한 경우

88) 계기비행 시 준수해야 할 최저고도를 준수하지 않고 운항한 경우

89) 관제공역 또는 비관제 공역에서 계기비행고도 또는 비행고도를 준수하지 않고 운항한 경우

90) 표준계기접근절차를 준수하지 않고 공항에 계기접근을 시도한 경우(국토교통부장관이 별도로 인가한 경우는 제외한다)

91) 실패접근절차를 준수하지 않고 실패접근을 시도한 경우

92) 항공운송사업자가 운항승무원의 CFIT를 예방하기 위한 훈련프로그램을 수립하지 않거나 이행하지 않은 경우

93) 항공운송사업자가 운항승무원 및 객실승무원에게 승무원 브리핑절차를 제공하지 않거나, 승무원 브리핑을 실시하지 않고 운항한 경우

94) 비상탈출, 구명장비 등의 사용법 등에 관하여 승객 브리핑을 하지 않고 운항한 경우

95) 운항 중 비상상황 발생 시 승객에게 비상조치사항에 대한 안내방송을 하지 않은 경우

96) 알코올 음료의 제공이 제한된 승객에게 알코올음료를 제공한 경우

97) 이착륙단계에서 항공기의 안전운항을 위하여 필요한 임무 외에 다른 업무를 수행하도록 승무원에게 요구한 경우

98) 항공운송사업에 사용되는 항공기에 대한 성능과 운항제한사항을 준수하지 않고 운항한 경우(국토교통부장관 또는 지방항공청장으로부터 허가를 받은 경우는 제외한다)

99) 국토교통부장관 또는 지방항공청장이 승인하지 않은 전자항행자료(Electronic navigation data)를 사용하여 운항한 경우

100) 안정된 착륙접근을 위한 준수사항을 이행하지 않고 착륙한 경우

101) 정밀접근절차를 이행하는 비행기가 안전한 착륙형태 및 자세를 갖추고 안전기준치 이상의 고도로 활주로 끝부분을 통과할 수 있게 하는 운항절차를 수립하지 않거나 같은 절차를 이행하지 않고 운항한 경우

102) 계기접근절차의 최종 접근단계가 시작되는 지점을 통과한 후 접근을 계속하기 위한 요건을 충족하지 않은 상태로 계기접근을 지속한 경우

103) 항공기에 탑승한 승객 및 휴대 수하물 등의 처리에 관한 규정을 준수하지 않고 관련 업무를 수행한 경우

104) 운항승무원의 연령 제한규정을 위반하여 항공업무를 수행하게 한 경우

105) 국토교통부장관 또는 지방항공청장으로부터 인가받은 필수교육과정을 이수하지 못하였거나, 지식·기량 또는 경험 등을 갖추지 못한 항공종사자 또는 객실승무원에게 항공업무를 수행하게 한 경우

106) 최근 12개월 이내에 임무 수행에 필요한 자격심사를 통과하지 못한 객실승무원에게 항공업무를 수행하게 한 경우

107) 검열운항승무원의 임명 요건을 위반하여 검열운항승무원을 임명한 경우

108) 국토교통부장관 또는 지방항공청장으로부터 인가받은 규정을 준수하지 않고 종사자에 대한 훈련 또는 심사를 한 경우

109) 국토교통부장관 또는 지방항공청장이 인가한 특별근무비행계획(Special flight duty schemes)을 준수하지 않은 경우

110) 비행인가 등 운항통제업무에 관하여 준수해야 할 사항을 위반하여 항공기를 운항하게 한 경우

111) 주 운항기지에 증명서, 규정, 교범 등을 갖춰 두지 않은 경우

112) 운항규정 또는 정비규정을 인가 또는 신고하기 전에 항공업무에 적용한 경우

113) 항공기 운항, 운항통제, 지상조업, 정비업무, 그 밖의 운항 지원업무에 종사하는 직원의 자격 및 훈련에 관한 기록을 유지하지 않은 경우

114) 비행안전규정, 교범 등의 자료를 관리할 수 있는 비행안전문서시스템을 수립하지 않거나 국토교통부장관 또는 지방항공청장의 승인을 받지 않고 비행안전문서시스템을 사용한 경우

115) 승인된 비행안전문서시스템을 이행하지 않은 경우

116) 전자교범 및 전자기록유지시스템의 운용에 관한 절차와 규정을 수립하지 않고 규정, 절차, 지침, 교범 등의 기록물을 전자 형태로 운용한 경우

117) 항공운송사업을 목적으로 항공기를 임차하여 사용하려는 경우, 국토교통부장관 또는 지방항공청장이 부과한 제한사항을 준수하지 않고 운항한 경우

118) 국적 항공사 간 항공기 임대차에 관한 기준을 준수하지 않고 항공운송사업에 사용할 항공기를 임대차한 경우

119) 중간 기착지에서 항공기 조업이 적절히 수행될 수 있는 시간을 고려하지 않고 운항계획을 수립한 경우

120) 운항하려는 노선에 관한 지침서와 항공지도 등을 운항승무원과 운항통제업무를 담당하는 종사자에게 제공하지 않거나 최신 상태로 유지하지 않은 경우

121) 정비목적의 품질보증프로그램을 포함한 품질관리시스템을 갖추지 않은 경우

122) 항공기 정비업무를 수행하는 사람으로 하여금 휴식시간 또는 연속근무시간을 준수하지 않고 정비업무를 하게 한 경우

3. 법 제90조제4항(법 제96조제1항에서 준용하는 경우를 포함한다)에 따른 운영기준 위반행위 중 영 별표 3 제2호오목2)·3) 및 이 규칙 별표 34 제37호나목·다목에 따른 중요한 사항과 경미한 사항 위반행위는 다음과 같이 구분한다.

가. 중요한 사항 위반행위

1) 항공기 적재, 중량배분 및 균형 등에 관한 절차를 준수하지 않은 경우

2) 운항증명 소지자가 정기편, 부정기편 운항 공항 활주로에 대하여 해당 항공기의 운항에 필요한 Performance Data(Airport Analysis Chart, RTOLW Chart, T/L Chart)를 조종사 및 운항관리사에게 제공하지 않은 경우 (Performance data가 제공되지 않는 공항은 제외한다)

3) 운항증명 소지자가 운영기준에 허가된 승객 좌석 수를 초과하여 승객을 탑승시켜 운항하거나 최소 객실승무원 수에 미달하게 객실승무원을 탑승시켜 운항하는 등 운항허가사항을 위반하여 운항한 경우

4) 공중충돌경고장치와 관련된 요건을 준수하지 않은 경우

5) 허가받지 아니한 항로·공항을 운항하거나 공항별로 허가받지 않은 항공기를 운항한 경우

6) 특수공항과 관련된 허가, 제한사항 및 관련 규정을 위반한 경우

7) 터미널에서의 비행규칙, 제한사항 및 관련 규정을 위반한 경우

8) 운항증명 소지자가 운영기준에 규정된 해당 부문의 관리자 변경 내용을 변경신청하지 않거나 자격이 없는 사람을 임명한 경우

9) 운항증명 소지자가 운영기준에 규정된 운항관리센터에 운항관리사를 배치하여 근무하도록 하지 않은 경우

10) 운항증명 소지자가 운영기준에 규정된 운항 관리를 위하여 사용하는 비행계획시스템, 비행감시시스템, 항공정보시스템, 항공기스케줄시스템의 중요 변경 내용을 변경신청하지 않고 적용한 경우

11) 운항증명 소지자가 운영기준에 규정된 절차에 따라 인가를 받은 기내수하물처리절차를 준수하지 않고 기내에 수하물을 탑재한 경우

12) 운항증명 소지자가 운영기준에 규정된 중량배분통제프로그램(Weight and Balance Control Program)의 절차를 위반하여 항공기를 운항한 경우

13) 회항시간 연장운항 정비프로그램 인가를 받지 않고 장거리운항을 한 경우

14) 국토교통부장관으로부터 인가받지 않은 자와 정비계약을 체결하여 항공기 등·장비품·부품을 정비한 경우

15) 수직분리축소공역을 운항하는 항공기의 정비프로그램 인가를 받지 않고 항공기를 수직분리축소공역 운항에 사용한 경우

16) 운항증명 소지자가 지속적 감항 유지 프로그램에 따라 정비하지 않은 경우

17) 운항증명 소지자가 운영기준에서 정한 회항시간 연장운항 정비프로그램에 따라 항공기의 추진장치, 항공기체 계통의 신뢰성 평가를 하지 않고 운항한 경우

18) 운항증명 소지자가 항공기에 장착된 각 엔진 및 장비품 등을 운영기준에서 정한 정비방식에 따라 정비하지 않은 경우

19) 운영기준의 항공기 목록에 등재되지 않은 항공기를 운항한 경우

나. 경미한 사항 위반행위

1) 승인된 기내휴대품 프로그램을 준수하지 않은 경우

2) 허가된 지상 제빙 및 방빙 프로그램을 수정한 후 인가를 받지 않고 사용한 경우

3) 인가된 컴퓨터 기록·유지시스템을 계속 사용하기 위한 조건을 준수하지 않은 경우

4) 소유권 변경, 비행일정의 변경 등 필수 보고사항을 보고하지 않은 경우

5) 계기비행방식 Ⅰ등급(Class Ⅰ) 항행을 위하여 인가된 항공기 및 지역항행시스템 외의 항공기 및 시스템을 이용하여 운항하거나 이에 따른 제한사항을 위반한 경우

6) A등급 공역 내에서의 Ⅰ등급(Class Ⅰ) 항행을 위하여 인가된 항공기, 지역항행시스템 또는 장거리항행시스템 외의 항공기 또는 시스템을 이용하여 운항하거나 이에 따른 제한사항을 위반한 경우

7) 장거리항행시스템을 사용하여 계기비행방식 2등급(Class Ⅱ) 항행이 허가된 지역 외의 지역에서 2등급 항행을 하거나 이에 따른 제한사항을 위반한 경우

8) 허가된 계기접근절차 외에 다른 형태의 계기접근절차를 수행하거나 이에 따른 조건 및 제한사항을 위반한 경우

9) 특수터미널지역 IFR 운항과 관련된 허가, 제한사항 및 규정을 위반한 경우

10) 인가된 항공기의 검사 프로그램을 위반한 경우

11) 인가된 신뢰성 프로그램을 위반한 경우

12) 부품 차용인가절차를 위반하여 운영한 경우

13) 점검주기 조정 시 절차를 준수하지 않은 경우

14) 회항시간 연장운항 정비 프로그램 인가기준을 위반하여 비행기를 정비하고 장거리운항에 사용한 경우

15) 수직분리축소공역을 운항하는 항공기의 정비프로그램 인가사항을 위반한 경우

16) 정비작업을 수행하는 업체의 정비능력 외의 정비를 하고 항공기를 항공에 사용한 경우

17) 운항증명 소지자가 인가를 받은 기내수하물 처리절차를 객실승무원 및 공항직원이 준수할 수 있도록 관련 교범에 수록하여 운영하지 않거나 최신의 내용으로 개정 유지하지 않은 경우

18) 운항증명 소지자가 운영기준에 규정된 절차에 따라 기내에 반입 또는 탁송이 금지된 제한품목을 승객에게 안내하지 않거나 관리감독을 소홀히 하여 승객이 이를 위반한 경우

19) 운항증명 소지자가 운항업무에 종사하는 운항승무원, 운항관리사 등에게 운영기준에 규정된 유효한 공항 운항자료를 제공하지 않거나 공항 운항자료를 최신의 상태로 유지 관리하지 않은 경우

20) 운항증명 소지자가 인가된 운영기준 중 기상자료시스템 내용의 중요 변경사항을 국토교통부장관 또는 지방항공청장에게 변경신청하지 않고 사용한 경우(천재지변 등으로 긴급하게 대체시스템을 사용하는 경우는 제외한다)

21) 운항증명 소지자가 인가된 운영기준에 비상구 주변의 지정좌석(Exit Row Seating) 운영절차에 관한 내용을 수록하지 않거나 그 절차를 위반하여 업무를 수행한 경우

22) 운항증명 소지자가 인가된 운영기준 중 컴퓨터 기록·유지 시스템을 수정하거나 변경하는 경우 국토교통부장관 또는 지방항공청장에게 변경신청하지 않고 이를 적용하거나, 컴퓨터에 기록한 기본 자료를 정해진 기간 동안 보관하지 않은 경우

23) 운항증명 소지자가 운영기준에 규정된 필수 보고사항을 보고하지 않은 경우

24) 해당 형식의 항공기에 대한 비행시간을 충족하지 못한 기장에게 기상치(氣象値)를 상향조정하여 적용하지 않고 운항하게 한 경우

25) 착륙 최저기상치의 자격을 취득하지 못한 기장으로 하여금 시정(視程)이 3/4마일(SM) 또는 활주로 가시거리(RVR)가 1,200미터(4,000피트) 미만인 경우에 계기접근을 수행하게 한 경우

26) 운항증명 소지자가 운영기준에 규정된 특수공항에 자격을 갖추지 못한 운항승무원을 해당 공항에 운항하도록 하거나 운항 요건이 충족되지 않은 상태에서 해당 공항에 운항하게 한 경우

27) 운항증명 소지자가 운영기준에서 정한 조건과 제한사항을 준수하지 않고 부품을 사용한 경우

28) 운항증명 소지자가 운영기준에서 정한 항공기 장비품 상호교환 프로그램의 요건들을 충족하지 않고 항공기 장비품을 상호교환한 경우

29) 공수비행에 대한 특별비행허가규정을 위반하여 공수비행을 한 경우

30) 운영기준에 명시한 정비문서의 규정에 따라 비상장비·구급용구를 정비하지 않은 경우

4. 법 제93조제5항 후단(법 제96조제2항에서 준용하는 경우를 포함한다)에 따른 운항규정 및 정비규정의 위반행위 중 영 별표 3 제2호포목2)·3) 및 이 규칙 별표 34 제43호나목·다목에 따른 중요한 사항과 경미한 사항 위반행위는 다음과 같이 구분한다.

가. 중요한 사항 위반행위

1) 승객이 항공기에 탑승하고 있거나 탑승·하기 중 항공기에 연료를 보급하는 경우 준수해야 할 절차를 이행하지 않고 연료를 보급한 경우

2) 운항증명 소지자가 지상조업회사와 맺은 조업협정에 명시된 조업절차 준수 여부를 지속적으로 관리·감독하지 않은 경우

3) 운항증명 소지자가 항공기에 탑재할 산소요구량을 위반하거나 승무원이 비행 중 산소의 사용에 관한 규정을 위반한 경우

4) 운항승무원 또는 객실승무원이 운항규정에 규정된 각 비행단계별 표준운항절차(Standard Operating procedures)를 위반한 경우

5) 비행 중 정상점검표(Normal Checklist)를 사용해야 할 경우에 이를 사용하지 않거나 정상점검표에 규정된 내용과 다르게 절차를 수행한 경우

6) 항공기 출발 시 발생한 돌발 사태에 대하여 대응절차에 규정된 절차대로 이행하지 않은 경우

7) 운항승무원 또는 객실승무원이 사용하는 정상·비정상 또는 비상절차와 관련된 점검표에 따라 업무를 수행하지 않은 경우

8) 비행하는 노선 및 비행장에 대한 운항절차 또는 최저비행고도 등을 위반하여 운항한 경우

9) 운항증명 소지자가 고용한 항공종사자가 운항업무를 수행할 때 운항규정에 규정된 책임과 의무를 다하지 않은 경우

10) 운항증명 소지자가 운항승무원, 객실승무원의 승무시간 · 근무시간 제한 기준 및 운항관리사의 근무시간 제한 기준을 위반한 경우

11) 지역항행시스템(RNAV)운항지역, 수직분리축소공역(RVSM), 북극항공로 운항을 위한 운항 요건, 항공기에 장착해야 할 장비 요건 또는 운항절차를 위반한 경우

12) 회항시간 연장운항 및 항로상 교체공항이 60분을 초과하는 장거리 운항을 위하여 갖추어야 할 운항통제, 운항절차 및 업무종사자에 대한 교육훈련 요건을 위반한 경우

13) 인가받은 최저기상치를 위반하여 운항한 경우

14) 운항규정에 규정된 연료 및 오일 탑재기준을 위반한 경우

15) 자격이 없는 사람에게 항공기 탑재 및 중량배분 업무를 수행하게 하거나, 항공기 탑재 및 처리교범의 절차를 지키지 아니하여 항공기 탑재 및 중량배분 산정에 중대한 착오가 발생한 경우

16) 지상에서의 제빙 · 방빙 절차를 위반한 경우

17) 운항승무원이 비행 중 항공기 고도 인지의 유지, 고도 복명 복창절차 및 고도 변경절차를 위반한 경우

18) 계기비행기상상태(IMC)에서의 자동조종장치(Autopilot) 및 자동추력조절장치(Auto-Throttles)의 사용에 관한 절차를 위반한 경우

19) 항공교통관제(ATC) 승인(Clearance)의 확인(Clarification) 및 수락(Acceptance)에 관한 절차를 위반한 경우 또는 이륙 및 상승경로상에 위치한 지형지물 회피 가능 여부를 고려하지 않고 비행계획을 수립하여 운항한 경우

20) 항공기의 출발 또는 접근 브리핑절차를 위반하거나 절차와 다르게 업무를 수행한 경우

21) 조종사가 정기편 및 부정기편에 대하여 출발공항에서 목적공항까지 비행하려는 지역, 항로 및 공항절차에 대하여 사전에 익숙하게 검토하지 않고 운항한 경우

22) 조종사가 안정된 접근절차를 위반하여 운항한 경우

23) 지표면 근처에서 규정된 강하율 또는 접근절차를 위반하여 운항한 경우

24) 착륙을 위한 계기접근을 시작하거나 계속하는 절차를 위반하여 운항한 경우

25) 착륙을 위한 정밀 및 비정밀 접근절차를 위반하여 운항한 경우

26) 야간 및 계기비행기상상태에서 계기접근 및 착륙하는 동안 승무원별로 할당된 임무 및 절차를 위반하여 운항한 경우

27) 비행 중 육지 또는 수면충돌사고(CFIT) 회피절차와 지상접근경고장치(GPWS)절차를 위반하여 운항한 경우

28) 공중충돌회피장치(ACAS) 사용절차를 위반하여 운항한 경우

29) 비상상황에서 해야 할 조치사항을 포함한 위험물 수송에 관한 항공기 탑재, 통보, 조치 및 운송절차를 위반하여 운항한 경우

30) 항공기에 탑재한 항행데이터의 적합성 보증절차 및 데이터의 최신판 유지절차를 위반한 경우

31) 최소장비목록(MEL) 또는 외형변경목록(CDL)에 규정된 절차를 위반하여 운항한 경우

32) 운항규정 중 승무원 편성기준을 위반하여 항공기를 운항하게 한 경우

33) 각 운항구간별로 한 명의 기장을 임명하도록 되어 있는 규정을 지키지 아니하고 운항하게 한 경우

34) 운항승무원, 객실승무원 또는 운항관리사로 하여금 휴식시간을 준수하지 않고 업무를 수행하게 한 경우

35) 운항승무원 또는 운항관리사가 운항규정에 따라 조치해야 할 최소장비목록 또는 외형변경목록의 내용을 조치하지 않 운항하거나 운항하게 한 경우

36) 정비기록문서를 거짓으로 작성한 경우

37) 시험비행에 해당하는 작업을 수행한 후 시험비행을 하지 않고 운항한 경우

38) 감항성에 영향을 미치는 결함을 기록하지 않거나 수정하지 않고 운항한 경우

39) 인가받은 항공기 정비프로그램을 위반하여 항공기 정비를 한 경우

나. 경미한 사항 위반행위

1) 「국제민간항공협약」 부속서 12에서 정한 항공기사고를 목격한 기장의 행동절차를 이행하지 않은 경우

2) 운용허용기준을 초과하여 장비품 등을 항공에 사용한 경우

3) 인가를 받지 않거나 인가를 받은 범위 외의 정비훈련 · 방법을 제정하여 운행한 경우

4) 인가를 받은 검사원 외의 사람이 검사를 한 경우

5) 인가를 받지 않고 검사원을 임명하여 항공기 검사업무를 수행하도록 한 경우

6) 무선통신에 필요한 항공기 장비 요건, 운항승무원의 자격 요건 등을 위반한 경우

7) 항공기 및 정비시설 안전을 위한 방법·기준을 위반한 경우

8) 승무원이 운항 중 안전운항에 대한 기장의 지휘에 따르지 않거나 기장의 승계 지정에 한 지휘 순서를 따르지 않고 운항한 경우

9) 운항규정에서 정한 운항비행계획서에 포함할 사항을 누락하고 운항비행계획서를 작성한 경우

10) 사고예방 및 비행 안전프로그램에 관한 절차를 위반한 경우

11) 항공기에 탑재한 항행 데이터의 적합성 보증절차 및 최신 데이터의 유지에 관한 절차를 위반한 경우

12) 비상장비 및 안전장비의 점검표에 따라 업무를 수행하지 않은 경우

13) 운항승무원에게 비행 중 사용하는 최신의 노선지침서를 제공하지 않거나 운항승무원이 최신의 노선지침서를 이용하여 운항하지 않은 경우

14) 운항승무원·운항관리사 또는 객실승무원의 훈련프로그램을 인가받기 전에 적용하거나 훈련프로그램의 내용을 준수하지 않은 경우

15) 운항승무원 또는 객실승무원이 운항규정에 따른 승무원 출두시각을 위반하여 항공기를 지연운항하게 한 경우

16) 운항규정의 절차에 따라 운항승무원 또는 객실승무원이 준수해야 할 규정·매뉴얼 등의 내용을 최신의 상태로 유지하지 않거나 비행 시 휴대하도록 되어 있는 의무를 이행하지 않은 경우

17) 운항규정에 따른 운항서류의 기록 유지 및 보관을 하지 않은 경우

18) 회항시간 연장운항에 대한 비행 감시업무를 각 비행단계별로 규정된 절차에 따라 수행하지 않은 경우

19) 회항시간 연장운항에 대하여 비행마다 제공해야 하는 회항시간 연장운항 노선지도(EDTO Plotting Chart)를 제공하지 않은 경우

20) 운항승무원이 비행 중 비상주파수 등 주파수를 청취하지 않고 운항한 경우

21) 정비기록에 대한 작성, 기록 유지 및 보관방법을 위반한 경우

22) 지속적으로 감항성 정보 및 권고사항을 획득하고 평가하지 않은 경우

23) 승인받지 않은 정비프로그램을 종사자에게 제공하여 항공에 사용한 경우

24) 감항성 확보를 위하여 준수해야 할 규정, 기준 및 절차이행을 감시하기 위하여 구축된 품질시스템을 운용하지 않은 경우

25) 인가된 기체구조 수리평가프로그램을 이행하지 않은 경우

26) 인가받지 않은 자와 계약을 맺어 정비를 수행하거나 승인된 도면을 이용하지 않고 장비·공구를 제작한 경우

27) 정비계약업체에 대한 평가 및 인가를 하지 않고 그 업체와 정비계약을 맺은 경우

28) 계약에 의한 정비가 계약에 따라 적절히 수행되는지를 확인하지 않은 경우

29) 정비규정에 따라 보고하여야 할 항공기의 고장 및 결함을 보고하지 않은 경우

30) 정비규정에 따른 품질심사를 실시하지 않거나 관련 규정을 이행하지 않은 경우

31) 기술지시서를 발행하기 위한 규정을 준수하지 않은 경우

32) 정비시설의 환경기준을 위반한 경우

33) 엔진 시운전절차 또는 견인절차를 위반한 경우

34) 인가받은 훈련프로그램에 규정된 대로 교육을 실시하지 않은 경우

35) 자재의 수령·저장·반납 및 취급에 관한 규정을 위반하여 자재를 취급한 경우

36) 비인가 의심부품(폐품에서 뽑아낸 부품을 포함한다)을 사용한 경우

37) 교정하지 않거나 교정시한 만료일이 지난 정밀측정장비를 사용한 경우

38) 정전기 민감 부품의 취급절차를 준수하지 않은 경우

39) 승인된 정비문서 또는 도면을 이용하지 않고 항공기 및 관련 부품을 정비한 경우

40) 정비작업 또는 정비규정의 변형적용(Deviation) 관리를 위반한 경우

41) 용접 비파괴검사 등 특수업무종사자 및 확인정비사에 대한 자격인정기준을 위반하여 자격을 부여한 경우

42) 2단계 이상의 부식 및 부식 재발 방지 보완대책을 마련하여 보고하지 않거나 보고한 보완대책을 이행하지 않은 경우

43) 기장이 탑재용 항공일지의 확인정비사 서명(Return to Service)을 확인하지 않고 운항한 경우(확인정비사가 주재(駐在)하지 아니하는 장소에 착륙한 경우는 제외한다)

[별표 36]

운항규정에 포함되어야 할 사항(제266조제2항제1호 관련)

1. 비행기를 이용하여 항공운송사업 또는 항공기사용사업을 하려는 자의 운항규정은 다음과 같은 구성으로 운항의 특수한 상황을 고려하여 분야별로 분리하거나 통합하여 발행할 수 있다.

　가. 일반사항(General)

　　1) 항공기 운항업무를 수행하는 종사자의 책임과 의무

　　2) 운항승무원 및 객실승무원의 승무시간·근무시간 제한 및 휴식시간 제공에 관한 기준과 운항관리사의 근무시간 제한에 관한 규정

　　3) 성능기반항행요구(PBN)공역의 운항을 위한 요건을 포함한 항공기에 장착하여야 할 항법장비의 목록

　　4) 장거리 운항과 관련된 장소에서의 장거리항법절차, 회항시간 연장운항을 위한 운항통제, 운항절차, 교육훈련, 비행감시절차 및 중요시스템 고장 시의 절차 및 회항공항의 이용 절차

　　5) 무선통신 청취를 유지하여야 할 상황

　　6) 최저비행고도 결정방법

　　7) 비행장 기상최저치 결정방법

　　8) 승객이 항공기에 탑승하고 있는 상태에서의 연료 재급유 중 안전예방조치

　　9) 지상조업 협정 및 절차

　　10) 「국제민간항공협약」부속서 12에서 정한 항공기 사고를 목격한 기장의 행동절차

　　11) 지휘권 승계의 지정을 포함한 운항형태별 운항승무원

　　12) 항로상에서 1개 또는 그 이상의 발동기가 고장이 날 가능성을 포함한 운항의 모든 환경을 고려한 항공기에 탑재하여야 할 연료 및 오일 양의 산출에 관한 세부지침

　　13) 산소의 요구량과 사용하여야 하는 조건

　　14) 항공기의 중량 및 균형 관리를 위한 지침

　　15) 지상에서의 제빙·방빙(De-icing/Anti-icing) 작업수행 및 관리를 위한 지침

　　16) 운항비행계획서(Operational flight plan)의 세부사항

　　17) 각 비행단계별 표준운항절차(Standard operating procedures)

　　18) 정상 점검표(Normal checklist)의 사용 및 사용시기에 관한 지침

　　19) 출발 시 돌발사태 대응절차

　　20) 고도 인지의 유지 및 자동으로 설정하거나 운항승무원의 고도 복명·복창(Altitude call-out)에 관한 지침

　　21) 계기비행기상상태(IMC)에서의 자동조종장치(Auto-pilots) 및 자동추력조절장치(Auto-throttles)의 사용에 관한 지침

　　22) 지형회피가 포함된 곳에서의 항공교통관제(ATC) 승인의 확인 및 수락에 관한 지침

　　23) 출발 및 접근 브리핑 내용

　　24) 지역·항로 및 공항을 익숙하게 하기 위한 절차

　　25) 안정된 접근절차(Stabilized approach procedure)

　　26) 지표면 근처에서의 많은 강하율에 대한 제한

　　27) 계기접근을 시작하거나 계속하기 위한 요구조건

　　28) 정밀 및 비정밀 계기접근절차의 수행을 위한 지침

　　29) 야간 및 계기비행기상상태에서의 계기접근 및 착륙하는 동안 승무원의 업무량 관리를 위한 운항승무원 임무 및 절차의 할당

　　30) 비행 중 육지 또는 수면 충돌사고(CFIT) 회피를 위한 지침 및 훈련요건과 지상접근경고장치(GPWS)의 사용을 위한 정책

　　31) 공중충돌회피 및 공중충돌회피장치(ACAS)의 사용을 위한 정책·지침·절차 및 훈련요건

　　32) 다음을 포함한 민간 항공기의 요격에 관한 정보 및 지침

　　　(가) 「국제민간항공협약」부속서 2에서 정한 요격을 받은 항공기의 기장의 행동절차

(나) 요격하는 항공기 및 요격을 받은 항공기가 사용하는 「국제민간항공협약」부속서 2에 포함된 시각신호 사용방법

33) 15,000미터(49,000피트)를 초과하는 고도로 비행하는 항공기를 위한 다음의 사항

(가) 태양 우주방사선에 노출될 경우 취하여야 할 최선의 진로를 조종사가 결정할 수 있도록 하는 정보

(나) 강하하기로 결정하였을 경우 다음 사항이 포함된 절차

(1) 적절한 항공교통업무(ATS) 기관에 사전 경고를 줄 필요성과 잠재적인 강하허가를 받을 필요성

(2) 항공교통업무 기관과 통신설정이 아니 되거나 간섭을 받을 경우 취하여야 할 조치

34) 항공안전관리시스템의 운영 및 관리에 관한 사항

35) 비상의 경우 취하여야 할 조치사항을 포함한 위험물 수송에 관한 정보 및 지침

36) 보안 지침 및 안내서

37) 「국제민간항공협약」부속서 6에서 정한 수색절차 점검표

38) 항공기에 탑재된 항행장비에 사용되는 항행 데이터(Electronic Navigation data)의 적합성을 보증하기 위한 절차 및 동 데이터를 적시에 배분하고 최신판으로 유지할 수 있도록 하는 절차

39) 비행 개시, 비행의 지속, 회항 및 비행의 종료에 관한 운항승무원·운항관리사의 기능과 책임을 포함하는 운항통제에 대한 책임과 운항통제에 관한 정책 및 관련 절차

40) 출발공항 또는 도착공항의 구조(救助) 및 소방등급 정보와 운항적합성 평가에 관한 사항(국외를 운항하는 경우에만 해당한다)

41) 전방시현장비 및 시각강화장비의 사용에 관한 지침 및 훈련 절차(전방시현장비 및 시각강화장비를 사용하는 경우에만 해당한다)

42) 전자비행정보장비의 사용에 관한 지침 및 훈련 절차(전자비행정보장비를 사용하는 경우에만 해당한다)

나. 항공기 운항정보(Aircraft operating information)

1) 형식증명·감항증명 등의 항공기 인증서 및 운용한계지정서에 명시된 항공기운항 제한사항(Aircraft certificate limitation and operating limitation)

2) 「국제민간항공협약」부속서 6에서 정한 운항승무원이 사용할 정상·비정상 및 비상절차와 이와 관련된 점검표

3) 모든 엔진작동 시 상승성능에 대한 운항지침 및 정보

4) 다른 추력·동력 및 속도 조절에 따른 비행 전·비행 중 계획을 위한 비행계획자료

5) 항공기의 형식별 최대측풍과 배풍요소 및 동 수치를 감소시키는 돌풍, 저시정, 활주로 상태, 승무원 경험, 오토파일럿의 사용, 비정상 또는 비상상황, 그 밖에 운항과 관련된 요소

6) 중량 및 균형 계산을 위한 지침 및 자료

7) 항공기 화물탑재 및 화물의 고정을 위한 지침

8) 「국제민간항공협약」부속서 6에서 정한 조종계통과 관련된 항공기 시스템과 그 사용을 위한 지침

9) 성능기반항행요구(PBN)공역에서의 운항을 위한 요건을 포함하여 승인을 얻거나 인가를 받은 특별운항 및 운항할 비행기의 형식에 맞는 최소장비목록(MEL)과 외형변경목록(CDL)

10) 비상 및 안전장비의 점검표 및 그 사용지침

11) 항공기 형식별 특정절차, 승무원 협조, 승무원의 비상시 위치할당 및 각 승무원에게 할당된 비상시의 임무를 포함한 비상탈출절차

12) 운항승무원과 객실승무원간의 협조를 위하여 필요한 절차의 설명을 포함한 객실승무원이 사용할 정상·비정상 및 비상 절차와 이와 관련된 점검표 및 필요하면 항공기계통에 관한 정보

13) 요구되는 산소의 총량과 이용가능한 양을 결정하기 위한 절차를 포함한 다른 항로에 대한 생존 및 비상장비와 이륙 전 장비의 정상기능을 확인하는데 필요한 절차

14) 생존자가 지상에서 공중으로 사용할 「국제민간항공협약」부속서 12에 포함된 시각신호코드

15) 운항승무원 및 운항업무를 담당하는 자에게 운항정보(NOTAM, AIP, AIC, AIRAC 등)에 수록된 정보를 배포하기 위한 절차

다. 지역, 노선 및 비행장(Areas, routes and aerodromes)

1) 운항승무원이 해당비행을 위하여 항공기 운항에 적용할 수 있는 통신시설, 항행안전시설, 비행장, 계기접근, 계기도착 및 계기출발에 관한 정보와 항공운송사업자 또는 항공기사용사업자가 항공기 운항의 적절한 수행을 위하여 필요하다고 판단되는 그 밖의 정보가 포함된 노선지침서(Route Guide)

2) 비행하려는 각 노선에 대한 최저비행고도

3) 최초 목적지 비행장 또는 교체 비행장으로 사용할만한 각 비행장에 대한 비행장 기상최저치

4) 접근 또는 비행장시설의 기능저하에 따른 비행장 기상최저치의 증가내용

5) 다음의 정보를 포함한 규정에서 요구하는 모든 비행 프로파일(Profile)의 준수를 위하여 필요한 정보(다만, 다음의 정보에는 제한을 두지는 아니한다)

    (가) 이륙거리에 영향을 미치는 항공기 계통 고장을 포함한 건조, 젖은 상태 및 오염된 상태에서의 이륙 활주로 길이요건의 결정

    (나) 이륙상승 제한의 결정

    (다) 항로상승 제한의 결정

    (라) 접근상승 및 착륙상승 제한의 결정

    (마) 착륙거리에 영향을 미치는 항공기 계통 고장을 포함한 건조, 젖은 상태 및 오염된 상태에서의 착륙 활주로 길이요건의 결정

    (바) 타이어 속도제한과 같은 추가적인 정보의 결정

라. 훈련(Training)

1) 「국제민간항공협약」부속서 6에서 정한 운항승무원 훈련프로그램 및 요건의 세부내용

2) 「국제민간항공협약」부속서 6에서 정한 객실승무원 훈련프로그램의 세부내용

3) 「국제민간항공협약」부속서 6에서 정한 비행감독의 방법과 관련하여 고용된 운항관리사 훈련프로그램의 세부내용

4) 별표 12 제1호에 따른 자가용조종사 과정, 같은 별표 제2호에 따른 사업용조종사과정, 같은 별표 7호에 따른 계기비행증명과정 또는 같은 별표 제8호에 따른 조종교육증명과정의 지정기준의 학과교육, 실기교육, 교관확보기준, 시설 및 장비확보기준, 교육평가방법, 교육계획, 교육규정 등 세부내용(항공기를 이용하여 소속 직원 외에 타인의 수요에 따른 비행훈련을 하는 경우에 적용한다)

2. 헬리콥터를 이용하여 항공운송사업 또는 항공기사용사업을 하려는 자의 운항규정은 다음과 같은 구성으로 운항의 특수한 상황을 고려하여 분야별로 분리하거나 통합하여 발행할 수 있다.

가. 일반사항(General)

1) 항공기 운항업무를 수행하는 종사자의 책임과 의무

2) 운항승무원 및 객실승무원의 승무시간·근무시간 제한 및 휴식시간 제공에 관한 기준과 운항관리사의 근무시간 제한에 관한 규정

3) 항공기에 장착하여야 할 항법장비의 목록

4) 무선통신 청취를 유지하여야 할 상황

5) 최저비행고도 결정방법

6) 헬기장 기상최저치 결정방법

7) 승객이 항공기에 탑승하고 있는 상태에서의 연료 재급유 중 안전예방조치

8) 지상조업 협정 및 절차

9) 「국제민간항공협약」부속서 12에서 정한 항공기 사고를 목격한 기장의 행동절차

10) 지휘권 승계의 지정을 포함한 운항형태별 운항승무원

11) 항로상에서 1개 또는 그 이상의 발동기가 고장 날 가능성을 포함한 운항의 모든 환경을 고려한 항공기에 탑재하여야 할 연료 및 오일 양의 산출에 관한 세부지침

12) 산소의 요구량과 사용하여야 하는 조건

13) 항공기 중량 및 균형 관리를 위한 지침

14) 지상에서의 제빙·방빙(De-icing/Anti-icing) 작업수행 및 관리를 위한 지침

15) 운항비행계획서(Operational flight plan)의 세부사항

16) 각 비행단계별 표준운항절차(Standard operating procedures)

17) 정상 점검표(Normal checklist)의 사용 및 사용시기에 관한 지침

18) 출발 시 돌발사태 대응절차

19) 고도 인지의 유지에 관한 지침

20) 지형회피가 포함된 곳에서의 항공교통관제(ATC) 승인의 확인 및 수락에 관한 지침

21) 출발 및 접근 브리핑 내용

22) 항로 및 목적지를 익숙하게 하기 위한 절차

23) 계기접근을 시작하거나 계속하기 위한 요구조건

24) 정밀 및 비정밀 계기접근절차의 수행을 위한 지침

25) 야간 및 계기비행기상상태에서의 계기접근 및 착륙하는 동안 승무원의 업무량 관리를 위한 운항승무원의 임무 및 절차의 할당

26) 다음을 포함한 민간 항공기의 요격에 관한 정보 및 지침

　　가)「국제민간항공협약」부속서 2에서 정한 요격을 받은 항공기 기장의 행동절차

　　나) 요격하는 항공기 및 요격을 받은 항공기가 사용하는「국제민간항공협약」부속서 2에 포함된 시각신호사용방법

27)「국제민간항공협약」부속서 6에서 정한 안전정책과 종사자의 책임을 포함한 사고예방 및 비행안전프로그램의 세부내용

28) 비상의 경우에 취하여야 할 조치사항을 포함한 위험물 수송에 관한 정보 및 지침

29) 보안 지침 및 안내서

30)「국제민간항공협약」부속서 6에서 정한 수색절차 점검표

31) 비행 개시, 비행의 지속, 회항 및 비행의 종료에 관한 운항승무원·운항관리사의 기능과 책임을 포함하는 운항통제에 대한 책임과 운항통제에 관한 정책 및 관련 절차

나. 항공기 운항정보(Aircraft operating information)

1) 형식증명·감항증명 등의 항공기 인증서 및 운용한계지정서에 명시된 항공기 운항 제한사항(Aircraft certificate limitation and operating limitation)

2)「국제민간항공협약」부속서 6에서 정한 운항승무원이 사용할 정상·비정상 및 비상절차와 이와 관련된 점검표

3) 다른 추력·동력 및 속도 조절에 따른 비행 전·비행 중 계획을 위한 비행계획자료

4) 중량 및 균형 계산을 위한 지침 및 자료

5) 항공기 화물탑재 및 화물의 고정을 위한 지침

6)「국제민간항공협약」부속서 6에서 정한 조종계통과 관련된 항공기 시스템과 그 사용을 위한 지침

7) 헬리콥터 형식 및 인가받은 특정운항을 위한 최소장비목록(MEL)

8) 비상 및 안전장비의 점검표 및 그 사용지침

9) 형식별 특정절차, 승무원 협조, 승무원의 비상시 위치할당 및 각 승무원에게 할당된 비상시의 임무를 포함한 비상탈출 절차

10) 운항승무원과 객실승무원 간의 협조를 위하여 필요한 절차의 설명을 포함한 객실승무원이 사용할 정상·비정상 및 비상 절차와 이와 관련된 점검표 및 필요한 항공기 계통에 관한 정보

11) 요구되는 산소의 총량과 이용가능한 양을 결정하기 위한 절차를 포함한 다른 항로에 대한 생존 및 비상장비와 이륙 전 장비의 정상기능을 확인하는데 필요한 절차

12) 생존자가 지상에서 공중으로 사용할「국제민간항공협약」부속서 12에 포함된 시각신호코드

13) 엔진작동 시 상승성능에 대한 운항지침 및 정보(Information on helicopter climb performance with all engines operation). 이 경우 정보는 헬리콥터 제작사 등에서 제공한 자료를 기초로 한 것만을 말한다.

14) 운항승무원 및 운항업무를 담당하는 자에게 운항정보(NOTAM, AIP, AIC, AIRAC 등)에 수록된 정보를 배포하기 위한 절차

다. 노선 및 비행장(Routes and aerodromes)

1) 운항승무원이 해당비행을 위하여 항공기 운항에 적용할 수 있는 통신시설, 항행안전시설, 비행장, 계기접근, 계기도착 및 계기출발에 관한 정보와 항공운송사업자 또는 항공기사용사업자가 항공기 운항의 적절한 수행을 위하여 필요하다고 판단되는 그 밖의 정보가 포함된 노선지침서(Route Guide)

2) 비행하려는 각 노선에 대한 최저비행고도

3) 최초 목적지 헬기장 또는 교체 헬기장으로 사용할 만한 각 헬기장에 대한 헬기장 기상최저치

4) 접근 또는 헬기장 시설의 기능저하에 따른 헬기장 기상최저치의 증가내용

라. 훈련(Training)

1)「국제민간항공협약」부속서 6에서 정한 운항승무원 훈련프로그램 및 요건의 세부내용

2)「국제민간항공협약」부속서 6에서 정한 객실승무원 훈련프로그램의 세부내용

3) 「국제민간항공협약」부속서 6에서 정한 비행감독의 방법과 관련하여 고용된 운항관리사 훈련프로그램의 세부내용
4) 별표 12 제1호에 따른 자가용조종사 과정, 같은 별표 제2호에 따른 사업용조종사과정, 같은 별표 제6호에 따른 계기비행증명과정 또는 같은 별표 제7호에 따른 조종교육증명 과정의 지정기준의 학과교육, 실기교육, 교관확보기준, 시설 및 장비확보기준, 교육평가방법, 교육계획, 교육규정 등 세부내용(항공기를 이용하여 소속 직원 외에 타인의 수요에 따른 비행훈련을 하는 경우에 적용한다)

[별표 38]

정비조직인증 취소 등 행정처분기준(제273조제2항 관련)

위반행위	근거법조문	처분내용
1. 거짓이나 그 밖의 부정한 방법으로 정비조직인증을 받은 경우	법제98조제1항제1호	인증취소
2. 법 제98조에 따른 업무정지 기간에 업무를 한 경우	법 제98조제1항제5호	인증취소
3. 법 제58조제2항을 위반하여 다음 각 목의 어느 하나에 해당하는 경우	법 제98조제1항제2호	
가. 업무를 시작하기 전까지 항공안전관리시스템을 마련하지 아니한 경우		업무정지(10일)
나. 승인을 받지 아니하고 항공안전관리시스템을 운용한 경우		업무정지(10일)
다. 항공안전관리시스템을 승인받은 내용과 다르게 운용한 경우		업무정지(10일)
라. 승인을 받지 아니하고 제130조제3항으로 정하는 중요 사항을 변경한 경우		업무정지(10일)
4. 정당한 사유 없이 법 제97조제1항에 따른 정비조직인증기준을 위반한 경우	제98조제1항제3호	
가. 인증 받은 범위 외의 다음의 정비 등을 한 경우		
1) 인증 받은 정비능력을 초과하여 정비 등을 한 경우		업무정지(10일)
2) 인증 받은 형식 외의 항공기등에 대한 정비 등을 한 경우		업무정지(15일)
3) 인증 받은 장비품·부품 외의 장비품·부품의 정비 등을 한 경우		업무정지(10일)
나. 인증 받은 정비시설 또는 정비건물 등의 위치를 무단으로 변경하여 정비 등을 한 경우		업무정지(7일)
다. 인증 받은 장소가 아닌 곳에서 정비 등을 한 경우		업무정지(10일)
라. 인증 받은 범위에서 정비 등을 수행한 후 법 제35조제8호의 항공정비사 자격증명을 가진 자로부터 확인을 받지 않은 경우		업무정지(15일)
마. 정비 등을 하지 않고 거짓으로 정비기록을 작성한 경우		업무정지(7일)
바. 세부 운영기준에서 정한 정비방법·품질관리절차 및 수행목록 등을 위반하여 정비 등을 한 경우(가목부터 마목까지의 규정에 해당되지 않는 사항을 말한다)		업무정지(5일)
사. 가목부터 바목까지의 규정 외에 정비조직인증 기준을 위반한 경우		업무정지(3일)

위반행위	근거법조문	처분내용
5. 고의 또는 중대한 과실에 의하여 또는 항공종사자에 대한 관리·감독에 관하여 상당한 주의의무를 게을리 함으로써 항공기 사고가 발생한 경우		
가. 해당 항공기 사고로 인한 사망자가 200명이상인 경우		업무정지(180일)
나. 해당 항공기 사고로 인한 사망자가 150명 이상 200명 미만인 경우		업무정지(150일)
다. 해당 항공기 사고로 인한 사망자가 100명 이상 150명 미만인 경우		업무정지(120일)
라. 해당 항공기 사고로 인한 사망자가 50명 이상 100명 미만인 경우		업무정지(90일)
마. 해당 항공기 사고로 인한 사망자가 10명 이상 50명 미만인 경우		업무정지(60일)
바. 해당 항공기 사고로 인한 사망자가 10명 미만인 경우		업무정지(30일)
사. 해당 항공기 사고로 인한 중상자가 10명 이상인 경우		업무정지(30일)
아. 해당 항공기 사고로 인한 중상자가 5명 이상 10명 미만인 경우	법 제98조제1항제4호	업무정지(20일)
자. 해당 항공기 사고로 인한 중상자가 5명 미만인 경우		업무정지(15일)
차. 해당 항공기 사고로 인한 항공기 또는 제3자의 재산피해가 100억원 이상인 경우		업무정지(90일)
카. 해당 항공기 사고로 인한 항공기 또는 제3자의 재산피해가 50억원 이상 100억원 미만인 경우		업무정지(60일)
타. 해당 항공기 사고로 인한 항공기 또는 제3자의 재산피해가 10억원 이상 50억원 미만인 경우		업무정지(30일)
파. 해당 항공기 사고로 인한 항공기 또는 제3자의 재산피해가 1억원 이상 10억원 미만인 경우		업무정지(20일)
하. 해당 항공기 사고로 인한 항공기 또는 제3자의 재산피해가 1억원 미만인 경우		업무정지(10일)

[비고]
위 표의 제5호에 따른 정비 등의 업무정지처분을 하는 경우 인명피해와 항공기 또는 제3자의 재산피해가 같이 발생한 경우에는 해당 정비 등의 업무정지기간을 합산하여 처분하되, 합산하는 경우에도 정비 등의 업무정지기간이 180일을 초과할 수 없다.

[별표 39]

외국인 국제항공운송사업자의 항공기 운항정지 등 행정처분기준(제282조 관련)

위반행위	근거 법조문	처분내용
1. 거짓이나 그 밖의 부정한 방법으로 운항증명승인을 받은 경우	법 제105조제1항제1호	운항증명승인취소
2. 법 제103조제1항을 위반하여 운항증명승인을 받지 아니하고 운항한 경우	법 제105조제1항제2호	항공기운항정지(180일)
3. 법 제103조제3항을 위반하여 같은 조 제2항에 따른 운항조건·제한사항을 준수하지 아니한 경우	법 제105조제1항제3호	항공기운항정지(20일)
4. 법 제103조제5항을 위반하여 변경승인을 받지 아니하고 운항한 경우	법 제105조제1항제4호	항공기운항정지(30일)
5. 법 제106조에서 준용하는 법 제94조 각 호에 따른 항공운송의 안전을 위한 명령에 따르지 아니한 경우	법 제105조제1항제5호	항공기운항정지(30일)
6. 항공기 운항의 정지기간에 항공기를 운항한 경우	법 제105조제1항제6호	운항증명승인취소

[별표 40]

경량항공기 안전성인증 등급에 따른 운용범위(제284조제5항 관련)

등급	운용범위
제1종	제한 없음
제2종	항공기대여업 또는 항공레저스포츠사업에의 사용 제한
제3종	다음의 각 호의 사용을 제한 1. 항공기대여업 또는 항공레저스포츠사업에의 사용 2. 조종사를 포함하여 2명이 탑승한 경우에는 이륙 장소의 중심으로부터 반경 10킬로미터 범위를 초과하는 비행에 사용
제4종	다음의 각 호의 사용을 제한 1. 항공기대여업 또는 항공레저스포츠사업에의 사용 2. 이륙 장소의 중심으로부터 반경 10킬로미터 범위를 초과하는 비행에 사용 3. 1명의 조종사 외의 사람이 탑승하는 비행에 사용 4. 인구 밀집지역 상공에서의 비행에 사용

[비고]
교통안전공단은 안전성 인증검사 결과에 따라 비행고도, 속도 등의 성능에 관한 제한사항을 추가로 지정할 수 있다.

경량항공기에 대한 경미한 정비의 범위(제285조제2항 관련)

경량항공기에 대한 경미한 정비의 범위는 다음과 같으며, 복잡한 조립 조작이 포함되어 있지 않아야 한다.

1. 착륙장치(Landing Gear)의 타이어를 떼어내는 작업(이하 "장탈"이라 한다), 원래의 위치에 붙이는 작업(이하 "장착"이라 한다)
2. 착륙장치의 탄성충격흡수장치(Elastic Shock Absorber)의 고정용 코드(Cord)의 교환
3. 착륙장치의 유압완충지주(Shock Strut)에 윤활유 또는 공기의 보충
4. 착륙장치 바퀴(Wheel) 베어링에 대한 세척 및 윤활유 주입 등의 서비스
5. 손상된 풀림방지 안전선(Safety Wire) 또는 고정 핀(Cotter Key)의 교환
6. 덮개(Cover plates), 카울링(Cowing) 및 페어링(Fairing)과 같은 비구조부 품목의 장탈(분해하는 경우는 제외한다) 및 윤활
7. 리브 연결(Rib Stitching), 구조부 부품 또는 조종면의 장탈을 필요로 하지 않는 단순한 직물의 기움
8. 유압유 저장탱크에 유압액을 보충하는 것
9. 1차 구조부재 또는 작동 시스템의 장탈 또는 분해가 필요하지 않은 동체(Fuselage), 날개, 꼬리부분의 표면[균형 조종면(Balanced control surfaces)은 제외한다], 페어링, 카울링, 착륙장치, 조종실 내부의 장식을 위한 덧칠(Coating)
10. 장비품(Components)의 보존 또는 보호를 위한 재료의 사용. 다만, 관련된 1차 구조 부재 또는 작동 시스템의 분해가 요구되지 않아야 하고, 덧칠이 금지되거나 좋지 않은 영향이 없어야 한다.
11. 객실 또는 조종실의 실내 장식품 또는 장식용 비품의 수리. 다만, 수리를 위해 1차 구조부재나 작동 시스템의 분해가 요구되지 않아야 하고, 작동 시스템에 간섭을 주거나 1차 구조부재에 영향을 주지 않아야 한다.
12. 페어링, 구조물이 아닌 덮개, 카울링, 소형 패치에 대한 작고 간단한 수리작업 및 공기흐름에 영향을 줄 수 있는 외형상의 변화가 없는 보강작업
13. 작업이 조종계통 또는 전기계통 장비품 등과 같은 작동 시스템의 구조에 간섭을 일으키지 않는 측면 창문(Side Windows)의 교환
14. 안전벨트의 교환
15. 1차 구조부와 작동 시스템의 분해가 필요하지 않는 좌석 또는 좌석부품의 교환
16. 고장 난 착륙등(Landing Light)의 배선 회로에 대한 고장탐구 및 수리
17. 위치등(Position Light)과 착륙등(Landing Light)의 전구, 반사면, 렌즈의 교환
18. 중량과 평형(Weight and Balance) 계산이 필요 없는 바퀴와 스키의 교환
19. 프로펠러나 비행조종계통의 장탈이 필요 없는 카울링의 교환
20. 점화 플러그의 교환, 세척 또는 간극(Gap)의 조정
21. 호스 연결부위의 교환
22. 미리 제작된 연료 배관의 교환
23. 연료와 오일 여과기 세척
24. 배터리의 교환 및 충전 서비스
25. 작동에 부수적인 역할을 하며 구조부재가 아닌 파스너(Fastener)의 교환 및 조절

[별표 42]

경량항공기 조종사 등에 대한 행정처분기준(제292조제1항 관련)

위반행위 또는 사유 해당	법조문	처분내용
1. 거짓이나 그 밖의 부정한 방법으로 자격증명 등을 받은 경우	법 제114조제1항제1호	자격증명 취소
2. 자격증명 등의 정지기간에 경량항공기 조종업무에 종사한 경우	법 제114조제1항제17호	자격증명 취소
3. 이 법을 위반하여 벌금 이상의 형을 선고받은 경우	법 제114조제1항제2호	효력정지 30일 이상 또는 자격증명 취소
4. 경량항공기 조종업무를 수행할 때 고의 또는 중대한 과실로 경량항공기 사고를 일으켜 다음 각 목의 인명피해를 발생시킨 경우 　가. 사망자가 발생한 경우 　나. 중상자가 발생한 경우 　다. 중상자 외의 부상자가 발생한 경우	법 제114조제1항제3호	 효력정지 180일 이상 또는 자격증명 취소 효력정지 90일 이상 또는 자격증명 취소 효력정지 30일 이상 또는 자격증명 취소
5. 경량항공기 조종업무를 수행할 때 고의 또는 중대한 과실로 경량항공기 사고를 일으켜 다음 각 목의 재산피해를 발생시킨 경우 　가. 경량항공기 또는 제3자의 재산피해가 100억원 이상인 경우 　나. 경량항공기 또는 제3자의 재산피해가 10억원 이상 100억원 미만인 경우 　다. 경량항공기 또는 제3자의 재산피해가 10억원 미만인 경우	법 제114조제1항제3호	 효력정지 180일 이상 또는 자격증명 취소 효력정지 90일 이상 또는 자격증명 취소 효력정지 30일 이상 또는 자격증명 취소
6. 법 제110조 본문을 위반하여 경량항공기 조종업무 외의 업무에 종사한 경우	법 제114조제1항제4호, 법 제110조	1차 위반 : 효력정지 150일 2차 위반 : 효력정지 1년 또는 자격증명 취소
7. 법 제111조제2항을 위반하여 경량항공기 조종사 자격증명의 한정을 받은 사람이 한정된 경량항공기 종류 외의 경량항공기를 조종한 경우	법 제114조제1항제5호 법 제111조제2항	1차 위반 : 효력정지 30일 2차 위반 : 효력정지 60일 3차 위반 : 효력정지 180일
8. 법 제113조(제116조제5항에서 준용하는 경우를 포함한다)를 위반하여 항공신체검사증명을 받지 아니하고 경량항공기 조종업무를 하거나 경량항공기 조종연습을 한 경우	법 제114조제1항제6호 법 제113조, 법제116조제5항	1차 위반 : 효력정지 30일 2차 위반 : 효력정지 60일 3차 위반 : 효력정지 150일
9. 법 제115조제1항을 위반하여 조종교육증명을 받지 아니하고 조종교육을 한 경우	제114조제1항제7호 법 제115조제14항	1차 위반 : 효력정지 30일 2차 위반 : 효력정지 60일 3차 위반 : 효력정지 180일
10. 법 제115조제2항을 위반하여 국토교통부장관이 정하는 교육을 받지 아니한 경우	법 제114조제1항제8호	1차 위반 : 효력정지 30일 2차 위반 : 효력정지 60일 3차 위반 : 효력정지 180일
11. 법 제118조를 위반하여 이륙·착륙 장소가 아닌 곳 또는 「공항시설법」제25조제6항에 따라 사용이 중지된 장에서 경량항공기를 이륙하거나 착륙하게 한 경우	법 제114조제1항제9호	1차 위반 : 효력정지 30일 2차 위반 : 효력정지 150일 3차 위반 : 효력정지 1년 또는 자격증명 취소
12. 법 제121조제2항에서 준용하는 법제57조제1항을 위반하여 주류 등의 영향으로 경량항공기 조종업무	법 제114조제1항제10호	가. 주류의 경우 　－혈중알코올농도 0.02퍼센트 이상 0.06퍼센트 미만 : 효력정지 60일

위반행위 또는 사유 해당	법조문	처분내용
(법 제116조에 따른 경량항공기 조종연습을 포함한다)를 정상적으로 수행할 수 없는 상태에서 경량항공기를 사용하여 비행한 경우	법 제114조제1항제10호	− 혈중알코올농도 0.06퍼센트 이상 0.09퍼센트 미만 : 효력정지 120일 − 혈중알코올농도 0.09퍼센트 이상 : 효력정지 180일 또는 자격증명취소 나. 마약류 또는 환각물질의 경우 　− 1차 위반 : 효력정지 60일 　− 2차 위반 : 효력정지 120일 　− 3차 위반 : 효력정지 180일 또는 자격증명 취소
13. 법 제121조제2항에서 준용하는 법제57조제2항을 위반하여 경량항공기 조종업무(법 제116조에 따른 경량항공기 조종연습을 포함한다)에 종사하는 동안에 같은 조 제1항에 따른 주류 등을 섭취하거나 사용한 경우	법 제114조제1항제11호	가. 주류의 경우 　− 혈중알코올농도 0.02퍼센트 이상 0.06퍼센트 미만 : 효력정지 60일 　− 혈중알코올농도 0.06퍼센트 이상 0.09퍼센트 미만 : 효력정지 120일 　− 혈중알코올농도 0.09퍼센트 이상 효력정지 180일 또는 자격증명 취소 나. 마약류 또는 환각물질의 경우 　− 1차 위반 : 효력정지 60일 　− 2차 위반 : 효력정지 120일 　− 3차 위반 : 효력정지 180일 또는 자격증명 취소
14. 법 제121조제2항에서 준용하는 법 제57조제3항을 위반하여 같은 조 제1항에 따른 주류 등의 섭취 및 사용 여부의 측정 요구에 따르지 아니한 경우	법 제114조제1항제12호	1차 위반 : 효력정지 60일 2차 위반 : 효력정지 120일 3차 위반 : 효력정지 180일 또는 자격증명 취소
15. 법 제121조제3항에서 준용하는 법 제67조제1항을 위반하여 비행규칙을 따르지 아니하고 비행한 경우	법 제114조제1항제13호	1차 위반 : 효력정지 30일 2차 위반 : 효력정지 60일 3차 위반 : 효력정지 180일
16. 법 제121조제4항에서 준용하는 법 제79조제1항을 위반하여 국토교통부장관이 정하여 공고하는 비행의 방식 및 절차에 따르지 아니하고 비관제공역 또는 주의공역에서 비행한 경우	법 제114조제1항제14호	1차 위반 : 효력정지 30일 2차 위반 : 효력정지 60일 3차 위반 : 효력정지 150일
17. 법 제121조제4항에서 준용하는 법 제79조제2항을 위반하여 허가를 받지 아니하거나 국토교통부장관이 정하는 비행의 방식 및 절차에 따르지 아니하고 통제공역에서 비행한 경우	법 제114조제1항제15호	1차 위반 : 효력정지 30일 2차 위반 : 효력정지 90일 3차 위반 : 효력정지 1년 또는 자격증명 취소
18. 법 제121조제5항에서 준용하는 법 제84조제1항을 위반하여 국토교통부장관 또는 항공교통업무증명을 받은 자가 지시하는 이동·이륙·착륙의 순서 및 시기와 비행의 방법에 따르지 아니한 경우	법 제114조제1항제16호	1차 위반 : 효력정지 30일 2차 위반 : 효력정지 90일 3차 위반 : 효력정지 1년 또는 자격증명 취소

[비고]

1. 처분의 구분

　가. 자격증명의 취소 : 경량항공기 조종사 자격증명, 자격증명의 한정, 계기비행증명, 경량항공기 조종교육증명, 경량항공기조종연습허가 또는 항공영어구술능력증명을 취소하는 것을 말한다.

　나. 효력의 정지 : 일정기간 경량항공기 조종연습 및 경량항공기를 조종할 수 있는 자격을 정지하는 것을 말한다.

2. 1개의 위반행위나 사유가 2개 이상의 처분기준에 해당되는 경우와 고의 또는 중대한 과실로 인명 및 재산피해가 동시에 발생한 경우에는 그 중 무거운 처분기준을 적용한다.

3. 위반행위가 기장을 보조하는 기장 외의 승무원의 잘못으로 발생한 경우에는 기장에 대한 처분 외에 그 승무원에 대해서도 처분할 수 있다. 이 경우 그 승무원에 대한 처분은 처분기준의 2분의 1의 범위에서 줄여 처분할 수 있다.

4. 위반행위의 차수에 따른 행정처분의 기준은 최근 1년간 같은 위반행위로 행정처분을 받은 경우에 적용한다. 이 경우 행정처분 기준의 적용은 같은 위반행위에 대하여 최초로 행정처분을 한 날을 기준으로 한다.

5. 위반행위의 정도 및 횟수 등을 고려하여 행정처분의 2분의 1의 범위에서 늘리거나 줄일 수 있다.

[별표 43]

초경량비행장치 안전성 인증기관의 인력 및 시설기준(제305조제2항 관련)

구분	기준
1. 법인성격	항공관련 업무를 수행하는 비영리법인
2. 전문인력	다음 각 목의 어느 하나에 해당하는 사람 5명 이상을 확보할 것 가. 법 제35조제8호에 따른 항공정비사 자격증명을 받은 사람 나. 「국가기술자격법」에 따른 항공기사 이상의 자격을 받은 사람 다. 항공기술 관련 학사 이상의 학위를 취득한 후 3년 이상 항공기 등, 경량항공기 또는 초경량비행장치의 설계·제작·정비 또는 품질보증 또는 안전성인증 업무에 종사한 경력이 있는 사람
3. 시설 및 장비	가. 초경량비행장치의 시험비행 등을 위한 이륙 및 착륙 시설(타인의 시설을 임차하여 사용하는 경우를 포함한다) 나. 안전성 인증 민원업무 처리에 필요한 사무실 및 사무기기 다. 초경량비행장치와 관련된 기술자료실 라. 초경량비행장치 조종자 등에 대한 안전교육을 실시할 수 있는 강의실

[별표 44]

초경량비행장치 조종자 증명기관의 인력 및 시설기준(제306조제2항 관련)

구분	기준
1. 법인 성격	항공 조종, 정비 등의 업무를 수행하는 비영리법인
2. 전문 인력	다음 각 목의 어느 하나에 해당하는 사람 3명 이상을 확보할 것 가. 법 제35조제3호에 따른 자가용 조종사 이상의 자격증명을 받은 사람 나. 법 제109조제1항에 따른 경량항공기 조종사 자격증명을 취득한 후 3년 이상 경량항공기 또는 초경량비행장치의 조종교육 업무에 종사한 경력이 있는 사람 다. 법 제125조제1항에 따른 초경량비행장치 조종자 증명을 취득한 후 3년 이상 초경량비행장치의 조종교육 업무에 종사한 경력이 있는 사람 라. 경량항공기 또는 초경량비행장치의 조종 관련 업무에 5년 이상 종사한 경력이 있는 사람
3. 시설 및 장비	가. 초경량비행장치 조종자 증명의 학과시험을 위한 학과시험장(타인의 시설을 임차하여 사용하는 경우를 포함한다) 나. 초경량비행장치 조종자 증명의 실기시험을 위한 이륙 및 착륙 시설(타인의 시설을 임차하여 사용하는 경우를 포함한다) 다. 초경량비행장치 조종자 증명 관련 민원업무 처리에 필요한 사무실 및 사무기기

전문검사기관이 갖추어야 할 기술인력 · 시설 및 장비기준(제318조 관련)

구분	기준
1. 기술인력	항공기 등 또는 장비품의 인증업무 또는 시제품에 대한 기능시험 · 성능시험 · 구조시험 등의 업무에 5년 이상의 경력이 있는 사람 2명 이상을 확보하고, 인증 관련법 제도 외에 나목부터 자목까지 중 해당 분야의 교육 · 훈련을 이수하여야 한다. 가. 인증 관련법 제도 나. 기체구조 및 하중 인증분야 다. 추진기관 인증분야 라. 세부계통 및 실내장치 인증분야 마. 환경증명 인증분야 바. 비행시험 및 비행성능 인증분야 사. 항공전자 · 전기 인증분야 아. 형식증명 또는 제작증명 적합성 검사분야 자. 소프트웨어 인증분야
2. 시설	가. 항공기 등 또는 장비품의 해당분야에 대한 설계검증 및 품질인증을 위한 시설 나. 기술인력의 교육 · 훈련을 위한 시설(자체 교육 · 훈련을 실시할 경우만 해당한다)
3. 장비	항공기 등 또는 장비품의 해당분야에 대한 설계검증 · 시험분석 및 평가를 위해 필요한 장비

항공영어구술능력평가 전문기관의 조직 · 인력기준 등(제320조제1항 관련)

평가기관의 조직	면접인력	2명 이상
	평가인력	3명 이상
	관리인력	2명 이상
평가인력기준	항공영어구술능력증명 5등급 이상의 자격을 갖춘 자로서 다음 각 호의 자격을 갖출 것 1. 학사학위 이상을 소지한 원어민 1명 이상 2. 국제항공업무(조종 · 관제 · 무선통신)에 10년 이상 종사한 사람 1명 이상 3. 영어교육 또는 평가와 관련된 학과의 학사학위 이상 소지자로 3년 이상 경험이 있는 사람 1명 이상 ※ 면접 인력 또는 관리 인력 겸임 불가	
면접인력기준	평가 인력 기준 중 1개 이상의 자격을 갖출 것	
평가시설 및 장비 등	평가시설	사무실 : 16.5제곱미터 이상
	평가처리능력	월 한 번 이상 평가 실시, 한 번에 30명 이상 평가 처리능력 보유 (한 명당 1제곱미터 이상 공간 확보)
	평가문제보유	분야(조종 · 관제)별 20세트 이상
	평가기록보존	보안성이 확보된 저장매체에 이중 영구보관

[별표 47]

수수료(제321조 관련)

납부자	수수료
1. 다음 각 호의 사항에 대하여 등록을 신청하는 자	
가. 법 제7조에 따른 신규등록	8,200원
나. 법 제13조에 따른 변경등록	8,200원
다. 법 제14조에 따른 이전등록	8,200원
라. 법 제15조에 따른 말소등록	8,200원
마. 등록증명서 재발급	200원
2. 법 제16조에 따른 항공기등록원부의 등본 또는 초본의 교부를 신청하는 자	1건당 900원
3. 법 제20조제1항의 형식증명을 신청하거나 변경하는 자. 다만, 변경하는 경우 다음 수수료의 50%를 감면한다.	
가. 비행기ㆍ헬리콥터 및 비행선	
(1) 최대이륙중량 5천700킬로그램 이하의 것	
(가) 단발기	130만원
(나) 다발기	260만원
(2) 최대이륙중량 5천700킬로그램 초과의 것	260만원에 최대이륙중량 매 1천 킬로그램까지마다 3만3천원을 가산한 금액46만5천원
나. 활공기	
다. 발동기	
(1) 피스톤발동기	65만원
(2) 터보프롭 또는 터보샤프트 발동기	130만원
(3) 제트발동기	260만원
라. 프로펠러	30만원
마. 형식증명서 재발급	200원
4. 법 제20조제4항에 따라 부가형식증명을 신청하는 자	37만원
가. 부가형식증명서 재발급	200원
5. 법 제21조제1항에 따라 형식증명승인을 신청하는 자. 이 경우 제26조제3항에 해당하는 품목에 대해서는 다음 가목부터 마목까지의 수수료의 100분의 50을 감면한다.	
가. 최대이륙중량이 5천700킬로그램을 초과한 비행기, 헬리콥터	130만원에 최대이륙중량 매 1천 킬로그램까지마다 1만6천원을 가산한 금액
나. 최대이륙중량이 5천700킬로그램 이하인 비행기, 헬리콥터 및 비행선	
(1) 단발기	65만원
(2) 다발기	130만원
다. 활공기	23만원
라. 발동기	
(1) 피스톤발동기	33만원
(2) 터보프롭 또는 터보샤프트 발동기	65만원
(3) 제트발동기	130만원

납부자	수수료
마. 프로펠러	15만원
바. 형식증명승인서 재발급	200원
6. 법 제21조제4항에 따라 부가형식증명승인을 신청하는 자	18만원
7. 법 제22조제1항에 따라 제작증명을 신청하는 자	
가. 항공기	130만원
나. 발동기 또는 프로펠러	65만원
8. 다음 각 호의 항공기에 대하여 법 제23조제1항에 따라 표준감항증명, 특별감항증명(실험분류, 특별비행허가분류는 제외한다) 또는 법 제24조에 따라 항공기에 대한 감항승인을 신청하는 자. 다만, 항공운송사업용 항공기의 경우 법 제31조제2항에 따라 국토교통부장관이 위촉한 검사원이 감항증명을 위한 항공기 상태검사 및 시험비행을 수행하는 경우를 제외한다.	
가. 법 제20조제1항의 형식증명을 받지 아니한 항공기	
나. 법 제20조제1항에 따른 형식증명 또는 제21조제1항에 따른 형식증명승인을 받은 항공기, 감항증명을 받은 사실이 있는 항공기	나목의 감항증명 검사수수료와 제6호의 형식증명검사수수료를 합산한 금액
(1) 비행기 · 헬리콥터 및 비행선	
(가) 최대이륙중량 5천700킬로그램 이하의 것	
1) 단발기	10만원
2) 다발기	20만원
(나) 최대이륙중량 5천700킬로그램 초과의 것	20만원에 최대이륙중량 5,700킬로그램을 초과하는 중량에 대하여 매 1천 킬로그램까지마다 3천원을 가산한 금액
(2) 활공기	4만원
다. 감항증명서 재교부	200원
9. 법 제24조제1항에 따라 발동기, 프로펠러, 장비품 또는 부품에 대한 감항승인을 신청하는 자	개당 2천원. 다만, 부품을 묶음 단위로 신청하는 경우 묶음 당 2천원
10. 법 제25조제1항에 따라 소음기준적합증명을 신청하는 자(서류검사에 의한 소음기준적합증명을 신청하는 자를 제외한다)	10만원(시험비행을 실시하는 경우에는 18만5천원)10만원에 최대이륙중량 매 1천 킬로그램까지마다 800원을 가산한 금액(단, 시험비행을 실시하는 경우에는 18만천원에 최대이륙중량 매 1천 킬로그램까지마다 1천원을 가산한 금액)
가. 신규로 신청하는 자	
(1) 최대이륙중량 5천700킬로그램 이하의 것	
(2) 최대이륙중량 5천700킬로그램 초과의 것	
나. 소음기준적합증명을 받은 사실이 있는 항공기로서 수리 · 개조 등으로 재신청하는 자	5만원(시험비행을 실시하는 경우에는 14만2천원) 5만원에 최대이륙중량 매 1천 킬로그램까지마다 500원을 가산한 금액 (단, 시험비행을 실시하는 경우에는 14만2천원에 최대이륙중량 매 1천킬로그램까지마다 1천원을 가산한 금액)
(1) 최대이륙중량 5천700킬로그램 이하의 것	
(2) 최대이륙중량 5천700킬로그램 초과의 것	
다. 소음기준적합증명서의 재교부	200원
11. 법 제27조제1항에 따라 기술표준품형식승인을 신청하는 자	27만원
가. 기술표준품형식승인서 재발급	200원

납부자	수수료
12. 법 제28조제1항에 따라 부품등제작자증명을 신청하는 자	26만원
가. 부품등제작자증명서 재발급	200원
13. 법 제30조제1항 본문의 수리·개조승인을 신청하는 자	
가. 비행기·헬리콥터 및 비행선	
(1) 최대이륙중량 5천700킬로그램 이하의 것	
(가) 단발기	4만원
(나) 다발기	8만원
(2) 최대이륙중량 5천700킬로그램 초과의 것	8만원에 최대이륙중량 5천700킬로그램을 초과하는 중량에 대하여 매 1천 킬로그램까지마다 2,000원을 가산한 금액
나. 활공기	4만원
다. 발동기, 프로펠러 및 장비품(항공기에 장착되지 않은 상태로 신청한 경우)	4만원
14. 법 제34조제1항에 따른 항공종사자 자격증명의 발급 및 재발급을 신청하는 자	1만원
15. 법 제38조제1항에 따른 시험 및 법 제38조제2항에 따른 심사에 응시하는 자	
가. 학과시험	
(1) 자격증명시험(조종사, 항공정비사, 항공교통관제사, 운항관리사)	5만6천원
(2) 한정심사(조종사, 항공정비사)	9만2천원
나. 실기시험	
(1) 자격증명시험	
(가) 조종사, 항공정비사(구술), 항공교통관제사(구술), 운항관리사	9만7천원
(나) 항공정비사	12만7천원
(다) 항공교통관제사	10만2천원
(2) 한정심사(조종사, 항공정비사)	11만7천원
16. 법 제38조제4항에 따른 자격증명서 유효성 확인서 발급을 신청하는 자	1만원
17. 법 제39조제3항에 따른 모의비행장치 지정을 위한 검사를 신청하는 자	39만2천원
18. 법 제44조에 따른 계기비행증명 및 조종교육증명 시험에 응시하는 자	제15호에 따른 수수료
19. 법 제45조에 따른 항공영어구술능력증명을 받고자 신청하는 자	10만7천원(영어구술능력증명시험 9만6천원, 증명서교부 1만천원) (부가세 포함)
20. 다음 각 호의 허가서를 발급 또는 재발급을 신청하는 자	
가. 법 제46조제2항에 따른 항공기 조종연습	200원
나. 법 제47조제2항에 따른 항공교통관제연습	200원
다. 법 제116조제1항에 따른 경량항공기 조종연습	200원
21. 법 제63조제2항에 따른 운항자격인정을 위한 심사를 신청하는 자	
가. 지식심사	5만2천원
나. 항공기 또는 모의비행장치를 이용한 기량 심사	8만3천원
다. 가목의 지식심사와 가목의 기량심사를 병행하는 심사	13만5천원
22. 법 제74조제1항에 따른 회항시간 연장운항의 승인을 받고자 신청하는 자	8만원
23. 법 제75조제1항에 따른 수직분리축소공역 등에서의 항공기 운항승인을 받고자 신청하는 자	8만원

납부자	수수료
24. 법 제90조제1항에 따른 운항증명을 받고 자 신청하는 자	78만원
25. 법 제90조제5항에 따른 안전운항체계변경을 하고자 신청하는 자	39만원
26. 법 제97조제1항에 따라 정비조직인증을 신청하는 자	
가. 신규 및 갱신 신청	78만원
나. 업무한정 및 제한사항의 추가 또는 변경 (사업장의 소재지 변경 또는 추가를 포함한다)	39만원
27. 법 제103조에 따른 외국인국제항공운송사업자에 대한 운항증명승인을 신청하는 자	
1. 신규 신청	39만원
2. 변경승인 신청	19만5천원
28. 법 제107조에 따른 외국항공기의 유상운송에 대한 운항안전성 검사를 받고 자 신청하는 자	20만원
29. 법 제108조제1항에 따른 경량항공기 안전성인증을 신청하는 자	
가. 초도검사	20만원
나. 정기검사	15만원
다. 수시 및 재검사	9만원
라. 증명서 재교부	2만원
30. 법 제109조에 따른 경량항공기 조종사 자격증명을 신청하는 자	제15호에 따른 수수료
31. 법 제115조제1항에 따른 경량항공기 조종교육증명을 신청하는 자	제15호에 따른 수수료
32. 법 제115조제2항에 따른 경량항공기 안전교육을 신청하는 자	5만원
33. 법 제124조에 따른 초경량비행장치 안전성인증을 신청하는 자	
가. 초도검사	20만원(인력활공기, 낙하산류의 경우 15만원)
나. 정기검사	15만원(인력활공기, 낙하산류의 경우 10만원)
다. 수시 및 재검사	9만원
라. 증명서 재발급	2만원
34. 법 제125조제1항에 따른 초경량비행장치 조종자 증명을 신청 하는 자	
가. 학과시험	4만4천원
나. 실기시험	6만6천원
다. 증명서 발급 및 재발급	1만원

[비고]

1. 법 제136조제1항에 따른 검사 등을 위하여 현지출장이 필요한 경우 신청자는 수수료 외에 공무원인 경우 「공무원여비규정」, 전문검사기관 등의 소속검사원인 경우 해당기관의 여비규정에 따른 여비를 따로 부담하여야 한다.

2. 위 표에 따른 수수료에는 기술검증 등과 관련된 비용이 포함되어 있지 않으므로, 전문검사기관 등에서 수행하여야 하는 기술검증 등이 필요한 경우 신청자는 해당 기관에서 정한 인건비 등의 기준에 따라 별도의 비용을 부담하여야 한다.

3. 제14호부터 제16호까지, 제18호, 제29호부터 제31호까지, 제33호 및 제34호를 신청하는 신청자는 해당 수수료 외에 부가세를 추가 부담하여 야 한다.

4. 제34호에 따른 초경량비행장치 조종자 증명의 실기시험에 사용되는 초경량비행장치는 해당 시험응시자가 제공하여야 한다.

5. 제15호 및 제18호에 따른 시험에 응시하는 자는 시험실시기관이 제공하는 항공기를 이용하는 경우 해당 항공기의 실운용비를 따로 부담하여 야 한다.

6. 제8호에 따른 검사에 불합격하여 다시 검사를 신청하는 경우 해당하는 검사 수수료의 100분의 50을 감면할 수 있다. 다만, 서류상의 검사만을 받는 경우에는 재검사 수수료를 면제할 수 있다.

7. 「국민기초생활 보장법」에 따른 수급자 또는 「한부모가족지원법」에 따른 보호대상자에게는 제15호, 제18호 및 제34호에 따른 수수료의 100분의 50을 감면할 수 있다.

8. 제3호부터 제13호까지의 수수료는 2018년 6월 30일까지 신청하는 자에 대하여 해당 수수료의 100분의 50을 감면한다.

新/항/공/관/계/법/규

PART 02

항공사업법

항공사업법

• 시행령 별표

• 예상문제

항공사업법	항공사업법 시행령
항공사업법 [시행 2017.12.26.] [법률 제14525호, 2017.12.26., 일부개정]	**항공사업법시행령** [시행 2017.3.30.] [대통령령 제27970호, 2017.3.29., 제정]

제1장 총칙

제1조(목적) 이 법은 항공정책의 수립 및 항공사업에 관하여 필요한 사항을 정하여 대한민국 항공사업의 체계적인 성장과 경쟁력 강화 기반을 마련하는 한편, 항공사업의 질서유지 및 건전한 발전을 도모하고 이용자의 편의를 향상시켜 국민경제의 발전과 공공복리의 증진에 이바지함을 목적으로 한다.

제2조(정의) 이 법에서 사용하는 용어의 뜻은 다음과 같다. 〈개정 2017.1.17.〉

1. "항공사업"이란 이 법에 따라 국토교통부장관의 면허, 허가 또는 인가를 받거나 국토교통부장관에게 등록 또는 신고하여 경영하는 사업을 말한다.
2. "항공기"란 「항공안전법」 제2조제1호에 따른 항공기를 말한다.
3. "경량항공기"란 「항공안전법」 제2조제2호에 따른 경량항공기를 말한다.
4. "초경량비행장치"란 「항공안전법」 제2조제3호에 따른 초경량비행장치를 말한다.
5. "공항"이란 「공항시설법」 제2조제3호에 따른 공항을 말한다.
6. "비행장"이란 「공항시설법」 제2조제2호에 따른 비행장을 말한다.
7. "항공운송사업"이란 국내항공운송사업, 국제항공운송사업 및 소형항공운송사업을 말한다.
8. "항공운송사업자"란 국내항공운송사업자, 국제항공운송사업자 및 소형항공운송사업자를 말한다.
9. "국내항공운송사업"이란 타인의 수요에 맞추어 항공기를 사용하여 유상으로 여객이나 화물을 운송하는 사업으로서 국토교통부령으로 정하는 일정 규모 이상의 항공기를 이용하여 다음 각 목의 어느 하나에 해당하는 운항을 하는 사업을 말한다.
   가. 국내 정기편 운항 : 국내공항과 국내공항 사이에 일정한 노선을 정하고 정기적인 운항계획에 따라 운항하는 항공기 운항
   나. 국내 부정기편 운항 : 국내에서 이루어지는 가목 외의 항공기 운항
10. "국내항공운송사업자"란 제7조제1항에 따라 국토교통부장관으로부터 국내항공운송사업의 면허를 받은 자를 말한다.

제1조(목적) 이 영은 「항공사업법」에서 위임된 사항과 그 시행에 필요한 사항을 규정함을 목적으로 한다.

항공사업법 시행규칙
[시행 2017.3.30.] [국토교통부령 제411호, 2017.3.30., 제정]

제1장 총칙

제1조(목적) 이 규칙은 「항공사업법」 및 같은 법 시행령에서 위임된 사항과 그 시행에 필요한 사항을 규정함을 목적으로 한다.

제2조(국내항공운송사업 및 국제항공운송사업용 항공기의 규모) 「항공사업법」(이하 "법"이라 한다) 제2조제9호 각 목 외의 부분 및 같은 조 제11호 각 목 외의 부분에서 "국토교통부령으로 정하는 일정 규모 이상의 항공기"란 각각 다음 각 호의 요건을 모두 갖춘 항공기를 말한다.

1. 여객을 운송하기 위한 사업의 경우 승객의 좌석 수가 51석 이상일 것
2. 화물을 운송하기 위한 사업의 경우 최대이륙중량이 2만5천 킬로그램을 초과할 것
3. 조종실과 객실 또는 화물칸이 분리된 구조일 것

제3조(부정기편 운항의 구분) 법 제2조제9호나목, 제11호나목 및 제13호에 따른 국내 및 국제 부정기편 운항은 다음 각 호와 같이 구분한다.

1. 지점 간 운항 : 한 지점과 다른 지점 사이에 노선을 정하여 운항하는 것
2. 관광비행 : 관광을 목적으로 한 지점을 이륙하여 중간에 착륙하지 아니하고 정해진 노선을 따라 출발지점에 착륙하기 위하여 운항하는 것
3. 전세운송 : 노선을 정하지 아니하고 사업자와 항공기를 독점하여 이용하려는 이용자 간의 1개의 항공운송계약에 따라 운항하는 것

항공사업법	항공사업법 시행령
11. "국제항공운송사업"이란 타인의 수요에 맞추어 항공기를 사용하여 유상으로 여객이나 화물을 운송하는 사업으로서 국토교통부령으로 정하는 일정 규모 이상의 항공기를 이용하여 다음 각 목의 어느 하나에 해당하는 운항을 하는 사업을 말한다. 　가. 국제 정기편 운항 : 국내공항과 외국공항 사이 또는 외국공항과 외국공항 사이에 일정한 노선을 정하고 정기적인 운항계획에 따라 운항하는 항공기 운항 　나. 국제 부정기편 운항 : 국내공항과 외국공항 사이 또는 외국공항과 외국공항 사이에 이루어지는 가목 외의 항공기 운항 12. "국제항공운송사업자"란 제7조제1항에 따라 국토교통부장관으로부터 국제항공운송사업의 면허를 받은 자를 말한다. 13. "소형항공운송사업"이란 타인의 수요에 맞추어 항공기를 사용하여 유상으로 여객이나 화물을 운송하는 사업으로서 국내항공운송사업 및 국제항공운송사업 외의 항공운송사업을 말한다. 14. "소형항공운송사업자"란 제10조제1항에 따라 국토교통부장관에게 소형항공운송사업을 등록한 자를 말한다. 15. "항공기사용사업"이란 항공운송사업 외의 사업으로서 타인의 수요에 맞추어 항공기를 사용하여 유상으로 농약살포, 건설자재 등의 운반, 사진촬영 또는 항공기를 이용한 비행훈련 등 국토교통부령으로 정하는 업무를 하는 사업을 말한다. 16. "항공기사용사업자"란 제30조제1항에 따라 국토교통부장관에게 항공기사용사업을 등록한 자를 말한다. 17. "항공기정비업"이란 타인의 수요에 맞추어 다음 각 목의 어느 하나에 해당하는 업무를 하는 사업을 말한다. 　가. 항공기, 발동기, 프로펠러, 장비품 또는 부품을 정비·수리 또는 개조하는 업무 　나. 가목의 업무에 대한 기술관리 및 품질관리 등을 지원하는 업무 18. "항공기정비업자"란 제42조제1항에 따라 국토교통부장관에게 항공기정비업을 등록한 자를 말한다. 19. "항공기취급업"이란 타인의 수요에 맞추어 항공기에 대한 급유, 항공화물 또는 수하물의 하역과 그 밖에 국토교통부령으로 정하는 지상조업(地上操業)을 하는 사업을 말한다. 20. "항공기취급업자"란 제44조제1항에 따라 국토교통부장관에게 항공기취급업을 등록한 자를 말한다. 21. "항공기대여업"이란 타인의 수요에 맞추어 유상으로 항공기, 경량항공기 또는 초경량비행장치를 대여(貸與)하는 사업(제26호나목의 사업은 제외한다)을 말한다. 22. "항공기대여업자"란 제46조제1항에 따라 국토교통부장관에게 항공기대여업을 등록한 자를 말한다.	

제4조(항공기사용사업의 범위) 법 제2조제15호에서 "농약살포, 건설자재 등의 운반 또는 사진촬영 등 국토교통부령으로 정하는 업무"란 다음 각 호의 어느 하나에 해당하는 업무를 말한다.

1. 비료 또는 농약 살포, 씨앗 뿌리기 등 농업 지원
2. 해양오염 방지약제 살포
3. 광고용 현수막 견인 등 공중광고
4. 사진촬영, 육상 및 해상 측량 또는 탐사
5. 산불 등 화재진압
6. 수색 및 구조(응급구호 및 환자 이송을 포함한다)
7. 헬리콥터를 이용한 건설자재 등의 운반(헬리콥터 외부에 건설자재 등을 매달고 운반하는 경우만 해당한다)
8. 산림, 관로(管路), 전선(電線) 등의 순찰 또는 관측
9. 항공기를 이용한 비행훈련(「항공안전법」 제48조제1항에 따른 전문교육기관 및 「고등교육법」 제2조에 따른 학교가 실시하는 비행훈련 등 다른 법률에서 정하는 바에 따라 실시하는 경우는 제외한다)
10. 항공기를 이용한 고공낙하
11. 글라이더 견인
12. 그 밖에 특정 목적을 위하여 하는 것으로서 국토교통부장관 또는 지방항공청장이 인정하는 업무

제5조(항공기취급업의 구분) 법 제2조제19호에 따른 항공기취급업은 다음 각 호와 같이 구분한다.

1. 항공기급유업 : 항공기에 연료 및 윤활유를 주유하는 사업
2. 항공기하역업 : 화물이나 수하물(手荷物)을 항공기에 싣거나 항공기에서 내려서 정리하는 사업
3. 지상조업사업 : 항공기 입항ㆍ출항에 필요한 유도, 항공기 탑재 관리 및 동력 지원, 항공기 운항정보 지원, 승객 및 승무원의 탑승 또는 출입국 관련 업무, 장비 대여 또는 항공기의 청소 등을 하는 사업

제6조(초경량비행장치 사용사업의 사업범위 등) ① 법 제2조제23호에서 "국토교통부령으로 정하는 초경량비행장치"란 「항공안전법 시행규칙」 제5조제2항제5호에 따른 무인비행장치를 말한다.

항공사업법	항공사업법 시행령
23. "초경량비행장치 사용사업"이란 타인의 수요에 맞추어 국토교통부령으로 정하는 초경량비행장치를 사용하여 유상으로 농약살포, 사진촬영 등 국토교통부령으로 정하는 업무를 하는 사업을 말한다. 24. "초경량비행장치 사용사업자"란 제48조제1항에 따라 국토교통부장관에게 초경량비행장치 사용사업을 등록한 자를 말한다. 25. "항공레저스포츠"란 취미·오락·체험·교육·경기 등을 목적으로 하는 비행[공중에서 낙하하여 낙하산(落下傘)류를 이용하는 비행을 포함한다]활동을 말한다. 26. "항공레저스포츠사업"이란 타인의 수요에 맞추어 유상으로 다음 각 목의 어느 하나에 해당하는 서비스를 제공하는 사업을 말한다. 　가. 항공기(비행선과 활공기에 한정한다), 경량항공기 또는 국토교통부령으로 정하는 초경량비행장치를 사용하여 조종교육, 체험 및 경관조망을 목적으로 사람을 태워 비행하는 서비스 　나. 다음 중 어느 하나를 항공레저스포츠를 위하여 대여하여주는 서비스 　　1) 활공기 등 국토교통부령으로 정하는 항공기 　　2) 경량항공기 　　3) 초경량비행장치 　다. 경량항공기 또는 초경량비행장치에 대한 정비, 수리 또는 개조 서비스 27. "항공레저스포츠사업자"란 제50조제1항에 따라 국토교통부장관에게 항공레저스포츠사업을 등록한 자를 말한다. 28. "상업서류송달업"이란 타인의 수요에 맞추어 유상으로 「우편법」 제1조의2제7호 단서에 해당하는 수출입 등에 관한 서류와 그에 딸린 견본품을 항공기를 이용하여 송달하는 사업을 말한다. 29. "상업서류송달업자"란 제52조제1항에 따라 국토교통부장관에게 상업서류송달업을 신고한 자를 말한다. 30. "항공운송총대리점업"이란 항공운송사업자를 위하여 유상으로 항공기를 이용한 여객 또는 화물의 국제운송계약 체결을 대리(代理)[사증(査證)을 받는 절차의 대행은 제외한다]하는 사업을 말한다. 31. "항공운송총대리점업자"란 제52조제1항에 따라 국토교통부장관에게 항공운송총대리점업을 신고한 자를 말한다. 32. "도심공항터미널업"이란 「공항시설법」 제2조제4호에 따른 공항 구역이 아닌 곳에서 항공여객 및 항공화물의 수송 및 처리에 관한 편의를 제공하기 위하여 이에 필요한 시설을 설치·운영하는 사업을 말한다. 33. "도심공항터미널업자"란 제52조제1항에 따라 국토교통부장관에게 도심공항터미널업을 신고한 자를 말한다.	

② 법 제2조제23호에서 "농약살포, 사진촬영 등 국토교통부령으로 정하는 업무"란 다음 각 호의 어느 하나에 해당하는 업무를 말한다.

1. 비료 또는 농약 살포, 씨앗 뿌리기 등 농업 지원
2. 사진촬영, 육상·해상 측량 또는 탐사
3. 산림 또는 공원 등의 관측 또는 탐사
4. 조종교육
5. 그 밖의 업무로서 다음 각 목의 어느 하나에 해당하지 아니하는 업무
   가. 국민의 생명과 재산 등 공공의 안전에 위해를 일으킬 수 있는 업무
   나. 국방·보안 등에 관련된 업무로서 국가 안보를 위협할 수 있는 업무

제7조(항공레저스포츠사업에 사용되는 항공기 등) ① 법 제2조제26호 가목에서 "국토교통부령으로 정하는 초경량비행장치"란 다음 각 호의 어느 하나에 해당하는 것을 말한다.

1. 인력활공기(人力滑空機)
2. 기구류
3. 동력패러글라이더(착륙장치가 없는 비행장치로 한정한다)
4. 낙하산류

② 법 제2조제26호나목1)에서 "활공기 등 국토교통부령으로 정하는 항공기"란 활공기 또는 비행선을 말한다.

항공사업법	항공사업법 시행령
34. "공항운영자"란 「인천국제공항공사법」, 「한국공항공사법」 등 관계 법률에 따라 공항운영의 권한을 부여받은 자 또는 그 권한을 부여받은 자로부터 공항운영의 권한을 위탁·이전받은 자를 말한다. 35. "항공교통사업자"란 공항 또는 항공기를 사용하여 여객 또는 화물의 운송과 관련된 유상서비스(이하 "항공교통서비스"라 한다)를 제공하는 공항운영자 또는 항공운송사업자를 말한다. 36. "항공교통이용자"란 항공교통사업자가 제공하는 항공교통서비스를 이용하는 자를 말한다. 37. "항공보험"이란 여객보험, 기체보험(機體保險), 화물보험, 전쟁보험, 제3자보험 및 승무원보험과 그 밖에 국토교통부령으로 정하는 보험을 말한다. 38. "외국인 국제항공운송사업"이란 제54조제1항에 따라 타인의 수요에 맞추어 항공기를 사용하여 유상으로 여객이나 화물을 운송하는 사업을 말한다. 39. "외국인 국제항공운송사업자"란 제54조제1항에 따라 국토교통부장관으로부터 외국인 국제항공운송사업의 허가를 받은 자를 말한다. [시행일 : 2017.7.18.] 제2조 **제3조(항공정책기본계획의 수립)** ① 국토교통부장관은 국가항공정책(「항공우주산업개발 촉진법」에 따른 항공우주산업의 지원·육성에 관한 사항은 제외한다. 이하 같다)에 관한 기본계획(이하 "항공정책기본계획"이라 한다)을 5년마다 수립하여야 한다. ② 항공정책기본계획에는 다음 각 호의 사항이 포함되어야 한다. 1. 국내외 항공정책 환경의 변화와 전망 2. 국가항공정책의 목표, 전략계획 및 단계별 추진계획 3. 국내항공운송사업, 항공기정비업 등 항공산업의 육성 및 경쟁력 강화에 관한 사항 4. 공항의 효율적 개발 및 운영에 관한 사항 5. 항공교통이용자 보호 및 서비스 개선에 관한 사항 6. 항공전문인력의 양성 및 항공안전기술·항공기정비기술 등 항공산업 관련기술의 개발에 관한 사항 7. 항공교통의 안전관리에 관한 사항 8. 항공보안에 관한 사항 9. 항공레저스포츠 활성화에 관한 사항 10. 그 밖에 항공운송사업, 항공기정비업 등 항공산업의 진흥을 위하여 필요한 사항 ③ 항공정책기본계획은 「항공보안법」 제9조의 항공보안 기본계획, 「항공안전법」 제6조의 항공안전정책기본계획 및 「공항시설법」 제3조의 공항개발 종합계획에 우선하며, 그 계획의 기본이 된다.	

항공사업법	항공사업법 시행령
④ 국토교통부장관은 항공정책기본계획을 수립하거나 대통령령으로 정하는 중요한 사항을 변경하려면 관계 중앙행정기관의장과 특별시장·광역시장·특별자치시장·도지사 또는 특별자치도지사(이하 "시·도지사"라 한다)와 협의하여야 한다. ⑤ 국토교통부장관은 항공정책기본계획을 수립하거나 변경하였을 때에는 그 내용을 관보에 고시하고, 관계 중앙행정기관의장 및 시·도지사에게 알려야 한다. ⑥ 국토교통부장관은 항공정책기본계획을 시행하기 위한 연도별 시행계획을 수립하여야 한다. **제4조(항공정책위원회의 설치 및 운영 등)** ① 항공정책에 관한 다음 각 호의 사항을 심의하기 위하여 국토교통부장관 소속으로 항공정책위원회(이하 "위원회"라 한다)를 둔다. 1. 항공정책기본계획의 수립 및 변경 2. 제3조제6항에 따른 연도별 시행계획의 수립 및 변경 3. 「공항시설법」 제4조제1항에 따른 공항개발 기본계획의 수립에 관한 사항 4. 대통령령으로 정하는 일정 규모 이상의 공항 또는 비행장의 개발에 관한 주요 정책 및 자금의 조달에 관한 사항 5. 공항 또는 비행장의 개발과 관련하여 관계 부처 간의 협조에 관한 사항으로서 위원회의 위원장이 심의에 부치는 사항 6. 그 밖에 항공정책에 관한 중요사항 및 공항 또는 비행장의 개발에 관한 사항으로서 위원회의 위원장이 심의에 부치는 사항 ② 위원회는 위원장 1명을 포함한 20명 내외의 위원으로 구성한다. ③ 위원회의 위원장은 국토교통부장관이 되고, 위원은 다음 각 호의 사람이 된다. 1. 대통령령으로 정하는 행정각부의 차관 2. 항공에 관한 학식과 경험이 풍부한 사람으로서 국토교통부장관이 위촉하는 13명 이내의 사람 ④ 제3항제2호에 따른 위원의 임기는 2년으로 한다. ⑤ 위원회에 상정할 안건에 관한 전문적인 연구, 사전 검토 및 위원회에서 위임한 업무 처리 등을 위하여 위원회에 실무위원회를 둘 수 있다. ⑥ 제1항부터 제5항까지에서 규정한 사항 외에 위원회와 실무위원회의 구성과 운영 등에 필요한 사항은 대통령령으로 정한다.	**제2조(항공정책기본계획의 중요한 사항의 변경)** 「항공사업법」(이하 "법"이라 한다) 제3조제4항에서 "대통령령으로 정하는 중요한 사항"이란 다음 각 호의 어느 하나에 해당하는 사항을 말한다. 1. 국가항공정책의 목표 및 전략계획 2. 국내 항공운송사업의 육성 3. 공항의 효율적 개발 4. 항공교통이용자의 보호 5. 항공안전기술의 개발 6. 그 밖에 국토교통부장관이 정하는 사항 **제3조(항공정책위원회의 심의대상이 되는 공항 또는 비행장의 개발 규모)** 법 제4조제1항에 따른 항공정책위원회(이하 "항공정책위원회"라 한다)의 심의대상 중 같은 항 제4호에서 "대통령령으로 정하는 일정 규모 이상의 공항 또는 비행장의 개발"이란 다음 각 호의 어느 하나에 해당하는 개발을 말한다. 1. 새로운 공항의 개발 또는 총사업비가 1천억원 이상이면서 국가의 재정지원 규모가 300억원 이상인 새로운 비행장의 개발 2. 공항·비행장개발예정지역의 면적이 당초 계획보다 20만 제곱미터 이상 늘어나는 공항 또는 육상비행장의 개발 3. 500미터 이상의 활주로가 신설되거나 활주로의 길이가 500미터 이상 늘어나는 공항 또는 육상비행장의 개발 **제4조(항공정책위원회의 위원)** 법 제4조제3항 제1호에서 "대통령령으로 정하는 행정각부의 차관"이란 다음 각 호의 사람을 말한다. 1. 기획재정부 제2차관 2. 미래창조과학부 제1차관 3. 외교부 제2차관 4. 국방부차관 5. 문화체육관광부 제2차관 6. 산업통상자원부 제1차관 **제5조(위원의 해촉)** 국토교통부장관은 항공정책위원회의 법 제4조제3항제2호에 따른 위원이 다음 각 호의 어느 하나에 해당하는 경우에는 해당 위원을 해촉(解囑)할 수 있다.

항공사업법	항공사업법 시행령
⑦ 위원회의 위원이 다음 각 호의 어느 하나에 해당하는 경우에는 해당 심의대상 안건의 심의에서 제척(除斥)된다. 1. 위원 또는 위원이 속한 법인·단체 등과 이해관계가 있는 경우 2. 위원의 가족(「민법」 제779조에 따른 가족을 말한다)이 이해관계인 인 경우 3. 그 밖에 위원회의 의결에 직접적인 이해관계가 있다고 인정되는 경우 ⑧ 해당 심의대상 안건의 당사자는 위원에게 공정한 직무집행을 기대하기 어려운 사정이 있으면 위원회에 기피신청을 할 수 있으며, 위원회는 기피신청이 타당하다고 인정하면 의결로 기피를 결정하여야 한다. ⑨ 위원은 제7항이나 제8항의 사유에 해당하면 스스로 해당 심의대상 안건의 심의를 회피하여야 한다.	1. 심신장애로 인하여 직무를 수행할 수 없게 된 경우 2. 직무와 관련된 비위 사실이 있는 경우 3. 직무태만, 품위손상이나 그 밖의 사유로 인하여 위원으로 적합하지 아니하다고 인정되는 경우 4. 법 제4조제7항 또는 제8항의 사유에 해당하는 데에도 불구하고 회피하지 아니한 경우 5. 위원 스스로 직무를 수행하는 것이 곤란하다고 의사를 밝히는 경우 **제6조(항공정책위원회 위원장의 직무)** ① 항공정책위원회의 위원장은 항공정책위원회를 대표하고, 항공정책위원회의 업무를 총괄한다. ② 위원장이 부득이한 사유로 직무를 수행할 수 없을 때에는 위원장이 미리 지명한 위원이 그 직무를 대행한다. **제7조(항공정책위원회의 회의)** ① 항공정책위원회의 위원장은 항공정책위원회의 회의를 소집하고, 그 의장이 된다. ② 위원장이 회의를 소집하려는 경우에는 회의 개최일 5일 전까지 회의의 일시·장소 및 심의 안건을 각 위원에게 통지하여야 한다. 다만, 긴급한 경우나 부득이한 사유가 있는 경우에는 그러하지 아니하다. ③ 항공정책위원회의 회의는 재적위원 과반수의 출석으로 개의(開議)하고, 출석위원 과반수의 찬성으로 의결한다. ④ 항공정책위원회는 안건의 심의와 그 밖의 업무 수행에 필요하다고 인정되는 경우에는 관계 기관에 자료의 제출을 요청하거나 관계인 또는 전문가를 출석하게 하여 그 의견을 들을 수 있다. **제8조(간사)** ① 항공정책위원회에 항공정책위원회의 사무를 처리할 간사 1명을 둔다. ② 간사는 국토교통부의 고위공무원단에 속하는 일반직공무원 중에서 국토교통부장관이 지명한다. **제9조(실무위원회)** ① 법 제4조제5항에 따라 항공정책위원회에 두는 실무위원회(이하 "실무위원회"라 한다)는 위원장 1명을 포함한 20명 내외의 위원으로 구성한다.

항공사업법	항공사업법 시행령
제5조(항공기술개발계획의 수립) ① 국토교통부장관은 항공기술의 발전을 위하여 항공기술개발계획을 수립하여야 한다. ② 항공기술개발계획에는 다음 각 호의 사항이 포함되어야 한다. 1. 항공교통 수단의 안전기술 개발 및 국내외 보급기반 구축에 관한 사항 2. 항공사고예방기술 및 항공기정비기술의 개발에 관한 사항 3. 항공교통관리 및 항행시설기술의 개발에 관한 사항 4. 공항운영 및 관리기술의 개발에 관한 사항 5. 그 밖에 항공기술산업의 발전에 필요한 사항 **제6조(항공사업의 정보화)** ① 국토교통부장관은 항공 관련정보의 관리, 활용 및 제공 등의 업무를 전자적으로 처리하기 위하여 다음 각 호의 사업을 추진할 수 있다. 1. 운항 · 비행정보를 관리하기 위한 비행정보시스템 구축 · 운영 2. 항공물류정보를 관리하기 위한 항공물류정보시스템 구축 · 운영 3. 항공교통 및 항공산업 관련정보제공을 위한 항공정보 포털시스템 구축 · 운영 4. 항공종사자 자격증명시험 정보를 관리하기 위한 상시원격학과시험 시스템 구축 · 운영 5. 항공인력양성 및 관리를 위한 항공인력양성사업정보화시스템 구축 · 운영 6. 그 밖에 항공관련 업무의 전자적 처리를 위하여 필요하여 대통령령으로 정하는 사업 ② 국토교통부장관은 제1항에 따른 사업을 추진하기 위하여 관계 행정기관의 장, 제65조제1항에 따른 항공사업자, 공항운영자, 항공관련 기관 · 단체의 장에게 주민등록 전산정보(주민등록번호 · 외국인등록번호 등 고유식별정보를 포함한다), 적하목록 등 필요한 자료의 제출을 요청할 수 있다. 이 경우 자료의 제공을 요청받은 자는 특별한 사유가 없으면 이에 따라야 한다. ③ 국토교통부장관은 필요하다고 인정하는 경우 제1항에 따른 사업의 전부 또는 일부를 대통령령으로 정하는 바에 따라 관계 전문기관에 위탁할 수 있다. ④ 제1항부터 제3항까지에서 규정한 사항 외에 항공사업의 정보화에 필요한 사항은 국토교통부령으로 정한다.	② 실무위원회의 위원장은 국토교통부의 고위공무원단에 속하는 일반직공무원 중에서 국토교통부장관이 지명하는 사람이 된다. ③ 실무위원회의 위원은 다음 각 호의 사람이 된다. 1. 기획재정부 · 미래창조과학부 · 외교부 · 국방부 · 문화체육관광부 · 산업통상자원부의 4급 이상 일반직공무원(고위공무원단에 속하는 일반직공무원을 포함한다)중 해당 기관의 장이 지명하는 사람 각1명 2. 「인천국제공항공사법」에 따라 설립된 인천국제공항공사의 임직원 중 인천국제공항공사 사장이 지명하는 사람 1명 3. 「한국공항공사법」에 따라 설립된 한국공항공사의 임직원 중 한국공항공사 사장이 지명하는 사람 1명 4. 항공에 관한 학식과 경험이 풍부한 사람 중에서 실무위원회의 위원장이 위촉하는 사람 ④ 제3항제4호에 따른 위원의 임기는 2년으로 한다. ⑤ 실무위원회에 간사 1명을 두되, 간사는 국토교통부 소속 공무원 중에서 국토교통부장관이 지명한다. ⑥ 제3항제2호 및 제3호에 따라 위원을 지명한 자는 위원이 제5조 각 호의 어느 하나에 해당하는 경우에는 그 지명을 철회할 수 있다. ⑦ 실무위원회의 위원장은 제3항제4호에 따른 위원이 제5조 각 호의 어느 하나에 해당하는 경우에는 해당 위원을 해촉할 수 있다. **제10조(운영세칙)** 이 영에 규정한 것 외에 항공정책위원회 및 실무위원회의 운영에 필요한 사항은 항공정책위원회의 의결을 거쳐 위원장이 정한다.

항공사업법	항공사업법 시행령
	제11조(항공 관련정보화사업의 위탁) 국토교통부장관은 법 제6조제3항에 따라 다음 각 호의 사업을 해당 호에서 정한 기관에 위탁한다. 1. 항공물류정보시스템 구축·운영 : 「인천국제공항공사법」에 따른 인천국제공항공사 2. 항공정보포털시스템 구축·운영 : 법 제68조에 따른 한국항공협회 3. 상시원격학과시험시스템 구축·운영 : 「교통안전공단법」에 따른 교통안전공단 4. 항공인력양성사업정보화시스템 구축·운영 : 법 제68조에 따른 한국항공협회

✈ 예 / 상 / 문 / 제

01 다음 중 타인의 수요에 맞추어 항공기를 사용하여 유상으로 여객이나 화물을 운송하는 사업으로서 일정규모 이상의 항공기를 이용하여 운항을 하는 사업은?

㉮ 국내항공운송사업
㉯ 정기항공운송사업
㉰ 항공기사용사업
㉱ 항공기취급업

해설 법 제2조제9호, 제11호 참조

02 국내항공운송사업 및 국제항공운송사업에 사용하기 위한 항공기의 승객 좌석 수는 몇 석 이상이어야 하는가?

㉮ 20석 이상   ㉯ 35석 이상
㉰ 45석 이상   ㉱ 51석 이상

해설 시행규칙 제2조 (국내항공운송사업 및 국제항공운송 사업용 항공기의 규모) 법 제2조제9호 각 목 외의 부분 및 제11호 각 목 외의 부분에서 "국토교통부령으로 정하는 일정 규모 이상의 항공기"란 다음 각 호의 기준 을 충족하는 항공기를 말한다.
1. 여객을 운송하기 위한 사업의 경우 승객의 좌석 수가 51석 이상일 것
2. 화물을 운송하기 위한 사업의 경우 최대이륙 중량이 25,000 킬로그램을 초과할 것 3. 조종실과 객실 또는 화물칸이 분리된 구조일 것

03 다음 중 화물운송을 위한 국제항공운송사업에 사용하기 위한 항공기의 최대 이륙중량이 맞는 것은?

㉮ 5,700킬로그램을 초과할 것
㉯ 15,000킬로그램을 초과할 것
㉰ 25,000킬로그램을 초과할 것
㉱ 35,000킬로그램을 초과할 것

해설 2번항 해설 참조

04 다음 중 부정기편 운항이 아닌 것은?

㉮ 지점 간 운항
㉯ 전세운항
㉰ 화물운송
㉱ 관광비행

해설 시행규칙 제3조 (국내 및 국제 부정기편 운항의 구분)
법 제2조제9호나목 및 제11호나목 및 제13호에 따른 국내 및 국제 부정기편 운항은 다음 각 호 의 어느 하나와 같다.
1. 지점 간 운항 : 한 지점과 다른 지점 사이에 노선을 정하여 운항하는 것
2. 관광비행 : 관광을 목적으로 한 지점을 이륙 하여 중간에 착륙하지 아니하고 정해진 노선을 따라 출발지점에 착륙하기 위해 운항하는 것
3. 전세운송 : 노선을 정하지 아니하고 사업자와 항공기를 독점하여 이용하려는 이용자 간의 1개의 항공운송계약에 따라 운항하는 것

05 다음 중 부정기편 운항의 내용이 아닌 것은?

㉮ 관광을 목적으로 한 지점을 이륙하여 중간에 착륙하지 않고 정해진 노선을 따라 출발지점에 착륙하기 위해 운항하는 것
㉯ 타인의 수요에 맞추어 한 지점과 다른 지점 사이에 노선을 정하고 비정기적으로 운항하는 것
㉰ 노선을 정하지 아니하고 사업자와 항공기를 독점하여 이용하려는 이용자 간의 1개의 항공운송 계약에 따라 운항하는 것
㉱ 한 지점과 다른 지점 사이에 노선을 정하여 운항하는 것

해설 4번항 해설 참조

정답 01 ㉮ 02 ㉱ 03 ㉰ 04 ㉰ 05 ㉯   483

06 다음 중 항공기사용사업이란?

㉮ 타인의 수요에 응하여 항공기를 사용하여 무상으로 여객 또는 화물의 운송 외의 업무를 행하는 사업

㉯ 타인의 수요에 응하여 항공기를 사용하여 유상으로 여객 또는 화물의 운송 외의 업무를 행하는 사업

㉰ 타인의 수요에 응하여 항공기를 사용하여 무상으로 여객 또는 화물을 운송하는 사업

㉱ 타인의 수요에 응하여 항공기를 사용하여 유상으로 여객 또는 화물을 운송하는 사업

해설 법 제2조제15호 "항공기사용사업"이란 항공운송사업 외의 사업으로 타인의 수요에 맞추어 항공기를 사용하여 유상으로 농약 살포, 건설자재 등의 운반, 사진촬영 또는 항공기를 이용한 비행훈련 등 국토교통 부령으로 정하는 업무를 하는 사업을 말한다.

*시행규칙 제4조 (항공기사용사업의 사업범위)
법 제2조제15호에서 "농약살포, 건설자재 등의 운반 또는 사진촬영 또는 항공기를 이용한 비행 훈련 등 국토교통부령으로 정하는 업무"란 다음 각 호의 어느 하나에 해당하는 업무를 말한다.
1. 비료 또는 농약 살포, 씨앗 뿌리기 등 농업 지원
2. 해양오염 방지약제 살포
3. 광고용 현수막 견인 등 공중광고
4. 사진 촬영, 육상 및 해상 측량 또는 탐사
5. 산불 등 화재 진압
6. 수색 및 구조 (응급 구호 및 환자 이송을 포함한다)
7. 헬리콥터를 이용한 건설자재 등의 운반 (헬리콥터 외부에 건설자재 등을 매달고 운반하는 경우만 해당한다)
8. 산림, 관로, 전선 등의 순찰 및 관측
9. 항공기를 이용한 비행훈련 (「항공안전법」 제48조에 따른 전문교육기관 및 「고등교육법」 제2조에 따른 학교법인이 실시하는 비행훈련은 제외한다)
10. 항공기를 이용한 고공낙하
11. 글라이더 견인
12. 그 밖에 특정목적을 위하여 하는 것으로서 국토교통부장관이 인정하는 업무

07 다음 중 항공기사용사업의 대상이 아닌 것은?

㉮ 여객 및 화물의 운송

㉯ 비행훈련

㉰ 비료 및 농약살포

㉱ 공중 사진촬영

해설 7번항 해설 참조

08 항공기에 대한 급유, 수하물의 하역, 그 밖에 정비 등을 제 외한 지상조업을 하는 사업은?

㉮ 항공운수사업

㉯ 항공기사용사업

㉰ 항공운송주선업

㉱ 항공기취급업

해설 법 제2조제19호 "항공기취급업"이란 타인의 수요에 맞추어 항공기에 대한 급유, 항공 화물 또는 수하물의 하역, 그 밖에 국토교통부령으로 정하는 지상조업을 하는 사업을 말한다.

*시행규칙 제5조 (항공기취급업의 구분)
법 제2조제19호에 따른 항공기취급업은 다음 각 호와 같이 구분한다.
1. 항공기급유업 : 항공기에 연료 및 윤활유를 주유하는 사업
2. 항공기하역업 : 화물이나 수하물을 항공기에 싣거나 항공기로부터 내려서 정리하는 사업
3. 지상조업사업 : 항공기 입항·출항에 필요한 유도, 항공기 탑재 관리 및 동력 지원, 항공기 운항정보 지원, 승객 및 승무원의 탑승 또는 출입국 관련 업무, 장비 대여, 항공기의 청소 등을 하는 사업

09 다음 중 항공기취급업에 속하지 않는 것은?

㉮ 항공기급유업

㉯ 항공기하역업

㉰ 지상조업사업

㉱ 화물이동사업

해설 8번랑 해설 참조

10 다음 중 항공기정비업에 대한 설명 중 옳은 것은?

㉮ 항공기 등, 장비품 또는 부품에 대한 정비를 하는 업무

㉯ 항공기 등, 장비품 또는 부품에 대한 정비·수리하는 업무

㉰ 항공기 등, 장비품 또는 부품에 대한 정비·개조하는 업무

㉱ 항공기 등, 장비품 또는 부품에 대한 정비·수리 또는 개조를 하는 업무

해설 법제2조제17호 "항공기정비업"이란 다른 사람의 수요에 맞추어 다음 각 목의 어느 하나에 해당하는 업무를 하는 사업을 말한다.
1. 항공기, 발동기, 프로펠러, 장비품 또는 부품 을 정비·수리 또는 개조하는 업무
2. 상기 업무에 대한 기술관리 및 품질관리 등을 지원하는 업무

MEMO

항공사업법	항공사업법 시행령

제2장 항공운송사업

제7조(국내항공운송사업과 국제항공운송사업) ① 국내항공운송사업 또는 국제항공운송사업을 경영하려는 자는 국토교통부장관의 면허를 받아야 한다. 다만, 국제항공운송사업의 면허를 받은 경우에는 국내항공운송사업의 면허를 받은 것으로 본다.

② 제1항에 따른 면허를 받은 자가 정기편 운항을 하려면 노선별로 국토교통부장관의 허가를 받아야 한다.

③ 제1항에 따른 면허를 받은 자가 부정기편 운항을 하려면 국토교통부장관의 허가를 받아야 한다.

④ 제1항에 따른 면허를 받으려는 자는 신청서에 사업운영계획서를 첨부하여 국토교통부장관에게 제출하여야 하며, 제2항에 따른 허가를 받으려는 자는 신청서에 사업계획서를 첨부하여 국토교통부장관에게 제출하여야 한다.

⑤ 국토교통부장관은 제1항에 따라 면허를 발급하거나 제28조에 따라 면허를 취소하려는 경우에는 관련 전문가 및 이해관계인의 의견을 들어 결정하여야 한다.

⑥ 제1항부터 제3항까지의 규정에 따른 면허 또는 허가를 받은 자가 그 내용 중 국토교통부령으로 정하는 중요한 사항을 변경하려면 변경면허 또는 변경허가를 받아야 한다.

⑦ 제1항부터 제6항까지의 규정에 따른 면허, 허가, 변경면허 및 변경허가의 절차, 면허 등 관련 서류 제출, 의견수렴에 필요한 사항 등에 관한 사항은 국토교통부령으로 정한다.

제8조(국내항공운송사업 또는 국제항공운송사업의 면허 등) ① 법 제7조제1항에 따라 국내항공운송사업 또는 국제항공운송사업의 면허를 받으려는 자는 별지 제1호서식의 면허신청서(전자문서로 된 신청서를 포함한다)에 다음 각 호의 서류(전자문서를 포함한다)를 첨부하여 국토교통부장관에게 제출하여야 한다. 이 경우 담당 공무원은 「전자정부법」 제36조제1항에 따른 행정정보의 공동이용을 통하여 법인 등기사항증명서(신청인이 법인인 경우만 해당한다)를 확인하여야 한다.

1. 다음 각 목의 사항을 포함하는 사업운영계획서
   가. 취항 예정 노선, 운항계획, 영업소와 그 밖의 사업소(이하 "사업소"라 한다) 등 개략적 사업계획
   나. 사용 예정 항공기의 수(도입계획을 포함한다) 및 각 항공기의 형식
   다. 신청인이 다른 사업을 하고 있는 경우에는 그 사업의 개요와 해당 사업의 재무제표 및 손익계산서
   라. 주주총회의 의결사항(「상법」상 주식회사인 경우만 해당한다)
2. 해당 신청이 법 제8조에 따른 면허기준을 충족함을 증명하거나 설명하는 서류로서 다음 각 목의 사항을 포함하는 서류
   가. 안전 관련 조직과 인력의 확보계획 및 교육훈련 계획
   나. 정비시설 및 운항관리시설의 개요
   다. 최근 10년간 항공기 사고, 항공기 준사고, 항공안전장애 내용 및 소비자 피해구제 접수 건수(신청인이 항공운송사업자인 경우만 해당한다)
   라. 임원과 항공종사자의 「항공사업법」, 「항공안전법」, 「공항시설법」, 「항공보안법」 또는 「항공・철도사고조사에 관한 법률」 위반 내용
   마. 소비자 피해 구제 계획의 개요
   바. 「항공사업법」 제2조제37호에 따른 항공보험 가입 여부 및 가입 계획
   사. 법 제19조제1항에 따른 운항개시예정일(이하 "운항개시예정일"이라 한다)부터 2년 동안 사업운영계획서에 따라 항공운송사업을 운영하였을 경우에 예상되는 운영비 등의 비용 명세, 해당 기간 동안의 자금조달계획 및 확보 자금 증빙서류
   아. 해당 국내항공운송사업 또는 국제항공운송사업을 경영하기 위하여 필요한 자금의 명세(자본금의 증감 내용을 포함한다)와 자금조달방법
   자. 예상 사업수지 및 그 산출 기초
3. 신청인이 법 제9조 각 호에 따른 결격사유에 해당하지 아니함을 증명하는 서류
4. 법 제11조제1항에 따른 항공기사고 시 지원계획서
② 국토교통부장관은 제1항에 따른 면허 신청을 받은 경우에는 법 제8조에 따른 면허기준을 충족하는지와 법 제9조에 따른 결격사유에 해당하는지를 심사한 후 신청내용이 적합하다고 인정하는 경우에는 별지 제2호서식의 면허대장에 그 사실을 적고 별지 제3호서식의 면허증을 발급하여야 한다.

③ 제2항에 따라 국내항공운송사업 또는 국제항공운송사업의 면허를 받은 자가 법 제7조제2항에 따른 정기편운항을 위한 노선허가(이하 이 조에서 "정기편 노선허가"라 한다) 또는 법 제7조제3항에 따른 부정기편 운항을 위한 허가(이하 이 조에서 "부정기편 운항허가"라 한다)를 받으려는 경우에는 별지 제4호서식의 신청서에 다음 각 호의 서류를 첨부하여 국토교통부장관 또는 지방항공청장에게 제출하여야 한다. 다만, 부정기편 운항허가를 신청하는 경우에는 제3호가목·다목 및 사목의 내용이 포함된 사업계획서만 제출한다.

1. 해당 정기편 운항으로 해당 노선의 안전에 지장을 줄 염려가 없다는 것을 증명하는 서류
2. 해당 정기편 운항이 이용자 편의에 적합함을 증명하는 서류
3. 다음 각 목의 사항을 포함하는 사업계획서
   가. 해당 정기편 노선 또는 부정기편 운항의 기점·기항지 및 종점
   나. 신청 당시 사용하고 있는 항공기의 수와 해당 정기편 운항으로 항공기의 수 또는 형식이 변경된 경우에는 그 내용
   다. 해당 정기편 운항 또는 부정기편 운항의 운항 횟수, 출발·도착 일시 및 운항기간
   라. 해당 정기편 운항을 위하여 필요한 자금의 명세와 조달방법
   마. 해당 정기편 운항으로 정비시설 또는 운항관리시설이 변경된 경우에는 그 내용
   바. 해당 정기편 운항으로 자격별 항공종사자의 수가 변경된 경우에는 그 내용
   사. 해당 정기편 운항 또는 부정기편 운항에서의 여객·화물의 취급 예정 수량(공급 좌석 수 또는 톤 수를 말한다)
   아. 해당 정기편 운항에 따른 예상 사업수지 및 그 산출기초

④ 국토교통부장관 또는 지방항공청장은 제3항에 따른 신청을 받으면 정기편 노선허가에 대해서는 제3항제1호 및 제2호에 따라 적합 여부를 심사한 후 그 신청 내용이 적합하다고 인정하는 경우 별지 제2호서식의 노선허가 대장에 그 노선허가 내용을 적고 별지 제5호서식의 허가증을 발급하여야 하며, 부정기편 운항허가에 대해서는 신청 내용이 적합하면 허가를 하였음을 신청인에게 통지하여야 한다.

⑤ 제2항에 따라 국내항공운송사업 또는 국제항공운송사업의 면허를 받은 자가 「항공안전법」 제5조 및 같은 법 시행령 제4조제4호에 따른 외국 국적의 항공기를 이용하여 정기편 운항 또는 부정기편 운항을 하려면 다음 각 호의 요건을 모두 갖추어야 한다.

1. 항공기의 유지·관리를 포함한 항공기 운항의 책임이 임차계약서에 명시될 것
2. 항공기 운항에 따른 사고의 배상책임 소재가 계약에 명시될 것
3. 임차인의 운항코드와 편명이 명시될 것
4. 항공기의 등록증명·감항증명·소음증명 및 승무원의 자격증명은 국제민간항공기구(ICAO)의 기준에 따라 항공기 등록국에서 받을 것
5. 그 밖에 취항하려는 국가와 체결한 항공협정에서 정하고 있는 요건을 충족할 것

⑥ 제2항에 따른 면허대장이나 제4항에 따른 노선허가 대장은 전자적 처리가 불가능한 특별한 사유가 없으면 전자적 처리가 가능한 방법으로 작성·관리하여야 한다.

⑦ 국내항공운송사업 또는 국제항공운송사업의 면허를 받은 자가 법 제7조제6항에 따라 다음 각 호의 면허내용을 변경하려는 경우에는 별지 제6호서식의 변경면허 신청서에 그 변경 내용을 증명하는 서류를 첨부하여 국토교통부장관에게 제출하여야 한다. 이 경우 담당 공무원은 「전자정부법」 제36조제1항에 따른 행정정보의 공동이용을 통하여 법인 등기사항증명서(신청인이 법인인 경우만 해당한다)를 확인하여야 한다.

1. 상호(법인인 경우만 해당한다)
2. 대표자
3. 주소(소재지)
4. 사업범위

⑧ 정기편 노선허가 또는 부정기편 운항허가를 받은 자가 법 제7조제6항에 따라 허가받은 내용을 변경하려는 경우에는 별지 제7호서식의 변경허가 신청서에 그 변경 내용을 증명하는 서류를 첨부하여 국토교통부장관 또는 지방항공청장에게 제출하여야 한다. 다만, 제3항제3호 각 목의 어느 하나에 해당하는 내용을 변경하는 경우는 제외한다.

⑨ 국토교통부장관은 제7항에 따른 변경면허의 신청을 받은 경우에는 법 제8조에 따른 면허기준을 충족하는지와 법 제9조에 따른 결격사유에 해당하는지를 심사한 후 신청내용이 적합하다고 인정하는 경우에는 별지 제2호서식의 면허대장에 그 사실을 적고 별지 제3호서식의 면허증을 새로 발급하여야 한다.

⑩ 국토교통부장관 또는 지방항공청장은 제8항에 따른 변경허가 신청을 받으면 정기편 노선 변경허가에 대해서는 제3항제1호 및 제2호에 따라 적합 여부를 심사한 후 그 신청 내용이 적합하다고 인정하는 경우 별지 제2호 서식의 노선허가 대장에 그 노선 변경허가 내용을 적고 별지 제5호서식의 허가증을 재발급하여야 하며, 부정기편 운항 변경허가에 대해서는 신청 내용이 적합하면 변경허가를 하였음을 신청인에게 통지하여야 한다.

제9조(면허 관련 의견수렴) ① 국토교통부장관은 법 제7조제1항에 따라 면허 신청을 받거나 법 제28조에 따라 면허를 취소하려는 경우에는 법 제7조제5항에 따라 관계기관과 이해관계자의 의견을 청취하여야 한다.

② 국토교통부장관은 제1항에 따른 의견청취가 완료된 후 변호사와 공인회계사를 포함한 민간 전문가 과반수 이상 포함된 자문회의를 구성하여 자문회의의 의견을 들어야 한다.

③ 국토교통부장관은 제2항에 따른 자문회의에 면허의 발급 또는 취소 여부를 판단하기 위하여 필요한 자료와 제1항에 따른 의견청취 결과를 제공하여야 한다.

④ 제1항부터 제3항까지의 규정에 따른 의견청취, 자문회의의 구성 및 운영, 그 밖에 면허의 발급 또는 취소와 관련된 의견수렴에 필요한 세부사항은 국토교통부장관이 정한다.

제10조(국내항공운송사업 또는 국제항공운송사업과 소형항공운송사업의 겸업) 법 제7조제1항에 따라 국내항공운송사업 또는 국제항공운송사업의 면허를 신청하는 자가 법 제10조제1항에 따른 소형항공운송사업의 등록을 함께 신청하려는 경우에는 국내항공운송사업 또는 국제항공운송사업의 면허신청서에 그 뜻을 적어 함께 신청할 수 있다.

항공사업법	항공사업법 시행령
제8조(국내항공운송사업과 국제항공운송사업 면허의 기준) ① 국내항공운송사업 또는 국제항공운송사업의 면허기준은 다음 각 호와 같다. 1. 해당 사업이 항공교통의 안전에 지장을 줄 염려가 없을 것 2. 사업자 간 과당경쟁의 우려가 없고 해당 사업이 이용자의 편의에 적합할 것 3. 면허를 받으려는 자는 일정 기간 동안의 운영비 등 대통령령으로 정하는 기준에 따라 해당 사업을 수행할 수 있는 재무능력을 갖출 것 4. 다음 각 목의 요건에 적합할 것 　가. 자본금 50억원 이상으로서 대통령령으로 정하는 금액 이상일 것 　나. 항공기 1대 이상 등 대통령령으로 정하는 기준에 적합할 것 　다. 그 밖에 사업 수행에 필요한 요건으로서 국토교통부령으로 정하는 요건을 갖출 것 ② 국내항공운송사업자 또는 국제항공운송사업자는 제7조제1항에 따라 면허를 받은 후 최초 운항 전까지 제1항에 따른 면허기준을 충족하여야 하며, 그 이후에도 계속적으로 유지하여야 한다. ③ 국토교통부장관은 제2항에 따른 면허기준의 준수 여부를 확인하기 위하여 국토교통부령으로 정하는 바에 따라 필요한 자료의 제출을 요구할 수 있다. ④ 국내항공운송사업자 또는 국제항공운송사업자는 제9조 각 호의 어느 하나에 해당하는 사유가 발생하였거나, 대주주 변경 등 국토교통부령으로 정하는 경영상 중대한 변화가 발생하는 경우에는 즉시 국토교통부장관에게 알려야 한다. 제9조(국내항공운송사업과 국제항공운송사업 면허의 결격사유 등) 국토교통부장관은 다음 각 호의 어느 하나에 해당하는 자에게는 국내항공운송사업 또는 국제항공운송사업의 면허를 해서는 아니 된다. 1. 「항공안전법」 제10조제1항 각 호의 어느 하나에 해당하는 자 2. 피성년후견인, 피한정후견인 또는 파산선고를 받고 복권되지 아니한 사람 3. 이 법, 「항공안전법」, 「공항시설법」, 「항공보안법」, 「항공·철도 사고조사에 관한 법률」을 위반하여 금고 이상의 실형을 선고받고 그 집행이 끝난 날 또는 집행을 받지 아니하기로 확정된 날부터 3년이 지나지 아니한 사람	제12조(국내항공운송사업 또는 국제항공운송사업의 면허기준) 법 제8조제1항제3호, 같은 항 제4호가목 및 나목에 따른 국내항공운송사업 또는 국제항공운송사업의 면허기준은 별표 1과 같다.

제11조(자료제출 등) ① 국토교통부장관은 법 제8조제3항에 따라 다음 각 호의 어느 하나에 해당하는 자료의 제출을 요구할 수 있다.

1. 다음 각 목의 사항 등이 포함된 포괄손익계산서
   가. 매출액
   나. 영업이익
   다. 외환환산손익이 별도로 명시된 당기순이익
   라. 항공기 운용리스금액 및 항공기 금융리스 이자가 별도로 명시된 영업비용
2. 다음 각 목의 사항 등이 포함된 재무상태표
   가. 매출채권(유상여객 및 화물에 대한 채권을 말한다), 유형자산[항공기, 엔진 등 항공기재(航空機材)를 말한다], 외화표시 자산 및 자본금이 포함된 자산 현황
   나. 선수금(유상여객 및 화물에 관한 채무를 말한다), 항공기 구매 관련 부채, 금융리스 관련 부채 및 마일리지(탑승거리, 판매가 등에 따라 적립되는 점수 등을 말한다) 부채가 포함된 부채현황
3. 다음 각 목의 사항 등이 포함된 사업 현황
   가. 유동비율(유동자산/유동부채)
   나. 대주주 및 외국인의 주식 또는 지분의 보유 비율
   다. 항공기 수급 현황
   라. 항공종사자 현황
   마. 최근 3년간 자본잠식 비율[(납입자본금−자기자본)/납입자본금]
② 법 제8조제4항에서 "대주주 변경 등 국토교통부령으로 정하는 경영상 중대한 변화"란 다음 각 호의 사항을 말한다.
1. 대주주 변경(모기업의 대주주가 변경된 경우를 포함한다)
2. 「기업구조조정 촉진법」에 따른 공동관리 또는 「채무자 회생 및 파산에 관한 법률」에 따른 회생 및 파산
3. 「항공안전법」 제10조제1항 각 호의 어느 하나에 해당하는 자에게 주식이나 지분의 3분의 1 이상을 매각하거나 그 사업을 사실상 지배할 우려가 있는 정도의 지분을 매각하려는 경우
4. 「항공안전법」 제10조제1항제1호에 해당하는 사람을 임원으로 선임한 경우

항공사업법	항공사업법 시행령
4. 이 법, 「항공안전법」, 「공항시설법」, 「항공보안법」, 「항공・철도 사고조사에 관한 법률」을 위반하여 금고 이상의 형의 집행유예를 선고받고 그 유예기간 중에 있는 사람 5. 국내항공운송사업, 국제항공운송사업, 소형항공운송사업 또는 항공기사용사업의 면허 또는 등록의 취소처분을 받은 후 2년이 지나지 아니한 자 6. 임원 중에 제1호부터 제5호까지의 어느 하나에 해당하는 사람이 있는 법인. 다만, 제2호에 해당하여 제28조제1항제4호 또는 40조 제1항제4호에 따라 면허 또는 등록이 취소된 경우는 제외한다. 〈개정 2017.12.26.〉 **제10조(소형항공운송사업)** ① 소형항공운송사업을 경영하려는 자는 국토교통부령으로 정하는 바에 따라 국토교통부장관에게 등록하여야 한다. ② 제1항에 따른 소형항공운송사업을 등록하려는 자는 다음 각 호의 요건을 갖추어야 한다. 1. 자본금 또는 자산평가액이 7억원 이상으로서 대통령령으로 정하는 금액 이상일 것 2. 항공기 1대 이상 등 대통령령으로 정하는 기준에 적합할 것 3. 그 밖에 사업 수행에 필요한 요건으로서 국토교통부령으로 정하는 요건을 갖출 것 ③ 제1항에 따라 소형항공운송사업을 등록한 자가 정기편 운항을 하려면 노선별로 국토교통부장관의 허가를 받아야 하며, 부정기편 운항을 하려면 국토교통부장관에게 신고하여야 한다. ④ 제1항 및 제3항에 따라 등록 또는 신고를 하거나 허가를 받으려는 자는 국토교통부령으로 정하는 바에 따라 운항개시예정일 등을 적은 신청서에 사업계획서와 그 밖에 국토교통부령으로 정하는 서류를 첨부하여 국토교통부장관에게 제출하여야 한다. ⑤ 제1항 및 제3항에 따라 등록 또는 신고를 하거나 허가를 받으려는 자가 그 내용 중 국토교통부령으로 정하는 중요한 사항을 변경하려면 국토교통부장관에게 변경등록 또는 변경신고를 하거나 변경허가를 받아야 한다. ⑥ 제1항부터 제5항까지의 규정에 따른 등록, 신고, 허가, 변경 등록, 변경신고 및 변경허가의 절차 등에 관한 사항은 국토교통부령으로 정한다. ⑦ 소형항공운송사업 등록의 결격사유에 관하여는 제9조를 준용한다.	**제13조(소형항공운송사업의 등록요건)** 법 제10 조제2항제1호 및 제2호에 따른 소형항공운송 사업의 등록요건은 별표 2와 같다.

제12조(소형항공운송사업의 등록) ① 법 제10조에 따른 소형항공운송사업을 하려는 자는 별지 제8호서식의 등록 신청서(전자문서로 된 신청서를 포함한다)에 다음 각 호의 서류(전자문서를 포함한다)를 첨부하여 지방항공청장에게 제출하여야 한다. 이 경우 지방항공청장은 「전자정부법」 제36조제1항에 따른 행정정보의 공동이용을 통하여 법인 등기사항증명서(신청인이 법인인 경우에만 해당한다)를 확인하여야 한다.

1. 해당 신청이 법 제10조제2항의 등록요건을 충족함을 증명하는 서류
2. 다음 각 목의 사항을 포함하는 사업계획서
   가. 정기편 또는 제3조에 따른 부정기편 운항 구분
   나. 사업활동을 하는 주된 지역. 다만, 국제선 운항의 경우에는 다음의 서류 또는 사항을 사업계획서에 포함시켜야 한다.
      1) 외국에서 사업을 하는 경우에는 「국제민간항공조약」 및 해당 국가의 관계 법령 등에 어긋나지 아니하고 계약 체결 등 영업이 가능함을 증명하는 서류
      2) 지점 간 운항의 경우에는 기점·기항지·종점 및 비행로와 각 지점 간의 거리에 관한 사항
      3) 관광비행의 경우에는 출발지 및 비행로에 관한 사항
   다. 사용 예정 항공기의 수 및 각 항공기의 형식(지점 간 운항 및 관광비행인 경우에는 노선별 또는 관광 비행구역별 사용 예정 항공기의 수 및 각 항공기의 형식)
   라. 해당 운항과 관련된 사업을 경영하기 위하여 필요한 자금의 명세와 조달방법
   마. 여객·화물의 취급 예정 수량 및 그 산출근거와 예상 사업수지
   바. 도급사업별 취급 예정 수량 및 그 산출근거와 예상 사업수지
   사. 신청인이 다른 사업을 하고 있는 경우에는 그 사업의 개요
3. 운항하려는 공항 또는 비행장시설의 이용이 가능함을 증명하는 서류(비행기를 이용하는 경우만 해당하며, 전세운송의 경우는 제외한다)
4. 법 제11조제1항에 따른 항공기사고 시 지원계획서
5. 해당 사업의 경영을 위하여 항공종사자 또는 항공기정비업자, 공항 또는 비행장 시설·설비의 소유자 또는 운영자, 헬기장 및 관련 시설의 소유자 또는 운영자, 항공기의 소유자 등과 계약한 서류 사본

② 지방항공청장은 제1항에 따른 등록신청서의 내용이 명확하지 아니하거나 그 첨부서류가 미비한 경우에는 7일 이내에 보완을 요구하여야 한다.

③ 지방항공청장은 제1항에 따른 등록 신청을 받은 경우에는 법 제10조제2항에 따른 소형항공운송사업의 등록을 충족하는지 심사한 후 신청내용이 적합하다고 인정되면 별지 제9호서식의 등록대장에 적고 별지 제10호서식의 등록증을 발급하여야 한다.

④ 지방항공청장은 제3항에 따른 등록 신청 내용을 심사하는 경우 제1항제5호에 따른 계약의 이행이 가능한지를 확인하기 위하여 관계 행정기관, 관련 단체 또는 계약 당사자의 의견을 들을 수 있다.

⑤ 제3항의 등록대장은 전자적 처리가 불가능한 특별한 사유가 없으면 전자적 처리가 가능한 방법으로 작성·관리하여야 한다.

제13조(소형항공운송사업의 변경등록) 소형항공운송사업자가 법 제10조제5항에 따라 다음 각 호의 사항을 변경하려는 경우에는 그 변경 사유가 발생한 날부터 30일 이내에 별지 제13호서식의 변경등록 신청서에 그 변경 사실을 증명할 수 있는 서류를 첨부하여 지방항공청장에게 제출하여야 한다. 다만, 그 변경 사항이 제1호·제3호 또는 제5호에 해당하면 지방항공청장은 「전자정부법」 제36조제1항에 따라 행정정보의 공동이용을 통하여 법인등기사항증명서를 확인함으로써 증명서류를 갈음할 수 있다.

1. 자본금의 변경
2. 사업소의 신설 또는 변경
3. 대표자 변경
4. 대표자의 대표권 제한 및 그 제한의 변경
5. 상호 변경
6. 사업범위의 변경
7. 항공기 등록 대수의 변경

항공사업법	항공사업법 시행령
제11조(항공기사고 시 지원계획서) ① 제7조제1항에 따라 국내항공운송사업 및 국제항공운송사업의 면허를 받으려는 자 또는 제10조제1항에 따라 소형항공운송사업 등록을 하려는 자는 면허 또는 등록을 신청할 때 국토교통부령으로 정하는 바에 따라「항공안전법」제2조제6호에 따른 항공기사고와 관련된 탑승자 및 그 가족의 지원에 관한 계획서(이하 "항공기사고 시 지원계획서"라 한다)를 첨부하여야 한다. ② 항공기사고 시 지원계획서에는 다음 각 호의 사항이 포함되어야 한다. 1. 항공기사고대책본부의 설치 및 운영에 관한 사항 2. 피해자의 구호 및 보상절차에 관한 사항 3. 유해(遺骸) 및 유품(遺品)의 식별 · 확인 · 관리 · 인도에 관한 사항 4. 피해자 가족에 대한 통지 및 지원에 관한 사항 5. 그 밖에 국토교통부령으로 정하는 사항 ③ 국토교통부장관은 항공기사고 시 지원계획서의 내용이 신속한 사고 수습을 위하여 적절하지 못하다고 인정하는 경우에는 그 내용의 보완 또는 변경을 명할 수 있다. ④ 항공운송사업자는「항공안전법」제2조제6호에 따른 항공기 사고가 발생하면 항공기사고 시 지원계획서에 포함된 사항을 지체 없이 이행하여야 한다. ⑤ 국토교통부장관은 항공기사고 시 지원계획서를 제출하지 아니하거나 제3항에 따른 보완 또는 변경 명령을 이행하지 아니한 자에게는 제7조제1항에 따른 면허 또는 제10조제1항에 따른 등록을 해서는 아니 된다. **제12조(사업계획의 변경 등)** ① 항공운송사업자는 사업면허, 등록 또는 노선허가를 신청할 때 제출하거나 변경인가 또는 변경 신고한 사업계획에 따라 그 업무를 수행하여야 한다. 다만, 다음 각 호의 어느 하나에 해당하는 사유로 사업계획에 따라 업무를 수행하기 곤란한 경우는 그러하지 아니하다. 1. 기상악화 2. 안전운항을 위한 정비로서 예견하지 못한 정비 3. 천재지변 4. 항공기 접속(接續)관계(불가피한 경우로서 국토교통부령으로정하는 경우에 한정한다)	

항공사업법	항공사업법 시행령
5. 제1호부터 제4호까지에 준하는 부득이한 사유 ② 항공운송사업자는 제1항 단서에 해당하는 경우에는 국토교통부령으로 정하는 바에 따라 국토교통부장관에게 신고하여야 한다. ③ 항공운송사업자는 제1항에 따른 사업계획을 변경하려면 국토교통부령으로 정하는 바에 따라 국토교통부장관의 인가를 받아야 한다. 다만, 국토교통부령으로 정하는 경미한 사항을 변경하려는 경우에는 국토교통부장관에게 신고하여야 한다. ④ 제3항에도 불구하고 다음 각 호의 어느 하나에 해당하는 비(非)사업 목적으로 운항을 하려는 자가 국토교통부장관에게 항공안전법」 제67조제2항제4호에 따른 비행계획을 제출하였을 때에는 사업계획 변경인가를 받은 것으로 본다. 1. 항공기 정비를 위한 공수(空手) 비행 2. 항공기 정비 후 항공기의 성능을 점검하기 위한 시험 비행 3. 교체공항으로 회항한 항공기의 목적공항으로의 비행 4. 구조대원 또는 긴급구호물자 등 무상으로 사람이나 화물을 수송하기 위한 비행 ⑤ 제3항에 따른 사업계획의 변경인가 기준에 관하여는 제8조 제1항을 준용한다.	

제14조(소형항공운송사업의 노선허가 및 변경허가 등) ① 제12조제3항에 따라 소형항공운송사업의 등록을 받은 자가 법 제10조제3항에 따른 정기편 운항을 위한 노선허가(이하 이 조에서 "정기편 노선허가"라 한다)를 받거나 부정기편 운항을 위한 신고(이하 이 조에서 "부정기편 운항신고"라 한다)를 하려면 별지 제4호서식의 신청서(신고서)에 다음 각 호의 서류를 첨부하여 지방항공청장에게 제출하여야 한다. 다만, 부정기편 운항신고를 하는 경우에는 제3호가목 · 다목 및 사목의 내용이 포함된 사업계획서만 제출한다.

1. 해당 정기편 운항으로 해당 노선의 안전에 지장을 줄 염려가 없다는 것을 증명하는 서류
2. 해당 정기편 운항이 이용자 편의에 적합함을 증명하는 서류
3. 다음 각 목의 사항을 포함하는 사업계획서
    가. 해당 정기편 노선 또는 부정기편 운항의 기점 · 기항지 및 종점
    나. 신청 당시 사용하고 있는 항공기의 수와 해당 정기편 운항으로 항공기의 수 또는 형식이 변경된 경우에는 그 내용
    다. 해당 정기편 운항 또는 부정기편 운항의 운항 횟수, 출발 · 도착 일시 및 운항기간
    라. 해당 정기편 운항을 위하여 필요한 자금의 명세와 조달방법
    마. 해당 정기편 운항으로 정비시설 또는 운항관리시설이 변경된 경우에는 그 내용
    바. 해당 정기편 운항으로 자격별 항공종사자의 수가 변경된 경우에는 그 내용
    사. 해당 정기편 운항 또는 부정기편 운항에서의 여객 · 화물의 취급 예정 수량(공급 좌석 수 또는 톤 수를 말한다)
    아. 해당 정기편 운항에 따른 예상 사업수지 및 그 산출기초

② 지방항공청장은 제1항에 따른 신청 또는 신고를 받으면 정기편 노선허가에 대해서는 제1항제1호 및 제2호에 따라 적합여부를 심사한 후 그 신청 내용이 적합하다고 인정하는 경우 별지 제2호서식의 노선허가 대장에 그 노선허가 내용을 적고 별지 제5호서식의 허가증을 발급하여야 하며, 부정기편 운항신고에 대해서는 신고 내용이 적합하면 신고를 수리하였음을 신고인에게 통지하여야 한다.

③ 제12조제3항에 따라 소형항공운송사업의 면허를 받은 자가 「항공안전법」 제5조 및 「항공안전법 시행령」 제4조제4호에 따른 외국 국적의 항공기를 이용하여 정기편 운항 또는 부정기편 운항을 하려면 다음 각 호의 요건을 모두 갖추어야 한다.

1. 항공기의 유지 · 관리를 포함한 항공기 운항의 책임이 임차계약서에 명시될 것
2. 항공기 운항에 따른 사고의 배상책임 소재가 계약에 명시될 것
3. 임차인의 운항코드와 편명이 명시될 것
4. 항공기의 등록증명 · 감항증명 · 소음증명 및 승무원의 자격증명은 국제민간항공기구의 기준에 따라 항공기 등록국에서 받을 것
5. 그 밖에 취항하려는 국가와 체결한 항공협정에서 정하고 있는 요건에 적합할 것

④ 제2항에 따른 노선허가 대장은 전자적 처리가 불가능한 특별한 사유가 없으면 전자적 처리가 가능한 방법으로 작성 · 관리하여야 한다.

⑤ 정기편 노선허가를 받았거나 부정기편 운항신고를 한 자가 법 제10조제5항에 따라 허가받았거나 신고한 내용을 변경하려는 경우에는 별지 제7호서식의 변경허가 신청서(변경신고서)에 그 변경 내용을 증명하는 서류를 첨부하여 지방항공청장에게 제출하여야 한다. 다만, 제1항제3호 각 목의 어느 하나에 해당하는 내용을 변경하는 경우는 제외한다.

⑥ 지방항공청장은 제5항에 따른 변경허가의 신청이나 변경신고를 받으면 정기편 노선 변경허가에 대해서는 제1항제1호 및 제2호에 따라 적합여부를 심사한 후 그 신청 내용이 적합하다고 인정하는 경우 별지 제2호서식의 노선허가 대장에 그 노선 변경허가 내용을 적고 별지 제5호서식의 허가증을 재발급하여야 하며, 부정기편 운항 변경신고에 대해서는 신고 내용이 적합하면 변경신고를 수리하였음을 신고인에게 통지하여야 한다.

제15조(소형항공운송사업과 항공기사용사업의 겸업) 법 제10조제1항에 따른 소형항공운송사업의 등록을 신청하는 자가 법 제30조제1항에 따른 항공기사용사업의 등록을 함께 신청하려는 경우에는 소형항공운송사업의 등록신청서에 그 뜻을 적어 함께 신청할 수 있다.

항공사업법	항공사업법 시행령
제13조(사업계획의 준수 여부 조사) ① 국토교통부장관은 항공교통서비스에 관한 이용자 불편을 최소화하기 위하여 항공운송사업자에 대하여 제12조에 따른 사업계획 중 국토교통부령으로 정하는 운항계획의 준수 여부를 조사할 수 있다. ② 국토교통부장관은 제1항에 따른 조사 결과에 따라 사업개선 명령 또는 사업정지 등 필요한 조치를 할 수 있다. ③ 국토교통부장관은 제1항에 따른 조사 업무를 효율적으로 추진하기 위하여 국토교통부령으로 정하는 바에 따라 전담조사반을 둘 수 있다 ④ 제1항에 따라 조사를 실시하는 경우에는 제73조를 준용한다.	

제16조(당일 사업계획의 변경신고) ① 법 제12조제1항제4호에서 "국토교통부령으로 정하는 경우"란 다음 각 호의 어느 하나에 해당하는 경우로 인하여 접속(接續)관계에 있는 노선이 지연된 경우를 말한다.

1. 이륙대기 및 공중체공 등의 사유로 항공교통관제 허가가 지연된 경우
2. 항공로 혼잡으로 운항이 지연된 경우
3. 테러 및 전염병 등의 발생으로 조치가 필요하여 운항이 지연된 경우
4. 공항시설에 장애가 발생하여 운항이 지연된 경우
5. 법 제12조제1항제1호부터 제3호까지 및 제5호의 어느 하나에 해당하는 사유로 운항이 지연된 경우
6. 그 밖에 지방항공청장이 인정하는 경우

② 법 제12조제2항에 따른 신고는 문서 또는 전문(電文)으로 출발 10분 전까지 하여야 한다.

제17조(사업계획의 변경인가 신청) ① 법 제12조제3항 본문에 따라 사업계획을 변경하려는 항공운송사업자는 별지 제14호서식의 변경인가 신청서에 변경하려는 사항에 관한 명세서를 첨부하여 국토교통부장관에게 제출하여야 한다.

② 계절적 수요 등 일시적 수요증가에 대응하기 위하여 정기편 노선에 주 1회 이상의 횟수로 4주 미만의 기간 동안 운항을 추가(이하 "임시증편"이라 한다)하기 위하여 사업계획을 변경하려는 국내항공운송사업자 또는 국제항공운송사업자는 별지 제15호서식의 신청서에 임시증편노선에 관한 명세서를 첨부하여 운항개시예정일 5일전까지 지방항공청장에게 제출하여야 한다.

제18조(사업계획 변경신고) ① 법 제12조제3항 단서에서 "국토교통부령으로 정하는 경미한 사항"이란 다음 각 호의 사항을 말한다.

1. 항공기의 기종(국제선의 경우 항공협정에서 항공기의 좌석 수, 탑재화물 톤 수를 고려하여 수송력 범위를 정하고 있으면 그 수송력 범위에 해당하는 경우만 해당한다)
2. 국내항공운송사업 또는 국제항공운송사업의 정기편 운항 횟수 감편 또는 운항중단(4주 미만의 경우만 해당한다)
3. 항공기의 급유 또는 정비 등을 위하여 착륙하는 비행장
4. 항공기의 운항시간(취항하는 공항이 군용비행장인 경우에는 해당 기지부대장이 운항시간에 대하여 동의하는 경우만 해당한다)
5. 항공기의 편명
6. 외국과의 항공협정으로 운항지점 및 수송력 등에 제한 없이 운항이 가능한 경우 운항지점 및 운항횟수
7. 제6호를 제외한 국제선운항의 임시변경(7일 이내인 경우만 해당한다)
8. 자본금(감소하는 경우만 해당한다)

② 법 제12조제3항 단서에 따라 제1항 각 호의 어느 하나에 해당하는 사항을 변경하려는 자는 별지 제16호서식의 변경신고서에 변경 사실을 증명할 수 있는 서류를 첨부하여 변경 예정일 7일 전까지(국제화물운송을 위하여 제1항제1호부터 제7호까지의 사항 중 어느 하나에 해당하는 사항을 임시로 변경하는 경우에는 출발 10분 전까지로 한다) 지방항공청장에게 신고하여야 한다. 이 경우 담당 공무원은 「전자정부법」 제36조제1항에 따른 행정정보의 공동이용을 통하여 법인 등기사항증명서를 확인하여야 한다.

③ 지방항공청장은 제2항에 따른 신고사항 중 제1항제8호의 자본금 감소에 대해서는 국토교통부장관에게 보고하여야 한다.

제19조(사업계획의 준수 여부 조사 범위) 법 제13조제1항에서 "국토교통부령으로 정하는 운항계획"이란 다음 각 호의 사항에 해당하는 운항계획을 말한다.

1. 제8조제3항제3호가목부터 다목까지 및 사목에 해당하는 사항
2. 제18조제1항제2호 · 제4호 · 제6호에 해당하는 사항

항공사업법	항공사업법 시행령
제14조(항공운송사업 운임 및 요금의 인가 등) ① 국제항공운송사업자 및 소형항공운송사업자(국제 정기편 운항만 해당한다)는 해당 국제항공노선에 관련된 항공협정에서 정하는 바에 따라 국제항공노선의 여객 또는 화물(우편물은 제외한다. 이하 같다)의 운임 및 요금을 정하여 국토교통부장관의 인가를 받거나 국토교통부장관에게 신고하여야 한다. 이를 변경하려는 경우에도 또한 같다. ② 국내항공운송사업자 및 소형항공운송사업자(국내 정기편 운항만 해당한다)는 국내항공노선의 여객 또는 화물의 운임 및 요금을 정하거나 변경하려는 경우에는 20일 이상 예고하여야 한다. ③ 제1항에 따른 운임과 요금의 인가기준은 다음 각 호와 같다. 1. 해당 사업의 적정한 경비 및 이윤을 포함한 범위를 초과하지 아니할 것 2. 해당 사업이 제공하는 서비스의 성질이 고려되어 있을 것 3. 특정한 여객 또는 화물운송 의뢰인에 대하여 불합리하게 차별하지 아니할 것 4. 여객 또는 화물운송 의뢰인이 해당 사업을 이용하는 것을 매우 곤란하게 하지 아니할 것 5. 다른 항공운송사업자와의 부당한 경쟁을 일으킬 우려가 없을 것 **제15조(운수에 관한 협정 등)** ① 항공운송사업자가 다른 항공운송사업자(외국인 국제항공운송사업자를 포함한다)와 공동운항협정 등 운수에 관한 협정(이하 "운수협정"이라 한다)을 체결하거나 운항일정·운임·홍보·판매에 관한 영업협력 등 제휴에 관한 협정(이하 "제휴협정"이라 한다)을 체결하는 경우에는 국토교통부령으로 정하는 바에 따라 국토교통부장관의 인가를 받아야 한다. 인가받은 사항을 변경하려는 경우에도 같다. ② 제1항 후단에도 불구하고 국토교통부령으로 정하는 경미한 사항을 변경한 경우에는 국토교통부령으로 정하는 바에 따라 지체 없이 국토교통부장관에게 신고하여야 한다. ③ 운수협정과 제휴협정에는 다음 각 호의 어느 하나에 해당하는 내용이 포함되어서는 아니 된다. 1. 항공운송사업자 간 경쟁을 실질적으로 제한하는 내용 2. 이용자의 이익을 부당하게 침해하거나 특정 이용자를 차별하는 내용 3. 다른 항공운송사업자의 가입 또는 탈퇴를 부당하게 제한하는 내용 ④ 국토교통부장관은 제1항에 따라 제휴협정을 인가하거나 변경인가하는 경우에는 미리 공정거래위원회와 협의하여야 한다. ⑤ 운수협정 또는 제휴협정은 국토교통부장관의 인가 또는 변경인가를 받아야 그 효력이 발생한다.	

제20조(전담조사반의 구성 및 운영) ① 지방항공청장은 법 제13조제3항에 따라 운항계획 준수 여부를 조사하기 위하여 제19조에 따른 운항계획 관련 업무를 담당하는 공무원으로 구성되는 전담조사반을 운영할 수 있다.

② 전담조사반은 운항계획 준수 여부의 조사가 종료되었을 때에는 지체 없이 조사보고서를 작성하여 국토교통부장관에게 제출하여야 한다.

제21조(운임 및 요금의 인가 신청 등) 법 제14조제1항에 따라 국제항공노선의 운임 및 요금을 정하거나 변경하려는 자는 별지 제17호서식의 인가(변경인가) 신청서나 별지 제18호서식의 신고서(변경신고서)에 다음 각 호의 서류를 첨부하여 국토교통부장관에게 제출하여야 한다.

1. 운임 및 요금의 종류·금액 및 그 산출근거가 되는 서류(산출근거 서류는 인가 신청의 경우만 해당한다)
2. 운임 및 요금의 변경 사유(변경인가 신청 또는 변경신고의 경우만 해당한다)

제22조(운수에 관한 협정의 범위) 항공운송사업자가 법 제15조제1항에 따라 국토교통부장관 또는 지방항공청장의 인가를 받아 다른 항공운송사업자와 운수에 관한 협정을 체결할 수 있는 사항은 다음 각 호와 같다.

1. 국가 간 항공협정에서 항공운송사업자 간 협의에 따르도록 위임된 사항
2. 공동운항 등 운항방법에 관한 사항
3. 수송력 공급·수입·비용의 배분에 관한 사항
4. 항공협정 미체결 국가의 항공운송사업자와의 영업 협력에 관한 사항

제23조(운수에 관한 협정 등) ① 법 제15조제1항에 따라 다른 항공운송사업자와 운수에 관한 협정 또는 제휴에 관한 협정(이하 "협정 등"이라 한다)을 체결하거나 변경하려는 자는 별지 제19호서식의 협정 체결(변경)인가 신청서에 다음 각 호의 서류를 첨부하여 국토교통부장관 또는 지방항공청장에게 제출하여야 한다.

1. 협정 등의 당사자가 경영하고 있는 사업의 개요를 적은 서류
2. 체결하거나 변경하려는 협정 등의 내용을 적은 서류(협정 등이 외국어로 표시되어 있는 경우에는 원안과 그 번역문)
3. 협정 등의 체결 또는 변경이 필요한 사유를 적은 서류

② 법 제15조제2항에서 "국토교통부령으로 정하는 경미한 사항"이란 다음 각 호의 어느 하나에 해당하는 사항을 말한다.

1. 법 제15조에 따라 인가받은 운수에 관한 협정의 유효기간 변경에 관한 사항
2. 법 제15조에 따라 인가받은 협정 등 중 정산 요율의 변경에 관한 사항
3. 법 제15조에 따라 인가받은 협정 등 중 항공기의 편명 변경에 관한 사항
4. 법 제15조에 따라 인가받은 협정 등 중 항공기의 운항 횟수 또는 운항지점의 변경에 관한 사항(정기편 노선허가에 따른 사업계획의 범위에서의 운항 횟수 또는 운항지점의 변경만 해당한다)

③ 법 제15조제2항에 따라 제2항 각 호의 사항을 변경하려는 자는 별지 제20호서식의 협정 변경신고서에 변경사실을 증명할 수 있는 서류를 첨부하여 국토교통부장관 또는 지방항공청장에게 제출하여야 한다.

항공사업법	항공사업법 시행령
제16조(국제항공 운수권의 배분 등) ① 국토교통부장관은 외국정부와의 항공회담을 통하여 항공기 운항 횟수를 정하고, 그 횟수 내에서 항공기를 운항할 수 있는 권리(이하 "운수권"이라 한다)를 국제항공운송사업자의 신청을 받아 배분할 수 있다. ② 국토교통부장관은 제1항에 따라 운수권을 배분하는 경우에는 제8조제1항 각 호의 면허기준 및 외국정부와의 항공회담에 따른 합의사항 등을 고려하여야 한다. ③ 국토교통부장관은 운수권의 활용도를 높이기 위하여 국제항공운송사업자가 다음 각 호의 어느 하나에 해당하는 경우에는 배분된 운수권의 전부 또는 일부를 회수할 수 있다. 1. 제25조에 따라 폐업하거나 해당 노선을 폐지한 경우 2. 운수권을 배분받은 후 1년 이내에 해당 노선을 취항하지 아니한 경우 3. 해당 노선을 취항한 후 운수권의 전부 또는 일부를 사용하지 아니한 경우 ④ 제1항 및 제3항에 따른 운수권의 배분신청, 배분·회수의 기준 및 방법과 그 밖에 필요한 사항은 국제항공운송사업자의 운항 가능 여부, 이용자의 편의성 등을 고려하여 국토교통부령으로 정한다. **제17조(영공통과이용권의 배분 등)** ① 국토교통부장관은 외국정부와의 항공회담을 통하여 외국의 영공통과 이용 횟수를 정하고, 그 횟수 내에서 항공기를 운항할 수 있는 권리(이하 "영공통과이용권"이라 한다)를 국제항공운송사업자의 신청을 받아 배분할 수 있다. ② 국토교통부장관은 제1항에 따른 영공통과이용권을 배분하는 경우에는 제8조제1항 각 호의 면허기준 및 외국정부와의 항공 회담에 따른 합의사항 등을 고려하여야 한다. ③ 국토교통부장관은 제1항에 따라 배분된 영공통과이용권이 사용되지 아니하는 경우에는 배분된 영공통과이용권의 전부 또는 일부를 회수할 수 있다. ④ 제1항 및 제3항에 따른 영공통과이용권의 배분신청, 배분·회수의 기준 및 방법과 그 밖에 필요한 사항은 국제항공운송사업자의 운항 가능 여부, 이용자의 편의성 등을 고려하여 국토교통부령으로 정한다.	

항공사업법	항공사업법 시행령
제18조(항공기 운항시각의 배분 등) ① 국토교통부장관은 「인천국제공항공사법」 제10조제1항제1호에 따른 인천국제공항 등 국토교통부령으로 정하는 공항의 효율적인 운영과 항공기의 원활한 운항을 위하여 항공기의 출발 또는 도착시각(이하 "운항시각"이라 한다)을 항공운송사업자의 신청을 받아 배분 또는 조정할 수 있다. ② 국토교통부장관은 제1항에 따라 운항시각을 배분하는 경우에는 공항시설의 규모, 여객수용능력 등을 고려하여야 한다. ③ 국토교통부장관은 운항시각의 활용도를 높이기 위하여 제1항에 따라 배분된 운항시각의 전부 또는 일부가 사용되지 아니하는 경우에는 배분한 운항시각을 회수할 수 있다. ④ 제1항부터 제3항까지의 규정에 따른 운항시각의 배분신청, 배분·조정·회수의 기준 및 방법과 그 밖에 필요한 사항은 국토교통부령으로 정한다. **제19조(항공운송사업자의 운항개시 의무)** ① 항공운송사업자는 면허신청서 또는 등록신청서에 적은 운항개시예정일에 운항을 시작하여야 한다. ② 항공운송사업자가 제7조제2항 또는 제10조제3항에 따라 정기편 노선의 허가를 받은 경우에는 노선허가 신청서에 적은 운항개시예정일에 운항을 시작하여야 한다. ③ 제1항과 제2항에도 불구하고 천재지변이나 그 밖의 불가피한 사유로 운항개시예정일을 연기하는 경우에는 국토교통부장관의 승인을 받아야 하며, 운항개시예정일 전에 운항을 시작하려는 경우에는 국토교통부장관에게 신고하여야 한다. 이 경우 국토교통부장관에게 승인받거나 신고한 운항개시예정일에 운항을 시작하여야 한다. **제20조(항공운송사업 면허 등 대여금지)** 항공운송사업자는 타인에게 자기의 성명 또는 상호를 사용하여 항공운송사업을 경영 하게 하거나 그 면허증 또는 등록증을 빌려주어서는 아니 된다. **제21조(항공운송사업의 양도·양수)** ① 항공운송사업자가 항공운송사업을 양도·양수하려는 경우에는 국토교통부령으로 정하는 바에 따라 국토교통부장관의 인가를 받아야 한다. 다만, 소형항공운송사업자가 그 소형항공운송사업을 양도·양수하려는 경우에는 신고하여야 한다. ② 국토교통부장관은 제1항에 따라 양도·양수의 인가 신청 또는 신고를 받은 경우 양도인 또는 양수인이 다음 각 호의 어느 하나에 해당하면 양도·양수를 인가하거나 신고를 수리해서는 아니 된다. 1. 양수인이 제9조 각 호의 어느 하나에 해당하는 경우 2. 양도인이 제28조에 따라 사업정지처분을 받고 그 처분기간 중에 있는 경우 3. 양도인이 제28조에 따라 면허취소처분을 받았으나 「행정심판법」 또는 「행정소송법」에 따라 그 취소처분이 집행정지 중에 있는 경우	

제24조(운항개시의 연기 신청 등) ① 항공운송사업자는 법 제19조제3항에 따라 운항개시예정일을 연기하려는 경우에는 변경된 운항개시 예정일과 그 사유를 적은 별지 제11호서식의 신청서를 국토교통부장관 또는 지방항공청장에게 제출하여야 한다.

② 항공운송사업자는 법 제19조제3항에 따라 항공운송사업 면허신청서 또는 노선허가신청서에 적힌 운항개시 예정일 전에 운항을 개시하려는 경우에는 변경된 운항개시예정일과 그 사유를 적은 별지 제12호서식의 신고서를 국토교통부장관 또는 지방항공청장에게 제출하여야 한다.

제25조(항공운송사업의 양도·양수의 인가 신청) ① 법 제21조제1항에 따라 항공운송사업을 양도·양수하려는 양도인과 양수인은 별지 제21호서식의 인가 신청서(소형항공운송사업을 양도·양수하는 경우에는 신고서를 말한다)에 다음 각 호의 서류를 첨부하여 계약일부터 30일 이내에 연명(連名)으로 국토교통부장관 또는 지방항공청장에게 제출하여야 한다. 이 경우 담당 공무원은 「전자정부법」 제36조제1항에 따른 행정정보의 공동이용을 통하여 양수인의 법인 등기사항증명서(양수인이 법인인 경우만 해당한다)를 확인하여야 한다.
1. 양도·양수 후 해당 노선에 대한 사업계획서
2. 양수인이 법 제8조제1항제3호 및 제4호의 기준을 충족함을 증명하거나 설명하는 서류와 법 제9조의 결격사유에 해당하지 아니함을 증명하는 서류
3. 양도·양수 계약서의 사본
4. 양도 또는 양수에 관한 의사결정을 증명하는 서류(양도인 또는 양수인이 법인인 경우만 해당한다)

② 국토교통부장관 또는 지방항공청장은 제1항에 따른 신청을 받으면 법 제21조제3항에 따라 다음 각 호의 사항을 공고하여야 한다.
1. 양도·양수인의 성명(법인의 경우에는 법인의 명칭 및 대표자의 성명) 및 주소
2. 양도·양수의 대상이 되는 노선 및 사업범위
3. 양도·양수의 사유
4. 양도·양수 인가 신청일 및 양도·양수 예정일

항공사업법	항공사업법 시행령
③ 국토교통부장관은 제1항에 따른 인가 신청 또는 신고를 받으면 국토교통부령으로 정하는 바에 따라 이를 공고하여야 한다. 이 경우 공고의 비용은 양도인이 부담한다. ④ 제1항에 따라 인가를 받거나 신고가 수리된 경우에는 양수인은 양도인인 항공운송사업자의 이 법에 따른 지위를 승계한다. **제22조(법인의 합병)** ① 법인인 국내항공운송사업자 및 국제항공운송사업자가 다른 항공운송사업자 또는 항공운송사업 외의 사업을 경영하는 자와 합병하려는 경우에는 국토교통부령으로 정하는 바에 따라 국토교통부장관의 인가를 받아야 한다. 다만, 법인인 소형항공운송사업자가 다른 항공운송사업자 또는 항공운송사업 외의 사업을 경영하는 자와 합병하려는 경우에는 국토교통부장관에게 신고하여야 한다. ② 제1항에 따른 인가 또는 신고 기준에 관하여는 제8조제1항을 준용한다. ③ 제1항에 따라 인가를 받거나 신고가 수리된 경우에는 합병으로 존속하거나 신설되는 법인은 합병으로 소멸되는 법인인 항공운송사업자의 이 법에 따른 지위를 승계한다. **제23조(상속)** ① 항공운송사업자가 사망한 경우 그 상속인(상속인이 2명 이상인 경우 협의에 의한 1명의 상속인을 말한다)은 피상속인인 항공운송사업자의 이 법에 따른 지위를 승계한다. ② 제1항에 따른 상속인은 피상속인의 항공운송사업을 계속하려면 피상속인이 사망한 날부터 30일 이내에 국토교통부장관에게 신고하여야 한다. ③ 제1항에 따라 항공운송사업자의 지위를 승계한 상속인이 제9조 각 호의 어느 하나에 해당하는 경우에는 3개월 이내에 그 항공운송사업을 타인에게 양도할 수 있다. **제24조(항공운송사업의 휴업과 노선의 휴지)** ① 항공운송사업자는 다음 각 호의 어느 하나에 해당하는 경우에는 국토교통부장관의 허가를 받아야 한다. 다만, 국제항공운송사업자가 국내항공운송사업을 휴업[국내노선의 휴지(休止)를 포함한다]하려는 경우에는 국토교통부장관에게 신고하여야 한다. 1. 국제항공운송사업자가 휴업(국제노선의 휴지를 포함한다)하려는 경우 2. 소형항공운송사업자가 국제노선을 휴지하려는 경우 ② 제1항 본문에 따른 휴업 또는 휴지의 허가기준은 다음 각 호와 같다. 1. 휴업 또는 휴지 예정기간에 항공편 예약 사항이 없거나, 예약 사항이 있는 경우 대체 항공편 제공 등의 조치가 끝났을 것 2. 휴업 또는 휴지로 이용자 등에게 심한 불편을 주거나 공익을 해칠 우려가 없을 것 ③ 국내항공운송사업자 또는 소형 항공운송사업자가 휴업(노선의 휴지를 포함하되, 국제노선의 휴지는 제외한다)하려는 경우에는 국토교통부장관에게 신고하여야 한다.	

제26조(법인 합병의 인가 신청) 법 제22조제1항에 따라 법인의 합병을 하려는 자는 별지 제22호서식의 합병인가 신청서(소형 항공운송사업자가 법인 합병을 하려는 경우에는 합병 신고서를 말한다)에 다음 각 호의 서류를 첨부하여 계약일부터 30일 이내에 연명으로 국토교통부장관 또는 지방항공청장에게 제출하여야 한다. 이 경우 담당 공무원은 「전자정부법」 제36조제1 항에 따른 행정정보의 공동이용을 통하여 합병당사자의 법인 등기사항증명서를 확인하여야 한다.

1. 합병의 방법과 조건에 관한 서류
2. 당사자가 신청 당시 경영하고 있는 사업의 개요를 적은 서류
3. 합병 후 존속하는 법인 또는 합병으로 설립되는 법인이 법 제8조제1항제3호 및 제4호의 기준을 충족함을 증명하거나 설명하는 서류와 법 제9조의 결격사유에 해당하지 아니함을 증명하는 서류
4. 합병계약서
5. 합병에 관한 의사결정을 증명하는 서류

제27조(상속인의 지위승계 신고) 법 제23조제2항에 따라 항공운송사업자의 지위를 승계한 상속인은 별지 제23호 서식의 지위승계 신고서(전자문서로 된 신고서를 포함한다)에 다음 각 호의 서류(전자문서를 포함한다)를 첨부하여 국토교통부장관 또는 지방항공청장에게 제출하여야 한다.

1. 가족관계등록부
2. 신고인이 법 제8조제1항제3호 및 제4호의 기준을 충족함을 증명하거나 설명하는 서류와 법 제9조의 결격사유에 해당하지 아니함을 증명하는 서류
3. 신고인의 항공운송사업 승계에 대한 다른 상속인의 동의서(2명 이상의 상속인이 있는 경우만 해당한다)

제28조(항공운송사업의 휴업허가 또는 노선의 휴지) ① 법 제24조제1항 본문에 따라 휴업 또는 국제노선 휴지(休止) 허가를 신청하려는 국제항공운송사업자 또는 소형항공운송사업자는 별지 제24호서식의 허가 신청서를 사업 휴업ㆍ노선휴지 예정 일 15일 전까지 국토교통부장관 또는 지방항공청장에게 제출하여야 한다.

② 법 제24조제1항 단서 및 같은 조 제3항에 따라 휴업 또는 국내노선 휴지를 신고하려는 국제항공운송사업자, 국내항공운 송사업자 또는 소형항공운송사업자는 별지 제24호서식의 신고서를 휴업(휴지) 예정일 5일 전까지 국토교통부장관 또는 지방항공청장에게 제출하여야 한다.

항공사업법	항공사업법 시행령

④ 제1항 및 제3항에 따른 휴업 또는 휴지 기간은 6개월을 초과할 수 없다. 다만, 외국과의 항공협정으로 운항지점 및 수송력 등에 제한 없이 운항이 가능한 노선의 휴지기간은 12개월을 초과할 수 없다.

제25조(항공운송사업의 폐업과 노선의 폐지) ① 국제항공운송사업자가 폐업(국제노선의 폐지를 포함한다)하려는 경우와 소형항공운송사업자가 국제노선을 폐지하려는 경우에는 국토교통부장관의 허가를 받아야 한다. 다만, 국제항공운송사업자가 국내항공운송사업을 폐업(국내노선의 폐지를 포함한다)하려는 경우에는 국토교통부장관에게 신고하여야 한다.

② 제1항 본문에 따른 폐업 또는 폐지의 허가기준은 다음 각 호와 같다.

1. 폐업일 또는 폐지일 이후 항공편 예약 사항이 없거나, 예약 사항이 있는 경우 대체 항공편 제공 등의 조치가 끝났을 것

2. 폐업 또는 폐지로 항공시장의 건전한 질서를 침해하지 아니할 것

③ 국내항공운송사업자 또는 소형항공운송사업자가 폐업(노선의 폐지를 포함하되, 국제노선의 폐지는 제외한다)하려는 경우에는 국토교통부장관에게 신고하여야 한다.

제26조(항공운송사업 면허 등의 조건) ① 제7조, 제10조, 제12조, 제14조, 제15조, 제21조 및 제24조에 따른 면허 · 등록 · 인가 · 허가에는 조건 또는 기한을 붙이거나 이미 붙인 조건 또는 기한을 변경할 수 있다.

② 제1항에 따른 조건 또는 기한은 공공의 이익 증진이나 면허 · 등록 · 인가 또는 허가의 시행에 필요한 최소한도의 것이어야 하며, 해당 항공운송사업자에게 부당한 의무를 부과하는 것이어서는 아니 된다.

제27조(사업개선 명령) 국토교통부장관은 항공교통서비스의 개선을 위하여 필요하다고 인정되는 경우에는 항공교통사업자에게 다음 각 호의 사항을 명할 수 있다.

1. 사업계획의 변경

2. 운임 및 요금의 변경

3. 항공기 및 그 밖의 시설의 개선

4. 「항공안전법」 제2조제6호에 따른 항공기사고로 인하여 지급할 손해배상을 위한 보험계약의 체결

5. 항공에 관한 국제조약을 이행하기 위하여 필요한 사항

6. 항공교통이용자를 보호하기 위하여 필요한 사항

7. 제63조의 항공교통서비스 평가 결과에 따른 서비스 개선계획제출 및 이행

8. 국토교통부령으로 정하는 바에 따른 재무구조 개선

9. 그 밖에 항공기의 안전운항에 대한 방해 요소를 제거하기 위하여 필요한 사항

제29조(항공운송사업의 폐업 또는 노선의 폐지) ① 법 제25조제1항 본문에 따라 폐업 또는 국제노선 폐지 허가를 신청하려는 국제항공운송사업자 또는 소형항공운송사업자는 별지 제25호서식의 허가 신청서를 폐업·노선폐지 예정일 15일 전까지 국토교통부장관 또는 지방항공청장에게 제출하여야 한다.

② 법 제25조제1항 단서 및 제3항에 따라 폐업 또는 국내노선 폐지 신고를 하려는 국제항공운송사업자, 국내항공운송사업자 또는 소형항공운송사업자는 별지 제25호서식의 신고서를 폐업(노선폐지) 예정일 5일 전까지 국토교통부장관 또는 지방항공청장에게 제출하여야 한다.

제30조(재무구조 개선명령) 국토교통부장관은 다음 각 호의 어느 하나에 해당하는 경우에 법 제27조제8호에 따른 재무구조 개선을 명할 수 있다.

1. 자본금의 2분의 1 이상이 잠식된 상태가 3년 이상 지속되는 경우
2. 완전자본잠식이 되는 경우[자기자본이 영(0)인 경우]

항공사업법	항공사업법 시행령
제28조(항공운송사업 면허의 취소 등) ① 국토교통부장관은 항공운송사업자가 다음 각 호의 어느 하나에 해당하면 그 면허 또는 등록을 취소하거나 6개월 이내의 기간을 정하여 그 사업의 전부 또는 일부의 정지를 명할 수 있다. 다만, 제1호·제2호·제4호 또는 제20호에 해당하면 그 면허 또는 등록을 취소하여야 한다. 1. 거짓이나 그 밖의 부정한 방법으로 면허를 받거나 등록한 경우 2. 제7조에 따라 면허받은 사항 또는 제10조에 따라 등록한 사항을 이행하지 아니한 경우 3. 제8조제1항에 따른 면허기준 또는 제10조제2항에 따른 등록기준에 미달한 경우. 다만, 다음 각 목의 어느 하나에 해당하는 경우는 제외한다. 　가. 면허 또는 등록 기준에 일시적으로 미달한 후 3개월 이내에 그 기준을 충족하는 경우 　나. 「채무자 회생 및 파산에 관한 법률」에 따라 법원이 회생절차개시의 결정을 하고 그 절차가 진행 중인 경우 　다. 「기업구조조정 촉진법」에 따라 금융채권자협의회가 채권금융기관 공동관리절차 개시의 의결을 하고 그 절차가 진행 중인 경우 4. 항공운송사업자가 제9조 각 호의 어느 하나에 해당하게 된 경우. 다만, 다음 각 목의 어느 하나에 해당하는 경우는 제외한다. 　가. 제9조제6호에 해당하는 법인이 3개월 이내에 해당 임원을 결격사유가 없는 임원으로 바꾸어 임명한 경우 　나. 피상속인이 사망한 날부터 3개월 이내에 상속인이 항공운송사업을 타인에게 양도한 경우 5. 제12조제1항 본문에 따른 사업계획에 따라 사업을 하지 아니한 경우 또는 같은 조 제2항에 따른 신고를 하지 아니하거나 거짓으로 신고한 경우 6. 제12조제3항에 따른 인가를 받지 아니하거나 신고를 하지 아니하고 사업계획을 변경한 경우 7. 제14조제1항을 위반하여 운임 및 요금에 대하여 인가 또는 변경인가를 받지 아니하거나 신고 또는 변경신고를 하지 아니한 경우 및 인가받거나 신고한 사항을 이행하지 아니한 경우 8. 제15조를 위반하여 운수협정 또는 제휴협정에 대하여 인가 또는 변경인가를 받지 아니하거나 신고를 하지 아니한 경우 및 인가받거나 신고한 사항을 이행하지 아니한 경우 9. 제20조를 위반하여 타인에게 자기의 성명 또는 상호를 사용하여 사업을 경영하게 하거나 면허증 또는 등록증을 빌려준 경우 10. 제21조제1항을 위반하여 인가나 신고 없이 사업을 양도·양수한 경우	제14조(면허취소 등의 사유) 법 제28조제1항제16호에서 "대통령령으로 정하는 안전 또는 소비자 피해가 우려되는 경우"란 다음 각 호의 어느 하나에 해당하는 경우를 말한다. 1. 「항공안전법」 제2조제14호에 따른 항공종사자에 대한 교육훈련 또는 항공기정비 등에 대한 투자 부족으로 인하여 같은 조 제6호 또는 제9호에 따른 항공기사고 또는 항공기준사고(航空機準事故)가 예상되는 경우 2. 운송 불이행 또는 취소된 항공권의 대금환급 지연이 예상되는 경우 3. 그 밖에 제1호 또는 제2호와 유사한 경우로서 안전 또는 소비자 피해가 우려되는 경우

제31조(항공운송사업자에 대한 행정처분기준) 법 제28조제1항에 따른 행정처분의 기준은 별표 1과 같다.

항공사업법	항공사업법 시행령
11. 제22조제1항을 위반하여 인가나 신고 없이 사업을 합병한 경우 12. 제23조제2항을 위반하여 상속에 관한 신고를 하지 아니한 경우 13. 제24조제1항 또는 제3항을 위반하여 허가나 신고 없이 휴업한 경우 및 휴업기간이 지난 후에도 사업을 시작하지 아니한 경우 14. 제26조제1항에 따라 부과된 면허 등의 조건 등을 이행하지 아니한 경우 15. 제27조제1호·제2호·제4호 또는 제6호에 따른 사업개선 명령을 이행하지 아니한 경우 16. 제27조제8호에 따른 사업개선 명령 후 2분의 1 이상 자본잠식이 3년 이상 지속되어 대통령령으로 정하는 안전 또는 소비자 피해가 우려되는 경우 17. 제62조제3항을 위반하여 운송약관 등을 갖추어 두지 아니하거나 항공교통이용자가 열람할 수 있게 하지 아니한 경우 18. 제62조제4항을 위반하여 항공운임 등 총액을 쉽게 알 수 있도록 제공하지 아니한 경우 19. 국가의 안전이나 사회의 안녕질서에 위해를 끼칠 현저한 사유가 있는 경우 20. 이 조에 따른 사업정지명령을 위반하여 사업정지기간에 사업을 경영한 경우 ② 제1항에 따른 처분의 기준 및 절차와 그 밖에 필요한 사항은 국토교통부령으로 정한다.	제15조(과징금을 부과하는 위반행위와 과징금의 금액 등) 법 제29조제1항(법 제53조제1항 및 제59조제2항에서 준용하는 경우를 포함한다)에 따라 과징금을 부과하는 위반 행위의 종류와 위반 정도 등에 따른 과징금의 금액은 별표 3과 같다.
제29조(과징금 부과) ① 국토교통부장관은 항공운송사업자가 제28조제1항제3호 또는 제5호부터 제19호까지의 어느 하나에 해당하여 사업의 정지를 명하여야 하는 경우로서 그 사업을 정지하면 그 사업의 이용자 등에게 심한 불편을 주거나 공익을 해칠 우려가 있는 경우에는 사업정지처분을 갈음하여 50억원 이하의 과징금을 부과할 수 있다. 다만, 소형항공운송사업자의 경우에는 20억원 이하의 과징금을 부과할 수 있다. ② 제1항에 따라 과징금을 부과하는 위반행위의 종류와 위반 정도에 따른 과징금의 금액과 그 밖에 필요한 사항은 대통령령으로 정한다. ③ 국토교통부장관은 제1항에 따른 과징금을 내야 할 자가 납부기한까지 과징금을 내지 아니하면 국세 체납처분의 예에 따라 징수한다.	제16조(과징금의 부과 및 납부) ① 국토교통부장관은 법 제29조에 따라 과징금을 부과하려면 그 위반행위의 종류와 해당 과징금의 금액을 구체적으로 적어 서면으로 통지하여야 한다. ② 제1항에 따라 통지를 받은 자는 통지를 받은 날부터 20일 이내에 국토교통부장관이 정하는 수납기관에 과징금을 내야 한다. 다만, 천재지변이나 그 밖의 부득이한 사유로 그 기간에 과징금을 낼 수 없는 경우에는 그 사유가 없어진 날부터 7일 이내에 내야 한다. ③ 제2항에 따라 과징금을 받은 수납기관은 그 납부자에게 영수증을 발급하여야 한다. ④ 과징금의 수납기관은 제2항에 따른 과징금을 받으면 지체 없이 그 사실을 국토교통부장관에게 통보하여야 한다. ⑤ 과징금은 나누어낼 수 없다.

✈ 예 / 상 / 문 / 제

01 다음 중 그 사업을 경영하고자 하는 경우 국토교통부장관의 면허를 받아야 하는 것은?

㉮ 국내항공운송사업　　㉯ 소형항공운송사업
㉰ 항공기사용사업　　　㉱ 항공운송 총대리점

해설 **법 제7조(국내항공운송사업 및 국제항공운송사업)**
① 국내항공운송사업 또는 국제항공운송사업을 경영하려는 자는 국토교통부장관의 면허를 받아야 한다. 다만, 국제항공운송사업의 면허를 받은 경우에는 국내항공 운송사업의 면허를 받은 것으로 본다.
② 제1항에 따른 면허를 받은 자가 정기편 운항을 하려는 경우에는 노선별로 국토교통부장관의 허가를 받아야 한다.
③ 제1항에 따른 면허를 받은 자가 부정기편운항을 하려면 국토교통부장관의 허가를 받아야 한다.
④ 제1항에 따른 면허를 받으려는 자 또는 제2항에 따라 허가를 받으려는 자는 사업계획서를 국토교통부장관에게 제출하여야 한다.

02 국내 및 국제항공운송사업에 대한 설명이다 틀린 것은?

㉮ 항공운송사업을 경영하려는 자는 국토교통부장관의 면허를 받아야 한다.
㉯ 국제항공운송사업의 면허를 받은 자는 국내항공운송사업의 면허를 받은 것으로 본다.
㉰ 정기편 운항을 하려는 경우에는 노선별로 국토교통부장관의 허가를 받아야 한다.
㉱ 면허 또는 허가의 내용을 변경하려면 변경면허 또는 변경 인가를 받아야 한다.

해설 법 제7조 참조

03 고정익 항공기를 이용하는 소형항공운송사업 등록 신청 시 필요한 정비사의 수는?

㉮ 항공기 2대당 1명 이상
㉯ 항공기 1대당 1명 이상
㉰ 항공정비사 자격이 있는 사람으로서 항공기 2대당 1명 이상
㉱ 항공정비사 자격이 있는 사람으로서 항공기 1대당 1명 이상

해설 시행령 제15조 별표 2 참조
[별표 2] 소형항공운송사업 등록기준
→ 제3호 : 기술인력
가. 조종사 : 운송용 조종사의 자격이 있는 사람으로서 보유 항공기 1대당 1명 이상
나. 정비사 : 항공정비사 자격이 있는 사람으로 서 항공기 1대당 1명 이상(항공기정비업자에게 항공기정비업무 전체를 위탁하는 경우에는 제외함)

04 항공기사용사업의 등록을 위해 필요한 정비사의 수는?

㉮ 당해 기종 항공정비사 자격증명이 있는 사람으로서 항공기 1 대당 1명 이상
㉯ 당해 기종 항공정비사 자격증명이 있는 사람으로서 항공기 1 대당 2명 이상
㉰ 항공기 1대당 항공정비사 자격증명이 있는 사람 1명 이상. 다만, 동일 기종인 경우에는 2대당 1명 이상
㉱ 항공기 1대당 항공정비사자격증명이 있는 사람 2명 이상. 다만, 동일 기종인 경우에는 1대당 1명 이상

해설 시행령 제20조 별표 4 참조
[별표 4] 항공기사용사업 등록기준
→ 제2호 : 기술 인력
가. 조종사 : 항공기 1대당 사업용 조종사 자격을 받은 사람 한 명 이상
나. 정비사 : 항공기 1대당(같은 기종인 경우에는 2대당) 항공정비사 자격증명을 받은 사람 1명 이상
※ 기타 참고사항
1. 국내 또는 국제항공운송사업 : 국토교통부 장관의 면허
2. 소형항공운송사업, 항공기사용사업, 항공기 취급업, 항공기정비업 : 국토교통부장관에게 등록
3. 상업서류 송달업, 항공운송 총 대리점법, 도심공항터미널업 : 국토교통부장관에게 신고

항공사업법	항공사업법 시행령
제3장 항공기사용사업 등 **제1절 항공기사용사업** **제30조(항공기사용사업의 등록)** ① 항공기사용사업을 경영하려는 자는 국토교통부령으로 정하는 바에 따라 운항개시예정일 등을 적은 신청서에 사업계획서와 그 밖에 국토교통부령으로 정하는 서류를 첨부하여 국토교통부장관에게 등록하여야 한다. ② 제1항에 따른 항공기사용사업을 등록하려는 자는 다음 각 호의 요건을 갖추어야 한다. 1. 자본금 또는 자산평가액이 7억원 이상으로서 대통령령으로 정하는 금액 이상일 것 2. 항공기 1대 이상 등 대통령령으로 정하는 기준에 적합할 것 3. 그 밖에 사업 수행에 필요한 요건으로서 국토교통부령으로 정하는 요건을 갖출 것 ③ 제9조 각 호의 어느 하나에 해당하는 자는 항공기사용사업의 등록을 할 수 없다. **제30조의2(보증보험 등의 가입 등)** ① 항공기사용사업자 중 항공기를 이용한 비행훈련 업무를 하는 사업을 경영하는 자(이하 "비행훈련업자"라 한다)는 국토교통부령으로 정하는 바에 따라 교육비 환불 불이행 등에 따른 교육생의 손해를 배상할 것을 내용으로 하는 보증보험, 공제(共濟) 또는 영업보증금(이하 "보증보험 등"이라 한다)에 가입하거나 예치하여야 한다. 다만, 해당 비행훈련업자의 재정적 능력 등을 고려하여 대통령령으로 정하는 경우에는 보증보험 등에 가입 또는 예치하지 아니할 수 있다. ② 비행훈련업자는 교육생(제1항의 보증보험 등에 따라 손해배상을 받을 수 있는 교육생으로 한정한다)이 계약의 해지 및 해제를 원하거나 사업 등록의 취소·정지 등으로 영업을 계속할 수 없는 경우에는 교육생으로부터 받은 교육비를 반환하는 등 교육생을 보호하기 위하여 필요한 조치를 하여야 한다. ③ 제2항에 따른 교육비의 구체적인 반환사유, 반환금액, 그 밖에 필요한 사항은 국토교통부령으로 정한다.[본조신설 2017.1.17. [시행일 : 2017.7.18.] 제30조의2 **제31조(항공기사용사업자의 운항개시 의무)** 항공기사용사업자는 등록신청서에 적은 운항개시예정일에 운항을 시작하여야 한다. 다만, 천재지변이나 그 밖의 불가피한 사유로 국토교통부장관의 승인을 받아 운항개시 날짜를 연기하는 경우와 운항개시예정일 전에 운항을 개시하기 위하여 국토교통부장관에게 신고하는 경우에는 그러하지 아니하다.	**제17조(과징금의 독촉 및 징수)** ① 국토교통부장관은 제16조제1항에 따라 과징금의 납부통지를 받은 자가 납부기한까지 과징금을 내지 아니하면 납부기한이 지난날부터 7일 이내에 독촉장을 발급하여야 한다. 이 경우 납부기한은 독촉장 발급일부터 10일 이내로 하여야 한다. ② 국토교통부장관은 제1항에 따라 독촉을 받은 자가 납부기한까지 과징금을 내지 아니한 경우에는 소속 공무원으로 하여금 국세 체납처분의 예에 따라 과징금을 강제징수하게 할 수 있다. **제18조(항공기사용사업의 등록요건)** 법 제30조제2항제1호 및 제2호에 따른 항공기사용 사업의 등록요건은 별표 4와 같다.

제32조(항공기사용사업의 등록) ① 법 제30조제1항에서 "국토교통부령으로 정하는 서류"란 다음 각 호의 서류를 말한다.

1. 해당 신청이 법 제30조제2항의 등록요건을 충족함을 증명하는 서류

2. 다음 각 목의 사항을 포함하는 사업계획서

　가. 사용 예정 항공기의 수 및 각 항공기의 형식(지점 간 운항 및 관광비행인 경우에는 노선별 또는 관광비행구역별 사용 예정 항공기의 수 및 각 항공기의 형식)

　나. 해당 운항과 관련된 사업을 경영하기 위하여 필요한 자금의 명세와 조달방법

　다. 도급사업별 취급 예정 수량 및 그 산출근거와 예상 사업수지

　라. 신청인이 다른 사업을 하고 있는 경우에는 그 사업의 개요

3. 운항하려는 공항 또는 비행장시설의 이용이 가능함을 증명하는 서류(비행기를 이용하는 경우만 해당하며, 전세운송의 경우는 제외한다)

4. 해당 사업의 경영을 위하여 항공종사자 또는 항공기정비업자, 공항 또는 비행장 시설ㆍ설비의 소유자 또는 운영자, 헬기장 및 관련 시설의 소유자 또는 운영자, 항공기의 소유자 등과 계약한 서류 사본

② 법 제30조에 따른 항공기사용사업을 하려는 자는 별지 제8호서식의 등록신청서에 제1항 각 호의 서류를 첨부하여 지방항공청장에게 제출하여야 한다. 이 경우 지방항공청장은 「전자정부법」 제36조제1항에 따른 행정정보의 공동이용을 통하여 법인 등기사항증명서(신청인이 법인인 경우에만 해당한다)를 확인하여야 한다.

③ 지방항공청장은 제1항에 따른 등록신청서의 내용이 명확하지 아니하거나 그 첨부서류가 미비한 경우에는 7일 이내에 보완을 요구하여야 한다.

④ 지방항공청장은 제1항에 따른 등록 신청을 받은 경우에는 법 제30조제2항에 따른 항공기사용사업의 등록요건을 충족하는지 심사한 후 신청내용이 적합하다고 인정되면 별지 제9호서식의 등록대장에 적고 별지 제10호 서식의 등록증을 발급하여야 한다.

⑤ 지방항공청장은 제3항에 따른 등록 신청 내용을 심사하는 경우 제1항제4호에 따른 계약의 이행이 가능한지를 확인하기 위하여 관계 행정기관, 관련 단체 또는 계약 당사자의 의견을 들을 수 있다.

⑥ 제4항의 등록대장은 전자적 처리가 불가능한 특별한 사유가 없으면 전자적 처리가 가능한 방법으로 작성ㆍ관리하여야 한다.

제33조(운항개시의 연기 신청 등) ① 항공기사용사업자가 법 제31조 단서에 따라 운항개시예정일을 연기하려는 경우에는 변경된 운항개시예정일과 그 사유를 적은 별지 제11호서식의 신청서를 지방항공청장에게 제출하여야 한다.

② 항공기사용사업자가 법 제31조 단서에 따라 항공기사용사업 등록신청서에 적힌 운항개시예정일 전에 운항을 개시하려는 경우에는 변경된 운항개시예정일과 그 사유를 적은 별지 제12호서식의 신고서를 지방항공청장에게 제출하여야 한다.

항공사업법	항공사업법 시행령
제32조(사업계획의 변경 등) ① 항공기사용사업자는 등록할 때 제출한 사업계획에 따라 그 업무를 수행하여야 한다. 다만, 기상악화 등 국토교통부령으로 정하는 부득이한 사유가 있는 경우는 그러하지 아니하다. ② 항공기사용사업자는 제1항에 따른 사업계획을 변경하려는 경우에는 국토교통부장관의 인가를 받아야 한다. 다만, 국토교통부령으로 정하는 경미한 사항을 변경하려는 경우에는 국토교통부장관에게 신고하여야 한다. ③ 제2항에 따른 사업계획의 변경인가 기준은 다음 각 호와 같다. 1. 해당 사업의 시작으로 항공교통의 안전에 지장을 줄 염려가 없을 것 2. 해당 사업의 시작으로 사업자 간 과당경쟁의 우려가 없고 이용자의 편의에 적합할 것 **제33조(명의대여 등의 금지)** 항공기사용사업자는 타인에게 자기의 성명 또는 상호를 사용하여 항공기사용사업을 경영하게 하거나 그 등록증을 빌려주어서는 아니 된다. **제34조(항공기사용사업의 양도 · 양수)** ① 항공기사용사업자가 항공기사용사업을 양도 · 양수하려는 경우에는 국토교통부령으로 정하는 바에 따라 국토교통부장관에게 신고하여야 한다. ② 국토교통부장관은 제1항에 따라 양도 · 양수의 신고를 받은 경우 양도인 또는 양수인이 다음 각 호의 어느 하나에 해당하면 양도 · 양수 신고를 수리해서는 아니 된다. 1. 양수인이 제9조 각 호의 어느 하나에 해당하는 경우 2. 양도인이 제40조에 따라 사업정지처분을 받고 그 처분기간 중에 있는 경우 3. 양도인이 제40조에 따라 등록취소처분을 받았으나 「행정심판법」 또는 「행정소송법」에 따라 그 취소처분이 집행정지 중에 있는 경우 ③ 국토교통부장관은 제1항에 따른 신고를 받으면 국토교통부령으로 정하는 바에 따라 이를 공고하여야 한다. 이 경우 공고의 비용은 양도인이 부담한다. ④ 제1항에 따라 신고가 수리된 경우에 양수인은 양도인인 항공기사용사업자의 이 법에 따른 지위를 승계한다.	

제34조(사업계획의 변경 등) ① 법 제32조제1항 단서에서 "기상악화 등 국토교통부령으로 정하는 부득이한 사유"란 다음 각 호의 어느 하나에 해당하는 사유를 말한다.

1. 기상악화
2. 안전운항을 위한 정비로서 예견하지 못한 정비
3. 천재지변
4. 제1호부터 제3호까지의 사유에 준하는 부득이한 사유

② 법 제32조제2항 본문에 따라 사업계획을 변경하려는 자는 별지 제14호서식의 변경인가 신청서에 변경하려는 사항에 관한 명세서를 첨부하여 지방항공청장에게 제출하여야 한다.

③ 법 제32조제2항 단서에서 "국토교통부령으로 정하는 경미한 사항"이란 다음 각 호의 사항을 말한다.

1. 자본금의 변경
2. 사업소의 신설 또는 변경
3. 대표자 변경
4. 대표자의 대표권 제한 및 그 제한의 변경
5. 상호 변경
6. 사업범위의 변경
7. 항공기 등록 대수의 변경

④ 법 제32조제2항 단서에 따라 제3항 각 호의 어느 하나에 해당하는 사항을 변경하려는 자는 변경 사유가 발생한 날부터 30일 이내에 별지 제16호서식의 변경신고서에 변경 사실을 증명할 수 있는 서류를 첨부하여 지방항공청장에게 제출하여야 한다. 이 경우 변경 사항이 제3항제1호·제3호 또는 제5호에 해당하면 지방항공청장은「전자정부법」제36조제1항에 따라 행정정보의 공동이용을 통하여 법인 등기사항증명서를 확인함으로써 증명서류를 갈음할 수 있다.

제35조(항공기사용사업의 양도·양수의 인가 신청) ① 법 제34조제1항에 따라 항공기사용사업을 양도·양수하려는 양도인과 양수인은 별지 제21호서식의 인가 신청서에 다음 각 호의 서류를 첨부하여 계약일부터 30일 이내에 연명으로 지방항공청장에게 제출하여야 한다. 이 경우 담당 공무원은「전자정부법」제36조제1항에 따른 행정정보의 공동이용을 통하여 양수인의 법인 등기사항증명서(양수인이 법인인 경우만 해당한다)를 확인하여야 한다.

1. 양도·양수 후 사업계획서
2. 양수인이 법 제9조의 결격사유에 해당하지 아니함을 증명하는 서류와 법 제30조제2항의 기준을 충족함을 증명하거나 설명하는 서류
3. 양도·양수 계약서의 사본
4. 양도 또는 양수에 관한 의사결정을 증명하는 서류(양도인 또는 양수인이 법인인 경우만 해당한다)

② 지방항공청장은 제1항에 따른 신청을 받으면 법 제34조제3항에 따라 다음 각 호의 사항을 공고하여야 한다.

1. 양도·양수인의 성명(법인의 경우에는 법인의 명칭 및 대표자의 성명) 및 주소
2. 양도·양수의 대상이 되는 사업범위
3. 양도·양수의 사유
4. 양도·양수 인가 신청일 및 양도·양수 예정일

항공사업법	항공사업법 시행령
제35조(법인의 합병) ① 법인인 항공기사용사업자가 다른 항공기사용사업자 또는 항공기사용사업 외의 사업을 경영하는 자와 합병하려는 경우에는 국토교통부령으로 정하는 바에 따라 국토교통부장관에게 신고하여야 한다. ② 제1항에 따라 신고가 수리된 경우에 합병으로 존속하거나 신설되는 법인은 합병으로 소멸되는 법인인 항공기사용사업자의 이 법에 따른 지위를 승계한다. **제36조(상속)** ① 항공기사용사업자가 사망한 경우 그 상속인(상속인이 2명 이상인 경우 협의에 의한 1명의 상속인을 말한다)은 피상속인인 항공기사용사업자의 이 법에 따른 지위를 승계한다. ② 제1항에 따른 상속인은 피상속인의 항공기사용사업을 계속하려면 피상속인이 사망한 날부터 30일 이내에 국토교통부장관에게 신고하여야 한다. ③ 제1항에 따라 항공기사용사업자의 지위를 승계한 상속인이 제9조 각 호의 어느 하나에 해당하는 경우에는 3개월 이내에 그 항공기사용사업을 타인에게 양도할 수 있다. **제37조(항공기사용사업의 휴업)** ① 항공기사용사업자가 휴업하려는 경우에는 국토교통부령으로 정하는 바에 따라 국토교통부장관에게 신고하여야 한다. ② 제1항에 따른 휴업기간은 6개월을 초과할 수 없다. **제38조(항공기사용사업의 폐업)** ① 항공기사용사업자가 폐업하려는 경우에는 국토교통부령으로 정하는 바에 따라 국토교통부장관에게 신고하여야 한다. ② 제1항에 따른 폐업을 할 수 있는 경우는 다음 각 호와 같다. 1. 폐업일 이후 예약 사항이 없거나, 예약 사항이 있는 경우 대체 서비스 제공 등의 조치가 끝났을 것 2. 폐업으로 항공시장의 건전한 질서를 침해하지 아니할 것 **제39조(사업개선 명령)** 국토교통부장관은 항공기사용사업의 서비스 개선을 위하여 필요하다고 인정되는 경우에는 항공기사용사업자에게 다음 각 호의 사항을 명할 수 있다. 1. 사업계획의 변경 2. 항공기 및 그 밖의 시설의 개선 3. 「항공안전법」 제2조제6호에 따른 항공기사고로 인하여 지급할 손해배상을 위한 보험계약의 체결 4. 항공에 관한 국제조약을 이행하기 위하여 필요한 사항 5. 그 밖에 항공기사용사업 서비스의 개선을 위하여 필요한 사항	

제36조(법인의 합병 신고) 법 제35조제1항에 따라 법인의 합병을 하려는 항공기사용사업자는 별지 제22호서식의 합병 신고서에 다음 각 호의 서류를 첨부하여 계약일부터 30일 이내에 연명으로 지방항공청장에게 제출하여야 한다. 이 경우 담당공무원은 「전자정부법」 제36조제1항에 따른 행정정보의 공동이용을 통하여 합병당사자의 법인 등기사항증명서를 확인하여야 한다.

1. 합병의 방법과 조건에 관한 서류
2. 당사자가 신청 당시 경영하고 있는 사업의 개요를 적은 서류
3. 합병 후 존속하는 법인 또는 합병으로 설립되는 법인이 법 제9조의 결격사유에 해당하지 아니함을 증명하는 서류와 법 제30조제2항의 기준을 충족을 증명하거나 설명하는 서류
4. 합병계약서
5. 합병에 관한 의사결정을 증명하는 서류

제37조(상속인의 지위승계 신고) 법 제36조제2항에 따라 항공기사용사업자의 지위를 승계한 상속인은 별지 제23호서식의 지위승계 신고서(전자문서로 된 신고서를 포함한다)에 다음 각 호의 서류(전자문서를 포함한다)를 첨부하여 국토교통부장관에게 제출하여야 한다.

1. 가족관계등록부
2. 신고인이 법 제9조의 결격사유에 해당하지 아니함을 증명하는 서류와 법 제30조제2항에 따른 등록요건을 충족함을 증명하거나 설명하는 서류
3. 신고인의 항공기사용사업 승계에 대한 다른 상속인의 동의서(2명 이상의 상속인이 있는 경우만 해당한다)

제38조(항공기사용사업 휴업 신고) 법 제37조제1항에 따라 휴업 신고를 하려는 항공기사용사업자는 별지 제24호서식의 휴업 신고서를 휴업 예정일 5일 전까지 지방항공청장에게 제출하여야 한다.

제39조(항공기사용사업의 폐업 또는 노선의 폐지) 법 제38조제1항에 따라 폐업신고를 하려는 항공기사용사업자는 별지 제25호서식의 폐업신고서를 폐업 예정일 15일 전까지 지방항공청장에게 제출하여야 한다.

항공사업법	항공사업법 시행령
제40조(항공기사용사업의 등록취소 등) ① 국토교통부장관은 항공기사용사업자가 다음 각 호의 어느 하나에 해당하면 그 등록을 취소하거나 6개월 이내의 기간을 정하여 그 사업의 전부 또는 일부의 정지를 명할 수 있다. 다만, 제1호ㆍ제2호ㆍ제4호ㆍ제13호 또는 제15호에 해당하면 그 등록을 취소하여야 한다. 〈개정 2017.1.17.〉 1. 거짓이나 그 밖의 부정한 방법으로 등록한 경우 2. 제30조제1항에 따라 등록한 사항을 이행하지 아니한 경우 3. 제30조제2항에 따른 등록기준에 미달한 경우. 다만, 다음 각목의 어느 하나에 해당하는 경우는 제외한다. 　가. 등록기준에 일시적으로 미달한 후 3개월 이내에 그 기준을 충족하는 경우 　나. 「채무자 회생 및 파산에 관한 법률」에 따라 법원이 회생절차개시의 결정을 하고 그 절차가 진행 중인 경우 　다. 「기업구조조정 촉진법」에 따라 금융채권자협의회가 채권금융기관 공동관리절차 개시의 의결을 하고 그 절차가 진행 중인 경우 4. 항공기사용사업자가 제9조 각 호의 어느 하나에 해당하게 된 경우. 다만, 다음 각 목의 어느 하나에 해당하는 경우는 제외한다. 　가. 제9조제6호에 해당하는 법인이 3개월 이내에 해당 임원을 결격사유가 없는 임원으로 바꾸어 임명한 경우 　나. 피상속인이 사망한 날부터 3개월 이내에 상속인이 항공기사용사업을 타인에게 양도한 경우 4의2. 제30조의2제1항을 위반하여 보증보험 등에 가입 또는 예치하지 아니한 경우 5. 제32조제1항을 위반하여 사업계획에 따라 사업을 하지 아니한 경우 및 같은 조 제2항에 따라 인가를 받지 아니하거나 신고를 하지 아니하고 사업계획을 변경한 경우 6. 제33조를 위반하여 타인에게 자기의 성명 또는 상호를 사용하여 사업을 경영하게 하거나 등록증을 빌려 준 경우 7. 제34조제1항을 위반하여 신고를 하지 아니하고 사업을 양도ㆍ양수한 경우	

제40조(항공기사용사업자 등에 대한 행정처분기준) 법 제40조제1항에 따른 행정처분의 기준은 별표 2와 같다.

항공사업법	항공사업법 시행령
8. 제35조제1항을 위반하여 합병신고를 하지 아니한 경우 9. 제36조제2항을 위반하여 상속에 관한 신고를 하지 아니한 경우 10. 제37조제1항 및 제2항을 위반하여 신고 없이 휴업한 경우 및 휴업기간이 지난 후에도 사업을 시작하지 아니한 경우 11. 제39조제1호 또는 제3호에 따른 사업개선 명령을 이행하지 아니한 경우 12. 제62조제5항을 위반하여 요금표 등을 갖추어 두지 아니하거나 항공교통이용자가 열람할 수 있게 하지 아니한 경우 13. 「항공안전법」 제95조제2항에 따른 항공기 운항의 정지명령을 위반하여 운항정지기간에 운항한 경우 14. 국가의 안전이나 사회의 안녕질서에 위해를 끼칠 현저한 사유가 있는 경우 15. 이 조에 따른 사업정지명령을 위반하여 사업정지기간에 사업을 경영한 경우 ② 제1항에 따른 처분의 기준 및 절차와 그 밖에 필요한 사항은 국토교통부령으로 정한다. [시행일 : 2017.7.18.]	
제41조(과징금 부과) ① 국토교통부장관은 항공기사용사업자가 제40조제1항제3호, 제4호의2, 제5호부터 제12호까지 또는 제14호의 어느 하나에 해당하여 사업의 정지를 명하여야 하는 경우로서 사업을 정지하면 그 사업의 이용자 등에게 심한 불편을 주거나 공익을 해칠 우려가 있는 경우에는 사업정지처분을 갈음하여 10억원 이하의 과징금을 부과할 수 있다. 〈개정2017.1.17.〉 ② 제1항에 따라 과징금을 부과하는 위반행위의 종류와 위반 정도에 따른 과징금의 금액과 그 밖에 필요한 사항은 대통령령으로 정한다. ③ 국토교통부장관은 제1항에 따른 과징금을 내야 할 자가 납부기한까지 과징금을 내지 아니하면 국세 체납처분의 예에 따라 징수한다. [시행일 : 2017.7.18.] 제41조	**제19조(과징금을 부과하는 위반행위와 과징금의 금액 등)** ① 법 제41조제1항(법 제43조제8항, 제45조제8항, 제47조제9항, 제49조제9항, 제51조제8항 및 제53조제9항에서 준용하는 경우를 포함한다)에 따라 과징금을 부과하는 위반행위의 종류와 위반 정도 등에 따른 과징금의 금액은 별표 5와 같다. ② 과징금의 부과·납부 및 독촉·징수에 관하여는 제16조 및 제17조를 준용한다.

항공사업법	항공사업법 시행령
제2절 항공기정비업 **제42조(항공기정비업의 등록)** ① 항공기정비업을 경영하려는 자는 국토교통부령으로 정하는 바에 따라 국토교통부장관에게 등록하여야 한다. 등록한 사항 중 국토교통부령으로 정하는 사항을 변경하려는 경우에는 국토교통부장관에게 신고하여야 한다. ② 제1항에 따른 항공기정비업을 등록하려는 자는 다음 각 호의 요건을 갖추어야 한다. 1. 자본금 또는 자산평가액이 3억원 이상으로서 대통령령으로 정하는 금액 이상일 것 2. 정비사 1명 이상 등 대통령령으로 정하는 기준에 적합할 것 3. 그 밖에 사업 수행에 필요한 요건으로서 국토교통부령으로 정하는 요건을 갖출 것 ③ 다음 각 호의 어느 하나에 해당하는 자는 항공기정비업의 등록을 할 수 없다. 1. 제9조제2호부터 제6호(법인으로서 임원 중에 대한민국 국민이 아닌 사람이 있는 경우는 제외한다)까지의 어느 하나에 해당하는 자 2. 항공기정비업 등록의 취소처분을 받은 후 2년이 지나지 아니한 자. 다만, 제9조제2호에 해당하여 제43조제7항에 따라 항공기정비업 등록이 취소된 경우는 제외한다. 〈일부개정2017.12.26.〉	**제20조(항공기정비업의 등록요건)** 법 제42조제2항제1호 및 제2호에 따른 항공기정비업의 등록요건은 별표 6과 같다.

제41조(항공기정비업의 등록) ① 법 제42조에 따른 항공기정비업을 하려는 자는 별지 제26호서식의 등록신청서(전자문서로 된 신청서를 포함한다)에 다음 각 호의 서류(전자문서를 포함한다)를 첨부하여 지방항공청장에게 제출하여야 한다. 이 경우 지방항공청장은 「전자정부법」 제36조제1항에 따른 행정정보의 공동이용을 통하여 법인 등기사항증명서(신청인이 법인인 경우만 해당한다) 및 부동산 등기사항증명서(타인의 부동산을 사용하는 경우는 제외한다)를 확인하여야 한다.

1. 해당 신청이 법 제42조제2항에 따른 등록요건을 충족함을 증명하거나 설명하는 서류
2. 다음 각 목의 사항을 포함하는 사업계획서
   가. 자본금
   나. 상호 · 대표자의 성명과 사업소의 명칭 및 소재지
   다. 해당 사업의 취급 예정 수량 및 그 산출근거와 예상 사업수지계산서
   라. 필요한 자금 및 조달방법
   마. 사용시설 · 설비 및 장비 개요
   바. 종사자의 수
   사. 사업 개시 예정일
3. 부동산을 사용할 수 있음을 증명하는 서류(타인의 부동산을 사용하는 경우만 해당한다)

② 지방항공청장은 제1항에 따른 등록신청서의 내용이 명확하지 아니하거나 첨부서류가 미비한 경우에는 7일 이내에 그 보완을 요구하여야 한다.

③ 지방항공청장은 제1항에 따라 등록신청을 받았을 때에는 법 제42조제2항에 따른 항공기정비업 등록요건을 충족하는지를 심사하여 신청내용이 적합하다고 인정되면 별지 제9호서식의 등록대장에 그 사실을 적고, 별지 제10호서식의 등록증을 발급하여야 한다.

④ 지방항공청장은 제3항에 따른 등록 신청 내용을 심사할 때 항공기정비업의 등록 신청인과 계약한 항공종사자, 항공운송사업자, 공항 또는 비행장 시설 · 설비의 소유자 등이 해당 계약을 이행할 수 있는지에 관하여 관계 행정기관 또는 단체의 의견을 들을 수 있다.

⑤ 제3항의 등록대장은 전자적 처리가 불가능한 특별한 사유가 없으면 전자적 처리가 가능한 방법으로 작성 · 관리하여야 한다. .

제42조(항공기정비업 변경신고) ① 법 제42조제1항 후단에서 "국토교통부령으로 정하는 사항"이란 다음 각 호의 사항을 말한다.

1. 자본금의 변경
2. 사업소의 신설 또는 변경
3. 대표자 변경
4. 대표자의 대표권 제한 및 그 제한의 변경
5. 상호의 변경
6. 사업 범위의 변경

② 법 제42조제1항 후단에 따라 변경신고를 하려는 자는 그 변경 사유가 발생한 날부터 30일 이내에 별지 제13호서식의 변경신고서에 변경 사실을 증명할 수 있는 서류를 첨부하여 지방항공청장에게 제출하여야 한다.

항공사업법	항공사업법 시행령
제43조(항공기정비업에 대한 준용규정) ① 항공기정비업의 명의대여 등의 금지에 관하여는 제33조를 준용한다. ② 항공기정비업의 양도 · 양수에 관하여는 제34조를 준용한다. ③ 항공기정비업의 합병에 관하여는 제35조를 준용한다. ④ 항공기정비업의 상속에 관하여는 제36조를 준용한다. ⑤ 항공기정비업의 휴업 및 폐업에 관하여는 제37조 및 제38조를 준용한다. ⑥ 항공기정비업의 사업개선 명령에 관하여는 제39조(같은 조 제3호는 제외한다)를 준용한다. ⑦ 항공기정비업 등록취소 또는 사업정지에 관하여는 제40조를 준용한다. 다만, 제40조제1항제4호(항공기정비업자가 제9조제1호에 해당하게 된 경우에 한정한다), 제4호의2, 제5호 및 제13호는 준용하지 아니한다. 〈개정 2017.1.17.〉 ⑧ 항공기정비업에 대한 과징금의 부과에 관하여는 제41조를 준용한다. 이 경우 제41조제1항 중 "10억원"은 "3억원"으로 본다. [시행일 : 2017.7.18.] 제43조 **제3절 항공기취급업** **제44조(항공기취급업의 등록)** ① 항공기취급업을 경영하려는 자는 국토교통부령으로 정하는 바에 따라 신청서에 사업계획서와 그 밖에 국토교통부령으로 정하는 서류를 첨부하여 국토교통부장관에게 등록하여야 한다. 등록한 사항 중 국토교통부령으로 정하는 사항을 변경하려는 경우에는 국토교통부장관에게 신고하여야 한다. ② 제1항에 따른 항공기취급업을 등록하려는 자는 다음 각 호의 요건을 갖추어야 한다. 1. 자본금 또는 자산평가액이 3억원 이상으로서 대통령령으로 정하는 금액 이상일 것 2. 항공기 급유, 하역, 지상조업을 위한 장비 등이 대통령령으로 정하는 기준에 적합할 것 3. 그 밖에 사업 수행에 필요한 요건으로서 국토교통부령으로 정하는 요건을 갖출 것 ③ 다음 각 호의 어느 하나에 해당하는 자는 항공기취급업의 등록을 할 수 없다. 1. 제9조제2호부터 제6호(법인으로서 임원 중에 대한민국 국민이 아닌 사람이 있는 경우는 제외한다)까지의 어느 하나에 해당하는 자 2. 항공기취급업 등록의 취소처분을 받은 후 2년이 지나지 아니 한 자. 다만, 제9조제2호에 해당하여 제45조제7항에 따라 항공기취급업 등록이 취소된 경우는 제외한다. 〈일부개정 2017.12.26.〉	**제21조(항공기취급업의 등록요건)** 법 제44조제2항제1호 및 제2호에 따른 항공기취급업의 등록요건은 별표 7과 같다.

제43조(항공기취급업의 등록) ① 법 제44조에 따른 항공기취급업을 하려는 자는 별지 제26호서식의 등록신청서(전자문서로 된 신청서를 포함한다)에 다음 각 호의 서류(전자문서를 포함한다)를 첨부하여 지방항공청장에게 제출하여야 한다. 이 경우 지방항공청장은 「전자정부법」 제36조제1항에 따른 행정정보의 공동이용을 통하여 법인등기사항증명서(신청인이 법인 인 경우만 해당한다) 및 부동산 등기사항증명서(타인의 부동산을 사용하는 경우는 제외한다)를 확인하여야 한다.
1. 해당 신청이 법 제44조제2항에 따른 등록요건을 충족함을 증명하거나 설명하는 서류
2. 다음 각 목의 사항을 포함하는 사업계획서
    가. 자본금
    나. 상호·대표자의 성명과 사업소의 명칭 및 소재지
    다. 해당 사업의 취급 예정 수량 및 그 산출근거와 예상 사업수지계산서
    라. 필요한 자금 및 조달방법
    마. 사용시설·설비 및 장비 개요
    바. 종사자의 수
    사. 사업 개시 예정일
3. 부동산을 사용할 수 있음을 증명하는 서류(타인의 부동산을 사용하는 경우만 해당한다)
② 지방항공청장은 제1항에 따른 등록신청서의 내용이 명확하지 아니하거나 첨부서류가 미비한 경우에는 7일 이내에 그 보완을 요구하여야 한다.
③ 지방항공청장은 제1항에 따라 등록 신청을 받았을 때에는 법 제44조제2항에 따른 항공기취급업 등록요건을 충족하는지 를 심사하여 신청내용이 적합하다고 인정되면 별지 제9호서식의 등록대장에 그 사실을 적고, 별지 제10호서식의 등록증 을 발급하여야 한다.
④ 지방항공청장은 제3항에 따른 등록 신청 내용을 심사할 때 항공기취급업의 등록 신청인과 계약한 항공종사자, 항공운송 사업자, 공항 또는 비행장 시설·설비의 소유자 등이 그 계약을 이행할 수 있는지에 관하여 관계행정기관 또는 단체의 의견을 들을 수 있다.
⑤ 제3항의 등록대장은 전자적 처리가 불가능한 특별한 사유가 없으면 전자적 처리가 가능한 방법으로 작성·관리하여야 한다.

항공사업법	항공사업법 시행령
제45조(항공기취급업에 대한 준용규정) ① 항공기취급업의 명의대여 등의 금지에 관하여는 제33조를 준용한다. ② 항공기취급업의 양도·양수에 관하여는 제34조를 준용한다. ③ 항공기취급업의 합병에 관하여는 제35조를 준용한다. ④ 항공기취급업의 상속에 관하여는 제36조를 준용한다. ⑤ 항공기취급업의 휴업 및 폐업에 관하여는 제37조 및 제38조를 준용한다. ⑥ 항공기취급업의 사업개선 명령에 관하여는 제39조(같은 조 제3호는 제외한다)를 준용한다. ⑦ 항공기취급업의 등록취소 또는 사업정지에 관하여는 제40조를 준용한다. 다만, 제40조제1항제4호(항공기취급업자가 제9조제1호에 해당하게 된 경우에 한정한다), 제4호의2, 제5호 및 제13호는 준용하지 아니한다. 〈개정 2017.1.17.〉 ⑧ 항공기취급업에 대한 과징금의 부과에 관하여는 제41조를 준용한다. 이 경우 제41조제1항 중 "10억원"은 "3억원"으로 본다. [시행일 : 2017.7.18.] 제45조 ### 제4절 항공기대여업 **제46조(항공기대여업의 등록)** ① 항공기대여업을 경영하려는 자는 국토교통부령으로 정하는 바에 따라 신청서에 사업계획서와 그 밖에 국토교통부령으로 정하는 서류를 첨부하여 국토교통부장관에게 등록하여야 한다. 등록한 사항 중 국토교통부령으로 정하는 사항을 변경하려는 경우에는 국토교통부장관에게 신고하여야 한다. ② 제1항에 따른 항공기대여업을 등록하려는 자는 다음 각 호의 요건을 갖추어야 한다. 1. 자본금 또는 자산평가액이 3천만원 이상으로서 대통령령으로 정하는 금액 이상일 것 2. 항공기, 경량항공기 또는 초경량비행장치 1대 이상 등 대통령령으로 정하는 기준에 적합할 것 3. 그 밖에 사업 수행에 필요한 요건으로서 국토교통부령으로 정하는 요건을 갖출 것 ③ 다음 각 호의 어느 하나에 해당하는 자는 항공기대여업의 등록을 할 수 없다. 1. 제9조 각 호의 어느 하나에 해당하는 자 2. 항공기대여업 등록의 취소처분을 받은 후 2년이 지나지 아니한 자	**제22조(항공기대여업의 등록요건)** 법 제46조제2항제1호 및 제2호에 따른 항공기대여업의 등록요건은 별표 8과 같다.

제44조(항공기취급업 변경신고) ① 법 제44조제1항 후단에서 "국토교통부령으로 정하는 사항"이란 다음 각 호의 사항을 말한다.

1. 자본금의 변경
2. 사업소의 신설 또는 변경
3. 대표자 변경
4. 대표자의 대표권 제한 및 그 제한의 변경
5. 상호의 변경
6. 사업 범위의 변경

② 법 제44조제1항 후단에 따라 변경신고를 하려는 자는 그 변경 사유가 발생한 날부터 30일 이내에 별지 제13호서식의 변경신고서에 그 변경 사실을 증명할 수 있는 서류를 첨부하여 지방항공청장에게 제출하여야 한다.

제45조(항공기대여업의 등록신청) ① 법 제46조에 따른 항공기대여업을 하려는 자는 별지 제26호서식의 등록신청서 (전자문서로 된 신청서를 포함한다)에 다음 각 호의 서류(전자문서를 포함한다)를 첨부하여 지방항공청장에게 제출하여야 한다. 이 경우 지방항공청장은 「전자정부법」 제36조제1항에 따른 행정정보의 공동이용을 통하여 법인등기사항증명서(신청인이 법인인 경우만 해당한다) 및 부동산 등기사항증명서(타인의 부동산을 사용하는 경우는 제외한다)를 확인하여야 한다.

1. 해당 신청이 법 제46조제2항에 따른 등록요건을 충족함을 증명하거나 설명하는 서류
2. 다음 각 목의 사항을 포함하는 사업계획서
   가. 자본금
   나. 상호ㆍ대표자의 성명과 사업소의 명칭 및 소재지
   다. 예상 사업수지계산서
   라. 재원 조달방법
   마. 사용 시설ㆍ설비 및 장비 개요
   바. 종사자 인력의 개요
   사. 사업 개시 예정일
3. 부동산을 사용할 수 있음을 증명하는 서류(타인의 부동산을 사용하는 경우만 해당한다)

② 지방항공청장은 제1항에 따른 등록신청서의 내용이 명확하지 아니하거나 첨부서류가 미비한 경우에는 7일 이내에 보완을 요구하여야 한다.

③ 지방항공청장은 제1항에 따라 등록신청을 받았을 때에는 법 제46조제2항에 따른 항공기대여업의 등록요건을 충족하는지를 심사하여 신청내용이 적합하다고 인정되면 별지 제9호서식의 등록대장에 그 사실을 적고, 별지 제10호서식의 등록증을 발급하여야 한다.

④ 지방항공청장은 제3항에 따른 등록 신청 내용을 심사할 때 항공기대여업의 등록 신청인과 계약한 항공종사자, 항공운송사업자, 공항, 비행장 또는 이착륙장 시설·설비의 소유자 등이 그 계약을 이행할 수 있는지에 관하여 관계 행정기관 또는 단체의 의견을 들을 수 있다.

⑤ 제3항의 등록대장은 전자적 처리가 불가능한 특별한 사유가 없으면 전자적 처리가 가능한 방법으로 작성 관리하여야 한다.

제46조(항공기대여업 변경신고) ① 법 제46조제1항 후단에서 "국토교통부령으로 정하는 사항"이란 다음 각 호의 사항을 말한다.

1. 자본금의 변경
2. 사업소의 신설 및 변경
3. 대표자 변경
4. 대표자의 대표권 제한 및 그 제한의 변경
5. 상호의 변경
6. 사업 범위의 변경

② 법 제44조제1항 후단에 따라 별지 제13호서식의 변경신고서에 변경 사실을 증명할 수 있는 서류를 첨부하여 변경 사유가 발생한 날부터 30일 이내에 별지 제13호서식의 변경신고서에 변경 사실을 증명할 수 있는 서류를 첨부하여 지방항공청장에게 제출하여야 한다.

항공사업법	항공사업법 시행령
제47조(항공이 대여업에 대한 준용규정) 항공기대여업의 사업계획에 관하여는 제32조를 준용한다. ② 항공기대여업의 명의대여 등의 금지에 관하여는 제33조를 준용한다. ③ 항공기대여업의 양도·양수에 관하여는 제34조를 준용한다. ④ 항공기대여업의 합병에 관하여는 제35조를 준용한다. ⑤ 항공기대여업의 상속에 관하여는 제36조를 준용한다. ⑥ 항공기대여업의 휴업 및 폐업에 관하여는 제37조 및 제38조를 준용한다. ⑦ 항공기대여업의 사업개선 명령에 관하여는 제39조를 준용한다. 이 경우 제39조제2호 중 "항공기"는 "항공기·경량항공기·초경량비행장치"로, 같은 조 제3호 중 "「항공안전법」 제2조제6호에 따른 항공기사고"는 "「항공안전법」 제2조제6호부터 제8호까지에 따른 항공기사고·경량항공기사고·초경량비행장치사고"로 본다. ⑧ 항공기대여업의 등록취소 또는 사업정지에 관하여는 제40조(같은 조 제1항제4호의2·제13호는 제외한다)를 준용한다. 〈개정 2017.1.17.〉 ⑨ 항공기대여업에 대한 과징금의 부과에 관하여는 제41조를 준용한다. 이 경우 제41조제1항 중 "10억원"은 "3억원"으로 본다.	

항공사업법	항공사업법 시행령
제5절 초경량비행장치 사용사업 **제48조(초경량비행장치 사용사업의 등록)** ① 초경량 비행장치 사용사업을 경영하려는 자는 국토교통부령으로 정하는 바에 따라 신청서에 사업계획서와 그 밖에 국토교통부령으로 정하는 서류를 첨부하여 국토교통부장관에게 등록하여야 한다. 등록한 사항 중 국토교통부령으로 정하는 사항을 변경하려는 경우에는 국토교통부장관에게 신고하여야 한다. ② 제1항에 따른 초경량비행장치 사용사업을 등록하려는 자는 다음 각 호의 요건을 갖추어야 한다. 〈개정 2016.12.2.〉 1. 자본금 또는 자산평가액이 3천만원 이상으로서 대통령령으로 정하는 금액 이상일 것. 다만, 최대이륙중량이 25킬로그램 이하인 무인비행장치만을 사용하여 초경량비행장치 사용사업을 하려는 경우는 제외한다. 2. 초경량비행장치 1대 이상 등 대통령령으로 정하는 기준에 적합할 것 3. 그 밖에 사업 수행에 필요한 요건으로서 국토교통부령으로 정하는 요건을 갖출 것 ③ 다음 각 호의 어느 하나에 해당하는 자는 초경량비행장치 사용사업의 등록을 할 수 없다. 1. 제9조 각 호의 어느 하나에 해당하는 자 2. 초경량비행장치 사용사업 등록의 취소처분을 받은 후 2년이 지나지 아니한 자 **제49조(초경량비행장치 사용사업에 대한 준용규정)** ① 초경량비행장치 사용사업의 사업계획에 관하여는 제32조를 준용한다. ② 초경량비행장치 사용사업의 명의대여 등의 금지에 관하여는 제33조를 준용한다. ③ 초경량비행장치 사용사업의 양도·양수에 관하여는 제34조를 준용한다. ④ 초경량비행장치 사용사업의 합병에 관하여는 제35조를 준용한다. ⑤ 초경량비행장치 사용사업의 상속에 관하여는 제36조를 준용한다. ⑥ 초경량비행장치 사용사업의 휴업 및 폐업에 관하여는 제37조 및 제38조를 준용한다. ⑦ 초경량비행장치 사용사업의 사업개선 명령에 관하여는 제39조를 준용한다. 이 경우 제39조제2호 중 "항공기"는 "초경량비행장치"로, 같은 조 제3호 중 "「항공안전법」제2조제6호에 따른 항공기사고"는 "「항공안전법」제2조제8호에 따른 초경량비행장치사고"로 본다. ⑧ 초경량비행장치 사용사업의 등록취소 또는 사업정지에 관하여는 제40조(같은 조 제1항제4호의2·제13호는 제외한다)를 준용한다. 〈개정 2017.1.17.〉 ⑨ 초경량비행장치 사용사업에 대한 과징금의 부과에 관하여는 제41조를 준용한다. 이 경우 제41조제1항 중 "10억원"은 "3천만원"으로 본다.	**제23조(초경량비행장치 사용사업의등록요건)** 법 제48조제2항제1호 본문 및 같은 항 제2호에 따른 초경량비행장치 사용사업의 등록요건은 별표9와 같다.

제47조(초경량비행장치 사용사업의 등록) ① 법 제48조에 따른 초경량비행장치 사용사업을 하려는 자는 별지 제26호서식의 등록신청서(전자문서로 된 신청서를 포함한다)에 다음 각 호의 서류(전자문서를 포함한다)를 첨부하여 지방항공청장에게 제출하여야 한다. 이 경우 지방항공청장은 「전자정부법」 제36조제1항에 따른 행정정보의 공동이용을 통하여 법인 등기사항증명서(신청인이 법인인 경우만 해당한다)와 부동산 등기사항증명서(타인의 부동산을 사용하는 경우는 제외한다)를 확인하여야 한다.

1. 해당 신청이 법 제48조제2항에 따른 등록요건을 충족함을 증명하거나 설명하는 서류 1부
2. 다음 각 목의 사항을 포함하는 사업계획서
    가. 사업목적 및 범위
    나. 초경량비행장치의 안전성 점검계획 및 사고대응 매뉴얼 등을 포함한 안전관리대책
    다. 자본금
    라. 상호 · 대표자의 성명과 사업소의 명칭 및 소재지
    마. 사용시설 · 설비 및 장비 개요
    바. 종사자 인력의 개요
    사. 사업 개시 예정일
3. 부동산을 사용할 수 있음을 증명하는 서류(타인의 부동산을 사용하는 경우만 해당한다)

② 지방항공청장은 제1항에 따른 등록신청서의 내용이 명확하지 아니하거나 첨부서류가 미비한 경우에는 7일 이내에 보완을 요구하여야 한다.

③ 지방항공청장은 제1항에 따라 등록신청을 받았을 때에는 법 제48조제2항에 따른 초경량비행장치 사용사업 등록요건을 충족하는지를 심사하여 신청내용이 적합하다고 인정되면 별지 제9호서식의 등록대장에 그 사실을 적고, 별지 제10호서식의 등록증을 발급하여야 한다.

④ 지방항공청장은 제3항에 따른 등록 신청내용을 심사할 때 초경량비행장치 사용사업의 등록 신청인과 계약한 이착륙장 시설 · 설비의 소유자 등이 해당 계약을 이행할 수 있는지에 관하여 관계 행정기관 또는 단체의 의견을 들을 수 있다.

⑤ 제3항의 등록대장은 전자적 처리가 불가능한 특별한 사유가 없으면 전자적 처리가 가능한 방법으로 작성 · 관리하여야 한다.

제48조(초경량비행장치 사용사업 변경신고) ① 법 제48조제1항 후단에서 "국토교통부령으로 정하는 사항"이란 다음 각 호의 사항을 말한다. 〈개정 2017.7.18.〉

1. 자본금의 감소
2. 사업소의 신설 또는 변경
3. 대표자 변경
4. 대표자의 대표권 제한 및 그 제한의 변경
5. 상호의 변경
6. 사업범위의 변경

② 법 제48조제1항 후단에 따라 변경신고를 하려는 자는 변경사유가 발생한 날부터 30일 이내에 별지 제13호서식의 변경신고서에 변경사실을 증명할 수 있는 서류를 첨부하여 지방항공청장에게 제출하여야 한다.

항공사업법	항공사업법 시행령
제6절 항공레저스포츠사업 **제50조(항공레저스포츠사업의 등록)** ① 항공레저스포츠사업을 경영하려는 자는 국토교통부령으로 정하는 바에 따라 국토교통부장관에게 등록하여야 한다. 등록한 사항 중 국토교통부령으로 정하는 사항을 변경하려는 경우에는 국토교통부장관에게 신고하여야 한다. ② 제1항에 따른 항공레저스포츠사업을 등록하려는 자는 다음 각 호의 요건을 갖추어야 한다. 1. 자본금 또는 자산평가액이 3천만원 이상으로서 대통령령으로 정하는 금액 이상일 것 2. 항공기, 경량항공기 또는 초경량비행장치 1대 이상 등 대통령령으로 정하는 기준에 적합할 것 3. 그 밖에 사업 수행에 필요한 요건으로서 국토교통부령으로 정하는 요건을 갖출 것 ③ 다음 각 호의 어느 하나에 해당하는 자는 항공레저스포츠사업의 등록을 할 수 없다. 1. 제9조 각 호의 어느 하나에 해당하는 자 2. 항공기취급업, 항공기정비업, 또는 항공레저스포츠사업(제2조제26호 각 목의 사업 중 해당하는 사업의 경우에 한정한다) 등록의 취소처분을 받은 후 2년이 지나지 아니한 자 ④ 항공레저스포츠사업이 다음 각 호의 어느 하나에 해당하는 경우 국토교통부장관은 항공레저스포츠사업 등록을 제한할 수 있다. 1. 항공레저스포츠 활동의 안전사고 우려 및 이용자들에게 심한 불편을 주거나 공익을 해칠 우려가 있는 경우 2. 인구밀집지역, 사생활 침해, 교통, 소음 및 주변환경 등을 고려할 때 영업행위가 부적합하다고 인정하는 경우 3. 그 밖에 항공안전 및 사고예방 등을 위하여 국토교통부장관이 항공레저스포츠사업의 등록제한이 필요하다고 인정하는 경우 **제51조(항공레저스포츠사업에 대한 준용규정)** ① 항공레저스포츠사업의 명의대여 등의 금지에 관하여는 제33조를 준용한다. ② 항공레저스포츠사업의 양도·양수에 관하여는 제34조를 준용한다. ③ 항공레저스포츠사업의 합병에 관하여는 제35조를 준용한다. ④ 항공레저스포츠사업의 상속에 관하여는 제36조를 준용한다. ⑤ 항공레저스포츠사업의 휴업 및 폐업에 관하여는 제37조 및 제38조를 준용한다. ⑥ 항공레저스포츠사업의 사업개선 명령에 관하여는 제39조를 준용한다. 이 경우 제39조제2호 중 "항공기"는 "항공기·경량항공기·초경량비행장치"로, 같은 조 제3호 중 "「항공안전법」 제2조제6호에 따른 항공기사고"는 "「항공안전법」 제2조제6호부터 제8호까지에 따른 항공기사고·경량항공기사고·초경량비행장치사고"로 본다.	**제24조(항공레저스포츠사업의 등록요건)** 법 제50조제2항제1호 및 제2호에 따른 항공레저스포츠사업의 등록요건은 별표10과 같다.

제49조(항공레저스포츠사업의 등록) ① 법 제50조제1항에 따라 항공레저스포츠사업을 등록하려는 자는 별지 제26호서식의 등록신청서(전자문서로 된 신청서를 포함한다)에 다음 각 호의 서류(전자문서를 포함한다)를 첨부하여 지방항공청장에게 제출하여야 한다. 이 경우 지방항공청장은 「전자정부법」 제36조제1항에 따른 행정정보의 공동이용을 통하여 법인 등기사항증명서(신청인이 법인인 경우만 해당한다)와 부동산 등기사항증명서(타인의 부동산을 사용하는 경우는 제외한다)를 확인하여야 한다.

1. 해당 신청이 법 제50조제2항에 따른 등록요건을 충족함을 증명하거나 설명하는 서류
2. 다음 각 목의 사항을 포함하는 사업계획서
   가. 자본금
   나. 상호·대표자의 성명과 사업소의 명칭 및 소재지
   다. 해당 사업의 항공기 등 수량 및 그 산출근거와 예상 사업수지계산서
   라. 재원 조달방법
   마. 사용 시설·설비, 장비 및 이용자 편의시설 개요
   바. 종사자 인력의 개요
   사. 사업 개시 예정일
   아. 영업구역 범위 및 영업시간
   자. 탑승료·대여료 등 이용요금
   차. 항공레저 활동의 안전 및 이용자 편의를 위한 안전 관리대책(항공레저시설 관리 및 점검계획, 안전 수칙·교육·점검계획, 사고발생 시 비상연락체계, 탑승자 기록관리, 기상상태 현황 등)
3. 사업시설 부지 등 부동산을 사용할 수 있음을 증명하는 서류(타인의 부동산을 사용하는 경우만 해당한다)

② 지방항공청장은 제1항에 따른 등록신청서의 내용이 명확하지 아니하거나 첨부서류가 미비한 경우에는 7일 이내에 그 보완을 요구하여야 한다.

③ 지방항공청장은 제1항에 따라 등록 신청을 받았을 때에는 법 제50조제2항에 따른 항공기취급업 등록요건을 충족하는지를 심사하여 신청내용이 적합하다고 인정되면 별지 제9호서식의 등록대장에 그 사실을 적고, 별지 제10호서식의 등록증을 발급하여야 한다.

④ 지방항공청장은 제3항에 따른 등록 신청 내용을 심사할 때 항공레저스포츠사업의 등록 신청인과 계약한 공항, 비행장, 이착륙장 시설·설비의 소유자 등이 해당 계약을 이행할 수 있는지에 관하여 관계 행정기관 또는 단체의 의견을 들을 수 있다.

⑤ 제3항의 등록대장은 전자적 처리가 불가능한 특별한 사유가 없으면 전자적 처리가 가능한 방법으로 작성·관리하여야 한다.

제50조(항공레저스포츠사업의 등록기준상의 경량항공기) 영 별표 10 제1호나목2) 및 같은 표 제2호나목2)에서 "국토교통부령으로 정하는 안전성인증 등급을 받은 경량항공기"란 「항공안전법」 제108조제2항 및 「항공안전법 시행규칙」 제284조제5항제1호에 따른 제1종 등급을 받은 경량항공기를 말한다.

제51조(항공레저스포츠사업의 변경신고) ① 법 제50조제1항 후단에서 "국토교통부령으로 정하는 사항"이란 다음 각 호의 사항을 말한다. 〈개정 2017.7.18.〉

1. 자본금의 변경
2. 사업소의 신설 또는 변경
3. 대표자 변경
4. 대표자의 대표권 제한 및 그 제한의 변경
5. 상호의 변경
6. 사업 범위의 변경

② 법 제50조제1항 후단에 따라 변경신고를 하려는 자는 변경 사유가 발생한 날부터 30일 이내에 별지 제13호서식의 변경신고서에 변경 사실을 증명할 수 있는 서류를 첨부하여 지방항공청장에게 제출하여야 한다.

항공사업법	항공사업법 시행령
⑦ 항공레저스포츠사업의 등록취소 또는 사업정지에 관하여는 제40조(같은 조 제1항제4호의2·제5호 및 제13호는 제외한다)를 준용한다. 〈개정 2017.1.17.〉 ⑧ 항공레저스포츠사업에 대한 과징금의 부과에 관하여는 제41조를 준용한다. 이 경우 제41조제1항 중 "10억원"은 "3억원"으로 본다.	

항공사업법	항공사업법 시행령
제7절 상업서류송달업 **제52조(상업서류송달업 등의 신고)** ① 상업서류송달업, 항공운송총대리점업 및 도심공항터미널업(이하 "상업서류송달업 등"이라 한다)을 경영하려는 자는 국토교통부령으로 정하는 바에 따라 국토교통부장관에게 신고하여야 한다. 신고한 사항을 변경하려는 경우에도 또한 같다. ② 제1항에 따른 신고를 하려는 자는 국토교통부령으로 정하는 바에 따라 해당 신고서에 사업계획서와 그 밖에 국토교통부령으로 정하는 서류를 첨부하여 국토교통부장관에게 제출하여야 한다. **제53조(상업서류송달업 등에 대한 준용규정)** ① 항공운송총대리점업의 운송약관 등의 비치 및 과징금에 대하여는 제28조(같은 조 제1항제17호만 해당한다), 제29조를 준용한다. 이 경우 제28조제1항 각 호 외의 부분 본문 및 단서 중 "면허 또는 등록을 취소"는 "영업소를 폐쇄"로, 제29조제1항 본문 중 "50억원"은 "3억원"으로 본다. ② 상업서류송달업 등의 명의대여 등의 금지에 관하여는 제33조를 준용한다. 이 경우 "등록증"은 "신고증명서"로 본다. ③ 상업서류송달업 등의 양도·양수에 관하여는 제34조를 준용한다. ④ 상업서류송달업 등의 합병에 관하여는 제35조를 준용한다. ⑤ 상업서류송달업 등의 상속에 관하여는 제36조를 준용한다. ⑥ 상업서류송달업 등의 휴업 및 폐업에 관하여는 제37조 및 제38조를 준용한다. ⑦ 상업서류송달업 등의 사업개선 명령에 관하여는 제39조(같은 조 제3호는 제외한다)를 준용한다. ⑧ 상업서류송달업 등의 영업소의 폐쇄 또는 사업정지에 관하여는 제40조(같은 조 제1항제3호·제4호·제4호의2·제12호 및 제13호는 제외한다)를 준용한다. 이 경우 제40조제1항 각 호 외의 부분 본문 및 단서 중 "등록을 취소"는 "영업소를 폐쇄"로 본다. 〈개정 2017.1.17.〉 ⑨ 상업서류송달업 등에 대한 과징금의 부과에 관하여는 제41조를 준용한다. 이 경우 제41조제1항 중 "10억원"은 "3억원"으로 본다.	

제52조(상업서류송달업 등의 신고 및 변경 신고) ① 법 제52조제1항 전단에 따라 상업서류송달업을 하려는 자는 별지 제27호서식의 신고서에 다음 각 호의 서류를 첨부하여 지방항공청장에게 제출하여야 한다. 이 경우 담당 공무원은 「전자정부법」 제36조제1항에 따른 행정정보의 공동이용을 통하여 법인 등기사항증명서(신고인이 법인인 경우만 해당한다) 또는 사업자등록증명을 확인하여야 한다.

1. 사업계획서
2. 예상 사업수지계산서
3. 외국의 상업서류 송달업체로서 50개 이상의 대리점망을 가진 상업서류 송달업체와의 계약 체결 또는 2개 대륙 6개국 이상에서의 해외지사 설치를 증명하는 서류

② 법 제52조제1항 후단에 따라 상호 · 소재지 또는 대표자나 외국업체와 체결한 계약을 변경하려는 자는 그 사유가 발생한 날부터 60일 이내에 별지 제27호서식의 신고서에 변경 사실을 증명할 수 있는 서류를 첨부하여 지방항공청장에게 신고하여야 한다.

③ 지방항공청장은 제1항과 제2항에 따른 신고를 받으면 별지 제28호서식의 신고대장에 그 내용을 적고, 별지 제29호서식의 신고증명서를 발급하여야 한다.

④ 제3항의 신고대장은 전자적 처리가 불가능한 특별한 사유가 없으면 전자적 처리가 가능한 방법으로 작성 · 관리하여야 한다.

제53조(항공운송총대리점의 신고 및 변경신고) ① 법 제52조제1항 전단에 따라 항공운송 총대리점업을 하려는 자는 별지 제27호서식의 신고서에 다음 각 호의 서류를 첨부하여 지방항공청장에게 제출하여야 한다. 이 경우 담당 공무원은 「전자정부법」 제36조제1항에 따른 행정정보의 공동이용을 통하여 법인 등기사항증명서(신고인이 법인인 경우만 해당한다)를 확인하여야 한다.

1. 사업계획서
2. 항공운송사업자와 체결한 계약서
3. 예상 사업수지계산서

② 법 제52조제1항 후단에 따라 상호 · 소재지 및 대표자를 변경하려는 자는 그 사유가 발생한 날부터 30일 이내에 별지 제27호서식의 신고서에 변경 사실을 증명할 수 있는 서류를 첨부하여 지방항공청장에게 신고하여야 한다.

③ 지방항공청장은 제1항과 제2항에 따른 신고를 받으면 별지 제28호서식의 신고대장에 그 내용을 적고, 별지 제29호서식의 신고증명서를 발급하여야 한다.

④ 제3항의 신고대장은 전자적 처리가 불가능한 특별한 사유가 없으면 전자적 처리가 가능한 방법으로 작성 · 관리하여야 한다.

제54조(도심공항터미널업의 신고 및 변경 신고) ① 법 제52조제1항 전단에 따라 도심공항터미널업을 하려는 자는 별지 제27호서식의 신고서에 다음 각 호의 서류를 첨부하여 지방항공청장에게 제출하여야한다. 이 경우 담당 공무원은 「전자정부법」 제36조제1항에 따른 행정정보의 공동이용을 통하여 법인 등기사항증명서(신고인이 법인인 경우만 해당한다)를 확인하여야 한다.

1. 사업계획서
2. 도심공항터미널시설 명세서
3. 국제항공운송사업자와 체결한 계약서
4. 예상 사업수지계산서
5. 공항과 도심공항터미널을 왕래하는 교통수단의 확보에 관한 서류

② 법 제52조제1항 후단에 따라 상호 · 소재지 및 대표자를 변경하려는 자는 그 사유가 발생한 날부터 30일 이내에 별지 제27호서식의 신고서에 변경 사실을 증명할 수 있는 서류를 첨부하여 지방항공청장자에게 제출하여야 한다.

③ 지방항공청장은 제1항과 제2항에 따른 신고를 받으면 별지 제28호서식의 신고대장에 그 내용을 적고, 별지 제29호서식의 신고증명서를 발급하여야 한다.

④ 제3항의 신고대장은 전자적 처리가 불가능한 특별한 사유가 없으면 전자적 처리가 가능한 방법으로 작성 · 관리하여야 한다.

✈ 예 / 상 / 문 / 제

01 항공기취급업 및 항공기정비업의 등록취소 처분을 받은 후 얼마가 지나지 아니한 자는 등록을 할 수 없는가?

㉮ 1년

㉯ 2년

㉰ 3년

㉱ 5년

해설 법 제44조 (항공기취급업), 제42조 (항공기정비업), 법 제42조 (항공기정비업의 등록)

① 항공기정비업을 경영하려는 자는 국토교통부장관에 등록하여야 함. 등록사항 중 국토교통부령으로 정하는 사항을 변경하려는 경우에는 국토교통부장관에게 신고하여야 함

② 항공기정비업을 등록하려는 자는 다음의 요건을 갖추어야 함

1. 자본금 또는 자산평가액이 3억원 이상으로서 대통령령으로 정하는 금액 이상

2. 정비사 1명 이상 등 대통령령으로 정하는 기준에 적합할 것

3. 그 밖에 사업 수행에 필요한 요건으로서 국토교통부령으로 정하는 요건을 갖출 것

※ 항공기정비업 등록요건 : 항공사업법 시행령 제20조 별표 6참조

③ 다음의 어느 하나에 해당하는 자는 항공기정비업의 등록을 할 수 없음

1. 제9조제2호부터 제6호(법인으로서 임원중에 대한민국 국민이 아닌 사람이 있는 경우는 제외한다)까지의 어느 하나에 해당하는 자

2. 항공기정비업 등록의 취소처분을 받은 후 2년이 지나지 아니한 자

※ 항공사업법 시행령 [별표 6]

제21조 관련 (항공기정비업의 등록기준) : 인력 · 시설 및 장비 기준

가. 인력 : 항공정비사 자격증명을 받은 사람 1명 이상

나. 시설 : 근무인력이 필요로 하는 사무실, 정비작업장(정비자재보관 장소 등을 포함한다) 및 사무기기

다. 장비 : 작업용 공구, 계측장비 등 정비작업에 필요한 장비 (수행하려는 업무에 해당하는 장비로 한정한다)

법 제44조 (항공기취급업의 등록)

① 항공기취급업을 경영하려는 자는 신청서에 사업계획서와 서류를 첨부하여 국토교통부장관에게 등록하여야 한다. 등록한 사항 중 국토교통부령으로 정하는 사항을 변경하려는 경우에는 국토교통부장관에게 신고하여야 함

② 제1항에 따른 항공기취급업을 등록하려는 자는 다음의 요건을 갖추어야 함

1. 자본금 또는 자산평가액이 3억원 이상으로서 대통령령으로 정하는 금액 이상일 것

2. 항공기 급유, 하역, 지상조업을 위한 장비 등이 대통령령으로 정하는 기준에 적합할 것

3. 그 밖에 사업 수행에 필요한 요건으로서 국토교통부령으로 정하는 요건을 갖출 것

※ 항공기취급업 등록요건 : 항공사업법 시행령 제21조 별표 7 참조

③ 다음의 어느 하나에 해당하는 자는 항공기취급업의 등록을 할 수 없음

1. 제9조제2호부터 제6호(법인으로서 임원중에 대한민국 국민이 아닌 사람이 있는 경우는 제외한다)까지의 어느 하나에 해당하는 자

2. 항공기취급업 등록의 취소처분을 받은 후 2년이 지나지 아니한 자

※ 항공사업법 시행령 [별표 7]

제23조 관련 (항공기취급업 등록기준)

2. 장비

가. 항공기급유업 : 서비스카, 급유차, 트랙터, 트레일러 등 급유에 필요한 장비. 다만, 해당 공항의 급유시설 상황에 따라 불필요한 장비는 제외한다.

나. 항공기하역업 : 터그카 · 컨베이어카, 헬더로우더, 카고 컨베이어, 컨테이너 달리, 화물카트 등 하역에 필요한 장비(수행하려는 업무에 필요한 장비만 해당한다)

다. 지상조업사업 : 토잉 트랙터, 지상발전기(GPU), 엔진시동지원장치(ASU), 스텝카, 오물처리카트 등 지상조업에 필요한 장비(수행하려는 업무에 필요한 장비만 해당한다)

536 **정답** 01 ㉯

02 항공기취급업 또는 항공기정비업 등록 신청서 내용이 명확하지 아니하거나 첨부서류가 미비한 경우 지방항공청장은 며칠 이내에 그 보완을 요구하여야 하는가?

㉮ 5일

㉯ 7일

㉰ 10일

㉱ 15일

해설 시행규칙 제41조, 제43조(항공기정비업과 항공기취급업의 등록 신청)

03 항공기 취급업중 항공기급유업을 등록하기 위하여 필요한 장비는?

㉮ 서비스카

㉯ 터그카

㉰ 헬더로우더

㉱ 스텝카

해설 항공사업법 시행령 제21조(항공기취급업 등록기준) 별표 7 참조

항공사업법	항공사업법 시행령
제4장 외국인 국제항공운송사업 **제54조(외국인 국제항공운송사업의 허가)** ① 제7조제1항 및 제10조제1항에도 불구하고 다음 각 호의 어느 하나에 해당하는 자는 국토교통부장관의 허가를 받아 타인의 수요에 맞추어 유상으로 「항공안전법」 제100조제1항 각 호의 어느 하나에 해당하는 항행(이러한 항행과 관련하여 행하는 대한민국 각 지역 간의 항행을 포함한다)을 하여 여객 또는 화물을 운송하는 사업을 할 수 있다. 이 경우 국토교통부장관은 국내항공운송사업의 국제항공 발전에 지장을 초래하지 아니하는 범위에서 운항 횟수 및 사용 항공기의 기종(機種)을 제한하여 사업을 허가할 수 있다. 1. 대한민국 국민이 아닌 사람 2. 외국정부 또는 외국의 공공단체 3. 외국의 법인 또는 단체 4. 제1호부터 제3호까지의 어느 하나에 해당하는 자가 주식이나 지분의 2분의 1 이상을 소유하거나 그 사업을 사실상 지배하는 법인. 다만, 우리나라가 해당 국가(국가연합 또는 경제 공동체를 포함한다)와 체결한 항공협정에서 달리 정한 경우에는 그 항공협정에 따른다. 5. 외국인이 법인등기사항증명서상의 대표자이거나 외국인이 법인등기사항증명서상 임원 수의 2분의 1 이상을 차지하는 법인. 다만, 우리나라가 해당 국가(국가연합 또는 경제공동체를 포함한다)와 체결한 항공협정에서 달리 정한 경우에는 그 항공협정에 따른다. ② 제1항에 따른 허가기준은 다음 각 호와 같다. 1. 우리나라와 체결한 항공협정에 따라 해당 국가로부터 국제항공운송사업자로 지정받은 자일 것 2. 운항의 안전성이 「국제민간항공협약」 및 같은 협약의 부속서에서 정한 표준과 방식에 부합하여 「항공안전법」 제103조제1항에 따른 운항증명승인을 받았을 것 3. 항공운송사업의 내용이 우리나라가 해당 국가와 체결한 항공 협정에 적합할 것 4. 국제여객 및 화물의 원활한 운송을 목적으로 할 것 ③ 제1항에 따른 허가를 받으려는 자는 국토교통부령으로 정하는 바에 따라 신청서에 사업계획서와 그 밖에 국토교통부령으로 정하는 서류를 첨부하여 운항개시예정일 60일 전까지 국토교통부장관에게 제출하여야 한다.	

제55조(외국인 국제항공운송사업의 허가 신청) 법 제54조에 따라 외국인 국제항공운송사업을 하려는 자는 운항개시예정일 60일 전까지 별지 제30호서식의 신청서(전자문서로 된 신청서를 포함한다)에 다음 각 호의 서류(전자문서를 포함한다)를 첨부하여 국토교통부장관에게 제출하여야 한다.

1. 자본금과 그 출자자의 국적별 및 국가·공공단체·법인·개인별 출자액의 비율에 관한 명세서
2. 신청인이 신청 당시 경영하고 있는 항공운송사업의 개요를 적은 서류(항공운송사업을 경영하고 있는 경우만 해당한다)
3. 다음 각 목의 사항을 포함한 사업계획서
   가. 노선의 기점·기항지 및 종점과 각 지점 간의 거리
   나. 사용 예정 항공기의 수, 각 항공기의 등록부호·형식 및 식별부호, 사용 예정 항공기의 등록·감항·소음·보험 증명서
   다. 운항 횟수 및 출발·도착 일시
   라. 정비시설 및 운항관리시설의 개요
4. 신청인이 해당 노선에 대하여 본국에서 받은 항공운송사업 면허증 사본 또는 이를 갈음하는 서류
5. 법인의 정관 및 그 번역문(법인인 경우만 해당한다)
6. 최근의 손익계산서와 대차대조표
7. 운송약관 및 그 번역문
8. 「항공안전법 시행규칙」제279조제1항 각 목의 제출서류
9. 「항공보안법」제10조제2항에 따른 자체 보안계획서
10. 그 밖에 국토교통부장관이 정하는 사항

항공사업법	항공사업법 시행령
제55조(외국항공기의 유상운송) ① 외국 국적을 가진 항공기(외국인 국제항공운송사업자가 해당 사업에 사용하는 항공기는 제외한다)의 사용자는「항공안전법」제100조제1항제1호 또는 제2호에 따른 항행(이러한 항행과 관련하여 행하는 국내 각 지역간의 항행을 포함한다)을 할 때 국내에 도착하거나 국내에서 출발하는 여객 또는 화물의 유상운송을 하는 경우에는 국토교통부령으로 정하는 바에 따라 국토교통부장관의 허가를 받아야한다. ② 제1항에 따른 허가기준은 다음 각 호와 같다. 1. 우리나라가 해당 국가와 체결한 항공협정에 따른 정기편운항을 보완하는 것일 것 2. 운항의 안전성이「국제민간항공협약」및 같은 협약의 부속서에서 정한 표준과 방식에 부합할 것 3. 건전한 시장질서를 해치지 아니할 것 4. 국제여객 및 화물의 원활한 운송을 목적으로 할 것 **제56조(외국항공기의 국내 유상운송 금지)** 제54조, 제55조 또는「항공안전법」제110조 단서에 따른 허가를 받은 항공기는 유상으로 국내 각 지역 간의 여객 또는 화물을 운송해서는 아니 된다.	

제56조(외국인의 유상운송허가 신청서) 법 제55조에 따라 외국 국적을 가진 항공기를 사용하여 유상운송을 하려는 자는 운송 예정일 10일 전까지(국내 및 국외의 재난으로 인한 물자·인력의 수송, 국가행사 지원, 긴급수출품 운송 등의 경우에는 운송개시 전까지로 한다) 별지 제31호서식의 신청서에 다음 각 호의 사항을 적은 운항 내용을 첨부하여 국토교통부장관 또는 지방항공청장에게 제출하여야 한다.

1. 항공기의 국적·등록부호·형식 및 식별부호
2. 기항지를 포함한 항행의 경로·일시 및 유상운송 구간
3. 해당 운송을 하려는 취지
4. 기장·승무원의 성명과 자격
5. 여객의 성명 및 국적 또는 화물의 품명 및 수량
6. 운임 또는 요금의 종류 및 액수
7. 「항공안전법 시행규칙」제279조제1항제1호 및 제2호의 제출서류(주 1회 이상의 운항 횟수로 4주 이상 운항하는 것을 계획한 경우만 해당한다)
8. 그 밖에 국토교통부장관이 정하는 사항

항공사업법	항공사업법 시행령
제57조(외국인 국제항공운송사업의 휴업) ① 외국인 국제항공운송사업자가 휴업하려는 경우에는 국토교통부장관에게 신고하여야 한다. ② 제1항에 따른 휴업기간은 6개월을 초과할 수 없다. ③ 외국인 국제항공운송사업자가 제2항에 따른 최대 휴업기간이 지난 이후에 사업을 재개하지 아니하면서 폐업신고를 하지 아니한 경우에는 최대 휴업기간 종료일의 다음날 폐업한 것으로 본다. **제58조(군수품 수송의 금지)** 외국 국적을 가진 항공기(「대한민국과 아메리카합중국 간의 상호방위조약」 제4조에 따라 아메리카합중국정부가 사용하는 항공기와 이에 관련된 항공업무에 종사하는 사람은 제외한다)로 「항공안전법」 제100조제1항 각 호의 어느 하나에 해당하는 항행을 하여 국토교통부령으로 정하는 군수품을 수송해서는 아니 된다. 다만, 국토교통부령으로 정하는 바에 따라 국토교통부장관의 허가를 받은 경우에는 그러하지 아니한다. **제59조(외국인 국제항공운송사업 허가의 취소 등)** ① 국토교통부장관은 외국인 국제항공운송사업자가 다음 각 호의 어느 하나에 해당하면 그 허가를 취소하거나 6개월 이내의 기간을 정하여 그 사업의 정지를 명할 수 있다. 다만, 제1호 또는 제22호에 해당하는 경우에는 그 허가를 취소하여야 한다. 1. 거짓이나 그 밖의 부정한 방법으로 허가를 받은 경우 2. 제54조제2항에 따른 허가기준에 적합하지 아니하게 운항하거나 사업을 한 경우 3. 제57조를 위반하여 신고를 하지 아니하고 휴업한 경우 및 휴업기간에 사업을 하거나 휴업기간이 지난 후에도 사업을 시작하지 아니한 경우 4. 제60조제2항에서 준용하는 제12조제1항부터 제3항까지의 규정을 위반하여 사업계획에 따라 사업을 하지 아니한 경우 및 인가를 받지 아니하거나 신고를 하지 아니하고 사업계획을 정하거나 변경한 경우 5. 제60조제4항에서 준용하는 제14조제1항을 위반하여 운임 및 요금에 대하여 인가 또는 변경인가를 받지 아니하거나 신고 또는 변경신고를 하지 아니한 경우 및 인가를 받거나 신고한 사항을 이행하지 아니한 경우	

제57조(외국인 국제항공운송사업의 휴업 신고) 법 제57조제1항에 따라 휴업 신고를 하려는 외국인 국제항공운송사업자는 별지 제36호서식의 신고서를 국토교통부장관에게 제출하여야 한다.

제58조(수송금지 군수품) 법 제58조 본문에서 "국토교통부령으로 정하는 군수품"이란 병기와 탄약을 말한다.

제59조(외국항공기의 군수품 수송허가 신청) 법 제58조 단서에 따라 군수품 수송허가를 신청하려는 자는 수송예정일 10일 전까지 별지 제32호서식의 신청서에 다음 각 호의 사항을 적은 운항 및 수송명세서를 첨부하여 국토교통부장관에게 제출하여야 한다.
1. 성명 · 국적 및 주소
2. 항공기의 국적 · 등록부호 · 형식 및 식별부호
3. 수송하려는 군수품의 품명과 수량의 명세
4. 해당 수송이 필요한 이유
5. 해당 군수품을 수송하려는 구간 및 항행의 일시

제60조(외국인 국제항공운송사업에 대한 행정처분기준) 법 제59조제1항에 따른 행정처분의 기준은 별표 3과 같다.

항공사업법	항공사업법 시행령
6. 제60조제5항에서 준용하는 제15조를 위반하여 운수협정 또는 제휴협정에 대하여 인가 또는 변경인가를 받지 아니하거나 신고를 하지 아니한 경우 및 인가를 받거나 신고한 사항을 이행하지 아니한 경우 7. 제60조제7항에서 준용하는 제26조에 따라 부과된 허가 등의 조건 등을 이행하지 아니한 경우 8. 제60조제8항에서 준용하는 제27조에 따른 사업개선 명령을 이행하지 아니한 경우 9. 제60조제10항에서 준용하는 제62조제3항 및 제4항을 위반하여 운송약관 등 서류의 비치 및 항공운임 등 총액 정보 제공의 의무를 이행하지 아니한 경우 10. 「항공안전법」 제51조를 위반하여 국토교통부령으로 정하는 무선설비를 설치하지 아니한 항공기 또는 설치한 무선설비가 운용되지 아니하는 항공기를 항공에 사용한 경우 11. 「항공안전법」 제52조를 위반하여 항공기에 항공계기등을 설치하거나 탑재하지 아니하고 항공에 사용하거나 그 운용방법 등을 따르지 아니한 경우 12. 「항공안전법」 제54조를 위반하여 항공기를 야간에 비행시키거나 비행장에 주기 또는 정박시키는 경우에 국토교통부령으로 정하는 바에 따라 등불로 항공기의 위치를 나타내지 아니한 경우 13. 「항공안전법」 제66조를 위반하여 이륙 · 착륙 장소가 아닌 곳에서 이륙하거나 착륙하게 한 경우 14. 「항공안전법」 제68조를 위반하여 비행 중 금지행위 등을 하게 한 경우 15. 「항공안전법」 제70조제1항을 위반하여 허가를 받지 아니 하고 항공기를 이용하여 위험물을 운송하거나 같은 조 제3항을 위반하여 국토교통부장관이 고시하는 위험물취급의 절차 및 방법을 따르지 아니하고 위험물을 취급한 경우 16. 「항공안전법」 제104조제1항을 위반하여 같은 항 각 호의 서류를 항공기에 싣지 아니하고 운항한 경우 17. 「항공안전법」 제104조제2항을 위반하여 같은 조 제1항제2호의 운영기준을 지키지 아니한 경우 18. 정당한 사유 없이 허가받거나 인가받은 사항을 이행하지 아니한 경우 19. 주식이나 지분의 과반수에 대한 소유권 또는 실질적인 지배권이 제54조제2항제1호에 따라 국제항공운송사업자를 지정한 국가 또는 그 국가의 국민에게 속하지 아니하게 된 경우. 다만, 우리나라가 해당 국가(국가연합 또는 경제공동체를 포함한다)와 체결한 항공협정에서 달리 정한 경우에는 그 항공협정에 따른다.	

항공사업법	항공사업법 시행령
20. 대한민국과 제54조제2항제1호에 따라 국제항공운송사업자를 지정한 국가가 항공에 관하여 체결한 협정이 있는 경우 그 협정이 효력을 잃거나 그 해당 국가 또는 외국인 국제항공 운송사업자가 그 협정을 위반한 경우 21. 대한민국의 안전이나 사회의 안녕질서에 위해를 끼칠 현저한 사유가 있는 경우 22. 이 조에 따른 사업정지명령을 위반하여 사업정지기간에 사업을 경영한 경우 ② 제1항에 따른 사업정지처분을 갈음한 과징금의 부과에 관하여는 제29조를 준용한다. ③ 제1항에 따른 처분의 세부기준과 그 밖에 처분의 절차에 필요한 사항은 국토교통부령으로 정한다. **제60조(외국인 국제항공운송사업에 대한 준용규정)** ① 외국인 국제항공운송사업자의 항공기사고 시 지원계획서에 관하여는 제11조를 준용한다. 이 경우 "면허 또는 등록"은 "허가"로 본다. ② 외국인 국제항공운송사업자의 사업계획의 변경 등에 관하여는 제12조를 준용한다. 이 경우 "사업면허, 등록 또는 노선허가"는 "허가"로 본다. ③ 외국인 국제항공운송사업자의 사업계획 준수 여부 조사에 관하여는 제13조를 준용한다. ④ 외국인 국제항공운송사업자의 운임 및 요금의 인가 등에 관하여는 제14조를 준용한다. ⑤ 외국인 국제항공운송사업자의 운수에 관한 협정 등에 관하여는 제15조를 준용한다. ⑥ 외국인 국제항공운송사업자의 폐업에 관하여는 제25조를 준용한다. ⑦ 외국인 국제항공운송사업자의 허가 조건에 관하여는 제26조를 준용한다. ⑧ 외국인 국제항공운송사업자의 사업개선 명령에 관하여는 제27조를 준용한다. ⑨ 외국인 국제항공운송사업자의 항공교통이용자 보호 등에 관하여는 제61조를 준용한다. ⑩ 외국인 국제항공운송사업자의 운송약관 등의 신고 · 비치 및 항공운임 등 총액에 관한 정보 제공의 의무에 관하여는 제62조제1항 · 제3항 및 제4항을 준용한다. ⑪ 외국인 국제항공운송사업자의 항공교통서비스 평가에 관하여는 제63조를 준용한다. ⑫ 외국인 국제항공운송사업자의 정보제공 등에 관하여는 제64조를 준용한다.	

제61조(외국인 국제항공운송사업자의 사업계획 변경인가 신청 등) ① 법 제60조제2항에 따라 사업계획을 변경하려는 자는 별지 제33호서식의 외국인 국제항공운송사업계획 변경인가 신청서 및 외국인 국제항공운송사업계획 변경신고서, 별지 제34호서식의 외국인 국제항공운송사업 노선임시증편 인가신청서를 국토교통부장관 또는 지방항공청장에게 제출하여야 한다.

② 법 제60조제2항에 따라 준용되는 법 제12조제3항 단서에서 "국토교통부령으로 정하는 사항"이란 다음 각 호의 사항을 말한다.

1. 자본금의 변경
2. 대표자 변경, 대표권의 제한 및 그 제한의 변경
3. 상호 변경(국내사업소만 해당한다)
4. 항공기 수의 변경
5. 항공기 등록부호의 변경

제62조(외국인 국제항공운송사업자의 운임 및 요금의 인가 신청 등) ① 법 제60조제4항에 따라 준용되는 법 제14조에 따라 운임 및 요금의 인가 또는 변경인가를 신청하거나 신고하려는 자는 별지 제35호서식의 인가 · 변경인가 신청서나 신고 · 변경신고서를 국토교통부장관에게 제출하여야 한다.

② 제1항에 따른 인가 또는 변경인가 신청을 할 때에는 운임 및 요금의 산출근거를 적은 서류를 첨부하여야 한다.

제63조(외국인 국제항공운송사업자의 폐업신고) 법 제60조제6항에 따라 준용되는 법 제25조에 따라 폐업신고를 하려는 자는 별지 제36호서식의 신고서를 국토교통부장관에게 제출하여야 한다.

✈ 예 / 상 / 문 / 제

01 다음 중 외국의 국적을 가진 항공기로 수송해서는 아니 되는 군수품은?

㉮ 군용기의 부품
㉯ 군용 의약품
㉰ 병기와 탄약
㉱ 전쟁에 사용되는 물품 전체

해설 법 제58조 (군수품 수송의 금지) 외국 국적을 가진 항공기(「대한민국과 아메리카합중국 간의 상호방위조약」로 제4조에 따라 아메리카합중국정부가 사용하는 항공기와 이에 관련된 항공업무에 종사하는 사람은 제외한다)로 「항공안전법」 제100조 (외국항공기의 항행) 제1항 각 호의 해당하는 항행(① 영공 밖에서 이륙하여 대한민국에 착륙하는 행위, ② 대한민국에서 이륙하여 영공 밖에 착륙하는 항행, ③ 영공 밖에서 이륙하여 대한민국에 착륙하지 아니 하고 영공을 통과하여 영공 밖에 착륙하는 항행)을 하여 국토교통부령으로 정하는 군수품을 수송해서는 아니 된다.
다만, 국토교통부령으로 정하는 바에 따라 국토통부장관의 허가를 받은 경우에는 그러하지 아니하다.
시행규칙 제58조 (수송 금지 군수품) 외국의 국적을 가진 항공기로 수송해서는 아니 되는 군수품은 병기와 탄약으로 한다.

항공사업법	항공사업법 시행령
제5장 항공교통이용자 보호 **제61조(항공교통이용자 보호 등)** ① 항공교통사업자는 영업개시 30일 전까지 국토교통부령으로 정하는 바에 따라 항공교통이용자를 다음 각 호의 어느 하나에 해당하는 피해로부터 보호하기 위한 피해구제 절차 및 처리계획(이하 "피해구제계획"이라 한다)을 수립하고 이를 이행하여야 한다. 다만, 제12조제1항 각 호의 어느 하나에 해당하는 사유로 인한 피해에 대하여 항공교통사업자가 불가항력적 피해임을 증명하는 경우에는 그러하지 아니하다. 1. 항공교통사업자의 운송 불이행 및 지연 2. 위탁수하물의 분실·파손 3. 항공권 초과 판매 4. 취소 항공권의 대금환급 지연 5. 탑승위치, 항공편 등 관련정보 미제공으로 인한 탑승 불가 6. 그 밖에 항공교통이용자를 보호하기 위하여 국토교통부령으로 정하는 사항 ② 피해구제계획에는 다음 각 호의 사항이 포함되어야 한다. 1. 피해구제 접수처의 설치 및 운영에 관한 사항 2. 피해구제 업무를 담당할 부서 및 담당자의 역할과 임무 3. 피해구제 처리 절차 4. 피해구제 신청자에 대하여 처리결과를 안내할 수 있는 정보 제공의 방법 5. 그 밖에 국토교통부령으로 정하는 항공교통이용자 피해구제에 관한 사항 ③ 항공교통사업자는 항공교통이용자의 피해구제 신청을 신속·공정하게 처리하여야 하며, 그 신청을 접수한 날부터 14일 이내에 결과를 통지하여야 한다. ④ 제3항에도 불구하고 신청인의 피해조사를 위한 번역이 필요한 경우 등 특별한 사유가 있는 경우에는 항공교통사업자는 항공교통이용자의 피해구제 신청을 접수한 날부터 60일 이내에 결과를 통지하여야 한다. 이 경우 항공교통사업자는 통지서에 그 사유를 구체적으로 밝혀야 한다. ⑤ 제3항 및 제4항에 따른 처리기한 내에 피해구제 신청의 처리가 곤란하거나 항공교통이용자의 요청이 있을 경우에는 그 피해구제 신청서를 「소비자기본법」에 따른 한국소비자원에 이송하여야 한다. ⑥ 항공교통사업자는 항공교통이용자의 피해구제 신청현황, 피해구제 처리결과 등 항공교통이용자 피해구제에 관한 사항을 국토교통부령으로 정하는 바에 따라 국토교통부장관에게 정기적으로 보고하여야 한다.	

제64조(항공교통이용자의 피해유형 등) ① 법 제61조제1항제6호에서 "국토교통부령으로 정하는 사항"이란 다음 각 호의 어느 하나에 해당하는 사항을 말한다.

1. 항공마일리지와 관련한 다음 각 목의 피해
   가. 항공사 과실로 인한 항공마일리지의 누락
   나. 항공사의 사전 고지 없이 발생한 항공마일리지의 소멸

2. 「교통약자의 이용편의증진법」 제2조제7호에 따른 이동편의시설의 미설치로 인한 항공기의 탑승 장애

② 법 제61조제2항제5호에서 "국토교통부령으로 정하는 항공교통이용자 피해구제에 관한 사항"이란 다음 각 호의 사항을 말한다.

1. 피해 구제 상담을 위한 국내 대표 전화번호

2. 피해구제 처리결과에 대한 이의 신청의 방법 및 절차

③ 법 제61조제6항에 따른 보고는 반기별로 별지 제37호서식의 보고서를 국토교통부장관에게 제출하는 방법으로 한다.

항공사업법	항공사업법 시행령
⑦ 국토교통부장관은 관계 중앙행정기관의 장, 「소비자기본법」 제33조에 따른 한국소비자원의 장에게 항공교통이용자의 피해구제 신청현황, 피해구제 처리결과 등 항공교통이용자 피해구제에 관한 자료의 제공을 요청할 수 있다. 이 경우 자료의 제공을 요청받은 자는 특별한 사유가 없으면 이에 따라야 한다. ⑧ 국토교통부장관은 항공교통이용자의 피해를 예방하고 피해구제가 신속·공정하게 이루어질 수 있도록 다음 각 호의 어느 하나에 해당하는 사항에 대하여 항공교통이용자 보호기준을 고시할 수 있다. 1. 제1항 각 호에 해당하는 사항 2. 항공권 취소·환불 및 변경과 관련하여 소비자 피해 발생하는 사항 3. 항공권 예약·구매·취소·환불·변경 및 탑승과 관련된 정보제공에 관한 사항 ⑨ 국토교통부장관은 제8항에 따라 항공교통이용자 보호기준을 고시하는 경우 관계 행정기관의 장과 미리 협의하여야 하며, 항공교통사업자, 「소비자기본법」 제29조에 따라 등록한 소비자단체, 항공관련 전문가 및 그 밖의 이해관계인 등의 의견을 들을 수 있다. ⑩ 항공교통사업자, 항공운송총대리점업자 및 「관광진흥법」 제4조에 따라 여행업 등록을 한 자(이하 "여행업자"라 한다)는 제8항에 따른 항공교통이용자 보호기준을 준수하여야 한다.	
제62조(운송약관 등의 비치 등) ① 항공운송사업자는 운송약관을 정하여 국토교통부장관에게 신고하여야 한다. 이를 변경하려는 경우에도 같다. ② 제1항에 따른 운송약관 신고 등 필요한 사항은 국토교통부령으로 정한다. ③ 항공교통사업자는 다음 각 호의 서류를 그 사업자의 영업소, 인터넷 홈페이지 또는 항공교통이용자가 잘 볼 수 있는 곳에 국토교통부령으로 정하는 바에 따라 갖추어 두고, 항공교통이용자가 열람할 수 있게 하여야 한다. 다만, 제1호부터 제3호까지의 서류는 항공교통사업자 중 항공운송사업자만 해당한다. 1. 운임표 2. 요금표 3. 운송약관 4. 피해구제계획 및 피해구제 신청을 위한 관계 서류 ④ 항공운송사업자, 항공운송 총대리점업자 및 여행업자는 제14조제1항 및 제2항의 운임 및 요금을 포함하여 대통령령으로 정하는 바에 따라 항공교통이용자가 실제로 부담하여야 하는 금액의 총액(이하 "항공운임 등 총액"이라 한다)을 쉽게 알 수 있도록 항공교통이용자에게 해당 정보를 제공하여야 한다.	**제25조(항공운임 등 총액)** ① 항공운송사업자가 법 제62조제4항에 따라 항공교통이용자에게 제공하여야 하는 항공운임 등 총액(이하 "항공운임 등 총액"이라 한다)은 다음 각 호의 금액을 합산한 금액으로 한다. 1. 「공항시설법」 제32조제1항에 따른 사용료 2. 법 제14조제1항 또는 제2항에 따른 운임 및 요금 3. 해외 공항의 시설사용료 4. 「관광진흥개발기금법」 제2조제3항에 따른 출국납부금 5. 「국제질병퇴치기금법」 제5조제1항에 따른 출국납부금 6. 그 밖에 항공운송사업자가 제공하는 항공교통서비스를 이용하기 위하여 항공교통이용자가 납부하여야 하는 금액

제65조(운송약관의 신고) 법 제62조제1항에 따라 신고 또는 변경신고를 하려는 자는 별지 제38호서식의 신고(변경신고서)에 다음 각 호의 서류를 첨부하여 국토교통부장관에게 제출하여야 한다. 이 경우 제출서류가 외국어로 작성된 경우에는 번역문을 첨부하여야 한다.

1. 운송약관
2. 운송약관 신·구조문대비표 및 운송약관 변경사유(변경신고의 경우만 해당한다)

제66조(항공교통이용자를 위한 서류의 비치장소) 법 제62조제3항에 따라 항공교통사업자가 같은 항 각 호에 따른 서류를 갖추어 두어야 하는 장소는 다음과 같다. 다만, 제3호의 장소에는 법 제62조제3항제4호에 따른 서류 중 피해구제 신청을 위한 관계 서류만 비치할 수 있다.

1. 발권대
2. 공항 안내데스크
3. 항공기 내(법 제2조제39호에 따른 외국인 국제항공운송사업자는 제외한다)

항공사업법	항공사업법 시행령

⑤ 항공기사용사업자, 항공기정비업자, 항공기취급업자, 항공기대여업자, 초경량비행장치 사용사업자 및 항공레저스포츠사업자는 요금표 및 약관을 영업소나 그 밖의 사업소에서 항공교통이용자가 잘 볼 수 있는 곳에 국토교통부령으로 정하는 바에 따라 갖추어두고, 항공교통이용자가 열람할 수 있게 하여야 한다.

⑥ 여행업에 대하여는 제28조(같은 조 제1항제18호에 한정한다)를 준용한다. 이 경우 제28조제1항 각 호 외의 부분 본문 중 "국토교통부장관"은 "특별자치시장·특별자치도지사·시장·군수·구청장(자치구의 구청장을 말한다)"으로 본다.

제63조(항공교통서비스 평가 등) ① 국토교통부장관은 공공복리의 증진과 항공교통이용자의 권익보호를 위하여 항공교통사업자가 제공하는 항공교통서비스에 대한 평가를 할 수 있다.

② 제1항에 따른 항공교통서비스 평가항목은 다음 각 호와 같다.

1. 항공교통서비스의 정시성 또는 신뢰성
2. 항공교통서비스 관련 시설의 편의성
3. 항공교통서비스의 안전성
4. 그 밖에 제1호부터 제3호까지에 준하는 사항으로서 국토교통부령으로 정하는 사항

③ 국토교통부장관은 항공교통서비스의 평가를 할 경우 항공교통사업자에게 관련 자료 및 의견 제출 등을 요구하거나 서비스에 대한 실지조사를 할 수 있다.

④ 제3항에 따른 자료 또는 의견 제출 등을 요구받은 항공교통사업자는 특별한 사유가 없으면 이에 따라야 한다.

⑤ 국토교통부장관은 제1항에 따른 항공교통서비스의 평가를 한 후 평가항목별 평가 결과, 서비스 품질 및 서비스 순위 등 세부사항을 대통령령으로 정하는 바에 따라 공표하여야 한다.

⑥ 제1항부터 제5항까지에서 규정한 사항 외에 항공교통서비스에 대한 평가기준, 평가주기 및 절차 등에 관한 세부사항은 국토교통부령으로 정한다.

제64조(항공교통이용자를 위한 정보의 제공 등) ① 국토교통부장관은 항공교통이용자 보호 및 항공교통서비스의 촉진을 위하여 국토교통부령으로 정하는 바에 따라 항공교통서비스에 관한 보고서(이하 "항공교통서비스 보고서"라 한다)를 연 단위로 발간하여 국토교통부령으로 정하는 바에 따라 항공교통이용자에게 제공하여야 한다.

② 항공교통서비스 보고서에는 다음 각 호의 사항이 포함되어야 한다.

1. 항공교통사업자 및 항공교통이용자 현황
2. 항공교통이용자의 피해현황 및 그 분석 자료
3. 항공교통서비스 수준에 관한 사항
4. 「항공안전법」 제133조에 따른 항공운송사업자의 안전도에 관한 정보

② 항공운송사업자는 법 제62조제4항에 따라 항공교통이용자에게 항공권을 표시·광고 또는 안내하는 경우에 항공운임 등 총액에 관한 정보를 제공하여야 한다.

③ 항공운송 총대리점업자 및 법 제61조제10항에 따른 여행업자는 법 제62조제4항에 따라 항공교통이용자에게 항공권 또는 항공권이 포함되어 있는 여행상품을 표시·광고 또는 안내하는 경우에 항공운임 등 총액에 관한 정보를 제공하여야 한다. 다만, 항공운임 등 총액이 여행상품 가격에 포함된 경우에는 항공운임 등 총액에 관한 정보를 제공한 것으로 본다.

④ 제2항 또는 제3항에 따라 항공권 또는 항공권이 포함되어 있는 여행상품을 표시·광고 또는 안내할 때 항공운임 등 총액에 관한 정보를 제공하는 기준은 다음 각 호와 같다.

1. 항공운임 등 총액이 편도인지 왕복인지를 명시할 것
2. 항공운임 등 총액에 포함된 유류할증료, 해외 공항의 시설사용료 등 발권일·환율 등에 따라 변동될 수 있는 항목의 변동가능 여부를 명시할 것
3. 항공권 또는 항공권이 포함되어 있는 여행상품을 표시 또는 광고할 때 항공교통이용자가 항공운임 등 총액을 쉽게 식별할 수 있도록 "항공운임 등 총액"의 글자 크기·형태 및 색상 등을 제1항 각 호의 사항과 차별되게 강조할 것
4. 출발·도착 도시 및 일자, 항공권의 종류 등이 구체적으로 명시된 항공권 또는 해당 항공권이 포함된 여행상품의 경우 유류할증료(환율에 따라 변동되는 유류 할증료의 경우 항공운송사업자 또는 외국인 국제항공운송사업자가 적용하는 환율로 산정한 금액을 말한다)를 명시할 것

제26조(항공교통서비스 평가 결과의 공표) 국토교통부장관은 법 제63조제5항에 따라 항공교통서비스의 평가 결과를 공표하는 경우에는 그 평가가 끝난 날부터 10일 이내에 국토교통부 홈페이지에 게시하여야 한다.

제67조(항공교통서비스 평가항목) 법 제63조제2항제4호에서 "국토교통부령으로 정하는 사항"이란 다음 각 호의 사항을 말한다.
1. 항공교통서비스의 이용자 만족도
2. 항공교통서비스의 신속성 및 정확성
3. 항공운송사업자의 안전문화
4. 항공교통사업자의 피해구제실적 및 항공교통이용자 보호조치의 충실성

제68조(항공교통서비스 평가기준 등) ① 법 제63조에 따른 항공교통서비스 평가는 다음 각 호의 기준에 따라 한다.
1. 평가방법 : 평가항목에 대해서는 정량평가를 기준으로 평가할 것. 다만, 평가항목의 특성상 필요하다고 인정하는 경우에는 정성평가를 추가할 수 있다.
2. 평가기간 및 평가주기 : 해당 연도의 1월 1일부터 그 다음 해의 12월 31일까지를 기준으로 2년마다 평가할 것
② 국토교통부장관은 법 제63조제1항에 따라 평가를 할 때에는 항공교통사업자의 매출규모, 인력현황, 사업범위 또는 사업운영방식 등을 종합적으로 고려할 수 있다.
③ 국토교통부장관은 법 제63조제1항에 따른 평가를 위하여 필요하다고 인정하는 경우에는 관계 전문가, 기관 또는 단체에 대하여 의견 또는 자료의 제출을 요청할 수 있다.
④ 제1항부터 제3항까지의 규정에 따른 평가방법 및 평가절차 등에 관하여 필요한 세부사항은 국토교통부장관이 정한다.

제69조(항공교통서비스 보고서 발간 등) ① 국토교통부장관은 법 제64조제1항에 따른 항공교통서비스에 관한 보고서(이하 "항공교통서비스 보고서"라 한다)의 발간을 위하여 필요하다고 인정하는 경우에는 관계 공무원으로 구성되는 항공교통서비스 발간협의회를 설치·운영할 수 있다.
② 항공교통서비스 보고서의 제공은 국토교통부의 홈페이지에 게재하는 방법으로 한다. 이 경우 필요하다고 인정되는 경우에는 항공 관련 기관·단체의 간행물이나 홈페이지에 함께 게재할 수 있다.
③ 법 제64조제2항제7호에서 "국토교통부령으로 정하는 항공교통이용자 보호에 관한 사항"이란 다음 각 호의 사항을 말한다.
1. 항공교통이용자 및 항공교통사업자 관련 국내 법령 현황
2. 항공교통사업자의 업무규정 또는 약관의 주요 내용
3. 항공교통사업자의 주요 사업운영 실적
4. 항공교통사업자의 이용요금에 관한 사항
5. 항공교통량 및 이용객 현황에 관한 사항
④ 제3항에 따른 항공교통이용자의 보호에 관한 사항과 관련된 세부내용 및 구분 등에 필요한 사항은 국토교통부장관이 정한다.

항공사업법	항공사업법 시행령
5. 국제기구 또는 다른 나라의 항공교통이용자 보호 및 항공교통서비스 정책에 관한 사항 6. 항공교통이용자의 항공권 구입에 따라 적립되는 마일리지(탑승거리, 판매가 등에 따라 적립되는 점수 등을 말한다)에 대한 항공운송사업자(외국인 국제항공운송사업자를 포함한다)별 적립 기준 및 사용 기준 7. 제1호부터 제6호까지에서 규정한 사항 외에 국토교통부령으로 정하는 항공교통이용자 보호에 관한 사항 ③ 국토교통부장관은 항공교통서비스 보고서 발간을 위하여 항공교통사업자에게 자료의 제출을 요청할 수 있다. 이 경우 항공교통사업자는 특별한 사유가 없으면 이에 따라야 한다.	

[별표 1]

국내항공운송사업 및 국제항공운송사업의 면허기준(제12조 관련)

구분	국내(여객) · 국내(화물) · 국제(화물)	국제(여객)
1. 재무능력	법 제19조제1항에 따른 운항개시예정일(이하 "운항개시예정일"이라 한다)부터 2년 동안 법 제7조제4항에 따른 사업운영계획서에 따라 항공운송사업을 운영하였을 경우에 예상되는 운영비 등의 비용을 충당할 수 있는 재무능력(해당 기간 동안 예상되는 영업수입을 포함한다)을 갖출 것. 다만, 운항개시예정일부터 3개월 동안은 영업수입을 제외하고도 해당 기간에 예상되는 운영비 등의 비용을 충당할 수 있는 재무능력을 갖추어야 한다.	
2. 자본금 또는 자산평가액	가. 법인 : 납입자본금 50억원 이상일 것 나. 개인 : 자산평가액 75억원 이상일 것	가. 법인 : 납입자본금 150억원 이상일 것 나. 개인 : 자산평가액 200억원 이상일 것
3. 항공기	가. 항공기 대수 : 1대 이상 나. 항공기 성능 　1) 계기비행능력을 갖출 것 　2) 쌍발(雙發) 이상의 항공기일 것 　3) 여객을 운송하는 경우에는 항공기의 조종실과 객실이, 화물을 운송하는 경우에는 항공기의 조종실과 화물칸이 분리된 구조일 것 　4) 항공기의 위치를 자동으로 확인할 수 있는 기능을 갖출 것 다. 승객의 좌석 수가 51석 이상일 것(여객을 운송하는 경우만 해당한다) 라. 항공기의 최대이륙중량이 25,000킬로그램을 초과할 것(화물을 운송하는 경우만 해당한다)	가. 항공기 대수 : 3대 이상 나. 항공기 성능 　1) 계기비행능력을 갖출 것 　2) 쌍발 이상의 항공기일 것 　3) 항공기의 조종실과 객실이 분리된 구조일 것 　4) 항공기의 위치를 자동으로 확인할 수 있는 기능을 갖출 것 다. 승객의 좌석 수가 51석 이상일 것

소형항공운송사업의 등록요건(제13조 관련)

구분	기준
1. 자본금 또는 자산평가액	가. 승객 좌석 수가 10석 이상 50석 이하의 항공기(화물운송전용의 경우 최대이륙중량이 5,700킬로그램 초과 2만5천킬로그램 이하의 항공기) 　1) 법인 : 납입자본금 15억원 이상 　2) 개인 : 자산평가액 22억5천만원 이상 나. 승객 좌석 수가 9석 이하의 항공기(화물운송전용의 경우 최대이륙중량이 5,700킬로그램 이하의 항공기) 　1) 법인 : 납입자본금 7억5천만원 이상 　2) 개인 : 자산평가액 11억2,500만원 이상
2. 항공기 　가. 대수 　나. 능력	1대 이상 1) 항공기의 위치를 자동으로 확인할 수 있는 기능을 갖출 것(해상비행 및 국제선 운항인 경우에만 해당한다) 2) 계기비행능력을 갖출 것
3. 기술인력 　가. 조종사 　나. 정비사	항공기 1대당 「항공안전법」에 따른 운송용 조종사(해당 항공기의 비행교범에 따라 1명의 조종사가 필요한 항공기인 경우와 비행선인 항공기의 경우에는 「항공안전법」에 따른 사업용 조종사를 말한다) 자격증명을 받은 사람 1명 이상 항공기 1대당 「항공안전법」에 따른 항공정비사 자격증명을 받은 사람 1명 이상. 다만, 보유 항공기에 대한 정비능력이 있는 항공기정비업자에게 항공기 정비업무 전체를 위탁하는 경우에는 정비사를 두지 않을 수 있다.
4. 대기실 등 이용객 편의시설	가. 대기실, 화장실, 세면장 등 이용객 편의시설(공항 또는 비행장의 대기실에 시설을 확보한 경우는 제외한다)을 갖출 것 나. 이용객 안내시설
5. 보험가입	보유 항공기마다 여객보험(화물운송 전용인 경우 여객보험은 제외한다), 기체보험, 화물보험, 전쟁보험(국제선 운항만 해당한다), 제3자보험 및 승무원보험. 다만, 여객보험, 기체보험, 화물보험 및 전쟁보험은 「항공안전법」 제90조에 따른 운항증명 완료 전까지 가입할 수 있다.

[별표 4]

항공기사용사업의 등록요건(제18조 관련)

구 분	기 준
1. 자본금 또는 자산평가액	가. 법인 : 납입자본금 7억5천만원 이상 나. 개인 : 자산평가액 11억2,500만원 이상
2. 기술인력 　가. 조종사 　나. 정비사	항공기 1대당 「항공안전법」에 따른 사업용 조종사 자격증명을 받은 사람 1명 이상 항공기 1대당(같은 기종인 경우에는 2대당) 「항공안전법」에 따른 항공정비사 자격증명을 받은 사람 1명 이상. 다만, 보유 항공기에 대한 정비능력이 있는 항공기정비업자에게 항공기 정비업무 전체를 위탁하는 경우에는 정비사를 두지 않을 수 있다.
3. 항공기 　가. 대수 　나. 능력	1대 이상 해상 비행 시 항공기의 위치를 자동으로 확인할 수 있는 기능을 갖출 것
4. 보험가입	보유 항공기마다 기체보험, 제3자보험 및 승무원보험에 가입할 것

[별표 6]

항공기정비업의 등록요건(제20조 관련)

구 분	기 준
1. 자본금 또는 자산평가액	가. 법인 : 납입자본금 3억원 이상 나. 개인 : 자산평가액 4억5천만원 이상
2. 인력·시설 및 장비기준	가. 인력 : 「항공안전법」에 따른 항공정비사 자격증명을 받은 사람 1명 이상 나. 시설 : 사무실, 정비작업장(정비자재보관 장소 등을 포함한다) 및 사무기기 다. 장비 : 작업용 공구, 계측장비 등 정비작업에 필요한 장비(수행하려는 업무에 해당하는 장비로 한정한다)

[별표 7]

항공기취급업의 등록요건(제21조 관련)

구 분	기 준
1. 자본금 또는 자산평가액	가. 법인 : 납입자본금 3억원 이상 나. 개인 : 자산평가액 4억5천만원 이상
2. 장비 　가. 항공기급유업 　나. 항공기하역업 　다. 지상조업사업	서비스카, 급유차, 트랙터, 트레일러 등 급유에 필요한 장비. 다만, 해당 공항의 급유시설 상황에 따라 불필요한 장비는 제외한다. 터그카·컨베이어카, 헬더로우더, 카고 컨베이어, 컨테이너 달리, 화물카트 등 하역에 필요한 장비(수행하려는 업무에 필요한 장비로 한정한다) 토잉 트랙터, 지상발전기(GPU), 엔진시동지원장치(ASU), 스템카, 오물처리 카트 등 지상조업에 필요한 장비(수행하려는 업무에 필요한 장비로 한정한다)

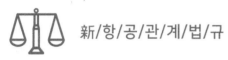

新/항/공/관/계/법/규

PART 03

공항시설법

공항시설법

• 시행규칙 별표

• 예상문제

공항시설법	공항시설법 시행령
공항시설법 [시행 2017.3.30.] [법률 제14342호, 2016.12.2., 타법개정]	**공항시설법 시행령** [시행 2017.3.30.] [대통령령 제27972호, 2017.3.29., 제정]

제1장 총칙

제1조(목적) 이 법은 공항·비행장 및 항행안전시설의 설치 및 운영 등에 관한 사항을 정함으로써 항공산업의 발전과 공공복리의 증진에 이바지함을 목적으로 한다.

제2조(정의) 이 법에서 사용하는 용어의 뜻은 다음과 같다.
1. "항공기"란 「항공안전법」 제2조제1호에 따른 항공기를 말한다.
2. "비행장"이란 항공기·경량항공기·초경량비행장치의 이륙[이수(離水)를 포함한다. 이하 같다]과 착륙[착수(着水)를 포함한다. 이하 같다]을 위하여 사용되는 육지 또는 수면(水面)의 일정한 구역으로서 대통령령으로 정하는 것을 말 한다.
3. "공항"이란 공항시설을 갖춘 공공용 비행장으로서 국토교통부장관이 그 명칭·위치 및 구역을 지정·고시한 것을 말한다.
4. "공항구역"이란 공항으로 사용되고 있는 지역과 공항·비행장개발예정지역 중 「국토의 계획 및 이용에 관한 법률」 제30조 및 제43조에 따라 도시·군계획시설로 결정되어 국토교통부장관이 고시한 지역을 말한다.
5. "비행장구역"이란 비행장으로 사용되고 있는 지역과 공항·비행장개발예정지역 중 「국토의 계획 및 이용에 관한 법률」 제30조 및 제43조에 따라 도시·군계획시설로 결정되어 국토교통부장관이 고시한 지역을 말한다.
6. "공항·비행장개발예정지역"이란 공항 또는 비행장 개발사업을 목적으로 제4조에 따라 국토교통부장관이 공항 또는 비행장의 개발에 관한 기본계획으로 고시한 지역을 말한다.
7. "공항시설"이란 공항구역에 있는 시설과 공항구역 밖에 있는 시설 중 대통령령으로 정하는 시설로서 국토교통부장관이 지정한 다음 각 목의 시설을 말한다.
   가. 항공기의 이륙·착륙 및 항행을 위한 시설과 그 부대시설 및 지원시설
   나. 항공 여객 및 화물의 운송을 위한 시설과 그 부대시설 및 지원시설
8. "비행장시설"이란 비행장에 설치된 항공기의 이륙·착륙을 위한 시설과 그 부대시설로서 국토교통부장관이 지정한 시설을 말한다.

제1조(목적) 이 영은 「공항시설법」에서 위임된 사항과 그 시행에 필요한 사항을 규정함을 목적으로 한다.

제2조(비행장의 구분) 「공항시설법」(이하 "법"이라 한다) 제2조제2호에서 "대통령령으로 정하는 것"이란 다음 각 호의 것을 말한다.
1. 육상비행장
2. 육상헬기장
3. 수상비행장
4. 수상헬기장
5. 옥상헬기장
6. 선상(船上)헬기장
7. 해상구조물헬기장

제3조(공항시설의 구분) 법 제2조제7호 각목 외의 부분에서 "대통령령으로 정하는 시설"이란 다음 각 호의 시설을 말한다.
1. 다음 각 목에서 정하는 기본시설
   가. 활주로, 유도로, 계류장, 착륙대 등 항공기의 이착륙시설
   나. 여객터미널, 화물터미널 등 여객시설 및 화물처리시설
   다. 항행안전시설
   라. 관제소, 송수신소, 통신소 등의 통신시설
   마. 기상관측시설
   바. 공항 이용객을 위한 주차시설 및 경비·보안시설
   사. 공항 이용객에 대한 홍보시설 및 안내시설
2. 다음 각 목에서 정하는 지원시설
   가. 항공기 및 지상조업장비의 점검·정비 등을 위한 시설

공항시설법 시행규칙
[시행 2017.3.30.] [국토교통부령 제414호, 2017.3.30., 제정]

제1조(목적) 이 규칙은 「공항시설법」 및 같은 법 시행령에서 위임된 사항과 그 시행에 필요한 사항을 규정함을 목적으로 한다.

공항시설법	공항시설법 시행령
9. "공항개발사업"이란 이 법에 따라 시행하는 다음 각 목의 사업을 말한다. 　가. 공항시설의 신설·증설·정비 또는 개량에 관한 사업 　나. 공항개발에 따라 필요한 접근교통수단 및 항만시설 등 기반시설의 건설에 관한 사업 　다. 공항이용객 및 항공과 관련된 업무종사자를 위한 사업 등 대통령령으로 정하는 사업 10. "비행장개발사업"이란 이 법에 따라 시행하는 다음 각 목의 사업을 말한다. 　가. 비행장시설의 신설·증설·정비 또는 개량에 관한 사업 　나. 비행장개발에 따라 필요한 접근교통수단 등 기반시설의 건설에 관한 사업 11. "공항운영자"란 「항공사업법」 제2조제34호에 따른 공항 운영자를 말한다. 12. "활주로"란 항공기 착륙과 이륙을 위하여 국토교통부령으로 정하는 크기로 이루어지는 공항 또는 비행장에 설정된 구역을 말한다. 13. "착륙대"(着陸帶)란 활주로와 항공기가 활주로를 이탈하는 경우 항공기와 탑승자의 피해를 줄이기 위하여 활주로 주변에 설치하는 안전지대로서 국토교통부령으로 정하는 크기로 이루어지는 활주로 중심선에 중심을 두는 직사각형의 지표면 또는 수면을 말한다.	나. 운항관리시설, 의료시설, 교육훈련시설, 소방시설 및 기내식 제조·공급 등을 위한 시설 　다. 공항의 운영 및 유지·보수를 위한 공항 운영·관리시설 　라. 공항 이용객 편의시설 및 공항근무자 후생복지시설 　마. 공항 이용객을 위한 업무·숙박·판매·위락·운동·전시 및 관람집회 시설 　바. 공항교통시설 및 조경시설, 방음벽, 공해배출 방지시설 등 환경보호시설 　사. 공항과 관련된 상하수도 시설 및 전력·통신·냉난방 시설 　아. 항공기 급유시설 및 유류의 저장·관리시설 　자. 항공화물을 보관하기 위한 창고시설 　차. 공항의 운영·관리와 항공운송사업 및 이와 관련된 사업에 필요한 건축물에 부속되는 시설 　카. 공항과 관련된 「신에너지 및 재생에 너지 개발·이용·보급 촉진법」 제2조제3호에 따른 신에너지 및 재생에너지 설비 3. 도심공항터미널 4. 헬기장에 있는 여객시설, 화물처리시설 및 운항지원시설 5. 공항구역 내에 있는 「자유무역지역의 지정 및 운영에 관한 법률」 제4조에 따라 지정된 자유무역지역에 설치하려는 시설로서 해당 공항의 원활한 운영을 위하여 필요하다고 인정하여 국토교통부장관이 지정·고시하는 시설 6. 그 밖에 국토교통부장관이 공항의 운영 및 관리에 필요하다고 인정하는 시설 **제4조(항공 관련 업무종사자 등을 위한 공항개발사업)** 법 제2조제9호다목에서 "공항이용객 및 항공과 관련된 업무종사자를 위한 사업 등 대통령령으로 정하는 사업"이란 다음 각 호의 어느 하나에 해당하는 사업을 말한다. 1. 제3조제1호 및 제2호에 따른 공항시설의 운영 및 관리에 관한 업무에 종사하는 사람을 위한 주거시설, 생활편익시설 및 이와 관련된 부대시설의 건설에 관한 사업

제2조(활주로의 크기) 「공항시설법」(이하 "법"이라 한다) 제2조제12호에서 "국토교통부령으로 정하는 크기"란 별표1 제1호라목 및 마목에 따른 육상비행장 활주로의 길이 및 폭과 같은 표 제2호의 표에 따른 헬기장 활주로의 길이 및 폭을 말한다.

제3조(착륙대의 크기) 법 제2조제13호에서 "국토교통부령으로 정하는 크기"란 다음 각 호의 구분에 따른 크기를 말한다.

1. 육상비행장 : 별표 1 제1호나목에서 정하는 길이와 폭으로 이루어지는 활주로 중심선에 중심을 두는 직사각형의 지표면
2. 육상헬기장, 옥상헬기장, 선상헬기장 및 해상구조물 헬기장 : 별표 1 제2호에서 정하는 길이와 폭으로 활주로(최종접근 · 이륙구역) 주변에 설치하는 안전지대
3. 수상비행장 : 별표 1 제8호에서 정하는 폭 및 같은 표 제1호라목에서 정하는 길이로 이루어지는 활주로 중심선에 중심을 두는 직사각형의 수면
4. 수상헬기장 : 별표 1 제9호에서 정하는 길이와 폭으로 이루어지는 수면

공항시설법	공항시설법 시행령
	2. 공항개발사업으로 인하여 주거지를 상실 하는 사람을 위한 주거시설, 생활편익시설 및 이와 관련된 부대시설의 건설에 관한 사업 3. 그 밖에 공항개발사업의 건설 종사자를 위한 임시숙소의 건설 등 공항의 건설 및 운영과 관련하여 공항개발사업 시행자가 시행하는 사업 **제5조(장애물 제한표면의 구분)** ① 법 제2조제14호에서 "대통령령으로 정하는 구역"이란 다음 각 호의 것을 말한다. 1. 수평표면 2. 원추표면 3. 진입표면 및 내부진입표면 4. 전이(轉移)표면 및 내부전이표면 5. 착륙복행(着陸復行) 표면 ② 장애물 제한표면의 기준 등에 관하여 필요한 사항은 국토교통부령으로 정한다.
14. "장애물 제한표면"이란 항공기의 안전운항을 위하여 공항 또는 비행장 주변에 장애물(항공기의 안전운항을 방해하는 지형·지물 등을 말한다)의 설치 등이 제한되는 표면으로서 대통령령으로 정하는 구역을 말한다.	

제4조(장애물 제한표면의 기준) 「공항시설법 시행령」(이하 "영"이라 한다) 제5조제2항에 따른 장애물 제한표면의 기준은 별표 2와 같다.

[별표 2]

장애물 제한표면의 기준(제4조 관련)

1. 비행방식에 따른 장애물 제한표면의 종류

    가. 계기비행방식에 의한 접근(이하 "계기접근"이라 한다) 중 계기착륙시설 또는 정밀접근레이더를 이용한 접근(이하 "정밀접근"이라 한다)에 사용되는 활주로(수상비행장 및 수상헬기장에서는 착륙대를 말한다. 이하 같다)가 설치되는 비행장(수상비행장은 제외한다)

    1) 원추표면

    2) 수평표면

    3) 진입표면 및 내부진입표면

    4) 전이표면 및 내부전이표면

    5) 착륙복행표면(着陸復行表面)

    나. 계기접근이 아닌 접근(이하 "비계기접근"이라 한다) 및 정밀접근이 아닌 계기접근(이하 "비정밀접근"이라 한다)에 사용되는 활주로가 설치되는 비행장. 다만, 항공기의 직진입(直進入) 이착륙 절차만 수립되어 있는 수상비행장의 경우에는 원추표면 및 수평표면에 대하여 적용하지 않는다.

    1) 원추표면

    2) 수평표면

    3) 진입표면

    4) 전이표면

2. 장애물 제한표면 종류별 설정기준

    가. 원추표면(수평표면의 원주로부터 외측 상방으로 경사도를 갖는 표면을 말한다. 이하 같다)

    1) 원추표면의 범위는 수평표면의 원주와 수평표면의 원주 외측 상방으로 정하는 경사도 및 높이에 의해 정해지는 상방 가장자리를 포함해 〈표 1〉과 같이 한다. 다만, 수상비행장의 경우에는 〈표 1-2〉와 같이 한다.

    2) 원추표면의 경사도는 수평표면 원주의 수직인 면에서 측정해야 한다.

    3) 수상비행장에 있어서는 직진입(直進入) 이착륙 절차만 수립된 경우에는 원추표면을 적용하지 않는다.

    〈표 1〉 원추표면의 거리 · 경사도 및 높이

구분	계기접근			비계기접근			
	A, B	C, D	E, F, G, H, J	A	B	C	D, E, F, G, H, J
거리(미터)	1,100	800	600	1,100	800	500	400
경사도(퍼센트)	5	5	5	5	5	5	5
높이(미터)	55	40	30	55	40	25	20

〈표 1-2〉 원추표면의 거리·경사도 및 높이(수상비행장에 적용한다)

구분	비계기접근			
	1	2	3	4
거리(미터)	600	600	600	600
경사도(퍼센트)	5	5	5	5
높이(미터)	30	30	30	30

나. 수평표면(비행장 및 그 주변의 상방(上方)에 수평한 평면을 말한다. 이하 같다)

1) 수평표면의 원호 중심은 다음과 같다.

가) 육상비행장에서는 활주로 중심선 끝에서 60미터 연장한 지점

나) 수상비행장에서는 착륙대 중심선 끝 지점

다) 비계기접근 또는 비정밀접근에 사용되는 육상헬기장, 옥상헬기장, 선상헬기장 및 수상헬기장에서는 착륙대 중심선의 끝 지점

2) 수평표면의 범위는 가목에 따른 수평표면의 원호를 중심으로 그린 각각의 원호의 접선을 연결하는 면으로 한다.

3) 수평표면의 높이는 각 활주로 중심선의 끝(수상비행장 및 수상헬기장에서는 착륙대) 높이 중 가장 높은 점을 기준으로 수직상방 45미터로 한다.

4) 수평표면의 반지름의 길이는 다음과 같다.

가) 육상비행장 및 수상비행장에서는 착륙대의 등급별로 〈표 2〉에서 정하는 반지름

나) 비계기접근 또는 비정밀접근에 사용되는 육상헬기장, 수상헬기장, 옥상헬기장, 선상헬기장에서는 200미터

5) 수상비행장에 있어서는 직진입(直進入) 이착륙 절차만 수립되어 있는 경우에는 수평표면을 적용하지 않는다.

〈표 2〉 수평표면의 반지름의 길이

비행장의 종류	착륙대의 등급	반지름	비행장의 종류	착륙대의 등급	반지름
육상비행장	A	4천미터	수상비행장	4	2천5백미터
	B	3천5백미터		3	2천미터
	C	3천미터		2	2천미터
	D	2천5백미터		1	1천8백미터
	E	2천미터			
	F	1천8백미터			
	G	1천5백미터			
	H	1천미터			
	J	8백미터			

3. 진입표면(활주로 시단 또는 착륙대 끝의 앞에 있는 경사도를 갖는 표면을 말한다)

1) 진입표면의 범위는 다음과 같다.

가) 육상비행장에서는 진입표면의 활주로 중심선에 직각이고 수평이며 활주로 신단에서 60미터 떨어진 지점의 착륙대 폭(이하 "내측저변"이라 한다)

나) 수상비행장에서는 착륙대 중심선에 직각이고 수평이며 착륙대 끝 지점의 착륙대 폭

다) 비계기접근 또는 비정밀접근에 사용되는 육상헬기장, 옥상헬기장, 선상헬기장 및 수상헬기장에서는 착륙대 중심선에 직각이고 수평이며 착륙대 끝지점의 착륙대 폭

라) 내측저변 양 끝을 기점으로 하고 활주로 중심선의 연장으로부터 규정된 비율로 균등하게 넓힌 2개의 측변

마) 내측저변과 평행한 외측상변

바) 활주로(수상비행장 및 수상헬기장에서는 착륙대) 중심선의 연장선에 중심을 두는 사다리꼴 형 표면

2) 내측저변의 표고는 활주로 시단의 중앙지점(수상비행장 및 수상헬기장에 서는 착륙대)의 표고와 같아야 한다.

3) 진입표면의 경사도는 수평으로 1만5천미터 이하에서 50분의 1 이상의 범위에서 다음과 같이 해야 한다.

　가) 계기접근 중 계기착륙시설 또는 정밀접근에 사용되는 육상비행장 및 수상비행장의 착륙대에서는 착륙대 중심선의 연장 3천미터 지점까지는 50분의 1 이상, 3천미터에서 1만5천미터 지점까지는 40분의 1 이상으로 한다.

　나) 비정밀접근 및 비계기접근에 사용되는 육상비행장 및 수상비행장의 착륙대에서는 〈표 3〉에서 정하는 경사도로 한다.

〈표 3〉 비정밀접근 및 비계기접근에 사용되는 진입표면의 경사도

비행장의 종류	착륙대의 등급	경사도
육상비행장	A, B, C, D	40분의 1
	E, F	40분의 1이상 30분의 1이하의 범위에서 국토교통부장관이 지정하는 경사도
	G	25분의 1
	H, J	20분의 1
수상비행장	4	40분의 1 (3,000미터)
	3	30분의 1 (3,000미터)
	2	25분의 1 (2,500미터)
	1	20분의 1 (1,600미터)

　다) 비계기접근 또는 비정밀접근에 사용되는 헬기장의 착륙대에서는 8분의 1로 한다. 다만, 국토교통부장관은 그 헬기장의 입지조건을 고려하여 특히 필요하다고 인정하는 경우에는 20분의 1 이상 8분의 1 미만의 범위에서 그 경사도를 따로 정할 수 있다.

4) 진입표면 긴 외측변의 착륙대 긴 변의 연장선에 대한 경사도는 계기접근을 할 때에는 100분의 15, 비계기접근을 할 때에는 100분의 10으로 해야 한다. 다만, 헬기장에서는 그 경사도를 100분의 27로 해야 한다.

5) 진입표면의 경사도는 활주로(수상비행장 및 수상헬기장에서는 착륙대) 중심선을 포함하는 수직면 내에서 측정해야 한다.

6) 진입표면이 지표면 또는 수면에 수직으로 투영된 구역(이하 "진입구역"이라 한다)의 길이는 계기접근을 할 때에는 1만5천미터, 비계기접근에 있어서는 육상비행장은 3천미터, 수상비행장은 〈표 3〉의 길이로 한다. 다만, 헬기장 진입구역의 길이는 1천미터로 한다.

라. 내부진입표면(활주로 시단 바로 앞에 있는 진입표면의 직사각형 부분을 말한다. 이하 같다)

1) 내부진입표면의 범위는 다음과 같다.

　가) 내부진입표면의 내측저변의 위치는 진입표면의 내측저변과 일치

　나) 내측저변의 양끝에서 시작하는 내부진입표면의 측변은 활주로 중심선을 포함한 수직면에 대해 평행으로 뻗은 2개의 측변

　다) 외측 상변은 내측저변과 평행하고 동일한 길이

2) 내부진입표면의 제원 및 경사도는 〈표 4〉와 같아야 한다.

마. 전이표면(착륙대의 측변 및 진입표면 측변의 일부에서 수평표면에 연결되는 외측 상방으로 경사도를 갖는 복합된 표면을 말한다. 이하 같다)

1) 전이표면의 범위는 다음과 같다.

    가) 수평표면과 진입표면의 측변 교점을 기점으로 하여 진입표면의 측변을 따라 진입표면의 내측저변까지 내려가고, 그 곳에서부터 활주로 중심선에 평행으로 착륙대 길이를 따라 계속되는 아래쪽 가장자리

    나) 수평표면의 평면에 위치하는 상방 가장자리

2) 아래쪽 가장자리 위의 임의의 점의 표고는 다음과 같다.

    가) 진입표면 측변을 따라서는 그 점에서의 진입표면의 표고

    나) 착륙대를 따라서는 가장 가까운 활주로 중심선의 표고

3) 전이표면의 경사도는 아래쪽 가장자리에서 외측 상방으로 7분의 1로 해야 한다. 다만, 수상비행장의 전이표면 경사도는 착륙대 등급 1, 2는 5분의 1(20퍼센트), 착륙대 등급 3, 4는 7분의 1(14.3퍼센트)로 한다.

4) 헬기장의 전이표면 경사도

    가) 헬기장의 전이표면의 경사도는 2분의 1로 한다. 다만, 국토교통부장관은 그 헬기장의 입지조건을 고려하여 특히 필요하다고 인정하는 경우에는 4분의 1이상 2분의 1 미만의 범위에서 그 경사도를 따로 정할 수 있다.

    나) 가)에도 불구하고 착륙대의 하나의 긴 변(이하 이 항에서 "갑긴변"이라 한다) 측의 전이표면의 경사도는 착륙대의 다른 긴 변(이하 이 항에서 "을긴변"이라 한다) 외측에 해당 착륙대의 짧은 변의 길이의 2배의 범위 안에 을긴변으로부터 착륙대의 외측 상방으로 10분의 1의 경사도가 있는 평면의 위로 나오는 물건이 없고, 갑긴변의 외측으로 해당 헬기장을 사용할 것이 예상되는 회전익항공기의 회전지름의 4분의 3의 거리의 범위 안에 착륙대의 최고점을 포함하는 수평면의 위로 나오는 물건이 없는 경우에는 2분의 1 이상 1분의 1 이하의 경사도로 할 수 있다.

5) 전이표면의 경사도는 활주로 중심선에 직각인 수직면에서 측정해야 한다.

바. 내부전이표면(활주로에 더욱 가깝고 전이표면과 닮은 표면을 말한다)

1) 내부전이표면의 범위는 다음과 같다.

    가) 내부진입표면의 끝부분을 기점으로 하여 내부진입표면의 측변을 따라 그 표면의 내측저변까지 내리고 그 곳에서부터 활주로 중심선에 평행으로 착륙대를 따라서 착륙복행표면의 측변을 따라 오르고 그 측변이 수평표면과 교차하는 점에 이르는 아래쪽 가장자리

    나) 수평표변의 평면에 위치하는 상방 가장자리

2) 아래쪽 가장자리 위의 임의의 점의 표고는 다음과 같다.

    가) 내부진입표면 및 착륙복행표면의 측변을 따라서는 각 표면의 표고

    나) 착륙대를 따라서는 가장 가까운 활주로 중심선의 표고

3) 내부전이표면의 경사도는 〈표 4〉와 같이 해야 한다.

4) 내부전이표면의 경사도는 활주로 중심선에 직각인 수직면에서 측정해야 한다.

사. 착륙복행표면(내부전이표면 사이의 시단 이후로 규정된 거리에서 연장되는 경사진 표면을 말한다)

1) 착륙복행표면의 범위는 다음과 같다.

    가) 활주로 시단 이후로 〈표 4〉에서 정한 거리에 위치하고 활주로 중심선에 직각이고 수평인 내측저변

    나) 내측저변의 양끝을 기점으로 하고 활주로 중심선을 포함한 수직면으로부터 〈표 4〉에서 정한 비율로 균등하게 확장하는 2개의 측변

    다) 내측저변과 평행하고 수평표면에 위치하는 상방가장자리

2) 내측저변의 표고는 내측저변의 위치에 있어서 활주로 중심선의 표고와 같아야 한다.

3) 내측저변의 제원 및 경사도는 〈표 4〉와 같이 해야 한다.

4) 착륙복행표면의 경사도는 활주로 중심선을 포함하는 수직면에서 측정해야 한다.

아. 장애물 제한표면의 기준을 적용할 때에는 높이와 경사도는 기준 값 이하로 해야 하고, 그 밖의 제원에 대해서는 기준 값 이상으로 해야 한다.

〈표 4〉 내부진입표면, 내부전이표면, 착륙복행표면의 제원 및 경사도

표 면	제원[1]	정밀접근(CAT-Ⅰ)		정밀접근(CAT-Ⅱ, Ⅲ)
		착륙대의 등급		
		F, G, H, J	A ~ E	A ~ E
내부진입표면	폭	90m	120m[2]	120m[2]
	활주로 시단에서의 거리	60m	60m	60m
	길이	900m	900m	900m
	경사도	2.5%	2%	2%
내부전이표면	경사도	40%	33.3%	33.3%
착륙복행표면	내측저변의 길이	90m	120m[2]	120m[2]
	활주로 시단에서의 거리	착륙대 종단까지의 거리	1,800m[3]	1,800m[3]
	확산율(양측)	10%	10%	10%
	경사도	4%	3.33%	3.33%

[비고]

1. 모든 제원은 특별히 지정하는 경우를 제외하고는 수평으로 측정해야 한다.
2. **별표 1** 제1호가목의 분류문자 F의 경우에는 155미터로 한다.
3. 1,800미터 또는 활주로의 종단까지의 거리 중 짧은 거리를 말한다.

공항시설법	공항시설법 시행령
15. "항행안전시설"이란 유선통신, 무선통신, 인공위성, 불빛, 색채 또는 전파(電波)를 이용하여 항공기의 항행을 돕기 위한 시설로서 국토교통부령으로 정하는 시설을 말한다. 16. "항공등화"란 불빛, 색채 또는 형상(形象)을 이용하여 항공기의 항행을 돕기 위한 항행안전시설로서 국토교통부령으로 정하는 시설을 말한다.	

제5조(항행안전시설) 법 제2조제15호에서 "국토교통부령으로 정하는 시설"이란 다음 항공등화, 항행안전무선시설 및 항공정보통신시설을 말한다.

제6조(항공등화) 법 제2조제16호에서 "국토교통부령으로 정하는 시설"이란 별표 3의 시설을 말한다.

[별표 3]

항공등화의 종류(제6조 관련)

1. 비행장등대(Aerodrome Beacon) : 항행 중인 항공기에 공항 · 비행장의 위치를 알려주기 위해 공항 · 비행장 또는 그 주변에 설치하는 등화
2. 비행장식별등대(Aerodrome Identification Beacon) : 항행 중인 항공기에 공항 · 비행장의 위치를 알려주기 위해 모르스부호에 따라 명멸(明滅)하는 등화
3. 진입등시스템(Approach Lighting Systems) : 착륙하려는 항공기에 진입로를 알려주기 위해 진입구역에 설치하는 등화
4. 진입각지시등(Precision Approach Path Indicator) : 착륙하려는 항공기에 착륙 시 진입각의 적정 여부를 알려주기 위해 활주로의 외측에 설치하는 등화
5. 활주로등(Runway Edge Lights) : 이륙 또는 착륙하려는 항공기에 활주로를 알려주기 위해 그 활주로 양측에 설치하는 등화
6. 활주로시단등(Runway Threshold Lights) : 이륙 또는 착륙하려는 항공기에 활주로의 시단을 알려주기 위해 활주로의 양시단(始端)에 설치하는 등화
7. 활주로시단연장등(Runway Threshold Wing Bar Lights) : 활주로시단등의 기능을 보조하기 위해 활주로 시단 부분에 설치하는 등화
8. 활주로중심선등(Runway Center Line Lights) : 이륙 또는 착륙하려는 항공기에 활주로의 중심선을 알려주기 위해 그 중 심선에 설치하는 등화
9. 접지구역등(Touchdown Zone Lights) : 착륙하고자 하려는 항공기에 접지구역을 알려주기 위해 접지구역에 설치하는 등화
10. 활주로거리등(Runway Distance Marker Sign) : 활주로를 주행 중인 항공기에 전방의 활주로 종단(終端)까지의 남은 거리를 알려주기 위해 설치하는 등화
11. 활주로종단등(Runway End Lights) : 이륙 또는 착륙하려는 항공기에 활주로의 종단을 알려주기 위해 설치하는 등화
12. 활주로시단식별등 (Runway Threshold Identification Lights) : 착륙하려는 항공기에 활주로 시단의 위치를 알려주기 위해 활주로 시단의 양쪽에 설치하는 등화
13. 선회등(Circling Guidance Lights) : 체공 선회 중인 항공기가 기존의 진입등시스템과 활주로등만으로는 활주로 또는 진입지역을 충분히 식별하지 못하는 경우에 선회비행을 안내하기 위해 활주로의 외측에 설치하는 등화
14. 유도로등(Taxiway Edge Lights) : 지상주행 중인 항공기에 유도로 · 대기지역 또는 계류장 등의 가장자리를 알려주기 위해 설치하는 등화
15. 유도로중심선등(Taxiway Center Line Lights) : 지상주행 중인 항공기에 유도로의 중심 · 활주로 또는 계류장의 출입경로를 알려주기 위해 설치하는 등화
16. 활주로유도등(Runway Leading Lighting Systems) : 활주로의 진입경로를 알려주기 위해 진입로를 따라 집단으로 설치하는 등화
17. 일시정지위치등(Intermediate Holding Position Lights) : 지상 주행 중인 항공기에 일시 정지해야 하는 위치를 알려주기 위해 설치하는 등화
18. 정지선등(Stop Bar Lights) : 유도정지 위치를 표시하기 위해 유도로의 교차부분 또는 활주로 진입정지 위치에 설치하는 등화

19. 활주로경계등(Runway Guard Lights) : 활주로에 진입하기 전에 멈추어야 할 위치를 알려주기 위해 설치하는 등화
20. 풍향등(Illuminated Wind Direction Indicator) : 항공기에 풍향을 알려주기 위해 설치하는 등화
21. 지향신호등(Signalling Lamp, Light Gun) : 항공교통의 안전을 위해 항공기 등에 필요한 신호를 보내기 위해 사용하는 등화
22. 착륙방향지시등(Landing Direction Indicator) : 착륙하려는 항공기에 착륙의 방향을 알려주기 위해 T 자형 또는 4 면체형의 물건에 설치하는 등화
23. 도로정지위치등(Road-holding Position Lights) : 활주로에 연결된 도로의 정지위치에 설치하는 등화
24. 정지로등(Stop Way Lights) : 항공기를 정지시킬 수 있는 지역의 정지로에 설치하는 등화
25. 금지구역등(Unserviceability Lights) : 항공기에 비행장 안의 사용금지 구역을 알려주기 위해 설치하는 등화
26. 회전안내등(Turning Guidance Lights) : 회전구역에서의 회전경로를 보여주기 위해 회전구역 주변에 설치하는 등화
27. 항공기주기장식별표지등(Aircraft Stand Identification Sign) : 주기장(駐機場)으로 진입하는 항공기에 주기장을 알려주기 위해 설치하는 등화
28. 항공기주기장안내등(Aircraft Stand Maneuvering Guidance Lights) : 시정(視程)이 나쁠 경우 주기위치 또는 제빙(除氷)·방빙시설(防氷施設)을 알려주기 위해 설치하는 등화
29. 계류장조명등(Apron Floodlighting) : 야간에 작업을 할 수 있도록 계류장에 설치하는 등화
30. 시각주기유도시스템(Visual Docking Guidance System) : 항공기에 정확한 주기위치를 안내하기 위해 주기장에 설치하는 등화
31. 유도로안내등(Taxiway Guidance Sign) : 지상 주행 중인 항공기에 목적지, 경로 및 분기점을 알려주기 위해 설치하는 등화
32. 제빙·방빙시설출구등(De/Anti-Icing Facility Exit Lights) : 유도로에 인접해 있는 제빙·방빙시설을 알려주기 위해 출구에 설치하는 등화
33. 비상용등화(Emergency Lighting) : 항공등화의 고장 또는 정전에 대비하여 갖춰 두는 이동형 비상등화
34. 헬기장등대(Heliport Beacon) : 항행 중인 헬기에 헬기장의 위치를 알려주기 위해 헬기장 또는 그 주변에 설치하는 등화
35. 헬기장진입등시스템(Heliport Approach Lighting System) : 착륙하려는 헬기에 그 진입로를 알려주기 위해 진입구역에 설치하는 등화
36. 헬기장진입각지시등(Heliport Approach Path Indicator) : 착륙하려는 헬기에 착륙할 때의 진입각의 적정 여부를 알려주기 위해 설치하는 등화
37. 시각정렬안내등(Visual Alignment Guidance System) : 헬기장으로 진입하는 헬기에 적정한 진입 방향을 알려주기 위해 설치하는 등화
38. 진입구역등(Final Approach & Take-off Area Lights) : 헬기장의 진입구역 및 이륙구역의 경계 윤곽을 알려주기 위해 진입구역 및 이륙구역에 설치하는 등화
39. 목표지점등(Aiming Point Lights) : 헬기장의 목표지점을 알려주기 위해 설치하는 등화
40. 착륙구역등(Touchdown & Lift-off Area Lighting System) : 착륙구역을 조명하기 위해 설치하는 등화
41. 견인지역조명등(Winching Area Floodlighting) : 야간에 사용하는 견인지역을 조명하기 위해 설치하는 등화
42. 장애물조명등(Floodlighting of Obstacles) : 헬기장 지역의 장애물에 장애등을 설치하기가 곤란한 경우에 장애물을 표시하기 위해 설치하는 등화
43. 간이접지구역등(Simple Touchdown Zone Lights) : 착륙하려는 항공기에 복행을 시작해도 되는지를 알려주기 위해 설치하는 등화
44. 진입금지선등(No-entry Bar) : 교통수단이 부주의로 인하여 탈출전용 유도로용 유도로에 진입하는 것을 예방하기 위해 하는 등화

공항시설법	공항시설법 시행령
17. "항행안전무선시설"이란 전파를 이용하여 항공기의 항행을 돕기 위한 시설로서 국토교통부령으로 정하는 시설을 말한다.	
18. "항공정보통신시설"이란 전기통신을 이용하여 항공교통업무에 필요한 정보를 제공·교환하기 위한 시설로서 국토교통부령으로 정하는 시설을 말한다. 19. "이착륙장"이란 비행장 외에 경량항공기 또는 초경량비행장치의 이륙 또는 착륙을 위하여 사용되는 육지 또는 수면의 일정한 구역으로서 대통령령으로 정하는 것을 말한다. 20. "항공학적 검토"란 항공안전과 관련하여 시계비행 및 계기 비행절차 등에 대한 위험을 확인하고 수용할 수 있는 안전수준을 유지하면서도 그 위험을 제거하거나 줄이는 방법을 찾기 위하여 계획된 검토 및 평가를 말한다.	**제6조(이착륙장의 구분)** 법 제2조제19호에서"대통령령으로 정하는 것"이란 다음 각 호의 것을 말한다. 1. 육상이착륙장 2. 수상이착륙장

제7조(항행안전무선시설) 법 제2조제17호에서 "국토교통부령으로 정하는 시설"이란 다음 각 호의 시설을 말한다.

1. 거리측정시설(DME)
2. 계기착륙시설(ILS/MLS/TLS)
3. 다변측정감시시설(MLAT)
4. 레이더시설(ASR/ARSR/SSR/ARTS/ASDE/PAR)
5. 무지향표지시설(NDB)
6. 범용접속데이터통신시설(UAT)
7. 위성항법감시시설(GNSS Monitoring System)
8. 위성항법시설(GNSS/SBAS/GRAS/GBAS)
9. 자동종속감시시설(ADS, ADS-B, ADS-C)
10. 전방향표지시설(VOR)
11. 전술항행표지시설(TACAN)

제8조(항공정보통신시설) 법 제2조제18호에서 "국토교통부령으로 정하는 시설"이란 다음 각 호의 시설을 말한다.

1. 항공고정통신시설
   가. 항공고정통신시스템(AFTN/MHS)
   나. 항공관제정보교환시스템(AIDC)
   다. 항공정보처리시스템(AMHS)
   라. 항공종합통신시스템(ATN)
2. 항공이동통신시설
   가. 관제사 · 조종사간 데이터링크 통신시설(CPDLC)
   나. 단거리이동통신시설(VHF/UHF Radio)
   다. 단파데이터 이동통신시설(HFDL)
   라. 단파이동통신시설(HF Radio)
   마. 모드 S 데이터통신시설
   바. 음성통신제어시설(VCCS, 항공직통전화시설 및 녹음시설을 포함한다)
   사. 초단파디지털이동통신시설(VDL, 항공기출발허가시설 및 디지털공항정보방송시설을 포함한다)
   아. 항공이동위성통신시설[AMS(R)S]
3. 항공정보방송시설 : 공항정보방송시설(ATIS)

✈ 예 / 상 / 문 / 제

01 항공기의 이륙 및 착륙을 위하여 사용되는 육지 또는 수면을 무엇이라 하는가?

㉮ 공항 ㉯ 비행장
㉰ 활주로 ㉱ 착륙대

해설 법 제2조제2호 "비행장"이란 항공기, 경량항공기, 초경량비행장치의 이륙(이수를 포함한다. 이하 같다)·착륙(착수를 포함한다. 이하 같다.)을 위하여 사용되는 육지 또는 수면의 일정한 구역으로서 대통령령으로 정하는 것을 말한다.

*시행령 제2조 (비행장의 구분) 법 제2조제2호에서 "대통령령으로 정하는 것"이란 다음 각 호의 것을 말한다.
1. 육상비행장
2. 육상헬기장
3. 수상비행장
4. 수상헬기장
5. 옥상헬기장
6. 선상헬기장
7. 해상구조물헬기장

02 다음 중 비행장이란?

㉮ 항공기의 이·착륙을 위하여 사용되는 육지 또는 수면
㉯ 항공기가 이·착륙하는 활주로와 유도로
㉰ 항공기를 계류시킬 수 있는 장소
㉱ 항공기에 승객을 탑승시킬 수 있는 장소

해설 1번항 해설 참조

03 다음 중 공항시설에 포함되지 않는 것은?

㉮ 공항구역에 있는 시설과 밖에 있는 시설 중 국토교통부령으로 정하는 시설
㉯ 항공기의 이륙 및 착륙을 위한 시설
㉰ 여객 및 화물의 운송을 위한 시설
㉱ 부대시설 및 지원시설

해설 법 제2조제7호 공항구역에 있는 시설과 공항구역 밖에 있는 시설 중 대통령령으로 정하는 시설로서 국토교통부장관이 지정한 다음 각 목의 시설을 말함
1. 항공기의 이륙·착륙 및 항행을 위한 시설과 그 부대시설 및 지원시설
2. 항공 여객 및 화물의 운송을 위한 시설과 그 부대시설 및 지원시설

*시행령 제3조(공항시설의 구분)
법 제2조제7호에서 "대통령령으로 정하는 시설"이란 다음 각 호의 기본시설 및 지원시설 등을 말한다.
1. 다음 각 목에서 정하는 기본시설
　가. 활주로, 유도로, 계류장, 착륙대 등 항공기의 이착륙시설
　나. 여객터미널, 화물터미널 등 여객시설 및 화물처리시설
　다. 항행안전시설
　라. 관제소, 송수신소, 통신소 등의 통신시설
　마. 기상관측시설
　바. 공항 이용객을 위한 주차시설 및 경비·보안시설
　사. 이용객에 대한 홍보시설 및 안내시설
2. 다음 각 목에서 정하는 지원시설
　가. 항공기 및 지상조업장비의 점검, 정비 등을 위한 시설
　나. 운항관리시설, 의료시설, 교육훈련시설, 소방시설 및 기내식 제조·공급 등을 위한 시설
　다. 공항의 운영 및 유지·보수를 위한 공항 운영·관리 시설
　라. 공항 이용객 편의시설 및 공항 근무자 후생복지시설
　마. 공항 이용객을 위한 업무, 숙박, 판매, 위락, 운동, 전시 및 관람집회시설
　바. 공항교통시설 및 조경시설, 방음벽, 공해배출 방지시설 등 환경보호시설
　사. 공항과 관련된 상·하수도 시설 및 전력·통신·냉난방시설
　아. 항공기 급유시설 및 유류의 저장·관리시설
　자. 항공화물을 보관하기 위한 창고시설
　차. 공항의 운영·관리와 항공운송사업 및 이와 관련된 사업에 필요한 건축물에 부속되는 시설
　카. 공항과 관련된 「신에너지 및 재생에너지 개발이용 보급 촉진법」 제2조제3호에 따른 신에너지 및 재생에너지 설비
3. 도심공항터미널
4. 헬기장에 있는 여객시설, 화물처리시설 및 운항지원시설
5.~6. : 생략

04 항공기의 이륙·착륙 및 여객·화물운송을 위한 시설과 그 부대시설 및 지원시설을 말하는 것은?

㉮ 항공시설 ㉯ 공항시설
㉰ 비행장시설 ㉱ 여객·화물 운송시설

해설 03번항 해설 참조

05 다음 공항시설 중 기본시설이 아닌 것은?

㉮ 활주로, 유도로, 계류장
㉯ 소방시설
㉰ 항행안전시설
㉱ 기상관측시설

해설 3번항 해설 참조

06 다음 공항시설 중 기본시설인 것은?

㉮ 항공기 및 지상조업장비의 점검, 정비 등을 위한 시설
㉯ 상·하수도 시설 및 전력, 통신, 냉난방시설
㉰ 항공기 급유 및 유류저장 관리시설
㉱ 이용객 홍보시설 및 안내시설

해설 3번항 해설 참조

07 다음 중 대통령령이 정하는 공항의 지원시설은?

㉮ 이용객 홍보 및 안내시설
㉯ 여객, 화물터미널 등 여객 및 화물처리시설
㉰ 항공기 및 지상조업장비의 점검, 정비 등을 위한 시설
㉱ 관제소, 송수신소, 통신소 등의 통신시설

해설 03번항 해설 참조

08 공항시설 중 지원시설이 아닌 것은?

㉮ 운항관리, 의료시설
㉯ 공항근무자 후생복지시설
㉰ 항공기 급유 및 유류저장시설
㉱ 공항 이용객 주차시설 및 홍보시설

해설 03번항 해설 참조

09 대통령령이 정하는 공항시설 중 지원시설이 아닌 것은?

㉮ 공항 이용객 편의시설 및 공항 근무자 후생복지 시설
㉯ 항공기 및 지상조업장비의 점검, 정비 등을 위한 시설

㉰ 여객터미널, 화물터미널 등 여객, 화물처리시설
㉱ 공항의 운영 및 유지보수를 위한 공항 운영, 관리 시설

해설 03번항 해설 참조

10 다음 중 항공법이 정하는 공항시설이 아닌 것은?

㉮ 항공기의 이륙 및 착륙시설
㉯ 여객 및 화물 운송을 위한 시설
㉰ 공항의 부대시설 및 지원시설
㉱ 대통령령으로 정하는 시설

해설 03번항 해설 참조

11 다음 중 착륙대에 대하여 바르게 설명한 것은?

㉮ 항공기의 이·착륙을 위해 설치된 장소
㉯ 특정한 방향을 향해 설치된 비행장 내의 일정구역
㉰ 활주로와 항공기가 활주로를 이탈하는 경우 항공기와 탑승자의 피해를 감소시키기 위하여 활주로 주변에 설치하는 안전지대
㉱ 활주로 양끝에서 각각 80미터까지 연장한 길이와 국토교통부령이 정하는 폭으로 이루어지는 직사각형의 지표면 또는 수면

해설 법 제2조제13호 "착륙대"란 활주로와 항공기가 활주로를 이탈하는 경우 항공기와 탑승자의 피해를 줄이기 위하여 활주로 주변에 설치하는 안전지대로서 국토교통부령이 정하는 크기로 이루어지는 활 주로 중심선에 중심을 두는 직사각형의 지표면 또는 수면을 말한다.

12 다음 중 장애물 제한표면의 종류에 속하지 않는 것은?

㉮ 수평표면
㉯ 원추표면 및 내부원추표면
㉰ 진입표면 및 내부진입표면
㉱ 전이표면 및 내부전이표면

해설 법 제2조제14호 "장애물 제한표면"이란 항공기의 안전운항을 위하여 비행장 주변에 장애물(항공기의 안전 운항을 방해하는 지형·지물 등을 말한다)의 설치 등이 제한되는 표면으로서 대통령령으로 정하는 것을 말한다.

*시행령 제5조(장애물 제한표면의 구분)
→ 법 제2조제14호에서 "대통령령으로 정 하는 것"이란 다음 각 호의 것을 말한다.
1. 수평표면
2. 원추표면
3. 진입표면 및 내부진입표면
4. 전이표면 및 내부전이표면
5. 착륙복행표면 → 제1항에 따른 장애물 제한표면의 기준 등에 관하여 필요한 사항은 국토교통부령으로 정한다.

*시행규칙 제4조(장애물 제한표면의 기준)
1. 장애물 제한표면의 종류별 기준은 별표 2와 같다.
2. 비행방식에 따라 비행장에 설정하여야 하는 장애물 제한표면의 종류는 다음 각 목과 같다. 다만, 수상비행장은 나목의 경우에만 적용된다.
　가. 계기비행방식에 의한 접근 중 계기착륙시설 또는 정밀접근레이더를 이용한 접근(이하 "정밀접근"이라 한다)에 사용되는 활주로(수상비행장 또는 수상헬기장에는 착륙대를 말한다. 이하 같다)가 설치되는 비행장
　　1) 원추표면
　　2) 수평표면
　　3) 진입표면 및 내부진입표면
　　4) 전이표면 및 내부전이표면
　　5) 착륙복행표면
　나. 계기접근이 아닌 접근 (이하 "비계기접근"이하 한다) 및 정밀접근이 아닌 접근 (이하 "비정밀접근"이라 한다)에 사용되는 활주로가 설치되는 비행장.
　　다만, 항공기의 직진입 이착륙 절차만 수립되어 있는 수상비행장의 경우에는 원추표면 및 수평표면에 대하여 적용하지 아니 한다.
　　1) 원추표면
　　2) 수평표면
　　3) 진입표면
　　4) 전이표면

13 다음 중 비행장에 설정하여야 하는 장애물 제한표면과 관계 없는 것은?
　㉮ 수평표면　　　　㉯ 전이표면
　㉰ 기초표면　　　　㉱ 진입표면

[해설] 12번항 해설 참조

14 장애물 제한 표면 중 활주로 시단 또는 착륙대 끝의 앞에 있는 경사도를 갖는 표면을 무엇이라 하는가?
　㉮ 수평표면　　　　㉯ 원추표면
　㉰ 진입표면　　　　㉱ 전이표면

[해설] 12번항 해설 참조 (별표 2 참조)

15 육상비행장에서 수평표면의 원호 중심을 활주로 중심선 끝으로 부터 몇 미터 연장된 지점에 있는가?
　㉮ 50m　　　　㉯ 60m
　㉰ 70m　　　　㉱ 80m

[해설] 시행규칙 제4조 별표 2 참조

16 다음 중 항행안전시설이 아닌 것은?
　㉮ 항공기의 항행을 원조하는 항공교통관제탑
　㉯ 유선통신, 무선통신에 의해 항공기의 항행을 원조하는 시설
　㉰ 불빛에 의해 항공기의 항행을 원조하는 시설
　㉱ 색채에 의해 항공기의 항행을 원조하는 시설

[해설] 법 제2조제15호 "항행안전시설"이란 유선통신, 무선통신, 인공위성, 불빛, 색채 또는 전파를 이용하여 항공기의 항행을 돕기 위한 시설로서 국토교통부령으로 정하는 시설을 말한다.

*시행규칙 제5조 (항행안전시설) 법 제2조제15호에 따른 항행안전시설은 다음 각 호와 같다.
1. 항공등화 : 불빛을 이용하여 항공기의 항행을 돕기 위한 시설
2. 항행안전무선시설 : 전파를 이용하여 항공기의 항행을 돕기 위한 시설
3. 항공정보통신시설 : 전기통신을 이용하여 항공교통업무에 필요한 정보를 제공 · 교환하기 위한 시설

*시행규칙 제7조 (항행안전무선시설) 법 제2조제1호에 따른 항행안전무선시설은 다음 각 호와 같다.
1. 무지향표지시설(NDB)
2. 전방향표지시설(VOR)
3. 거리측정시설(DME)
4. 계기착륙시설(ILS/MLS/TLS)
5. 이더시설(ASR/ARSR/SSR/ARTS/ASDE/PAR)
6. 전술항행표지시설(TACAN)
7. 위성항법시설(GNSS/SBAS/GRAS/GBAS)
8. 자동종속감시시설(ADS/ADS–B/ADS–C)
9. 위성항법감시시설(GNSS Monitoring System)
10. 다변측정감시시설(MLAT)

시행규칙 제8조 (항공정보통신시설) 법 제2조제18호에 따른 항공정보통신시설은 다음 각 호와 같다.
1. 항공고정통신시설
　가. 항공고정통신시스템(AFTN/MHS)
　나. 항공정보처리시스템(AMHS)
　다. 항공관제정보교환시스템(AIDC)
　라. 항공종합통신시스템(ATN)
2. 항공이동통신시설
　가. 단거리이동통신시설(VHF/UHF Radio)
　나. 단파이동통신시설(HF Radio)
　다. 초단파디지털이동통신시설(VDL)
　라. 단파데이터이동통신시설(HFDL)
　마. 모드 S 데이터통신시설
　바. 항공이동위성통신시설(AMS(R)S)
　사. 관제사 · 조종사간테이터링크 통신시설(CPDLC)
　아. 음성통신제어시설(VCCS)
3. 항공정보방송시설
　공항정보방송시설(ATIS)

17 항행안전시설에 대한 다음 설명 중 맞는 것은?
　㉮ 유선통신, 무선통신, 불빛, 색채 또는 전파에 의하여 항공기의 항행을 돕기 위한 시설
　㉯ 유선통신, 무선통신, 불빛, 색채에 의하여 항공기의 항행을 돕기 위한 시설
　㉰ 야간이나 계기비행 기상상태에서 항공기의 이륙 또는 착륙을 돕기 위한 시설
　㉱ 야간이나 계기비행 기상상태에서 항공기의 항행을 돕기 위한 시설

[해설] 16번항 해설 참조

18 항공법이 정하는 항행안전시설이 아닌 것은?

㉮ 항행안전무선시설
㉯ 항공등화
㉰ 항공정보통신시설
㉱ 항공장애주간표지

[해설] 16번항 해설 참조

19 다음 중 항행안전시설이 아닌 것은?

㉮ 무지향표지시설(NDB)
㉯ 자동방향탐지시설(ADF)
㉰ 레이더시설
㉱ 항공등화

[해설] 16번항 해설 참조 ADF 는 항공기에 장착되는 계기 임.

20 다음 중 항행안전무선시설이 아닌 것은?

㉮ 무지향표지시설(NDB)
㉯ 계기착륙시설(ILS)
㉰ 자동방향탐지시설(ADF)
㉱ 레이더시설(RADAR)

[해설] 16번항 해설 참조

21 다음 중 항행안전무선시설이 아닌 것은?

㉮ NDB　　　㉯ DME
㉰ ILS　　　㉱ ADF

[해설] 16번항 해설 참조

22 다음 중 항공등화의 종류가 아닌 것은?

㉮ 비행장등대　　　㉯ 진입등시스템
㉰ 신호항공등대　　　㉱ 비행장식별등대

[해설] 법 제2조제16호 "항공등화"란 불빛 색채 또는 형상을 이용하여 항공기의 항행을 돕기 위한 항행안전시설로서 국토교통부령으로 정하는 시설을 말한다.

*시행규칙 제6조(항공등화) : 별표3 참조
법 제2조제16호에 따른 항공등화는 다음 각 호와 같다. (중요한 등화시설만 표기하고 나머지 등화시설은 시행규칙을 참조 바랍니다)

1. 비행장등대 (Aerodrome Beacon) : 항행 중인 항공기에 비행의 위치를 알려주기 위하여 비행장 또는 그 주변에 설치하는 등화
2. 비행장식별등대 (Aerodrome Identification Beacon) : 항행 중인 항공기에 비행장의 위치를 알려주기 위하여 모르스부호에 따라 명멸하는 등화
3. 진입등시스템 (Approach Lighting System) : 착륙하려는 항공기에 진입로를 알려주기 위하여 진입구역에 설치하는 등화

4. 진입각지시등 (Precision Approach Path Indicator) : 착륙하려는 항공기에 착륙 시 진입각의 적정 여부를 알려주기 위하여 활주로의 외측에 설치하는 등화
5. 활주로등 (Runway Edge Lights) : 이륙 또는 착륙하려는 항공기에 활주로를 알려주기 위하여 그 활주로 양측에 설치하는 등화
6. ~ 20. : 생략
21. 지향신호등 (Signalling Lamp, Light Gun) : 항공교통의 안전을 위하여 항공기 등에 필요한 신호를 보내기 위하여 사용하는 등화
22. ~ 42. : 생략

23 항행 중인 항공기에 비행장의 위치를 알려주기 위하여 비행장 또는 그 주변에 설치하는 항공등화는?

㉮ 비행장식별등대
㉯ 비행장등대
㉰ 활주로등
㉱ 목표지점등

[해설] 22번항 해설 참조

24 항공교통안전을 위하여 항공기 등에 필요한 신호를 보내기 위하여 사용하는 등화는?

㉮ 이륙목표등
㉯ 지향신호등
㉰ 착륙방향 지시등
㉱ 유도로 안내등

[해설] 22번항 해설 참조

MEMO

공항시설법	공항시설법 시행령

제3장 공항 및 비행장의 관리 · 운영

제31조(시설의 관리기준) ① 공항시설 또는 비행장시설을 관리 · 운영하는 자는 시설의 보안관리 및 기능유지에 필요한 사항 등 국토교통부령으로 정하는 시설의 관리 · 운영 및 사용 등에 관한 기준(이하 "시설관리기준"이라 한다)에 따라 그 시설을 관리하여야 한다.

② 국토교통부장관은 대통령령으로 정하는 바에 따라 공항시설 또는 비행장시설이 시설관리기준에 맞게 관리되는지를 확인하기 위하여 필요한 검사를 하여야 한다. 다만, 제38조제1항에 따른 공항으로서 제40조제1항에 따른 공항의 안전운영체계에 대한 검사를 받는 공항은 이 조에 따른 검사를 하지 아니할 수 있다.

제35조(공항시설 또는 비행장시설의 관리에 대한 검사) ① 국토교통부장관은 법 제31조제2항에 따라 공항시설 또는 비행장시설이 시설관리기준에 맞게 관리되는지를 확인하기 위하여 필요한 검사를 연 1회 이상 실시하여야 한다. 다만, 휴지(休止) 중인 공항시설 또는 비행장시설은 검사를 하지 아니할 수 있다.

② 제1항에 따른 검사의 절차 · 방법 및 항목 등에 관하여 필요한 사항은 국토교통부장관이 정하여 고시한다.

제19조(시설의 관리기준 등) ① 법 제31조제1항에서 "시설의 보안관리 및 기능유지에 필요한 사항 등 국토교통부령으로 정하는 시설의 관리ㆍ운영 및 사용 등에 관한 기준"이란 별표 4의 기준을 말한다.

② 공항운영자는 시설의 적절한 관리 및 공항이용자의 편의를 확보하기 위하여 필요한 경우에는 시설이용자나 영업자에 대하여 시설의 운영실태, 영업자의 서비스실태 등에 대하여 보고하게 하거나 그 소속직원으로 하여금 시설의 운영실태, 영업자의 서비스실태 등을 확인하게 할 수 있다.

③ 공항운영자는 공항 관리상 특히 필요가 있을 경우에는 시설이용자 또는 영업자에 대하여 당해 시설의 사용 정지 또는 수리ㆍ개조ㆍ이전ㆍ제거나 그밖에 필요한 조치를 명할 수 있다.

[별표 4]
공항시설ㆍ비행장시설 관리기준(제19조제1항 관련)

1. 공항(비행장을 포함한다. 이하 같다)을 제16조에 따른 설치기준에 적합하도록 유지할 것
2. 시설의 기능유지를 위하여 점검ㆍ청소 등을 할 것
3. 개수나 그 밖의 공사를 하는 경우에는 필요한 표지의 설치 또는 그 밖의 적절한 조치를 하여 항공기의 항행을 방해하지 않게 할 것
4. 법 제56조 및「항공보안법」제21조제1항에 따른 금지행위에 관한 홍보안내문을 일반인이 보기 쉬운 곳에 게시할 것
5. 법 제56조제1항에 따라 출입이 금지되는 지역에 경계를 분명하게 하는 표지 등을 설치하여 해당 구역에 사람ㆍ차량 등이 임의로 출입하지 않도록 할 것
6. 항공기의 화재나 그 밖의 사고에 대처하기 위하여 필요한 소방설비와 구난설비를 설치하고, 사고가 발생했을 때에는 지체 없이 필요한 조치를 할 것. 다만, 공항에 대해서는 다음 각 목의 비상사태에 대처하기 위하여「국제민간항공조약」부속서 14에 따라 공항 비상계획을 수립하고 이에 필요한 조직ㆍ인원ㆍ시설 및 장비를 갖추어 비상사태가 발생하면 지체 없이 필요한 조치를 할 것
   가. 공항 및 공항 주변 항공기사고
   나. 항공기의 비행 중 사고와 지상에서의 사고
   다. 폭탄위협 및 불법납치사고
   라. 공항의 자연재해
   마. 응급치료를 필요로 하는 사고
7. 천재지변이나 그 밖의 원인으로 항공기의 이륙ㆍ착륙이 저해될 우려가 있는 경우에는 지체 없이 해당 비행장의 사용을 일시 정지하는 등 위해를 예방하기 위하여 필요한 조치를 할 것
8. 관계 행정기관 및 유사시에 지원하기로 협의된 기관과 수시로 연락할 수 있는 설비를 갖출 것
9. 다음 각 목의 사항이 기록된 업무일지를 갖춰 두고 1년간 보존할 것
   가. 시설의 현황
   나. 시행한 공사내용(공사를 시행하는 경우만 해당한다)
   다. 재해, 사고 등이 발생한 경우에는 그 시각ㆍ원인ㆍ상황과 이에 대한 조치
   라. 관계기관과의 연락사항
   마. 그 밖에 공항의 관리에 필요한 사항
10. 공항 및 공항 주변에서의 항공기 운항 시 조류충돌을 예방하게 하기 위하여「국제민간항공조약」부속서 14에서 정한 조류충돌 예방계획(오물처리장 등 새들을 모이게 하는 시설 또는 환경을 만들지 아니하는 것을 포함한다)을 수립하고 이에 필요한 조직ㆍ인원ㆍ시설 및 장비를 갖출 것. 이 경우 조류충돌 예방과 관련된 세부 사항은 국토교통부장관이 정하여 고시하는 기준에 따라야 한다.

11. 항공교통업무를 수행하는 시설에는 다음 각 목의 절차를 갖출 것

　가. 제56조제14 호에 따른 시설의 관리·운영 절차

　나. 관할 공역 내에서의 항공기의 비행절차

　다. 항행안전시설에 적합한 항공기의 계기비행방식에 의한 이륙 및 착륙 절차

　라. 관할 공역 내의 항공기·차량 및 사람 등에 대한 항공교통관제절차, 지상이동통제절차, 공역관리절차, 소음절감비행 통제절차 및 경제운항절차

　마. 관할 공역 내의 관련 항공안전정보를 수집 및 가공하여 관련 항공기·차량·시설 및 다른 항공정보통신시설 등에 제공하는 절차

　바. 항공교통관제량에 적합한 적정 수의 항공교통관제업무 수행요원의 확보, 교육훈련 및 업무 제한의 절차

　사. 그 밖에 항공교통업무 수행에 필요한 사항으로 국토교통부장관이 따로 정하여 고시하는 시설의 관리절차

12. 공항운영자는 국토교통부장관이 고시하는 기준에 따라 대기질·수질·토양 등 환경 및 온실가스관리가 포함된 공항환경관리계획을 매년 수립하고 이에 필요한 조직·인원·시설 및 장비를 갖출 것

13. 격납고내에 있는 항공기의 무선시설을 조작하지 말 것. 다만, 지방항공청장의 승인을 얻은 경우에는 그렇지 않다.

14. 항공기의 급유 또는 배유를 하는 경우에는 다음 각 호에 따라 시행할 것

　가. 다음의 경우에는 항공기의 급유 또는 배유를 하지 말 것

　　　1) 발동기가 운전 중이거나 또는 가열상태에 있을 경우

　　　2) 항공기가 격납고 기타 폐쇄된 장소 내에 있을 경우

　　　3) 항공기가 격납고 기타의 건물의 외측 15미터 이내에 있을 경우

　　　4) 필요한 위험예방조치가 강구되었을 경우를 제외하고 여객이 항공기 내에 있을 경우

　나. 급유 또는 배유 중인 항공기의 무선설비, 전기설비를 조작하거나 기타 정전, 화학방전을 일으킬 우려가 있을 물건을 사용하지 말 것

　다. 급유 또는 배유장치를 항상 안전하고 확실히 유지할 것

　라. 급유 시에는 항공기와 급유장치 간에 전위차(電位差)를 없애기 위하여 전도체로 연결(Bonding)을 할 것. 다만, 항공기와 지면과의 전기저항 측정치 차이가 1 메가옴 이상인 경우에는 추가로 항공기 또는 급유장치를 접지(Grounding)시킬 것

15. 공항을 관리·운영하는 자는 법 제31조제1항에 따라 다음 각 호의 사항이 포함된 관리규정을 정하여 관리해야 할 것

　가. 공항의 운용시간

　나. 항공기의 활주로 또는 유도로 사용방법을 특별히 규정하는 경우에는 그 방법

　다. 항공기의 승강장, 화물을 싣거나 내리는 장소, 연료·자재 등의 보급장소, 항공기의 정비나 점검장소, 항공기의 정류장소 및 그 방법을 지정하려는 경우에는 그 장소 및 방법

　라. 법 제32조에 따른 사용료와 그 수수 및 환불에 관한 사항

　마. 공항의 출입을 제한하려는 경우에는 그 제한방법

　바. 공항 안에서의 행위를 제한하려는 경우에는 그 제한 대상 행위

　사. 시계비행 또는 계기비행의 이륙·착륙 절차의 준수에 관한 사항과 통신장비의 설치 및 기상정보의 제공 등 항공기의 안전한 이륙·착륙을 위하여 국토교통부장관이 정하여 고시하는 사항

　아. 그 밖에 공항의 관리에 관하여 중요한 사항

16. 「항공보안법」제12 조에 따른 보호구역(이하 "보호구역"이라 한다)에서 지상조업, 항공기의 견인 등에 사용되는 차량 및 장비는 공항운영자에게 다음 각 호의 서류를 갖추어 등록해야 하며, 등록된 차량 및 장비는 공항관리·운영기관이 정하는 바에 의하여 안전도 등에 관한 검사를 받을 것
    가. 차량 및 장비의 제원과 소유자가 기재된 등록신청서 1부
    나. 소유권 및 제원을 증명할 수 있는 서류
    다. 차량 및 장비의 앞면 및 옆면 사진 각 1매
    라. 허가 등을 받았음을 증명할 수 있는 서류의 사본 1부(당해차량 및 장비의 등록이 허가 등의 대상이 되는 사업의 수행을 위하여 필요한 경우에 한정한다)
17. 공항구역에서 차량 또는 장비의 사용 및 취급에 대하여는 다음 각 호에 따를 것. 다만, 긴급한 경우에는 예외로 한다.
    가. 보호구역에서는 공항운영자가 승인한 자(「항공보안법」제13조에 따라 차량 등의 출입허가를 받은 자를 포함한다)이 외의 자는 차량 등을 운전하지 아니할 것
    나. 격납고 내에 있어서는 배기에 대한 방화장치가 있는 트랙터를 제외하고는 차량 등을 운전하지 아니할 것
    다. 공항에서 차량 등을 주차하는 경우에는 공항운영자가 정한 주차구역 안에서 공항운영자가 정한 규칙에 따라 이를 주차하지 아니할 것
    라. 차량 등의 수선 및 청소는 공항운영자가 정하는 장소 이외의 장소에서 행하지 아니할 것
    마. 공항구역에 정기로 출입하는 버스 및 택시 등은 공항운영자가 승인한 장소 이외의 장소에서 승객을 승강시키지 아니할 것

✈ 예 / 상 / 문 / 제

01 격납고 내에 있는 항공기의 무선시설을 조작할 경우 누구의 승인을 받아야 하는가?

㉮ 국토교통부장관

㉯ 지방항공청장

㉰ 항공정비사

㉱ 무선설비 자격증이 있는 사람

해설 시행규칙 제19조 (시설의 관리 기준 등) 별표4제13호 격납고 내에 있는 항공기의 무선시설을 조작하여서는 아니 된다. 다만, 지방항공청장의 승인을 얻은 경우에는 그러하지 아니하다.

02 다음 중 항공기의 무선설비를 조작하여서는 안 되는 경우는?

㉮ 발동기가 운전 중이거나 또는 가열상태에 있을 경우

㉯ 여객이 항공기 내에 있는 경우

㉰ 당해 항공기가 격납고 내에 있는 경우

㉱ 당해 항공기가 정비 또는 시운전 중에 있는 경우

해설 1번항 해설참조

03 항공기의 급유 또는 배유를 할 수 없는 경우는?

㉮ 3점 접지를 했을 경우

㉯ 항공기가 계류장 안으로 들어와 있는 경우

㉰ 발동기가 운전 중이거나 또는 가열상태에 있을 경우

㉱ 항공기가 격납고 및 건물 외측 30미터에 있을 경우

해설 시행규칙 제19조 별표4 제14호
14. 항공기의 급유 또는 배유를 하는 경우에는 다음 각 호에 따라 시행하여야 함
　가. 다음의 경우에는 항공기의 급유 또는 배유를 하지 말 것
　　1) 발동기가 운전 중이거나 또는 가열상태에 있을 경우
　　2) 항공기가 격납고 기타 폐쇄된 장소 내에 있을 경우
　　3) 항공기가 격납고 기타 건물의 외측 15미터 이내에 있을 경우
　　4) 필요한 위험예방조치가 강구되었을 경우를 제외하고 여객이 항공기 내에 있을 경우

나. 급유 또는 배유 중 항공기의 무선설비, 전기설비를 조작하거나 기타 정전, 화학방전을 일으킬 우려가 있을 물건을 사용하지 말 것

다. 급유 또는 배유장치를 항상 안전하고 확실히 유지할 것

라. 급유 시에는 항공기와 급유장치 간에 전위차를 없애기 위하여 전도체로 연결(Bonding)할 것. 다만, 항공기와 지면과의 전기저항 측정치 차이가 1메가옴 이상인 경우에는 추가로 항공기 또는 급유장치를 접지(Grounding)시킬 것

04 항공기가 격납고 기타 건물의 외측으로부터 몇 미터 이내에 있을 경우 급유 또는 배유를 하여서는 안 되는가?

㉮ 10미터　　㉯ 15미터

㉰ 20미터　　㉱ 30미터

해설 3번항 해설 참조

05 다음 중 항공기의 급유 또는 배유를 하지 말아야 하는 경우가 아닌 것은?

㉮ 발동기가 운전 중이거나 또는 가열상태에 있을 경우

㉯ 항공기가 격납고 기타 폐쇄된 장소 내에 있을 경우

㉰ 항공기로부터 30미터 이상 떨어진 장소에 사람이 모여 있을 경우

㉱ 항공기가 격납고 기타의 건물 외측 15미터 이내에 있을 경우

해설 3번항 해설 참조

06 공항 안에서 지상조업에 사용되는 차량 및 장비는 누구에게 등록하여야 하는가?

㉮ 지방항공청장

㉯ 안전공단 이사장

㉰ 공항운영자

㉱ 국토교통부장관

규칙 제19조(별표4제16호)

16. 「항공보안법」 제12조에 따른 보호구역(이하 "보호구역"이라 한다)에서 지상조업, 항공기의 견인 등에 사용되는 차량 및 장비는 공항운영자에게 다음 각 호의 서류를 갖추어 등록하여야 하며, 등록된 차량 및 장비는 공항관리ㆍ운영 기관이 정하는 바에 의하여 안전도 등에 관한 검사를 받아야 한다.

가. 차량 및 장비의 제원과 소유자가 기재된 등록신청서 1부
나. 소유권 및 제원을 증명할 수 있는 서류
다. 차량 및 장비의 앞면 및 옆면 사진 각 1매
라. 허가 등을 받았음을 증명할 수 있는 서류의 사본 1부(당해차량 및 장비의 등록이 허가 등의 대상이 되는 사업의 수행을 위하여 필요한 경우에 한한다)

07 공항 안에서 지상조업에 사용되는 차량 및 장비의 안전도 등에 관한 검사는 누가해야 하는가?

㉮ 지방항공청장
㉯ 항공정비사
㉰ 공항관리ㆍ운영자
㉱ 국토교통부장관

해설 6번항 해설 참조

08 공항 안에서 차량의 사용 및 취급에 대한 다음 설명 중 틀린 것은?

㉮ 보호구역 내에서는 공항운영자가 승인한 자 외는 차량을 운전해서는 안 된다.
㉯ 격납고 내에서는 배기에 대한 방화장치가 있는 차량을 운전해서는 안 된다.
㉰ 공항에서 차량을 주차하는 경우에는 공항운영자가 정한 주차 구역 내에 주차하여야 한다.
㉱ 자동차량의 수선 및 청소는 공항운영자가 정하는 장소에서 해야 한다.

해설 규칙 제19조 별표 4 제17호

17. 공항구역에서 차량 또는 장비의 사용 및 취급에 대하여는 다음 각 호에 따라야 한다. 다만, 긴급한 경우에는 예외로 한다.

가. 보호구역에서는 공항운영자가 승인한 자(「항공보안법」 제13조에 따라 차량 등의 출입허가를 받은 자를 포함한다) 이외 의 자는 차량 등을 운전하지 아니할 것
나. 격납고 내에서는 배기에 대한 방화장치가 있는 트랙터를 제외하고는 차량 등을 운전하지 아니할 것
다. 공항에서 차량 등을 주차하는 경우에는 공항운영자가 정한 주차구역 안에서 공항운영자가 정한 규칙에 따라 이를 주차하지 아니할 것
라. 차량 등의 수선 및 청소는 공항운영자가 정하는 장소 이외의 장소에서 행하지 아니할 것
마. 공항구역에 정기로 출입하는 버스 및 택시 등은 공항운영자가 승인한 장소 이외의 장소에서 승객을 승강시키지 아니할 것

09 제한구역 내에서 차량운전에 관한 것 중 틀린 것은?

㉮ 일반 면허만을 가지고 운전할 수 있다.
㉯ 격납고 내에서는 배기장치가 있는 트랙터 외는 차량을 운전할 수 없다.
㉰ 공항 내의 주차 시는 주차구역 내 규칙에 따라야 한다.
㉱ 정기출입 버스는 승인된 장소에서만 승하차가 가능하다.

해설 8번항 해설 참조

10 공항 안에서 배기에 대한 방화장치가 장착된 차량 이외에는 운행해서는 안 되는 곳은?

㉮ 주기장
㉯ 유도로
㉰ 보호구역
㉱ 격납고 내

해설 8번항 해설 참조

공항시설법	공항시설법 시행령

제5장 보칙

제56조(금지행위) ① 누구든지 국토교통부장관, 사업시행자 등 또는 항행안전시설설치자 등의 허가 없이 착륙대, 유도로(誘導路), 계류장(繫留場), 격납고(格納庫) 또는 항행안전시설이 설치된 지역에 출입해서는 아니 된다.

② 누구든지 활주로, 유도로 등 그 밖에 국토교통부령으로 정하는 공항시설 · 비행장시설 또는 항행안전시설을 파손하거나 이들의 기능을 해칠 우려가 있는 행위를 해서는 아니 된다.

③ 누구든지 항공기, 경량항공기 또는 초경량비행장치를 향하여 물건을 던지거나 그 밖에 항행에 위험을 일으킬 우려가 있는 행위를 해서는 아니 된다.

④ 누구든지 항행안전시설과 유사한 기능을 가진 시설을 항공기항행을 지원할 목적으로 설치 · 운영해서는 아니 된다.

⑤ 항공기와 조류의 충돌을 예방하기 위하여 누구든지 항공기가 이륙 · 착륙하는 방향의 공항 또는 비행장 주변지역 등 국토교통부령으로 정하는 범위에서 공항 주변에 새들을 유인할 가능성이 있는 오물처리장 등 국토교통부령으로 정하는 환경을 만들거나 시설을 설치해서는 아니 된다.

⑥ 누구든지 국토교통부장관, 사업시행자 등, 항행안전시설설치자 등 또는 이착륙장을 설치 · 관리하는 자의 승인 없이 해당 시설에서 다음 각 호의 어느 하나에 해당하는 행위를 해서는 아니 된다.

1. 영업행위

2. 시설을 무단으로 점유하는 행위

3. 상품 및 서비스의 구매를 강요하거나 영업을 목적으로 손님을 부르는 행위

4. 그 밖에 제1호부터 제3호까지의 행위에 준하는 행위로서 해당 시설의 이용이나 운영에 현저하게 지장을 주는 대통령령으로 정하는 행위

⑦ 국토교통부장관, 사업시행자 등, 항행안전시설설치자 등 또는 이착륙장을 설치 · 관리하는 자는 제6항을 위반하는 자의 행위를 제지(制止)하거나 퇴거(退去)를 명할 수 있다.

제50조(금지행위) 법 제56조제6항제4호에서 "대통령령으로 정하는 행위"란 다음 각 호의 행위를 말한다.

1. 노숙(露宿)하는 행위

2. 폭언 또는 고성방가 등 소란을 피우는 행위

3. 광고물을 설치 · 부착하거나 배포하는 행위

4. 기부를 요청하거나 물품을 배부 또는 권유하는 행위

5. 그 밖에 항공안전 확보 등을 위하여 국토교통부령으로 정하는 행위

제47조(금지행위 등) ① 법 제56조제2항에서 "국토교통부령으로 정하는 공항시설·비행장시설 또는 항행안전시설"이라 함은 다음 각 호의 시설을 말한다.

1. 착륙대, 계류장 및 격납고
2. 항공기 급유시설 및 항공유 저장시설

② 법 제56조제3항에 따른 항행에 위험을 일으킬 우려가 있는 행위는 다음 각 호와 같다.

1. 착륙대, 유도로 또는 계류장에 금속편·직물 또는 그 밖의 물건을 방치하는 행위
2. 착륙대·유도로·계류장·격납고 및 사업시행자 등이 화기사용 또는 흡연을 금지한 장소에서 화기를 사용하거나 흡연을 하는 행위
3. 운항 중인 항공기에 장애가 되는 방식으로 항공기나 차량 등을 운행하는 행위
4. 지방항공청장의 승인 없이 레이저광선을 방사하는 행위
5. 지방항공청장의 승인 없이 「항공안전법」 제78조제1항제1호에 따른 관제권에서 불꽃 또는 그 밖의 물건(「총포·도검·화약류 등의 안전관리에 관한 법률 시행규칙」 제4조에 따른 장난감용 꽃불류는 제외한다)을 발사하는 행위
6. 그 밖에 항행의 위험을 일으킬 우려가 있는 행위

③ 국토교통부장관은 제2항제4호에 따른 레이저광선의 방사로부터 항공기 항행의 안전을 확보하기 위하여 다음 각 호의 보호공역을 비행장 주위에 설정하여야 한다.

1. 레이저광선 제한공역
2. 레이저광선 위험공역
3. 레이저광선 민감공역

④ 제3항에 따른 보호공역의 설정기준 및 레이저광선의 허용 출력한계는 별표 18과 같다.

[별표 18]
레이저광선 비행보호공역의 설정기준 및 허용 출력한계(제47조제4항 관련)

1. 레이저광선 비행보호공역의 설정기준
   가. 레이저광선 제한공역
      1) 수평범위 : 각 활주로 중심선으로부터 모든 방향으로 3,700 미터(2 해리)까지 확장된 공역과 이 공역으로부터 활주로 중심선을 따라 양쪽 750 미터(2,500 피트)의 폭으로 5,600 미터(3 해리)까지 연장된 공역
      2) 수직범위 : 1)에 따라 설정된 수평범위의 수직상방으로 지표로부터 600 미터(2,000 피트)까지의 공역
   나. 레이저광선 위험공역
      1) 수평범위 : 비행장 표점으로부터 반지름 18,500 미터(10 해리)까지의 공역
      2) 수직범위 : 1)에 따라 설정된 수평범위의 수직상방으로 지표로부터 3,050 미터(10,000 피트)까지의 공역
   다. 레이저광선 민감공역 : 레이저광선의 방사로 현맹(flash-blindness) 또는 잔상(after-image)이 일어나지 않는 수준으로 제한되는 공역으로서 항공기의 안전운항에 영향을 줄 수 있다고 인정하여 지방항공청장 또는 사업시행자 등이 지정하는 공역
2. 레이저광선 허용출력한계
   가. 레이저광선 제한공역 : 1제곱센티미터당 50나노와트(nW) 이하
   나. 레이저광선 위험공역 : 1제곱센티미터당 5마이크로와트(µW) 이하
   다. 레이저광선 민감공역 : 1제곱센티미터당 100마이크로와트(µW) 이하
   라. 가목부터 다목까지 외의 정상비행공역 : 최대허용방출량(Maximum Permissible Exposure : MPE) 이하

⑤ 제2항제4호 및 제5호에 따른 승인을 받으려는 자는 다음 각 호의 구분에 따른 신청서와 첨부서류를 지방항공청장에게 제출하여야 한다. 이 경우 담당 공무원은 「전자정부법」 제36조제1항에 따른 행정정보의 공동이용을 통하여 법인등기사항증명서(신청인이 법인인 경우만 해당한다)를 확인하여야 한다.

1. 제2항제4호의 경우 : 별지 제38호서식의 신청서와 레이저장치 구성 수량 서류(각 장치마다 레이저 장치 구성설명서를 작성한다)
2. 제2항제5호의 경우 : 별지 제39호서식의 신청서
⑥ 법 제56조제5항에 따라 다음 각 호의 구분에 따른 지역에서는 해당 호에 따른 환경이나 시설을 만들거나 설치하여서는 아니 된다.
1. 공항 표점에서 3킬로미터 이내의 범위의 지역 : 양돈장 및 과수원 등 국토교통부장관이 정하여 고시하는 환경이나 시설
2. 공항 표점에서 8킬로미터 이내의 범위의 지역 : 조류보호구역, 사냥금지구역 및 음식물 쓰레기 처리장 등 국토교통부장관이 정하여 고시하는 환경이나 시설
⑦ 영 제50조제5호에서 "국토교통부령으로 정하는 행위"란 별표 19의 행위를 말한다.

[별표 19]
항공안전 확보 등을 위하여 금지되는 행위(제47조제7항 관련)

1. 표찰, 표시, 화단, 그 밖에 공항의 시설 또는 주차장의 차량을 훼손 또는 오손하는 행위
2. 지정한 장소 이외의 장소에 쓰레기, 그 밖에 물건을 버리는 행위
3. 공항관리 · 운영기관의 승인을 얻지 아니하고 무기, 폭발물 또는 위험이 따를 가연물을 휴대 또는 운반하는 행위(공용자, 시설이용자 또는 영업자가 그 업무 또는 영업을 위하여 하는 경우를 제외한다)
4. 공항관리 · 운영기관의 승인을 얻지 아니하고 불을 피우는 행위
5. 항공기, 발동기, 프로펠라, 그 밖에 기기를 청소하는 경우에는 야외 또는 소화설비가 있는 내화성 작업소 이외의 장소에서 가연성 또는 휘발성 액체를 사용하는 행위
6. 공항관리 · 운영기관이 특별히 정한 구역 이외의 장소에 가연성의 액체가스, 그 밖에 이와 유사한 물건을 보관하거나 저장하는 행위(공항관리 · 운영기관이 승인할 경우에 일정한 용기에 넣어 항공기 내에 보관하는 경우를 제외한다)
7. 흡연이 금지된 장소에서 담배피우는 행위
8. 급유 또는 배유작업 중의 항공기로부터 30미터 이내의 장소에서 담배피우는 행위
9. 급유 또는 배유작업, 정비 또는 시운전 중의 항공기로부터 30미터 이내의 장소에 들어가는 행위(그 작업에 종사하는 자는 제외한다)
10. 공항관리 · 운영기관이 정하는 조건을 구비한 건물 내에 내화 및 통풍설비가 있는 실 이외의 장소에서 도프도료의 도포작업을 행하는 행위
11. 격납고, 그 밖에 건물의 마루를 청소하는 경우에 휘발성 가연물을 사용하는 행위
12. 기름이 묻은 걸레 그 밖에 이에 유사한 것을 해당 폐기물에 의하여 부식되거나 파손되지 아니하는 재질로 된 보관시설 또는 보관용기 이외에 버리는 행위
13. 제1호부터 제12호까지 이외에 질서를 문란하게 하거나 타인에게 폐가 미칠 행위를 하는 행위

제48조(위반행위에 대한 과태료 부과의 요청 등) 법 제56조제7항에 따른 제지(制止) 또는 퇴거(退去) 명령을 따르지 아니하는 자에 대하여 지방항공청장에게 법 제69조제1항제6호에 따른 과태료의 부과를 요청하려는 공항운영자는 별지 제40호서식의 통보서에 다음 각 호의 자료를 첨부하여 지방항공청장에게 제출하여야 한다.
1. 법 제56조제6항 각 호의 어느 하나에 해당하는 위반행위에 대한 증거자료
2. 법 제56조제7항에 따른 명령 및 그 명령을 따르지 아니한 사실을 기재한 서류
3. 제1호의 위반행위로 피해를 입은 자의 진술서 또는 의견서(해당 사실이 있는 경우만 해당한다)

✈ 예/상/문/제

제5장 | 보칙

01 다음 중 국토교통부령으로 정하는 공항시설·비행장시설 또는 항행안전시설은?

㉮ 착륙대, 계류장, 관제탑, 비행장 표지시설, 격납고, 항공기 급유시설

㉯ 활주로, 유도로, 계류장, 격납고, 항행안전시설, 항공기 급유시설

㉰ 착륙대, 계류장, 격납고, 항공기급유시설

㉱ 활주로, 유도로, 격납고, 계류장, 항공교통 관제탑

해설 법 제56조 (금지행위) ① 누구든지 국토교통부장관, 사업시행자 등 또는 항행안전시설 설치자 등의 허가 없이 착륙대, 유도로 (誘導路), 계류장(繫留場), 격납고 (格納庫) 또는 항행안전시설이 설치된 지역에 출입해서는 아니 된다.
② 누구든지 활주로, 유도로 등 그 밖에 국토교통부령으로 정하는 공항시설·비행장시설 또는 항행안전시설을 파손하거나 이들의 기능을 해칠 우려가 있는 행위를 해서는 아니 된다.
③ 누구든지 항공기, 경량항공기 또는 초경량비행장치를 향하여 물건을 던지거나 그 밖에 항행에 위험을 일으킬 우려가 있는 행위를 해서는 아니 된다.
④ 누구든지 항행안전시설과 유사한 기능을 가진 시설을 항공기 항행을 지원할 목적으로 설치·운영해서는 아니 된다.
⑤ 항공기와 조류와 충돌을 예방하기 위하여 누구든지 항공기가 이륙·착륙하는 방향의 공항 또는 비행장 주변지역 등 국토교통부령으로 정하는 범위에서 공항 주변에 새들을 유인할 가능성이 있는 오물처리장 등 국토교통부령으로 정하는 환경을 만들거나 시설을 설치해서는 아니 된다.

*시행규칙 제47조(금지행위 등)
① 법 제56조제2항에서 국토교통부령으로 정하는 공항시설·비행장시설 또는 항행안전시설'이라 함은 다음 각 호의 시설을 말한다.
1. 착륙대, 계류장, 격납고
2. 항공기 급유시설 및 항공유 저장시설
② 법 제56조제3항에 따른 항행의 위험을 일으킬 우려가 있는 행위는 다음 각 호와 같다.
1. 착륙대·유도로 또는 계류장에 금속편·직물 또는 그 밖의 물건을 방치하는 행위
2. 착륙대·유도로·계류장·격납고와 사업시행자 등이 화기 사용 또는 흡연을 금지한 장소에서 화기를 사용하거나 흡연을 하는 행위

3. 운항 중인 항공기에 장애가 되는 방식으로 항공기나 차량 등을 운행하는 행위
4. 지방항공청장의 승인 없이 레이저광선을 방사하는 행위
5. 지방항공청장의 승인 없이 「항공안전법」 제78조제1항제1호에 따른 관제권에서 불꽃 또는 그 밖의 물건을 발사하는 행위(단, 「총포·도검·화약류 등의 안전관리에 관한 법률 시행규칙」 제4조에 따른 장난감용 꽃불류는 제외한다)
③ 국토교통부장관은 제2항제4호에 따른 레이저광선의 방사로부터 항공기 항행의 안전을 확보하기 위하여 다음 각 호의 보호공역을 비행장 주위에 설정하여야 한다.
1. 레이저광선 제한공역
2. 레이저광선 위험공역
3. 레이저광선 민감공역

02 다음 중 국토교통부령이 정하는 공항시설, 비행장시설 또는 항행 안전시설 아닌 것은?

㉮ 비행장 표지시설

㉯ 항공기 급유시설

㉰ 계류장

㉱ 격납고

해설 1번항 해설 참조

03 다음 중 항공의 위험을 일으킬 우려가 있는 행위가 아닌 것은?

㉮ 계류장에 금속편, 직물 또는 그 밖의 물건을 방치하는 행위

㉯ 격납고에 금속편, 직물 또는 그 밖의 물건을 방치하는 행위

㉰ 착륙대, 유도로에 금속편, 직물 또는 그 밖에 물건을 방치 하는 행위

㉱ 비행장 안에 물건을 투척하는 행위

해설 1번항 해설 참조(법 제56조제3항, 시행규칙 제47조 제2항 참조)

정답 01 ㉯ 02 ㉮ 03 ㉯　　589

04 다음 중 비행장 내 금지행위로 옳지 않는 것은?

㉮ 비행장 주변에 레이저 광선의 방사
㉯ 착륙대, 유도로에 금속편, 직물을 방치하는 행위
㉰ 비행장 안에서 정류된 항공기 근처로 항공기나 차량을 운행하는 행위
㉱ 착륙대, 유도로 또는 격납고에서 함부로 화기를 사용하는 행위

해설 1번항 해설 참조

05 공항시설법이 정하는 비행장 출입금지 구역으로 맞는 것은?

㉮ 착륙대, 유도로, 계류장, 격납고, 항행안전시설 설치지역
㉯ 급유시설, 활주로, 격납고, 유도로, 항행안전시설 설치지역
㉰ 운항실, 관제탑, 활주로, 계류장, 항행안전시설 설치지역
㉱ 급유시설, 유도로, 격납고, 활주로, 항행안전시설 설치지역

해설 1번항 해설 참조 (법 제56조제1항 참조)

06 다음 중 특별한 사유 없이 출입하여서는 안 되는 곳이 아닌 곳은?

㉮ 착륙대
㉯ 유도로
㉰ 항행안전시설
㉱ 비행장표지시설

해설 1번항 해설 참조 (법 제56조제1항 참조)

07 급유 또는 배유작업 중인 항공기로부터 몇 미터 이내의 장소에서 담배를 피워서는 안 되는가?

㉮ 항공기로부터 20미터 이내의 장소
㉯ 항공기로부터 30미터 이내의 장소
㉰ 항공기로부터 40미터 이내의 장소
㉱ 항공기로부터 50미터 이내의 장소

해설 규칙 제47조 (금지행위) 제7항 : 별표 19
1. 표찰, 표시, 화단, 기타 공항의 시설 또는 주차장의 차량을 훼손 또는 오손하는 행위
2. 지정한 장소 이외의 장소에 쓰레기 기타의 것을 버리는 행위
3. 공항관리 · 운영기관의 승인을 얻지 아니 하고 무기, 폭발물 또는 위험이 따를 가연물을 휴대 또는 운반하는 행위(공용자, 시설이용자 또는 영업자가 그 업무 또는 영업을 위하여 하는 경우를 제외한다)
4. 공항관리 · 운영기관의 승인을 얻지 아니하고 불을 피우는 행위

5. 항공기, 발동기, 프로펠러 기타의 기기를 청소하는 경우에는 야외 또는 소화설비가 있는 내화성 작업소 이외의 장소에서 가연성 또는 휘발성 액체를 사용하는 행위
6. 공항관리 · 운영기관이 특별히 정한 구역 이외의 장소에 가연성의 액체가스 기타 이에 유사한 물건을 보관하거나 저장하는 행위(공항관리 · 운영기관이 승인할 경우에 일정한 용기에 넣어 항공기 내에 보관하는 경우를 제외한다)
7. 흡연이 금지된 장소에서 담배피우는 행위
8. 급유 또는 배유작업 중의 항공기로부터 30미터 이내의 장소에서 담배피우는 행위
9. 급유 또는 배유작업, 정비 또는 시운전 중의 항공기로부터 30미터 이내의 장소에 들어가는 행위(그 작업에 종사하는 자는 제외한다)
10. 공항관리 · 운영기관이 정하는 조건을 구비한 건물 내에 내화 및 통풍설비가 있는 실 이외의 장소에서 도프도료의 도포작업을 행하는 행위
11. 격납고 기타의 건물의 마루를 청소하는 경우에 휘발성 가연물을 사용하는 행위
12. 기름이 묻은 걸레 그 밖에 이에 유사한 것을 해당 폐기물에 의하여 부식되거나 파손되지 아니하는 재질로 된 보관시설 또는 보관용기 이외에 버리는 행위
13. 제1호부터 제12호까지 이외에 질서를 문란하게 하거나 타인에게 폐가 미칠 행위를 하는 행위

08 급유 또는 배유작업, 정비 또는 시운전 중인 항공기로부터 몇 미터 이내의 장소에 들어가서는 안 되는가?

㉮ 항공기로부터 20미터 이내의 장소
㉯ 항공기로부터 30미터 이내의 장소
㉰ 항공기로부터 40미터 이내의 장소
㉱ 항공기로부터 50미터 이내의 장소

해설 7번항 해설 참조

09 다음 중 공항에서의 금지행위가 아닌 것은?

㉮ 통풍설비가 있는 장소에서 도프도료의 도포작업을 행하는 것
㉯ 휘발성 가연물을 사용하여 건물의 마루를 청소하는 것
㉰ 기름이 묻은 걸레를 금속성 용기 이외에 버리는 것
㉱ 시운전 중의 항공기로부터 30미터 이내의 장소에 들어가는 것

해설 7번항 해설 참조

10 다음 중 공항에서 금지되는 행위가 아닌 것은?

㉮ 활주로에 금속성 물체를 무단 방치하는 행위
㉯ 내화성 구역에서 항공기 청소를 하는 경우
㉰ 지정된 장소 이외의 장소에 쓰레기를 버리는 행위
㉱ 기름이 묻은 걸레를 금속성 용기 이외에 버리는 행위

해설 7번항 해설 참조

[별표 1]

공항시설 및 비행장 설치기준(제2조, 제3조 및 제16조 관련)

1. 육상비행장(공항을 포함한다. 이하 같다)에는 가목에 규정된 육상비행장을 사용하는 항공기의 최소이륙거리를 고려하여 정해진 분류번호와 항공기의 주(主) 날개 폭 및 주륜(主輪) 외곽의 폭을 고려하여 정해진 분류문자의 조합에 따라 나목의 가목부터 라목까지의 설치기준에 적합한 활주로·착륙대와 유도로를 갖출 것. 다만, 지형조건 등을 고려하여 항공기의 안전운항에 지장이 없다고 국토교통부장관이 인정하는 경우에는 그렇지 않다.

   가. 육상비행장의 분류기준

   육상비행장을 사용하는 항공기의 최소이륙거리를 고려하여 정해진 분류번호와 항공기의 주(主) 날개 폭 및 주륜(主輪) 외곽의 폭을 고려하여 정해진 분류문자의 조합에 따라 다음과 같이 분류한다.

분류요소 1		분류요소 2		
분류번호	항공기의 최소이륙거리	분류문자	항공기 주 날개 폭	항공기 주륜 외곽의 폭
1	800미터 미만	A	15미터 미만	4.5미터 미만
2	800미터 이상 1천200미터 미만	B	15미터 이상 24미터 미만	4.5미터 이상 6미터 미만
3	1천200미터 이상 1천800미터 미만	C	24미터 이상 36미터 미만	6미터 이상 9미터 미만
4	1천800미터 이상	D	36미터 이상 52미터 미만	9미터 이상 14미터 미만
		E	52미터 이상 65미터 미만	9미터 이상 14미터 미만
		F	65미터 이상 80미터 미만	14미터 이상 16미터 미만

   나. 육상비행장의 분류번호별 착륙대 및 활주로 설치기준

구분				분류번호			
				1		2	3	4
착륙대	길이	활주로 시단 및 활주로 종단(정지로가 있는 경우에는 정지로 종단)에서 연장한 거리		비계기용 30미터 이상	계기용 60미터 이상	60미터 이상	60미터 이상	60미터 이상
	폭	활주로 세로방향의 중심선에 착륙대의 긴변까지의 거리	계기용 정밀	75미터 이상		75미터 이상	150미터 이상	150미터 이상
			비정밀	75미터 이상		75미터 이상	150미터 이상	150미터 이상
		비계기용		30미터 이상		40미터 이상	75미터 이상	75미터 이상
	최대 종단경사도			2%		2%	1.75%	1.5%
	최대 횡단경사도	1. 정지구역 (Grading area)		3%		3%	2.5%	2.5%
		2. 정지구역 외의 구역		5%		5%	5%	5%
활주로	활주로 세로 방향의 중심선을 따라 최고표고와 최저표고의 차를 활주로의 길이로 나누어 산출한 최대 종단경사도			2%		2%	1%	1%
	최대 종단경사도	1. 활주로 길이의 최초 및 최종 4분의1 구간		2%		2%	0.8%	0.8%
		2. 제1호를 제외한 활주로 구간		2%		2%	1.5%	1.25%

[비고]

1) 분류번호는 가목의 항공기의 최소이륙거리에 따른 분류번호를 말한다.

2) 착륙대의 횡단경사도 중 활주로, 활주로 갓길 또는 정지로(Stopway)에서부터 바깥쪽으로 3미터의 구간은 배수(排水)를 위하여 아래쪽으로 경사지게 해야 하고, 5퍼센트까지 허용할 수 있다.

3) 위 표에서 "정지구역(Grading area)"이란 항공기가 활주로를 이탈하는 경우에 대비하여 착륙대 중에서 국토교통부장관이 따로 정하는 완만한 구역을 말한다.

4) 활주로 최대 종단경사도 1) 중 분류번호 3의 경사도 0.8퍼센트는 CAT-Ⅱ 또는 CAT-Ⅲ인 정밀접근활주로의 경우만 해당한다.

다. 육상비행장의 분류문자별 활주로 및 유도로 설치기준

구분		분류문자					
		A	B	C	D	E	F
유도로	직선유도로의 폭	7.5미터 이상	10.5미터 이상	15미터이상	18미터 이상	23미터 이상	25미터 이상
	최대종단경사도	3%	3%	1.5%	1.5%	1.5%	1.5%
	최대횡단경사도	2%	2%	1.5%	1.5%	1.5%	1.5%
활주로	최대횡단경사도	2%	2%	1.5%	1.5%	1.5%	1.5%

[비고]

1) 분류문자가 C등급인 직선유도로가 앞뒤 바퀴의 축간 간격(Wheel Base)이 18미터 이상인 항공기에 의하여 사용되는 경우. 직선유도로의 폭은 18미터 이상이어야 한다.

2) 분류문자가 D등급인 직선유도로가 주류 외곽의 폭이 9미터 이상인 항공기에 의하여 사용되는 경우. 직선유도로의 폭은 23미터 이상이어야 한다.

3) 활주로의 최대횡단경사도는 활주로 또는 유도로의 교차부분과 같이 완만한 경사가 필요한 곳을 제외하고는 1퍼센트 미만이어서는 아니 된다.

라. 비행장의 착륙대 등급 분류기준

비행장의 종류	착륙대의 등급	활주로 또는 착륙대의 길이
육상비행장	A	2,550미터 이상
	B	2,150미터 이상 2,550미터 미만
	C	1,800미터 이상 2,150미터 미만
	D	1,500미터 이상 1,800미터 미만
	E	1,280미터 이상 1,500미터 미만
	F	1,080미터 이상 1,280미터 미만
	G	900미터 이상 1,080미터 미만
	H	500미터 이상 900미터 미만
	J	100미터 이상 500미터 미만
수상비행장	4	1,500미터 이상
	3	1,200미터 이상 1,500미터 미만
	2	800미터 이상 1,200미터 미만
	1	800미터 미만

[비고]

활주로 또는 착륙대의 길이를 적용할 때 육상비행장의 경우에는 활주로의 길이를, 수상비행장의 경우에는 착륙대의 길이를 기준으로 한다.

마. 육상비행장 활주로의 폭

분류번호	분류문자					
	A	B	C	D	E	F
1	18미터 이상	18미터 이상	23미터 이상	–	–	–
2	23미터 이상	23미터 이상	30미터 이상	–	–	–
3	30미터 이상	30미터 이상	30미터 이상	45미터 이상	–	–
4	–	–	45미터 이상	45미터 이상	45미터 이상	60미터 이상

[비고]

1) 분류번호는 가목에 따른 항공기의 최소이륙거리에 따른 기준이고, 분류문자는 같은 목에 따른 항공기의 주 날개 및 항공기 주륜 외곽의 폭의 기준을 말한다.

2) 정밀접근 활주로의 폭은 분류번호가 1 또는 2인 경우에는 30미터 이상이어야 한다.

2. 육상헬기장·옥상헬기장·선상헬기장·해상구조물헬기장에는 다음 표의 규격에 적합한 활주로·착륙대·유도로(설치하는 경우만 해당한다)를 갖출 것. 다만, 지형조건 등을 고려하여 항공기의 안전운항에 지장이 없다고 국토교통부장관이 인정하는 경우에는 그렇지 않다.

구분			육상헬기장	옥상헬기장	선상헬기장	해상구조물헬기장
활주로	길이		항공기 크기의 1.2배 이상으로서 최소 15미터 이상			
	폭		항공기 크기의 1.2배 이상으로서 최소 15미터 이상			
	최대 종단 경사도		2%	2%	–	
	최대 횡단 경사도		2.5%	2%		
착륙대	비계기 접근	길이	활주로 양끝 경계면에서 항공기 크기의 0.5배 이상 확장한 값		활주로 크기와 동일	
		폭	활주로 양끝 경계면에서 항공기 크기의 0.5배 이상 확장한 값		활주로 크기와 동일	
	비정밀 접근	길이	활주로 양끝에서 60 미터 이상		–	
		폭	활주로 중심선에서 양측으로 45 미터 이상			
	최대 종단 경사도		2%		–	
	최대 횡단 경사도		2.5%			
유도로	지상	폭	항공기 강착장치 폭의 2배 이상	항공기 강착장치 폭의 2배 이상	–	–
	공중	폭	항공기 강착장치 폭의 2배 이상	항공기 강착장치 폭의 3배 이상	–	–
	지상·공중	최대 종단 경사도	3%		–	–
	지상·공중	최대 횡단 경사도	3%		–	–
	지상	유도로 중심선과 장애물과의 간격	항공기 전체 폭의 0.75배 이상		–	–
	공중		항공기 전체 폭의 1배 이상			

[비고]

1) 항공기 크기란 해당 헬기장에 사용 예정인 가장 큰 회전익 항공기의 주 회전날개를 포함한 전체 길이와 폭 중 큰 값 말한다.

2) 강착장치 폭이란 바퀴 또는 스키드의 바깥쪽 간의 거리를 말한다.

3. 육상비행장과 육상헬기장에 설치하는 활주로·유도로 및 에이프런(격납고의 광장을 말한다. 이하 같다)은 항공기의 운항에 충분히 견뎌낼 수 있는 강도일 것

4. 육상비행장과 육상헬기장의 활주로 및 유도로는 항공기의 항행안전을 위해 국토교통부장관이 정하여 고시하는 상호 간 거리와 접속점에서의 각도 및 형상을 유지할 수 있을 것

5. 육상비행장에는 활주로와 유도로의 양측과 에이프런의 가장자리에 국토교통부장관이 정하여 고시하는 폭·강도 및 표면을 가진 갓길(Shoulder)을 설치할 것

6. 육상헬기장과 수상헬기장에는 해당 헬기장 출발경로·진입경로·장주비행경로에서 비행 중인 회전익항공기의 동력장치만이 정지된 경우에 지상 또는 수상의 사람 또는 물건에 위험을 초래하지 않고 착륙할 장소가 있을 것

7. 건축물 또는 구조물 위에 설치하는 옥상헬기장에는 제2호부터 제6호까지의 기준 외에 다음 각 목의 시설 또는 설비를 갖출 것. 다만, 착륙대를 제외한 시설 또는 설비는 해당 헬기장의 운영에 지장이 없는 범위에서 해당 건축물이나 구조물의 시설 또는 설비로 대체할 수 있다.

   가. 다음 규격에 적합한 착륙대
      1) 활주로의 길이와 폭은 항공기 기체의 길이 및 폭의 1.2배 이상으로 하되 길이는 최소 15미터 이상일 것
      2) 갓길의 폭은 활주로의 양 긴 변에 좌우로 3미터 이상 확보할 것
      3) 착륙대의 구조 및 재질은 회전익항공기가 이륙·착륙할 때의 충격·바람과 적설의 무게를 견딜 수 있고, 불에 타지 않는 것일 것
      4) 착륙대의 표면은 충격흡수가 쉽고 기상의 변화에 적응할 수 있을 것
      5) 건축물 또는 구조물의 옥상 위에 별도의 구조물을 설치하여 이를 착륙대로 이용하는 경우에는 해당 착륙대에 안전계단과 낙하방지용 안전망(착륙대의 밑부분에 부착하는 폭 1.5미터 이상의 것으로 그 높이는 착륙대 표면의 높이를 초과해서는 아니 된다)을 설치할 것

   나. 항공기의 탈락방지시설. 다만, 가목5)의 낙하방지용 안전망이 있는 경우는 제외한다.

   다. 연료의 유출방지시설

   라. 일반인의 접근 통제를 위한 보안시설

   마. 소방 및 안전설비와 그 밖에 국토교통부장관이 정하는 시설 또는 설비

8. 수상비행장에는 착륙대의 등급별로 다음 표의 규격에 적합한 착륙대, 선회수역 및 유도수로를 갖추고 국토교통부장관이 정하여 고시하는 기준에 적합할 것

착륙대의 등급		1	2	3	4
착륙대	폭	60미터 이상	60미터 이상	60미터 이상	100미터 이상
	수심	1.8미터 이상(착륙대의 길이가 200m 미만의 경우에는 1등급 착륙대의 수심은 수상항공기의 제원에 따라 1.2m까지 완화할 수 있다)			
선회 수역	지름	120미터 이상(중심점은 착륙대의 긴 변과 짧은 변이 만나는 유도수로에 가까운 직각점)			
유도 수로	폭	40미터 이상	40미터 이상	40미터 이상	45미터 이상
	수심	1.2미터 이상	1.2미터 이상	1.2미터 이상	1.8미터 이상
주변장애물과의 허용거리		• 착륙대 측면과 최근접장애물 사이의 허용거리는 최소 30미터 • 선회수역 측면과 최근접장애물 사이의 허용거리는 최소 15미터 • 유도수로 측면과 최근접장애물 사이의 허용거리는 최소 15미터			

9. 수상헬기장에는 착륙대의 등급별로 다음 표의 규격에 적합한 착륙대와 유도수로(설치하는 경우만 해당한다)를 갖출 것

구 분		설치 기준
착륙대	길이	사용 예정 항공기 투영면 길이의 5배 이상
	폭	사용 예정 항공기 투영면 폭의 3배 이상
유도수로의 폭		사용 예정 항공기 투영면 폭의 2배 이상

10. 수상비행장과 수상헬기장의 착륙대, 선회수역 및 유도수로는 간조 시에 충분한 깊이가 되고 해당 수면의 상태가 항공기의 안전한 항행에 적합할 것

11. 해상구조물헬기장에는 국토교통부장관이 정하여 고시하는 착륙대, 무장애물 구역 등을 갖출 것

12. 국토교통부장관이 정하여 고시하는 공항 또는 비행장 표지시설을 할 것

13. 여객용 항공운송사업에 이용되는 회전익항공기의 모기지(항공기 등록 시의 정치장을 말한다. 이하 같다)는 국토교통부장관이 인정하는 경우를 제외하고는 다음 표의 설치기준에 적합한 시설 및 설비를 갖출 것

등급구분	설치기준
1급	가. 활주로 · 착륙대 : 제2호의 설치기준에 적합할 것 나. 계류장 : 항공기 4대 이상을 계류할 수 있는 면적 이상 다. 터미널 : 연건평 300제곱미터 이상 라. 주차장 : 1천200제곱미터 이상 마. 소방 및 안전설비 : 국제민간항공기구에서 정하는 기술상의 기준에 적합한 설비 바. 격납고 : 항공기 1대 이상 보관할 수 있는 면적 이상 사. 그 밖의 시설 : 정비설비, 급유설비 및 유 · 무선통신설비 설치
2급	가. 활주로 · 착륙대 : 제2호의 설치기준에 적합할 것 나. 계류장 : 항공기 2대 이상을 계류할 수 있는 면적 이상 다. 터미널 : 연건평 300제곱미터 이상 라. 주차장 : 800제곱미터 이상 마. 소방 및 안전설비 : 국제민간항공기구에서 정하는 기술상의 기준에 적합한 설비 바. 그 밖의 시설 : 정비설비, 급유설비 및 유 · 무선통신설비 설치
3급	가. 활주로 · 착륙대 : 제2호의 설치기준에 적합할 것 나. 계류장 : 항공기 1대 이상을 계류할 수 있는 면적 이상 다. 터미널 : 연건평 60제곱미터 이상 라. 주차장 : 300제곱미터 이상 마. 소방 및 안전설비 : 국제민간항공기구에서 정하는 기술상의 기준에 적합한 설비 바. 그 밖의 시설 : 정비설비, 급유설비 및 유 · 무선통신설비 설치
4급	가. 활주로 · 착륙대 : 제2호의 설치기준에 적합할 것 나. 터미널 : 연건평 40제곱미터 이상 다. 주차장 : 150제곱미터 이상 라 소방 및 안전설비 : 국제민간항공기구에서 정하는 기술상의 기준에 적합한 설비 마. 그 밖의 시설 : 정비설비, 급유설비 및 유 · 무선통신설비 설치

14. 항공교통업무를 수행하는 비행장(공항을 포함한다. 이하 같다)에는 다음 각 목의 시설을 갖출 것

가. 항행안전무선시설 : 항공안전을 확보하고 결항률을 낮추기 위한 해당 비행장의 여건에 적합한 시설

나. 항공등화 : 국토교통부장관이 따로 정하여 고시하는 기준에 적합한 시설

다. 다음의 항공정보통신시설

1) 항공기 및 비행장 내 차량 등과 교신하는 데 필요한 초단파(VHF) 항공이동통신시설. 다만, 필요한 경우 극초단파(UHF) 항공이동통신시설을 포함한다.

2) 조난 등 비상시에 항공기 및 비행장 내의 차량 등과 교신하는 데 필요한 초단파(VHF) 121.5MHz 및 극초단파(UHF) 243.0MHz 항공이동통신시설

3) 관련 항공교통업무기관 및 항공기상기관 등과 항공정보를 송수신할 수 있는 항공고정통신시스템(AFTN/MHS) 또는 음성통신제어시설 등의 항공정보통신시설

4) 공항정보방송시설(ATIS) 또는 디지털공항정보방송시설(D-ATIS)(국토교통부장관이 따로 정하는 비행장만 해당한다)

5) 비행장관제업무인 경우에는 관제탑과 해당 비행장으로부터 45킬로미터 거리 내의 항공기간에 직접적이고 전파간섭이 없는 양방향통신을 할 수 있는 항공이동통신시설과, 필요한 경우 기동지역 안에서 운항하는 항공기의 관제를 위하여 별도의 통신채널을 갖출 것

6) 접근관제업무용인 경우에는 관제를 받는 항공기와 신속하게 직접적이고 계속적이며 전파간섭이 없는 양방향 통신을 할 수 있는 항공이동통신시설과, 관제기관이 독립된 기관인 경우에는 전용 통신채널을 갖출 것

7) 지역관제업무용인 경우에는 비행정보구역 내에서 비행하는 항공기와 신속하게 직접적이고 계속적이며 전파간섭이 없는 양방향 통신을 할 수 있는 항공이동통신시설을 갖출 것

8) 비행정보업무용인 경우에는 비행정보구역 내에서 비행하는 항공기와 신속하게 직접적이고 계속적이며 전파간섭이 없는 양방향 통신을 할 수 있는 항공이동통신시설을 갖출 것

9) 1)부터 8)까지의 항공이동통신시설이 항공교통관제업무에 사용되는 경우에는 모든 채널에 녹음시설을 갖출 것

라. 다음의 항공기상시설

1) 바람(풍향 및 풍속) · 기압 · 습도 · 온도 · 강우 · 강설 · 시정 · 운량 · 운고 및 그 밖의 기상기후 등의 측정 및 보고 시설

2) 해당 비행장을 이용하는 항공기 운항에 필요한 항공기상예보시설

마. 항공기지상이동통제시설 등[공항지상감시레이더(ASDE : Airport Surface Detection Equipment), 지상이동유도통제시스템(Surface Movement Guidance and Control System/SMGCS) 및 레이더정보현시관제탑장비(BRITE) 등을 말하며 국토교통부장관이 따로 정하는 비행장만 해당한다]

바. 관제탑시설(관제권이 지정된 경우만 해당한다)

사. 접근관제소시설(국토교통부장관이 따로 정하는 비행장 또는 장소만 해당한다)

아. 항공기상황표시정보시설(ASDS : Aircraft Situation Display System)(국토교통부장관이 따로 정하는 비행장 또는 장소만 해당한다)

자. 그 밖에 항공교통업무 수행에 필요한 사항으로서 국토교통부장관이 따로 정하여 고시하는 시설

15. 「자연재해대책법」 제20조 및 「지진재해대책법」 제14조에 따라 국토교통부장관이 각각 정하여 고시하는 내풍설계기준 및 내진설계기준에 적합하게 설치할 것

16. 그 밖에 국토교통부장관이 비행장의 설치에 필요하다고 인정하여 고시하는 사항을 갖출 것

MEMO

新/항/공/관/계/법/규

PART 04

✈ PART 04

항공관련법

항공보안법

항공·철도사고조사에 관한 법률
• 예상문제

국제항공법
• 예상문제

항공보안법	항공보안법 시행령
항공보안법 [시행 2018.1.1.] [법률 제14939호, 2017.10.24., 타법개정]	항공보안법시행령 [시행 2017.7.26.] [대통령령 제28211호, 2017.7.26., 타법개정]

제1장 총칙 〈개정 2010.3.22.〉

제1조(목적) 이 법은 「국제민간항공협약」 등 국제협약에 따라 공항시설, 항행안전시설 및 항공기 내에서의 불법행위를 방지하고 민간항공의 보안을 확보하기 위한 기준·절차 및 의무사항 등을 규정함을 목적으로 한다. 〈개정 2013.4.5.〉
[전문개정 2010.3.22.]

제2조(정의) 이 법에서 사용하는 용어의 뜻은 다음과 같다. 다만, 이 법에 특별한 규정이 있는 것을 제외하고는 「항공사업법」·「항공안전법」·「공항시설법」에서 정하는 바에 따른다. 〈개정 2012.1.26., 2013.4.5., 2016.3.29., 2017.10.24.〉

1. "운항중"이란 승객이 탑승한 후 항공기의 모든 문이 닫힌 때부터 내리기 위하여 문을 열 때까지를 말한다.
2. "공항운영자"란 「항공사업법」 제2조제34호에 따른 공항운영자를 말한다.
3. "항공운송사업자"란 「항공사업법」 제7조에 따라 면허를 받은 국내항공운송사업자 및 국제항공운송사업자, 같은 법 제10조에 따라 등록을 한 소형항공운송사업자 및 같은 법 제54조에 따라 허가를 받은 외국인 국제항공운송업자를 말한다.
4. "항공기취급업체"란 「항공사업법」 제44조에 따라 항공기취급업을 등록한 업체를 말한다.
5. "항공기정비업체"란 「항공사업법」 제42조에 따라 항공기정비업을 등록한 업체를 말한다.
6. "공항상주업체"란 공항에서 영업을 할 목적으로 공항운영자와 시설 이용 계약을 맺은 개인 또는 법인을 말한다.
7. "항공기내보안요원"이란 항공기 내의 불법방해행위를 방지하는 직무를 담당하는 사법경찰관리 또는 그 직무를 위하여 항공운송사업자가 지명하는 사람을 말한다.
8. "불법방해행위"란 항공기의 안전운항을 저해할 우려가 있거나 운항을 불가능하게 하는 행위로서 다음 각 목의 행위를 말한다.
   가. 지상에 있거나 운항중인 항공기를 납치하거나 납치를 시도하는 행위
   나. 항공기 또는 공항에서 사람을 인질로 삼는 행위
   다. 항공기, 공항 및 항행안전시설을 파괴하거나 손상시키는 행위
   라. 항공기, 항행안전시설 및 제12조에 따른 보호구역(이하 "보호구역"이라 한다)에 무단 침입하거나 운영을 방해하는 행위

제1조(목적) 이 영은 「항공보안법」에서 위임된 사항과 그 시행에 필요한 사항을 규정함을 목적으로 한다. 〈개정 2014.4.1.〉
[전문개정 2010.9.20.]

항공보안법 시행규칙
[시행 2017.11.3.] [국토교통부령 제461호, 2017.11.3., 일부개정]

제1조(목적) 이 규칙은 「항공보안법」 및 같은 법 시행령에서 위임된 사항과 그 시행에 필요한 사항을 규정함을 목적으로
한다. 〈개정 2014.4.4.〉
[전문개정 2010.9.20.]

항공보안법	항공보안법 시행령
마. 범죄의 목적으로 항공기 또는 보호구역 내로 제21조에 따른 무기 등 위해물품(危害物品)을 반입하는 행위 바. 지상에 있거나 운항중인 항공기의 안전을 위협하는 거짓 정보를 제공하는 행위 또는 공항 및 공항시설 내에 있는 승객, 승무원, 지상근무자의 안전을 위협하는 거짓 정보를 제공하는 행위 사. 사람을 사상(死傷)에 이르게 하거나 재산 또는 환경에 심각한 손상을 입힐 목적으로 항공기를 이용하는 행위 아. 그 밖에 이 법에 따라 처벌받는 행위 9. "보안검색"이란 불법방해행위를 하는 데에 사용될 수 있는 무기 또는 폭발물 등 위험성이 있는 물건들을 탐지 및 수색하기 위한 행위를 말한다. 10. "항공보안검색요원"이란 승객, 휴대물품, 위탁수하물, 항공화물 또는 보호구역에 출입하려고 하는 사람 등에 대하여 보안검색을 하는 사람을 말한다. 11. "장비운영자"란 제15조부터 제17조까지 및 제17조의2에 따라 보안검색을 실시하기 위하여 항공보안장비를 설치·운영하는 공항운영자, 항공운송사업자, 화물터미널운영자, 상용화주 및 그 밖에 국토교통부령으로 정하는 자를 말한다. [전문개정 2010.3.22.] [시행일 : 2018.10.25.] 제2조 **제3조(국제협약의 준수)** ① 민간항공의 보안을 위하여 이 법에서 규정하는 사항 외에는 다음 각 호의 국제협약에 따른다. 〈개정 2013.4.5.〉 1. 「항공기 내에서 범한 범죄 및 기타 행위에 관한 협약」 2. 「항공기의 불법납치 억제를 위한 협약」 3. 「민간항공의 안전에 대한 불법적 행위의 억제를 위한 협약」 4. 「민간항공의 안전에 대한 불법적 행위의 억제를 위한 협약을 보충하는 국제민간항공에 사용되는 공항에서의 불법적 폭력행위의 억제를 위한 의정서」 5. 「가소성 폭약의 탐지를 위한 식별조치에 관한 협약」 ② 제1항에 따른 국제협약 외에 항공보안에 관련된 다른 국제협약이 있는 경우에는 그 협약에 따른다. 〈개정 2013.4.5.〉 [전문개정 2010.3.22.] **제4조(국가의 책무)** 국토교통부장관은 민간항공의 보안에 관한 계획 수립, 관계 행정기관 간 업무 협조체제 유지, 공항운영자·항공운송사업자·항공기취급업체·항공기정비업체·공항상주업체 및 항공여객·화물터미널운영자 등의 자체 보안계획에 대한 승인 및 실행점검, 항공보안 교육훈련계획의 개발 등의 업무를 수행한다. 〈개정 2013.3.23., 2013.4.5.〉 [전문개정 2010.3.22.]	

항공보안법	항공보안법 시행령
제5조(공항운영자 등의 협조의무) 공항운영자, 항공운송사업자, 항공기 취급업체, 항공기정비업체, 공항상주업체, 항공여객·화물터미널운 영자, 공항이용자, 그 밖에 국토교통부령으로 정하는 자는 항공보안을 위한 국가의 시책에 협조하여야 한다. 〈개정 2013.3.23., 2013.4.5.〉 [전문개정 2010.3.22.] **제6조** 삭제 〈2013.4.5.〉 **제3장 공항·항공기 등의 보안** **제11조(공항시설 등의 보안)** ① 공항운영자는 공항시설과 항행안전시설 에 대하여 보안에 필요한 조치를 하여야 한다. 〈개정 2013.4.5.〉 ② 공항운영자는 보안검색이 완료된 승객과 완료되지 못한 승객간의 접촉을 방지하기 위한 대책을 수립·시행하여야 한다. ③ 공항운영자는 보안검색을 거부하거나 무기·폭발물 또는 그 밖에 항공보안에 위협이 되는 물건을 휴대한 승객 등이 보안검색이 완료 된 구역으로 진입하는 것을 방지하기 위한 대책을 수립·시행하여 야 한다. 〈신설 2013.4.5.〉 ④ 공항을 건설하거나 유지·보수를 하는 경우에 불법방해행위로부 터 사람 및 시설 등을 보호하기 위하여 준수하여야 할 세부 기준은 국토교통부장관이 정한다. 〈개정 2013.3.23., 2013.4.5.〉 [전문개정 2010.3.22.] [제목개정 2013.4.5.]	

항공보안법	항공보안법 시행령
제12조(공항시설 보호구역의 지정) ① 공항운영자는 보안검색이 완료된 구역, 활주로, 계류장(繫留場) 등 공항시설의 보호를 위하여 필요한 구역을 국토교통부장관의 승인을 받아 보호구역으로 지정하여야 한다. 〈개정 2013.3.23.〉 ② 공항운영자는 필요한 경우 국토교통부장관의 승인을 받아 임시로 보호구역을 지정할 수 있다. 〈개정 2013.3.23.〉 ③ 제1항과 제2항에 따른 보호구역의 지정기준 및 지정취소에 관하여 필요한 사항은 국토교통부령으로 정한다. 〈개정 2013.3.23.〉 [전문개정 2010.3.22.]	

제4조(보호구역의 지정) 법 제12조제1항에 따른 보호구역에는 다음 각 호의 지역이 포함되어야 한다. 〈개정 2014.4.4., 2017.11.3.〉

1. 보안검색이 완료된 구역
2. 출입국심사장
3. 세관검사장
4. 관제탑 등 관제시설
5. 활주로 및 계류장(항공운송사업자가 관리·운영하는 정비시설에 부대하여 설치된 계류장은 제외한다)
6. 항행안전시설 설치지역
7. 화물청사
8. 제4호부터 제7호까지의 규정에 따른 지역의 부대지역

[전문개정 2010.9.20.]

제5조(보호구역 등의 지정승인·변경 및 취소) ① 공항운영자는 법 제12조에 따라 보호구역 또는 임시보호구역(이하 "보호구역 등"이라 한다)의 지정승인을 받으려는 경우에는 다음 각 호의 서류를 첨부하여 지방항공청장에게 제출하여야 한다. 〈개정 2013.3.23., 2015.11.5.〉

1. 보호구역 등의 지정목적
2. 보호구역 등의 도면
3. 보호구역 등의 출입통제 대책
4. 지정기간(임시보호구역을 지정하는 경우만 해당한다)

② 공항운영자는 지정된 보호구역 등의 변경승인을 받으려는 경우에는 다음 각 호의 서류를 첨부하여 지방항공청장에게 제출하여야 한다. 〈개정 2013.3.23., 2015.11.5.〉

1. 보호구역 등의 변경사유
2. 변경하려는 해당 보호구역 등의 도면
3. 변경하려는 해당 보호구역 등의 출입통제 대책

③ 공항운영자는 지정된 보호구역 등의 지정취소의 승인을 받으려는 경우에는 다음 각 호의 서류를 지방항공청장에게 제출하여야 한다. 〈신설 2017.11.3.〉

1. 보호구역 등의 지정취소 사유
2. 해당 보호구역 등의 도면

[전문개정 2010.9.20.]

항공보안법	항공보안법 시행령
제13조(보호구역에의 출입허가) ① 다음 각 호의 어느 하나에 해당하는 사람은 공항운영자의 허가를 받아 보호구역에 출입할 수 있다. 1. 보호구역의 공항시설 등에서 상시적으로 업무를 수행하는 사람 2. 공항 건설이나 공항시설의 유지·보수 등을 위하여 보호구역에서 업무를 수행할 필요가 있는 사람 3. 그 밖에 업무수행을 위하여 보호구역에 출입이 필요하다고 인정되는 사람 ② 제1항에 따른 출입허가의 절차 등에 관하여 필요한 사항은 국토교통부령으로 정한다. 〈개정 2013.3.23.〉 [전문개정 2010.3.22.] **제14조(승객의 안전 및 항공기의 보안)** ① 항공운송사업자는 승객의 안전 및 항공기의 보안을 위하여 필요한 조치를 하여야 한다. ② 항공운송사업자는 승객이 탑승한 항공기를 운항하는 경우 항공기 내 보안요원을 탑승시켜야 한다. ③ 항공운송사업자는 국토교통부령으로 정하는 바에 따라 조종실 출입문의 보안을 강화하고 운항 중에는 허가받지 아니한 사람의 조종실 출입을 통제하는 등 항공기에 대한 보안조치를 하여야 한다. 〈개정 2013.3.23., 2013.4.5.〉 ④ 항공운송사업자는 매 비행 전에 항공기에 대한 보안점검을 하여야 한다. 이 경우 보안점검에 관한 세부 사항은 국토교통부령으로 정한다. 〈개정 2013.3.23.〉 ⑤ 공항운영자 및 항공운송사업자는 액체, 겔(gel)류 등 국토교통부장관이 정하여 고시하는 항공기 내 반입금지 물질이 보안검색이 완료된 구역과 항공기 내에 반입되지 아니하도록 조치하여야 한다. 〈개정 2013.3.23., 2013.4.5.〉 ⑥ 항공운송사업자 또는 항공기 소유자는 항공기의 보안을 위하여 필요한 경우에는 「청원경찰법」에 따른 청원경찰이나 「경비업법」에 따른 특수경비원으로 하여금 항공기의 경비를 담당하게 할 수 있다. 〈개정 2013.4.5.〉 [전문개정 2010.3.22.]	

제6조(보호구역 등에 대한 출입허가 등) ① 법 제13조에 따라 보호구역 등을 출입하려는 사람은 공항운영자가 정하는 출입허가 신청서를 공항운영자에게 제출하여야 한다. 이 경우 차량을 운행하여 출입하려는 사람은 그 차량에 대하여 따로 차량출입허 가신청서를 제출하여야 한다.

② 공항운영자는 법 제13조제1항제1호에 따른 사람에게 보호구역 등에 출입허가를 하려면 「보안업무규정」 제33조에 따른 신원조사를 조사기관의 장에게 의뢰하여야 한다. 〈신설 2012.9.24., 2017.11.3.〉

③ 공항운영자는 보호구역 등의 출입허가를 한 경우에는 신청인에게 공항운영자가 정하는 출입증 또는 차량출입증을 발급하 여야 한다. 이 경우 공항운영자가 관할하지 않는 지역의 출입허가를 하려면 관할 행정기관의 장과 미리 협의하여야 한다. 〈개정 2012.9.24.〉

④ 제3항에 따라 출입허가를 받은 사람이 보호구역 등으로 출입하는 경우에는 출입증을 달아야 하며, 차량을 운행하여 출입하는 경우에는 해당 차량의 운전석 앞 유리창에도 차량출입증을 붙여야 한다. 〈개정 2012.9.24.〉

⑤ 공항운영자 및 화물터미널운영자는 보호구역 등을 출입하는 사람 또는 차량에 대하여 기록하고 이를 작성한 날로부터 1년 이상 보존하여야 한다. 〈개정 2012.9.24.〉

⑥ 출입허가를 갱신하는 경우에 관하여는 제1항부터 제5항까지의 규정을 준용한다. 〈신설 2012.9.24.〉

⑦ 이 규칙에 규정된 사항 외에 보호구역 등의 출입허가 및 기록의 작성·보존 등에 필요한 세부사항은 공항운영자 및 화물터미널운영자가 정한다. 〈개정 2012.9.24.〉

[전문개정 2010.9.20.]
[제목개정 2012.9.24.]

제7조(항공기 보안조치) ① 항공운송사업자는 법 제14조제3항에 따라 여객기의 보안강화 등을 위하여 조종실 출입문에 다음 각 호의 보안조치를 하여야 한다. 〈개정 2013.3.23., 2014.4.4.〉

1. 조종실 출입통제 절차를 마련할 것
2. 객실에서 조종실 출입문을 임의로 열 수 없는 견고한 잠금장치를 설치할 것
3. 조종실 출입문 열쇠 보관방법을 정할 것
4. 운항 중에는 조종실 출입문을 잠글 것
5. 국토교통부장관이 법 제32조에 따라 보안조치한 항공보안시설을 설치할 것

② 항공운송사업자는 법 제14조제4항에 따라 항공기의 보안을 위하여 매 비행 전에 다음 각 호의 보안점검을 하여야 한다. 〈개정 2014.4.4.〉

1. 항공기의 외부 점검
2. 객실, 좌석, 화장실, 조종실 및 승무원 휴게실 등에 대한 점검
3. 항공기의 정비 및 서비스 업무 감독
4. 항공기에 대한 출입 통제
5. 위탁수하물, 화물 및 물품 등의 선적 감독
6. 승무원 휴대물품에 대한 보안조치
7. 특정 직무수행자 및 항공기 내 보안요원의 좌석 확인 및 보안조치
8. 보안 통신신호 절차 및 방법
9. 유효 탑승권의 확인 및 항공기 탑승까지의 탑승과정에 있는 승객에 대한 감독
10. 기장의 객실승무원에 대한 통제, 명령 절차 및 확인

항공보안법	항공보안법 시행령
제15조(승객 등의 검색 등) ① 항공기에 탑승하는 사람은 신체, 휴대물품 및 위탁수하물에 대한 보안검색을 받아야 한다. ② 공항운영자는 항공기에 탑승하는 사람, 휴대물품 및 위탁수하물에 대한 보안검색을 하고, 항공운송사업자는 화물에 대한 보안검색을 하여야 한다. 다만, 관할 국가경찰관서의 장은 범죄의 수사 및 공공의 위험예방을 위하여 필요한 경우 보안검색에 대하여 필요한 조치를 요구할 수 있고, 공항운영자나 항공운송사업자는 정당한 사유 없이 그 요구를 거절할 수 없다. ③ 공항운영자 및 항공운송사업자는 제2항에 따른 보안검색을 직접 하거나 「경비업법」 제4조제1항에 따른 경비업자 중 공항운영자 및 항공운송사업자의 추천을 받아 제6항에 따라 국토교통부장관이 지정한 업체에 위탁할 수 있다. 〈개정 2013.3.23.〉 ④ 공항운영자는 제2항에 따른 보안검색에 드는 비용에 충당하기 위하여 「공항시설법」 제32조 및 제50조에 따른 사용료의 일부를 사용할 수 있다. 〈개정 2016.3.29.〉 ⑤ 항공운송사업자는 공항 및 항공기의 보안을 위하여 항공기에 탑승하는 승객의 성명, 국적 및 여권번호 등 국토교통부령으로 정하는 운송정보를 공항운영자에게 제공하여야 한다. 이 경우 운송정보 제공 방법 및 절차 등 필요한 사항은 국토교통부령으로 정한다. 〈신설 2014.1.14.〉 ⑥ 제2항에 따른 보안검색의 방법·절차·면제 등에 관하여 필요한 사항은 대통령령으로 정한다. 〈개정 2014.1.14.〉 ⑦ 제3항에 따라 보안검색 업무를 위탁받으려는 업체는 국토교통부령으로 정하는 바에 따라 국토교통부장관의 지정을 받아야 한다. 〈개정 2013.4.5., 2014.1.14.〉 ⑧ 국토교통부장관은 제6항에 따라 지정을 받은 업체가 다음 각 호의 어느 하나에 해당하는 경우에는 그 지정을 취소할 수 있다. 다만, 제1호 또는 제2호에 해당하면 지정을 취소하여야 한다. 〈신설 2013.4.5., 2014.1.14.〉 1. 거짓이나 그 밖의 부정한 방법으로 지정을 받은 경우 2. 「경비업법」에 따른 경비업의 허가가 취소되거나 영업이 정지된 경우 3. 국토교통부령에 따른 지정기준에 미달하게 된 경우. 다만, 일시적으로 지정기준에 미달하게 되어 3개월 이내에 지정기준을 다시 갖춘 경우에는 그러하지 아니하다. 4. 보안검색 업무의 수행 중 고의 혹은 중대한 과실로 인명피해가 발생하거나 보안검색에 실패한 경우 [전문개정 2010.3.22.] [제목개정 2014.1.14.]	**제10조(승객 및 휴대물품의 보안검색방법 등)** ① 공항운영자는 법 제15조에 따라 항공기 탑승 전에 모든 승객 및 휴대물품에 대하여 법 제27조에 따라 국토교통부장관이 고시하는 항공보안장비(이하 "검색장비 등"이라 한다)를 사용하여 보안검색을 하여야 한다. 이 경우 승객에 대해서는 문형금속탐지기 또는 원형검색장비를, 휴대물품에 대해서는 엑스선 검색장비를 사용하여 보안 검색을 하여야 하며, 폭발물이나 위해물품이 있다고 의심되는 경우에는 폭발물 탐지장비 등 필요한 검색장비 등을 추가하여 보안검색을 하여야 한다. 〈개정 2013.3.23., 2014.4.1., 2017.5.8.〉 ② 삭제 〈2014.4.1.〉 ③ 공항운영자는 다음 각 호의 어느 하나에 해당하는 경우에는 승객의 동의를 받아 직접 신체에 대한 검색을 하거나 개봉검색을 하여야 한다. 이 경우 제5호에 해당하는 경우에는 폭발물 흔적탐지장비 등 필요한 검색장비 등을 추가하여 보안검색을 하여야 한다. 〈개정 2014.4.1., 2017.5.8.〉 1. 검색장비 등이 정상적으로 작동하지 아니하는 경우 2. 검색장비 등의 경보음이 울리는 경우 3. 무기류나 위해(危害)물품을 휴대(携帶)하거나 숨기고 있다고 의심되는 경우 4. 엑스선 검색장비에 의한 검색결과 그 내용물을 판독할 수 없는 경우 5. 엑스선 검색장비로 보안검색을 할 수 없는 크기의 단일 휴대물품인 경우 ④ 공항운영자는 기내에서 휴대가 금지되는 물품이 항공보안에 위해(危害)가 되지 아니하다고 인정되는 경우에는 위탁수하물로 탑재(搭載)를 하게 할 수 있다. 〈개정 2014.4.1.〉 [전문개정 2010.9.20.] **제11조(위탁수하물의 보안검색방법 등)** ① 항공운송사업자는 법 제15조에 따라 탑승권을 소지한 승객의 위탁수하물에 대해서만 공항운영자에게 보안검색을 의뢰하여야 한다. 이 경우 항공운송사업자는 공항운영자에게 보안검색을 의뢰하기 전에 그 위탁 수하물이 탑승권을 소지한 승객의 소유인지 및 위해물품인지를 확인하여야 한다.

제8조(보안검색위탁업체 지정기준) 법 제15조제3항 및 제7항에 따른 보안검색위탁업체의 지정기준은 다음과 같다.
〈개정 2014.4.4.〉
1. 승객·휴대물품 및 위탁수하물 보안검색위탁업체의 지정기준
　가. 인천공항의 경우
　　1)「경비업법」제4조에 따라 경비업 허가를 받은 법인일 것
　　2) 자본금이 10억원 이상일 것
　　3) 상시고용직원인 보안검색인력이 100명 이상일 것
　나. 김포·김해 및 제주공항의 경우
　　1)「경비업법」제4조에 따라 경비업 허가를 받은 법인일 것
　　2) 자본금이 10억원 이상일 것
　　3) 상시고용직원인 보안검색인력이 50명 이상일 것
　다. 가목 및 나목 외의 공항의 경우
　　1)「경비업법」제4조에 따라 경비업 허가를 받은 법인일 것
　　2) 자본금이 5억원 이상일 것
　　3) 상시고용직원인 보안검색인력이 10명 이상일 것
2. 화물 보안검색위탁업체의 지정기준
　가.「경비업법」제4조에 따라 경비업 허가를 받은 법인일 것
　나. 자본금이 5억원 이상일 것
　다. 상시고용직원인 보안검색인력이 5명 이상일 것
[전문개정 2010.9.20.]

제8조의2(항공기에 탑승하는 승객의 운송정보 제공) ① 법 제15조제5항 전단에서 "항공기에 탑승하는 승객의 성명, 국적, 여권번호 등 국토교통부령으로 정하는 운송정보"란 다음 각 호의 운송정보를 말한다.
1. 승객의 성명
2. 승객의 국적 및 여권번호(국내선의 경우에는 승객식별번호)
3. 승객의 탑승 항공편명 및 운항 일시
② 항공운송사업자는 항공기에 탑승하는 승객에게 탑승권을 발급하였을 때에는 법 제15조제5항 전단에 따라 지체 없이 제1항 각 호의 운송정보를 정보통신망을 통하여 공항운영자에게 제공하여야 한다. 이 경우 운송정보를 제공하는 정보통신망의 운영 등에 관한 세부사항은 항공운송사업자와 공항운영자가 협의하여 정한다.
③ 공항운영자는 제2항 전단에 따라 제공받은 운송정보를「개인정보 보호법」에 따라 관리하여야 하며, 제공받은 운송정보의 정보주체인 승객이 탑승한 항공기가 해당 공항을 이륙한 즉시 제공받은 운송정보를 폐기하여야 한다.
[본조신설 2014.4.4.]

제8조의3(통과 승객 또는 환승 승객의 운송정보 제공) 법 제17조제4항에서 준용하는 법 제15조제5항에 따라 항공운송사업자가 통과 승객 또는 환승 승객에 대한 운송정보를 공항운영자에게 제공하는 경우에는 제8조의2를 준용한다.
[본조신설 2014.4.4.]

항공보안법	항공보안법 시행령
	② 공항운영자는 제1항에 따른 위탁수하물에 대하여 항공기 탑재 전에 엑스선 검색 장비를 사용하여 보안검색을 하여야 한다. 〈신설 2017.5.8.〉 ③ 공항운영자는 다음 각 호의 어느 하나에 해당하는 경우에는 항공기 탑재 전에 위탁수하물을 개봉하여 그 내용물을 검색하여야 한다. 이 경우 폭발물이나 위해물품이 있다고 의심되는 경우 또는 제3호의2에 해당하는 경우에는 폭발물 흔적탐지장비 등 필요한 검색장비 등을 추가하여 보안검색을 하여야 한다. 〈개정 2014.4.1., 2017.5.8.〉 1. 엑스선 검색장비가 정상적으로 작동하지 아니한 경우 2. 무기류 또는 위해물품이 숨겨져 있다고 의심되는 경우 3. 엑스선 검색장비에 의한 검색결과 그 내용물을 판독할 수 없는 경우 3의2. 엑스선 검색장비로 보안검색을 할 수 없는 크기의 단일 위탁수하물인 경우 4. 제1호부터 제3호까지 및 제3호의2에서 규정한 경우 외에 항공보안에 위협이 증가하는 등 특별한 사유가 발생하는 경우 ④ 공항운영자는 보안검색이 끝난 위탁수하물이 보안검색이 완료되지 아니한 위탁수하물과 혼재되지 아니하도록 하여야 한다. 〈개정 2017.5.8.〉 ⑤ 항공운송사업자는 보안검색이 끝난 위탁수하물을 항공기에 탑재하기 전까지 보호조치를 하여야 하며, 항공기에 탑재된 위탁수하물이 탑승한 승객의 소유인지를 확인하여 그 소유자가 항공기에 탑승하지 아니한 경우에는 그 위탁수하물을 운송해서는 아니 된다. 다만, 그 위탁수하물에 대한 운송처리를 잘못하여 다른 항공기로 운송하여야 할 경우에는 별도의 보안조치를 한 후에 탑재할 수 있다. 〈개정 2017.5.8.〉 [전문개정 2010.9.20.]

제8조의4(보안검색위탁업체 지정절차 등) ① 법 제15조제3항에 따라 공항운영자 또는 항공운송사업자가 보안검색 위탁업체의 지정을 추천하려는 경우에는 별지 제1호서식의 보안검색위탁업체 지정신청서에 지정 대상 보안검색 위탁업체에 관한 다음 각 호의 서류를 첨부하여 지방항공청장에게 제출하여야 한다. 〈개정 2015.11.5.〉

1. 「경비업법」에 따른 경비업 허가증
2. 보안검색인력 명단 및 해당 인력의 법 제28조제2항에 따른 교육훈련 이수증
3. 보안검색위탁업체 추천서

② 제1항에 따라 지정신청서를 제출받은 지방항공청장은 「전자정부법」 제36조제1항에 따른 행정정보의 공동 이용을 통하여 지정 대상 보안검색위탁업체의 법인 등기사항증명서 및 사업자등록증을 확인하여야 한다. 다만, 해당 업체가 사업자등록증의 확인에 동의하지 아니하는 경우에는 해당 서류를 첨부하게 하여야 한다. 〈개정 2015.11.5.〉

③ 제1항에 따라 지정신청서를 제출받은 지방항공청장은 지정 대상 보안검색위탁업체가 제8조에 따른 지정기준에 적합하다고 인정하는 경우에는 공항운영자 또는 항공운송사업자에게 별지 제2호서식의 보안검색위탁업체 지정서를 발급하여야 한다. 〈개정 2015.11.5.〉

[본조신설 2014.4.4.]

항공보안법	항공보안법 시행령
	3. 이식용 장기 4. 살아있는 동물 4의2. 의료용·과학용 필름 5. 제1호부터 제4호까지 및 제4호의2에서 규정한 사항 외에 검색장비 등에 의하여 보안검색을 하는 경우 본래의 형질이 손상되거나 변질될 수 있는 것 등으로서 국토교통부장관의 허가를 받은 것 [전문개정 2010.9.20.] **제14조(관할 국가경찰관서의 장의 필요한 조치 요구)** 법 제15조제2항 단서에 따라 관할 국가경찰관서의 장은 범죄의 수사 및 공공의 위험 예방을 위하여 필요한 경우 공항운영자 또는 항공운송사업자에게 다음 각 호의 필요한 조치를 요구할 수 있다. 다만, 그 이행에 예산이 수반되거나 항공보안 검색요원의 증원계획에 관한 사항은 서면으로 요구하여야 한다. 1. 보안검색대상자에 대한 불심검문, 신체 또는 물품의 수색 등에 대한 협력 2. 제10조부터 제12조까지의 규정에 따른 보안검색방법 중 필요하다고 인정되는 방법에 의한 보안검색 3. 보안검색강화를 위한 항공보안검색요원의 증원배치 [전문개정 2010.9.20.] **제15조(보안검색의 면제)** ① 다음 각 호의 어느 하나에 해당하는 사람에 대해서는 법제15조에 따른 보안검색을 면제할 수 있다. 1. 공무로 국외여행을 하는 국가원수 2. 국제협약 등에 따라 보안검색을 면제받도록 되어 있는 사람 ② 다음 각 호의 요건을 모두 갖춘 외교행낭에 대해서는 법 제15조에 따른 보안검색을 면제할 수 있다. 〈개정 2013.3.23.〉 1. 제13조제2항 각 호의 요건을 모두 갖출 것 2. 불법방해행위를 하는 데에 사용할 수 있는 무기 또는 폭발물 등 위험성이 있는 물건들이 없다는 것을 증명하는 해당 국가공관의 증명서를 국토교통부장관이 인증할 것

항공보안법	항공보안법 시행령
	③ 다음 각 호의 요건을 모두 갖춘 위탁수하물을 환적(換積)하는 경우에는 법 제15조에 따른 보안검색을 면제할 수 있다. 〈개정 2013.3.23.〉 1. 출발 공항에서 탑재 직전에 적절한 수준으로 보안검색이 이루어질 것 2. 출발 공항에서 탑재된 후에 환승 공항에 도착할 때까지 계속해서 외부의 비인가 접촉으로부터 보호받을 것 3. 국토교통부장관이 제1호 및 제2호의 사항을 확인하기 위하여 출발 공항의 보안통제 실태를 직접 확인하고 해당 국가와 협약을 체결할 것 ④ 항공운송사업자는 외교신서사가 탑승하지 아니한 경우에는 제2항에 따라 보안검색이 면제된 외교행낭을 운송해서는 아니 된다. [전문개정 2010.9.20.]

항공보안법	항공보안법 시행령
제4장 항공기 내의 보안 〈개정 2013.4.5.〉 **제21조(무기 등 위해물품 휴대 금지)** ① 누구든지 항공기에 무기[탄저균(炭疽菌), 천연두균 등의 생화학무기를 포함한다], 도검류(刀劍類), 폭발물, 독극물 또는 연소성이 높은 물건 등 국토교통부장관이 정하여 고시하는 위해물품을 가지고 들어가서는 아니 된다. 〈개정 2013.3.23.〉 ② 제1항에도 불구하고 경호업무, 범죄인 호송업무 등 대통령령으로 정하는 특정한 직무를 수행하기 위하여 대통령령으로 정하는 무기의 경우에는 국토교통부장관의 허가를 받아 항공기에 가지고 들어갈 수 있다. 〈개정 2013.3.23.〉 ③ 제2항에 따라 항공기에 무기를 가지고 들어가려는 사람은 탑승 전에 이를 해당 항공기의 기장에게 보관하게 하고 목적지에 도착한 후 반환받아야 한다. 다만, 제14조제2항에 따라 항공기 내에 탑승한 항공기 내 보안요원은 그러하지 아니하다. ④ 항공기 내에 제2항에 따른 무기를 반입하고 입국하려는 항공보안에 관한 업무를 수행하는 외국인 또는 외국국적 항공운송사업자는 항공기 출발 전에 국토교통부장관으로부터 미리 허가를 받아야 한다. 〈개정 2013.3.23., 2013.4.5.〉 ⑤ 제2항 및 제4항에 따른 항공기 내 무기 반입허가절차 등에 관하여 필요한 사항은 국토교통부령으로 정한다. 〈개정 2013.3.23.〉 [전문개정 2010.3.22.]	**제18조(다른 직무의 금지 등)** 공항운영자·항공운송사업자 또는 법 제15조제3항(법 제16조 및 제17조제5항에서 준용하는 경우를 포함한다)에 따라 보안검색을 위탁받은 업체는 항공보안검색요원이 보안검색업무를 수행 중인 때에는 보안검색업무 외의 다른 업무를 수행하게 하여서는 아니 된다. 〈개정 2014.4.1.〉 [전문개정 2010.9.20.] **제18조의2(특정 직무의 수행)** 법 제21조제2항에서 "경호업무, 범죄인 호송업무 등 대통령령으로 정하는 특정한 직무"란 다음 각호의 업무를 말한다. 〈개정 2014.4.1.〉 1. 「대통령 등의 경호에 관한 법률」에 따른 경호업무 2. 「경찰관 직무집행법」에 따른 요인(要人)경호업무 3. 외국정부의 중요 인물을 경호하는 해당 정부의 경호업무 4. 법 제24조에 따른 호송대상자에 대한 호송업무 5. 항공기 내의 불법방해행위를 방지하는 항공기 내 보안요원의 업무 [본조신설 2010.9.20.] **제19조(기내 반입무기)** 법 제21조제2항에서 "대통령령으로 정하는 무기"란 다음 각 호의 무기를 말한다. 〈개정 2014.4.1., 2016.1.6.〉 1. 「총포·도검·화약류 등의 안전관리에 관한 법률 시행령」 제3조에 따른 권총 2. 「총포·도검·화약류 등의 안전관리에 관한 법률 시행령」 제6조의2에 따른 분사기 3. 「총포·도검·화약류 등의 안전관리에 관한 법률 시행령」 제6조의3에 따른 전자충격기 4. 국제협약 또는 외국정부와의 합의서에 의하여 휴대가 허용되는 무기 [전문개정 2010.9.20.]

제12조의2(기내 무기반입 허가절차) ① 법 제21조제5항에 따라 항공기 내에 무기를 가지고 들어가려는 사람은 항공기 탑승 최소 3일 전에 다음 각 호의 사항을 지방항공청장에게 신청하여야 한다. 다만, 긴급한 경호 업무 및 범죄인 호송업무는 탑승 전까지 그 사실을 유선 등으로 미리 통보하여야 하고, 항공기 탑승 후 3일 이내에 서면으로 제출하여야 한다. 〈개정 2013.3.23., 2015.11.5., 2017.11.3.〉

  1. 무기반입자의 성명

  2. 무기반입자의 생년월일

  3. 무기반입자의 여권번호(외국인만 해당한다)

  4. 항공기의 탑승일자 및 편명

  5. 무기반입 사유

  6. 무기의 종류 및 수량

  7. 그 밖에 기내 무기반입에 필요한 사항

② 지방항공청장은 항공기 내 무기 반입의 허가 신청을 받은 경우 영 제18조의2에 따른 특정한 직무에 해당하고 영 제19조에 따른 무기의 종류에 적합한 경우에는 허가하여야 한다. 〈개정 2013.3.23., 2015.11.5.〉

③ 지방항공청장은 제2항에 따라 항공기 내 무기 반입을 허가한 경우 이를 관련기관에 통보하여야 한다. 〈개정 2013.3.23., 2015.11.5.〉

④ 외국국적 항공기 내에 무기를 반입하여 우리나라로 운항하는 경우에도 제1항부터 제3항까지의 규정을 준용한다. [전문개정 2010.9.20.]

항공보안법	항공보안법 시행령

제22조(기장 등의 권한) ① 기장이나 기장으로부터 권한을 위임받은 승무원(이하 "기장 등"이라 한다) 또는 승객의 항공기 탑승관련 업무를 지원하는 항공운송사업자 소속 직원 중 기장의 지원요청을 받은 사람은 다음 각 호의 어느 하나에 해당하는 행위를 하려는 사람에 대하여 그 행위를 저지하기 위해 필요한 조치를 할 수 있다. 〈개정 2013.4.5.〉

1. 항공기의 보안을 해치는 행위
2. 인명이나 재산에 위해를 주는 행위
3. 항공기 내의 질서를 어지럽히거나 규율을 위반하는 행위

② 항공기 내에 있는 사람은 제1항에 따른 조치에 관하여 기장 등의 요청이 있으면 협조하여야 한다.

③ 기장 등은 제1항 각 호의 행위를 한 사람을 체포한 경우에 항공기가 착륙하였을 때에는 체포된 사람이 그 상태로 계속 탑승하는 것에 동의하거나 체포된 사람을 항공기에서 내리게 할 수 없는 사유가 있는 경우를 제외하고는 체포한 상태로 이륙하여서는 아니 된다.

④ 기장으로부터 권한을 위임받은 승무원 또는 승객의 항공기 탑승관련 업무를 지원하는 항공운송사업자 소속 직원 중 기장의 지원요청을 받은 사람이 제1항에 따른 조치를 할 때에는 기장의 지휘를 받아야 한다.

[전문개정 2010.3.22.]

제23조(승객의 협조의무) ① 항공기 내에 있는 승객은 항공기와 승객의 안전한 운항과 여행을 위하여 다음 각 호의 어느 하나에 해당하는 행위를 하여서는 아니 된다. 〈개정 2013.7.16., 2016.3.29.〉

1. 폭언, 고성방가 등 소란행위
2. 흡연(흡연구역에서의 흡연은 제외한다)
3. 술을 마시거나 약물을 복용하고 다른 사람에게 위해를 주는 행위
4. 다른 사람에게 성적(性的) 수치심을 일으키는 행위
5. 「항공안전법」 제73조를 위반하여 전자기기를 사용하는 행위
6. 기장의 승낙 없이 조종실 출입을 기도하는 행위
7. 기장 등의 업무를 위계 또는 위력으로써 방해하는 행위

② 승객은 항공기 내에서 다른 사람을 폭행하거나 항공기의 보안이나 운항을 저해하는 폭행·협박·위계행위(危計行爲) 또는 출입문·탈출구·기기의 조작을 하여서는 아니 된다. 〈개정 2017.3.21.〉

③ 승객은 항공기가 착륙한 후 항공기에서 내리지 아니하고 항공기를 점거하거나 항공기 내에서 농성하여서는 아니 된다.

④ 항공기 내의 승객은 항공기의 보안이나 운항을 저해하는 행위를 금지하는 기장 등의 정당한 직무상 지시에 따라야 한다. 〈개정 2013.4.5.〉

항공보안법	항공보안법 시행령
④ 항공기 내의 승객은 항공기의 보안이나 운항을 저해하는 행위를 금지하는 기장 등의 정당한 직무상 지시에 따라야 한다. 〈개정 2013.4.5.〉 ⑤ 항공운송사업자는 금연 등 항공기와 승객의 안전한 운항과 여행을 위한 규제로 인하여 승객이 받는 불편을 줄일 수 있는 방안을 마련하여야 한다. ⑥ 기장 등은 승객이 항공기 내에서 제1항제1호부터 제5호까지 의 어느 하나에 해당하는 행위를 하거나 할 우려가 있는 경우 이를 중지하게 하거나 하지 말 것을 경고하여 사전에 방지하도록 노력하여야 한다. ⑦ 항공운송사업자는 다음 각 호의 어느 하나에 해당하는 사람에 대하여 탑승을 거절할 수 있다. 〈개정 2013.3.23., 2013.4.5.〉 1. 제15조 또는 제17조에 따른 보안검색을 거부하는 사람 2. 음주로 인하여 소란행위를 하거나 할 우려가 있는 사람 3. 항공보안에 관한 업무를 담당하는 국내외 국가기관 또는 국제기구 등으로부터 항공기 안전운항을 해칠 우려가 있어 탑승을 거절할 것을 요청받거나 통보받은 사람 4. 그 밖에 항공기 안전운항을 해칠 우려가 있어 국토교통부령으로 정하는 사람 ⑧ 누구든지 공항에서 보안검색 업무를 수행 중인 항공보안검색요원 또는 보호구역에의 출입을 통제하는 사람에 대하여 업무를 방해하는 행위 또는 폭행 등 신체에 위해를 주는 행위를 하여서는 아니 된다. ⑨ 항공운송사업자는 항공기가 이륙하기 전에 승객에게 국토교통부장관이 정하는 바에 따라 승객의 협조의무를 영상물 상영 또는 방송 등을 통하여 안내하여야 한다. 〈신설 2017.8.9.〉 [전문개정 2010.3.22.] [제목개정 2013.4.5.] [시행일 : 2018.2.10.] 제23조 **제25조(범인의 인도 · 인수)** ① 기장 등은 항공기 내에서 이 법에 따른 죄를 범한 범인을 직접 또는 해당 관계 기관 공무원을 통하여 해당 공항을 관할하는 국가경찰관서에 통보한 후 인도하여야 한다. 〈개정 2016.1.19.〉 ② 기장 등이 다른 항공기 내에서 죄를 범한 범인을 인수한 경우에 그 항공기 내에서 구금을 계속할 수 없을 때에는 직접 또는 해당 관계 기관 공무원을 통하여 해당 공항을 관할하는 국가경찰관서에 지체 없이 인도하여야 한다. ③ 제1항 및 제2항에 따라 범인을 인도받은 국가경찰관서의 장은 범인에 대한 처리 결과를 지체 없이 해당 항공운송사업자에게 통보하여야 한다. [전문개정 2010.3.22.]	

제13조(탑승거절 대상자) ① 항공운송사업자는 법 제23조제7항제4호에 따라 다음 각 호의 어느 하나에 해당하는 사람에 대하여 탑승을 거절할 수 있다.

1. 법 제14조제1항에 따른 항공운송사업자의 승객의 안전 및 항공기의 보안을 위하여 필요한 조치를 거부한 사람

2. 법 제23조제1항제3호에 따른 행위로 승객 및 승무원 등에게 위해를 가할 우려가 있는 사람

3. 법 제23조제2항의 행위를 한 사람

4. 법 제23조제4항에 따른 기장 등의 정당한 직무상 지시를 따르지 아니한 사람

5. 탑승권 발권 등 탑승수속 시 위협적인 행동, 공격적인 행동, 욕설 또는 모욕을 주는 행위 등을 하는 사람으로서 다른 승객의 안전 및 항공기의 안전운항을 해칠 우려가 있는 사람

② 항공운송사업자가 제1항에 따라 탑승을 거절하는 경우에는 그 사유를 탑승이 거절되는 사람에게 고지하여야 한다.

[전문개정 2010.9.20.]

항공보안법	항공보안법 시행령
제33조의2(항공보안 자율신고) ① 민간항공의 보안을 해치거나 해칠 우려가 있는 사실로서 국토교통부령으로 정하는 사실을 안 사람은 국토교통부장관에게 그 사실을 신고(이하 이 조에서 "항공보안 자율신고"라 한다)할 수 있다. ② 국토교통부장관은 항공보안 자율신고를 한 사람의 의사에 반하여 신고자의 신분을 공개하여서는 아니 되며, 그 신고 내용을 보안사고 예방 및 항공보안 확보 목적 외의 다른 목적으로 사용하여서는 아니 된다. ③ 공항운영자 등은 소속 임직원이 항공보안 자율신고를 한 경우에는 그 신고를 이유로 해고, 전보, 징계, 그 밖에 신분이나 처우와 관련하여 불이익한 조치를 하여서는 아니 된다. ④ 국토교통부장관은 제1항 및 제2항에 따른 항공보안 자율신고의 접수 · 분석 · 전파에 관한 업무를 대통령령으로 정하는 바에 따라 「한국교통안전공단법」에 따른 한국교통안전공단에 위탁할 수 있다. 이 경우 위탁받은 업무에 종사하는 한국교통안전공단의 임직원은 「형법」 제129조부터 제132조까지의 규정을 적용할 때에는 공무원으로 본다. 〈개정 2017.10.24.〉 ⑤ 항공보안 자율신고의 신고방법 및 신고처리절차 등에 관하여 필요한 사항은 국토교통부령으로 정한다. [본조신설 2013.4.5.]	**제19조의3(항공보안 자율신고업무의 위탁)** 국토교통부장관은 법 제33조의2제4항 전단에 따라 항공보안 자율신고의 접수 · 분석 · 전파에 관한 업무를 「교통안전공단법」에 따른 교통안전공단에 위탁한다. [본조신설 2014.4.1.]

제19조의2(항공보안 자율신고의 절차 등) ① 법 제33조의2제1항에서 "국토교통부령으로 정하는 사실"이란 다음 각 호의 어느 하나에 해당하는 사실을 말한다.

1. 불법방해행위가 시도되거나 발생될 가능성이 있는 사실
2. 법 제10조제2항에 따른 자체 보안계획을 이행하지 아니한 사실
3. 보안검색이 완료된 승객과 완료되지 못한 승객이 접촉한 사실
4. 법 제13조제1항을 위반하여 공항운영자의 허가를 받지 아니하고 보호구역에 진입한 사실
5. 법 제14조제4항을 위반하여 항공기에 대한 보안점검을 실시하지 아니한 사실
6. 법 제15조제1항, 제16조 및 제17조제2항에 따라 보안검색이 이루어지지 아니한 사실
7. 법 제21조를 위반하여 위해물품을 항공기 내에 반입한 사실
8. 법 제31조제2항에 따라 자체 우발계획을 이행하지 아니한 사실
9. 법 제32조에 따른 보안조치를 공항운영자 등이 이행하지 아니한 사실
10. 그 밖에 항공보안을 해치거나 해칠 우려가 있는 사실

② 법 제33조의2제1항에 따라 항공보안 자율신고를 하려는 자는 별지 제7호서식에 따른 항공보안 자율신고서 또는 국토교통부장관이 정하여 고시하는 전자적인 신고방법에 따라 「교통안전공단법」에 따른 교통안전공단에 신고하여야 한다.

③ 제2항에 따른 항공보안 자율신고를 접수한 교통안전공단은 분기별로 해당 신고 현황을 국토교통부장관에게 보고하여야 한다. 다만, 긴급한 조치가 필요한 신고의 경우에는 신고를 받은 후 지체 없이 국토교통부장관에게 보고하여야 한다.

④ 제3항에 따른 보고를 받은 국토교통부장관은 신고사항을 조사하여 항공보안을 위하여 필요한 조치를 하거나 항공보안 대책을 마련하여야 한다.

⑤ 제1항부터 제4항까지의 규정에서 정한 사항 외에 항공보안 자율신고의 접수·분석 및 전파 등에 관하여 필요한 사항은 국토교통부장관이 정하여 고시한다.

[본조신설 2014.4.4.]

제20조(규제의 재검토) 국토교통부장관은 다음 각 호의 사항에 대하여 2017년 1월 1일을 기준으로 3년마다(매 3년이 되는 해의 1월 1일 전까지를 말한다) 그 타당성을 검토하여 개선 등의 조치를 하여야 한다.

1. 제7조제1항에 따른 조종실 출입문에 대한 보안조치
2. 제7조제2항에 따른 항공기의 보안을 위한 매 비행 전 보안점검
3. 제15조에 따른 보안검색교육기관의 지정 등

[전문개정 2016.12.30.]

MEMO

항공보안법	항공보안법 시행령
제8장 벌칙 **제39조(항공기 파손죄)** ① 운항중인 항공기의 안전을 해칠 정도로 항공기를 파손한 사람(「항공안전법」 제138조제1항에 해당하는 사람은 제외한다)은 사형, 무기징역 또는 5년 이상의 징역에 처한다. 〈개정 2016.3.29〉 ② 계류 중인 항공기의 안전을 해칠 정도로 항공기를 파손한 사람은 7년 이하의 징역에 처한다. [전문개정 2010.3.22.] **제40조(항공기 납치죄 등)** ① 폭행, 협박 또는 그 밖의 방법으로 항공기를 강탈하거나 그 운항을 강제한 사람은 무기 또는 7년 이상의 징역에 처한다. ② 제1항의 죄를 범하여 사람을 사상(死傷)에 이르게 한 사람은 사형 또는 무기징역에 처한다. ③ 제1항의 미수범은 처벌한다. ④ 제1항 또는 제2항의 죄를 범할 목적으로 예비 또는 음모한 사람은 5년 이하의 징역에 처한다. 다만, 그 목적한 죄를 실행에 옮기기 전에 자수한 사람에 대하여는 그 형을 감경하거나 면제할 수 있다. [전문개정 2010.3.22.] **제41조(항공시설 파손죄)** 항공기 운항과 관련된 항공시설을 파손하거나 조작을 방해함으로써 항공기의 안전운항을 해친 사람(「항공안전법」 제140조에 해당하는 사람은 제외한다)은 2년 이상의 유기징역에 처한다. 〈개정 2016.3.29〉 [전문개정 2010.3.22.] **제42조(항공기 항로 변경죄)** 위계 또는 위력으로써 운항중인 항공기의 항로를 변경하게 하여 정상 운항을 방해한 사람은 1년 이상 10년 이하의 징역에 처한다.	

항공보안법	항공보안법 시행령
제43조(직무집행방해죄) 폭행·협박 또는 위계로써 기장등의 정당한 직무집행을 방해하여 항공기와 승객의 안전을 해친 사람은 10년 이하의 징역에 처한다. [전문개정 2010.3.22.] **제44조(항공기 위험물건 탑재죄)** 제21조를 위반하여 휴대 또는 탑재가 금지된 물건을 항공기에 휴대 또는 탑재하거나 다른 사람으로 하여금 휴대 또는 탑재하게 한 사람은 2년 이상 5년 이하의 징역에 처한다. [전문개정 2010.3.22.] **제45조(공항운영 방해죄)** 거짓된 사실의 유포, 폭행, 협박 및 위계로써 공항운영을 방해한 사람은 5년 이하의 징역 또는 5천만원 이하의 벌금에 처한다. 〈개정 2013.4.5〉 [전문개정 2010.3.22.] **제46조(항공기 내 폭행죄 등)** ① 제23조제2항을 위반하여 항공기의 보안이나 운항을 저해하는 폭행·협박·위계행위 또는 출입문·탈출구·기기의 조작을 한 사람은 10년 이하의 징역에 처한다. ② 제23조제2항을 위반하여 항공기 내에서 다른 사람을 폭행한 사람은 5년 이하의 징역에 처한다. [전문개정 2017.3.21.] **제47조(항공기 점거 및 농성죄)** 제23조제3항을 위반하여 항공기를 점거하거나 항공기 내에서 농성한 사람은 3년 이하의 징역 또는 3천만원 이하의 벌금에 처한다. 〈개정 2013.4.5〉 [전문개정 2010.3.22.] **제48조(운항 방해정보 제공죄)** 항공운항을 방해할 목적으로 거짓된 정보를 제공한 사람은 3년 이하의 징역 또는 3천만원 이하의 벌금에 처한다. 〈개정 2013.4.5〉 [전문개정 2010.3.22]	

항공보안법	항공보안법 시행령
제49조(벌칙) ① 제23조제1항제7호를 위반하여 기장등의 업무를 위계 또는 위력으로써 방해한 사람은 10년 이하의 징역 또는 1억원 이하의 벌금에 처한다. 〈신설 2016.1.19, 2017.3.21〉 ② 다음 각 호의 어느 하나에 해당하는 사람은 3년 이하의 징역 또는 3천만원 이하의 벌금에 처한다. 1. 제23조제1항제6호를 위반하여 조종실 출입을 기도한 사람 2. 제23조제4항을 위반하여 기장등의 지시에 따르지 아니한 사람 　[전문개정 2010.3.22.] **제50조(벌칙)** ① 제23조제8항을 위반하여 공항에서 보안검색 업무를 수행 중인 항공보안검색요원 또는 보호구역에의 출입을 통제하는 사람에 대하여 업무를 방해하는 행위 또는 폭행 등 신체에 위해를 주는 행위를 한 사람은 5년 이하의 징역 또는 5천만원 이하의 벌금에 처한다. ② 운항 중인 항공기 내에서 다음 각 호의 어느 하나에 해당하는 사람은 3년 이하의 징역 또는 3천만원 이하의 벌금에 처한다. 1. 제23조제1항제1호를 위반하여 폭언, 고성방가 등 소란행위를 한 사람 2. 제23조제1항제3호를 위반하여 술을 마시거나 약물을 복용하고 다른 사람에게 위해를 주는 행위를 한 사람 ③ 다음 각 호의 어느 하나에 해당하는 자는 5천만원 이하의 벌금에 처한다. 1. 제10조제2항을 위반하여 자체 보안계획을 수립하지 아니한 자 2. 제15조를 위반하여 보안검색 업무를 하지 아니하거나 소홀히 한 사람 3. 제31조제2항을 위반하여 자체 우발계획을 수립하지 아니한 자	

항공보안법	항공보안법 시행령
④ 다음 각 호의 어느 하나에 해당하는 자는 3천만원 이하의 벌금에 처한다. 1. 제10조제2항을 위반하여 자체 보안계획의 승인을 받지 아니한 자 2. 제16조 또는 제17조를 위반하여 보안검색 업무를 하지 아니하거나 소홀히 한 사람 3. 제31조제3항을 위반하여 자체 우발계획의 승인을 받지 아니한 자 ⑤ 계류 중인 항공기 내에서 다음 각 호의 어느 하나에 해당하는 사람은 2천만원 이하의 벌금에 처한다. 1. 제23조제1항제1호를 위반하여 폭언, 고성방가 등 소란행위를 한 사람 2. 제23조제1항제3호를 위반하여 술을 마시거나 약물을 복용하고 다른 사람에게 위해를 주는 행위를 한 사람 ⑥ 운항 중인 항공기 내에서 다음 각 호의 어느 하나에 해당하는 사람은 1천만원 이하의 벌금에 처한다. 1. 제23조제1항제2호를 위반하여 흡연을 한 사람 2. 제23조제1항제4호를 위반하여 다른 사람에게 성적(性的) 수치심을 일으키는 행위를 한 사람 3. 제23조제1항제5호를 위반하여 전자기기를 사용한 사람 ⑦ 계류 중인 항공기 내에서 다음 각 호의 어느 하나에 해당하는 사람은 5백만원 이하의 벌금에 처한다. 1. 제23조제1항제2호를 위반하여 흡연을 한 사람 2. 제23조제1항제4호를 위반하여 다른 사람에게 성적(性的) 수치심을 일으키는 행위를 한 사람 3. 제23조제1항제5호를 위반하여 전자기기를 사용한 사람 ⑧ 제13조제1항을 위반하여 공항운영자의 허가를 받지 아니하고 보호구역에 출입한 사람은 100만원 이하의 벌금에 처한다. [전문개정 2017.3.21]	

항공 · 철도 사고조사에 관한 법률
(약칭 : 항공철도사고조사법)

[시행 2017.3.30.] [법률 제14116호, 2016.3.29., 타법개정]
국토교통부(항공철도사고조사위원회사무국) 044-201-5448

제1장 총칙

제1조(목적) 이 법은 항공 · 철도사고조사위원회를 설치하여 항공사고 및 철도사고 등에 대한 독립적이고 공정한 조사를 통하여 사고 원인을 정확하게 규명함으로써 항공사고 및 철도사고 등의 예방과 안전 확보에 이바지함을 목적으로 한다.

제2조(정의) ① 이 법에서 사용하는 용어의 뜻은 다음과 같다. 〈개정 2009.6.9., 2013.3.22., 2016.3.29.〉

1. "항공사고"란 「항공안전법」 제2조제6호에 따른 항공기사고, 같은 조 제7호에 따른 경량항공기사고 및 같은 조 제8호에 따른 초경량비행장치사고를 말한다.
2. "항공기준사고"란 「항공안전법」 제2조제9호에 따른 항공기준사고를 말한다.
3. "항공사고 등"이라 함은 제1호의 규정에 의한 항공사고 및 제2호의 규정에 의한 항공기준사고를 말한다.
4. 삭제 〈2009.6.9.〉
5. 삭제 〈2009.6.9.〉
6. "철도사고"란 철도(도시철도를 포함한다. 이하 같다)에서 철도차량 또는 열차의 운행 중에 사람의 사상이나 물자의 파손이 발생한 사고로서 다음 각 호의 어느 하나에 해당하는 사고를 말한다.
   가. 열차의 충돌 또는 탈선사고
   나. 철도차량 또는 열차에서 화재가 발생하여 운행을 중지시킨 사고
   다. 철도차량 또는 열차의 운행과 관련하여 3명 이상의 사상자가 발생한 사고
   라. 철도차량 또는 열차의 운행과 관련하여 5천만원 이상의 재산피해가 발생한 사고
7. "사고조사"란 항공사고 등 및 철도사고(이하 "항공 · 철도사고 등"이라 한다)와 관련된 정보 · 자료 등의 수집 · 분석 및 원인규명과 항공 · 철도안전에 관한 안전권고 등 항공 · 철도사고 등의 예방을 목적으로 제4조의 규정에 의한 항공 · 철도사고 조사위원회가 수행하는 과정 및 활동을 말한다.

② 이 법에서 사용하는 용어 외에는 「항공사업법」 · 「항공안전법」 · 「공항시설법」 및 「철도안전법」에서 정하는 바에 따른다. 〈개정 2016.3.29.〉

제3조(적용범위 등) ① 이 법은 다음 각 호의 어느 하나에 해당하는 항공 · 철도사고 등에 대한 사고조사에 관하여 적용한다.

1. 대한민국 영역 안에서 발생한 항공 · 철도사고 등
2. 대한민국 영역 밖에서 발생한 항공사고 등으로서 「국제민간항공조약」에 의하여 대한민국을 관할권으로 하는 항공사고 등

② 제1항의 규정에 불구하고 「항공안전법」 제2조제4호에 따른 국가기관 등 항공기에 대한 항공사고조사에 있어서는 다음 각 호의 어느 하나에 해당하는 경우 외에는 이 법을 적용하지 아니한다. 〈개정 2009.6.9., 2016.3.29.〉

1. 사람이 사망 또는 행방불명된 경우
2. 국가기관 등 항공기의 수리 · 개조가 불가능하게 파손된 경우
3. 국가기관 등 항공기의 위치를 확인할 수 없거나 국가기관 등 항공기에 접근이 불가능한 경우

③ 제1항의 규정에 불구하고 「항공안전법」 제3조의 규정에 의한 항공기의 항공사고조사에 있어서는 이 법을 적용하지 아니한다. 〈개정 2016.3.29.〉

④ 항공사고 등에 대한 조사와 관련하여 이 법에서 규정하지 아니한 사항은 「국제민간항공조약」과 같은 조약의 부속서(附屬書)에서 채택된 표준과 방식에 따라 실시한다. 〈신설 2013.3.22.〉 [제목개정 2013.3.22.]

제2장 항공 · 철도사고조사위원회

제4조(항공 · 철도사고조사위원회의 설치) ① 항공 · 철도사고 등의 원인규명과 예방을 위한 사고조사를 독립적으로 수행하기 위하여 국토교통부에 항공 · 철도사고조사위원회(이하 "위원회"라 한다)를 둔다. 〈개정 2008.2.29., 2013.3.23.〉

② 국토교통부장관은 일반적인 행정사항에 대하여는 위원회를 지휘 · 감독하되, 사고조사에 대하여는 관여하지 못한다. 〈개정 2008.2.29., 2013.3.23.〉

제5조(위원회의 업무) 위원회는 다음 각 호의 업무를 수행한다.

1. 사고조사
2. 제25조의 규정에 의한 사고조사보고서의 작성 · 의결 및 공표
3. 제26조의 규정에 의한 안전권고 등
4. 사고조사에 필요한 조사 · 연구
5. 사고조사 관련 연구 · 교육기관의 지정
6. 그 밖에 항공사고조사에 관하여 규정하고 있는 「국제민간항공조약」 및 동 조약부속서에서 정한 사항

제6조(위원회의 구성) ① 위원회는 위원장 1인을 포함한 12인 이내의 위원으로 구성하되, 위원 중 대통령령이 정하는 수의 위원은 상임으로 한다.

② 위원장 및 상임위원은 대통령이 임명하며, 비상임위원은 국토교통부장관이 위촉한다. 〈개정 2008.2.29., 2013.3.23.〉

③ 상임위원의 직급에 관하여는 대통령령으로 정한다.

제7조(위원의 자격요건) 위원이 될 수 있는 자는 항공 · 철도관련 전문지식이나 경험을 가진 자로서 다음 각 호의 어느 하나에 해당하는 자로 한다.

1. 변호사의 자격을 취득한 후 10년 이상 된 자
2. 대학에서 항공 · 철도 또는 안전관리분야 과목을 가르치는 부교수 이상의 직에 5년 이상 있거나 있었던 자
3. 행정기관의 4급 이상 공무원으로 2년 이상 있었던 자
4. 항공 · 철도 또는 의료 분야 전문기관에서 10년 이상 근무한 박사학위 소지자
5. 항공종사자 자격증명을 취득하여 항공운송사업체에서 10년 이상 근무한 경력이 있는 자로서 임명 · 위촉일 3년 이전에 항공운송사업체에서 퇴직한 자
6. 철도시설 또는 철도운영관련 업무분야에서 10년 이상 근무한 경력이 있는 자로서 임명 · 위촉일 3년 이전에 퇴직한 자
7. 국가기관 등 항공기 또는 군 · 경찰 · 세관용 항공기와 관련된 항공업무에 10년 이상 종사한 경력이 있는 자

제8조(위원의 결격사유) 다음 각 호의 어느 하나에 해당하는 자는 위원이 될 수 없다. 〈개정 2017.3.21.〉

1. 피성년후견인 · 피한정후견인 또는 파산자로서 복권되지 아니한 자
2. 금고 이상의 실형을 선고 받고 그 집행이 종료(집행이 종료된 것으로 보는 경우를 포함한다)되거나 집행이 면제된 날부터 3년이 경과되지 아니한 자
3. 금고 이상의 형의 집행유예선고를 받고 그 유예기간 중에 있는 자
4. 법원의 판결 또는 법률에 의하여 자격이 상실 또는 정지된 자
5. 항공운송사업자, 항공기 또는 초경량비행장치와 그 장비품의 제조 · 개조 · 정비 및 판매사업 그 밖에 항공관련 사업을 운영하는 자 또는 그 임직원
6. 철도운영자 및 철도시설관리자, 철도차량을 제작 · 조립 또는 수입하는 자, 철도건설관련 시공업자 또는 철도용품 · 장비 판매사업자 그 밖의 철도관련 사업을 운영하는 자 및 그 임직원

제9조(위원의 신분보장) ① 위원은 임기 중 직무와 관련하여 독립적으로 권한을 행사한다.

② 위원은 다음 각 호의 어느 하나에 해당하는 경우를 제외하고는 그 의사에 반하여 해임 또는 해촉되지 아니한다.

1. 제8조 각 호의 어느 하나에 해당하는 경우
2. 심신장애로 인하여 직무를 수행할 수 없다고 인정되는 경우
3. 이 법에 의한 직무상의 의무를 위반하여 위원으로서의 직무수행이 부적당하게 된 경우

제10조(위원장의 직무 등) ① 위원장은 위원회를 대표하며 위원회의 업무를 통할한다.

② 위원장이 부득이한 사유로 인하여 직무를 수행할 수 없는 때에는 위원장이 미리 지명한 위원, 상임위원, 위원 중 연장자 순으로 그 직무를 대행한다.

제11조(위원의 임기) 위원의 임기는 3년으로 하되, 연임할 수 있다.

제12조(회의 및 의결) ① 위원회의 회의는 위원장이 소집하고, 위원장은 의장이 된다.

② 위원회의 의사는 재적위원 과반수로 결정한다.

제13조(분과위원회) ① 위원회는 사고조사 내용을 효율적으로 심의하기 위하여 분과위원회를 둘 수 있다.

② 제1항의 규정에 의한 분과위원회의 의결은 위원회의 의결로 본다.

③ 분과위원회의 조직 및 운영에 관하여 필요한 사항은 대통령령으로 정한다.

제14조(자문위원) 위원회는 사고조사에 관련된 자문을 얻기 위하여 필요한 경우 항공 및 철도분야의 전문지식과 경험을 갖춘 전문가를 대통령령이 정하는 바에 따라 자문위원으로 위촉할 수 있다.

제15조(직무종사의 제한) ① 위원회는 항공 · 철도사고 등의 원인과 관계가 있거나 있었던 자와 밀접한 관계를 갖고 있다고 인정되는 위원에 대하여는 당해 항공 · 철도사고 등과 관련된 회의에 참석시켜서는 아니 된다.

② 제1항의 규정에 해당되는 위원은 당해 항공 · 철도사고 등과 관련한 위원회의 회의를 회피할 수 있다.

제16조(사무국) ① 위원회의 사무를 처리하기 위하여 위원회에 사무국을 둔다.

② 사무국은 사무국장 · 사고조사관 그 밖의 직원으로 구성한다.

③ 사무국장은 위원장의 명을 받아 사무국 업무를 처리한다.

④ 사무국의 조직 및 운영 등에 관하여 필요한 사항은 대통령령으로 정한다.

제3장 사고조사

제17조(항공 · 철도사고 등의 발생 통보) ① 항공 · 철도사고 등이 발생한 것을 알게 된 항공기의 기장, 「항공안전법」 제62조제5항 단서에 따른 그 항공기의 소유자등, 「철도안전법」 제61조제1항에 따른 철도운영자등, 항공 · 철도종사자, 그 밖의 관계인(이하 "항공 · 철도종사자 등"이라 한다)은 지체 없이 그 사실을 위원회에 통보하여야 한다. 다만, 「항공안전법」 제2조제4호에 따른 국가기관 등 항공기의 경우에는 그와 관련된 항공업무에 종사하는 사람은 소관 행정기관의 장에게 보고하여야 하며, 그 보고를 받은 소관 행정기관의 장은 위원회에 통보하여야 한다. 〈개정2016.3.29.〉

② 제1항에 따른 항공 · 철도종사자와 관계인의 범위, 통보에 포함되어야 할 사항, 통보시기, 통보방법 및 절차 등은 국토교통부령으로 정한다. 〈개정 2013.3.23.〉

③ 위원회는 제1항에 따라 항공 · 철도사고 등을 통보한 자의 의사에 반하여 해당 통보자의 신분을 공개하여서는 아니 된다. [전문개정 2009.6.9.]

제18조(사고조사의 개시 등) 위원회는 제17조제1항에 따라 항공 · 철도사고 등을 통보받거나 발생한 사실을 알게 된 때에는 지체 없이 사고조사를 개시하여야 한다. 다만, 대한민국에서 발생한 외국항공기의 항공사고 등에 대한 원활한 사고조사를 위하여 필요한 경우 해당 항공기의 소속 국가 또는 지역사고조사기구(Regional Accident Investigation Organization)와의 합의나 협정에 따라 사고조사를 그 국가 또는 지역사고조사기구에 위임할 수 있다. 〈개정 2009.6.9., 2013.3.22.〉

제19조(사고조사의 수행 등) ① 위원회는 사고조사를 위하여 필요하다고 인정되는 때에는 위원 또는 사무국 직원으로 하여금 다음 각 호의 사항을 조치하게 할 수 있다. 〈개정 2009.6.9.〉

1. 항공기 또는 초경량비행장치의 소유자, 제작자, 탑승자, 항공사고 등의 현장에서 구조 활동을 한 자 그 밖의 관계인(이하 "항공사고 등 관계인"이라 한다)에 대한 항공사고 등 관련 보고 또는 자료의 제출 요구
2. 철도사고와 관련된 철도운영 및 철도시설관리자, 종사자, 사고현장에서 구조활동을 하는 자, 그 밖의 관계인(이하 "철도사고 관계인"이라 한다)에 대한 철도사고와 관련한 보고 또는 자료의 제출 요구
3. 사고현장 및 그밖에 필요하다고 인정되는 장소에 출입하여 항공기 및 철도 시설 · 차량 그 밖의 항공 · 철도사고 등과 관련이 있는 장부 · 서류 또는 물건(이하 "관계물건"이라 한다)의 검사
4. 항공사고 등 관계인 및 철도사고 관계인(이하 "관계인"이라 한다)의 출석 요구 및 질문
5. 관계 물건의 소유자 · 소지자 또는 보관자에 대한 해당 물건의 보존 · 제출 요구 또는 제출한 물건의 유치
6. 사고현장 및 사고와 관련 있는 장소에 대한 출입통제

② 제1항제5호의 규정에 의한 보존의 요구를 받은 자는 해당 물건을 이동시키거나 변경 · 훼손하여서는 아니 된다. 다만, 공공의 이익에 중대한 영향을 미친다고 판단되거나 인명구조 등 긴급한 사유가 있는 경우에는 그러하지 아니하다.
③ 위원회는 제1항제5호의 규정에 의하여 유치한 관련물건이 사고조사에 더 이상 필요하지 아니할 때에는 가능한 한 조속히 유치를 해제하여야 한다.
④ 제1항의 규정에 의한 조치를 하는 자는 그 권한을 표시하는 증표를 가지고 있어야 하며, 관계인의 요구가 있는 때에는 이를 제시하여야 한다.

제20조(항공 · 철도사고조사단의 구성 · 운영) ① 위원회는 사고조사를 위하여 필요하다고 인정되는 때에는 분야별 관계 전문가를 포함한 항공 · 철도사고조사단을 구성 · 운영할 수 있다.
② 항공 · 철도사고조사단의 구성 · 운영에 관하여 필요한 사항은 대통령령으로 정한다.

제21조(국토교통부장관의 지원) ① 위원회는 사고조사를 수행하기 위하여 필요하다고 인정하는 때에는 국토교통부장관에게 사실의 조사 또는 관련 공무원의 파견, 물건의 지원 등 사고조사에 필요한 지원을 요청할 수 있다. 〈개정 2008.2.29., 2013.3.23.〉
② 국토교통부장관은 제1항의 규정에 따라 사고조사의 지원을 요청받은 때에는 사고 조사가 원활하게 진행될 수 있도록 필요한 지원을 하여야 한다. 〈개정 2008.2.29., 2013.3.23.〉
③ 국토교통부장관은 제2항의 규정에 따라 사실의 조사를 지원하기 위하여 필요하다고 인정하는 때에는 소속 공무원으로 하여금 제19조제1항 각 호의 사항을 조치하게 할 수 있다. 이 경우 제19조제4항의 규정을 준용한다. 〈개정 2008.2.29., 2013.3.23.〉[제목개정 2008.2.29., 2013.3.23.]

제22조(관계 행정기관 등의 협조) 위원회는 신속하고 정확한 조사를 수행하기 위하여 관계 행정기관의 장, 관계 지방자치단체의 장 그 밖의 공 · 사 단체의 장(이하 "관계기관의 장"이라 한다)에게 항공 · 철도사고 등과 관련된 자료 · 정보의 제공, 관계 물건의 보존 등 그 밖의 필요한 협조를 요청할 수 있다. 이 경우 관계기관의 장은 정당한 사유가 없는 한 이에 응하여야 한다.

제23조(시험 및 의학적 검사) ① 위원회는 사고조사와 관련하여 사상자에 대한 검시, 생존한 승무원 등에 대한 의학적 검사, 항공기 · 철도차량 등의 구성품 등에 대하여 검사 · 분석 · 시험 등을 할 수 있다.
② 위원회는 필요하다고 인정하는 경우에는 제1항의 규정에 의한 검시 · 검사 · 분석 · 시험 등의 업무를 관계 전문가 · 전문기관 등에 의뢰할 수 있다.

제24조(관계인 등의 의견청취) ① 위원회는 사고조사를 종결하기 전에 당해 항공 · 철도 사고 등과 관련된 관계인에게 대통령령이 정하는 바에 따라 의견을 진술할 기회를 부여하여야 한다.

② 위원회는 사고조사를 위하여 필요하다고 인정되는 경우에는 공청회를 개최하여 관계인 또는 전문가로부터 의견을 들을 수 있다.

제25조(사고조사보고서의 작성 등) ① 위원회는 사고조사를 종결한 때에는 다음 각 호의 사항이 포함된 사고조사보고서를 작성하여야 한다.

1. 개요
2. 사실정보
3. 원인분석
4. 사고조사결과
5. 제26조의 규정에 의한 권고 및 건의사항

② 위원회는 대통령령이 정하는 바에 따라 제1항의 규정에 의하여 작성된 사고조사 보고서를 공표하고 관계기관의 장에게 송부하여야 한다.

제26조(안전권고 등) ① 위원회는 제29조제2항에 따른 조사 및 연구활동 결과 필요하다고 인정되는 경우와 사고조사과정 중 또는 사고조사결과 필요하다고 인정되는 경우에는 항공 · 철도사고 등의 재발방지를 위한 대책을 관계 기관의 장에게 안전권고 또는 건의할 수 있다. 〈개정 2013.3.22.〉

② 관계 기관의 장은 제1항의 규정에 의한 위원회의 안전권고 또는 건의에 대하여 조치계획 및 결과를 위원회에 통보하여야 한다.

제27조(사고조사의 재개) 위원회는 사고조사가 종결된 이후에 사고조사 결과가 변경될 만한 중요한 증거가 발견된 경우에는 사고조사를 다시 할 수 있다.

제28조(정보의 공개금지) ① 위원회는 사고조사 과정에서 얻은 정보가 공개됨으로써 당해 또는 장래의 정확한 사고조사에 영향을 줄 수 있거나, 국가의 안전보장 및 개인의 사생활이 침해될 우려가 있는 경우에는 이를 공개하지 아니할 수 있다. 이 경우 항공 · 철도사고 등과 관계된 사람의 이름을 공개하여서는 아니 된다. 〈개정2013.3.22.〉

② 제1항의 규정에 의하여 공개하지 아니할 수 있는 정보의 범위는 대통령령으로 정한다.

제29조(사고조사에 관한 연구 등) ①위원회는 국내외 항공 · 철도사고 등과 관련된 자료를 수집 · 분석 · 전파하기 위한 정보관리 체제를 구축하여 필요한 정보를 공유할 수 있도록 하여야 한다.

② 위원회는 사고조사 기법의 개발 및 항공 · 철도사고 등의 예방을 위하여 조사 및 연구활동을 할 수 있다.

제4장 보칙

제30조(다른 절차와의 분리) 사고조사는 민 · 형사상 책임과 관련된 사법절차, 행정처분절차 또는 행정쟁송절차와 분리 · 수행되어야 한다.

제31조(비밀누설의 금지) 위원회의 위원 · 자문위원 또는 사무국 직원, 그 직에 있었던 자 및 위원회에 파견되거나 위원회의 위촉에 의하여 위원회의 업무를 수행하거나 수행하였던 자는 그 직무상 알게 된 비밀을 누설하여서는 아니 된다.

제32조(불이익의 금지) 이 법에 의하여 위원회에 진술 · 증언 · 자료 등의 제출 또는 답변을 한 사람은 이를 이유로 해고 · 전보 · 징계 · 부당한 대우 또는 그 밖에 신분이나 처우와 관련하여 불이익을 받지 아니한다.

제33조(위원회의 운영 등) ① 이 법에서 정하지 아니한 위원회의 운영 및 사고조사에 필요한 사항 등은 위원장이 따로 정한다.
② 위원회는 국토교통부령이 정하는 바에 따라 위원회에 출석하여 발언하는 위원장 · 위원 · 자문위원 및 관계인에 대하여 수당 또는 여비를 지급할 수 있다. 〈개정2008.2.29., 2013.3.23.〉

제34조(벌칙적용에서의 공무원 의제) 위원회의 위원, 자문위원, 제20조제1항의 규정에 의한 분야별 관계전문가, 제23조제2항의 규정에 의한 관계전문가 또는 전문기관의 임직원 중 공무원이 아닌 자는 「형법」 제129조 내지 제132조의 적용에 있어서는 이를 공무원으로 본다.

제5장 벌칙

제35조(사고조사방해의 죄) 다음 각 호의 어느 하나에 해당하는 자는 3년 이하의 징역 또는 3천만원 이하의 벌금에 처한다.
1. 제19조제1항제1호 및 제2호의 규정을 위반하여 항공 · 철도사고 등에 관하여 보고를 하지 아니하거나 허위로 보고를 한 자 또는 정당한 사유 없이 자료의 제출을 거부 또는 방해한 자
2. 제19조제1항제3호의 규정을 위반하여 사고현장 및 그 밖에 필요하다고 인정되는 장소의 출입 또는 관계 물건의 검사를 거부 또는 방해한 자
3. 제19조제1항제5호의 규정을 위반하여 관계 물건의 보존 · 제출 및 유치를 거부 또는 방해한 자
4. 제19조제2항의 규정을 위반하여 관계 물건을 정당한 사유 없이 보존하지 아니하거나 이를 이동 · 변경 또는 훼손시킨 자

제36조(비밀누설의 죄) 제31조의 규정을 위반하여 직무상 알게 된 비밀을 누설한 자는 2년 이하의 징역, 5년 이하의 자격정지 또는 2천만원 이하의 벌금에 처한다. 〈개정 2014.5.21.〉

제36조의2(사고발생 통보 위반의 죄) 제17조제1항 본문을 위반하여 항공 · 철도사고 등이 발생한 것을 알고도 정당한 사유 없이 통보를 하지 아니하거나 거짓으로 통보한 항공 · 철도종사자 등은 500만원 이하의 벌금에 처한다. [본조신설 2009.6.9.]

제37조(양벌규정) 법인의 대표자나 법인 또는 개인의 대리인, 사용인, 그 밖의 종업원이 그 법인 또는 개인의 업무에 관하여 제35조 또는 제36조의2의 어느 하나에 해당하는 위반행위를 하면 그 행위자를 벌하는 외에 그 법인 또는 개인에게도 해당 조문의 벌금형을 과(科)한다. 다만, 법인 또는 개인이 그 위반행위를 방지하기 위하여 해당 업무에 관하여 상당한 주의와 감독을 게을리 하지 아니한 경우에는 그러하지 아니한다.[전문개정 2009.6.9.]

제38조(과태료) ① 다음 각 호의 어느 하나에 해당하는 자는 1천만원 이하의 과태료에 처한다.

1. 제19조제1항제1호 및 제2호의 규정을 위반하여 항공 · 철도사고 등과 관계가 있는 자료의 제출을 정당한 사유 없이 기피 또는 지연시킨 자
2. 제19조제1항제3호의 규정을 위반하여 항공 · 철도사고 등과 관련이 있는 관계 물건의 검사를 기피한 자
3. 제19조제1항제4호의 규정을 위반하여 정당한 사유 없이 출석을 거부하거나 질문에 대하여 허위로 진술한 자
4. 제19조제1항제5호의 규정을 위반하여 관계 물건의 제출 및 유치를 기피 또는 지연시킨 자
5. 제19조제1항제6호의 규정을 위반하여 출입통제에 불응한 자
6. 제32조의 규정을 위반하여 이 법에 의하여 위원회에 진술, 증언, 자료 등의 제출 또는 답변을 한 자에 대하여 이를 이유로 해고, 전보, 징계, 부당한 대우 그 밖에 신분이나 처우와 관련하여 불이익을 준 자

② 제1항의 규정에 의한 과태료는 대통령령이 정하는 바에 따라 국토교통부장관이 부과 · 징수한다. 〈개정 2008.2.29., 2013.3.23.〉

③ 삭제 〈2009.6.9.〉

④ 삭제 〈2009.6.9.〉

⑤ 삭제 〈2009.6.9.〉

부칙 〈제14723호, 2017.3.21.〉

제1조(시행일) 이 법은 공포한 날부터 시행한다.

제2조(금치산자 등의 결격사유에 관한 경과조치) 제8조제1호의 개정규정에도 불구하고 같은 개정규정 시행 당시 법률 제10429호 민법 일부개정법률 부칙 제2조에 따라 금치산 또는 한정치산 선고의 효력이 유지되는 사람에 대하여는 종전의 규정에 따른다.

항공 · 철도 사고조사에 관한 법률 시행령(약칭 : 항공철도사고조사법 시행령)
[시행 2013.2.22.] [대통령령 제24395호, 2013.2.22., 일부개정]
국토교통부(항공철도사고조사위원회사무국) 044-201-5448

제1조(목적) 이 영은 「항공 · 철도 사고조사에 관한 법률」에서 위임된 사항과 그 시행에 필요한 사항을 규정함을 목적으로 한다. 〈개정 2013.2.22.〉

제2조(분과위원회의 구성 등) ① 「항공 · 철도 사고조사에 관한 법률」(이하 "법" 이라 한다) 제4조에 따른 항공 · 철도사고조사위원회(이하 "위원회"라 한다)에 두는 분과위원회는 다음 각 호와 같다.
1. 항공분과위원회
2. 철도분과위원회
② 제1항제1호에 따른 항공분과위원회는 항공사고 등에 대한 다음 각 호의 사항을 심의 · 의결한다.
1. 법 제25조제1항에 따른 사고조사보고서의 작성 등에 관한 사항
2. 법 제26조제1항에 따른 안전권고 등에 관한 사항
3. 그 밖에 항공사고 등에 관한 사항으로서 위원회에서 심의를 위임한 사항
③ 제1항제2호에 따른 철도분과위원회는 철도사고에 대한 다음 각 호의 사항을 심의 · 의결한다. 〈개정 2013.2.22.〉
1. 법 제25조제1항에 따른 사고조사보고서의 작성 등에 관한 사항
2. 법 제26조제1항에 따른 안전권고 등에 관한 사항
3. 그 밖에 철도사고에 관한 사항으로서 위원회에서 심의를 위임한 사항
④ 제1항 각 호에 따른 분과위원회(이하 "분과위원회"라 한다)는 분과위원회의 위원장(이하 "분과위원장"이라 한다)과 분과위원회의 상임위원(이하 "분과상임위원"이라 한다) 각 1명을 포함한 7명 이내의 위원으로 구성한다. 〈개정 2013.2.22.〉
⑤ 각 분과위원장과 분과상임위원은 위원회의 위원장(이하 "위원장"이라 한다)과 상임위원이 각각 겸임하고, 분과위원회의 위원은 위원장이 위원회의 위원 중에서 지명한 사람으로 한다. 〈개정 2013.2.22.〉
⑥ 분과위원장은 분과위원회를 대표하고, 분과위원회의 업무를 총괄한다.

제3조(분과위원회의 회의) ① 분과위원장은 분과위원회의 회의를 소집하며, 그 의장이 된다.
② 분과위원회의 회의는 분과위원회 재적위원 과반수의 찬성으로 의결한다.
③ 이 영에서 정한 것 외에 분과위원회의 운영 등에 관하여 필요한 사항은 위원장이 정한다.

제4조(자문위원의 위촉 등) ① 법 제14조에 따라 위원장은 해당 분야에 관하여 학식과 경험이 풍부한 사람을 자문위원으로 위촉할 수 있다. 〈개정 2013.2.22.〉
② 위원장은 자문위원으로 하여금 사고조사에 관하여 의견을 진술하게 하거나 서면으로 의견을 제출할 것을 요청할 수 있다.
③ 자문위원의 임기는 5년으로 하되, 연임할 수 있다.

제5조(항공 · 철도사고조사단의 구성 등) ① 법 제20조제1항에 따른 항공 · 철도사고조사단(이하 "조사단"이라 한다)의 단장은 법 제16조제2항에 따른 사고조사관 또는 사고조사와 관련된 업무를 수행하는 직원 중에서 위원장이 임명한다.
② 조사단의 단장은 조사단에 관한 사무를 총괄하고, 조사단의 구성원을 지휘 · 감독한다.
③ 위원회는 항공사고 등이 군용항공기 또는 군 항공업무[항공기에 탑승하여 행하는 항공기의 운항(항공기의 조종연습은 제외한다), 항공교통관제 및 운항관리에 한정한다]와 관련되거나 군용항공기지 안에서 발생한 경우로서 이에 대한 조사를 위하여 조사단을 구성하는 경우에는 그 사고와 관련된 분야의 전문가 중에서 국방부장관이 추천하는 사람을 조사단에 참여시켜야 한다. 〈개정 2013.2.22.〉
④ 이 영에서 정한 것 외에 조사단의 구성 및 운영에 관하여 필요한 사항은 위원장이 정한다.

제6조(의견청취) ① 위원회는 법 제24조제1항에 따라 관계인의 의견을 들으려는 때에 는 일시 및 장소를 정하여 의견청취 7일 전까지 서면으로 통지하여야 한다.

② 제1항에 따른 통지를 받은 관계인은 위원회에 출석할 수 없는 부득이한 사유가 있는 경우에는 미리 서면(전자문서를 포함한다)으로 의견을 제출할 수 있다.

③ 제1항에 따른 통지를 받은 관계인이 정당한 사유 없이 위원회에 출석하지 아니하고 서면으로도 의견을 제출하지 아니한 때에는 의견진술의 기회를 포기한 것으로 본다.

제7조(사고조사보고서의 공표) 위원회는 법 제25조제2항에 따른 사고조사보고서를 언론기관에 발표하거나 위원회의 인터넷 홈페이지 게재 또는 인쇄물의 발간 등 일반인이 쉽게 알 수 있는 방법으로 공표하여야 한다.

제8조(공개를 금지할 수 있는 정보의 범위) 법 제28조제2항에 따라 공개하지 아니할 수 있는 정보의 범위는 다음 각 호와 같다. 다만, 해당정보가 사고분석에 관계된 경우에는 법 제25조제1항에 따른 사고조사보고서에 그 내용을 포함시킬 수 있다. 〈개정 2013.2.22.〉

1. 사고조사과정에서 관계인들로부터 청취한 진술
2. 항공기운항 또는 열차운행과 관계된 자들 사이에 행하여진 통신기록
3. 항공사고 등 또는 철도사고와 관계된 자들에 대한 의학적인 정보 또는 사생활 정보
4. 조종실 및 열차기관실의 음성기록 및 그 녹취록
5. 조종실의 영상기록 및 그 녹취록
6. 항공교통관제실의 기록물 및 그 녹취록
7. 비행기록장치 및 열차운행기록장치 등의 정보 분석과정에서 제시된 의견 제9조(과태료의 부과기준) 법 제38조제1항에 따른 과태료의 부과기준은 별표와 같다.[전문개정 2011.4.4.]

부칙 〈제24395호, 2013.2.22.〉

제1조(시행일) 이 영은 공포한 날부터 시행한다.

제2조(공개하지 아니할 수 있는 정보의 범위에 관한 적용례) 제8조제4호부터 제7호까지의 개정규정은 이 영 시행 후 발생하는 항공사고 등 및 철도사고부터 적용한다.

항공 · 철도 사고조사에 관한 법률 시행규칙

항공 · 철도 사고조사에 관한 법률 시행규칙(약칭 : 항공철도사고조사법 시행규칙)
[시행 2013.2.28.] [국토해양부령 제571호, 2013.2.28., 일부개정]
국토교통부(항공철도사고조사위원회사무국) 044-201-5448

제1조(목적) 이 규칙은「항공 · 철도 사고조사에 관한 법률」및 같은 법 시행령에서 위임된 사항과 그 시행에 필요한 사항을 규정함을 목적으로 한다. 〈개정 2013.2.28.〉

제2조(항공 · 철도종사자와 관계인의 범위)「항공 · 철도 사고조사에 관한 법률」(이하 "법"이라 한다) 제17조제1항에 따라 항공 · 철도사고 등의 발생 사실을 법 제4조제1항에 따른 항공 · 철도사고조사위원회(이하 "위원회"라 한다)에 통보해야 하는 항공 · 철도종사자와 관계인의 범위는 다음 각 호와 같다. 〈개정 2013.2.28.〉
1. 경량항공기 조종사(조종사가 통보할 수 없는 경우에는 그 경량항공기의 소유자)
2. 초경량비행장치의 조종자(조종자가 통보할 수 없는 경우에는 그 초경량비행장치의 소유자)

제3조(통보사항) 법 제17조제1항에 따라 항공 · 철도사고 등의 발생 통보 시 포함되어야 할 사항은 다음 각 호와 같다.
1. 항공사고 등
    가. 항공기사고 등의 유형
    나. 발생 일시 및 장소
    다. 기종(통보자가 알고 있는 경우만 해당한다)
    라. 발생 경위(통보자가 알고 있는 경우만 해당한다)
    마. 사상자 등 피해상황(통보자가 알고 있는 경우만 해당한다)
    바. 통보자의 성명 및 연락처
    사. 가목부터 바목까지에서 규정한 사항 외에 사고조사에 필요한 사항
2. 철도사고
    가. 철도사고의 유형
    나. 발생 일시 및 장소
    다. 발생 경위(통보자가 알고 있는 경우만 해당한다)
    라. 사상자, 재산피해 등 피해상황(통보자가 알고 있는 경우만 해당한다)
    마. 사고수습 및 복구계획(통보자가 알고 있는 경우만 해당한다)
    바. 통보자의 성명 및 연락처
    사. 가목부터 바목까지에서 규정한 사항 외에 사고조사에 필요한 사항

제4조(통보시기) 법 제17조제1항에 따른 통보의무자는 항공 · 철도사고 등이 발생한 사실을 알게 된 때에는 지체 없이 통보하여야 하며, 제3조에 따른 통보사항의 부족을 이유로 통보를 지연시켜서는 아니 된다. 〈개정 2013.2.28.〉

제5조(통보방법 및 절차) ① 법 제17조제1항에 따른 항공 · 철도사고 등의 발생통보는 구두, 전화, 모사전송(FAX), 인터넷 홈페이지 등의 방법 중 가장 신속한 방법을 이용하여야 한다. 〈개정 2013.2.28.〉
② 제1항의 통보에 필요한 전화번호, 모사전송번호, 인터넷 홈페이지 주소 등은 위원회가 정하여 고시한다.

제6조(국가기관 등 항공기 사고발생 통보) 법 제17조제1항 단서에 따라 소관 행정기관의 장이 국가기관 등 항공기의 사고 발생 사실을 위원회에 통보할 경우에는 제3조부터 제5조까지를 준용한다.

제7조(증표) 법 제19조제4항에 따른 증표는 별지 서식과 같다.

제8조(수당 등의 지급) 법 제33조제2항에 따라 위원회에 출석하는 위원장·위원·자문위원 및 관계인에 대하여 예산의 범위에서 수당 및 여비를 지급할 수 있다. 다만, 공무원이 그 소관업무와 직접적으로 관련되어 위원회에 출석하는 경우에는 그러하지 아니하다.

부칙 〈제571호, 2013.2.28.〉

이 영은 공포한 날부터 시행한다.

✈ 예/상/문/제

01 항공기 사고조사의 기본 취지는 무엇인가?

　㉮ 사고 항공기의 잔해를 재사용하기 위하여
　㉯ 유사사고의 재발방지를 위하여
　㉰ 항공시설의 설치와 관리를 효율적으로 하기 위하여
　㉱ 항공기 항행의 안전을 도모하기 위하여

> **[해설]** 법 제1조(목적) 이 법은 항공, 철도사고조사위원회를 설치하여 항공사고 및 철도사고 등에 대한 독립적이고 공정한 조사를 통하여 사고 원인을 정확하게 규명함으로써 항공사고 등의 예방과 안전 확보에 이바지함을 목적으로 한다.

02 국가기관 등 항공기에 대한 항공사고 조사에 있어서 항공, 철도사고조사에 관한 법률을 적용하지 않는 경우는?

　㉮ 사람이 사망 또는 행방불명된 경우
　㉯ 수리 · 개조가 불가능하게 파손된 경우
　㉰ 항공기의 중대한 손상, 파손 또는 구조상의 고장의 경우
　㉱ 위치를 확인할 수 없거나 접근이 불가능한 경우

> **[해설]** 법 제3조(적용범위 등)
> ① 이 법은 다음 각 호의 어느 하나에 해당하는 항공, 철도사고 등에 대한 사고조사에 관하여 적용한다.
> 1. 대한민국 영역 안에서 발생한 항공, 철도사고 등
> 2. 대한민국 영역 밖에서 발생한 항공사고 등으로서 "국제민간항공조약"에 의하여 대한민국을 관할권으로 하는 항공사고 등
> ② 제1항의 규정에 불구하고 "항공안전법" 제2조제4호에 따른 국가기관 등 항공기에 대한 항공사고조사에 있어서는 다음 각 호의 어느 하나에 해당하는 경우 외에는 이 법을 적용하지 아니한다.
> 1. 사람이 사망 또는 행방불명된 경우
> 2. 국가기관 등 항공기의 수리, 개조가 불가능하게 파손된 경우
> 3. 국가기관 등 항공기의 위치를 확인할 수 없거나 국가기관 등 항공기에 접근이 불가능한 경우

③ 제1항의 규정에 불구하고 "항공안전법" 제3조의 규정에 의한 항공기의 항공사고조사에 있어서는 이 법을 적용하지 아니한다.
④ 항공사고 등에 대한 조사와 관련하여 이 법에서 규정하지 아니한 사항은 "국제민간항공조약"과 같은 조약의 부속서에서 채택된 표준과 방식에 따라 실시한다.

03 항공사고조사위원회의 역할은?

　㉮ 항공사고를 발생시킨 자의 행정처분
　㉯ 유사사고의 재발방지
　㉰ 항공기 항행의 안전 도모
　㉱ 항공시설의 관리 효율화

> **[해설]** 법 제4조(항공 · 철도사고조사위원회의 설치)
> ① 항공, 철도사고 등의 원인규명과 예방을 위한 사고조사를 독립적으로 수행하기 위하여 국토교통부에 항공, 철도사고조사위원회(이하 "위원회"라 한다)를 둔다.
> ② 국토교통부장관은 일반적인 행정사항에 대하여는 위원회를 지휘, 감독하되, 사고조사에 대하여는 관여하지 못한다.

04 "항공사고"가 아닌 것은?

　㉮ 항공기의 중대한 손상 · 파손 또는 구조상의 결함
　㉯ 경량항공기의 추락 · 충돌 또는 화재 발생
　㉰ 초경량비행장치의 추락 · 충돌 또는 화재 발생
　㉱ 조종사가 연료부족으로 비상선언을 한 경우

> **[해설]** 법 제2조(정의)
> ① 이 법에서 사용하는 용어의 뜻은 다음과 같다.
> 1. "항공사고"라 함은 "항공안전법" 제2조 제6호에 따른 항공기사고, 같은 조 제7호에 따른 경량항공기사고 및 같은 조 제8호에 따른 초경량비행장치 사고를 말한다.
> 2. "항공기준사고"라 함은 "항공안전법" 제2조 제9호에 따른 항공기준사고를 말한다.
> 3. "항공사고 등"이라 함은 제1호 규정에 의한 항공사고 및 제2호의 규정에 의한 항공기준사고를 말한다.

05 항공사고와 관계가 있는 물건의 보존, 제출 및 유치를 거부 또는 방해한 자에 대한 처벌은?

㉮ 2년 이하의 징역 또는 2천만원 이하의 벌금
㉯ 2년 이하의 징역 또는 3천만원 이하의 벌금
㉰ 3년 이하의 징역 또는 2천만원 이하의 벌금
㉱ 3년 이하의 징역 또는 3천만원 이하의 벌금

해설 법 제35조 (사고조사방해의 죄) 다음 각 호의 어느 하나에 해당하는 자는 3년 이하의 징역 또는 3천만원 이하의 벌금에 처한다.
1. 제19조제1항제1호 및 제2호의 규정을 위반하여 항공. 철도사고 등에 관하여 보고를 하지 아니하거나 허위로 보고한 자 또는 정당한 사유 없이 자료의 제출을 거부 또는 방해한 자
2. 제19조제3항제3호의 규정을 위반하여 사고현장 및 그 밖에 필요하다고 인정되는 장소의 출입 또는 관계 물건의 검사를 거부 또는 방해한 자
3. 제19조제1항제5호 규정을 위반하여 관계 물건의 보존. 제출 및 유치를 거부 또는 방해한 자
4. 제19조제2항의 규정을 위반하여 관계 물건을 정당한 사유 없이 보존하지 아니하거나 이를 이동. 변경 또는 훼손시킨 자

06 항공사고와 관계가 있는 항공기 정비 서류의 검사를 거부한 자에 대한 처벌은?

㉮ 1년 이하의 징역 또는 2천만원 이하의 벌금
㉯ 2년 이하의 징역 또는 3천만원 이하의 벌금
㉰ 3년 이하의 징역 또는 2천만원 이하의 벌금
㉱ 3년 이하의 징역 또는 3천만원 이하의 벌금

해설 5번항 해설 참조

07 항공사고 등이 발생한 것을 알고도 정당한 사유 없이 통보 하지 않은 자에 대한 처벌은?

㉮ 2천만원 이하의 벌금
㉯ 1천만원 이하의 벌금
㉰ 5백만원 이하의 벌금
㉱ 3백만원 이하의 벌금

해설 법 제36조의2 (사고발생 통보 위반의 죄) 참조

08 우리나라에서 외국 항공기의 사고 발생 시 사고조사는?

㉮ 국제민간항공기구가 정하는 법령에 의거하여 사고조사를 한다.
㉯ 우리나라 법령이 허용하는 범위 안에서 국제민간항공기구가 권고하는 방식에 따라 사고조사를 한다.
㉰ 2개국 협정에서 규정한 조항에 의거하여 사고조사를 한다.
㉱ 우리나라 법령에 따라 사고조사를 한다.

해설 2번항 해설 참조 (법 제3조 제1항, 제4항 참조)

09 항공기 사고가 발생했을 경우 사고조사의 책임은?

㉮ 항공기 제작국에 속한다.
㉯ 사고가 발생한 지역을 관할하는 국가에 속한다.
㉰ 국제민간항공기구에 속한다.
㉱ 항공기 등록국에 속한다.

해설 2번항 해설 참조 (법 제3조제1항 참조)

10 국제민간항공협약에 따라 항공기 사고 시 사고조사를 전담하는 국가는?

㉮ 항공기 운영국가
㉯ 항공기 등록국가
㉰ 항공기 제작국가
㉱ 항공기 사고가 발행한 국가

해설 2번항 해설 참조

11 사고조사위원회의 목적이 아닌 것은?

㉮ 사고원인의 규명
㉯ 항공사고의 재발방지
㉰ 항공사고 예방
㉱ 사고항공기에 대한 고장탐구

해설 3번항 해설 참조

12 각 체약국은 자국 영역 내에서 발생한 다른 체약국 항공기의 사고조사는?

㉮ 체약국은 자국의 법령에 의하여 사고조사를 한다.
㉯ 체약국은 자국의 법령이 허용하는 범위 내에서 ICAO가 권고 하는 방식에 따라 사고를 조사한다.
㉰ 체약국은 당해 체약국과 공동으로 그 사고를 조사한다.
㉱ 자국의 감독하에 당해 항공기의 등록국 또는 그 소유자가 사고를 조사한다.

해설 9번항 해설 참조

13 항공, 철도사고조사위원회에 대한 내용 중 틀린 것은?

㉮ 항공, 철고사고 등의 원인 규명과 예방을 위한 사고조사를 독립적으로 수행한다.
㉯ 항공, 철도사고조사위원회는 국토교통부에 둔다.
㉰ 국토교통부장관은 일반적인 행정사항에 대해 위원회를 지휘, 감독한다.
㉱ 국토교통부장관은 사고조사에 관여할 수 있다.

해설 3번항 해설 참조 (법 제4조 참조)

MEMO

제1장 국제항공법의 개념

1. 국제항공법의 특성
- 국제항공법은 각국 항공기의 운항 및 항공기의 운항 등으로 발생하는 법률관계를 규제하는 특수한 법의 영역을 형성하고 있으며 민법·상법 등의 일반법규가 아닌 특별법에 속하며 독자적인 자율성을 갖는 법이라고 볼 수 있다.
- 국제항공법은 항공 그 자체가 갖는 국제성이 법의 분야에 반영되고 있는 법규로서 국제적이고 보편적이어야 한다는 것이 요구되며, 항공법 부문 중에서 큰 비중을 차지하고 있다. 즉, 국제적 통일법으로서 국제기구에 의해 입법되며 이것이 각국의 국내항공법 제정에 반영되는 것이다.

2. 국제항공법의 적용
- 국제항공법은 평화 시의 항공에 대해서만 적용되며 전시의 항공에는 적용되지 않는다. 그리고 민간항공기에만 적용되며 국가항공기에는 적용되지 않는다.
  - → 국제민간항공조약 제3조 a항은 "이 조약은 민간 항공기에만 적용되며 국가 항공기에는 적용되지 않는다"고 규정하고 이 조약 b항에서는 "군·세관·경찰의 업무에 사용되는 항공기는 국가 항공기로 인정한다"고 규정하고 있다.
- 국제항공법의 적용 대상이 되는 항공기에는 "무조종사 항공기"도 포함되고 있으며 조종자 없이 비행할 수 있는 항공기는 체약국의 특별한 허가를 받고 또한 그 허가조건에 따르지 않으면 그 체약국의 영역 상공을 조종자 없이 비행할 수 없다.

3. 국제항공법의 발달과정
- 1910년 19개국의 대표가 참가하여 파리에서 국제항공회의가 개최되었고 이 회의에서는 공역의 문제에 관한 국제항공법 전안이 제출되었으나 영국과 프랑스 간의 의견 대립으로 채택되지 않았다.
- 제1차 세계대전 종료 후 1919년 10월 13일 파리에서 국제항공조약이 체결되었으며, 이 조약에 의해 각국은 자국의 영공에 대한 국가주권이 확립되었고 세계 각국은 국제간에 있어 항공기의 사용과 비행을 규제하는 국제항공의 체계가 확립되었다.
  - → 파리조약 제1조 : 영역상의 공역에 대한 주권을 확립
  - → 제2조 : 부정기항공에 있어 무해항공의 자유를 인정
  - → 제3조 : 비행금지구역의 설정에 관한 규정
  - → 기타 : 항공기의 국적, 감항증명 및 항공종사자의 자격증명, 비행규칙, 운송금지품 그리고 국가 항공기 등에 관한 규정
- 파리조약은 국제민간항공을 위해 국제적인 통일 공법(公法)으로서, 제1차 세계대전의 국제항공운송의 발달을 촉진하는 데 크게 기여하였으며, 시카고 국제민간항공조약이 체결될 때까지 국제항공의 기본법으로서, 이 기간에는 세계 각국이 항공법을 파리조약에 근거하여 제정을 하였다.
- 제2차 세계대전 말기인 1944년 11월 1일 미국의 주도로 52개국이 시카고에서 국제민간항공회의가 개최되었음. 이 회의에서 제2차 세계대전 후의 국제민간항공의 질서있는 발전을 기하기 위한 상공의 자유 확립, 국제 민간항공조약 제정 및 국제민간항공기구의 설치 등을 토의하였으며 국제민간항공조약을 성립시켰다.

제2장 항공에 관한 국제조약 및 기구

1. 국제민간항공조약(시카고조약)
   가. 국제민간항공회의
   - 1944년 11월 1일 미국 시카고에서 연합국 및 중립국 52개국 대표가 모여 국제민간항공회의를 개최하고 종전 후의 국제민간항공의 제반 문제에 대해 토의
   - 이 회의에서 토의된 주요사항은 상공의 자유확립, 국제민간항공조약의 제정 및 국제민간항공기구의 설치 등
     - → "상공의 자유"는 완전한 자유를 주장하는 미국과 제한된 자유만을 보장하자는 영국과 유럽 국가들 간의 의견 대립으로 이 회의에서는 상공의 자유에 대한 규정을 성립시키지 못함
     - → 상공의 자유에 관한 규정은 부속협정인 국제항공운송협정과 국제항공업무통과협정에 위임

- 시카고 회의에서 영공의 자유를 인정하는 다국간 질서가 수립되지는 않았지만 반면에 국제민간항공을 통일적으로 규율하는 국제민간항공조약(시카고조약)이 제정되었음
  - → 국제항공의 안전성 확보와 국제항공 질서의 감시를 목적으로 한 국제적 관리기구인 국제민간항공기구(ICAO)의 설립이 결정되었음
- 나. 국제민간항공조약
  - 1919년 파리조약, 1926년 마드리드조약, 1928년 아바나조약 등에서 채택된 국제민간항공에 관한 원칙을 통합하고, 동시에 제2차 세계대전 이후의 국제항공의 건전하고 질서있는 발전을 위하여 필요한 기본원칙과 법적 질서를 확립하기 위해, 1944년 12월 7일에 시카고회의에서 국제민간항공조약을 체결하게 되었음
    - → 1944. 12. 7 : 국제민간항공조약 체결
    - → 1947. 4. 4 : 조약 발효
    - → 1952. 12. 11 : 대한민국조약 체결
  - 국제민간항공조약의 목적은 조약의 전문에 있으며, 국제민간항공을 안전하고 질서있게 발달하도록 하며 국제민간항공 업무가 기회균등주의에 의하여 확립되고, 건전하고도 경제적으로 운영되도록 국제항공의 원칙과 기술을 발전시키는 데 있다.

※ 국제항공조약의 국제항공에 관한 원칙과 주요개념을 요약하면 다음과 같음
  1) 영공주권의 원칙
     영공주권의 원칙은 1919년 파리조약에서 최초로 성문화하였으며, 시카고조약은 영공주권의 원칙을 재확인하였다. 조약의 제1조에서 "각국이 자기 나라 영역상의 공간에서 완전하고도 배타적인 권리를 가질 것을 승인한다"고 규정하여, 체약국은 각국이 그 영공에서 완전하고 배타적인 주권을 갖고 있음을 인정하고 있음
  2) 부정기 항공기의 무해통과의 자유와 기술착륙의 자유
     가) 무상 부정기 항공
        정기국제항공업무에 종사하지 않는 체약국의 항공기가 사전 허가가 없더라도 체약국의 영공을 통과(제1의 자유)하거나, 운수 이외의 목적을 위한 기술착륙 즉, 여객·화물 등의 적하를 하지 않고 급유나 정비 등의 기술적 필요성 때문에 착륙(제2의 자유)할 수 있다.
     나) 유상 부정기 항공
        정기국제항공업무에 종사하지 않는 체약국의 항공기가 유상으로 여객·화물·우편물의 운송을 할 경우에는 원칙적으로 타 체약국의 사전허가 없이도 영공을 통과하거나 영역 내에 착륙할 수 있음
  3) 정기항공업무
     정기국제항공업무는 체약국의 특별한 허가를 받아야 하며, 그 허가조건을 준수하는 경우에 한하여 그 체약국의 영공을 통과하거나 그 영역에 취항할 수가 있음
  4) 에어 카보타지(Air Cabotage) 금지의 원칙
     시카고조약 제7조는 각 체약국은 다른 체약국의 항공기가 유상 또는 전세로 자국의 영역 내에 있는 지점 간에 여객, 화물, 우편물을 적재할 때 항공운송을 금지할 수 있다고 규정하고 있다. 이것이 에어 카보타지의 금지규정으로서 자국 내 지점 간의 국내 수송을 자국의 항공기만이 운항할 수 있는 것임. 타국의 영역 내에서 그 나라의 국내운송을 하는 자유를 에어 카보타지의 자유 또는 제6의 자유라고 함
  5) 조약의 적용
     조약 제3조제1항에 의거 시카고조약은 민간 항공기에만 적용되며, 국가 항공기는 시카고조약 대상에서 제외됨. 국가 항공기라 함은 군용기, 세관용 항공기, 경찰용 항공기 등 국가기관에 소속하거나 그와 같은 목적을 위하여 그와 동일한 기능을 가지고 사용되는 경우를 뜻함
     -국가 항공기의 범주 : 경찰, 세관, 군용 항공기, 우편배달 항공기, 국가원수의 수행 항공기 고위관료 수행 항공기, 특별사절 수행 항공기
  6) 항공기의 휴대서류
     시카고조약 제29조에서 국제항공에 종사하는 체약국의 모든 항공기는 다음의 서류를 휴대해야 한다고 규정함
     - → 등록증명서 : 국적 및 등록기호, 항공기의 형식, 제조번호, 등록인의 주소, 성명 등 기재
     - → 감항증명서 : 안전기술기준에 적합하다는 증명

→ 각 승무원의 유효한 면허증

→ 항공일지

→ 항공기국의 무선 면허장

→ 여객을 운송할 때에는 그 성명, 탑승지, 목적지 기록표(PAX manifest)

→ 화물을 운송할 때에는 화물의 목록 및 세목 신고서(Cargo manifest)

7) 사고조사

시카고조약 제26조에서 "체약국의 항공기가 다른 체약국 영역 내에서 사고를 일으켰을 경우 그 사고가 사망 또는 중상을 수반하였을 때, 또는 항공기 혹은 항공시설의 중대한 기술적 결함을 표시하는 때에는 그 사고가 발생한 나라는 자국의 법률이 허용하는 범위 내에서 국제민간항공기구가 권고하는 수속에 따라 사고를 조사하여야 할 의무를 갖는다." 라고 규정하고 있음. 그리고 사고 항공기의 등록국에는 조사에 참석할 입회인을 파견할 기회를 주도록 하여야 하며, 사고조사를 하는 국가는 항공기 등록국에 조사한 사항을 통보하여야 한다.

8) 국제표준과 권고방식

국제민간항공조약은 항공기, 항공종사자에 대한 규칙, 표준 등의 통일을 위하여 국제표준과 권고된 방식을 채택하고 있다. 그리고 이것을 조약의 부속서로 한다는 취지를 규정하고 있다. 국제표준 및 권고방식이라 함은 조약 제37조에 의하여 가입한 각 국가가 항공업무의 안전과 질서를 위해서 각국의 비행방식, 항로, 항공종사자 등에 대한 관련 업무를 통일하기 위해 설정되는 국제적 기준이다. 국제표준은 물질적 특성, 형상, 시설, 성능, 종사자, 절차 등에 대한 세칙으로서 그 통일적 적용이 국제항공의 안전이나 정확을 위하여 필요하다고 인정한 것이며, 체약국이 조약에 대해 준수할 것을 요하고 준수할 수 없을 경우에는 이사회에 통보하는 것을 의무로 하고 있음

권고방식은 그 통일적 적용이 국제항공의 안전, 정화 및 능률을 위하여 바람직하다고 인정되는 사항이다. 권고방식은 국제표준과 달리 의무적이 아니고 여기에 따르도록 노력하는 것에 불과함. 따라서 권고방식과 자국의 방식과의 차이에 대하여 ICAO에 통보할 의무는 아니지만 이러한 사항이 항공의 안전을 위하여 중대할 경우에는 그 상이점에 관하여 통보를 행할 것이 권장되고 있음

9) 시카고협약(ICAO) 부속서

시카고협약 부속서는 필요에 따라 제정되거나 개정될 수 있다. 현재 총 19개국의 부속서가 있으며 부속서 19 Safety Management는 2013년부터 적용되고 있다.

시카고협약과 시카고협약 부속서의 관계 및 시카고협약 부속서 현황은 다음과 같다.

현실적으로 부속서가 갖는 가장 중요한 의미는 각 부속서에서 국제표준 또는 권고방식으로 규정한 사항이 무엇이며 이에 대한 체약국의 준수 여부라고 볼 수 있다.

▼ 시카고협약과 시카고협약 부속서 관계

구분	내용	비고
시카고협약	제37조 국제표준 및 절차의 채택 • 각 체약국은 항공기 직원, 항공로 및 부속업무에 관한 규칙, 표준, 절차와 조직에 있어서의 실행 가능한 최고도의 통일성을 확보하는 데에 협력 • ICAO는 국제표준 및 권고방식과 절차를 수시 채택하고 개정 제38조 국제표준 및 절차의 배제	ICAO를 통해 국제표준, 권고방식 및 절차의 채택 및 배제
	제43조 본 협약에 의거 ICAO를 조직 제54조 ICAO 이사회는 국제표준과 권고방식을 채택하여 협약 부속서로 하여 체약국에 통보 제90조 부속서의 채택 및 개정	시카고협약과 시카고협약 부속서의 관계
시카고협약 부속서	시카고협약 부속서 • Annex 1 Personnel Licensing 등	총 19개 부속서
	각 부속서 전문에 표준 및 권고방식(SARPs) 안내 • 표준(Standards) : 필수적인(necessary) 준수 기준으로 체약국에서 정한 기준이 부속서에서 정한 '표준'과 다를 경우, 협약 제 38조에 의거 체약국은 ICAO에 즉시 통보 • 권고방식(Recommended Practices) : 준수하는 것이 바람직한(desirable) 기준으로 체약국에서 정한 기준이 부속서에서 정한 '권고방식'과 다를 경우, 체약국은 ICAO에 차이점을 통보할 것이 요청됨	시카고협약 부속서 전문에 SARPs에 따른 체약국의 준수의무사항 규정

* 출처 : 국토교통부 항공정비사 표준교재

▼ 시카고협약 부속서(Annexes to the Convention on International Civil Aviation)

부속서	영문명	국문명
Annex 1	Personal Licensing	항공종사자 자격증명
Annex 2	Rules of the Air	항공규칙
Annex 3	Meteorological Service for international Air Navigation	항공기상
Annex 4	Aeronautical Chart	항공도
Annex 5	Units of Measurement to be Used in Air and Ground Operation	항공단위
Annex 6	Operation of Aircraft	항공기운항
Part I	International Commercial Air Transport − Aeroplanes	국제 상업항공 운송 − 비행기
Part II	International General Aviation − Aeroplanes	국제 일반항공 − 비행기
Part III	International Operations − Helicopters	국제 운항 − 헬기
Annex 7	Aircraft Nationality and Registration Marks	항공기 국적 및 등록기호
Annex 8	Airworthiness of Aircraft	항공기 감항성
Annex 9	Facilitation	출입국 간소화
Annex 10	Aeronautical Telecommunication	항공통신
Vol I	Radio Navigation Aids	무선항법보조시설
Vol II	Communication Procedures including those with PANS Status	통신절차
Vol III	Communications Systems	통신시스템
Vol IV	Surveillance Radar and Collision Avoidance Systems	감시레이더 및 충돌방지시스템
Vol V	Aeronautical Radio Frequency Spectrum Utilization	항공무선주파수 스펙트럼 이용
Annex 11	Air Traffic Services	항공교통업무
Annex 12	Search and Rescue	수색 및 구조
Annex 13	Aircraft Accident and Incident Investigation	항공기 사고조사
Annex 14	Aerodromes	비행장
Vol I	Aerodromes Design and Operations	비행장 설계 및 운용
Vol II	Heliports	헬기장
Annex 15	Aeronautical Information Services	항공정보업무
Annex 16	Environmental Protection	환경보호
Vol I	Aircraft Noise	항공기 소음
Vol II	Aircraft Engine Emissions	항공기 엔진배출
Annex 17	Security	항공 보안
Annex 18	The Safe Transport of Dangerous Goods by Air	위험물 수송
Annex 19	Safety management	안전관리

10) 표준 및 권고방식

ICAO는 제1차 총회(1947년)시 내부적으로 사용할 목적으로 표준(Standard)과 권고방식(Recommended Practice)을 다음과 같이 정의하였으며 각 부속서 전문에 용어정의를 명시하고 있으며 이를 통해 체약국의 의무를 강조하고 있다.

표준(Standard)

"Standard : Any specification for physical characteristics, configuration, matmriel, performance, personnel or procedure, the uniform application of which is recognized as necessary for the safety or regularity of international air navigation and to which Contracting States will conform in accordance with the Convention; in the event of impossibility of compliance, notification to the Council is compulsory under Article 38."

"표준(Standard)이란 국제 항공의 안전, 질서 또는 효율을 위하여 체약국이 준수해야 하는 성능, 절차 등에 대해 필수적인(necessary) 기준을 말한다. 체약국에서 정한 기준이 부속서에서 정한 '표준'과 다를 경우, 협약 제38조에 의거 체약국은 ICAO에 즉시 통보하여야 한다."

> 표준(Standards) 적용 사례 : Roman체 표기, Shall 사용
> 4.2.8.3 Category II and Category III instrument approach and landing operations shall not be authorized unless RVR information is provided.

권고방식(Recommended Practice)

"Recommended practice : Any specification for physical characteristics, configuration, matmrial, performance, personnel or procedure, the uniform application of which is recognized as desirable in the interest of safety, regularity or efficiency of international air navigation, and to which Contracting States will endeavour to conform in accordance with the Conven-tion."

"권고방식(Recommended Practices) 이란 국제 항공의 안전, 질서, 효율 등을 위하여 체약국이 준수하고자 노력해야 할 성능, 절차 등에 대한 바람직한(desirable) 기준을 말한다. 체약국에서 정한 기준이 부속서에서 정한 '권고방식'과 다를 경우, 체약국은 ICAO에 차이점을 통보할 것이 요청된다."

> 권고방식(Recommended Practices) 적용 사례 : Italics체 표기, Should 사용, Recommendation 표기
> 4.2.8.4 Recommendation.-For instrument approach and landing operations, aerodrome operating minima below 800m visibility should not be authorized unless RVR information is provided.

* 출처 : 국토교통부 항공정비사 표준교재

다. 양자협정 (항공협정)의 성립 배경
- 시카고조약이 의견의 차이를 해소하지 못해 상공의 자유에 관한 문제는 완벽히 해결하지 못한 반면, 시카고조약과는 별개로 국제항공운송협정과 국제항공업무통과협정의 2개의 조약이 성립되었다.
- 국제항공운송협정은 다섯 가지의 하늘의 자유를 상호 승인할 것을 인정하였으며, 이것을 "5개의 자유의 협정 (Five Freedoms Agreement)" 이라고 한다. 이 5개의 하늘의 자유를 규정한 국제항공운송협정은 1945년 2월 8일에 발효되었지만, 영국을 비롯한 주요국이 참가하지 않았고 당초에 참가했던 미국도 나중에 탈퇴함으로써 실효를 잃고 말았다. 이 협정의 의의는 하늘의 자유의 개념을 명확하게 분류하고 정의하였다는 점에 있다.
- 국제항공운송협정은 국제항공업무통과협정에서 규정하고 있는 2개의 자유 (무해 항공의 자유, 기술착륙의 자유)에 3개의 자유를 합하여 정기국제항공업무에 관한 5개의 자유를 이 협정 제1조에 규정하고 있다.
- 이 5개의 자유 내용을 보면 다음과 같음

[5개의 자유]
- 제1의 자유 : 체약국의 영공을 무착륙으로 횡단하는 특권(영공 통과권)
- 제2의 자유 : 운수 이외의 목적(급유 또는 정비 등 기술상의 목적)으로 착륙하는 특권(기술착륙)
- 제3의 자유 : 대한민국 에서 여객, 화물 등을 유상으로 체약국에 수송할 수 있는 권리
- 제4의 자유 : 체약국에서 여객, 화물 등을 유상으로 대한민국에 수송할 수 있는 권리
- 제5의 자유 : 체약국과 제 3국 간의 운송권을 말함. 제 3국의 지점이 양국 간 중간에 위치한 중간지점 제 5의 자유, 제 3국의 지점이 체약국의 이원지점인 경우의 이원지점 제 5의 자유로 구분

- 국제항공업무통과협정은 1944년 시카고 국제민간항공회의에서 채택되었으며, 정기항공에 관한 다수국간 협정으로서 제1 및 제2의 자유만을 인정하고 있어 2개의 자유협정이라고 함. 즉, 정기국제항공업무에 있어서 각 체약국이 타 체약국에 대하여 자국의 영공을 무착륙으로 횡단하는 특권과 운수 이외의 목적으로 착륙하는 기술착륙의 특권을 인정하였다.(국제항공업무통과협정은 1945년 1월 30일 발효됨)
- 이와 같이 시카고회의에서 상업항공, 즉 정기국제항공업무에 필요한 제3, 제4, 제5의 자유에 대한 자국 간 조약을 성립시키는 데 실패했으며, 이 때문에 정기국제항공업무의 개설은 2국간의 개별적인 항공협정에 의존하지 않을 수 없게 되었다.
- 1946년 2월에 미국과 영국은 2국간 항공협정을 처음으로 체결하였으며, 이것이 이후 각국의 2국간 항공협정 체결에 있어서 표준형이 된 버뮤다 협정이다.
- 버뮤다 협정은 시카고 표준방식을 채택해서 체계적인 형태를 갖춘 최초의 항공협정이며, 전 후 각국이 체결한 항공협정의 기본 모델이 되었다.

2. 국제민간항공기구(ICAO)

가. ICAO의 설립과 구성원
- ICAO는 1944년 12월에 시카고 국제민간항공회의의 의제로서 국제민간항공기구의 설립이 제안되었으며, 현재는 UN의 산하 기관의 하나이다.
- 국제민간항공기구는 1945년 6월 6일 "국제민간항공에 관한 잠정적 협정"에 의거 잠정적으로 발족되었으며, 국제민간항공조약이 1947년 4월 4일 발효함에 따라 이 조약에 의거 정식으로 설립하게 되었다.
- 국제민간항공기구는 시카고조약 체약국으로 구성되며, 다음의 3종류 국가로 구분된다.
  → 시카고조약 서명국으로서 비준서의 기탁을 한 국가
  → 시카고조약 서명국 이외의 연합국 및 중립국으로서 시카고조약에 가입수속을 한 국가
  → 상기 이외의 국가들로서 독일, 한국, 일본과 같은 제2차 세계대전 패전국 또는 대전 후 독립한 국가

나. 설립목적
① 전 세계에 걸쳐 국제 민간항공의 안전하고 질서있는 성장을 보장하며
② 평화적 목적을 위한 비행기 디자인과 운항의 기술을 권장하며
③ 국제 민간항공을 위한 항공로, 비행장, 항공시설의 발달을 권장하며
④ 안전하고 정기적이며 효율적임과 동시에 경제적인 항공운송을 위한 세계 모든 사람의 욕구를 충족하며
⑤ 불합리한 경쟁에서 오는 경제적 낭비를 방지하며
⑥ 체약국의 권리가 완전 존중되고 각 체약국이 국제 민간항공을 운항하는 공평한 기회를 갖도록 보장하며
⑦ 체약국 간 차별을 피하며
⑧ 국가 공중항행에 있어서 비행의 안전을 증진하며
⑨ 국제 민간항공 제반 분야의 발전을 일반적으로 증진한다.

다. 사무국
- 본부 : 캐나다 몬트리올
- 지역 사무국 : 파리, 방콕, 멕시코시티, 카이로, 다카르(세네갈의 수도) 및 나이로비(케냐의 수도)

라. 조직
- 총회 : 총회(Assembly)는 이사국 선출, 분담금, 예산 및 협약 승인 등을 결정하는 ICAO의 최고의사결정 기구이다. 체약국은 협약 제62조에 따른 분담금을 지불하지 않은 경우 등으로 인해 총회에서 투표권을 상실할 수 있는 것을 제외하고는 1국 1표의 동등한 투표권을 행사한다.
  총회는 통상 3년마다 개최되지만 이사회나 체약국의 1/5 이상의 요청에 의하여 특별총회가 소집될 수 있다.(제48조(a))
- 이사회 : 이사회(Council)는 3종류의 회원국을 대표하는 36개 이사국으로 구성된다. 3년마다 개최되는 정기총회 시마다 선출한다. 이사회의 주요 기능 및 이사국 종류의 구분 기준은 다음과 같다.

[이사회의 주요 기능]
① 일반적 기능
  – 총회에 연차보고서 제출(제54조(a))
  – 총회의 지시를 이행하고 협약에 규정된 권리·의무를 수행(제54조(b))

－체약국이 제기하는 협약에 관련한 모든 문제를 심의(제54조(n))
② 국제 행정 및 사법 기능
－여타 국제기구와 협정 등을 체결(제65조)
－국제항공통과협정과 국제항공운송협정이 위임한 업무를 수행(제66조)
－공항과 여타 항행시설의 제공과 개선(제69~76조)
－분쟁의 해결 및 협약 위반에 대한 제재(제84~88조)
－협약의 위반 또는 이사회의 권고사항이나 결정의 위반을 총회와 체약국에 보고(제54 조(j)－(k))
③ 입법기능
－항행의 안전, 질서 및 효율에 관련한 문제에 있어서 '국제표준과 권고방식'(International Standards and Recommended Practices. 약하여 SARPS)을 수록하는 협약의 부속서를 채택하고 개정(제54조(l),(m))
④ 정보교류기능
－항행과 국제항공운항의 발전에 필요한 정보를 취합하고 발간(제54조(i))
－체약국의 국제항공사에 관련한 운송보고와 통계를 접수(67조)
－체약국이 당사자로 되어 있는 항공관련 협정을 등록받고 발간(제81조, 83조)
⑤ 기구 내부 행정
－협약 제12장과 제15조의 규정에 따른 재정을 관리(제54조(f))
－사무총장 등의 인선과 임무부여(제54조(h), 58조)
⑥ 연구 · 검토
－국제적 중요성을 갖는 항공운송과 항행에 관련한 모든 부문에 대한 연구(제55조(c))
－국제항공운송의 기구와 활동에 영향을 주는 모든 문제를 검토하고 이에 대한 계획을 총회에 보고(제55조(d))
－체약국의 요청에 따라 국제 공중항행의 발전에 지장을 줄 수 있는 모든 상황을 조사하고 이에 관하여 보고서를 제출(제55조(e))

[이사국 종류]
－PART I : States of chief importance in air transport(주요 항공운송국, 11개국)
－PART II : States which make the largest contribution to the provision of facilities for international civil air navigation(항공시설기여국 12개국)
－PART III : States ensuring geographic representation(PART I II 이외 지역 대표국 13개국)
※ 이사국의 선거는 3년 마다 시행

3. 국제항공운송협회(International Air Transport Association : IATA)
가. IATA의 설립 및 목적
• IATA는 세계 각국의 항공기업(32개국의 61개 항공회사가 참여)이 1945년 4월 19일 쿠바의 아바나에서 세계 항공회사 회의를 개최하여 제2차 대전 후의 항공수송의 비약적인 발전에 의해 예상되는 여러 가지 문제에 대처하고 국제항공운송 사업에 종사하는 항공회사 간의 협조강화를 목적으로 설립된 순수 민간의 국제협력 단체임
• 국제운송협회 제1회 총회는 1945년 10월 캐나다 몬트리올에서 개최되었으며, 1945년 12월 국제민간항공운송협회에 관한 특별법을 제정하였음
• IATA의 목적
→ 세계 인류의 이익을 위해 안전하고 정기적이며 또한 경제적인 항공운송의 발달을 촉진함과 동시에 이와 관련되는 제반 문제의 연구
→ 국제민간항공 운송에 직접적 또는 간접적으로 종사하고 있는 항공기업의 협력기관으로서 항공기업 간의 협력을 위한 모든 수단의 제공
→ ICAO 및 기타 국제기구와 협력의 도모
※ 이 중에서 가장 중요한 것 : 항공기업 간의 협력

나. IATA의 회원
• IATA의 회원은 정회원과 준회원으로 구분되며, ICAO 가맹국의 국적을 가진 항공기업 만이 IATA의 회원이 될 수 있음. 국제항공운송에 종사하고 있는 항공기업은 정회원, 국제항공운송 이외의 정기항공운송에 종사하고 있는 항공기업

은 준회원이 됨

4. 기타 항공교통 안전에 관한 국제협약
- 항공기 내에서 범한 범죄와 기타 행위에 관한 협약(동경협약 : 1963)
- 항공기의 불법 납치 억제를 위한 협약(헤이그협약 : 1970)
- 국제항공안전에 대한 불법적 행위의 억제를 위한 협약(몬트리올협약 : 1971)
- 국제민간항공의 공항에서 불법적 행위억제에 관한 의정(1971년 몬트리올협약 보완 : 1988)
- 탐색목적의 플라스틱 폭발물의 표지에 관한 협약(1971년 몬트리올에서 서명 : 1988년 발효)

✈ 예 / 상 / 문 / 제

01 다음 중 각 국이 자국의 영역상의 공간에 있어서 완전하고 배타적인 주권을 행사할 수 있는 것을 국제적으로 인정하는 법은?

㉮ 버뮤다 항공협정
㉯ 국제민간항공조약
㉰ 국제항공운송협정
㉱ 국제항공업무통과협정

해설 국제민간항공조약(시카고조약)

1944.11.1 미국 시카고에서 연합국 및 중립국 52개국 대표가 모여 국제민간항공 회의를 개최

이 회의에서 토의된 주요한 사항은 상공의 자유 확립, 국제민간항공조약의 제정 및 국제민간항공기구의 설치 등

→ "상공의 자유"는 완전한 자유를 주장하는 미국과 제한된 자유만을 보장하자는 영국과 유럽 국가들 간의 의견 대립으로 이 회의에서는 상공의 자유에 대한 규정을 성립시키지 못함

→ 상공의 자유에 관한 규정은 부속 협정인 국제항공운송협정과 국제항공업무통과 협정에 위임

시카고 회의에서 영공의 자유를 인정하는 다국간 질서가 수립되지는 않았지만 반면에 국제민간항공을 통일적으로 규율하는 국제민간항공조약 (시카고조약)이 제정되었음

→ 국제항공의 안전성 확보와 국제항공 질서의 감시를 목적으로 한 국제적 관리 기구인 국제민간항공기구(ICAO)의 설립이 결정됨

※ 국제민간항공조약
• 1944.12.7 : 조약 체결
• 1947.4.4. : 조약 발효
• 1952.12.11 : 대한민국 조약 체결

02 시카고 국제민간항공조약에 대한 설명 중 틀리는 것은?

㉮ 국제민간항공조약은 1944년 제정되었다.
㉯ 국제민간항공기구의 소재지는 캐나다 몬트리올이다.
㉰ 완벽한 항공의 자유를 확립하는 것을 목적으로 하였다.
㉱ 국제항공에 있어 항공시설 및 관리방식의 통일화와 그 표준에 관한 규정을 설정하였다.

해설 1번항 해설 참조

03 국제민간항공조약에 대한 설명 중 틀린 것은?

㉮ 1947년 발효되었다.
㉯ 완전한 항공의 자유를 확립하였다.
㉰ 완전하고 배타적인 주권을 인정하고 있다.
㉱ 국제민간항공조약을 보완하는 협정으로 국제항공업무통과협정 등이 있다.

해설 1번항 해설 참조

04 국제민간항공조약에서 규정한 국가항공기가 아닌 것은?

㉮ 군 항공기
㉯ 세관 항공기
㉰ 산림청 항공기
㉱ 경찰 항공기

해설 조약 제3조제1항에 의거 시카고조약은 민간 항공기에 적용되며, 국가 항공기는 제외됨. 국가 항공기라 함은 군용기, 세관용 항공기, 경찰용 항공기 등 국가기관에 소속되거나 그와 같은 목적을 위하여 그와 동일한 기능을 가지고 사용되는 경우를 뜻함

→ 국가항공기의 범주 : 경찰, 세관, 군용 항공기, 우편배달 항공기, 국가원수의 수행 항공기, 고위관료 수행 항공기, 특별사절 수행 항공기

05 다음 중 국제 항공에 종사하는 모든 항공기가 휴대하여야 할 서류와 관계가 없는 것은?

㉮ 등록증명서   ㉯ 감항증명서
㉰ 운항규정   ㉱ 항공일지

국제민간항공조약 제29조(항공기가 휴대할 서류)
- 등록증명서
- 감항증명서
- 각 승무원의 유효한 면허증
- 항공일지
- 항공기국의 무선국 면허증
- 여객을 운송할 때에는 그 성명, 탑승지 및 목적지를 기재한 서류(Passenger Manifest)
- 화물을 운송할 때에는 화물의 목록 및 세목신고서(Cargo Manifest)

06 다음 중 항공협정을 기초로 하여 운영되는 정기국제항공 업무가 보유하는 특권과 관계가 없는 것은 어느 것인가?

㉮ 상대 체약국의 영역을 무착륙으로 횡단 비행하는 특권

㉯ 운수 이외의 목적으로 상대 체약국의 영역에 착륙하는 특권

㉰ 여객, 화물의 적재 및 하기를 위해 상대 체약국의 영역 내에 착륙하는 특권

㉱ 상대 체약국의 영역 내에서 2지점 간의 구역을 여객 및 화물의 운송을 하는 특권

에어 카보타지(Air Cabotage) 금지의 원칙 시카고조약 제7조는 각 체약국은 다른 체약국의 항공기가 유상 또는 전세로 자국의 영역 내에 있는 지점 간에 여객, 화물 및 우편물을 적재할 때 항공운송을 금지할 수 있다고 규정하고 있음. 이것이 에어 카보타지의 금지규정으로서 자국 내 지점간의 국내수송을 자국의 항공기만이 운항할 수 있는 것임

※ 항공사업법 제56조(외국항공기의 국내 유송운송 금지)
제54조, 제55조 또는 「항공안전법」 제101조 단서에 따른 허가를 받은 항공기는 유상으로 국내 각 지역 간의 여객 또는 화물을 운송해서는 아니 된다.

07 기술착륙의 자유란?

㉮ 제1의 자유
㉯ 제2의 자유
㉰ 제3의 자유
㉱ 제5의 자유

5개의 자유
- 제1의 자유 : 체약국의 영공을 무착륙으로 횡단하는 특권(영공 통과권)
- 제2의 자유 : 운수 이외의 목적(급유 또는 정비 등 기술상의 목적)으로 착륙하는 특권
- 제3의 자유 : 대한민국에서 여객, 화물 등을 유상으로 타 체약국에 운송할 수 있는 권리
- 제4의 자유 : 타 체약국에서 여객, 화물 등을 유상으로 대한민국에 운송할 수 있는 권리
- 제5의 자유 : 타 체약국과 제3국 간의 운송권을 말함. 제3국의 지점이 양국 간 중간에 위치한 중간지점 제5의 자유, 제3국의 지점이 체약국의 이원지점인 경우의 이원지점 제5의 자유로 구분함

08 다음 중 국제항공업무통과협정과 관계 있는 것은?

㉮ 제1의 자유와 제2의 자유
㉯ 제1의 자유와 제3의 자유
㉰ 제2의 자유와 제4의 자유
㉱ 제3의 자유와 제5의 자유

국제항공업무통과협정은 1944년 시카고 국제 민간항공회의에서 채택되었으며, 정기항공에 관한 다수국 간 협정으로서 제1 및 제2의 자유만을 인정하고 있어 2개의 자유협정이라고 함

09 국제항공운송협회 (IATA)의 정회원 자격은?

㉮ ICAO 가맹국의 국제항공업무를 담당하는 항공사
㉯ ICAO 가맹국의 국내항공업무를 담당하는 항공사
㉰ ICAO 가맹국의 정기항공업무를 담당하는 항공사
㉱ 항공회사는 다 자격이 된다.

국제항공운송협회는 정회원과 준회원으로 구분되어 있음. 정회원은 ICAO의 가맹국의 항공 기업으로서 국제항공업무를 담당하는 회사. 준회원은 국제항공운송 이외의 정기항공업무를 운영하고 있는 항공기업으로서 ICAO의 가맹국에 속하는 회사

10 국제민간항공의 운임을 결정하는 기구는?

㉮ 국제민간항공기구   ㉯ 국제항공운송협회
㉰ 국제항공위원회   ㉱ 항공운수협회

국제항공운송협회는 세계 각국의 항공기업(32국의 61개 항공회사가 참여)이 1945.4.19 쿠바의 아바나에서 세계 항공회사 회의를 개최하여 제2차 세계대전 후의 항공수송의 비약적인 발전에 의해 예상되는 여러 가지 문제에 대처하고 국제항공운송사업에 종사하는 항공회사 간의 협력강화를 목적으로 설립된 순수 민간의 국제협력 단체임

11 국제민간항공의 위험물 수송 등을 결정하는 기구는?

㉮ 국제민간항공기구   ㉯ 국제항공운송협회
㉰ 국제항공위원회   ㉱ 항공운수협회

국제민간항공조약 부속서 18(위험물의 안전운송) 에서 국제적인 기준을 정하여 체약국에서 준용하고 있음

12 에어 카보타지 금지란 다음 중 어느 것인가?

㉮ 외국항공기에 대하여 자국 내의 지점 간에 있어 여객, 화물의 운송을 금지하는 것

㉯ 외국항공기에 대하여 자국으로부터 제3국을 향해 여객, 화물을 적재하는 것을 금지

㉰ 외국항공기에 대하여 운수 이외의 목적으로 착륙함을 금지하는 것

㉱ 외국항공기에 대하여 자국의 영공을 무착륙으로 횡단비행하는 것을 금지

6번항 해설 참조

13 국제민간항공기구의 본부 소재지는?

㉮ 스위스 제네바

㉯ 프랑스 파리

㉰ 캐나다 몬트리올

㉱ 미국 뉴욕

해설 **국제민간항공기구(ICAO)**
- 국제민간항공조약이 1947.4.4 발효됨에 따라 UN 산하 기구로 설립
- 사무국
  → 본부 : 캐나다 몬트리올
  → 지역 사무국 : 파리, 방콕, 멕시코시티, 카이로, 다카르(세네갈의 수도) 및 나이로비(케냐의 수도)
- 우리나라는 1953.12.13 가입

14 다음 중 항공종사자 면허에 관한 기준을 정하고 있는 국제 민간항공조약 부속서는?

㉮ 부속서 1

㉯ 부속서 3

㉰ 부속서 6

㉱ 부속서 8

해설 국제민간항공조약 부속서는 19권이 있음
- 부속서 1 : 항공종사자 면허
- 부속서 2 : 항공규칙
- 부속서 3 : 국제항공을 위한 기상업무
- 부속서 4 : 항공도
- 부속서 5 : 공지통신에 사용되는 측정단위
- 부속서 6 : 항공기 운항
- 부속서 7 : 항공기의 국적과 등록기호
- 부속서 8 : 항공기의 감항성
- 부속서 9 : 출입국의 간소화
- 부속서 10 : 항공통신
- 부속서 11 : 항공교통업무
- 부속서 13 : 수색구조 업무 (항공기 사고조사)
- 부속서 14 : 비행장
- 부속서 15 : 항공정보업무
- 부속서 16 : 환경보호(항공기 소음 포함)
- 부속서 17 : 항공보안
- 부속서 18 : 위험물의 안전운송
- 부속서 19 : 안전관리 (2013. 11.14부터 적용)

15 국제민간항공조약 부속서 중에서 항공기의 국적 및 등록 기호에 대한 기준을 정하고 있는 부속서는?

㉮ 부속서 6

㉯ 부속서 7

㉰ 부속서 8

㉱ 부속서 10

해설 14번항 해설 참조

16 다음 중 항공기의 감항성에 관한 국제민간항공조약 부속서는?

㉮ 부속서 6

㉯ 부속서 7

㉰ 부속서 8

㉱ 부속서 9

해설 14번항 해설 참조

17 다음 중 항공기 사고에 관한 조사, 보고, 통지 등의 통일 방식에 관한 기준을 정하고 있는 국제민간항공조약 부속서는?

㉮ 부속서 13

㉯ 부속서 14

㉰ 부속서 15

㉱ 부속서 16

해설 14번항 해설 참조

18 다음 중 국제민간항공조약 부속서의 내용으로 옳지 않은 것은?

㉮ 부속서 1 : 항공종사자 면허

㉯ 부속서 6 : 항공기 사고조사

㉰ 부속서 8 : 항공기 감항성

㉱ 부속서 16 : 항공기 소음

해설 14번항 해설 참조

19 다음 중 국제민간항공협약 부속서는 몇 개의 부속서로 이루어졌는가?

㉮ 17

㉯ 18

㉰ 19

㉱ 20

해설 14번항 해설 참조

20 국제민간항공조약 부속서에서 물리적 특성, 형상, 시설, 성능, 종사자 또는 절차에 대한 세칙으로 체약국이 준수해야 할 의무는?

㉮ 권고 방식

㉯ 표준

㉰ 강제규칙

㉱ 기술교범

해설
- 국제표준은 물질적 특성, 형상, 시설, 성능, 종사자, 절차 등에 대한 세칙으로서 그 통일적 적용이 국제항공의 안전이나 정확을 위하여 필요하다고 인정한 것이며, 체약국이 조약에 대해 준수할 것을 요구하고 준수할 수 없을 경우에는 이사회에 통보하는 것을 의무로 하고 있음
- 권고방식은 그 통일적 적용이 국제항공의 안전, 정확 및 능률을 위하여 바람직하다고 인정되는 사항이다. 권고방식은 국제표준과 달리 의무적이 아니고 여기에 따르도록 노력하는 것에 불과함
- 따라서 권고방식과 자국의 방식과의 차이에 대하여 ICAO에 통보할 의무는 아니지만 이러한 사항이 항공의 안전을 위하여 중대할 경우에는 그 상이점에 관하여 통보를 행할 것이 권장되고 있음

정답 13 ㉰ 14 ㉮ 15 ㉯ 16 ㉰ 17 ㉮ 18 ㉯ 19 ㉰ 20 ㉯

구 / 술 / 예 / 상 / 문 / 제

01 국제민간항공기구(ICAO : International Civil Aviation Organization)의 목적은?

해설 ICAO의 설립목적은 시카고조약의 기본원칙인 기회균등을 기반으로 하여
　　　1) 국제항공운송의 건전한 발전 도모
　　　2) 국제민간항공기구의 발달 및 안전의 확인 도모
　　　3) 능률적 · 경제적 항공운송의 실현
　　　4) 항공기술의 증진, 체약국의 권리존중
　　　5) 국제항공기업의 기회균등 보장 등에 그 목적을 두고 있다.

근거 국제항공법(시카고조약 제44조)

02 ICAO의 소재지는?

해설 캐나다 몬트리올

근거 1946년 ICAO 결의에 의함

03 ICAO에 의해 채택된 조약 부속서는?

해설 19개의 부속서

근거 국제표준 및 권고방식에 따름

04 국제표준 및 권고방식이란?

해설 조약 제37조에 의하여 가입한 각 국가가 항공업무의 안전과 질서를 위해서 각국의 비행방식, 항로, 항공종사자 규칙 등이 여기에 대한 관련 업무를 통일하기 위해 설정되는 국제적 기준이다.

근거 국제민간항공조약 및 부속서

05 국제항공운송협정(IATA : Inrernational Air Transport Association)의 설립 및 목적은?

해설 1945년 4월 19일, 쿠바의 아바나에서 세계 항공회사회의를 개최하여 제2차 대전 후의 항공수송의 비약적인 발전에 의해 예상되는 여러 가지 문제에 대처하고, 국제항공운송사업에 종사하는 항공회사 간의 협조강화를 목적으로 설립된 순수민간의 국제협력단체이다.

IATA의 목적은
1) 세계 인류의 이익을 위해 안전하고 정기적이며 또한 경제적인 항공운송의 발달을 촉진함과 동시에, 이와 관련되는 제반 문제의 연구
2) 국제민간항공 운송에 직접적 또는 간접적으로 종사하고 있는 항공기업의 협력기관으로서 항공기업 간의 협력을 위한 모든 수단의 제공
3) ICAO 및 기타 국제기구와 협력의 도모 등이다.

근거 1945년 4월 19일, 쿠바의 아바나에서 세계 항공회사회의

06 ATA NO?

해설 국재항공운송렵회((IATA : Inrernational Air Transport Association)에서 항공기 구조 각 부분의 정확한 위치를 나타내기 위해 1에서 100의 숫자로 나타내는 체계

근거 국제항공운송협정(IATA : Inrernational Air Transport Association)

07 항공법과 우주법의 차이점은?

해설 • 항공법은 영공이 있으나, 우주법은 영공이 없음
• 비행 높이 110km 기준으로 110km 이하는 항공, 110km 이상은 우주

08 카보타지(cabotage)란?

해설 항공운송의 경우 카보타지는 체약국의 국내 지점들 간을 타국 항공기가 유상 운송을 목적으로 운항하는 것을 의미하는 것으로 일반적으로 해석되고 있다.
• 시카고협약 제7조는 체약국은 타 체약국의 항공기가 정기 또는 유상으로 대절하여 자국의 영역 내에 있는 국내 지점 간에서 여객, 화물, 우편물을 적재하여 항공 수송하는 것을 금지할 수 있다고 규정하고 있다.
• 이것이 소위 카보타지의 금지규정으로 자국 내 지점 간의 국내 수송을 자국의 항공기만이 운항할 수 있다는 것이다.

09 다섯 가지 하늘의 자유(The Hive Freedoms of the Air) 중 제1의 자유란?

해설 영공통과의 자유(Fly-over Right), 즉 타국의 영공을 무착륙으로 횡단비행할 수 있는 자유

10 제2의 자유란?

[해설] 기술착륙의 자유(Technical Landing Right), 즉 운송 이외의 급유 또는 정비와 같은 기술적 목적을 위해 상대국에 착륙할 수 있는 자유

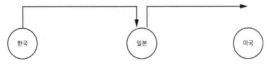

11 제3의 자유란?

[해설] 자국의 영역 내에서 실은 화객(화물과 승객)을 상대국으로 운송할 수 있는 자유

* Set-down Right

12 제4의 자유(The Fourth Freedom)란?

[해설] 상대국의 영역 내에서 화객을 싣고 자국으로 운송할 수 있는 자유

* Bring-Back Right

13 제5의 자유(The Five Freedom of Air)란?

[해설] 상대국과 제3국 간에 화객을 운송할 수 있는 자유

* 앞지점 자유(Anterior-point 5th Freedom)

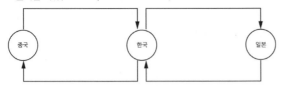

• 제1의 자유, 제2의 자유는 국제항공업무통과 협정에 의해 인정된 권리
• 제3의 자유, 제4의 자유, 제5의 자유는 상업 항공권의 중심

新/항/공/관/계/법/규

PART 05

부 록

용어 및 약어 정의

용어의 정의(Definitions) 및 약어(Acronyms)

1. 고정익항공기관련 운항기술기준(FSR) 총칙 용어의 정의(Definitions)

이 규정에서 사용하는 용어의 뜻은 다음과 같다.

1) **감항성 확인(Airworthiness release)** : 항공기운영자가 지정한 사람이 항공기운영자의 항공기에 대하여 정비작업 후 사용가능한 상태임을 확인하고 문서에 서명하는 것을 말한다.

2) **감항성 확인요원(Certifying staff)** : 국토교통부장관이 인정할 수 있는 절차에 따라 정비조직(AMO)에 의해 항공기 또는 항공기 구성품의 감항성 확인 등을 하도록 인가된 자를 말한다.

3) **감항성 자료(Airworthiness data)** : 항공기 또는 장비품(비상장비품 포함)을 감항성이 있는 상태 또는 사용가능한 상태로 유지할 수 있음을 보증하기 위하여 필요한 자료를 말한다.

4) **계기시간(Instrument time)** : 조종실 계기가 항법 및 조종을 위한 유일한 수단으로 사용되는 시간을 말한다.

5) **계기비행기상상태(Instrument Meteorological Conditions, IMC)** : 시계비행기상상태로 규정된 것 미만의 시정, 구름으로부터의 거리 및 운고(ceiling)로 표현되는 기상상태를 말한다.

6) **계기접근절차(Instrument approach procedures)** : 해당 공항의 관할권을 가진 당국자가 정한 접근절차를 말한다.

7) **계기훈련(Instrument train ing)** : 실제 또는 모의계기기상상태에서 인가 받은 교관으로부터 받는 훈련을 말한다.

8) **기구(Balloon)** : 무동력 경(輕)항공기(Lighter-than-air Aircraft)의 하나로 가스를 이용해 부양하는 비행기기를 말한다.

9) **고도측정시스템 오차(Altimetry system error (ASE))** : 표준지표기압고도로 고도계를 설정했을 때 조종사에게 전시되는 기압고도와 실제 기압고도 간의 차이

10) **기상정보(Meteorological information)** : 현재 또는 예상되는 기상상황에 관한 기상보고서, 기상분석, 기상예보 및 그 밖의 기상관련 자료(statements)를 말한다.

11) **기압고도(Pressure Altitude)** : 표준대기상태에서 고도별 "기압"에 해당되는 램(12,500파고도로서 표시하는 대기기압)을 말한다.

12) **기장(Pilot in command)** : 비행중 항공기의 운항 및 안전을 책임지는 조종사로서 항공기 운영자에 의해 지정된 자를 말한다.

13) **기체(Airframe)** : 항공기의 동체, 지주(boom), 낫셀, 카울링, 페어링, airfoil surfaces(프로펠러 및 동력장치의 회전 에어포일을 제외한 회전날개 포함), 착륙장치, 보기 및 제어장치를 말한다.

14) **단독비행(Solo flight)** : 조종훈련생이 항공기를 단독 탑승자로서 점유하고 있는 비행시간 또는 조종훈련생이 한 사람 이상의 운항승무원 탑승이 요구되는 기구 또는 비행선의 기장(PIC)으로서 활동한 비행시간을 말한다.

15) **당국의 인가(또는 승인)(Approved by the Authority)** : 당국이 직접 인가하거나 또는 당국이 인가한 절차에 따라 인가하는 것을 말한다.

16) **당국(또는 항공당국, Authority)** : 국토교통부 또는 외국의 민간 항공당국을 말한다.

17) **대형비행기(Large aeroplane)** : 최대인가 이륙중량 5,700킬로그램 이상인 비행기를 말한다.

18) **동승비행훈련시간(Dual instruction time)** : 항공기에 탑승하여 인가된 조종사로부터 비행훈련을 받는 비행시간을 말한다.

19) **등록국가(State of Registry)** : 해당 항공기가 등록되어 있는 국제민간항공조약의 체약국가를 말한다.

20) **모의비행훈련장치(Flight Simulation Training Device)** : 지상에서 비행상태를 시뮬레이션(simulation)하는 다음 형식의 장치를 말한다.

가) 모의비행장치(Flight simulator) : 기계, 전기, 전자 등 항공기 시스템의 조작기능, 조종실의 정상적인 환경, 항공기의 비행특성과 성능을 실제와 같이 시뮬레이션 하는 특정 항공기 형식의 조종실을 똑같이 재현한 장치

나) 비행절차훈련장치(Flight procedures trainer) : 실제와 같은 조종실 환경을 제공하며, 특정 등급 항공기의 계기 반응 및 전자, 전기, 기계적인 항공기 시스템의 간단한 조작, 비행특성과 성능을 시뮬레이션 하는 장치

다) 기본계기비행훈련장치(Basic instrument flight trainer) : 적절한 계기를 장착하고, 계기비행상태에서 비행 중인 항공기의 조종실 환경을 시뮬레이션 하는 장치

21) **엔진(Engine)** : 항공기의 추진을 위하여 사용되는 또는 사용되도록 만들어진 장치를 말한다. 프로펠러와 로터를 제외하고 최소한 그 기능 및 제어에 필요한 부품과 장비로 이루어진다.

주) 이 기준에서 사용하는 "power-unit" 및 "power plant"는 모두 "engine"을 의미한다. 다만 APU(Auxiliary Power Unit)-보조동력장치의 경우에는 그러하지 아니하다.

22) **부기장(Co-pilot)** : 기장 이외의 조종업무를 수행하는 자 중에서 지정된 자로서 본 규정 제8장(항공기 운항)에서 정하는 부조종사 요건에 부합하는 자를 말한다.

23) **비행경험(Aeronautical experience)** : 이 규정의 훈련 및 비행시간 요건을 충족시키기 위하여 항공기, 지정된 모의비행장치 또는 비행훈련장치를 조종한 시간을 말한다.

24) **항공기 운영교범(Aircraft Operating Manual)** : 정상, 비정상 및 비상절차, 점검항목, 제한사항, 성능에 관한 정보, 항공기 시스템의 세부사항과 항공기 운항과 관련된 기타 자료들이 수록되어 있는 항공기 운영국가에서 승인한 교범을 말한다.

25) **비행교범(Flight Manual)** : 항공기 감항성 유지를 위한 제한사항 및 비행성능과 항공기의 안전운항을 위해 운항승무원들에게 필요로 한 정보와 지침을 포함한 감항당국이 승인한 교범을 말한다.

26) **비행기(Aeroplane)** : 주어진 비행조건 하에서 고정된 표면에 대한 공기역학적인 반작용을 이용하여 비행을 위한 양력을 얻는 동력 중(重)항공기를 말한다.

27) **비행기록장치(Flight Recorder)** : 사고/준사고 조사에 도움을 줄 목적으로 항공기에 장착한 모든 형태의 기록장치를 말한다.

28) **비행안전문서시스템(Flight safety documents system)** : 항공기의 비행 및 지상운영을 위해 필요한 정보를 취합하여 구성한 것으로, 최소한 운항규정 및 정비규정(MCM)을 포함하여 상호연관성이 있도록 항공기 운영자가 수립한 일련의 규정, 교범, 지침 등의 체계를 말한다.

29) **비행자료분석(Flight Data Analysis)** : 비행안전을 증진하기 위해 기록된 비행자료를 분석하는 과정(process)을 말한다.

30) **비행 전 점검(Pre-flight inspection)** : 항공기가 의도하는 비행에 적합함을 확인하기 위하여 비행 전에 수행하는 점검이다.

31) **비행훈련(Flight training)** : 지상훈련 이외의 훈련으로서 비행 중인 항공기에서 인가받은 교관으로부터 받는 훈련을 말한다.

32) **소형 비행기(Small aeroplane)** : 인가된 최대인가이륙중량이 5,700킬로그램(12,500파운드) 미만인 비행기를 말한다.

33) **수리(Repair)** : 항공기 또는 항공제품을 인가된 기준에 따라 사용 가능한 상태로 회복시키는 것을 말한다.

34) **수직이착륙기(Powered-lift)** : 주로 엔진으로 구동되는 부양장치 또는 엔진 추력에 의해 양력을 얻어 수직이륙, 수직착륙 및 저속비행 하는 것이 가능하며, 수평비행 중에는 회전하지 않는 날개에 의하여 양력을 얻는 중(重)항공기(Heavier-than -air Aircraft)를 말한다.

35) **승무시간(Flight Time)** : 승무원이 비행임무 수행을 위하여 항공기에 탑승하여 이륙을 목적으로 항공기가 최초로 움직이기 시작한 시각부터 비행이 종료되어 최종적으로 항공기가 정지한 시각까지 경과한 총시간을 말한다.

주) Flight Time은 Block to block 또는 Chock to chock로도 정의하며, "비행시간"이라고도 한다.

36) **순항고도(Cruising level)** : 비행 중 어느 상당한 기간 동안 유지하는 고도를 말한다.

37) **승무원자원관리(Crew Resource Management) 프로그램** : 승무원 상호협력 및 의사소통의 개선을 통하여 인적 자원, 하드웨어 및 정보를 가장 효과적으로 사용케 함으로써 안전운항능력을 제고할 수 있도록 설계된 프로그램을 말한다.

38) **시험관(Examiner)** : 이 규정에서 정하는 바에 따라 조종사 기량점검, 항공종사자 자격증명 및 한정자격 부여를 위한 실기시험 또는 지식심사를 실시하도록 국토교통부장관이 임명하거나 지정한 자를 말한다.

39) **실기시험(Practical test)** : 자격증명, 한정자격 또는 인가 등을 위하여 응시자로 하여금 지정된 모의비행장치, 비행훈련장치 또는 이러한 것들이 조합된 장치에 탑승하여 질문에 답하고 비행중 항공기 조작을 시범 보이도록 하는 등의 능력검정을 말한다.

40) **안전관리시스템(Safety Management System)** : 정책과 절차, 책임 및 필요한 조직구성을 포함한 안전관리를 위한 하나의 체계적인 접근방법을 말한다.

41) **안전프로그램(Safety Programme)** : 안전을 증진할 목적으로 하는 활동 및 이를 위한 종합된 법규를 말한다.

42) **야간(Night)** : 해질 무렵의 끝과 해뜰 무렵의 시작 사이 또는 일몰과 일출 사이의 시간을 말한다. 박명은 저녁 무렵 태양의 중심이 지평선 6도 아래에 있을 때 끝나고 아침 무렵 태양의 중심이 지평선 6도 아래에 있을 때 시작된다.

43) **야외비행시간(Cross-country time)** : 조종사가 항공기에서 비행 중 소비하는 시간으로서 출발지 이외 1개 지점에서의 착륙을 포함한다. 이 경우 자가용조종사 자격증명(회전익항공기의 한전자격은 제외) 사업용조종사 자격증명 또는 계기비행 증명에 대한 야외비행요건의 충족을 위해 출발지로부터 직선거리 50해리 이상인 공항에서의 착륙을 포함해야 한다.

44) **여압항공기(Pressurised aircraft)** : 항공종사자 자격증명시 항공기의 최대운항고도가 25,000피트 MSL 이상인 항공기를 말한다.

45) **운항관리사(Flight Dispatcher)** : 안전비행을 위해 법에 의한 적절한 자격을 갖추고 운항감독 및 통제업무에 종사하기 위해 운송사업자에 의해 지정된 자를 말한다.

46) **운항승무원(Flight Crew Member)** : 비행근무시간(Flight Duty Period)동안 항공기 운항에 필수적인 임무를 수행하기 위하여 책임이 부여된 자격을 갖춘 승무원(조종사, 항공기관사, 항공사)을 말한다.

47) **운영자(Operator)** : 항공기 운영에 종사하거나 또는 종사하고자 하는 사람, 단체 또는 기업을 말한다.

48) **운영국가(State of the Operator)** : 운영자의 주 사업장이 위치해 있거나 또는 그러한 사업장이 없는 경우 운영자의 영구적인 거주지가 위치해 있는 국가를 말한다.

49) **운항규정(Operations manual)** : 운항업무 관련 종사자들이 임무수행을 위해서 사용하는 절차, 지시, 지침을 포함하고 있는 운영자의 규정을 말한다.

50) **운항증명서(Air Operator Certificate)** : 지정된 상업용 항공운송을 시행하기 위해 운영자에게 인가한 증명서를 말한다.

51) **운항통제(Operational control)** : 항공기의 안전성과 비행의 정시성 및 효율성 확보를 위하여 비행의 시작, 지속, 우회 또는 취소에 대한 권한을 행사하는 것을 말한다.

52) **인가된 교관(Authorized instructor)** : 다음과 같은 자를 말한다.
　가) 지상훈련을 행하는 경우, 이 규정의 제2장에서 정하는 바에 따라 발급 받은 유효한 지상훈련교관 자격증을 소지한 자
　나) 비행훈련을 행하는 경우, 이 규정의 제2장에서 정하는 바에 따라 발급 받은, 유효한 비행교관 자격증을 소지한 자

53) **위험물(Dangerous goods)** : 법 및 위험물운송기술기준상의 위험물 목록에서 정하였거나, 위험물운송기술기준에 따라 분류된 인명, 안전, 재산 또는 환경에 위해를 야기할 수 있는 물품 또는 물질을 말한다.

54) **인적 수행능력(Human performance)** : 항공학적 운영(항공업무 수행)의 효율성과 안전에 영향을 주는 인간의 능력과 한계를 말한다.

55) **인적 요소의 개념(Human Factor principles)** : 인적수행능력을 충분히 고려하여 인간과 다른 시스템 요소 간의 안전한 상호작용을 모색하고 항공학적 설계, 인증, 훈련, 조작 및 정비에 적용하는 개념을 말한다.

56) **인가된 기준(Approved standard)** : 당국이 승인한 제조, 설계, 정비 또는 품질기준 등을 말한다.

57) **인가된 훈련(Approved training)** : 국토교통부장관이 인가한 특별 교육과정 및 감독아래 행해지는 훈련을 말한다.

58) **장비(Appliance)** : 항공기, 항공기 발동기, 및 프로펠러 부품이 아니면서 비행 중인 항공기의 항법, 작동 및 조종에 사용되는 계기, 장비품, 장치(Apparatus), 부품, 부속품, 또는 보기(낙하산, 통신장비 그리고, 기타 비행 중에 항공기에 장착되는 장치 포함)를 말하며, 실제 명칭은 여러 가지가 사용될 수 있다.

59) **장애물 격리(회피)고도/높이(Obstacle clearance altitude(OCA) or Obstacle clearance height (OCH))** : 적정한 장애물 격리(회피) 기준을 제정하고 준수하기 위해 사용되는 것으로 당해 활주로 말단의 표고(또는 비행장 표고)로부터 가장 낮은 격리(회피) 고도(OCA) 또는 높이(OCH)를 말한다.

주1) OCA는 평균해수면을 기준으로 하고, OCH는 활주로말단표고를 기준으로 하되, 비정밀계기접근절차를 하는 경우 비행장 표고 또는 활주로말단표고가 비행장표고 보다 2미터(7피트)이상 낮은 경우, 활주로말단표고를 비정밀계기접근절차의 기준으로 한다. 선회접근절차를 위한 OCH는 비행장표고를 기준으로 한다.

주2) 표현의 편의를 위해 "장애물격리(회피)고도"를 "OCA/H"의 약어로도 기술할 수 있다.

60) **정비(Maintenance)** : 항공기 또는 항공제품의 지속적인 감항성을 보증하는 데 필요한 작업으로서, 오버홀(overhaul), 수리, 검사, 교환, 개조 및 결함수정 중 하나 또는 이들의 조합으로 이루어진 작업을 말한다.

61) **정비조직의 인증(Approved Maintenance Organization(AMO)** : 국토교통부장관으로부터 항공기 또는 항공제품의 정비를 수행할 수 있는 능력과 설비, 인력 등을 갖추어 승인 받은 조직을 말한다. 지정된 항공기 정비업무는 검사, 오버홀, 정비, 수리, 개조 또는 항공기 및 항공제품의 사용가능 확인(Release to service)을 포함할 수 있다.

62) **정비규정(Maintenance Control Manual)** : 항공기에 대한 모든 계획 및 비계획 정비가 만족할 만한 방법으로 정시에 수행되고 관리되어짐을 보증하는 데 필요한 항공기 운영자의 절차를 기재한 규정 등을 말한다.

63) **정비조직절차교범(Maintenance Organizations Procedures Manual)** : 정비조직의 구조 및 관리의 책임, 업무의 범위, 정비시설에 대한 설명, 정비절차 및 품질보증 또는 검사시스템에 관하여 상세하게 설명된 정비조직의 장(Head of AMO)에 의해 배선된 서류를 말한다.

64) **정비프로그램(Maintenance Programme)** : 특정 항공기의 안전운항을 위해 필요한 신뢰성 프로그램과 같은 관련 절차 및 주기적인 점검의 이행과 특별히 계획된 정비행위 등을 기재한 서류를 말한다.

65) **정비확인(Maintenance release)** : 정비작업이 인가된 자료와 제6장에 따른 정비조직절차교범의 절차 또는 이와 동등한 시스템에 따라 만족스럽게 수행되었음을 확인하고 문서에 서명하는 것을 말한다.

66) **지상조업(Ground handling)** : 공항에서 항공교통관제서비스를 제외한 항공기의 도착, 출발을 위해 필요한 서비스를 말한다.

67) **향(向) 정신성 물질(Psychoactive substances)** : 커피 및 담배를 제외한 알코올, 마약성 진통제, 마리화나 추출물, 진정제 및 최면제, 코카인, 기타 흥분제, 환각제 및 휘발성 솔벤트 등을 말한다.

68) **조종시간(Pilot time)** : 다음과 같은 시간을 말한다.
   가) 임무조종사로서 종사한 시간
   나) 항공기, 지정된 모의비행장치 또는 비행훈련장치를 사용하여 인가 받은 교관으로부터 훈련을 받은 시간
   다) 항공기, 지정된 모의비행장치 또는 비행훈련장치를 사용하여 인가 받은 교관으로서 훈련을 시키는 시간

69) **지속정비 프로그램(Approved continuous maintenance program)의 승인** : 국토교통부장관이 승인한 정비 프로그램을 말한다.

70) **최대중량(Maximum mass)** : 항공기 제작국가에 의해 인증된 최대 이륙중량을 말한다.

71) **지식심사(Knowledge test)** : 항공종사자 자격증명 또는 한정자격에 필요한 항공 지식에 관한 시험으로 필기 또는 컴퓨터 등에 의해 시행하는 심사를 말한다.

72) **책임관리자(Accountable manager)** : 이 규정에서 정한 모든 요건에 필요한 임무를 수행하고 관리책임이 있는 자를 말한다. 책임관리자는 필요에 따라 권한의 전부 또는 일부를 조직 내의 제3자에게 문서로 재위임할 수 있다. 이 경우 재위임을 받은 자는 해당 분야에 관한 책임관리자가 된다.

73) **체약국(Contracting States)** : 국제민간항공조약에 서명한 모든 국가를 말한다.

74) **최소장비목록(Minimum equipment list (MEL))** : 정해진 조건하에 특정 장비품이 작동하지 않는 상태에서 항공기 운항에 관한 사항을 규정한다. 이 목록은 항공기 제작사가 해당 항공기 형식에 대하여 제정하고 설계국이 인가한 표준최소장비목록(Master Minimum Equipment List)에 부합되거나 또는 더 엄격한 기준에 따라 운송사업자가 작성하여 국토교통부장관의 인가를 받은 것을 말한다.

75) **계기접근운영(Instrument approach operations)** : 계기접근절차에 근거한 항법유도(Navigation Guidance) 계기를 사용하는 접근 및 착륙을 말한다. 계기접근운영은 두 가지 방법이 있다.

　　가) 2차원(2D) 계기접근운영은 오직 수평유도항법을 이용한다.

　　나) 3차원(3D) 계기접근운영은 수평 및 수직유도항법을 이용한다.

　　주) 수평 및 수직유도항법은 다음과 같은 시설, 장비 등에 의해 제공된다.
　　　　1) 지상에 설치된 항행안전시설 또는
　　　　2) 지상기반, 위성기반, 자체항법장치 또는 이들은 혼합하여 컴퓨터가 생성한 항행 데이터

75A) **계기접근절차(Instrument Approach Procedure)** : 초기접근지점(Initial approach fix) 또는 해당되는 경우 정의된 착륙경로의 시작 지점에서 착륙 완료 지점 및 그 후 지점, 만약 착륙이 완료되지 않으면 체공 지점 또는 항로 장애물 회피기준을 적용한 지점까지 장애물 회피가 명시된 계기를 참조하여 미리 결정된 연속기동을 말한다. 계기접근절차는 다음과 같이 분류된다.

　　가) 비정밀접근절차(Non-precision approach procedure) : 2D 계기접근 운영 Type A를 위해 설계된 계기접근절차

　　나) 수직유도정보에 의한 접근절차 : 3D 계기접근 운영 Type A를 위해 설계된 성능기반항행(PBN) 계기접근 절차

　　다) 정밀접근절차 : 3D 계기접근절차 운영 Type A 또는 B를 위해 설계되고 항행시스템(ILS, MLS, GLS and SBAS Cat I)에 기반을 둔 계기접근절차

76) **최저강하고도/높이(Minimum descent altitude(MDA) or minimum descent height(MDH))** : 2D 접근운영 또는 선회 접근 시에 시각 참조물 없이 더 이상 아래로 강하하지 못하도록 지정된 어느 특정의 고도 또는 높이를 말한다.

　　주1) MDA는 평균해면 고도를 기준으로 하고, MDH는 비행장표고 또는 활주로 말단고도가 비행장표고보다 2미터(7피트) 이상 낮은 경우 활주로 말단고도를 기준으로 한다. 선회접근을 하기 위한 최저 강하고도는 비행장표고를 기준으로 한다.
　　주2) 필수시각 참조물은 지정된 비행경로와 관련하여 조종사가 항공기 위치 및 자세변경에 따른 강하율을 평가할 수 있도록 충분한 시간동안 보여야 하는 시각 보조장비 또는 접근지역의 지형 등을 의미한다. 선회접근의 경우 시각 참조물은 활주로 주변 환경이 된다.
　　주3) 표현상의 편의를 위해 "최저강하고도"를 "MDA/H"의 약어로도 기술할 수 있다.

77) **코스웨어(Courseware)** : 과정별로 개발된 교육용 자료로서 강의계획, 비행상황소개(Flight event description), 컴퓨터 소프트웨어 프로그램, 오디오-비주얼 프로그램, 책자 및 기타 간행물을 포함한다.

78) **평가관(Evaluator)** : 지정된 항공훈련기관에 의해 고용된 자로서 해당 조직의 훈련기준에 의해 인가된 자격증명시험, 한정자격시험, 인가업무 및 기량점검 등을 실시하며, 국토교통부장관이 정한 업무를 수행하도록 위촉하거나 임명한 자를 말하며, 평가관 중에서 법 제51조의 규정에 의한 운항자격 심사업무를 수행하는 자는 위촉심사관이라 한다.

79) **프로펠러(Propeller)** : 원동기에 의해 구동되는 축에 깃(blade)이 붙어 있고, 이것이 회전할 때 공기에 대한 작용으로 회전면에 거의 수직인 방향으로 추력을 발생시키는 항공기 추진용 장치를 말한다.

80) 〈삭 제, 2009. 12. 8〉

81) 〈삭 제, 2009. 12. 8〉

82) **한정자격(Rating)** : 자격증명에 직접 기재하거나 자격증명의 일부로 인가하는 것으로서 해당 자격증명과 관련하여 특정조건, 권한 또는 제한사항 등을 정하여 명시한다.

83) **항공교통관제(Air Traffic Control) 업무** : 공항, 이·착륙 또는 항로상에 있는 항공기의 안전하고, 질서 있고 원활한 교통을 도모하기 위하여 행하는 업무를 말한다.

84) **항공교통관제시설(Air Traffic Control facility)** : 항공교통관제업무를 위한 인원 및 장비를 수용하는 건물을 말한다. (예) 관제탑, 착륙통제 센터 등)

85) **항공기(Aircraft)** : 지표면에 대한 공기의 반작용 이외의 공기의 반작용으로부터 대기 중에서 지지력을 얻을 수 있는 기계를 말한다.

86) **항공기 구성품(Aircraft component)** : 동력장치, 작동 중인 장비품 및 비상장비품을 포함하는 항공기의 구성품(component part)을 말한다.

87) **항공기 형식(Aircraft type)** : 동일한 기본설계로 제작된 항공기 그룹을 말한다.

88) **탑재용 항공일지** : 항공기에 탑재하는 서류로서 국제민간항공조약의 요건을 충족하기 위한 정보를 수록하기 위한 것을 말한다. 항공일지는 두 개의 독립적인 부분 즉 비행자료 기록부분과 항공기정비 기록부분으로 구성된다.

89) **항공제품(Aeronautical product)** : 항공기, 항공기 엔진, 프로펠러 또는 이에 장착되는 부분조립품(subassembly), 기기, 자재 및 부분품 등을 말한다.

90) **활공기(Glider)** : 주어진 비행조건에서 그 양력을 주로 고정된 면에 대한 공기역학적인 반작용으로부터 얻는 무동력 중(重)항공기(Heavier−than−air Aircraft)를 말한다.

91) **활주로 가시범위(Runway visual range(RVR))** : 활주로 중심선 상에 위치하는 항공기 조종사가 활주로 표면표지(Runway surface markings), 활주로 표시등, 활주로 중심선 표시(identifying centre line) 또는 활주로 중심선 표시등화를 볼 수 있는 거리를 말한다.

92) 〈삭제 : 2014.10.31〉

93) **훈련시간(Training time)** : 항공종사자가 인가된 교관으로부터 비행훈련 또는 지상훈련이나 지정된 모의비행장치/비행훈련 장치를 이용한 모의비행훈련을 받은 시간을 말한다.

94) **훈련프로그램(Training program)** : 특정 훈련목표 달성을 위하여 과정, 코스웨어(Course ware), 시설, 비행훈련장비 및 훈련요원에 관한 사항으로 구성한 프로그램을 말하며, 핵심 교육과목과 특별 교육과목을 포함할 수 있다.

95) **필수통신성능(Required communication performance(RCP))** : 항공교통관리(Air Traffic Management : ATM) 기능을 지원하기 위해 항공기 등이 구비해야 하는 통신성능 요건을 말한다.

96) **필수통신성능의 형식(RCP type)** : 통신의 처리시간·지속성·유효성과 완전성에 관한 RCP 파라미터를 정하기 위한 값을 나타낸 것을 말한다.

97) **연속비행(Series of flights)** : 다음과 같은 잇따른 비행을 말한다.
   가) 24시간 이내에 비행이 시작 및 종료되고
   나) 같은 기장에 의해 모든 것이 수행된 경우

98) **성능기반항행(PBN)** : 계기접근절차 또는 지정된 공역, ATS(Air Traffic Service) 항로를 운항하는 항공기가 갖추어야 하는 성능요건(performance requirement)을 기반으로 한 지역항법(area navigation)을 말한다.
   주) 성능요건은 특정 공역에서 운항 시 요구되는 정확성, 무결성, 연속성, 이용가능성 및 기능성에 관하여 항행요건(RNAV 요건, RNP 요건)으로 표현된다.

99) **지역항법(Area navigation : RNAV)** : 지상 또는 위성항행안전시설의 적용범위 내 또는 항공기 자체에 설치된 항행안전보조장치(navigation aids)의 성능한도 내 또는 이들의 혼합된 형식의 항행안전보조장치(navigation aids)의 적용범위 내에서 어느 특정성능이 요구되는 비행구간에서 항공기의 운항이 가능하도록 허용한 항행방법(a method of navigation)을 말한다.
   주) 지역항법은 성능기반항행 및 성능기반항행의 요건에 포함되지 않은 항행도 포함한다.

100) **항행요건(Navigation specification)** : 지정된 공역에서 성능기반항행(PBN) 운항을 하기 위해 요구되는 항공기와 운항승무원의 요건을 말하는 것으로, 다음 두 종류가 있다.
   가) RNP 요건(RNP specification). RNP 4, RNP 접근 등 접두어 RNP에 의해 지정되며, 성능감시 및 경고발령에 관한 요건을 포함하는 지역항법을 기초로 한 항행요건
   나) RNAV 요건(RNAV specification). RNAV 1, RNAV 5 등 접두어 RNAV에 의해 지정되며, 성능 감시 및 경고에 관한 요건을 포함하지 않은 지역항법을 기반으로 하는 항행요건

101) **운영기준(Operations specifications)** : AOC 및 운항규정에서 정한 조건과 관련된 인가, 조건 및 제한사항을 말한다.

102) **불법간섭행위(Acts of unlawful interference)** : 민간항공 및 항공운송의 안전을 위태롭게 하는(또는 시도된) 다음과 같은 행위를 말한다.
   가) 비행 중 또는 지상에서의 항공기 불법 압류
   나) 비행장 또는 항공기에서의 인질납치

다) 항공시설과 관련된 건물 또는 공항 및 항공기의 무단 점유

라) 범죄를 목적으로 위해한 장치 또는 도구, 무기 등을 공항 또는 항공기에 유입

마) 민간항행시설의 건물 또는 공항에서 승객, 승무원, 지상의 사람 또는 일반 공공의 안전 및 비행 중 또는 지상에서 항공기의 안전을 위태롭게 하는 잘못된 정보의 유통

103) **기체사용시간(Time in service)** : 정비목적의 시간 관리를 위해 사용하는 시간으로 사용 항공기가 이륙(바퀴가 떨어진 순간)부터 착륙(바퀴가 땅에 닿는 순간)할 때까지의 경과 시간을 말한다.

104) **감항성이 있는(Airworthy)** : 항공기, 엔진, 프로펠러 또는 부품이 승인받은 설계에 합치하고 안전하게 운용할 수 있는 상태에 있는 경우를 말한다.

105) **감항성 유지(Continuing Airworthiness)** : 항공기, 엔진, 프로펠러 또는 부품이 적용되는 감항성 요구조건에 합치하고, 운용기간 동안 안전하게 운용할 수 있게 하는 일련의 과정을 말한다.

106) **감항성 개선지시서(Airworthiness Directive)** : 법 제15조제8항에 따라 외국으로 수출된 국산 항공기, 우리나라에 등록된 항공기와 이 항공기에 장착되어 사용되는 발동기 · 프로펠러, 장비품 또는 부품 등에 불안전한 상태가 존재하고, 이 상태가 형식설계가 동일한 다른 항공제품들에도 존재하거나 발생될 가능성이 있는 것으로 판단될 때, 국토교통부장관이 해당 항공제품에 대한 검사, 부품의 교환, 수리 · 개조를 지시하거나 운영상 준수하여야 할 절차 또는 조건과 한계사항 등을 정하여 지시하는 문서를 말한다.

107) **시각강화장비(Enhanced Vision System ; EVS)** : 영상센서를 이용하여 외부장면을 실시간 전자영상으로 보여주는 시스템을 말한다.

108) **전방시현장비(Head-up Display ; HUD)** : 조종사의 전방 외부시야에 비행정보가 나타나는 시현장치를 말한다.

109) **I 등급 항행(Class I Navigation)** : 운항의 전 부분이 국제민간항공기구 표준항행시설(VOR, VOR/DME, NDB)의 지정된 운영서비스범위 내에서 행해지는 특정항로 전체 또는 항로 일부분의 운항을 의미한다. 또한 I 등급 항행 운항은 항행시설의 신호가 일부 수신되지 않는 "MEA GAP"으로 지정된 항로상의 운항을 포함하며 이 지역에서 이루어지는 항로상의 운항은 사용되어지는 항행 방법과는 상관없이 "I 등급 항행"으로 정의하며 이러한 지역에서의 추측 항행 또는 VOR, VOR/DME, NDB의 사용에 의지하지 않고 기타 다른 항행수단을 사용하면서 이루어지는 운항도 또한 I 등급 항행에 포함된다.

110) **II 등급 항행(Class II Navigation)** : I 등급 이외의 운항을 말한다. 즉, II 등급 항행은 사용하는 항행수단에 관계없이 국제민간항공기구 표준항행시설(VOR, VOR/DME, NDB)의 운영서비스 범위 밖에서 이루어지는 특정항로 전체 또는 일부분에서의 운항을 의미한다. II 등급 항행은 "MEA GAP"으로 지정된 항로상의 운항을 포함하지 않는다.

111) **무인항공기(Remotely piloted aircraft)** : 사람이 탑승하지 아니하고 원격 · 자동으로 비행할 수 있는 항공기를 말한다.

112) **무인항공기 시스템(Remotely piloted aircraft system)** : 무인항공기, 무인항공기 통제소, 필수적인 명령 및 통제 링크 및 형식 설계에서 규정된 기타 구성요소 등을 포함하는 시스템을 말한다.

113) **무인항공기 통제소(Remote pilot station)** : 무인항공기를 조종하기 위한 장비를 갖추고 있는 무인항공기 시스템의 구성 요소를 말한다.

114) **무인항공기 조종사(Remote pilot)** : 무인항공기 운영자에 의하여 무인항공기의 조종에 필수적인 임무를 부여받은 자로서 무인항공기의 조종을 담당하는 자를 말한다.

115) **무인항공기 운영자(Remote pilot aircraft operator)** : 무인항공기 운영에 총괄적인 책임을 지는 개인, 기관 또는 업체의 대표자를 말한다.

116) **무인항공기 감시자(Remotely piloted aircraft observer)** : 무인항공기를 육안으로 감시함으로써 무인항공기 조종사가 무인항공기를 안전하게 조종할 수 있도록 지원하기 위하여 운영자에 의해 지정되고 훈련을 받아 능력을 갖춘 자를 말한다.

117) **육안 가시선 내 비행(Visual line-of-sight operation)** : 무인항공기 조종사 또는 무인항공기 감시자가 다른 장비의 도움 없이 무인항공기를 육안으로 직접 보면서 조종하는 것을 말한다.

118) **명령 및 통제 링크(Command and control(C2) link)** : 무인항공기의 비행을 통제하기 위하여 무인항공기와 무인항공기 통제소간의 데이터 링크를 말한다.

119) **탐지 및 회피(Detect and Avoid)** : 항공교통 충돌의 위험성 또는 다른 위험요인들을 탐지하여 적절하게 대응할 수 있는 능력을 말한다.

120) **최종접근구간(Final Approach Segment)** : 착륙을 위해 정렬 및 강하가 수행되는 계기접근절차 구간을 말한다.

2. 고정익항공기관련 운항기술기준 자격요건 용어의 정의(Definitions)

이 장에서 사용하는 용어의 뜻은 다음과 같다.

1) **기장시간** : 항공기가 운항하는 동안 항공기에 대한 모든 책임을 맡은 전체 시간을 말한다.

2) **비행훈련장비(Flight training equipment)** : 모의비행장치(flight simulator), 비행훈련장치(flight training device) 및 항공기(Aircraft)를 말한다.

3) **부기장(Co-pilot) 시간** : 기장시간 이외의 비행시간을 말한다.

4) **최신비행훈련장치(Advanced flight training device)** : 특정한 항공기에 대한 구조, 모델 및 형식의 항공기 조종실과 실제 항공기와 동일한 조종장치를 가지는 조종실 모의훈련장치를 말한다.

5) **한정자격(Rating)** : 자격증명서에 기재되어 있거나 자격증명내용과 관련된 것으로서 특권 또는 제한사항을 규정하는 자격의 일부를 말한다.

6) **항공교통관제사 근무좌석(Operating position)** : 직접 또는 일련의 시설에서 항공교통관제기능을 수행할 수 있는 장소를 말한다.

7) **항공전문의사** : 법 제31조의2 및 시행규칙 제98조의 규정에 따라 항공의학에 관한 전문교육을 이수하고 전문의 또는 의사로서 항공의학분야에서 5년 이상의 경력이 있는 의사 중 국토교통부장관이 항공신체검사증명 업무를 수행 하도록 지정한 의사를 말한다.

3. 고정익항공기관련 운항기술기준 항공훈련기관 용어의 정의(Definitions)

1) **노선적응훈련(Line Operational Flight Training)** : 대표적인 비행구간을 정하여 비행 중 예상되는 정상, 비정상 및 비상상황에 대하여 승무원 편조별로 모의비행장치에서 실시하는 훈련을 말한다.

2) **분교(Satellite Training Center)** : 주 항공훈련기관 이외의 장소에 위치한 항공훈련기관을 말한다.

3) **비행훈련장비(Flight Training Equipment)** : 운항승무원의 비행훈련을 위하여 사용되는 모의비행장치, 비행훈련장치(Flight Training Device) 또는 비행기 등을 말한다.

4) **안전관리과정(Safety Management Course)** : 항공과 관련한 인적요소와 과학적 연구방법, 항공기의 안전관리와 사고예방, 항공기 사고 조사에 대한 교육을 실시하는 훈련과정을 말한다.

5) **운항관리과정(Flight Operation Management Course)** : 운항부분에서의 안전 및 경제성 운항, 환경변화에 적절히 대응하는 방법과 기술적 관리, 승무원 자원관리(CRM)에 대한 교육을 실시하는 훈련과정을 말한다.

6) **조종사 지상학과정(Pilot Ground School Course)** : 교육교재, 시청각교육장비(CBT) 등을 활용하여 조종사의 학과교육을 실시하는 훈련과정을 말한다.

7) **조종사 훈련과정(Pilot Training Course)** : 비행훈련장비를 사용하여 조종사의 비행훈련을 실시하는 훈련과정을 말한다.

8) **책임관리자(Accountable Manager)** : 항공훈련기관에서 수행되는 모든 영을 담당하는 관리자로서 국토교통부장관이 정한 제반기준의 이행에 대해 책임과 권한을 가진 자를 말한다.

9) **항공보안과정(Airport Security Course)** : 공항운영과 관련된 항공보안업무 전반에 대한 교육을 실시하는 훈련과정을 말한다.

10) **항공훈련기관 (Aviation Training Organizations)** : 법 제74조의2 및 시행규칙 제218조의3에 따라 항공관련 업무에 종사하는 자를 전문적으로 훈련시키기 위하여 국토교통부장관으로부터 인가 받은 기관을 말한다.

11) **훈련운영기준(Training Specifications)** : 항공훈련기관의 운영에 필요한 훈련세부사항으로서 항공훈련기관의 조직, 훈련, 시험, 평가에 대한 제한사항과 훈련과정의 운영 등이 수록된 서류를 말한다.

12) **객실승무원훈련과정** : 법 제74조 및 시행규칙 제218조에서 정한 객실승무원의 자격을 획득하기 위하여 본 기준에서 정한 교육을 실시하는 훈련과정을 말한다.

13) **항공정비 훈련과정(Maintenance Training Course)** : 항공정비규정 또는 항공정비교육훈련 프로그램에서 규정하고 있는 항공 정비업무와 관련한 교육을 실시하는 훈련과정을 말한다.

4. 고정익항공기관련 운항기술기준 항공기 감항성 용어의 정의(Definitions)

1) **개조(Alteration)** : 인가된 기준에 맞게 항공제품을 변경하는 것을 말한다.

2) **대개조(Major Alteration)** : 항공기, 발동기, 프로펠러 및 장비품 등의 설계서에 없는 항목의 변경으로서 중량, 평형, 구조강 도, 성능, 발동기 작동, 비행특성 및 기타 품질에 상당하게 작용하여 감항성에 영향을 주는 것으로 간단하고 기초적인 작업으로는 종료할 수 없는 개조를 말하며, 세부내용은 별표 5.1.1.2A와 같다.

3) **소개조(Minor Alteration)** : 대개조 이외의 개조작업을 말한다.

4) **대수리(Major repair)** : 항공기, 발동기, 프로펠러 및 장비품 등의 고장 또는 결함으로 중량, 평형, 구조강도, 성능, 발동기 작동, 비행특성 및 기타 품질에 상당하게 작용하여 감항성에 영향을 주는 것으로 간단하고 기초적인 작업으로는 종료할 수 없는 수리를 말하며, 세부내용은 별표 5.1.1.2B와 같다.

5) **소수리(Minor Repairs)** : 대수리 이외의 수리작업을 말한다.

6) **등록국** : 항공기가 등록원부에 기록되어 있는 국가를 말한다.

7) **설계국가(State of Design)** : 항공기에 대해 원래의 형식 증명과 뒤이은 추가 형식 증명을 했던 국가 또는 항공제품에 대한 설계를 승인한 국가를 말한다.

8) **예방정비(Preventive maintenance)** : 경미한 정비로서 단순하고 간단한 보수작업, 복잡한 결합을 포함하지 않은 소형 규격부 품의 교환을 말하며, 별표 5.1.1.2.C와 같다.

9) **오버홀(Overhaul)** : 인가된 정비방법, 기술 및 절차에 따라 항공제품의 성능을 생산 당시 성능과 동일하게 복원하는 것을 말한다. 여기에는 분해, 세척, 검사, 필요한 경우 수리, 재조립이 포함되며 작업 후 인가된 기준 및 절차에 따라 성능시험을 하여야 한다.

10) **재생(Rebuild)** : 인가된 정비방법, 기술 및 절차를 사용하여 항공제품을 복원하는 것을 말한다. 이는 새 부품 혹은 새 부품의 공차와 한계(tolerance & limitation)에 일치하는 중고부품을 사용하여 항공제품이 분해·세척·검사·수리·재조립 및 시험되는 것을 말하며, 이 작업은 제작사 혹은 제작사에서 인정받고 등록국가에서 허가한 조직에서만 수행할 수 있다.

11) **제작국가(State of Manufacture)** : 운항을 위한 항공기 조립 허가, 해당 형식증명서와 모든 현행의 추가형식증명서에 부합 여부에 대한 승인 및 시험비행 및 운항 허가를 하는 국가를 말하며, 제작국가는 설계국가일수도 있고 아닐 수도 있다.

12) **필수검사항목(Required Inspection Items)** : 작업 수행자 이외의 사람에 의해 검사되어져야 하는 정비 또는 개조 항목으로써 적절하게 수행되지 않거나 부적절한 부품 또는 자재가 사용될 경우, 항공기의 안전한 작동을 위험하게 하는 고장, 기능장애 또는 결함을 야기할 수 있는 최소한의 항목을 말한다.

13) **생산승인(Production Approval)** : 당국이 승인한 설계와 품질관리 또는 검사 시스템에 따라 제작자가 항공기 등 또는 부품을 생산할 수 있도록 국토교통부장관이 제작자에게 허용하는 권한, 승인 또는 증명을 말한다.

14) **비행 전 점검(Pre Flight Inspection)** : 항공기가 예정된 비행에 적합함을 확인하기 위하여 비행 전에 수행하는 점검을 말한다.

15) **전자식 자료(Electronic Data)** : 항공기 제작사 등이 인터넷 홈페이지, DVD, CD, 디스켓을 통하여 제공하는 전자파일형태의 자료를 말한다.

약어(Acronyms)

이 장에서 사용되는 약어는 다음과 같다.
1) AOC : 운항증명(Air Operator Certificate)
2) AMO : 인증된 정비조직 (Approved Maintenance Organization)
3) MEL : 최소장비목록(Minimum Equipment List)
4) PIC : 기장(Pilot in Command)
5) TC : 형식증명서(Type Certificates)
6) TCV : 형식증명승인서(Type Certificates Validation)
7) STC : 부가형식증명서(Supplemental Type Certificates)
8) PC : 생산증명서(Production Certificates)
9) PMA : 부품제작자증명(Parts Manufacturer Approval)
10) KTSOA : 기술표준품 형식승인서(Korea Technical Standard Order Authorization)
11) AD : 감항성 개선지시서(Airworthiness Directive)
12) TCDS : 형식증명자료집(Type Certification Data Sheet)

5. 고정익항공기관련 운항기술기준 정비조직 인증 기준 용어의 정의(Definitions)

이 장에서 사용하는 용어의 뜻은 다음과 같다.

1) **책임관리자(Accountable manager)** : 정비조직인증을 받은 사업장에서의 모든 운영에 관한 책임과 권한을 가진 자로서 인증된 정비조직에서 임명한 사람을 말하며, 소속 인력들이 규정을 지키도록 하는 사람을 말한다.

2) **대개조(Major alteration)** : 5.1.2, 2)에서 정한 개조를 말한다.

3) **소개조(Minor Alteration)** : 5.1.2, 3)에서 정한 개조를 말한다.

4) **대수리(Major repair)** : 5.1.2, 4)에서 정한 수리를 말한다.

5) **소수리(Minor Repairs)** : 5.1.2, 5)에서 정한 수리를 말한다.

6) **운항정비(Line maintenance)** : 예측할 수 없는 고장으로 발생된 비계획 정비 또는 특수한 장비 또는 시설이 필요치 않은 서비스 및(또는) 검사를 포함한 계획점검(A 점검 및 B 점검)을 말한다.

7) **공장정비(Base Maintenance)** : 운항정비를 제외한 정비를 말한다.

8) **예방정비(Preventive maintenance)** : 단순하고 간단한 보수작업, 점검 및 복잡한 결합을 포함하지 않은 소형 규격부품의 교환 및 윤활유 등의 보충(service)을 말한다.

9) **기술관리 및 품질관리 업무** : 항공기 등에 대한 직접적인 정비행위를 수행하는 것을 제외하고, 항공기가 기술기준에 적합하도록 지속적인 감항성 유지를 보증하기 위한 다음과 같은 업무를 말한다.
    가) 계획정비 프로그램의 개발 및 유지관리
    나) 감항성 유지정보(AD, SB 등) 검토 및 작업지침서 개발
    다) 항공기 결함 등의 분석 및 신뢰성 관리
    라) 정비 업무에 관한 절차의 개발 및 관리
    마) 그밖에 정비를 위한 제반 지원업무

10) **품목(Article)** : 항공기, 기체, 발동기, 프로펠러, 장비품 또는 부품 등을 말한다.

11) **정비매뉴얼(Maintenance Manuals)** : 항공기 등 장비품 및 부품 제작자가 지속적 감항성 유지를 위하여 발행하는 정비지침서(Maintenance Guidance)로서 Maintenance Manual, Overhaul Manual, Illustrated Parts Catalogue, Structure Repair Manual, Component Maintenance Manual, Maintenance Instructions 및 Wiring Diagram 등 기술도서들을 포함한다.

6. 고정익항공기관련 운항기술기준 항공기 계기 및 장비 용어의 정의(Definitions)

1) **비상위치무선표지설비(Emergency locator transmitter(ELT))** : 비상상황을 감지하여 지정된 주파수로 특수한 신호를 자동 혹은 수동으로 발산하는 상비를 말한나.

    가) **고정식 자동비상위치 무선표지설비(Automatic fixed ELT(ELT(AF))** : 항공기에 영구적으로 장착된 긴급위치 발신기

    나) **휴대용 자동비상위치 무선표지설비(Automatic portable ELT(ELT(AP))** : 항공기에 견고하게 부착되고, 추락 등 조난 시 항공기에서 쉽게 떼어내어 휴대할 수 있는 긴급위치 발신기

    다) **자동전개식 비상위치 무선표지설비(Automatic deployable ELT(ELT(AD))** : 항공기에 견고하게 부착되고, 추락 등 조난 시 항공기에서 자동적으로 전개되며 수동전개도 가능한 긴급위치 발신기

    라) **생존 비상위치 무선표지설비(Survival ELT(ELT(S))** : 비상시에 생존자들이 작동시키도록 예비용으로 장착된, 항공기에서 떼어낼 수 있는 긴급위치 발신기

2) **장거리 해상비행(Extended Over water Operation)** : 육상단발비행기의 경우에는 비상착륙에 적합한 육지로부터 185킬로미터(100해리) 이상의 해상을 비행하는 것을 말하며, 육상다발비행기의 경우에는 1개의 발동기가 작동하지 아니하여도 비상착륙이 적합한 육지로부터 740킬로미터(400해리) 이상의 해상을 비행하는 것을 말한다.

7. 고정익항공기관련 운항기술기준 항공기운항 용어의 정의(Definitions)

이 장에서 사용하는 용어의 뜻은 다음 각 호와 같다.

1) **1일(Calender day)** : 세계표준시(UTC)나 지역표준시(Local Time)를 사용하여 00 : 00시에 시작하여 24 : 00시에 끝나는 기간을 말한다.

2) **검열운항승무원(Check Airman)**은 다음과 같다.
   가) **운항자격심사관(MLIT Check Airman)** : 조종사 운항자격 심사업무를 수행하는 국토교통부 소속 공무원을 말한다.
   나) **위촉심사관(Check Airman Designation)** : 법 제51조제1항 및 제2항의 규정에 의한 자격인정 또는 심사를 담당할 수 있도록 국토교통부장관이 위촉한 자를 말한다.
   다) **모의비행장치 검열운항승무원(Check Airman Simulator)** : 특정 운항증명소지자를 위하여, 특정 항공기 형식에 대하여 모의비행장치 또는 비행훈련장치를 이용하여 훈련 및 평가를 수행할 수 있는 자격을 갖추고 임명을 받은 자를 말한다.
   라) **항공기 검열운항승무원(Check Airman Aircraft)** : 특정 운항증명소지자를 위하여, 특정 항공기 형식에 대하여 항공기, 모의비행장치 또는 비행훈련장치를 이용하여 훈련 및 평가를 수행할 수 있는 자격을 갖추고 임명을 받은 자를 말한다.

3) **결심고도/높이(Decision altitude(DA) or decision height(DH))** : 활주로 접근을 계속하기 위해 필요한 시각 참조물이 식별되지 않을 경우 실패접근을 시도해야할 때의 3D 계기접근운영시의 특정고도 또는 높이를 말한다.
   주1) 결심고도(DA)는 평균해면고도(MSL)를 기준으로 표시하고, 결심높이(DH)는 활주로 말단의 높이를 기준으로 표시한다.
   주2) 필요한 시각 참조물이란 조종사가 원하는 비행로로 비행하기 위해 항공기 위치 및 위치변경비율을 판단하기 위하여 육안으로 충분히 볼 수 있는 시각 보조물 또는 접근구역의 부분을 말한다.
   주3) 표현상의 편의를 위해 두 가지가 동시에 쓰일 때는 결심고도/높이 또는 DH/A로 기술할 수 있다.

4) **곡기비행(Aerobatic flight)** : 항공기로 행하여지는 급격한 자세변경, 비정상 자세, 속도의 비정상적인 증·감속 등과 같은 인위적인 기동을 말한다.

5) **교체공항(Alternate aerodrome)** : 착륙예정 공항에 착륙이 불가능하거나 적절하지 않다고 판단되는 경우, 항공기가 비행을 계속할 수 있는 필요한 업무와 시설 이용이 가능한 공항으로서 항공기 성능 요구사항이 충족되어야 하며, 운영이 가능한 공항을 말한다. 교체공항은 다음을 포함한다.
   가) **이륙교체공항(Take-off alternate)** : 이륙 후 얼마 안 있어 착륙을 해야 하나, 출발지 공항을 사용할 수 없을 때 항공기가 착륙할 수 있는 교체공항
   나) **항로상 교체공항(En-route alternate)** : 항로 비행 중 노선변경이 필요한 착륙할 수 있는 교체공항
   다) 〈삭 제 ; 2014.10.31〉
   라) **목적지 교체공항(Destination alternate)** : 착륙예정 공항에 착륙이 불가능하거나 착륙이 부적절할 때 항공기가 착륙할 수 있는 교체공항

6) 〈삭 제 ; 2014.10.31〉

7) **관제비행(Controlled Flight)** : 항공교통관제지시에 따라 행하는 모든 비행을 말한다.

8) **노선운항승무시간(Line Operating Flight Time)** : 운항증명소지자가 유상운항을 하는 동안 해당 운항승무원에 의해 기록된 승무시간을 말하며, "노선운항비행시간(Line Operating Flight Time)"이라고도 한다.

9) **비행계획서(Flight Plan)** : 계획된 비행 또는 비행의 일부분을 위하여 항공교통업무기관에 제출하는 일정한 정보를 말한다.

10) **비행근무시간(Flight Duty Period)** : 운항승무원이 1개 구간 또는 연속되는 2개 구간 이상의 비행이 포함된 근무의 시작을 보고한 때부터 마지막 비행이 종료되어 최종적으로 항공기의 발동기가 정지된 때까지의 총시간을 말한다.
   주) 승무원이 집(또는 숙박장소)으로부터 운영자가 지정한 장소까지 이동하는 데 소요되는 시간은 비행근무시간에 포함하지 아니한다.

11) **비행장운영최저치(Aerodrome operating minima)** : 아래 조건에 따른 비행장 사용가능 기상제한치를 말한다.
   가) 이륙의 경우 활주로가시범위(RVR) 및/또는 시정(VIS), 필요한 경우 구름상태(Ceiling)
   나) 2D 계기접근운영 착륙의 경우 활주로가시범위(RVR) 및/또는 시정(VIS), 최저강하고도/높이(MDA/H), 필요한 경우 구름상태
   다) 3D 계기접근 운영 착륙의 경우 적절한 운항의 종류 및/또는 등급에 따른 활주로가시범위(RVR) 및/또는 시정(VIS), 결심고도/높이(DA/H)
   라) 〈삭 제 ; 2014.10.31〉

12) **비행중요단계(Critical Phases of Flight)** : 순항비행을 제외한 지상활주, 이륙 및 착륙을 포함한 고도 1만피트 이하에서 운항하는 모든 비행을 말한다.

13) **승객 비상구 열 좌석(Passenger exit row seats)** : 비상구로 직접 접근할 수 있는 승객 좌석으로서 승객이 비상구로 접근하기 위하여 통과하여야 할 탈출구 내측 좌석에서부터 통로까지의 좌석 열을 말한다. 직접접근 할 수 있는 승객좌석이라 함은 통로를 거치거나 또는 장애물을 우회함이 없이 똑바로 탈출구로 접근할 수 있는 좌석을 의미한다.

14) **승객시간(Flight Time)** : 비행기의 경우 이륙을 목적으로 최초 움직이기 시작한 때부터 비행이 종료되어 최종적으로 비행기가 정지한 때까지의 총시간을 말한다.

   주) Flight Time은 Block to block 또는 Chock to chock로도 정의하며, "비행시간"이라고도 한다.

15) **승무원(Crew Member)** : 항공운송사업자 및 항공기사용사업자에 의하여 비행근무시간(Flight Duty Period)동안 항공기에 탑승하여 임무를 수행하도록 임무가 부여된 자(운항승무원과 객실승무원)를 말한다.

16) **비임무 이동(Positioning)** : 운영자의 지시에 따라 비임무 승무원이 승객 신분으로서 한 장소에서 다른 장소로 이동하는 것을 말한다.

   주) 여기에 정의된 Positioning은 Deadheading 용어와 같은 의미이다.

17) **외형변경목록(Configuration deviation list)** : 형식증명소지자가 해당 감항당국의 승인을 받고 작성한 목록으로서 비행을 개시함에 있어 누락될 수 있는 항공기 외부부품의 확인에 사용하며, 필요한 경우 항공기 운항한계와 성능보정에 관한 정보를 포함한다.

18) **운항비행계획서(Operational Flight Plan)** : 운항하고자 하는 공항에 대한 항공기 성능, 운항제한사항 및 항로상에서 예상되는 조건 등을 고려하여 안전한 비행을 수행하기 위하여 항공운송사업자가 작성한 비행계획서를 말한다.

19) **운항승무원(Flight Crew Member)** : 비행근무시간(Flight Duty Period)동안 항공기 운항에 필수적인 임무를 수행하기 위하여 책임이 부여된 자격을 갖춘 승무원(조종사, 항공기관사, 항공사)을 말한다.

20) **연료보급공항(Refueling Airport)** : 어떤 항로를 비행하는 항공기에 대하여 연료만을 보급하기 위하여 사용이 인가된 공항을 말한다. 비행계획에 있어서 최초의 착륙예정지로 사용할 수 있다.

21) **예비공항(Provisional Airport)** : 정규공항의 예비로서 지정하며 정규공항을 사용할 수 없는 경우에 그 정규공항과 같은 목적으로 사용할 수 있는 공항을 말한다. 비행계획에 있어서 최초의 착륙예정지로 사용할 수 있다.

22) **유효활주로길이(Effective Length of the Runway)** : 활주로 접근경로 말단의 장애물 통과허용 평면과 활주로 중심선이 교차하는 지점으로부터 반대쪽 활주로 끝까지의 착륙에 사용되는 활주로 길이를 말한다.

23) 〈삭 제 : 2014.10.31〉

24) 〈삭 제 : 2014.10.31〉

25) 〈삭 제 : 2014.10.31〉

26) **일반항공운항(General aviation operation)** : 항공운송사업 또는 항공기사용사업 운항 이외의 운항을 말한다.

27) 〈삭제〉

28) **장애물제한표면(Obstruction clearance plane)** : 활주로를 둘러싸고 있는 일정구역에 대하여 측면에서 볼 경우 1 : 20의 구배로 활주로에서부터 상향하는 경사면으로서 모든 장애물에 저촉되지 않는 표면임. 이 표면을 위에서 볼 경우, 이 구역의 중심선과 활주로중심선은 일치하며, 이 표면은 활주로중심선과 활주로 말단의 장애물에 저촉되지 않는 표면이 교차하는 지점에서부터 시작하여 최소한 1,500피트 이상 나아감. 구역의 중심선은 1,500피트 이상 나아간 지점에서 해당 활주로에 대한 이륙경로 또는 계기접근로와 일치함. 이륙경로나 접근로가 설정되지 않은 경우에는 1,500피트 이상 나아간 지점과 반지름 4,000피트 이상의 호가 만나 이루는 표면이 모든 장애물로부터 자유로워지는 지점까지 장애물 제한 표면이 됨. 또 이 구역은 활주로와 장애물제한표면이 교차하는 지점에서 중심선 좌우로 각각 200피트의 너비를 지니고 있으며, 이 너비는 활주로 끝까지 동일함. 그리고 활주로와 장애물제한표면의 교차점으로부터 1,500피트 떨어진 지점까지 중심선 좌우의 너비는 200피트에서 500피트로 균등하게 넓어짐. 이후부터는 중심선 좌우로 각각 500피트 너비를 유지함

29) **헬리콥터 – 접근 및 착륙단계(Approach and landing phase – helicopters)** : 최종접근 및 이륙지역(FATO)의 표고 위로 300m(1,000피트)를 초과한 고도에서 비행한다면, 바로 그 FATO의 표고 상방 300m(1,000피트)에서부터 또는 기타의

경우엔 강하를 시작한 지점부터 착륙 또는 실패착륙 지점까지의 부분을 말한다.

30) 조언공역(Advisory airspace) : 조종사에게 항공교통 조언업무가 제공되는 지정된 공역이나 항로를 말한다.

31) 정규공항(Regular Airport) : 인가된 노선의 출발지, 기착지 및 목적지로 사용하는 공항을 말하며, 비행계획에 있어서 최초의 착륙예정지로 사용할 수 있는 공항을 말한다.

32) 임계엔진(발동기) – (Critical engine) : 해당 엔진이 부작동시 항공기의 성능이나 조작 등에 가장 나쁜 영향을 줄 수 있는 엔진을 말한다.

33) 착륙결심점(Landing Decision Point) : 엔진 부작동시 착륙을 안전하게 계속하거나 착륙을 단념하고 실패접근을 결정하는 착륙성능을 판단하는 데 사용되는 지점을 말한다.

34) 〈삭 제 : 2014.10.31〉

35) 〈삭 제 : 2014.10.31〉

36) 〈삭 제 : 2014.10.31〉

37) 비행일지(Journey Log) : 항공기 등록기호, 승무원 성명 및 임무, 비행종류, 날짜, 장소 및 도착과 출발시간이 기록된 매 비행마다 기장이 서명한 양식을 말한다.

38) 표준최소장비목록(MMEL : Master Minimum Equipment List) : 비행시작 시 1개 또는 그 이상 부작동하는 요소들이 있어도 운항할 수 있도록 항공기 제작국가의 승인 하에 제작자가 특정 항공기 형식에 대하여 설정한 요건을 말한다. 표준최소장비목록은 특별한 운항조건, 제한사항, 절차 등과 연관되어 있다.

39) 항공기사용사업(Aerial work) : 항공기를 농업, 건축, 사진촬영, 조사, 관측, 순찰, 수색 및 구조, 공중광고사업 등과 같은 특정 목적을 위하여 행하는 사업을 말한다.

40) 항공안전관련 중요임무(Safety – sensitive functions in aviation) : 운항승무원의 임무, 객실승무원의 임무, 비행교관의 임무, 운항관리사의 임무, 항공정비사의 임무 및 항공교통관제사의 임무를 말한다.

41) 항공안전관련 중요임무 종사자 : 운항승무원, 객실승무원, 비행교관, 운항관리사, 항공정비사, 항공교통관제사(국토교통부 또는 군 항공교통관제시설에 종사하는 자는 제외)를 말한다.

42) 〈삭 제 : 2014.10.31〉

43) 〈삭 제 : 2014.10.31〉

44) 〈삭 제 : 2014.10.31〉

45) 휴식시간(Rest period) : 운항승무원 또는 객실승무원이 근무 후 그리고/또는 전에 모든 근무로부터 벗어나 있는 연속적이고 한정된 시간을 말한다.

46) 고도측정시스템 오차(Altimetry system error : ASE) : 표준지표기압고도로 고도계를 설정했을 때, 조종사에게 전시되는 기압 고도와 실제 기압고도 간의 차이를 말한다.

47) 항로교대조종사(Cruise relief pilot) : 이·착륙단계를 제외한 운항 동안, 기장 또는 부기장(Co – pilot)이 계획된 휴식을 취할 수 있도록 조종사 임무를 수행하는 운항승무원을 말한다.

48) 안전목표수준(Target level of safety : TLS) : 특정 상황에 있어서 수용할 만한 위험도를 나타내는 일반적인 개념을 말한다.

49) 총 수직오차(Total vertical error : TVE) : 항공기가 비행한 실제 기압고도와 배정받은 기압고도 간의 수직적 차이를 말한다.

50) 혼잡지역(Congested area) : 도시, 마을 또는 주거지로서 주거, 상업 또는 휴양을 위하여 실질적으로 사용되는 지역을 말한다.

51) 〈삭 제 : 2014.10.31〉

52) 〈삭 제 : 2014.10.31〉

53) 〈삭 제 : 2014.10.31〉.

54) 〈삭 제 : 2014.10.31〉

55) 〈삭 제 : 2014.10.31〉

56) 〈삭 제 : 2014.10.31〉

57) 〈삭 제 : 2014.10.31〉

58) 〈삭 제 : 2014.10.31〉

59) 〈삭 제 : 2014.10.31〉

60) **객실승무원(Cabin crew member)** : 승객들의 안전을 도모하기 위해운영자 또는 기장으로부터 부여된 임무(운항승무원으로서의 역할은 제외)를 수행하는 승무원을 말한다.

61) **선임 객실승무원**이라 함은 비행 중 승객통제를 포함한 객실안전 절차를 최종 확인하도록 운항증명소지자로부터 임무를 부여 받은 객실승무원을 말한다.

62) **전자항행자료(Electronic Navigation Data)** : 항공기 항행에 필요한 활주로, 출도착절차, 픽스(fix) 등 공항, 항로와 관계된 항행자료를 항공기 FMC(Flight Management Computer)에 입력하여 활용할 수 있도록 전자형태로 제작한 것을 말한다.

63) **가속정지 가능 거리[Accelerate – stop distance available(ASDA)]**란 활주로정지대가 있는 경우 그 길이를 포함한 이륙활주가 가능한 길이를 말한다.

64) **착륙가능거리[Landing distance available(LDA)]**란 비행기의 착륙 지상활주가 가능한 것으로 공표한 활주로의 길이를 말한다.

65) **근무(Duty)** : 항공기운영자가 운항승무원 또는 객실승무원에게 수행토록 요구하는 모든 임무로서 피로를 야기하는 비행근무, 행정업무, 훈련, 비임무 이동 및 대기를 말한다.
주) 여기서 정의된 근무(Duty)는 근로기준법 등 노동관계법상 '근로' 또는 '근무'의 의미와 같지 아니하다.

66) **근무시간(Duty period)** : 운항승무원 또는 객실승무원이 항공기 운영자의 요구에 따라 근무보고를 하거나 근무를 시작한 때부터 모든 근무가 끝나는 때까지의 시간을 말한다.

67) **피로(Fatigue)** : 항공기 안전운항 또는 안전관련 근무의 수행에 필요한 승무원의 경계 및 수행능력을 해칠 수 있는 수면부족, 일주리듬의 변동 또는 업무 과부하의 결과로 발생하는 정신적·신체적 수행능력이 저하된 생리적 상태를 말한다.

68) **근무명부(Roster)** : 승무원이 임무수행이 필요한 경우 운영자에 의해 제공되는 시간 명부를 말한다.
주) 여기서 정의된 근무명부(Roster)는 스케줄(Schedule), 시간표(Line of time), 근무형태(Pattern), 근무윤번(Rotation)과 같은 의미이다.

69) **대기(Standby)** : 승무원이 운영자의 요구에 따라 중간에 휴식시간 없이 특정 임무를 부여받을 수 있도록 정한 기간을 말한다.

70) **모기지(Home base)** : 운영자에 의해 승무원에게 지정되는 장소로 승무원이 정상적으로 하나의 근무시간 또는 연속근무시간(series of duty periods)을 시작하고 끝내는 장소를 말한다.

71) **적절한 숙박시설(Suitable accommodation)** : 적절한 휴식을 위해 필요한 설비가 갖추어진 침실을 말한다.

72) **추가 운항승무원(Augmented flight crew)** : 항공기 운항에 필요한 최소운항승무원 외에 추가된 운항승무원을 말하며, 비행 중 휴식을 목적으로 각 운항 승무원은 다른 유자격 운항승무원으로 대체시키고 부여된 임무위치를 떠날 수 있다.

73) **출두시각(Reporting time)** : 운영자가 근무를 위해 승무원을 출두시키는 시각을 말한다.

74) **예측불가 운항상황(Unforeseen operational circumstance)** : 운영자가 통제할 수 없는 기상, 장비 고장 또는 항공교통지연(Air traffic delay)과 같은 예기치 않은 사건을 말한다.

75) **피로위험관리시스템(Fatigue Risk Management System : FRMS)** : 관련 직원이 충분한 각성상태에서 업무를 수행할 수 있도록 하기 위한 목적으로 운영 경험 및 과학적 원리·지식에 근거하여 피로관련 안전위험요소를 지속적으로 감시하고 관리하는 데이터 기반의 수단을 말한다.

76) **업무용항공운영(Corporate aviation operation)** : 전문조종사를 고용하여 운항하는 회사의 항공기를 사용하거나 비상업용으로 회사업무수행에 필요한 승객이나 물품을 운송하는 것을 말한다.

77) **운영기지(Operating base)** : 운항통제를 실시할 수 있도록 운영자가 지정한 장소를 말한다.

78) 〈삭 제 : 2014.10.31〉

79) 〈삭 제 : 2014.10.31〉

80) 〈삭 제 : 2014.10.31〉

81) 〈삭 제 : 2014.10.31〉

82) **산업실무지침(Industry codes of practice)** : 국제민간항공기구의 국제표준 및 권고사항의 항공안전 요건을 따르기 위해 산업체에 의해 개발된 항공산업의 특정 분야를 위한 안내지침을 말한다.

83) **국가안전프로그램(State safety programme)** : 항공안전을 확보하고 안전목표를 달성하기 위한 항공 관련 제반 규정 및 안전활동을 포함한 종합적인 안전관리체계를 말한다.

84) **회항시간연장운항(Extended Diversion Time Operation ; EDTO)** : 쌍발 이상의 터빈엔진 비행기 운항 시, 항로상 교체공항까지의 회항시간이 운영국가가 수립한 기준시간(threshold time)보다 긴 경우에 적용하는 비행기 운항을 말한다.

85) **회항시간연장운항 임계연료(EDTO critical fuel)** : 항로상 가장 먼 임계지점(the most critical point)에서 운항에 가장 영향을 미치는 시스템 고장 시, 항로상 교체공항까지 비행하기 위해 필요한 연료량을 말한다.

86) **회항시간연장운항 – 중요시스템(EDTO – significant system)** : EDTO에 의해 회항하는 동안 항공기의 안전운항 및 착륙에 중요한 시스템을 말하며, 이러한 시스템이 고장 나거나 기능저하 시 EDTO 비행의 안전성에 불리한 영향을 미칠 수 있다.

87) **고립공항(Isolated aerodrome)** : 특정 비행기 형식에 적합한 목적지 교체공항이 없는 목적지 공항을 말한다.

88) **최대회항시간(Maximum diversion time)** : 항로상의 한 지점으로부터 항로상 교체공항까지 시간으로 표시되는 최대허용거리를 말한다.

89) **귀환불능지점(Point of no return)** : 비행기가 특정 비행에 이용 가능한 항로상 교체공항 뿐만 아니라 목적지 공항으로의 비행이 가능한 마지막 지리적인 지점을 말한다.

90) **기준시간(Threshold time)** : 항로상 교체공항까지의 거리를 운영국가가 설정한 시간으로 표시된 거리를 말하며, 이 시간을 벗어나 운항하고자 하는 경우 운영국가로 부터의 EDTO 승인을 받아야 한다.

약어(Acronyms)

이 장에서 사용되는 약어는 다음과 같다.
1) AFM : 비행교범(Aeroplane Flight Manual)
2) AGL : 지표면상공고도(Above Ground Level)
3) AOC : 운항증명(Air Operator Certificate)
4) AOM : 항공기 운영교범(Aircraft Operating Manual)
5) APU : 보조동력장치(Auxiliary Power Unit)
6) ATC : 항공교통관제(Air Traffic Control)
7) CAT : 종류(Category)
8) CDL : 외형변경목록(Configuration Deviation List)
9) CRM : 승무원자원관리(Crew Resource Management)
10) DH : 결심고도(Decision Height)
11) ETA : 도착예정시각(Estimated Time of Arrival)
12) EDTO : 회항시간 연장운항(Extended Diversion Time Operation)
13) FE : 항공기관사(Flight Engineer)
14) FL : 비행고도(Flight Level)
15) GPS : 위성항행시스템(Global Positioning System)
16) IMC : 계기비행기상상태(Instrument Meteorological Conditions)

17) INS : 관성항법장치(Inertial Navigation System)
18) LDA : 로컬라이저형 방위보조기(Localizer－type Directional Aid)
19) LOC : 방위각제공시설(Localizer)
20) LORAN : 장거리항행(Long Range Navigation)
21) LVTO : 저시정이륙(Low Visibility Take Off)
22) MDA : 최저강하고도(Minimum Descent Altitude)
23) MEA : 최저항로고도(Minimum En Route Altitude)
24) MEL : 최소장비목록(Minimum Equipment List)
25) MMEL : 표준최소장비목록(Master Minimum Equipment List)
26) MOCA : 최소장애물허용고도(Minimum Obstruction Clearance Altitude)
27) MSL : 평균해면고도(Mean Sea Level)
28) NOTAM : 항공고시보(Notice to Airmen)
29) PBE : 호흡보호장비(Protective Breathing Equipment)
30) PIC : 기장(Pilot In Command)
31) 〈삭 제 : 2014.10.31 〉
32) RVR : 활주로 가시범위(Runway Visibility Range)
33) RVSM : 수직분리축소(Reduced Vertical Separation Minimum)
34) SCA : 선임객실승무원(Senior Cabin Attendant)
35) SM : 육상마일(Statute Miles)
36) TACAN : 전술항행표지시설(Tactical Air Navigation System)
37) VMC : 시계비행기상상태(Visual Meteorological Conditions)
38) VSM : 수직분리(Vertical Separation Minimum)
39) V$_1$: 이륙결심속도(Takeoff decision speed)
40) Vmo : 운항최대속도(Maximum operating speed)
41) Vso : 실속속도 또는 착륙형태에서 최저안정비행속도(Stalling speed or the minimum steady flight speed in the landing configuration)

8. 고정익항공기관련 운항기술기준 항공기운송사업의 운항증명 및 관리 용어의 정의(Definitions)

이 장에 사용되는 용어의 뜻은 다음 각 호와 같다.

1) **인수점검표** : 위험물 포장의 외형을 검사하는 서류와 모든 요건이 충족되었는지를 판단하는 데 사용하는 관련서류를 말한다.

2) **탑재용 항공일지** : 운항 중 발견된 항공기의 결함 및 고장을 기록하거나 항공기 주정비시설이 있는 기지로의 운항이 계획된 사이에 수행한 모든 정비사항을 세부적으로 기록하기 위하여 항공기에 비치된 서류를 말한다. 탑재용 항공일지에는 운항승무원이 숙지해야 할 비행안전과 관련된 운항정보와 정비기록이 포함되어야 한다.

3) **감항성 확인** : 자신의 이익을 대표하는 개인 또는 정비 조직에 의해서 행해지는 것 보다는 운용자가 특별히 인가한 사람이 정비 후 행하는 확인 행위를 말한다. 실제로 감항성 확인에 서명하는 자는 운용자를 대신하는 인가자로서 임무를 수행하는 것이며, 감항성 확인에 포함된 정비행위가 운용자의 지속적 정비 프로그램에 따라 수행되었음을 확인하는 것이다. 해당 정비단계에 서명한 자는 각 단계별로 수행된 정비에 대해 책임을 지며, 감항성 확인은 전체 정비작업에 대해 인증하는 것이다. 이러한 관계가 유자격 항공정비사나 정비조직의 정비역할 또는 그들이 수행하거나 감독할 임무에 대한 책임을 결코 덜어주는 것은 아니다. 운용자는 감항성 확인을 수행할 수 있는 권한을 가진 유자격 항공정비사 또는 정비조직의 이름 또는 직책을 지정할 책임이 있다. 이에 추가하여 운용자는 감항성 확인 시점을 지정해야 한다. 일반적으로 감항성 확인은 운영기준의 정비행위에 규정되어 있는 검사를 수행한 이후에 필요하다. 운영기준의 정비행위에는 점검이나 기타 주요 정비 등이 포함된다.

4) **화물기** : 승객이 아닌 화물을 운송하는 항공기를 말한다. 다음 각목에 해당자는 승객으로 간주하지 아니 한다.
   가) 승무원
   나) 운항규정에서 정한 절차에 따라 탑승이 허용된 항공사의 직원
   다) 국토교통부 검사관 또는 국토교통부장관이 지명한 공무원
   라) 탑재된 특정 화물과 관련하여 임무를 수행하기 위하여 탑승한 자

5) 〈삭 제〉

6) 〈삭 제〉

7) **위험물 운송서류** : 항공운송에 의한 안전한 위험물 수송을 위하여 국제민간항공기구 기술지시에 명시된 서류를 말한다. 위험물 운송서류는 위험물을 항공운송에 위탁하는 사람이 작성해야 하며 이들 위험물에 대한 정보를 포함해야 하며, 위험물이 적합한 명칭과 유엔번호(만약 지정되었다면)에 의해 정확히 기술되어졌고 정확히 분류, 포장 및 인식표가 붙어 있으며 운송하기에 적합한 상태라는 것을 나타내는 서명이 있어야 한다.

8) **직접담당자** : 예방정비 개조 또는 기타 항공기 감항성에 영향을 주는 작업을 수행한 정비소에서 작업에 대한 책임자를 말한다.

9) **동등정비시스템** : 항공운송사업자가 정비조직과 협정을 맺어 정비활동을 수행하거나 또는 항공운송사업자의 정비시스템이 국토교통부의 승인을 받았고 이 시스템이 정비조직의 정비시스템과 동등하면 자신이 정비, 예방정비, 개조 등을 할 수 있는 것을 말한다.

10) 〈삭 제〉

11) **취급대리인** : 항공사를 대신하여 승객이나 화물의 접수, 탑승(적재), 하기(적하), 환승(환적) 또는 기타의 업무에 대해 일부 또는 전부를 수행하는 대리인을 말한다.

12) **지속시간** : 제빙/방빙액이 항공기의 주요표면에 서리나 얼음의 형성과 눈의 축적을 방지할 수 있는 예상시간이 있으며 이러한 액을 최종적으로 뿌리기 시작한 시점부터 시작하여 용액의 효과가 상실될 때까지의 시간을 말한다.

13) **교환협정** : 단순임차 및 공항에서 항공기의 운항권리 취득 또는 양도에 대하여 항공사에 허용하는 임차계약을 말한다.

14) **정비규정**(Maintenance Control Manual) : 정비 및 이와 관련업무를 수행하는 자가 업무수행에 사용하도록 되어 있는 절차, 지시, 지침 등이 포함되어 있는 교범을 말한다.

15) 〈삭 제〉

16) 〈삭 제〉

17) 〈삭 제〉

18) 〈삭 제〉

19) 〈삭 제〉

20) 〈삭 제〉

21) 〈삭 제〉

22) **기술지시**(Technical instructions) : 부록을 포함해서 국제민간항공기구의 협의에 따라 인가되고 발행된 위험물 안전수송에 대한 기술지시서(Doc. 9284-AN/905)의 최신 개정판을 말한다.

23) **숙달훈련** : 기량심사를 하는 동안 조종사가 성공적으로 수행해야 할 규정된 조작과 절차를 가르치는 훈련을 말한다.

24) 〈삭 제〉

25) 〈삭 제〉

26) **단순임차**(Dry Lease) : 임차항공기를 운용하는 데 필요한 승무원을 임대자가 직접적으로 또는 간접적으로 제공하지 않는 임차를 말한다.

27) **포괄임차**(Wet Lease) : 임차항공기를 운용하는 데 필요한 승무원(들)을 임대자가 직접적으로 또는 간접적으로 제공하는 임차를 말한다.

28) **항공기 상호교환**(Aircraft Interchange) : AOC 소지자가 다른 AOC 소지자에게 단순임차 방식으로 짧은 기간 동안 항공기 운항관리 책임을 이전하는 것을 말한다.

29) **완전비상탈출시범(Full Evacuation Demonstration)** : 운항증명신청자(또는 소지자)가 운용하고자 하는 항공기에 적용하는 비상탈출절차 및 탈출장비의 적정성을 입증하기 위하여 승객과 승무원을 탑승시켜 모의 비상상황을 실현하는 시범을 말한다.

30) **부분비상탈출시범(Full Evacuation Demonstration)** : 운항증명소지자(또는 신청자)가 운용하고자 하는 항공기에 적용하는 비상탈출절차 및 탈출장비의 적정성을 입증하기 위하여 승무원을 탑승시켜 모의 비상상황을 실현하는 시범을 말한다.

약어(Acronyms)

이 장에서 사용되는 약어는 다음과 같다.
1) AOC : 운항증명 (Air Operator Certificate)
2) AMO : 정비조직(Approved Maintenance Organization)
3) CDL : 외형변경목록(Configuration Deviation List)
4) MEL : 최소장비목록(Minimum Equipment List)

---

9. 항공기 기술기준(Korean Airworthiness Standards)용어의 정의(Definitions)

아래의 용어는 별도로 명시된 사항이 있는 경우를 제외하고, 각 감항분류별 항공기 기술기준에 적용된다.

- **항공기(Aircraft)** : 지표면의 공기반력이 아닌 공기력에 의해 대기 중에 떠오르는 모든 장치를 말한다.
- **비행기(Aeroplane)** : 엔진으로 구동되는 공기보다 무거운 고정익 항공기로서 날개에 대한 공기의 반작용에 의하여 비행 중 양력을 얻는다.
- **회전익항공기(Rotorcraft)** : 하나 이상의 로터가 발생하는 양력에 주로 의지하여 비행하는 공기보다 무거운 항공기를 의미한다.
- **헬리콥터(Helicopter)** : 수평수직 운동에 있어서 주로 엔진으로 구동하는 로터에 의지하는 회전익항공기를 말한다.
- **자이로다인(Gyrodyne)** : 수직축으로 회전하는 1개 이상의 엔진으로 구동하는 회전익에서 양력을 얻고, 추진력은 프로펠러에서 얻는 공기보다 무거운 항공기를 말한다.
- **자이로플레인(Gyroplane)** : 시동 시는 엔진 구동으로, 비행 시에는 공기력의 작용으로 회전하는 1개 이상의 회전익에서 양력을 얻고, 추진력은 프로펠러에서 얻는 회전익항공기를 말한다.
- **활공기(Glider)** : 주로 엔진을 사용하지 않고 사유비행을 하며 날개에 삭용하는 공기력의 동적 반작용을 이용하여 비행이 유지되는 공기보다 무거운 항공기를 의미한다.
- **비행선(Airship)** : 엔진으로 구동하며 공기보다 가벼운 항공기로서 방향조종이 가능한 것을 말한다.
- **엔진(Engine)** : 항공기의 추진에 사용하거나 사용하고자 하는 장치를 말한다. 여기에는 엔진의 작동과 제어에 필요한 구성품(Component) 및 장비(Equipment)를 포함하지만, 프로펠러 및 로터는 제외한다.
- **동력장치(Powerplant)** : 엔진, 구동계통 구성품, 프로펠러, 보기장치(Accessory), 보조부품(Ancillary Part), 그리고 항공기에 장착된 연료계통 및 오일계통 등으로 구성되는 하나의 시스템을 말한다. 다만, 헬리콥터의 로터는 포함하지 않는다.
- **임계엔진(Critical Engine)** : 어느 하나의 엔진이 고장난 경우 항공기의 성능 또는 조종특성에 가장 심각하게 영향을 미치는 엔진을 말한다.
- **감항성이 있는(Airworthy)** : 항공기, 엔진, 프로펠러 또는 부품이 인가된 설계에 합치하고 안전한 운용 상태에 있음을 말한다.
- **계속감항(Continuing Airworthiness)** : 항공기, 엔진, 프로펠러 또는 부품이 운용되는 수명기간 동안 적용되는 감항성 요구조건을 충족하고, 안전한 운용상태를 유지하기 위하여 적용하는 일련의 과정을 말한다.

- **표준대기(Standard atmosphere)** : 1962년 미국 표준 대기에 정의된 대기를 의미하며, 다음과 같은 상태의 대기를 말한다.

  (1) 공기는 완전히 건조한 가스임

  (2) 물리상수는 다음과 같은 공기
  - 해면고도에서 평균 분자의 질량
    $M_0 = 28.964420 \times 10 \text{kgmol}$
  - 해면고도에서 대기압
    $P_0 = 1013.250 \text{hPa}$ 또는 수은주로 760mm(29.92inch)
  - 해면고도에서 온도
    $t_0 = 15℃(59℉)$
    $T_0 = 288.15K$
  - 해면고도에서 공기밀도
    $\rho_0 = 1.2250 \text{kg/m}^3$
  - 빙점 온도
    $T_i = 273.15K$
  - 일반가스 상수
    $R^* = 8.31432 \text{JKmol}$

  (3) 기온 변화도는 다음과 같은 공기

Geopotential altitude(km)		Temperature gradient (Kelvin per standard geopotential kilometre)
From	To	
−5.0	11.0	−6.5
11.0	20.0	0.0
20.0	32.0	+1.0
32.0	47.0	+2.8
47.0	51.0	0.0
51.0	71.0	−2.8
71.0	80.0	−2.0

주1) 표준중력가속도는 9.80665 ms^{-2}이다
주2) 온도, 압력, 밀도, 중력의 대응값 표 및 변수관계는 ICAO Doc 7488 참조
주3) 무게, 동점성계수, 점성계수 및 고도변화에서의 음속은 ICAO Doc 7488 참조

- **형상(Configuration)** : 항공기의 공기역학적 특성에 영향을 미치는 플랩, 스포일러, 착륙장치 기타 움직이는 부분 위치의 각종 조합을 말한다.

- **자동회전(Autorotation)** : 회전익항공기가 비행 중에 양력을 발생하는 로터가 엔진의 동력을 받지 않고 전적으로 공기의 작용에 의하여 구동되는 회전익항공기의 작동상태를 의미한다.

- **하버링(Hovering)** : 회전익항공기가 대기속도 영의 제자리 비행 상태를 말한다.

- **최종접근 및 이륙 지역[Final approach and take−off area (FATO)]** : 하버를 하기 위한 접근기동의 마지막 단계의 지역 또는 착륙이 완료되는 지역, 및 이륙이 시작되는 정해진 지역을 말한다. FATO는 Class A 회전익항공기에 사용되며, 이륙포기 가능 지역을 포함한다.

- **지상공진** : 회전익항공기가 지면과 접촉된 상태에서 발생하는 역학적 불안정진동을 말한다.

- **역학적 불안정진동** : 회전익항공기가 지상 또는 공중에 있을 때 회전익과 기체구조부분의 상호작용으로 생기는 불안정한 공진상태를 말한다.

- **예상되는 운용 조건(Anticipated operating conditions)** : 경험으로 알게 된 상태 또는 해당 항공기가 제작 당시 운항이 가능하도록 만들어진 운항 조건을 고려할 때 항공기의 수명기간 내에 일어날 수 있는 것으로 예견될 수 있는 조건으로 대기의 기상상태, 지형의 형태, 항공기의 작동, 종사자의 능력 및 비행안전에 영향을 미치는 모든 요소들을 고려한 조건을 말한다. 예상되는 운용 조건에는 다음과 같은 사항은 포함되지 않는다.
  (1) 운항절차에 따라서 효과적으로 피할 수 있는 극단상황
  (2) 아주 드물게 발생하는 극단적인 상태로 적합한 국제표준(ICAO 표준)이 충족되도록 요구하는 것이 경험상 필요하고 실질적인 것으로 입증된 수준보다 높은 수준의 감항성을 부여하게 될 정도의 극단적인 경우
- **개별원인손상(Discrete source damage)** : 조류충돌, 통제되지 않은 팬 블레이드·엔진 및 고속회전 부품의 이탈 또는 이와 유사한 원인에 의한 비행기의 구조 손상을 말한다.
- **당해 감항성 요건(Appropriate airworthiness requirements)** : (인증 등의) 대상이 되는 항공기, 엔진, 또는 프로펠러 등급에 대하여 국토교통부장관이 제정, 채택, 또는 인정한 포괄적이면서 구체적인 감항성 관련 규정을 말한다.
- **승인된(Approved)** : 특정인이 규정되어 있지 않는 한 국토교통부장관에 의해 승인됨을 의미한다.
- **인적 요소원칙(Human factors principles)** : 항공기 설계, 인증, 훈련, 운항, 및 정비 분야에 대하여 적용되는 원칙이며 사람의 능력을 적절하게 고려하여 사람과 다른 시스템 구성요소들 간의 안전한 상호작용을 모색하는 원칙을 말한다.
- **인적 업무수행능력(Human performance)** : 항공분야 운용상의 안전과 효율에 영향을 주는 인적 업무수행능력 및 한계를 말한다.
- **압력 고도(Pressure altitude)** : 어떤 대기압을 표준 대기압에 상응하는 고도로 표현한 값을 말한다.
- **이륙 표면(Takeoff surface)** : 특정 방향으로 이륙하는 항공기의 정상적인 지상 활주 또는 수상 활주가 가능한 것으로 지정된 비행장의 표면 부분을 말한다.
- **착륙 표면(Landing surface)** : 특정 방향으로 착륙하는 항공기의 정상적인 지상 활주 또는 수상 활주가 가능한 것으로 지정된 비행장의 표면 부분을 말한다.
- **형식증명서(Type certificate)** : 당해 항공기의 형식 설계를 한정하고 이 형식설계가 당해 감항성 요건을 충족시킴을 증명하기 위하여 국토교통부장관이 발행한 서류를 말한다.
- **설계이륙중량(Design takeoff weight)** : 구조설계에 있어 이륙 활주를 시작할 때 계획된 예상 최대항공기 중량을 말한다.
- **설계착륙중량(Design landing weight)** : 구조설계에 있어 착륙할 때 계획된 예상 최대항공기 중량을 말한다.
- **설계단위중량(Design unit weight)** : 구조설계에 있어 사용하는 단위중량으로 활공기의 경우를 제외하고는 다음과 같다.
  (1) 연료 0.72kg/l(6 lb/gal) 다만, 개소린 이외의 연료에 있어서는 그 연료에 상응하는 단위중량으로 한다.
  (2) 윤활유 0.9kg/l(7.5 lb/gal)
  (3) 승무원 및 승객 77kg/인(170 lb/인)
- **무연료중량(Zero fuel weight)** : 연료 및 윤활유를 전혀 적재하지 않은 항공기의 설계최대중량을 말한다.
- **설계 지상 활주 중량(Design taxiing weight)** : 이륙출발 이전에 지상에서 항공기를 이용하는 동안 발생할 수 있는 하중을 감당할 수 있도록 구조적인 준비가 된 상태의 항공기 최대 중량을 말한다.
- **지시대기속도(Indicated airspeed)** : 해면 고도에서 표준 대기 단열 압축류를 보정하고 대기속도 계통의 오차는 보정하지 않은 피토 정압식 대기속도계가 지시하는 항공기의 속도를 말한다.
- **교정대기속도(Calibrated airspeed)** : 항공기의 지시대기속도를 위치오차 및 계기오차로서 보정한 속도를 말한다. 수정대기속도는 해면고도에서 표준 대기 상태의 진대기속도와 동일하다.
- **등가대기속도(Equivalent airspeed)** : 항공기의 교정대기속도를 특정 고도에서의 단열 압축류에 대하여 보정한 속도를 말한다. 등가대기속도는 해면 고도에서 표준 대기상태의 교정대기속도와 동일하다.
- **진대기속도(True airspeed)** : 잔잔한 공기에 상대적인 항공기의 대기속도를 말한다. 진대기속도는 등가대기속도에 $(\rho 0/\rho)$ 1/2를 곱한 것과 같다.
- V_A는 설계 기동속도(design maneuvering speed)를 의미한다.
- V_B는 최대 돌풍강도에서의 설계 속도(design speed for maximum gust intensity)를 의미한다.

- V_{BS}라 함은 활공기에 있어서 에어브레이크 또는 스포일러를 조작하는 최대속도를 말한다.
- V_C는 설계 순항속도(design cruising speed)를 의미한다.
- VD는 설계 강하속도(design diving speed)를 의미한다.
- V_{DF}/M_{DF}는 실증된 비행 강하속도(demonstrated flight diving speed)를 의미한다.
- V_{EF}는 이륙 중 임계엔진이 부작동 되었을 때를 가정했을 때의 속도를 의미한다.
- V_F는 설계 플랩 속도(design flap speed)를 의미한다.
- V_H는 최대 연속 출력에서의 최대 수평비행 속도를 의미한다.
- V_{FC}/M_{FC}는 안정성 특성에 대한 최대 속도를 의미한다.
- V_{MO}/M_{MO}는 최대 운용 제한속도를 의미한다.
- V_{LE}는 최대 착륙장치 전개속도를 의미한다.
- V_{LO}는 최대 착륙장치 작동속도를 의미한다.
- V_{LOF}는 항공기가 양력을 받아 활주로 면에서 뜨는 속도(lift-off speed)를 의미한다.
- V_{MC}는 임계엔진 부작동 시의 최소 조종속도를 의미한다.
- V_{MU}는 최소 이륙속도를 의미한다.
- V_{NE}는 초과 금지속도를 의미한다.
- V_{NO}는 최대 구조적 순항속도를 의미한다.
- V_R는 회전속도를 의미한다.
- V_S는 항공기가 조종 가능한 상태에서의 실속속도 또는 최소 정상 비행속도를 의미한다.
- V_{SF}라 함은 설계착륙중량에 있어서 플랩을 한 칸 아래로 내렸을 경우 계산된 실속속도를 말한다.
- V_{SO}라 함은 플랩을 착륙위치로 했을 경우의 실속속도(최소정상비행속도)를 말한다.
- V_{Si}라 함은 정해진 형태에 있어서 실속속도(최소정상비행속도)를 말한다.
- V_T라 함은 설계비행기 예항속도를 말한다.
- V_W라 함은 설계윈치 예항속도(윈치 또는 자동차로 예항하는 속도)를 말한다.
- V_X라 함은 최량 상승각에 대응하는 속도를 말한다.
- V_Y라 함은 최량 상승률에 대응하는 속도를 말한다.
- V_1이라 함은 이륙결정속도를 말한다.
- V_2라 함은 안전이륙속도를 말한다.
- M이라 함은 마하수(진대기속도의 음속에 대한 비)를 말한다.
- **제한하중(Limited loads)** : 예상되는 운용조건에서 일어날 수 있는 최대의 하중을 말한다.
- **극한하중(Ultimate load)** : 적절한 안전계수를 곱한 한계 하중을 말한다.
- **안전계수(Factor of safety)** : 상용 운용상태에서 예상되는 하중보다 큰 하중이 발생할 가능성과 재료 및 설계상의 불확실성을 고려하여 사용하는 설계계수를 말한다.
- **하중배수(Load factor)** : 공기역학적 힘, 관성력 또는 지상 반발력과 관련한 표현으로 항공기의 어떤 특정한 하중과 항공기 중량과의 비를 말한다.
- **제한하중배수** : 제한중량에 대응하는 하중배수를 말한다.
- **극한하중배수** : 극한하중에 대응하는 하중배수를 말한다.
- **시험조작에 의한 세로 흔들림 운동** : 제한운동 하중배수를 넘지 않는 범위 내에서 조종간이나 조종륜을 전방 또는 후방으로 급격히 조작하고 다음 반대방향으로 급격히 조작할 경우에 항공기의 세로 흔들림 운동을 말한다.

- **설계주익면적** : 익현을 포함하는 면 위에 있어서 주익윤곽(올린 위치에 있는 플랩 및 보조익을 포함하는 필렛이나 페어링은 제외한다)에 포함되는 면적을 말한다. 그 외형선은 낫셀 및 동체를 통하여 합리적 방법에 의하여 대칭면까지 연장하는 것으로 한다.

- **미익균형하중** : 세로 흔들림 각 가속도가 영이 되도록 항공기를 균형잡는 데 필요한 미익하중을 말한다.

- **결합부품** : 하나의 구조부재를 다른 부재에 결합하는 끝부분에 쓰이는 부품을 말한다.

- **축출력** : 엔진의 프로펠러축에 공급하는 출력을 말한다.

- **왕복엔진의 이륙출력** : 해면상 표준상태에서 이륙 시에 항상 사용 가능한 크랭크축 최대회전속도 및 최대흡기압력에서 얻어지는 축출력으로 연속사용이 엔진 규격서에 기재된 시간에 제한받는 것을 말한다.

- **정격 30분 OEI 출력(Rated 30-minute OEI power)** : 터빈 회전익항공기에 있어, 엔진이 Part 33의 규정에 따른 운용한계 내에 있을 때 지정된 고도 및 온도에서 정적 조건으로 결정되고 승인을 받은 제동마력을 말하는 것으로서 다발 회전익항공기의 한 개 엔진이 정지한 후에 30분 이내로 사용이 제한된다.

- **정격 2-1/2분 OEI 출력(Rated 2 1/2-minute OEI power)** : 터빈 회전익항공기에 있어서, 엔진이 Part 33의 규정에 따른 운용한계 내에 있을 때 지정된 고도 및 온도에서 정적 조건으로 결정되고 승인을 받은 제동마력을 말하는 것으로서 다발 회전익항공기의 한 개 엔진이 정지한 후에 2-1/2분 이내로 사용이 제한된다.

- **임계고도(Critical altitude)** : 표준 대기상태에서의 규정된 일정한 회전 속도에서 규정된 출력 또는 규정된 다기관 압력을 유지할 수 있는 최대 고도를 말한다. 별도로 명시된 사항이 없는 한, 임계고도는 최대연속회전속도에서 다음 중 하나를 유지할 수 있는 최대 고도이다.
  (1) 정격출력이 해면 고도 및 정격고도에서와 동일하게 되는 엔진의 경우에는 연속최대출력
  (2) 일정한 다기관 압력에 의하여 연속최대출력이 조절되는 엔진의 경우에는 최대연속 정격다기관압력

- **프로펠러(Propeller)** : 항공기에 장착된 엔진의 구동축에 장착되어 회전 시 회전면에 수직인 방향으로 공기의 반작용으로 추진력을 발생시키는 장치를 의미한다. 이것은 일반적으로 제작사가 제공한 조종 부품은 포함하나, 주로터 및 보조로터, 또는 엔진의 회전하는 에어포일(rotating airfoils of engines)은 포함하지 않는다.

- **보충 산소공급장치(Supplemental oxygen equipment)** : 기내 산소압력이 부족한 고도에서 산소의 결핍방지에 필요한 보충산소를 공급할 수 있도록 설계한 장치를 말한다.

- **호흡보호장치(Protective breathing equipment)** : 비상시에 항공기 내에 존재하는 유해가스의 흡입을 막을 수 있도록 설계한 장치를 말한다.

- **기체(airframe)** : 동체, 붐, 나셀, 카울링, 페어링, 에어포일 면(로터를 포함하며 프로펠러와 엔진의 회전하는 에어포일은 제외함) 및 항공기의 착륙장치와 그 보기류 및 조종장치를 의미한다.

- **공항(airport)** : 항공기의 이착륙에 사용되거나 사용코자 하는, 해당되는 경우 건물과 시설 등을 포함하는 육지 또는 수면 영역을 의미한다.

- **고도 엔진(altitude engine)**은 해면고도에서부터 지정된 고고도까지 일정한 정격이륙출력을 발생하는 항공기용 왕복엔진을 말한다.

- **기구(balloon)** : 엔진에 의해 구동되지 않고 가스의 부양력 또는 탑재된 가열기의 사용을 통하여 비행을 유지하는 공기보다 가벼운 항공기를 의미한다.

- **제동마력(Brake horsepower)** : 항공기 엔진의 프로펠러 축(주 구동축 또는 주 출력축)에서 전달되는 출력을 말한다.

- **카테고리 A(Category A)**라 함은, 감항분류가 수송인 회전익항공기의 경우에 있어, Part 29의 규정에 따라 엔진과 시스템이 분리되도록 설계된 다발 회전익항공기로서, 엔진이 부작동하는 경우에 있어서도 지정된 적절한 지면과 안전하게 비행을 계속할 수 있는 적절한 성능을 보장하여야 한다는 임계엔진 부작동 개념 하에 계획된 이착륙을 할 수 있는 다발 회전익항공기를 말한다.

- **카테고리 B(Category B)** : 감항분류가 수송인 회전익항공기의 경우에 있어, 카테고리 A의 모든 기준을 충분히 충족하지 못하는 단발 또는 다발 회전익항공기를 말한다. 카테고리 B 회전익항공기는 엔진이 정지하는 경우의 체공능력을 보증하지 못하며 이에 따라 계획되지 않은 착륙을 할 수도 있다.

- **민간용 항공기(Civil aircraft)** : 군 · 경찰 · 세관용 항공기를 제외한 항공기를 의미한다.
- **승무원(Crewmember)** : 비행중 항공기 내에서 임무를 수행토록 지정된 자를 의미한다.
- **기외하중물(External loads)** : 항공기 기내가 아닌 동체의 외부에 적재하여 운송하는 하중물을 말한다.
- **기외하중물 장착수단(External-load attaching means)** : 기외하중물 적재함, 장착 지점의 보조 구조물 및 기외 하중물을 투하할 수 있는 긴급장탈 장치를 포함하여 항공기에 기외하중물을 부착하기 위하여 사용하는 구조적 구성품을 말한다.
- **최종이륙속도(Final takeoff speed)** : 한 개 엔진이 부작동하는 상태에서 이륙 경로의 마지막 단계에서 순항 자세가 될 때의 비행기 속도를 말한다.
- **불연성(Fireproof)**
  (1) 지정방화구역 내에 화재를 가두기 위하여 사용하는 자재 및 부품의 경우에 있어서, 사용되는 목적에 따라 최소 강철과 같은 정도의 수준으로 화재로 인한 열을 견딜 수 있는 성질로서 해당 구역에 생긴 큰 화재가 상당 기간 지속되어도 이로 인하여 발생하는 열을 견딜 수 있어야 한다.
  (2) 기타 자재 및 부품의 경우에 있어서, 사용되는 목적에 따라 최소 강철과 같은 정도의 수준으로 화재로 인한 열을 견딜 수 있는 성질을 말한다.
- **내화성(Fire resistant)**
  (1) 강판 또는 구조부재의 경우에 있어서 사용되는 목적에 따라 최소한 알루미늄 합금 정도의 수준으로 화재로 인한 열을 견딜 수 있는 성질을 말한다.
  (2) 유체를 전달하는 관, 유체시스템의 부품, 배선, 공기관, 피팅 및 동력장치 조절장치에 있어서, 설치된 장소의 화재로 인하여 있을 수 있는 열 및 기타 조건 하에서 의도한 성능을 발휘할 수 있는 성질을 말한다.
- **내염성(Flame resistant)** : 점화원이 제거된 이후 안전 한계를 초과하는 범위까지 화염이 진행되지 않는 연소 성질을 의미한다.
- **가연성(Flammable)** : 유체 또는 가스의 경우 쉽게 점화되거나 또는 폭발하기 쉬운 성질을 의미한다.
- **플랩 내린 속도(Flap extended speed)** : 날개의 플랩을 규정된 펼침 위치로 유지할 수 있는 최대 속도를 의미한다.
- **내연성(Flash resistant)** : 점화되었을 때 맹렬하게 연소되지 않는 성질을 의미한다.
- **운항승무원(Flightcrew member)** : 비행 시간중 항공기에서 임무를 부여받은 조종사, 운항 엔지니어 또는 운항 항법사를 의미한다.
- **비행 고도(Flight level)** : 수은주 압력 기준 29.92inHg와 관련된 일정한 대기 압력고도를 의미한다. 이는 세 자리 수로 표시하는데 첫 자리는 100ft를 의미한다. 예를 들면 비행고도 250은 기압 고도 25,000ft를 나타내며 비행고도 255는 기압고도 25,500ft를 나타낸다.
- **비행시간(Flight time)**은 다음을 의미한다.
  (1) 항공기가 비행을 목적으로 자체 출력에 의해 움직이기 시작한 때를 시작으로 하고 착륙 후 항공기가 멈춘 때까지의 조종 시간
  (2) 자체 착륙능력이 없는 활공기의 경우, 활공기가 비행을 목적으로 견인된 때를 시작으로 착륙 후 활공기가 멈춘 때까지의 조종 시간
- **전방날개(Forward wing)** : 카나드 형태(canard configuration) 또는 직렬형 날개(tandem-wing) 형태 비행기의 앞쪽의 양력 면을 의미함. 날개는 고정식, 움직일 수 있는 방식 또는 가변식 형상이거나 조종면의 유무와는 무관하다.
- **고-어라운드 출력 또는 추력 설정치(Go-around power or thrust setting)** : 성능 자료에 정의된 최대 허용 비행 출력 또는 추력 설정치를 의미한다.
- **헬리포트(Heliport)** : 헬리콥터의 이착륙에 사용되거나 사용코자하는 육상, 수상 또는 건물 지역을 의미한다.
- **공회전 추력(Idle thrust)** : 엔진 출력조절장치를 최소 추력 위치에 두었을 때 얻어지는 제트 추력을 의미한다.
- **계기비행 규칙 조건(IFR conditions)** : 시계비행 규칙에 따른 비행의 최소 조건 이하의 기상 조건을 의미한다.
- **계기(Instrument)** : 항공기 또는 항공기 부품의 자세, 고도, 작동을 시각적 또는 음성적으로 나타내기 위한 내부의 메카니즘을 사용하는 장치를 말한다. 비행 중 항공기를 자동 조종하기 위한 전기 장치를 포함한다.

- **착륙장치 내림속도(Landing gear extended speed)** : 항공기가 착륙장치를 펼친 상태로 안전하게 비행할 수 있는 최대 속도를 의미한다.

- **착륙장치 작동속도(Landing gear operating speed)** : 착륙장치를 안전하게 펼치거나 접을 수 있는 최대 속도를 의미한다.

- **대형항공기(Large aircraft)** : 최대인가 이륙중량이 5,700kg(12,500 lbs)를 초과하는 항공기를 말한다.

- **공기보다 가벼운 항공기(Lighter-than-air aircraft)** : 공기보다 가벼운 기체를 채움으로서 상승 유지가 가능한 항공기를 의미한다.

- **공기보다 무거운 항공기(heavier-than-air aircraft)** : 공기 역학적인 힘으로부터 양력을 주로 얻는 항공기를 의미한다.

- **하중배수(Load factor)** : 항공기의 전체 무게에 대한 특정 하중의 비를 의미한다. 특정 하중은 다음과 같다. 공기 역학적 힘, 관성력 또는 지상 또는 수상 반력

- **마하수(Mach number)** : 음속 대 진대기속도와의 비율을 의미한다.

- **주 로터(Main rotor)** : 회전익기의 주 양력을 발생시키는 로터를 의미한다.

- **정비(Maintenance)** : 항공기의 지속감항성 확보를 위해 수행되는 검사, 분해검사, 수리, 보호, 부품의 교환 및 결함의 수정을 의미하며, 조종사가 수행할 수 있는 비행전 점검 및 예방 정비는 포함하지 않는다.

- **수리(Repair)** : 항공제품을 감항성 요구 조건에서 정의된 감항조건으로 복구하는 것을 말한다.

- **대개조(Major alteration)** : 항공기, 항공기용 엔진 또는 프로펠러에 대해서 다음에 열거된 영향을 미치지 않는 개조를 의미한다.
  (1) 중량, 평형, 구조적 강도, 성능, 동력장치의 작동, 비행특성 또는 기타 강항성에 영향을 미치는 특성 등에 상당한 영향을 미침
  (2) 일반적인 관례에 따라 수행될 수 없거나, 기본적인 운용에 의하여 수행될 수 없음

- **대검사 프로그램(Major repair)** : 다음과 같은 검사 프로그램을 의미한다.
  (1) 부적당하게 수행될 경우, 중량, 평형, 구조적 강도, 성능, 동력장치의 작동, 비행특성 또는 기타 감항성에 영향을 미치는 특성 등에 상당한 영향을 미침
  (2) 일반적인 관례에 따라 수행될 수 없거나, 기본적인 운용에 의하여 수행될 수 없음

- **흡기관 압력(Manifold pressure)** : 흡기계통의 적절한 위치에서 측정되는 절대 압력으로서 대개 수은주 inch로 표시한다.

- **안정성 최대속도(Maximum speed for stability characteristics)**, V_{FC}/M_{FC}라 함은 최대운항제한속도(V_{MO}/M_{MO})와 실증된 비행강하속도(V_{DF}/M_{DF})의 중간속도보다 작지 않은 속도를 말한다. 마하수가 제한배수인 고도에 있어서 효율적인속도 경보가 발생하는 마하수를 초과할 필요가 없는 M_{FC}는 예외이다.

- **최소 하강 고도(Minimum descent altitude)** : 계기접근장치가 작동하지 않는 상태에서 표준 접근 절차를 위한 선회기동 중 또는 최종 접근이 인가된 하강 시 피트단위의 해발고도로 표현되는 가장 낮은 고도를 의미한다.

- **경미한 개조(Minor alteration)** : 대개조가 아닌 개조를 의미한다.

- **경미한 검사 프로그램(Minor repair)** : 대검사 프로그램이 아닌 검사 프로그램을 의미한다.

- **낙하산(Parachute)** : 공기를 통해서 물체의 낙하 속도를 감소시키는데 사용되는 장치를 의미한다.

- **피치세팅(Pitch setting)** : 프로펠러 교범에서 규정된 방법에 따라 일정한 반경에서 측정된 블레이드 각에 의하여 결정된 바에 따라 프로펠러 블레이드를 세팅하는 것을 말한다.

- **수직추력 이착륙기(Powered-lift)** : 공기보다 무거운 항공기로서 수직 이착륙이 가능하고 저속비행 시에는 비행시간 동안 양력을 주로 엔진구동 양력장치 또는 엔진 추력에 의존하고 수평비행 시 양력을 회전하는 에어포일이 아닌(nonrotating airfoil, 회전익항공기) 장치에 의존하여 비행이 가능한 항공기를 의미한다.

- **예방정비(Preventive maintenance)** : 복잡한 조립을 필요로 하지 않는 소형 표준 부품의 교환과 단순 또는 경미한 예방작업을 의미한다.

- **정격 30초 OEI 출력(Rated 30-second OEI power)** : 터빈 회전익항공기에 있어, 다발 회전익항공기의 한 개 엔진이 정지한 후에도 한 번의 비행을 계속하기 위하여 Part 33의 적용을 받은 엔진의 운용한계 내에 있는 특정고도 및 온도의 정적 조건에서 결정되고 승인을 받은 제동마력을 말한다. 어느 한 비행에서 매번 30초 내에 3 주기까지의 사용으로 제한되며 이후에는 반드시 검사를 하고 규정된 정비조치를 하여야 한다.

- **정격 2분 OEI 출력(Rated 2 – minute OEI power)** : 터빈 회전익항공기에 있어, 다발 회전익항공기의 한 개 엔진이 정지한 후에도 한번의 비행을 계속하기 위하여 Part 33의 적용을 받은 엔진의 운용한계 내에 있는 특정고도 및 온도의 정적 조건에서 결정되고 승인을 받은 제동마력을 말한다. 어느 한 비행에서 매번 2분 내에 3 주기까지의 사용으로 제한되며 이후에는 반드시 검사를 하고 규정된 정비조치를 하여야 한다.
- **정격 연속 OEI 출력(Rated continuous OEI power)** : 터빈 회전익항공기에 있어, Part 33의 적용을 받은 엔진의 운용한계 내에 있는 특정고도 및 온도의 정적 조건에서 결정되고 승인을 받은 제동마력을 말하는 것으로 다발 회전익항공기의 한 개 엔진이 정지한 후에도 비행을 완료하기 위하여 필요한 시간까지로 사용이 제한된다.
- **정격최대연속증가추력(Rated maximum continuous augmented thrust)** : 터보제트 엔진의 형식증명에 있어, 지정된 고도의 표준 대기조건에서 Part 33에 따라 규정된 엔진 운용한계 내에서 분리된 연소실에서 유체가 분사되고 있거나 또는 연료가 연소하고 있는 상태의 정적 조건 또는 비행 조건하에서 결정되고 승인을 받은 제트 추력을 말하는 것으로 사용 상 제한주기가 없는 것으로 승인을 받는다.
- **정격최대연속출력(Rated maximum continuous power)** : 왕복엔진, 터보프롭엔진 및 터보샤프트 엔진에 있어, 지정된 고도의 표준 대기조건에서 Part 33에 따라 규정된 엔진 운용한계 내에서 정적 조건 또는 비행 조건하에서 결정되고 승인을 받은 제동마력을 말하는 것으로 사용 상 제한주기가 없는 것으로 승인을 받는다.
- **정격최대연속추력(Rated maximum continuous thrust)** : 터보제트 엔진의 형식증명에 있어, 지정된 고도의 표준 대기조건에서 Part 33에 따라 규정된 엔진 운용한계 내에서 분리된 연소실에서 유체 분사나 연료연소가 없는 상태의 정적 조건 또는 비행 조건하에서 결정되고 승인을 받은 제트 추력을 말하는 것으로 사용 상 제한주기가 없는 것으로 승인을 받는다.
- **정격이륙증가추력(Rated takeoff augmented thrust)** : 터보제트 엔진의 형식증명에 있어서, 표준 해면고도 조건에서 Part 33에 따라 규정된 엔진 운용한계 내에서 분리된 연소실에서 유체가 분사되고 있거나 또는 연료가 연소하고 있는 상태의 정적 조건 하에서 결정되고 승인을 받은 제트 추력을 말하는 것으로 이륙 운항 시 5분 이내의 주기로 사용이 제한된다.
- **정격이륙출력(Rated takeoff power)** : 왕복엔진, 터보프롭 엔진 및 터보샤프트 엔진의 형식증명에 있어, 표준 해면고도 조건에서 Part 33에 따라 규정된 엔진 운용한계 내에서 정적 조건 하에 결정되고 승인을 받은 제동마력을 말하는 것으로 이륙운항 시 5분 이내의 주기로 사용이 제한된다.
- **정격이륙추력(Rated takeoff thrust)** : 터보제트 엔진의 형식증명에 있어, 표준 해면고도 조건에서 Part 33에 따라 규정된 엔진 운용한계 내에서 분리된 연소실에서 유체 분사나 연료 연소가 없는 상태의 정적 조건 하에서 결정되고 승인을 받은 제트 추력을 말하는 것으로 이륙 운항 시 5분 이내의 주기로 사용이 제한된다.
- **기준착륙속도(Reference landing speed)** : 50ft 높이의 지점에서 규정된 착륙자세로 강하하는 비행기 속도를 말하는 것으로서 착륙거리의 결정에 관한 속도이다.
- **회전익항공기 – 하중물 조합(Rotorcraft – load combination)** : 회전익항공기와 기외 하중물 장착장치를 포함한 기외하중물의 조합을 말한다. 회전익항공기 – 하중물 조합은 Class A, Class B, Class C 및 Class D로 구분한다.
  (1) Class A 회전익항공기 : 하중물 조합은 기외 하중물을 자유롭게 움직일 수 없으며 투하할 수도 없고 착륙장치 밑으로 펼쳐 내릴 수도 없는 것을 말한다.
  (2) Class B 회전익항공기 : 하중물 조합은 기외 하중물을 떼어내 버릴 수 있으며 회전익항공기의 운항 중에 육상이나 수상에서 자유롭게 떠오를 수 있는 것을 말한다.
  (3) Class C 회전익항공기 : 하중물 조합은 기외 하중물을 떼어내 버릴 수 있으며 회전익항공기 운항 중에 육상이나 수상과 접촉된 상태를 유지할 수 있는 것을 말한다.

(4) Class D 회전익항공기 : 하중물 조합은 기외 화물이 Class A, B 또는 C 이외의 경우로서 국토교통부장관으로부터 특별히 운항 승인을 받아야 하는 것을 말한다.

- **만족스러운 증거(Satisfactory evidence)** : 감항성 요구조건에 합치함을 보여 주기에 충분하다고 감항당국이 인정하는 문서 또는 행위를 말한다.

- **해면고도 엔진(Sea level engine)** : 해면 고도에서만 정해진 정격이륙출력을 낼 수 있는 왕복엔진을 말한다.

- **소형 항공기(Small aircraft)** : 최대 인가 이륙중량이 5,700kg(12,500lbs) 이하인 항공기를 말한다.

- **이륙 출력(Takeoff power)**

(1) 왕복엔진에 있어서, 표준해면고도 조건 및 정상 이륙의 경우로 승인을 받은 크랭크샤프트 회전속도와 엔진 다기관 압력이 최대인 조건 하에서 결정된 제동마력을 말한다. 승인을 받은 엔진 사양에서 명시된 시간까지 계속 사용하는 것으로 제한된다.

(2) 터빈 엔진에 있어서, 지정된 고도와 대기 온도에서의 정적 조건 및 정상 이륙의 경우로 승인을 받은 로터 축 회전속도와 가스 온도가 최대인 상태 하에서 결정된 제동마력을 말한다. 승인을 받은 엔진 사양에서 명시된 시간까지 계속 사용하는 것으로 제한된다.

- **안전이륙속도(Takeoff safety speed)** : 항공기가 부양한 후에 한 개 엔진 부작동 시 요구되는 상승 성능을 얻을 수 있는 기준대기 속도를 말한다.

- **안전이륙속도(Takeoff safety speed)** : 항공기 이륙 부양 후에 얻어지는 기준 대기속도(referenced airspeed)로써 이때에 요구되는 한 개 엔진 부작동 상승성능이 얻어질 수 있다.

- **이륙추력(Takeoff thrust)** : 터빈 엔진에 있어서, 지정된 고도와 대기 온도에서의 정적 조건 및 정상 이륙의 경우로 승인을 받은 로터 축 회전속도와 가스 온도가 최대인 조건 하에서 결정된 제트 추력을 말한다. 승인을 받은 엔진 사양에서 명시된 시간까지 연속 사용이 제한된다.

- **탠덤 날개 형상(Tandem wing configuration)** : 앞뒤 일렬로 장착된, 유사한 스팬(span)을 가지는 2개의 날개 형상을 의미한다.

- **윙렛 또는 팁핀(Winglet or tip fin)** 은 양력 면으로부터 연장된 바깥쪽 면을 말하며 이 면은 조종면을 가지거나 가지지 않을 수 있다.

* 출처 : 국토교통부 항공정비사 표준교재
  국토교통부 운항기술기준 및 항공기기술기준
  한국에어텍출판 항공법규교재

▌김 종 천

(주)대한항공정비본부
국토교통부 서울지방항공청
인하항공직업전문학교
한국에어텍항공직업전문학교

항공정비사를 위한 항공법규

新 항공관계법규

인   쇄 | 2018년 5월 4일
발   행 | 2018년 5월 11일

저   자 | 김종천
발 행 인 | 최영민
발 행 처 | ⓒ 피앤피북
주   소 | 경기도 파주시 신촌2로 24
전   화 | 031-8071-0088
팩   스 | 031-942-8688
전자우편 | pnpub@naver.com
출판등록 | 2015년 3월 27일
등록번호 | 제406-2015-31호

정가 : 23,000원

ISBN 979-11-87244-26-4   93550

이 도서의 국립중앙도서관 출판예정도서목록(CIP)은 서지정보유통지원시스
템 홈페이지(http://seoji.nl.go.kr)와 국가자료공동목록시스템(http://www.
nl.go.kr/kolisnet)에서 이용하실 수 있습니다.